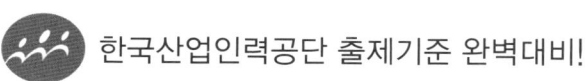
한국산업인력공단 출제기준 완벽대비!

건설안전산업기사
필기 기출문제

김응주 編著

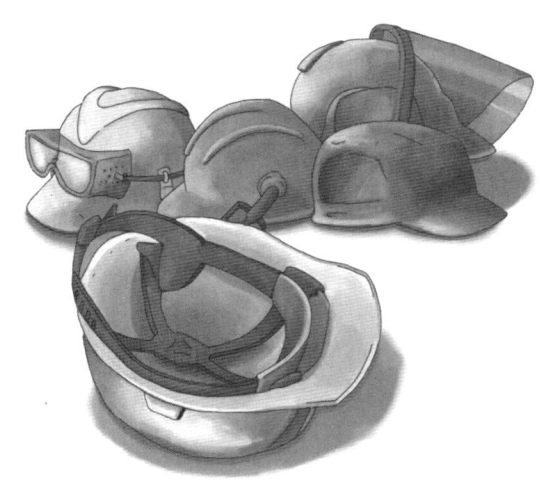

도서 출판 **책과 상상**
www.SangSangbooks.co.kr

건설현장에서의 재해는

다른 산업재해에 비해 빈번히 발생할 뿐 아니라 다양한 위험요소가 상호 연관 복합적인 상태에서 발생하기 때문에 전문적인 안전관리자를 필요로 합니다. 이에 따라 건설현장에서의 안전을 담당하는 안전관리자의 책무와 지위 또한 증대되고 있습니다.

인간존중의 이념을 실현하기 위한 안전관리자의 고유한 책무와 함께, 건설 근로자의 안전과 생명을 지키는 파수꾼으로서의 역할이 사회구성의 한분야이자 전문적인 영역으로 자리매김되고 있는 상황에서 안전관리자의 자격을 취득하고자 하는 분들의 건승을 기원합니다.

이 책은 산업인력공단이 주관·시행하는 산업기사 자격증을 보다 효과적으로 단시간에 취득하도록 하기 위해 핵심적인 이론과 최근 기출문제를 중점적으로 수록하고 있습니다. 또한, 그 내용에 있어 다음과 같은 점들을 특징으로 하고 있습니다.

1. 한국산업인력공단의 최근 변경된 출제기준 및 개정 법령에 따라 핵심적인 이론 내용만을 수록함으로써 효과적인 학습이 가능하도록 하였습니다.

2. 2026년 기존 5과목에서 4과목으로 축소·변경된 출제기준에도 불구하고 지난 시험의 기출문제는 문제은행 방식으로 치러지는 시험제도의 특성상 유용한 학습 자료입니다. 이에 CBT 변경 이전 시행된 5년간의 기출문제를 수록하였습니다.

3. 기출문제의 경우 풍부한 해설 내용을 함께 수록하여 유사 유형의 문제도 쉽게 풀 수 있도록 하였습니다.

책을 쓰는 동안 수험생의 입장에서 최대한 자세하게 설명하기 위해 최선을 다하였으나 미비한 점이 있다면 계속적인 보완을 약속드립니다.

끝으로 저자의 원고를 책으로 출간할 수 있는 기회를 주신 도서출판 책과 상상에 감사를 드립니다. 또한, 출간을 위해 적지 않은 시간을 원고 검토에 힘써준 현장의 동료들에게도 지면을 통해 깊은 감사의 말을 전합니다.

저자 올림

검정안내 및 출제기준

1. 검정안내

(1) 개요

건설업은 공사기간단축, 비용절감 등의 이유로 사업주와 건축주들이 근로자의 보호를 소홀히 할 수 있기 때문에 건설현장의 재해요인을 예측하고 재해를 예방하기 위하여 건설안전 분야에 대한 전문지식을 갖춘 전문인력을 양성하고자 자격제도 제정

(2) 수행직무

건설재해예방계획 수립, 작업환경의 점검 및 개선, 유해 위험방지 등의 안전에 관한 기술적인 사항을 관리하며 건설물이나 설비작업의 위험에 따른 응급조치, 안전장치 및 보호구의 정기점검, 정비 등의 직무 수행

(3) 취득 방법

① 검정 방법

- **필기** : 객관식 4지 택일형 과목당 20문항(과목당 30분)
- **실기** : 복합형[필답형(1시간, 60점) + 작업형(50분 정도, 40점)]

② 합격기준

- **필기** : 100점을 만점으로 하여 과목당 40점 이상, 전과목 평균 60점 이상
- **실기** : 100점을 만점으로 하여 60점 이상

(4) 진로 및 전망

- 종합 또는 전문건설업체의 현장 안전관리자 및 기타 정부기관의 안전관련 부서로 진출할 수 있다.

- 건설재해는 다른 산업재해에 비해 빈번히 발생할 뿐 아니라 다양한 위험요소가 상호 연관 복합적인 상태에서 발생하기 때문에 전문적인 안전관리자를 필요로 한다. 또한 건설경기 회복에 따른 건설재해의 증가, 구조조정으로 인한 안전관리자의 감소, 「산업안전보건법」에 의한 채용의무 규정, 경제성(재해에 따른 손실비용은 안전관리에 따른 비용에 몇 배의 간접비가 따름)등 증가요인으로 인하여 건설안전기사의 인력수요는 증가할 것이다.

2. 출제기준

✔ 2026년 건설안전산업기사 필기 출제기준 변경 사항 요약

2025년 출제과목	2026년 출제과목	비고
1과목 : 산업안전관리론	1과목 : 산업재해 예방 및 안전보건교육	• 2025년의 3과목과 4과목이 2026년부터 하나의 과목으로 통합되었습니다.
2과목 : 인간공학 및 시스템 안전공학	2과목 : 인간공학 및 위험성 평가 · 관리	• 이에 따라 2026년부터는 총 4과목 80 문항(과목당 20문항)으로 문항 수가 변경되었습니다.
3과목 : 건설재료학	3과목 : 건설재료 및 시공	• 본 도서에 수록된 기출문제의 3과목과 4과목 문제가 2026년 시행 기준 3과목 출제문제에 해당합니다.
4과목 : 건설시공학		
5과목 : 건설안전기술	4과목 : 건설공사 안전관리	

✔ 2026년 건설안전산업기사 필기 출제기준

필기과목명	문제수	주요 항목	세부 항목
산업재해 예방 및 안전보건교육	20	1. 산업재해예방 계획수립	1. 안전관리 2. 안전보건관리 체제 및 운용
		2. 안전보호구 관리	1. 보호구 및 안전장구 관리
		3. 산업안전심리	1. 산업심리와 심리검사 2. 직업적성과 배치 3. 인간의 특성과 안전과의 관계
		4. 인간의 행동과학	1. 조직과 인간행동 2. 재해 빈발성 및 행동과학 3. 집단관리와 리더십 4. 생체리듬과 피로
		5. 안전보건교육의 내용 및 방법	1. 교육의 필요성과 목적 2. 교육방법 3. 교육실시 방법 4. 안전보건교육계획 수립 및 실시 5. 교육내용
		6. 산업안전관계법규	1. 산업안전보건법령

필기과목명	문제수	주요 항목	세부 항목
인간공학 및 위험성 평가 · 관리	20	안전과 인간공학	1. 인간공학의 정의 2. 인간-기계체계 3. 체계설계와 인간요소 4. 인간요소와 휴먼에러
		2. 위험성 파악 · 결정	1. 위험성 평가 2. 시스템 위험성 추정 및 결정
		3. 위험성 감소 대책 수립 · 실행	1. 위험성 감소 대책 수립 및 실행
		4. 근골격계질환 예방관리	1. 근골격계 유해요인 2. 인간공학적 유해요인 평가 3. 근골격계 유해요인 관리
		5. 유해요인 관리	1. 물리적 유해요인 관리 2. 화학적 유해요인 관리 3. 생물학적 유해요인 관리
		6. 작업환경 관리	1. 인체계측 및 체계제어 2. 신체활동의 생리학적 측정법 3. 작업공간 및 작업자세 4. 작업측정 5. 작업환경과 인간공학 6. 중량물 취급 작업
건설재료 및 시공	20	1. 건설재료 일반	1. 건설재료의 발달 2. 건설재료의 분류 및 특성 3. 불연성재료의 분류 및 성능 4. 건설현장 유해 · 위험물질 관리
		2. 각종 건설재료의 특성, 용도, 규격에 관한 사항	1. 목재 2. 점토재 3. 시멘트 및 콘크리트 4. 강재 5. 미장재 6. 합성수지 7. 도료 및 접착제 8. 석재 9. 단열재 및 흡음재 10. 방수 11. 기타재료

필기과목명	문제수	주요 항목	세부 항목
건설재료 및 시공	20	3. 시공일반	1. 공사시공방식 2. 공사계획 3. 공사현장관리 4. 건설공사 특성분석 5. 건설공사 전기작업 안전관리 6. 건설기계 · 운송장비 안전관리
		4. 가설공사	1. 가설공사
		5. 토공사	1. 흙막이 가시설 2. 토공 및 기계 3. 흙파기 4. 계측관리 5. 기타 토공사
		6. 기초공사	1. 지정 및 기초
		7. 철근콘크리트공사	1. 콘크리트공사 2. 철근공사 3. 거푸집공사
		8. 철골공사	1. 철골작업공작 2. 철골세우기
		9. 해체공사	해체공사
건설공사 안전관리	20	1. 건설공사 특성분석	1. 건설공사 특수성 분석 2. 안전관리 고려사항 확인
		2. 건설공사 위험성	1. 건설공사 유해 · 위험요인 파악 2. 건설공사 위험성 추정 · 결정
		3. 건설업	건설업 산업안전보건관리비 규정
		4. 건설현장 안전시설관리	1. 안전시설 설치 및 관리 2. 건설공구 및 장비 안전수칙
		5. 비계 · 거푸집 가시설 위험 방지	1. 건설 가시설물 설치 및 관리
		6. 공사 및 작업 종류별 안전	1. 양중 및 해체 공사 2. 콘크리트 및 PC 공사 3. 운반 및 하역작업

Contents _ 차례

건설재료 및 시공

PART 03

건설공사 안전관리

PART 04

건설안전산업기사 최근 기출문제

PART 05

PART

01

산업재해 예방 및 안전보건교육

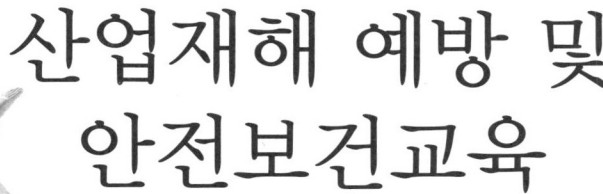

안전보건관리 개요

1 안전관리 및 안전의 정의

(1) 안전관리의 정의

재해로부터 인간의 생명과 재산을 보존하기 위한 계획적이고 체계적인 제반 활동을 의미한다.

(2) 안전의 정의

① **하인리히(H. W. Heinrich)의 안전론** : 안전은 사고예방(Accident Prevention)이며 사고예방은 물리적 환경과 인간 및 기계의 관계를 통제하는 과학인 동시에 기술(Art)

② **버크호프(H. O. Berckhofs)의 안전론** : 사고의 시간성 및 에너지의 사고 관련성을 규명

(3) 안전제일의 유래

U.S. Steel Co.의 게리(E. H. Gary) 사장이 회사의 경영방침을 "안전 제1", "품질 제2", "생산 제3"으로 정하고 회사를 경영한 결과 산업재해가 급격히 감소되었으며 품질과 생산성도 더욱 향상되었다.

2 안전사고와 재해

(1) 용어의 정의

① **안전사고** : 고의성이 없는 어떤 불안전한 행동이나 조건이 선행되어 발생하는 사고

② **재해(Loss, Calamity)** : 안전사고의 결과로 일어난 인명피해 및 재산의 손실

③ **무재해 사고(Near Accident, 아차사고)** : 인명이나 물적 등 일체의 피해가 없는 사고

(2) 산업재해(Industrial Losses)

① **일반적 정의** : 통제를 벗어난 에너지(Energy)의 광란으로 인하여 입은 인명과 재산의 피해현상

② **산업안전보건법상의 정의** : 노무를 제공하는 자가 업무에 관계되는 건설물·설비·원재료·가스·증기·분진 등에 의하거나 작업 또는 그 밖의 업무로 인하여 사망 또는 부상하거나 질병에 걸리는 것

(3) **중대재해**(시행규칙)

　① 사망자가 1명 이상 발생한 재해

　② 3개월 이상의 요양이 필요한 부상자가 동시에 2명 이상 발생한 재해

　③ 부상자 또는 직업성 질병자가 동시에 10명 이상 발생한 재해

3 화학적 위험 및 물리적 위험

(1) **화학적 위험**

　물질(기체, 액체, 고체)에 의한 위험으로 화재 및 폭발, 공업중독 및 유해물질에 의한 직업병, 대기오염 등

(2) **물리적 위험**

　광선(자외선, 적외선), 방사선, 고온 및 저온, 고기압 및 저기압, 소음, 진동 등에 의한 위험

4 산업재해의 분류

(1) **통계적 분류**

　사망, 중경상(8일 이상의 노동손실), 경상해(1일 이상 7일 이하의 노동손실), 무상해사고

(2) **상해정도별 분류**(ILO에 의한 구분)

　① **사망** : 안전사고로 사망하거나 혹은 부상의 결과로 사망한 것

　② **영구 전노동 불능** : 부상의 결과로 근로기능을 완전히 잃은 부상(신체장애등급 1~3급에 해당)

　③ **영구 일부노동 불능** : 부상의 결과로 신체의 일부가 근로기능을 완전히 상실한 부상(신체장애등급 4~14급에 해당)

　④ **일시 전노동 불능** : 의사의 소견에 따라 일정 기간 동안 노동에 종사할 수 없는 상해

　⑤ **일시 일부노동 불능** : 의사의 진단에 따라 부상 다음날 또는 그 이후의 정규노동에 종사할 수 없는 휴업재해 이외의 것으로 일시취업시간 중에 업무를 떠나 치료를 받는 정도의 상해

　⑥ **구급처치상해** : 응급처치 또는 자가 치료를 받고 당일 정상작업에 임할 수 있는 상해

(3) **상해종류에 의한 분류**

분류항목	세부항목
골절	뼈가 부러진 상해
동상	저온물 접촉으로 생긴 상해

분류항목	세부항목
부종	국부의 혈액순환 이상으로 몸이 부어오르는 상해
찔림(자상)	칼날 등 날카로운 물건에 찔린 상태
타박상(좌상)	타박, 충돌, 추락 등으로 피부표면보다는 피하조직, 근육부를 다친 상해(삔 것 포함)
절단	신체부위가 절단된 상해
중독, 질식	음식, 약물, 가스 등에 의한 중독이나 질식된 상해
찰과상	스치거나 문질러서 벗겨진 상해
베임(창상)	창, 칼 등에 베인 상해
화상	화재 또는 고온물 접촉으로 인한 상해
뇌진탕	머리를 세게 맞았을 때 장해로 일어난 상해
익사	물 속에 추락해서 사망한 상해
피부염	작업과 연관되어 발생 또는 악화되는 모든 질환
청력장해	청력이 감퇴 또는 난청이 된 상해
시력장해	시력이 감퇴 또는 실명된 상해
기타	앞의 15가지 항목으로 구분 불능 시 상해 명칭을 기재할 것

(4) 발생형태에 따른 산업재해의 분류(KOSHA GUIDE)

분류항목	세부항목
떨어짐(추락)	사람이 인력(중력)에 의하여 건축물, 구조물, 가설물, 수목, 사다리 등의 높은 장소에서 떨어지는 것
넘어짐(전도)	사람이 거의 평면 또는 경사면, 층계 등에서 구르거나 넘어지는 경우
깔림 · 뒤집힘(물체의 쓰러짐이나 뒤집힘)	기대어져 있거나 세워져 있는 물체 등이 쓰러져 깔린 경우 및 지게차 등의 건설기계 등이 운행 또는 작업 중 뒤집어진 경우
부딪힘(충돌) · 접촉	재해자 자신의 움직임 · 동작으로 인하여 기인물에 접촉 또는 부딪히거나, 물체가 고정부에서 이탈하지 않은 상태로 움직임(규칙, 불규칙) 등에 의하여 부딪히거나, 접촉한 경우
맞음 (낙하 · 비래)	구조물, 기계 등에 고정되어 있던 물체가 중력, 원심력, 관성력 등에 의하여 고정부에서 이탈하거나 또는 설비 등으로부터 물질이 분출되어 사람을 가해하는 경우
끼임 (협착)	두 물체 사이의 움직임에 의하여 일어난 것으로 직선운동하는 물체 사이의 끼임, 회전부와 고정체 사이의 끼임, 로울러 등 회전체 사이에 물리거나 또는 회전체 · 돌기부 등에 감긴 경우
무너짐 (붕괴 · 도괴)	토사, 적재물, 구조물, 건축물, 가설물 등이 전체적으로 허물어져 내리거나 또는 주요 부분이 꺾어져 무너지는 경우

압박 · 진동	재해자가 물체의 취급과정에서 신체 특정 부위에 과도한 힘이 편중 · 집중 · 눌려진 경우나 마찰접촉 또는 진동 등으로 신체에 부담을 주는 경우
신체반작용	물체의 취급과 관련없이 일시적이고 급격한 행위 · 동작, 균형상실에 따른 반사적 행위 또는 놀람, 정신적 충격, 스트레스 등
부자연스런 자세	물체의 취급과 관련없이 작업환경 또는 설비의 부적절한 설계 또는 배치로 작업자가 특정 자세 · 동작을 장시간 취하여 신체의 일부에 부담을 주는 경우
과도한 힘 · 동작	물체의 취급과 관련하여 근육의 힘을 많이 사용하는 경우로서 밀기, 당기기, 지탱하기, 들어올리기, 돌리기, 잡기, 운반하기 등과 같은 행위 · 동작
반복적 동작	물체의 취급과 관련하여 근육의 힘을 많이 사용하지 않는 경우로서 지속적 또는 반복적인 업무수행으로 신체의 일부에 부담을 주는 행위 · 동작
이상온도 노출 · 접촉	고 · 저온 환경 또는 물체에 노출 · 접촉된 경우
이상기압 노출	고 · 저기압 등의 환경에 노출된 경우
유해 · 위험물질 노출 · 접촉	유해 · 위험물질에 노출 · 접촉 또는 흡입하였거나 독성동물에 쏘이거나 물린 경우
소음노출	폭발음을 제외한 일시적 · 장기적인 소음에 노출된 경우
유해광선 노출	전리 또는 비전리 방사선에 노출된 경우
산소결핍 · 질식	유해물질과 관련 없이 산소가 부족한 상태 · 환경에 노출되었거나 이물질 등에 의하여 기도가 막혀 호흡기능이 불충분한 경우
화재	가연물에 점화원이 가해져 비의도적으로 불이 일어난 경우를 말하며, 방화는 의도적이기는 하나 관리할 수 없으므로 화재에 포함
폭발	건축물, 용기 내 또는 대기 중에서 물질의 화학적, 물리적 변화가 급격히 진행되어 열, 폭음, 폭발압이 동반하여 발생하는 경우
감전	전기설비의 충전부 등에 신체의 일부가 직접 접촉하거나 유도전류의 통전으로 근육의 수축, 호흡곤란, 심실세동 등이 발생한 경우 또는 특별고압 등에 접근함에 따라 발생한 섬락 접촉, 합선 · 혼촉 등으로 인하여 발생한 아아크(Arc)에 접촉된 경우
폭력행위	의도적인 또는 의도가 불분명한 위험행위(마약, 정신질환 등)로 자신 또는 타인에게 상해를 입힌 폭력 · 폭행을 말하며, 협박 · 언어 · 성폭력 및 동물에 의한 상해 등도 포함

(5) 분류시 유의사항

① 두 가지 이상의 발생형태가 연쇄적으로 발생된 사고의 경우는 상해결과 또는 피해를 크게 유발한 형태로 분류한다.

㉮ 재해자가 「넘어짐」으로 인하여 기계의 동력전달부위 등에 끼이는 사고가 발생하여 신체부위가 「절단」된 경우에는 「끼임」으로 분류한다.

㉯ 재해자가 구조물 상부에서 「넘어짐」으로 인하여 사람이 떨어져 두개골 골절이 발생한 경우에는 「떨어짐」으로 분류한다.

㉱ 재해자가 「넘어짐」 또는 「떨어짐」으로 물에 빠져 익사한 경우에는 「유해·위험물질 노출·접촉」
　　　으로 분류한다.
　　㉲ 재해자가 전주에서 작업 중 「전류접촉」으로 떨어진 경우 상해결과가 골절인 경우에는 「떨어
　　　짐」으로 분류하고, 상해결과가 전기쇼크인 경우에는 「전류접촉」으로 분류한다.
　② 기계의 구동축, 회전체 등 주요 부위의 파단, 파열 등으로 사고가 발생한 경우에는 상해를 입힌
　　물체의 운동형태에 따라 「맞음」재해로 분류한다.
　③ 「떨어짐」과 「넘어짐」재해의 분류는 다음과 같이 적용한다.
　　㉮ 사고 당시 바닥면과 신체가 떨어진 상태로 더 낮은 위치로 떨어진 경우에는 「떨어짐」으로, 바닥
　　　면과 신체가 접해있는 상태에서 더 낮은 위치로 떨어진 경우에는 「넘어짐」으로 분류한다.
　　㉯ 신체가 바닥면과 접해있었는지 여부를 알 수 없는 경우에는 작업발판 등 구조물의 높이가
　　　보폭(약 60cm) 이상인 경우에는 신체가 구조물과 바닥면에서 떨어진 것으로 판단하여 「떨어
　　　짐」으로 분류하고, 그 보폭 미만인 경우는 「넘어짐」으로 분류한다.
　④ 「맞음」, 「이상온도 노출·접촉」 또는 「유해·위험물질 노출·접촉」의 분류는 다음과 같이 적용
　　한다.
　　㉮ 물체 또는 물질이 떨어지거나 날아와 타박상 등의 상해를 입었을 경우에는 「맞음」으로 분류
　　　한다.
　　㉯ 고·저온 물체 또는 물질이 떨어지거나 날아와 화상을 입었을 경우에는 「이상온도 노출·접촉」
　　　으로 분류한다.
　　㉰ 떨어지거나 날아온 물체 또는 물질의 특성에 의하여 상해를 입은 경우에는 「유해·위험물질
　　　노출·접촉」으로 분류한다.

5　재해발생의 메커니즘(Mechanism)

(1) **하인리히(Heinrich)의 사고연쇄성 이론[도미노(Domino) 현상]**
　① **1단계** : 사회적 환경 및 유전적 요소
　② **2단계** : 개인적 결함
　③ **3단계** : 불안전한 행동 및 불안전한 상태(물리적, 기계적 위험)
　④ **4단계** : 사고
　⑤ **5단계** : 재해

(2) **버드(Bird)의 최신사고 연쇄성 이론**
　① **1단계** : 통제의 부족 – 관리(경영)
　② **2단계** : 기본원인 – 기원(원인론)
　③ **3단계** : 직접원인 – 징후
　④ **4단계** : 사고 – 접촉
　⑤ **5단계** : 상해 – 손해 – 손실

> **⊏ 전문적관리의 4가지 기능**
> • 계획(Planning) → 조직(Organizing) → 지도(Leading) → 제어(Controlling)

(3) 아담스(Adams)의 연쇄이론

① **관리구조의 결함** : 목적(목적, 수행표준, 사정, 측정), 조직(명령체제, 관리의 범위, 권한과 임무의 위임, 스탭), 운영(설계, 설비, 조달, 계획, 절차, 환경 등)

② **작전적(전략적) 에러** : 관리자나 감독자에 의해서 만들어진 에러

㉮ 관리자의 행동 : 정책, 목표, 권위, 결과에 대한 책임, 책무, 주위의 넓이, 권한위임 등과 같은 영역에서 의사결정이 잘못 행해지던가 행해지지 않는다.

㉯ 감독자의 행동 : 행위, 책임, 권위, 규칙, 지도, 주도성(솔선수범), 의욕, 업무(운영) 등과 같은 영역에서의 관리상의 잘못 또는 생략이 행해진다.

③ **전술적 에러** : 불안전한 행동 및 불안전한 상태

④ **사고** : 사고의 발생, 무상해 사고, 물적 손실사고

⑤ **상해 또는 손해** : 대인, 대물

> **⊏ 형평성이론**
> 개인은 자신의 노력과 결과로 얻어지는 보상과의 관계를 다른 사람과 비교하여 자신이 느끼는 공정성에 따라 행동동기가 영향을 받는다는 이론
> • 투입 : 시간, 노력, 기술, 교육 정도, 비용
> • 산출 : 급료, 지위인정, 칭찬, 좋은 배치, 보람 등
> • 결과 : 투입에 대한 산출의 비율이 다른 종업원들과 일치할 때 공정성이 있다고 믿는다. 이 경우 작업동기가 가장 좋아질 수 있다.

(4) 자베타키스(Zabetakis)의 연쇄이론

① **사고의 근본원인** : 인간정책과 결정, 개인적 요인, 환경적 요인

② **사고의 간접원인** : 불안전 행동 및 불안전 상태

③ **물질 에너지의 기준이탈** : 사고의 직접원인(에너지 및 위험한 물질의 예기치 않은 방출)

④ **사고** : 신체의 상해, 재산피해

⑤ **구호** : 응급조치, 수리, 대체(바꿔치기), 조사, 위험성분석, 안전지식

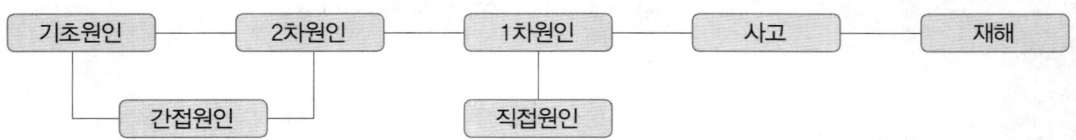

(1) **간접원인** : 재해의 가장 깊은 곳에 존재하는 재해원인

　① **기초원인** : 학교 교육적 원인, 관리적 원인

　② **2차원인** : 신체적 원인, 정신적 원인, 안전 교육적 원인, 기술적 원인

(2) **직접원인**(1차원인) : 시간적으로 사고 발생에 가까운 원인

　① **물적원인** : 불안전한 상태(설비 및 환경 등의 불량)

　② **인적원인** : 불안전한 행동

(3) **하인리히**(Heinrich)**에 의한 사고원인의 분류**

　① **직접원인** : 직접적으로 사고를 일으키는 불안전 행동이나 불안전한 기계적 상태

　② **부원인**(Subcause) : 불안전한 행동을 일으키는 이유(안전작업 규칙들이 위배되는 이유)

　　㉮ 부적절한 태도

　　㉯ 지식 또는 기능의 결여

　　㉰ 신체적 부적격

　　㉱ 부적절한 기계적, 물리적 환경

　③ **기초원인** : 습관적, 사회적, 유전적, 관리감독적 특성

(4) **간접원인 및 직접원인**

　① **간접원인**

　　㉮ 기술적 원인 : 건물·기계장치 설계 불량, 구조·재료의 부적합, 생산 공정의 부적당, 점검·정비·보존 불량

　　㉯ 교육적 원인 : 안전의식의 부족, 안전수칙의 오해, 경험훈련의 미숙, 작업방법의 교육 불충분, 유해위험 작업의 교육 불충분

　　㉰ 관리적 원인(작업관리상 원인) : 안전관리 조직 결함, 안전수칙 미제정, 작업준비 불충분, 인원배치 부적당, 작업지시 부적당

　② **직접원인**

　　㉮ 불안전한 행동 : 위험장소 접근, 안전장치의 기능 제거, 복장 보호구의 잘못 사용, 기계·기구 잘못 사용, 운전중인 기계장치의 손질, 불안전한 속도 조작, 위험물 취급 부주의, 불안전한

상태 방치, 불안전한 자세 동작, 감독 및 연락 불충분

㉮ 불안전한 상태 : 물 자체 결함, 안전 방호장치 결함, 복장·보호구의 결함, 물의 배치 및 작업 장소 결함, 작업환경의 결함, 생산 공정의 결함, 경계표시·설비의 결함

7. 재해발생의 메커니즘(3가지의 구조적 요소)

(1) 단순 자극형(집중형)

일어난 장소나 그 시점에 일시적으로 요인이 집중하여 재해가 발생하는 경우이다.

(2) 연쇄형

어느 하나의 요소가 원인이 되어 다른 요인을 발생시키고 이것이 또 다른 요소를 연쇄적으로 발생 시키는 형태, 즉 연쇄적인 작용으로 재해를 일으키는 형태이다.

(3) 복합형

집중형과 연쇄형의 복합적인 형태로 대부분의 경우 재해발생은 복합형으로 일어난다고 볼 수 있다.

단순 자극형	연쇄형		복합형
	단순연쇄형	복합연쇄형	

8. 재해구성 비율

(1) 하인리히의 재해구성 비율

① 1 : 29 : 300의 법칙으로 중상 또는 사망 1회, 경상 29회, 무상해사고 300회의 비율로 발생

② 중상 또는 사망 : 경상 : 무상해 사고 = 1 : 29 : 300

(2) 버드(Frank e. Bird, Jr)의 재해구성 비율

① 중상 또는 폐질 1, 경상(물적 또는 인적상해) 10, 무상해사고(물적손실) 30, 무상해 무사고 고장 (위험순간) 600의 비율로 사고가 발생

② 중상 또는 폐질 : 경상 : 무상해사고 : 무상해 무사고 고장 = 1 : 10 : 30 : 600

9 재해예방의 원칙

(1) 재해예방의 4원칙

① **손실우연의 원칙** : 사고에 의해서 생기는 손실(상해)의 종류와 정도는 우연적이다.(1 : 29 : 300 의 법칙)

② **원인계기의 원칙** : 모든 재해는 필연적인 원인에 의해서 발생한다.

③ **예방가능의 원칙** : 재해는 원칙적으로 모두 방지가 가능하다.

   ㉮ 재해방지의 대상은 우연적인 손실의 방지보다는 사고의 발생 그 자체의 방지가 아니면 안 된다.

   ㉯ 재해는 직접원인에 의해서만 발생하는 것이 아니고 많은 간접원인의 연쇄로 발생한다.

   ㉰ 직접원인은 인적원인과 물적원인으로 구별한다.

   ㉱ 직접원인(1차원인)에는 그것의 존재 이유가 있다. 이것을 2차원인이라고 한다.

   ㉲ 2차원인 이전에는 기초원인이 있다.

   ㉳ 가장 효과적인 재해방지 대책의 선정은 이들 원인의 정확한 분석에 의해서 얻어진다.

④ **대책선정의 원칙(3E의 적용)**

   ㉮ 기술적(Engineering) 대책(공학적 대책) : 안전설계, 작업행정 개선, 안전기준의 설정, 환경 설비의 개선 등

   ㉯ 교육적(Education) 대책 : 안전교육 및 훈련의 실시

   ㉰ 관리적(Enforcement) 대책 : 적합한 기준 설정, 각종 규정 및 수칙의 준수, 전 종업원의 기준 이해, 경영자 및 관리자의 솔선수범, 부단한 동기부여와 사기 향상

(2) 재해예방활동의 3원칙

재해요인의 발견, 재해요인의 제거ㆍ시정, 재해요인 발생의 예방

10 사고 예방대책의 기본원리 5단계(사고방지원리의 단계)

(1) 1단계 – 조직(안전관리조직)

① 경영자의 안전목표 수립, 안전관리자의 임명

② 안전의 라인 및 참모 조직 구성

③ 안전활동 방침 및 계획 수정

④ 조직을 통한 안전 활동

(2) 2단계 – 사실의 발견

① 사고 및 안전활동 기록 검토ㆍ작업분석

② 관찰 및 보고서의 연구 등을 통하여 불안전 요소발견

③ 안전점검 및 안전진단 사고조사

④ 안전회의 및 토의

⑤ 근로자의 제안 및 여론조사

(3) 3단계 – 분석 · 평가

① 작업공정 분석

② 사고보고서 및 현장조사

③ 사고기록 및 인적 물적 조건의 분석

④ 교육훈련 분석 등을 통하여 사고의 직접원인 및 간접원인을 규명

(4) 4단계 – 시정방법의 선정

① 기술적 개선 · 인사조정(배치조정)

② 교육 훈련의 개선, 안전행정의 개선

③ 규정 및 수칙 작업, 표준 제도의 개선

④ 확인 및 통제체제 개선

(5) 5단계 – 시정책의 적용(3E 적용)

① 기술적(Engineering) 대책

② 교육적(Education) 대책

③ 관리적(단속적, Enforcement) 대책

⊏ 3S, 4S, 3E 대책
- 3S : 표준화(Standardization), 전문화(Specification), 단순화(Simplification)
- 4S : 표준화(Standardization), 전문화(Specification), 단순화(Simplification), 총합화(Synthesization)
- 3E 대책(Harvey) : Heinrich의 사고예방 5단계 중 5번째 단계(시정책의 적용)와 연관되며 기술적 대책(Engineering), 교육적 대책(Education), 관리적 대책(Enforcement)

---

11 무재해운동

(1) 무재해운동의 정의 및 이념

① 사업주와 근로자가 참여하는 재해예방을 위한 자율적인 운동으로, 사업장 내의 잠재적인 재해 요인을 사전에 발견하여 근원적으로 이를 제거하기 위한 운동을 의미한다.

② 무재해운동의 근본이념은 인간존중의 이념이며, 안전과 건강을 다 함께 선취하는 운동이다.

(2) 무재해운동의 3원칙

① **무(Zero)의 원칙** : 산재 위험의 잠재요인을 근원적으로 해결하기 위한 원칙

② **선취의 원칙** : 위험요인 행동 전에 예지, 발견

③ **참가의 원칙** : 전원(근로자, 회사내 전종업원, 근로자 가족) 참가

(3) 무재해운동 추진의 3기둥(무재해운동의 3요소)

① 최고 경영자의 경영자세

② 라인화의 철저(관리감독자에 의한 안전보건의 추진)

③ 직장(소집단) 자주활동의 활발화

(4) 브레인 스토밍(B. S. : Brain Storming)**의 4원칙** : 비평금지, 자유분방, 대량발언, 수정발언

(5) 무재해운동 실천의 3원칙 : 팀 미팅 기법, 선취기법, 문제 해결기법

12 ▶ 위험예지 훈련

(1) 위험예지 훈련의 안전 선취를 위한 방법 : 감수성 훈련, 단시간 미팅 훈련, 문제 해결훈련

(2) 위험예지 훈련의 기초 4라운드 진행방법

① **1R(현상파악)** : 어떤 위험이 잠재하고 있는지 사실을 파악하는 라운드(BS적용)

② **2R(본질추구)** : 가장 위험한 요인(위험 포인트)을 합의로 결정하는 라운드(요약)

③ **3R(대책수립)** : 구체적인 대책을 수립하는 라운드(BS적용)

④ **4R(목표달성–설정)** : 수립한 대책 가운데 질이 높은 항목에 합의하는 라운드(요약)

(3) TBM(Tool Box Meeting)

5~7명 정도의 인원이 직장, 현장, 공구상자 등의 근처에서작업 시작 전 5~15분, 작업 종료시 3~5분 정도의 짧은 시간동안에 행하는 미팅

(4) 문제해결의 8단계(TBM의 진행방법)

문제해결 4 단계(4R)	문제해결의 8 단계
1R – 현상파악	1단계 – 문제제기 2단계 – 현상파악

2R – 본질추구	3단계 – 문제점 발견 4단계 – 중요 문제 결정
3R – 대책수립	5단계 – 해결책 구상 6단계 – 구체적 대책 수립
4R – 행동목표 설정	7단계 – 중점사항 결정 8단계 – 실시계획 책정

(5) **단시간 미팅 즉시즉응훈련 진행 요령**(TBM 5단계) : 즉석에서 전원이 역할 연습하여 체험학습하는 기법

① **제1단계 – 도입** : 정렬, 인사, 건강확인, 직장 체조, 목표 제창, 안전 연설

② **제2단계 – 점검정비** : 복장, 보호구, 공구, 사용 기기, 재료 등의 점검 정비

③ **제3단계 – 작업지시** : 연락사항 전달, 금일의 작업지시, 5W1H+위험예지, 지적확인(중점 실시사항 2Point), 복창

④ **제4단계 – 위험예지** : 설정해 놓은 도해로 One Point 위험 예지 훈련 실시

⑤ **제5단계 – 확인** : One Point 지적 확인 연습, Touch & Call, 끝맺음

(6) **삼각위험예지훈련**

위험예지훈련을 보다 빠르게, 보다 간편하게 전원참여로 말하거나 쓰는 것이 미숙한 작업자를 위한 방법

13 ▶ ECR의 제안제도

(1) ECR(Error Cause Removal : 과오 원인 제거)

① 사업장에서 직접 작업을 하는 작업자 스스로가 자기의 부주의 또는 제반오류의 원인을 생각함으로서 작업을 개선하도록 하는 제안

② ECE(Error Cause Elimination)라고도 함

(2) **실수 및 과오의 3대 원인**

① **능력부족** : 적성의 부적합, 지식의 부족, 기술의 미숙, 인간관계

② **주의부족** : 개성, 감정의 불안정, 습관성, 감수성 미약

③ **환경 조건 불량** : 재해 표준 불량, 계획 불충분, 연락 및 의사소통 불량, 작업 조건 불량, 불안과 동요

14 ▶ 안전확인 5지 운동

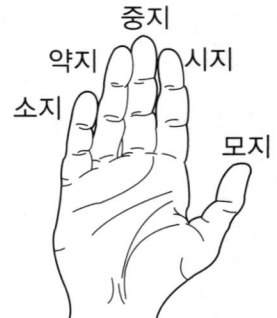

(1) **모지 – 마음** : 정신차려서 마음의 준비

(2) **시지 – 복장** : 연락, 신호, 그리고 복장의 정비

(3) **중지 – 규정** : 통로를 넓게, 규정과 기준

(4) **약지 – 정비** : 기계, 차량의 점검, 정비

(5) **소지 – 확인** : 표시는 뚜렷하게 안전 확인

15 ▶ STOP(Safety Training Observation Program)

(1) **STOP의 개념**

① 미국의 듀퐁(Du Pont)에서 개발한 것으로 감독자를 대상으로 한 안전관찰훈련 과정임

② 각 계층의 감독자들이 숙련된 안전관찰(Safety Observation)을 행할 수 있도록 훈련을 실시함으로써 사고의 발생을 미연에 방지하기 위한 것

(2) **안전 감독 실시법**

① 안전관리자가 불안전한 행위를 관찰하기 위하여 관찰 사이클을 이용

② 관찰사이클(Observation Cycle)은 결심(Decide) → 정지(Stop) → 관찰(Observe) → 조치(Act) → 보고(Report)

CONSTRUCTION SAFETY CHAPTER 02

안전보건관리체제 및 운용

1 안전보건관리조직의 개요 및 목적

(1) **안전보건관리조직의 개요** : 원활한 안전활동, 안전관리 및 안전조직의 확립을 위해 필요한 조직으로 사업장의 규모에 따라 라인형, 스태프형, 라인-스태프형의 3가지로 분류

(2) **안전보건관리조직의 목적**
　① 모든 위험요소의 제거
　② 위험요소제거 기술수준의 향상
　③ 재해예방율 향상
　④ 단위당 예방비용의 절감

2 안전보건관리조직의 형태

(1) **라인**(Line)**형**(직계식 조직)
　① **특징**
　　㉮ 안전관리에 관한 계획에서 실시에 이르기까지 모든 권한이 포괄적이고 직선적으로 행사되며, 안전을 전문으로 분담하는 부분이 없다.
　　㉯ 생산조직 전체에 안전관리 기능을 부여한다.
　　㉰ 소규모 사업장(100명 이하)에 적합하다.
　② **장점**
　　㉮ 안전지시나 개선조치가 각 부분의 직제를 통하여 생산업무와 같이 흘러가므로 지시나 조치가 철저할 뿐만 아니라 그 실시도 빠르다.
　　㉯ 명령과 보고가 상하관계 뿐이므로 간단 명료하다.
　③ **단점**
　　㉮ 안전에 대한 정보가 불충분하며 내용이 빈약하다.
　　㉯ 생산업무와 같이 안전대책이 실시되므로 불충분하다.
　　㉰ 라인에 과중한 책임을 지우기가 쉽다.

(2) 스태프(Staff)형(참모식 조직)

① 특징
- ㉮ 안전관리를 담당하는 스태프(참모진)를 두고 안전관리에 관한 계획, 조사, 검토, 권고, 보고 등을 행하는 관리 방식이다.
- ㉯ 중규모 사업장(100명 이상 ~ 1000명 미만)에 적합하다.

② 장점
- ㉮ 사업장의 특수성에 적합한 기술연구를 전문적으로 할 수 있다.(안전지식 및 기술 축적이 용이)
- ㉯ 경영자에 대한 조언과 자문역할이 가능하다.

③ 단점
- ㉮ 생산부문에 협력하여 안전 명령을 전달·실시하므로 안전 지시가 용이하지 않으며, 안전과 생산을 별개로 취급하기 쉽다.
- ㉯ 생산부문은 안전에 대한 책임과 권한이 없다.
- ㉰ 권한 다툼이나 조정 때문에 통제 수속이 복잡해지며, 시간과 노력이 소모된다.

(3) 라인-스태프형(직계 참모조직)

① 특징
- ㉮ 라인형과 스태프형의 장점을 취한 절충식 조직 형태로 안전업무를 전문으로 담당하는 스태프 부분을 두고 생산라인의 각층에도 겸임 또는 전임의 안전 담당자를 두어서 안전대책은 스태프 부분에서 기획하고, 이것을 라인을 통하여 실시하도록 한 조직 방식이다.
- ㉯ 대규모의 사업장(1000명 이상)에 효율적이다.

② 장점
- ㉮ 스태프에 의해 입안된 것을 경영자의 지침으로 명령·실시하도록 하므로 정확 신속하게 실시된다.
- ㉯ 안전입안 계획·평가·조사는 스태프에서, 생산기술의 안전대책은 라인에서 실시하므로 안전활동과 생산업무가 균형을 유지할 수 있다.

③ 단점
- ㉮ 명령계통과 조언 권고적 참여가 혼동되기 쉽다.
- ㉯ 라인이 스태프에만 의존하거나 또는 활용치 않는 경우가 있다.
- ㉰ 스태프의 월권행위 우려가 있다.

┢ 안전보건관리조직의 구비조건
- 회사의 특성, 규모에 부합되게 조직하여야 한다.
- 조직의 기능이 충분히 발휘될 수 있도록 제도적 체계가 갖추어져야 한다.
- 관리자의 책임과 권한이 명확해야 한다.
- 생산라인과 밀착된 조직이어야 한다.

3 산업안전보건법상의 안전보건관리 조직 체계도 및 임무내용

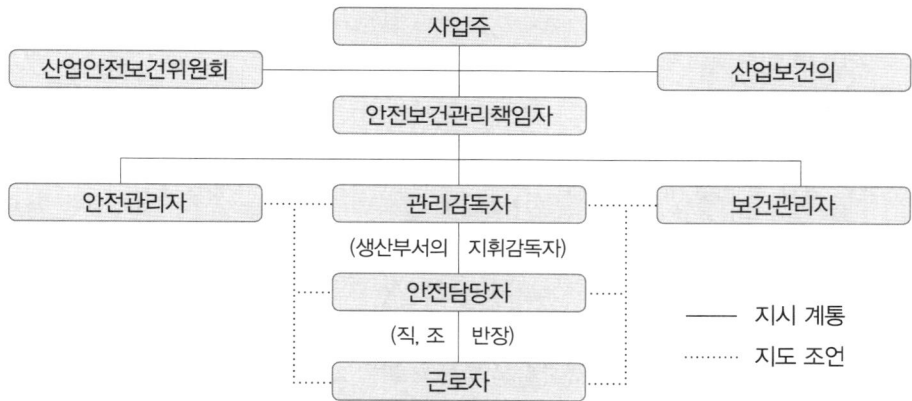

(1) 안전보건관리책임자의 업무내용

① 사업장의 산업재해 예방계획의 수립에 관한 사항

② 안전보건관리규정의 작성 및 변경에 관한 사항

③ 안전보건교육에 관한 사항

④ 작업환경측정 등 작업환경의 점검 및 개선에 관한 사항

⑤ 근로자의 건강진단 등 건강관리에 관한 사항

⑥ 산업재해의 원인 조사 및 재발 방지대책 수립에 관한 사항

⑦ 산업재해에 관한 통계의 기록 및 유지에 관한 사항

⑧ 안전장치 및 보호구 구입 시 적격품 여부 확인에 관한 사항

⑨ 그 밖에 근로자의 유해위험 방지조치에 관한 사항으로서 고용노동부령으로 정하는 사항

(2) 안전관리자의 직무내용

① 산업안전보건위원회 또는 안전 및 보건에 관한 노사협의체에서 심의·의결한 업무와 해당 사업장의 안전보건관리규정 및 취업규칙에서 정한 업무

② 위험성평가에 관한 보좌 및 지도 · 조언

③ 안전인증대상기계등과 자율안전확인대상기계등 구입 시 적격품의 선정에 관한 보좌 및 지도 · 조언

④ 해당 사업장 안전교육계획의 수립 및 안전교육 실시에 관한 보좌 및 지도 · 조언

⑤ 사업장 순회점검, 지도 및 조치 건의

⑥ 산업재해 발생의 원인 조사·분석 및 재발 방지를 위한 기술적 보좌 및 지도 · 조언

⑦ 산업재해에 관한 통계의 유지·관리·분석을 위한 보좌 및 지도 · 조언

⑧ 법 또는 법에 따른 명령으로 정한 안전에 관한 사항의 이행에 관한 보좌 및 지도 · 조언

⑨ 업무 수행 내용의 기록·유지

⑩ 그 밖에 안전에 관한 사항으로서 고용노동부장관이 정하는 사항

(3) 관리감독자의 업무 내용

① 사업장 내 관리감독자가 지휘 · 감독하는 작업(이하"해당 작업")과 관련된 기계 · 기구 또는 설비의 안전보건 점검 및 이상 유무의 확인

② 관리감독자에게 소속된 근로자의 작업복 · 보호구 및 방호장치의 점검과 그 착용 · 사용에 관한 교육 · 지도

③ 해당 작업에서 발생한 산업재해에 관한 보고 및 이에 대한 응급조치

④ 해당 작업의 작업장 정리 · 정돈 및 통로확보에 대한 확인 · 감독

⑤ 해당 사업장의 산업보건의, 안전관리자, 보건관리자 및 안전보건관리담당자의 지도 · 조언에 대한 협조

⑥ 위험성평가와 관련한 유해 · 위험요인의 파악 및 개선조치의 시행에 대한 참여 업무

⑦ 그 밖에 해당 작업의 안전보건에 관한 사항으로서 고용노동부장관이 정하는 사항

(4) 산업안전보건 관련 교육과정별 교육시간

① 근로자 안전보건교육

교육과정	교육대상		교육시간
정기교육	사무직 종사 근로자		매반기 6시간 이상
	그 밖의 근로자	판매업무에 직접 종사하는 근로자	매반기 6시간 이상
		판매업무에 직접 종사하는 근로자 외의 근로자	매반기 12시간 이상
채용 시 교육	일용근로자 및 근로계약기간이 1주일 이하인 기간제근로자		1시간 이상
	근로계약기간이 1주일 초과 1개월 이하인 기간제근로자		4시간 이상
	그 밖의 근로자		8시간 이상
작업내용 변경 시 교육	일용근로자 및 근로계약기간이 1주일 이하인 기간제근로자		1시간 이상
	그 밖의 근로자		2시간 이상
특별교육	특별교육 대상 작업(단, 타워크레인을 사용하는 작업시 신호업무를 하는 작업은 제외)에 종사하는 일용근로자 및 근로계약기간이 1주일 이하인 기간제근로자		2시간 이상
	타워크레인을 사용하는 작업시 신호업무를 하는 일용근로자 및 근로계약기간이 1주일 이하인 기간제근로자		8시간 이상

특별교육	특별교육 대상 작업에 종사하는 근로자 중 일용근로자 및 근로계약기간이 1주일 이하인 기간제근로자를 제외한 근로자	−16시간 이상(최초 작업에 종사하기 전 4시간 이상 실시하고 12시간은 3개월 이내에서 분할하여 실시 가능) −단기간 작업 또는 간헐적 작업인 경우에는 2시간 이상
건설업 기초 안전 · 보건교육	건설 일용근로자	4시간 이상

② **안전보건관리책임자 등에 대한 교육**

교육대상	교육시간	
	신규교육	보수교육
가. 안전보건관리책임자	6시간 이상	6시간 이상
나. 안전관리자, 안전관리전문기관의 종사자	34시간 이상	24시간 이상
다. 보건관리자, 보건관리전문기관의 종사자	34시간 이상	24시간 이상
라. 건설재해예방전문지도기관의 종사자	34시간 이상	24시간 이상
마. 석면조사기관의 종사자	34시간 이상	24시간 이상
바. 안전보건관리담당자	−	8시간 이상
사. 안전검사기관, 자율안전검사기관의 종사자	34시간 이상	24시간 이상

(5) 교육대상별 안전보건교육 내용

① **근로자 정기교육**

㉮ 산업안전 및 산업재해 예방에 관한 사항(화재 · 폭발 사고 발생 시 대피에 관한 사항 포함)

㉯ 산업보건 및 건강장해 예방에 관한 사항(폭염 · 한파작업으로 인한 건강장해 발생 시 응급조치에 관한 사항 포함)

㉰ 위험성 평가에 관한 사항

㉱ 건강증진 및 질병 예방에 관한 사항

㉲ 유해 · 위험 작업환경 관리에 관한 사항

㉳ 산업안전보건법령 및 산업재해보상보험 제도에 관한 사항

㉴ 직무스트레스 예방 및 관리에 관한 사항

㉵ 직장 내 괴롭힘, 고객의 폭언 등으로 인한 건강장해 예방 및 관리에 관한 사항

② 근로자 채용 시 교육 및 작업내용 변경 시 교육

㉮ 산업안전 및 산업재해 예방에 관한 사항(화재 · 폭발 사고 발생 시 대피에 관한 사항 포함)

㉯ 산업보건 및 건강장해 예방에 관한 사항

㉰ 위험성 평가에 관한 사항

㉱ 산업안전보건법령 및 산업재해보상보험 제도에 관한 사항

㉲ 직무스트레스 예방 및 관리에 관한 사항

㉳ 직장 내 괴롭힘, 고객의 폭언 등으로 인한 건강장해 예방 및 관리에 관한 사항

㉴ 기계 · 기구의 위험성과 작업의 순서 및 동선에 관한 사항

㉵ 작업 개시 전 점검에 관한 사항

㉶ 정리정돈 및 청소에 관한 사항

㉷ 사고 발생 시 긴급조치에 관한 사항

㉸ 물질안전보건자료에 관한 사항

③ 관리감독자 정기교육

㉮ 산업안전 및 산업재해 예방에 관한 사항(화재 · 폭발 사고 발생 시 대피에 관한 사항 포함)

㉯ 산업보건 및 건강장해 예방에 관한 사항(폭염 · 한파작업으로 인한 건강장해 발생 시 응급조치에 관한 사항 포함)

㉰ 위험성평가에 관한 사항

㉱ 유해 · 위험 작업환경 관리에 관한 사항

㉲ 산업안전보건법령 및 산업재해보상보험 제도에 관한 사항

㉳ 직무스트레스 예방 및 관리에 관한 사항

㉴ 직장 내 괴롭힘, 고객의 폭언 등으로 인한 건강장해 예방 및 관리에 관한 사항

㉵ 작업공정의 유해 · 위험과 재해 예방대책에 관한 사항

㉶ 사업장 내 안전보건관리체제 및 안전 · 보건조치 현황에 관한 사항

㉷ 표준안전 작업방법 결정 및 지도 · 감독 요령에 관한 사항

㉮ 현장근로자와의 의사소통능력 및 강의능력 등 안전보건교육 능력 배양에 관한 사항

㉯ 비상시 또는 재해 발생 시 긴급조치에 관한 사항

㉰ 그 밖의 관리감독자의 직무에 관한 사항

┗ 안전보건관리조직의 구비조건

• 회사의 특성, 규모에 부합되게 조직하여야 한다.

• 조직의 기능이 충분히 발휘될 수 있도록 제도적 체계가 갖추어져야 한다.

• 관리자의 책임과 권한이 명확해야 한다.

• 생산라인과 밀착된 조직이어야 한다.

4 **산업안전보건위원회**

(1) 산업안전보건위원회의 구성

    ① **근로자위원의 구성**

       ㉮ 근로자대표

       ㉯ 근로자대표가 지명하는 1명 이상의 명예감독관(명예산업안전감독관이 위촉되어 있는 사업장에 한함)

       ㉰ 근로자대표가 지명하는 9명 이내의 해당 사업장의 근로자(명예감독관이 근로자위원으로 지명되어 있는 경우 그 수를 제외한 수의 근로자)

    ② **사용자위원의 구성**

       ㉮ 해당 사업의 대표자(같은 사업으로 다른 지역에 사업장이 있는 경우 그 사업장의 최고책임자)

       ㉯ 안전관리자 1명(안전관리자를 두어야 하는 사업장에 한함)

       ㉰ 보건관리자 1명(보건관리자를 두어야 하는 사업장에 한함)

       ㉱ 산업보건의(해당 사업장에 선임되어 있는 경우로 한정)

       ㉲ 해당 사업의 대표자가 지명하는 9명 이내의 해당 사업장 부서의 장

(2) 산업안전보건위원회를 구성해야 할 사업의 종류 및 규모

사업의 종류	사업장의 상시근로자 수
1. 토사석 광업 2. 목재 및 나무제품 제조업;가구제외 3. 화학물질 및 화학제품 제조업;의약품 제외(세제, 화장품 및 광택제 제조업과 화학섬유 제조업은 제외) 4. 비금속 광물제품 제조업 5. 1차 금속 제조업 6. 금속가공제품 제조업;기계 및 가구 제외 7. 자동차 및 트레일러 제조업 8. 기타 기계 및 장비 제조업(사무용 기계 및 장비 제조업은 제외) 9. 기타 운송장비 제조업(전투용 차량 제조업은 제외)	상시 근로자 50명 이상
10. 농업 11. 어업 12. 소프트웨어 개발 및 공급업 13. 컴퓨터 프로그래밍, 시스템 통합 및 관리업 14. 정보서비스업 15. 금융 및 보험업 16. 임대업;부동산 제외 17. 전문, 과학 및 기술 서비스업(연구개발업은 제외) 18. 사업지원 서비스업 19. 사회복지 서비스업	상시 근로자 300명 이상
20. 건설업	공사금액 120억원 이상(건설산업기본법 시행령에 따른 토목공사업에 해당하는 공사의 경우에는 150억원 이상)
21. 제1호부터 제20호까지의 사업을 제외한 사업	상시 근로자 100명 이상

(3) 산업안전보건위원회의 운영

① 위원장은 위원 중에서 호선하며, 이 경우 근로자위원과 사용자위원 중 각 1명을 공동위원장으로 선출할 수 있다.

② 회의는 정기회의와 임시회의로 구분하되, 정기회의는 분기마다 위원장이 소집하며, 임시회의는 위원장이 필요하다고 인정할 때에 소집한다.

③ 회의는 근로자위원 및 사용자위원 각 과반수의 출석으로 시작하고 출석위원 과반수의 찬성으로 의결한다.

5 안전보건관리규정

(1) 안전보건관리규정을 작성해야 할 사업의 종류 및 규모

사업의 종류	상시근로자 수
1. 농업 2. 어업 3. 소프트웨어 개발 및 공급업 4. 컴퓨터 프로그래밍, 시스템 통합 및 관리업 5. 정보서비스업 6. 금융 및 보험업 7. 임대업;부동산 제외 8 전문, 과학 및 기술 서비스업(연구개발업은 제외) 9. 사업지원 서비스업 10. 사회복지 서비스업	300명 이상
11. 제1호부터 제10호까지의 사업을 제외한 사업	100명 이상

※ 사업주는 안전보건관리규정을 작성하여야 할 사유가 발생한 날부터 30일 이내에 안전보건관리규정을 작성하여야 하며, 이를 변경할 사유가 발생한 경우에도 또한 같다.

(2) 안전보건관리규정에 포함될 사항

① 안전 및 보건에 관한 관리조직과 그 직무에 관한 사항

② 안전보건교육에 관한 사항

③ 작업장의 안전 및 보건 관리에 관한 사항

④ 사고 조사 및 대책 수립에 관한 사항

⑤ 그 밖에 안전 및 보건에 관한 사항

6 안전보건관리계획

(1) 계획수립시의 유의 사항

① 사업장의 실태에 맞도록 독자적으로 수립하되, 실현 가능성이 있도록 수립한다.

② 직장단위로 구체적 계획을 작성한다.

③ 계획상의 재해 감소 목표는 점진적으로 수준을 높이도록 한다.

④ 근본적인 안전대책을 강구한다.

⑤ 복수의 계획안을 내어 그 중에서 선택한다.

(2) 계획작성시 고려해야 할 사항

① 목표와 대책은 평형상태를 유지한다.

② 대책을 구상하기 전에 조감도를 작성한다.

③ 대책의 우선순위 결정시 유의사항

㉮ 목표 달성에 대한 기여도

㉯ 대책의 긴급성에 의해 우선순위 결정

㉰ 문제의 확대 가능성의 여부

㉱ 대책의 난이성에 의한 우선순위 결정 지양

(3) 계획내용의 구비조건

① 구체적인 내용일 것

② 타 관리 제계획과 균형이 맞을 것

③ 장기적인 관념에서 일관성이 있을 것

④ 실시 가능한 것일 것

⑤ 이해하기가 용이할 것

(4) 평가 : 계획의 완성은 계획 → 실시 → 평가 → 계획수정 → 완성 → 평가

① 평가시의 유의 사항

㉮ 재해건수, 재해율 등의 목표치와 안전활동 자체평가 실시

㉯ 다각적인 평가가 되도록 실시

㉰ 평가 결과에 따라 개선 방향 설정

② 주요평가척도

㉮ 절대척도 : 재해건수 등 수치

㉯ 상대척도 : 도수율, 강도율 등

㉰ 평정척도 : 양적으로 나타내는 것이며, 양호, 보통, 불량 등 단계로 평정

㉱ 도수척도 : %로 나타내는 것

(5) 안전관리의 사이클(계획의 운용, P → D → C → A)

    ① Plan(계획) : 목표를 정하고 달성하는 방법을 계획

    ② Do(실시) : 교육, 훈련을 하고 실행

    ③ Check(검토) : 결과를 검토

    ④ Action(조치) : 검토한 결과에 의해 조치

7 도급과 관련된 사항

(1) 용어의 정의

    ① **도급** : 명칭에 관계없이 물건의 제조 · 건설 · 수리 또는 서비스의 제공, 그 밖의 업무를 타인에게 맡기는 계약을 말한다.

    ② **도급인** : 물건의 제조 · 건설 · 수리 또는 서비스의 제공, 그 밖의 업무를 도급하는 사업주를 말한다. 다만, 건설공사발주자는 제외한다.

    ③ **수급인** : 도급인으로부터 물건의 제조 · 건설 · 수리 또는 서비스의 제공, 그 밖의 업무를 도급받은 사업주를 말한다.

    ④ **관계수급인** : 도급이 여러 단계에 걸쳐 체결된 경우에 각 단계별로 도급받은 사업주 전부를 말한다.

    ⑤ **건설공사발주자** : 건설공사를 도급하는 자로서 건설공사의 시공을 주도하여 총괄 · 관리하지 아니하는 자를 말한다. 다만, 도급받은 건설공사를 다시 도급하는 자는 제외한다.

(2) 유해한 작업의 도급금지

    ① **도급이 금지되는 작업**

        ㉮ 도금작업

        ㉯ 수은, 납 또는 카드뮴을 제련, 주입, 가공 및 가열하는 작업

        ㉰ 법령에 따른 허가대상물질을 제조하거나 사용하는 작업

    ② **도급이 가능한 작업**

        ㉮ 일시 · 간헐적으로 하는 작업을 도급하는 경우

        ㉯ 수급인이 보유한 기술이 전문적이고 사업주(수급인에게 도급을 한 도급인으로서의 사업주를 말한다)의 사업 운영에 필수 불가결한 경우로서 고용노동부장관의 승인을 받은 경우

(3) 도급인의 안전조치 및 보건조치

    ① 도급인은 관계수급인 근로자가 도급인의 사업장에서 작업을 하는 경우에는 그 사업장의 안전보건관리책임자를 도급인의 근로자와 관계수급인 근로자의 산업재해를 예방하기 위한 업무를 총괄하여 관리하는 안전보건총괄책임자로 지정하여야 한다. 이 경우 안전보건관리책임자를 두지 아니하여도 되는 사업장에서는 그 사업장에서 사업을 총괄하여 관리하는 사람을 안전보건총괄책임자로 지정하여야 한다.

② 도급인은 관계수급인 근로자가 도급인의 사업장에서 작업을 하는 경우에 자신의 근로자와 관계수급인 근로자의 산업재해를 예방하기 위하여 안전 및 보건 시설의 설치 등 필요한 안전조치 및 보건조치를 하여야 한다. 다만, 보호구 착용의 지시 등 관계수급인 근로자의 작업행동에 관한 직접적인 조치는 제외한다.

(4) 도급에 따른 산업재해 예방조치

도급인은 관계수급인 근로자가 도급인의 사업장에서 작업을 하는 경우 다음의 사항을 이행하여야 한다.

① 도급인과 수급인을 구성원으로 하는 안전 및 보건에 관한 협의체의 구성 및 운영

② 작업장 순회점검

③ 관계수급인이 근로자에게 하는 안전보건교육을 위한 장소 및 자료의 제공 등 지원

④ 관계수급인이 근로자에게 하는 안전보건교육의 실시 확인

⑤ 다음의 어느 하나의 경우에 대비한 경보체계 운영과 대피방법 등 훈련

　㉮ 작업 장소에서 발파작업을 하는 경우

　㉯ 작업 장소에서 화재·폭발, 토사·구축물 등의 붕괴 또는 지진 등이 발생한 경우

⑥ 위생시설 등 고용노동부령으로 정하는 시설의 설치 등을 위하여 필요한 장소의 제공 또는 도급인이 설치한 위생시설 이용의 협조

(5) 도급인의 안전 및 보건에 관한 정보 제공 등

① 다음의 작업을 도급하는 자는 그 작업을 수행하는 수급인 근로자의 산업재해를 예방하기 위하여 고용노동부령으로 정하는 바에 따라 해당 작업 시작 전에 수급인에게 안전 및 보건에 관한 정보를 문서로 제공하여야 한다.

　㉮ 폭발성·발화성·인화성·독성 등의 유해성·위험성이 있는 화학물질 중 고용노동부령으로 정하는 화학물질 또는 그 화학물질을 함유한 혼합물을 제조·사용·운반 또는 저장하는 반응기·증류탑·배관 또는 저장탱크로서 고용노동부령으로 정하는 설비를 개조·분해·해체 또는 철거하는 작업

　㉯ 위 ㉮항에 따른 설비의 내부에서 이루어지는 작업

　㉰ 질식 또는 붕괴의 위험이 있는 작업으로서 대통령령으로 정하는 작업

② 도급인이 안전 및 보건에 관한 정보를 해당 작업 시작 전까지 제공하지 아니한 경우에는 수급인이 정보 제공을 요청할 수 있다.

③ 도급인은 수급인이 제공받은 안전 및 보건에 관한 정보에 따라 필요한 안전조치 및 보건조치를 하였는지를 확인하여야 한다.

④ 수급인은 요청에도 불구하고 도급인이 정보를 제공하지 아니하는 경우에는 해당 도급 작업을 하지 아니할 수 있다. 이 경우 수급인은 계약의 이행 지체에 따른 책임을 지지 아니한다.

(5) 도급 관련 기타 사항

① 도급인의 관계수급인에 대한 시정조치

㉮ 도급인은 관계수급인 근로자가 도급인의 사업장에서 작업을 하는 경우에 관계수급인 또는 관계수급인 근로자가 도급받은 작업과 관련하여 이 법 또는 이 법에 따른 명령을 위반하면 관계수급인에게 그 위반행위를 시정하도록 필요한 조치를 할 수 있다. 이 경우 관계수급인은 정당한 사유가 없으면 그 조치에 따라야 한다.

㉯ 도급인은 작업을 도급하는 경우에 수급인 또는 수급인 근로자가 도급받은 작업과 관련하여 이 산업안전보건법 또는 법에 따른 명령을 위반하면 수급인에게 그 위반행위를 시정하도록 필요한 조치를 할 수 있다. 이 경우 수급인은 정당한 사유가 없으면 그 조치에 따라야 한다.

② 안전보건조정자

㉮ 2개 이상의 건설공사를 도급한 건설공사발주자는 그 2개 이상의 건설공사가 같은 장소에서 행해지는 경우에 작업의 혼재로 인하여 발생할 수 있는 산업재해를 예방하기 위하여 건설공사 현장에 안전보건조정자를 두어야 한다.

㉯ 안전보건조정자를 두어야 하는 건설공사의 금액, 안전보건조정자의 자격·업무, 선임방법, 그 밖에 필요한 사항은 대통령령으로 정한다.

③ 공사기간 단축 및 공법변경 금지

㉮ 건설공사발주자 또는 건설공사도급인(건설공사발주자로부터 해당 건설공사를 최초로 도급받은 수급인 또는 건설공사의 시공을 주도하여 총괄·관리하는 자를 말한다.)은 설계도서 등에 따라 산정된 공사기간을 단축해서는 아니 된다.

㉯ 건설공사발주자 또는 건설공사도급인은 공사비를 줄이기 위하여 위험성이 있는 공법을 사용하거나 정당한 사유 없이 정해진 공법을 변경해서는 아니 된다.

8 ▶ 안전보건개선계획

(1) 안전보건개선계획 수립대상 사업장

① 산업재해율이 같은 업종의 규모별 평균 산업재해율보다 높은 사업장
② 사업주가 필요한 안전조치 또는 보건조치를 이행하지 아니하여 중대재해가 발생한 사업장
③ 연간 직업성 질병자가 2명 이상 발생한 사업장
④ 유해인자의 노출기준을 초과한 사업장

(2) 안전보건진단을 받아 개선계획을 수립 제출해야 되는 사업장

① 산업재해율이 같은 업종의 규모별 평균 산업재해율보다 높은 사업장 중 중대재해(사업주가 안전보건조치의무를 이행하지 아니하여 발생한 중대재해에 한함) 발생 사업장
② 산업재해발생률이 같은 업종 평균 산업재해발생률의 2배 이상인 사업장
③ 직업병에 걸린 사람이 연간 2명 이상(상시 근로자 1천명 이상 사업장의 경우 3명 이상) 발생한 사업장

④ 작업환경 불량, 화재·폭발 또는 누출사고 등으로 사회적 물의를 일으킨 사업장

⑤ 위 ①항부터 ④항까지에 준하는 사업장으로서 고용노동부장관이 정하는 사업장

(3) 안전보건개선계획서

① 안전보건개선계획의 수립시행명령을 받은 사업주는 고용노동부장관이 정하는 바에 따라 안전보건개선계획서를 작성하여 그 명령을 받은 날부터 60일 이내에 관할 지방노동 관서의 장에게 제출

② 안전보건개선계획서에 포함되어야 할 사항

㉮ 시설

㉯ 안전보건관리체제

㉰ 안전보건교육

㉱ 산업재해 예방 및 작업환경의 개선을 위하여 필요한 사항

☑ 건설업 산업안전보건관리비 계상 및 사용기준(고용노동부 고시 제2025-11호)

제3조(적용범위) 이 고시는 법 제2조제11호의 건설공사 중 총공사금액 2천만 원 이상인 공사에 적용한다. 다만, 단가계약에 의하여 행하는 공사에 대하여는 총계약금액을 기준으로 적용한다.

☑ 공사종류 및 규모별 산업안전보건관리비 계상기준표

구분 / 공사종류	대상액 5억원 미만인 경우 적용비율	대상액 5억원 이상 50억원 미만인 경우		대상액 50억원 이상인 경우 적용비율	보건관리자 선임대상 건설공사의 적용비율
		적용비율	기초액		
건축공사	3.11%	2.28%	4,325,000원	2.37%	2.64%
토목공사	3.15%	2.53%	3,300,000원	2.60%	2.73%
중건설공사	3.64%	3.05%	2,975,000원	3.11%	3.39%
특수건설공사	2.07%	1.59%	2,450,000원	1.64%	1.78%

☑ 관리감독자 안전보건업무 수행 시 수당지급 작업

1. 건설용 리프트 · 곤돌라를 이용한 작업
2. 콘크리트 파쇄기를 사용하여 행하는 파쇄작업(2m 이상인 구축물 파쇄에 한정한다)
3. 굴착 깊이가 2m 이상인 지반의 굴착작업
4. 흙막이지보공의 보강, 동바리 설치 또는 해체작업
5. 터널 안에서의 굴착작업, 터널거푸집의 조립 또는 콘크리트 작업
6. 굴착면의 깊이가 2m 이상인 암석 굴착 작업
7. 거푸집지보공의 조립 또는 해체작업
8. 비계의 조립, 해체 또는 변경작업
9. 건축물의 골조, 교량의 상부구조 또는 탑의 금속제의 부재에 의하여 구성되는 것(5m 이상에 한정한다)의 조립, 해체 또는 변경작업
10. 콘크리트 공작물(높이 2m 이상에 한정한다)의 해체 또는 파괴 작업
11. 전압이 75V 이상인 정전 및 활선작업
12. 맨홀작업, 산소결핍장소에서의 작업
13. 도로에 인접하여 관로, 케이블 등을 매설하거나 철거하는 작업
14. 전주 또는 통신주에서의 케이블 공중가설작업

재해조사 및 분석

1 재해조사의 목적 및 순서

(1) **재해조사의 목적** : 동종재해 및 유사재해의 재발방지

(2) **재해조사의 순서** : 현장확인 → 목격자 및 관계자 진술 → 자료수집 → 검증(사고의 실연검증) → 분석 및 평가 → 재확인

(3) **재해조사시 유의사항**

① 재해장소에 들어갈 때에는 예방과 유해성에 대응하여 해당하는 보호구를 반드시 착용한다.
② 재해발생 후 현장보존에 유의하면서 물적 증거를 수집한다.
③ 사실을 수집한다.
④ 조사는 신속히 행하고 필요시 긴급조치를 통해 2차 재해의 방지를 도모한다.
⑤ 목격자가 증언하는 객관적 사실 외에는 참고만 한다.
⑥ 공정하게 조사하며 필히 2인 이상이 한다.

☑ 알아두기

> **☑ 산업안전보건법 시행규칙 제72조 (산업재해 기록 등)**
>
> 사업주는 산업재해가 발생한 때에는 법 제57조제2항에 따라 다음 각 호의 사항을 기록·보존하여야 한다. 다만, 제73조제1항에 따른 산업재해조사표 사본을 보존하거나 제73조제5항에 따른 요양신청서의 사본에 재해 재발방지 계획을 첨부하여 보존한 경우에는 그러하지 아니하다.
>
> 1. 사업장의 개요 및 근로자의 인적사항
> 2. 재해 발생의 일시 및 장소
> 3. 재해 발생의 원인 및 과정
> 4. 재해 재발방지 계획

2 재해발생시의 조치사항

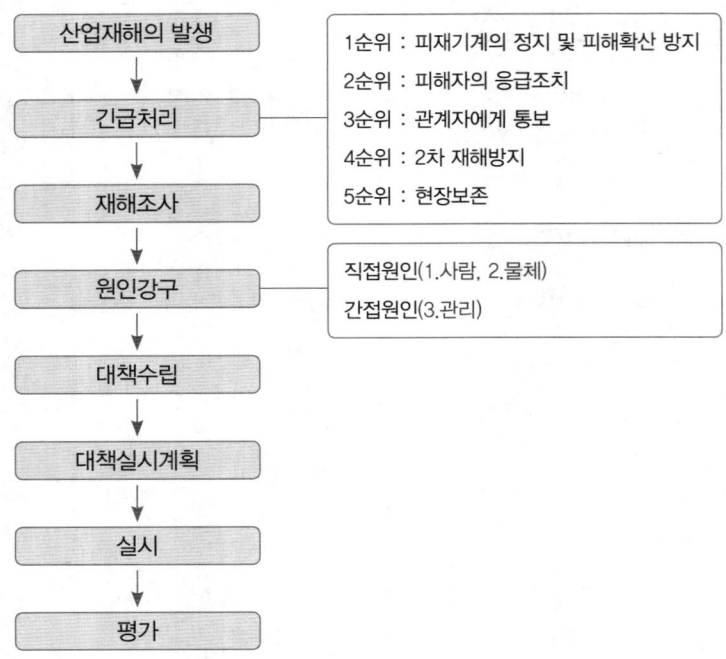

산업재해의 발생	
↓	
긴급처리	1순위 : 피재기계의 정지 및 피해확산 방지 2순위 : 피해자의 응급조치 3순위 : 관계자에게 통보 4순위 : 2차 재해방지 5순위 : 현장보존
↓	
재해조사	
↓	
원인강구	직접원인(1.사람, 2.물체) 간접원인(3.관리)
↓	
대책수립	
↓	
대책실시계획	
↓	
실시	
↓	
평가	

3 재해발생의 메커니즘(Mechanism)

(1) 사고의 형태

　① 물체가 사람에 직접 접촉한 현상

　② 사람이 유해 환경하에 폭로된 현상

(2) 기인물과 가해물

　① **기인물** : 불안전한 상태에 있는 물체(환경 포함)

　② **가해물** : 직접 사람에게 접촉되어 위해를 가한 물체

(1) 파레토도(pareto diagram)

   ① 사고의 유형, 기인물 등의 분류항목을 순서
      대로 도표화한 분석법이다.

   ② 문제의 진원지, 즉 불량이나 결점의 원인을
      찾아낼 수 있다.

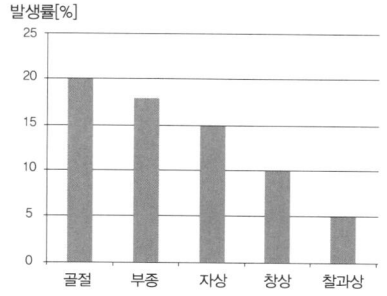

(2) 특성요인도

   ① 특성과 요인과의 관계를 도표로 하여 어골
      (魚骨)상으로 세분화한 분석법이다.

   ② 원인결과도(cause and effect diagram)라고
      도 하며 원인과 결과를 연계하여 상호관계
      를 파악하는 데 효과적이다.

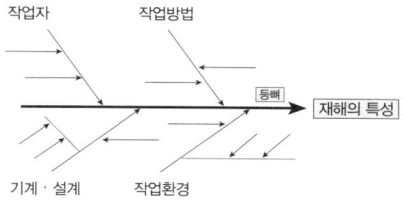

(3) 크로스도(cross diagram)

   ① 2개 이상의 문제 관계를 분석하는 데 사용
      하는 것으로 데이터(data)를 집계하고, 표로
      표시하여 요인별 결과 내역을 교차한 그림
      을 작성하여 분석하는 방법이다.

   ② 공단 자격시험에서는 클로즈(close) 분석과
      혼용되어 출제되기도 한다.

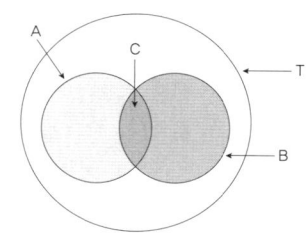

(4) 관리도(control diagram)

   ① 재해 발생 건수 등의 추이를 파악하여 목표
      관리를 실시하는 데 효과적이다.

   ② 필요한 월별 재해 발생 수를 그래프화하여
      관리선을 설정하고 관리한다.

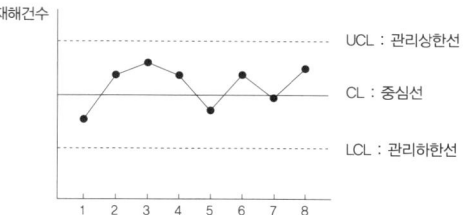

(1) 연천인율(年千人率)

   ① **정의** : 근로자 1000인당 1년간 발생하는 재해자 수

   ② 연천인율 $= \dfrac{\text{재해자 수}}{\text{연평균 근로자수}} \times 1000$

(2) 도수율(Frequency Rate of Injury : FR)

① **정의** : 산업재해의 발생빈도를 나타내는 것으로, 연간 총근로시간 합계 100만 시간당의 재해 발생건수(=빈도율)

② 도수율 = $\dfrac{\text{재해발생건수}}{\text{연간 총근로시간}} \times 10^6$

(3) 연천인율과 도수(빈도)율과의 관계

① 연천인율 = 도수(빈도)율 × 2.4

(※단, 재해발생건수 및 연간 총근로시간이 주어진 경우 위의 도수율 공식에 따라 계산하도록 한다.)

② 도수(빈도)율 = 연천인율 ÷ 2.4

(4) 강도율(Severity Rate of Injury : SR)

① **정의** : 재해의 경중, 강도를 나타내는 척도로 연간 총근로시간이 1000시간당 재해에 의해서 잃어 버린 일수

② 강도율 = $\dfrac{\text{근로손실일수}}{\text{연간 총근로시간}} \times 1000$

(5) 위험율 = 사고의 크기 × 사고의 빈도

① 위험(Risk) = 사고발생빈도 × 손실

② 만인율 = $\dfrac{\text{사망자수}}{\text{노동자수}} \times 10000$

근로손실일수의 산정기준(국제기준)
- 사망 및 영구 전노동불능(신체장해등급 1~3급) : 7500일
- 영구 일부노동불능(신체장해등급 4~14급)

신체장해등급	4	5	6	7	8	9	10	11	12	13	14
근로손실일수	5500	4000	3000	2200	1500	1000	600	400	200	100	50

- 일시 전노동불능 = 휴업일수 × (300/365)

(6) 환산도수율 및 환산강도율

① **환산도수율**

㉮ 입사에서 퇴직할 때까지의 평생 동안(30년)의 근로시간인 10만시간당 재해건수

㉯ 환산도수율(F) = $\dfrac{\text{도수율}}{10}$

② 환산강도율

     ㉮ 10만시간 당 근로손실일수

     ㉯ 환산강도율(S) = 강도율 × 100

(7) 종합재해지수(도수강도치 : F. S. I)

① 도수 강도치 (F.S.I) = $\sqrt{\text{도수율(F)} \times \text{강도율(S)}}$

② 미국의 경우 (F.S.I) = $\sqrt{\dfrac{\text{도수율(F)} \times \text{강도율(S)}}{1000}}$

(8) 환산재해율과 안전활동률

① 환산재해율 = $\dfrac{\text{환산재해자수}}{\text{상시근로자수}} \times 100$

② 안전활동률 = $\dfrac{\text{안전활동건수}}{\text{근로시간수} \times \text{평균근로자수}} \times 10^6$

☑ 건설업체의 산업재해발생률

1) 건설업체의 산업재해발생률은 다음의 계산식에 따른 업무상 사고사망만인율로 산출하되, 소수점 셋째 자리에서 반올림한다.

    사고사망만인율(%) = $\dfrac{\text{사고사망자 수}}{\text{상시 근로자 수}} \times 10{,}000$

2) 사고사망자 수는 사고사망만인율 산정 대상 연도의 1월 1일부터 12월 31일까지의 기간 동안 해당 업체가 시공하는 국내의 건설현장(자체사업의 건설현장은 포함)에서 사고사망재해를 입은 근로자 수를 합산하여 산출한다.(이상기온에 기인한 질병사망자 포함)

3) 사고사망자 중 다음의 어느 하나에 해당하는 경우로서 사업주의 법 위반으로 인한 것이 아니라고 인정되는 재해에 의한 사고사망자는 사고사망자 수 산정에서 제외한다.

    ① 방화, 근로자간 또는 타인간의 폭행에 의한 경우

    ② 도로교통법에 따라 도로에서 발생한 교통사고에 의한 경우(해당 공사의 공사용 차량ㆍ장비에 의한 사고는 제외)

    ③ 태풍ㆍ홍수ㆍ지진ㆍ눈사태 등 천재지변에 의한 불가항력적인 재해의 경우

    ④ 작업과 관련이 없는 제3자의 과실에 의한 경우(해당 목적물 완성을 위한 작업자간의 과실은 제외)

    ⑤ 그 밖에 야유회, 체육행사, 취침ㆍ휴식 중의 사고 등 건설작업과 직접 관련이 없는 경우

4) 상시근로자 수는 다음과 같이 산출한다.

    상시 근로자 수 = $\dfrac{\text{연간 국내공사 실적액} \times \text{노무비율}}{\text{건설업 월평균임금} \times 12}$

6 **세이프 티 스코어(Safe T Score)**

(1) 세이프 티 스코어

① **정의** : 과거와 현재의 안전 성적을 비교 평가하는 방법으로 단위가 없으며 계산결과가 (+)이면 나쁜 기록, (−)이면 과거에 비해 좋은 기록

② 세이프티 스코어 $= \dfrac{\text{빈도율(현재)} - \text{빈도율(과거)}}{\sqrt{\dfrac{\text{빈도율(과거)}}{\text{총근로시간수(현재)}}}} \times 10^6$

(2) 판정기준

① **+2.0 이상인 경우** : 과거보다 심각하게 나빠짐

② **+2.0 에서 −2.0** : 심각한 차이 없음

③ **−2.0 이하** : 과거보다 좋아짐

7 **재해손실비**

(1) 하인리히(H.W. Heinrich) **방식**

> **총재해손실비(Cost) = 직접비 + 간접비(직접비 : 간접비 = 1 : 4)**

① **직접비** : 법령으로 정한 피해자에게 지급되는 산재보상비

㉮ 휴업보상비 : 평균임금의 100분의 70에 상당하는 금액

㉯ 장해보상비 : 신체장해가 남는 경우에 장해등급에 의한 금액

㉰ 요양보상비 : 요양비의 전액

㉱ 장의비 : 평균임금의 120일분에 상당하는 금액

㉲ 유족보상비 : 평균임금의 1300일분에 상당하는 금액

㉳ 기타 유족특별보상비, 장해특별보상비, 상병보상연금

② **간접비** : 재산손실, 생산중단 등으로 기업이 입은 손실로서 정확한 산출이 어려울 때에는 직접비의 4배로 산정하여 계산

㉮ 인적손실 : 본인 및 제3자에 관한 것을 포함한 시간손실

㉯ 물적손실 : 기계, 공구, 재료, 시설의 복구에 소비된 시간손실 및 재산손실

㉰ 생산손실 : 생산감소, 생산중단, 판매감소 등에 의한 손실

㉱ 기타손실 : 병상위문금, 여비 및 통신비, 입원중의 잡비 등

(2) 시몬즈(R. H. Simonds) **방식**

> **총재해손실비(Cost) = 산재보험 코스트 + 비보험 코스트**

① 산재보험 코스트와 비보험 코스트
 ㉮ 산재보험 코스트 : 산업재해보상보험법에 의해 보상된 금액과 보험회사의 보상에 관련된 제경비 및 이익금을 합친 금액
 ㉯ 비보험 코스트 = (휴업상해건수 × A) + (통원상해건수 × B) + (응급조치건수 × C) + (무상해사고 건수 × D)
  ※ A, B, C, D는 장해 정도별에 의한 비보험 코스트의 평균치
② 재해의 종류
 ㉮ 휴업상해 : 영구 일부 노동 불능 및 일시 전노동 불능
 ㉯ 통원상해 : 일시 일부 노동 불능 및 의사의 통원조치를 필요로 한 상태
 ㉰ 응급조치상해 : 응급조치 상해 또는 8시간 미만 휴업 의료조치 상해
 ㉱ 무상해사고 : 의료조치를 필요로 하지 않는 상해사고

8 ▶ 재해사례 연구의 진행단계

(1) **전제조건**(재해상황의 파악) : 사례연구의 전제조건인 재해상황의 파악

(2) **재해사례 연구순서**
 ① **제1단계(사실의 확인)** : 작업의 개시에서 재해의 발생까지의 경과 가운데 재해와 관계가 있는 사실 및 재해요인으로 알려진 사실을 객관적으로 확인하며 이상시 또는 사고시, 재해발생시의 조치를 포함
 ② **제2단계(문제점의 발견)** : 파악된 사실로부터 판단하여 각종 기준과의 차이에서 드러나는 문제점을 발견
 ③ **제3단계(근본적 문제점 결정)** : 발견된 문제점 가운데 재해의 중심의 되는 근본적 문제점을 결정하고, 다음으로 재해 원인을 결정
 ④ **제4단계(대책의 수립)** : 사례를 해결하기 위한 대책을 수립

안전점검

1 　안전점검

(1) 안전점검의 목적과 대상

① **안전점검의 목적** : 시설, 기계 등의 사용 과정에서 안전상 자율적으로 기능을 체크하여 사전 · 보수하여 안전성을 확보하기 위해 행해짐

② **안전점검의 대상**

㉮ 전반적인 문제 : 안전관리조직 체계, 안전활동, 안전교육, 안전점검제도 및 실시상황

㉯ 설비에 관한 문제 : 작업환경, 안전장치, 보호구, 정리정돈, 위험물 방화관리, 운반설비

(2) 안전점검의 종류

① **수시점검** : 작업전 · 중 · 후에 실시하는 점검

② **정기점검** : 일정기간마다 정기적으로 실시하는 점검

③ **특별점검**

㉮ 기계 · 기구 · 설비의 신설시 · 변경 내지 고장 수리시 실시하는 점검

㉯ 천재지변 발생 후 실시하는 점검

㉰ 안전강조 기간내에 실시하는 점검

④ **임시점검** : 이상 발견시 임시로 실시, 정기점검과 정기점검 사이에 실시하는 점검

(3) 체크리스트에 포함되어야할 사항(체크리스트 작성 항목)

① 점검대상

② 점검부분(점검개소)

③ 점검항목(점검내용 : 마모, 균열, 부식, 파손, 변형 등)

④ 점검주기 또는 기간(점검시기)

⑤ 점검방법(육안점검, 기능점검, 기기점검, 정밀점검)

⑥ 판정기준(자체검사기준, 법령에 의한 기준, KS기준 등)

⑦ 조치사항(점검결과에 따른 결함의 시정사항)

- 산업안전보건법령 기준
- KS기준
- 기술지침기준
- 자체검사기준

(4) 안전점검 기타사항

① **안전점검의 순환과정** : 현상의 파악 → 결함의 발견 → 시정대책의 선정 → 대책의 실시

② **안전의 5대 요소** : 인간, 도구(기계, 장비, 공구), 원재료, 환경, 작업방법

③ **안전점검의 기준 작성시 고려사항**

㉮ 대상물의 위험도

㉯ 과거의 사고 이력

㉰ 대상물의 기능적 특성

2 관리감독자의 작업시작 전 점검사항

작업의 종류	점검내용
프레스등을 사용하여 작업을 할 때	• 클러치 및 브레이크의 기능 • 크랭크축 · 플라이휠 · 슬라이드 · 연결봉 및 연결 나사의 풀림 여부 • 행정 1정지기구 · 급정지장치 및 비상정지장치의 기능 • 슬라이드 또는 칼날에 의한 위험방지 기구의 기능 • 프레스의 금형 및 고정볼트 상태 • 방호장치의 기능 • 전단기(剪斷機)의 칼날 및 테이블의 상태
로봇의 작동 범위에서 그 로봇에 관하여 교시 등(로봇의 동력원을 차단하고 하는 것은 제외)의 작업을 할 때	• 외부 전선의 피복 또는 외장의 손상 유무 • 매니퓰레이터(manipulator) 작동의 이상 유무 • 제동장치 및 비상정지장치의 기능
공기압축기를 가동할 때	• 공기저장 압력용기의 외관 상태 • 드레인밸브(drain valve)의 조작 및 배수 • 압력방출장치의 기능 • 언로드밸브(unloading valve)의 기능 • 윤활유의 상태 • 회전부의 덮개 또는 울 • 그 밖의 연결 부위의 이상 유무
크레인을 사용하여 작업을 하는 때	• 권과방지장치 · 브레이크 · 클러치 및 운전장치의 기능 • 주행로의 상측 및 트롤리(trolley)가 횡행하는 레일의 상태 • 와이어로프가 통하고 있는 곳의 상태

작업의 종류	점검내용
이동식 크레인을 사용하여 작업을 할 때	• 권과방지장치나 그 밖의 경보장치의 기능 • 브레이크 · 클러치 및 조정장치의 기능 • 와이어로프가 통하고 있는 곳 및 작업장소의 지반상태
리프트(자동차정비용 리프트를 포함)를 사용하여 작업을 할 때	• 방호장치 · 브레이크 및 클러치의 기능 • 와이어로프가 통하고 있는 곳의 상태
곤돌라를 사용하여 작업을 할 때	• 방호장치 · 브레이크의 기능 • 와이어로프 · 슬링와이어(sling wire) 등의 상태
양중기의 와이어로프등(와이어로프 · 달기체인 · 섬유로프 · 섬유벨트 또는 훅 · 샤클 · 링 등의 철구)을 사용하여 고리걸이작업을 할 때	• 와이어로프등의 이상 유무
지게차를 사용하여 작업을 하는 때	• 제동장치 및 조종장치 기능의 이상 유무 • 하역장치 및 유압장치 기능의 이상 유무 • 바퀴의 이상 유무 • 전조등 · 후미등 · 방향지시기 및 경보장치 기능의 이상 유무
구내운반차를 사용하여 작업을 할 때	• 제동장치 및 조종장치 기능의 이상 유무 • 하역장치 및 유압장치 기능의 이상 유무 • 바퀴의 이상 유무 • 전조등 · 후미등 · 방향지시기 및 경음기 기능의 이상 유무 • 충전장치를 포함한 홀더 등의 결합상태의 이상 유무
고소작업대를 사용하여 작업을 할 때	• 비상정지장치 및 비상하강 방지장치 기능의 이상 유무 • 과부하 방지장치의 작동 유무(와이어로프 또는 체인구동방식의 경우) • 아웃트리거 또는 바퀴의 이상 유무 • 작업면의 기울기 또는 요철 유무 • 활선작업용 장치의 경우 홈 · 균열 · 파손 등 그 밖의 손상 유무
화물자동차를 사용하는 작업을 하게 할 때	• 제동장치 및 조종장치의 기능 • 하역장치 및 유압장치의 기능 • 바퀴의 이상 유무
컨베이어등을 사용하여 작업을 할 때	• 원동기 및 풀리(pulley) 기능의 이상 유무 • 이탈 등의 방지장치 기능의 이상 유무 • 비상정지장치 기능의 이상 유무 • 원동기 · 회전축 · 기어 및 풀리 등의 덮개 또는 울 등의 이상 유무
차량계 건설기계를 사용하여 작업을 할 때	• 브레이크 및 클러치 등의 기능
용접 · 용단 작업 등의 화재위험작업을 할 때	• 작업 준비 및 작업 절차 수립 여부 • 화기작업에 따른 인근 가연성물질에 대한 방호조치 및 소화기구 비치 여부 • 용접불티 비산방지덮개 또는 용접방화포 등 불꽃 · 불티 등의 비산을 방지하기 위한 조치 여부 • 인화성 액체의 증기 또는 인화성 가스가 남아 있지 않도록 하는 환기 조치 여부 • 작업근로자에 대한 화재예방 및 피난교육 등 비상조치 여부

작업의 종류	점검내용
이동식 방폭구조 전기기계 · 기구를 사용할 때	• 전선 및 접속부 상태
근로자가 반복하여 계속적으로 중량물을 취급하는 작업을 할 때	• 중량물 취급의 올바른 자세 및 복장 • 위험물이 날아 흩어짐에 따른 보호구의 착용 • 카바이드 · 생석회(산화칼슘) 등과 같이 온도상승이나 습기에 의하여 위험성이 존재하는 중량물의 취급방법 • 그 밖에 하역운반기계등의 적절한 사용방법
양화장치를 사용하여 화물을 싣고 내리는 작업을 할 때	• 양화장치(揚貨裝置)의 작동상태 • 양화장치에 제한하중을 초과하는 하중을 실었는지 여부
슬링 등을 사용하여 작업을 할 때	• 훅이 붙어 있는 슬링 · 와이어슬링 등이 매달린 상태 • 슬링 · 와이어슬링 등의 상태(작업시작 전 및 작업 중 수시로 점검)

3 작업표준

(1) 작업표준의 개념과 목적, 조건 등

① **작업표준의 개념** : 작업조건, 작업방법, 관리방법, 사용재료, 기타 취급상의 주의사항 등에 관한 기준을 규정한 것으로 기술표준, 동작표준, 작업순서, 작업요령, 작업지도서, 작업지시서 등이 포함됨

② **작업표준의 목적** : 작업의 효율화, 위험요인의 제거, 손실요인의 제거

③ **작업표준이 갖추어야 할 4가지 조건** : 안전, 품질, 능률, 원가

(2) 작업표준의 구비조건

① 작업의 실정에 적합할 것

② 표현은 구체적으로 나타낼 것

③ 이상시의 조치기준에 대해 정해 둘 것

④ 생산성과 품질의 특성에 적합할 것

⑤ 좋은 작업의 표준일 것

⑥ 다른 규정 등에 위배되지 않을 것

(3) PTS법(Predetermined Time Standards : 기정시간표준법)

① 하나의 작업이 실제로 시작되기 전에 미리 작업에 필요한 소요시간을 작업방법에 따라 이론적으로 정해 나가는 방법으로 작업에 소요되는 표준시간을 구하기 위해 사용

② PTS법의 대표적인 것으로는 MTM(Method Time Measurement)법, WF(Work Factor)분석법, BMT(Basic Motion Time)법 등이 있으며, 그 중 WF법과 MTM법이 널리 채용되고 있음

4 작업위험 분석

(1) 작업위험 분석대상과 방법

① **작업위험 분석대상** : 근로자, 작업장치, 작업방법

② **작업위험 분석방법(E.C.R.S)** : 제거(Eliminate), 결합(Combine), 재조정(Rearrange), 단순화 (Simplify)

③ **작업위험 색출방법** : 면접, 관찰, 설문방법, 혼합방식

④ **동작분석의 목적** : 표준동작의 설정, 모션마인드(Motion Mind)의 체질화, 동작계열의 개선

(2) 작업개선 4단계

① **1단계** : 작업분해

② **2단계** : 세부내용 검토

③ **3단계** : 작업분석

④ **4단계** : 새로운 방법의 적용

5 Ralph M. Barnes의 동작경제 원칙

(1) 신체 사용에 관한 원칙

① 두 손의 동작은 같이 시작하고 같이 끝나도록 한다.

② 휴식시간을 제외하고는 양손이 같이 쉬지 않도록 한다.

③ 두 팔의 동작은 서로 반대방향으로 대칭적으로 움직인다.

④ 손과 신체의 동작은 작업을 원만하게 처리할 수 있는 범위 내에서 가장 낮은 동작 등급을 사용하 도록 한다.

⑤ 가능한 한 관성을 이용하여 작업을 하도록 하되, 작업자가 관성을 억제하여야 하는 경우에는 발생되는 관성을 최소한도로 줄인다.

⑥ 손의 동작은 완만하게 연속적인 동작이 되도록 하며, 방향이 갑자기 크게 바뀌는 모양의 직선 동작은 피하도록 한다.

⑦ 평상시 사용하던 근육을 사용하는 것이 더 신속하고 용이하며 정확하다.

⑧ 가능하다면 쉽고도 자연스러운 리듬이 작업동작에 생기도록 작업을 배치한다.

⑨ 눈의 초점을 모아야 작업을 할 수 있는 경우는 가능하면 없애고, 불가피한 경우에는 눈의 초점이 모아지는 서로 다른 두 작업 지점간의 거리를 짧게 한다.

(2) **작업장의 배치에 관한 원칙**

① 모든 공구나 재료는 자기 위치에 있도록 한다.

② 공구, 재료 및 제어장치는 사용위치에 가까이 두도록 한다.

③ 중력 이송 원리를 이용하여 부품을 제품 사용 위치에 가까이 보낼 수 있도록 한다.

④ 가능하다면 낙하식 운반 방법을 사용하라.

⑤ 공구나 재료는 작업동작이 원활하게 수행되도록 위치를 정해 준다.

⑥ 작업자가 잘 보면서 작업할 수 있도록 적절한 조명을 한다.

⑦ 작업자가 작업 중에 자세를 변경할 수 있도록 작업대와 의자 높이가 조정되도록 한다.

⑧ 작업자가 좋은 자세를 취할 수 있도록 의자는 높이 뿐만 아니라 디자인도 좋아야 한다.

(3) **공구 및 설비 디자인에 관한 원칙**

① 치구나 족답 장치를 효과적으로 사용할 수 있는 작업에서는 이러한 장치를 활용하여 양손이 다른 일을 할 수 있도록 한다.

② 공구의 기능을 결합하여서 사용하도록 한다.

③ 공구와 자재는 사용하기 쉽도록 가능한 한 미리 위치를 잡아 준다.

④ 각 손가락이 서로 다른 작업을 할 때 작업량을 각 손가락의 능력에 맞게 분배해야 한다.

⑤ 레버, 핸들, 그리고 제어장치는 작업자가 몸의 자세를 크게 바꾸지 않더라고 조작하기 쉽도록 배열한다.

6 ▶ 작업 환경 관리

(1) **작업 환경 관리 일반**

① **작업 환경 개선의 기본 원칙**

㉮ 대치 : 공정의 변경, 시설의 변경, 유해물질의 변경

㉯ 격리 : 저장 물질, 시설, 공정

㉰ 환기 : 전체 환기, 국소 배기

② **작업환경 개선 방법**

㉮ 유해한 생산 공정 및 작업 방법의 개선

㉯ 유해성이 적은 원재료의 대체 사용

㉰ 설비의 안전화, 설비의 밀폐

㉱ 국소 배기 장치 등 환기 설비

㉲ 작업자 보호대책, 유해물 발산, 비산 억제

③ 소음 대책

㉮ 소음원 통제 및 격리

㉯ 흡음재 및 차폐재의 사용

㉰ 음향처리제의 사용 및 적절한 배치

④ 분진 대책

㉮ 재료 또는 조작을 변경

㉯ 발진 억제(습식작업, 퇴적분진의 비산방지)

㉰ 부유 분진의 발생을 방지(장치의 밀폐, 환기, 집진 장치의 설치)

㉱ 분집의 흡입을 억제(노출시간의 단축, 분진에의 접근 억제, 방진 마스크 사용)

(2) 작업 환경 요인

요인	설명
열피로	고온환경에 의한 말초혈관의 확장, 혈압강하, 뇌의 산소부족 등 순환기능의 장해가 원인, 경증인 경우 가벼운 두통 또는 구역질, 중증인 경우 어지러움, 이명 권태감, 심한 두통, 의식 혼탁에 의한 졸도
열경련	많은 발한에 의한 대량의 수분 및 염분의 손실로 인한 수분, 염분 대사가 원인으로 혈중 식염농도가 저하된다. 증상으로는 심한 수의근 경련으로써 작업에 많이 사용했던 근육에 동통성, 강직성 경련
열사병	체온 조절기능의 실조가 원인으로 증상으로는 중추신경계 장애와 정신적인 발한 정지, 피부의 건조, 40℃ 이상 되는 체온의 상승 등이 특징이며 심하면 사망

안전인증 및 안전검사

1 안전인증

(1) 안전인증 대상 기계 · 기구 등

① 기계 또는 설비
- ㉮ 프레스
- ㉯ 전단기 및 절곡기
- ㉰ 크레인
- ㉱ 리프트
- ㉲ 압력용기
- ㉳ 롤러기
- ㉴ 사출성형기(射出成形機)
- ㉵ 고소(高所) 작업대
- ㉶ 곤돌라

② 방호장치
- ㉮ 프레스 및 전단기 방호장치
- ㉯ 양중기용(揚重機用) 과부하방지장치
- ㉰ 보일러 압력방출용 안전밸브
- ㉱ 압력용기 압력방출용 안전밸브
- ㉲ 압력용기 압력방출용 파열판
- ㉳ 절연용 방호구 및 활선작업용(活線作業用) 기구
- ㉴ 방폭구조(防爆構造) 전기기계 · 기구 및 부품
- ㉵ 추락 · 낙하 및 붕괴 등의 위험 방지 및 보호에 필요한 가설기자재로서 고용노동부장관이 정하여 고시하는 것
- ㉶ 충돌 · 협착등의 위험방지에 필요한 산업용 로봇 방호장치로서 고용노동부장관이 정하여 고시하는 것

③ 보호구
- ㉮ 추락 및 감전 위험방지용 안전모
- ㉯ 안전화
- ㉰ 안전장갑
- ㉱ 방진마스크
- ㉲ 방독마스크
- ㉳ 송기마스크
- ㉴ 전동식 호흡보호구
- ㉵ 보호복
- ㉶ 안전대
- ㉷ 용접용 보안면
- ㉸ 차광(遮光) 및 비산물(飛散物) 위험방지용 보안경
- ㉹ 방음용 귀마개 또는 귀덮개

(2) 안전인증의 전부 또는 일부 면제대상

① 연구 · 개발을 목적으로 제조 · 수입하거나 수출을 목적으로 제조하는 경우

② 고용노동부장관이 정하여 고시하는 외국의 안전인증기관에서 인증을 받은 경우

③ 다른 법령에서 안전성에 관한 검사나 인증을 받은 경우로서 고용노동부령으로 정하는 경우

(3) 안전인증의 취소

① 거짓이나 그 밖의 부정한 방법으로 안전인증을 받은 경우

② 안전인증을 받은 유해위험기계등의 안전에 관한 성능 등이 안전인증기준에 맞지 아니하게 된 경우

③ 정당한 사유 없이 법에 따른 확인을 거부, 방해 또는 기피하는 경우

(4) 안전인증 심사의 종류 및 방법

① **예비심사** : 기계 및 방호장치 · 보호구가 유해 · 위험기계등 인지를 확인하는 심사(안전인증을 신청한 경우만 해당)

② **서면심사** : 유해 · 위험기계등의 종류별 또는 형식별로 설계도면 등 유해 · 위험기계등의 제품기술과 관련된 문서가 안전인증기준에 적합한지에 대한 심사

③ **기술능력 및 생산체계 심사** : 유해 · 위험기계등의 안전성능을 지속적으로 유지 · 보증하기 위하여 사업장에서 갖추어야 할 기술능력과 생산체계가 안전인증기준에 적합한지에 대한 심사

④ **제품심사** : 유해 · 위험기계등이 서면심사 내용과 일치하는지와 유해 · 위험기계등의 안전에 관한 성능이 안전인증기준에 적합한지에 대한 심사로 다음 중 어느 하나만을 받음

㉮ 개별 제품심사: 서면심사 결과가 안전인증기준에 적합할 경우에 유해 · 위험기계등 모두에 대하여 하는 심사

㉯ 형식별 제품심사: 서면심사와 기술능력 및 생산체계 심사 결과가 안전인증기준에 적합할 경우에 유해 · 위험기계등의 형식별로 표본을 추출하여 하는 심사

█ 안전인증 심사기간

• 예비심사 : 7일

• 서면심사 : 15일(외국에서 제조한 경우는 30일)

• 기술능력 및 생산체계 심사 : 30일(외국에서 제조한 경우는 45일)

• 제품심사

  − 개별 제품심사 : 15일

  − 형식별 제품심사 : 30일(방폭구조 전기기계 · 기구 및 부품, 추락 및 감전 위험방지용 안전모, 안전화, 안전장갑, 방진마스크, 방독마스크, 송기(送氣)마스크, 전동식 호흡보호구, 보호복은 60일

(5) 안전인증의 표시방법

① 안전인증 및 자율안전확인의 표시 및 표시방법

 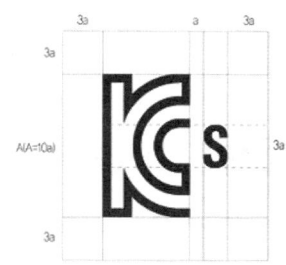

㉮ 크기는 제품의 크기에 따라 조정할 수 있으나 인증마크의 세로 높이는 5mm 미만으로 할 수 없다. 다만, 저장장치 등의 극소형 제품 또는 검정증인(압인, 타인, 각인 등)을 사용하는 제품은 제품의 크기에 따라 세로 높이를 조정할 수 있다.

㉯ 기본모형의 색채는 남색(KS A 0062에 따른 5PB 2/8 색채)을 사용한다.

㉰ 특수한 효과가 필요한 경우에는 금색(KS A 0062에 따른 10YR 6/4 색채)과 은색(KS A 0062에 따른 N 7 색채)을 사용할 수 있으며, 남색, 금색 또는 은색을 사용할 수 없는 경우에는 검정색(KS A 0062에 따른 N 2 색채)을 사용할 수 있다.

㉱ 표시를 하는 경우에 인체에 상해를 입힐 우려가 있는 재질이나 표면이 거친 재질을 사용해서는 안 된다.

② 안전인증대상 기계등이 아닌 유해·위험기계등의 안전인증의 표시 및 표시방법

 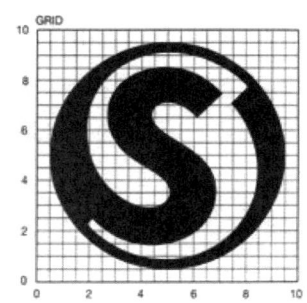

㉮ 표시의 크기는 유해·위험기계등의 크기에 따라 조정할 수 있다.

㉯ 표시의 표상을 명백히 하기 위하여 필요한 경우에는 표시 주위에 한글·영문 등의 글자로 필요한 사항을 덧붙여 적을 수 있다.

㉰ 표시는 유해·위험기계등이나 이를 담은 용기 또는 포장지의 적당한 곳에 붙이거나 인쇄하거나 새기는 등의 방법으로 해야 한다.

㉱ 표시는 테두리와 문자를 파란색, 그 밖의 부분을 흰색으로 표현하는 것을 원칙으로 하되, 안전인증표시의 바탕색 등을 고려하여 테두리와 문자를 흰색, 그 밖의 부분을 파란색으로 표현할 수 있다.

㉲ 표시를 하는 경우에 인체에 상해를 입힐 우려가 있는 재질이나 표면이 거친 재질을 사용해서는 안 된다.

③ 안전인증 표시 외 표시사항

㉮ 안전인증 번호

㉯ 제조자명

ⓓ 형식 또는 모델명

ⓔ 규격 또는 등급 등

ⓕ 제조번호 및 제조연월

2 안전검사

(1) 안전검사 대상 기계등

① 프레스

② 전단기

③ 크레인(정격 하중이 2톤 미만인 것은 제외)

④ 리프트

⑤ 압력용기

⑥ 곤돌라

⑦ 국소 배기장치(이동식은 제외)

⑧ 원심기(산업용만 해당)

⑨ 롤러기(밀폐형 구조는 제외)

⑩ 사출성형기[형 체결력(型締結力) 294킬로뉴턴(kN) 미만은 제외]

⑪ 고소작업대[화물자동차 또는 특수자동차에 탑재한 고소작업대(高所作業臺)로 한정한다]

⑫ 컨베이어

⑬ 산업용 로봇

⑭ 혼합기(※2026년 6월 26일부터 적용)

⑮ 파쇄기 또는 분쇄기(※2026년 6월 26일부터 적용)

(2) 안전검사의 신청 등

① 안전검사를 받아야 하는 자는 안전검사 신청서를 검사 주기 만료일 30일 전에 안전검사 기관에 제출(전자문서에 의한 제출을 포함)해야 한다.

② 안전검사 신청을 받은 안전검사기관은 검사 주기 만료일 전후 각각 30일 이내에 해당 기계 · 기구 및 설비별로 안전검사를 하여야 한다.

③ 안전검사기관은 안전검사 결과 적합한 경우에는 해당 사업주에게 직접 부착 가능한 안전검사 합격표시를 발급하고, 부적합한 경우에는 해당 사업주에게 안전검사 불합격통지서에 그 사유를 밝혀 통지해야 한다.

(3) 안전검사의 주기 및 합격표시 · 표시방법

① **크레인(이동식 크레인 제외), 리프트(이삿짐운반용 리프트는 제외) 및 곤돌라** : 사업장에 설치가 끝난 날부터 3년 이내에 최초 안전검사를 실시하되, 그 이후부터 2년마다(건설 현장에서 사용하는 것은 최초로 설치한 날부터 6개월마다)

② **이동식 크레인, 이삿짐운반용 리프트 및 고소작업대** : 신규등록 이후 3년 이내에 최초 안전검사를 실시하되, 그 이후부터 2년마다

③ **프레스, 전단기, 압력용기, 국소 배기장치, 원심기, 롤러기, 사출성형기, 컨베이어, 산업용 로봇, 혼합기, 파쇄기 또는 분쇄기** : 사업장에 설치가 끝난 날부터 3년 이내에 최초 안전검사를 실시하되, 그 이후부터 2년마다(공정안전보고서를 제출하여 확인을 받은 압력용기는 4년마다)

※ 혼합기, 파쇄기 또는 분쇄기는 2026년 6월 26일부터 적용

3 **자율검사프로그램에 따른 안전검사**

(1) **자율검사프로그램**

① 사업주가 근로자대표와 협의하여 법에 따른 검사기준, 검사 주기 및 검사합격 표시 방법 등을 충족하는 검사프로그램(이하 "자율검사프로그램")을 정하고 고용노동부장관의 인정을 받아 그에 따라 유해위험기계 등의 안전에 관한 성능검사를 하면 안전검사를 받은 것으로 본다.

② 자율검사프로그램의 유효기간은 2년으로 한다.

(2) **자율검사프로그램의 인정 요건**

① 검사원을 고용하고 있을 것

② 고용노동부장관이 정하여 고시하는 바에 따라 검사를 할 수 있는 장비를 갖추고 이를 유지 · 관리할 수 있을 것

③ 검사 주기의 2분의 1에 해당하는 주기마다 검사를 할 것(건설현장 외에서 사용하는 크레인의 경우는 6개월)

④ 자율검사프로그램의 검사기준이 안전검사기준을 충족할 것

(3) **자율검사프로그램인정기관에 제출할 서류**

① 안전검사대상 기계등의 보유 현황

② 검사원 보유 현황과 검사를 할 수 있는 장비 및 장비 관리방법(지정검사기관에 위탁한 경우에는 위탁을 증명할 수 있는 서류를 제출)

③ 안전검사대상 기계등의 검사 주기 및 검사기준

④ 향후 2년간 안전검사대상 기계등의 검사수행계획

⑤ 과거 2년간 자율검사프로그램 수행 실적(재신청의 경우만 해당)

CONSTRUCTION SAFETY **CHAPTER** 06

보호구 및 안전보건표지

1 보호구

(1) 보호구의 구비조건

① 착용이 간편할 것

② 작업에 방해가 되지 않도록 할 것

③ 유해위험요소에 대한 방호성능이 충분할 것

④ 재료의 품질이 양호할 것

⑤ 구조와 끝마무리가 양호할 것

⑥ 외양과 외관이 양호할 것

(2) 보호구의 효과 및 한계

① **보호구의 효과** : 보호구는 강도가 높은 재해사고인 경우에 그것을 인시던트(incident), 즉 불휴재해로 그 피해를 최소화 되도록 만들어져 있어 재해 시 인시던트의 영역을 확대할 수 있는 역할을 담당

② **보호구의 한계** : 소극적 안전대책

(3) 보호구의 종류와 적용작업

보호구의 종류	구분	적용작업 및 작업장
호흡용 보호구	방진마스크	분체작업, 연마작업, 광택작업, 배합작업
	방독마스크	유기용제, 유기가스, 미스트, 흄발생작업
	송기마스크, 산소호흡기, 공기호흡기	저장조, 하수구 등 청소 및 산소결핍 위험작업장
청력 보호구	귀마개, 귀덮개	소음발생 작업장
안구 및 시력 보호구	전안면 보호구	강력한 분진 비산작업과 유해광선 발생작업
	시력보호 안경	유해광선 발생 작업보호의와 장갑, 장화

안전화, 안전장갑	장갑	피부로 침입하는 화학물질 또는 강산성물질 취급작업
	장화	피부로 침입하는 화학물질 또는 강산성물질 취급작업
보호복	방열복, 방열면	고열발생 작업장
	전신보호복	강산 또는 맹독유해물질이 강력하게 비산되는 작업
	부분보호복	강산 또는 맹독유해물질이 심하게 비산되지 않는 작업
피부보호크림	−	피부염증 또는 홍반 유발 물질에 노출되는 작업장

2 추락 및 감전 위험방지용 안전모

(1) 안전모의 종류

종류(기호)	사용구분	비고
AB	물체의 낙하 또는 비래(날아옴) 및 추락에 의한 위험을 방지 또는 경감시키기 위한 것	−
AE	물체의 낙하 또는 비래(날아옴)에 의한 위험을 방지 또는 경감하고, 머리부위 감전에 의한 위험을 방지하기 위한 것	내전압성
ABE	물체의 낙하 또는 비래(날아옴) 및 추락에 의한 위험을 방지 또는 경감하고, 머리 부위 감전에 의한 위험을 방지하기 위한 것	내전압성

※ 내전압성이란 7,000V 이하의 전압에 견디는 것을 말함

(2) 안전모의 일반구조

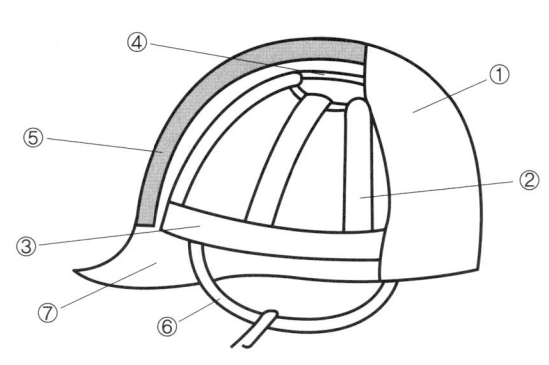

번호	명칭	
①		모체
②	착장체	머리받침끈
③		머리고정대
④		머리받침고리
⑤		충격흡수재
⑥		턱끈
⑦		챙(차양)

① 안전모는 모체, 착장체 및 턱끈을 가질 것

② 착장체의 머리고정대는 착용자의 머리부위에 적합하도록 조절할 수 있을 것

③ 착장체의 구조는 착용자의 머리에 균등한 힘이 분배되도록 할 것

④ 모체, 착장체 등 안전모의 부품은 착용자에게 상해를 줄 수 있는 날카로운 모서리 등이 없을 것

⑤ 턱끈은 사용 중 탈락되지 않도록 확실히 고정되는 구조일 것

⑥ 안전모의 착용높이는 85mm 이상이고 외부수직거리는 80mm 미만일 것

⑦ 안전모의 내부수직거리는 25mm 이상 50mm 미만일 것

⑧ 안전모의 수평간격은 5mm 이상일 것

⑨ 머리받침끈이 섬유인 경우에는 각각의 폭이 15mm 이상이어야 하며, 교차지점 중심으로부터 방사되는 끈폭의 총합은 72mm 이상일 것

⑩ 턱끈의 폭은 10mm 이상일 것

> **종류에 따른 조건**
> - AB종 안전모 : 10가지 항목의 일반구조에 적합해야 하고 충격흡수재를 가져야 하며, 리벳(rivet)등 기타 돌출부가 모체의 표면에서 5mm 이상 돌출되지 않아야 한다.
> - AE종 안전모 : 10가지 항목의 일반구조에 적합해야 하고 금속제의 부품을 사용하지 않고, 착장체는 모체의 내외면을 관통하는 구멍을 뚫지 않고 붙일 수 있는 구조로서 모체의 내외면을 관통하는 구멍 핀홀 등이 없어야 한다.
> - ABE종 안전모 : 10가지 항목의 일반구조 및 AB와 AE종 안전모의 모든 조건에 적합하여야 하며 충격흡수재를 부착하되, 리벳(rivet)등 기타 돌출부가 모체의 표면에서 5mm 이상 돌출되지 않아야 한다.

(3) 안전인증대상 안전모의 시험성능기준

항목	시험성능기준
내관통성	AE, ABE종 안전모는 관통거리가 9.5mm 이하이고, AB종 안전모는 관통거리가 11.1mm 이하이어야 한다.
충격흡수성	최고전달충격력이 4,450N을 초과해서는 안되며, 모체와 착장체의 기능이 상실되지 않아야 한다.
내전압성	AE, ABE종 안전모는 교류 20kV 에서 1분간 절연파괴 없이 견뎌야 하고, 이때 누설되는 충전전류는 10mA 이하이어야 한다.
내수성	AE, ABE종 안전모는 질량증가율이 1% 미만이어야 한다. ※ 질량증가율(%) $= \dfrac{\text{담근 후의 질량} - \text{담그기 전의 질량}}{\text{담그기 전의 질량}} \times 100$
난연성	모체가 불꽃을 내며 5초 이상 연소되지 않아야 한다.
턱끈풀림	150N 이상 250N 이하에서 턱끈이 풀려야 한다.

※ 자율안전확인대상 안전모의 시험성능기준은 내관통성, 충격흡수성, 난연성, 턱끈풀림 항목만 적용

> **ㄷ 안전모의 재료**
>
> 착용자의 머리와 접촉하는 안전모의 모든 부품은 피부에 유해하지 않은 재료를 사용해야 한다.

3 안전화

(1) 안전화의 등급 및 사용장소

① **중작업용 안전화**

    ㉮ 1,000mm의 낙하높이에서 시험했을 때 충격과 (15.0±0.1)kN의 압축하중에서 시험했을 때 압박에 대하여 보호해 줄 수 있는 선심을 부착하여, 착용자를 보호하기 위한 안전화

    ㉯ 광업, 건설업 및 철광업 등에서 원료취급, 가공, 강재취급 및 강재 운반, 건설업 등에서 중량물 운반작업, 가공대상물의 중량이 큰 물체를 취급하는 작업장으로서 날카로운 물체에 의해 찔릴 우려가 있는 장소에서 사용

② **보통작업용 안전화**

    ㉮ 500mm의 낙하높이에서 시험했을 때 충격과 (10.0±0.1)kN의 압축하중에서 시험했을 때 압박에 대하여 보호해 줄 수 있는 선심을 부착하여, 착용자를 보호하기 위한 안전화

    ㉯ 기계공업, 금속가공업, 운반, 건축업 등 공구 가공품을 손으로 취급하는 작업 및 차량 사업장, 기계 등을 운전조작하는 일반작업장으로서 날카로운 물체에 의해 찔릴 우려가 있는 장소에서 사용

③ **경작업용 안전화**

    ㉮ 250mm의 낙하높이에서 시험했을 때 충격과 (4.4±0.1)kN의 압축 하중에서 시험했을 때 압박에 대하여 보호해 줄 수 있는 선심을 부착하여, 착용자를 보호하기 위한 안전화

    ㉯ 금속 선별, 전기제품 조립, 화학제품 선별, 반응장치 운전, 식품 가공업 등 비교적 경량의 물체를 취급하는 작업장으로서 날카로운 물체에 의해 찔릴 우려가 있는 장소에서 사용

(2) 안전화의 종류 및 성능

종류	성능구분
가죽제안전화	물체의 낙하, 충격 또는 날카로운 물체에 의한 찔림 위험으로부터 발을 보호하기 위한 것
고무제안전화	물체의 낙하, 충격 또는 날카로운 물체에 의한 찔림 위험으로부터 발을 보호하고 내수성을 겸한 것
정전기안전화	물체의 낙하, 충격 또는 날카로운 물체에 의한 찔림 위험으로부터 발을 보호하고 정전기의 인체대전을 방지하기 위한 것
발등안전화	물체의 낙하, 충격 또는 날카로운 물체에 의한 찔림 위험으로부터 발 및 발등을 보호하기 위한 것
절연화	물체의 낙하, 충격 또는 날카로운 물체에 의한 찔림 위험으로부터 발을 보호하고 저압의 전기에 의한 감전을 방지하기 위한 것

절연장화	고압에 의한 감전을 방지 및 방수를 겸한 것
화학물질용안전화	물체의 낙하, 충격 또는 날카로운 물체에 의한 찔림 위험으로부터 발을 보호하고 화학 물질로부터 유해위험을 방지하기 위한 것

(3) 안전화 완성품에 대한 시험성능기준

① **내압박성 및 내충격성** : 선심 내부의 높이는 다음의 표에서 주어진 값이 이상이어야 한다.(단위 : mm)

안전화 크기	~ 225	230~240	245~250	255~265	270~280	285~
선심내부높이	12.5	13.0	13.5	14.0	14.5	15.0

② **박리저항** : 몸통과 겉창의 박리저항은 중작업용 및 보통작업용은 4.0N/mm 이상이어야 하고, 경작업용은 3.0N/mm 이상이어야 한다.

③ **내답발성** : 중작업용 또는 보통작업용은 1,000N, 경작업용은 500N의 정하중을 걸어 창을 관통하지 않아야 한다.

(4) 가죽제안전화의 일반구조

① 안전화의 발 끝 부분에 선심을 넣어 압박 및 충격으로부터 착용자의 발가락을 보호할 수 있는 구조이어야 한다.

② 착용감이 좋으며 작업 및 활동하기가 편리해야 한다.

③ 겉창의 소돌기는 좌우, 전후 균형을 유지해야 한다.

④ 선심의 내측은 헝겊, 가죽, 고무 또는 합성수지 등으로 감싸고 특히 후단부의 내측은 보강되어 있어야 한다.

⑤ 내답발성을 향상시키기 위해 얇은 금속 또는 이와 동등이상의 재질로 된 내답판을 사용해야 한다.

⑥ 안창은 유연하고 강하여야 하며 흡습성이 있는 재질이어야 한다.

⑦ 봉합사가 사용된 경우 그 사용목적에 적합하고 굵기 및 꼬임이 균등해야 한다.

⑧ 내답판은 안전화의 손상 없이는 제거될 수 없도록 안전화 내측에 삽입되고, 선심의 이음매 위에 놓여지거나 부착되지 않아야 한다.

⑨ 가죽은 천연가죽으로 하거나 합성수지로 코팅된 인조가죽을 사용하고 두께가 균일하여야 하며 흠 등의 결함이 없어야 한다.

⑩ 선심은 충격 및 압박을 견딜 수 있는 충분한 강도를 가지는 금속, 합성수지 또는 이와 동등이상의 재질이어야 하며 표면이 모두 평활하고 가장자리 및 모서리는 둥글게 하고 강재 선심인 경우에는 전체표면에 부식방지 처리를 해야 한다.

⑪ 안전화 겉창내면의 가장자리와 내답판 최대 이격거리를 명시해야 한다.

ㄷ 안전화 몸통 높이(몸통의 가장 높은 지점과 안창의 뒤끝 위쪽 면 사이의 수직거리)에 따른 구분
- 단화 : 113mm 미만
- 중단화 : 113mm 이상
- 장화 : 178mm 이상

4 ▶ 안전장갑

(1) 내전압용 절연장갑

① **내전압용 절연장갑의 등급, 치수, 고무의 최대 두께**

등급	최대사용전압		고무의 최대 두께(mm)	색상	치수
	교류(V,실효값)	직류(V)			표준길이(mm)
00	500	750	0.50 이하	갈색	270 및 360
0	1,000	1,500	1.00 이하	빨강색	270, 360, 410 및 460
1	7,500	11,250	1.50 이하	흰색	360, 410 및 460
2	17,000	25,500	2.30 이하	노랑색	
3	26,500	39,750	2.90 이하	녹색	
4	36,000	54,000	3.60 이하	등색	410 및 460

② **내전압용 절연장갑의 일반구조**

㉠ 절연장갑은 고무로 제조하여야 하며 핀홀(Pin Hole), 균열, 기포 등의 물리적인 변형이 없어야 한다.

㉡ 여러 색상의 층들로 제조된 합성 절연장갑이 마모되는 경우에는 그 아래의 다른 색상의 층이 나타나야 한다.

㉢ 미트의 모양은 하나 또는 그 이상의 손가락을 넣을 수 있는 구조이어야 한다.

㉣ 컨투어소매 장갑의 최대 길이와 최소 길이의 차이는 (50 ± 6)mm이어야 한다.

(2) 화학물질용 안전장갑

① **화학물질용 안전장갑의 일반구조 및 재료**

㉠ 재료와 부품은 착용자에게 해로운 영향을 주지 않아야 한다.

㉡ 착용 및 조작이 용이하고, 착용상태에서 작업을 행하는데 지장이 없어야 한다.

㉢ 육안을 통해 확인한 결과 찢어진 곳, 터진 곳, 구멍난 곳이 없어야 한다.

② **안전인증 유기화합물용 안전장갑에 추가로 표시할 사항**

㉠ 안전장갑의 치수

㉡ 보관 · 사용 및 세척상의 주의사항

㉢ 안전장갑을 표시하는 화학물질 보호성능표시 및 제품 사용에 대한 설명

㉑ 화학물질 외 제조자가 다른 화학물질에 대한 투과저항시험을 실시하고, 성능수준을 사용설명서에 표시하는 경우 제조회사의 시험 결과임을 명시
㉒ 재료시험의 각 성능 수준을 사용설명서에 표시

5 호흡용 보호구

(1) 방진마스크

① 방진마스크의 형태

종류	분리식		안면부여과식
	격리식	직결식	
형태	전면형 반면형 	전면형 반면형 	반면형
사용조건	산소농도 18% 이상인 장소에서 사용하여야 한다.		

② 방진마스크의 등급

등급	성능구분
특급	• 베릴륨 등과 같이 독성이 강한 물질들을 함유한 분진 등 발생장소 • 석면 취급장소
1급	• 특급마스크 착용장소를 제외한 분진 등 발생장소 • 금속흄 등과 같이 열적으로 생기는 분진 등 발생장소 • 기계적으로 생기는 분진 등 발생장소(규소 등과 같이 2급을 착용하여도 무방한 경우 제외)
2급	• 특급 및 1급 마스크 착용장소를 제외한 분진 등 발생장소

※ 배기밸브가 없는 안면부여과식 마스크는 특급 및 1급 장소에 사용해서는 안 된다.

(2) 방독마스크

① **방독마스크의 종류**

종류	시험가스	정화통 외부측면 표시색
유기화합물용	시클로헥산(C_2H_{12}), 디메틸에테르(CH_3OCH_3), 이소부탄(C_4H_{10})	갈색
할로겐용	염소가스 또는 증기(Cl_2)	회색
황화수소용	황화수소가스(H_2S)	
시안화수소용	시안화수소가스(HCN)	
아황산용	아황산가스(SO_2)	노랑색
암모니아용	암모니아가스(NH_3)	녹색

② **방독마스크의 등급**

등급	사용장소	비고
고농도	가스 또는 증기의 농도가 100분의 2(암모니아에 있어서는 100분의 3) 이하의 대기 중에서 사용하는 것	방독마스크는 산소농도가 18% 이상인 장소에서 사용하여야 하고, 고농도와 중농도에서 사용하는 방독마스크는 전면형(격리식, 직결식)을 사용해야 한다.
중농도	가스 또는 증기의 농도가 100분의 1(암모니아에 있어서는 100분의 1.5)이하의 대기 중에서 사용하는 것	
저농도 및 최저농도	가스 또는 증기의 농도가 100분의 0.1 이하의 대기 중에서 사용하는 것으로서 긴급용이 아닌 것	

┗ **방독마스크 용어**
- 전면형 방독마스크 : 유해물질 등으로부터 안면부 전체(입, 코, 눈)를 덮을 수 있는 구조의 방독마스크
- 반면형 방독마스크 : 유해물질 등으로부터 안면부의 입과 코를 덮을 수 있는 구조의 방독마스크
- 복합용 방독마스크 : 2종류 이상의 유해물질 등에 대한 제독능력이 있는 방독마스크
- 겸용 방독마스크 : 방독마스크(복합용 포함)의 성능에 방진마스크의 성능이 포함된 방독마스크

(3) 송기마스크와 전동식 호흡보호구

① **송기마스크의 종류 및 등급**

종류	등급		구분
호스 마스크	폐력흡인형		안면부
	송풍기형	전동	안면부, 페이스실드, 후드
		수동	안면부

에어라인 마스크	일정유량형	안면부, 페이스실드, 후드
	디맨드형	안면부
	압력디맨드형	안면부
복합식 에어라인 마스크	디맨드형	안면부
	압력디맨드형	안면부

② **전동식 호흡보호구의 분류**

분류	사용구분
전동식 방진마스크	분진 등이 호흡기를 통하여 체내에 유입되는 것을 방지하기 위하여 고효율 여과재를 전동장치에 부착하여 사용하는 것
전동식 방독마스크	유해물질 및 분진 등이 호흡기를 통하여 체내에 유입되는 것을 방지하기 위하여 고효율 정화통 및 여과재를 전동장치에 부착하여 사용하는 것
전동식 후드 및 전동식 보안면	유해물질 및 분진 등이 호흡기를 통하여 체내에 유입되는 것을 방지하기 위하여 고효율 정화통 및 여과재를 전동장치에 부착하여 사용함과 동시에 머리, 안면부, 목, 어깨부분 까지 보호하기 위해 사용하는 것

6 ▶ **안전대**

(1) 안전대의 종류 및 시험성능기준

종류	사용구분	시험하중	시험성능기준
벨트식	1개 걸이용	15kN (1,530kgf)	• 파단되지 않을 것 • 신축조절기의 기능이 상실되지 않을 것
	U자 걸이용		
안전그네식	추락방지대	15kN (1,530kgf)	• 시험몸통으로부터 빠지지 말 것
	안전블록		

(2) 안전대의 용어

① **벨트** : 신체지지의 목적으로 허리에 착용하는 띠모양의 부품

② **안전그네** : 신체지지의 목적으로 전신에 착용하는 띠 모양의 것으로서 상체 등 신체 일부분만 지지하는 것은 제외

③ **지탱벨트** : U자걸이 사용 시 벨트와 겹쳐서 몸체에 대는 역할을 하는 띠 모양의 부품

④ **죔줄** : 벨트 또는 안전그네를 구명줄 또는 구조물 등 기타 걸이설비와 연결하기 위한 줄모양의 부품

⑤ **D링** : 벨트 또는 안전그네와 죔줄을 연결하기 위한 D자형의 금속 고리

⑥ **각링** : 벨트 또는 안전그네와 신축조절기를 연결하기 위한 사각형의 금속 고리

⑦ **버클** : 벨트 또는 안전그네를 신체에 착용하기 위해 그 끝에 부착한 금속장치

⑧ **추락방지대** : 신체의 추락을 방지하기 위해 자동잠김 장치를 갖추고 죔줄과 수직구명줄에 연결된 금속장치

⑨ **훅 및 카라비너** : 죔줄과 걸이설비 등 또는 D링과 연결하기 위한 금속장치

⑩ **보조훅** : U자걸이를 위해 훅 또는 카라비너를 지탱벨트의 D링에 걸거나 떼어낼 때 추락을 방지하기 위한 훅

⑪ **신축조절기** : 죔줄의 길이를 조절하기 위해 죔줄에 부착된 금속의 조절장치

⑫ **8자형 링** : 안전대를 1개걸이로 사용할 때 훅 또는 카라비너를 죔줄에 연결하기 위한 8자형의 금속고리

⑬ **안전블록** : 안전그네와 연결하여 추락발생시 추락을 억제할 수 있는 자동잠김장치가 갖추어져 있고 죔줄이 자동적으로 수축되는 장치

⑭ **보조죔줄** : 안전대를 U자걸이로 사용할 때 U자걸이를 위해 훅 또는 카라비너를 지탱 벨트의 D링에 걸거나 떼어낼 때 잘못하여 추락하는 것을 방지하기 위한 링과 걸이설비 연결에 사용하는 훅 또는 카라비너를 갖춘 줄모양의 부품

⑮ **수직구명줄** : 로프 또는 레일 등과 같은 유연하거나 단단한 고정줄로서 추락발생시 추락을 저지시키는 추락방지대를 지탱해 주는 줄모양의 부품

⑯ **충격흡수장치** : 추락 시 신체에 가해지는 충격하중을 완화시키는 기능을 갖는 죔줄에 연결되는 부품

7 눈의 보호구

(1) 차광보안경

① 사용구분에 따른 차광보안경의 종류

종류	사용구분
자외선용	자외선이 발생하는 장소
적외선용	적외선이 발생하는 장소
복합용	자외선 및 적외선이 발생하는 장소
용접용	산소용접작업등과 같이 자외선, 적외선 및 강렬한 가시광선이 발생하는 장소

② 차광보안경의 일반구조 및 주요 성능기준

㉮ 돌출 부분, 날카로운 모서리 혹은 사용 도중 불편하거나 상해를 줄 수 있는 결함이 없어야 한다.

㉯ 착용자와 접촉하는 차광보안경의 모든 부분에는 피부 자극을 유발하지 않는 재질을 사용해야 한다.

⑭ 머리띠를 착용하는 경우, 착용자의 머리와 접촉하는 모든 부분의 폭이 최소한 10mm 이상 되어야 하며, 머리띠는 조절이 가능해야 한다.

⑮ 시야범위는 수평 22.0mm, 수직 20.0mm 이상이어야 한다.

⑯ 표면에 기포, 발포, 반점, 성형자국, 구멍, 침전물 등이 없어야 한다.

⑰ 필터에 파손이나 변형이 없어야 한다.

(2) 용접용 보안면

① 용접용 보안면의 형태

형태	구조
헬멧형	안전모나 착용자의 머리에 지지대나 헤드밴드 등을 이용하여 적정위치에 고정, 사용하는 형태(자동용접필터형, 일반용접필터형)
핸드실드형	손에 들고 이용하는 보안면으로 적절한 필터를 장착하여 눈 및 안면을 보호하는 형태

② 용접용 보안면의 일반구조

㉮ 돌출 부분, 날카로운 모서리 혹은 사용 도중 불편하거나 상해를 줄 수 있는 결함이 없어야 한다.

㉯ 착용자와 접촉하는 보안면의 모든 부분에는 피부 자극을 유발하지 않는 재질을 사용해야 한다.

㉰ 머리띠를 착용하는 경우, 착용자의 머리와 접촉하는 모든 부분의 폭이 최소한 10mm 이상 되어야 하며, 머리띠는 조절이 가능해야 한다.

㉱ 복사열에 노출될 수 있는 금속부분은 단열처리 해야 한다.

㉲ 필터 및 커버 등은 특수공구를 사용하지 않고 사용자가 용이하게 교체할 수 있어야 한다.

㉳ 지지대는 보안면을 정확한 위치에 고정하고 머리방향에 무관하게 이상 압력이나 미끄러짐 없이 편안한 착용상태를 유지할 수 있어야 한다.

㉴ 내부 표면은 무광 처리하고 보안면 내부로 빛이 침투하지 않도록 해야 한다.

8 방음 보호구

(1) 방음 보호구의 종류 및 등급

종류	등급	기호	성능	비고
귀마개	1종	EP-1	저음부터 고음까지를 차음하는 것	귀마개의 경우 재사용 여부를 제조특성으로 표기
	2종	EP-2	주로 고음을 차음하고 저음(회화음 영역)은 차음하지 않는 것	
귀덮개	–	EM	–	–

(2) 귀마개 및 귀덮개의 차음성능기준

중심 주파수(Hz)	차음치(dB)		
	EP-1	EP-2	EM
125	10 이상	10 미만	5 이상
250	15 이상	10 미만	10 이상
500	15 이상	10 미만	20 이상
1000	20 이상	20 미만	25 이상
2000	25 이상	20 이상	30 이상
4000	25 이상	25 이상	35 이상
8000	20 이상	20 이상	20 이상

9 색채조절

(1) 색의 3속성(색의 3요소)

① **색상(색조, Hue)** : 다른 색과 구별되도록 지어놓은 색의 이름을 말하는 것으로 유채색에만 있는 속성이다.

② **명도(Value)** : 색의 밝고 어두운 정도로 흰색은 10도로 명도가 가장 높으며, 검정색이 0으로 명도가 가장 낮다.

③ **채도(Chroma)** : 색의 선명도의 정도 즉, 색의 맑고 깨끗한 정도를 말하며 유채색에만 있다.

(2) 색의 선택조건

① 차분하고 밝은 색을 선택한다.

② 안정감을 낼 수 있는 색을 선택한다.

③ 악센트(Accent)를 준다.

④ 자극이 강한 색은 피한다.

⑤ 순백색은 피한다.

⑥ 차가운 색, 아늑한 색을 구분하여 사용한다.

10 안전보건표지

(1) 안전보건표지의 설치 등

① 사업주는 법 규정에 따라 안전보건표지를 설치하거나 부착할 때에는 근로자가 쉽게 알아볼 수 있는 장소·시설 또는 물체에 설치하거나 부착하여야 한다.

② 사업주는 안전보건표지를 설치하거나 부착할 때에는 흔들리거나 쉽게 파손되지 아니하도록 견고하게 설치하거나 부착하여야 한다.

③ 안전보건표지의 성질상 설치하거나 부착하는 것이 곤란한 경우에는 해당 물체에 직접 도장(塗裝)할 수 있다.

(2) 안전보건표지의 제작

① 안전보건표지는 그 종류별로 기본모형에 의하여 규정된 구분에 따라 제작하여야 한다.

② 안전보건표지는 그 표시내용을 근로자가 빠르고 쉽게 알아볼 수 있는 크기로 제작하여야 한다.

③ 안전보건표지 속의 그림 또는 부호의 크기는 안전보건표지의 크기와 비례하여야 하며, 안전보건표지 전체 규격의 30% 이상이 되어야 한다.

④ 야간에 필요한 안전보건표지는 야광물질을 사용하는 등 쉽게 알아볼 수 있도록 제작 하여야 한다.

⑤ 안전보건표지의 재료는 쉽게 파손되거나 변질되지 아니하는 것으로 제작하고, 색채의 물감은 변질되지 아니하는 것에 색채 고정원료를 배합하여 사용하여야 한다.

(3) 안전보건표지의 종류

금지표지	101 출입금지	102 보행금지	103 차량통행 금지	104 사용금지	105 탑승금지	106 금연	107 화기금지	108 물체이동 금지
경고표지	201 인화성 물질 경고	202 산화성 물질 경고	203 폭발성 물질 경고	204 급성독성 물질 경고	205 부식성 물질 경고	206 방사성 물질 경고	207 고압전기 경고	208 매달린 물체 경고
	209 낙하물 경고	210 고온경고	211 저온경고	212 몸균형 상실 경고	213 레이저 광선 경고	214 발암성·변이원성·생식독성·전신 독성·호흡기 과민성 물질 경고		215 위험장소 경고
지시표지	301 보안경 착용	302 방독마스크 착용	303 방진마스크 착용	304 보안면 착용	305 안전모 착용	306 귀마개 착용	307 안전화 착용	308 안전장갑 착용	309 안전복 착용

안내표지	401 녹십자 표시	402 응급구호 표지	403 들 것	404 세안장치	405 비상용 기구	406 비상구	407 좌측 비상구	408 우측 비상구

(4) 안전보건표지의 색채

분류	색채
금지표지	바탕은 흰색, 기본모형은 빨간색, 관련 부호 및 그림은 검은색
경고표지	바탕은 노란색, 기본모형, 관련 부호 및 그림은 검은색. 다만, 인화성물질 경고, 산화성물질 경고, 폭발성물질 경고, 급성독성물질 경고, 부식성물질 경고 및 발암성 · 변이원성 · 생식독성 · 전신독성 · 호흡기과민성물질 경고의 경우 바탕은 무색, 기본모형은 빨간색(검은색도 가능)
지시표지	바탕은 파란색, 관련 그림은 흰색
안내표지	바탕은 흰색, 기본모형 및 관련 부호는 녹색, 바탕은 녹색, 관련 부호 및 그림은 흰색
출입금지표지	글자는 흰색 바탕에 흑색, 다음 글자는 적색 – OOO제조/사용/보관 중 – 석면취급/해체 중 – 발암물질취급 중

(5) 안전보건표지의 색도기준 및 용도

색채	색도기준	용도	사용례
빨간색	7.5R 4/14	금지	정지신호, 소화설비 및 그 장소, 유해행위의 금지
		경고	화학물질 취급장소에서의 유해위험 경고
노란색	5Y 8.5/12	경고	화학물질 취급장소에서의 유해위험 경고 이외의 위험 경고, 주의표지 또는 기계방호물
파란색	2.5PB 4/10	지시	특정 행위의 지시 및 사실의 고지
녹색	2.5G 4/10	안내	비상구 및 피난소 사람 또는 차량의 통행 표시
흰색	N9.5	–	파란색 또는 녹색에 대한 보조색
검은색	N0.5	–	문자 및 빨간색 또는 노란색에 대한 보조색

산업안전심리

1 산업심리학

(1) 산업심리학의 정의

심리학의 방법과 식견을 가지고 인간의 산업에 있어서의 행동을 연구하는 실천과학이며 응용심리학의 한 분야로 선발과 배치, 생산능률의 성과 증대, 인간의 복지증진 등이 주요 영역이다.

(2) 산업심리학과 직접관련이 있는 학문

① 인사관리학, 인간공학, 사회심리학, 응용심리학

② 심리학, 안전관리학, 노동과학, 행동과학, 신뢰성공학

(3) 호손(Hawthorne)실험

① **실험 연구자** : 메이요(Mayo)와 레슬리스버거(Roethlisberger)

② **실험 결론** : 작업자의 작업능률(생산성 향상)은 물리적인 작업조건보다는 인간 관계의 요인에 의해서 좌우된다.

2 인간관계의 메커니즘 및 관리방식

(1) 인간관계의 메커니즘(Mechanism)

① **동일화(Identification)** : 다른 사람의 행동 양식이나 태도를 투입시키거나, 다른 사람 가운데서 자기와 비슷한 것을 발견하는 것

② **투사(投射, Projection)** : 자기 속의 억압된 것을 다른 사람의 것으로 생각하는 것을 투사(또는 투출)라고 함

③ **커뮤니케이션(Communication)** : 갖가지 행동 양식이나 기호를 매개로 하여 어떤 사람으로부터 다른 사람에게 전달되는 과정

④ **모방(Imitation)** : 남의 행동이나 판단을 표본으로 하여 그것과 같거나 또는 그것에 가까운 행동 또는 판단을 취하려는 것

⑤ **암시(Suggestion)** : 다른 사람으로부터의 판단이나 행동을 무비판적으로 논리적, 사실적 근거 없이 받아들이는 것

> **피그말리온 효과(Pygmalion Effect)**
> 타인의 기대나 관심으로 인하여 능률이 오르거나 결과가 좋아지는 현상

(2) 인간관계 관리 방식

① **전제적(專制的) 방식** : 권력이나 폭력에 의하여 생산성을 높이는 방식

② **온정적 방식** : 은혜를 사용하는 가족주의적 사고방식

③ **과학적 사고방식** : 생산능률을 향상시키기 위해 능률의 논리를 경영관리의 방법으로 체계화한 관리 방식(Taylor. F. W)

3 집단관리

(1) 집단의 기능과 집단목표

① **집단의 기능** : 응집력, 행동의 규범, 집단목표

② **집단목표를 수용하기 위한 결정요소** : 목표의 명확성, 참여성, 응집성, 성취에 대한 욕구충족도

> **파슨즈(Parsons)의 집단의 기능**
> 적응기능, 목표달성 기능, 통합기능, 내면화

(2) 집단의 효과

① 동조효과(응집력)

② 시너지(Synergy) 효과(System + Energy : + α상승효과)

③ 견물(見物)효과(자랑스럽게 생각)

> **집단 간의 갈등요인**
> 제한된 자원, 집단 간의 목표차이, 동일사안을 바라보는 집단 간의 인식차이

(3) 카운슬링(Counseling)

① **개인적인 카운슬링 방법** : 직접충고(안전수칙 불이행시 적합), 설득적 방법, 설명적 방법

② **카운슬링의 순서** : 장면 구성 → 내담자 대화 → 의견 재분석 → 감정표출 → 감정의 명확화

③ **카운슬링의 효과** : 정신적 스트레스 해소, 안전 태도 형성, 동기 부여

4 **직장에서의 적응과 부적응**

(1) 적응과 역할(Super의 역할이론)

① **역할연기**(Role Playing) : 자아탐색(Self-exploration)인 동시에 자아실현(Selfrealization)의 수단이다.

② **역할기대**(Role Expectation) : 자기의 역할을 기대하고 감수하는 사람은 그 직업에 충실한 것이다.

③ **역할조성**(Role Shaping) : 개인에게 여러 개의 역할기대가 있을 경우 그 중의 어떤 역할기대는 불응, 거부하는 수도 있으며, 혹은 다른 역할을 해내기 위해 다른 일을 구할 때도 있다.

④ **역할갈등**(Role Conflict) : 작업 중에는 상반된 역할이 기대되는 경우가 있으며 이러한 경우 갈등이 생기게 된다.

(2) 부적응의 유형(인격 이상자의 유형)

① **망상 인격(편집성 인격)** : 자기 주장이 강하고 빈약한 대인관계를 가지고 있는 성격의 소유자(냉혹성, 과민성, 완고, 질투, 시기심이 강함)

② **순환 인격** : 외적자극과는 관계없이 울적상태(우울한 시기)에서 조적상태(명랑한 시기)로 상당한 장기간에 걸쳐 기분이 변동하는 특징을 나타냄

③ **분열 인격** : 극단적으로 수줍어하고, 말이 없고, 자폐적이고, 사교를 싫어하고, 친밀한 인간관계를 피하려고 하는 특징을 나타냄

③ **폭발 인격** : 사소한 일로 갑자기 노여움을 폭발시키거나 폭언 및 폭력적인 공격성을 나타내는 특징을 나타냄

④ **강박 인격** : 엄격하고 지나치게 양심적이고 우유부단, 욕망을 제지하고 기준에 적합하도록 지나치게 신경을 쓰는 특징을 나타냄(완전주의 지향)

⑤ **반사회적 인격** : 정서 불안정, 윤리 도덕성의 규범 결여, 무감각, 쾌락주의, 자기애적임

⑥ **부적합 인격** : 정상적인 정신적·신체적 능력을 가지고 있으면서도 일상생활의 요구에 적응하지 못함

⑦ **무력 인격** : 활력이 결여되고, 감정이 둔하고, 만성적 비관론자임

⑧ **소극적 공격적 인격** : 적의(敵意)를 처리하는데 온갖 음흉한 방법으로 교묘히 활용함

> **사고를 많이 일으키는 성격**
>
> - 허영적
> - 도덕적 결벽성 결여
> - 쾌락주의적
> - 소심한 성격

5 **모랄 서베이(Morale Survey, 사기조사)**

(1) 모랄 서베이

① 종업원의 근로 의욕·태도 등에 대한 측정을 하는 것으로 사기조사(士氣調査) 또는 태도조사라고도 한다.

② 일반적인 사기조사의 방법은 주로 질문지나 면접에 의한 태도(또는 의견)조사가 중심을 이룬다.

(2) 모랄 서베이의 주요방법

① **통계에 의한 방법** : 사고 상해율, 생산고, 결근, 지각, 조퇴, 이직 등을 분석하여 파악하는 방법

② **사례연구법** : 경영 관리상의 여러 가지 제도에 나타나는 사례에 대해 케이스 스터디(Case Study)로서 현상을 파악하는 방법

③ **관찰법** : 종업원의 근무 실태를 계속 관찰함으로써 문제점을 찾아내는 방법

④ **실험연구법** : 실험그룹(Test group)과 통제그룹(Control Group)으로 나누고 정황, 자극을 주어 태도 변화 여부를 조사하는 방법

⑤ **태도조사법(의견조사)** : 질문지법, 면접법, 집단토의법, 투사법(Projective Technique) 등에 의해 의견을 조사하는 방법

6 **리더십(Leadership)**

(1) 리더십의 유형

① **선출방식에 따른 리더십의 분류**
  ㉮ 헤드십(Headship) : 집단 구성원이 아닌 외부에 의해 선출(임명)된 지도자로 명목상의 리더십
  ㉯ 리더십(Leadership) : 집단 구성원에 의해 내부적으로 선출된 지도자로 사실상의 리더십

② **업무추진 방법에 의한 리더십의 분류**
  ㉮ 권위형 : 지도자가 집단의 모든 권한 행사를 단독적으로 처리
  ㉯ 민주형 : 집단의 토론, 회의 등에 의해 정책을 결정
  ㉰ 자유방임형 : 집단에 대하여 전혀 리더십을 발휘하지 않고 명목상의 리더 자리만을 지키는 유형으로 지도자가 집단 구성원에게 완전히 자유를 주는 경우

③ **블레이크 & 머튼의 관리그리드 모형**
  ㉮ 관리그리드 모형은 블레이크와 머튼에 의해 리더십의 유형을 분류하는 개념적 틀로 개발되었는데 생산에 대한 관심과 인간에 대한 관심의 두 가지 차원으로 구성되어있다.
  ㉯ 생산에 대한 관심 : 어떻게 하면 부하로 하여금 많은 일을 수행하게 해서 높은 성과를 가져오게 할 것인가?
  ㉰ 인간에 대한 관심 : 어떻게 하면 부하들이 원하는 바를 충족시켜 주면서 좋은 관계를 유지할 수 있는가?

(2) 리더십의 권한

① 조직이 지도자에게 부여한 권한

㉮ 보상적 권한 : 지도자가 부하들에게 보상할 수 있는 능력으로 인해 부하직원들을 통제할 수 있으며 부하들의 행동에 대해 영향을 끼칠 수 있는 권한

㉯ 강압적 권한 : 부하직원들을 처벌할 수 있는 권한

㉰ 합법적 권한 : 조직의 규정에 의해 지도자의 권한이 공식화된 것

② 지도자 자신이 자신에게 부여한 권한 : 부하직원들이 지도자의 성격이나 능력을 인정하고 지도자를 존경하며 자진해서 따르는 것

㉮ 전문성의 권한 : 지도자가 목표수행에 필요한 전문적인 지식을 갖고 업무수행을 하므로 부하직원들이 자발적으로 지도자를 따름

㉯ 위임된 권한 : 집단의 목표를 성취하기 위해 부하 직원들이 지도자가 정한 목표를 자진해서 자신의 것으로 받아들여 지도자와 함께 일하는 것

(3) 리더십 이론

① 리더-부하 교환이론

㉮ 리더와 부하가 서로 영향을 준다는 리더십 이론

㉯ 부하들의 능력 및 기술, 리더가 부하들을 신뢰하는 정도 등에 따라 리더가 부하들을 서로 다르게 대우한다고 가정

② 허쉬와 브랜차드(Hersey & Blanchard)의 상황적 리더십 이론 : 리더의 행동과 관련하여 과업지향적인 행동과 관계지향적인 행동이라는 두 차원을 가로축과 세로축으로 한 4분면으로 분류한 후 여기에 상황적 요인으로서 구성원의 성숙도를 추가시킴으로써 리더십에 관한 3차원 모형을 제시

㉮ 지시적 리더 : 부하에게 기준을 제시해 주고 가까이서 지도하며 일방적인 의사소통과 리더중심의 의사결정을 하는 유형, 과업수준은 높게 관계성 수준은 낮게 요구되는 경우

㉯ 설득적 리더 : 결정사항을 부하에게 설명하고 부하가 의견을 제시할 기회를 제공하는 등 쌍방적 의사소통과 집단적 의사결정을 지향하는 유형, 과업수준과 관계성 수준이 모두 높게 요구되는 경우

㉰ 참여적 리더 : 아이디어를 부하와 함께 공유하고 의사결정과정을 촉진하며 부하들과의 인간관계를 중시하며 부하들을 의사결정에 많이 참여하게 하는 유형, 과업수준은 낮게 관계성 수준은 높게 요구되는 경우

㉱ 위임적 리더 : 의사결정과 과업수행에 대한 책임을 부하에게 위임하여 부하들이 스스로 자율적 행동과 자기통제하에 과업을 수행하도록 하는 유형, 과업수준과 관계성 수준이 모두 낮게 요구되는 경우

③ 리더십 경로-목표 이론(Path-Goal Theory)

㉮ Robert House 교수(1971)에 의해 주창된 이론으로 리더의 역할을 추종자들이 개인이나 조직의 목표를 달성하는데 대한 동기를 부여하는 것이라고 정의

㉯ "리더의 스타일 분류 + 조직 구성원의 특성에 따른 상황 요소 + 환경적 상황 요소"를 함께 고려해서 어떤 경우에 구성원들의 만족도가 올라가고 성과가 늘어나는지 밝히려는 시도

• 리더십의 특성 : 기술적 숙련, 대인적 숙련, 혁신적 숙련, 표현능력
• 권력형 리더의 특징 : 일 중심형으로 업적에 대한 관심은 높지만 인간관계에 무관심
• 리더십의 결정요소 : 조직의 성격, 집단성원의 인적사항, 기술의 발달, 환경의 상태

7 적성의 요인 및 적성발견의 방법

(1) **적성의 요인**(적성의 분류)

① 직업적성(기계적 적성과 사무적 적성), 지능, 흥미, 인간성(personality)

② 연령이나 개인차 등은 적성의 요인이 아님

(2) **기계적 적성의 종류**

① **손과 팔의 솜씨** : 빨리 그리고 정확히 잔일이나 큰일을 해내는 능력

② **공간 시각화** : 형상이나 크기의 관계를 확실히 판단하여 각 부분을 뜯어서 다시 맞추어 통일된 형태가 되도록 손으로 조작하는 과정

(3) **기계적 이해와 적성발견의 방법**

① **기계적 이해** : 공간 시각화, 지각 속도, 추리, 기술적 지식, 기술적 경험 등의 복합적 인자가 합쳐져서 만들어진 적성

② **적성 발견의 방법** : 자기이해, 계발적 경험, 적성 검사

③ **정신능력분석의 7단계** : 지각속도, 공간적 시각화, 수(수학적 어휘능력), 언어이해, 어휘 유창성, 기억, 귀납적 추론

⊏ 지능의 척도

$$IQ = \frac{지능지수}{생활연령} \times 100$$

8 심리 검사

(1) **심리검사의 범위 및 구성**

① **심리검사의 범위** : 기초인간 능력, 기계적 능력, 정신운동 능력, 시각 기능적 능력, 특수직무 능력

② **심리검사의 구성** : 직업별 검사구성, 직무별 검사구성, 기능능력별 검사구성

(2) 심리검사의 구비조건

① **표준화** : 검사관리를 위한 조건과 검사절차의 일관성과 통일성

② **객관성** : 검사결과의 채점에 관한 것으로 채점하는 과정에서 채점자의 편견이나 주관성이 배제되어야 하며 어떤 사람이 채점하여도 동일한 결과를 얻어야 함

③ **규준(Norms)** : 검사의 결과를 해석하기 위해서는 비교할 수 있는 참조 또는 비교의 어떤 틀이 있어야 하는데, 이 틀은 검사규준이 제공

④ **신뢰성** : 검사응답의 일관성, 즉 반복성을 말하는 것

⑤ **타당성** : 측정하고자 하는 것을 실제로 잘 측정하는지의 여부를 판별하는 것

(3) 인사심리검사의 구비조건

① **인사심리검사의 구비조건** : 타당성, 신뢰성, 실용성

② **조하리의 창(Johari's Window)에 의한 4유형**

㉮ 공개된 자아(개방영역) : 자신도 알고 타인에게도 알려진 영역으로 이 영역이 넓은 사람은 타인에 대해 개방적이며 타인과의 갈등 소지도 적다.

㉯ 숨겨진 자아(맹인영역) : 타인은 모르고 자신만 아는 영역으로 잠재능력을 인지하지 못하거나 대인관계의 효과성이 제약된다.

㉰ 눈먼 자아(비밀영역) : 자신은 모르지만 타인은 알고 있는 영역으로 타인에 의해 스스로에 대해 모르고 있던 부분을 알게되며, 숨겨진 부분이 노출될 때 타인으로 인한 상처가 두려워 감정을 숨기게 된다.

㉱ 미지영역 : 스스로는 물론 타인에게 모두 알려지지 않은 부분으로 상호간의 오해 발생 소지가 증가하며, 대인관계의 질과 잠재력에 대한 영향이 감소한다.

Johari's Window

9 ▶ 안전사고의 요인

(1) 안전사고의 경향성

① 그린우드(Greewood)에 따르면 대부분의 사고는 소수의 근로자에 의해서 발생된다.

② 즉, 사고를 자주 내는 사람이 항상 사고를 낸다는 의미이다.

(2) 소질적인 사고 요인

① **지능** : Chislli와 Brown은 지능단계가 낮을수록 또는 높을수록 이직률 및 사고 발생률이 높다고 지적함

② **성격** : 결함이 있는 성격은 사고를 유발

③ **감각운동기능(시각기능)**

㉮ 재해와 시각관계를 조사한 결과 Tiffin J는 시각기능에 결함이 있는 자에게 재해가 많았고, Fletdher E · D는 두 눈의 시력이 불균형인 자에게 재해가 많음을 지적

㉯ 시각기능과 재해발생에 있어 반응속도 그 자체보다 반응의 정확도에 더 관계가 깊다.

10 ▶ 산업안전 심리의 요소

(1) 안전심리의 5요소와 습관의 4요소

① **안전심리의 5요소** : 습관, 동기, 기질, 감정, 습성

② **습관의 4요소** : 동기, 기질, 감정, 습성

(2) 사고 요인 등

① **개성과 사고력** : 인간의 개성과 사고력은 안전심리에서 고려되는 중요한 요소

② **사고요인이 되는 정신적 요소(정신상태 불량으로 일어나는 안전사고의 요인)**

㉮ 안전의식의 부족, 주의력의 부족, 방심 및 공상, 개성적 결함요소

㉯ 지나친 자존심과 자만심, 다혈질 및 인내력의 부족, 약한 마음

㉰ 도전적 성격, 감정의 장기 지속성, 경솔함

㉱ 과도한 집착 또는 고집, 배타성, 태만(나태), 사치와 허영심

③ **안전사고를 유발하는 원인을 분석하는데 필요한 요건** : 인간의 발전, 성장, 성숙과정 및 연령 등

11 재해 빈발설과 사고경향성자의 유형

(1) 재해빈발설

① **암시설** : 재해의 경험으로 겁쟁이가 되거나 신경과민이 되어 그 사람이 갖는 대응 능력이 열화되기 때문에 재해가 빈발

② **경향설** : 소질적인 결함을 가지고 있기 때문에 재해가 빈발

③ **기회설** : 개인의 영향 때문이 아니라 작업에 위험성이 많고, 위험한 작업을 담당하고 있기 때문에 재해가 빈발(대책 : 작업환경개선, 교육훈련실시)

(2) 사고경향성자(재해 누발자, 재해 다발자)의 유형

① **상황성 누발자** : 작업의 어려움, 기계설비의 결함, 환경상 주의력의 집중 혼란, 심신의 근심 등 때문에 재해를 누발

② **습관성 누발자** : 재해의 경험으로 겁쟁이가 되거나 신경과민이 되어 재해를 누발하거나 일종의 슬럼프(Slump) 상태에 빠져서 재해를 누발

③ **소질성 누발자** : 재해의 소질적 요인(주의력의 산만, 주의력 지속 불능, 도덕성 결여, 소심한 성격, 침착성 및 도덕성 결여 등)을 가지고 있기 때문에 재해를 누발

④ **미숙성 누발자** : 기능 미숙이나 환경에 익숙하지 못하기 때문에 재해를 누발

> **⊏ Lewin K의 법칙**
>
> 레빈(Lewin)은 인간의 행동(B)은 그 사람이 가진 자질 즉, 개체(P)와 심리학적 환경(E)과의 상호함수관계에 있다고 규정
>
> $$B = f(P \cdot E)$$
>
> - B : Behavior(인간의 행동)
> - f : Function(함수관계 : 적성 기타 P와 E에 영향을 미칠 수 있는 조건)
> - P : Person(개체 : 연령, 경험, 심신상태, 성격, 지능 등)
> - E : Environment(심리적 환경 : 인간관계, 작업환경 등)

12 ▶ 인간변화의 4단계(인간 변용의 메커니즘)

(1) 인간 변용의 4단계

　① **1단계** : 지식의 변용　　　　② **2단계** : 태도의 변용

　③ **3단계** : 행동의 변용　　　　④ **4단계** : 집단 또는 조직에 대한 성과 변용

(2) 인간 변용에 요하는 시간과 곤란도

　용이한 순서대로 나열하면 지식의 변용, 태도의 변용, 행동의 변용, 집단 또는 조직에 대한 성과의 변용 순이다.

13 ▶ 동기부여이론

(1) 데이비스(Davis)의 이론

　① **인간의 성과 × 물적인 성과 = 경영의 성과**

　　㉮ 지식(Knowledge) × 기능(skill) = 능력(ability)

　　㉯ 상황(situation) × 태도(attitude) = 동기유발(motivation)

　　㉰ 능력 × 동기유발 = 인간의 성과(human performance)

　② **동기부여 조건**

　　㉮ 내적요인 : 동기, 기분, 의지, 욕구

　　㉯ 외적요인 : 유인, 강화

　③ **목표설정이론**

　　㉮ 구체적이고 도전성이 있으며, 피드백이 수반된 목표가 설정되어야 동기부여 및 높은 성과가 이룩된다는 이론

　　㉯ 도전성이 느껴지는 목표, 열심히 하면 달성 가능하다고 느껴지는 목표의 수립이 동기부여 측면에서 가장 중요

(2) **매슬로우(Abraham H. Maslow)의 욕구 5단계**

　① **1단계** : 생리적 욕구(기아, 갈증, 호흡, 배설, 성욕 등)

　② **2단계** : 안전의 욕구(안전을 구하고자 하는 욕구)

　③ **3단계** : 사회적 욕구(애정, 소속에 대한 욕구)

　④ **4단계** : 인정받으려는 욕구(자존심, 명예, 성취, 지위에 대한 욕구)

　⑤ **5단계** : 자아실현의 욕구(잠재적인 능력을 실현하고자 하는 욕구)

(3) **알더퍼(Alderfer)의 ERG 이론**

　① **생존(Existence) 욕구** : 신체적인 차원에서 유기체의 생존과 유지에 관련된 욕구

　② **관계(Relation) 욕구** : 타인과의 상호작용을 통해 만족되는 대인 욕구

　③ **성장(Growth) 욕구** : 개인적인 발전과 증진에 관한 욕구

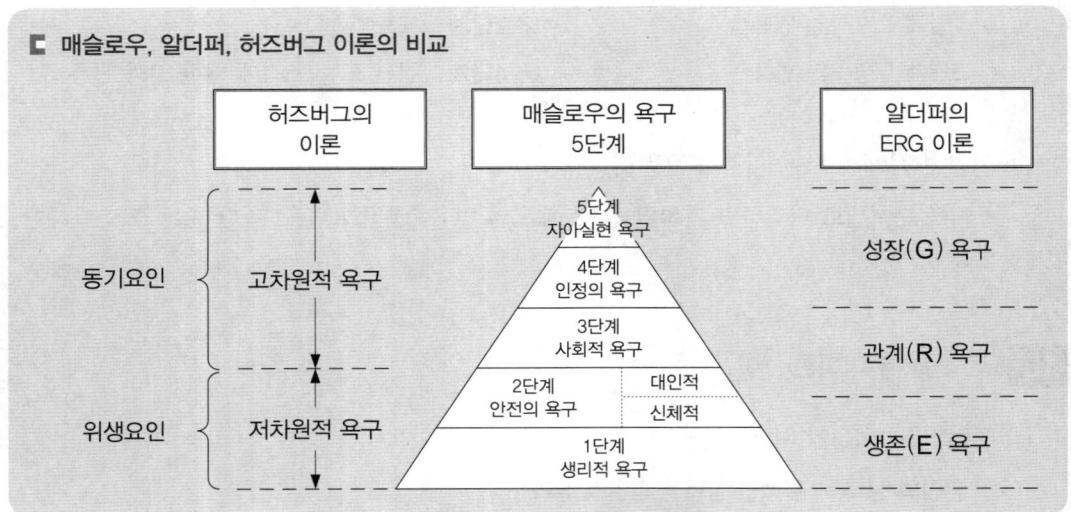
■ 매슬로우, 알더퍼, 허즈버그 이론의 비교

(4) **맥그리거(D. McGreger)의 X 이론과 Y 이론**

　① **X 이론**

　　㉮ 종업원은 상사로부터 통제를 받지 않으면 안 된다.

　　㉯ 종업원을 회사의 목적에 헌신시키기 위해 강제성을 띠어야 한다.

　　㉰ 종업원은 본래 회사의 목적에 반하여 개인적인 목표를 가지고 있다.

　② **Y 이론**

　　㉮ 종업원은 일하기를 원하고 또 자기 자신의 동기유발자가 되도록 한다.

　　㉯ 종업원을 회사의 목적을 위한 수단으로서 자발적으로 받아들인다.

　　㉰ 목표설정에 참가함으로써 회사목표에 적합한 개인의 목표를 설정할 수 있다.

③ X 이론과 Y 이론 비교

X 이론	Y 이론
인간불신감	상호신뢰감
성악설	성선설
인간은 본래 게으르고 태만하여 남의 지배받기를 즐긴다.	인간은 부지런하고 근면하며 적극적이며 자주적이다.
물질 욕구(저차적 욕구)	정신 욕구(고차적 욕구)
명령통제에 의한 관리	목표통합과 자기통제에 의한 자율관리
저개발국형	선진국형

(5) 허즈버그(Herzberg)의 위생요인과 동기요인

① 위생요인과 동기요인
㉮ 위생요인 : 직무수행 환경과 관련된 요인으로 생산능력 향상에 영향을 미치지 못하며 업무수행에서의 손실만을 방지한다. 회사정책, 관리·감독, 작업조건, 대인관계, 지위, 보수, 안전 등이 이에 속한다.
㉯ 동기요인 : 작업자에게 동기를 부여하여 업무 효과를 증대시키는 요인으로 직무만족에 의한 생산능력을 향상시킨다. 여기에는 작업자의 성취감, 승진 및 성장에 대한가능성, 책임감 등이 있다.

② 직무확대 방법(동기부여 원칙)
㉮ 규제를 제거하여 일에 대한 개인적 책임감이나 책무를 증가시킨다.
㉯ 완전하고 자연스러운 작업 단위를 제공한다(한 단위의 한 요소만을 만들게 하지 말고 단위 전체를 생산하도록 한다).
㉰ 직무에 부가되는 자유와 권한을 부여한다.
㉱ 직접 상품생산에 대한 정기적인 보고를 하도록 한다.
㉲ 더욱 새롭고 어려운 임무를 수행하도록 격려한다.
㉳ 특정한 직무에 대해 전문가가 될 수 있도록 전문화된 임무를 배당한다.

(6) 맥클리랜드(McClelland)의 성취동기이론과 안전동기

① 맥클리랜드(McClelland)의 성취동기이론에서 성취동기가 높은 사람의 특징
㉮ 적절한 모험을 즐긴다.
㉯ 즉각적인 복원조치를 강구할 줄 안다.
㉰ 자신이 하고 있는 일의 구체적인 진행상황을 알고 싶어 한다.
㉱ 성공함으로써 얻어지는 댓가보다는 성취 그 자체에 기쁨을 느낀다.
㉲ 과업에 전념하여 그 목표가 달성될 때까지 자신의 노력을 경주한다.

② **안전동기의 유발방법**

    ㉮ 안전의 기본이념을 인식시킬 것

    ㉯ 안전목표를 명확히 설정할 것

    ㉰ 결과를 알려줄 것(K · R법 : Knowledge Results)

    ㉱ 상과 벌을 줄 것

    ㉲ 경쟁과 협동을 유도할 것

    ㉳ 동기유발 수준의 유지할 것

14 착오와 착각현상

(1) **착오의 메커니즘 및 착오요인**

① **착오의 메커니즘(Mechanism)** : 위치의 착오, 패턴의 착오, 형(形)의 착오, 순서의 착오, 잘못 기억

② **착오요인(대뇌의 Human Error)**

    ㉮ 인지과정 착오

        ㉠ 생리, 심리적 능력의 한계

        ㉡ 정보량 저장능력의 한계

        ㉢ 감각차단 현상(단조로운 업무, 반복작업)

        ㉣ 정서 불안정(공포, 불안, 불만)

    ㉯ 판단과정 착오

        ㉠ 능력부족

        ㉡ 정보부족

        ㉢ 자기 합리화

        ㉣ 환경조건의 불비(不備)

    ㉰ 조치과정 착오

        ㉠ 작업자 기능 미숙

        ㉡ 작업경험 부족

        ㉣ 피로

(2) **착각현상(운동의 시지각)**

① **자동운동** : 암실 내에서 정지된 소광점을 응시하고 있으면 그 광점이 움직이는 것을 볼 수 있는데 이것을 자동운동이라 함

② **유도운동** : 실제로는 움직이지 않는 것이 어느 기준의 이동에 유도되어 움직이는 것처럼 느껴지는 현상

③ **가현운동** : 객관적으로 정지하고 있는 대상물이 급속히 나타나던가 소멸하는 것으로 인하여 일어나는 운동으로 마치 대상물이 운동하는 것처럼 인식되는 현상(β−운동 : 영화 영상의 방법)

> **ㄷ 자동운동이 생기기 쉬운 조건**
> - 광점이 작을 것
> - 광의 강도가 작을 것
> - 시야의 다른 부분이 어두울 것
> - 대상이 단순할 것

15 ▶ 인간의 동작 특성 및 동작실패의 원인이 되는 조건

(1) 인간의 동작 특성

① **외적조건**

㉮ 동적조건 : 대상물의 동적 성질(최대원인)

㉯ 정적조건 : 높이, 크기, 깊이 등

㉰ 환경조건 : 기온, 습도, 소음 등

② **내적조건** : 경력(Career), 개인차, 생리적 조건(피로, 긴장)

(2) 동작 실패의 원인이 되는 조건

① **자세의 불균형** : 행동의 습관

② **피로도** : 신체조건, 질병, 스트레스 등

③ **작업강도** : 작업량, 작업속도, 작업시간 등

④ **기상조건** : 온도, 습도, 기타 기상조건 등

⑤ **환경조건** : 작업 환경, 심리적 환경

16 ▶ 간결성의 원리

(1) 간결성의 원리

① 물적 세계에 서두름이나 생략 행위가 존재하고 있는 것처럼 심리활동에 있어서도 최고 에너지에 의해 어떤 목적을 달성하도록 하려는 경향을 말한다.

② 간결성의 원리에 기인하여 착각, 착오, 생략, 단락 등의 사고에 관계되는 심리적 요인을 만들어 내게된다.

(2) 군화의 법칙-게슈탈트(Gestalt)의 법칙

게슈탈트의 법칙은 사람이 형태를 지각할 때, 각 물체들이 공통적인 속성을 갖고 있는 경우 유사한 시각요소가 있는 것끼리 묶어서 보려는 경향 또는 조금 더 가까이 있는 것들을 하나로 묶어 보려고 하는 경향을 말하며 다음과 같은 4가지 요인으로 구분된다.

구분	내용	도해
근접의 요인	근접된 물건끼리 정리	○○ ○○ ○○ ○○
동류의 요인	가장 비슷한 물건끼리 정리	● ○ ● ○ ● ○
폐합의 요인	밀폐된 것으로 정리	
연속의 요인	연속된 것으로 정리	

17 주의력과 부주의

(1) 주의의 특징

① **선택성** : 여러 종류의 자극을 자각할 때 소수의 특정한 것에 한하여 선택하는 기능

② **방향성** : 주시점만 인지하는 기능

③ **변동성** : 주의에는 주기적으로 부주의의 리듬이 존재

(2) 주의의 특성

① **주의력의 중복집중의 곤란** : 주의는 동시에 2개 방향에 집중하지 못한다.(선택성)

② **주의력의 단속성** : 고도의 주의는 장시간 지속할 수 없다.(변동성)

③ **부주의의 리듬성** : 한 지점에 주의를 집중하면 다른 지점에 대한 주의는 약해진다.(방향성)

(3) 부주의 현상

① **의식의 단절** : 지속적인 의식의 흐름에 단절이 생기고 공백의 상태가 나타나는 것으로서 특수한 질병이 있는 경우에 나타난다.(의식수준 : Phase 0 상태)

② **의식의 우회** : 의식의 흐름이 옆으로 빗나가 발생하는 경우로서 작업도중의 걱정, 고뇌, 욕구 불만 등에 의해 다른 것에 주의하는 것이 이에 속한다.(의식수준 : Phase 0 상태)

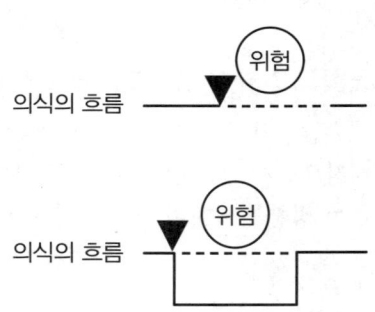

③ **의식수준의 저하** : 혼미한 정신상태에서 심신이 피로할 경우나 단조로운 작업 등의 경우에 일어나기 쉽다.(의식수준 : Phase Ⅰ이하 상태)

④ **의식의 과잉** : 지나친 의욕에 의해서 생기는 부주의 현상으로서 돌발사태 및 긴급이상 사태시 순간적으로 긴장되고 의식이 한 방향으로만 쏠리게 되는 경우가 이에 해당된다.(의식수준 : Phase Ⅳ상태)

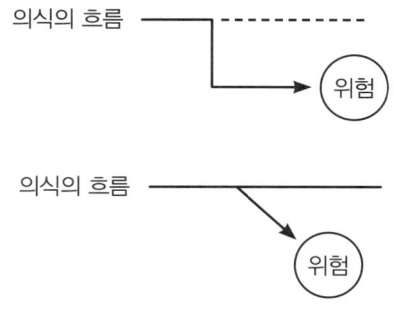

(4) **부주의 발생원인 및 대책**

① **외적 원인 및 대책**

㉮ 작업, 환경조건 불량 : 환경정비

㉯ 작업순서의 부적당 : 작업순서정비

② **내적 조건 및 대책**

㉮ 소질적 조건 : 적정 배치

㉯ 의식의 우회 : 상담(Counseling)

㉰ 경험의 부족 : 교육

18 의식수준의 단계

단계	의식의 상태	주의작용	생리적 상태	신뢰성	뇌파형태
0	무의식, 실신	없음(Zero)	수면, 뇌발작	0	δ파
Ⅰ	정상 이하(Subnormal), 의식 몽롱함	부주의(Inactive)	피로, 단조, 졸음, 술취함	0.9 이하	θ파
Ⅱ	정상, 이완상태 (normal, relaxed)	수동적(Passive), 마음이 안쪽으로 향함	안정기거, 휴식시, 정례작업시	0.99 ~0.99999	α파
Ⅲ	정상, 상쾌한 상태 (Normal, Clear)	능동적(Active), 앞으로 향하는 주의 시야 넓음	적극 활동시	0.999999 이상	β파
Ⅳ	초정상, 과긴장상태 (Hypernormal, Excited)	일점으로 응집, 판단 정지	긴급 방위반응, 당황해서 Panic	0.9 이하	β파, 전간파

19 피로

(1) **피로의 본체**

① **피로의 정의** : 작업경과에 따라 생리적 또는 심리적 요인으로 나타나는 현상

② **신체적 증상(생리적 현상)** : 자세가 흐트러지고 지치게 됨, 작업에 대한 무감각, 무표정, 경련 등이 일어남, 작업효과나 작업량의 감퇴 및 저하

③ **정신적 증상(심리적 현상)** : 주의력 감소, 불쾌감, 긴장감이 해지 또는 해소, 권태, 태만, 관심 및 흥미를 상실

(2) 피로의 종류

① **주관적 피로** : 스스로 느끼는 "피로하다"는 자각증상으로 대개의 경우 권태감이나 단조감(단조로움) 또는 포화감이 뒤따른다.

② **객관적 피로** : 객관적 피로는 생산된 제품의 양과 질의 저하를 지표로 한다.

③ **생리적(기능적) 피로** : 인체의 생리상태를 검사해 봄으로서 생체의 각 기능이나 물질의 변화 등에 의해 피로를 알 수 있는 방법이다.

(3) 피로에 영향을 주는 인자

① **기계 측의 인자** : 기계의 종류, 기계의 색채, 조작부분의 배치, 조작부분의 감촉, 기계의 이해 및 용이도

② **인간 측의 인자** : 정신상태, 신체상태, 생리적 리듬, 작업시간 및 작업내용, 사회환경, 작업환경

(4) 피로의 측정법

① **생리학적 방법**

㉮ 근전도(EMG, Electromyogram) : 근육활동 전위차의 기록

㉯ 뇌전도(EEG, Electroneurogram) : 신경활동 전위차의 기록

㉰ 심전도(ECG, Electrocardiogram) : 심장근 활동 전위차의 기록

㉱ 안전도(EOG, Electrooculogram) : 안구(眼球)운동 전위차의 기록

㉲ 산소 소비량 및 에너지 대사율(RMR, Relative Metabolic Rate)

$$RMR = \frac{작업대사량}{기초대사량} = \frac{작업시\ 소비에너지 - 안정시\ 소비에너지}{기초대사량}$$

㉳ 피부전기반사(GSR, Galvanic Skin Reflex) : 작업부하의 정신적 부담이 피로와 함께 증대하는 양상을 손바닥 안쪽의 전기저항의 변화를 이용해 측정하는 것으로 피부전기저항 또는 정신전류현상

㉴ 점멸융합주파수(flicker법) : 정신적 부담이 대뇌피질의 피로수준에 미치고 있는 영향을 측정하는 방법

② **화학적 방법** : 혈색소농도, 혈액수준, 혈단백, 응혈시간, 혈액, 요전해질, 요단백, 요교질 배설량 등

③ **심리학적 방법** : 피부(전위)저장, 동작분석, 연속반응시간, 행동기록, 정신작업, 전신자각 증상, 집중유지기능 등

(5) 허세이(Hershey)의 피로회복법

① **환경과의 관계에 의한 피로** : 작업장에서의 부적절한 관계를 배제, 불필요한 신체적 마찰 배제

② **단조로움 또는 권태감에 의한 피로** : 동작의 교대 방법 지도, 작업의 가치 부여

③ **신체의 활동에 의한 피로** : 기계의 사용을 배제

④ **질병에 의한 피로** : 보건상 유해한 작업환경 개선(작업장의 온도, 습도, 통풍 등을 조절)

□ 휴식시간 산출

$$R = \frac{60(E - 4 \text{ 또는 } 5)}{E - 1.5}$$

※ 4 또는 5 : 작업에 대한 평균 에너지 소비량(kcal/분)
- R : 휴식시간(분)
- E : 작업시 평균 에너지 소비량(kcal/분) = 산소소비량 × 평균에너지소비량
- 총 작업시간 : 60분
- 휴식시간 중의 에너지 소비량 : 1.5(kcal/분)

---

20 바이오 리듬(Biorhythm, 생체리듬)

(1) 바이오리듬의 종류

① **육체적 리듬(Physical Cycle)** : 주기 23일(식욕, 소화력, 활동력, 지구력), 청색표시

② **지성적 리듬(Intellectual Cycle)** : 주기 33일(상상력, 사고력, 기억력 또는 의지, 판단 및 비판력), 녹색표시

③ **감성적 리듬(Sensitivity Cycle)** : 주기 28일(감정, 주의력, 창조력, 예감 및 통찰력), 적색표시

(2) 위험일(Critical Day)

① 한 달에 6일 정도 일어남

② 평소보다 뇌졸중이 5.4배, 심장질환 발작이 5.1배, 자살은 6.8배 정도 더 많이 발생

(3) 생체리듬과 피로

① **혈액의 수분, 염분량** : 주간에 감소하고 야간에는 증가

② **체온, 혈압, 맥박수** : 주간에 상승하고 야간에는 저하

③ **야간** : 소화 분비액 불량, 체중이 감소. 말초운동 기능저하, 피로의 자각증상이 증대

④ **조석리듬의 수준** : 오전 6시가 가장 낮아 재해사고의 가능성이 가장 큼

□ 스트레스
- 스트레스의 직무요인 : 역할갈등, 역할과중, 역할모호성
- 직무스트레스와 작업 효율성간의 역U자형 가설 : 작업환경 복잡성이 증가함에 따라서 직무 스트레스가 커지며, 적정 수준까지는 작업 효율성도 함께 증가하다가 그 이후부터는 작업 효율성이 감소

안전보건교육의 내용 및 방법

1 교육의 3요소

교육 활동의 교육의 3요소가 상호 실천적으로 교섭할 때 성립되며 그 가치가 피교육자의 성장과 발달로 나타난다.

(1) **교육의 주체** : 교도자, 강사

(2) **교육의 객체** : 학생, 수강자

(3) **교육의 매개체** : 교재

> **┗ 안전교육의 목표**
> 안전척도가 최우선인 목표이다.

2 학습지도

(1) **학습지도의 정의**

① 학습자가 교육목적을 효과적으로 달성할 수 있도록 자극하고 도와주는 교육활동을 말한다. 즉, 모든 기술지도의 총체

② 핀케빗치(Pinkevich)는 "지도란 교사가 방향을 지시하며 조직적으로 계도하는 영향 하에 새로운 학생으로 하여금 지식, 기술, 습관에 정통하게 만드는 일"이라 정의

③ 루크(Locke)는 교육론에서 "경험을 통한 학습"과 "감각에 의한 학습"을 강조

(2) **학습지도의 원리**

① **자기활동의 원리(자발성의 원리)** : 학습자 자신이 스스로 자발적으로 학습에 참여하는데 중점을 둔 원리이다.

② **개별화의 원리** : 학습자가 지니고 있는 각자의 요구와 능력 등에 알맞은 학습활동의 기회를 마련해 주어야 한다는 원리이다.

③ **사회화의 원리** : 학습내용을 현실사회의 사상과 문제를 기반으로 하여 학교에서 경험한 것과 사회에서 경험한 것을 교류시키고 공동학습을 통해서 협력적이고 우호적인 학습을 진행하는 원리이다.

④ **통합의 원리** : 학습을 총합적인 전체로서 지도하자는 원리로, 동시학습 원리와 같다.

⑤ **직관의 원리** : 구체적인 사물을 직접 제시하거나 경험시킴으로서 큰 효과를 볼 수 있다는 원리이다.

3 교육지도(학습지도)의 8원칙

(1) **피교육자 중심교육**(상대방 입장에서 교육) : 자발창조의 원칙, 흥미의 원칙, 개성화의 원칙

(2) **동기부여**(Motivation)

(3) **쉬운 부분에서 어려운 부분으로 진행**

(4) **반복**(Repeat)

(5) **한번에 하나씩 교육**

(6) **인상의 강화**(오래 기억)

① 보조재의 활용, 견학 및 현장사진 제시

② 사고사례의 제시, 중요사항의 재강조

③ 속담, 격언과의 연결 및 암시 등의 방법 선택, 토의과제 제시 및 의견 청취

(7) **5관의 활용**

① **5관의 효과치**

㉮ 시각효과 60%(미국 75%)

㉯ 청각효과 20%(미국 13%)

㉰ 촉각효과 15%(미국 6%)

㉱ 미각효과 3%(미국 3%)

㉲ 후각효과 2%(미국 3%)

② **이해도 교육 효과**

㉮ 귀 : 20% ㉯ 눈 : 40%

㉰ 귀 + 눈 : 60% ㉱ 입 : 80%

㉲ 머리 + 손 · 발 : 90%

(8) **기능적인 이해** : 근거 있는 기능적 이해는 기억을 강하게 심어주고 경솔하게 멋대로 하지 않으며 생략행위를 하지 않으며 독자적이고 자기 만족을 억제하며, 이상 발견시 응급조치가 용이하여야 함

4 　教육법의 4단계 및 교육시간

(1) 교육법의 4단계

① **제1단계-도입(준비)** : 배우고자 하는 마음가짐을 일으키도록 도입

② **제2단계-제시(설명)** : 상대의 능력에 따라 교육하고 내용을 확실하게 이해시키고 납득시켜 다시 기능으로서 습득시킴

③ **제3단계-적용(응용)** : 이해시킨 내용을 구체적인 문제 또는 실제문제로 활용시키거나 응용시킴

④ **제4단계-확인(총괄)** : 교육내용을 정확하게 이해하고 습득하였는지의 여부를 확인

(2) 단계별 교육시간

교육법의 4단계	강의식(일반적인 교육)	토의식
1단계-도입	5분	5분
2단계-제시	40분	10분
3단계-적용	10분	40분
4단계-확인	5분	5분

※ 단계별 교육의 시간 배분은 단위 시간을 1시간(60분)으로 했을 때

5 　학습의 이론

(1) S-R이론 : 학습을 자극(Stimulus)에 대한 반응(Response)으로 보는 이론

① 손다이크(Thorndike)의 시행착오설

② 파브로프(Pavlov)의 조건반사설

③ 스키너(Skinner)의 작동적(도구적) 조건화설

④ 구드리(Guthrie)의 접근적 조건화설

(2) 시행착오에 있어서의 학습법칙

① **연습의 법칙(Law of Exercise)** : 모든 학습과정은 많은 연습과 반복을 통해서 바람직한 행동의 변화를 가져오게 된다는 법칙으로 빈도의 법칙(Law of Frequency)이라고도 함

② **효과의 법칙(Law of Effect)** : 학습의 결과가 학습자에게 쾌감을 주면 줄수록 반응은 강화되고 반대로 고통이나 불쾌감을 주면 약화된다는 법칙으로 결과의 법칙이라고도 함

③ **준비성의 법칙(Law of Readiness)** : 특정한 학습을 행하는데 필요한 기초적인 능력을 충분히 갖춘 뒤에 학습을 행함으로서 효과적인 학습을 이룩할 수 있다는 법칙

(3) 조건반사설에 의한 학습이론의 원리

① **시간의 원리** : 조건자극(총소리)이 무조건자극(음식물)보다 시간적으로 동시 또는 조금 앞서서 주어야만 조건화 즉 강화가 잘됨

② **강도의 원리** : 조건반사적인 행동이 이루어지려면 먼저 준 자극의 정도에 비해 적어도 같거나 보다 강한 자극을 주어야 바람직한 결과를 기대할 수 있음

③ **일관성의 원리** : 조건자극은 일관된 자극물을 사용

④ **계속성의 원리** : 자극과 반응과의 관계를 반복하여 회수를 거듭할수록 조건화가 잘 형성

6 ▶ 기억 및 망각

(1) 기억의 과정

① **기억** : 과거의 경험이 어떠한 형태로 미래의 행동에 영향을 주는 작용

② **기명** : 사물의 인상이 마음속에 간직하는 것

③ **파지** : 과거의 학습경험을 통해서 학습된 행동이 현재와 미래에 지속되는 것

④ **재생** : 보존된 인상이 다시 의식으로 떠오르는 것

⑤ **재인** : 과거에 경험했던 것과 같은 비슷한 상태에 부딪쳤을 때 떠오르는 것

(2) 망각

① 기억의 단계 중 재생이나 재인이 안될 경우에는 곧 망각이 되었다는 것을 의미

② 파지란 획득된 행동이나 내용이 지속되는 것이며, 망각은 지속되지 않고 소실되는 현상

(3) 망각 방지방법

① 적절한 지도계획으로 연습

② 연습은 학습한 직후 시키는 것이 효과적임

③ 학습자료는 학습자에게 의미를 알게 질서있게 학습시킬 것

7 ▶ 연습

(1) 연습의 3단계 : 연습의 효과란 모든 행동을 쉽고 빠르고 정확하게 익숙해지게 하는 것

① **1단계-의식적 연습** : 모든 것을 하나하나 세밀하게 의식하고 모든 힘과 정성을 다하여 연습

② **2단계-기계적 연습** : 연습을 반복함으로써 신속하고 정확성이 높아 가는 단계

③ **3단계-응용적 연습** : 1, 2단계의 종합적인 결과에서 하나의 완성된 결과를 가져오는 단계

(2) 고원(Plateau)

① 일반적으로 연습을 시작하면 처음에는 미숙해서 능률이 오르지 않다가 시간이 경과함에 따라 점차 능률이 오르게 되는데, 어느 정도 시간이 경과하면 오히려 능률이 오르지 않고 한동안 정체 상태에 들어간다. 이때를 연습의 고원이라고 한다.

② 고원현상은 동기부여(Motivation)의 감퇴, 포화, 피로, 행동의 고정화 및 단조성, 곤란한 문제에 대한 봉착 등 여러가지 원인에 의해서 발생한다.

(3) 연습의 방법

① **전습법(Whole Method)** : 학습재료를 하나의 전체로서 묶어서 학습하는 방법

② **분습법(Part Method)** : 학습재료를 작게 나누어서 조금씩 학습하는 방법으로 순수 분습법, 점진적 분습법, 반복적 분습법으로 구분

┗ 견습법과 분습법의 특징

견습법의 특징	분습법의 특징
• 망각이 적다. • 학습에 필요한 반복이 적다. • 연합이 생긴다. • 시간과 노력이 적다.	• 어린이는 분습법을 좋아한다. • 학습효과가 빨리 나타난다. • 주의와 집중력의 범위를 좁히는데 적합하고 유리하다. • 길고 복잡한 학습에 적당하다.

8 학습의 전이

(1) **전이**(Transference) : 어떤 내용을 학습한 결과가 다른 학습이나 반응에 영향을 주는 현상

(2) 학습전이의 조건

① **학습정도의 요인** : 선행학습의 정도에 따라 전이의 가능정도가 다르다.

② **유사성의 요인** : 선행학습과 후행학습에 유사성이 있어야 한다는 것으로 자극의 유사성, 반응의 유사성, 원리의 유사성이 있다.

③ **시간적 간격의 요인** : 선행학습과 후행학습의 시간간격에 따라 전이의 효과가 다르다.

(3) 전이의 이론

① **동일요소설** : 선행 학습경험과 새로운 학습경험 사이에 같은 요소가 있을 때에는 서로의 사이에 연합 또는 연결의 현상이 일어난다는 설(E. L. Thorndike)

② **일반화설** : 학습자가 하나의 경험을 하면 그것으로 그치는 것이 아니고 다른 비슷한 상황에서 같은 방법이나 태도로 대하려는 경향이 있어서 이것이 효과를 가져와 전이가 이루어진다는 설(C. H. Judd)

③ **형태 이조설(移調說)** : 형태심리학자들이 입증한 학설로 경험할 때의 심리학적 상태가 대체로 비슷한 경우라면 먼저 학습할 때에 머리 속에 형성되었던 구조가 그대로 옮겨가기 때문에 전이가 이루어진다는 설

(4) Skinner 학습강화이론

① **학습강화이론(조작적 조건이론)**

㉮ 개념 : 조직에서 조직구성원들을 대상으로 실시되는 학습의 궁극적 목적은 조직구성원들의 바람직한 행동을 증가시키고, 바람직하지 않은 행동을 감소시키려는 데 있다.

㉯ 인간행동의 원인 : 행동에 선행하는 환경적 자극, 그 환경적 자극에 반응하는 행동, 행동에 결부되는 결과이다.

② **행동수정기법**

㉮ 부적강화 : 반응 후 처벌이나 비난 등의 해로운 자극이 주어져서 반응발생률이 감소

㉯ 부분강화 : 학습은 급속도로 진행되나 학습효과도 빠른 속도로 사라짐

㉰ 정적강화 : 반응 후 음식이나 칭찬 등의 이로운 자극을 주었을 때 반응발생률이 높아지는 것

> **┗ 적응기제(適應機制)**
> • 방어적 기제 : 보상, 합리화, 동일시, 승화
> • 도피적 기제 : 고립, 퇴행, 억압, 백일몽
> • 공격적 기제 : 직접적 공격형, 간접적 공격형

9 　안전보건교육의 기본방향 및 교육단계

(1) 안전보건교육의 기본방향

① 사고사례 중심의 안전보건교육

② 안전작업(표준작업)을 위한 안전보건교육

③ 안전의식 향상을 위한 안전보건교육

(2) 안전보건교육의 3단계

① **제1단계 지식교육** : 강의, 시청각교육을 통한 지식의 전달과 이해

② **제2단계 기능교육** : 시범, 견학, 실습, 현장실습교육을 통한 경험 체득과 이해

③ **제3단계 태도교육** : 작업동작지도, 생활지도 등을 통한 안전의 습관화

10 안전보건교육의 단계별 교육과정

(1) 지식교육의 특성(주로 강의식 전달교육으로서 특성)

① 이해도 측정 곤란

② 단편적인 교육 치중 우려

③ 교사 학습방법에 따라 차이

④ 광범한 지식의 전달가능

⑤ 많은 인원에 대한 교육가능

⑥ 안전의식 재고가 용이

(2) 기능교육의 3원칙

① 준비(Readiness)

② 위험 작업의 규제(수칙)

③ 안전작업 표준화(방법)

(3) 태도교육의 기본과정

① 청취한다.

② 이해하고 납득한다.

③ 항상 모범을 보여준다.

④ 권장한다.

⑤ 처벌한다.

⑥ 좋은 지도자를 얻도록 힘쓴다.

⑦ 적정 배치한다.

⑧ 평가한다.

◧ 지식 및 기능교육의 4단계 지도 방법

단계	지식교육	기능교육
1 단계	도입	학습준비
2 단계	제시(설명)	작업설명
3 단계	적용(응용)	실습
4 단계	확인(종합)	결과시찰

11 안전보건교육 계획 및 기능교육의 진행방법

(1) 안전보건교육 및 준비계획에 포함되어야 할 사항

① **안전보건교육 계획에 포함 할 사항** : 교육목표(첫째 과제), 교육 및 훈련의 범위, 교육보조자료의 준비 및 사용 지침, 교육 훈련의 의무와 책임관계 명시, 교육의 종류 및 교육대상, 교육의 과목 및 교육내용, 교육기간 및 시간, 교육장소, 교육방법, 교육담당자 및 강사

② **준비계획에 포함되어야 할 사항** : 교육대상자 범위 결정(최우선적 고려사항), 교육목표의 설정, 교육과정의 결정, 교육방법의 결정(교육방법과 형태), 교육보조재료 및 강사 조교의 편성, 교육의 진행사항, 소요예산의 산정

(2) 기능(기술)교육의 진행방법

① **하버드 학파의 5단계 교수법** : 준비시킨다(Preparation) → 교시한다(Presentation) → 연합한다(Association) → 총괄시킨다(Generalization) → 응용시킨다(Application)

② **듀이의 사고과정의 5단계** : 시사를 받는다(Suggestion) → 머리로 생각한다(Intellectualization) → 가설을 설정한다(Hypothesis) → 추론한다(Reasoning) → 행동에 의하여 가설을 검토한다(Testing of the hypothesis by action)

③ **교시법의 4단계** : 준비단계(Preparation) → 일을 하여 보이는 단계(Presentation) → 일을 시켜 보이는 단계(Performance) → 보습지도의 단계(Follow-up)

> **▣ 존 듀이의 안전교육형태**
> • 형식적 교육 : 학교안전교육, 기업
> • 비형식적 교육 : 가정, 사회, 부모, 형제의 안전교육

12 안전보건교육 방법

(1) 강의 방식

① **강의법** : 많은 인원의 수강자(최적인원 40~50명)를 대상으로 단기간의 교육시간에 비교적 많은 내용의 교육내용을 전수하기 위한 방법으로 피교육자의 참여가 제약됨

② **문답식** : 일문일답식으로 강의식에 의한 학습효과를 테스트하거나 확실하게 하기 위해 사용

③ **문제제기식** : 과제에 대처시키는 문제 해결적인 방법과 재생시키기 위한 방법

(2) 토의(회의)방식 : 쌍방적 의사전달에 의한 교육방식(최적인원 10~20명)

① **포럼(Forum, 공개토론회)** : 새로운 자료나 교재를 제시하고 거기서의 문제점을 피교육자로 하여금 제기하도록 하거나 의견을 여러 가지 방법으로 발표하게 하고 다시 깊이 파고들어 토의를 행하는 방법

② **심포지엄(Symposium)** : 몇 사람의 전문가에 의하여 과제에 관한 견해를 발표한 뒤 참가자로 하여금 의견이나 질문을 하게 하여 토의하는 방법

③ **패널 디스커션(Panel Discussion)** : 패널 멤버(교육과제에 정통한 전문가 4~5명)가 피교육자 앞에서 자유롭게 토의를 하고 뒤에 피교육자 전원이 참가하여 사회자의 사회에 따라 토의하는 방법

④ **대화(Colloquy)** : 패널 디스커션(Panel Discussion)의 변형으로 패널 멤버외에 참석자의 대표를 선출하여 질의응답의 형태로 실시되는 것

⑤ **버즈 세션(Buzz Session)** : 6-6 회의라고도 하며, 먼저 사회자와 서기를 선출한 후 나머지 사람은 6명씩의 소집단으로 구분하고, 소집단별로 각각 사회자를 선발하여 6분간씩 자유토의를 행하여 의견을 종합하는 방법

(3) 구안법(Project Method)

① 학생이 마음속에 생각하고 있는 것을 외부에 구체적으로 실현하고 형상화하기 위해서 자기 스스로가 계획을 세워 수행하는 학습 활동으로 이루어지는 형태를 말한다.

② 콜링스(Collings)는 구안법을 탐험(Exploration), 구성(Construction), 의사소통(Communication), 유희(Play), 기술(Skill)의 5가지로 지적하였으며 산업시찰, 견학, 현장 실습 등도 이에 해당된다.

③ 구안법은 목적(목표설정), 계획, 수행, 평가의 4단계로 구성된다.

(4) 사례연구법(Case Study) : 먼저 사례를 제시하고 문제적 사실들과 그의 상호관계에 대해서 검토하고 대책을 토의하는 방식으로 토의법을 응용한 교육기법

① **사례연구법의 장점**

㉮ 흥미가 있고 학습동기를 유발할 수 있다.

㉯ 현실적인 문제의 학습이 가능하다.

㉰ 관찰, 분석력을 높이고 판단력, 응용력의 향상이 가능하다.

㉱ 토의과정에서 각자가 자기의 사고 방향에 대하여 태도의 변형이 생긴다.

② **사례연구법의 단점**

㉮ 적절한 사례의 확보가 곤란하다.

㉯ 원칙과 규정(rule)의 체계적 습득이 곤란하다.

㉰ 학습의 진보를 측정하기가 어렵다.

(5) 역할연기법(Role Playing) : 참석자에게 어떤 역할을 주어서 실제로 시켜봄으로써 훈련이나 평가에 사용하는 교육기법으로 절충능력이나 협조성을 높여 태도의 변용에도 도움을 줌

① **역할연기법의 장점**

㉮ 흥미를 갖고 문제에 적극적으로 참가할 수 있다.

㉯ 자기태도의 반성과 창조성이 생기고 발표력이 향상된다.

ⓓ 문제의 배경에 대하여 통찰하는 능력을 높임으로서 감수성이 향상된다.

ⓔ 각자의 장점과 약점을 알 수 있다.

② **역할연기법의 단점**

㉮ 높은 수준의 의사 결정에 대한 훈련에는 효과를 기대할 수 없다.

㉯ 목적이 명확하지 않고 다른 방법과 병용하지 않으면 의미가 없다.

㉰ 훈련 장소의 확보가 어렵다.

13 기업 내 정형교육

(1) TWI(Training Within Industry)

① **교육대상 및 교육방법**

㉮ 교육대상 : 감독자

㉯ 교육방법 : 한 클래스(Class)는 10명 정도, 교육 방법은 토의법, 1일 2시간씩 5일에 걸쳐 10시간 정도

② **교육내용**

㉮ JI(Job Instruction) : 작업지도 기법

㉯ JM(Job Method) : 작업개선 기법

㉰ JR(Job Relation) : 인간관계 관리기법

㉱ JS(Job Safety) : 작업안전 기법

(2) MTP(Management Training Program) : FEAF(Far East Air Forces)라고도 함

① **교육대상 및 교육방법**

㉮ 교육대상 : TWI 보다 약간 높은 관리자 계층

㉯ 교육방법 : 한 클래스(Class)는 10~15명, 2시간씩 20회에 걸쳐 40시간 훈련

② **교육내용** : 관리의 기능, 조직의 원칙, 조직의 운영, 시간관리 학습의 원칙과 부하지도법, 훈련의 관리, 신인을 맞이하는 방법과 대행자를 육성하는 요령, 회의의 주관, 작업의 개선, 안전한 작업, 과업관리, 사기양양 등

(3) ATT(American Telephone & Telegram Co)

① **교육대상** : 대상계층이 한정되어 있지 않고, 한번 훈련을 받은 관리자는 그 부하인 감독자에 대해 지도원이 될 수 있다.

② **교육내용** : 계획적 감독, 작업의 계획 및 인원배치, 작업의 감독, 공구와 자료의 보고 및 기록, 개인작업의 개선, 종업원의 기술향상, 인사관계, 훈련, 고객관계, 안전 등 12가지

③ **교육방법** : 코스는 1차 훈련(1일 8시간씩 2주간) 2차 과정에서는 문제가 발생할 때마다 하도록 되어있으며, 진행방법은 통상 토의식에 의하여 지도자의 유도로 과제에 대한 의견을 제시하게 하여 결론을 내려가는 방식

(4) CCS(Civil Communication Section) : ATP(Administration Training Program)라고도 함

① **교육대상** : 당초에는 일부회사의 탑 매니지먼트에 대해서만 행하여졌던 것

② **교육내용** : 정책의 수립, 조직(경영부분, 조직형태, 구조 등), 통제(조직통제의 적용, 품질관리, 원가통제의 적용 등) 및 운영(운영조직, 협조에 의한 회사운영) 등

③ **교육방법** : 주로 강의법에 토의법이 가미된 것으로 매주 4일, 4시간씩으로 8주간(합계 128시간)에 걸쳐 실시

14 ▶ OJT 와 off JT

(1) OJT 와 off JT의 형태

① **OJT(On the Job Training)** : 직속 상사가 현장에서 업무상의 개별교육이나 지도훈련을 하는 교육형태(작업자의 현장교육)

② **off JT(off the Job Training)** : 계층별 또는 직능별 등과 같이 공통된 교육대상자를 현장 외의 한 장소에 모아 집체교육훈련을 실시하는 교육 형태(관리감독자의 집체교육)

(2) OJT 와 off JT의 특징

OJT	off JT
• 개개인에게 적합한 지도훈련이 가능 • 직장의 실정에 맞는 실체적 훈련 • 훈련에 필요한 업무의 계속성 • 즉시 업무에 연결되는 관계로 신체와 관련 • 효과가 곧 업무에 나타나며 훈련의 좋고 나쁨에 따라 개선이 용이 • 교육을 통한 훈련 효과에 의해 상호 신뢰이해도가 높아짐	• 다수의 근로자에게 조직적 훈련이 가능 • 훈련에만 전념 • 특별 설비 기구를 이용 • 전문가를 강사로 초청 • 각 직장의 근로자가 많은 지식이나 경험을 교류 • 교육 훈련 목표에 대해서 집단적 노력이 흐트러질 수도 있음

15 ▶ 교육방법의 선택

(1) 수업단계별 최적의 수업방법

수업단계	적합한 수업방법
도입	강의법, 시범
전개	반복법, 토의법, 실연법
정리	반복법, 토의법, 실연법, 자율학습법

⌐ 수업의 모든 단계(도입-전개-정리)에 적합한 수업방법

프로그램 학습법, 학생상호 학습법, 모의 학습법

(2) 프로그램 학습법

① **프로그램의 학습법의 개요** : 수업프로그램이 프로그램 학습의 원리에 의해서 만들어지고 학생의 자기학습 속도에 따른 학습이 허용되어 있는 상태에서, 학습자가 프로그램 자료를 가지고 단독으로 학습토록 하는 교육방법

② **프로그램 학습법의 특징**

적용의 경우	제약조건(단점)
• 수업의 모든 단계 • 학교수업, 방송수업, 직업훈련의 경우 • 학생들의 개인차가 최대한으로 조절되어야 할 경우 • 학생들이 자기에게 허용된 어느 시간에나 학습이 가능할 경우 • 보충학습의 경우	• 한번 개발한 프로그램 자료를 개조하기가 어렵다. • 학생들의 사회성이 결여되기 쉽다. • 개발비가 높다.

⌐ 시청각 교육 기능

• 구체적인 경험을 충분히 줌으로써 상징화, 일반화의 과정을 도와주며 의미나 원리를 파악하는 능력을 길러준다.
• 학습동기를 유발시켜 자발적인 학습활동이 되게 자극한다(학습효과의 지속성을 기할 수 없다).
• 학습자에게 공통경험을 형성시켜 줄 수 있다.
• 학습의 다양성과 능률화를 기할 수 있다.
• 개별 진로 수업을 가능하게 한다.

16 ▶ 강의 계획 및 학습목적

(1) 강의 계획의 4단계

① **1단계** : 학습목적과 학습성과의 설정

② **2단계** : 학습자료 수집 및 체계화

③ **3단계** : 교수방법의 선정

④ **4단계** : 강의안 작성

(2) 학습목적의 3요소

① 목표(Goal)

② 주제(Subject)

③ 학습정도(인지 → 지각 → 이해 → 적용)

17 **교육훈련 및 학습 평가 등**

(1) **교육훈련 평가의 기준** : 타당도, 신뢰도, 실용도, 객관도

(2) **교육과목에 따른 학습평가 방법**

① **지식교육** : 평가시험 및 기타 테스트

② **기능교육** : 노트 및 테스트

③ **태도교육** : 관찰 및 면접

(3) **태도교육을 통한 안전태도 형성요령**

① 청취한다.

② 이해한다.

③ 모범을 보인다.

④ 권장(평가)한다.

⑤ 칭찬한다.

⑥ 벌을 준다.

(4) **선행학습이 후행학습을 방해하는 조건**

① 선행학습이 불완전한 경우

② 선행학습과 후행학습이 비슷한 경우

③ 후행학습을 선행학습 직후 실시하는 경우

④ 선행학습에 대한 내용을 재생하기 직전에 실시하는 경우

(5) **교육훈련 평가의 4단계**(Kirkpatrick의 4단계 평가모형)

① **1단계 반응(Reaction) 평가** : 교육프로그램의 만족도를 평가

② **2단계 학습(Learning) 평가** : 학습자들의 학습정도에 대한 평가

③ **3단계 행동(Behavior) 평가** : 배운 내용이 얼마나 행동으로 나타나는가에 대한 평가

④ **4단계 결과(Result) 평가** : 교육훈련에 대한 투자효과를 평가(조직적 차원의 평가)

▣ MSDS(Material Safety Data Sheet, 물질안전보건자료)

• 내용 : 화학물질을 안전하게 취급하기 위하여 근로자나 실수요자에게 필요한 정보를 제공함으로써 화학물질에 의한 산업재해나 직업병 등을 예방하기 위한 제도

• MSDS 내용 중 공개하지 않을 수 있는 항목 : 화학 물질명, CAS 번호나 그 물질의 식별번호, 구성성분의 함유량

PART

02

인간공학 및
위험성 평가·관리

CHAPTER 01

인간공학

1 안전과 인간공학

(1) 안전과 인간공학의 목표

① 안전성 향상과 사고 방지　　　　　　② 쾌적성

③ 기계조작의 능률성과 생산성 향상

(2) 인간공학의 효과

① 인력 이용률의 향상　　　　　　　　② 훈련비용의 향상

③ 사고 및 오용으로부터의 손실감소　　④ 성능향상

⑤ 생산 및 유지 · 정비의 경제성 증대　　⑥ 사용자의 수용도 향상

2 체계의 특성 및 원리

(1) 인간–기계 체계와 기능(임무 및 기본기능)

① **감지(Sensing)**

㉮ 인체의 감지 기능 : 시각, 청각, 후각 등의 감각기관

㉯ 기계적인 감지 기능 : 전자, 사진, 기계적인 감지 장치

② **정보보관(저장, Information Storage)**

㉮ 인간의 정보 보관 : 기억된 학습내용

㉯ 기계적 정보 보관 : 펀치 카드(Punch Card), 자기테이프, 형판(Template), 기록, 자료표 등과
같은 물리적 기구에 보관

③ **정보처리 및 의사결정(Information Processing and Decision)**

㉮ 심리적 정보처리 단계 : 회상(Recall), 인식(Recognition), 정리(Retention, 집적)

㉯ 인간의 정보처리 시간 : 0.5초(인간의 정보처리능력 한계)

④ **행동기능(Acting Function)**

㉮ 물리적인 조종행위나 과정 : 조종장치 작동, 물체나 물건을 취급 · 이동 · 변경 · 개조하는 것

㉯ 통신행위 : 음성(사람의 경우), 신호, 기록 등의 방법을 사용

⑤ **입력 및 출력**

㉮ 입력 : 체계로 들어오는 입력은 원하는 결과를 얻기 위해서 필요한 재료들

㉯ 출력 : 제품의 변화, 전달된 통신, 제공된 서비스와 같은 체계의 성과나 결과

> **ㄷ 감각저장**
>
> 정보가 잠깐 지속되었다가 정보가 코드화 없이 원래 상태로 되돌아가는 현상

(2) 인간-기계 통합체계의 유형

① **수동 체계** : 사용자의 조작, 융통성(**예** 장인과 공구)

② **기계화 체계(반자동 체계)** : 운전자의 조작, 융통성 없음(**예** 엔진, 자동차, 공작기계)

③ **자동 체계(인간의 역할)** : 감시, 프로그램, 정비유지(**예** 자동화된 공장, 컴퓨터)

(3) 인간과 기계의 상대적 재능

인간이 우수한 기능 기계가 우수한 기능	제약조건(단점)
• 저에너지 자극(시각, 청각, 후각 등) 감지 • 복잡 다양한 자극 형태 식별 • 예기치 못한 사건 감지 • 다량 정보를 오래 보관 • 귀납적 추리 • 과부하 상황에서는 중요한 일에만 전념 • 임기응변, 융통성, 원칙 적용, 주관적 추산, 독창력 　발휘 등의 기능	• 인간 감지 범위 밖의 자극(X선, 초음파 등)도 감지 • 인간 및 기계에 대한 모니터 기능 • 드물게 발생하는 사상 감지 • 암호화된 정보를 신속하게 대량보관 • 연역적 추리 • 과부하시에도 효율적으로 작동 • 정량적 정보처리, 장시간 중량작업, 반복

※ 인간-기계의 조화성 : 신체적 조화성, 지적 조화성, 감성적 조화성

(4) 인간기준의 종류

① 인간의 성능척도　　　　　　② 주관적 반응

③ 생리학적지표　　　　　　　④ 사고 및 과오빈도

3 ▶ 작업설계에 있어서의 인간의 가치기준

(1) 작업설계

① **작업설계시 철학적으로 고려할 사항** : 작업확대, 작업윤택화, 작업만족도, 작업순환

② **인간요소적 접근 방법** : 작업능률이나 생산성 강조

③ **작업설계시 딜레마(Dilemma)** : 작업능률과 작업만족도의 관계

(2) **설계단계에서의 직무분석 목적**

   ① 설계를 좀 더 개선시키기 위해서

   ② 최종설계에 필요한 작업의 명세(Description)를 마련하기 위한 것

   ③ 요원명세, 인력수요, 훈련계획 등의 개발 등 다양한 목적에 사용

(3) **작업 만족도(Job Satisfaction)를 가져오는 방법**

   ① 수행되어야 할 활동의 수를 증가시킨다.

   ② 작업자 자신의 작업물에 대한 검사 책임을 준다.

   ③ 어떤 특정한 부품보다는 완전한 한 단위에 대한 책임을 부여한다.

   ④ 작업자 자신이 사용할 작업방법을 선택할 수 있는 기회를 준다.

   ⑤ 작업 순환 또는 생산공정의 작업조들에게 더 큰 책임을 지운다.

4 인간공학의 연구

(1) **인간공학의 연구방법**

   ① **인간공학의 연구방법(인간–기계체계 측정법)** : 순간 조작 분석, 지각 운동 정보 분석, 연속 컨트롤 부담 분석, 사용 빈도 분석, 전 작업 부담 분석, 기계의 사고 연관성 분석

   ② **실험실 및 현장연구 환경의 선택**

      ㉮ 실험실 환경 : 변수의 관리(Control), 모의실험(Simulation)

      ㉯ 현장 환경 : 사실성, 작업변수 설정이 가능

(2) **연구 및 체계개발에 있어서의 기준**

   ① **체계기준(System Criteria)**

      ㉮ 체계의 성능이나 산출물(output)에 관련되는 기준, 즉 체계가 원래 의도한 바를 얼마나 달성하는가를 반영하는 기준

      ㉯ 체계의 예상수명, 운용이나 사용상의 용이도, 정비유지도, 신뢰도, 운용비, 인력소요 등

   ② **인간기준(Human Criteria)**

      ㉮ 인간 성능 척도 : 여러 가지 감각활동, 정신활동, 근육활동 등에 의해서 판단

      ㉯ 생리학적 지표 : 혈압, 맥박수, 분당호흡수, 뇌파, 혈당량, 혈액의 성분, 피부온도, 전기피부반응(Galvanic Skin Response)

      ㉰ 주관적인 반응 : 개인성능의 평점(Rating), 체계설계면의 대안들의 평점, 피실험자의 개인적 의견, 평가, 판단 등

      ㉱ 사고 빈도 : 재해발생의 빈도

③ **연구(체계) 기준의 요건**

㉮ 적절성(Relevance) : 기준이 실제로 의도하는 바와 부합해야 한다.

㉯ 무오염성 : 기준척도는 측정하고자 하는 변수 외의 다른 변수의 영향을 받아서는 안 된다.

㉰ 신뢰성 : 척도의 신뢰성은 반복성(Repeatability)을 의미 즉, 반복 실험 시 재현성이 있어야 한다.

㉱ 민감도 : 피실험자 사이에서 볼 수 있는 예상 차이점에 비례하는 단위로 측정해야 한다.

5 ▸ 휴먼 에러(Human Error)

(1) 성능(S · P) 과 인간과오(H · E) 관계

$$S \cdot P = f(H \cdot E) = K(H \cdot E)$$

※ 여기서 S · P : 시스템의 성능(System Performance)

H · E : 인간 과오(Human Error)

f : 함수

K : 상수

① $K \fallingdotseq 1$: H · E가 S · P에 중대한 영향을 끼친다.

② $K < 1$: H · E가 S · P에 리스크(Risk)를 준다.

③ $K \fallingdotseq 0$: H · E가 S · P에 아무런 영향을 주지 않는다.

(2) Swain의 휴먼 에러(Human Error)

① **생략적 과오(omission error)** : 필요한 작업 또는 절차를 수행하지 않는데 기인한 과오

② **시간적 과오(time error)** : 필요한 작업 또는 절차의 수행지연으로 인한 과오

③ **수행적 과오(commission error)** : 필요한 작업 또는 절차의 잘못된 수행으로 인한 과오

④ **순서적 과오(sequential error)** : 필요한 작업 또는 절차의 순서 착오로 인한 과오

⑤ **불필요한 과오(extraneous error)** : 불필요한 작업 또는 절차를 수행함으로써 기인한 과오

(3) 원인의 Level적 분류

① **1차에러(Primary Error)** : 작업자 자신으로부터의 Error

② **2차에러(Secondary Error)** : 작업형태나 작업조건 중에서 다른 문제가 생겨 그 때문에 필요한 사항을 실행할 수 없는 Error. 어떤 결함으로부터 파생하여 발생하는 Error

③ **지시에러(Command Error)** : 요구된 것을 실행하고자 하여도 필요한 물건, 정보, 에너지 등의 공급이 없는 것처럼 작업자가 움직이려 해도 움직일 수 없으므로 발생하는 Error

(4) 인간의 행동 과정을 통한 분류

① In-Put Error : 감지 결함

② Information Processing Error : 정보처리 절차과오(착각)

③ Decision Making Error : 의사결정과오

④ Out-Put Error : 출력과오

⑤ Feedback Error : 제어과오

(5) 대뇌정보처리 과정에 따른 분류

① **인지확인 에러** : 외부정보를 받아 대뇌 감각중추에서 인지되기까지의 과정에서 일어나는 에러로 눈앞에 제시된 정보나 신호를 인식하여 작업을 순서대로 진행하는 단계에 작업 결과나 다음 기기 상태에 대한 정보 또는 신호를 탐색하여 확인하는 과정에서 에러가 발생한다.

② **판단기억 에러** : 인지한 상황을 판단하여 적응상태로 의사 결정하여서 운동 중추로부터 처리되는 행동으로 잊어서 인지하지 못하거나 기억이 틀려서 조작을 잘못하는 등의 에러를 말한다.

③ **동작조작 에러** : 운동 중추로부터 의사결정 상태의 동작이 지령되었으나 도중에 조작을 잘못하거나 절차를 생략하는 에러가 발생한다.

(6) 정보처리단계에서의 휴먼에러 분류

① **착오(Mistakes)** : 부적당한 계획의 결과로 인해 원래의 목적 수행이 실패한 경우

② **실수(Slips)** : 의도는 올바른 것이었지만, 행동이 의도한 것과는 다르게 나타나는 경우

③ **위반(violations)** : 작업자가 올바른 동작과 결정을 알고 있음에도 불구하고 의도적으로 따르지 않거나 무시한 경우

㉮ 통상 위반(Routine violations) : 개개인이 통상 규칙이나 절차를 따르지 않음

㉯ 예외적 위반(Exceptional violations) : 예상치 못한 돌발적 행동

(7) 인간 과오의 배후요인(4M)

① **작업자(Man)** : 본인 이외의 사람

② **기계(Machine)** : 장치나 기기 등의 물적 요인

③ **훈련(Media)** : 인간과 기계를 잇는 매체란 뜻으로 작업의 방법이나 순서, 작업정보의 실태나 환경과의 관계, 정리정돈

④ **관리(Management)** : 안전법규의 준수방법, 지휘감독, 교육훈련

(8) 라스무센(Rasmussen)의 인간의 행동 분류

① **숙련기반행동** : 저장된 행동 패턴에 의해 이루어지는 행동으로 표시장치를 통해 제시되는 신호의 의미에 대한 해석이 불필요하다.

② **규칙기반행동** : 저장된 규칙 속에서 조금 더 의식적인 노력을 요하는 인식–행동으로 친숙하지만 조금 더 복잡한 장시간 작업들이 해당된다.

③ **지식기반행동** : 당면한 상황이 생소하거나 특수한 상황에서 발생하는 행동으로 당면한 상황을 이해하고 분석하며, 그에 상응하는 의사 결정이 요구된다.

6 ▶ 신뢰성 요인 및 신뢰도

(1) 인간 및 기계의 신뢰성 요인

   ① **인간의 신뢰성 요인** : 주의력, 긴장수준, 의식수준(경험연수, 지식수준, 기술수준)

   ② **기계의 신뢰성 요인** : 재질, 기능, 작동방법

(2) 신뢰도

   ① **인간–기계체계의 신뢰도(r_1 : 인간, r_2 : 기계)**

   ㉮ 직렬(Serial System)

   ※ Rs(신뢰도) = $r_1 \times r_2$ [$r_1 \langle r_2$ 로 보면 Rs ≤ r_1]

   ㉯ 병렬(Parallel System)

   ※ Rs(신뢰도) = $r_1 + r_2(1 - r_1)$ [$r_1 \langle r_2$ 로 보면 Rs ≥ r_2]

   $\qquad\qquad\quad = 1 - (1 - r_1)(1 - r_2)$

   ② **설비의 신뢰도**

   ㉮ 직렬연결 : 자동차 운전

   ※ Rs(신뢰도) = $R_1 \cdot R_2 \cdot R_3 \cdot \cdots \cdot R_n = \sum\limits_{i=1}^{n} R_i$

   ㉯ 병렬연결 : 열차나 항공기의 제어장치

   ※ Rs(신뢰도) = $1 - (1 - R_1)(1 - R_2) \cdots (1 - R_n) = 1 - \sum\limits_{i=1}^{n}(1 - R_i)$

┗ 인간과오의 확률과 병렬 다중성

• 인간과오의 확률 (HEP) = $\dfrac{\text{과오의 수}}{\text{과오발생의 전체 기회수}}$

• 병렬 다중성 : 다수의 부품으로 구성되는 체계의 신뢰도를 높이기 위하여 설계단계에서 사용하는 방법 중 하나임

---

7 ▶ 고장 및 시스템(System)의 수명

(1) 고장의 유형

   ① **초기고장** : 감소형(Debugging 기간, Burning 기간)

   ② **우발고장** : 일정형

③ **마모고장** : 증가형(Burn In 기간)

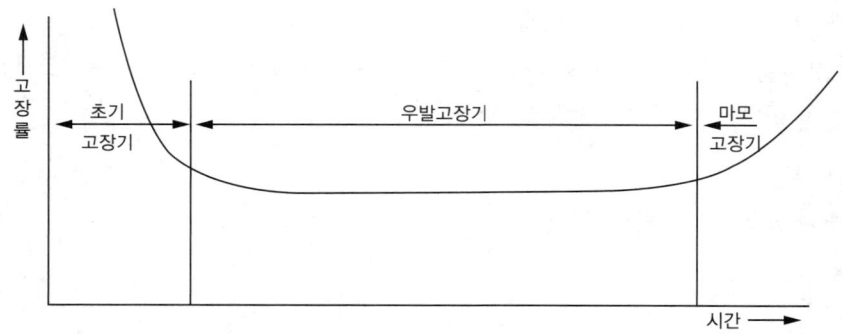

(2) 초기고장의 특징

① 설계상·구조상 결함, 불량제조, 생산과정의 품질관리 미비로 인하여 발생
② 점검작업이나 시운전작업 등으로 사전방지 가능

> **█ 고장관련 용어**
>
> • 초기고장 : 점검작업이나 시운전 등에 의해 방지할 수 있는 고장
> • 디버깅(Debugging) 기간 : 초기 고장의 결함을 찾아내 고장률을 안정시키는 기간
> • 번인(Burn In) 기간 : 실제로 장시간 움직여 보고 그동안 고장난 것을 제거하는 공정기간

(2) MTTF와 MTBF, MTTR

① **MTTF(Mean Time To Failures)** : 고장이 일어나기까지의 동작시간의 평균치(평균고장시간)
② **MTBF(Mean Time Between Failures)** : 고장사이의 작동시간 평균치(평균고장간격)
③ **MTTR(Mean Time To Repair)** : 고장 발생 순간부터 수리완료 후 정상작동 시까지의 평균시간(평균수리시간)

(3) System의 수명

① 직렬계의 수명 $= \dfrac{\text{MTTF}}{n}$

② 병렬계의 수명 $= \text{MTTF}(1 + \dfrac{1}{2} + \cdots\cdots + \dfrac{1}{n})$

※ MTTF : 평균고장시간, n : 직렬 및 병렬계의 구성요소

> **█ 인간에 대한 모니터링(Monitoring) 방식**
>
> • Self Monitoring(자기감시) 방법   • 생리학적 Monitoring 방법
> • Visual Monitoring(관찰감시) 방법   • 반응에 의한 Monitoring 방법
> • 환경에 의한 Monitoring 방법

8 **Fail-Safety 및 Lock System**

(1) Fail-Safety

① **Fail-Safety** : 인간 또는 기계에 과오나 동작상의 실수가 있어도 안전사고를 발생시키지 않도록 2중 또는 3중으로 통제를 가하도록 한 체제

② **Fail-Safe 종류** : 다경로 하중 구조, 하중 경감 구조, 교대 구조, 중복 구조

(2) Lock System

① **Interlock System** : 인간과 기계 사이

② **Intralock System** : 인간 사이

③ **Translock System** : Interlock System과 Intralock System 사이

9 **인체계측과 생리학적 측정법**

(1) 인체계측

① **인체계측자료의 응용원칙**

㉮ 최대치수와 최소치수 : 최대치수 또는 최소치수를 기준으로 하여 설계

㉯ 조절범위(조절식) : 체격이 다른 여러 사람에 맞도록 만드는 것

㉰ 평균치를 기준으로 한 설계 : 최대치수나 최소치수, 조절식으로 하기가 곤란할 때 평균치를 기준으로 하여 설계

② **인체계측치 활용상의 유의사항**

㉮ 최소 표본수는 50~100명이 좋다.

㉯ 인체계측치는 어떤 기준에 의해 측정된 것인가를 확인한다.

㉰ 인체계측치는 일반적으로 나체치수로서 나타내며 설계대상에 그대로 적용되지 않는 경우가 많다.

③ **인체계측방법**

㉮ 구조적 치수 : 체위를 정지한 상태에서의 기본자세에 관한 신체의 각부를 계측한 것으로 설계의 표준이 되는 기초적 치수를 결정함

㉯ 기능적 치수 : 상지나 하지의 운동이나 체위의 움직임에 따른 상태에서 계측하는 것으로 현실성 있는 인체치수를 구할 수 있음

④ **신체부위 운동**

㉮ 굴곡 : 부위간 각도의 감소

㉯ 신전(Extension) : 부위간 각도의 증가

㉰ 내전 : 몸의 중심선 쪽으로 이동하는 각도

㉱ 외전 : 몸의 중심선 밖으로 이동하는 각도

㉲ 내선 : 몸의 중심선 쪽으로 회전 이동하는 각도

㉳ 외선 : 몸의 중심선 밖으로 회전 이동하는 각도

       ⓐ 상향 : 손바닥을 위로 향함

       ⓐ 하향 : 손바닥을 아래로 향함

(2) 생리학적 측정법

① **근전도(EMG, Electromyogram)** : 근육활동의 전위차를 기록한 것으로, 심장근의 근전도를 특히 심전도(ECG, electrocardiogram)라 하며, 신경활동전위차의 기록은 ENG(electroneurogram)라 한다.

② **피부전기반사(GSR, Galvanic Skin Reflex)** : 작업 부하의 정신적 부담도가 피로와 함께 증대하는 양상을 전기저항의 변화에서 측정하는 것으로, 피부전기저항 또는 정신전류현상이라고도 한다.

③ **프릿가값(Flicker Fusion Frequency, 점멸융합주파수)** : 정신적 부담이 대뇌피질의 활동수준에 미치고 있는 영향을 측정한 값을 말한다.

⊏ 작업종류에 따른 생리학적 측정법의 종류
- 정적근력작업, 동적근력작업, 신경적작업, 심적작업 : 프릿가값
- 작업부하, 피로 등의 측정 : 호흡량, 근전도, 프릿가값
- 긴장감 측정 : 맥박수, 피수전기반사(GSR)

---

(3) 에너지 소모량의 산출

① **에너지 대사율(RMR, Relative Metabolic Rate)**

    ⓐ 작업강도 단위로써 산소호흡량을 측정하여 에너지의 소모량을 결정하는 방식

    ⓑ RMR이 클수록 중 작업

    ⓒ $RMR = \dfrac{작업대사량}{기초대사량} = \dfrac{작업시 \ 소비에너지 - 안정시 \ 소비에너지}{기초대사량}$

② **RMR에 의한 작업강도 분류**

RMR	작업강도	비고
0~2	경(輕) 작업	사무작업 등 주로 앉아서 하는 작업
2~4	중(中) 작업	동작 및 속도가 작은 작업(보통 작업)
4~7	중(重) 작업	동작 및 속도가 큰 작업
7 이상	초중(超重) 작업	과격한 작업

> **작업시 소비에너지와 안정시 소비에너지 : 더그라스 백 법**
>
> 기초대사량 = A × χ
> - A : 체표면적(cm²)
> - A = $H^{0.725}$ × $W^{0.425}$ × 72.46 [H : 신장(cm), W : 체중(kg)]
> - χ : 체표면적당 시간당 소비에너지

10 작업공간 및 작업대

(1) 포락면(Envelope), 작업역, 작업대

    ① **작업공간 포락면(Envelope)** : 한 장소에 앉아서 수행하는 작업활동에서 사람이 작업하는데 사용하는 전체공간

    ② **작업역**

        ㉮ 정상작업역 : 34 ~ 45cm

        ㉯ 최대작업역 : 55 ~ 65cm

    ③ **작업대**

        ㉮ 어깨 중심선과 작업대 간격 : 19cm

        ㉯ 입식 작업대 높이 : 팔꿈치 높이보다 5 ~ 10cm 정도 낮으면 좋음

        ㉰ 수동 조작구를 조작할 때 적합한 작업자의 팔꿈치 각도 : 90 ~ 135°

    ④ **착석식 작업대 설계시 고려사항**

        ㉮ 작업대의 높이와 의자의 높이

        ㉯ 작업대의 두께

        ㉰ 대퇴의 여유

(2) 의자 설계원칙 및 부품 배치의 원칙

    ① **의자 설계원칙**

        ㉮ 체중분포 : 체중이 좌골 결절에 실려야 편안함

        ㉯ 의자 좌판의 높이 : 좌판 앞부분이 오금 높이 보다 높지 않아야 함

        ㉰ 의자 좌판의 깊이와 폭 : 폭은 큰 사람에게, 깊이는 작은 사람에게 맞도록 해야 함

        ㉱ 몸통의 안정 : 의자의 좌판 각도는 3°, 좌판 등판간의 등판 각도는 100°가 몸통 안정에 효과적

    ② **부품 배치의 원칙**

        ㉮ 중요성의 원칙

        ㉯ 사용빈도의 원칙

        ㉰ 기능별 배치의 원칙

        ㉱ 사용순서의 원칙

(3) 작업장(표시장치와 조정장치를 포함하는) **설계시 배치 우선순위**

    ① **1순위** : 주된 시각적 임무

    ② **2순위** : 주시각 임무와 상호 교환하는 주조종장치

    ③ **3순위** : 조정장치와 표시장치간의 관계

    ④ **4순위** : 사용순서에 다른 부품의 배치

    ⑤ **5순위** : 자주 사용되는 부품은 편리한 위치에 배치

    ⑥ **6순위** : 체계 내 또는 다른 체계의 배치와 일관성 있게 배치

11   기계통제장치

(1) 기계통제장치의 유형

    ① **양의 조절에 의한 통제** : 연속 조절(Knob, Crank, Handle, Lever, Pedal 등)

    ② **개폐에 의한 통제** : 불연속 조절(수동 푸시버튼, 발 푸시버튼, 토글 스위치, 로터리 스위치 등)

    ③ **반응에 의한 통제** : 자동경보시스템

(2) 통제기기의 선정조건

    ① **통제기기의 조작력이 적게 소요되는 경우의 설정조건**

        ㉮ 2개소의 불연속 세팅의 경우 : 수동 푸시버튼, 발 푸시버튼, 토글 스위치의 사용

        ㉯ 3개소의 불연속 세팅의 경우 : 토글 스위치, 로터리 스위치의 사용

        ㉰ 4~24개소의 세팅이 소요되는 경우 : 로터리 스위치 사용

        ㉱ 적은 범위의 연속 세팅의 경우 : 노브(Knob)와 레버(Lever)의 사용

        ㉲ 큰 범위의 연속 세팅의 경우 : 크랭크(Crank)의 사용

    ② **통제기기의 조작력을 크게 요하는 경우의 설정조건**

        ㉮ 개소의 불연속 세팅의 경우 : 정지 장치가 있는 레버, 수동 대형 푸시버튼, 대형 발푸시버튼 사용

        ㉯ 3~24개소의 불연속 세팅의 경우 : 정지 장치가 있는 레버의 사용

        ㉰ 적은 범위의 연속세팅을 사용하는 경우 : 핸들, 로터리 페달 또는 레버를 사용

        ㉱ 넓은 경우의 연속세팅을 사용하는 경우 : 대형 크랭크를 사용

(3) 통제표시비(C/D비, Control-Display ratio)

    ① **통제표시비** : 통제기기와 표시장치의 관계를 나타낸 비율, C/D비

$$\frac{X}{Y} = \frac{C}{D} = \frac{통제기기의\ 변위량(cm)}{표시계기\ 지침의\ 변위량(cm)}$$

    ② C/D비가 작을수록 이동시간이 짧고 조정이 어려워 민감한 장치이다.

③ **최적의 C/D비** : 1.18~2.42

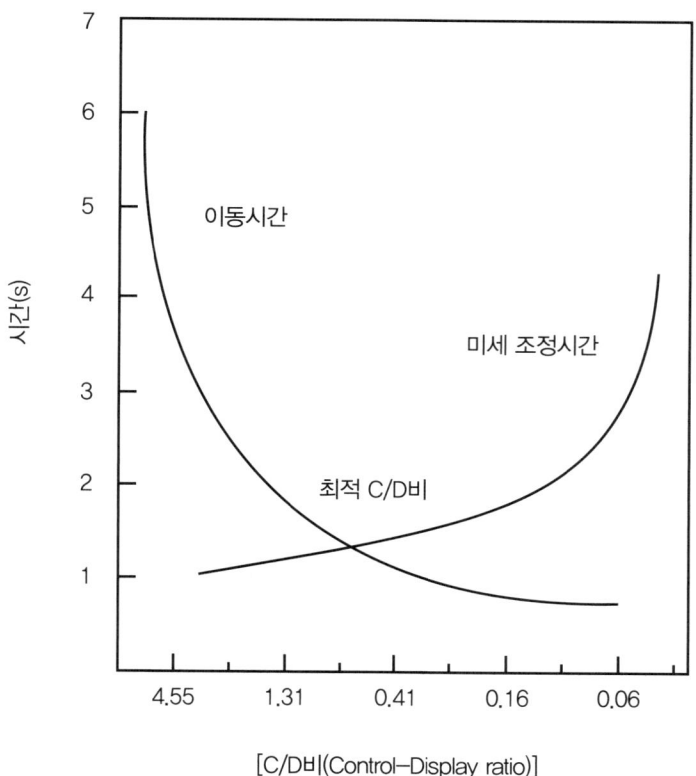

[C/D비(Control–Display ratio)]

> ▮ **조정장치 저항력의 종류**
> • 탄성저항   • 점성저항   • 관성   • 마찰(정지 또는 미끄럼)

(4) **조종–반응비**(C/R비, Control–Response ratio)

① C/D비가 확장된 개념으로 회전운동을 하는 조종장치의 조종거리(Control)와 표시장치의 반응 거리(Response)의 비로 표시한다.

② C/R비 = $\dfrac{\dfrac{\alpha}{360} \times 2\pi L}{\text{표시계기 지침의 이동거리}}$

[α : 조종장치가 움직인 각도(°), L : 조종구의 반경(cm)]

③ **적합도(권장 범위) 판정**

㉮ 노브(knob) 사용 시 : 0.2 ~ 0.8

㉯ 레버, 조이스틱 등의 조종구 사용 시 : 2.5 ~ 4.0

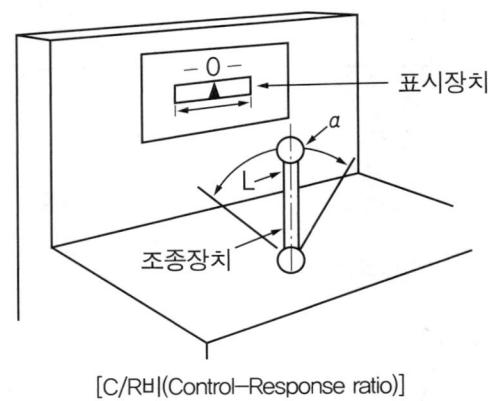

[C/R비(Control–Response ratio)]

(5) 통제비 설계 시 고려해야 할 요소

① **계기의 크기** : 조종시간이 짧게 소요되는 크기를 선택하되 너무 작으면 오차가 커질 수 있다.

② **공차** : 짧은 주행시간 내에 공차의 인정 범위를 초과하지 않는 계기여야 한다.

③ **목측거리** : 목측거리가 길어질수록 조절의 정확도는 낮아지고 시간이 소요된다.

④ **조작시간** : 조작시간이 지연되면 통제비가 크게 작용한다.

⑤ **방향성** : 계기의 방향성은 안전과 능률에 영향을 주는 요소이다.

■ 피츠의 법칙(Fitts' Law)

사용성 분야에서 인간의 행동에서 대해 속도와 정확성간의 관계를 설명하는 기본적인 법칙. 시작점에서 목표로 하는 지역에 얼마나 빠르게 닿을 수 있을지를 예측하고자 하는 것으로 이는 목표 영역의 크기와 목표까지의 거리에 따라 결정된다. 어떤 목표에 닿기 위해서 목표물의 크기가 작아질수록 속도와 정확도가 나빠지고 목표물과의 거리가 멀어질수록 필요한 시간이 더 길어진다는 것을 알 수 있다.

---

12 ▶ 청각장치와 시각장치의 선택(특정 감각의 선택)

구분	청각장치 사용	시각장치 사용
전언	전언이 간단하고 짧다.	전언이 복잡하고 길다.
재참조	전언이 후에 재참조 되지 않는다.	전언이 후에 재참조 된다.
사상(Event)	전언이 즉각적인 사상을 이룬다.	전언이 공간적인 위치를 다룬다.
행동 요구	전언이 즉각적인 행동을 요구한다.	전언이 즉각적인 행동을 요구하지 않는다.
사용시기	• 수신자의 시각계통이 과부하 상태일 때 • 수신 장소가 너무 밝거나 암조응 유지가 필요할 때 • 직무상 수신자가 자주 움직이는 경우	• 수신자가 청각계통이 과부하 상태일 때 • 수신 장소가 너무 시끄러울 때 • 직무상 수신자가 한곳에 머무르는 경우

13 **암호체계와 정보처리**

(1) 암호체계 및 사용상의 일반적인 지침

　① **암호의 검출성** : 검출이 가능해야 한다.

　② **암호의 변별성** : 다른 암호표시와 구별되어야 한다.

　③ **부호의 양립성** : 양립성이란 자극들 간의, 반응들 간의, 자극-반응 조합의 관계가 인간의 기대와 모순되지 않는 것이다.

　④ **부호의 의미** : 사용자가 그 뜻을 분명히 알아야 한다.

　⑤ **암호의 표준화** : 암호를 표준화하여야 한다.

　⑥ **다차원 암호의 사용** : 2가지 이상의 암호차원을 조합해서 사용하면 정보전달이 촉진된다.

(2) 속도압박과 부하압박

　① **속도압박** : 본질적으로 어떤 임무를 수행하는 작업자 편에서의 반응으로서, 속도압박은 표시장치의 물리적 특성으로부터 우리가 기대할 수 있는 그런 성능 이하로 작업성능을 저하시킨다.

　② **부하(負荷)압박** : 작업의 특성을 변화시킨다.

　③ **신호들간의 시간차(Time-Phasing)**

　　㉮ 자극들이 짧게 촘촘한 시간 순으로 제시되면 속도압박이나 부하압박 때문에 제대로 인식하지 못하는 수가 있다.

　　㉯ 신호간 간격이 약 0.5초보다도 더 짧으면 자극들을 혼동하기 쉬우며, 2개의 자극이 마치 1개인 것처럼 반응한다.

(3) 양립성(Compatibility)

　① **개념적 정의** : 정보입력 및 처리와 관련한 양립성은 인간의 기대와 모순되지 않는 자극들간, 반응들간의 또는 자극반응 조합의 관계를 말하는 것

　② **양립성의 구분**

　　㉮ 공간 양립성 : 표시장치나 조종장치에서 물리적 형태나 공간적인 배치의 양립성

　　㉯ 운동 양립성 : 표시 및 조종장치 등의 운동 방향의 양립성

　　㉰ 개념 양립성 : 사람들이 가지고 있는 개념적 연상(어떤 암호체계에서 청색이 정상을 나타내듯이)의 양립성

　　㉱ 양식 양립성 : 기계가 특정 음성에 대해 정해진 반응을 하는 것과 같이 직무에 알맞은 자극과 응답 양식의 존재에 대한 양립성

14 시각적 표시장치

(1) 정량적 동적 표시장치의 기본형

① **정목동침(Moving Pointer)형** : 눈금이 고정되고 지침이 움직이는 형

② **정침동목(Moving Scale)형** : 지침이 고정되고 눈금이 움직이는 형

③ **계수(Digital)형** : 전력계나 택시요금 계기와 같이 기계적 또는 전자적으로 숫자가 표시되는 형

(2) 지침의 설계요령

① 선각(先角)이 약 20°정도 되는 뾰족한 지침을 사용한다.

② 지침의 끝은 작은 눈금과 맞닿되 겹치지 않게 한다.

③ 원형 눈금의 경우 지침의 색은 선단에서 눈금의 중심까지 칠한다.

④ 시차(視差)를 없애기 위해 지침은 눈금면과 밀착시킨다.

(3) 신호 및 경보등

① **신호 및 경보등의 빛의 검출성에 영향을 끼치는 인자** : 광원의 크기, 광속 발산도 및 노출시간, 점멸속도, 배경광, 색광(효과 척도가 빠른 순서 : 적색 → 녹색 → 황색 → 백색)

② **신호 및 경보등의 점멸속도** : 점멸속도는 점멸융합주파수 약 30Hz보다 훨씬 적어야 하며 주의를 끌기 위해서는 초당 3~10회의 점멸속도, 지속시간은 0.05초 이상이 적당

(4) VFF(시각적 점멸융합주파수)에 영향을 주는 변수

① VFF는 조명강도의 대수치에 선형적으로 비례한다.

② 시표(視標)와 주변의 휘도가 같을 때에 VFF는 최대가 된다.

③ 휘도만 같으면 색은 VFF에 영향을 주지 않는다.

④ 암조응시는 VFF가 감소한다.

⑤ VFF는 사람들 간에는 큰 차이가 있으나, 개인의 경우 일관성이 있다.

⑥ 연습의 효과는 아주 적다.

▤ 점멸융합주파수
계속되는 자극들이 점멸하는 것 같이 보이지 않고 연속적으로 느껴지는 주파수

(5) 비행자세 표시장치 설계의 제원칙(표시장치 설계의 6원칙)

① **표시장치 통합의 원칙** : 관련된 제반정보는 상호 관계를 직접 인식할 수 있도록 공동표시 장치계에 나타낸다.

② **회화적 사실성의 원칙** : 도식적으로 관계를 나타낼 경우, 암호표시가 나타내는 바를 쉽게 알 수 있어야 한다.

③ **이동 부분의 원칙** : 이동 부분(이동 물체를 나타내는 부호)의 영상은 고정된 눈금이나 좌표계에 나타내는 것이 좋다.

④ **추종 추적의 원칙** : 추종 추적에서는 원하는 성능의 지표(목표)와 실제 성능의 지표가 공통 눈금이나 좌표계 상에서 이동한다.

⑤ **빈도 분리의 원칙** : 장치에 나타나는 표시의 상대적 이동 속도에 관한 것으로 높은 빈도의 정보를 제공할 경우 이동 요소는 기대되는 방향으로 반응해야 한다(이동의 양립성이 중요).

⑥ **최적 축척의 원칙** : 정확도를 고려하여 최적 축척을 결정해야 한다.

(6) 문자—숫자 및 관련 표시장치

① **획폭비** : 문자나 숫자의 높이에 대한 획 굵기의 비율로써 나타내며, 최적 독해성(최대 명시거리)을 주는 획폭비는 흰 숫자(검은바탕)의 경우에 1 : 13.3 이고 검은 숫자(흰 바탕)의 경우는 1 : 8 정도

② **광삼(Irradiation) 현상** : 흰 모양이 주위의 검은 배경으로 번져 보이는 현상

③ **종횡비(문자 숫자의 폭 : 높이)** : 일반적으로 1 : 1의 비가 적당하며 3 : 5까지는 독해성에 영향이 없고, 숫자의 경우는 3 : 5를 표준으로 함

(7) 시각적 암호, 부호 및 기호의 유형

① **묘사적 부호** : 사물의 행동을 단순하고 정확하게 묘사한 것(예 : 위험표지판의 해골과 뼈, 도보 표지판의 걷는 사람)

② **추상적 부호** : 전언(傳言)의 기본요소를 도식적으로 압축한 부호로 원 개념과는 약간의 유사성이 있을 뿐임

③ **임의적 부호** : 부호가 이미 고안되어 있으므로 이를 배워야 하는 부호(예 : 교통 표지판의 삼각형-주의, 원형-규제, 사각형-안내표시)

> **⊏ 디스플레이(Display)가 형성하는 목시각**
> • 수평 : 최적조건(15° 좌우), 제한조건(95° 좌우)
> • 수직 : 최적조건(0°∼ 30° 하한), 제한조건(75° 상한, 85° 하한)
> • 정상작업 위치에서 모든 디스플레이를 보기 위한 조업자 시계 : 60°∼ 90°

15 **청각적 표시장치**

(1) 청각적 표시장치가 시각적인 것보다 효과가 있는 경우

① 신호원 자체가 음향(음성)일 때

② 무선기의 신호, 항로 정보 등과 같이 연속적으로 변하는 정보를 제시할 때

③ 음성 통신 경로가 전부 사용되고 있을 때(청각적 신호는 음성과는 확실히 구별되어야 함)

(2) 청각적 신호를 받는 경우 신호의 성질에 따라 수반되는 3가지 기능

① **검출(Detection)** : 신호의 존재 여부를 결정

② **상대식별** : 2가지 이상의 신호가 근접하여 제시되었을 때 이를 구별

③ **절대식별** : 어떤 부류에 속하는 특정한 신호가 단독으로 제시되었을 때 이를 구별

ㄷ 밀러의 마법의 수 등

• 밀러의 마법의 수(Miller's magic number) : 인간의 절대적 식별 능력은 7±2개

• 상대 및 절대 식별은 강도, 진동수, 지속시간, 방향 등 여러 자극 차원에서 이루어질 수 있다.

---

(3) 경계 및 경보신호의 선택 또는 설계시의 설계지침

① 귀는 중(中)음역에 가장 민감하므로 500~3000Hz의 진동수를 사용

② 장거리(300m 이상)용은 1000Hz 이하의 진동수 사용

③ 장애물 및 칸막이 통과시는 500Hz 이하의 진동수 사용

④ 주의를 끌기 위해서는 변조된 신호(초당 1~8번 나는 소리, 초당 1~3번 오르내리는 소리 등) 사용

⑤ 배경소음의 진동수와 구별되는 신호를 사용

⑥ 경보효과를 높이기 위해서 개시 시간이 짧은 고강도 신호를 사용

⑦ 수화기를 사용하는 경우에는 좌우로 교번하는 신호를 사용

⑧ 가능하면 확성기, 경적 등과 같은 별도의 통신계통을 사용

(4) 첨두삭제(Peak Clipping)

① **첨두삭제의 개념** : 신호가 비선형회로를 통과할 때 생기는 변형을 진폭왜곡이라 하며, 첨두삭제는 진폭왜곡의 한 형태로써 음파의 첨두치들을 제거하고 중간 부분만을 남기는 것

② **첨두삭제의 특성**

㉮ 상당한(20dB 정도) 첨두삭제를 하여도 음성 이해도는 거의 영향을 받지 않는다.

㉯ 삭제된 신호를 원 신호 수준으로 재 증폭하면 음성의 최고 수준을 증가시키지 않아도 약한 자음이 강화된다.

ⓔ 조용한 경우 첨두삭제된 음성은 거칠고 불쾌하게 들린다.

ⓕ 첨두삭제 단계 이후에 들어온 잡음이 있는 경우 왜곡효과는 잡음에 의해서 은폐되어 음성은 삭제되지 않은 것 같이 들리며 잡음 속의 통화의 이해도는 오히려 증가한다(송신자 주위가 조용한 경우).

(5) 인간의 Vigilance(주의하는 상태, 긴장상태, 경계상태)현상에 영향을 끼치는 조건

① 검출능력은 작업시각 후 빠른 속도로 저하된다(30~40분 후 검출능력은 50%로 저하).

② 발생빈도가 높은 신호일수록 검출률이 높다.

③ 규칙적인 신호에 대한 검출률이 높다.

④ 신호 강도가 높고 오래 지속되는 신호는 검출하기 쉽다.

(6) 경고신호

① 경고신호는 기계적 불안전성을 알리기 위해서 사용한다.

② 기계의 동작자 또는 주위 사람의 주의를 끌 수 있어야 한다.

③ 경고신호의 뜻과 동작 절차를 제시하여야 한다.

④ 기계 자체 또는 관계되는 인간과 다른 물체에 미치는 영향을 최소한도로 감소시킬 수 있어야 한다.

⑤ 경고를 받고 나서부터 행동에 이르기까지 시간적인 여유가 있어야 한다.

▐ 명료도 지수
통화 이해도를 추정하는 근거로 각 옥타브대의 음성과 잡음의 데시벨 치에 가중치를 곱하여 합계를 구한 값

16 ▶ 신체 활동 및 생리적 배경

(1) 지구력과 사정효과

① **지구력(Endurance)** : 사람은 자기의 최대근력을 잠시 동안만 낼 수 있으며 근력의 15% 이하의 힘은 상당히 오래 유지할 수 있다.

② **사정효과(Range Effect)** : 눈으로 보지 않고 손을 수평면상에서 움직이는 경우에 짧은 거리는 지나치고 긴 거리는 못 미치는 경향을 말하며, 조작자는 작은 오차에는 과잉반응, 큰 오차에는 과소반응을 하게 된다.

(2) 동작의 속도와 정확성

① **반응시간(Reaction Time)** : 동작을 개시할 때까지의 총시간

② **단순반응시간(Simple Reaction Time)** : 하나의 특정한 자극만이 발생할 수 있을 때 반응에 걸리

는 시간으로 자극을 예상하고 있을 때 반응시간은 0.15~0.2초 정도(특정 감관, 강도, 지속시간 등의 자극의 특성, 연령, 개인차 등에 따라 차이가 있음)

③ **반응시간의 증가** : 자극이 가끔 일어나거나 예상하고 있지 않을 때 반응시간은 약 0.1초가 증가

④ **동작시간** : 신호에 따라서 동작을 실행하는데 걸리는 시간 약 0.3초(조종 활동에서의 최소치)

⑤ **총 반응시간**

㉮ 총반응시간 = 단순반응 시간 + 동작시간 = 0.2 + 0.3 = 0.5초

㉯ 반응시간 빠른 순서 : 청각 〉 촉각 〉 시각 〉 미각 〉 통각

㉰ 민감도 : 통각 〉 압각 〉 냉각 〉 온각

(3) 진전(Tremor, 잔잔한 떨림)을 감소시키는 방법

① 시각적 참조를 통해 감소시킬 수 있다.

② 몸과 작업에 관계되는 부위를 잘 받친다.

③ 손이 심장 높이에 있을 때가 손 떨림이 적다.

④ 작업 대상물에 기계적 마찰이 있을 때 감소한다.

17 환경요소

(1) 온도와 열 압박

① **열 교환에 영향을 주는 요소** : 기온, 습도, 복사온도, 공기의 유동

② **S(열축적)** = M(대사열) − E(증발) − W(한 일) ± R(복사) ± C(대류)

③ **증발에 의한 열 손실율** : 37℃의 물 1g의 증발열은 2410joule/g(575.7cal/g)

④ **열 손실률(watt)** = $\dfrac{2410\text{J/g} \times 증발량(g)}{증발시간(sec)}$

⑤ **보온율(clo 단위)** = $0.18 \dfrac{온도(℃)}{\text{kcal/㎡} \cdot \text{hr}}$

⑥ **단면적당 열 유동률(R/A)** = $\dfrac{\triangle T}{\text{clo}}$

(2) 온도의 영향

① **안전활동에 알맞는 최적 온도** : 18~21℃

② **갱내 작업장의 기온상황** : 37℃ 이하

③ **체온의 안전한계와 최고한계온도** : 38℃와 41℃

④ **손가락에 영향을 주는 한계온도** : 13~15.5℃

(3) 환경요소의 복합지수

① 실효온도(ET)

㉮ 실효온도(체감온도 또는 감각온도)에 영향을 주는 요인 : 온도, 습도, 기류(공기유동)

㉯ 허용한계 : 정신(사무)작업(60~64℉), 경작업(55~60℉), 중작업(50~55℉)

② 옥스포드(Oxford) 지수

㉮ WD(습건) 지수라고도 하며, 습구 · 건구 온도의 가중(加重)평균치

㉯ WD = 0.85W + 0.15D (W : 습구온도, D : 건구온도)

(4) 불쾌지수, 피로지수

① 불쾌지수

㉮ 70 이하 : 모든 사람이 불쾌감을 느끼지 않음

㉯ 70~75 : 10명중 2~3명이 불쾌감 감지

㉰ 76~80 : 10명중 5명 이상이 불쾌감 감지

㉱ 80 이상 : 모든 사람이 불쾌감을 느낌

② **피로지수** : 직장온도는 가장 우수한 피로 지수로서 38.8℃만 되면 기진

③ **공기의 온열조건 4요소** : 기온, 습도, 공기유동, 복사온도

④ **실효온도에 영향을 주는 요인** : 온도, 습도, 기류

⑤ **이상적인 습도** : 25~50%

⑥ **고온에서의 생리적 반응** : 피부온도 상승, 피부를 경유하는 혈액량 증가, 발한, 직장의 온도가 내려감

▎ **불쾌지수**

• 불쾌지수(섭씨) = 0.72 × (건구온도 + 습구온도) + 40.6

• 불쾌지수(화씨) = 0.4 × (건구온도 + 습구온도) + 15

---

18 ▶ 조명

(1) 조명(조도)의 단위

① fc(foot−candle) : 1촉광의 점광원으로부터 1foot 떨어진 곡면에 비추는 광의 밀도($1lumen/ft^2$)

② lux(meter−candle) : 1촉광의 점광원으로부터 1m 떨어진 곡면에 비추는 광의 밀도($1lumen/m^2$)

③ fc, lux의 관계 : $1\ fc = 1\ lumen/ft^2 ≒ 10\ lumen/m^2 = 10\ lux$

(2) 광속발산도(luminance)

① **정의** : 단위 면적당 표면에서 반사 또는 방출되는 빛의 양을 말하며, 이 척도를 때로는 휘도(Brightness)라고도 한다.

② **L(Lambert)** : 완전발산 및 반사하는 표면이 표준촛불로 1cm 거리에서 조명될 때의 조도와 같은 광속발산도이다.

③ **mL(millilambert)** : 1L의 1/1000로 대략 1foot-Lambert에 가깝다(0.929fL).

④ **fL(foot-Lambert)** : 완전발산 및 반사하는 표면이 1fc로 조명될 때의 조도와 같은 광속 발산도를 말한다.

▐ 광속발산비
- 주어진 장소와 주위의 광속발산도의 비를 말한다.
- 사무실 및 산업 상황에서의 추천 광속발산비는 보통 3 : 1 이다.

---

(3) **반사율(Reflectance)**

① **반사율(%)** $= \dfrac{\text{광속발산도(fL)}}{\text{조도(fc)}} \times 100$

② **옥내 최적 반사율**

㉮ 천장 : 80~90%

㉯ 벽, 창문 발(Blind) : 40~60%

㉰ 가구, 사무용기기, 책상 : 25~45%

㉱ 바닥 : 20~40%

▐ 소요총광속

소요 총 광속(F) $= \dfrac{\text{조도(E)} \times \text{방의 면적(A)} \times \text{감광보상율(D)}}{\text{조명율(U)}}$

---

(4) **대비(對比)**

① **대비** $= \dfrac{\text{배경의 반사율} - \text{표적의 반사율}}{\text{배경의 반사율}} \times 100$

② **표적이 배경보다 어두울 경우** : 대비는 +100에서 0 사이

③ **표적이 배경보다 밝을 경우** : 대비는 0에서 $-\infty$ 사이

(5) 추천조명수준

작업조건	소요조명	특정한 임무
높은 정확도를 요구하는 세밀한 작업	1000fc	수술대, 아주 세밀한 조립작업
	500fc	아주 힘든 검사작업
	300fc	세밀한 조립작업
오랜 시간 계속하는 세밀한 작업	200fc	힘든 끝손질 및 검사작업, 세밀한 제도, 의과작업, 세밀한 기계작업
	150fc	초벌 제도, 사무기기 조작
	100fc	보통 기계작업, 편지 고르기
오랜 시간 계속 천천히 하는 작업	70fc	공부, 바느질, 독서, 타자, 칠판에 쓴 글씨읽기
	50fc	스케치, 상품포장
정상작업	30fc	드릴, 리벳, 줄질 및 화장실
	20fc	초벌 기계작업, 계단, 복도
	10fc	출하, 입하작업, 강당
자세히 보지 않아도 되는 작업	5fc	창고, 극장 복도

(6) 양호한 조명의 조건

① 적당한 밝기로 기분을 좋게할 것

② 미적효과가 있고 경제적이며 보수가 용이할 것

③ 광속발산도의 분포가 고르게 유지될 것

⊏ 시식별에 영향을 주는 조건
조도, 대비, 시간, 광속발산도, 휘광(Glare), 이동(Movement)

19 휘광(Glare)의 처리

(1) 광원으로부터의 직사 휘광 처리

① 광원의 휘도를 줄이고 수를 높인다.

② 광원을 시선에서 멀리 위치시킨다.

③ 휘광원 주위를 밝게 하여 광속발산비(휘도)를 줄인다.

④ 가리개(Shield), 갓(Hood), 혹은 차양(Visor)을 사용한다.

(2) 창문으로부터 직사 휘광 처리

　① 창문을 높이 단다.

　② 창위(실외)에 드리우개(Overhang)를 설치한다.

　③ 창문(안쪽)에 수직날개(Fin)들을 달아 직시선을 제한한다.

　④ 차양(Shade)혹은 발(Blind)을 사용한다.

(3) 반사 휘광의 처리

　① 발광체의 휘도를 줄인다.

　② 일반(간접)조명 수준을 높인다.

　③ 산란광, 간접광, 조절판(Baffle), 창문에 차양(Shade) 등을 사용한다.

　④ 반사광이 눈에 비치지 않게 광원을 위치시킨다.

　⑤ 무광택도료, 빛을 산란시키는 표면색을 한 사무용 기기, 윤기를 없앤 종이 등을 사용한다.

20 시각 및 색각

(1) 시각과 시계

　① **시각**

　　㉮ 노화에 따라 가장 먼저 기능이 저하되는 감각기관이며, 진동의 영향도 가장 먼저 받는다.

　　㉯ 시각의 최소감지범위 : 10~6mL

　　㉰ 시각의 최대허용강도 : 104mL

　② **시계의 범위**

　　㉮ 정상적인 인간의 시계범위 : 200°

　　㉯ 색채를 식별할 수 있는 시계의 범위 : 70°

(2) 암조응과 CAS

　① **완전 암조응에 걸리는 시간** : 30~40분

　② CAS

　　㉮ 색채조절(Color Conditioning)

　　㉯ 공기조절(Air Conditioning)

　　㉰ 음향조절(Sound Conditioning)

(3) 색광(色光)의 3가지 특성

　① **주파장(Dominant Wavelength)** : 혼합광의 색상을 결정하는 주요 파장

　② **포화도(Saturation)** : 여러 파장의 혼합광에 비해 어떤 좁은 범위의 파장이 우세한 정도

　③ **광속발산도(Luminance)** : 단위 면적당 표면에서 반사 또는 방출되는 빛의 양

(4) 색채 심리

    ① **색감(색채의 느낌)**

        ㉮ 적색 : 열정, 활기, 용기, 애정, 공포

        ㉯ 황색 : 희망, 광명, 주의, 경계, 조심

        ㉰ 녹색 : 안심, 평화, 안전, 위안, 편안

        ㉱ 청색 : 진정, 침착, 소원, 냉담, 소극

    ② **색채의 생물학적 작용**

        ㉮ 적색은 신경에 대한 흥분작용을 가지고 조직호흡면에서 환원작용을 촉진한다.

        ㉯ 청색은 진정작용을 갖고 있고 조직호흡면에서 산화작용을 촉진한다.

    ③ **색채의 속도**

        ㉮ 명도가 높은 색채는 빠르고 경쾌하게 느껴지고, 낮은 색채는 둔하고 느리게 느껴진다.

        ㉯ 가볍고 경쾌한 색에서 느리게 느껴진다.

        ㉰ 둔한 색의 순서는 백색 → 황색 → 녹색 → 등색 → 자색 → 적색 → 청색 → 흑색이다.

    ④ **색채와 부피감각**

        ㉮ 난색계의 색이나 밝은 색은 부풀어 보이며, 한색계의 색이나 어두운 색은 쭈그러져보인다.

        ㉯ 팽창색에서 수축색으로 향하는 색의 순서는 황색 → 등색 → 적색 → 자색 → 녹색 → 청색이다.

21 ▶ 소음

(1) 음의 기본요소

    ① 음의 고저

    ② 음의 강약

    ③ 음조

(2) 음의 특성

    ① **dB 수준과 음의 강도와의 관계식**

        ※ $dB수준 = 10\log(\dfrac{I_1}{I_2})$

        • I_1 : 측정음의 강도

        • I_0 : 기준음의 강도($10 \sim 12 watt/m^2$, 최소가청치)

    ② **P_1과 P_2의 음압을 갖는 두 음의 강도차**

        ※ $dB_2 - dB_1 = 20\log(\dfrac{P_2}{P_1})$

③ **음의 강도와 거리** : 음의 강도 I 는 거리의 제곱에 반비례

$$※ I_2 = I_1(\frac{d_1}{d_2})^2$$

④ **음압과 거리** : 음압은 거리에 반비례

$$※ P_2 = P_1(\frac{d_1}{d_2})$$

$$※ dB_2 = dB_1 + 20\log(\frac{d_1}{d_2}) = dB_1 - 20\log(\frac{d_2}{d_1})$$

(3) 음의 크기 수준

① **phon** : 1000Hz 순음의 음압 수준(dB)을 나타낸다.

② **sone** : 1000Hz, 40dB의 음압 수준을 가진 순음의 크기(= 40 phon)를 1 sone이라 함

③ **sone과 phon의 관계식** : sone값 $= 2^{(phon값 - 40) / 10}$

④ **인식 소음 수준**

㉮ PNdB(Perceived Noise Level) : 910~1090Hz 대의 소음 음압 수준

㉯ PLdB(Perceived Level of Noise) : 3150Hz에 중심을 둔 1/3 옥타브(Octave) 대음을 기준으로 사용

(4) 은폐와 복합소음

① **은폐(Masking)현상** : dB이 높은 음과 낮은 음이 공존할 때 낮은 음이 강한 음에 가로 막혀 숨겨져 들리지 않게 되는 현상

② **복합소음** : 소음수준이 같은 2대의 기계의 음이 합쳐지면 3dB 증가

(5) 소음의 허용한계

① **가청주파수** : 20~20000Hz(CPS)

㉮ 20~500Hz : 저진동 범위

㉯ 500~2000Hz : 회화 범위

㉰ 2000~20000Hz : 가청 범위(Audible Range)

㉱ 20000Hz 이상 : 불가청 범위

② **가청한계** : 2×10^{-4}dyne/cm²(0dB)~10^{-3}dyne/cm²(134dB)

㉮ 심리적 불쾌감 : 40dB 이상

㉯ 생리적 현상 : 60dB(안락 한계 : 45~65dB, 불쾌 한계 65~120dB)

㉰ 난청(C5dip) : 90dB(8시간)

㉱ 유해주파수(공장 소음) : 4000Hz(난청현상이 오는 주파수)

㉲ 음압과 허용노출한계

dB	90	95	100	105	110	115	120
허용노출시간	8시간	4시간	4시간	1시간	30분	15분	5~8분

※120dB 이상 : 격리 또는 격벽 설치

(6) 소음대책

① **소음원의 통제** : 기계의 적절한 설계, 적절한 정비 및 주유, 기계에 고무 받침대 부착. 차량에는 소음기 사용

② **소음의 격리** : 씌우개 방, 장벽을 사용(집의 창문을 닫으면 약 10dB 감음됨)

③ **차폐장치 및 흡음재료 사용**

④ **음향처리제 사용**

⑤ **적절한 배치(Layout)**

⑥ **방음보호구 사용** : 귀마개(2000Hz 에서 20dB, 4000Hz에서 25dB 차음효과)

⑦ **BGM(Back Ground Music)** : 배경음악(60±3dB)

(7) 청력손실

① 진동수가 높아짐에 따라 심해진다.

② 청력손실의 두 가지 요소는 나이를 먹는 것과 현대문명의 정상적인 압박(Stress)이나 비직업적인 소음이다.

③ 청력손실의 정도는 노출소음의 수준에 따라 증가한다.

④ 청력손실은 4000Hz에서 크게 나타난다.

⑤ 강한 소음에 대해서는 노출기간에 따라 청력 손실이 증가하지만 약한 소음은 관계가 없다.

22 ▶ 진동 및 기동중의 착각

(1) 전신 진동이 인간에 끼치는 영향

① 진동은 진폭에 비례하여 시력을 손상하며 10~25Hz의 경우 가장 심하다.

② 진동은 진폭에 비례하여 추적능력을 손상하며 5Hz 이하의 낮은 진동수에서 가장 심하다.

③ 안정되고 정확한 근육조절을 요하는 작업은 진동에 의해서 저하된다.

④ 반응시간 · 감시 · 형태식별 등 주로 중앙신경처리 임무는 진동의 영향을 덜 받는다.

(2) 근골격계 질환

① 근골격계질환(CTDs)

㉮ 유해요인 조사방법은 OWAS(평가항목 : 허리, 팔, 다리, 하중), NLE, RULA

㉯ 발생원인은 반복적 동작, 부적절한 자세, 진동, 온도 등

② 근골격계부담작업의 범위(단기간 작업 또는 간헐적인 작업은 제외)

㉮ 하루에 4시간 이상 집중적으로 자료입력 등을 위해 키보드 또는 마우스를 조작하는 작업

㉯ 하루에 총 2시간 이상 목, 어깨, 팔꿈치, 손목 또는 손을 사용하여 같은 동작을 반복하는 작업

㉰ 하루에 총 2시간 이상 머리 위에 손이 있거나, 팔꿈치가 어깨위에 있거나, 팔꿈치를 몸통으로 부터 들거나, 팔꿈치를 몸통뒤쪽에 위치하도록 하는 상태에서 이루어지는 작업

㉱ 지지되지 않은 상태이거나 임의로 자세를 바꿀 수 없는 조건에서, 하루에 총 2시간이상 목이 나 허리를 구부리거나 트는 상태에서 이루어지는 작업

㉲ 하루에 총 2시간 이상 쪼그리고 앉거나 무릎을 굽힌 자세에서 이루어지는 작업

㉳ 하루에 총 2시간 이상 지지되지 않은 상태에서 1kg 이상의 물건을 한손의 손가락으로 집어 옮기거나 2kg 이상에 상응하는 힘을 가하여 한손의 손가락으로 물건을 쥐는 작업

㉴ 하루에 총 2시간 이상 지지되지 않은 상태에서 4.5kg 이상의 물건을 한 손으로 들거나 동일 한 힘으로 쥐는 작업

㉵ 하루에 10회 이상 25kg 이상의 물체를 드는 작업

㉶ 하루에 25회 이상 10kg 이상의 물체를 무릎 아래에서 들거나, 어깨 위에서 들거나, 팔을 뻗은 상태에서 드는 작업

㉷ 하루에 총 2시간 이상, 분당 2회 이상 4.5kg 이상의 물체를 드는 작업

㉸ 하루에 총 2시간 이상 시간당 10회 이상 손 또는 무릎을 사용하여 반복적으로 충격을 가하는 작업

위험성 평가 · 관리

1 시스템 안전의 개요

(1) 시스템과 시스템 안전

① **시스템** : 요소의 집합에 의해 구성되고 시스템 상호간에 관계를 유지하면서 정해진 조건 아래에서 어떤 목적을 위하여 작용하는 집합체

② **시스템 안전** : 시스템 안전을 달성하기 위해서는 시스템의 계획 – 설계 – 제조 – 운용 등의 모든 단계를 통해 시스템 안전관리와 시스템 안전공학을 정확히 적용하여야 함

(2) 시스템의 구성요소 및 기능

① **구성요소** : 재료, 부품, 기계설비, 일하는 사람 등

② **기능** : 정보의 전달, 물질 또는 에너지의 생산, 사람, 물건, 에너지의 이송

(3) 시스템 안전관리

① 시스템 안전에 필요한 사항의 동일성의 식별(Identification)

② 안전활동의 계획, 조직과 관리

③ 다른 시스템 프로그램 영역과 조정

④ 시스템 안전에 대한 목표를 유효하게 적시에 실현시키기 위한 프로그램의 해석, 검토 및 평가 등의 시스템 안전업무

(4) 시스템 안전의 달성

① **시스템 안전을 달성하기 위한 안전수단**

재해의 예방	피해의 최소화 및 억제
• 위험의 소멸 • 위험 레벨의 제한 • 잠금, 조임, 인터록 • 페일 세이프 설계 • 고장의 최소화 • 중지 및 회복	• 격리 • 개인설비 보호구 • 적은 손실의 용인 • 탈출 및 생존 • 구조

② 시스템 안전을 달성하기 위한 시스템 안전 설계원칙

    ㉮ 1순위 : 위험 상태 존재의 최소화(페일 세이프 등의 도입)

    ㉯ 2순위 : 안전장치의 채용

    ㉰ 3순위 : 경보장치의 채용

    ㉱ 4순위 : 특수한 수단

(5) 위험성 평가의 단계

  ① **1단계** : 위험성 검출과 확인

  ② **2단계** : 위험성 측정과 분석(위험성평가)

  ③ **3단계** : 위험성 관리(처리)

  ④ **4단계** : 위험성 관리의 방법 선택

  ⑤ **5단계** : 위험성의 지속적인 감시

2   설비도입 및 제품 개발 단계의 안전성 평가

(1) 구상 단계 : 다음 4가지의 주요한 시스템 안전성 부분의 작업이 이루어져야 함

  ① **시스템 안전 계획(SSP, System Safety Plan)의 작성**

    ㉮ 안전성 관리 조직 및 다른 프로그램 기능과의 관계

    ㉯ 시스템에 발생하는 모든 사고의 식별 및 평가를 위한 분석법의 양식

    ㉰ 허용수준까지 최소화 또는 제거되어야 할 사고의 종류

    ㉱ 작성되고 보존되어야 할 기록의 종류

  ② **예비위험분석(PHA, Preliminary Hazard Analysis)의 작성**

  ③ **안전성에 관한 정보 및 문서 파일의 작성** : 시스템 안전부분에서 이루어지는 모든 분석과 조치의 정확한 설명을 반드시 포함하여야 함

  ④ **구상 단계 정식화 회의에의 참가** : 포함되는 사고가 방침 결정과정에서 고려되기 위해 구상 정식화 회의에 참가

(2) 설계단계 : 설계단계에서 이루어져야 할 시스템 안전부분의 작업

  ① 구상 단계에서 작성된 시스템 안전 프로그램계획을 실시할 것

  ② 시스템의 설계에 반영할 안전성 설계 기준을 결정하여 발표할 것

  ③ 예비위험분석(PHA)을 시스템 안전 위험분석(SSHA)으로 바꾸어 완료시킬 것

  ④ 하청업자나 대리점에 대한 사양서 중에 시스템 안전성 필요사항을 정의하여 포함시킬 것

  ⑤ 시스템 안전성이 손상되지 않게 하기 위해 설계 트레이드 오프 회의에 참가할 것

  ⑥ 안전성 부분의 모든 결정 사항을 문서로 하여 현행의 정확한 시스템 안전에 관한 파일로 하여 보존할 것

(3) 제조, 조립 및 시험단계

① 사고를 최소화하고 제어하기 위하여 시스템 안전성 사고 분석(SSHA)에서 지정된 전 조치의 실시를 보증하는 계통적인 감시, 확인 프로그램을 확립하여 실시할 것

② 운영 안전성 분석(OSA, Operational Safety Analysis)을 실시할 것

③ 요소 및 서브시스템의 설계에 있어서 달성된 안전성이 손상되는 일이 없도록 제조, 조립 및 시험 방법과 과정을 검토하고 평가할 것

④ 제조 환경이 제품의 안전설계를 손상하지 않도록 산업 안전성과 협력할 것

⑤ 위험한 상태를 유발할 수 있는 모든 결함에 대해서는 정보의 피드백 시스템을 확립할 것

⑥ 품질보증요원이 이용할 수 있는 안전성의 검사 및 확인에 관한 시험법을 정할 것

⑦ 안전성을 보증하기 위하여 일어날 수 있는 변화를 예측하고 그것에 수반되는 재설계나 변경을 개시할 것

(4) 운용단계 : 시스템 안전성 공학의 실증과 감시의 단계로 다음 사항이 이루어져야 함

① 모든 운용, 보전 및 위급시의 절차를 평가하여 그들이 설계시에 고려된 바와 같은 타당성이 있느냐의 여부를 식별할 것

② 안전성이 손상되는 일이 없도록 조작장치, 사용설명서의 변경과 수정을 평가할 것

③ 제조, 조립 및 시험단계에서 확립된 고장의 정보 피드백 시스템을 유지할 것

④ 바람직한 운용 안전성 레벨의 유지를 보증하기 위하여 안전성 검사를 할 것

⑤ 사고와 그 유발 사고를 조사하고 분석할 것

⑥ 위험상태의 재발방지를 위해 적절한 개량조치를 강구할 것

3 시스템안전 분석기법

(1) 예비위험분석(PHA, Preliminary Hazards Analysis)

① PHA : 대부분의 시스템안전 프로그램에 있어서 최초단계의 분석으로 시스템 내의 위험한 요소가 얼마나 위험한 상태에 있는가를 정성적으로 평가

② PHA의 4가지 주요목표

㉮ 시스템에 대한 모든 주요한 사고를 식별하고 대충의 말로 표시할 것(사고 발생 확률은 식별 초기에는 고려되지 않음)

㉯ 사고를 유발하는 요인을 식별할 것

㉰ 사고가 발생한다고 가정하고 시스템에 생기는 결과를 식별하고 평가할 것

㉱ 식별된 사고를 범주(Category)로 분류할 것

③ PHA의 카테고리 분류

㉮ Class 1 : 파국적(Catastrophic) – 사망, 시스템 손상

ⓓ Class 2 : 중대(Critical) – 심각한 상해, 시스템 중대 손상

ⓔ Class 3 : 한계적(Marginal) – 경미한 상해, 시스템 성능 저하

ⓕ Class 4 : 무시가능(Negligible) – 상해 및 시스템 저하 없음

(2) 고장형태와 영향분석(FMEA, Failure Modes and Effects Analysis)

① **FMEA** : 시스템 안전분석에 이용되는 전형적인 정성적, 귀납적 분석방법으로 시스템에 영향을
미치는 전체 요소의 고장을 형별로 분석하여 그 영향을 검토하는 것

② **FMEA의 장점 및 단점**

ⓐ 장점 : 서식이 간단하고 비교적 적은 노력으로 특별한 훈련 없이 분석할 수 있음

ⓑ 단점 : 논리성이 부족하고 특히 각 요소간의 영향을 분석하기 어렵기 때문에 동시에 두 가지
이상의 요소가 고장날 경우 분석이 곤란하며 요소가 물체로 한정되어 있기 때문에 인적원인
을 분석하는 것은 곤란

③ **고장의 영향**

영향	발생 확률(β)	영향	발생 확률(β)
실제의 손실	$\beta = 1.00$	예상되는 손실	$0.10 \leq \beta < 1.00$
가능한 손실	$0 < \beta < 0.10$	영향 없음	$\beta = 0$

④ **위험성 분류의 표시**

ⓐ Category Ⅰ : 생명 또는 가옥의 상실

ⓑ Category Ⅱ : 작업수행의 실패

ⓒ Category Ⅲ : 활동의 지연

ⓓ Category Ⅳ : 영향 없음

⑤ **FMEA의 표준적 실시 절차**

실시 절차	내용
1단계 : 대상 시스템의 분석	• 기기, 시스템의 구성 및 기능의 전반적 파악 • FMEA 실시를 위한 기본방침의 결정 • 기능 블록도과 신뢰성 블록도의 작성
2단계 : 고장형태와 그 영향의 분석	• 고장형태의 예측과 설정 • 고장 원인의 상정 • 상위 아이템에의 고장 영향의 검토 • 고장 검지법의 검토 • 고장에 대한 보상법이나 대응법의 검토 • FMEA 워크시트(Work Sheet)에의 기입 • 고장 등급의 평가
3단계 : 치명도 해석과 개선책의 검토	• 치명도 해석 • 해석결과의 정리와 설계 개선으로의 제언

(3) **위험도 분석**(CA, Criticality Analysis)

① **CA** : 고장이 직접 시스템의 손실과 사상에 연결되는 높은 위험도(Criticality)를 가진 요소나 고장의 형태에 따른 분석법

② **고장형의 위험도의 분류**
㉮ Category Ⅰ : 생명의 상실로 이어질 염려가 있는 고장
㉯ Category Ⅱ : 작업의 실패로 이어질 염려가 있는 고장
㉰ Category Ⅲ : 운용의 지연 또는 손실로 이어질 고장
㉱ Category Ⅳ : 극단적인 계획 외의 관리로 이어질 고장

(4) **결함위험분석**(FHA, Fault Hazard Analysis)

복잡한 시스템에서는 한 계약자만으로 모든 시스템의 설계를 담당하지 않고, 몇 개의 공동 계약자가 각각의 서브시스템(Sub System)을 분담하고 통합계약업자가 그것을 통합하는데, FHA는 이런 경우의 서브시스템 해석 등에 사용

(5) **FAFR, THERP, MORT**

① **FAFR(Fatal Accident Frequency Rate)** : 주로 화학공정에서의 위험성 평가지수로 10^8 노출시간당 사망자수
㉮ 클레츠(Kletz)가 고안하였으며, FAFR이 0.35~0.4를 넘지 않을 것을 권고함
㉯ 깁슨(Gibson)은 중대산업사고에 대해서는 2 FAFR, 그 이외의 경우에는 0.4 FAFR를 위험성 수준으로 정할 것을 권장함

② **THERP(Technique of Human Error Rate Prediction)** : 인간의 과오를 정량적으로 평가하기 위하여 개발된 기법

③ **MORT(Management Oversight and Risk Tree)** : 트리(Tree)를 중심으로 FTA와 같은 논리기법을 이용하여 관리, 설계, 생산, 보존 등 고도의 안전을 달성하는 것을 목적으로 사용(원자력산업에 이용)

(6) **디시전 트리**(Decision Tree)**와 ETA**

① **디시전 트리(Decision Tree)** : 요소의 신뢰도를 이용하여 시스템의 신뢰도를 나타내는 시스템 모델 중 하나로 귀납적이고 정량적인 분석방법

② **ETA(Event Tree Analysis)** : 사상(事象)의 안전도를 사용하여 시스템의 안전도를 나타내는 시스템 모델의 하나로써 귀납적이고 정량적인 분석방법이며 재해의 확대요인을 분석하는데 적합한 방법

> **시스템안전 분석기법 총정리**
> - ETA : 귀납적, 정량적 방법, 항공기 안전성 평가시 사용
> - FTA : 결함수 분석법, 상이한 조직의 결함을 발견할 수 있음, 연역적, 정량적
> - CA : 위험성이 높은 요소
> - FMEA : 가장 일반적인 정성적 · 귀납적 해석방법
> - FMECA : 정성적, 정량적 분석을 동시에 사용
> - MORT : 연역적, 정량적 분석
> - PHA : 구상단계, 발주단계에서 실시, 귀납적, 정성적
> - 시스템안전 분석기법 : PHA, FHA, DT, MORT

4 위험 및 운전성 검토

(1) 개념 및 정의

① **위험 및 운전성 검토(Hazard and Operability Study)** : 각각의 장비에 대해 잠재된 위험이나 기능저하, 운전잘못 등과 전체로서의 시설에 결과적으로 미칠 수 있는 영향 등을 평가하기 위해서 공정이나 설계도 등에 체계적이고 비판적인 검토를 행하는 것

② **용어의 정의**

㉮ 의도(Intention) : 어떤 부분이 어떻게 작동될 것으로 기대된 것을 의미하는 것으로 서술적일 수도 있고 도면화될 수도 있다.

㉯ 이상(Deviations) : 의도에서 벗어난 것을 말하며 유인어를 체계적으로 적용하여 얻어진다.

㉰ 원인(Causes) : 이상이 발생한 원인을 의미한다.

㉱ 결과(Consequences) : 이상이 발생할 경우 그것에 대한 결과이다.

㉲ 위험(Hazard) : 손실, 손상, 부상 등을 초래할 수 있는 결과를 말한다.

③ **유인어(Guide Words)** : 간단한 용어로서 창조적 사고를 유도하고 자극하여 이상을 발견하고 의도를 한정하기 위하여 사용

㉮ No 또는 Not : 설계의도의 완전한 부정

㉯ More 또는 Less : 양(압력, 반응, Flow Rate, 온도 등)의 증가 또는 감소

㉰ As well as : 성질상의 증가(설계의도와 운전조건이 어떤 부가적인 행위와 함께 일어남)

㉱ Part of : 일부변경, 성질상의 감소(어떤 의도는 성취되나 어떤 의도는 성취되지않음)

㉲ Reverse : 설계의도의 논리적인 역

㉳ Other than : 완전한 대체(통상 운전과 다르게 되는 상태)

(2) 위험 및 운전성 검토의 성패를 좌우하는 중요요인

① 팀의 기술능력과 통찰력

② 사용된 도면, 자료 등의 정확성

③ 발견된 위험의 심각성을 평가할 때 팀의 균형감각 유지 능력

④ 이상(Deviation), 원인(Cause), 결과(Consequence)들을 발견하기 위해 상상력을 동원하는데 보조 수단으로 사용할 수 있는 팀의 능력

⊏ 위험 및 운전성 검토를 수행하기에 가장 좋은 시점
설계완료(design freeze) 단계로서 설계가 상당히 구체화된 시점

(3) 검토 절차

① **1단계** : 목적과 범위 결정

② **2단계** : 검토팀의 선정

③ **3단계** : 검토 준비

④ **4단계** : 검토 실시

⑤ **5단계** : 후속 조치 후 결과 기록

(4) 검토 목적

① 기존시설(기계설비 등)의 안전도 향상

② 설비 구입여부 결정

③ 설계의 검사

④ 작업 수칙의 검토

⑤ 공장 건설 여부와 건설장소 결정

⑥ 공급자에게 문의사항 획득

(5) 위험을 억제하기 위한 일반적인 조치사항

① 공정의 변경(원료, 방법 등)

② 공정 조건의 변경(압력, 온도 등)

③ 설계 외형의 변경, 작업방법의 변경

⊏ 위험(Risk) 처리(조정)기술
회피(Avoidance), 경감 · 감축(Reduction), 보류(Retention), 전가(Transfer)

(1) FTA의 특징

① 연역적, 정량적 해석이 가능한 기법

② 톱다운(Top-down) 해석

③ 특정사상에 대한 해석

④ 논리기호를 사용한 해석

⑤ 컴퓨터로 처리가능

(2) FTA의 확률 · 구조 등

① **FTA 확률 중요도** : 각 기본사상의 발생확률의 증감이 정상사상 발생확률의 증감에 어느 정도 기여하고 있는가를 나타내는 척도

② **FTA 구조 중요도** : 기본사상의 발생확률을 문제로 하지 않고 결함수의 구조상 각 기본사상이 갖는 지명성

③ **FTA 치명 중요도** : 기본사상 발생확률의 변화율에 대한 정상사상 발생확률의 변화의 비로서 특히 시스템 설계라는 면에서 이해하기가 편리함

(3) FTA 도표에 사용하는 논리기호

명칭	기호	명칭	기호
결함사상		전이기호(이행기호)	(in) (out)
기본사상		AND gate	출력 / 입력
생략사상 (추적 불가능한 최후사상)		OR gate	출력 / 입력
통상사상(家刑事像)		수정기호	출력 조건 입력

(4) 수정기호

① **우선적 AND Gate**

㉮ 입력사상 가운데 어느 사상이 다른 사상보다 먼저 일어났을 때에 출력사상이 생긴다.

㉯ 「A는 B보다 먼저」와 같이 기입

② **조합 AND Gate**

㉮ 3개 이상의 입력사상 가운데 어느 것이든 2개가 일어나면 출력 사상이 발생한다.

㉯ 「어느 것이든 2개」라고 기입

③ **위험지속기호**

㉮ 입력사상이 생기어 어느 일정시간 지속하였을 때에 출력사상이 생긴다.

㉯ 「위험지속시간」과 같이 기입

④ **배타적 OR Gate**

㉮ OR Gate로 2개 이상의 입력이 동시에 존재할 때에는 출력사상이 생기지 않는다.

㉯ 「동시에 발생하지 않는다」라고 기입

(5) D.R. Cheriton의 FTA에 의한 재해사례 연구순서

① **1단계** : 톱(Top) 사상의 선정

② **2단계** : 사상마다 재해원인 규명

③ **3단계** : FT도의 작성

④ **4단계** : 개선계획의 작성

(6) **확률사상의 적(積)과 화(和)** : n개의 독립사상에 관해서

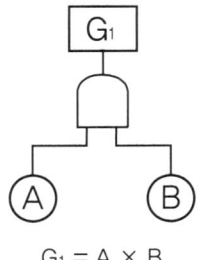

$$G_1 = A \times B$$

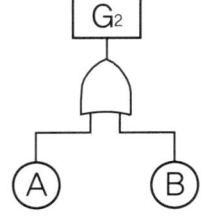

$$G_2 = 1 - (1 - A)(1 - B)$$

(7) 컷과 패스

① **컷셋(cut sets)** : 그 속에 포함되어 있는 모든 기본사상(통상, 생략, 결함사상을 포함)이 일어났을 때 정상사상(top event)을 일으키는 기본사상의 집합

② **최소 컷셋(minimal cut sets)** : 컷셋 중 그 부분집합만으로는 정상사상을 일으키는 일이 없는 것, 즉 정상사상(top event)을 일으키기 위한 최소한의 컷셋으로 어떤 고장이나 에러를 일으키면 재해가 일어나는가 하는 것 즉, 시스템의 위험성(역으로는 안전성)를 나타내는 것

③ **패스셋(path sets)** : 시스템이 고장나지 않도록 하는 사상의 조합

④ **최소 패스셋(minimal path sets)** : 시스템이 고장나지 않도록 하는 최소한의 패스셋으로 어떤 고장이나 패스를 일으키지 않으면 재해는 일어나지 않는다는 것 즉, 시스템의 신뢰성을 나타내는 것

(8) FTA의 사용기호

① **억제게이트(Inhibit gate)** : 수정기호(Modifier)의 일종으로서 억제 모디파이어(Inhibit Modifier)라고 하며 실질적으로 수정기호를 병용해서 게이트의 역할

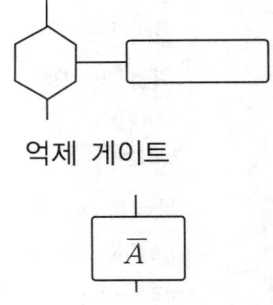

억제 게이트

㉠ 입력사상이 일어난 조건이 만족되어야 출력사상이 생긴다(조건이 만족되지 않으면 출력은 생기지 않는다).

㉡ 조건은 수정기호 안에 쓴다

부정 게이트

② **부정게이트(Not gate)** : 부정 모디파이어(Not Modifier)라고 하며 입력사상의 반대 사상이 출력된다.

▪ 공장설비 안전성 평가의 종류

- 세이프티 어세스먼트(Safety Assessment) : 안전성 평가
- 테크놀로지 어세스먼트(Technology Assessment) : 기술개발의 종합평가
- 리스크 어세스먼트(Risk Assessment) : 위험성 평가
- 휴먼 어세스먼트(Human Assessment) : 인간과 사고상의 평가

---

6 ▸ 화학설비의 안전성 평가

(1) 안전성 평가의 5단계

① **제1단계** : 관계자료의 작성준비

② **제2단계** : 정성적 평가

③ **제3단계** : 정량적 평가

④ **제4단계** : 안전대책

⑤ **제5단계** : 재평가

(2) 평가의 진행방법

① **제1단계** : 관계자료의 작성준비

㉠ 안전성의 사전평가를 위해 필요한 자료의 작성준비를 실시

㉡ 관계자료의 조사항목

ⓐ 입지조건과 관련된 지질도, 풍배도(風配圖) 등의 입지에 관한 도표

ⓑ 화학설비 배치도(설비내의 기기, 건조물, 기타 시설의 배치도)

ⓒ 건조물의 평면도, 입면도 및 단면도

ⓓ 기계실 및 전기실의 평면도, 단면도 및 입면도

ⓔ 원재료, 중간체, 제품 등의 물리적, 화학적 성질 및 인체에 미치는 영향(물질 각종의 측정치에 관해서는 법령 및 관계부처에 나타난 수치에 따름)

ⓕ 제조공정의 개요(Process Flow Sheet에 따라 제조공정의 개요를 정리)

ⓖ 제조공정상 일어나는 화학반응

ⓗ 공정계통도

ⓘ 공정기기목록

ⓙ 배관, 계장계통도

ⓚ 안전설비의 종류와 설치장소

ⓛ 운전요령, 요원배치계획, 안전보건교육 훈련계획

② **제2단계** : 정성적 평가

㉮ 주요 진단항목

1. 설계관계	항목수	2. 운전관계	항목수
입지조건	5	원재료, 중간제 제품	7
공장내 배치	9	공정	7
건조물	8	수송, 저장 등	9
소방설비	5	공정기기	11

③ **3단계** : 정량적 평가

㉮ 당해 화학설비의 취급물질, 용량, 온도, 압력 및 조작의 5항목에 대해 A, B, C, D급으로 분류하고 A급은 10점, B급은 5점, C급은 2점, D급은 0점으로 점수를 부여한 후 5항목에 관한 점수들의 합을 구한다.

㉯ 합산 결과에 의한 위험도의 등급은 다음과 같다.

등급	점수	내용
등급 Ⅰ	16점 이상	위험도가 높음
등급 Ⅱ	11~15점 이하	주위상황, 다른 설비와 관련해서 평가
등급 Ⅲ	10점 이하	위험도가 낮음

④ **4단계** : 안전대책

㉮ 설비적 대책 : 안전장치 및 방재장치에 관해서 배려

㉯ 관리적 대책 : 인원 배치, 교육훈련 및 보건에 관해서 배려

㉰ 적정 인원 배치

구분	위험등급 Ⅰ	위험등급 Ⅱ	위험등급 Ⅲ
인원	긴급시, 동시 다른 장소에서 작업을 행할 수 있는 충분한 인원 배치	긴급시, 동시 다른 장소에서 작업이 가능한 인원 배치	긴급시 주작업을 하고 바로 지원이 확보될 수 있는 체제의 인원 배치
자격	법정자격자를 복수로 배치, 관리밀도가 높은 인원 배치	법정자격자가 복수로 배치되어 있는 인원 배치	법정자격자가 충분한 인원 배치

    ㉑ 교육 훈련 과목
       ㉠ 위험물 및 화학반응에 관한 지식
       ㉡ 화학설비 등의 구조 및 취급방법에 관한 지식
       ㉢ 화학설비 등의 운전 및 보전의 방법에 관한 지식
       ㉣ 작업규정
       ㉤ 재해사례
       ㉥ 관계법령
       ㉦ 운전
       ㉧ 경보 및 보전의 방법
       ㉨ 긴급시의 조작방법
⑤ **제5단계** : 재평가
    ㉮ 제4단계에서 안전대책을 강구한 후 그 설계내용에 동종설비 또는 동종장치의 재해정보를 적용하여 안전대책의 재평가
    ㉯ 재해정보에 의한 재평가 및 FTA에 의한 재평가

PART

03

건설재료 및 시공

목재

1 목재의 장점과 단점

(1) 목재의 장점

① 가볍기 때문에 운반과 취급이 편리하고 가공이 용이하다.

② 무게에 비해 강도와 탄성이 크다.

③ 충격, 진동, 소음을 잘 흡수한다.

(2) 목재의 단점

① 재질, 강도에 균일성이 없고 비틀림이 생기기 쉽다.

② 큰 치수의 구입이 곤란하다.

③ 방부 처리가 필요하다.

④ 온도에 대한 신축이 크다.

2 목재의 조직

조직구분	조직위치	색상 및 특징
변재	목재의 표피 가까이 위치	• 껍질에 가깝고 색이 옅은 부분 • 심재보다 무르고 연해서 강도가 약함 • 물과 양분을 전달하고 저장하는 역할 • 심재에 비해 비중이 적음, 건조시 변화 적음 • 심재보다 신축성이 크고, 내후성 내구성이 약함 • 고목일수록 변재의 폭이 넓음
심재	목재의 수심 가까이 위치	• 수심에 가깝고 색이 진하며 단단한 부분 • 변재보다 목질이 단단하고 광택이 있음 • 나무의 줄기를 지탱 • 변재보다 다량의 수액을 포함하여 비중이 큼 • 변재보다 신축이 적고, 내후성, 내구성이 큼 • 노목일수록 심재의 폭이 넓음

3 **결의 종류에 따른 특성**

(1) **널결**(무늬결, 판목)

① 신축이 균일하지 않다(잘 휘어짐).

② 제재가 쉽고 아름답다.

(2) **곧은결**(정목)

① 신축이 일정하다.

② 마무리가 쉽고 널리 사용된다.

4 **목재의 비중과 함수율**

(1) **목재의 비중**

① **기건 비중** : 목재의 수분을 공기 중에서 제거한 상태의 비중(일반적으로 사용하는 목재의 비중으로 0.3~0.9)

② **진비중(실비중)** : 목재가 공극을 포함하지 않는 실제부분의 비중(1.54~1.56)

③ **절대건조비중(절건비중)** : 100~110℃의 온도로 건조시켜 수분을 제거했을 때의 비중

④ 공극률과 비중과의 관계식

※ 공극률(V) = $(1 - \dfrac{r}{1.54}) \times 100$ [r : 절건비중, 1.54 : 진비중]

(2) **함수율**

① **기건재의 함수율** : 12~18%(평균 15%)

② **섬유 포화점** : 섬유 자신의 함수율이 25~30%(보통 30%)인 경우

③ **함수율에 의한 목재 재질의 변화**

㉮ 목재의 재질 변동(수축, 팽창 등)은 섬유 포화점 이하의 함수 상태에서만 발생한다.

㉯ 섬유 포화점 이하에서 함수율이 감소함에 따라 강도는 증가하고 탄성은 감소한다.

5 **열에 의한 성질 및 강도**

(1) **열에 의한 성질**

① 목재는 열전도율 및 열팽창률이 극히 낮다.

② 내화성이 낮다.

③ 목재의 연소성

㉮ 100℃ : 수분증발

    ④ 180℃ 전후 : 열분해에 의해 가연성 가스를 발생하여 인화 → 인화점

    ⑤ 260~270℃ : 목재에 불이 붙음 → 착화점 또는 화재위험 온도

    ⑥ 400~450℃ : 화기 없이 자연 발화 → 발화점

(2) 목재의 강도

① **목재강도의 크기 순서** : 인장강도 > 휨강도 > 압축강도 > 전단강도

    ㉮ 섬유 방향 압축강도는 섬유 방향 인장강도의 90% 정도이다.

    ㉯ 휨강도는 압축강도의 약 1.75배이다.

    ㉰ 섬유 방향의 인장 및 압축강도는 크나 직각방향은 작다.

② **목재를 인장재로 사용하지 않는 이유(목재는 주로 압축 및 휨부재로 사용)**

    ㉮ 옹이, 마디가 있다.

    ㉯ 나이테와 접선방향(평행방향)의 인장강도가 작다.

    ㉰ 목재의 이음이 어렵다.

    ㉱ 섬유가 변형된다.

---

6 ▶ 목재의 건조

(1) 목재 건조의 목적

① 구조물 전체나 구조물을 이룬 각 부재의 수축이나 변형을 방지한다.

② 중량을 감소시켜 가공과 취급, 운반이 용이하다.

③ 생목시의 강도보다 목재 강도가 증가한다(생목시의 강도보다 2~3배 증가).

④ 균류 발생과 부식을 방지하고 내구성을 높인다.

⑤ 접착성, 도장성이 좋아지고 방부제나 합성수지의 주입이 용이해진다.

(2) 건조전의 처리법

① 인공건조 또는 자연건조 전에 수액의 농도를 저하시켜 건조를 용이하게 하고 건조기간을 단축하고 변형을 적게 하기 위해 이루어진다.

② **전처리 방법**

    ㉮ 수침법 : 2주 이상 흐르는 물에 담그는 방법

    ㉯ 자비법 : 열탕에 삶는 방법

    ㉰ 증기법 : 원통 속에서 수증기로 찌는 방법

(3) 건조 방법

① **자연건조**

    ㉮ 목재를 대기 중에 서로 엇갈리게 수직으로 쌓거나 일괄이나 비에 직접 닿지 않도록 건조

④ 건조 후 재질이 우수하고 시설비나 경비가 적게 들지만, 변색할 우려와 파손이나 손실의 우려

② **인공건조**

㉮ 목재의 수분을 빨리 제거하기 위한 방법으로 목재 중의 수분차이를 크게 하지 않도록 건조

㉯ 증기법, 훈연법, 진공법, 열기법 등

7 목재 가공재의 종류와 특성

(1) 합판 및 집성목재

① **합판** : 3매 이상의 얇은 판을 1매 마다 섬유 방향이 직교하도록 붙여서 만든 것

② **합판의 특성**

㉮ 잘 갈라지지 않고 방향에 따른 강도의 차가 적다.

㉯ 판재에 비해 균질하다.

㉰ 큰판 및 곡면판을 만들 수 있다.

㉱ 무늬가 좋은 판을 얻을 수 있다.

㉲ 함수율에 따른 변화가 없다.

③ **집성목재가 합판과 다른 점**

㉮ 판의 섬유 방향을 평형으로 붙인 것으로 판이 홀수가 아니어도 된다.

㉯ 보나 기둥에 사용할 수 있는 단면을 가진다.

(2) 파티클 보드(Particle Board)

① 주원료(작은 나무 조각)를 접착제로 성형 · 열압하여 제판한 $0.5g/cm^3$ 이상 $0.9g/cm^3$ 이하의 판재상 제품을 말한다.

② 칩보드(Chip Board)라고도 하며, 온도에 의한 변형이 비교적 작고 흡음 · 단열 · 차단성이 양호하다.

(3) 코펜하겐 리브판

① 두께 50mm, 너비 100mm 정도의 긴 판에다 표면을 리브(Rib)로 가공한 것으로 천장 또는 내벽에 붙여 음향 조절 효과를 내기도 하고 또한 장식효과도 있게 한다.

② 바닥재로는 적합하지 않다.

시멘트 및 콘크리트

CHAPTER 02

1 ▶ 시멘트의 성분 및 주요 구성 화합물

(1) 시멘트의 성분

구분	명칭 및 화학식	함량(%)
주성분	석회(CaO)	60 ~ 66
	실리카(SiO$_2$)	20 ~ 25
	알루미나(Al$_2$O$_3$)	4 ~ 9
기타성분	산화철(Fe2O$_3$)	2 ~ 4
	산화마그네슘(MgO)	1 ~ 3.5
	무수황산(SO$_3$)	1 ~ 3

(2) 주요 구성 화합물 및 특성

명칭	화학식	약호	특성
규산삼석회	3CaOSiO$_2$	C$_3$S	시멘트의 초기 강도를 좌우하며 시멘트 중 함유율이 5% 이하이다.
규산이석회	2CaOSiO$_2$	C$_2$S	시멘트의 후기 강도에 영향을 주고 수화열이 낮다.
알루민산삼석회	3CaOAl$_2$O$_3$	C$_3$A	수화작용이 빠르고 발열량이 많다.
알루민산철사석회	4CaOAl$_2$O$_3$Fe$_2$O$_3$	C$_4$AF	수화작용, 수화열, 조기강도가 가장 낮으며 시멘트 중 함유율은 35~37% 정도이다.

2 ▶ 시멘트의 성질

(1) 비중(Specific Gravity)

① 시멘트의 평균 비중은 3.15 정도이며, 일반적인 포틀랜드 시멘트의 비중은 3.10~3.15이다.

② 규조토와 산화철 성분이 많을수록, 수경률이 높을수록 비중은 증가한다.

③ 혼합시멘트의 경우에는 혼합재 첨가량이 많을수록 비중이 감소한다.

④ 풍화발생의 경우에는 비중감소로 인해 강열감량(Loss Ignition)이 증가한다.

(2) 분말도(Blaine)

① 분말도란 시멘트 1g에 포함된 시멘트 입자의 비표면적(cm^2)을 말한다.

② 시멘트 입자가 미세할수록(분말도가 높을수록) 물과 접촉면적이 커져서 수화가 빨리 진행되어 초기 강도가 크며, 블리딩이 적고 워커블한 콘크리트가 되는 반면 수축이 커서 균열이 생기기 쉬우며 내구성이 나쁘고 풍화가 용이해진다.

③ 분말도를 측정하는 목적은 수화 작용과 강도를 예측하기 위한 것이다.

④ **분말도 시험법**

　㉮ 비표면적 시험(블레인법) : 비표면적(cm^2/g) 또는 표준체 $45\mu m$의 잔사(%)

　　※ 분말도(f) = $100 - R_C$

　　※ 보정된 잔사(R_C, %) = 표준체 $45\mu m$에 걸린 시료 잔사(R_S, %) × [$100 + C$(표준체 보정 계수)]

　㉯ 체가름 시험(KS L 5117) : 시멘트 50g을 금속망 표준체 $90\mu m$에 넣고 1분간 150회의 속도로 체를 회전시키면서 미분말을 통과시켜, 1분 동안의 체 통과량이 0.1g 이하가 될 때까지 친다 (25회 두드릴 때까지 약 1/6 회전).

　　※ 분말도(f) = $\dfrac{체\ 위에\ 남는\ 무게(g)}{시료의\ 무게(50g)} \times 100(\%)$

(3) 응결 및 경화

① 응결은 첨가된 석고량이 많거나 물 · 시멘트비가 높을수록 지연되며 분말도가 곱고, 알칼리가 많을수록 빨라진다.

② 온도와 습도가 높으면 응결 시간이 짧아지며, 경화가 촉진되고, 풍화된 시멘트는 응결이 늦어진다(경화는 응결 다음에 오는 변화로서 기계적 강도의 증진을 의미한다).

③ 위응결(또는 이중응결)은 시멘트에 따라서 시멘트풀이 물과 혼합하여 발열치 않고 10~20분만에 굳어졌다가 다시 풀리면서 응결하는 현상을 의미한다.

▐ 응결시간(KS L ISO 9597)

• 응결시간 측정 : 어떤 특정값에 도달할 때까지 표준 주도(Standard consistence)를 가진 시멘트 페이스트(cement paste) 속에 들어가는 바늘의 침입도를 관찰하여 응결 시간을 측정한다.

• 응결시간 결정
- 초결 : 바닥판과 침이 (4±1)mm될 때
- 종결 : 시험체를 뒤집어 0.5mm 침입될 때

(4) 강도(强度)

① 압축 및 인장강도시험

㉮ KS L 5100 규정에 맞는 천연 표준사를 사용한 모르타르를 만들어 시험한다.

㉯ 표준사의 입도

항목	입도(표준체 위의 잔분 %)				단위 용적 무게
종별	850㎛	600㎛	300㎛	점토량 %	
인장강도 시험용	1.0 이하	95.0 이상	–	0.4 이하	1.53~1.60
압축강도 시험용	–	1.0 이하	95.0 이상	0.4 이하	

② 시멘트 강도에 영향을 주는 요인

㉮ SO_3나 규산삼석회(C_3S)가 많을수록 조기강도가 높아지고 규산이석회(C_2S)가 많을수록 장기강도가 높아진다.

㉯ 분말도가 크면 조기강도가 증가한다.

㉰ 시멘트가 풍화되면 강열감량이 많아져서 조기강도가 저하된다.

㉱ 양생온도가 높을수록 콘크리트의 초기강도는 높아지지만, 장기강도의 증진율은 작아진다.

(5) 풍화된 시멘트의 특징

① 초기강도와 압축강도가 작다

② 비중이 작다.

③ 비표면적이 작다.

④ 응결 시간이 늦다.

3 시멘트의 종류별 특성

(1) 중용열 포틀랜드 시멘트

① **개요** : C_3A와 C_3S 양을 적게 하고 C_2S 양을 많게 하여 댐 및 방사능 차폐용 등의 구조물에 사용한다.

② **중용열 포틀랜드 시멘트의 특징**

㉮ 조기강도가 작고 장기강도가 크다.

㉯ 내산성 및 내구성이 크다.

㉰ 화학적응성이 크다.

㉱ 시멘트 중에서 건조수축이 가장 적다.

(2) 조강 포틀랜드 시멘트

① **개요** : 보통 시멘트보다 CaO를 2.2~2.7배만큼 더 증가시켜서 조기강도가 커지도록 만든 시멘트를 말한다.

② **조강 포틀랜드 시멘트의 특징**

㉮ 수화열이 많고 수화속도가 커서 동절기, 수중공사에 적합하다.

㉯ 건조수축에 의한 균열이 생기기 쉽다.

㉰ 재령 7일로 보통 시멘트의 28일 강도를 낸다.

(3) 백색 포트랜드 시멘트

① **개요** : 산화철 성분이 적은 백색 점토와 석회석을 사용하여 만든 시멘트를 말한다.

② **백색 포트랜드 시멘트의 특징**

㉮ 주로 외장(外裝) 모르타르에 쓰인다.

㉯ 강도는 일반적인 포틀랜드 시멘트보다 약간 낮다.

(4) 혼합 시멘트

① **혼합 시멘트의 종류** : 고로 시멘트, 실리카 시멘트(포졸란 시멘트), 플라이애시 시멘트 등

② **혼합 시멘트의 공통적 특징**

㉮ 조기강도가 작은 대신 장기강도가 크며 내구성도 크다.

㉯ 워커빌리티(Workability)가 크다.

㉰ 블리딩(Bleeding)이 작다.

㉱ 화학저항성이 크다.

(5) 초조강 시멘트

① **알루미나 시멘트** : 알루미늄 원광인 보크사이트(bauxite)와 석회석을 혼합하여 용융방법 또는 소성방법에 의하여 만든 시멘트

㉮ 조기강도가 매우 크다(재령 1일로 보통 시멘트의 28일 강도).

㉯ 발열량이 대단히 커서 −10℃의 한중 공사에 이용된다.

㉰ 산에는 약하나 알칼리에는 강하다.

㉱ 내화성이 우수하여 내화로용 시멘트로 사용된다.

② **초속경 시멘트** : 물과 반죽하면 에트린자이트(Ettringite)라는 수화광물을 형성하여 급속한 강도 발현 및 수화열을 발생시킬 뿐 아니라 클링커 속의 알리아트(Allite) 조성을 증대시켜 분말도를 높이고 석고성분을 많이 첨가한 시멘트

㉮ 재령 1일로 조강시멘트의 3일 강도를 나타낸다(one day 시멘트).

㉯ 단시간에 강도를 나타내는 시멘트이다(one hour 시멘트).

③ **플라이애시 시멘트** : 화력발전소의 석탄 연소재(灰)를 혼화재로 사용한 시멘트

㉮ 장기강도가 크며 콘크리트의 수밀성을 향상시키고 해수에 대한 내식성이 있다.

㉯ 콘크리트 배합시 단위수량이 감소하고 워커빌리티가 향상된다.

㉰ 증량용(增量用)·항만공사 등에 이용된다.

㉱ 플라이애시는 실리카, 알루미나, 철분 총 함량이 70% 이상이며 플라이애시 함량(무게%)에 따라 A종(5 초과 10 이하)은 건축콘크리트 및 미장용, B종(10 초과 20 이하)은 일반 토목건축 공사, C종(20 초과 30 이하)은 댐공사와 같은 매스콘크리트에 사용된다.

(6) 팽창 시멘트

① **개요** : 응결, 경화시에 팽창을 유발시켜 수축으로 인한 결점을 개선시킨 시멘트이다.

② **팽창 시멘트의 특징**

㉮ 에트린자이트를 이용하는 것과 생석회를 이용하는 것으로 구분된다.

㉯ 팽창인자로는 팽창제의 화학성분, 혼입량, 분말도, 양생조건이다.

㉰ 수축보상(슬래브, 벽체, 조인트 등), 화학적인 프리스트레싱(원심력 철근콘크리트관, 박스 암거, 널말뚝 등)과 각종 그라우팅용 재료의 충진제품 등에 이용된다.

(7) 폴리머 시멘트(합성수지 콘크리트)

① **개요** : 콘크리트의 재료중 물·시멘트의 일부 또는 전부를 폴리머(Polymer)로 대체하여 경화시킨 복합재료이다.

② **폴리머 시멘트의 특징**

㉮ 인장강도, 휨, 신장능력이 증대된다.

㉯ 내수·내마모성이 우수하며 접착력, 시공성, 내약품성이 우수하나 내화성능이 작다.

(8) 고로 시멘트

① **개요** : 용광로에서 선철을 제조할 때 생기는 부산물인 슬래그(광재)에 포틀랜드 시멘트와 석고(石膏)를 혼합하여 만든 혼합 시멘트를 말한다.

② **고로 시멘트의 특징**

㉮ 수화열이 적고 수축이 적어 댐공사에 적합하다.

㉯ 비중이 적고(2.85 이상) 바닷물의 화학작용에 대한 저항성이 크다.

㉰ 단기강도가 적고 장기강도가 크며, 수밀성이 우수하다.

㉱ 풍화가 용이하다.

㉲ 응결시간이 약간 느리다.

㉳ 콘크리트의 블리딩이 적어진다.

(9) 섬유보강 콘크리트

① **개요** : 금속이나 합성수지를 원료로 한 불연속 단섬유를 콘크리트 중에 균일하게 분산시킴에 따라 콘크리트의 인장강도, 휨강도, 균열에 대한 저항성, 인성, 전단강도 및 내충격성을 대폭 개선시킬 목적으로 사용한다.

② **섬유보강 콘크리트의 특징**

⑦ 균열 발생 후 균열 개구에 대한 저항성이 크다.

⑭ 피로강도가 개선되어 포장두께나 터널 라이닝 두께를 감소시킬 수 있다.

⑮ 내동해성이 개선된다.

⑯ 철근 콘크리트와 병용하면 부재의 전단내력을 증대시킨다.

⑰ 압축인성과 휨 인성이 우수하여 충격력이나 폭발하중에 대한 저항성이 우수하다.

⑱ 섬유의 형상, 치수, 혼입률, 분산 및 콘크리트의 품질 등에 따라 영향을 받는다.

4 콘크리트 개요 및 골재

(1) 콘크리트 재료의 구성 비율

① **콘크리트** : 시멘트(10%) + 골재(70%) + 물(15%) + 공기(5%)

② **시멘트풀** : 시멘트 + 물

③ **모르타르** : 시멘트풀 + 잔골재 + 공기

(2) 골재의 품질

① 굳고 단단해야 하며 내화성, 내구성이 있어야 한다.

② 강도는 콘크리트 중의 경화 시멘트 페이스트의 강도 이상이어야 하며, 불순물이 없어야 한다.

③ 표면이 거칠고 구형이나 입방체가 좋으며, 입도분포가 양호해야 한다.

④ 최대 염화물 이온 함유량은 질량백분율 0.02% 이하여야 한다.

(3) 골재의 성질

① 콘크리트의 60~80% 정도의 용적을 차지하기 때문에 콘크리트에 매우 큰 영향을 준다.

② 비중은 2.6~2.7 정도이며, 비중이 클수록 치밀하며 흡수량이 낮고 내구성이 크다.

③ 공극률은 30~40% 정도이다.

┗ 팽윤(Bulking) 및 이넌데이트(Inundate)

• 팽윤(Bulking) : 건조 상태의 잔골재(모래)가 함수(含水)함에 따라 부풀어 오른 것

• 이넌데이트(Inundate) : 최대로 부푼(약 8% 함수 되었을 경우) 것에 물을 더 가하면 이번에는 용적이 감소되고 포화상태(25~35%)일 경우에는 마른 모래와 거의 같은 용적이 되는 현상

(1) 용어의 정의

① **워커빌리티(Workability, 시공성)** : 컨시스턴시(Consistency)에 의한 작업의 난이도 및 재료 분리에 저항하는 정도를 나타내는 콘크리트 성질

② **컨시스턴시(Consistency, 반죽질기)** : 주로 수량의 다소에 의해서 변화하는 콘크리트 유동성의 정도

③ **플래스티시티(Plasticity, 성형성)** : 거푸집의 형상에 순응하여 채우기 쉽고 분리가 일어나지 않는 성질

④ **피니셔빌리티(Finishability, 마무리성)** : 굵은 골재의 최대치수, 잔골재율, 잔골재의 입도, 반죽질기 등에 의한 콘크리트 표면의 마무리 정도를 나타내는 성질

⑤ **블리딩(Bleeding)** : 콘크리트 타설 후 시멘트, 골재입자 등이 침하에 따라 물이 분리·상승되어 콘크리트 표면에 떠오르는 현상

⑥ **레이턴스(Laitance)** : 블리딩에 의해 떠오른 미립물이 그 후 콘크리트 표면에 엷은 막으로 침적되는 현상

⑦ **펌퍼빌리티(Pumpability, 압송성)** : 콘크리트 타설시 펌프공법을 채용할 경우에 컨시스턴시가 불량하면 콘크리트의 펌프가 막혀 압송이 불가능하게 되어 현장의 작업이 정지되거나, 압송 중에 슬럼프 저하가 발생하면 부어넣기, 다짐 등이 곤란하게 된다. 이와 같이 펌프용 콘크리트의 워커빌리티를 판단하는 하나의 척도로 펌퍼빌리티라는 용어를 사용

(2) 워커빌리티와 컨시스턴시

① **워커빌리티(Workability)**

㉮ 워커빌리티에 영향을 주는 요인 : 시멘트의 품질 및 양, 골재의 입도와 형상, 단위수량, 배합 및 비빔, 혼화재료, 온도 및 혼합시간

㉯ 워커빌리티의 측정법 : 슬럼프 시험, 다짐계수 시험, 비빔시험, 흐름 시험(Flow test), 리몰딩 시험(Remolding test), 구관입 시험

② **컨시스턴시에 영향을 주는 요인** : 단위 수량, 잔골재율, 콘크리트의 온도, 공기 연행량 등

(3) 블리딩(Bleeding)

① **블리딩 현상에 의한 영향**

㉮ 콘크리트의 품질 및 수밀성, 내구성을 저하시킨다.

㉯ 시멘트풀과의 부착을 저해한다.

② **블리딩을 적게 하기 위한 방법**

㉮ 단위 수량을 적게 한다.

㉯ 골재입도가 적당해야 한다.

㉰ 적당한 혼화재를 사용한다.

(4) 재료 분리 현상

① **재료 분리 현상을 일으키는 경우**
  ㉮ 굵은 골재와 치수가 너무 큰 경우
  ㉯ 거친 입자의 잔골재를 사용하는 경우
  ㉰ 단위 골재량이 너무 많은 경우
  ㉱ 단위 수량이 너무 많은 경우
  ㉲ 배합이 적정하지 않은 경우

② **재료 분리 현상을 줄이기 위해 유의해야 할 사항**
  ㉮ 잔골재율을 크게 하고, 잔골재 중에 0.15~0.3mm 정도의 세입분을 많게 한다.
  ㉯ 물·시멘트비를 작게 한다.
  ㉰ 콘크리트의 성형성(Plasticity)을 증가시킨다.
  ㉱ AE제, 플라이애시 등을 사용한다.

6 ▸ 경화된 콘크리트의 성질

(1) 콘크리트의 강도

① **압축강도** : 콘크리트의 강도는 재령 28일의 압축강도를 기준
② **인장강도** : 압축강도의 1/10~1/13
③ **휨강도** : 압축강도의 1/5~1/18(인장 강도의 1.6~2배)
④ **전단강도** : 압축강도의 1/4~1/6
⑤ **부착강도** : 압축강도가 증가함에 따라 증가(압축강도 350kg/cm^2 이상에서는 증가하지 않음)

> ▐ **콘크리트 강도의 크기**
> 압축강도 > 전단강도 > 휨강도 > 인장강도

(2) 콘크리트 강도에 영향을 주는 요인

① **사용재료(시멘트, 골재, 혼합수, 혼화재료 등)의 품질** : 시멘트·물비가 동일하면 콘크리트의 강도는 시멘트 강도(사용 시멘트의 품질)에 비례하여 증감한다.
② **물·시멘트비** : 콘크리트 강도에 영향을 미치는 가장 중요한 요인이다.
③ **공기량** : 공기량이 1% 증가함에 따라 콘크리트의 강도는 4~6% 감소한다.
④ **시공방법** : 손비빔보다 기계비빔이 강도면에서 10~20% 정도 증대되며, 진동기는 묽은 반죽에는 효과가 적다.
⑤ **양생방법** : 습윤 양생 후 공기 중에서 건조시키면 강도가 20~40% 증가되며 일반적으로 4~40℃의 범위에서는 온도가 높을수록 재령 28일까지의 강도는 증가한다.

(3) 탄성변형

① 콘크리트가 외력에 의하여 탄성변위 내에서 생기는 변형을 의미한다.

② 콘크리트의 변형률은 0.002 정도, 파괴시 변형률은 0.003~0.008 정도로 실질적인 최대 변형률은 0.003~0.004 범위이다.

> **⊏ 탄성계수**
> 콘크리트의 탄성계수는 압축강도 및 밀도가 클수록 커진다.

(4) 크리프(Creep)

① **크리프의 개념과 발생원인**

㉮ 크리프란 콘크리트에 일정한 하중이 장기간 가해질 때 하중의 증가가 없어도 변형이 증대되는 현상을 말한다.

㉯ 시멘트 페이스트의 점탄성적 성질, 시멘트풀과 골재 사이의 부착성, 소성 성질의 복합 작용에 의해 크리프가 발생한다.

② **콘크리트에서 크리프가 커지는 경우**

㉮ 재령이 짧을수록

㉯ 외부 습도가 낮을수록

㉲ 부재의 단면치수가 작을수록

㉱ 대기온도가 높을수록

㉰ 배합이 적절치 않고 물·시멘트비가 클수록

㉳ 단위 시멘트량이 많을수록

(5) 건조수축

① **건조수축의 개념**

㉮ 건조수축이란 습윤상태에 있는 콘크리트가 수분의 건조에 따라 수축하는 현상을 말한다.

㉯ 건조수축이 기초, 구조부재, 보강철근 등에 구속받을 경우 인장응력으로 인해 균열이 발생한다.

㉲ 건조수축에 가장 큰 영향을 미치는 것은 단위 수량이며 단위 수량을 적게 해야 건조수축이 적어진다.

② **건조수축이 커지는 경우**

㉮ 분말도가 큰 시멘트를 사용할 때

㉯ 불량한 입도의 골재, 흡수량이 큰 골재를 사용할 때

㉲ 단위 수량이 클 때

㉱ 온도가 높을수록, 습도가 낮을수록

㉰ 부재의 단면치수가 작을수록

(6) 수밀성이 커지는 경우

① 물 · 시멘트비가 작을수록

② 골재 최대치수가 작을수록

③ 습윤양생이 충분하고 다짐이 충분할수록

④ 혼화제(混和濟)나 혼화재(混和材)를 사용하면 수밀성이 좋아진다.

7 콘크리트 배합

(1) 부배합 및 빈배합

① **부배합** : 배합설계에서 산출된 단위 시멘트의 양보다 많은 양의 시멘트를 사용하는 배합

② **빈배합** : 적은 양의 시멘트를 사용한 배합

③ **배합설계의 순서** : 설계강도 결정 → 배합강도 결정 → 시멘트강도 결정 → 물 · 시멘트비 결정 → 워커빌리티 측정을 위한 슬럼프 값의 결정 → 굵은 골재 최대 치수의 결정 → 절대 잔골재율의 결정 → 단위 수량의 결정 → 시방 배합의 산출 및 조정 → 현장 배합으로 수정

(2) 물 · 시멘트비의 결정

① 물 · 시멘트비가 너무 크면 시공연도가 증가되나 내구성이 감소한다.

② 물 · 시멘트비가 작으면 시공연도가 낮아지고 균열이 발생한다.

③ 물 · 시멘트의 범위는 40~70% 정도가 적당하다.

> ❏ **물 · 시멘트비**
>
> 물 · 시멘트비(W/C) = $\dfrac{61}{\dfrac{F}{K} + 0.34}$ (%) [보통 포틀랜드 시멘트의 경우]
>
> F : 콘크리트의 배합강도, K : 시멘트 강도

(3) 물 · 시멘트비의 적정범위

① **보통 콘크리트** : 40~70%

② **경량골재 콘크리트** : 45~50%

③ **고강도 콘크리트** : 55% 이하

④ **수중 콘크리트** : 55% 이하

⑤ **방사선 차폐용 콘크리트** : 60% 이하

8 각종 콘크리트

(1) 경량 및 중량 콘크리트

① **경량 콘크리트** : 단위 용적중량이 $1.7t/m^3$ 이하, 기건 비중이 2.0 이하로 자중이 작고 열전도성이 낮으며 방음효과가 있음. 건조수축이 크다.

② **중량 콘크리트** : 단위 용적중량이 $3\sim5t/m^3$

(2) AE 콘크리트(Air Entrained Concrete)

① AE제를 사용한 콘크리트로 미세한 공기를 섞어 성질을 개선한 콘크리트로 응집력이 커지고 유동성이 좋아져 부어넣기 작업이 쉽다.

② 방수성이 뛰어나고 화학작용에 대한 저항성이 커지므로 재치장 콘크리트 시공에 알맞다.

③ 공기량이 1% 늘어나면 압축강도가 4~5% 떨어지고, 철근과의 부착강도와 마감 모르타르의 부착력이 떨어진다.

(3) 진공 콘크리트(Vacuum Concrete)

① 콘크리트 표면에 진공 상태를 만들어 물과 공기를 뽑아낸 콘크리트이다.

② 조기강도, 내구성, 내마모성, 동결융해의 저항성이 커지며 건조수축이 적을 뿐 아니라, 양생기간이 짧고 표면 경도가 증진된다.

(4) 프리스트레스 콘크리트(PS, Prestressed Concrete)

① 피아노선, 특수강선 등을 사용해 미리 부재 내에 응력을 줌으로써 사용시 받는 외력에 의한 응력에 견디도록 만든 콘크리트이다.

② 프리스트레스를 주는 방법에 따라 프리텐셔닝, 포스트텐셔닝으로 구분하며 조립 철근콘크리트의 구조용 부재 외에 교량의 PC빔, 철도의 침목 등에 사용된다.

(5) 매스 콘크리트(Mass Concrete)

① 구조물 또는 부재의 치수가 커서 시멘트에 의한 온도의 상승을 고려하여 시공하는 콘크리트이다.

② 수화열이 적은 시멘트를 사용하고 혼합재로써 플라이애시 등의 포졸라나(Pozzolana)를 사용한다.

(6) 프리팩트 콘크리트(Prepacked Concrete)

① 짜놓은 거푸집 내에 굵은 골재를 채워 넣고 미리 설치해 놓은 파이프를 통해 특수 모르타르를 주입하여 만드는 콘크리트이다.

② 주입 콘크리트라고도 하며, 구조체의 보수공사나 프리패브공사 및 수중 콘크리트공사 등에 사용된다.

(7) 서모콘(Thermo-Con)

① 골재를 사용하지 않고 시멘트, 물, 발포제(發泡劑)를 혼합하여 만든 일종의 경량 콘크리트로 물·시멘트비는 약 43%, 강도 40~45kg/cm²(4주 압축강도), 비중은 0.8~0.9(물보다 가벼움) 정도이다.

② 건조수축은 보통 콘크리트의 5배, 벽의 1단 부어넣기 높이는 20cm 정도로 하며, 발포제 사용시는 2배로 팽창·경화된다(팽창 소요시간은 여름 20분, 겨울 60분, 경화 소요시간은 여름 1시간, 겨울 1.5시간)

(8) 한중 콘크리트(Cold Weather Concrete)

① 평균기온이 4℃ 이하에서는 콘크리트 응결·경화반응이 지연되어 콘크리트가 어는 경우가 있는데, 이러한 동결현상을 막기 위해 시공하는 것이 한중 콘크리트이다.

② **특징 및 타설시 주의사항**
　㉮ 거푸집이나 지반이 얼었을 때는 먼저 녹인 후 콘크리트를 타설
　㉯ 거푸집은 보온성이 좋은 것을 사용
　㉰ 비비기나 운반 과정에서 열량 손실을 최소화
　㉱ AE 콘크리트를 사용하면 콘크리트의 내동결성이 증가
　㉲ 물과 골재를 가열해 사용
　㉳ 양생 과정에서 지속적으로 열을 공급하여 타설 콘크리트를 15℃ 정도로 유지
　㉴ 물의 사용량을 적게 하고, 물과 시멘트 비율은 60% 이하로 유지

(9) 서중 콘크리트(Hot Weather Concrete)

① 평균기온이 25℃ 또는 최고온도가 30℃를 넘는 상황에서의 콘크리트 타설로 기온이 높아서 슬럼프의 저하와 수분의 급격한 증발 등의 위험성이 있는 시기에 시공되는 콘크리트이다.

② **특징 및 타설시 주의사항**
　㉮ 물과 시멘트는 되도록 저온의 것을 사용한다.
　㉯ 거푸집이 건조하면 콘크리트의 유동성을 떨어뜨릴 우려가 있으므로 습윤상태를 유지해야 한다.
　㉰ 표면활성제, AE제, 분산제 등을 사용하여 시멘트 입자를 분산시키거나 기포를 발생시켜 시공연도를 증진시키고, 재료분리를 방지하여야 한다.

(10) 수밀 콘크리트(Watertight Concrete)

① 수조나 지하 구조물 등 물이 침투하지 않도록 수밀(水密)을 요하는 콘크리트 구조물에 사용한다.

② **특징 및 타설시 주의사항**

㉮ 타설 중 콘크리트 분리에 의한 부분적인 결점이 생기지 않도록 워커블한 콘크리트를 세심하게 다진다.

㉯ 굵은 골재의 하면에는 동수저항이 심하고 작은 틈이 형성되기 쉬우므로 굵은 골재의 최대치수는 크지 않게 한다.

㉰ 워커빌리티를 개선하기 위해 AE제, 감수제 또는 AE 감수제를 적절히 이용하는 동시에 잔골재율을 다소 크게한다.

㉱ 물·시멘트비를 55% 이하로 하고, 건조수축균열을 막고 콘크리트 구조물의 수밀성을 더하기 위해서는 팽창재를 사용한다.

9 ▸ 콘크리트의 줄눈(Joint)과 진동기의 사용

(1) 콘크리트 줄눈(Joint)의 종류

① **콜드 조인트(Cold Joint)** : 시공 과정 중 휴식시간 등으로 응결하기 시작한 콘크리트에 새로운 콘크리트를 이어칠 때 생기는 줄눈

② **시공 줄눈(Construction Joint)** : 시공상 콘크리트를 한번에 타설하지 못할 때 생기는 줄눈

③ **신축 줄눈(Expansion Joint)** : 온도변화에 따른 팽창수축 혹은 부동침하, 진동 등에 의해 균열이 예상되는 위치에 설치하는 줄눈

④ **조절 줄눈(Control Joint)** : 지반 등 안정된 위치에 있는 바닥판 또는 벽면이 수축에 의하여 표면에 균열이 생길 수 있는데 일정한 곳에만 일어나도록 유도하는 줄눈

(2) 진동기의 사용

① 콘크리트 다지기에는 내부 진동기를 사용하는 것이 원칙이나, 얇은 벽 등 내부 진동기의 사용이 곤란한 장소에서는 거푸집 진동기를 사용해도 좋다.

② 막대 진동기는 1일 콘크리트 작업량 20m³ 마다 1대로 잡는 것을 표준으로 한다(3대 사용시 예비 진동기 1대).

③ 수직으로 사용한다.

④ 철근 및 거푸집에 직접 닿지 않도록 한다.

⑤ 사용간격은 진동이 중복되지 않도록 60cm 이하로 한다.

⑥ 사용시간은 30~40초가 적당하다.

⑦ 콘크리트에 구멍이 남지 않도록 서서히 뺀다.

⑧ 굳기 시작한 콘크리트에는 사용하지 않는다.

석재, 점토 및 타일

1 석재의 분류 및 장단점

(1) 석재의 성인에 따른 분류

① **화성암** : 화강암, 안산암, 현무암, 감람석, 부석 등

② **수성암** : 사암, 이판암, 점판암, 응회암, 석회암 등

③ **변성암** : 대리석, 사문석, 석면 등

(2) 석재의 장점과 단점

① **석재의 장점**

㉮ 강도(석재의 강도는 압축강도가 기준)가 크다.

㉯ 풍화가 적고 내구성이 좋다.

㉰ 매장량이 풍부하고 구입이 용이하다.

㉱ 외관이 장엄하므로 건물의 내장재와 구조재로 활용할 수 있다.

② **석재의 단점**

㉮ 인장강도가 압축강도의 1/10~1/40 정도이다.

㉯ 비중이 커서 운반 및 시공이 불편하고, 가공성이 좋지 않다.

㉰ 석재의 종류에 따라서는 내화성이 약하다.

2 석재의 성질 및 가공

(1) 석재의 물리적 성질 비교

종류	평균 압축강도	내화도	비중	흡수율
화강암	$1720kgf/m^2$	600℃	2.65	0.3%
대리석	$1500kgf/m^2$	700℃	2.72	0.14%
안산암	$1200kgf/m^2$	1000℃	2.54	2.5%
점판암	$1000kgf/m^2$	1000℃	2.72	0.25%
사문암	$970kgf/m^2$	1000℃	2.83	0.3%
사암	$450kgf/m^2$	1000℃	2.02	13%
응회암	$180kgf/m^2$	1200℃	1.45	19%

(2) 석재의 강도, 비중, 흡수율 및 내화도 비교

① **압축강도** : 화강암 〉 대리석 〉 안산암 〉 점판암 〉 사문암 〉 사암 〉 응회암

② **내화도** : 응회암 〉 안산암 · 점판암 〉 사암 〉 대리석 〉 화강암

③ **비중** : 사문암 〉 점판암 · 대리석 〉 화강암 〉 안산암 〉 사암 〉 응회암

④ **흡수율** : 응회암 〉 사암 〉 안산암 〉 화강암 〉 점판암 〉 대리석

⑤ **내구연한(수명)** : 사암결정 · 화강암 〉 대리석 〉 석회암 〉 사암

■ **석재의 조직에 관계되는 용어**
- 석리 : 광물의 조직에 따라 생기는 눈의 모양
- 절리 : 천연적으로 갈라진 틈(화성암에 많음)
- 석목(돌눈) : 일정한 방향의 깨지기 쉬운 면(석재의 채석이나 가공시 이용)
- 층리 : 퇴적암, 변성암에 흔히 있는 평행상의 절리
- 편리 : 변성암에서 생기는 불규칙한 절리(박편 모양으로 작게 갈라짐)

---

(3) 석재의 가공

① **가공의 종류** : 규격화가공, 할석, 표면가공

② **표면가공의 순서(손다듬기)** : 혹두기 – 정다듬 – 깎기 – 도드락다듬 – 잔다듬 – 물갈기

3 **가공 석재의 특성**

(1) **화성암**(火成巖, Igneous rock)

① **화강암**(花崗巖, Granite)
   ㉮ 땅 속 깊은 곳에서 마그마가 서서히 식어서 굳어진 암석으로 강도가 가장 크다.
   ㉯ 석영, 장석, 운모로 이루어져 있다.
   ㉰ 석질이 견고하고 풍화나 마멸에 강하다.
   ㉱ 대재를 얻기 쉽고 외관이 아름다워 장식재로 쓸 수 있다.
   ㉲ 내화도가 낮아서 고열을 받는 곳에는 부적당하다.

② **안산암**(安山岩, Andesite)
   ㉮ 강도, 경도가 크며 내화성이 있다.
   ㉯ 구조재로 사용한다.

③ **부석**(浮石, Pumice)
   ㉮ 열전도율이 작고 내화성, 내산성이 있다.
   ㉯ 단열재, 특수화학 장치에 이용한다.

(2) 수성암(水成岩, Aqueous rock)

  ① 이판암 및 점판암

    ㉮ 이판암(泥板岩, Shale) : 침전된 점토가 지압과 지열에 의해 응결한 것이다.

    ㉯ 점판암(粘板岩, Slate) : 이판암이 다시 지압에 의해 변질된 것으로 박리성이 있고 치밀하여 슬레이트 지붕재, 벽재, 비석 등에 이용된다.

  ② 응회암(凝灰岩, Tuff)

    ㉮ 화산재가 모래와 같이 퇴적하여 응고된 것으로 석질이 연하여 가공성이 양호하다.

    ㉯ 장식재로 많이 사용되며 다공질로 흡수성이 크고 강도, 내구성이 작은 반면 내화성은 크다.

  ③ 화산암(火山岩, Volcanic rock)

    ㉮ 마그마가 지표 또는 지하의 얕은 곳에까지 올라와 고결된 암석을 말하며 분출암이라고도 한다.

    ㉯ 대부분은 입자가 매우 작고 결정질이거나 유리질로 강도가 작고 흡수율이 크다.

(3) 변성암(變成岩, Metamorphic rock)

  ① 대리석(大理石, Marble)

    ㉮ 변성암의 대표적인 석재로 연마하면 아름다운 광택을 낸다.

    ㉯ 내산성 및 내화성이 낮고, 풍화되기 쉬워 장식재로 사용된다.

  ② 석면(石綿, Asbestos)

    ㉮ 섬유상으로 마그네슘이 많은 함수규산염 광물이며, 내화성(1200~1300℃)이 있다.

    ㉯ 열전도율이 작고 내알칼리성이 우수하여 건축자재, 방화재, 전기절연재 등으로 쓰이지만 세계보건기구가 지정한 1급 발암물질이다.

> **ⵎ 트래버틴(Travertine)**
> 탄산석회($CaCO_3$)를 포함만 대리석의 한 종류로 물에 침전되어 생성된 것이다. 다공질이며, 황갈색의 반문이 있고 광택이 우수하여 실내 장식용으로 사용된다.

4 **석재 제품과 쌓기**

(1) 석재 제품

  ① **암면** : 단열, 보온, 흡음 등이 우수하고 내화성이 있어 음이나 열의 차단재로 사용한다.

  ② **질석** : 운모계와 사문암계의 광석을 800~1000℃로 가열·팽창시켜 체적이 5~6배로 된 다공질 석의 경석이다.

  ③ **테라조(Terrazzo)** : 바닥 마감재의 일종으로 종석(대리석) + 백색 시멘트 + 강모래 + 안료 + 물을 혼합한 뒤 바탕면을 숫돌로 갈아서 만든다.

④ 펄라이트(Perlite, 진주암)

    ㉮ 마그마가 지표의 호수나 바다로 흘러들어 급속히 냉각되면서 내부에 휘발성분이 농집되어 생성된 비정질의 광물을 적절한 입도로 분쇄하여 1,100℃ 이상의 고온에서 급속 가열·팽창시킨 초경량 순수 무기소재이다.

    ㉯ 탁월한 경량, 내화, 단열, 흡음 및 결로 방지 효과와 무독, 무균, 무취 특성까지 겸비하여 보온·단열자재로 사용된다.

(2) 돌쌓기와 석축쌓기

① 돌쌓기의 종류

    ㉮ 거친돌 막쌓기 : 잡석, 간사 등으로 돌맞댄면을 불규칙하게 쌓는 방법

    ㉯ 다듬돌 쌓기 : 석재면을 평탄하게 다듬어 돌을 쌓는 방법

    ㉰ 허튼층 쌓기 : 줄눈을 불규칙하게 쌓는 방법

    ㉱ 바른층 쌓기 : 돌의 면 높이를 같게 하여 가로줄눈이 일직선이 되도록 쌓는 방법

    ㉲ 층지어 쌓기 : 허튼층으로 쌓되 3켜 정도마다 수평줄눈 일직선으로 쌓기

② 석축쌓기의 종류

    ㉮ 건쌓기 : 돌 사이에 뒤 고임돌만 다져 넣는 것

    ㉯ 모르타르 사춤쌓기 : 맞댄면만 모르타르와 콘크리트를 깔고 뒷면은 잡석으로 다짐하는 것

    ㉰ 찰쌓기 : 돌 사이에 모르타르를 넣고, 뒤에는 콘크리트를 넣는 것으로 가장 견고한 쌓기

5   점토(粘土, Clay)

(1) 점토의 특징

① 압축강도는 크나 인장강도는 거의 없다(압축강도는 인장강도의 5배 정도).

② 비중은 2.5~2.6 정도로 입자의 크기는 보통 2μm 이하의 미립자이다.

③ 가소성은 점토 성형에 중요한 성질로써 좋은 점토일수록 가소성이 좋다(40~50%).

(2) 점토의 성분과 용어

① **점토의 주성분** : 규산(SiO_2 : 50~70%), 알루미나(Al_2O_3 : 15~35%)이고 그밖에 Fe_2O_3, CaO, MgO, Na_2O 등이 포함되어 있다.

② 카올린과 샤모트

    ㉮ 카올린(Kaolin, 고령토) : 화학적으로 순수한 점토

    ㉯ 샤모트(Chamotte) : 점토를 한 번 구워 분쇄한 것으로 가소성을 조절할 때 사용

(3) 함수율

① 모래가 포함될 경우 30~40%, 모래가 포함되지 않을 경우 30~100%이다.

② 기건 상태에서 적은 것은 7~10%, 많은 것은 40~45%이다.

(4) 점토 소성 제품의 분류

구분	토기	도기	석기	자기
소성온도	790~1000℃	1100~1230℃	1160~1350℃	1230~1460℃
흡수율	20% 이상	10% 내외	3~10%	1% 이하
색상	유색, 백색	유색, 백색	유색	백색
특성	저급원료, 취약함	다공질, 탁음, 유약사용	유약을 사용하지 않으며 식염수 사용	금속성 청음
용도	기와, 적벽돌, 토관	내장타일, 테라코타	외장·바닥타일, 클링커 타일	고급타일, 모자이크 타일, 위생도기

(5) 보통 벽돌의 품질

등급	압축강도(kg/cm²)	흡수율(%)	구워진 정도	두드렸을 때	형상(외관)
1등급	150 이상	20 이하	양호	금속성 청음	형상 양호, 균열 및 흠이 극히 적음
2등급	100 이상	28 이하	보통	탁음	보통 형태

※ 흡수율 $= \dfrac{\text{표건중량} - \text{절건중량}}{\text{절건중량}} \times 100$

6 타일 및 테라코타, ALC 제품

(1) 타일(Tile)의 종류

① 클링커 타일(Clinker Tile) : 표면에 거칠게 요철 무늬를 넣는다.

② 모자이크 타일(Mosaic Tile) : 아름다운 무늬를 만들 수 있는 소형 타일로서 바닥에 많이 쓰인다.

③ 알루미늄 타일(Aluminum Tile) : 보오크사이트(Bauxite)를 원료로 하여 만든 타일이다.

④ 계단 논슬립(Non-slip) : 계단의 모서리에 붙이는 것으로 마모에 대한 저항성이 금속제보다 우수하다.

⑤ 스크래치드 타일(Scratched Tile) : 표면이 긁힌 모양의 외장용 타일이다.

(2) 테라코타(Terra-cotta)

① 고급 점토에 도토, 자토 등을 혼합 반죽하여 소성한 속이 비어있는 대형의 점토 소성품이다.

② 일반 석재보다 경량이며, 압축강도는 화강암의 1/2 정도이다.

③ 화강암보다 내화성이 크고, 풍화에도 강해 외장용으로 사용된다.

④ 건축에 쓰이는 점토 제품으로는 가장 미술적이고, 색도 석재보다 자유롭다.

(3) ALC(Autoclaved Lightweight Concrete) 제품

① 규사, 생석회, 시멘트 등에 발포제인 알루미늄 분말과 기포 안정제를 넣어 고온, 고압증기양생을 거쳐 제조하는 기포 콘크리트의 일종이다.

② 경량이며, 단열성능이 우수하다.

③ 내화성능, 흡음성능, 방음성능이 우수하며, 열전도율이 적다.

④ 제품의 변형, 균열이 없으며 가공성이 우수하다.

CHAPTER 04

금속재료

1 금속재료의 장점과 단점

(1) 장점

① 강도와 탄성계수가 크며, 특히 인장강도가 크다.

② 경도 및 내마모성이 크다.

③ 인성과 연성이 크다.

④ 가공이 용이하고 도금 및 도장에 의해 내구성이 커진다.

⑤ 다른 금속과 합금하면 품질과 성능이 향상된다.

(2) 단점

① 전기 및 열전도율이 크다.

② 비중이 커서 자중(자체의 무게)이 증가한다.

③ 부식되기 쉽다.

2 철강의 성분 및 강(鋼)의 열처리

(1) 철강의 성분

① **철강의 성분** : 철(Fe)과 탄소(C), 규소(Si), 망간(Mn), 황(S), 인(P)

② **탄소함유량에 따른 철강의 분류 및 특징**

명칭	탄소함유량	성질
순철(연철)	0.04% 이하	연질, 가단성이 크다.
강	0.04~1.7%	가단성, 주조성, 담금질 효과가 있다.
주철	1.7% 이상	경질, 주조성이 좋고, 취성이 크다.

③ **철강의 주조성** : 주철 > 탄소강 > 순철

(2) 강(鋼)의 열처리

① 풀림(Annealing)

㉮ 처리 : 강을 높은 온도(800~1000℃)로 30분~1시간 가열한 후에 로(爐)속에서 서서히 냉각시키는 열처리 방식

㉯ 목적 : 강의 가공으로 인한 내부 응력을 제거시키기 위해서

② 불림(Normalizing)

㉮ 처리 : 강을 800~1000℃로 가열한 후 대기 중에서 냉각시키는 열처리 방법

㉯ 목적 : 강의 조직을 미세화하고 내부 응력과 변형을 제거하기 위해서

③ 담금질(Quenching)

㉮ 처리 : 강을 가열한 후 물 또는 기름 속에 투입하여 급랭시키는 열처리 방법(탄소 함유량이 0.4% 이하는 불가능)

㉯ 목적 : 강의 강도 및 경도를 증가시키기 위해서

④ 뜨임질(Tempering)

㉮ 처리 : 담금질한 강을 250~300℃ 정도로 다시 가열한 후에 공기 중에서 서서히 냉각시키는 열처리 방법

㉯ 목적 : 담금질한 강에 인성을 주고 내부의 잔류응력을 제거하기 위해서

3 강(鋼)의 기계적 성질

(1) 탄소 및 기타 함유 성분에 의한 특성

① 탄소(C)에 의한 특성

㉮ 탄소의 함유량이 많을수록 경도와 강도가 증대되나 신장률, 단면수축율은 감소한다.

㉯ 탄소 함유량이 0.8~1.0%일 때 인장강도가 최대이며, 이를 넘으면 감소한다.

㉰ 경도는 탄소 함유량이 0.9%일 때 최대가 되며, 그 이상 함유시에는 일정하다.

② 규소(Si) : 3%까지는 강도가 증대되나, 함유량이 많아질수록 취약하고 가단성이 감소한다.

③ 망간(Mn) : 1% 정도까지는 강도 및 경도 등이 커지나, 2% 이상이 되면 취약해진다.

④ 황(S) 및 인(P) : 유해한 불순물로 함유율이 0.2%에 이르면 강재로서 가치가 없어진다.

⑤ 기타 성분

㉮ 구리(Cu) : 용융성 증대

㉯ 크롬(Cr) : 산화에 대한 내력증대, 경도증대, 취성증대

㉰ 니켈(Ni) : 경도증대, 인성증대

> **⊏ 경도시험**
>
> 작은 강구 또는 다이아몬드 추를 강재 표면에 충돌시켜 오목하게 들어가는 상황에 따라 판정으로 로크웰(Rockwell) 시험법이 주로 사용된다.

(2) 온도에 의한 성질

① 온도와 강도

㉮ 0~250℃ : 강도 증가, 250℃에서 최대, 250℃ 이상이 되면 강도 감소

㉯ 500℃ 전후 : 0℃때 강도의 1/2로 감소

㉰ 600℃ 전후 : 0℃때 강도의 1/3로 감소

㉱ 900℃ 전후 : 0℃때 강도는 1/10로 감소

② 온도와 신도

㉮ 상온 이하에서는 신도가 약간 감소

㉯ 200~300℃에서는 현저히 감소, 이로부터 급격히 증대(200~250℃에서 청열취성, 900℃ 전후에서 적열취성을 나타냄)

4 ▶ 특수강(합금강)

(1) 구조용 특수강

① 탄소강에 니켈(Ni), 크롬(Cr), 몰리브덴(Mo) 등의 금속원소를 첨가하여 탄소강보다 강인성을 높인 것으로 기계 구조용에 많이 쓰인다.

② 니켈(Ni)강, 크롬(Cr)강, 니켈크롬(Ni–Cr)강 등이 있다.

(2) 스테인레스강

① 내식성이 우수한 특수강으로 전기저항이 크고 열전도율이 낮으며, 경도에 비해 가공성도 좋다.

② 13크롬 스테인레스강, 18크롬 스테인레스강, 18–8스테인레스강 등이 있다.

5 ▶ 비철금속

(1) 동(銅)의 합금

① 황동(黃銅, 놋쇠, Brass)

㉮ 동+아연(10~45% 정도 함유)의 합금이다.

㉯ 동보다 단단하고 주조가 잘되며 압연, 인발(引拔) 등의 가공이 용이하다.

㉰ 내식성이 크나 산과 알칼리에는 침식된다.

② 청동(靑銅, Bronze)

㉮ 동+주석(Sn)의 합금이다.

㉯ 황동보다 내식성이 크고 주조하기 쉽다.

㉰ 포금(砲金, Gun metal)은 주석을 10% 정도 함유한 청동으로 강도와 경도가 크다.

(2) **알루미늄**(Aluminum)

① 경량질에 비해 강도가 크다.

② 광선 및 열에 대한 반사율이 커서 열차단재로도 사용된다.

③ 내화성이 적고 열팽창이 철의 2배 정도로 크다.

④ 공기 중에서 Al_2O_3의 피막을 만들어 내부를 보호한다.

⑤ 산 · 알칼리 및 해수에 침식되기 쉽다.

> **┗ 알루미늄의 가공품**
> • 테르밋 : 알루미늄분+산화철분
> • 듀랄루민 : 알루미늄(Al)에 Cu 4%, Mg 0. 5%, Mn 0. 5%를 첨가하여 제조한 알루미늄 합금

(3) **주철**(鑄鐵, 주석)

① 인장강도가 작으며, 압축강도는 인장강도의 3~4배이다.

② 굽힙강도는 인장강도의 1.5~2.0배 정도이다.

(4) **납**(Lead)

① 인장강도가 작고 융점은 327℃이며 금속 중 비중이 가장 크다.

② 연성, 전성이 가장 크며 열전도율이 작고 온도에 따른 신축성이 크다.

6 금속 제품

(1) **선제제품**

① **와이어 메쉬**(Wire mesh)

㉮ 비교적 굵은 연강철선을 전기용접하여 정방형이나 장방형으로 만든 것

㉯ 콘크리트 다짐바닥, 콘크리트 도로포장 등 콘크리트 보강용으로 사용

② **와이어 라스**(Wire lath)

㉮ 보통철선 또는 아연도금한 굵은 철선을 엮어 둥근형, 갑옷형, 마름모형 등으로 만든 철망

㉯ 시멘트 모르타르 바름 등의 바탕보강용으로 사용(이질바탕재)

> **┗ 용접철망**
> 철선을 직교하게 배치하여 교점을 전기용접하여 격자모양으로 만든 철망으로 지붕 및 바닥콘크리트의
> 균열억제 및 보강용, 철근콘크리트 도로포장의 균열방지 및 보강근, 프리케스트 콘크리트 부재의 보강근,
> 옹벽 및 도로배수관 콘크리트의 보강근, 휴게소 주차장 포장시 균열방지 및 보강근 등으로 사용됨

(2) 금속성형 가공제품

① 메탈 라스(Metal lath)
㉮ 두께 0.4~0.8mm의 연강판에 마름모꼴의 구멍을 연속적으로 뚫어 그물처럼 만든 것
㉯ 천장, 벽 등의 모르타르 바름 바탕보강용(이질바탕재)으로 사용

② 익스팬디드 메탈(Expanded metal)
㉮ 얇은 구리판에 일정한 간격으로 절삭 자국을 내어 절삭자국과 직각방향으로 잡아당겨 늘여서 그물 모양으로 만든 것
㉯ 콘크리트 보강용으로 사용

③ 메탈폼(Metal form)
㉮ 강철로 만들어진 패널(Panel)인 콘크리트 형틀
㉯ 금속제의 콘크리트용 거푸집으로 사용

(3) 장식용 금속 제품

① **코너비드(Corner bead)** : 모서리 부분의 미장 바름을 보호하기 위하여 사용하는 모서리쇠
② **조이너(Joiner)** : 이음새를 누르고 감추는데 쓰이는 금속 제품
③ **펀칭 메탈(Punching metal)** : 환기구멍 및 라디에이터 커버에 사용
④ **스팬드럴 패널(Spandrel panel)** : 수평이 되게 하기 위하여 고이는 모든 삼각형 부재

(4) 창호 철물

① **자유경첩(자유정첩)** : 안팎으로 개폐할 수 있는 경첩으로 자재문에 사용한다.
② **플로어 힌지(Floor hinge)** : 정첩으로 지탱할 수 없는 무거운 자재 여닫이문에 사용한다.
③ **피벗 힌지(Pivot hinge)** : 용수철을 쓰지 않고 문장부식으로 된 정첩으로 가장 중량문에 사용한다.
④ **도어 체크(Door check, Door closer)** : 문 윗틀과 문짝에 설치하여 자동으로 문을 닫는 장치이다.
⑤ **레버터리 힌지(Lavatory hinge)** : 공중전화 출입문, 공중변소에 사용하며, 15cm 정도 열려진 것을 말한다.
⑥ **함 자물쇠(Rim lock)** : Latch bolt(손잡이를 돌리면 열리는 자물통)와 Dead bolt(열쇠로 회전시켜 잠그는 자물쇠)가 함께 있다.
⑦ **실린더 자물쇠(Pin tumbler lock, Mono lock)** : 자물통이 실린더로 된 것으로 텀블러 대신 핀을 넣은 실린더 록으로 고정한다.
⑧ **나이트 래치(Night latch)** : 바깥에서는 열쇠, 안에서는 손잡이로 여는 실린더 장치를 말한다.
⑨ **창개폐 조절기** : 여닫이창, 젖힘 창의 개폐조절(창 순위조절기)에 사용한다.
⑩ **도어 홀더(Door holder), 도어 스톱(Door stop)** : 도어 홀더는 문열림 방지, 도어 스톱은 벽이나 문짝 보호에 사용된다.

⑪ **오르내리 꽂이쇠(Barrel bolt)** : 쌍여닫이문(주로 현관문)에 상하 고정용으로 달아서 개폐방지에 사용한다.

⑫ **크레센트(Crescent)** : 오르내리 창이나 미서기 창의 잠금장치(자물쇠)이다.

⑬ **멀리온(Mullion)** : 창의 면적이 클 때 기존 창 프레임(Frame)을 보강하는 중간 선대이다.

미장 및 방수재료

1 ▶ **미장재료 및 미장바름**

(1) 미장재료의 분류

① **고결재** : 미장 바름의 주체가 되는 재료(소석회, 점토, 돌로마이트 석회, 석고, 마그네시아 시멘트 등)

② **결합재** : 고결재의 결점 보완, 응결경화시간을 조절(여물, 풀, 수염 등)

③ **골재** : 중량 또는 치장을 목적으로 사용(모래)

(2) 각종 미장바름

① **시멘트 모르타르** : 시멘트에 모래, 물, 혼화재를 혼합한 것

② **석고 플라스터** : 석고에 풀 등의 접착제, 응결시간조절제, 혼화제 등을 혼합한 것(벽, 천정 등에 사용하는 미장 재료로 수경성)

③ **석고보드** : 경석고에 톱밥, 석면 등을 넣어서 만든 것

④ **돌로마이트 플라스터** : 점성이 커서 풀을 사용하지 않고 물로 연화하여 사용하는 것으로 대기 중의 이산화탄소(CO_2)와 결합하여 경화하는 기경성 미장재료

> **◘ 돌로마이트 플라스터의 특징**
> • 점도가 크고, 응결시간이 길다.
> • 회반죽보다 강도가 크다.
> • 건조경화시에 균열이 생기기 쉽고 물에 약하다.

⑤ **인조석 바름** : 모르타르 바름 바탕 위에 인조석을 바르고 씻어내기, 갈기 또는 잔다듬 등으로 마무리한 것

⑥ **테라조 현장 바름** : 백색 시멘트와 안료 및 종석(대리석, 화강암 등)을 섞어서 정벌바름을 하고 연마, 광내기 등에 의해 광택이 있는 표면을 만드는 것

⑦ **회반죽** : 소석회, 해초풀, 여물, 모래 등을 혼합한 것으로 기경성임, 소량의 석고를 혼입하면 수축균열을 예방

⑧ **회사벽** : 석회죽(Lime cream)에 모래를 넣어 반죽한 것

■ 미장 및 뿜칠의 검사
- 시공면적 $5m^2$ 당 1개소로 두께를 확인
- 뿜칠 시공의 경우 코어를 채취하여 두께 및 비중을 측정
- 뿜칠 측정빈도는 각 층마다 또는 $1500m^2$ 마다 각 부위별로 1회씩 실시(1회 : 5개)

2 방수공법

(1) 방수의 목적
① 구조물로 침투하는 수분의 차단 혹은 최소화
② 콘크리트의 흡수성 및 투수성을 적게 하고 발수성을 부여함으로써 방수성 향상
③ 외부로부터의 투수나 습기 및 내부구조물 상호간의 투수를 막아 제반시설 보호 및 구조물의 이용 가치 향상과 수명 연장

(2) 방수공법의 분류
① 재료 자체를 수밀하게 하는 공법
② 피막 방수층 공법(시멘트 방수 공법, 아스팔트 방수 공법)
③ 방수제를 도포 및 침투시키는 공법
④ 수밀제를 붙이는 공법

3 아스팔트

(1) 아스팔트의 종류
① **천연 아스팔트** : 로크 아스팔트, 레이크 아스팔트, 아스팔트 타이트
② **석유 아스팔트** : 스트레이트 아스팔트, 블로운 아스팔트, 아스팔트 컴파운드

(2) 아스팔트의 성질
① **비중** : 1.0~1.1 정도
② **침입도** : 아스팔트의 견고성 정도를 침의 관입 저항으로 평가하는 방법(침입도가 적을수록 경질)
③ **연화점** : 아스팔트를 가열하여 일정한 점성에 도달했을 때의 온도(30~80℃)
④ **인화점** : 250~320℃의 범위
⑤ **감온성(感溫性)** : 온도에 따른 견고성의 변화의 정도
　㉮ 감온성이 너무 크면 저온시에 취성을 나타내고, 고온시에는 연질을 나타냄
　㉯ 감온비 $A = \dfrac{25℃의\ 침입도}{0℃의\ 침입도}$, 감온비 $B = \dfrac{46℃의\ 침입도}{25℃의\ 침입도}$

⑥ **신도** : 시료의 양단을 잡아당겨 끊어질 때의 길이

> ▌ 아스팔트 품질시험
> 침입도, 감온비, 신도, 연화점

(3) 아스팔트의 제품

① **아스팔트 프라이머(Asphalt primer)**

㉮ 아스팔트와 휘발성이 높은 용제를 혼합하여 제조

㉯ 방수층을 만들 때 콘크리트 바탕에 제일 먼저 사용되는 재료

② **아스팔트 유제(Asphalt emulsion)**

㉮ 유화제를 사용하여 아스팔트 미립자를 수중에 분산시킨 다갈색의 액체

㉯ 도로포장용, 특수시멘트 혼합용, 방수도료 등으로 사용

③ **아스팔트 펠트(Asphalt felt)**

㉮ 펠트(Felt)상으로 만든 원지에 연질의 스트레이트 아스팔트를 침투시켜 로울러로 압착하여 제조

㉯ 아스팔트 방수 중간층 재료, 내·외벽 라스, 모르타르 바탕의 방수에 사용

④ **아스팔트 루핑(Asphalt roofing)**

㉮ 아스팔트의 펠트 양면에 블로운 아스팔트를 가열·용융시켜 피복한 다음 그 위에 활석 또는 운석의 미분말을 부착하여 제조

㉯ 흡수성, 투수성이 작고 유연하며, 온도의 상승으로 유연성이 증대되며, 내후성이 크며 내산성, 내염성이 있음

㉰ 건물 평지붕의 방수층, 슬레이트 평판, 금속판 등의 지붕 깔기 바탕 등에 이용

⑤ **블로운 아스팔트(Blown asphalt)**

㉮ 석유 아스팔트에 공기를 불어넣어 탄성력을 크게 제조

㉯ 점성과 침투성은 작으나 온도에 의한 변화가 적고 열에 대한 안정성이 뛰어나며 내후성도 큼

⑥ **아스팔트 바닥 재료**

㉮ 아스팔트 타일(Asphalt tile) : 아스팔트와 쿠마론 인덴수지, 염화 비닐 수지에 석면, 돌가루 등을 혼합하여 고열과 고압으로 녹여 제조

㉯ 아스팔트 블록(Asphalt block) : 아스팔트에 쇄석, 모래, 석분 등의 골재와 안료수지를 혼합하여 제조

합성수지

1 ▶ 합성수지와 플라스틱

(1) 합성수지와 플라스틱의 개념적 차이

① **합성수지** : 석탄, 석유, 섬유소, 유지, 녹말, 고무, 천연 가스등의 원료를 인공적으로 합성시켜 만든 고분자 물질

② **플라스틱** : 가소성을 가진 고분자 물질을 총칭

(2) 합성수지의 대분류

① **열가소성 수지** : 고형상에 열을 가하면 연화되거나 용융되어 점성 또는 가소성이 생기고 다시 냉각하면 고형상으로 되는 수지

② **열경화성수지** : 고형상에 열을 가하여도 연화되지 않는 수지(축합반응에 의하여 합성시킨 고분자 물질)

2 ▶ 합성수지의 분류와 용도

(1) 합성수지의 분류 및 주요 용도

분류	소분류	수지(약호)	용도
열가소성	범용수지	폴리에틸렌(PE)	필름, 시트, 성형품, 섬유
		폴리프로필렌(PP)	성형품, 필름, 파이프, 섬유
		폴리스틸렌(PS)	성형품, 발포재료, ABS수지
		염화비닐(PVC)	파이프, 호스, 시트, 판
		염화비닐리덴(PVDC)	필름, 섬유
		플루오르수지(플루오린수지)	내약품성 기계부품
		아크릴수지	판, 성형품(건축재, 디스플레이)
		폴리아세트산 비닐수지	도료, 접착제, 츄잉검

분류	소분류	수지(약호)	용도
열가소성	엔지니어링 플라스틱	폴리아미드수지	기계부품
		아세탈수지	기계부품
		폴리카보네이트(PC)	기계부품, 디스플레이
		폴리페닐렌옥사이드	전기 · 전자부품
		폴리에스테르	성형품, 판, 화장판, 필름
		폴리술폰	내열성형품, 전지 · 전자부품, 식품
		폴리이미드	내열성 필름, 접착제
열경화성		페놀수지	적층품(판), 성형품
		우레아수지	접착제, 섬유, 종이 가공품
		멜라민수지	화장판, 도료
		알키드수지	도료
		불포화 폴리에스테르수지	FRP(성형품, 판)
		에폭시수지	도료, 접착제, 절연재
		규소수지	성형품(내열, 절연), 오일, 고무
		폴리우레탄수지	발포제, 합성피혁, 접착제

(2) 중요한 합성수지의 특성

① **아크릴 수지** : 투명성, 유연성, 내후성, 내화학약품성이 우수하다.

② **멜라민 수지** : 무색 투명하고 경도가 크고 내약품성, 내용제성, 내열성이 우수하다.

③ **실리콘 수지** : 내열성이 우수하고 전기절연성 및 내수성이 있다(가스켓, 패킹 등에 사용).

④ **에폭시 수지**

㉠ 접착성이 아주 우수하며 금속, 유리, 플라스틱, 도자기, 목재, 고무 등에 탁월한 접착성을 갖는다.

㉡ 내약품성, 내용제성이 뛰어나다.

㉢ 농질산을 제거하고 산, 알칼리에 강하다.

3 ▶ 플라스틱의 장점 및 단점

(1) 장점

① 경량이며 착색이 용이하다.

② 투광성이 양호하다.

③ 내수성, 내산 및 내알칼리성 등이 크고 전기 절연성도 우수하다.

④ 가공성이 우수하다.

(2) 단점

① 경도 및 내마모성이 작다.

② 내열성, 내화성, 내후성 등이 작다.

③ 열에 의한 변형 및 신축성이 크다

4 합성수지 제품

(1) 폴리에스테르(Polyester) 강화판

① 가는 유리섬유에 폴리에스테르 수지를 넣어 상온 가압하여 성형한 제품이다.

② 가성소다 등 알칼리에는 약하나 그 외의 화학약품에는 저항성이 있고 내구성도 뛰어나다.

(2) 리놀륨(Linoleum)

① 리녹신(아마인유의 산화물)에 수지를 가하여 리놀륨 시멘트를 만들고 여기에 코르크 분말, 톱밥, 안료 등을 섞어 마포에 도포한 후 롤러로 열합하여 성형한 제품이다.

② 내구력이 비교적 크고 탄력성, 내수성 등이 있다.

(3) 스펀지류(Sponge)

① 합성수지를 발포시켜 만든 다공성 제품이다.

② 염화비닐스펀지(스티로폼), 합성고무스펀지, 폴리우레탄폼 등이 있다.

(4) 하니캄재(Honeycomb)

① 페놀수지액에 적신 크라프트지나 얇은 염화비닐판 등을 사용하여 여러 겹으로 겹치거나 또는 벌집 모양으로 만든 제품이다.

② 천장이나 내부 벽체에 흡음재로 사용한다.

도료 및 접착제

1 도막의 원료

(1) 전색재

① 안료를 균일하게 분산, 전개시켜 물체의 표면에 고착시키는 매체

② 유지류, 천연수지, 합성수지, 셀룰로이드 유도체, 고무유도체 등

(2) 안료

① **흰색 안료** : 연백, 산화아연, 리토폰, 이산화티탄(티탄백)

② **검은색 안료** : 카본블랙, 흑연(석묵), 산화철흑

③ **노란색(등색) 안료** : 황토, 크롬엘로우(황연), 아연황, 카드뮴 황, 일산화납

④ **빨강색 안료** : 연단(사산화삼납), 산화제2철, 카드뮴 적

⑤ **파란색 안료** : 감청, 군청, 코발트 청

⑥ **녹색 안료** : 산화크롬, 기네그리인, 크롬그리인, 아연그리인

(3) 용제

① **유성 페인트, 유성 바니쉬, 에나멜 등의 용제** : 미네럴 스피릿

② **락카 용제** : 벤졸, 알콜, 초산에스테르 등의 혼합물

(4) 희석제

① 도료의 점도를 저하시키고 증발속도를 조절

② 도료용 신나, 염화비닐수지 도료용 신나, 락카용 신나

(5) 건조제 및 가소제

① **건조제** : 납건조제, 망간건조제, 코발트건조제, 칼슘건조제, 아연건조제 등

② **가소제** : DBP, DOP, 피마자유, 염화파라핀 등

(1) 페인트(Paint)

　① **유성 페인트**

　　㉮ 전색제(보일유) + 안료 + 용제 및 희석제 + 건조제

　　㉯ 두꺼운 도막을 만들 수 있으며 내후성, 내수성이 좋지만, 내산성 및 내알칼리성이 약하다.

　　㉰ 목재, 석고판류 등의 도장에 사용한다.

　② **수성 페인트**

　　㉮ 물을 용제로 하는 도료를 총칭한다.

　　㉯ 취급이 간단하고 건조가 빠르나 광택이 없다.

　③ **에멀션 페인트**

　　㉮ 수성 페인트와 유성 페인트의 특징을 겸비한 유화액상의 페인트이다.

　　㉯ 물을 용제로 하여 금속 등을 칠하는 데 사용한다.

　④ **에나멜 페인트**

　　㉮ 전색제로 유성바니쉬나 중합유에 안료를 섞어서 만든 유색 불투명한 도료이다.

　　㉯ 내수성과 내열성이 우수하다.

(2) 바니쉬(Varnish)

　① **유성 바니쉬** : 수지를 건성유(중합유, 보일유 등)에 가열 용해시킨 후 휘발성 용제로 희석시킨 도료

　② **휘발성 바니쉬** : 수지류를 휘발성 용제에 녹인 바니쉬

　　㉮ 클리어락카(Clear lacquer) : 안료가 들어가지 않은 락카로 목재면의 투명 도장, 우아한 광택, 내후성이 작아서 보통 내부에 사용하며 건조가 매우 빨라서 뿜칠로 한다.

　　㉯ 에나멜락카(Enamel lacquer) : 클리어락카에 안료를 첨가한 락카로 연마성이 특히 좋아 외부용은 자동차 외장용으로 사용한다(내후성 보강).

(3) 방청 도료

　① 각종 금속, 특히 철이 녹스는 것을 방지하기 위한 녹막이 도료 또는 녹막이 페인트

　② **방청 도료의 종류**

　　㉮ 광명단 도료 : 사산화삼납(Pb_3O_4)을 보일드유에 녹인 유성 페인트의 일종으로 철재의 방청도료도 사용된다.

　　㉯ 산화철 도료 : 산화철에 아연화, 아연분말, 연단 등을 혼합한 안료를 스테인오일 또는 합성수지에 녹인 것으로 도막의 내구성이 좋다.

　　㉰ 알루미늄 도료 : 알루미늄 분말을 안료로 하는 도료로 방청효과와 함께 열반사 효과가 있으며, 전색제에 따라 방청효과도 정해진다.

　　㉱ 징크로메이트 도료(크롬산아연 도료) : 전색제로 알키드 수지, 안료로 크롬산아연을 사용한

도료로 방청효과가 좋고 알루미늄판이나 아연철판의 초벌용으로 적합하다.

㉺ 워시 프라이머(에칭 프라이머) : 합성수지의 전색제로 하여 소량의 안료와 인산을 첨가한 도료로 주로 뿜칠로 도장하여 방청도료의 부착성과 방청효과를 증진시킬 목적으로 사용한다.

㉻ 역청질 도료 : 아스팔트, 타르핏치 등을 역청질의 주원료로 하여 건성유, 수지류를 첨가한 도료로 일시적인 방청용으로 적합하다.

┗ 접착제

- 단백질계 접착제 : 카세인, 아교, 콩풀
- 전분질계 접착제 : 전분, 호정
- 고무계 접착제 : 천연고무, 네오프렌
- 섬유소계 접착제 : 질화면, 나트륨칼폭시메틸, 셀룰로이드
- 합성수지 접착제 : 요소수지 접착제, 페놀수지 접착제, 에폭시수지 접착제, 멜라민수지 접착제(목재용), 실리콘수지 접착제 등

시공일반

1 ▶ 건축시공 일반 및 고려사항

(1) 건축시공 일반

① **건축시공 계획의 내용** : 실행예산의 편성, 현장원의 편성, 공정표의 작성, 기타(동력용수의 계획, 각종 노무, 재료, 수배표의 작성, 시방, 시공기계기구의 선정 및 설치방법 가설물의 계획, 비상시에 대한 대책 의료대책)

② **공사의 진행순서** : 공사착공준비 → 가설공사 → 토공사 → 지정 및 기초공사 → 구체공사 → 방수 및 방습공사 → 지붕 및 홈통공사 → 외벽 마무리공사 → 창호공사 → 내부수장

③ **입찰순서** : 입찰공고 → 현장설명(질의응답) → 견적 → 입찰 → 개찰 → 낙찰 → 계약

(2) 공사기간의 산정시 고려사항

① **제1차적 요인(내부적, 기술적)** : 건물용도(주택, 공장, 은행 등), 건물규모(건물 면적, 층수 등), 구조(목조, 철골조 등), 기초의 구조, 정지(整地)의 정도, 마감의 정도 등

② **제2차적 요인** : 지리적 입지조건, 기후·계절 등의 천연현상, 노무·금융·자재상황 등의 사회·경제적 조건, 도급자의 능력

③ **제3차적 요인** : 설계의 적부 및 감독능력, 발주자측의 요구

(3) 시방서

① **시방서의 의의**

㉮ 건축설계도에 포함되는 것으로 설계자가 설계도에 표현할 수 없는 사용재료의 품질, 종류, 수량, 공사방법 및 순서, 필요한 시험, 저장방법 등을 공사 전반에 걸쳐 상세히 기재하여 설계자 및 건축주의 의도하는 바를 시공자에게 전달하여 공사수행에 차질이 없게 한다.

㉯ 시방서는 설계자가 작성하는 설계도의 일부이다.

② **시방서의 종류**

㉮ 표준시방서 : 건축공사의 재료, 시공방법 등 표준적이고 공통공사 부분에 대한 내용을 기재

㉯ 특기시방서 : 표준시방서에 기재되지 않은 특별한 사항의 공법 및 재료명 등을 설계자가 상세히 기록

2 **공정표의 작성**

(1) 횡선 공정표(막대기식, 갠트식)

　① **특징**

　　㉮ 종축에 공사종목별로 각 작업명을 작업순서에 기준하여 배치하고, 횡축에 시간을 표기한
　　　다음 각 작업별 시작시점과 종료시점을 횡선의 길이로서 표기한 것이다.

　　㉯ 건설공사의 공정계획과 일정계획에 자주 사용된다.

　② **장점**

　　㉮ 공정표의 작성이 간단하다.

　　㉯ 각 공사종목의 전체상황에 대한 공사시기 등이 일목요연하다.

　　㉰ 공사진척에 대한 판단이 용이하다.

(2) 사선 공정표

　① **특징**

　　㉮ 공사기간을 횡축에 재료반입량, 노무자수, 공사기성고 등을 종축으로 하여 공사진척 상황을
　　　사선 그래프로 표현한 것이다.

　　㉯ 공정별 상세를 나타내는 부분공정표에 알맞고 자원배정과 공정별 작업현황에 적합하다.

　② **장점**

　　㉮ 공사의 지연에 대해 빨리 대처할 수 있다.

　　㉯ 공사의 진행상태를 표시하는데 대단히 편리하다.

(3) 네트워크(Network) **공정표**

　① **특징**

　　㉮ 작업의 상호관계를 원호(Arc)와 연결선(Node)으로 표시한 망상도라고 할 수 있다.

　　㉯ PERT(Program Evaluation and Review Technique)와 CPM(Critical Path Method)이 주로
　　　사용된다.

　② **장점**

　　㉮ 각 작업 상호간의 관련성을 표시할 수 있다.

　　㉯ 공사 전체의 파악이 용이하다.

　　㉰ 계획단계에서 공정상의 문제점을 도출할 수 있으므로 작업전에 적절히 수정할 수 있다.

　　㉱ 작업수속이 과학적이며 신뢰성이 높다.

3 **시공일반**

(1) 견적 방법

　① **명세견적**

㉓ 설계도서, 현장설명, 질의응답 등에 의하여 정밀히 적산 견적하여 공사비를 산출하는 견적 방법이다.

㉔ 공사집행에도 쓰이며 가장 정확한 공사비의 산출이 가능하여 정밀견적이라고도 한다.

② **개산견적**

㉓ 설계도서가 불완전하거나 정밀 산출시간이 없을 때 과거 공사경험 등으로 미루어 견적하는 방법으로 일단 입찰하게 되면 그 가격에 대하여 책임을 지므로 신중하게 산출근거를 명확하게 한다.

㉔ 개산견적의 분류

　㉠ 단위 기준에 의한 견적 : 단위 설비에 의한 견적, 단위 면적에 의한 견적, 단위체적에 의한 견적

　㉡ 비례 기준에 의한 견적 : 가격 비율에 의한 견적, 수량 비율에 의한 견적

⊏ 직접공사비의 종류

재료비, 노무비, 외주비, 경비

4 ▶ 공사시공방식의 종류별 특징

(1) **직영제도**

① **장점**

㉓ 도급 공사에 비해 영리를 도외시한 확실한 공사를 할 수 있다.

㉔ 계약에 구속되지 않고, 임기응변의 처리가 가능하다.

㉕ 발주, 계약 등의 수속이 필요 없다.

② **단점**

㉓ 공사비가 증대될 우려가 있다.

㉔ 시공관리 능력이 부족하고, 공사기일도 연장될 우려가 크다.

㉕ 재료의 낭비 또는 잉여가 되기 쉽고, 가설재 시공기계의 경제적 효율성이 떨어진다.

(2) **도급계약제도**

① **일식도급**

㉓ 공사에 관한 모든 것을 도급자에게 맡겨 노무, 재료, 기계, 현장에 관한 시공여부 등을 일괄하게 하여 시행하는 방식으로 공사 관리가 용이하고, 가설재 등의 중복 사용이 없어진다.

㉔ 건축주의 의도나 설계도의 취지가 충분히 반영되지 못한다.

㉕ 말단 노무자의 임금 지불에 따른 문제점으로 공사가 거칠고, 불량해지기 쉽다.

② **공동도급(Joint Venture Contract)**

㉓ 복수 참가자가 독립된 공동체를 작성하고 공동출자하며 공동관리권을 가지며, 특정한 공사를 목적으로 하는 것으로 공동의 영리를 목적으로 한다.

㉯ 이윤의 증대는 없지만 상호보증으로 인해 융자력이 증대되며 위험부담이 분산된다.

　　　㉰ 단일회사의 경우보다 간접비가 많이 발생하여 공사비가 증대되고, 구성원 상호간의 불일치로 혼란이 초래될 수 있다.

　③ **분할도급**

　　㉮ 전문공종별 분할도급

　　　㉠ 시설공사 중 설비공사를 주체공사와 분리하여 계약하는 방식이다.

　　　㉡ 설비업자의 자본, 기술이 강화되고 복잡한 공사 내용이 전문화되므로 건축주와 시공자와의 의사소통이 원활하며 건축주가 신뢰하는 전문업자를 선택할 수 있다.

　　　㉢ 전체 관리가 곤란하므로 각 공사의 연락조정이 비교적 복잡하고 가설 및 시공기계의 설치가 중복되어 공사비가 증대될 우려가 있다.

　　㉯ 공정별 분할도급

　　　㉠ 정지, 기초, 구체, 마무리 공사 등의 시공과정별로 나누어 도급하는 방식이다.

　　　㉡ 후속공사를 다른 업자로 바꾸거나 후속 공사금액의 결정이 곤란하며 업자에 대한 불만이 있어도 변경하기 어렵다.

　　㉰ 공구별 분할도급

　　　㉠ 대규모 공사에서 지역별로 공사를 분리하여 발주하는 방식이다.

　　　㉡ 중소업자에게 균등한 기회를 주고 업자 상호간의 경쟁으로 공사기일을 단축할 수 있으며, 시공기술의 향상에 유리하다.

　　㉱ 직종별, 공종별 분할도급

　　　㉠ 전문직별 또는 각 공종별로 세분하여 도급하는 방식이다.

　　　㉡ 전문직종을 통해 건축주의 의도를 정확하게 반영할 수 있지만, 현장관리가 복잡하고, 공사비가 증대될 수 있다.

(3) 턴키(Turn-Key)도급

　① **턴키도급의 개요**

　　㉮ 건설업자가 대상 계획의 기업, 금융, 토지조달, 설계, 시공, 기계 · 기구 설치시 운전까지 주문자가 필요로 하는 모든 것을 인도하는 도급계약방식이다.

　　㉯ 시공능력이 중요시되며 공사시공의 확실성이 크다.

　② **장점**

　　㉮ 공사비의 절감과 그 연구를 유도할 수 있고, 공기단축이 가능하다.

　　㉯ 공사법의 연구 및 개발을 할 수 있다.

　　㉰ 설계, 시공인이 동일인이므로 애로가 적다.

　　㉱ 많은 설계, 시안 중에서 선택하므로 선호도의 재고가 가능하다.

　　㉲ 창의성 있는 설계유도 및 책임시공에 의해 기술개발을 할 수 있다.

　③ **단점**

　　㉮ 설계, 견적 기간이 짧아 계획이 불충분할 우려가 많다.

　　㉯ 설계의 우수성이 반영되지 못하고, 최저 낙찰제로 인한 건축물의 질이 저하될 우려가 많다.

ⓓ 건축주의 의도가 반영되지 못한다.

ⓔ 제출하는 도면이 불필요하게 많고, 설계지침이 자주 변경된다.

ⓕ 소수업자로 한정되는 경향이 있고, 과당경쟁으로 인한 덤핑의 우려가 많다.

ⓖ 대규모 회사에만 제도상 유리하므로 중소건설업체의 육성을 저해한다.

ⓗ 응찰한 각 사가 과다한 설계비를 지출하므로 손해가 많다.

ⓘ 단순한 구조물이 되기 쉽고, 기능 및 미(美)의 저하가 우려된다.

(4) 성능발주 방식

① **개요** : 건축주가 제시한 기본 요건에 맞게 도급자가 제시한 시공법, 공사비 등을 대상으로 심사하여 적격자에게 시공시키는 방식으로 직종별, 공종별 분할 도급에 사용한다.

② **장점**

ⓐ 시공자의 창조적 시공을 기대할 수 있다.

ⓑ 설계와 시공의 관계개선을 도모할 수 있다.

ⓒ 시공자의 기술 향상을 기대할 수 있다.

③ **단점**

ⓐ 성능 확인 기준이 없으므로 성능의 확인이 곤란하다.

ⓑ 정확한 성능표현이 곤란하다.

ⓒ 공사비가 증대될 수 있다.

(5) 기타 시공방식

① **CM(Construction Management)**

ⓐ 건설사업을 잘 이해하지 못하는 발주자가 자신의 이익을 보호하기 위해 CM회사를 대리인으로 고용해 설계자와 시공자를 리드하며, 프로젝트 기획부터 유지관리 단계에 이르는 건설사업의 전 과정을 체계적으로 관리하도록 하는 제도이다.

ⓑ CM의 주요 업무로는 원가관리, 공정관리, 품질관리, 시공관리, 기술관리(계약관리, 사업정보관리, 안전관리가 있다.

② **사회간접자본시설의 시공방식**

ⓐ BTO(Build-Transfer-Operate) 방식 : 사회간접자본시설의 준공과 동시에 당해 시설의 소유권이 정부 또는 지방자치단체에 귀속되며, 사업 시행자에게 일정기간의 시설 관리운영권을 부여하는 방식이다.

ⓑ BOT(Build-Own-Transfer) 방식 : 사회간접자본시설의 준공 후 일정기간 동안 사업 시행자에게 당해 시설의 소유권(운영권)이 인정되며, 그 기간의 만료시 시설의 소유권(운영권)이 정부 또는 지방자치단체에 귀속되는 방식이다.

ⓒ BOO(Build-Own-Operate) 방식 : 사회간접자본시설의 준공과 동시에 사업 시행자에게 당해 시설의 소유권 및 운영권을 인정하는 방식이다.

ⓓ BLT(Build-Lease-Transfer) 방식 : 사업 시행자가 사회간접자본시설을 준공한 후 일정 기간

동안 운영권을 정부에 임대하여 투자비를 회수하며, 약정 임대기간 종료 후 시설물을 정부 또는 지방자치단체에 이전하는 방식이다.

(6) 도급금액 결정방식에 따른 분류

① **단가도급** : 단가만을 확정하고 공사가 완료되면 실시수량의 확정에 따라 정산하는 방식

  ㉮ 장점 : 공사의 신속한 착공, 설계변경에 의한 수량증감의 계산 용이

  ㉯ 단점 : 자재, 노무비를 절감하려는 의욕의 저하

② **정액도급** : 공사비 총액을 확정하여 계약하는 것

  ㉮ 장점 : 공사관리가 간편하며, 자금. 공사계획 등의 수립이 명확

  ㉯ 단점 : 공사가 조악해질 우려가 있으며, 장기공사나 전례 없는 공사에는 부적당

③ **실비정산 보수가산도급** : 공사의 실비를 확인 정산하고 미리 정한 보수율에 따라 그 보수액을 지불하는 방법

  ㉮ 장점 : 가장 정확하고 양심적인 공사가 가능

  ㉯ 단점 : 공사비 절감노력이 없어지고 공사기일이 연체

5 입찰집행

(1) 입찰방식의 분류

① **공개경쟁입찰** : 유자격자는 모두 참가할 수 있도록 기회를 주는 입찰방식

  ㉮ 장점 : 담합의 우려가 적음, 공사비의 절감, 균등한 기회부여

  ㉯ 단점 : 과대경쟁, 입찰자의 질저하로 공사 조잡, 입찰사무 복잡

② **특명입찰** : 가장 적격한 1명을 지명하여 입찰시키는 것(일종의 수의계약)

  ㉮ 장점 : 입찰수속이 가장 간단하며, 공사의 기밀유지

  ㉯ 단점 : 공사비 증대의 우려가 있으며, 불공평할 수가 있음

③ **지명경쟁입찰** : 적당하다고 인정되는 3~7개의 회사를 선정하여 입찰시키는 방법

  ㉮ 장점 : 시공상 신뢰성이 있으며, 부적격한 업자의 제거 가능

  ㉯ 단점 : 담합의 우려

(2) 부대입찰

① 건설업체가 원도급 입찰 전에 미리 하도급 업체로부터 견적을 받아 하도급 금액과 공종을 결정하여 입찰에 참가하는 제도

② **장점과 단점**

  ㉮ 장점 : 하도급 불공정 거래 예방 및 저가하도급 개선, 충실한 실행예산 산정이 가능하고 덤핑입찰 억제, 하도급 계열화 촉진, 전문 업체의 기술력 강화

  ㉯ 단점 : 하도급 업체간 담합 우려, 하도급 업체의 영세성으로 조기 적용시 문제 발생

토공사

1 굴착용 및 정지용 기계의 분류

(1) 굴착용 기계의 종류 및 특징

구분	굴착기계	특징	토질
셔블계	파워셔블	지반면보다 높은 곳의 굴착, 쇄석 옮겨쌓기, 토사의 처리 등에 널리 쓰인다.	굳은 점토, 암석, 토사
	드래그셔블 (백호우)	지반면보다 낮은 곳의 굴착, 지하층 및 기초 굴삭, 토목공사나 수중굴착 등에 쓰인다(지하 6m 정도의 깊이).	자갈, 암석이 섞인 토사, 굳은 지반
	드래그라인	지반면보다 낮은 곳의 굴착, 토사를 긁어 모음, 연약한 지반의 깊은 곳 굴착 등에 쓰인다(지하 8m 정도의 깊이).	암석, 암석이 섞인 토사, 연약한 지반
	클램셀	좁은 곳의 수직굴착, 자갈 등의 적재, 연약한 지반이나 수중굴착 등에 쓰인다.	자갈, 암석, 연약한 지반
트랙터계	불도저	직선송토작업, 단단한 지반과 암석작업 등에 널리 쓰인다.	암석, 굳은 지반

(2) 정지용 기계의 종류 및 특징

정지용 기계	특징	동작형식
모터그레이더	상하경사가 가능하고 방향전환을 할 수 있는 정지판을 장치	중간식
불도저	단거리공사에 적합(15m 정도에서 60m 이내) • 앵글도저 : 배토판을 좌우로 30° 까지 회전할 수 있고 주로 산허리 등을 깎아 내리는데 효과적 • 틸트도저 : 블레이드를 레버로 조정할 수 있으며 동결된 땅, V형 배수로 작업 등에 사용	전면식
캐리올 스크레이퍼	100~200m의 중거리 정지공사에 적합	견인식

2 **흙파기 공법**

(1) 아일랜드컷(Island cut) 공법

① 비교적 기초파기가 얕고, 대지면적이 넓은 경우에 이용되는 공법으로 모래가 많이 섞인 층, 단단한 로움(Loam)층, 특히 굳은 모래층에서는 경사면으로 남겨진 토량이 적어 유효하다.

② 실트(Silt)층, 연약한 점토에서는 흙의 양이 많아져 불리하다.

③ 시공깊이는 안전상 10m 내외로 한정하고, 그 이상 깊어질 때는 다른 시공법(캔틸레바 공법)과 병용하는 것이 바람직하다.

(2) 트랜치컷(Trench cut) 공법

① **개요** : 아일랜드 공법과 역순으로 흙을 파내는 공법으로 히빙 현상이 예상될 때, 지반이 극히 연약하여 온통 파기를 할 수 없을 때 매우 효과적이지만 널말뚝을 이중으로 박아야 하고, 공사 기간이 길어지는 단점이 있다.

② **장점**

㉮ 무진동, 무소음 공법으로 주변 민원발생 우려가 적다.

㉯ 주변 지반에 대한 영향이 적어 인접건물에 근접한 시공이 가능하다.

㉰ 벽체의 강성이 높아 본구조체로도 사용이 가능하다.

㉱ 차수성이 높고 지반조건에 구애받지 않고 시공이 가능하다.

③ **단점**

㉮ 장비 비용이 고가이며 대형으로 이동이 어렵다.

㉯ 고도의 기술과 경험(숙련도)이 요구된다.

㉰ 수평방향의 연속성이 부족하다.

㉱ 콘크리트 타설시 품질관리에 유의해야 한다.

> ┗ **지중연속벽(Slurry wall) 공법과 널말뚝(Sheet pile)**
> • 지중연속벽(Slurry wall) 공법 : 지반굴착시 안정액을 사용하여 지반의 붕괴를 방지하면서 굴착하며 연속으로 콘크리트 흙막이벽을 설치해 가는 공법이다.
> • 널말뚝(Sheet pile) : 용수가 많고 토압이 크고 기초가 깊을 때 사용하며 수밀성이 크고 강성·인성이 크다.

(1) 터파기 공사후의 부피 증가율

토질	증가율(%)	
	일시적	영구적
연토	8~12	1~3
모래 또는 자갈	15	–
적토사 또는 모래 섞인 진흙	20	5
경질흙, 점토, 부식토	25	7
진흙반	30	8
연암	35	12
경암	35 이상	–

⊏ 암질의 판별 시험방법

R.Q.D(%), R.M.R(%), 탄성파 속도(Kine), 일축압축강도(kg/cm^2), 진동치 속도(cm/sec)

(2) 쪽매(판재 등을 나란히 옆으로 대어 넓게 하는 것)의 종류

① **맞댄쪽매** : 툇마루 등에 틈서리가 있게 의장하여 깔 때, 또는 경미한 널대기에 쓰인다.

② **빗쪽매** : 간단한 지붕, 반자널 쪽매 등에 쓰인다.

③ **반턱쪽매** : 얇은 널대기에 쓰이는 것으로 거푸집이나 15mm 미만의 널에 쓰인다.

④ **틈막이대쪽매** : 널에 반턱을 내고 따로 틈막이널을 깔아 쪽매하는 것으로 징두리판벽 등에 쓰인다.

⑤ **오늬쪽매** : 솔기를 살촉모양으로 한 것으로 흙막이 널말뚝에 쓰인다.

⑥ **제혀쪽매** : 널 한쪽에 홈을 파고 다른 쪽에 혀를 내어 물리고 혀 위에서 빗못질을 한다.

⑦ **딴혀쪽매** : 널의 양옆에 홈을 파고 다른 쪽매를 끼워대는 것을 말한다.

(3) 횡널말뚝의 특징

① **장점**

㉮ 공사비가 적다. ㉯ 사용재료의 입수가 용이하다.

㉰ 구성이 용이하다. ㉱ 어미 말뚝재를 회수할 수 있다.

② **단점**

㉮ 뒤넣기 등에 품이 든다. ㉯ 부식에 의해 주변 침하의 우려가 있다.

㉰ 적응지반이 한정되어 있다.

(4) 강재널말뚝

① **특징**

㉮ 토압이 크고 용수가 많으며 기초가 깊을 때 쓰인다.

㉯ 대규모 토공사에 사용된다.

② **강재널말뚝의 종류**

㉮ 라르젠식 : 큰토압 및 수압에 견디는 특징이 있어 널리 사용

㉯ 심플렉스식

㉰ 유니버설 조인트식

㉱ 랜섬식

㉲ U.S. 스틸식

㉳ 락크완나식

㉴ 테르루즈식

▐ 강말뚝의 특징

· 경량

· 지지력이 큼

· 부식에 의한 내구성저하(열화현상)

· 휨저항이 크고 타입이 용이

· 현장접합이 가능

---

(5) 되메우기

① 모래로 되메우기 할 경우 충분한 물다짐을 실시하고, 일반 흙으로 되메우기 할 경우 두께 약 30cm 마다 다짐밀도의 규정 또는 특기 시방서에 명기되어 있지 않을 경우에는 다짐밀도 95% 이상으로 다진다.

② 되메우기시 충분한 다짐(상대 다짐도 95%)을 하여 건물 완성 후 건물 주위의 흙이 침하하여 묻혀있는 가스관, 상하수도관, 전기통신설비 등에 영향이 없도록 한다.

(6) 계측기기 설치위치 선정 기준

① 주변 구조물에 영향을 판단하기 위하여 구조물의 인접 구간에 집중 배치한다.

② 시공 시점이 빠른 위치를 선정한다.

③ 해석상 상호 연관시킬 수 있는 위치를 선정한다.

④ 계측 수행이 공사의 완료 시점까지 가능한 지점을 선정한다.

⑤ 계기의 고장이나 파손시 대체 기기의 선정이 가능한 곳을 선정한다.

⑥ 계기의 배선 및 설치가 용이하여야 한다.

⑦ 공사의 영향이 큰 지점으로 대표 단면이어야 한다.

기초공사

1 지정(地定, Soil ground)

(1) 지정의 개요

① 지정이란 건축물과 같은 구조체를 지지하기 위한 기초 슬래브의 저면보다 아래 부분을 지칭함과 동시에 이를 위한 공사의 의미도 포함하고 있다.

② 간단하게는 연약한 지반을 환토하는 것을 말한다.

(2) 지정의 분류

구분		지정의 종류
보통지정		잡석지정, 자갈지정, 모래지정, 밑창콘크리트 지정, 긴 주춧돌 지정
깊은지정	말뚝지정	나무말뚝, 강재말뚝, 제자리 콘크리트말뚝, 기성 콘크리트말뚝
	특수공법지정	오픈케이스 공법, 뉴메틱 케이슨 공법, 심초 기초말뚝, 진관식 기초말뚝
지반개량공법		웰 포인트 공법, 샌드드레인 공법, 그라우딩 공법, 바이브로 컴포저 공법, 바이브로 플로테이션 공법, 폭파치환공법, 모래다짐말뚝공법

2 제자리 콘크리트 말뚝

(1) 일반사항

① 제자리 콘크리트 말뚝은 기초저면지반을 굴착하고 콘크리트기초를 만드는 것을 말한다.

② 구멍벽 보호는 철관갑을 삽입하거나 철관갑을 쓰지 않고 벤토나이트 등의 비중이 큰 액체로 구멍을 채우는 방법을 사용한다.

(2) 제자리 콘크리트 말뚝의 종류

① **콤프레솔 말뚝(Compressol pile)** : 지중에 1.0~2.5t 정도의 세 가지 추를 낙하시켜서 구멍을 파고 그 속에 콘크리트를 주입시키는 것

② **페데스탈 말뚝(Pedestal pile)** : 지중에 2중철관(내관, 외관)을 때려 박은 후, 내관을 빼내어 콘크리트를 부어 넣고 다시 내관을 집어넣어서 다져 구근을 만든다. 그런 다음 공간에 콘크리트를

채우고 난 후 외관을 빼내는 것

③ **멀티 페데스탈 말뚝(Multi pedestal pile)** : 페데스탈 말뚝과 방법은 같으나 말뚝 하부에 쇠신을 때려 박은 것

④ **심플렉스 말뚝(Simplex pile)** : 지중에 철관을 때려 박고 내부에 콘크리트를 채우고 난 뒤 철관을 뽑아내는 것

⑤ **프랭키 말뚝(Franky pile)** : 콘크리트를 된 비빔으로 하여 케이싱 속에 채워 넣고 해머로 타격하여 지지층에 도달하면 케이싱을 약간씩 들어올리면서 타격을 하여 구근(球根)과 울퉁불퉁한 말뚝을 형성하는 것

⑥ **프리팩트 말뚝(Prepect pile)** : 커다란 스크류(screw)를 사용하여 구멍을 뚫고 모르타르 주입용 철관을 밑창까지 넣은 후, 그 주위 공간에 자갈을 채우고 철관을 통해 모르타르를 압입시켜 콘크리트 기둥모양의 말뚝을 만드는 것

⑦ **레이몬드 말뚝(Raymond pile)** : 강판으로 만든 외관 속에 코어(Core)를 넣고 박은 후 코어만을 빼내고 외관은 지중에 남겨두어 그 속에 콘크리트를 다져 넣는 것

⑧ **C.I.P(cast-in-place pile)** : 어스 오우거(Earth auger)로 지중에 구멍을 뚫고, 철근망(또는 H-형강)을 삽입한 다음 모르타르 주입관을 설치하고, 먼저 자갈을 채운 후 주입관을 통하여 모르타르를 주입하여 제자리 말뚝을 형성하는 공법으로 지하수가 없는 곳에 적용하며, 지중에 연속하여 시공하여 주열식 흙막이 벽체를 구성

⑨ **P.I.P(packed-in-place pile)** : 연속된 날개가 달린 스크류 오우거(Screw auger)의 머리에 구동장치를 설치하여, 소정의 깊이까지 회전시키면서 굴착한 다음, 흙과 오우거(Auger)를 빼 올린 분량만큼의 프리팩트 모르타르를 오우거 기계의 속 구멍을 통해 압출시키면서 제자리 말뚝을 형성하는 공법으로 오우거를 빼내면 곧 철근망 또는 H-형강 등을 모르타르 속에 꽂아서 말뚝을 완성하며, 시공이 용이한 무소음·무진동 공법

⑩ **M.I.P(mixed-in-place pile)** : 오우거(Auger)의 회전축대는 중공관으로 되어 있고 축선단부에서 시멘트 페이스트를 분출시키면서 토사를 굴착하여, 토사와 시멘트 페이스트를 혼합·교반하여 파일(Pile)을 형성하므로 소일 시멘트 파일(Soil cement pile)이라고도 하며 오우거를 뽑아낸 뒤에 필요에 따라 철근망을 삽입하기도 하며, 흙을 골재로 사용하므로 경제적인 공법

3 ▶ **기초 말뚝의 특성**

특성 및 구분	나무말뚝	기성콘크리트말뚝	제자리콘크리트말뚝	강재말뚝
지름	15~20cm	20~60cm	40~60cm	임의
말뚝간격(2.5d 이상)	60cm 이상	75cm 이상	90cm 이상	90cm 이상
길이	6~10m	10~12m	임의	30~80cm
지지력	5~10t	30~50t	50~100t	50~100t

특성 및 구분	나무말뚝	기성콘크리트말뚝	제자리콘크리트말뚝	강재말뚝
말뚝의 위치	상수면 이하	임의	임의	임의
용도	상수면이 얕고 경량 건물	중량건물	중량건물 지중에 구근 형성	중량건물

4 탈수공법(Drain Method)

(1) 탈수공법의 정의

① 주로 연약지반 속의 물을 제거함으로써 지반의 밀도를 증가시켜 흙의 지지력을 높이는 공법을 말한다.

② 지하수를 배제하거나 지하 수위를 저하시키는 공법으로 Dewatering method 라고도 한다.

(2) 탈수공법의 종류

① 웰포인트(Wall point) 공법

② 샌드드레인(Sand drain) 공법

③ 깊은우물(Deep well) 공법

④ 전기침투 공법

⑤ 프리로딩(Pre-loading) 공법

⑥ 진공 공법

⑦ 생석회 공법

> **■ 바이브로플로테이션(Vibroflotation), 언더피닝(Under pinning) 공법**
> • 바이브로플로테이션(Vibroflotation) 공법 : 사질토의 다짐공법으로 약 2m 정도의 진동봉을 지중에 관입하여 횡방향 진동을 일으켜 주변지반을 다져 올라가면 그 빈 구멍에 모래, 자갈로 채워서 지반을 개량
> • 언더피닝(Under pinning)공법 : 기존 건물 가까이에 건축공사를 할 때 기존(인접)건물의 지반과 기초를 보강하는 방법

5 기초공사에 관한 중요사항

(1) 보통 지정에서 잡석 지정의 시공법

① 시공은 "기초 굴토 → 잡석 깔기 → 틈막이자갈(사춤자갈) 깔기 → 다짐 → 버림콘크리트"의 순서로 한다.

② 사춤자갈의 양은 잡석 부피의 약 20~30% 정도가 적당하다.

③ 잡석은 세워서 깔고 가장자리에서부터 중앙부로 다져간다.

④ 암반 위에서는 실시하지 않는다.

> **⊏ 버림 콘크리트의 목적**
> - 먹매김이 가능
> - 거푸집 설치
> - 철근의 배근이 용이
> - 바깥 방수의 바탕으로 이용

(2) 깊은 지정에서 나무 말뚝 박기시 유의사항

① 상수면 이하에 박아야 한다.

② 주변에 먼저 박고 점차 중앙부 쪽으로 박는다.

③ 추의 중량은 말뚝중량의 2.5배 정도로 한다.

④ 추의 낙하높이는 3~4m 정도가 적당하다.

⑤ 수직으로 박되 말뚝박기가 완료되면 수평으로 자르고 말뚝 사이에 가심을 한다.

⑥ 말뚝 한 개로 굳은 층에 도달하지 못할 때는 2개를 이어 쓰고 이음자리는 철물로 보강한다.

⑦ 말뚝의 기초판 끝과의 거리는 말뚝 머리 지름의 1.25배(보통 2배) 이상 또는 30cm 이상으로 한다.

(3) 제자리 콘크리트 말뚝의 장·단점

① 장점

㉮ 단부에 큰 혹을 만들어 기초판의 역할을 하도록 한다.

㉯ 소요 길이 및 크기를 자유로이 할 수 있다.

㉰ 운송비가 필요 없다.

② 단점

㉮ 기성 말뚝 보다 콘크리트의 압축강도가 작다.

㉯ 완성된 상태를 확인할 수 없다.

㉰ 인접 말뚝의 타격에 의하여 콘크리트가 경하중에도 피해를 받는다.

(4) 연약한 지반의 기초 및 대책

① 상부 구조 관계

㉮ 강성을 높일 것

ⓝ 건물을 경량화 할 것

ⓓ 건물의 중량분배를 고려 할 것

ⓡ 이웃 건물과의 거리를 멀게 할 것

ⓜ 평면 길이를 작게 할 것

② **기초 구조의 관계** : 굳은 층에 지지시킬 것. 마찰말뚝을 사용할 것

③ **지반 관계** : 고결, 탈수, 치환, 다지기 등의 처리를 할 것

(5) 부동 침하의 원인

① 건물이 경사지거나 언덕에 근접되어 있는 경우

② 건물이 이질지반에 걸쳐있는 경우

③ 근접해서 부주의한 기초파기를 했을 경우

④ 기초의 제원이 현저하게 틀리는 경우

⑤ 부주의한 증축을 하는 경우

⑥ 이중의 기초구조를 채용한 경우

⑦ 지반의 구조상 연약층의 두께가 상이한 경우

⑧ 지하수가 부분적으로 변화되는 경우

⑨ 지하에 매설물이나 구멍이 있는 경우

⑩ 하부 지반이 연약한 경우

(6) 건물의 부동침하 방지대책

① 건물의 경량화

② 동질지정

③ 지하실 설치

④ 지지말뚝 사용

6 ▶ 지내력(地耐力) 시험

(1) 지내력 시험의 개요

① 지내력이란 지반의 하중을 지지하는 능력인 지지력과 허용침하량을 만족시키는 지반의 내력이다.

② 허용지내력은 허용지지력과 허용침하를 동시에 만족시켜야 한다.

(2) 지내력 시험의 종류

① 평판재하시험(P.B.T, Plate Bearing Test)
㉮ 기초저면까지 판자리에서 직접 재하하여 허용지내력을 구하는 시험이다.
㉯ 시험방법
  ㉠ 시험은 원칙적으로 기초저면에서 행한다.
  ㉡ 시험용 재하판은 정방형 또는 원형의 면적 $0.2m^2$의 것을 표준으로 하고 보통 45cm($0.2025m^2$)의 것을 사용한다.
  ㉢ 매회 재하는 1t 이하 또는 예정파괴하중의 1/5 이하로 침하의 증가는 2시간에 0.1mm의 비율 이하가 될 때는 침하가 정지된 것으로 간주한다.
  ㉣ 장기하중에 대한 허용지내력은 단기하중 허용지내력의 1/2이다.

② 말뚝재하시험
㉮ 사용 예정인 말뚝에 대해 실제로 사용되는 상태 또는 이것에 가까운 상태에서 지지력 판정의 자료를 얻는 시험으로 직접적으로 지지력을 확인하는 방법이다.
㉯ 말뚝재하시험의 종류
  ㉠ 정재하시험 : 압축재하시험, 인발시험, 수평재하시험
  ㉡ 동재하시험

③ 말뚝박기시험
㉮ 시험말뚝은 말뚝박기에 앞서 말뚝길이, 지지력 등을 조사하는 시험으로 실제 말뚝과 동일한 조건으로 시행하여 타격횟수 5회에 총관입량 6mm 이하의 경우 거부현상으로 판단한다.
㉯ 시험방법
  ㉠ 기초면적 $1,500m^2$ 까지는 2개, $3,000m^2$ 까지는 3개의 단일시험말뚝을 설치한다.
  ㉡ 시험말뚝은 실제말뚝과 똑같은 조건으로 시행한다.
  ㉢ 말뚝의 최종관입량은 5~10회 타격한 평균침하량으로 본다.
  ㉣ 말뚝의 최종관입량과 리바운드(Rebound) 측정량으로 지지력을 추정한다.

철근콘크리트공사

1 철근콘크리트 공사의 개요

(1) 철근콘크리트의 장점과 단점

장점	단점
• 경제적이다. • 내화성, 내구성이 크다. • 재료채취 및 운반이 용이하다 • 크기에 제한을 받지 않는다. • 내진성이 크다. • 유지수선비가 거의 안들며 외관이 장중하다.	• 개조 및 파괴가 곤란하다. • 국부적으로 파손되기 쉽다. • 균열이 쉽다. • 거푸집을 필요로 한다. • 균일한 시공을 하기 어렵다. • 건축물의 자중이 크다.

(2) 철큰콘크리트공사의 특징

① 철근이 인장력을 부담하고 콘크리트는 압축력을 부담하는 이상적인 건축재료이다.

② 콘크리트 안의 철근은 콘크리트라는 피복 때문에 방청을 유지한다.

(3) 철큰콘크리트공사의 장점

① 주변에서 쉽게 구할 수 있다.

② 철근과 콘크리트의 선팽창계수가 비슷하다.

③ 철근은 인장력에 강하고 콘크리트는 압축력에 강하다.

④ 콘크리트의 혼화재 사용시 묽은 콘크리트와 경화콘크리트의 물성 개선이 가능하다.

(4) 철큰콘크리트공사의 단점

① 강도에 비해 재료의 자중이 비교적 무겁다.

② 철근은 녹슬기 쉽고 직선형 8m 표준생산으로 자재 손실(Loss)이 많다.

③ 콘크리트는 양질의 골재를 얻기 어렵고 환경파괴라는 문제점을 안고 있다.

④ 습기가 많거나 염화석회 함유시 직류에 의해 전기적 피해를 입는다.

2 콘크리트용 재료

(1) 시멘트

① 시멘트의 비중은 보통 3.15(포틀랜드 시멘트 기준) 정도이며, 단위는 포대단위로 하고 40kg들이 1포대의 체적은 0.0254m³, 시멘트 1m³의 무게는 1,500kg이다.

② 28일 압축강도는 300~400kg/cm²이며, 적재 3개월 이상인 경우 재시험을 하여 품질을 확인하여야 한다.

(2) 골재

① 콘크리트 용적의 66~78%를 차지한다.

② 콘크리트용 체규격 5mm 망체를 중량으로 90% 이상 통과하는 잔골재와 동일한 체를 중량으로 90%이상 잔류하는 굵은 골재로 분류한다.

③ 흡수율의 경우 굵은 골재는 3% 이하, 잔골재 3.5% 이하이다.

> **⊏ 흡수량**
> 표면건조 내부 포수상태의 골재 중의 포함되는 물의 양

(3) 물과 혼화재료

① **물** : 콘크리트의 용수는 청정하고, 유해량의 산·알칼리, 기름, 유기불순물을 포함하지 않아야 한다.

② **혼화재료** : 콘크리트의 성질을 개선시키기 위하여 콘크리트에 섞어 주는 것을 말한다.

3 부순 모래, 쇄석을 이용한 콘크리트

(1) 부순 모래를 이용한 콘크리트

① 동일 슬럼프를 갖기 위해서는 5~10% 단위수량이 더 필요하다.

② 미세분말량이 많아 슬럼프값이 작아지므로 잔골재율을 낮추어야 한다.

③ 경화중 재료분리와 블리딩이 많아질 때 미세분말량을 증가시키면 그 정도가 작아진다.

④ 콘크리트의 압축강도는 미세분말량이 10% 이하면 별 차이가 없다.

⑤ 미세분말량이 많을수록 응결시간이 빨라진다.

⑥ 미세분말량이 많아지면 공기량이 적어지므로 AE제 등을 사용하여 공기기량을 증가시켜야 한다.

(2) 쇄석을 이용한 콘크리트

① 강자갈에 비해 시공연도가 불량하다.

② 압축강도와 부착강도는 증가한다.

4 ▶ **물 · 시멘트(W/C) 비의 결정**

(1) 물 · 시멘트 비

① 시멘트 페이스트 중의 시멘트에 대한 물의 중량 백분율을 의미한다.

② 물 · 시멘트 비는 콘크리트의 강도, 수밀성, 내구성에 가장 많은 영향을 주는 배합요소이다.

(2) 현장비빔시 물 · 시멘트 비 결정

① 물 · 시멘트 비 = $\dfrac{61}{\dfrac{F}{K} + 0.34}$

② 수식 중 'F : 콘크리트의 배합강도', 'K : 시멘트 강도'를 의미한다.

(3) 물 · 시멘트 비의 적정범위

구분	적정범위	구분	적정범위
보통 콘크리트	40~70%	고강도, 수중 콘크리트	55% 이하
경량골재 콘크리트	45~60%	방사선차폐용 콘크리트	60% 이하

5 ▶ **콘크리트 배합의 원칙**

(1) 단위 시멘트의 사용량이 많아지는 경우

① 동일 물 · 시멘트 비, 동일 슬럼프에서는 자갈이 가늘수록

② 동일 물 · 시멘트 비의 경우 슬럼프가 클수록

③ 동일 슬럼프의 경우 물 · 시멘트 비가 작을수록

④ 동일 물 · 시멘트 비, 동일 슬럼프에서는 모래가 가늘수록

(2) 자갈의 사용량이 많아지는 경우

① 동일 물 · 시멘트 비, 동일 슬럼프에서는 모래가 가늘수록

② 동일 물 · 시멘트 비, 동일 슬럼프에서는 자갈이 굵을수록

(3) 모래의 사용량이 많아지는 경우

① 동일 물·시멘트 비, 동일 슬럼프에서는 자갈이 가늘수록

② 슬럼프 15cm 이상에서는 동일 물·시멘트 비의 경우 슬럼프가 커질수록

③ 동일 물·시멘트 비, 동일 슬럼프에서는 모래가 굵을수록

> **⌐ 비비기 및 운반**
> • 최소비빔시간 및 회전속도는 외주속도 1m/sec로 1분 이상 비벼야 한다.
> • 콘크리트는 비빔개시 후 25℃ 이상에서는 1.5시간 이내, 25℃ 미만에서는 2시간 이내에 타설을 완료하여야 한다.
> • 레미콘의 시험강도는 1회 시험값이 호칭강도의 85% 이상으로 3회 시험한 값이 호칭강도 이상이어야 한다.

6 ▶ 콘크리트의 강도 및 측압

(1) 콘크리트의 강도

① **콘크리트 강도에 영향을 주는 인자**

㉮ 물·시멘트 비(W/C)

㉯ 재료의 품질 : 시멘트, 골재, 모래, 용수 등의 품질

㉰ 시공법 : 배합비, 혼합법, 타설방법 등은 강도에 영향

㉱ 보양법

　㉠ 습도 보존 : 최소 5일

　㉡ 안전 보존 : 진동, 충격 등

　㉢ 온도 보존 : 25℃ 이상이 좋고, 겨울철도 최소 5일간은 2℃ 이상 유지

② **콘크리트의 소요 강도(F_o)**

㉮ F_o = 3 × 장기허용응력도 = 1.5 × 단기허용응력도

　㉠ 단기허용응력도는 장기허용응력도의 2배이다.

　㉡ 콘크리트의 4주 강도 = 1.8 × 1주 강도

㉯ 강도감소계수 : 부재의 강도설계시 설계기준의 강도변화, 시공상의 오차 등에서 오는 위험성을 대비하는 규정이다.

(2) 콘크리트의 측압이 커지는 조건

① 기온이 낮을수록(대기 중의 습도가 낮을수록)

② 치어붓기 속도가 클수록

③ 굵은 콘크리트 일수록(물·시멘트 비가 클수록, 슬럼프 값이 클수록, 시멘트·물비가 적을수록)

④ 콘크리트의 비중이 클수록

⑤ 콘크리트의 다지기가 강할수록

⑥ 철근의 양이 적을수록

⑦ 거푸집의 수밀성이 높을수록

⑧ 거푸집의 수평단면이 클수록(벽두께가 클수록)

⑨ 거푸집의 강성이 클수록

⑩ 거푸집의 표면이 매끄러울수록

⑪ 측압은 생콘크리트의 높이가 높을수록 커지나 일정한 높이에 이르면 측압의 증가는 없음

7 거푸집 관련

(1) 거푸집 설계시의 수직하중

콘크리트의 종류	콘크리트의 중량	
	무근 콘크리트	철근 콘크리트
보통콘크리트	2.3t/m³	2.4t/m³
경량콘크리트	1.7~2.0t/m³ (보통 1.9)	
중량콘크리트	3.2~4.0t/m³ (보통 3.5)	

※ 거푸집의 수직방향으로 작용하는 적재하중, 충격하중, 고정하중 및 작업하중의 합으로 한다.

(2) 특수 거푸집의 종류별 특징

① **유로 거푸집(Euro form)** : 합판이나 특수경량 강으로 만들며 하나의 판넬로 기둥, 벽, 바닥의 조립이 가능

② **갱 거푸집(Gang form)** : 표면 피복 강화합판이나 각재, 철골을 이용하여 특수 제작한 것으로 옹벽, 기둥을 일체식으로 제작

③ **터널 거푸집(Tunnel form)** : 한 구획 전체의 벽과 바닥판을 ㄱ자, ㄷ자 형으로 짜서 이동식 거푸집으로 이용

④ **슬라이딩 거푸집(Sliding form)** : 활동거푸집이라고 하며, 굴뚝이나 사일로(Silo) 등 평면 형상이 일정하고 돌출부가 없는 구조물에 사용
  ㉮ 장점
    ㉠ 공기를 1/3 정도로 단축할 수 있다.
    ㉡ 타설속도는 1일 5~8m 정도 연속 타설하므로 일체성을 확보할 수 있다.
    ㉢ 내 · 외부에 비계가 필요 없다.
  ㉯ 단점
    ㉠ 악천후시에 작업이 곤란하다.
    ㉡ 제작비가 과다하게 소요된다.

ⓒ 공사진행상 특히 주의를 요한다.

⑤ **슬립 거푸집(Slip form)** : 거푸집에 테이퍼를 붙이거나 거푸집 주장의 변화가 가능한 장치를 쓰고 단면 형상 변화가 있는 구조물에 사용하며, 초고연통, 무선탑, 전망탑, 크린타워, 급수탑 등의 시공에 이용

⑥ **와플 거푸집(Waffle form)** : 무량판, 평판구조의 장스팬 구조물에 유리하며 층 높이를 낮게 하는 방법의 특수상자 모양의 기성제 거푸집

⑦ **플라잉 폼(Flying Form)**

  ㉮ 바닥에 콘크리트 타설을 위한 거푸집으로써 거푸집판, 장선, 멍에, 서포트 등을 일체로 제작하여 부재화한 거푸집으로 일명 테이블 폼(Table form)이라 함

  ㉯ 수직적인 반복 모듈을 가진 구조물과 수평적인 반복모듈을 가진 구조물에 적용효과가 높으며 경제적 전용 횟수는 30~40회 이상

  ㉰ 장점과 단점

    ㉠ 장점 : 설치기간 단축, 인력 절감, 거푸집의 처짐양이 적음, 기능공의 기능도에 좌우되지 않음, 합판을 제외한 주요부재의 재사용이 가능

    ㉡ 단점 : 장비 필요. 초기 투자비 과다

⑧ **클라이밍 폼(Climbing form)**

  ㉮ 벽체용 거푸집으로 거푸집과 벽체마감공사를 위한 비계틀을 일체로 조립하여 한꺼번에 인양시켜 거푸집을 설치하는 공법

  ㉯ 초고층 건물을 튜브식 구조로 시공하는 경향이 늘어나면서 필요성이 증대되고 있으며 전용 횟수는 80~100회가 경제적

  ㉰ 장점과 단점

    ㉠ 장점 : 비계 설치 불필요, 콘크리트 면의 품질 양호, 고층 작업시 안정성이 높음, 거푸집 해체시 콘크리트에 미치는 충격이 적음, 장비를 이용하므로 인력이 절감되고 시공속도가 빠름

    ㉡ 단점 : 장비 필요. 초기 투자비 과다

⑨ **철제 거푸집(Metal Form)** : 반복 사용에 견딜 수 있어 경제적이나 콘크리트면이 매끈하기 때문에 모르타르와 같은 미장재료가 잘 붙지 않으므로, 표면을 거칠게 할 필요가 있으며 춥거나 더운 계절에 콘크리트 표면이 빨리 경화(硬化)되는 단점

(3) 존치기간 및 부속재

① **거푸집 존치기간 산정** : 최저 온도가 5℃ 이하인 경우는 1일을 반일로 계산하고, 0℃ 이하인 것은 존치기간에 산입치 않으며 사용 콘크리트의 종류 및 보양상태를 고려하여 결정

② **거푸집의 부속재**

  ㉮ 긴장재(Form tie) : 거푸집의 형상 유지, 저항, 벌어지는 것 방지

  ㉯ 격리재(Separator) : 거푸집의 간격 유지, 오그라드는 것 방지

  ㉰ 간격재(Spacer) : 철근과 거푸집의 간격 유지

☑ **산업안전보건기준에 관한 규칙 제332조(동바리 조립 시의 안전조치)**

사업주는 동바리를 조립하는 경우에는 하중의 지지상태를 유지할 수 있도록 다음 각 호의 사항을 준수해야 한다.

1. 받침목이나 깔판의 사용, 콘크리트 타설, 말뚝박기 등 동바리의 침하를 방지하기 위한 조치를 할 것
2. 동바리의 상하 고정 및 미끄러짐 방지 조치를 할 것
3. 상부·하부의 동바리가 동일 수직선상에 위치하도록 하여 깔판·받침목에 고정시킬 것
4. 개구부 상부에 동바리를 설치하는 경우에는 상부하중을 견딜 수 있는 견고한 받침대를 설치할 것
5. U헤드 등의 단판이 없는 동바리의 상단에 멍에 등을 올릴 경우에는 해당 상단에 U헤드 등의 단판을 설치하고, 멍에 등이 전도되거나 이탈되지 않도록 고정시킬 것
6. 동바리의 이음은 같은 품질의 재료를 사용할 것
7. 강재의 접속부 및 교차부는 볼트·클램프 등 전용철물을 사용하여 단단히 연결할 것
8. 거푸집의 형상에 따른 부득이한 경우를 제외하고는 깔판이나 받침목은 2단 이상 끼우지 않도록 할 것
9. 깔판이나 받침목을 이어서 사용하는 경우에는 그 깔판·받침목을 단단히 연결할 것

☑ **산업안전보건기준에 관한 규칙 제332조의2(동바리 유형에 따른 동바리 조립 시의 안전조치)**

사업주는 동바리를 조립할 때 동바리의 유형별로 다음 각 호의 구분에 따른 각 목의 사항을 준수해야 한다.

1. 동바리로 사용하는 파이프 서포트의 경우
   가. 파이프 서포트를 3개 이상 이어서 사용하지 않도록 할 것
   나. 파이프 서포트를 이어서 사용하는 경우에는 4개 이상의 볼트 또는 전용철물을 사용하여 이을 것
   다. 높이가 3.5미터를 초과하는 경우에는 높이 2미터 이내마다 수평연결재를 2개 방향으로 만들고 수평연결재의 변위를 방지할 것
2. 동바리로 사용하는 강관틀의 경우
   가. 강관틀과 강관틀 사이에 교차가새를 설치할 것
   나. 최상단 및 5단 이내마다 동바리의 측면과 틀면의 방향 및 교차가새의 방향에서 5개 이내마다 수평연결재를 설치하고 수평연결재의 변위를 방지할 것
   다. 최상단 및 5단 이내마다 동바리의 틀면의 방향에서 양단 및 5개틀 이내마다 교차가새의 방향으로 띠장틀을 설치할 것
3. 동바리로 사용하는 조립강주의 경우: 조립강주의 높이가 4미터를 초과하는 경우에는 높이 4미터 이내마다 수평연결재를 2개 방향으로 설치하고 수평연결재의 변위를 방지할 것
4. 시스템 동바리(규격화·부품화된 수직재, 수평재 및 가새재 등의 부재를 현장에서 조립하여 거푸집을 지지하는 지주 형식의 동바리를 말한다)의 경우
   가. 수평재는 수직재와 직각으로 설치해야 하며, 흔들리지 않도록 견고하게 설치할 것
   나. 연결철물을 사용하여 수직재를 견고하게 연결하고, 연결부위가 탈락 또는 꺾어지지 않도록 할 것
   다. 수직 및 수평하중에 대해 동바리의 구조적 안정성이 확보되도록 조립도에 따라 수직재 및 수평재에는 가새재를 견고하게 설치할 것
   라. 동바리 최상단과 최하단의 수직재와 받침철물은 서로 밀착되도록 설치하고 수직재와 받침철물의 연결부의 겹침길이는 받침철물 전체길이의 3분의 1 이상 되도록 할 것

5. 보 형식의 동바리[강제 갑판(steel deck), 철재트러스 조립 보 등 수평으로 설치하여 거푸집을 지지하는 동바리를 말한다]의 경우

　　가. 접합부는 충분한 걸침 길이를 확보하고 못, 용접 등으로 양끝을 지지물에 고정시켜 미끄러짐 및 탈락을 방지할 것

　　나. 양끝에 설치된 보 거푸집을 지지하는 동바리 사이에는 수평연결재를 설치하거나 동바리를 추가로 설치하는 등 보 거푸집이 옆으로 넘어지지 않도록 견고하게 할 것

　　다. 설계도면, 시방서 등 설계도서를 준수하여 설치할 것

8 　철근콘크리트 공사에 관한 중요사항

(1) 이상 현상

　① 블리딩(Bleeding) 현상

　　㉮ 콘크리트 타설 후 시멘트, 골재입자 등의 비중차에 의한 침하에 의해 물이 분리 상승되어 표면에 떠오르는 현상(부착저해로 수밀성, 내구성 저하)

　　㉯ 블리딩 현상의 방지책

　　　㉠ 단위 수량을 가능한 적게 하고, 된비빔 콘크리트를 타설

　　　㉡ 작은 입자를 적당하게 포함하고 있는 잔골재를 사용

　　　㉢ AE제, AE감수제, 고성능 감수제(포졸란 등)을 사용

　　　㉣ 분말도가 높은 시멘트 사용

　② **레이턴스(Laitance) 현상** : 블리딩에 의해 떠오른 미립물이 그 후 콘크리트 표면에 엷은 막으로 침적되는 현상(이음 콘크리트 할 때 강도 감소)

　③ **재료분리에 영향을 주는 요소** : 단위수량, 골재의 종류, 골재의 입도 및 입형, 혼화재의 종류

(2) 콘크리트의 이음 위치

　① **보, 슬래브** : 스팬의 1/2 되는 곳에 수직으로 이음(단, 작은보가 있을 때 작은보 너비의 2배이며, 캔틸레바로 내민 보나 바닥판은 일체로 한다.)

　② **기둥** : 기초 위, 바닥판 위, 연결보 위에 수평으로 이음

　③ **벽** : 개구부 주위

　④ **아치** : 축의 직각

(3) AE 공기량이 감소하는 경우

　① 온도가 높을수록

　② 비벼놓은 시간이 길수록

　③ 진동을 주었을 경우

④ 잔골재의 미립분이 적을수록(AE 공기량은 자갈입도 보다 모래입도에 영향을 많이 받는다.)

⑤ 기계비빔 보다 손비빔 일수록

(4) 연행공기의 목적과 특징 등

① 연행공기(Entrained air)의 목적

㉮ 워커빌리티(Workability)의 증대

㉯ 동결융해에 대한 저항성 증대

㉰ 단위 수량의 증대

㉱ 재료분리 및 블리딩(Bleeding) 감소

② 연행공기의 특징

㉮ 연행공기의 양이 7% 이상 증가하면 내구성이 저하된다.

㉯ 연행공기의 양이 1% 증가하면 콘크리트 강도는 3~5% 감소한다.

㉰ 연행공기의 양이 2% 이하에서는 내동결융해성을 기대할 수 없다.

㉱ 볼베어링(Ball bearing)과 같은 역할로 워커빌리티(Workability)를 개선시킨다.

㉲ 연행공기 1%는 단위수량 3%에 상당하는 효과를 갖는다.

③ 연행공기의 양이 감소되는 요인

㉮ 단위 시멘트량의 증가 및 시멘트 분말도가 높을 경우

㉯ 플라이애시(Fly ash)의 미연소 탄소(Carbon)가 많을 경우

㉰ 골재의 형상이 편평하고, 잔골재 중 0.15mm 이하의 골재가 많을 경우

㉱ 잔골재의 조립률 및 굵은골재의 최대치수가 클 경우

㉲ 사용되는 물의 pH가 낮거나 불순물이 많을 때

㉳ 슬럼프(Slump)가 작거나 비비기 온도가 높을 경우

㉴ 비비기 믹서(Mixer)의 능력이 저하된 경우

㉵ 수송시간이 길어졌거나 펌프(Pump) 압송력과 거리가 클 경우

(5) 철근의 이음 및 정착

① 철근의 이음법

㉮ 겹침이음 : 철근의 단부를 겹치는 방법으로 응력은 주변 콘크리트와의 마찰력에 의해 발생하며 D25 이하의 철근에 사용한다.

㉯ 용접이음 : 용접을 통한 이음으로 일체성이 확보되어 충분한 강도가 보장된다.

㉰ 기계이음 : 연결재를 이용하는 이음으로 나사이음이 대표적이다.

② 겹침 이음 길이 : 말단 갈고리의 길이는 포함치 않음(즉, 갈고리 중심간의 거리)

㉮ 인장측(큰 인장력을 받는 곳) : 철근지름의 40배(경량골재 사용시 50배)

㉯ 압축측(적은 인장력을 받는 곳) : 철근지름의 25배(경량골재 사용시 25배)

㉰ 적은 압축을 받는 곳 : 철근지름의 20배

㉱ 지름이 다를 때 : 가는 철근지름의 40배

③ **철근의 이음 위치**

㉮ 기둥 철근 : 기둥 안 목 높이의 2/3 이내

㉯ 주근 : 인장력이 적은 곳

④ **철근의 정착 위치**

㉮ 기둥의 주근은 기초에 정착한다.

㉯ 큰 보의 주근은 기둥에 정착한다.

㉰ 작은 보의 주근은 큰 보에 정착한다.

㉱ 지중보의 주근은 기초 또는 기둥에 정착한다.

㉲ 직교하는 단부보 밑에 기둥이 없을 때는 보 상호간에 정착한다.

㉳ 바닥철근은 보 및 벽체에 정착한다.

㉴ 벽철근은 기둥, 보 및 바닥판에 정착한다.

(6) 철근의 콘크리트와의 부착력

① 압축 강도가 클수록 부착력이 크다.

② 피복 두께가 두꺼울수록 부착력이 크다.

③ 길이가 같으면 철근의 주장(周長)에 비례한다.

④ 철근지름에는 비례하나 길이에는 비례하지 않는다.

⑤ 원형철근 보다 이형철근이 부착력이 크다.

▐ 슬래브 배근 중 철근을 많이 사용해야 하는 순서
단방향주열대 > 단방향 주간대 > 장방향주열대 > 장방향 주간대

철골공사

1 철골의 가공 순서와 철골기둥 세우기 순서

(1) 철골의 가공 순서

원척도 → 본뜨기 → 변형 바로잡기 → 금매김 → 절단 및 가공 → 구멍 뚫기 → 가(假)조립 → 리벳치기 → 검사 → 녹막이 칠 → 운반

(2) 철골기둥의 세우기 순서

기둥 중심선의 먹매김 → 앵커볼트의 설치 → 기초 상부의 고름질 → 기둥 세우기 → 주각 모르타르 채움

2 건립용(철골세우기용) 기계의 분류

건립기계	크레인	타워크레인(기복형, 수평형) 기타 소형 지브크레인
	이동식 크레인	트럭크레인(유압식, 기계식) 크롤러크레인(크롤러크레인, 크롤러식 타워크레인) 휠클레인(유압식, 기계식)
	데릭	삼각데릭 진폴데릭 가이데릭

3 철골 공사에 관한 중요사항

(1) 강재에 녹막이 칠을 하지 않는 부분

① 콘크리트에 묻히는(매립되는) 부분

② 현장용접을 하는 부분으로 용접부에서 50mm 이내

③ 고장력 볼트마찰 접합부의 마찰면

④ 기계 깎기 마무리면

⑤ 폐쇄형 단면을 한 부재의 밀폐되는 면

⑥ 공장조립에 있어서 맞댄면 또는 조립 후 칠할 수 없는 부분은 조립 전에 1~2회 칠해 둠

(2) 리벳 접합시 유의사항

① 리벳의 열간 타열시 가열온도가 1200℃ 이상이 되면 배열되어 불꽃이 튀고, 600℃ 이하가 되면 가공이 어려워지므로 800~1100℃ 정도로 가열한다.

② 리벳 구멍은 송곳 뚫기(13mm 이상시) 또는 서브 펀치하여 리머로 구멍을 가셔낸다.

③ 현장치기 리벳수는 총 리벳수의 1/5이 적당하다.

④ 철골 1ton당 현장치기 리벳수는 300~400개 정도이다.

⑤ 현장 리벳치기 H-형강 100본당 소요 공수는 0.8~1.1 정도가 좋다.

(3) 고장력 볼트 접합의 장점과 단점

① **장점**

㉠ 화재의 위험이 없다.

㉡ 소음이 적다.

㉢ 불량개소의 수정이 용이하다.

㉣ 현장 시공 설비가 간단하다.

㉤ 노동력이 절감되고 공기가 단축된다.

㉥ 응력집중이 적고 반복응력에 강하다.

② **단점**

㉠ 판의 접촉면 상황의 관리가 어렵다.

㉡ 나사의 마무리 정도가 어렵다.

㉢ 조이는 방법과 조이는 힘이 부족하다.

(4) 용접 접합의 장점 및 단점

① **장점**

㉠ 응력전달이 확실하여 신뢰성이 높다.

㉡ 철골중량이 감소된다.

㉢ 철재량이 감소되어 경제적이다.

㉣ 단면 처리 및 이음이 쉽다.

㉤ 공해가 적다.

㉥ 의장적으로 쾌적하다.

㉦ 무소음, 무진동 시공이 된다.

② **단점**

㉠ 취성파괴가 일어나기 쉽고, 피로강도가 낮다.

㉡ 숙련공이 필요하다.

㉢ 접합부의 검사가 곤란하다.

㉣ 0℃ 이하의 온도에서 작업이 곤란하다.

㉤ 변형이 생기고 시공이 불량하면 불완전한 용접이 된다.

(5) 용접상 결함의 종류

종류	설명
균열, 터짐(Crack)	가장 중대한 결함
오버랩(Over-Lap)	용접 금속과 모재가 융합되지 않고 겹쳐지는 것
블로우 홀(Blow Hole)	용접 내부에 공기(가스)구멍을 형성한 결함
슬래그(Slag)	감싸돌기 용접 찌꺼기가 용착금속 내에 혼입되는 것
언더 컷(Under cut)	모재가 녹아 용착금속이 채워지지 않고 홈으로 남게 된 부분
피트(Pit)	용접 표면에 흠집이 생긴 것
슬래그(Slag)	섞임 용착금속 내에 슬래그가 혼입되는 것
용입부족	모재가 녹지 않고 용착금속이 채워지지 않고 홈으로 남는 것
크레이터(Crater)	용접시 끝 부분에 우묵하게 파진 부분
피시아이(Fish eye)	용접부에 생기는 은색 반점

(6) 용접의 용어설명

종류	설명
스패터(Spatter)	철골용접 중 튀어나오는 슬래그 및 금속입자
비드(Bead)	용착금속이 열상을 이루어 용접된 용접층
밀 스케일(Mill scale)	쇠비늘, 강재가 냉각될 때 표면에 생기는 산화철의 표피(녹)
슬래그(Slag)	용접할 때 용착금속 위에 떠 있는 찌꺼기
그루브(Groove)	앞벌림, 접합 부재간의 사이를 트이게 한 것
플럭스(Flux)	자동용접의 경우 용접봉의 피복제 역할로 쓰이는 분말상의 재료
엔드 탭(End tab)	용접의 시작과 끝 부분에 임시로 붙이는 보조판
아크 스트라이크 (Arc strike)	용접을 시작할 때 용접봉을 순간적으로 모재에 접촉시켜 아크를 발생시키는 것
가스 가우징 (Gas gouging)	홈을 파기 위한 목적으로 한 화구로서 산소아세틸렌불꽃을 이용하여 녹여 깎은 재의 뒷부분을 깨끗이 깎는 것
루트(Root)	용접 이음부의 홈 아래 부분
위빙(Weaving)	용접봉을 용접방향에 대하여 가로로 왔다갔다 움직여 용착금속을 녹여붙이는 것, 위빙 폭은 용접봉 지름의 3배 이하

(7) **용접봉의 피복제 역할**(플럭스, Flux)

① 공기를 차단시켜 산화 또는 질화를 방지한다.

② 함유 원소를 이온화하여 아크(Arc)를 안정시킨다.

③ 용융금속의 탈산, 정련에 기여한다.

(8) **자동전격방지기**

① 교류아크용접지의 안전장치로 아크발생을 중지할 때 단시간 내(1.5초 이내)에 당해 용접기의 2차 무부하 전압을 안전전압인 25V 이하로 유지하여 작업자를 보호하는 장치를 말한다.

② **자동전격방지기의 설치장소**

㉮ 탱크나 선박의 내부, 보일러 동체 등 대부분 공간이 금속이나 도전성 물질로 둘러싸여 용접시 신체의 일부가 도전성물질에 쉽게 접촉될 만한 장소

㉯ 높이가 2m 이상인 철골 작업장소

㉰ 물 등의 도전성 액체에 의한 습윤 장소 등

(9) **앵커볼트**(Anchor bolt)

① **앵커볼트의 개요**

㉮ 앵커볼트는 철골의 주각을 기초에 고정시키는데 사용하는 부품이다.

㉯ 철골공사 현장에서 철골 구조상 감독자가 유의해야 할 사항 중 제일 중요한 것 중 하나가 바로 매입 기초 앵커 볼트의 위치 및 간격이다.

② **앵커볼트의 매입공법**

㉮ 고정매입공법 : 중요한 시공이나 앵커볼트의 지름이 작을 때 사용하며 시공의 정밀도가 요구됨

㉯ 가동매입공법 : 앵커볼트의 지름이 클 때 사용

㉰ 나중매입공법 : 경미한 공사로 철골주각을 고정시킬 때 구멍을 뚫었다 나중에 매입

(10) **전단 연결재**(Shear connector)

① 콘크리트와의 합성구조에서 양자 사이의 전단응력 전달 및 일체성을 확보하기 위해 설치하는 연결재를 말한다.

② 콘크리트 슬래브와 주형보 경계면에서 상대적인 변위를 저지하는 것으로 철골조에서는 스터드 볼트(Stud bolt)가 있다.

> **철골부재의 절단방법 중 정밀도가 우수한 순서**
> 톱절단 > 전단절단 > 가스절단

PART

04

건설공사
안전관리

건설공사 안전개요

1 지반조사 및 토질시험

(1) 지반의 조사방법

① **지하탐사법** : 짚어보기, 터파보기, 물리적 탐사법

② **사운딩(Sounding, 관입시험)** : 표준관입시험, 베인 테스트(Vane test), 콘(Cone) 관입시험

③ **보링(Boring)** : 오거보링, 수세식보링, 충격식보링, 회전식보링(가장 정확한 방법)

④ **샘플링(Sampling)** : 교란시료, 불교란시료

⑤ **토질시험(Soil test)** : 물리적시험, 역학적시험

⑥ **지내력 시험(Loading test)** : 평판재하시험, 말뚝박기시험

(2) 토질시험

① 토질시험의 분류

㉮ 밀도시험 : 입도, 밀도, 함수비, 진비중, 액성 및 소성한계, 현장 함수당량, 원심 함수당량시험 등을 통해 측정한다.

㉯ 화학시험 : 함유수분의 시험 등을 필요에 따라 화학분석으로 행한다.

㉰ 역학시험 : 표준관입시험, 전단시험, 압밀시험, 투수시험, 다짐시험, 단순압축시험, 지반의 지지력시험 등이 있다.

㉱ 기타시험 : 물리적 지하탐사시험, 전기적 지하탐사시험 등의 방법이 있다.

② 현장의 토질시험방법

㉮ 표준관입시험

㉠ 사질지반의 상대밀도 등 토질조사시 신뢰성이 높다.

㉡ 63.5kg의 추를 76cm 정도의 높이에서 떨어뜨려 30cm 관입시킬 때의 타격회수(N)를 측정하여 흙의 경·연 정도를 판정한다.

㉯ 베인(Vane)시험

㉠ 연한 점토질 시험에 주로 쓰이는 방법이다.

㉡ 4개의 날개가 달린 베인 테스터를 지반에 때려박고 회전시켜 저항 모멘트를 측정, 전단강도를 산출한다.

㉰ 평판재하시험 : 지반의 지지력을 알아보기 위한 방법이다.

2 토공(土工)

(1) 굴착 시 유의점

① 되도록 중력을 이용할 것

② 작업면적을 넓게 하여 동시에 많은 사람들의 작업이 가능하도록 할 것

③ 배수를 고려할 것

④ 흙싣기 높이를 되도록 낮게 할 것

⑤ 한쪽 면만 굴착할 때는 배수용 도랑을 완성할 것

(2) 굴착 시 굴착 비탈면의 무너짐에 의한 재해방지를 위한 점검사항

① 비탈면 상부의 지표면 변화 확인

② 비탈면의 지층 변화부 상황 확인

③ 부석의 상황 변화 확인

④ 결빙과 해빙에 대한 상황의 확인

⑤ 각종 비탈면 보호공의 변위 및 탈락 유무

(3) 보일링(Boiling)

① **정의** : 사질토 지반 굴착시 굴착부와 지하 수위차가 있을 경우, 수두차(水頭差)에 의하여 침투 압이 생겨 흙막이벽 근입부분을 침식하는 동시에 모래가 액상화(液狀化)되어 솟아오르며 흙막이 벽의 근입부가 지지력을 상실하여 흙막이공의 붕괴를 초래하는 현상

② **지반조건** : 지하 수위가 높은 사질토의 경우

③ **현상**

㉮ 전면에 액상화현상(Quick Sand)이 발생

㉯ 굴착면과 배면토의 수두차에 의한 침투압이 발생

④ **대책**

㉮ 주변 수위를 저하

㉯ 흙막이벽 근입도를 증가시켜 동수구배를 저하

㉰ 굴착토를 즉시 원상 매립

㉱ 작업 중지

(5) 히빙(Heaving)

① **정의** : 굴착이 진행됨에 따라 흙막이 벽 뒤쪽 흙의 중량이 굴착부 바닥의 지지력 이상이 되면 흙막이벽 근입(根入) 부분의 지반 이동이 발생하여 굴착부 저면이 솟아오르는 현상

② **지반조건** : 연약성 점토 지반인 경우

③ **현상**

   ㉮ 지보공 파괴

   ㉯ 토사붕괴 저면의 솟아오름

④ **대책**

   ㉮ 굴착 주변의 상재하중을 제거

   ㉯ 시트 파일(Sheet Pile) 등의 근입심도를 검토

   ㉰ 1.3m 이하 굴착시에는 버팀대(Strut)를 설치

   ㉱ 버팀대, 브라켓, 흙막이를 점검

   ㉲ 굴착주변을 탈수공법과 병행

   ㉳ 굴착방식을 개선(Island Cut 공법 등)

█ 연약지반 개량공법의 종류
다짐말뚝공법, 바이브로플로테이션공법, 다짐모래말뚝공법, 약액주입공법, 전기충격공법, 폭파치환공법

---

(6) 토공계획 수립 및 시공계획

① **토공계획 수립시 고려사항** : 토질의 종류, 토적곡선, 절토 및 성토량의 균형

② **시공계획의 수립내용**

   ㉮ 현장인원 편성 및 가설계획 작성

   ㉯ 공정표작성

   ㉰ 실행예산편성

   ㉱ 하도급자 선정

   ㉲ 자재반입계획 시공기계 및 장비설치계획

   ㉳ 노무계획

③ **터널굴착작업 시 작업계획서 내용**

   ㉮ 굴착의 방법

   ㉯ 터널지보공 및 복공의 시공방법과 용수의 처리방법

   ㉰ 환기 또는 조명시설을 설치할 때에는 그 방법

☑ **산업안전보건기준에 관한 규칙 제366조(붕괴 등의 방지)**

사업주는 터널 지보공을 설치한 경우에 다음 각 호의 사항을 수시로 점검하여야 하며, 이상을 발견한 경우에는 즉시 보강하거나 보수하여야 한다.

1. 부재의 손상·변형·부식·변위 탈락의 유무 및 상태
2. 부재의 긴압 정도
3. 부재의 접속부 및 교차부의 상태
4. 기둥침하의 유무 및 상태

☑ **산업안전보건기준에 관한 규칙 제350조(인화성 가스의 농도측정 등)**

① 사업주는 터널공사 등의 건설작업을 할 때에 인화성 가스가 발생할 위험이 있는 경우에는 폭발이나 화재를 예방하기 위하여 인화성 가스의 농도를 측정할 담당자를 지명하고, 그 작업을 시작하기 전에 가스가 발생할 위험이 있는 장소에 대하여 그 인화성 가스의 농도를 측정하여야 한다.

② 사업주는 제1항에 따라 측정한 결과 인화성 가스가 존재하여 폭발이나 화재가 발생할 위험이 있는 경우에는 인화성 가스 농도의 이상 상승을 조기에 파악하기 위하여 그 장소에 자동경보장치를 설치하여야 한다.

③ 지하철도공사를 시행하는 사업주는 터널굴착[개착식(開鑿式)을 포함한다)] 등으로 인하여 도시가스관이 노출된 경우에 접속부 등 필요한 장소에 자동경보장치를 설치하고, 도시가스사업법에 따른 해당 도시가스사업자와 합동으로 정기적 순회점검을 하여야 한다.

④ 사업주는 제2항 및 제3항에 따른 자동경보장치에 대하여 당일 작업 시작 전 다음 각 호의 사항을 점검하고 이상을 발견하면 즉시 보수하여야 한다.

    1. 계기의 이상 유무
    2. 검지부의 이상 유무
    3. 경보장치의 작동상태

3 유해위험방지계획서

(1) 유해위험방지계획서 제출 대상 공사

① 지상높이가 31m 이상인 건축물 또는 인공구조물, 연면적 30,000m² 이상인 건축물, 연면적 5,000m² 이상인 문화 및 집회시설(전시장 및 동물원·식물원은 제외), 판매시설, 운수시설(고속철도의 역사 및 집배송시설은 제외), 종교시설, 의료시설 중 종합병원, 숙박시설 중 관광숙박시설, 지하도상가, 냉동·냉장 창고시설의 건설·개조 또는 해체공사

② 연면적 5,000m² 이상인 냉동·냉장 창고시설의 설비공사 및 단열공사

③ 최대 지간길이(다리의 기둥과 기둥의 중심사이의 거리)가 50m 이상인 다리의 건설등 공사

④ 터널의 건설등 공사

⑤ 다목적댐, 발전용댐, 저수용량 2천만톤 이상의 용수 전용 댐 및 지방상수도 전용 댐의 건설등 공사

⑥ 깊이 10m 이상인 굴착공사

(2) 유해위험방지계획서 제출서류 및 첨부서류

① **유해위험방지계획서 제출서류**

㉮ 건축물 각 층의 평면도

㉯ 기계ㆍ설비의 개요를 나타내는 서류

㉰ 기계ㆍ설비의 배치도면

㉱ 원재료 및 제품의 취급, 제조 등의 작업방법의 개요

㉲ 그 밖에 고용노동부장관이 정하는 도면 및 서류

② **유해위험방지계획서 첨부서류**

㉮ 공사 개요 및 안전보건관리계획

㉠ 공사 개요서

㉡ 공사현장의 주변 현황 및 주변과의 관계를 나타내는 도면(매설물 현황을 포함)

㉢ 건설물, 사용 기계설비 등의 배치를 나타내는 도면

㉣ 전체 공정표

㉤ 산업안전보건관리비 사용계획서

㉥ 안전관리 조직표

㉦ 재해 발생 위험 시 연락 및 대피방법

㉯ 작업 공사 종류별 유해위험방지계획

㉠ 해당 작업공사 종류별 작업개요 및 재해예방 계획

㉡ 위험물질의 종류별 사용량과 저장ㆍ보관 및 사용 시의 안전작업계획

(3) 유해위험방지계획서 심사 결과의 구분ㆍ판정

① **적정** : 근로자의 안전과 보건을 위하여 필요한 조치가 구체적으로 확보되었다고 인정되는 경우

② **조건부 적정** : 근로자의 안전과 보건을 확보하기 위하여 일부 개선이 필요하다고 인정되는 경우

③ **부적정** : 건설물ㆍ기계ㆍ기구 및 설비 또는 건설공사가 심사기준에 위반되어 공사착공 시 중대한 위험이 발생할 우려가 있거나 해당 계획에 근본적 결함이 있다고 인정되는 경우

(4) 유해위험방지계획서의 확인사항

① **확인 시기**

㉮ 건설공사 중 6개월 이내마다 1회 이상 실시

㉯ 자체심사 및 확인업체의 사업주는 해당 공사 준공 시까지 6개월 이내마다 자체 확인을 실시

② **확인 사항**

㉮ 유해위험방지계획서의 내용과 실제공사 내용이 부합하는지 여부

㉯ 유해위험방지계획서 변경내용의 적정성

㉰ 추가적인 유해ㆍ위험요인의 존재 여부

4 ▶ 건설공사 안전의 개요에 관한 중요사항

(1) 흙의 성질

① **흙** = 토립자 + 간극(물, 공기, 가스)

② **간극비** = $\dfrac{\text{간극의 용적}}{\text{토립자의 용적}}$

③ **함수비** = $\dfrac{\text{물의 중량}}{\text{토립자의 용적}} \times 100$

④ **포화비** = $\dfrac{\text{물의 용적}}{\text{토립자의 용적}} \times 100$

⑤ **예민비** = $\dfrac{\text{자연시료의 강도}}{\text{이긴시료의 강도}}$

> **◰ 소성한계 및 액성한계**
>
> 바삭바삭 끈기가없는 상태 → 소성한계 : 이때의 함수비 → 끈기가 있고 반죽할 수 있는 상태 → 액성한계 : 이때의 함수비 → 질척한 액성의 상태

(2) 흙의 휴식각(Angle of Repose)

① 안식각, 자연경사각 흙의 입자각의 응집력, 부착력을 무시할 때, 즉 마찰력만으로서 중력에 의하여 정지되는 흙의 사면각도

② 토질에 따른 휴식각 및 파기 경사각

토질	휴식각	파기 경사각	토질	휴식각	파기 경사각
보통 흙	25~45°	50	자갈	30~38°	60
모래	30~45°	60	진흙	35°	70

(3) 허용응력과 안전율

① **허용응력** : 실제로 재료를 사용하여 안전하다고 판단되는 최대응력

② **안전율** = $\dfrac{\text{극한강도(파괴하중)}}{\text{허용응력}}$

(4) 콘크리트의 성질

① **비중** : 약 2.3 정도

② **중량** : 2,300~2,350kg/m^3

③ **압축강도** : 시공 후 28일 후 100~400kg/cm^2 정도

④ **인장강도 및 굽힘강도** : 압축강도의 1/10 정도, 굽힘강도는 1/5~1/7 정도

(5) 지반성격에 따른 개량공법 분류

지반성격	지반개량공법	비고
점토질 지반	치환법	연약토를 양질토로 치환(폭파·전면·사면전단치환)
	프리로딩(Pre-loading, 여성토) 공법	구조물을 세우기 전 미리 하중을 가해 압밀 촉진
	압성토(부제) 공법	재하 공법
	생석회 말뚝 공법	고결 공법
	전기침투 공법 및 전기화학적 고결 공법	고결 공법
	샌드 드레인(Sand Drain) 공법	탈수 공법
	페이퍼 드레인(Paper Drain) 공법	탈수 공법
사질 지반	다짐말뚝 공법	다짐 공법
	다짐모래말뚝 공법(콤포저 공법)	다짐 공법
	바이브로플로테이션(Vibroflotation)공법	2m 정도의 진동봉을 지중에 관입, 빈 구멍에 모래, 자갈을 채워 지반 개량(다짐 공법)
	폭파다짐 공법	다짐 공법
	전기충격 공법	배수 공법
	약액주입 공법	벤토나이트·그라우트·아스팔트 등 사용(주입 공법)

(6) 사면지반 개량공법

① **주입 공법** : 시멘트 또는 약액을 주입하여 지반을 강화하는 공법

② **이온교환 공법** : 염화칼슘을 사면 상부에 타설하는 등 흙의 공학적 성질을 변경하여 안정을 꾀하는 공법

③ **전기화학적 공법** : 직류전기를 가해 전기화학적으로 흙을 개량함으로써 사면의 안정을 꾀하는 공법

④ **시멘트 안정처리 공법** : 흙에 시멘트를 첨가하여 고화시킴으로써 사면의 안정을 꾀하는 공법

⑤ **석회 안정처리 공법** : 점성토에 소석회 또는 생석회를 첨가하여 화학적 결합작용으로 사면의 안정을 꾀하는 공법

⑥ **소결 공법** : 가열에 의해 토성을 개량하는 공법

(7) N값과 모래의 상대밀도

N값	상대밀도	N값	상대밀도
0~4	매우 느슨	30~50	조밀
4~10	느슨	50 이상	매우 조밀
10~30	중간	–	–

(8) 흙막이 공법

① 수평버팀대식

㉮ 흙막이벽을 설치하고 토압을 수평버팀대에 부담하면서 굴착하는 것

㉯ 버팀대의 위치는 H/3, 띠장의 이음위치는 L/4

② 어스앵커식(Earth anchor)

㉮ 흙막이벽 배면을 원통형으로 굴착한 후 고강도 강재와 모르타르(Mortar)를 주입하여 경화시킨 후 인장력에 의해 토압을 지지하게 하는 것

㉯ 좌우 토압이 불균일하여 버팀대식의 적용이 불가하고, 굴착부지 내의 작업공간 확보가 필요한 경우 사용

③ 지하연속벽식(Slurry wall)

㉮ 안정액을 사용하여 지반붕괴를 방지하면서 굴착하여 그 속에 철근망과 콘크리트를 넣어 연속으로 콘크리트 흙막이벽을 설치하는 것

㉯ 차수성이 높으며, 인접건물에 근접 시공이 가능

㉰ 벽체의 강성이 높아 본 구조체로 사용 가능

④ 당겨매기식 흙막이 : 온통파기 또는 지반이 연약하여 빗버팀대로 지지하기 곤란한 대지에 있어서 흙막이말뚝과 널말뚝 상부에 ㄱ자 형강 또는 각재를 연결재 또는 로프로 끌어당겨 매는 공법

▐ 그라우팅(Grouting)

누수방지 공사나 토질 안정 등을 위하여 지반의 갈라진 틈·공동(空洞) 등에 충전재를 주입하는 일. 주입재를 중력이나 펌프를 이용해 충전하거나 건축물의 균열 부분을 보수하는 데에 실시

▐ 흙막이 공법 선정 시 고려사항

• 구축, 해체가 쉬운 공법
• 안전성과 경제성이 있을 것
• 차수성이 높은 공법 선택
• 지반성상에 적합한 공법 선택

건설공구 및 장비

1 셔블계 굴착기계

(1) 셔블계 굴착기계의 종류

① 파워 셔블(Power Shovel)
⑦ 중기가 위치한 지면보다 높은 장소의 땅을 굴착하는데 적합
⑪ 산지에서의 토공사, 암반으로부터 점토질까지 굴착

② 백호(Back hoe, 드래그 셔블)
⑦ 중기가 위치한 지면보다 낮은 곳의 땅을 파는데 적합
⑪ 깊이 6m 이하의 수중굴착도 가능

③ 드래그라인(Drag Line)
⑦ 작업범위가 광범위함
⑪ 깊이 8m 정도의 수중굴착 및 연약한 지반의 굴착에 적합

④ 클램셸(Clamshell)
⑦ 연약지반이나 수중굴착 및 자갈 등을 싣는데 적합
⑪ 수중굴착 및 수조물의 기초바닥 등과 같이 협소한 범위의 깊은 굴착 및 호퍼작업에 사용

(2) 셔블계 굴착기계의 성능

① 파워 셔블(Power Shovel)
⑦ 굴삭 높이 : 4~5m
⑪ 버킷(Bucket) 용량 : 0.6~1m³
⑬ 굴착 깊이 : 지반 밑으로 2m

② 백호(Back hoe, 드래그 셔블)
⑦ 굴삭 깊이 : 5~6m
⑪ 버킷(Bucket) 용량 : 0.3~1.9m³
⑬ 붐(Boom)의 길이 : 4.3~7.7m

③ 드래그라인(Drag Line)
⑦ 굴삭 깊이 : 8m
⑪ 버킷(Bucket) 용량 : 0.7m³

④ 클램셸(Clamshell)
  ㉮ 굴삭 깊이 : 8~15m
  ㉯ 버킷(Bucket) 용량 : 0.45m³

2 토공기계

(1) 트랙터(Tractor)

종류	장점	단점
무한궤도식	• 땅을 다지는데 효과적이다. • 암석지에서 작업이 가능이다. • 견인력이 크다.	• 기동성이 나쁘다. • 주행 저항이 크고 승차감이 나쁘다. • 이동성이 나쁘다.
휠식(차륜식, 타이어식)	• 승차감과 주행성이 좋다. • 이동시 자주(自走)에 의해 이동한다. • 기동성이 좋다.	• 견인력이 약하다. • 평탄하지 않은 작업장소나 진흙에서 작업 하는데 부적합하다. • 암석·암반지역 작업시 타이어가 손상된다.

(2) 도저(Dozer)

종류	설명
불도저(Bulldozer)	블레이드(Blade)의 측판은 많은 양의 흙을 밀 수 있게 되어 있으며, 블레이드의 용량 이 크고 직선송토작업, 거친 배수로 매몰작업 등에 적합하다.
앵글도저(Angledozer)	블레이드의 길이가 길고 높이를 30°의 각도로 회전시킬 수 있어 흙을 측면으로 보낼 수 있다.
틸트도저(Tilt-dozer)	V형 배수로 작업, 동결된 땅, 굳은 땅 파헤치기, 나무뿌리 파내기, 바위돌 굴리기 등 에 효과적이다.

(3) 스크레이퍼(Scraper) 및 그레이더(Grader)
① 스크레이퍼(Scraper)
  ㉮ 굴착기와 운반기를 조합한 토공용 만능기계로 굴착, 싣기, 운반, 하역 등의 일관된 작업을 수
    행할 수 있으며, 특히 비행장이나 도로의 신설 등과 같은 대규모 정지작업에 적합하다.
  ㉯ 피견인식 스크레이퍼와 자주식인 모터 스크레이퍼가 있으며, 피견인식은 속도보다 힘을 필요
    로 하는 작업, 자주식은 평탄지나 대토공 작업에 주로 사용된다.
② 그레이더(Grader)
  ㉮ 지면을 절삭하여 다듬는 것이 목적인 장비로 하수구 파기, 경사면 다듬기, 제방 및제설 작업,
    아스팔트 포장재료 배합 등의 부수적 작업이 가능하다.
  ㉯ 주요부는 땅을 깎거나 고르는 블레이드(Blade)와 땅을 파서 일구는 스캐리파이어(Scarifier)로
    구성된다.

지게차(Fork Lift)

(1) 마스트 경사각과 안정도

① 마스트 경사각

구분	내용	범위
전경각	마스트(Mast)의 수직 위치에서 앞으로 기울인 경우의 최대경사각	5~6°
후경각	마스트(Mast)의 수직 위치에서 뒤로 기울인 경우의 최대경사각	10~12°

② 안정도

구분	상태	구배
전후안정도	기준부하 상태에서 포크(Fork)를 최고로 올린 상태	최대하중 5톤 미만 : 4% 최대하중 5톤 이상 : 3.5%
	주행시의 기준 무부하 상태	18%
좌우안정도	기준부하 상태에서 포크(Fork)를 최고로 올리고 마스트를 최대로 기울인 상태	6%
	주행시의 기준 무부하 상태	15 + 1.1V% (V : 최고속도)

(2) 지게차 헤드가드(Head Guard)의 구비조건

① 강도는 지게차의 최대하중의 2배의 값(그 값이 4톤을 넘는 것에 대하여서는 4톤으로 한다)의 등분포정하중에 견딜 수 있는 것일 것

② 상부틀의 각 개구의 폭 또는 길이가 16cm 미만일 것

③ 운전자가 앉아서 조작하거나 서서 조작하는 지게차의 헤드가드는 산업표준화법 제12조에 따른 한국산업표준에서 정하는 높이 기준 이상일 것

    ㉮ 앉아서 조작하는 경우 조종사가 정상적인 작동 상태에 있을 때 좌석기준점(SIP)으로부터 조종사의 머리가 위치한 헤드가드 아래 부분의 밑면까지의 수직간격은 0.903m 이상

    ㉯ 서서 조작하는 경우 조종사가 정상적인 작동 상태에 있을 때 조종사가 서 있는 플랫폼에서부터 조종사의 머리가 위치한 헤드가드 아래 부분의 밑면까지의 수직 간격은 1.88m 이상

(3) 지게차 작업시작 전 점검사항

① 제동장치 및 조종장치 기능의 이상 유무

② 하역장치 및 유압장치 기능의 이상 유무

③ 차륜의 이상 유무, 전조등ㆍ후미등ㆍ방향 지시기 및 경보장치기능의 이상 유무

(1) 크레인(Crane)

① 크레인의 종류 및 방호장치

㉮ 크레인의 종류 : 드래그(Drag) 크레인, 휠(Wheel) 크레인, 크롤러(Crawler) 크레인, 케이블(Cable) 크레인, 천장(Overhead) 크레인, 타워(Tower) 크레인, 트랙터(Tractor) 크레인, 이동식 크레인

㉯ 크레인의 방호장치 : 과부하방지장치, 권과방지장치, 비상정지장치 및 브레이크장치

② 작업시작 전 점검사항

㉮ 권과방지장치, 브레이크, 클러치 및 운전장치의 기능

㉯ 주행로의 상측 및 트롤리가 횡행하는 레일의 상태

㉰ 와이어로프(Wire Rope)가 통하고 있는 곳의 상태

③ 이동식 크레인

㉮ 이동식 크레인의 방호장치 : 과부하방지장치, 권과방지장치 및 브레이크장치 등

㉯ 작업시작 전 점검사항 : 이동식 크레인을 사용하여 작업을 하는 때 권과방지장치, 과부하방지장치, 기타 경보장치, 브레이크, 클러치 및 조정기능을 점검

④ 크롤러 크레인 사용시 준수사항

㉮ 붐(Boom)의 조립, 해체장소를 고려한다.

㉯ 운반에는 수송차를 사용한다.

㉰ 아웃트리거가 없기 때문에 경사지의 작업은 피하여야 한다.

㉱ 최소 작업반경은 6.4~11.0m의 범위이다.

㉲ 크롤러의 폭을 넓게 할 수 있는 형을 사용할 경우에는 최대 폭을 고려한다.

☑ 알아두기

☑ **산업안전보건기준에 관한 규칙 제140조(폭풍에 의한 이탈방지)**
사업주는 순간풍속이 초당 30미터를 초과하는 바람이 불어올 우려가 있는 경우 옥외에 설치되어 있는 주행 크레인에 대하여 이탈방지장치를 작동시키는 등 이탈 방지를 위한 조치를 하여야 한다.

(2) 데릭(Derrick)

① 데릭의 정의와 종류

㉮ 데릭의 정의 : 동력을 이용해서 짐을 달아 올리는 것을 목적으로 하는 기계장치

㉯ 종류 : 가이(Guy) 데릭, 삼각(Triangle) 데릭, 진폴(Gin-pole) 데릭

② 데릭 작업시 일반적 안전대책

㉮ 신호자를 정하여 그 신호에 따라 운전

④ 운전은 유자격자로서 정해진 자

⑤ 데릭을 조립 또는 해체할 경우에는 작업책임자를 지정하여 작업책임자의 지시에 의해 작업

(3) 리프트(Lift)

① 리프트의 정의와 종류

㉮ 리프트의 정의 : 동력을 사용하여 사람이나 화물을 운반하는 것을 목적으로 하는 기계설비

㉯ 산업안전보건법령에 따른 리프트의 종류 : 건설작업용 리프트, 자동차정비용 리프트, 이삿짐 운반용 리프트

② 리프트의 설치 · 조립 · 수리 · 점검 또는 해체작업시의 필요 조치

㉮ 작업을 지휘하는 자를 선임하여 그 자의 지휘하에 작업을 실시할 것

㉯ 작업을 할 구역에 관계 근로자외의 자의 출입을 금지하고 그 취지를 보기 쉬운 장소에 표시할 것

㉰ 비 · 눈 그 밖의 기상상태의 불안정으로 인하여 날씨가 몹시 나쁠 때에는 그 작업을 중지시킬 것

③ 작업지휘자의 이행사항

㉮ 작업방법과 근로자의 배치를 결정하고 당해 작업을 지휘하는 일

㉯ 재료의 결함유무 또는 기구 및 공구의 기능을 점검하고 불량품을 제거하는 일

㉰ 작업중 안전대 등 보호구의 착용상황을 감시하는 일

(4) 곤돌라(Gondola)

① 곤돌라의 재해유형

㉮ 허용 적재하중 이상의 적재로 인한 곤돌라 추락

㉯ 와이어로프 고정물의 불안정으로 인한 곤돌라 추락

㉰ 와이어로프의 단선, 마모로 인한 절단

㉱ 구명줄 및 안전대 미착용으로 인한 추락

㉲ 곤돌라 상부에서 낙하하는 낙하물에 의한 재해

② 곤돌라의 방호장치 : 권과방지장치, 과부하방지장치, 제동장치

③ 작업시작 전 점검사항 : 방호장치, 브레이크의 기능, 와이어로프 및 슬링와이어 등의 상태

☑ 산업안전보건기준에 관한 규칙 제86조(탑승의 제한)

① 사업주는 크레인을 사용하여 근로자를 운반하거나 근로자를 달아 올린 상태에서 작업에 종사시켜서는 아니 된다. 다만, 크레인에 전용 탑승설비를 설치하고 추락 위험을 방지하기 위하여 다음 각 호의 조치를 한 경우에는 그러하지 아니하다.

    1. 탑승설비가 뒤집히거나 떨어지지 않도록 필요한 조치를 할 것

    2. 안전대나 구명줄을 설치하고, 안전난간을 설치할 수 있는 구조인 경우에는 안전난간을 설치할 것

    3. 탑승설비를 하강시킬 때에는 동력하강방법으로 할 것

② 사업주는 이동식 크레인을 사용하여 근로자를 운반하거나 근로자를 달아 올린 상태에서 작업에 종사시켜서는 아니 된다.

③ 사업주는 내부에 비상정지장치 · 조작스위치 등 탑승조작장치가 설치되어 있지 아니한 리프트의 운반구에 근로자를 탑승시켜서는 아니 된다. 다만, 리프트의 수리 · 조정 및 점검 등의 작업을 하는 경우로서 그 작업에 종사하는 근로자가 추락할 위험이 없도록 조치를 한 경우에는 그러하지 아니하다.

④ 사업주는 자동차정비용 리프트에 근로자를 탑승시켜서는 아니 된다. 다만, 자동차정비용 리프트의 수리 · 조정 및 점검 등의 작업을 할 때에 그 작업에 종사하는 근로자가 위험해질 우려가 없도록 조치한 경우에는 그러하지 아니하다.

⑤ 사업주는 곤돌라의 운반구에 근로자를 탑승시켜서는 아니 된다. 다만, 추락 위험을 방지하기 위하여 다음 각 호의 조치를 한 경우에는 그러하지 아니하다.

    1. 운반구가 뒤집히거나 떨어지지 않도록 필요한 조치를 할 것

    2. 안전대나 구명줄을 설치하고, 안전난간을 설치할 수 있는 구조인 경우이면 안전난간을 설치할 것

⑥ 사업주는 소형화물용 엘리베이터에 근로자를 탑승시켜서는 아니 된다. 다만, 소형화물용 엘리베이터의 수리 · 조정 및 점검 등의 작업을 하는 경우에는 그러하지 아니하다.

⑦ 사업주는 차량계 하역운반기계(화물자동차는 제외한다)를 사용하여 작업을 하는 경우 승차석이 아닌 위치에 근로자를 탑승시켜서는 아니 된다. 다만, 추락 등의 위험을 방지하기 위한 조치를 한 경우에는 그러하지 아니하다.

⑧ 사업주는 화물자동차 적재함에 근로자를 탑승시켜서는 아니 된다. 다만, 화물자동차에 울 등을 설치하여 추락을 방지하는 조치를 한 경우에는 그러하지 아니하다.

⑨ 사업주는 운전 중인 컨베이어 등에 근로자를 탑승시켜서는 아니 된다. 다만, 근로자를 운반할 수 있는 구조를 갖춘 컨베이어 등으로서 추락 · 접촉 등에 의한 위험을 방지할 수 있는 조치를 한 경우에는 그러하지 아니하다.

⑩ 사업주는 이삿짐운반용 리프트 운반구에 근로자를 탑승시켜서는 아니 된다. 다만, 이삿짐운반용 리프트의 수리 · 조정 및 점검 등의 작업을 할 때에 그 작업에 종사하는 근로자가 추락할 위험이 없도록 조치한 경우에는 그러하지 아니하다.

⑪ 사업주는 전조등, 제동등, 후미등, 후사경 또는 제동장치가 정상적으로 작동되지 아니하는 이륜자동차에 근로자를 탑승시켜서는 아니 된다.

(5) 승강기(Elevator)

① **승강기의 방호장치** : 과부하방지장치, 파이널리미트스위치(Final Limit Switch), 비상정지장치, 조속기(調速機), 출입문 인터록(Inter Lock)

② **승강기의 설치 · 조립 · 수리 · 점검 또는 해체작업시 조치사항**

　㉮ 작업을 지휘하는 자를 선임하여 그 자의 지휘 하에 작업을 실시할 것

　㉯ 작업을 할 구역에 관계 근로자외의 자의 출입을 금지시키고 그 취지를 보기 쉬운 장소에 표시할 것

　㉰ 비 · 눈 그 밖의 기상상태의 불안정으로 인하여 날씨가 몹시 나쁠 때에는 그 작업을 중지시킬 것

③ **산업안전보건법령에 따른 승강기의 종류**

　㉮ 승객용 엘리베이터 : 사람의 운송에 적합하게 제조 · 설치된 엘리베이터

　㉯ 승객화물용 엘리베이터 : 사람의 운송과 화물 운반을 겸용하는데 적합하게 제조 · 설치된 엘리베이터

　㉰ 화물용 엘리베이터 : 화물 운반에 적합하게 제조 · 설치된 엘리베이터로서 조작자 또는 화물 취급자 1명은 탑승할 수 있는 것(적재용량이 300kg 미만인 것은 제외)

　㉱ 소형화물용 엘리베이터 : 음식물이나 서적 등 소형 화물의 운반에 적합하게 제조 · 설치된 엘리베이터로서 사람의 탑승이 금지된 것

　㉲ 에스컬레이터 : 일정한 경사로 또는 수평로를 따라 위 · 아래 또는 옆으로 움직이는 디딤판을 통해 사람이나 화물을 승강장으로 운송시키는 설비

(6) 항타기 및 항발기

① **드롭해머(Drop Hammer)**

　㉮ 무거운 금속제 블록을 와이어로프로 들어 올렸다가 파일의 머리에 낙하시켜 타격력으로 파일을 박는 것으로 해머의 무게는 0.2~1.5톤 정도, 해머의 낙하높이는 1.5~5m 정도

　㉯ 장점

　　㉠ 설비의 규모가 작으므로 경비가 적게 든다.

　　㉡ 조작이 간단하다.

　　㉢ 낙하높이를 변화시킴에 따라서 타격 에너지를 바꿀 수 있다.

　㉰ 단점

　　㉠ 작업속도가 느리다.

　　㉡ 해머를 너무 높이 들어 올림으로써 파일을 파손시킬 위험이 있다.

　　㉢ 해머에 의한 큰 진동으로 인하여 이웃 건물에 피해를 줄 수 있다.

　　㉣ 수중에서 파일 작업이 불가능하다.

② **공기해머** : 작동 매체를 증기 또는 압축 공기를 사용하는 것

③ **디젤해머** : 연료의 폭발력을 이용하여 땅속에 파일을 박는 것

④ **진동 파일 드라이버** : 소음이 적고, 시공능률이 적으며, 파일을 박고 뽑고 할 수 있으므로 건설공사에 널리 사용

⑤ 동력을 사용하는 항타기 · 항발기의 도괴 방지를 위한 준수사항

㉮ 연약한 지반에 설치하는 때에는 각부 또는 가대의 침하를 방지하기 위하여 깔판 · 깔목 등을 사용할 것

㉯ 시설 또는 가설물 등에 설치하는 때에는 그 내력을 확인하고 내력이 부족한 때에는 그 내력을 보강할 것

㉰ 각부 또는 가대가 미끄러질 우려가 있는 때에는 말뚝 또는 쐐기 등을 사용하여 각부 또는 가대를 고정시킬 것

㉱ 궤도 또는 차로 이동하는 항타기 또는 항발기에 대하여는 불시에 이동하는 것을 방지하기 위하여 레일클램프 및 쐐기 등으로 고정시킬 것

㉲ 버팀대만으로 상단부분을 안정시키는 때에는 버팀대는 3개 이상으로 하고 그 하단부분은 견고한 버팀 · 말뚝 또는 철골 등으로 고정시킬 것

㉳ 버팀줄만으로 상단부분을 안정시키는 때에는 버팀줄을 3개 이상으로 하고 같은 간격으로 배치할 것

㉴ 평형추를 사용하여 안정시키는 때에는 평형추의 이동을 방지하기 위하여 가대에 견고하게 부착시킬 것

⑤ 항타기 및 항발기의 사용 전 점검사항

㉮ 본체 연결부의 풀림 또는 손상유무

㉯ 권상용 와이어로프, 로프차 및 풀리장치의 부착 상태 이상 유무

㉰ 권상장치 브레이크 및 쐐기장치 기능의 이상 유무

㉱ 권상기 설치 상태의 이상 유무

㉲ 버팀의 설치 방법 및 고정상태의 이상 유무

☑ 알아두기

☑ **산업안전보건기준에 관한 규칙 제211조(권상용 와이어로프의 안전계수)**

사업주는 항타기 또는 항발기의 권상용 와이어로프의 안전계수가 5 이상이 아니면 이를 사용해서는 아니 된다.

☑ **산업안전보건기준에 관한 규칙 제212조(권상용 와이어로프의 길이 등)**

사업주는 항타기 또는 항발기에 권상용 와이어로프를 사용하는 때에는 다음 각 호의 사항을 준수해야 한다.

1. 권상용 와이어로프는 추 또는 해머가 최저의 위치에 있는 때 또는 널말뚝을 빼어내기 시작한 때를 기준으로 하여 권상장치의 드럼에 적어도 2회 감기고 남을 수 있는 충분한 길이일 것
2. 권상용 와이어로프는 권상장치의 드럼에 클램프 · 클립 등을 사용하여 견고하게 고정할 것
3. 권상용 와이어로프에서 추 · 해머 등과의 연결은 클램프 · 클립 등을 사용하여 견고하게 할 것
4. 제2호 및 제3호의 클램프 · 클립 등은 한국산업표준 제품이거나 한국산업표준이 없는 제품의 경우에는 이에 준하는 규격을 갖춘 제품을 사용할 것

건설안전시설 및 설비

1 추락재해의 위험성 및 안전조치

(1) 추락의 방지

① 근로자가 추락하거나 넘어질 위험이 있는 장소(작업발판의 끝·개구부 등을 제외) 또는 기계·설비·선박블록 등에서 작업을 할 때에 근로자가 위험해질 우려가 있는 경우 비계(飛階)를 조립하는 등의 방법으로 작업발판을 설치하여야 한다.

② 작업발판을 설치하기 곤란한 경우 다음의 기준에 맞는 추락방호망을 설치하여야 한다. 다만, 추락방호망을 설치하기 곤란한 경우에는 근로자에게 안전대를 착용하도록 하는 등 추락위험을 방지하기 위하여 필요한 조치를 하여야 한다.

㉮ 추락방호망의 설치 위치는 가능하면 작업면으로부터 가까운 지점에 설치하여야 하며, 작업면으로부터 망의 설치지점까지의 수직거리는 10m를 초과하지 아니할 것

㉯ 추락방호망은 수평으로 설치하고, 망의 처짐은 짧은 변 길이의 12% 이상이 되도록 할 것

㉰ 건축물 등의 바깥쪽으로 설치하는 경우 추락방호망의 내민 길이는 벽면으로부터 3m 이상 되도록 할 것. 다만, 그물코가 20mm 이하인 추락방호망을 사용한 경우에는 낙하물방지망을 설치한 것으로 본다.

(2) 개구부 등의 방호 조치

① 사업주는 작업발판 및 통로의 끝이나 개구부로서 근로자가 추락할 위험이 있는 장소에는 안전난간, 울타리, 수직형 추락방망 또는 덮개 등(이하 "난간등"이라 함)의 방호 조치를 충분한 강도를 가진 구조로 튼튼하게 설치하여야 하며, 덮개를 설치하는 경우에는 뒤집히거나 떨어지지 않도록 설치하여야 한다. 이 경우 어두운 장소에서도 알아볼 수 있도록 개구부임을 표시해야 하며, 수직형 추락방망은 한국산업표준에서 정하는 성능기준에 적합한 것을 사용해야 한다.

② 사업주는 난간등을 설치하는 것이 매우 곤란하거나 작업의 필요상 임시로 난간등을 해체하여야 하는 경우 추락방호망을 설치하여야 한다. 다만, 추락방호망을 설치하기 곤란한 경우에는 근로자에게 안전대를 착용하도록 하는 등 추락할 위험을 방지하기 위하여 필요한 조치를 하여야 한다.

☑ **산업안전보건기준에 관한 규칙 제45조(지붕 위에서의 위험방지)**

① 사업주는 근로자가 지붕 위에서 작업을 할 때에 추락하거나 넘어질 위험이 있는 경우에는 다음 각 호의 조치를 해야 한다.

1. 지붕의 가장자리에 제13조에 따른 안전난간을 설치할 것
2. 채광창(skylight)에는 견고한 구조의 덮개를 설치할 것
3. 슬레이트 등 강도가 약한 재료로 덮은 지붕에는 폭 30센티미터 이상의 발판을 설치할 것

(3) 사다리식 통로 설치 시 준수사항

① 견고한 구조로 할 것

② 심한 손상·부식 등이 없는 재료를 사용할 것

③ 발판의 간격은 일정하게 할 것

④ 발판과 벽과의 사이는 15cm 이상의 간격을 유지할 것

⑤ 폭은 30cm 이상으로 할 것

⑥ 사다리가 넘어지거나 미끄러지는 것을 방지하기 위한 조치를 할 것

⑦ 사다리의 상단은 걸쳐놓은 지점으로부터 60cm 이상 올라가도록 할 것

⑧ 사다리식 통로의 길이가 10m 이상인 경우에는 5m 이내마다 계단참을 설치할 것

⑨ 사다리식 통로의 기울기는 75도 이하로 할 것. 다만, 고정식 사다리식 통로의 기울기는 90도 이하로 하고, 그 높이가 7m 이상인 경우에는 다음 각 목의 구분에 따른 조치를 할 것

　㉮ 등받이울이 있어도 근로자 이동에 지장이 없는 경우 : 바닥으로부터 높이가 2.5m 되는 지점부터 등받이울을 설치할 것

　㉯ 등받이울이 있으면 근로자가 이동이 곤란한 경우 : 한국산업표준에서 정하는 기준에 적합한 개인용 추락 방지 시스템을 설치하고 근로자로 하여금 한국산업표준에서 정하는 기준에 적합한 전신안전대를 사용하도록 할 것

⑩ 접이식 사다리 기둥은 사용 시 접혀지거나 펼쳐지지 않도록 철물 등을 사용하여 견고하게 조치할 것

☑ **산업안전보건기준에 관한 규칙 제376조(급격한 침하로 인한 위험방지)**

사업주는 잠함 또는 우물통의 내부에서 근로자가 굴착작업을 하는 경우에 잠함 또는 우물통의 급격한 침하에 의한 위험을 방지하기 위하여 다음 각 호의 사항을 준수하여야 한다.

1. 침하관계도에 따라 굴착방법 및 재하량(載荷量) 등을 정할 것
2. 바닥으로부터 천장 또는 보까지의 높이는 1.8미터 이상으로 할 것

2 **추락 방지용 방망의 구조 등 안전기준**

(1) 안전기준

① **그물코** : 사각 또는 마름모로서 그 크기는 10cm 이하

② **테두리망 및 매다는 망의 강도** : 인장강도 1,500kg/cm² 이상

③ **방망사의 신품에 대한 인장강도**

그물코의 크기	인장강도(단위 : kg)	
	매듭이 없는 방망	매듭 방망
10cm	240(150)	200(135)
5cm	–	110(60)

※괄호 안은 폐기기준 인장강도임

(2) **방망의 사용제한**

① 망사가 규정한 강도를 보유하지 않는 방망

② 인체 또는 이와 동등 이상의 무게를 갖는 낙하물에 대해 충격을 받는 방망

③ 파손한 부분을 보수하지 않은 방망

④ 강도가 명확하지 않은 방망

(3) **방망의 표시 및 정기시험**

① **방망의 표시** : 제조자, 제조연월, 재봉치수, 그물코, 신품시 망사의 강도

② **정기시험** : 사용개시 후 1년 이내, 이후 매 6개월마다 실시

 **✓ 알아두기**

☑ **추락재해방지 표준안전 작업지침 제8조(지지점의 강도)**

지지점의 강도는 다음 각 호에 의한 계산 값 이상이어야 한다.

1. 방망 지지점은 600kg의 외력에 견딜 수 있는 강도를 보유하여야 한다(다만, 연속적인 구조물이 방망 지지점인 경우의 외력이 다음 식에 계산한 값에 견딜 수 있는 것은 제외한다.).

   F = 200 B

   여기에서 F는 외력(단위 : kg), B는 지지점 간격(단위 : m) 이다.

2. 지지점의 응력은 다음 〈표 5〉에 따라 규정한 허용응력값 이상이어야 한다.

〈표 5〉 지지재료에 따른 허용응력(단위 : kg/cm^2)

허용응력 / 지지재료	압축	인장	전단	휨	부착
일반구조용강재	2,400	2,400	1,350	2,400	
콘크리트	4주 압축강도의 2/3	4주 압축강도의 1/15		–	14(경량골재를 사용하는 것은 12)

3 낙하물 재해방지설비

(1) 낙하 · 비래의 위험성 및 안전조치

① **높이가 3m 이상인 장소로부터 물체를 투하하는 경우** : 적당한 투하설비 설치, 감시인 배치

② **낙하 등에 의한 위험방지 조치** : 방망

③ **낙하 · 비래에 의한 위험방지 조치** : 낙하물방지망 · 수직보호망 또는 방호선반의 설치, 출입금지구역의 설정, 보호구의 착용

④ **낙하물방지망 또는 방호선반 설치시 준수사항**

㉮ 설치 높이는 10m 이내마다 설치하고, 내민길이는 벽면으로부터 2m 이상으로 할 것

㉯ 수평면과의 각도는 20° 이상 30° 이하를 유지할 것

(2) 낙하 · 비래재해의 방호설비

방호설비	구분	용도, 사용장소, 조건
방호철망, 방호울타리, 가설앵커설비	상부에서 낙하해오는 것으로부터 보호	철골건립 및 보울트 체결, 기타 상하작업
방호철망, 방호시트, 울타리, 방호선반, 안전망	제3자의 위험행동으로 인한 보호	보울트, 콘크리트제품, 형틀재, 일반자재, 먼지 등 낙하 · 비산할 우려가 있는 작업
석면포	불꽃의 비산방지	용접, 용단을 수반하는 작업

4 토사붕괴의 위험성 및 안전조치

(1) 토사붕괴의 원인

① **외적원인** : 사면의 경사 및 기울기의 증가, 절토 및 성토의 증가, 공사에 의한 진동 및 반복하중의 증가, 지표수 또는 지하수의 침투로 인한 토사중량의 증가, 지진 및 작업차량 등의 하중

② **내적원인** : 절토사면의 토질, 암질의 종류, 성토 사면의 토질구성 및 분포, 토석의 강도 저하

(2) 토사붕괴 · 낙하에 의한 위험방지

① 지반은 안전한 경사로 하고 낙하의 위험이 있는 토석을 제거하거나 옹벽, 흙막이지보공 등을 설치

② 지반의 붕괴 또는 토석의 낙하원인이 되는 빗물이나 지하수 등의 배제

③ 구축물의 안전진단 등 안전성 평가 실시

(3) 지반의 굴착 작업을 하는 경우 작업장소 등의 조사

① 형상 · 지질 및 지층의 상태

② 균열 · 함수(含水) · 용수 및 동결의 유무 또는 상태

③ 매설물 등의 유무 또는 상태

④ 지반의 지하수위 상태

(4) 암반 등의 인력 굴착시 위험방지

① 굴착면의 기울기(구배)기준

지반의 종류	굴착면의 기울기
모래	1 : 1.8
연암 및 풍화암	1 : 1.0
경암	1 : 0.5
그 밖의 흙	1 : 1.2

※ 비고

1. 굴착면의 기울기는 굴착면의 높이에 대한 수평거리의 비율을 말한다.
2. 굴착면의 경사가 달라서 기울기를 계산하기가 곤란한 경우에는 해당 굴착면에 대하여 지반의 종류별 굴착면의 기울기에 따라 붕괴의 위험이 증가하지 않도록 위 표의 지반의 종류별 굴착면의 기울기에 맞게 해당 각 부분의 경사를 유지해야 한다.

② 사질의 지반(점토질을 포함하지 않은 것)은 굴착면의 기울기를 1 : 1.5 이상으로 하고 높이는 5m 미만으로 하여야 한다.

③ 발파 등에 의해서 붕괴하기 쉬운 상태의 지반 및 다시 매립하거나 반출시켜야 할 지반의 굴착면의 기울기는 1 : 1 이하 또는 높이는 2m 미만으로 하여야 한다.

(5) 흙막이지보공

① 흙막이지보공의 조립

㉮ 미리 조립도를 작성하여 당해 조립도에 의하여 조립

㉯ 조립도에는 흙막이판 · 말뚝 · 버팀대 및 띠장 등 부재의 배치 · 치수 · 재질 및 설치방법과 순서를 명시

② 흙막이지보공을 설치하였을 때의 정기점검사항
  ㉮ 부재의 손상·변형·부식·변위 및 탈락의 유무와 상태
  ㉯ 버팀대의 긴압의 정도
  ㉰ 부재의 접속부·부착부 및 교차부의 상태
  ㉱ 침하의 정도

⊏ 옹벽의 안정검토
전도에 대한 검토, 활동에 대한 검토, 지반의 지지력에 대한 검토

5 ▶ 가설 전기설비의 위험성 및 안전조치

(1) 고압활선작업
  ① 근로자에게 절연용 보호구를 착용시키고, 당해 충전전로중 근로자가 취급하고 있는 부분 외의 부분에 근로자의 신체 등이 접촉 또는 접근함으로 인하여 감전의 위험이 발생할 우려가 있는 것에 대하여는 절연용 방호구를 설치할 것
  ② 근로자에게 활선작업용 기구를 사용하도록 할 것
  ③ 근로자에게 활선작업용 장치를 사용하도록 할 것(이 경우 근로자가 취급하고 있는 충전전로의 전위와 전위가 다른 물체와 근로자의 신체 등이 접촉하거나 접근함으로 인하여 감전의 위험이 발생하지 아니하도록 하여야 함)

(2) 충전전로 작업 시 충전전로에 대한 접근한계거리

충전전로의 선간전압 (단위 : kV)	충전전로에 대한 접근한계거리(단위 : cm)	충전전로의 선간전압 (단위 : kV)	충전전로에 대한 접근한계거리(단위 : cm)
0.3 이하	접촉금지	121 초과 145 이하	150
0.3 초과 0.75 이하	30	145 초과 169 이하	170
0.75 초과 2 이하	45	169 초과 242 이하	230
2 초과 15 이하	60	242 초과 362 이하	380
15 초과 37 이하	90	362 초과 550 이하	550
37 초과 88 이하	110	550 초과 800 이하	790
88 초과 121 이하	130		

(3) 시설물 건설 등의 작업시의 감전방지

① 당해 충전전로를 이설할 것

② 감전의 위험을 방지하기 위한 방책을 설치할 것

③ 당해 충전전로에 절연용 방호구를 설치할 것

④ 위 ①항 내지 ③항에 해당하는 조치를 하는 것이 현저히 곤란한 때에는 감시인을 두고 작업을 감시하도록 할 것

(4) 절연용 보호구 등

① 절연용 보호구　　　　　　　② 절연용 방호구

③ 활선작업용 기구　　　　　　④ 활선작업용 장치

✓ **알아두기**

> ☑ **산업안전보건기준에 관한 규칙 제319조(정전전로에서의 전기작업)**
>
> ① 사업주는 근로자가 노출된 충전부 또는 그 부근에서 작업함으로써 감전될 우려가 있는 경우에는 작업에 들어가기 전에 해당 전로를 차단하여야 한다. 다만, 다음 각 호의 경우에는 그러하지 아니하다.
>
> 1. 생명유지장치, 비상경보설비, 폭발위험장소의 환기설비, 비상조명설비 등의 장치ㆍ설비의 가동이 중지되어 사고의 위험이 증가되는 경우
> 2. 기기의 설계상 또는 작동상 제한으로 전로차단이 불가능한 경우
> 3. 감전, 아크 등으로 인한 화상, 화재ㆍ폭발의 위험이 없는 것으로 확인된 경우

6　건설기계의 위험성 및 안전조치

(1) 차량계 건설기계의 작업계획 작성시 포함사항

① 사용하는 차량계 건설기계의 종류 및 능력

② 차량계 건설기계의 운행경로

③ 차량계 건설기계에 의한 작업방법

(2) 차량계 건설기계 전도방지를 위한 조치

① 유도자를 배치

② 지반의 부동침하방지 조치

③ 갓길의 붕괴방지 조치

④ 도로의 폭의 유지 등 필요한 조치

(3) 운전위치 이탈시의 조치

　① 버킷 · 디퍼 등 작업장치를 지면에 내려둘 것

　② 원동기를 정지시키고 브레이크를 거는 등 이탈을 방지하기 위한 조치를 할 것

(4) **차량계 건설기계의 이송시 조치사항**

　① 싣거나 내리는 작업은 평탄하고 견고한 장소에서 할 것

　② 발판을 사용하는 때에는 충분한 길이 · 폭 및 강도를 가진 것을 사용하고 적당한 경사를 유지
　하기 위하여 견고하게 설치할 것

　③ 마대 · 가설대 등을 사용하는 때에는 충분한 폭 및 강도와 적당한 경사를 확보할 것

> ☑ **산업안전보건기준에 관한 규칙 제205조(붐 등의 강하에 의한 위험의 방지)**
>
> 사업주는 차량계 건설기계의 붐 · 암 등을 올리고 그 밑에서 수리 · 점검작업 등을 하는 경우 붐 · 암 등이
> 갑자기 내려 옴으로써 발생하는 위험을 방지하기 위하여 해당 작업에 종사하는 근로자에게 안전지지대 또는
> 안전블록 등을 사용하도록 하여야 한다.

(5) **부적격한 권상용 와이어로프의 사용금지**(항타기 또는 항발기)

　① 이음매가 있는 것

　② 와이어로프의 한 꼬임에서 끊어진 소선(필러선은 제외)의 수가 10% 이상(비자전로프의 경우에
　는 끊어진 소선의 수가 와이어로프 호칭지름의 6배 길이 이내에서 4개 이상이거나 호칭지름 30
　배 길이 이내에서 8개 이상)인 것

　③ 지름의 감소가 공칭지름의 7%를 초과하는 것

　④ 꼬인 것

　⑤ 심하게 변형되거나 부식된 것

　⑥ 열과 전기충격에 의해 손상된 것

> ⊏ **랭(Lang)꼬임**
>
> 보통꼬임의 로프보다 사용시 표면전체가 균일하게 마모되므로 수명이 길고 부분적 마모에 대한 저항성,
> 유연성이 우수하나 꼬임이 풀리기 쉬운 단점이 있다.

(6) 권상용 와이어로프의 안전계수 및 안전율

① **안전계수** = $\dfrac{\text{극한강도}}{\text{최대설계응력}}$ = $\dfrac{\text{파단하중}}{\text{안전하중}}$ = $\dfrac{\text{파괴하중}}{\text{최대사용하중}}$

② **Cardullo의 안전율(F)** = a×b×c×d [a : 극한강도, b : 하중종류, c : 하중속도, d : 재료조건]

③ **안전 여유** = 극한 강도 − 허용응력(정격하중)

(6) 기타 주요사항

① **브레이크의 부착 등** : 항타기 또는 항발기에 사용하는 권상기에 쐐기장치 또는 역회전 방지용 브레이크를 부착

② **활차 위치** : 항타기 또는 항발기의 권상장치의 드럼축과 권상장치로부터 첫 번째 활차의 축과의 거리는 권상장치 드럼폭의 15배 이상

---

7 건설안전시설 및 설비에 관한 중요사항

(1) 정전작업시의 조치

① 전로의 개로에 사용한 개폐기에 잠금장치를 하고 통전(通電)금지에 관한 표지판을 설치하는 등 필요한 조치를 할 것

② 개로된 전로가 전력케이블·전력콘덴서 등을 가진 것으로서 잔류전하에 의하여 위험이 발생할 우려가 있는 것에 대하여는 당해 잔류전하를 확실히 방전시킬 것

③ 개로된 전로의 충전여부를 검전기구에 의하여 확인하고 오(誤)통전, 다른 전로와의 접촉, 다른 전로로부터의 유도 또는 예비동력원의 역송전에 의한 감전의 위험을 방지하기 위하여 단락접지 기구를 사용하여 확실하게 단락접지할 것

④ 사업주는 앞의 작업중 또는 작업 종료후 개로한 전로에 통전하는 때에는 당해 작업에 종사하는 근로자에게 감전의 위험이 발생할 우려가 없도록 미리 통지한 후 단락접지기구를 제거하여야 함

(2) 활선작업 및 활선근접작업시의 조치

① **저압활선작업**

㉮ 저압 : 750V 이하 직류전압이나 600V 이하의 교류전압

㉯ 작업시 조치 : 절연용 보호구 착용

② **저압활선 근접작업**

㉮ 충전전로에 절연용 방호구 설치

㉯ 절연용 방호구 설치 또는 해체작업을 할 때에는 절연용 보호구를 착용하거나 활선작업용 기구를 사용

③ **고압활선작업**

㉮ 절연용 보호구 착용, 절연용 방호구 설치

㉯ 활선작업용 기구 및 장치 사용

④ **고압활선 근접작업**

㉮ 충전전로에 절연용 방호구 설치

㉯ 단, 근로자에게 절연용 보호구를 착용시키고 당해 절연용 보호구를 착용하는 신체 외의 부분이 당해 충전전로에 접촉하거나 접근함으로 인하여 감전의 위험이 발생할 우려가 없을 경우는 예외

⑤ **특별고압 활선작업**

㉮ 활선작업용 기구를 사용하고 접근한계거리 이상을 유지하도록 할 것

㉯ 활선작업용 장치 사용

⑥ **특별고압활선 근접작업**

㉮ 활선작업용 장치 사용

㉯ 충전전로에 대한 접근한계거리를 유지하고 접근한계거리가 유지될 수 있도록 표지판 등을 설치하거나 감시인을 둘 것

▌ 고압 충전로 작업시 이격거리

전압 종별	교류	직류	이격거리
저압	600V 이하	750V 이하	1m
고압	1000V 초과 7,000V 이하	1500V 초과 7,000V 이하	1.2m
특별고압	7,000V 초과		2m

가설작업의 안전

1 가설통로

(1) 통로의 설치

① 작업장으로 통하는 장소 또는 작업장내에는 근로자가 사용하기 위한 안전한 통로를 설치

② 통로의 주요한 부분에는 통로표시

③ 통로에 75럭스 이상의 채광 또는 조명시설 설치(갱도 또는 지하실 등에서 휴대용 조명기구 사용 시는 예외)

④ 옥내에 통로를 설치하는 때에는 걸려 넘어지거나 미끄러지는 등의 위험이 없도록 하여야 하며, 통로면으로부터 높이 2m 이내에는 장애물이 없도록 함

(2) 가설통로의 구조

① 견고한 구조로 할 것

② 경사는 30° 이하로 할 것(다만, 계단을 설치하거나 높이 2m 미만의 가설통로로서 튼튼한 손잡이를 설치한 때에는 그러하지 아니하다)

③ 경사가 15°를 초과하는 때에는 미끄러지지 아니하는 구조로 할 것

④ 추락의 위험이 있는 장소에는 안전난간을 설치할 것(다만, 작업상 부득이한 때에는 필요한 부분에 한하여 임시로 이를 해체할 수 있다)

⑤ 수직갱에 가설된 통로의 길이가 15m 이상인 때에는 10m 이내마다 계단참을 설치할 것

⑥ 건설공사에 사용하는 높이 8m 이상인 비계다리에는 7m 이내마다 계단참을 설치할 것

☑ 알아두기

> ☑ **산업안전보건기준에 관한 규칙 제13조(안전난간의 구조 및 설치요건)**
> 사업주는 근로자의 추락 등의 위험을 방지하기 위하여 안전난간을 설치하는 경우 다음 각 호의 기준에 맞는 구조로 설치해야 한다.
>
> 1. 상부 난간대, 중간 난간대, 발끝막이판 및 난간기둥으로 구성할 것. 다만, 중간 난간대, 발끝막이 판 및 난간기둥은 이와 비슷한 구조와 성능을 가진 것으로 대체할 수 있다.

2. 상부 난간대는 바닥면·발판 또는 경사로의 표면(이하"바닥면등"이라 한다)으로부터 90센티미터 이상 지점에 설치하고, 상부 난간대를 120센티미터 이하에 설치하는 경우에는 중간 난간대는 상부 난간대와 바닥면등의 중간에 설치해야 하며, 120센티미터 이상 지점에 설치하는 경우에는 중간 난간대를 2단 이상으로 균등하게 설치하고 난간의 상하 간격은 60센티미터 이하가 되도록 할 것. 다만, 난간기둥 간의 간격이 25센티미터 이하인 경우에는 중간 난간대를 설치하지 않을 수 있다.
3. 발끝막이판은 바닥면등으로부터 10센티미터 이상의 높이를 유지할 것. 다만, 물체가 떨어지거나 날아올 위험이 없거나 그 위험을 방지할 수 있는 망을 설치하는 등 필요한 예방 조치를 한 장소는 제외한다.
4. 난간기둥은 상부 난간대와 중간 난간대를 견고하게 떠받칠 수 있도록 적정한 간격을 유지할 것
5. 상부 난간대와 중간 난간대는 난간 길이 전체에 걸쳐 바닥면등과 평행을 유지할 것
6. 난간대는 지름 2.7센티미터 이상의 금속제 파이프나 그 이상의 강도가 있는 재료일 것
7. 안전난간은 구조적으로 가장 취약한 지점에서 가장 취약한 방향으로 작용하는 100킬로그램 이상의 하중에 견딜 수 있는 튼튼한 구조일 것

(3) 작업발판의 구조

비계(달비계, 달대비계 및 말비계는 제외)의 높이가 2m 이상인 작업장소에 다음의 기준에 맞는 작업발판을 설치

① 발판재료는 작업할 때의 하중을 견딜 수 있도록 견고한 것으로 할 것

② 작업발판의 폭은 40cm 이상으로 하고, 발판재료 간의 틈은 3cm 이하로 할 것. 다만, 외줄비계의 경우에는 고용노동부장관이 별도로 정하는 기준에 따른다.

③ 위 ②항에도 불구하고 선박 및 보트 건조작업의 경우 선박블록 또는 엔진실 등의 좁은 작업공간에 작업발판을 설치하기 위하여 필요하면 작업발판의 폭을 30cm 이상으로 할 수 있고, 걸침비계의 경우 강관기둥 때문에 발판재료 간의 틈을 3cm 이하로 유지하기 곤란하면 5cm 이하로 할 수 있다. 이 경우 그 틈 사이로 물체 등이 떨어질 우려가 있는 곳에는 출입금지 등의 조치를 하여야 한다.

④ 추락의 위험이 있는 장소에는 안전난간을 설치할 것. 다만, 작업의 성질상 안전난간을 설치하는 것이 곤란한 경우, 작업의 필요상 임시로 안전난간을 해체할 때에 추락방호망을 설치하거나 근로자로 하여금 안전대를 사용하도록 하는 등 추락위험 방지 조치를 한 경우에는 그러하지 아니하다.

⑤ 작업발판의 지지물은 하중에 의하여 파괴될 우려가 없는 것을 사용할 것

⑥ 작업발판재료는 뒤집히거나 떨어지지 않도록 둘 이상의 지지물에 연결하거나 고정시킬 것

⑦ 작업발판을 작업에 따라 이동시킬 경우에는 위험 방지에 필요한 조치를 할 것

(4) 계단 및 계단참의 설치기준

① **강도** : 계단 및 계단참을 설치하는 때에는 500kg/cm² 이상의 하중에 견딜 수 있는 강도를 가진 구조, 안전율은 4 이상

② **폭** : 1m 이상(급유용, 보수용, 비상용계단 및 나선형계단은 예외임)

③ **계단참의 높이** : 3m를 초과하는 계단에 높이 3m 이내마다 진행방향으로 길이 1.2m 이상의 계단참 설치

④ **천장의 높이** : 바닥면으로부터 높이 2m 이내의 공간에 장애물이 없도록 설치(급유용, 보수용, 비상용계단 및 나선형계단은 예외임)

⑤ **난간** : 높이 1m 이상인 계단의 개방된 측면에 안전난간 설치

2 비계의 조립시 안전조치

(1) 비계의 조립 · 해체 및 변경

① **달비계 또는 높이 5m 이상의 비계 조립 · 해체, 변경 작업 시 준수사항**

㉮ 근로자가 관리감독자의 지휘에 따라 작업하도록 할 것

㉯ 조립 · 해체 또는 변경의 시기 · 범위 및 절차를 그 작업에 종사하는 근로자에게 주지시킬 것

㉰ 조립 · 해체 또는 변경 작업구역에는 해당 작업에 종사하는 근로자가 아닌 사람의 출입을 금지하고 그 내용을 보기 쉬운 장소에 게시할 것

㉱ 비, 눈, 그 밖의 기상상태의 불안정으로 날씨가 몹시 나쁜 경우에는 그 작업을 중지시킬 것

㉲ 비계재료의 연결 · 해체작업을 하는 경우에는 폭 20cm 이상의 발판을 설치하고 근로자로 하여금 안전대를 사용하도록 하는 등 추락을 방지하기 위한 조치를 할 것

㉳ 재료 · 기구 또는 공구 등을 올리거나 내리는 경우에는 근로자가 달줄 또는 달포대 등을 사용하게 할 것

② 강관비계 또는 통나무비계를 조립하는 경우 쌍줄로 하여야 한다. 다만, 별도의 작업발판을 설치할 수 있는 시설을 갖춘 경우에는 외줄로 할 수 있다.

(2) 비계의 점검 및 보수

비, 눈, 그 밖의 기상상태의 악화로 작업을 중지시킨 후 또는 비계를 조립 · 해체하거나 변경한 후에 그 비계에서 작업을 하는 경우 해당 작업을 시작하기 전에 다음의 사항을 점검하고, 이상을 발견하면 즉시 보수

① 발판 재료의 손상 여부 및 부착 또는 걸림 상태

② 해당 비계의 연결부 또는 접속부의 풀림 상태

③ 연결 재료 및 연결 철물의 손상 또는 부식 상태

④ 손잡이의 탈락 여부

⑤ 기둥의 침하, 변형, 변위(變位) 또는 흔들림 상태

⑥ 로프의 부착 상태 및 매단 장치의 흔들림 상태

(3) 강관비계의 조립

① 강관비계의 구조

㉮ 비계기둥의 간격은 띠장 방향에서는 1.85m 이하, 장선(長線) 방향에서는 1.5m 이하로 할 것. 다만, 선박 및 보트 건조작업의 경우 안전성에 대한 구조검토를 실시하고 조립도를 작성하면 띠장 방향 및 장선 방향으로 각각 2.7m 이하로 할 수 있다.

㉯ 띠장 간격은 2.0m 이하로 할 것. 다만, 작업의 성질상 이를 준수하기가 곤란하여 쌍기둥틀 등에 의하여 해당 부분을 보강한 경우에는 그러하지 아니하다.

㉰ 비계기둥의 제일 윗부분으로부터 31m되는 지점 밑부분의 비계기둥은 2개의 강관으로 묶어 세울 것. 다만, 브라켓(bracket, 까치발) 등으로 보강하여 2개의 강관으로 묶을 경우 이상의 강도가 유지되는 경우에는 그러하지 아니하다.

㉱ 비계기둥 간의 적재하중은 400kg을 초과하지 않도록 할 것

② 강관비계의 조립간격

강관비계의 종류	조립간격(단위 : m)	
	수직방향	수평방향
단관비계	5	5
틀비계(높이가 5m 미만의 것은 제외)	6	8

③ 강관틀비계 조립사용시 준수사항

㉮ 비계기둥의 밑둥에는 밑받침철물을 사용하여야 하며 밑받침에 고저차가 있는 경우에는 조절형 밑받침철물을 사용하여 각각의 강관틀비계가 항상 수평 및 수직을 유지하도록 할 것

㉯ 높이가 20m를 초과하거나 중량물의 적재를 수반하는 작업을 할 경우에는 주틀간의 간격이 1.8m 이하로 할 것

㉰ 주틀간에 교차가새를 설치하고 최상층 및 5층 이내마다 수평재를 설치할 것

㉱ 수직방향으로 6m, 수평방향으로 8m 이내마다 벽이음을 할 것

㉲ 길이가 띠장방향으로 4m 이하이고 높이가 10m를 초과하는 경우에는 10m 이내마다 띠장방향으로 버팀기둥을 설치할 것

(4) 달비계의 조립

① 와이어로프 및 강선의 안전계수는 10 이상

② 와이어로프의 일단은 권상기에 확실히 감겨져 있어야 함

③ 작업발판은 폭을 40cm 이상으로 하고 틈새가 없도록 할 것

④ 발판위 약 10cm 위까지 낙하물 방지조치

⑤ 작업발판의 재료는 뒤집히거나 떨어지지 아니하도록 비계의 보 등에 연결하거나 고정시킬 것

⑥ 비계가 흔들리거나 뒤집히는 것을 방지하기 위하여 비계의 보·작업발판 등에 버팀을 설치하는 등 필요한 조치를 할 것

⑦ 선반비계에 있어서는 보의 접속부 및 교차부를 철선·이음철물 등을 사용하여 확실하게 접속시키거나 단단하게 연결시킬 것

⑧ 추락에 의한 근로자의 위험을 방지하기 위하여 달비계에 안전대 및 구명줄을 설치하고, 안전난간의 설치가 가능한 구조인 경우에는 안전난간을 설치할 것

(5) 말비계(안장비계, 각주비계) 및 이동식비계

① **말비계의 조립** : 비교적 천장 높이가 낮은 실내에서 내장 마무리작업에 사용

㉮ 지주부재의 하단에는 미끄럼방지장치를 하고, 양측 끝 부분에 올라서서 작업하지 않도록 할 것

㉯ 지주부재와 수평면과의 기울기를 75° 이하로 하고, 지주부재와 지주부재 사이를 고정시키는 보조부재를 설치할 것

㉰ 말비계의 높이가 2m를 초과할 경우에는 작업발판의 폭을 40cm 이상으로 할 것

② **이동식비계의 조립** : 옥외의 낮은 장소 또는 실내의 부분적인 장소에서 작업을 할 때 이용

㉮ 이동식비계의 바퀴에는 뜻밖의 갑작스러운 이동 또는 전도를 방지하기 위하여 브레이크·쐐기 등으로 바퀴를 고정시킨 다음 비계의 일부를 견고한 시설물에 고정하거나 아웃트리거(전도방지용 지지대)를 설치하는 등의 조치를 할 것

㉯ 승강용사다리는 견고하게 설치할 것

㉰ 비계의 최상부에서 작업을 할 때에는 안전난간을 설치할 것

㉱ 작업발판은 항상 수평을 유지하고 작업발판 위에서 안전난간을 딛고 작업을 하거나 받침대 또는 사다리를 사용하여 작업하지 않도록 할 것

㉲ 작업발판의 최대적재하중은 250kg을 초과하지 않도록 할 것

┖ 비계가 갖추어야 할 3요소
안전성, 작업성, 경제성

---

3 ▶ **사면붕괴 방지 및 토석붕괴의 원인**

(1) 사면붕괴 방지의 안전대책

① 경점토 사면은 구배를 느리게 한다.

② 느슨한 모래의 사면은 지반의 밀도를 크게 한다.

③ 연약한 균질의 점토사면은 배수에 의하여 전단강도를 증가시킨다.

④ 암층은 배수가 잘 되도록 하며 층이 얇을 때에는 말뚝을 박아서 정지한다.

⑤ 모래층을 둘러싼 점토사면은 배수에 의하여 모래층의 함유수분을 배제한다.

(2) 토석 붕괴의 원인

① **외적 요인** : 사면수위의 급격한 하강이 위험도가 가장 높음

㉮ 사면, 법면의 경사 및 구배의 증가

㉯ 절토 및 성토 높이의 증가

㉰ 공사에 의한 진동 및 반복하중의 증가

㉱ 지표수 및 지하수의 침투에 의한 토사중량의 증가

㉲ 지진, 차량, 구조물의 하중

② **내적 요인** : 절토사면의 토질, 암석 성토사면의 토질 및 토석의 강도 저하

4 철근의 체결방법 및 인력운반

(1) 철근의 체결방법

① 2군데를 묶어 인양한다.

② 매다는 각도는 60°이내로 한다.

③ 와이어로프의 미끄럼을 방지한다.

④ 후크는 해지장치가 있는 것을 사용한다.

⑤ 철근의 중량과 중심을 확인한다.

⑥ 철근을 세워 올릴 때는 포대나 상자를 이용하여 철근이 빠지지 않도록 한다.

(2) 철근의 인력운반

① 긴 철근은 2인이 1조가 되어 어깨메기로 하여 운반하는 등 안전성을 도모한다.

② 긴 철근을 부득이 한 사람이 운반할 때는 한 곳을 드는 것보다 한쪽을 어깨에 메고 한쪽 끝을 땅에 끌면서 운반한다.

③ 운반시에는 항상 양끝을 묶어 운반한다.

④ 1회 운반시 1인당 무게는 25kg 정도가 적절하며 무리한 운반은 삼가한다.

⑤ 공동작업시는 신호에 따라 작업한다.

5 거푸집 및 거푸집동바리

(1) 강재(鋼材)의 사용기준

강재의 종류	인장강도(kg/mm²)	신장률(%)
강관	34 이상 41 미만	25 이상
	41 이상 50 미만	20 이상
	50 이상	10 이상

	34 이상 41 미만	21 이상
강판, 형강, 평강, 경량형강	41 이상 50 미만	16 이상
	50 이상 60 미만	12 이상
	60 이상	8 이상
봉강	34 이상 41 미만	25 이상
	41 이상 50 미만	20 이상
	50 이상	18 이상

(2) 조립도 명시사항 및 조립

① **조립도에 명시할 사항** : 동바리 · 멍에 등 부재(部材)의 재질 · 단면규격 · 설치간격 및 이음방법 등

② **조립순서** : 기둥 → 보받이 내력벽 → 큰보 → 작은보 → 바닥 → 내벽 → 외벽

> **□ 거푸집 설계시 고려하여야 하는 하중**
> • 수직(연직)방향 : 고정하중, 충격하중, 작업하중
> • 수평방향 : 풍압, 콘크리트 측압, 콘크리트 타설 방향에 따른 편심하중

(3) 거푸집의 존치기간

부위		바닥슬래브, 지붕슬래브 및 보밑		기초, 기둥 및 벽, 보옆	
시멘트의 종류		포틀랜드 시멘트	조강포틀랜드 시멘트	포틀랜드 시멘트	조강포틀랜드 시멘트
압축강도		설계기준강도의 50%		50kg/cm²(5MPa)	
재령 (일)	평균기온 10℃ 이상 ~20℃ 미만	8	5	6	3
	평균기온 20℃ 이상	7	4	4	2

---

6 ▶ 콘크리트 타설작업

(1) 콘크리트 다지기

① 진동기는 철근 또는 철골에 직접 접촉되지 않도록 하고 뽑을 때에는 천천히 뽑아내어 콘크리트에 구멍이 남지 않도록 한다.

② 막대형 진동기(Rod Type Vibrator)는 수직방향으로 넣고, 넣은 간격은 약 50cm 이하로 한다.

③ 거푸집 진동기는 막대형 진동기를 사용할 수 없는 기둥 및 벽체 부분에 사용하고, 표면 진동기는 슬래브와 같이 두께가 얇은 부분의 콘크리트 표면에 직접 사용한다.

(2) 콘크리트 양생

① 콘크리트의 온도는 항상 2℃ 이상으로 유지한다.

② 콘크리트 타설 후 수화작용을 돕기 위하여 최소 5일간은 수분을 보존한다.

③ 일광의 직사, 급격한 건조 및 한냉에 대하여 보호한다.

④ 콘크리트가 충분히 경화될 때까지는 충격 및 하중을 가하지 않게 주의한다.

⑤ 콘크리트 타설 후 1일간은 그 위를 보행하거나 공기구 등 기타 중량물을 올려놓아서는 안 된다.

> **반발경도법**
> 경화면 콘크리트면에 슈미트 해머(Schmidt Hammer)로 타격 에너지를 가하여 콘크리트면의 경도에 따라 반발경도를 측정하고, 이 반발경도와 콘크리트 압축강도와의 상관관계를 도출함으로써 콘크리트의 압축강도를 추정하는 시험법

(3) 콘크리트의 중성화

① **중성화의 개념** : 탄산가스, 산성비 등의 영향으로 콘크리트가 수산화칼슘 상태에서 탄산칼슘 상태로 변화하면서 알칼리성을 잃어버리는 현상으로 콘크리트의 내구성을 약화시킴

② **중성화의 원인 및 방지책**

중성화의 원인	중성화의 방지책
• 탄산가스의 농도가 클 경우 • 시멘트의 분말도가 클 때 • 물–시멘트비가 클 경우 • 습도가 높을 경우 • 경량골재를 사용한 경우 • 온도가 높을 때 • 혼합 시멘트를 사용한 경우 • 산성비의 영향 또는 단기 재령일 때	• 혼화제(AE제, AE감수제) 사용 • 타일, 돌 붙임 등의 마감 • 피복두께는 두껍게, 부재단면은 크게 • 장기재령을 유지하고, 기공률을 적게 • 습도는 높고 온도는 낮게 • 탄산가스의 영향을 적게 • 다짐 및 양생을 충분히 할 것 • 재료분리 방지

(4) 알칼리골재 반응

① **개념** : 시멘트의 알칼리 금속이온(Na, K)과 수산이온이 실리카(Silica) 사이에서 반응하여 수분을 계속 흡수, 팽창하는 현상

② **방지대책**

㉮ 저알칼리 시멘트 사용

㉯ 비반응성 골재의 사용과 알칼리 공급원인 염분 사용 금지

㉰ 양질의 포졸란(Pozzolan)이나 플라이애시(Fly ash) 사용

> **콘크리트의 염해**
> 콘크리트 속의 염분이나 대기 중 염소이온의 침입으로 철근이 부식되어 콘크리트 구조체에 손상을 주는 현상으로 내구성이 저하된다.

(5) **콘크리트 강도에 영향을 주는 인자**

　① **물-시멘트 비(W/C)**

　② **재료의 품질** : 시멘트, 골재, 모래, 용수 등의 품질

　③ **시공법** : 배합비, 혼합법, 타설방법 등은 강도에 영향

　④ **보양법**

　　㉮ 습도 보존 : 최소 5일

　　㉯ 안전 보존 : 진동, 충격 등

　　㉰ 온도 보존 : 25℃ 이상이 좋고, 겨울철도 최소 5일간은 2℃ 이상 유지

> **◖ 블리딩(Bleeding)**
> 아직 굳지 않은 콘크리트나 모르타르 내부의 물이 위로 상승하는 현상으로, 단위수량을 낮게 하거나 진동기 등을 사용하여 밀실한 상태을 만들어야 한다.

(6) **골재의 혼합물이 콘크리트에 미치는 영향**

　① **유기 불순물** : 강도, 내구성 저하, 시공연도 저하

　② **염화물** : 철근부식, 이상응결, 균열발생

　③ **점토** : 강도저하, 흡수율 증가에 따른 수밀성 저하, 부착력 저하

　④ **당분** : 응결지연

(7) **콘크리트의 측압이 커지는 조건**

　① 기온이 낮을수록(대기 중의 습도가 낮을수록)

　② 치어붓기 속도가 클수록

　③ 굵은 콘크리트일수록(물-시멘트비가 클수록, 슬럼프 값이 클수록, 시멘트-물비가 적을 수록)

　④ 콘크리트의 비중이 클수록

　⑤ 콘크리트의 다지기가 강할수록

　⑥ 철근의 양이 적을수록

　⑦ 거푸집의 수밀성이 높을수록

　⑧ 거푸집의 수평단면이 클수록(벽 두께가 클수록)

　⑨ 거푸집의 강성이 클수록

　⑩ 거푸집의 표면이 매끄러울수록

　⑪ 생콘크리트의 높이가 높을수록(단, 일정한 높이에 이르면 측압의 증가는 없음)

(8) **숏콘크리트**(Shotcrete)

    ① **개요** : 터널 등 큰 공동구조물의 라이닝, 비탈면, 벽면의 풍화나 박리, 박락의 방지, 터널, 댐 침 교량의 보수, 보강 공사 등에 적용하며 섬유 등을 혼입하는 복합 재료 또는 콘크리트나 강재와 합성시킨 복합구조로써 사용

    ② **숏콘크리트의 장점**

        ㉮ 급결제의 첨가에 의한 조기 강도 발현

        ㉯ 거푸집이 불필요하고 급속시공이 가능

        ㉰ 소규모로 운반 가능한 기계설비도 시공 가능

        ㉱ 윗쪽, 옆을 포함한 임의 방향으로 시공 가능

        ㉲ 플랜트에서 떨어진 협소한 장소 또는 급경사면 등 악작업조건 하에서도 시공 가능

    ③ **숏콘크리트의 단점**

        ㉮ 리바운드 등의 재료의 손실이 많음

        ㉯ 평활한 면을 얻기 어려움

        ㉰ 붙임면에서 물이 나올 때는 부착이 곤란

        ㉱ 작업시에 분진이 발생

        ㉲ 시공성 품질 등에 변동이 발생할 우려가 있음

        ㉳ 수밀성이 다소 결여

7   철골공사 전 검토사항

(1) **철골의 자립도 검토대상 구조물**

    ① 높이 20m 이상의 구조물

    ② 구조물의 폭과 높이의 비가 1:4 이상인 구조물

    ③ 단면구조에 현저한 차이가 있는 구조물

    ④ 연면적당 철골량이 $50kg/m^2$ 이하인 구조물

    ⑤ 기둥이 타이플레이트(tie plate)형인 구조물

    ⑥ 이음부가 현장용접인 구조물

(2) **철골건립순서 계획 시 검토할 사항**

    ① 철골건립에 있어서는 현장건립순서와 공장제작순서가 일치되도록 계획하고 제작검사의 사전 실시, 현장운반계획 등을 확인하여야 한다.

    ② 어느 한면만을 2절점 이상 동시에 세우는 것은 피해야 하며 1스팬 이상 수평방향으로도 조립이 진행되도록 계획하여 좌굴, 탈락에 의한 도괴를 방지하여야 한다.

    ③ 건립기계의 작업반경과 진행방향을 고려하여 조립순서를 결정하고 조립 설치된 부재에 의해 후속작업이 지장을 받지 않도록 계획하여야 한다.

④ 연속기둥 설치시 기둥을 2개 세우면 기둥사이의 보를 동시에 설치하도록 하며 그 다음의 기둥을 세울 때에도 계속 보를 연결시킴으로써 좌굴 및 편심에 의한 탈락 방지등의 안전성을 확보하면서 건립을 진행시켜야 한다.

⑤ 건립 중 도괴를 방지하기 위하여 가보울트 체결기간을 단축시킬 수 있도록 후속공사를 계획하여야 한다.

(3) 철골작업 시의 위험방지

① 철골을 조립하는 경우에 철골의 접합부가 충분히 지지되도록 볼트를 체결하거나 이와 같은 수준 이상의 견고한 구조가 되기 전에는 들어 올린 철골을 걸이로프 등으로부터 분리해서는 아니 된다

② 근로자가 수직방향으로 이동하는 철골부재에는 답단(踏段) 간격이 30cm 이내인 고정된 승강로를 설치하여야 하며, 수평방향 철골과 수직방향 철골이 연결되는 부분에는 연결작업을 위하여 작업발판 등을 설치하여야 한다.

③ 철골작업을 하는 경우에 근로자의 주요 이동통로에 고정된 가설통로를 설치하여야 한다. 다만, 안전대의 부착설비 등을 갖춘 경우에는 그러하지 아니하다.

(4) 철골작업을 중지하여야 하는 경우

① 풍속이 초당 10m 이상인 경우

② 강우량이 시간당 1mm 이상인 경우

③ 강설량이 시간당 1cm 이상인 경우

▪ 풍속별 작업범위

풍속(m/sec)	종별	작업범위
0~7	안전작업범위	전 작업 실시
7~10	주의경보	외부용접, 도장작업 중지
10~14	경고경보	건립작업 중지
14 이상	위험경보	고소작업자는 즉시 하강, 안전대피

(5) 강(鋼)의 열처리

① 풀림(Annealing, 어닐링)

㉮ 내용 : 강을 높은 온도(800~1000℃)로 30분~1시간 가열한 후에 로(爐) 속에서 서서히 냉각시키는 열처리 방식

㉯ 목적 : 강의 가공으로 인한 내부응력을 제거시키기 위해서

② **불림(Normalizing, 노멀라이징)**

    ㉮ 내용 : 강을 800~1000℃로 가열한 후 대기 중에서 냉각시키는 열처리 방법

    ㉯ 목적 : 강의 조직을 미세화하고 내부 응력과 변형을 제거하기 위해서

③ **담금질(Quenching, 퀜칭)**

    ㉮ 내용 : 강을 가열한 후 물 또는 기름 속에 투입하여 급냉시키는 열처리 방법(탄소함유량이 0.4% 이하는 불가능)

    ㉯ 목적 : 강의 강도 및 경도를 증가시키기 위해서

④ **뜨임질(Tempering, 탬퍼링)**

    ㉮ 내용 : 담금질한 강을 250~300℃ 정도로 다시 가열한 후에 공기 중에서 서서히 냉각시키는 열처리법

    ㉯ 목적 : 담금질한 강에 인성을 주고 내부 잔류응력을 제거하기 위해서

8 철골공사용 기계

(1) 건립용 기계의 종류

대분류	소분류
크레인	타워 크레인(기복형, 수평형)
	기타 소형 지브 크레인
이동식 크레인	트럭 크레인(유압식, 기계식)
	크롤러 크레인(크롤러 크레인, 크롤러식 타워크레인)
	휠 크레인(유압식, 기계식)
데릭	가이 데릭
	삼각 데릭
	진폴 데릭

(2) 건립용 기계의 주요내용

① **타워 크레인** : 초고층 작업이 용이하고 인접물에 장애가 없기 때문에 360° 회전이 가능하여 가장 능률이 좋은 기계이다.

② **크롤러 크레인** : 외부 받침대를 갖고 있지 않아 트럭 크레인 보다 약간의 흔들림이 크며 하중 인양시 안전성이 약하다. 최소작업반경은 6.4~11m의 범위 정도이다.

③ **트럭 크레인** : 장거리 기동성이 있고 붐을 현장에서 조립하여 소정의 길이를 얻을 수 있다. 360° 선회 작업이 가능하며, 인양하중은 150t까지, 최소작업반경은 1.5~6m의 범위 정도이다.

④ **데릭** : 통나무, 철 파이프 또는 철골 등으로 기둥을 세우고 난 뒤 3본 이상 지선을 매어 기둥을 경사지게 세워 기둥 끝에 활차를 달고 윈치에 연결시켜 권상시키는 것이다. 간단하게 설치할 수 있으며 경미한 건물의 철골건립에 주로 사용한다.

⑤ **삼각 데릭** : 가이 데릭과 비슷하나 주기둥을 지탱하는 지선 대신에 2본의 다리에 의해 고정된 것으로 작업회전 반경이 약 270° 정도로 가이데릭과 성능은 거의 같다.

⑥ **가이 데릭** : 주기둥과 붐으로 구성되어 있고 6~8본의 지선으로 주기둥이 지탱되며 주각부에 붐을 설치하면 360° 회전이 가능하다.

☑ **산업안전보건기준에 관한 규칙 제142조(타워크레인의 지지)**

① 사업주는 타워크레인을 자립고(自立高) 이상의 높이로 설치하는 경우 건축물 등의 벽체에 지지하거나 와이어로프에 의하여 지지 하여야 한다.

② 사업주는 타워크레인을 벽체에 지지하는 경우 다음 각 호의 사항을 준수하여야 한다.

   1. 산업안전보건법 시행규칙 제110조제1항제2호에 따른 서면심사에 관한 서류(건설기계관리법 제18조에 따른 형식승인서류를 포함한다) 또는 제조사의 설치작업설명서 등에 따라 설치할 것

   2. 제1호의 서면심사 서류 등이 없거나 명확하지 아니한 경우에는 국가기술자격법에 따른 건축구조·건설기계·기계안전·건설안전기술사 또는 건설안전분야 산업안전지도사의 확인을 받아 설치하거나 기종별·모델별 공인된 표준방법으로 설치할 것

   3. 콘크리트구조물에 고정시키는 경우에는 매립이나 관통 또는 이와 동등 이상의 방법으로 충분히 지지되도록 할 것

   4. 건축 중인 시설물에 지지하는 경우에는 그 시설물의 구조적 안정성에 영향이 없도록 할 것

③ 사업주는 타워크레인을 와이어로프로 지지하는 경우 다음 각 호의 사항을 준수해야 한다.

   1. 제2항제1호 또는 제2호의 조치를 취할 것

   2. 와이어로프를 고정하기 위한 전용 지지프레임을 사용할 것

   3. 와이어로프 설치각도는 수평면에서 60도 이내로 할 것

   4. 와이어로프의 고정부위는 충분한 강도와 장력을 갖도록 설치하고, 와이어로프를 클립·샤클(shackle, 연결고리) 등의 고정기구를 사용하여 견고하게 고정시켜 풀리지 않도록 할 것. 이 경우 클립·샤클 등의 고정기구는 한국산업표준 제품이거나 한국산업표준이 없는 제품의 경우에는 이에 준하는 규격을 갖춘 제품이어야 한다.

   5. 와이어로프가 가공전선(架空電線)에 근접하지 않도록 할 것

☑ **산업안전보건기준에 관한 규칙 제146조(크레인 작업 시의 조치)**

① 사업주는 크레인을 사용하여 작업을 하는 경우 다음 각 호의 조치를 준수하고, 그 작업에 종사하는 관계근로자가 그 조치를 준수하도록 하여야 한다.

   1. 인양할 하물(荷物)을 바닥에서 끌어당기거나 밀어내는 작업을 하지 아니할 것

   2. 유류드럼이나 가스통 등 운반 도중에 떨어져 폭발하거나 누출될 가능성이 있는 위험물 용기는 보관함(또는 보관고)에 담아 안전하게 매달아 운반할 것

   3. 고정된 물체를 직접 분리·제거하는 작업을 하지 아니할 것

   4. 미리 근로자의 출입을 통제하여 인양 중인 하물이 작업자의 머리 위로 통과하지 않도록 할 것

5. 인양할 하물이 보이지 아니하는 경우에는 어떠한 동작도 하지 아니할 것(신호하는 사람에 의하여 작업을 하는 경우는 제외한다)

② 사업주는 조종석이 설치되지 아니한 크레인에 대하여 다음 각 호의 조치를 하여야 한다.
   1. 고용노동부장관이 고시하는 크레인의 제작기준과 안전기준에 맞는 무선원격제어기 또는 펜던트 스위치를 설치 · 사용할 것
   2. 무선원격제어기 또는 펜던트 스위치를 취급하는 근로자에게는 작동요령 등 안전조작에 관한 사항을 충분히 주지시킬 것

③ 사업주는 타워크레인을 사용하여 작업을 하는 경우 타워크레인마다 근로자와 조종 작업을 하는 사람 간에 신호업무를 담당하는 사람을 각각 두어야 한다.

9 해체공법

(1) 해체공법의 종류 및 특징

공법		원리	특징	단점
압쇄 공법	자주식	유압 압쇄날	• 취급과 조작 용이 • 철근, 철골절단 가능 • 저소음	• 20m 이상 불가능 • 분진비산을 막기 위해 살수 설비 필요
	현수식			
대형 브레카 공법	압축공기 자주형	압축공기	• 능률이 높으며 높은 곳 사용 가능 • 보 · 기둥 · 슬래브 · 벽체 파쇄에 유리	• 소음과 진동이 큼 • 분진발생에 주의
	유압 자주형	유압		
전도공법		부재를 절단	• 원칙적으로 한 층씩 해체하고 전도축과 전도방향에 주의	• 전도에 의한 진동 배려 • 매설물에 대한 배려가 필요
철 해머에 의한 공법		무거운 철재 해머	• 능률이 좋음 • 기둥 · 보 · 슬래브 벽 파쇄에 유리	• 소음과 진동이 큼 • 파편이 많이 비산 • 지하매설 콘크리트 해체시 효율 저하
화약발파공법		발파충격 및 가스압력	• 파괴력이 크고 공기를 단축 가능 • 노동력 절감에 기여	• 발파 전문자격자 및 비산물 방호 장치설치 필요 • 폭음 · 진동으로 지하매설물에 영향 초래 • 슬래브 · 벽 파쇄에 불리
핸드 브레카 공법	압축 공기식	압축공기	• 광범위한 작업이 가능 • 좁은 장소, 작은 구조물 파쇄에 유리하며 진동이 작음	• 방진마스크, 보안경 등 보호구 필요 • 소음이 크고 소음 발생에 유압 식 유압 주의
	유압식	유압		
팽창압공법		가스압력과 팽창압력	• 보관취급이 간단, 책임자 불필요 • 무근콘크리트에 유효 • 공해가 거의 없음	• 천공 때 소음과 분진발생 • 슬래브와 벽 등에는 불리

절단공법	회전톱에 의한 절단	• 질서정연한 해체나 무진동이 요구될 때에 유리 • 최대 절단 길이는 30cm 전후	• 절단기, 냉각수 필요 • 해체물 운반 크레인 필요
재키공법	유압식 재키	• 소음과 진동이 없음	• 기둥과 기초에는 사용불가 • 슬래브와 보 해체시 재키를 받쳐 줄 발판 필요
쐐기타입 공법	구멍에 쐐기를 밀어 넣음	• 균열이 직선적이므로 계획적 해체에 유리 • 무근콘크리트에 유리	• 1회 파괴량이 적음 • 코어보링시 물 필요 • 천공시 소음과 분진에 주의
화염공법	연소 후 용해	• 강제 절단이 용이 • 거의 실용화되어 있지 못함	• 방열복 등 개인보호구 필요 • 용융물, 불꽃처리 대책 필요
통전공법	구조체에 전기쇼트 이용	• 실용화되어 있지 못함	—

(2) 해체계획 및 해체순서

① 해체계획 작성시 포함사항

㉮ 해체의 방법 및 해체 순서도면

㉯ 가설설비·방호설비·환기설비 및 살수·방화설비 등의 방법

㉰ 사업장내 연락방법

㉱ 해체물의 처분계획

㉲ 해체작업용 기계·기구 등의 작업계획서

㉳ 해체작업용 화약류 등의 사용계획서

㉴ 기타 안전보건에 관련된 사항

② 압쇄기를 이용한 건축물의 해체순서 : 슬라브 → 보 → 벽체 → 기둥

✓ 알아두기

☑ **산업안전보건기준에 관한 규칙 제163조(와이어로프 등 달기구의 안전계수)**

① 사업주는 양중기의 와이어로프 등 달기구의 안전계수(달기구 절단하중의 값을 그 달기구에 걸리는 하중의 최대값으로 나눈 값을 말한다)가 다음 각 호의 구분에 따른 기준에 맞지 아니한 경우에는 이를 사용해서는 아니 된다.

   1. 근로자가 탑승하는 운반구를 지지하는 달기와이어로프 또는 달기체인의 경우 : 10 이상

   2. 화물의 하중을 직접 지지하는 달기와이어로프 또는 달기체인의 경우 : 5 이상

   3. 훅, 샤클, 클램프, 리프팅 빔의 경우 : 3 이상

   4. 그 밖의 경우 : 4 이상

② 사업주는 달기구의 경우 최대허용하중 등의 표식이 견고하게 붙어 있는 것을 사용하여야 한다.

운반, 하역작업

1 ▶ 운반 및 화물취급

(1) 취급 · 운반의 원칙

① 취급 · 운반의 3조건
㉮ 운반거리를 단축시킬 것
㉯ 운반을 기계화할 것
㉰ 손이 닿지 않는 운반방식으로 할 것

② 취급 · 운반의 5원칙
㉮ 직선운반을 할 것
㉯ 연속운반을 할 것
㉰ 운반작업을 집중화시킬 것
㉱ 생산을 최고로 하는 운반을 생각할 것
㉲ 최대한 시간과 경비를 절약할 수 있는 운반방법을 고려할 것

(2) 인력운반

① 인력운반 하중기준 : 보통 체중의 40% 정도의 운반물은 60~80m/min의 속도로 운반

② 안전하중기준 : 성인남자의 경우 20~25kg 정도, 성인여자의 경우에는 15~20kg 정도

③ 중량물 취급 권장기준(일본 허용기준을 인용하여 적용)

작업형태	성별	연령별 허용기준(kg)			
		18세 이하	19~35세	36~50세	51세 이상
일시작업	남	25	30	27	25
	여	17	20	17	15
계속작업	남	12	15	13	10
	여	8	10	8	5

④ 요통방지 대책강구 사항
㉮ 단위시간당 작업량을 적절히 할 것
㉯ 작업전 체조 및 휴식을 부여할 것
㉰ 적정배치 및 교육훈련을 실시할 것

　　　　㈘ 운반작업을 기계화할 것
　　　　㉮ 취급중량을 적절히 할 것
　　　　㉯ 작업자세의 안전화를 도모할 것

　　⑤ **기계화해야 될 인력작업의 표준**
　　　　㉮ 3~4인 정도가 상당한 시간 계속해서 작업해야 되는 운반작업일 경우
　　　　㉯ 발밑에서부터 머리 위까지 들어 올려야 되는 작업일 경우
　　　　㉰ 발밑에서부터 어깨까지 25kg 이상의 물건을 들어 올려야 되는 작업일 경우
　　　　㉱ 발밑에서부터 허리까지 50kg 이상의 물건을 들어 올려야 되는 작업일 경우
　　　　㉲ 발밑에서부터 무릎까지 75kg 이상의 물건을 들어 올려야 되는 작업일 경우

　　⑥ **인력운반 작업의 안전 준수사항**
　　　　㉮ 단독작업은 30kg 이하로 하고 장시간 작업은 작업자 체중의 40% 한도 내에서 취급하여야 하며
　　　　　하루 한사람이 중량물을 취급하는 시간은 실제 취급시간 2.5시간 이내로 할 것
　　　　㉯ 무리한 자세를 장시간 지속하지 않을 것
　　　　㉰ 무거운 물건은 공동 작업으로 실시하고 보조기구를 사용할 것
　　　　㉱ 물건을 들어 올릴 때는 팔과 무릎을 사용하며 척추는 곧은 자세로 할 것
　　　　㉲ 길이가 긴 물건은 앞쪽을 높여 운반할 것
　　　　㉳ 화물에 최대한 접근하여 중심을 낮게 할 것
　　　　㉴ 어깨보다 높이 들어 올리지 않을 것

(3) 차량계 하역운반 기계 및 통로폭
　　① **운반차량의 구내 속도** : 8km/h 이내의 속도를 유지
　　② **운반통로에서 우선 통과 순서** : 기중기 – 짐차 – 빈차 – 사람
　　③ **부두 안벽선 통로폭** : 90cm 이상
　　④ **물자 운반용 차량의 통로폭**
　　　　㉮ 일방 통행용 : $W = B + 60(cm)$ [B : 운반차량의 폭]
　　　　㉯ 양방 통행용 : $W = 2B + 90(cm)$ [B : 운반차량의 폭]

(4) 화물취급작업시 안전담당자의 유해, 위험방지업무
　　① 관계자외 출입금지
　　② 기구 및 공구 점검
　　③ 화물의 낙하위험유무 확인, 작업개시지시
　　④ 작업방법 및 순서 결정

☑ **산업안전보건기준에 관한 규칙 제177조(싣거나 내리는 작업)**

사업주는 차량계 하역운반기계등에 단위화물의 무게가 100킬로그램 이상인 화물을 싣는 작업(로프 걸이 작업 및 덮개 덮기 작업을 포함한다. 이하 같다) 또는 내리는 작업(로프 풀기 작업 또는 덮개 벗기기 작업을 포함한다. 이하 같다)을 하는 경우에 해당 작업의 지휘자에게 다음 각 호의 사항을 준수하도록 하여야 한다.

1. 작업순서 및 그 순서마다의 작업방법을 정하고 작업을 지휘할 것
2. 기구와 공구를 점검하고 불량품을 제거할 것
3. 해당 작업을 하는 장소에 관계 근로자가 아닌 사람이 출입하는 것을 금지할 것
4. 로프 풀기 작업 또는 덮개 벗기기 작업은 적재함의 화물이 떨어질 위험이 없음을 확인한 후에 하도록 할 것

2 ▶ 운반 · 하역 및 벌목 작업의 안전에 관한 사항

(1) 길이가 긴 물건을 공동(2인 이상)으로 운반작업을 할 때의 주의사항

① 두 사람이 운반 할 때는 서로 같은 쪽의 어깨에 메고 무게가 균등하게 걸리도록 한다.

② 작업 지휘자를 반드시 정한다.

③ 들어올리거나 내릴 때에는 서로 소리를 내는 등의 방법으로 동작을 일치시킨다.

④ 운반도중에 서로의 신호 없이는 힘을 빼지 않는다.

⑤ 체력과 신장이 서로 잘 어울리는 사람끼리 작업한다.

　█ 단독운반 작업시 주의사항
　부득이하게 단독으로 운반 작업시 앞 쪽을 위로 들어 올린 상태에서 운반하여야 한다.

(2) 작업장에서 보행자만 일반통행을 하는 경우 통로의 최소폭

① **물품을 들지 않은 경우** : 80cm

② **물품을 든 경우** : 105cm

(3) 중량물 취급시의 위험방지

① **작업계획서 작성시 포함시켜야 할 사항**

㉮ 중량물의 종류 및 형상

㉯ 취급방법 및 순서

㉰ 작업장소의 넓이 및 지형

② 경사면에서의 중량물 취급시 준수사항

 ㉮ 구름 멈춤대, 쐐기 등을 이용하여 중량물의 동요나 이동을 조절할 것

 ㉯ 중량물의 구름방향인 경사면 아래에는 근로자의 출입을 제한시킬 것

 ㉰ 작업지휘자를 지정하고 안전화등 보호구를 지급하여 사용하도록 할 것

③ 작업시작전 점검사항

 ㉮ 중량물 취급의 올바른 자세 및 복장

 ㉯ 위험물의 비상에 따른 보호구의 착용

 ㉰ 카바이트, 생석회 등과 같이 온도상승이나 습기에 의하여 위험성이 존재하는 중량물의 취급 방법

 ㉱ 기타 하역운반기계등의 적절한 사용방법

☑ 산업안전보건기준에 관한 규칙 제171조(전도 등의 방지)

사업주는 차량계 하역운반기계등을 사용하는 작업을 할 때에 그 기계가 넘어지거나 굴러떨어짐으로써 근로자에게 위험을 미칠 우려가 있는 경우에는 그 기계를 유도하는 사람(이하"유도자"라 한다)을 배치하고 지반의 부동침하 및 갓길 붕괴를 방지하기 위한 조치를 해야 한다.

(4) 차량계 건설기계 사용시 작업계획에 포함될 사항

 ① 사용하는 차량계 건설기계의 종류 및 능력

 ② 차량계 건설기계의 운행경로

 ③ 차량계 건설기계에 의한 작업방법

☑ 차량계 건설기계의 종류

1. 도저형 건설기계(불도저, 스트레이트도저, 틸트도저, 앵글도저, 버킷도저 등)
2. 모터그레이더
3. 로더(포크 등 부착물 종류에 따른 용도 변경 형식을 포함한다)
4. 스크레이퍼
5. 크레인형 굴착기계(크램쉘, 드래그라인 등)
6. 굴삭기(브레이커, 크러셔, 드릴 등 부착물 종류에 따른 용도 변경 형식을 포함한다)
7. 항타기 및 항발기
8. 천공용 건설기계(어스드릴, 어스오거, 크롤러드릴, 점보드릴 등)
9. 지반 압밀침하용 건설기계(샌드드레인머신, 페이퍼드레인머신, 팩드레인머신 등)

10. 지반 다짐용 건설기계(타이어롤러, 매커덤롤러, 탠덤롤러 등)

11. 준설용 건설기계(버킷준설선, 그래브준설선, 펌프준설선 등)

12. 콘크리트 펌프카

13. 덤프트럭

14. 콘크리트 믹서 트럭

15. 도로포장용 건설기계(아스팔트 살포기, 콘크리트 살포기, 아스팔트 피니셔, 콘크리트 피니셔 등)

16. 제1호부터 제15호까지와 유사한 구조 또는 기능을 갖는 건설기계로서 건설작업에 사용하는 것

(5) 기타 운반안전과 관련된 중요사항

① **최대 적재량이 5t 이상인 화물 자동차에 화물을 싣거나 내리는 작업을 할 때** : 안전모 착용의무화

② **운반도중 적재물이 밖으로 튀어나올 때의 위험표시** : 적색표시

③ **작업공장 내의 교통계획 중 가장 이상적인 것** : 일방통행

④ **작업장의 출입문 형식으로 가장 이상적인 것** : 바깥쪽 여닫이

⑤ **2개 이상의 비상 통로를 설치해야 되는 작업장** : 50인 이상 작업장

⑥ **부두 또는 안벽의 선에 따라 통로를 설치할 때의 폭** : 90cm 이상

☑ **산업안전보건기준에 관한 규칙 제394조(통행설비의 설치 등)**

사업주는 갑판의 윗면에서 선창(船倉) 밑바닥까지의 깊이가 1.5미터를 초과하는 선창의 내부에서 화물취급작업을 하는 경우에 그 작업에 종사하는 근로자가 안전하게 통행할 수 있는 설비를 설치하여야 한다. 다만, 안전하게 통행할 수 있는 설비가 선박에 설치되어 있는 경우에는 그러하지 아니하다.

3 기타 공사감리계약으로 정하는 사항

(1) 공사감리자의 업무

① 건축물 및 대지가 관계법령에 적합하도록 공사시공자 및 건축주를 지도

② 시공계획 및 공사관리의 적정여부의 확인

③ 공사현장에서의 안전관리의 지도

④ 공정표의 검토

⑤ 상세시공도면의 검토·확인

⑥ 구조물의 위치와 규격의 적정여부의 검토·확인

⑦ 품질시험의 실시여부 및 시험성과의 검토·확인

⑧ 설계변경의 적정여부의 검토·확인

⑨ 기타 공사감리계약으로 정하는 사항

(2) **공사현장의 공무적 현장관리 항목**

① 공정관리

② 공사관리 및 현장관리

③ 자금(회계)관리

④ 작업관리(안전 및 노무관리)

⑤ 자재관리

최근 기출문제

제 01 과목 **산업안전관리론**

01 연간 총 근로시간 중에 발생하는 근로손실일수를 1000시간당 발생하는 근로손실일수로 나타내는 식은?

① 강도율
② 도수율
③ 연천인율
④ 종합재해지수

강도율(Severity Rate of Iniury : SR)

• 재해의 경중, 강도를 나타내는 척도로 연간 총근로시간 1000시간당 재해에 의해서 잃어버린 일수

• 강도율 = $\dfrac{총근로손실일수}{연간 총근로시간} \times 1000$

02 재해원인을 직접원인과 간접원인으로 나눌 때, 직접원인에 해당하는 것은?

① 기술적 원인
② 관리적 원인
③ 교육적 원인
④ 물적원인

재해의 원인

• 직접원인 : 불안전한 상태(물적원인), 불안전한 행동(인적원인)
• 간접원인 : 기술적 원인, 교육적 원인, 관리적 원인

03 TBM(Tool Box Meeting)의 의미를 가장 잘 설명한 것은?

① 지시나 명령의 전달회의
② 공구함을 준비한 후 작업하라는 뜻
③ 작업원 전원의 상호대화로 스스로 생각하고 납득하는 작업장 안전회의
④ 상사의 지시된 작업내용에 따른 공구를 하나하나 준비해야 한다는 뜻

TBM : 5~7명 정도의 인원이 직장, 현장, 공구상자 등의 근처에서 작업 시작 전 5~15분, 작업 종료시 3~5분 정도의 짧은 시간 동안에 행하는 미팅

04 교육 대상자수가 많고, 교육 대상자의 학습능력의 차이가 큰 경우 집단안전 교육방법으로서 가장 효과적인 방법은?

① 문답식 교육　　　　　　　　　　② 토의식 교육
③ 시청각 교육　　　　　　　　　　④ 상담식 교육

해설

시청각 교육 기능
• 구체적인 경험을 충분히 줌으로써 상징화, 일반화의 과정을 도와주며 의미나 원리를 파악하는 능력을 길러준다.
• 학습동기를 유발시켜 자발적인 학습활동이 되게 자극한다(학습효과의 지속성을 기할 수 없다).
• 학습자에게 공통경험을 형성시켜 줄 수 있다.
• 학습의 다양성과 능률화를 기할 수 있다.
• 개별 진로 수업을 가능하게 한다.

05 일선 관리감독자를 대상으로 작업지도기법, 작업개선기법, 인간관계 관리기법 등을 교육하는 방법은?

① ATT(American Telephone & Telegram Co.)
② MTP(Management Training Program)
③ CCS(Civil Communication Section)
④ TWI(Training Within Industry)

해설

TWI(Training Within Industry)
• 교육대상 : 감독자
• 교육방법 : 한 클래스(Class)는 10명 정도, 교육 방법은 토의법, 1일 2시간씩 5일에 걸쳐 10시간 정도
• 교육내용 : 작업지도 기법(JI), 작업개선 기법(JM), 인간관계 관리기법(JR), 작업안전 기법(JS)

06 교육훈련의 효과는 5관을 최대한 활용하여야 하는데 다음 중 효과가 가장 큰 것은?

① 청각　　　　　　　　　　　　② 시각
③ 촉각　　　　　　　　　　　　④ 후각

해설

이해도 교육 효과
• 귀 : 20%　　　　　　　　　　• 눈 : 40%
• 귀 + 눈 : 60%　　　　　　　　• 입 : 80%
• 머리 + 손　　　　　　　　　　• 발 : 90%

07 산업안전보건법상 바탕은 흰색, 기본모형은 빨간색, 관련 부호 및 그림은 검은색을 사용하는 안전보건표지는?

① 안전복착용　　　　　　　　　② 출입금지
③ 고온경고　　　　　　　　　　④ 비상구

안전보건표지의 종류

- 금지표지(8종) : 적색원형으로 특정의 행동은 금지시키는 표지(바탕은 흰색, 기본모형은 빨간색, 관련부호 및 그림은 검은색)
- 경고표지(15종) : 흑색 삼각형의 황색표지로 유해 또는 위험물에 대한 주의를 환기시키는 표지(바탕은 노란색, 관련 부호 및 그림은 검은색). 다만, 인화성물질 경고, 산화성물질 경고, 폭발성물질 경고, 급성독성물질 경고, 부식성물질 경고 및 발암성 · 변이원성 · 생식독성 · 전신독성 · 호흡기과민성물질 경고의 경우 바탕은 무색, 기본모형은 빨간색(검은색도 가능)
- 지시표지(9종) : 청색원형으로 보호구 착용을 지시하는 표지(바탕은 파란색, 관련 그림은 흰색)
- 안내표지(8종) : 위치(비상구, 의무실, 구급용구)를 알리는 표지(바탕은 흰색, 기본모형 및 관련 부호는 녹색, 바탕은 녹색, 관련 부호 및 그림은 흰색)

08 성공적인 리더가 갖추어야 할 특성으로 가장 거리가 먼 것은?

① 강한 출세 욕구
② 강력한 조직 능력
③ 미래지향적 사고 능력
④ 상사에 대한 부정적인 태도

성공적인 리더가 되기 위해서는 상사와의 협력자 관계를 통한 동반자 리더십도 중요하다.

09 산업안전보건법상 아세틸렌 용접장치 또는 가스집한 용접장치를 사용하여 행하는 금속의 용접 · 용단 또는 가열 작업자에게 특별교육을 시키고자 할 때의 교육 내용이 아닌 것은?

① 용접 흄 · 분진 및 유해광선 등의 유해성에 관한 사항
② 작업방법 · 작업순서 및 응급처지에 관한 사항
③ 안전밸브의 취급 및 주의에 관한 사항
④ 안전기 및 보호구 취급에 관한 사항

특별교육 대상 작업별 교육(산업안전보건법 시행규칙 별표 5)

작업명	교육내용
1. 고압실 내 작업(잠함공법이나그 밖의 압기공법으로 대기압을 넘는 기압인 작업실 또는수강 내부에서 하는 작업만 해당한다)	• 고기압 장해의 인체에 미치는 영향에 관한 사항 • 작업의 시간 · 작업 방법 및 절차에 관한 사항 • 압기공법에 관한 기초지식 및 보호구 착용에 관한 사항 • 이상 발생 시 응급조치에 관한 사항 • 그 밖에 안전 · 보건관리에 필요한 사항
2. 아세틸렌 용접장치 또는 가스집합 용접장치를 사용하는 금속의 용접 · 용단 또는 가열작업(발생기 · 도관 등에 의하여 구성되는 용접장치만해당한다)	• 용접 흄, 분진 및 유해광선 등의 유해성에 관한 사항 • 가스용접기, 압력조정기, 호스 및 취관두 등의 기기점검에 관한 사항 • 작업방법 · 순서 및 응급처치에 관한 사항 • 안전기 및 보호구 취급에 관한 사항 • 화재예방 및 초기대응에 관한 사항 // 추가 • 그 밖에 안전 · 보건관리에 필요한 사항

10 다음 ( ) 안에 알맞은 것은?

> 사업주는 산업재해로 사망자가 발생하거나 (   )일 이상의 휴업이 필요한 부상을 입거나 질병에 걸린 사람이 발생한 경우 해당 산업재해가 발생한 날부터 1개월 이내에 산업재해조사표를 작성하여 관할 지방고용노동관서의 장에게 제출해야 한다.

① 3
② 4
③ 5
④ 7

산업안전보건법 시행규칙 제73조(산업재해 발생 보고 등) ① 사업주는 산업재해로 사망자가 발생하거나 3일 이상의 휴업이 필요한 부상을 입거나 질병에 걸린 사람이 발생한 경우에는 법 제57조제3항에 따라 해당 산업재해가 발생한 날부터 1개월 이내에 별지 제30호서식의 산업재해조사표를 작성하여 관할 지방고용노동관서의 장에게 제출(전자문서로 제출하는 것을 포함한다)해야 한다.

11 안전관리에 관한 계획에서 실시에 이르기까지 모든 권한이 포괄적이며 하향적으로 행사되며, 전문 안전 담당 부서가 없는 안전관리조직은?

① 직계식 조직
② 참모식 조직
③ 직계-참모식 조직
④ 안전보건 조직

라인(Line)형(직계식 조직)의 특징
• 안전관리에 관한 계획에서 실시에 이르기까지 모든 권한이 포괄적이고 직선적으로 행사되며, 안전을 전문으로 분담하는 부분이 없다.
• 생산조직 전체에 안전관리 기능을 부여한다.
• 소규모 사업장(100명 이하)에 적합하다.

12 매슬로우(A.H.Maslow)의 안전욕구 5단계 이론에서 각 단계별 내용이 잘못 연결된 것은?

① 1단계 : 자아실현의 욕구
② 2단계 : 안전에 대한 욕구
③ 3단계 : 사회적 욕구
④ 4단계 : 존경에 대한 욕구

매슬로우(Abraham H. Maslow)의 욕구 5단계
• 1단계 : 생리적 욕구(기아, 갈증, 호흡, 배설, 성욕 등)
• 2단계 : 안전의 욕구(안전을 구하고자 하는 욕구)
• 3단계 : 사회적 욕구(애정, 소속에 대한 욕구)
• 4단계 : 인정받으려는 욕구(자존심, 명예, 성취, 지위에 대한 욕구)
• 5단계 : 자아실현의 욕구(잠재적인 능력을 실현하고자 하는 욕구)

13 피로의 예방과 회복대책에 대한 설명이 아닌 것은?

① 작업부하를 크게 할 것
② 정적 동작을 피할 것
③ 작업속도를 적절하게 할 것
④ 근로시간과 휴식을 적정하게 할 것

 해설

작업부하를 작게 하여야 한다.

14 다음과 같은 착시현상에 해당하는 것은?

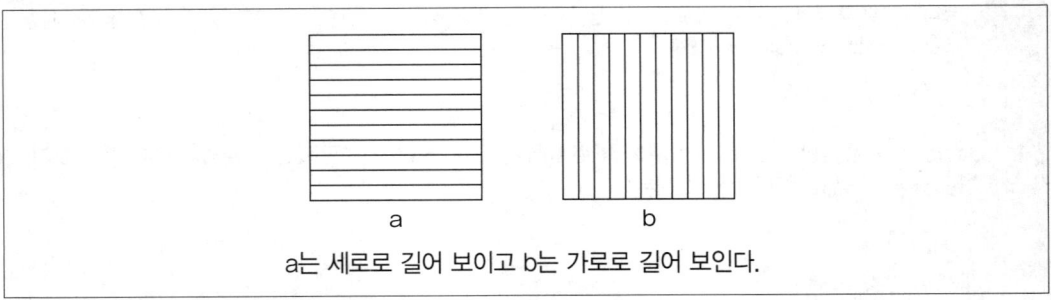

a는 세로로 길어 보이고 b는 가로로 길어 보인다.

① 뮬러-라이어(Müller-Lyer)의 착시   ② 헬호츠(Helmholz)의 착시
③ 헤링(Hering)의 착시   ④ 포겐도프(Poggendorf)의 착시

 해설

자주 거론되는 착시현상
- 뮬러-라이어(Müller-Lyer)의 착시 : 두 선분의 양끝에 방향이 반대인 화살표로 만들면, 두 선분의 길이가 달라 보인다.
- 헤링(Hering)의 착시 : 평행한 두 수직선이 사선의 영향으로 가운데 부분이 바깥쪽으로 휘어 보이는 현상을 말한다.
- 분트(Wundt) 착시 : 길이가 같은 두 개의 직선이 수직을 이루고 있을 때, 수직선이 수평선이 더 길게 느껴진다.
- 포겐도르프(Poggendorf)의 착시 : 평행하는 두 선분에 다른 선분(사선)을 엇갈리게 교차시킨 다음 평행선 안쪽의 사선 부분을 제거하면 평행선 바깥의 두 사선 부분이 어긋난(동일선 상에 있지 않은) 것처럼 보이는 현상이다.

15 산업안전보건법상 중대재해에 해당하지 않는 것은?

① 추락으로 인하여 1명이 사망한 재해
② 건물의 붕괴로 인하여 15명의 부상자가 동시에 발생한 재해
③ 화재로 인하여 4개월의 요양이 필요한 부상자가 동시에 3명 발생한 재해
④ 근로환경으로 인하여 작업성질병자가 동시에 5명 발생한 재해

 해설

중대재해의 범위(산업안전보건법 시행규칙 제3조)
- 사망자가 1명 이상 발생한 재해
- 3개월 이상의 요양이 필요한 부상자가 동시에 2명 이상 발생한 재해
- 부상자 또는 직업성 질병자가 동시에 10명 이상 발생한 재해

16 방독마스크의 흡수관의 종류와 사용조건이 옳게 연결된 것은?

① 보통가스용 – 산화금속
② 유기가스용 – 활성탄
③ 일산화탄소용 – 알칼리제제
④ 암모니아용 – 산화금속

 해설

방독 마스크의 흡수관

종류	표지		대응독물	주성분
	기호	색		
보통가스용 (할로겐가스용)	A	흑색, 회색	염소 및 할로겐류, 포스겐 유기 및 산성가스	활성탄, 소다라임
산성가스용	B	회색	염산, 할로겐화수소, 산, 탄산가스 이산화질소, 산화질소	소다라임, 알칼리제제
유기가스용	C	흑색	유기가스 및 중기, 이황화탄소	활성탄
일산화탄소용	E	적색	TEL, 일산화탄소	호프카라이트, 방습제
소방용	F	적색, 백색	화재시와 연기용	종합세제
연기용	G	흑색, 백색	아연 및 금속 흄, 기름 연기	활성탄, 여층
암모니아용	H	녹색	암모니아	큐프라마이트
아황산용	I	등색	아황산 및 황산 마스트	산화금속, 알칼리제제
청산용	J	청색	청산 및 청화물 증기	산화금속, 알칼리제제
황화수소용	K	황색	황화수소	금속염류, 알칼리제제

17 하버드 학파의 5단계 교수법에 해당되지 않는 것은?

① 교시(Presentation)
② 연합(Association)
③ 추론(Reasoning)
④ 총괄(Generalization)

 해설

하버드 학파의 5단계 교수법 : 준비(Preparation) → 교시(Presentation) → 연합(Association) → 총괄(Generalization) → 응용(Application)

18 산업안전보건법상 프레스 작업 시 작업시작 전 점검사항에 해당하지 않는 것은?

① 클러치 및 브레이크의 기능
② 매니퓰레이터(manipulator) 작동의 이상 유무
③ 프레스의 금형 및 고정볼트 상태
④ 1행정 정지기구·급정지장치 및 비상정지장치의 기능

작업시작 전 점검사항(산업안전보건기준에 관한 규칙 별표 3)

작업의 종류	점검내용
1. 프레스 등을 사용하여 작업을 할 때	• 클러치 및 브레이크의 기능 • 크랭크축 · 플라이휠 · 슬라이드 · 연결봉 및 연결 나사의 풀림여부 • 1행정 1정지기구 · 급정지장치 및 비상정지장치의 기능 • 슬라이드 또는 칼날에 의한 위험방지 기구의 기능 • 프레스의 금형 및 고정볼트 상태 • 방호장치의 기능 • 전단기(剪斷機)의 칼날 및 테이블의 상태
2. 로봇의 작동 범위에서 그 로봇에 관하여 교시 등(로봇의 동력원을 차단하고하는 것은 제외)의 작업을 할 때	• 외부 전선의 피복 또는 외장의 손상 유무 • 매니퓰레이터(manipulator) 작동의 이상 유무 • 제동장치 및 비상정지장치의 기능

19 레빈(Lewin)의 법칙 중 환경조건(E)이 의미하는 것은?

① 지능
② 소질
③ 적성
④ 인간관계

Lewin K의 법칙

B = f(P · E)
• B : Behavior(인간의 행동)
• f : Function(함수관계 : 적성 기타 P와 E에 영향을 미칠 수 있는 조건)
• P : Person(개체 : 연령, 경험, 심신상태, 성격, 지능 등)
• E : Environment(심리적 환경 : 인간관계, 작업환경 등)

20 재해손실 코스트 방식 중 하인리히의 방식에 있어 1 : 4의 원칙 중 1에 해당하지 않는 것은?

① 재해예방을 위한 교육비
② 치료비
③ 재해자에게 지급된 급료
④ 재해보상 보험금

직접비 : 법령으로 정한 피해자에게 지급되는 산재보상비

• 휴업보상비 : 평균임금의 100분의 70에 상당하는 금액
• 장해보상비 : 신체 장해가 남는 경우에 장해등급에 의한 금액
• 요양보상비 : 요양비의 전액
• 장의비 : 평균임금의 120일분에 상당하는 금액
• 유족보상비 : 평균임금의 1300일분에 상당하는 금액
• 기타 유족특별보상비, 장해특별보상비, 상병보상년금

21 음량 수준이 50phon일 때 sone 값은?

① 2
② 5
③ 10
④ 100

음의 크기 수준

- phon : 1000Hz 순음의 음압 수준(dB)을 나타낸다.
- sone : 1000Hz, 40dB의 음압 수준을 가진 순음의 크기(= 40 phon)를 1 sone이라 함
- sone과 phon의 관계식 : sone값 $= 2^{(phon-40)/10}$

22 청각적 표시장치 지침에 관한 지침에 관한 설명으로 틀린 것은?

① 신호는 최소한 0.5~1초 동안 지속한다.
② 신호는 배경소음과 다른 주파수를 이용한다.
③ 소음은 양쪽 귀에, 신호는 한쪽 귀에 들리게 한다.
④ 300m 이상 멀리 보내는 신호는 2000Hz 이상의 주파수를 사용한다.

경계 및 경보신호의 설계

- 귀는 중(中)음역에 가장 민감하므로 500~3000Hz의 진동수를 사용한다.
- 고음은 멀리가지 못하므로 300m 이상의 장거리용은 1000Hz 이하의 진동수를 사용한다.
- 신호가 장애물이나 칸막이를 통과해야 할 경우에는 500Hz 이하의 진동수를 사용한다.

23 인체측정치를 이용한 설계에 관한 설명으로 옳은 것은?

① 평균치를 기준으로 한 설계를 제일 먼저 고려한다.
② 자세와 동작에 따라 고려해야 할 인체측정 치수가 달라진다.
③ 의자의 깊이와 너비는 작은 사람을 기준으로 설계한다.
④ 큰 사람을 기준으로 한 설계는 인체측정치의 5%tile을 사용한다.

인체계측자료의 응용원칙

- 최대치수와 최소치수 : 최대치수 또는 최소치수를 기준으로 하여 설계
- 조절범위(조절식) : 체격이 다른 여러 사람에 맞도록 만드는 것(5~95%tile)
- 평균치를 기준으로 한 설계 : 최대치수나 최소치수, 조절식으로 설계하기 곤란할 때 평균치를 기준으로 하여 설계

24 인간-기계 시스템 설계 과정의 주요 6단계를 올바른 순서로 나열한 것은?

> ⓐ 기본설계
> ⓑ 시스템 정의
> ⓒ 목표 및 성능 명세결정
> ⓓ 인간 - 기계 인터페이스(human-machine interface) 설계
> ⓔ 매뉴얼 및 성능보조자료 작성
> ⓕ 시험 및 평가

① ⓒ → ⓑ → ⓐ → ⓓ → ⓔ → ⓕ
② ⓐ → ⓑ → ⓒ → ⓓ → ⓔ → ⓕ
③ ⓑ → ⓒ → ⓐ → ⓔ → ⓓ → ⓕ
④ ⓒ → ⓐ → ⓑ → ⓔ → ⓓ → ⓕ

25 동전던지기에서 앞면이 나올 확률이 0.7이고, 뒷면이 나올 확률이 0.3일 때, 앞면이 나올 사건의 정보량(A)과 뒷면이 나올 사건의 정보량(B)은 각각 얼마인가?

① A : 0.88bit, B : 1.74bit
② A : 0.51bit, B : 1.74bit
③ A : 0.88bit, B : 2.25bit
④ A : 0.51bit, B : 2.25bit

- 앞면 = $\dfrac{\log\left(\dfrac{1}{0.7}\right)}{\log 2}$ = 0.514

- 뒷면 = $\dfrac{\log\left(\dfrac{1}{0.3}\right)}{\log 2}$ = 1.734

26 고온 작업자의 고온 스트레스로 인해 발생하는 생리적 영향이 아닌 것은?

① 피부와 직장온도의 상승
② 발한(sweating)의 증가
③ 심박출량(cardiac output)의 증가
④ 근육에서의 젖산 감소로 인한 근육통과 근육피로 증가

고온에서의 생리적 반응 : 피부온도 상승, 피부를 경유하는 혈액량 증가, 발한, 직장의 온도가 내려감

27 FMEA의 위험성 분류 중 "카테고리 2"에 해당 되는 것은?

① 영향 없음
② 활동의 지연
③ 작업 수행의 실패
④ 생명 또는 가옥의 상실

위험성 분류의 표시
- Category Ⅰ : 생명 또는 가옥의 상실
- Category Ⅱ : 작업수행의 실패
- Category Ⅲ : 활동의 지연
- Category Ⅳ : 영향 없음

28 다음 중 일반적으로 가장 신뢰도가 높은 시스템의 구조는?

① 직렬연결구조
② 병렬연결구조
③ 단일부품구조
④ 직·병렬 혼합구조

설비의 신뢰도

- 직렬연결 : 자동차 운전

$$Rs(신뢰도) = R_1 \cdot R_2 \cdot R_3 \cdot \cdots \cdot R_n = \sum_{i=1}^{n} R_i$$

- 병렬연결 : 열차나 항공기의 제어장치

$$Rs(신뢰도) = 1 - (1 - R_1)(1 - R_2) \cdots \cdot (1 - R_n) = 1 - \sum_{i=1}^{n} (1 - R_i)$$

29 중량물을 반복적으로 드는 작업의 부하를 평가하기 위한 방법이 NIOSH 들기지수를 적용할 때 고려되지 않는 항목은?

① 들기빈도
② 수평이동거리
③ 손잡이 조건
④ 허리 비틀림

NIOSH 들기지수(1991년 개정 지침)

- 들기지수(LI) = 실제작업무게(L) / 권장한계무게(RWL)
- LI는 취급하는 물건의 중량이 RWL의 몇 배인가를 나타내는 것으로 LI가 작을수록 좋으며 1보다 클 경우 요통의 발생 위험이 높다.
- LI의 작업변수는 작업물의 무게, 수평위치, 수직거리, 수직이동거리, 비대칭각도(허리 비틀림), 들기빈도, 커플링(손잡이) 조건 등이다.
- 권장한계무게(RWL, kg) = 23kg × HM × VM × DM × AM × FM × CM
- 수평계수(HM) : HM = 25/H
  - 하완 길이 25cm 이하인 경우 1, 키 작은 사람이 최대한 멀리 잡을 수 있는 거리 63cm 이상이면 0
  - 시점과 종점 두 곳에서 측정
- 수직계수(VM) : VM = 1 − 0.003[V−75]
  - 키 165cm인 사람이 들기작업에서 팔을 편안하게 늘어뜨렸을 때의 손의 높이 75cm가 가장 적합한 높이로 75일 때 최대 1이며, 높거나 낮으면 수직계수는 작아짐
  - 시점과 종점 두 곳에서 측정
- 거리계수(DM) : DM = 0.82 + 4.5/D
  - 물체를 수직이동시킨 거리
  - 25cm 이하면 1, 175cm 이상이면 0
- 비대칭성계수(AM) : AM = 1 − 0.0032A
  - A는 신체중심에서 물건중심까지 비틀린 각도로 비틀림이 없으면 1, 비틀림이 135°가 넘으면 0
  - 시점과 종점 두 곳에서 측정
- 빈도계수(FM)
  - 1분 동안 반복한 횟수
  - 다음의 표를 이용하여 적용

빈도수 (횟수/분)	작업시간					
	1시간 이하		2시간 이하		3시간 이하	
	V < 75	V > 75	V < 75	V > 75	V < 75	V > 75
0.2	1.00	1.00	0.95	0.95	0.85	0.85
0.5	0.97	0.97	0.92	0.92	0.81	0.81
1	0.94	0.94	0.88	0.88	0.75	0.75
2	0.91	0.91	0.84	0.84	0.65	0.65
3	0.88	0.88	0.79	0.79	0.55	0.55

- 결합계수(CM)
  - 잡기 편한 손잡이의 유무를 반영하는 것으로 손잡이가 있거나 없어도 편한 경우 Good, 손잡이나 잡을 수 있는 부분이 있으며 적당하게 위치하지는 않았지만 손목의 각도를 90°정도 유지할 수 있는 경우 Fair, 손잡이를 잡을 수 있는 부분이 없거나 불편한 경우 혹은 끝부분이 날카로운 경우 Bad로 점과 종점 두 곳에서 측정
  - 다음의 표를 이용하여 적용

커플링 상태	수직거리(V)	
	75cm 미만	75cm 이상
Good	1	1
Fair	0.95	1
Bad	0.9	0.9

30 작업자가 소음 작업환경에 장기간 노출되어 소음성 난청이 발병하였다면 일반적으로 청력 손실이 가장 크게 나타나는 주파수는?

① 1000Hz
② 2000Hz
③ 4000Hz
④ 6000Hz

청력손실은 진동수가 높아짐에 따라 심해지며 특히 4000Hz에서 크게 나타난다.

31 다음 중 시스템 안전성 평가의 순서를 가장 올바르게 나열한 것은?

① 자료의 정리 → 정량적 평가 → 정성적 평가 → 대책 수립 → 재평가
② 자료의 정리 → 정성적 평가 → 정량적 평가 → 재평가 → 대책 수립
③ 자료의 정리 → 정량적 평가 → 정성적 평가 → 재평가 → 대책 수립
④ 자료의 정리 → 정성적 평가 → 정량적 평가 → 대책 수립 → 재평가

안전성 평가의 6단계

- 제1단계 : 관계 자료의 작성준비
- 제3단계 : 정량적 평가
- 제5단계 : 재해정보에 의한 재평가
- 제2단계 : 정성적 평가
- 제4단계 : 안전대책 수립
- 제6단계 : FTA에 의한 재평가

32 결함수분석법에 있어 정상사상(top event)이 발생하지 않게 하는 기본사상들의 집합을 무엇이라고 하는가?

① 컷셋(cut set)
② 페일셋(fail set)
③ 트루셋(truth set)
④ 패스셋(path set)

컷과 패스

- 컷셋(cut sets) : 그 속에 포함되어 있는 모든 기본사상(통상, 생략, 결함사상을 포함) 이 일어났을 때 정상사상(top event)을 일으키는 기본사상의 집합
- 최소 컷셋(minimal cut sets) : 컷셋 중 그 부분집합만으로는 정상사상을 일으키는 일이 없는 것, 즉 정상사상(top event)을 일으키기 위한 최소한의 컷셋으로 어떤 고장이나 에러를 일으키면 재해가 일어나는가 하는 것 즉, 시스템의 위험성(역으로는 안전성)를 나타내는 것
- 패스셋(path sets) : 시스템이 고장 나지 않도록 하는 사상의 조합
- 최소 패스셋(minimal path sets) : 시스템이 고장 나지 않도록 하는 최소한의 패스셋으로 어떤 고장이나 패스를 일으키지 않으면 재해는 일어나지 않는다는 것 즉, 시스템의 신뢰성을 나타내는 것

33 F T도에 사용되는 논리기호 중 AND 게이트에 해당하는 것은?

①
②
③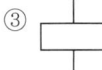
④

FTA 도표에 사용하는 논리기호

명칭	기호	명칭	기호
결함사상	▭	전이 기호 (이행 기호)	△(in) △(out)
기본사상	○	AND gate	출력/입력
생략사상 (추적 불가능한 최후사상)	◇	OR gate	출력/입력
통상사상(家刑事像)	⌂	수정기호 조건	출력/조건/입력

34 조정반응비율(C/R비)에 관한 설명으로 틀린 것은?

① 조종장치와 표시장치의 물리적 크기와 성질에 따라 달라진다.
② 표시장치의 이동거리를 조종장치의 이동거리로 나눈 값이다.
③ 조종반응비율이 낮다는 것은 민감도가 높다는 의미이다.
④ 최적의 조종반응비율은 조종장치의 조종시간과 표시 장치의 이동시간이 교차하는 값이다.

 해설

조종-반응비(C/R비, Control-Response ratio) : C/D비가 확장된 개념으로 회전운동을 하는 조종장치의 조종거리 (Control)와 표시장치의 반응거리(Response)의 비로 표시한다.

35 페일 세이프(fail-safe)의 원리에 해당되지 않는 것은?

① 교대 구조   ② 다경로하중 구조
③ 배타설계 구조   ④ 하중경감 구조

 해설

구조적 Fail Safe
- 다경로하중 구조
- 분할 구조
- 교대 구조
- 하중경감 구조

36 옥내 조명에서 최적 반사율의 크기가 작은 것부터 큰 순서대로 나열된 것은?

① 벽 〈 천장 〈 가구 〈 바닥   ② 바닥 〈 가구 〈 천장 〈 벽
③ 가구 〈 바닥 〈 천장 〈 벽   ④ 바닥 〈 가구 〈 벽 〈 천장

 해설

옥내 최적 반사율
- 천장 : 80~90%
- 벽, 창문 발(Blind) : 40~60%
- 가구, 사무용기기, 책상 : 25~45%
- 바닥 : 20~40%

37 관측하고자 하는 측정값을 가장 정확하게 읽을 수 있는 표시장치는?

① 계수형   ② 동침형
③ 동목형   ④ 묘사형

 해설

정량적 동적 표시장치의 기본형
- 정목동침(Moving Pointer)형 : 눈금이 고정되고 지침이 움직이는 형
- 정침동목(Moving Scale)형 : 지침이 고정되고 눈금이 움직이는 형
- 계수(Digital)형 : 전력계나 택시요금 계기와 같이 기계적 또는 전자적으로 숫자가 표시되는 형

38 그림의 FT도에서 최소 컷셋(minimal cut set)으로 옳은 것은?

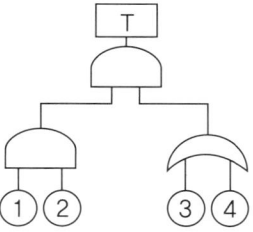

① {1,2,3,4}

② {1,2,3}, {1,2,4}

③ {1,3,4}, {2,3,4}

④ {1,3}, {1,4}, {2,3}, {2,4}

최소 컷셋은 시스템 고장을 유발시키는 필요 불가결한 기본 고장들의 집합이다.

39 설비의 보전과 가동에 있어 시스템의 고장과 고장 사이의 시간 간격을 의미하는 용어는?

① MTTR ② MDT

③ MTBF ④ MTBR

MTTF와 MTBF, MTTR

• MTTF(Mean Time To Failures) : 고장이 일어나기까지의 동작시간의 평균치(평균고장시간)

• MTBF(Mean Time Between Failures) : 고장사이의 작동시간 평균치(평균고장간격)

• MTTR(Mean Time To Repair) : 고장 발생 순간부터 수리완료 후 정상작동 시까지의 평균시간(평균수리시간)

40 에너지대사율(Relative Metabolic Rate)에 관한 설명으로 틀린 것은?

① 작업대사량은 작업 시 소비에너지와 안정 시 소비에너지의 차로 나타낸다.

② RMR은 작업대사량을 기초대사량으로 나눈 값이다.

③ 산소소비량을 측정할 때 더글라스백(Douglas bag)을 이용한다.

④ 기초대사량은 의자에 앉아서 호흡하는 동안에 측정한 산소소비량으로 구한다.

에너지 대사율(RMR, Relative Metabolic Rate)

• 작업강도 단위로써 산소호흡량을 측정하여 에너지의 소모량을 결정하는 방식

• RMR이 클수록 중 작업

• RMR = $\dfrac{작업대사량}{기초대사량}$ = $\dfrac{작업시 소비에너지 - 안정시 소비에너지}{기초대사량}$

41 다음 중 파내기 경사각이 가장 큰 토질은?

① 습윤 모래
② 일반자갈
③ 건조한 진흙
④ 건조한 보통흙

 해설

토질에 따른 휴식각 및 파기 경사각

토질	휴식각	파기 경사각	토질	휴식각	파기 경사각
보통 흙	25~45°	50°	자갈	30~38°	60°
모래	30~45°	60°	진흙	35°	70°

42 서중콘크리트의 특징에 관한 설명으로 옳지 않은 것은?

① 콘크리트의 단위수량이 증가한다.
② 콘크리트의 응결이 촉진된다.
③ 균열이 발생하기 쉽다.
④ 슬럼프 로스가 발생하지 않는다.

 해설

서중콘크리트(Hot Weather Concrete)

• 개요 : 평균기온이 25℃ 또는 최고온도가 30℃를 넘는 상황에서의 콘크리트 타설로 기온이 높아서 슬럼프의 저하와 수분의 급격한 증발 등의 위험성이 있는 시기에 시공되는 콘크리트이다.
• 특징 및 타설시 주의 사항
– 물과 시멘트는 되도록 저온의 것을 사용한다.
– 거푸집이 건조하면 콘크리트의 유동성을 떨어뜨릴 우려가 있으므로 습윤상태를 유지해야 한다.
– 표면활성제, AE제, 분산제 등을 사용하여 시멘트 입자를 분산시키거나 기포를 발생시켜 시공연도를 증진시키고, 재료분리를 방지하여야 한다.

43 철근의 가공에 관한 설명 중 옳지 않은 것은?

① 한 번 구부린 철근은 다시 펴서 사용해서는 안 된다.
② 철근은 시어 커터(shear cutter)나 전동 톱에 의해 절단한다.
③ 인력에 의한 절곡은 규정상 불가하다.
④ 철근은 열을 가하여 절단하거나 절곡해서는 안 된다.

 해설

철근의 현장가공은 절단기, 절곡기 등을 이용한 인력에 의한 가공 방식이다.

44 지하 4층 상가건물 터파기공사 시 흙막이 오픈컷 방식을 적용하고 지보공 없이 넓은 작업 공간을 확보하고 기계화 시공을 실시하여 공기단축을 하고자 할 때 가장 적합한 공법은?

① 비탈지운 오픈컷공법
② 자립공법
③ 버팀대공법
④ 어스앵커공법

 어스앵커 공법 : 지반의 교란이나 붕괴가 예상되는 법면 혹은 자립식 흙막이벽체를 필요로 하는 배면에 구멍을 내서 인장재인 철근이나 PC강선을 주입한 후 그 주변에 모르타르로 그라우팅을 하여 굳게한 다음 배면의 외부에서 철근이나 PC강선 등에 인장력을 가해 지반을 정착시키는 흙막이공법으로 대형기계의 반입이 용이하고 공기단축에 유리하다.

45 그림과 같은 줄기초 파기에서 파낸 흙을 한 번에 운반하고자 할 때 4ton 트럭 약 몇대가 필요한가?(단, 파낸 흙의 부피증가율은 20%, 파낸 흙의 단위중량은 1.8t/m³)

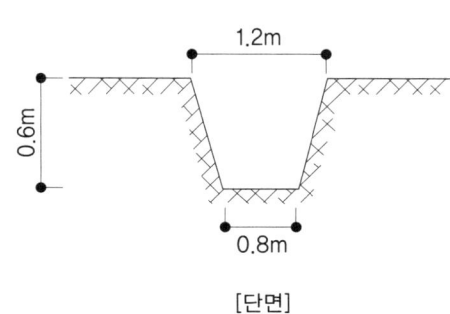

[단면]

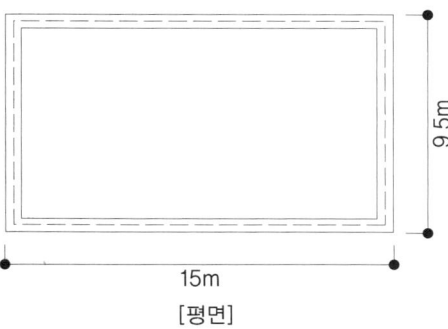

[평면]

① 10대
② 16대
③ 20대
④ 25대

흙량 $= \dfrac{1.2 + 0.8}{2} \times 0.6 \times (15+9.5) \times 2 \times 1.2 = 35.28$

이를 무게로 환산하면 $35.28 \times 1.8 = 63.504$

∴ $63.504 \div 4 ≒ 16$대

46 철골공사에 활용되는 고력볼트 M24의 표준구멍의 직경으로 옳은 것은?

① 25mm
② 26mm
③ 27mm
④ 28mm

고력볼트의 표준구멍직경

• M16, M20, M22 볼트일 경우 직경+2mm 이므로 각각 18mm, 22mm, 24mm의 표준구멍직경
• M24, M27, M30 볼트일 경우 직경+3mm 이므로 각각 27mm, 30mm, 33mm의 표준구멍직경

47 철근보관 및 취급에 관한 설명으로 옳지 않은 것은?

① 철근고임대 및 간격재는 습기방지를 위하여 직사일광을 받는 곳에 저장한다.
② 철근저장은 물이 고이지 않고 배수가 잘되는 곳이어야 한다.
③ 철근저장 시 철근의 종별, 규격별, 길이별로 적재한다.
④ 저장장소가 바닷가 해안 근처일 경우에는 창고 속에 보관하도록 한다.

 해설

철근고임대 및 간격재는 직사광이 들지 않는 그늘지고 통풍이 잘되는 곳에 보관한다.

48 시멘트 혼화재로써 규소합금 제조 시 발생하는 폐가스를 집진하여 얻어진 부산물의 초미립자(1μm 이하)로서 고강도 콘크리트를 제조하는데 사용하는 혼화재는?

① 플라이 애쉬
② 실리카 흄
③ 고로 슬래그
④ 포졸란

해설

실리카 흄은 실리콘 제조 시 발생하는 초미립자의 규소 부산물을 전기집진장치에 의해서 얻는 혼화재로 초고강도 콘크리트 제조에 사용되며 다음과 같은 특징이 있다.
• 블리딩과 재료분리를 감소시키고 콘크리트의 점착력을 증가시킨다.
• 혼합률 증가시 압축강도가 증가되는 효과가 있다.
• 수화열을 저감시키고 수밀성 및 화학저항성을 향상시킨다.

49 철근 콘크리트 공사에서 거푸집의 역할에 관한 설명으로 옳지 않은 것은?

① 콘크리트의 응결과 경화를 촉진시킨다.
② 콘크리트를 일정한 형상과 치수로 유지시킨다.
③ 콘크리트의 수분누출을 방지한다.
④ 콘크리트에 대한 외기의 영향을 방지한다.

 해설

거푸집의 역할
• 콘크리트가 응결하기 전까지의 형상 및 부재치수 유지
• 콘크리트 경화에 필요한 수분누출 방지
• 콘크리트 구조물의 정밀도 확보
• 철근의 피복두께 확보로 구조물의 내구성 확보
• 외기에 대한 영향 방지
• 콘크리트 표면 마무리

50 철골공사에서 용접검사 중 초음파 탐상법의 특징이 아닌 것은?

① 기록성이 없다.
② 미소한 blow-hole의 검출이 가능하다.
③ 검사속도가 빠른 편이다.
④ 인체에 위험을 미치지 않는다.

초음파 탐상법(Ultrasonic Testing)은 상대적으로 간단하고 신속하게 실시할 수 있는 비파괴검사로 경제적이어서 현장에서 주로 사용한다. 참고로 미소한 blow-hole의 검출이 가능한 것은 방사선투과법이다.

51 도급계약서에 첨부하지 않아도 되는 서류는?

① 설계도면   ② 시방서
③ 시공계획서   ④ 현장설명서

시공계획서는 도급계약의 체결 이후 시공사가 작성하는 문서이다.

52 콘크리트의 슬럼프를 측정할 때 다짐봉으로 모두 몇 번을 다져야 하는가?

① 30회   ② 45회
③ 60회   ④ 75회

슬럼프 시험(slump test) : 균일하게 비빈 시료를 6cm 정도(1/3 정도) 채우고 다짐 막대로 25회 다진 후 다시 시료를 9cm 채우고 25회 다짐, 마지막으로 시료를 콘에 채우고 25회 다진 후 슬럼프 콘을 위로 가만히 빼어 콘크리트가 내려앉은 높이를 측정한다.

53 콘크리트 공사 시 거푸집 측압의 증가 요인에 관한 설명으로 옳지 않은 것은?

① 타설 속도가 빠를수록 증가한다.   ② 슬럼프가 클수록 증가한다.
③ 다짐이 적을수록 증가한다.   ④ 경화속도가 늦을수록 증가한다.

콘크리트의 측압이 커지는 조건
- 기온이 낮을수록(대기 중의 습도가 낮을수록)
- 치어붓기 속도가 클수록
- 굵은 콘크리트 일수록(물·시멘트비가 클수록, 슬럼프 값이 클수록, 시멘트·물비가 적을 수록)
- 콘크리트의 비중이 클수록
- 콘크리트의 다지기가 강할수록
- 철근양이 작을수록
- 거푸집의 수밀성이 높을수록
- 거푸집의 수평단면이 클수록(벽 두께가 클수록)
- 거푸집의 강성이 클수록
- 거푸집의 표면이 매끄러울수록
- 측압은 생콘크리트의 높이가 높을수록 커지나 일정한 높이에 이르면 측압의 증가는 없다.

54 콘크리트 표준시방서에 따른 거푸집 존치기간이 가장 긴 것은?

① 보밑면   ② 기둥
③ 보   ④ 측면벽

거푸집의 존치기간

부위		바닥슬래브, 지붕슬래브 및 보밑		기초, 기둥 및 벽, 보옆	
시멘트의 종류		포틀랜드시멘트	조강포틀랜드 시멘트	포틀랜드시멘트	조강포틀랜드 시멘트
압축강도		설계기준강도의 50%		$50kg/cm^2$(5MPa)	
재령 (일)	평균기온 10℃ 이상 ~ 20℃ 미만	8	5	6	3
	평균기온 20℃ 이상	7	4	4	2

55 트렌치와 같은 도랑파기에 가장 적합한 장비명은?

① 불도저　　　　　　　　　　　② 리퍼
③ 백호우　　　　　　　　　　　④ 파워쇼벨

굴착용 기계의 종류 및 특징

구분	굴착기계	특징	토질
셔블계	파워셔블	지반면보다 높은 곳의 굴착, 쇄석 옮겨쌓기, 토사의 처리 등에 널리 쓰인다.	굳은 점토, 암석, 토사
	드래그셔블 (백호우)	지반면보다 낮은 곳의 굴착, 지하층 및 기초 굴삭, 토목공사나 수중굴착 등에 쓰인다(지하 6m 정도의 깊이).	자갈, 암석이 섞인 토사, 굳은 지반
	드래그라인	지반면보다 낮은 곳의 굴착, 토사를 긁어 모음, 연약한 지반의 깊은 곳 굴착 등에 쓰인다(지하 8m 정도의 깊이).	암석, 암석이 섞인 토사, 연약한 지반
	클램셀	좁은 곳의 수직굴착, 자갈 등의 적재, 연약한 지반이나 수중굴착 등에 쓰인다.	자갈, 암석, 연약한 지반
트랙터계	불도저	직선송토작업, 단단한 지반과 암석작업 등에 널리 쓰인다.	암석, 굳은 지반

56 건축공사 기간을 결정하는 요소 중 1차적으로 가장 큰 영향을 주는 것은?

① 건물의 구조 및 규모　　　　　② 시공자의 능력
③ 금융사정 및 노무사정　　　　④ 발주자 측의 요구

건축공사 기간을 결정하는 요소
• 1차적 요소 : 건물의 구조, 규모 및 용도
• 2차적 요소 : 시공자 능력, 자금사정, 기후
• 3차적 요소 : 발주자의 요구, 설계적부 및 감사능력

57 발주자와 수급자의 상호 신뢰를 바탕으로 팀을 구성해서 프로젝트의 성공과 상호이익 확보를 위하여 공동으로 프로젝트를 집행 및 관리하는 공사계약 방식은?

① BOT 방식
② 파트너링 방식
③ CM 방식
④ 공동도급 방식

파트너링 방식이란 발주자, 설계자, 도급자 및 프로젝트에 관계하는 사람들이 전통적인 계약과 업무관계의 본질을 떠나 팀을 구성해서, 프로젝트의 성공과 상호 이익의 확보를 목표로 공동으로 프로젝트를 집행 관리하는 방식을 말한다.

58 네트워크 공정표에서 결합점이 가지는 여유시간을 무엇이라 하는가?

① 액티비티(Activity)
② 더미(Dummy)
③ 패스(Path)
④ 슬랙(Slack)

네트워크 공정표의 구성

- 작업(job) : 프로젝트를 구성하는 작업 단위
- 패스(path) : 네트워크 중 둘 이상의 작업이 이어짐
- 더미(dummy) : 네트워크를 공정표에서 화살표로 표현을 할 수 없는 작업의 상호관계를 점선으로 표시하는 화살표
- 플로트(float) : 작업의 여유시간
- 슬랙(slack) : 결합점이 가지는 여유시간

59 피어 기초공사와 가장 거리가 먼 용어는?

① 트레미 관
② 디젤해머
③ 벤토나이트 액
④ 케이싱 관

피어 기초는 구조물의 하중을 굳은 지반에 전달하기 위하여 수직공을 굴착하여 그 속에 현장 콘크리트를 타설하여 만들어진 주상의 기초를 말하며, 기초를 얕은 기로와 깊은 기초로 구분할 때 깊은 기초(간접 기초)에 속한다.

60 현장개설 후 자재수급 계획 시 필요조건이 아닌 것은?

① 자재 명세서
② 납입 계획서
③ 발주·구입시기
④ 세금계산서

세금계산서는 재화 또는 용역을 공급하고, 이에 대해 부가가치세를 포함하여 거래하였다는 사실을 확인하는 문서이다.

61 화재에 의한 목재의 가연 발생을 막기 위한 방화법 중 옳지 않은 것은?

① 유성페인트 도포　　　　　② 난연 처리
③ 불연성 막에 의한 피복　　　④ 대 단면화

목재의 방화법
- 불연성 도료를 도포하여 방화막을 형성한다.
- 인산암모늄, 황산암모늄 등으로 난연처리한다.
- 방화재를 주입하여 인화점을 높인다.
- 목재표면에 단열성이 크고 불연재료인 모르타나 벽돌 등으로 피복한다.
- 목재의 단면이 작을수록 내화성능이 감소하므로 대 단면화한다.

62 보통 포틀랜드시멘트와 비교한 고로시멘트의 특징으로 옳지 않은 것은?

① 장기강도가 크다.
② 해수나 하수 등에 대한 저항성이 우수하다.
③ 미분말로서 초기강도 발현이 용이하다.
④ 초기 수화열이 낮다.

고로 시멘트의 특징
- 초기 수화열이 낮고 수축이 적어 댐 공사에 적합하다.
- 비중이 적고(2.85 이상) 바닷물의 화학작용에 대한 저항성이 크다.
- 단기강도(초기강도)가 작고 장기강도는 양호하다.
- 수밀성이 우수하고 풍화가 용이하다.
- 응결시간이 약간 느리다.
- 콘크리트의 블리딩이 적어진다.

63 일반적으로 목재의 강도 중 가장 작은 것은?

① 압축강도　　　　　　　　② 전단강도
③ 인장강도　　　　　　　　④ 휨강도

목재의 강도 크기 : 인장강도 > 휨강도 > 압축강도 > 전단강도

64 단열재의 특성에서 전열의 3요소가 아닌 것은?

① 전도　　　　　　　　　　② 대류
③ 복사　　　　　　　　　　④ 결로

전열이란 열이 고온부에서 저온부로 이동하여 온도가 균등하게 되려고 하는 현상으로 3요소는 다음과 같다.
- 전도 : 분자의 열 진동으로 인해 열이 전해지는 현상으로 대류만큼 멀리 이동하지는 않는다.
- 대류 : 분자가 열을 가진 상태에서 이동하는 현상으로 유체의 열 이동에서 중요한 역할을 한다.
- 복사 : 물체나 액체가 기체 중에서 가열되거나 냉각되어질 때 복사는 대류와 함께 중요한 요인이 된다.

65 수경성 미장재료를 시공할 때 주의사항이 아닌 것은?

① 적절한 통풍을 필요로 한다.
② 물을 공급하여 양생한다.
③ 습기가 있는 장소에서 시공이 유리하다.
④ 경화 시 직사일광 건조를 피한다.

수경성 미장재료는 대기 중의 적절한 수분의 상태를 유지해야 급격한 수축을 방지하여 균열 등을 방지할 수 있다.

66 다음 합성수지 중 투명도가 가장 큰 것은?

① 페놀수지
② 메타크릴수지
③ 네오프렌수지
④ A.B.S 수지

메타크릴수지는 투명도가 우수하고 내약품성이 커서 항공기의 방풍유리, 장식용 조명기구, 장식대 등에 사용되는 합성수지이다.

67 시멘트 혼화재료 중 연행공기를 발생시켜 볼베어링 효과가 나타나도록 하는 것은?

① 포졸란
② 플라이애시
③ AE제
④ 경화 촉진제

AE 콘크리트(Air Entrained Concrete)
- AE제를 사용한 콘크리트로 미세한 공기를 섞어 성질을 개선한 콘크리트로 응집력이 커지고 유동성이 좋아져 부어넣기 작업이 쉽다.
- 방수성이 뛰어나고 화학작용에 대한 저항성이 커지므로 재치장 콘크리트 시공에 알맞다.
- 공기량이 1% 늘어나면 압축강도가 4~5% 떨어지고, 철근과의 부착강도와 마감 모르타르의 부착력이 떨어진다.

68 점토의 종류와 제품과의 관계를 나타낸 것 중 옳지 않은 것은?

① 토기 – 벽돌
② 자기 – 기와
③ 도기 – 내장 타일
④ 석기 – 외장 타일

점토소성제품의 분류

구분	토기	도기	석기	자기
소성온도	790~1000℃	1100~1230℃	1160~1350℃	1230~1460℃
흡수율	20% 이상	10% 내외	3~10%	1% 이하
색상	유색, 백색	유색, 백색	유색	백색
특성	저급원료, 취약함	다공질, 탁음, 유약사용	유약을 사용하지 않으며 식염수 사용	금속성 청음
용도	기와, 적벽돌, 토관	내장타일, 테라코타	외장·바닥타일, 클링커 타일	고급타일, 모자이크 타일, 위생도기

69 바닥강화재의 사용목적과 가장 거리가 먼 것은?

① 내마모성 증진 ② 내화학성 증진
③ 분진방지성 증진 ④ 내수성 증진

바닥 강화재의 사용 목적은 콘크리트 바닥의 내마모성 증진, 내화학성 증진 및 분진방지성 증진에 있다.

70 다음 중 방청도료와 가장 거리가 먼 것은?

① 알루미늄 페인트 ② 역청질 페인트
③ 워시 프라이머 ④ 오일 서페이스

방청 도료의 종류

- 광명단 도료 : 사산화삼납(Pb_3O_4)을 보일드유에 녹인 유성 페인트의 일종으로 철재의 방청도료도 사용된다.
- 산화철 도료 : 산화철에 아연화, 아연분말, 연단 등을 혼합한 안료를 스테인오일 또는 합성수지에 녹인 것으로 도막의 내구성이 좋다.
- 알루미늄 도료 : 알루미늄 분말을 안료로 하는 도료로 방청효과와 함께 열반사 효과가 있으며, 전색제에 따라 방청효과도 정해진다.
- 징크로메이트 도료(크롬산아연 도료) : 전색제로 알키드 수지, 안료로 크롬산아연을 사용한 도료로 방청효과가 좋고 알루미늄판이나 아연철판의 초벌용으로 적합하다.
- 워시 프라이머(엣칭 프라이머) : 합성수지의 전색제로 하여 소량의 안료와 인산을 첨가한 도료로 주로 뿜칠로 도장하여 방청도료의 부착성과 방청효과를 증진시킬 목적으로 사용한다.
- 역청질 도료 : 아스팔트, 타르핏치 등을 역청질의 주원료로 하여 건성유, 수지류를 첨가한 도료로 일시적인 방청용으로 적합하다.

71 염화비닐과 질산비닐을 주원료로 하여 석면, 펄프 등을 충전제로 하고 안료를 혼합하여 롤러로 성형 가공한 것으로 폭 90cm, 두께 2.5mm 이하의 두루마리형으로 되어 있는 것은?

① 염화비닐 타일 ② 아스팔트 타일
③ 폴리스티렌 타일 ④ 비닐시트

- 염화비닐 타일 : 염화비닐에 가소제를 섞어서 연질로 만든 것에 충전제로 석분, 석면, 코르크분말 등을 혼합하고 이에 안료를 섞은 것을 가열하면서 롤러로 압연, 성형한 것이다.
- 아스팔트 타일 : 아스팔트와 쿠마론 수지를 원료로 하고 석면 및 기타 충전제와 안료를 혼합하여 착색, 열압한 것으로 30cm 각으로 절단한 것이다.
- 폴리스티렌 타일 : 흠이 잘 생겨 마루에는 적당하지 않으며 건축물 벽에 사용한다.
- 비닐시트 : 염화비닐과 질산비닐을 주원료로 하여 석면, 펄프 등을 충전제로 하고 안료를 혼합하여 롤러로 성형 가공한 것으로 부드럽고 보행 촉감이 좋을뿐 아니라 마모도 적어 바닥마감재로 많이 쓰인다.

72 각종 석재에 대한 설명으로 옳지 않은 것은?

① 대리석은 강도가 매우 높지만 내화성이 낮고 풍화되기 쉬우며 산에 약하기 때문에 실외용으로 적합하지 않다.
② 점판암은 박판으로 재취할 수 있으므로 슬레이트로서 지붕 등에 사용된다.
③ 화강암은 견고하고 대형재를 생산할 수 있으며 외장재로 사용이 가능하다.
④ 응회암은 화성암의 일종으로 내화벽 또는 구조재 등에 쓰인다.

응회암(凝灰岩, Tuff)

- 화산재가 모래와 같이 퇴적하여 응고된 것으로 석질이 연하여 가공성이 양호하다.
- 장식재, 내화재로 많이 사용되며 다공질로 흡수성이 크고 강도, 내구성이 작은 반면 내화성은 크다.

73 보통포틀랜드시멘트의 비중에 관한 설명으로 옳지 않은 것은?

① 동일한 시멘트의 경우에 풍화한 것일수록 비중이 작아진다.
② 일반적으로 3.15 정도이다.
③ 르샤틀리에의 비중병으로 측정된다.
④ 소성온도와 상관없이 일정하며, 제조 직후의 값이 가장 작다.

시멘트의 비중은 3.0~3.2 정도로 소성온도나 성분에 따라 다르다

74 수밀콘크리트의 배합에 관한 설명으로 옳지 않은 것은?

① 배합은 콘크리트의 소요품질이 얻어지는 범위 내에서 단위수량 및 물결합재비를 가급적 적게 한다.
② 콘크리트의 소요 슬럼프는 가급적 크게 하고 210mm 이하가 되도록 한다.
③ 콘크리트의 워커빌리티를 개선시키기 위해 공기연행제, 공기연행감수제 또는 고성능 공기연행 감수제를 사용하는 경우라도 공기량은 4% 이하가 되게 한다.
④ 물결합재비는 50% 이하를 표준으로 한다.

수밀콘크리트 재료 및 배합 조건
- 물–시멘트비는 50% 이하를 표준으로 한다.
- 콘크리트의 슬럼프는 가급적 적게 하고 180mm를 넘지 않도록 하며, 타설이 용이할 때는 120mm 이하로 한다.
- 혼화재료로서 팽창제 방수제 등을 사용한다.
- AE제, AE감수제를 사용하여도 공기량은 4% 이하가 되게 한다.
- 수밀성 증대를 위해 AE제, 감수제 등을 사용한다.
- 단위수량 및 물–시멘트비는 적게 하고 굵은 골재량은 크게 한다.

75 목재의 방부제 처리법 중 가장 침투깊이가 깊어 방부효과가 크고 내구성이 양호한 것은?

① 침지법
② 도포법
③ 가압주입법
④ 상압주입법

목재의 방부제 처리법에는 표면탄화법, 방부제 바르기, 방부액 침지법, 방부액 주입법(상압 주입법, 가압 주입법, 생리적 주입법)이 있다. 특히, 가압주입법은 압력탱크에서 7~12기압 정도의 고기압으로 방부약액을 주입하는 방법으로 방부효과가 크고 내구성이 양호하다.

76 벽, 기둥 등의 모서리를 보호하기 위하여 미장 바름질을 할 때 붙이는 보호용 철물은?

① 줄눈대
② 코너비드
③ 드라이브 핀
④ 조이너

장식용 금속 제품
- 코너비드(Corner bead) : 모서리 부분의 미장 바름을 보호하기 위하여 사용하는 모서리쇠
- 조이너(Joiner) : 이음새를 누르고 감추는데 쓰이는 금속 제품
- 펀칭 메탈(Punching metal) : 환기구멍 및 라디에이터 커버에 사용
- 스팬드럴 패널(Spandrel panel) : 수평이 되게 하기 위하여 고이는 모든 삼각형 부재

77 흡음재료의 특성에 대한 설명으로 옳은 것은?

① 유공판재료는 재료 내부의 공기진동으로 고음역의 흡음효과를 발휘한다.
② 판상재료는 뒷면의 공기층에 강제진동으로 흡음효과를 발휘한다.
③ 다공질재료는 적당한 크기나 모양의 관통구멍을 일정 간격으로 설치하여 흡음효과를 발휘한다.
④ 유공판재료는 연질섬유판, 흡음텍스가 있다.

흡음재의 분류

- 다공질재료 : 재료 내부의 공기 진동에 의하여 점성마찰이 생기고 음에너지가 열에너지로 변환되어져 흡음되는 재료로 특히 고음역에서 효과가 큰 제품으로는 암면, 유리섬유, 텍스, 스펀지 등이 있다.
- 판상재료 : 음압에 따라 판 전체에 강제 진동이 생기고 이때의 마찰에 의해 진동에너지가 열로 변환되어져 흡음되는 재료로 석고보드, 석면판, 합판, 기타 보드류 등이 있다. 일반적으로 저음 부분의 흡음은 좋지만 중음, 고음 부분에서는 흡음성능이 많이 떨어진다.
- 유공판재료 : 판에 구멍을 뚫어 흡음성능을 갖도록 만든 것으로 일반적으로 중간 음역에 효과가 큰제품이다. 유공합판, 유공석고보드, 유공알루미늄판, 유공플라스틱판 등이 있다.

78 다음 접착제 중에서 내수성이 가장 강한 것은?

① 아교

② 카세인

③ 실리콘수지

④ 혈액알부민

실리콘수지 접착제는 내수성이 대단히 크고 전기절연성도 우수하여 유리섬유판, 가죽 등의 접합에 사용된다.

79 시멘트의 저장과 관련된 기준으로 옳지 않은 것은?

① 3개월 이하 단기간 저장한 시멘트는 굳은 덩어리가 있더라도 사용이 가능하다.

② 시멘트를 쌓아올리는 높이는 13포대 이하로 하는 것이 바람직하다.

③ ℃ 시멘트의 온도는 일반적으로 50 정도 이하를 사용하는 것이 좋다.

④ 시멘트는 방습적인 구조로 된 사일로 또는 창고에 품종별로 구분하여 저장하여야 한다.

저장 중에 약간이라도 굳은 시멘트는 공사에 사용하지 않아야 하며, 3개월 이상 장기간 저장한 시멘트는 사용 전 재시험을 실시하여 그 품질을 확인하고 적합한 경우에만 사용하여야 한다.

80 알루미늄에 관한 설명으로 옳지 않은 것은?

① 250~300℃ 에서 풀림한 것은 콘크리트 등의 알칼리에 침식되지 않는다.

② 비중은 철의 1/3 정도이다.

③ 전연성이 좋고 내식성이 우수하다.

④ 온도가 상승함에 따라 인장강도가 급격히 감소하고 600℃에 거의 0이 된다.

알루미늄(Aluminum)

- 경량질에 비해 강도가 크다.
- 광선 및 열에 대한 반사율이 커서 열차단재로도 사용된다.
- 내화성이 적고 열팽창이 철의 2배 정도로 크다.
- 공기 중에서 Al_2O_3의 피막을 만들어 내부를 보호한다.
- 내산성 및 내알칼리성에 약하다.

81 다음 중 건설공사관리의 주요 기능이라 볼 수 없는 것은?

① 안전관리　　　　　　　　　　② 공정관리
③ 품질관리　　　　　　　　　　④ 재고관리

건설공사관리는 전체적인 공사의 안전관리, 품질관리, 원가관리, 공정관리를 포함한다.

82 사다리를 설치하여 사용함에 있어 사다리 지주 끝에 사용하는 미끄럼 방지재료로 적당하지 않은 것은?

① 고무　　　　　　　　　　　　② 코르크
③ 가죽　　　　　　　　　　　　④ 비닐

사다리 지주의 끝에 고무, 코르크, 가죽, 강스파이크 등을 부착시켜 바닥과의 미끄럼을 방지하는 안전장치가 있어야 한다.

83 공사종류 및 규모별 안전관리비 계상기준표에서 공사종류의 명칭에 해당되지 않는 것은?

① 건축공사　　　　　　　　　　② 일반건설공사
③ 중건설공사　　　　　　　　　④ 특수건설공사

공사종류 및 규모별 산업안전보건관리비 계상기준표

구분 공사종류	대상액 5억원 미만인 경우 적용비율	대상액 5억원 이상 50억원 미만인 경우		50억원 이상인 경우 적용비율	보건관리자 선임대상 건설공사의 적용비율
		적용비율	기초액		
건축공사	3.11%	2.28%	4,325,000원	2.37%	2.64%
토목공사	3.15%	2.53%	3,300,000원	2.60%	2.73%
중건설공사	3.64%	3.05%	2,975,000원	3.11%	3.39%
특수건설공사	2.07%	1.59%	2,450,000원	1.64%	1.78%

84 안전난간의 구조 및 설치기준으로 옳지 않은 것은?

① 안전난간은 상부난간대, 중간난간대, 발끝막이판, 난간기둥으로 구성할 것
② 상부난간대와 중간난간대는 난간 길이 전체에 걸쳐 바닥면 등과 평행을 유지할 것
③ 발끝막이판은 바닥면 등으로부터 10cm 이상의 높이를 유지할 것
④ 안전난간은 구조적으로 가장 취약한 지점에서 가장 취약한 방향으로 작용하는 80kg 이상의 하중에 견딜 수 있는 튼튼한 구조일 것

산업안전보건기준에 관한 규칙 제13조(안전난간의 구조 및 설치요건) 사업주는 근로자의 추락 등의 위험을 방지하기 위하여 안전난간을 설치하는 경우 다음 각 호의 기준에 맞는 구조로 설치해야 한다.

1. 상부 난간대, 중간 난간대, 발끝막이판 및 난간기둥으로 구성할 것. 다만, 중간 난간대, 발끝막이판 및 난간기둥은 이와 비슷한 구조와 성능을 가진 것으로 대체할 수 있다.
2. 상부 난간대는 바닥면 · 발판 또는 경사로의 표면(이하 "바닥면등"이라 한다)으로부터 90센티미터 이상 지점에 설치하고, 상부 난간대를 120센티미터 이하에 설치하는 경우에는 중간 난간대는 상부 난간대와 바닥면등의 중간에 설치해야 하며, 120센티미터 이상 지점에 설치하는 경우에는 중간 난간대를 2단 이상으로 균등하게 설치하고 난간의 상하 간격은 60센티미터 이하가 되도록 할 것. 다만, 계단의 개방된 측면에 설치된 난간기둥 간의 간격이 25센티미터 이하인 경우에는 중간 난간대를 설치하지 않을 수 있다.
3. 발끝막이판은 바닥면등으로부터 10센티미터 이상의 높이를 유지할 것. 다만, 물체가 떨어지거나 날아올 위험이 없거나 그 위험을 방지할 수 있는 망을 설치하는 등 필요한 예방 조치를 한 장소는 제외한다.
4. 난간기둥은 상부 난간대와 중간 난간대를 견고하게 떠받칠 수 있도록 적정한 간격을 유지할 것
5. 상부 난간대와 중간 난간대는 난간 길이 전체에 걸쳐 바닥면등과 평행을 유지할 것
6. 난간대는 지름 2.7센티미터 이상의 금속제 파이프나 그 이상의 강도가 있는 재료일 것
7. 안전난간은 구조적으로 가장 취약한 지점에서 가장 취약한 방향으로 작용하는 100킬로그램 이상의 하중에 견딜 수 있는 튼튼한 구조일 것

85 화물용 승강기를 설계하면서 와이어로프의 안전하중은 10ton 이라면 로프의 가닥수를 얼마로 하여야 하는가?(단, 와이어로프 한 가닥의 파단강도는 4ton이며, 화물용 승강기의 와이어로프의 안전율은 6 으로 한다.)

① 10가닥
② 15가닥
③ 20가닥
④ 30가닥

$$안전율 = \frac{파괴하중(극한하중)}{최대사용하중(정격하중)}$$

$$6 = \frac{4x}{10}$$

$$x = \frac{60}{4} = 15$$

86 현장에서 가설통로의 설치시 준수사항으로 옳지 않은 것은?

① 건설공사에 사용하는 높이 8m 이상인 비계다리에는 10m 이내마다 계단참을 설치할 것
② 수직갱에 가설된 통로의 길이가 15m 이상인 때에는 10m 이내마다 계단참을 설치할 것
③ 경사가 15°를 초과하는 때에는 미끄러지지 아니하는 구조로 할 것
④ 경사는 30°이하로 할 것

산업안전보건기준에 관한 규칙 제23조(가설통로의 구조) 사업주는 가설통로를 설치하는 경우 다음 각 호의 사항을 준수하여야 한다.

1. 견고한 구조로 할 것
2. 경사는 30도 이하로 할 것. 다만, 계단을 설치하거나 높이 2미터 미만의 가설통로로서 튼튼한 손잡이를 설치한 경우에는 그러하지 아니하다.
3. 경사가 15도를 초과하는 경우에는 미끄러지지 아니하는 구조로 할 것
4. 추락할 위험이 있는 장소에는 안전난간을 설치할 것. 다만, 작업상 부득이한 경우에는 필요한 부분만 임시로 해체할 수 있다.
5. 수직갱에 가설된 통로의 길이가 15미터 이상인 경우에는 10미터 이내마다 계단참을 설치할 것
6. 건설공사에 사용하는 높이 8미터 이상인 비계다리에는 7미터 이내마다 계단참을 설치할 것

87 철공공사의 용접, 용단작업에 사용되는 가스의 용기는 최대 몇 ℃ 이하로 보존해야 하는가?

① 25℃ ② 36℃
③ 40℃ ④ 48℃

 해설

산업안전보건기준에 관한 규칙 제234조(가스등의 용기) 사업주는 금속의 용접·용단 또는 가열에 사용되는 가스등의 용기를 취급하는 경우에 다음 각 호의 사항을 준수하여야 한다.
1. 다음 각 목의 어느 하나에 해당하는 장소에서 사용하거나 해당 장소에 설치·저장 또는 방치하지 않도록 할 것
가. 통풍이나 환기가 불충분한 장소나. 화기를 사용하는 장소 및 그 부근
다. 위험물 또는 제236조에 따른 인화성 액체를 취급하는 장소 및 그 부근
2. 용기의 온도를 섭씨 40도 이하로 유지할 것
3. 전도의 위험이 없도록 할 것
4. 충격을 가하지 않도록 할 것
5. 운반하는 경우에는 캡을 씌울 것
6. 사용하는 경우에는 용기의 마개에 부착되어 있는 유류 및 먼지를 제거할 것
7. 밸브의 개폐는 서서히 할 것
8. 사용 전 또는 사용 중인 용기와 그 밖의 용기를 명확히 구별하여 보관할 것
9. 용해아세틸렌의 용기는 세워 둘 것
10. 용기의 부식·마모 또는 변형상태를 점검한 후 사용할 것

88 철골공사에서 기둥의 건립작업 시 앵커볼트를 매립할 때 요구되는 정밀도에서 기둥중심은 기준선 및 인접기둥의 중심으로부터 얼마 이상 벗어나지 않아야 하는가?

① 3mm ② 5mm
③ 7mm ④ 10mm

해설

앵커 볼트를 매립하는 정밀도(철골공사 표준안전 작업지침 제5조)
• 기둥중심은 기준선 및 인접기둥의 중심에서 5mm 이상 벗어나지 않을 것
• 인접기둥간 중심거리의 오차는 3mm 이하일 것
• 앵커 볼트는 기둥중심에서 2mm 이상 벗어나지 않을 것
• 베이스 플레이트의 하단은 기준 높이 및 인접기둥의 높이에서 3mm 이상 벗어나지 않을 것

89 철골 작업을 중지해야 할 강설량 기준으로 옳은 것은?

① 강설량이 시간당 1mm 이상인 경우
② 강설량이 시간당 5mm 이상인 경우
③ 강설량이 시간당 1cm 이상인 경우
④ 강설량이 시간당 5cm 이상인 경우

해설

산업안전보건기준에 관한 규칙 제383조(작업의 제한) 사업주는 다음 각 호의 어느 하나에 해당하는 경우에 철골작업을 중지하여야 한다.
1. 풍속이 초당 10미터 이상인 경우
2. 강우량이 시간당 1밀리미터 이상인 경우
3. 강설량이 시간당 1센티미터 이상인 경우

90 다음은 지붕 위에서의 위험방지를 위한 내용이다. 빈칸에 알맞은 수치로 옳은 것은?

> 슬레이트(선라이트, sunlight)등 강도가 약한 재료로 덮은 지붕위에서 작업을 할 때에 발이빠지는 등 근로자가 위험해질 우려가 있는 경우 폭 (   ) 이상의 발판을 설치하거나 추락방호망을 치는 등 근로자의 위험을 방지하기 위하여 필요한 조치를 하여야 한다.

① 20cm

② 25cm

③ 30cm

④ 40cm

 해설

산업안전보건기준에 관한 규칙 제45조(지붕 위에서의 위험 방지) 사업주는 슬레이트, 선라이트(sunlight) 등 강도가 약한 재료로 덮은 지붕 위에서 작업을 할 때에 발이 빠지는 등 근로자가 위험해질 우려가 있는 경우 폭 30센티미터 이상의 발판을 설치하거나 추락방호망을 치는 등 위험을 방지하기 위하여 필요한 조치를 하여야 한다.

91 추락재해를 방지하기 위하여 10cm 그물코인 방망을 설치할 때 방망과 바닥면 사이의 최소 높이로 옳은 것은?(단, 설치된 방망의 단변방향 길이 L=2m, 장변방향 방망의 지지간격 A=3m이다.)

① 2.0m

② 2.4m

③ 3.0m

④ 3.4m

 해설

방망의 허용 낙하높이(추락재해방지 표준안전 작업지침 제7조)

조건	높이종류	낙하높이(H_1)		방망과 바닥면 사이의 높이(H_2)	
		단일방망	복합방망	10cm 그물코	5cm 그물코
L < A		$\frac{1}{4}(L+2A)$	$\frac{1}{5}(L+2A)$	$\frac{0.85}{4}(L+3A)$	$\frac{0.95}{4}(L+3A)$
L ≥ A		3/4L	3/5L	0.85L	0.95L

∴방망과 바닥면 사이의 높이(H_2) = $\frac{0.85}{4}(2+3\times3)$ = 2.3375 ≒ 2.4m

92 옥외에 설치되어 있는 주행크레인에 대하여 이탈방지장치를 작동시키는 등 이탈 방지를 위한 조치를 하여야 하는 순간 풍속 기준은?

① 초당 10m 초과

② 초당 20m 초과

③ 초당 30m 초과

④ 초당 40m 초과

 해설

산업안전보건기준에 관한 규칙 제140조(폭풍에 의한 이탈 방지) 사업주는 순간풍속이 초당 30미터를 초과하는 바람이 불어올 우려가 있는 경우 옥외에 설치되어 있는 주행 크레인에 대하여 이탈방지장치를 작동시키는 등 이탈 방지를 위한 조치를 하여야 한다.

93 강재 거푸집과 비교한 합판 거푸집의 특성이 아닌 것은?

① 외기 온도의 영향이 적다.

② 녹이 슬지 않음으로 보관하기가 쉽다.

③ 중량이 무겁다.

④ 보수가 간단하다.

강재 거푸집과 비교하여 합판 거푸집은 상대적으로 경량이다.

94 이동식 사다리를 설치하여 사용하는 경우의 준수 기준으로 옳지 않은 것은?

① 길이가 6m를 초과해서는 안된다.

② 다리의 벌림은 벽 높이의 1/4 정도가 적당하다.

③ 미끄럼방지 발판은 인조고무 등으로 마감한 실내용을 사용하여야 한다.

④ 벽면 상부로부터 최소한 90cm 이상의 연장길이가 있어야 한다.

가설공사 표준안전 작업지침 제20조(이동식 사다리) 사업주는 이동식사다리를 설치하여 사용함에 있어서 다음 각 호의 사항을 준수하여야 한다.
1. 길이가 6미터를 초과해서는 안 된다.
2. 다리의 벌림은 벽 높이의 1/4정도가 적당하다.
3. 벽면 상부로부터 최소한 60센티미터 이상의 연장길이가 있어야 한다.

95 다음은 작업으로 인하여 물체가 떨어지거나 날아올 위험이 있는 경우에 조치하여야 하는 사항이다. 빈 칸에 알맞은 내용으로 옳은 것은?

> 낙하물 방지망 또는 방호선반을 설치하는 경우 높이 10m 이내마다 설치하고, 내민 길이는 벽면으로부터 (   ) 이상으로 할 것

① 2m   ② 2.5m

③ 3m   ④ 3.5m

산업안전보건기준에 관한 규칙 제14조(낙하물에 의한 위험의 방지) ① 사업주는 작업장의 바닥, 도로 및 통로 등에서 낙하물이 근로자에게 위험을 미칠 우려가 있는 경우 보호망을 설치하는 등 필요한 조치를 하여야 한다.
② 사업주는 작업으로 인하여 물체가 떨어지거나 날아올 위험이 있는 경우 낙하물 방지망, 수직보호망 또는 방호선반의 설치, 출입금지구역의 설정, 보호구의 착용 등 위험을 방지하기 위하여 필요한 조치를 하여야 한다. 이 경우 낙하물 방지망 및 수직보호망은 「산업표준화법」 제12조에 따른 한국산업표준(이하 "한국산업표준"이라 한다)에서 정하는 성능기준에 적합한 것을 사용하여야 한다.
③ 제2항에 따라 낙하물 방지망 또는 방호선반을 설치하는 경우에는 다음 각 호의 사항을 준수하여야 한다.
1. 높이 10미터 이내마다 설치하고, 내민 길이는 벽면으로부터 2미터 이상으로 할 것
2. 수평면과의 각도는 20도 이상 30도 이하를 유지할 것

96 철골조립 공사 중에 볼트작업을 하기 위해 주체인 철골에 매달아서 작업발판으로 이용하는 비계는?

① 달비계
② 말비계
③ 달대비계
④ 선반비계

해설

달대비계는 철골공사의 리벳치기, 볼트작업시 이용되는 것으로써 주 체인을 철골에 매달아서 임시 작업발판을 만든 비계를 말한다.

97 말뚝박기 해머(hammer)중 연약지반에 적합하고 상대적으로 소음이 적은 것은?

① 드롭 해머(drop hammer)
② 디젤 해머(diesel hammer)
③ 스팀 해머(steam hammer)
④ 바이브로 해머(vibro hammer)

해설

바이브로 해머는 상하 진동에 의한 말뚝박기 및 빼기 기구로 폭발 및 타격의 큰 음은 없지만 높은 주파수의 진동이 있다.

98 콘크리트의 양생 방법이 아닌 것은?

① 습윤 양생
② 건조 양생
③ 증기 양생
④ 전기 양생

해설

콘트리트의 양생 방법
• 습윤양생(wet curing)
• 증기양생(steam curing)
• 전기양생(electric curing)
• 피막양생(membrane curing)
• pre-cooling
• pipe-cooling
• 단열 보온양생
• 가열 보온양생

99 기계가 서 있는 지면보다 높은 곳을 파는 작업에 가장 적합한 굴착기계는?

① 파워셔블
② 드래그라인
③ 백호우
④ 클램쉘

해설

셔블계 굴착기계의 종류
• 파워셔블 : 지반면보다 높은 곳의 굴착, 쇄석 옮겨쌓기, 토사의 처리 등에 널리 쓰인다.
• 백호우 : 지반면보다 낮은 곳의 굴착, 지하층 및 기초 굴삭, 토목공사나 수중굴착 등에 쓰인다.(지하 6m 정도의 깊이)
• 드래그라인 : 지반면보다 낮은 곳의 굴착, 토사를 긁어모음, 연약한 지반의 깊은 곳 굴착 등에 쓰인다.(지하 8m 정도의 깊이)
• 클램쉘 : 좁은 곳의 수직굴착, 자갈 등의 적재, 연약한 지반이나 수중굴착 등에 쓰인다.

100 토석붕괴의 요인 중 외적 요인이 아닌 것은?

① 토석의 강도저하
② 사면, 법면의 경사 및 기울기의 증가
③ 절토 및 성토 높이의 증가
④ 공사에 의한 진동 및 반복하중의 증가

 해설

토사붕괴의 원인

• 외적원인 : 사면의 경사 및 기울기의 증가, 절토 및 성토의 증가, 공사에 의한 진동 및 반복하중의 증가, 지표수 또는 지하수의 침투로 인한 토사중량의 증가, 지진 및 작업차량 등의 하중
• 내적원인 : 절토사면의 토질, 암질의 종류, 성토 사면의 토질구성 및 분포, 토석의 강도 저하

정답	2016년 03월 06일 최근 기출문제								
01 ①	02 ④	03 ③	04 ③	05 ④	06 ②	07 ②	08 ④	09 ③	10 ①
11 ①	12 ①	13 ①	14 ②	15 ④	16 ②	17 ③	18 ②	19 ④	20 ①
21 ①	22 ④	23 ②	24 ①	25 ②	26 ④	27 ③	28 ②	29 ②	30 ③
31 ④	32 ④	33 ①	34 ②	35 ③	36 ④	37 ①	38 ②	39 ③	40 ④
41 ③	42 ④	43 ③	44 ④	45 ②	46 ③	47 ①	48 ②	49 ①	50 ②
51 ③	52 ④	53 ③	54 ①	55 ③	56 ①	57 ②	58 ④	59 ②	60 ④
61 ①	62 ③	63 ②	64 ④	65 ①	66 ②	67 ③	68 ②	69 ④	70 ④
71 ④	72 ①	73 ④	74 ②	75 ③	76 ②	77 ②	78 ①	79 ①	80 ①
81 ④	82 ④	83 ②	84 ④	85 ②	86 ①	87 ②	88 ②	89 ③	90 ③
91 ②	92 ③	93 ③	94 ④	95 ①	96 ③	97 ④	98 ①	99 ①	100 ①

제 **01** 과목   **산업안전관리론**

01   OJT(On The Job Training)에 관한 설명으로 옳은 것은?

① 집합교육형태의 훈련이다.
② 다수의 근로자에게 조직적 훈련이 가능하다.
③ 직장의 실정에 맞게 실제적 훈련이 가능하다.
④ 전문가를 강사로 활용할 수 있다.

OJT와 off JT의 특징

OJT	off JT
• 개개인에게 적합한 지도훈련이 가능 • 직장의 실정에 맞는 실체적 훈련 • 훈련에 필요한 업무의 계속성 • 즉시 업무에 연결되는 관계로 신체와 관련 • 효과가 곧 업무에 나타나며 훈련의 좋고 나쁨에 따라 개선이 용이 • 교육을 통한 훈련 효과에 의해 상호 신뢰이해도가 높아짐	• 다수의 근로자에게 조직적 훈련이 가능 • 훈련에만 전념 • 특별 설비 기구를 이용 • 전문가를 강사로 초청 • 각 직장의 근로자가 많은 지식이나 경험을 교류 • 교육 훈련 목표에 대해서 집단적 노력이 흐트러 질 수도 있음

02   안전관리의 중요성과 가장 거리가 먼 것은?

① 인간존중이라는 인도적인 신념의 실현
② 경영 경제상의 제품의 품질 향상과 생산성 향상
③ 재해로부터 인적 물적 손실 예방
④ 작업환경 개선을 통한 투자 비용 증대

안저관리란 재해로부터 인간의 생명과 재산을 보존하기 위한 계획적이고 체계적인 제반활동을 의미한다.

03 피로를 측정하는 방법 중 동작분석, 연속반응시간 등을 통하여 피로를 측정하는 방법은?

① 생리학적 측정　　　　　　　　　② 생화학적 측정
③ 심리학적 측정　　　　　　　　　④ 생역학적 측정

해설

피로의 심리학적 측정 방법 : 피부(전위)저장, 동작분석, 연속반응시간, 행동기록, 정신작업, 전신자각 증상, 집중유지기능 등

04 자신의 약점이나 무능력, 열등감을 위장하여 유리하게 보호함으로써 안정감을 찾으려는 방어적 적응기제에 해당하는 것은?

① 보상　　　　　　　　　　　　　② 고립
③ 퇴행　　　　　　　　　　　　　④ 억압

해설

적응기제(Adjustment Mechanism)

- 방어적 기제 : 보상, 합리화, 동일시, 승화　　　• 도피적 기제 : 고립, 퇴행, 억압, 백일몽
- 공격적 기제 : 직접적 공격형, 간접적 공격형

05 하인리히(Heinrich)의 이론에 의한 재해 발생의 주요 원인에 있어 다음 중 불안전한 행동에 의한 요인이 아닌 것은?

① 권한 없이 행한 조작
② 전문지식의 결여 및 기술, 숙련도 부족
③ 보호구 미착용 및 위험한 장비에서 작업
④ 결함 있는 장비 및 공구의 사용

해설

재해의 직접원인(1차 원인)

- 불안전한 행동 : 위험장소 접근, 안전장치의 기능 제거, 복장 보호구의 잘못 사용, 기계·기구 잘못 사용, 운전중인 기계장치의 손질, 불안전한 속도 조작, 위험물 취급 부주의, 불안전한 상태 방치, 불안전한 자세 동작, 감독 및 연락 불충분
- 불안전한 상태 : 물 자체 결함, 안전 방호장치 결함, 복장·보호구의 결함, 물의 배치 및 작업장소 결함, 작업환경의 결함, 생산 공정의 결함, 경계표시·설비의 결함
※전문지식의 결여 및 기술, 숙련도 부족은 재해의 간접원인 중 교육적 원인에 속한다.

06 공장 내에 안전보건표지를 부착하는 주된 이유는?

① 안전의식 고취　　　　　　　　　② 인간 행동의 변화 통제
③ 공장 내의 환경 정비 목적　　　　④ 능률적인 작업을 유도

07 모랄 서베이(Morale Survey)의 주요 방법 중 태도조사법에 해당하는 것은?

① 사례연구법　　　　　　　　　　② 관찰법
③ 실험연구법　　　　　　　　　　④ 문답법

모랄 서베이의 주요방법

- 통계에 의한 방법 : 사고 상해율, 생산고, 결근, 지각, 조퇴, 이직 등을 분석하여 파악하는 방법
- 사례연구법 : 경영 관리상의 여러 가지 제도에 나타나는 사례에 대해 케이스 스터디(Case Study)로서 현상을 파악하는 방법
- 관찰법 : 종업원의 근무 실태를 계속 관찰함으로서 문제점을 찾아내는 방법
- 실험연구법 : 실험그룹(Test group)과 통제그룹(Control Group)으로 나누고 정황, 자극을 주어 태도 변화 여부를 조사하는 방법
- 태도조사법(의견조사) : 질문지법, 면접법, 집단토의법, 투사법(Projective Technique) 등에 의해 의견을 조사하는 방법

08 **안전모의 종류 중 머리 부위의 감전에 대한 위험을 방지할 수 있는 것은?**

① A형
② B형
③ AC형
④ AE형

안전모의 종류

종류(기호)	사용구분	비고
AB	물체의 낙하 또는 비래(날아옴) 및 추락에 의한 위험을 방지 또는 경감 시키기 위한 것	–
AE	물체의 낙하 또는 비래(날아옴)에 의한 위험을 방지 또는 경감하고, 머리 부위 감전에 의한 위험을 방지하기 위한 것	내전압성
ABE	물체의 낙하 또는 비래(날아옴) 및 추락에 의한 위험을 방지 또는 경감하고, 머리 부위 감전에 의한 위험을 방지하기 위한 것	내전압성

09 **산업안전보건법상 근로자 안전보건교육의 교육과정에 해당하지 않는 것은?**

① 검사원 정기점검교육
② 특별교육
③ 근로자 정기교육
④ 작업내용 변경 시의 교육

근로자 안전보건교육(산업안전보건법 시행규칙 별표 4)

교육과정	교육대상		교육시간
정기교육	사무직 종사 근로자		매반기 6시간 이상
	그 밖의 근로자	판매업무에 직접 종사하는 근로자	매반기 6시간 이상
		판매업무에 직접 종사하는 근로자 외의 근로자	매반기 12시간 이상
채용 시 교육	일용근로자 및 근로계약기간이 1주일 이하인 기간제근로자		1시간 이상
	근로계약기간이 1주일 초과 1개월 이하인 기간제근로자		4시간 이상
	그 밖의 근로자		8시간 이상

작업내용 변경 시 교육	일용근로자 및 근로계약기간이 1주일 이하인 기간제근로자	1시간 이상
	그 밖의 근로자	2시간 이상
특별교육	특별교육 대상 작업(단, 타워크레인을 사용하는 작업시 신호업무를 하는 작업은 제외)에 종사하는 일용근로자 및 근로계약기간이 1주일 이하인 기간제근로자	2시간 이상
	타워크레인을 사용하는 작업시 신호업무를 하는 일용근로자 및 근로계약기간이 1주일 이하인 기간제근로자	8시간 이상
	특별교육 대상 작업에 종사하는 근로자 중 일용근로자 및 근로계약기간이 1주일 이하인 기간제근로자를 제외한 근로자	−16시간 이상(최초 작업에 종사하기 전 4시간 이상 실시하고 12시간은 3개월 이내에서 분할하여 실시 가능) −단기간 작업 또는 간헐적 작업인 경우에는 2시간 이상
건설업 기초 안전·보건교육	건설 일용근로자	4시간 이상

10 재해예방의 4 원칙에 해당되지 않는 것은?

① 손실발생의 원칙　　　　　② 원인계기의 원칙
③ 예방가능의 원칙　　　　　④ 대책선정의 원칙

재해예방의 4원칙 : 손실우연의 원칙, 원인계기의 원칙, 예방가능의 원칙, 대책선정의 원칙

11 인간의 실수 및 과오의 요인과 직접적인 관계가 가장 먼 것은?

① 관리의 부적당　　　　　② 능력의 부족
③ 주의의 부족　　　　　　④ 환경조건의 부적당

실수 및 과오의 3대 원인
• 능력 부족 : 적성의 부적합, 지식의 부족, 기술의 미숙, 인간관계
• 주의 부족 : 개성, 감정의 불안정, 습관성, 감수성 미약
• 환경 조건 불량 : 재해 표준 불량, 계획 불충분, 연락 및 의사소통 불량, 작업 조건 불량, 불안과 동요

12 재해손실비용 중 직접비에 해당되는 것은?

① 인적손실　　　　　② 생산손실
③ 산재보상비　　　　④ 특수손실

재해손실비용
• 직접비 : 법령으로 정한 피해자에게 지급되는 산재보상비
• 간접비 : 인적손실, 물적손실, 생산손실, 기타손실

13 산업안전보건법상 안전보건관리규정을 작성하여야 할 사업 중에 정보서비스업의 상시 근로자 수는 몇 명 이상인가?

① 50　　　　　　　　　　　　　② 100
③ 300　　　　　　　　　　　　 ④ 500

 해설

안전보건관리규정을 작성해야 할 사업의 종류 및 상시근로자 수(산업안전보건법 시행규칙 별표 2)

사업의 종류	상시근로자 수
1. 농업 2. 어업 3. 소프트웨어 개발 및 공급업 4. 컴퓨터 프로그래밍, 시스템 통합 및 관리업 5. 정보서비스업 6. 금융 및 보험업 7. 임대업 ; 부동산 제외 8. 전문, 과학 및 기술 서비스업(연구개발업은 제외한다) 9. 사업지원 서비스업 10. 사회복지 서비스업	300명 이상
11. 제1호부터 제10호까지의 사업을 제외한 사업	100명 이상

14 도수율이 12.57, 강도율이 17.45인 사업장에서 1명의 근로자가 평생 근무한다면 며칠의 근로손실이 발생하겠는가?(단, 1인 근로자의 평생근로시간은 10^5 시간이다.)

① 1257일　　　　　　　　　　 ② 126일
③ 1745일　　　　　　　　　　 ④ 175일

 해설

환산강도율(S) = 강도율 × 100 = 17.45 × 100 = 1745

15 토의식 교육지도에 있어서 가장 시간이 많이 소요되는 단계는?

① 도입　　　　　　　　　　　　② 제시
③ 적용　　　　　　　　　　　　④ 확인

 해설

단계별 교육시간

교육법의 4단계	강의식(일반적인 교육)	토의식
1단계-도입	5분	5분
2단계-제시	40분	10분
3단계-적용	10분	40분
4단계-확인	5분	5분

※ 단계별 교육의 시간 배분은 단위 시간을 1시간(60분)으로 했을 때

16 인지과정 착오의 요인이 아닌 것은?

① 정서 불안정
② 감각차단 현상
③ 작업자의 기능미숙
④ 생리 · 심리적 능력의 한계

착오요인(대뇌의 Human Error)
- 인지과정 착오 : 생리 · 심리적 능력의 한계, 정보량 저장능력의 한계, 감각차단 현상(단조로운 업무, 반복작업), 정서 불안정(공포, 불안, 불만)
- 판단과정 착오 : 능력 부족, 정보 부족, 자기 합리화, 자기기술 과신, 환경조건의 불비(不備)
- 조치과정 착오 : 작업자 기능 미숙, 작업경험 부족, 피로

17 적응기제에서 방어기제가 아닌 것은?

① 보상
② 고립
③ 합리화
④ 동일시

적응기제(Adjustment Mechanism)
- 방어적 기제 : 보상, 합리화, 동일시, 승화
- 도피적 기제 : 고립, 퇴행, 억압, 백일몽
- 공격적 기제 : 직접적 공격형, 간접적 공격형

18 위험예지훈련 기초 4 라운드(4R)에서 라운드별 내용이 바르게 연결된 것은?

① 1 라운드 : 현상파악
② 2 라운드 : 대책수립
③ 3 라운드 : 목표설정
④ 4 라운드 : 본질추구

위험예지 훈련의 기초 4라운드 진행방법
- 1R(현상파악) : 어떤 위험이 잠재하고 있는지 사실을 파악하는 라운드(BS적용)
- 2R(본질추구) : 가장 위험한 요인(위험 포인트)을 합의로 결정하는 라운드(요약)
- 3R(대책수립) : 구체적인 대책을 수립하는 라운드(BS적용)
- 4R(목표달성-설정) : 수립한 대책 가운데 질이 높은 항목에 합의하는 라운드(요약)

19 자율검사프로그램을 인정받으려는 자가 한국산업안전보건공단에 제출해야 하는 서류가 아닌 것은?

① 안전검사대상 유해 · 위험기계 등의 보유 현황
② 유해 · 위험기계 등의 검사 주기 및 검사기준
③ 안전검사대상 유해 · 위험기계의 사용 실적
④ 향후 2 년간 검사대상 유해 · 위험기계 등의 검사 수행계획

산업안전보건법 시행규칙 제132조(자율검사프로그램의 인정 등) ① 사업주가 법 제98조제1항에 따라 자율검사프로그램을 인정받기 위해서는 다음 각 호의 요건을 모두 충족해야 한다. 다만, 법 제98조제4항에 따른 검사기관(이하 "자율안전검사기관"이라 한다)에 위탁한 경우에는 제1호 및 제2호를 충족한 것으로 본다.

1. 검사원을 고용하고 있을 것
2. 고용노동부장관이 정하여 고시하는 바에 따라 검사를 할 수 있는 장비를 갖추고 이를 유지 · 관리할 수 있을 것
3. 제126조에 따른 안전검사 주기의 2분의 1에 해당하는 주기(영 제78조제1항제3호의 크레인 중 건설현장 외에서 사용하는 크레인의 경우에는 6개월)마다 검사를 할 것
4. 자율검사프로그램의 검사기준이 법 제93조제1항에 따라 고용노동부장관이 정하여 고시하는 검사기준(이하 "안전검사기준"이라 한다)을 충족할 것

② 자율검사프로그램에는 다음 각 호의 내용이 포함되어야 한다.

1. 안전검사대상기계등의 보유 현황
2. 검사원 보유 현황과 검사를 할 수 있는 장비 및 장비 관리방법(자율안전검사기관에 위탁한 경우에는 위탁을 증명할 수 있는 서류를 제출한다)
3. 안전검사대상기계등의 검사 주기 및 검사기준
4. 향후 2년간 안전검사대상기계등의 검사수행계획
5. 과거 2년간 자율검사프로그램 수행 실적(재신청의 경우만 해당한다)

20 ERG(Existence Relation Growth)이론을 주장한 사람은?

① 매슬로우(Maslow)
② 맥그리거(McGregor)
③ 테일러(Taylor)
④ 알더퍼(Alderfer)

알더퍼(Alderfer)의 ERG 이론

• 생존(Existence) 욕구 : 신체적인 차원에서 유기체의 생존과 유지에 관련된 욕구
• 관계(Relation) 욕구 : 타인과의 상호작용을 통해 만족되는 대인 욕구
• 성장(Growth) 욕구 : 개인적인 발전과 증진에 관한 욕구

제 **02** 과목   **인간공학 및 시스템안전공학**

21 실효온도(ET)의 결정요소가 아닌 것은?

① 온도
② 습도
③ 대류
④ 복사

실효온도(ET)

• 실효온도(체감온도 또는 감각온도)에 영향을 주는 요인 : 온도, 습도, 기류(공기유동)
• 허용한계 : 정신(사무)작업(60~64°F), 경작업(55~60°F), 중작업(50~55°F)

22 창문을 통해 들어오는 직사 휘광을 처리하는 방법으로 가장 거리가 먼 것은?

① 창문을 높이 단다.
② 간접 조명 수준을 높인다.
③ 차양이나 발(blind)을 사용한다.
④ 옥외 창 위에 드리우개(overhang)를 설치한다.

휘광(Glare)의 처리

- 광원으로부터의 직사 휘광 처리
  - 광원의 휘도를 줄이고 수를 높인다.
  - 광원을 시선에서 멀리 위치시킨다.
  - 휘광원 주위를 밝게 하여 광속발산비(휘도)를 줄인다.
  - 가리개(Shield), 갓(Hood), 혹은 차양(Visor)을 사용한다.
- 창문으로부터 직사 휘광 처리
  - 창문을 높이 단다.
  - 창위(실외)에 드리우개(Overhang)를 설치한다.
  - 창문(안쪽)에 수직날개(Fin)들을 달아 직시선을 제한한다.
  - 차양(Shade) 혹은 발(Blind)을 사용한다.

23 녹색과 적색의 두 신호가 있는 신호등에서 1시간 동안 적색과 녹색이 각각 30분씩 켜진다면 이 신호등의 정보량은?

① 0.5bit
② 1 bit
③ 2bit
④ 4 bit

$$정보량 = \frac{\log\left(\frac{1}{0.5}\right)}{\log 2} = 1$$

24 건강한 남성이 8시간 동안 특정 작업을 실시하고, 산소소비량이 1.2L/분으로 나타났다면 8 시간동안 총 작업시간에 포함되어야 할 최소 휴식시간은?(단, 남성의 권장 평균에너지소비량은 5kcal/분, 안정시 에너지 소비량은 1.5kcal/분으로 가정한다.)

① 107분
② 117분
③ 127분
④ 137분

$$휴식시간 = \frac{(8 \times 60) \times (E - 5)}{E - 1.5} = \frac{480 \times (1.2 \times 5 - 5)}{1.2 \times 5 - 1.5} = 106.66 ≒ 107분$$

∵ 작업시 평균에너지소비량(E) = 산소소비량 × 평균에너지소비량

25 사고의 발단이 되는 초기 사상이 발생할 경우 그 영향이 시스템에서 어떤 결과(정상 또는 고장)로 진전해 가는지를 나뭇가지가 갈라지는 형태로 분석하는 방법은?

① FTA
② PHA
③ FHA
④ ETA

ETA(Event Tree Analysis) : 사상(事象)의 안전도를 사용한 시스템의 안전도를 나타내는 시스템 모델의 하나로써 귀납적이고 정량적인 분석방법으로 재해의 확대요인을 분석하는데 적합한 방법

26 청각신호의 수신과 관련된 인간의 기능으로 볼 수 없는 것은?

① 검출(detection)
② 순응(adaptation)
③ 위치 판별(directional judgement)
④ 절대적 식별(absolute judgement)

청각적 신호의 수신에 관계되는 인간의 기능

• 검출 : 경고신호와 같은 신호의 존재 여부의 판단
• 상대적 식별 : 인접해 있는 두 가지 이상의 신호 분간
• 절대적 식별 : 단독으로 존재하는 특정 신호의 확인
• 위치 판별 : 신호가 오는 방향의 판별

27 조종장치의 저항 중 갑작스런 속도의 변화를 막고 부드러운 제어동작을 유지하게 해주는 저항을 무엇이라 하는가?

① 점성저항
② 관성저항
③ 마찰저항
④ 탄성저항

조종장치의 저항

• 점성저항 : 출력과 반대방향으로 그 속도에 비례해서 적용하는 힘 때문에 생기는 저항이다.
• 관성저항 : 기계장치의 질량으로 인한 운동에 대한 저항으로 가속도에 따라 변한다.
• 마찰저항 : 처음의 움직에 대한 저항력인 정지마찰은 급속히 감소하지만, 미끄럼 마찰은 운동에 계속적으로 저항하여 변위나 속도와는 무관하다.
• 탄성저항 : 조종장치의 변위에 따라 변한다.

28 과전압이 걸리면 전기를 차단하는 차단기, 퓨즈 등을 설치하여 오류가 재해로 이어지지 않도록 사고를 예방하는 설계 원칙은?

① 에러복구 설계
② 풀-프루프(fool-proof) 설계
③ 페일-세이프(fail-safe) 설계
④ 탬퍼-프루프(tamper proof) 설계

페일 세이프(fail-safe)의 정의

- 일반적인 정의 : 기계나 그 부품에 고장이나 기능 불량이 생겨도 항상 안전하게 작동하는 구조와 그 기능을 의미
- 좁은 의미 : 기계를 안전하게 작동한다는 것은 기계를 정지시키는 것을 의미

29 **인간공학적 수공구의 설계에 관한 설명으로 맞는 것은?**

① 손잡이 크기를 수공구 크기에 맞추어 설계한다.
② 수공구 사용 시 무게 균형이 유지되도록 설계한다.
③ 정밀 작업용 수공구의 손잡이는 직경을 5mm 이하로 한다.
④ 힘을 요하는 수공구의 손잡이는 직경을 60mm 이상으로 한다.

인간공학적 수공구의 설계

- 손잡이 크기는 손바닥과 닿는 면적이 넓게 설계한다.
- 정밀작업을 위한 수공구의 손잡이의 직경은 일반적으로 5~12mm 사이가 적당하며, 힘을 요하는 수공구의 손잡이는 직경을 50~60mm 정도로 설계한다.
- 손잡이는 표면이 너무 매끈하거나 부드럽지 않도록 하며 고무나 나무 등의 재료를 사용한다.
- 손가락을 반복해서 움직이지 않아도 되도록 설계한다.
- 손잡이 길이는 최소 10cm가 되도록 하며, 장갑을 사용할 경우 12.5cm 이상이어야 한다.
- 안전장치를 만들어 신체를 보호한다.
- 수공구 사용 시 무게 균형이 유지되도록 설계한다.
- 공구의 무게중심은 손의 무게중심에 가깝게 설계한다.(단, 망치와 같이 작업물에 힘을 전하는 공구는 예외)

30 **일반적으로 의자설계의 원칙에서 고려해야 할 사항과 거리가 먼 것은?**

① 체중분포에 관한 사항
② 상반신의 안정에 관한 사항
③ 개인차의 반영에 관한 사항
④ 의자 좌판의 높이에 관한 사항

의자 설계원칙

- 체중분포 : 체중이 좌골 결절에 실려야 편안함
- 의자 좌판의 높이 : 좌판 앞부분이 오금 높이 보다 높지 않아야 함
- 의자 좌판의 깊이와 폭 : 폭은 큰 사람에게, 깊이는 작은 사람에게 맞도록 해야 함
- 몸통의 안정 : 의자의 좌판 각도는 3°, 좌판 등판간의 등판 각도는 100°가 몸통 안정에 효과적

31 **인간이 현존하는 기계를 능가하는 기능으로 거리가 먼 것은?**

① 완전히 새로운 해결책을 도출할 수 있다.
② 원칙을 적용하여 다양한 문제를 해결할 수 있다.
③ 여러 개의 프로그램된 활동을 동시에 수행할 수 있다.
④ 상황에 따라 변하는 복잡한 자극 형태를 식별할 수 있다.

인간과 기계의 상대적 재능

인간이 우수한 기능	기계가 우수한 기능
• 저에너지 자극(시각, 청각, 후각 등) 감지 • 복잡 다양한 자극 형태 식별 • 예기치 못한 사건 감지 • 다량 정보를 오래 보관 • 귀납적 추리 • 과부하 상황에서는 중요한 일에만 전념 • 임기응변, 융통성, 원칙 적용, 주관적 추산, 독창력 발휘 등의 기능	• 인간 감지 범위 밖의 자극(X선, 초음파 등)도 감지 • 인간 및 기계에 대한 모니터 기능 • 드물게 발생하는 사상 감지 • 암호화된 정보를 신속하게 대량보관 • 연역적 추리 • 과부하시에도 효율적으로 작동 • 정량적 정보처리, 장시간 중량작업, 반복작업, 동시에 여러 가지 작업수행 등의 기능

32 FTA의 논리게이트 중에서 3개 이상의 입력사상 중 2개가 일어나면 출력이 나오는 것은?

① 억제 게이트

② 조합 AND 게이트

③ 배타적 OR- 게이트

④ 우선적 AND 게이트

조합 AND Gate

• 3개 이상의 입력사상 가운데 어느 것이던 2개가 일어나면 출력 사상이 발생한다.
• 예) "어느 것이던 2개"라고 기입

33 시스템 수명주기에서 예비위험분석을 적용하는 단계는?

① 구상단계

② 개발단계

③ 생산단계

④ 운전단계

구상 단계

• 시스템 안전 계획(SSP, System Safety Plan)의 작성
  – 안전성 관리 조직 및 다른 프로그램 기능과의 관계
  – 시스템에 발생하는 모든 사고의 식별 및 평가를 위한 분석법의 양식
  – 허용수준까지 최소화 또는 제거되어야 할 사고의 종류
  – 작성되고 보존되어야 할 기록의 종류
• 예비위험분석(PHA, Preliminary Hazard Analysis)의 작성
• 안전성에 관한 정보 및 문서 파일의 작성 : 시스템 안전부분에서 이루어지는 모든 분석과 조치의 정확한 설명이 반드시 포함
• 구상 단계 정식화 회의에의 참가 : 포함되는 사고가 방침 결정과정에서 고려되기 위해 구상 정식화 회의에 참가

34 표시 값의 변화 방향이나 변화 속도를 관찰할 필요가 있는 경우에 가장 적합한 표시장치는?

① 동목형 표시장치

② 계수형 표시장치

③ 묘사형 표시장치

④ 동침형 표시장치

해설

정량적 동적 표시장치의 기본형

- 정목동침(Moving Pointer)형 : 눈금이 고정되고 지침이 움직이는 형
- 정침동목(Moving Scale)형 : 지침이 고정되고 눈금이 움직이는 형
- 계수(Digital)형 : 전력계나 택시요금 계기와 같이 기계적 또는 전자적으로 숫자가 표시되는 형

35 음압의 세기인 데시벨(dB)을 측정할 때 기준 음압의 주파수는?

① 10Hz
② 100Hz
③ 1000Hz
④ 10000Hz

해설

음의 크기 수준

- phon : 1000Hz 순음의 음압 수준(dB)을 나타낸다.
- sone : 1000Hz, 40dB의 음압 수준을 가진 순음의 크기(= 40 phon)를 1 sone이라 한다.
- sone과 phon의 관계식 : sone치 $= 2^{(phon - 40) / 10}$

36 FT도에서 정상사상 A의 발생확률은?(단, 사상 B_1의 발생확률은 0.3이고, B_2의 발생확률은 0.2이다.)

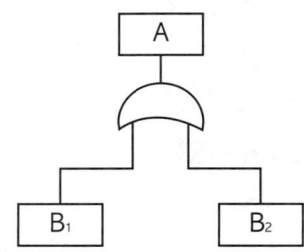

① 0.06
② 0.44
③ 0.56
④ 0.94

 해설

$A = 1 - (1 - 0.3)(1 - 0.2) = 0.44$

37 결함수 분석의 컷셋(cut set)과 패스셋(path set)에 관한 설명으로 틀린 것은?

① 최소 컷셋은 시스템의 위험성을 나타낸다.
② 최소 패스셋은 시스템의 신뢰도를 나타낸다.
③ 최소 패스셋은 정상사상을 일으키는 최소한의 사상 집합을 의미한다.
④ 최소 컷셋은 반복사상이 없는 경우 일반적으로 퍼셀(Fussell) 알고리즘을 이용하여 구한다.

 해설

패스(Path)와 미니멀 패스(Minimal Path Sets) : 패스란 그 속에 포함되는 기본사상이 일어나지 않을 때 처음으로 정상사상이 일어나지 않는 기본사상의 집합으로서, 미니멀 패스는 그 필요 최소한의 것을 말한다.

38 인적 오류로 인한 사고를 예방하기 위한 대책 중 성격이 다른 것은?

① 작업의 모의훈련
② 정보의 피드백 개선
③ 설비의 위험요인 개선
④ 적합한 인체측정치 적용

인적 오류로 인한 사고를 예방하기 위한 작업환경 측면의 대책

• 설비 위험요인의 제거
• 안전시스템의 적용
• 정보의 피드백 개선
• 경보 시스템의 정비
• 대중의 선호도 활용
• 시인성 고려
• 적합한 인체측정치 적용

39 설비보전 방식의 유형 중 궁극적으로는 설비의 설계, 제작 단계에서 보전 활동이 불필요한 체계를 목표로 하는 것은?

① 개량보전(corrective maintenance)
② 예방보전(preventive maintenance)
③ 사후보전(break−down maintenance)
④ 보전예방(maintenance prevention)

보전방식의 내용

• 개량보전 : 설비 자체의 체질개선을 목적으로 하는 보전방식
• 예방보전 : 정기적인 점검과 조기 수리를 행하는 보전방식
• 사후보전 : 설비의 노화 또는 고장으로 인한 정지 후에 행하는 보전방식
• 보전예방 : 설비의 설계, 제작 단계에서 보전활동이 불필요한 체제를 목표로 한 보전방식

40 그림의 부품 A, B, C로 구성된 시스템의 신뢰도는?(단, 부품 A의 신뢰도는 0.85, 부품 B와 C의 신뢰도는 각각 0.9이다.)

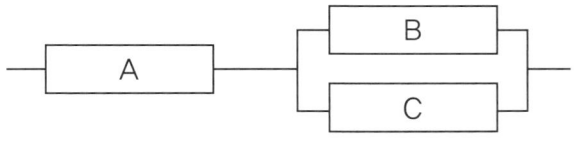

① 0.8415
② 0.8425
③ 0.8515
④ 0.8525

$R_S = R \times (1 - (1 - R_B)(1 - R_C)) = 0.85 \times (1 - (1 - 0.9)(1 - 0.9)) = 0.8415$

41 철골조와 목조건축에서는 지붕대들보를 올릴 때 행하는 의식이며, 철근콘크리트조에서는 최상층의 거푸집 혹은 철근배근 시 또는 콘크리트를 타설한 후 행하는 식은?

① 상량식(上樑式)
② 착공식(著工式)
③ 정초식(定礎式)
④ 준공식(竣工式)

- 상량식(上樑式) : 기둥 위에 보를 얹고 지붕틀을 꾸민 다음 마룻대(상량)를 놓을 때 행하는 의식
- 착공식(著工式) : 공사를 시작할 때 하는 의식
- 준공식(竣工式) : 공사를 마친 것을 축하하는 의식
- 정초식(定礎式) : 건물의 기초 공사를 마친 후에 기초의 모퉁이에 정초 · 주춧돌 · 머릿돌을 설치해 공사 착수를 기념하는 행사

42 다음 중 사운딩 시험방법과 가장 거리가 먼 것은?

① 표준관입시험
② 공내재하시험
③ 콘 관입 시험
④ 베인전단시험

사운딩 시험방법 : 표준관입시험, 베인전단시험, 콘관입시험, 네델란드식 관입시험, 스웨덴식 사운딩

43 공사 관리기법 중 VE(Value Engineering) 가치향상의 방법으로 옳지 않은 것은?

① 기능은 올리고 비용은 내린다.
② 기능은 많이 내리고 비용은 조금 내린다.
③ 기능은 많이 올리고 비용은 약간 올린다.
④ 기능은 일정하게 하고 비용은 내린다.

VE(Value Engineering)에서 제품의 가치 혹은 기능을 저하시키는 방법은 고려되지 않는다.

44 철근콘크리트 구조용으로 쓰이는 것으로 보기 어려운 것은?

① 피아노 선(piano wire)
② 원형철근(round bar)
③ 이형철근(deformed bar)
④ 메탈라스(metal lath)

메탈라스(Metal lath) : 두께 0.4~0.8mm의 연강판에 마름모꼴의 구멍을 연속적으로 뚫어 그물처럼 만든 것으로 천장, 벽 등의 모르타르 바름 바탕보강용(이질바탕재)으로 사용된다.

45 공사에 필요한 특기 시방서에 기재하지 않아도 되는 사항은?

① 인도시 검사 및 인도시기　　　② 각 부위별 시공방법
③ 각 부위별 사용재료　　　　　④ 사용재료의 품질

해설

특기 시방서에는 표준 시방서에 기재되지 않은 특별한 사항의 공법 및 재료명 등을 설계자가 상세히 기록한다.

46 초고층 건물의 콘크리트 타설시 가장 많이 이용되고 있는 방식은?

① 자유낙하에 의 한 방식
② 피스톤으로 압송하는 방식
③ 튜브속의 콘크리트를 짜내는 방식
④ 물의 압력에 의한 방식

해설

통상 펌프카와 같은 방식으로 파이프 배관을 통하여 압송하는 방식을 사용한다.

47 공사의 진척에 따라 정해진 시기에 실비와 이 실비에 미리 계약된 비율을 곱한 금액을 보수로서 시공자에게 지불하는 실비정산식 시공계약제도는?

① 실비비율보수가산식　　　　　② 실비한정비율보수가산식
③ 실비정액보수가산식　　　　　④ 단가도급식

해설

실비정산 보수가산식의 종류
- 실비비율보수가산식 : 공사진척에 따라 실비와 계약된 비율을 곱한 금액을 보수로 지불하는 방식
- 실비한정비율보수가산식 : 실비에 제한을 두고 제한된 금액 내에서 공사를 완성시키는 책임을 부여하는 방식
- 실비준동율보수가산식 : 실비를 여러 단계로 분할하여 공사비가 각 단계의 금액보다 증가될 때 비율보수를 체감하는 방식
- 실비정액보수가산식 : 실비의 여하를 막론하고 계약된 일정액의 보수만을 지불하는 방식

48 벽과 바닥의 콘크리트 타설을 한 번에 가능하도록 벽체용 거푸집과 슬래브 거푸집을 일체로 제작하여 한 번에 설치하고 해체할 수 있도록 한 시스템거푸집은?

① 갱폼　　　　　　　　　　　　② 클라이밍폼
③ 슬립폼　　　　　　　　　　　④ 터널폼

해설

특수 거푸집의 종류별 특징
- 유로 거푸집(Euro form) : 합판이나 특수경량 강으로 만들며 하나의 판넬로 기둥, 벽, 바닥의 조립이 가능
- 갱 거푸집(Gang form) : 표면 피복 강화합판이나 각재, 철골을 이용하여 특수 제작한 것으로 옹벽, 기둥을 일체식으로 제작
- 터널 거푸집(Tunnel form) : 한 구획 전체의 벽과 바닥판을 ㄱ자, ㄷ자 형으로 짜서 이동식 거푸집으로 이용
- 슬라이딩 거푸집(Sliding form) : 활동거푸집이라고 하며, 굴뚝이나 사일로(silo) 등 평면 형상이 일정하고 돌출부가 없는 구조물에 사용

49 흙막이 벽에 사용되는 계측장비의 연결이 옳은 것은?

① 두부변형 · 침하 – 트랜싯 ② 측압 · 수동토압 – 변형계
③ 응력 – 경사계 ④ 중간부 변형 – 레벨

해설

트랜싯은 수직과 수평을 측정하는데 많이 사용된다.

50 지반조사 방법 중 보링에 관한 설명으로 옳지 않은 것은?

① 보링은 지질이나 지층의 상태를 비교적 깊은 곳까지도 정확하게 확인할 수 있다.
② 충격식 보링은 토사를 분쇄하지 않고 연속적으로 채취할 수 있으므로 가장 정확한 방법이다.
③ 회전식 보링은 불교란시료 채취, 암석 채취 등에 많이 쓰인다.
④ 수세식 보링은 30m까지의 연질층에 주로 쓰인다.

해설

가장 정확한 방법은 회전식 보링이다.

51 콘크리트 공사에서 비교적 간단한 구조의 합판거푸집을 적용할 때 사용되며 측압력을 부담하지 않고 단지 거푸집의 간격만 유지시켜 주는 역할을 하는 것은?

① 컬럼밴드 ② 턴버클
③ 폼타이 ④ 세퍼레이터

해설

거푸집의 부속재
• 긴장재(Form tie) : 거푸집의 형상 유지, 저항, 벌어지는 것 방지
• 격리재(Separator) : 거푸집의 간격 유지, 오그라드는 것 방지
• 간격재(Spacer) : 철근과 거푸집의 간격 유지

52 토량 6,000m³을 8톤 트럭으로 운반할 때 필요한 트럭 대수는?(단, 8톤 트럭 1대의 적재량은 6m³이고 트럭은 5회 운행함).

① 120 대 ② 150 대
③ 180 대 ④ 200 대

해설

$$\text{트럭의 대수} = \frac{\text{운반할 토량}}{\text{적재량} \times \text{운행횟수}} = \frac{6000}{6 \times 5} = 200$$

53 지하연속벽(slurry wall)공법에 관한 설명으로 옳지 않은 것은?

① 도심지 공사에서 탑다운 공법과 같이 병행할 수 있다.
② 단면강성이 높고 지수성이 뛰어나다.

③ 벽 두께를 자유로이 설계하기 어렵다.

④ 공사비가 비교적 높고 공기가 불리한 편이다.

 해설

지하연속벽식(Slurry wall)

• 안정액을 사용하여 지반붕괴를 방지하면서 굴착하여 그 속에 철근망과 콘크리트를 넣어 연속으로 콘크리트 흙막이벽을 설치하는 것이다.

• 차수성이 높으며, 인접건물에 근접 시공이 가능하다.

• 벽체의 강성이 높아 본 구조체로 사용할 수 있다.

54 철골공사 중 고력볼트접합에 관한 설명으로 옳지 않은 것은?

① 고력볼트 세트의 구성은 고력볼트 1개, 너트 1개 및 와셔 2개로 구성한다.

② 접합방식의 종류는 마찰접합, 지압접합, 인장접합이 있다.

③ 볼트의 호칭지름에 의한 분류는 D16, D20, D22, D24로 한다.

④ 조임은 토크관리법과 너트회전법에 따른다.

 해설

고력볼트의 호칭지름은 M으로 표시한다.

55 강말뚝(H형강, 강관말뚝)에 관한 설명 중 옳지 않은 것은?

① 깊은 지지층까지 도달시킬 수 있다.

② 휨강성이 크고 수평하중과 충격력에 대한 저항이 크다.

③ 부식에 대한 내구성이 뛰어나다.

④ 재질이 균일하고 절단과 이음이 쉽다.

 해설

강말뚝의 특징

• 경량이다.

• 휨 저항이 크고 타입이 용이하다.

• 지지력이 크다.

• 현장접합이 가능하다.

• 부식에 의해 내구성이 저하될 수 있다.(열화현상)

56 레디믹스트 콘크리트 중 믹싱플랜트에서 어느 정도 비빈 것을 트럭믹서에 실어 운반도중 완전히 비벼 만드는 것은?

① 제네럴믹스트 콘크리트　　　　② 센트럴믹스트 콘크리트

③ 쉬링크믹스트 콘크리트　　　　④ 트랜싯믹스트 콘크리트

 해설

• 센트럴믹스트 콘크리트(Central mixed concrete) : 플랜트에서 완전히 믹싱하여 운반 중에 교반하면서 공사현장까지 가는 가장 일반적인 방식

- 쉬링크 믹스트콘크리트(Shrink mixed concrete) : 플랜트에서 어느 정도 콘크리트를 비빈 후 운반시간 동안 혼합하여 배달하는 방식
- 트랜싯믹스트 콘크리트(Transit mixed concrete) : 플랜트에서 계량된 각각의 재료를 트럭믹서에 투입하여 운반시간 동안에 혼합수를 가하여 교반 혼합하여 공급하는 방식

57 다음 중 철골 공사와 관계가 없는 것은?

① 가이데릭(Gay derrick)
② 고력 볼트(High tension bolt)
③ 맞댐 용접(Butt welding)
④ 램머(Rammer)

 해설

램머(Rammer)는 토공사의 다짐용 기계이다.

58 보일링(boiling)이나 부풀어오름을 방지하기 위한 대책으로 옳지 않은 것은?

① 흙막이벽의 타입깊이를 늘린다.
② 흙막이 외부의 지반면을 진동 가압한다.
③ 웰포인트 공법으로 지하수위를 낮춘다.
④ 약액주입 등으로 굴착지면을 지수한다.

 해설

보일링(Boiling)은 사질토 지반 굴착시 굴착부와 지하 수위차가 있을 경우, 수두차(水頭差)에 의하여 침투압이 생겨 흙막이벽 근입부분을 침식하는 동시에 모래가 액상화(液狀化)되어 솟아오르며 흙막이벽의 근입부가 지지력을 상실하여 흙막이공의 붕괴를 초래하는 현상으로 방지 대책은 다음과 같다.
- 주변 수위를 저하시킨다.
- 흙막이벽 근입도를 증가시켜 동수구배를 저하시킨다.
- 굴착토를 즉시 원상 매립한다.
- 작업을 중지한다.

59 철근의 이음방법 중 용접이음의 종류가 아닌 것은?

① 아크(Arc)용접
② 플러시 버트(Flush Butt)용접
③ Cad Welding
④ 가스(Gas)압접

 해설

Cad Welding은 일정한 틈을 둔 슬리브(sleeve)를 설치하고 그 틈에 화약과 합금 혼합물을 넣어 화약을 폭발시켜 녹은 합금에 의해 이음하는 방법을 말한다.

60 철근콘크리트공사에서 일반적으로 거푸집 존치기간이 가장 긴 부분은?

① 보옆
② 기둥
③ 외벽
④ 바닥판밑

거푸집의 존치기간

부위	바닥슬래브, 지붕슬래브 및 보밑		기초, 기둥 및 벽, 보옆	
시멘트의 종류	포틀랜드시멘트	조강포틀랜드 시멘트	포틀랜드시멘트	조강포틀랜드 시멘트
압축강도	설계기준강도의 50%		50kg/cm²(5MPa)	
재령 (일) 평균기온 10℃ 이상 ~ 20℃ 미만	8	5	6	3
평균기온 20℃ 이상	7	4	4	2

제 04 과목 건설재료학

61 미장공사에서 코너비드가 사용되는 곳은?

① 계단 손잡이

② 기둥의 모서리

③ 거푸집 가장자리

④ 화장실 칸막이

코너비드(Corner bead)는 벽, 기둥 등의 모서리를 보호하기 위하여 미장 바름질을 할 때 붙이는 보호용 철물이다.

62 수장용 집성재(KS F 3118)의 품질기준 항목이 아닌 것은?

① 접착력

② 난연성

③ 함수율

④ 굽음 및 뒤틀림

수장용 집성재(KS F 3118)의 품질기준 항목 : 치수, 접착력, 함수율, 굽음 및 뒤틀림, 홈파기 및 모서리 가공 및 대패 가공, 표면갈라짐 저항, 재면의 품질

63 점토의 물리적 성질에 관한 설명으로 옳지 않은 것은?

① 점토의 압축강도는 인장강도의 약 5배 정도이다.

② 양질 점토일수록 가소성이 좋다.

③ 순수한 점토일수록 용융점이 높고 강도도 크다.

④ 불순 점토일수록 비중이 크다.

불순물이 많은 점토일수록 비중이 작고, 강도가 떨어진다.

64 보의 이음부분에 볼트와 함께 보강철물로 사용되는 것으로 두 부재사이의 전단력에 저항하는 목구조용 철물은?

① 꺽쇠
② 띠쇠
③ 듀벨
④ 감잡이쇠

 해설

듀벨은 볼트와 같이 사용하며 듀벨에는 전단력, 볼트에는 인장력을 분담시킨다.

65 목재의 역학적 성질 중 옳지 않은 것은?

① 섬유 평행방향의 휨 강도와 전단강도는 거의 같다.
② 강도와 탄성은 가력방향과 섬유방향과의 관계에 따라 현저한 차이가 있다.
③ 섬유에 평행방향의 인장강도는 압축강도보다 크다.
④ 목재의 강도는 일반적으로 비중에 비례한다.

 해설

목재의 강도

• 목재의 강도 크기 : 인장강도 〉 휨강도 〉 압축강도 〉 전단강도
• 섬유 방향 압축강도는 섬유 방향 인장강도의 90% 정도이다.
• 휨강도는 압축강도의 약 1.75배 이다.
• 섬유 방향의 인장 및 압축강도는 크지만 직각방향은 작다.

66 콘크리트내의 공극을 메워 조직을 치밀하게 하는 공극 충전에 이용되는 재료로 가장 적합한 것은?

① 포졸란계
② 실리콘계
③ 아스팔트계
④ 물유리

67 목재의 함수율에 관한 설명 중 옳지 않은 것은?

① 목재의 함유수분 중 자유수는 목재의 중량에는 영향을 끼치지만 목재의 물리적 또는 기계적 성질과는 관계가 없다.
② 침엽수의 경우 심재의 함수율은 항상 변재의 함수율보다 크다.
③ 섬유포화상태의 함수율은 30% 정도이다.
④ 기건상태란 목재가 통상 대기의 온도, 습도와 평형된 수분을 함유한 상태를 말하며, 이때의 함수율은 15% 정도이다.

 해설

목재의 함수율

• 목재의 함유수분 중 자유수는 목재의 중량에는 영향을 주지만, 물리적ㆍ기계적 성질과는 관련이 없다.
• 침엽수의 경우 변재의 함수율이 심재의 함수율이 크며, 활엽수의 경우는 일정한 경향을 나타내지 않는다.
• 조재의 함수율은 만재보다 큰 것이 일반적이다.
• 섬유포화상태의 함수율은 일반적으로 30% 정도이다.
• 기건상태의 함수율은 15% 정도이다.

68 시멘트에 물을 가하여 혼합하여 만들어진 시멘트 페이스트가 시간경과에 따라 유동성을 잃고 응고하는 현상을 무엇이라 하는가?

① 응결   ② 풍화

③ 건조수축   ④ 경화

69 유화제를 써서 아스팔트를 미립자로 수중에 분산시킨 다갈색 액체로서 깬 자갈의 점결제 등으로 쓰이는 아스팔트 제품은?

① 아스팔트 프라이머   ② 아스팔트 에멀젼

③ 아스팔츠 그라우트   ④ 아스팔트 컴파운드

아스팔트 유제(Asphalt emulsion)는 유화제를 사용하여 아스팔트 미립자를 수중에 분산시킨 다갈색의 액체로 도로포장용, 특수시멘트 혼합용, 방수도료 등으로 사용된다.

70 어떤 석재의 질량이 다음과 같을 때 이 석재의 표면건조 포화상태의 비중은?

•공시체의 건조 질량 : 400g	•공시체의 물 속 질량 : 300g
•공시체의 침수 후 표면건조 포화상태의 공시체의 질량 : 450g	

① 1.33   ② 1.50

③ 2.67   ④ 4.51

비중 $= \dfrac{400}{450 - 300} \fallingdotseq 2.67$

71 합성수지의 일반적인 성질에 관한 설명으로 옳지 않은 것은?

① 마모가 크고 탄력성이 작으므로 바닥재료로 사용이 곤란하다.

② 내산, 내알칼리 등의 내화학성이 우수하다.

③ 전성, 연성이 크고 피막이 강하다.

④ 내열성, 내화성이 적고 비교적 저온에서 연화, 연질된다.

합성수지의 일반적인 성질
- 내산, 내알칼리 등의 내화학성 및 전기절연성이 우수하다.
- 전성과 연성이 크고, 피막이 강하고 광택이 있어 도료에 적당하다.
- 내열성, 내화성이 적고 비교적 저온에서 연화, 연질된다.
- 가소성, 가공성이 크므로 가구류, 판류, 파이프 등의 성형품 등에 많이 사용된다.
- 접착성이 크고 기밀성, 안정성이 큰 것이 많아 접착제, 실링제 등에 적합하다.
- 마모가 적고 탄력성이 커서 바닥재료 등에도 적합하다.

72 다음 시멘트 중 댐 등 단면이 큰 구조물에 적용하기 어려운 것은?

① 중용열포틀랜드 시멘트   ② 고로시멘트
③ 플라이애시 시멘트   ④ 조강포틀랜드 시멘트

 해설

조강 포틀랜드 시멘트
- 개요 : 보통 시멘트보다 CaO를 2.2~2.7배만큼 더 증가시켜서 조기강도가 커지도록 만든 시멘트를 말한다.
- 조강 포틀랜드 시멘트의 특징
  - 수화열이 많고 수화속도가 커서 동절기, 수중공사에 적합하다.
  - 건조수축에 의한 균열이 생기기 쉽다.
  - 재령 7일로 보통 시멘트의 28일 강도를 낸다.

73 목재가 건조과정에서 방향에 따른 수축률의 차이로 나이테에 직각방향으로 갈라지는 결함은?

① 변색   ② 뒤틀림
③ 할렬   ④ 수지낭

74 타일에 관한 설명으로 옳지 않은 것은?

① 타일은 점토 또는 암석의 분말을 성형, 소성하여 만든 박판제품을 총칭한 것이다.
② 타일은 용도에 따라 내장타일, 외장타일, 바닥타일 등으로 분류할 수 있다.
③ 일반적으로 모자이크타일 및 내장타일은 습식법, 외장타일은 건식법에 의해 제조된다.
④ 타일의 백화현상은 수산화석회와 공기 중 탄산가스의 반응으로 나타난다.

 해설

타일의 제조법
- 건식법 : 원재료를 건조 분말 상태(함수율 1~8%)로 가압성형하여 제조하는 방법으로 내장타일, 모자이크타일, 바닥타일 등에 해당된다.
- 습식법 : 원재료를 물 반죽상태(함수율 20% 전후)로 하여 형틀에 넣고 압출 성형하여 제조하는 방법으로 외장타일, 바닥타일이 해당된다.

75 돌로마이트 플라스터는 대기 중의 무엇과 화합하여 경화하는가?

① 이산화탄소(CO_2)   ② 물(H_2O)
③ 산소(O_2)   ④ 수소(H)

 해설

돌로마이트 플라스터
- 돌로마이트 석회(라그네시아 석회)에 모래, 여물 등을 혼합한 것으로 기경성재료에 해당되며, 대기 중의 이산화탄소(CO_2)와 화합하여 경화된다.
- 점도가 크고 응결시간이 길다.
- 회반죽보다 강도가 크다.
- 건조경화시에 균열이 생기기 쉽고 물에 약하다.

76 석회석을 900~1,200℃로 소성하면 생성되는 것은?

① 돌로마이트 석회　　　　　　② 생석회
③ 회반죽　　　　　　　　　　　④ 소석회

 생석회는 석회석을 900~1,200℃로 소성한 것으로 하얀색 분말이다.

77 규산칼슘판 단열재에 대한 설명으로 옳은 것은?

① 용융유리를 흡착법 등으로 수 μm의 가는 섬유로 만든 것
② 각종 슬래그에 석회암을 첨가하여 가는 섬유형태로 만든 것
③ 주원료인 식물섬유를 쪄서 분해한 밀도 0.4g/cm³ 미만인 것
④ 내열성과 내파손성이 우수하여 철골내화피복으로 사용되는 것

 규산칼슘판 단열재는 석면, 규산질, 석회, 시멘트를 주원료로 하는 건재료로 가공성이 좋고 내화 및 단열성능이 뛰어나며 내장용으로 표면에 치장할 수도 있다

78 콘크리트 제조에 사용되는 일반적인 구성재료가 아닌 것은?

① 혼화재료　　　　　　　　　② 시멘트
③ 염화물　　　　　　　　　　④ 골재

염분함량기준
• 콘크리트 중의 염화물 함유량은 콘크리트 중에 함유된 염소이온(Cl^-)의 총량으로 표시
• 굳지 않은 콘크리트 중의 전 염소이온량은 원칙적으로 0.3kg/m³ 이하
• 잔골재의 염분함유량은 0.04% 이하
• 굳은 콘크리트의 최대 수용성 염소이온 비율

부재의 종류	콘크리트속의 최대 수용성 염소이온량 [시멘트 질량에 대한 비율(%)]
프리스트레스 콘크리트	0.06
염화물에 노출된 철근 콘크리트	0.15
건조한 상태이거나 습기로부터 차단된 철근콘크리트	1.00
기타 철근 콘크리트	0.30

79 금속의 기계적 성질에 대한 설명 중 옳은 것은?

① 강은 탄소의 함유량이 많을수록 강도는 작아진다.
② 신율은 탄소량이 증가할수록 비례해서 증가한다.
③ 경도는 탄소량 2%까지는 탄소량에 비례하고, 그 이상에서는 감소한다.
④ 봉강은 탄소량이 적을수록 연질이므로 굴곡가공이 용이하다.

탄소가 많을수록 강도가 크고, 탄소가 적을수록 강도가 적고 굴곡가공이 용이하다.

80 알루미나시멘트의 특징에 관한 설명으로 옳지 않은 것은?

① 초기강도가 크다.

② 해수에 대한 화학적 저항성이 크다.

③ 응결, 경화시에 발열량이 크다.

④ 내화 콘크리트용으로는 사용이 불가능하다.

알루미나 시멘트는 알루미늄 원광인 보크사이트(bauxite)와 석회석을 혼합하여 용융방법 또는 소성방법에 의하여 만든 시멘트로 다음과 같은 특징을 갖는다.
• 조기강도가 매우 크다(재령 1일로 보통 시멘트의 28일 강도).
• 발열량이 대단히 커서 −10℃의 한중 공사에 이용된다.
• 산에는 약하나 알칼리에는 강하다.
• 내화성이 우수하여 내화로용 시멘트로 사용된다.

제 **05** 과목　　**건설안전기술**

81 철골기둥 건립 작업 시 붕괴 도괴 방지를 위하여 베이스 플레이트의 하단은 기준 높이 및 인접기둥의 높이에서 얼마 이상 벗어나지 않아야 하는가?

① 2mm

② 3mm

③ 4mm

④ 5mm

앵커 볼트를 매립하는 정밀도(철골공사 표준안전 작업지침 제5조)
• 기둥중심은 기준선 및 인접기둥의 중심에서 5mm 이상 벗어나지 않을 것
• 인접기둥간 중심거리의 오차는 3mm 이하일 것
• 앵커 볼트는 기둥중심에서 2mm 이상 벗어나지 않을 것
• 베이스 플레이트의 하단은 기준 높이 및 인접기둥의 높이에서 3mm 이상 벗어나지 않을 것

82 가설공사와 관련된 안전율에 대한 정의로 옳은 것은?

① 재료의 파괴응력도와 허용응력도의 비율이다.

② 재료가 받을 수 있는 허용응력도이다.

③ 재료의 변형이 일어나는 한계응력도이다.

④ 재료가 받을 수 있는 허용하중을 나타내는 것이다.

$$안전율 = \frac{극한강도(파괴하중)}{허용응력}$$

83 철골작업에서 작업을 중지해야 하는 규정에 해당되지 않는 경우는?

① 풍속이 초당 10m 이상인 경우
② 강우량이 시간당 1mm 이상인 경우
③ 강설량이 시간당 1cm 이상인 경우
④ 겨울철 기온이 영상 4℃ 이상인 경우

 해설

산업안전보건기준에 관한 규칙 제383조(작업의 제한) 사업주는 다음 각 호의 어느 하나에 해당하는 경우에 철골작업을 중지하여야 한다.
1. 풍속이 초당 10미터 이상인 경우
2. 강우량이 시간당 1밀리미터 이상인 경우
3. 강설량이 시간당 1센티미터 이상인 경우

84 콘크리트를 타설할 때 거푸집에 작용하는 콘크리트 측압에 영향을 미치는 요인과 가장 거리가 먼 것은?

① 콘크리트의 타설 속도
② 콘크리트의 타설 높이
③ 콘트리트의 강도
④ 기온

 해설

콘크리트의 측압이 커지는 조건
• 기온이 낮을수록(대기 중의 습도가 낮을수록)
• 치어붓기 속도가 클수록
• 굵은 콘크리트 일수록(물 · 시멘트비가 클수록, 슬럼프 값이 클수록, 시멘트 · 물비가 적을 수록)
• 콘크리트의 비중이 클수록
• 콘크리트의 다지기가 강할수록
• 철근양이 작을수록
• 거푸집의 수밀성이 높을수록
• 거푸집의 수평단면이 클수록(벽 두께가 클수록)
• 거푸집의 강성이 클수록
• 거푸집의 표면이 매끄러울수록
• 측압은 생콘크리트의 높이가 높을수록 커지나 일정한 높이에 이르면 측압의 증가는 없다.

85 토석붕괴의 내적 요인으로 옳은 것은?

① 사면의 경사 증가
② 공사에 의한 진동, 하중의 증가
③ 절토 및 성토 높이의 증가
④ 토석의 강도 저하

 해설

토석 붕괴의 원인
• 외적 요인 : 사면수위의 급격한 하강이 위험도가 가장 높음
  – 사면, 법면의 경사 및 구배의 증가

- 절토 및 성토 높이의 증가
- 공사에 의한 진동 및 반복하중의 증가
- 지표수 및 지하수의 침투에 의한 토사중량의 증가
- 지진, 차량, 구조물의 하중
• 내적 요인 : 절토사면의 토질, 암석 성토사면의 토질 및 토석의 강도 저하

86 달비계에 설치되는 작업발판의 폭에 대한 기준으로 옳은 것은?

① 20cm 이상
② 40cm 이상
③ 60cm 이상
④ 80cm 이상

산업안전보건기준에 관한 규칙 제63조(달비계의 구조) 사업주는 곤돌라형 달비계를 설치하는 경우에는 다음 각 호의 사항을 준수해야 한다.
1. 다음 각 목의 어느 하나에 해당하는 와이어로프를 달비계에 사용해서는 아니 된다.
   가. 이음매가 있는 것
   나. 와이어로프의 한 꼬임[[스트랜드(strand)를 말한다. 이하 같다)]에서 끊어진 소선(素線)[필러(pillar)선은 제외한다)]의 수가 10퍼센트 이상(비자전로프의 경우에는 끊어진 소선의 수가 와이어로프 호칭지름의 6배 길이 이내에서 4개 이상이거나 호칭지름 30배 길이 이내에서 8개 이상)인 것
   다. 지름의 감소가 공칭지름의 7퍼센트를 초과하는 것
   라. 꼬인 것
   마. 심하게 변형되거나 부식된 것
   바. 열과 전기충격에 의해 손상된 것
2. 다음 각 목의 어느 하나에 해당하는 달기 체인을 달비계에 사용해서는 아니 된다.
   가. 달기 체인의 길이가 달기 체인이 제조된 때의 길이의 5퍼센트를 초과한 것
   나. 링의 단면지름이 달기 체인이 제조된 때의 해당 링의 지름의 10퍼센트를 초과하여 감소한 것
   다. 균열이 있거나 심하게 변형된 것
3. 달기 강선 및 달기 강대는 심하게 손상·변형 또는 부식된 것을 사용하지 않도록 할 것
4. 달기 와이어로프, 달기 체인, 달기 강선, 달기 강대 또는 달기 섬유로프는 한쪽 끝을 비계의 보 등에, 다른 쪽 끝을 내민 보, 앵커볼트 또는 건축물의 보 등에 각각 풀리지 않도록 설치할 것
5. 작업발판은 폭을 40센티미터 이상으로 하고 틈새가 없도록 할 것
6. 작업발판의 재료는 뒤집히거나 떨어지지 않도록 비계의 보 등에 연결하거나 고정시킬 것
7. 비계가 흔들리거나 뒤집히는 것을 방지하기 위하여 비계의 보·작업발판 등에 버팀을 설치하는 등 필요한 조치를 할 것
8. 선반 비계에서는 보의 접속부 및 교차부를 철선·이음철물 등을 사용하여 확실하게 접속시키거나 단단하게 연결시킬 것
9. 근로자의 추락 위험을 방지하기 위하여 다음 각 목의 조치를 할 것
   가. 달비계에 구명줄을 설치할 것
   나. 근로자에게 안전대를 착용하도록 하고 근로자가 착용한 안전줄을 달비계의 구명줄에 체결(締結)하도록 할 것
   다. 달비계에 안전난간을 설치할 수 있는 구조인 경우에는 달비계에 안전난간을 설치할 것

87 콘크리트의 비파괴 검사방법이 아닌 것은?

① 반발경도법
② 자기법
③ 음파법
④ 침지법

콘크리트 비파괴 시험 종류 : 반발경도법, 자기법, 음파법, 전자법, 원자법, 자기온도계법, 복합법, 방사선법, 내시경법

88 거푸집에 작용하는 연직방향 하중에 해당하지 않는 것은?

① 고정하중　　　　　　② 작업하중
③ 충격하중　　　　　　④ 콘크리트측압

거푸집 설계시 고려하여야 하는 하중
- 수직(연직)방향 : 고정하중, 충격하중, 작업하중, 적설하중, 콘크리트의 자중
- 수평방향 : 풍압, 콘크리트 측압, 콘크리트 타설 방향에 따른 편심하중

89 강관을 사용하여 비계를 구성하는 경우 비계기둥간의 적재하중은 얼마를 초과하지 않도록 하여야 하는가?

① 200kg　　　　　　② 300kg
③ 400kg　　　　　　④ 500kg

산업안전보건기준에 관한 규칙 제60조(강관비계의 구조) 사업주는 강관을 사용하여 비계를 구성하는 경우 다음 각 호의 사항을 준수해야 한다.
1. 비계기둥의 간격은 띠장 방향에서는 1.85미터 이하, 장선(長線) 방향에서는 1.5미터 이하로 할 것. 다만, 다음 각 목의 어느 하나에 해당하는 작업의 경우에는 안전성에 대한 구조검토를 실시하고 조립도를 작성하면 띠장 방향 및 장선 방향으로 각각 2.7미터 이하로 할 수 있다.
　가. 선박 및 보트 건조작업
　나. 그 밖에 장비 반입·반출을 위하여 공간 등을 확보할 필요가 있는 등 작업의 성질상 비계기둥 간격에 관한 기준을 준수하기 곤란한 작업
2. 띠장 간격은 2.0미터 이하로 할 것. 다만, 작업의 성질상 이를 준수하기가 곤란하여 쌍기둥틀 등에 의하여 해당 부분을 보강한 경우에는 그러하지 아니하다.
3. 비계기둥의 제일 윗부분으로부터 31미터되는 지점 밑부분의 비계기둥은 2개의 강관으로 묶어 세울 것. 다만, 브라켓(bracket, 까치발) 등으로 보강하여 2개의 강관으로 묶을 경우 이상의 강도가 유지되는 경우에는 그러하지 아니하다.
4. 비계기둥 간의 적재하중은 400킬로그램을 초과하지 않도록 할 것

90 지반의 투수계수에 영향을 주는 인자에 해당하지 않는 것은?

① 토립자의 단위중량
② 유체의 점성계수
③ 토립자의 공극비
④ 유체의 밀도

투수계수에 영향을 미치는 요소
- 흙에 의한 영향
  - 입경이 클수록 간극의 평균크기가 커서 투수계수도 커진다.
  - 흙입자의 구조가 공극이 많은 구조일수록 투수계수는 커진다.
  - 간극비가 커질수록 투수계수가 커진다.
- 물에 의한 영향
  - 물의 점성이 높을수록 투수계수는 작아진다.
  - 미포화 시 기포가 물의 흐름 방해하여 투수계수가 작아진다.

91 다음 중 굴착기의 전부장치와 거리가 먼 것은?

① 붐(Boom)　　　　　　　② 암(Arm)
③ 버킷(Bucket)　　　　　　④ 블레이드(Blade)

 해설

굴착기는 주행하는 하부본체에 동력을 장착한 상부회전체 및 교체 가능한 전부장치로 구성된다. 보기 중 블레이드는 삽날로 도저에 사용된다.

92 흙의 액성한계 W_L = 48%, 소성한계 W_P = 26%일 때 소성지수(IP)는 얼마인가?

① 18%　　　　　　　　　② 22%
③ 26%　　　　　　　　　④ 32%

 해설

소성지수(I_P) = 액성한계(W_L) − 소성한계(W_P)
∴ 소성지수(I_P) = 48% − 26% = 22%

93 터널작업 중 낙반 등에 의한 위험방지를 위해 취할 수 있는 조치사항이 아닌 것은?

① 터널지보공 설치
② 록볼트 설치
③ 부석의 제거
④ 산소의 측정

 해설

산업안전보건기준에 관한 규칙 제351조(낙반 등에 의한 위험의 방지) 사업주는 터널 등의 건설작업을 하는 경우에 낙반 등에 의하여 근로자가 위험해질 우려가 있는 경우에 터널 지보공 및 록볼트의 설치, 부석(浮石)의 제거 등 위험을 방지하기 위하여 필요한 조치를 하여야 한다.

94 다음 그림은 산업안전보건기준에 관한 규칙에 따른 풍화암에서 토사붕괴를 예방하기 위한 기울기를 나타낸 것이다. X 의 값은?

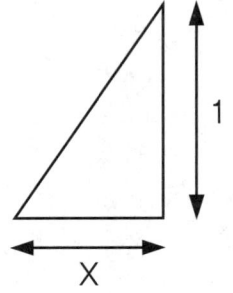

① 1.0
② 0.8
③ 0.5
④ 0.3

굴착면의 기울기 기준(산업안전보건기준에 관한 규칙 별표 11)

지반의 종류	굴착면의 기울기	지반의 종류	굴착면의 기울기
모래	1 : 1.8	경암	1 : 0.5
연암 및 풍화암	1 : 1.0	그 밖의 흙	1 : 1.2

비고
1. 굴착면의 기울기는 굴착면의 높이에 대한 수평거리의 비율을 말한다.
2. 굴착면의 경사가 달라서 기울기를 계산하기가 곤란한 경우에는 해당 굴착면에 대하여 지반의 종류별 굴착면의 기울기에 따라 붕괴의 위험이 증가하지 않도록 위 표의 지반의 종류별 굴착면의 기울기에 맞게 해당 각 부분의 경사를 유지해야 한다.

95 토사붕괴를 방지하기 위한 대책으로 붕괴방지공법에 해당되지 않는 것은?

① 배토공법
② 압성토공법
③ 집수정공법
④ 공작물의 설치

집수정공법은 배수공법의 한 종류이다.

96 산업안전보건기준에 관한 규칙에서 규정하는 현장에서 고소작업대 사용시 준수사항이 아닌 것은?

① 작업자가 안전모·안전대 등의 보호구를 착용하도록 할 것
② 관계자가 아닌 사람이 작업구역 내에 들어오는 것을 방지하기 위하여 필요한 조치를 할 것
③ 작업을 지휘하는 자를 선임하여 그 자의 지휘 하에 작업을 실시할 것
④ 안전한 작업을 위하여 적정수준의 조도를 유지할 것

산업안전보건기준에 관한 규칙 제186조(고소작업대 설치 등의 조치) ④ 사업주는 고소작업대를 사용하는 경우에는 다음 각 호의 사항을 준수하여야 한다.
1. 작업자가 안전모·안전대 등의 보호구를 착용하도록 할 것
2. 관계자가 아닌 사람이 작업구역에 들어오는 것을 방지하기 위하여 필요한 조치를 할 것
3. 안전한 작업을 위하여 적정수준의 조도를 유지할 것
4. 전로(電路)에 근접하여 작업을 하는 경우에는 작업감시자를 배치하는 등 감전사고를 방지하기 위하여 필요한 조치를 할 것
5. 작업대를 정기적으로 점검하고 붐·작업대 등 각 부위의 이상 유무를 확인할 것
6. 전환스위치는 다른 물체를 이용하여 고정하지 말 것
7. 작업대는 정격하중을 초과하여 물건을 싣거나 탑승하지 말 것
8. 작업대의 붐대를 상승시킨 상태에서 탑승자는 작업대를 벗어나지 말 것. 다만, 작업대에 안전대 부착설비를 설치하고 안전대를 연결하였을 때에는 그러하지 아니하다.

97 콘크리트 타설시 안전에 유의해야 할 사항으로 옳지 않은 것은?

① 콘크리트 다짐효과를 위하여 최대한 높은 곳에서 타설한다.
② 타설 순서는 계획에 의하여 실시한다.
③ 콘크리트를 치는 도중에는 거푸집, 동바리 등의 이상 유무를 확인하여야 한다.
④ 타설시 비어있는 공간이 발생되지 않도록 밀실하게 부어 넣는다.

> **해설**
> 재료분리를 방지하고 안전한 작업을 위하여 부어넣기 위치에 최대한 근접하여 타설하여야 한다.

98 차량계 건설기계의 운전자가 운전위치를 이탈하는 경우 준수해야 할 사항으로 옳지 않은 것은?

① 버킷은 지상에서 1m 정도의 위치에 둔다.
② 브레이크를 걸어둔다.
③ 디퍼는 지면에 내려둔다.
④ 원동기를 정지시킨다.

> **해설**
> 산업안전보건기준에 관한 규칙 제99조(운전위치 이탈 시의 조치) ① 사업주는 차량계 하역운반기계등,차량계 건설기계의 운전자가 운전위치를 이탈하는 경우 해당 운전자에게 다음 각 호의 사항을 준수하도록 하여야 한다.
> 1. 포크, 버킷, 디퍼 등의 장치를 가장 낮은 위치 또는 지면에 내려 둘 것
> 2. 원동기를 정지시키고 브레이크를 확실히 거는 등 갑작스러운 주행이나 이탈을 방지하기 위한 조치를 할 것
> 3. 운전석을 이탈하는 경우에는 시동키를 운전대에서 분리시킬 것. 다만, 운전석에 잠금장치를 하는 등운전자가 아닌 사람이 운전하지 못하도록 조치한 경우에는 그러하지 아니하다.

99 가설통로 중 경사로를 설치, 사용함에 있어 준수해야할 사항으로 옳지 않은 것은?

① 경사로의 폭은 최소 90 센티미터 이상이어야 한다.
② 비탈면의 경사각은 45 도 내외로 한다.
③ 높이 7 미터 이내마다 계단참을 설치하여야 한다.
④ 추락방지용 안전난간을 설치하여야 한다.

> **해설**
> 산업안전보건기준에 관한 규칙 제23조(가설통로의 구조) 사업주는 가설통로를 설치하는 경우 다음 각호의 사항을 준수하여야 한다.
> 1. 견고한 구조로 할 것
> 2. 경사는 30도 이하로 할 것. 다만, 계단을 설치하거나 높이 2미터 미만의 가설통로로서 튼튼한 손잡이를 설치한 경우에는 그러하지 아니하다.
> 3. 경사가 15도를 초과하는 경우에는 미끄러지지 아니하는 구조로 할 것
> 4. 추락할 위험이 있는 장소에는 안전난간을 설치할 것. 다만, 작업상 부득이한 경우에는 필요한 부분만 임시로 해체할 수 있다.
> 5. 수직갱에 가설된 통로의 길이가 15미터 이상인 경우에는 10미터 이내마다 계단참을 설치할 것
> 6. 건설공사에 사용하는 높이 8미터 이상인 비계다리에는 7미터 이내마다 계단참을 설치할 것

100 수중굴착 및 구조물의 기초바닥 등과 같은 협소하고 상당히 깊은 범위의 굴착과 호퍼작업에 가장 적당한 굴착기계는?

① 파워셔블
② 항타기
③ 클램쉘
④ 리버스서큘레이션드릴

 해설

셔블계 굴착기계의 종류

- 파워셔블 : 지반면보다 높은 곳의 굴착, 쇄석 옮겨쌓기, 토사의 처리 등에 널리 쓰인다.
- 백호우 : 지반면보다 낮은 곳의 굴착, 지하층 및 기초 굴삭, 토목공사나 수중굴착 등에 쓰인다.(지하 6m 정도의 깊이)
- 드래그라인 : 지반면보다 낮은 곳의 굴착, 토사를 긁어모음, 연약한 지반의 깊은 곳 굴착 등에 쓰인다.(지하 8m 정도의 깊이)
- 클램쉘 : 좁은 곳의 수직굴착, 자갈 등의 적재, 연약한 지반이나 수중굴착 등에 쓰인다.

정답 **2016년 05월 08일 최근 기출문제**

01 ③	02 ④	03 ③	04 ①	05 ②	06 ①	07 ④	08 ④	09 ①	10 ①
11 ①	12 ③	13 ③	14 ③	15 ③	16 ③	17 ②	18 ①	19 ③	20 ④
21 ④	22 ②	23 ②	24 ①	25 ④	26 ②	27 ①	28 ③	29 ②	30 ③
31 ③	32 ②	33 ①	34 ④	35 ③	36 ②	37 ③	38 ①	39 ④	40 ①
41 ①	42 ②	43 ②	44 ④	45 ①	46 ②	47 ①	48 ④	49 ①	50 ②
51 ④	52 ④	53 ③	54 ③	55 ③	56 ③	57 ④	58 ②	59 ③	60 ④
61 ②	62 ②	63 ④	64 ③	65 ①	66 ①	67 ②	68 ①	69 ②	70 ③
71 ①	72 ④	73 ③	74 ③	75 ①	76 ②	77 ④	78 ③	79 ④	80 ④
81 ②	82 ①	83 ④	84 ③	85 ④	86 ②	87 ④	88 ④	89 ③	90 ①
91 ④	92 ②	93 ④	94 ①	95 ③	96 ③	97 ①	98 ①	99 ③	100 ③

최근 기출문제

제 **01** 과목　　**산업안전관리론**

01　재해율의 지표 중 도수율에 관한 설명 중 다음 (　) 안에 알맞은 것은?

> 사업장에서 발생하는 재해의 빈도를 표시하는 단위로서 근로시간 (　㉠　)시간당 발생하는 (　㉡　)를 나타낸다.

① ㉠ 100만, ㉡ 재해건수
② ㉠ 1000, ㉡ 근로손실 일수
③ ㉠ 1000, ㉡ 재해건수
④ ㉠ 100만, ㉡ 근로손실 일수

도수율(Frequency Rate of Injury, FR)
- 산업재해의 발생빈도를 나타내는 것으로, 연간 총근로시간 합계 100만 시간당의 재해 발생건수
- 도수율 = $\dfrac{\text{재해발생건수}}{\text{연간 총근로시간}} \times 10^6$

02　안전관리조직의 형태 중 라인(line)형의 특징이 아닌 것은?

① 소규모 사업장에 적합하다.
② 경영자의 조언과 자문역할을 한다.
③ 생산조직 전체에 안전관리 기능을 부여한다.
④ 명령과 보고가 상하관계뿐이므로 간단명료하다.

라인(Line)형(직계식 조직)의 특징
- 안전관리에 관한 계획에서 실시에 이르기까지 모든 권한이 포괄적이고 직선적으로 행사되며, 안전을 전문으로 분담하는 부분이 없다.
- 생산조직 전체에 안전관리 기능을 부여한다.
- 소규모 사업장(100명 이하)에 적합하다.

03 스트레스(Stress)에 관한 설명으로 가장 적절한 것은?

① 스트레스 상황에 직면하는 기회가 많을수록 스트레스 발생 가능성은 낮아진다.
② 스트레스는 직무몰입과 생산성 감소의 직접적인 원인이 된다.
③ 스트레스는 부정적인 측면만 가지고 있다.
④ 스트레스는 나쁜 일에서만 발생한다.

스트레스

• 스트레스의 직무요인 : 역할갈등, 역할과중, 역할모호성
• 직무스트레스와 작업 효율성간의 역U자형 가설 : 작업환경 복잡성이 증가함에 따라서 직무 스트레스가 커지며, 적정 수준까지는 작업 효율성도 함께 증가하다가 그 이후부터는 작업 효율성이 감소한다.

04 적응기제(adjustment mechanism) 중 다음에서 설명하는 것은 무엇인가?

> 자신조차도 승인할 수 없는 욕구를 타인이나 사물로 전환시켜 바람직하지 못한 욕구로 부터 자신을 지키려는 것

① 투사   ② 합리화
③ 보상   ④ 동일화

인간관계의 메커니즘(Mechanism)

• 동일화(Identification) : 다른 사람의 행동 양식이나 태도를 투입시키거나, 다른 사람 가운데서 자기와 비슷한 것을 발견하는 것
• 투사(投射, Projection) : 자기 속의 억압된 것을 다른 사람의 것으로 생각하는 것을 투사(또는 투출)라고 함
• 커뮤니케이션(Communication) : 갖가지 행동 양식이나 기호를 매개로 하여 어떤 사람으로부터 다른 사람에게 전달되는 과정
• 모방(Imitation) : 남의 행동이나 판단을 표본으로 하여 그것과 같거나 또는 그것에 가까운 행동 또는 판단을 취하려는 것
• 암시(Suggestion) : 다른 사람으로부터의 판단이나 행동을 무비판적으로 논리적, 사실적 근거 없이 받아들이는 것

05 작업의 종류나 내용에 따라 교육범위나 정도가 달라지는 이론교육 방법은?

① 지식교육   ② 정신교육
③ 태도교육   ④ 기능교육

지식교육의 특성(주로 강의식 전달교육으로서 특성)

• 이해도 측정 곤란
• 단편적인 교육 치중 우려
• 교사 학습방법에 따라 차이 광범한 지식의 전달 가능
• 많은 인원에 대한 교육 가능
• 안전의식 재고가 용이

06 근로자가 중요하거나 위험한 작업을 안전하게 수행하기 위해 인간의 의식수준(Phase) 중 몇 단계 수준에서 작업하는 것이 바람직한가?

① 0 단계   ② Ⅰ 단계
③ Ⅲ 단계   ④ Ⅳ 단계

 해설

의식수준의 단계

단계	의식의 상태	주의작용	생리적 상태	신뢰성	뇌파형태
0	무의식, 실신	없음(Zero)	수면, 뇌발작	0	δ파
Ⅰ	정상 이하(Subnormal), 의식 몽롱함	부주의(Inactive)	피로, 단조, 졸음, 술취함	0.9 이하	θ파
Ⅱ	정상, 이완상태 (normal, relaxed)	수동적(Passive), 마음이 안쪽으로 향함	안정기거, 휴식 시, 정례작업시	0.99 ~0.99999	α파
Ⅲ	정상, 상쾌한 상태 (Normal, Clear)	능동적(Active), 앞으로 향하는 주의 시야 넓음	적극 활동시	0.999999 이상	β파
Ⅳ	초정상, 과긴장상태 (Hypernormal, Excited)	일점으로 응집, 판단 정지	긴급 방위반응, 당황해서 Panic	0.9 이하	β파, 전간파

07 일반적으로 태도교육의 효과를 높이기 위하여 취할 수 있는 가장 바람직한 교육방법은?

① 강의식   ② 프로그램 학습법
③ 토의식   ④ 문답식

 해설

안전교육의 3단계
- 제1단계 지식교육 : 강의, 시청각교육을 통한 지식의 전달과 이해
- 제2단계 기능교육 : 시범, 견학, 실습, 현장실습교육을 통한 경험 체득과 이해
- 제3단계 태도교육 : 작업동작지도, 생활지도 등을 통한 안전의 습관화

08 사고예방 대책 5단계 중 작업상황을 파악하고 사고조사를 실시하는 단계는?

① 사실의 발견   ② 분석 평가
③ 시정 방법의 선정   ④ 시정책의 적용

 해설

사고 예방대책의 기본원리 5단계(사고방지원리의 단계)
- 1단계 – 조직
  - 경영자의 안전목표 안전관리자의 임명
  - 안전의 라인 및 참모 조직 구성
  - 안전활동 방침 및 계획 수정
  - 조직을 통한 안전 활동

- 2단계 – 사실의 발견
  - 사고 및 안전활동 기록 검토 작업분석
  - 관찰 및 보고서의 연구 등을 통하여 불안전 요소발견
  - 안전점검 및 안전진단 사고조사
  - 안전회의 및 토의
  - 근로자의 제안 및 여론조사
- 3단계 – 분석평가
  - 작업공정 분석
  - 사고보고서 및 현장조사
  - 사고기록 및 인적 물적 조건의 분석
  - 교육훈련 분석 등을 통하여 사고의 직접원인 및 간접원인을 규명
- 4단계 – 시정방법의 선정
  - 기술적 개선 · 인사조정(배치조정)
  - 교육 훈련의 개선 · 안전행정의 개선
  - 규정 및 수칙 작업표준 제도의 개선
  - 확인 및 통제체제 개선
- 5단계 – 시정책의 적용(3E 적용)
  - 기술적(Engineering) 대책
  - 교육적(Education) 대책
  - 단속적(Enforcement) 대책

09 기억과정 중 과거에 경험하였던 것과 비슷한 상태에 부딪쳤을 때 떠오르는 것을 무엇이라 하는가?

① 파지(retention)
② 기명(memorizing)
③ 재생(recall)
④ 재인(recognition)

 해설

기억의 과정
- 기억 : 과거의 경험이 어떠한 형태로 미래의 행동에 영향을 주는 작용
- 기명 : 사물의 인상을 마음속에 간직하는 것
- 파지 : 과거의 학습경험을 통해서 학습된 행동이 현재와 미래에 지속되는 것
- 재생 : 보존된 인상을 다시 의식으로 떠오르는 것
- 재인 : 과거에 경험했던 것과 같은 비슷한 상태에 부딪쳤을 때 떠오르는 것

10 그림에서 안전모의 부품명칭이 틀린 것은?

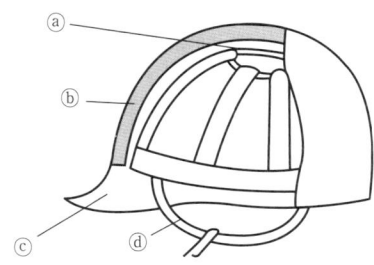

① ⓐ : 머리고정대
② ⓑ : 충격흡수재
③ ⓒ : 챙(차양)
④ ⓓ : 턱끈

안전모의 일반구조

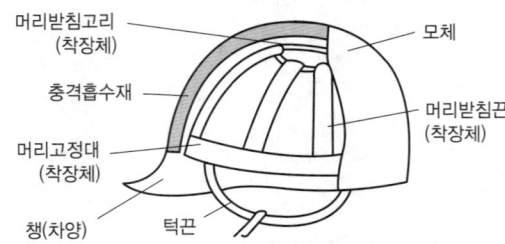

11 산업안전보건법상 안전보건교육 교육대상별 교육내용 중 특별교육 대상 작업이 아닌 것은?

① 건설용 리프트 · 곤돌라를 이용한 작업
② 전압이 50V인 정전 및 활선작업
③ 화학설비 중 반응기, 교반기 · 추출기의 사용 및 세척작업
④ 액화석유가스 · 수소가스 등 인화성 가스 또는 폭발성 물질 중 가스의 발생장치 취급 작업

특별교육 대상 작업(산업안전보건법 시행규칙 별표 5)

- 고압실 내 작업(잠함공법이나 그 밖의 압기공법으로 대기압을 넘는 기압인 작업실 또는 수갱 내부에서 하는 작업만 해당)
- 아세틸렌 용접장치 또는 가스집합 용접장치를 사용하는 금속의 용접 · 용단 또는 가열작업(발생기 · 도관 등에 의하여 구성되는 용접장치만 해당)
- 밀폐된 장소(탱크 내 또는 환기가 극히 불량한 좁은 장소를 말한다)에서 하는 용접작업 또는 습한 장소에서 하는 전기용접 작업
- 폭발성 · 물반응성 · 자기반응성 · 자기발열성 물질, 자연발화성 액체 · 고체 및 인화성 액체의 제조 또는 취급작업(시험연구를 위한 취급작업은 제외)
- 액화석유가스 · 수소가스 등 인화성 가스 또는 폭발성 물질 중 가스의 발생장치 취급 작업
- 화학설비 중 반응기, 교반기 · 추출기의 사용 및 세척작업
- 화학설비의 탱크 내 작업
- 분말 · 원재료 등을 담은 호퍼 · 저장창고 등 저장탱크의 내부작업
- 다음 각 목에 정하는 설비에 의한 물건의 가열 · 건조작업
  - 건조설비 중 위험물 등에 관계되는 설비로 속부피가 1세제곱미터 이상인 것
  - 건조설비 중 가목의 위험물 등 외의 물질에 관계되는 설비로서, 연료를 열원으로 사용하는 것(그 최대연소소비량이 매 시간당 10킬로그램 이상인 것만 해당) 또는 전력을 열원으로 사용하는 것(정격소비전력이 10킬로와트 이상인 경우만 해당)
- 다음 각 목에 해당하는 집재장치(집재기 · 가선 · 운반기구 · 지주 및 이들에 부속하는 물건으로 구성되고, 동력을 사용하여 원목 또는 장작과 숯을 담아 올리거나 공중에서 운반하는 설비를 말한다)의 조립, 해체, 변경 또는 수리작업 및 이들 설비에 의한 집재 또는 운반 작업
  - 원동기의 정격출력이 7.5킬로와트를 넘는 것
  - 지간의 경사거리 합계가 350미터 이상인 것
  - 최대사용하중이 200킬로그램 이상인 것
- 동력에 의하여 작동되는 프레스기계를 5대 이상 보유한 사업장에서 해당 기계로 하는 작업
- 목재가공용 기계(둥근톱기계, 띠톱기계, 대패기계, 모떼기기계 및 라우터만 해당하며, 휴대용은 제외)를 5대 이상 보유한 사업장에서 해당 기계로 하는 작업
- 운반용 등 하역기계를 5대 이상 보유한 사업장에서의 해당 기계로 하는 작업
- 1톤 이상의 크레인을 사용하는 작업 또는 1톤 미만의 크레인 또는 호이스트를 5대 이상 보유한 사업장에서 해당 기계로 하는 작업

- 건설용 리프트 · 곤돌라를 이용한 작업
- 주물 및 단조작업
- 전압이 75볼트 이상인 정전 및 활선작업
- 콘크리트 파쇄기를 사용하여 하는 파쇄작업(2미터 이상인 구축물의 파쇄작업만 해당)
- 굴착면의 높이가 2미터 이상이 되는 지반 굴착(터널 및 수직갱 외의 갱 굴착은 제외)작업
- 흙막이 지보공의 보강 또는 동바리를 설치하거나 해체하는 작업
- 터널 안에서의 굴착작업(굴착용 기계를 사용하여 하는 굴착작업 중 근로자가 칼날 밑에 접근하지 않고 하는 작업은 제외) 또는 같은 작업에서의 터널 거푸집 지보공의 조립 또는 콘크리트 작업
- 굴착면의 높이가 2미터 이상이 되는 암석의 굴착작업
- 높이가 2미터 이상인 물건을 쌓거나 무너뜨리는 작업(하역기계로만 하는 작업은 제외)
- 선박에 짐을 쌓거나 부리거나 이동시키는 작업
- 거푸집 동바리의 조립 또는 해체작업
- 비계의 조립 · 해체 또는 변경작업
- 건축물의 골조, 다리의 상부구조 또는 탑의 금속제의 부재로 구성되는 것(5미터 이상인 것만 해당)의 조립 · 해체 또는 변경작업
- 처마 높이가 5미터 이상인 목조건축물의 구조 부재의 조립이나 건축물의 지붕 또는 외벽 밑에서의 설치작업
- 콘크리트 인공구조물(그 높이가 2미터 이상인 것만 해당)의 해체 또는 파괴작업
- 타워크레인을 설치(상승작업을 포함) · 해체하는 작업
- 보일러(소형 보일러 및 다음 각 목에서 정하는 보일러는 제외)의 설치 및 취급 작업
    – 몸통 반지름이 750밀리미터 이하이고 그 길이가 1,300밀리미터 이하인 증기보일러
    – 전열면적이 3제곱미터 이하인 증기보일러
    – 전열면적이 14제곱미터 이하인 온수보일러
    – 전열면적이 30제곱미터 이하인 관류보일러
- 게이지 압력을 제곱센티미터당 1킬로그램 이상으로 사용하는 압력용기의 설치 및 취급작업
- 방사선 업무에 관계되는 작업(의료 및 실험용은 제외)
- 맨홀작업
- 밀폐공간에서의 작업
- 허가 및 관리 대상 유해물질의 제조 또는 취급작업
- 로봇작업
- 석면해체 · 제거작업

12 리더의 행동유형측면에서 부하들과 상담하며, 부하의 의견을 고려하는 형태의 리더십은?

① 참여적 리더십   ② 지원적 리더십

③ 지시적 리더십   ④ 성취 지향적 리더십

참여적 리더 : 아이디어를 부하와 함께 공유하고 의사결정과정을 촉진하며 부하들과의 인간관계를 중시하며 부하들을 의사결정에 많이 참여하게 하는 유형, 과업수준은 낮게, 관계성 수준은 높게 요구되는 경우의 리더십이다.

13 산업재해조사표에서 재해발생 원인 중 작업 · 환경적 요인에 해당하지 않는 것은?

① 점검 · 정비의 부족

② 작업자세 · 동작의 결함

③ 작업방법의 부적절

④ 작업정보의 부적절

산업재해조사표의 재해발생 원인

• 인적 요인 : 무의식 행동, 착오, 피로, 연령, 커뮤니케이션 등
• 설비적 요인 : 기계·설비의 설계상 결함, 방호장치의 불량, 작업표준화의 부족, 점검·정비의 부족 등
• 작업·환경적 요인 : 작업정보의 부적절, 작업자세·동작의 결함, 작업방법의 부적절, 작업환경 조건의 불량 등
• 관리적 요인 : 관리조직의 결함, 규정·매뉴얼의 불비·불철저, 안전교육의 부족, 지도감독의 부족 등

14 직무만족에 긍정적인 영향을 미칠 수 있고, 그 결과 개인 생산능력의 증대를 가져오는 인간의 특성을 의미하는 용어는?

① 위생 요인
② 동기부여 요인
③ 성숙 – 미성숙
④ 의식의 우회

위생요인과 동기요인(Herzberg)

• 위생 요인(불만족 요인, 직무 외재적 요인) : 인간의 동물적 욕구를 반영하는 것으로서 안전, 친교, 봉급, 감독형태, 기업의 정책, 작업조건 등이 해당되며 매슬로우(Maslow)의 생리적, 안전, 사회적 욕구와 유사함
• 동기 요인(만족 요인, 직무 내재적 요인) : 자아실현을 하려는 인간의 독특한 경향(성취, 인정, 작업자체, 책임감 등)을 반영한 것으로 매슬로우(Maslow)의 자아실현 욕구와 유사함

15 안전보건표지에서 파란색 또는 녹색에 대한 보조색으로 사용되는 색채는?

① 빨간색
② 검은색
③ 노란색
④ 흰색

안전보건표지의 색도기준 및 용도(산업안전보건법 시행규칙 별표 8)

색채	색도기준	용도	사용례
빨간색	7.5R 4/14	금지	정지신호, 소화설비 및 그 장소, 유해행위의 금지
		경고	화학물질 취급장소에서의 유해·위험 경고
노란색	5Y 8.5/12	경고	화학물질 취급장소에서의 유해·위험 경고 이외의 위험 경고, 주의표지 또는 기계방호물
파란색	2.5PB 4/10	지시	특정 행위의 지시 및 사실의 고지
녹색	2.5G 4/10	안내	비상구 및 피난소 사람 또는 차량의 통행 표시
흰색	N9.5	–	파란색 또는 녹색에 대한 보조색
검은색	N0.5	–	문자 및 빨간색 또는 노란색에 대한 보조색

16 매슬로우(Maslow)의 욕구단계 이론 중 제2단계의 욕구에 해당하는 것은?

① 사회적 욕구
② 안전에 대한 욕구
③ 자아실현의 욕구
④ 존경과 긍지에 대한 욕구

 해설

매슬로우(Abraham H. Maslow)의 욕구 5단계
- 1단계 : 생리적 욕구(기아, 갈증, 호흡, 배설, 성욕 등)
- 2단계 : 안전의 욕구(안전을 구하고자 하는 욕구)
- 3단계 : 사회적 욕구(애정, 소속에 대한 욕구)
- 4단계 : 인정받으려는 욕구(자존심, 명예, 성취, 지위에 대한 욕구)
- 5단계 : 자아실현의 욕구(잠재적인 능력을 실현하고자 하는 욕구)

17 재해통계 작성 시 유의할 점 중 관계가 가장 적은 것은?

① 재해통계를 활용하여 방지대책의 수립이 가능할 수 있어야 한다.
② 재해통계는 구체적으로 표시되고, 그 내용은 용이하게 이해되며 이용할 수 있는 것이어야 한다.
③ 재해통계는 정성적인 표현의 도표나 그림으로 표시하여야 한다.
④ 재해통계는 항목 내용 등 재해요소가 정확히 파악될 수 있도록 하여야 한다.

 해설

정량적 표현은 모든 개념을 양적인 수치로 나타내는 것을 의미하며, 이와 달리 정성적 표현은 모든 개념을 성질로 나타낸다. 따라서, 재해통계를 작성할 때 정성적인 표현의 도표나 그림을 사용하는 것은 피해야 한다.

18 무재해운동의 3원칙에 해당되지 않은 것은?

① 참가의 원칙
② 무의 원칙
③ 예방의 원칙
④ 선취의 원칙

 해설

무재해운동의 3원칙
- 무(Zero)의 원칙 : 산재 위험의 잠재요인을 근원적으로 해결하기 위한 원칙
- 선취의 원칙 : 위험요인 행동 전에 예지, 발견
- 참가의 원칙 : 전원(근로자, 회사 내 전종업원, 근로자 가족) 참가

19 안전점검표의 작성 시 유의사항아 아닌 것은?

① 중요도가 낮은 것부터 높은 순서대로 만들 것
② 점검표 내용은 구체적이고 재해방지에 효과가 있을 것
③ 사업장내 점검기준을 기초로 하여 점검자 자신이 점검목적, 사용시간 등을 고려하여 작성할 것
④ 현장감독자용의 점검표는 쉽게 이해할 수 있는 내용이어야 할 것

 해설

중요도가 높은 것부터 시작하여 낮은 순서로 만들어야 한다.

20 위험예지훈련 4라운드의 순서가 올바르게 나열된 것은?

① 현상파악 → 본질추구 → 대책수립 → 목표설정
② 현상파악 → 대책수립 → 본질추구 → 목표설정
③ 현상파악 → 본질추구 → 목표설정 → 대책수립
④ 현상파악 → 목표설정 → 본질추구 → 대책수립

위험예지 훈련의 기초 4라운드 진행방법

• 1R(현상파악) : 어떤 위험이 잠재하고 있는지 사실을 파악하는 라운드(BS적용)
• 2R(본질추구) : 가장 위험한 요인(위험 포인트)을 합의로 결정하는 라운드(요약)
• 3R(대책수립) : 구체적인 대책을 수립하는 라운드(BS적용)
• 4R(목표달성–설정) : 수립한 대책 가운데 질이 높은 항목에 합의하는 라운드(요약)

제 **02** 과목 **인간공학 및 시스템안전공학**

21 에너지 대사율(RMR)에 의한 작업강도에서 경작업이란 작업강도가 얼마인 작업을 의미하는가?

① 1~2 　　　　　　　　　　　② 2~4
③ 4~7 　　　　　　　　　　　④ 7~9

RMR에 의한 작업강도 분류

RMR	작업강도	비고
0~2	경(輕) 작업	사무작업 등 주로 앉아서 하는 작업
2~4	중(中) 작업	동작 및 속도가 작은 작업(보통 작업)
4~7	중(重) 작업	동작 및 속도가 큰 작업
7 이상	초중(超重) 작업	과격한 작업

22 시스템안전 계획의 수립 및 작성 시 반드시 기술하여야 하는 것으로 거리가 가장 먼 것은?

① 안전성 관리 조직
② 시스템의 신뢰성 분석 비용
③ 작성되고 보존하여야 할 기록의 종류
④ 시스템 사고의 식별 및 평가를 위한 분석법

시스템안전 계획의 수립 및 작성

• 안전성 관리 조직
• 작성되고 보존하여야 할 기록의 종류
• 시스템 사고의 식별 및 평가를 위한 분석법
• 허용수준까지 최소화 또는 제거되어야 할 사고의 종류

23 촉각적 표시장치에서 기본 정보 수용기로 주로 사용되는 것은?

① 귀   ② 눈

③ 코   ④ 손

24 소음이 심한 기계로부터 1.5m 떨어진 곳의 음압수준이 100dB 라면 이 기계로부터 5m 떨어진 곳의 음압수준은 약 얼마인가?

① 85dB   ② 90dB

③ 96dB   ④ 102dB

해설

$$dB_2 - dB_1 = 20\log\left(\frac{P_2}{P_1}\right) = 100 - 20\log\left(\frac{5}{1.5}\right) = 89.542$$

25 각각 10000 시간의 평균수명을 가진 A, B 두 부품이 병렬로 이루어진 시스템의 평균 수명은 얼마인가? (단, 요소 A, B의 평균수명은 지수분포를 따른다.)

① 5000 시간   ② 10000 시간

③ 15000 시간   ④ 20000 시간

해설

$$병렬계 = 10000 \times \left(1 + \frac{1}{2}\right) = 15000$$

26 결함수(FT) 기호의 정의로 틀린 것은?

① 1차 사상은 외적인 원인에 의해 발생하는 사상이다.

② 결함사상은 시스템 분석에 있어 좀 더 발전시켜야 하는 사상이다.

③ 기본사상은 고장원인이 분석되었기 때문에 더 이상 분석할 필요가 없는 사상이다.

④ 정상적인 사상은 두 가지 상태가 규정된 시간 내에 일어날 것으로 기대 및 예정되는 사상이다.

27 화학설비에 대한 안전성 평가 5단계 중 정성적 평가의 실시 단계는?

① 제1단계   ② 제2단계

③ 제3단계   ④ 제4단계

해설

안전성 평가의 5단계

• 제1단계 : 관계자료의 작성준비
• 제2단계 : 정성적 평가
• 제3단계 : 정량적 평가
• 제4단계 : 안전대책
• 제5단계 : 재평가

28 어떤 장치의 이상을 알려주는 경보기가 있어서 그것이 울리면 일정시간 이내에 장치를 정지하고 상태를 점검하여 필요한 조치를 하게 된다. 그런데 담당 작업자가 정지조작을 잘못하여 장치에 고장이 발생하였다. 이때 작업자가 조작을 잘못한 실수를 무엇이라고 하는가?

① primary error　　　　　　　　　② command error

③ omission error　　　　　　　　　④ secondary error

원인의 Level적 분류

- 1차에러(Primary Error) : 작업자 자신으로부터의 Error
- 2차에러(Secondary Error) : 작업형태나 작업조건 중에서 다른 문제가 생겨 그 때문에 필요한 사항을 실행할 수 없는 Error. 어떤 결함으로부터 파생하여 발생하는 Error
- 지시에러(Command Error) : 요구된 것을 실행하고자 하여도 필요한 물건, 정보, 에너지 등의 공급이 없는 것처럼 작업자가 움직이려 해도 움직일 수 없으므로 발생하는 Error

29 인간 성능에 관한 척도와 가장 거리가 먼 것은?

① 빈도수 척도　　　　　　　　　② 지속성 척도

③ 지연성 척도　　　　　　　　　④ 시스템 척도

인간 성능에 관한 척도 : 빈도수(Frequency) 척도, 지속성(Duration) 척도, 지연성(Latency) 척도, 강도(Intensity) 척도

30 목과 어깨부위의 근골격계 질환 발생과 관련하여 인과관계가 가장 적은 것은?

① 진동　　　　　　　　　　　② 반복작업

③ 과도한 힘　　　　　　　　④ 작업자세

근골격계질환(CTDs) 중 목과 어깨 부위의 통증을 유발하는 근막동통증후군은 어깨와 팔의 힘을 집중적으로 요하는 장비를 사용하는 경우, 같은 자세로 오랜 시간 작업하는 경우, 불안전한 자세로 오랜시간 작업하는 경우에 발생한다.

31 인간-기계 시스템에서의 기본적인 기능으로 볼 수 없는 것은?

① 행동 기능　　　　　　　　　② 정보의 수용

③ 정보의 저장　　　　　　　　④ 정보의 설계

인간-기계 체계와 기능(임무 및 기본기능)

- 감지(Sensing)
- 정보보관(저장, Information Storage)
- 정보처리 및 의사결정(Information Processing and Decision)
- 행동기능(Acting Function)
- 입력 및 출력

32 아날로그(analog) 표시장치의 선택 시 고려해야 할 사항으로 가장 적절한 것은?

① 눈금의 증가는 시계반대 방향이 적합하다.
② 일반적으로 고정눈금에서 지침이 움직이는 것이 좋다.
③ 온도계나 고도계에 사용되는 눈금이나 지침은 수평표시가 바람직하다.
④ 이동요소의 수동조절이 필요할 때에는 지침보다 눈금을 조절할 수 있어야 한다.

 해설

아날로그(analog) 표시장치의 선택 시 고려사항
· 눈금의 증가는 시계 방향이 적합하다.
· 일반적으로 고정눈금에서 지침이 움직이는 것이 좋다.
· 온도계나 고도계에 사용되는 눈금이나 지침은 수직표시가 바람직하다.
· 이동요소의 수동조절이 필요할 때에는 눈금보다 지침을 조절할 수 있어야 한다.

33 동작경제의 원칙이 아닌 것은?

① 동작의 범위는 최대로 할 것
② 동작은 연속된 곡선운동으로 할 것
③ 양손은 좌우 대칭적으로 움직일 것
④ 양손은 동시에 시작하고 동시에 끝내도록 할 것

 해설

사용하는 신체부분을 가능한 한 최소범위로 한정하여야 한다.

34 어떤 물체나 표면에 도달하는 빛의 단위 면적당 밀도를 무엇이라 하는가?

① 광량　　　　　　　　　　　② 광도
③ 조도　　　　　　　　　　　④ 반사율

 해설

조명(조도)의 단위
· fc(foot-candle) : 1촉광의 점광원으로부터 1foot 떨어진 곡면에 비추는 광의 밀도(1 lumen/ft^2)
· lux(meter-candle) : 1촉광의 점광원으로부터 1m 떨어진 곡면에 비추는 광의 밀도(1 lumen/m^2)
· fc, lux의 관계 : 1 fc = 1 lumen/ft^2 ≒ 10 lumen/m^2 = 10 lux

35 결함수 분석에서 사용되는 사상기호로서 결함사상이 아닌 발생이 예상되는 사상기호는 무엇인가?

① 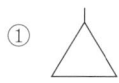　　　　　　②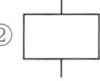

③ 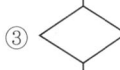　　　　　　④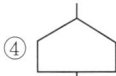

FTA 도표에 사용하는 논리기호

명칭	기호	명칭	기호
결함사상	▭	전이 기호 (이행 기호)	△△ (in) (out)
기본사상	○	AND gate	출력 ⌓ 입력
생략사상 (추적 불가능한 최후사상)	◇	OR gate	출력 ⌒ 입력
통상사상(家刑事像)	⌂	수정기호 조건	출력 조건 입력

---

36 레버를 10°움직이면 표시장치는 1cm 이동하는 조종 장치가 있다. 레버의 길이가 20cm라고 하면 이 조종 장치의 통제표시비(C/D 비)는 약 얼마인가?

① 1.27   ② 2.38
③ 3.49   ④ 4.51

$$C/R비 = \frac{(\frac{\alpha}{360}) \times 2\pi L}{\text{표시계기의 이동거리}} = \frac{(\frac{10}{360}) \times 2 \times 3.14 \times 20}{1} \fallingdotseq 3.49$$

---

37 결함수분석의 최소 컷셋과 가장 관련이 없는 것은?

① Boolean Algebra   ② Fussell Algorithm
③ Generic Algorithm   ④ Limnios & Ziani Algorithm

FTA의 최소 컷셋을 구하는 알고리즘 : Boolean Algebra, Fussell Algorithm, Limnios & Ziani Algorithm, MOCUS Algorithm

---

38 시스템 설계자가 통상적으로 하는 평가방법 중 거리가 먼 것은?

① 기능평가   ② 성능평가
③ 도입평가   ④ 신뢰성평가

해설

시스템 설계자가 통상적으로 하는 평가방법

- 기능의 평가 : 시스템 목표 또는 목적을 만족시키는 기능으로 되어 있는지를 평가한다.
- 성능의 평가 : 주어진 성능 목표를 만족시키고 있는지를 평가하고 불만족할 경우 해당 요인을 검토한다.
- 신뢰성 평가 : 시스템 목표를 만족시키고 있는 가를 산정하기 위해 시스템 전체의 가동률, 시스템을 구성하는 각 요소의 신뢰도 등을 평가한다.

39 의자 좌판의 높이를 설계하기 위한 것으로 가장 적합한 인체계측자료의 응용 원칙은?

① 최소 집단치를 위한 설계
② 최대 집단치를 위한 설계
③ 평균치를 기준으로 한 설계
④ 최대 빈도치를 기준으로 한 설계

해설

의자 설계원칙

- 체중분포 : 체중이 좌골 결절에 실려야 편안함
- 의자 좌판의 높이 : 좌판 앞부분이 오금 높이 보다 높지 않아야 함(최소 집단치 설계 5%tile)
- 의자 좌판의 깊이와 폭 : 폭은 큰 사람에게, 깊이는 작은 사람에게 맞도록 해야 함
- 몸통의 안정 : 의자의 좌판 각도는 3°, 좌판 등판간의 등판 각도는100°가 몸통 안정에 효과적

40 작업장 인공조명 설계 시 고려사항으로 가장 거리가 먼 것은?

① 조도는 작업상 충분할 것
② 광색은 붉은색에 가까울 것
③ 취급이 간단하고 경제적일 것
④ 유해가스를 발생하지 않고, 폭발성이 없을 것

해설

충분한 높이의 조도, 균등한 조도, 장기간 현휘감(눈부심)이 없도록 등기(燈器)의 휘감도를 낮게하고 자연광에 가까게 하여야 한다.

제 03 과목 건설시공학

41 지반의 토질시험 과정에서 보링구멍을 이용하여 +자형 날개를 지반에 박고 이것을 회전시켜 점토의 점착력을 판별하는 토질시험 방법은?

① 표준관입시험　② 베인전단시험
③ 지내력시험　④ 압밀시험

해설

베인(Vane)시험은 연한 점토질 시험에 주로 쓰이는 방법으로 4개의 날개가 달린 베인 테스터를 지반에 때려 박고 회전시켜 저항 모멘트를 측정, 전단강도를 산출한다.

42 콘크리트 타설 작업의 기본원칙 중 옳은 것은?

① 타설구획 내의 가까운 곳부터 타설한다.
② 타설구획 내의 콘크리트는 휴식시간을 가지면서 타설한다.
③ 낙하높이는 가능한 크게 한다.
④ 타설위치에 가까운 곳까지 펌프, 버킷 등으로 운반하여 타설한다.

콘크리트 타설 작업의 기본원칙
• 타설구획 내의 가장 먼 곳부터 타설한다.
• 일체성을 얻기 위해 동일한 타설구획 내의 콘크리트는 연속적으로 타설한다.
• 낙하높이는 가능한 작게 한다.

43 주로 이음이 필요한 지중보 등에서 특수 리브라스(rib lath)와 목재프레임을 부속철물로 고정하고 콘크리트를 타설함으로써 거푸집 해체작업이 필요 없는 공법은?

① 터널 폼   ② 메탈라스 폼
③ 슬라이딩 폼   ④ 플라잉 폼

메탈라스 거푸집(Metal Lath form)은 대표적인 매입형 거푸집이다.

44 철근콘크리트공사에서 철근의 최소 피복두께를 확보하는 이유로 볼 수 없는 것은?

① 콘크리트 산화막에 의한 철근의 부식방지
② 콘크리트의 조기강도 증진
③ 철근과 콘크리트의 부착응력 확보
④ 화재, 염해, 중성화 등으로부터의 보호

피복의 두께는 콘크리트의 조기강도 와는 관계없다.

45 순수형CM의 공사단계별 기본업무 중 시공단계의 업무가 아닌 것은?

① 품질검사
② 작업변화 승인 및 계약변경
③ 기록문서의 제출
④ 시공자와 발주자간 분쟁 해결

CM(Construction Management)
• 건설사업을 잘 이해하지 못하는 발주자가 자신의 이익을 보호하기 위해 CM회사를 대리인으로 고용해 설계자와 시공자를 리드하며 프로젝트 기획부터 유지관리 단계에 이르는 건설사업의 전 과정을 체계적으로 관리하도록 하는 제도이다.
• CM의 주요업무는 원가관리, 공정관리, 품질관리, 시공관리, 기술관리(계약관리, 사업정보관리, 안전관리)가 있다.

46 공정관리에 있어서 자원배당의 대상이 아닌 것은?

① 인력   ② 장비
③ 자재   ④ 계약

해설

공정관리 : 일정 조정 및 경제적인 시공속도 관리를 위해 절적한 자원(인력, 장비, 자재 등)의 배당이 필요하다.

47 공사계약 방식 중 계약기간 및 예산에 따른 계약에서 계약의 이행에 수 년을 요하는 경우 체결하는 계약은?

① 단년도 계약   ② 개산 계약
③ 장기계속 계약   ④ 총액 계약

해설

공사계약 방식

- 다년도 계약 : 공사기간이 1회계년도인 경우로서 당해년도 세출예산에 계상된 예산을 재원으로 체결하는 계약
- 개산 계약 : 예정가격을 정할 수 없을 때 개산가격을 정하여 계약을 체결
- 총액 계약 : 계약 목적물 전체에 대하여 총액으로 한 계약

48 콘크리트 공사에서 거푸집 설계시 고려사항으로 가장 거리가 먼 것은?

① 콘크리트의 측압   ② 콘크리트 타설시의 하중
③ 콘크리트 타설시의 충격과 진동   ④ 콘크리트의 강도

해설

거푸집 설계 시 고려사항 : 콘크리트의 측압, 콘크리트 타설 시의 하중 및 충격과 진동

49 기둥거푸집의 고정 및 측압 버팀용으로 사용되는 부속재료는?

① 세퍼레이터   ② 컬럼밴드
③ 스페이서   ④ 잭 서포트

해설

플랫타이, 폼타이, 컬럼밴드는 측압 등에 의해 거푸집이 벌어지지 않도록 고정하는 긴장재, 긴결재이다.

50 지름 3~5cm 정도의 파이프 끝에 여과기를 달아 1~2m 간격으로 박고, 이를 수평으로 굵은 파이프에 연결하여 진공으로 물을 뽑아내어 지하수위를 저하시키는 공법은?

① 웰 포인트 공법   ② 슬러리 월 공법
③ 페이퍼 드레인 공법   ④ 샌드 드레인 공법

해설

웰 포인트(well point) 공법 : 사질지반, 모래지반에서 기초파기, 기초공사 등을 시공하는 등의 목적으로 지하수위를 낮추는 공법으로 1~2m의 간격으로 파이프를 지중에 박아 지상의 집수장에 연결하고 펌프로 지중의 물을 배수하여 흙막이의 하부 토압이 경감하고 지반을 강화하기 위한 배수공법이다.

51 공업화 공법(PC공법)에 의한 콘크리트 공사의 특징과 관련이 없는 것은?

① 프리패브 공법이기 때문에 현장에서의 공정이 단축된다.
② 기상의 영향을 덜 받는다.
③ 각 부품의 접합부가 일체화되기가 어렵다.
④ 품질의 균질성을 기대하기 어렵다.

공업화 공법은 균일한 품질을 확보할 수 있어 시공의 품질 또한 확보할 수 있다.

52 공정계획에서 공정표 작성 시 주의사항으로 옳지 않은 것은?

① 기초공사는 옥외 작업이기 때문에 기후에 좌우되기 쉽고 공정변경이 많다.
② 노무, 재료, 시공기기는 적절하게 준비할 수 있도록 계획한다.
③ 공기를 단축하기 위하여 다른 공사와 중복하여 시공할 수 없다.
④ 마감공사는 기후에 좌우되는 것이 적으나 공정단계가 많으므로 충분한 공기(工期)가 필요하다.

53 토공사용 굴착기계 중 위치한 지면보다 낮은 우물통과 같은 협소한 장소의 흙을 퍼올리는 데 가장 적합한 장비는?

① 파워쇼벨　　　　　　　　　② 지브크레인
③ 스크레이퍼　　　　　　　　④ 클램쉘

클램쉘(Clamshell)
• 연약지반이나 수중굴착 및 자갈 등을 싣는데 적합하다.
• 수중굴착 및 수조물의 기초바닥 등과 같이 협소한 범위의 깊은 굴착 및 호퍼작업에 사용된다.

54 다음 건설 기계 중 이동식 양중장비에 해당하는 것은?

① 타워 크레인　　　　　　　② 크롤러 크레인
③ 러핑형 타워 크레인　　　　④ 지브 크레인

트럭 크레인, 크롤러 크레인, 휠 크레인은 이동이 가능한 양중장비이다.

55 철골구조의 용접 결함에 대한 검사 방법이 아닌 것은?

① 자연전극 전위법　　　　　② 육안검사
③ 염색침투 탐상검사　　　　④ 초음파 탐상검사

자연전극 전위법은 외부에서 전위차나 전하를 주지 않고 자연전극 전위를 측정하여 부식이나 금속의 표면 상태를 알아내기 위해 이용된다.

56 철근의 이음방식이 아닌 것은?

① 용접이음   ② 겹침이음
③ 갈고리이음   ④ 기계적이음

철근의 이음법

- 겹침 이음(Lap splice) : 콘크리트와의 부착력을 이용
- 용접 이음 : 일체성이 확보되어 충분한 강도가 보장됨
- 기계적 이음 : 연결재를 이용하는 이음

57 말뚝설치 공법을 타입공법과 매입공법으로 구분할 때 다음 중 타입공법에 해당하는 것은?

① 진동 공법   ② 중굴 공법
③ 선굴착 공법   ④ 워트제트 공법

타입공법과 매입공법

- 타입공법 : 타격공법, 진동공법
- 매입공법 : 선굴착공법, 속파기공법, 회전압입공법, 고압분사공법

58 입찰의 절차에 있어 입찰공고에 포함되는 주요항목이 아닌 것은?

① 계약에 관한 분쟁의 해결방법
② 입찰의 일시와 장소
③ 개략적인 공사의 특성, 유형 및 규모
④ 발주자와 설계자의 명칭과 주소

입찰공고의 주요포함사항

- 공사의 명칭과 장소
- 발주자와 설계자의 명칭과 주소
- 입찰도서의 입수방법과 장소
- 입찰조건, 입찰보증 등
- 개략적인 공사의 특성과 유형 및 규모
- 입찰의 방법과 일시, 장소
- 계약도서 열람장소의 명칭과 소재지
- 낙찰의 공개여부

59 2개 이상의 기둥을 1개의 기초판으로 받치는 기초는?

① 독립기초   ② 복합기초
③ 호박돌기초   ④ 말뚝기초

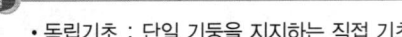

해설

- 독립기초 : 단일 기둥을 지지하는 직접 기초
- 복합기초 : 2개 이상의 기둥을 1개의 기초판으로 지지하는 기초
- 호박돌기초 : 쪼갠 호박돌을 뾰족한 쪽이 굴착한 바닥 쪽으로 가게 하여 배열하고 그 사이에 자갈을 채운 후 다지는 기초
- 말뚝기초 : 말뚝에 의하여 구조물을 지지하는 기초

60 거푸집공사의 발전방향으로 옳지 않은 것은?

① 소형 패널 위주의 거푸집 제작　　② 설치의 단순화를 위한 유닛(unit)화
③ 높은 전용 횟수　　④ 부재의 경량화

해설

거푸집공사의 발전방향

- 거푸집의 대형화
- 높은 전용횟수
- 부재의 경량화, 부재 단면의 효율화

- 공장제작, 조립
- 기계를 사용한 운반, 설치
- 설치의 단순화를 위한 유닛(Unit)화

제 **04** 과목　　**건설재료학**

61 점토소성제품의 특징에 관한 설명으로 옳은 것은?

① 내열성 및 전기절연성이 부족하다.　　② 화학적 저항성, 내후성이 우수하다.
③ 백화현상 발생의 우려가 적다.　　④ 연성이며 가공이 용이하다.

62 물 시멘트 비 65%로 콘크리트 1m³를 만드는데 필요한 물의 양으로 적당한 것은?(단, 콘크리트 1m³당 시멘트 8포대이며, 1포대는 40kg임)

① 0.1m³　　② 0.2m³
③ 0.3m³　　④ 0.4m³

$$65\% = \frac{W}{C} = \frac{W}{8 \times 40}$$

$$\therefore W = 0.65 \times 320 = 208kg \fallingdotseq 0.2m^3$$

63 물을 가한 후 24시간 이내에 보통포틀랜드 시멘트의 4주 강도 정도가 발현되며, 내화성이 풍부한 시멘트는?

① 팽창시멘트　　② 중용열시멘트
③ 고로시멘트　　④ 알루미나시멘트

알루미나 시멘트

- 알루미늄 원광인 보크사이트(bauxite)와 석회석을 혼합하여 용융방법 또는 소성방법에 의하여 만든 시멘트이다.
- 조기강도가 매우 크다(재령 1일로 보통 시멘트의 28일 강도).
- 발열량이 대단히 커서 −10℃의 한중 공사에 이용된다.
- 산에는 약하나 알칼리에는 강하다.
- 내화성이 우수하여 내화로용 시멘트로 사용된다.

---

64 각종 도료 및 도료의 원료에 관한 설명으로 옳지 않은 것은?

① 알키드 수지를 활용한 도료는 건조 초기의 내수성이 떨어지며 내알칼리성이 좋지 못하다.
② 바니쉬는 수지류를 건성유 또는 휘발성 용제로 용해한 것이다.
③ 가소제는 건조된 도막에 탄성·교착성 등을 줌으로써 내구력을 증가시키는 데 쓰이는 도막형성 부요소이다.
④ 신너(Thinner)는 도막형성재로서 도막 주요소를 용해시킨다.

신너(Thinner)는 도료의 점성도를 낮추기 위해 사용하는 혼합용제이다.

---

65 천연수지 · 합성수지 또는 역청질 등을 건성유와 같이 열반응시켜 건조제를 넣고 용제에 녹인 것은?

① 유성페인트
② 래커
③ 바니쉬
④ 에나멜 페인트

오닐 바니쉬(Oil Varnish)

- 천연수지 · 합성수지, 역청질 등과 건성유를 가열 융합하여 건조제를 가하고, 용제에 용해하여 만든다.
- 수지와 건성유의 배합비, 수지의 종류, 건성유의 종류에 따라 종별이 있으며, 각각 성질은 다르나 도막은 광택이 양호하고 단단하다.
- 목재의 투명 도장에 쓰인다.

---

66 다음 석재 중에서 외장용으로 적합하지 않은 것은?

① 대리석
② 화강석
③ 안산암
④ 점판암

대리석(大理石, Marble)

- 변성암의 대표적인 석재로 연마하면 아름다운 광택을 낸다.
- 내산성 및 내화성이 낮고, 풍화되기 쉬워 장식재로 사용된다.

67 점토의 종류별 특성과 용도에 대한 설명으로 옳지 않은 것은?

① 자토는 백색으로 가소성이 부족하며 도자기 원료로 쓰인다.

② 석기점토는 유색의 치밀한 구조로 내화도가 높으며 유색도기의 원료로 쓰인다.

③ 석회질 점토는 용해되기가 어려우며 경질도기의 원료로 쓰인다.

④ 내화점토는 회백색 또는 담색이며 내화벽돌, 유약원료로 쓰인다.

석회질 점토는 용해되기 쉬워 연질도기의 원료로 쓰인다.

68 9cm×9cm×210cm 목재의 건조 전 질량이 7.83kg이고 건조 후 질량이 6.8kg이었다면 이 목재의 대략적인 함수율은?(단, 절대건조상태가 될 때까지 건조)

① 15% ② 20%

③ 25% ④ 30%

$$함수율 = \frac{W_1 - W_2}{W_2} = \frac{7.83 - 6.8}{6.8} ≒ 0.15$$

69 강의 열처리란 금속재료에 필요한 성질을 주기 위하여 가열 또는 냉각하는 조작을 말하는데 다음 중 강의 열처리 방법에 해당하지 않는 것은?

① 늘림 ② 불림

③ 풀림 ④ 뜨임질

강(鋼)의 열처리 방법

- 풀림(Annealing) : 강을 높은 온도(800~1000℃)로 30분~1시간 가열한 후에 로(爐)속에서 서서히 냉각시키는 열처리 방식으로 강의 가공으로 인한 내부 응력을 제거시키기 위해 이루어진다.
- 불림(Normalizing) : 강을 800~1000℃로 가열한 후 대기 중에서 냉각시키는 열처리 방법으로 강의 조직을 미세화하고 내부 응력과 변형을 제거하기 위한 열처리 방법이다.
- 담금질(Quenching) : 강을 가열한 후 물 또는 기름 속에 투입하여 급랭시키는 열처리 방법(탄소 함유량이 0.4% 이하는 불가능)으로 강의 강도 및 경도를 증가시키기 위해서 진행된다.
- 뜨임질(Tempering) : 담금질한 강을 250~300℃ 정도로 다시 가열한 후에 공기 중에서 서서히 냉각시키는 열처리 방법으로 담금질한 강에 인성을 주고 내부의 잔류응력을 제거하기 위해서 수행한다.

70 목재의 강도 중 가장 큰 것은?(단, 섬유에 평행한 가력방향 임)

① 인장강도 ② 휨강도

③ 압축강도 ④ 전단강도

목재의 강도 크기 : 인장강도 > 휨강도 > 압축강도 > 전단강도

71 시멘트 모르타르 바름의 작업성이나 부착력 향상을 위해 첨가하는 혼화제에 속하지 않는 것은?

① 메틸 셀룰로스(CMC)
② 합성수지에멀션
③ 고무계 라텍스
④ 에폭시수지

해설
에폭시수지는 열경화성수지의 일종으로 도료, 접착제, 절연재로 사용된다.

72 금속의 종류 중 아연에 관한 설명으로 옳지 않은 것은?

① 인장강도나 연신율이 낮은 편이다.
② 이온화 경향이 크고, 구리 등에 의해 침식된다.
③ 아연은 수중에서 부식이 빠른 속도로 진행된다.
④ 철판의 아연도금에 널리 사용된다.

해설
통상의 수중 환경에서 아연의 부식속도는 탄소강의 1/10 이하이다. 이러한 이유로 배관용 탄소강관에 아연을 도금하여 내식성을 증대시켜 사용한다.

73 미장공사에서 바탕청소를 하는 가장 주된 목적은?

① 바름층의 경화 및 건조촉진
② 바탕층의 강도증진
③ 바름층과의 접착력 향상
④ 바름층의 강도증진

해설
미장공사에서 바탕청소는 바름층과의 접착성을 저해하는 먼지, 흙, 이물질 등을 제거하는 과정이다.

74 재료의 열에 관한 성질 중 '재료표면에서의 열전달 → 재료 속에서의 열전도 → 재료표면에서의 열전달'과 같은 열이동을 나타내는 용어는?

① 열용량
② 열관류
③ 비열
④ 열팽창계수

해설
열의 이동 과정은 재료표면에서의 열전달 → 재료 속에서의 열전도 → 재료표면에서의 열전달이라는 3과정으로 이루어지는데 이 전 과정에 의한 전열을 열관류라고 한다.

75 회반죽 바름의 주원료가 아닌 것은?

① 소석회
② 점토
③ 모래
④ 해초풀

해설
회반죽은 소석회, 해초풀, 여물, 모래 등을 혼합한 것으로 기경성이며, 소량의 석고를 혼입하면 수축균열을 예방할 수 있다.

76 경량콘크리트 제작에 사용되는 골재와 거리가 먼 것은?

① 펄라이트   ② 화산암
③ 중정석   ④ 팽창질석

해설

중정석은 백색 안료, 도료의 원료로 제지, 직물제조, 의료용 등으로 사용된다.

77 콘크리트용 골재에 관한 설명 중 옳지 않은 것은?

① 골재는 시멘트 페이스트와의 부착이 강한 표면구조를 가져야 한다.
② 부순골재는 실적률이 크고 콘크리트에 사용될 때 워커빌리티가 좋아진다.
③ 골재의 강도는 경화 시멘트 페이스트의 강도 이상이어야 한다.
④ 골재는 비중이 작은 것일수록 공극과 내부균열이 많다.

해설

부순골재는 강자갈보다 모가 나있어 실적률이 작고 콘크리트에 사용될 때 워커빌리티(시공성)를 저하시킨다.

78 강재의 인장시험 시 탄성에서 소성으로 변하는 경계는?

① 비례한계점   ② 변형경화점
③ 항복점   ④ 인장강도점

해설

항복점이란 하중을 제거한 이후에 시험편이 원래대로 돌아가지 않고 영구 변형하기 시작하는 지점을 말한다.

79 금속, 유리, 플라스틱, 목재, 도자기, 고무 등의 접착에 우수한 성질을 나타내며 특히 알루미늄과 같은 경금속 접착에 사용되는 접착제는?

① 에폭시 수지 접착제   ② 아크릴 수지 접착제
③ 알키드 수지 접착제   ④ 폴리에스테르 수지 접착제

해설

에폭시 수지

• 접착성이 아주 우수하며 금속, 유리, 플라스틱, 도자기, 목재, 고무 등에 탁월한 접착성을 갖는다.
• 내약품성, 내용제성이 뛰어나다.
• 농질산을 제거하고 산, 알칼리에 강하다.

80 KS L 5201에 따른 1종 보통 포틀랜드시멘트의 28일 압축강도 기준으로 옳은 것은?

① 10 MPa 이상   ② 12.5 MPa 이상
③ 22.5 MPa 이상   ④ 42.5 MPa 이상

해설

포틀랜드 시멘트 KS L 5201

구분			보통(1종)	중용열(2종)	조강(3종)	저열(4종)	내황산염(5종)
혼합재 함유량 (%)			고로슬래그, 포조란, 플라이애시 중 한 종류 5%이내 + 석회석 5% 이내				
물리성능	분말도(cm²/g)		2800 이상	2800 이상	3300 이상	2800 이상	2800 이상
	응결시험 비카시험	초결분	60 이상	60 이상	45 이상	60 이상	60 이상
		동결시간	10 이하	10 이하	10 이하	10 이하	10 이하
	수화열 (J/g)	7일	–	290 이하	–	250 이하	–
		28일	–	340 이하	–	290 이하	–
	압축강도 MPa (N/mm²)	1일	–	–	10.0 이상	–	–
		3일	12.5 이상	7.5 이상	20.0 이상	–	10.0 이상
		7일	22.5 이상	15.0 이상	32.5 이상	7.5 이상	20.0 이상
		28일	42.5 이상	32.5 이상	47.5 이상	22.5 이상	40.0 이상
		91일	–	–	–	42.5 이상	–

제 **05** 과목 　 **건설안전기술**

81 　 다음 중 차량계 건설기계에 해당되지 않는 것은?

　① 곤돌라　　　　　　　　　② 항타기 및 항발기
　③ 어스드릴　　　　　　　　　④ 앵글도저

 해설

차량계 건설기계의 종류(산업안전보건기준에 관한 규칙 별표 6)
- 도저형 건설기계(불도저, 스트레이트도저, 틸트도저, 앵글도저, 버킷도저 등)
- 모터그레이더
- 로더(포크 등 부착물 종류에 따른 용도 변경 형식을 포함한다)
- 스크레이퍼
- 크레인형 굴착기계(크램쉘, 드래그라인 등)
- 굴삭기(브레이커, 크러셔, 드릴 등 부착물 종류에 따른 용도 변경 형식을 포함한다)
- 항타기 및 항발기
- 천공용 건설기계(어스드릴, 어스오거, 크롤러드릴, 점보드릴 등)
- 지반 압밀침하용 건설기계(샌드드레인머신, 페이퍼드레인머신, 팩드레인머신 등)
- 지반 다짐용 건설기계(타이어롤러, 매커덤롤러, 탠덤롤러 등)
- 준설용 건설기계(버킷준설선, 그래브준설선, 펌프준설선 등)
- 콘크리트 펌프카
- 덤프트럭
- 콘크리트 믹서 트럭
- 도로포장용 건설기계(아스팔트 살포기, 콘크리트 살포기, 아스팔트 피니셔, 콘크리트 피니셔 등)
- 이상 열거된 건설기계와 유사한 구조 또는 기능을 갖는 건설기계로서 건설작업에 사용하는 것

82 기존 건물에서 인접된 장소에서 새로운 깊은 기초를 시공하고자 한다. 이 때 기존 건물의 기초가 얕아 안전상 보강하려고 할 때 적당한 공법은?

① 압성토 공법
② 언더피닝 공법
③ 선행 재하공법
④ 치환공법

언더피닝(Under pinning) 공법은 기존 건물 가까이에 건축공사를 할 때 기존(인접)건물의 지반과 기초를 보강하는 방법으로 이용된다.

83 항타기 또는 항발기의 권상용 와이어로프의 안전계수 기준은?

① 2 이상
② 3 이상
③ 4 이상
④ 5 이상

산업안전보건기준에 관한 규칙 제211조(권상용 와이어로프의 안전계수) 사업주는 항타기 또는 항발기의 권상용 와이어로프의 안전계수가 5 이상이 아니면 이를 사용해서는 아니 된다.

84 유한사면에서 사면기울기가 비교적 완만한 점성토에서 주로 발생되는 사면파괴의 형태는?

① 저부파괴
② 사면선단파괴
③ 사면내파괴
④ 국부전단파괴

사면파괴의 발생 조건
• 저부파괴 : 토질이 비교적 연약하고 경사가 완만한 경우
• 사면선단파괴 : 접착력이 비교적 있는 경우
• 사면내파괴 : 하부 지반이 비교적 단단한 경우
• 국부전단파괴 : 다짐 상태의 모래나 점성토인 경우

85 동바리 조립 시의 안전조치 사항으로 옳지 않은 것은?

① 받침목이나 깔판의 사용, 콘크리트 타설, 말뚝박기 등 동바리의 침하를 방지하기 위한 조치를 할 것
② 개구부 상부에 동바리를 설치하는 경우에는 상부하중을 견딜 수 있는 견고한 받침대를 설치할 것
③ 동바리의 이음은 다른 품질의 재료를 사용할 것
④ 거푸집의 형상에 따른 부득이한 경우를 제외하고는 깔판이나 받침목은 2단 이상 끼우지 않도록 할 것

산업안전보건기준에 관한 규칙 제332조(동바리 조립 시의 안전조치) 사업주는 동바리를 조립하는 경우에는 하중의 지지상태를 유지할 수 있도록 다음 각 호의 사항을 준수해야 한다.

1. 받침목이나 깔판의 사용, 콘크리트 타설, 말뚝박기 등 동바리의 침하를 방지하기 위한 조치를 할 것
2. 동바리의 상하 고정 및 미끄러짐 방지 조치를 할 것
3. 상부·하부의 동바리가 동일 수직선상에 위치하도록 하여 깔판·받침목에 고정시킬 것
4. 개구부 상부에 동바리를 설치하는 경우에는 상부하중을 견딜 수 있는 견고한 받침대를 설치할 것
5. U헤드 등의 단판이 없는 동바리의 상단에 멍에 등을 올릴 경우에는 해당 상단에 U헤드 등의 단판을 설치하고, 멍에 등이 전도되거나 이탈되지 않도록 고정시킬 것
6. 동바리의 이음은 같은 품질의 재료를 사용할 것
7. 강재의 접속부 및 교차부는 볼트·클램프 등 전용철물을 사용하여 단단히 연결할 것
8. 거푸집의 형상에 따른 부득이한 경우를 제외하고는 깔판이나 받침목은 2단 이상 끼우지 않도록 할 것
9. 깔판이나 받침목을 이어서 사용하는 경우에는 그 깔판·받침목을 단단히 연결할 것

86 슬레이트, 선라이트 등 강도가 약한 재료로 덮은 지붕위에서 작업을 할 때 발이 빠지는 등의 위험을 방지하기 위한 산업안전보건법령에 따른 작업발판의 최소 폭 기준은?

① 20cm 이상
② 30cm 이상
③ 40cm 이상
④ 50cm 이상

산업안전보건기준에 관한 규칙 제45조(지붕 위에서의 위험 방지) ① 사업주는 근로자가 지붕 위에서 작업을 할 때에 추락하거나 넘어질 위험이 있는 경우에는 다음 각 호의 조치를 해야 한다.
1. 지붕의 가장자리에 제13조에 따른 안전난간을 설치할 것
2. 채광창(skylight)에는 견고한 구조의 덮개를 설치할 것
3. 슬레이트 등 강도가 약한 재료로 덮은 지붕에는 폭 30센티미터 이상의 발판을 설치할 것
② 사업주는 작업 환경 등을 고려할 때 제1항제1호에 따른 조치를 하기 곤란한 경우에는 제42조제2항 각 호의 기준을 갖춘 추락방호망을 설치해야 한다. 다만, 사업주는 작업 환경 등을 고려할 때 추락방호망을 설치하기 곤란한 경우에는 근로자에게 안전대를 착용하도록 하는 등 추락 위험을 방지하기 위하여 필요한 조치를 해야 한다.

87 건설공사 착공 시 유해위험방지계획서 제출대상 사업규모에 해당되지 않는 것은?

① 터널건설 공사
② 깊이가 15m인 굴착공사
③ 지상높이가 25m인 건축물 건설 공사
④ 최대지간길이가 55m인 교량건설 공사

유해위험방지계획서 제출 대상 공사(산업안전보건법 시행령 제42조 ③항)

1. 다음 각 목의 어느 하나에 해당하는 건축물 또는 시설 등의 건설·개조 또는 해체 공사
   가. 지상높이가 31미터 이상인 건축물 또는 인공구조물
   나. 연면적 3만제곱미터 이상인 건축물
   다. 연면적 5천제곱미터 이상인 시설로서 다음의 어느 하나에 해당하는 시설
      1) 문화 및 집회시설(전시장 및 동물원·식물원은 제외한다)
      2) 판매시설, 운수시설(고속철도의 역사 및 집배송시설은 제외한다)
      3) 종교시설
      4) 의료시설 중 종합병원
      5) 숙박시설 중 관광숙박시설
      6) 지하도상가
      7) 냉동·냉장 창고시설

2. 연면적 5천제곱미터 이상인 냉동 · 냉장 창고시설의 설비공사 및 단열공사
3. 최대 지간(支間)길이(다리의 기둥과 기둥의 중심사이의 거리)가 50미터 이상인 다리의 건설등 공사
4. 터널의 건설등 공사
5. 다목적댐, 발전용댐, 저수용량 2천만톤 이상의 용수 전용 댐 및 지방상수도 전용 댐의 건설등 공사
6. 깊이 10미터 이상인 굴착공사

88 철골작업을 중지하여야 하는 경우의 강우량 기준으로 옳은 것은?

① 시간당 0.5mm 이상
② 시간당 1mm 이상
③ 시간당 2mm 이상
④ 시간당 3mm 이상

산업안전보건기준에 관한 규칙 383조(작업의 제한) 사업주는 다음 각 호의 어느 하나에 해당하는 경우에 철골작업을 중지하여야 한다.
1. 풍속이 초당 10미터 이상인 경우
2. 강우량이 시간당 1밀리미터 이상인 경우
3. 강설량이 시간당 1센티미터 이상인 경우

89 현장에서 근로자가 안전하게 통행할 수 있도록 통로에 설치해야 하는 조명시설은 최소 몇 럭스 이상인가?

① 75 Lux 이상
② 80 Lux 이상
③ 85 Lux 이상
④ 90 Lux 이상

산업안전보건기준에 관한 규칙 제21조(통로의 조명) 사업주는 근로자가 안전하게 통행할 수 있도록 통로에 75럭스 이상의 채광 또는 조명시설을 하여야 한다. 다만, 갱도 또는 상시 통행을 하지 아니하는 지하실 등을 통행하는 근로자에게 휴대용 조명기구를 사용하도록 한 경우에는 그러하지 아니하다.

90 사다리식 통로의 설치기준으로 옳지 않은 것은?

① 폭은 30cm 이상으로 할 것
② 발판과 벽과의 사이는 15cm 이상의 간격을 유지할 것
③ 사다리의 상단은 걸쳐놓은 지점으로부터 60cm 이상 올라가도록 할 것
④ 사다리식 통로의 길이가 10m 이상인 경우에는 7m 이내마다 계단참을 설치할 것

산업안전보건기준에 관한 규칙 제24조(사다리식 통로 등의 구조) ① 사업주는 사다리식 통로 등을 설치하는 경우 다음 각 호의 사항을 준수하여야 한다.
1. 견고한 구조로 할 것
2. 심한 손상 · 부식 등이 없는 재료를 사용할 것
3. 발판의 간격은 일정하게 할 것
4. 발판과 벽과의 사이는 15센티미터 이상의 간격을 유지할 것
5. 폭은 30센티미터 이상으로 할 것
6. 사다리가 넘어지거나 미끄러지는 것을 방지하기 위한 조치를 할 것

7. 사다리의 상단은 걸쳐놓은 지점으로부터 60센티미터 이상 올라가도록 할 것
8. 사다리식 통로의 길이가 10미터 이상인 경우에는 5미터 이내마다 계단참을 설치할 것
9. 사다리식 통로의 기울기는 75도 이하로 할 것. 다만, 고정식 사다리식 통로의 기울기는 90도 이하로 하고, 그 높이가 7미터 이상인 경우에는 다음 각 목의 구분에 따른 조치를 할 것
    가. 등받이울이 있어도 근로자 이동에 지장이 없는 경우 : 바닥으로부터 높이가 2.5미터 되는 지점부터 등받이울을 설치할 것
    나. 등받이울이 있으면 근로자가 이동이 곤란한 경우 : 한국산업표준에서 정하는 기준에 적합한 개인용 추락 방지 시스템을 설치하고 근로자로 하여금 한국산업표준에서 정하는 기준에 적합한 전신안전대를 사용하도록 할 것
10. 접이식 사다리 기둥은 사용 시 접혀지거나 펼쳐지지 않도록 철물 등을 사용하여 견고하게 조치할 것

91 콘크리트의 재료분리현상 없이 거푸집 내부에 쉽게 타설할 수 있는 정도를 나타내는 것은?

① Bleeding
② Thixotropy
③ Workability
④ Finishability

워커빌리티(Workability, 시공성)란 컨시스턴시(Consistency, 반죽질기)에 의한 작업의 난이도 및 재료 분리에 저항하는 정도를 나타내는 콘크리트 성질을 말한다.

92 기계운반하역 시 걸이 작업의 준수사항으로 옳지 않은 것은?

① 와이어로프 등은 크레인의 후크 중심에 걸어야 한다.
② 인양 물체의 안정을 위하여 2줄 걸이 이상을 사용하여야 한다.
③ 매다는 각도는 70° 정도로 한다.
④ 근로자를 매달린 물체위에 탑승시키지 않아야 한다.

매다는 각도는 60° 이내로 하여야 한다.

93 가설구조물 부재의 강성이 부족하여 가늘고 긴 부재가 압축력에 의하여 파괴되는 현상은?

① 좌굴
② 피로파괴
③ 지압파괴
④ 폭열현상

좌굴이란 부재 길이 방향에 압축력이 걸릴 때 부재가 변형되는 현상을 말하며 주로 기둥에 하중이 걸리는 경우 좌굴이 발생한다.

94 건설공사에서 발코니 단부, 엘리베이터 입구, 재료 반입구 등과 같이 벽면 혹은 바닥에 추락의 위험이 우려되는 장소를 의미하는 용어는?

① 중간난간대
② 가설통로
③ 개구부
④ 비상구

95 인력에 의한 하물 운반 시 준수사항으로 옳지 않은 것은?

① 수평거리 운반을 원칙으로 한다.
② 운반시의 시선은 진행방향을 향하고 뒷걸음 운반을 하여서는 아니 된다.
③ 쌓여있는 하물을 운반할 때에는 중간 또는 하부에서 뽑아내어서는 아니 된다.
④ 어깨 높이보다 낮은 위치에서 하물을 들고 운반하여서는 아니 된다.

인력에 의한 하물 운반시 준수사항
- 하물의 운반은 수평거리 운반을 원칙으로 하며, 여러 번 들어 움직이거나 중계운반, 반복운반을 하여서는 아니된다.
- 운반시의 시선은 진행방향을 향하고 뒷걸음 운반을 하여서는 아니된다.
- 어깨 높이보다 높은 위치에서 하물을 들고 운반하여서는 아니된다.
- 쌓여 있는 하물을 운반할 때에는 중간 또는 하부에서 뽑아내어서는 아니된다.

96 다음은 산업안전보건법령에 따른 추락의 방지를 위하여 설치하는 안전방망에 관한 내용이다. ( )안에 들어갈 내용으로 옳은 것은?

> 추락방호망은 수평으로 설치하고, 망의 처짐은 짧은 변 길이의 (   )퍼센트 이상이 되도록 할 것

① 8   ② 12
③ 15   ④ 20

산업안전보건기준에 관한 규칙 제42조(추락의 방지) ① 사업주는 근로자가 추락하거나 넘어질 위험이 있는 장소[작업발판의 끝ㆍ개구부(開口部) 등을 제외한다]또는 기계ㆍ설비ㆍ선박블록 등에서 작업을 할 때에 근로자가 위험해질 우려가 있는 경우 비계(飛階)를 조립하는 등의 방법으로 작업발판을 설치하여야 한다.
② 사업주는 제1항에 따른 작업발판을 설치하기 곤란한 경우 다음 각 호의 기준에 맞는 추락방호망을 설치해야 한다. 다만, 추락방호망을 설치하기 곤란한 경우에는 근로자에게 안전대를 착용하도록 하는 등 추락위험을 방지하기 위해 필요한 조치를 해야 한다.
1. 추락방호망의 설치위치는 가능하면 작업면으로부터 가까운 지점에 설치하여야 하며, 작업면으로부터 망의 설치지점까지의 수직거리는 10미터를 초과하지 아니할 것
2. 추락방호망은 수평으로 설치하고, 망의 처짐은 짧은 변 길이의 12퍼센트 이상이 되도록 할 것
3. 건축물 등의 바깥쪽으로 설치하는 경우 추락방호망의 내민 길이는 벽면으로부터 3미터 이상 되도록 할 것. 다만, 그물코가 20밀리미터 이하인 추락방호망을 사용한 경우에는 제14조제3항에 따른 낙하물방지망을 설치한 것으로 본다.
③ 사업주는 추락방호망을 설치하는 경우에는 한국산업표준에서 정하는 성능기준에 적합한 추락방호망을 사용하여야 한다.

97 콘크리트 타설 시 안전수칙 사항으로 옳은 것은?

① 콘크리트는 한 곳으로 치우쳐 타설하여야 한다.
② 콘크리트 타설작업 시 거푸집 붕괴의 위험이 발생할 우려가 있더라도 타설작업을 우선 완료하고 나서 상황을 판단한다.
③ 바닥 위에 흘린 콘크리트는 그대로 양생하도록 한다.
④ 최상부의 슬래브(Slab)는 이어붓기를 가급적 피하고 일시에 전체를 타설한다.

콘크리트 타설 시 유의사항

- 바닥위에 흘린 콘크리트는 완전히 청소한다.
- 철골보의 아래, 철골·철근의 복잡한 거푸집의 부분 등은 책임자를 정하여 완전한 시공이 되도록 한다.
- 타설 속도는 여름(하계) 1.5m/h, 겨울(동계) 1.0m/h를 표준으로 하나 콘크리트 펌프로 압송타설 할 경우, 이 표준보다 훨씬 큰 속도로 콘크리트를 부어 넣을 가능성이 있다.
- 높은 곳으로부터 콘크리트를 세게 거푸집 내에 부어 넣지 않는다. 반드시 호퍼(hopper)로 받아, 거푸집 내에 꽂아 넣은 벽형 슈트(chute)를 통해 부어 넣어야 한다.
- 계단실의 콘크리트 부어 넣기는 특히 책임자를 정하고, 주의해서 시공하여 계단의 디딤면이나 난간은 정규의 치수로 밀실하게 부어 넣는다.
- 손수레로 콘크리트를 운반할 때에는 적당한 간격을 유지하여야 한다.
- 최상부의 슬래브는 이어붓기를 되도록 피하고 일시에 전체를 타설하도록 하여야 한다.
- 타워에 연결되어 있는 슈트의 접속은 확실한가와 달아매는 재료는 견고한가를 점검하여야 한다.

98 양중기의 와이어로프 등 달기구의 안전계수 기준으로 옳은 것은?(단, 화물의 하중을 직접 지지하는 달기와이어로프 또는 달기체인의 경우)

① 4 이상
② 5 이상
③ 7 이상
④ 10 이상

산업안전보건기준에 관한 규칙 제163조(와이어로프 등 달기구의 안전계수) ① 사업주는 양중기의 와이어로프 등 달기구의 안전계수(달기구 절단하중의 값을 그 달기구에 걸리는 하중의 최대값으로 나눈 값을 말한다)가 다음 각 호의 구분에 따른 기준에 맞지 아니한 경우에는 이를 사용해서는 아니 된다.
1. 근로자가 탑승하는 운반구를 지지하는 달기와이어로프 또는 달기체인의 경우 : 10 이상
2. 화물의 하중을 직접 지지하는 달기와이어로프 또는 달기체인의 경우 : 5 이상
3. 훅, 샤클, 클램프, 리프팅 빔의 경우 : 3 이상
4. 그 밖의 경우 : 4 이상

99 웰 포인트, 샌드드레인공법 작업 전에는 압밀침하를 예상하여 간극수압을 측정하여야한다. 이 간극수압을 측정하는 기구는 무엇인가?

① Piezometer
② Tiltmeter
③ Inclinometer
④ Water level meter

Piezometer(간극수압계)는 지하수위의 수압을 측정하는 계측기이다. 참고로 Tiltmeter와 Inclinometer는 경사계, Water level meter는 지하수위계이다.

100 지반의 붕괴, 구축물의 붕괴 또는 토석의 낙하 등에 의하여 근로자가 위험해질 우려가 있는 경우 그 위험을 방지하기 위하여 취해야할 조치로 옳지 않은 것은?

① 흙막이 지보공 제거

② 토석의 낙하 원인이 되는 빗물이나 지하수 등을 배제

③ 낙하의 위험이 있는 토석 제거

④ 옹벽 설치

산업안전보건기준에 관한 규칙 제50조(토사등에 의한 위험 방지) 사업주는 토사등 또는 구축물의 붕괴 또는 낙하 등에 의하여 근로자가 위험해질 우려가 있는 경우 그 위험을 방지하기 위하여 다음 각 호의 조치를 해야 한다.

1. 지반은 안전한 경사로 하고 낙하의 위험이 있는 토석을 제거하거나 옹벽, 흙막이 지보공 등을 설치할 것
2. 지반의 붕괴 또는 토석의 낙하 원인이 되는 빗물이나 지하수 등을 배제할 것
3. 갱내의 낙반·측벽(側壁) 붕괴의 위험이 있는 경우에는 지보공을 설치하고 부석을 제거하는 등 필요한 조치를 할 것

제 **01** 과목 　산업안전관리론

01 　적응기제(Adjustment Mechanism)의 도피적 행동이 고립에 해당하는 것은?

① 운동시합에서 진 선수가 컨디션이 좋지 않았다고 말한다.
② 키 작은 사람이 키 큰 친구들과 같이 사진을 찍으려 하지 않는다.
③ 자녀가 없는 여교사가 아동교육에 전념 하게 되었다.
④ 동생이 태어나자 형이 된 아이가 말을 더듬는다.

① 합리화(rationalization), ② 고립(isolation), ③ 승화(sublimation), ④ 퇴행(regression)

02 　허츠버그의 동기 · 위생 이론에 대한 설명으로 옳은 것은?

① 위생요인은 직무내용에 관련된 요인이다.
② 동기요인은 직무에 만족을 느끼는 주요인이다.
③ 위생요인은 매슬로우 욕구단계 중 존경, 자아실현의 욕구와 유사하다.
④ 동기요인은 매슬로우 욕구단계 중 생리적 욕구와 유사하다.

위생요인과 동기요인

• 위생요인 : 인간의 동물적 욕구를 반영하는 것으로서 안전, 친교, 봉급, 감독형태, 기업의 정책, 작업조건 등이 해당되며 매슬로우(Maslow)의 생리적, 안전, 사회적 욕구와 유사하다.
• 동기요인 : 자아실현을 하려는 인간의 독특한 경향(성취, 인정, 작업 자체, 책임감 등)을 반영한 것으로 매슬로우(Maslow)의 자아실현 욕구와 유사하다.

03 　안전교육 훈련기법에 있어 태도 개발 측면에서 가장 적합한 기본교육 훈련 방식은?

① 실습방식　　　　　　　　② 제시방식
③ 참가방식　　　　　　　　④ 시뮬레이션방식

태도교육의 기본교육 훈련방식은 참가방식이다.

04 연평균 근로자수가 1000명인 사업장에서 연간 6건의 재해가 발생한 경우, 이 때의 도수율은?(단, 1일 근로시간수는 4시간, 연평균 근로일수는 150일이다.)

① 1
② 10
③ 100
④ 1000

$$\text{도수율} = \frac{\text{재해건수}}{\text{연간 총근로시간}} \times 10^6 = \frac{6}{1000 \times 4 \times 150} \times 10^6 = 10$$

05 무재해운동의 추진을 위한 3요소에 해당하지 않는 것은?

① 모든 위험잠재요인의 해결
② 최고경영자의 경영자세
③ 관리감독자(Line)의 적극적 추진
④ 직장 소집단의 자주 활동 활성화

무재해운동 추진의 3기둥(무재해운동의 3요소)
- 최고 경영자의 경영자세
- 라인화의 철저(관리감독자에 의한 안전보건의 추진)
- 직장(소집단)의 자주활동의 활발화

06 교육의 효과를 높이기 위하여 시청각 교재를 최대한으로 활용하는 시청각적 방법의 필요성이 아닌 것은?

① 교재의 구조화를 기할 수 있다.
② 대량 수업체제가 확립될 수 있다.
③ 교수의 평준화를 기할 수 있다.
④ 개인차를 최대한으로 고려할 수 있다.

시청각 교육 기능
- 구체적인 경험을 충분히 줌으로써 상징화, 일반화의 과정을 도와주며 의미나 원리를 파악하는 능력을 길러준다.
- 학습동기를 유발시켜 자발적인 학습활동이 되게 자극한다(학습효과의 지속성을 기할 수 없다).
- 학습자에게 공통경험을 형성시켜 줄 수 있다.
- 학습의 다양성과 능률화를 기할 수 있다.
- 개별 진로 수업을 가능하게 한다.

07 무재해운동의 추진기법 중 위험예지훈련의 4라운드 중 2라운드 진행방법에 해당하는 것은?

① 본질추구
② 목표설정
③ 현상파악
④ 대책수립

위험예지 훈련의 기존 4라운드 진행방법
- 1R(현상파악) : 어떤 위험이 잠재하고 있는지 사실을 파악하는 라운드(BS적용)
- 2R(본질추구) : 가장 위험한 요인(위험 포인트)을 합의로 결정하는 라운드(요약)
- 3R(대책수립) : 구체적인 대책을 수립하는 라운드(BS적용)
- 4R(목표달성−설정) : 수립한 대책 가운데 질이 높은 항목에 합의하는 라운드(요약)

08 다음과 같은 스트레스에 대한 반응은 무엇에 해당 하는가?

> 여동생이나 남동생을 얻게 되면서 손가락을 빠는 것과 어린 시절의 버릇을 나타낸다.

① 투사   ② 억압
③ 승화   ④ 퇴행

 해설

용어의 정의
- 투사 : 자신의 실패나 잘못된 행동, 생각 등을 타인에게 전가시킴으로써 불안에서 벗어나고자 하는 것
- 억압 : 불쾌한 생각이나 감정 등을 눌러서 무의식으로 가라앉게 하고 의식에 떠오르지 않게 하는 것
- 승화 : 사회적으로 인정되지 못하는 욕구나 충동을 사회가 인정해 주는 방향으로 표출하는 행위
- 퇴행 : 감당하기 힘든 현실이나 스트레스에 노출될 경우 초기의 어느 발달단계로 가서 위안을 받고자 하는 것

09 산업안전보건법령상 안전보건표지에 관한 설명으로 틀린 것은?

① 안전보건표지 속의 그림 또는 부호의 크기는 안전보건표지의 크기와 비례해야 하며, 안전보건표지 전체 규격의 30% 이상이 되어야 한다.
② 안전보건표지 색채의 물감은 변질되지 아니하는 것에 색채 고정원료를 배합하여 사용하여야 한다.
③ 안전보건표지는 그 표시내용을 근로자가 빠르고 쉽게 알아볼 수 있는 크기로 제작해야 한다.
④ 안전보건표지에는 야광물질을 사용하여서는 아니 된다.

 해설

산업안전보건법 시행규칙 제40조(안전보건표지의 제작) ① 안전보건표지는 그 종류별로 별표 9에 따른 기본모형에 의하여 별표 7의 구분에 따라 제작해야 한다.
② 안전보건표지는 그 표시내용을 근로자가 빠르고 쉽게 알아볼 수 있는 크기로 제작해야 한다.
③ 안전보건표지 속의 그림 또는 부호의 크기는 안전보건표지의 크기와 비례해야 하며, 안전보건표지 전체 규격의 30퍼센트 이상이 되어야 한다.
④ 안전보건표지는 쉽게 파손되거나 변형되지 않는 재료로 제작해야 한다.
⑤ 야간에 필요한 안전보건표지는 야광물질을 사용하는 등 쉽게 알아볼 수 있도록 제작해야 한다.

10 인간의 행동 특성에 관한 레빈(Lewin)의 법칙에서 각 인자에 대한 내용으로 틀린 것은?

> B = f(P · E)

① B : 행동   ② F : 함수 관계
③ P : 개체   ④ E : 기술

 해설

Lewin K의 법칙
레빈(Lewin)은 인간의 행동(B)은 그 사람이 가진 자질 즉, 개체(P)와 심리학적 환경(E)과의 상호 함수 관계에 있다고 규정함.
B = f(P · E)
- B : Behavior(인간의 행동)
- f : Function(함수관계 : 적성 및 기타 P와 E에 영향을 미칠 수 있는 조건)

- P : Person(개체 : 연령, 경험, 심신상태, 성격, 지능 등)
- E : Environment(심리적 환경 : 인간관계, 작업환경 등)

11 산업안전보건법령상 일용근로자의 안전보건교육 과정별 교육시간 기준으로 틀린 것은?

① 채용 시의 교육 : 1시간 이상
② 작업내용 변경 시의 교육 : 2시간 이상
③ 건설업 기초안전 보건교육(건설 일용근로자) : 4시간
④ 특별교육 : 2시간 이상(흙막이 지보공의 보강 또는 동바리를 설치하거나 해체하는 작업

 해설

근로자 안전보건교육(산업안전보건법 시행규칙 별표 4)

교육과정	교육대상		교육시간
정기교육	사무직 종사 근로자		매반기 6시간 이상
	그 밖의 근로자	판매업무에 직접 종사하는 근로자	매반기 6시간 이상
		판매업무에 직접 종사하는 근로자 외의 근로자	매반기 12시간 이상
채용 시 교육	일용근로자 및 근로계약기간이 1주일 이하인 기간제근로자		1시간 이상
	근로계약기간이 1주일 초과 1개월 이하인 기간제근로자		4시간 이상
	그 밖의 근로자		8시간 이상
작업내용 변경 시 교육	일용근로자 및 근로계약기간이 1주일 이하인 기간제근로자		1시간 이상
	그 밖의 근로자		2시간 이상
특별교육	특별교육 대상 작업(단, 타워크레인을 사용하는 작업시 신호업무를 하는 작업은 제외)에 종사하는 일용근로자 및 근로계약기간이 1주일 이하인 기간제근로자		2시간 이상
	타워크레인을 사용하는 작업시 신호업무를 하는 일용근로자 및 근로계약기간이 1주일 이하인 기간제근로자		8시간 이상
	특별교육 대상 작업에 종사하는 근로자 중 일용근로자 및 근로계약기간이 1주일 이하인 기간제근로자를 제외한 근로자		−16시간 이상(최초 작업에 종사하기 전 4시간 이상 실시하고 12시간은 3개월 이내에서 분할하여 실시 가능) −단기간 작업 또는 간헐적 작업인 경우에는 2시간 이상
건설업 기초 안전·보건교육	건설 일용근로자		4시간 이상

12 산업안전보건법령상 안전인증대상 기계 및 설비에 해당되지 않는 것은?

① 프레스
② 전단기
③ 롤러기
④ 산업용 원심기

산업안전보건법 시행규칙 제107조(안전인증대상기계등) 법 제84조제1항에서 "고용노동부령으로 정하는 안전인증대상기계등"이란 다음 각 호의 기계 및 설비를 말한다.
1. 설치·이전하는 경우 안전인증을 받아야 하는 기계
　가. 크레인　　　　　　　　　　　나. 리프트
　다. 곤돌라
2. 주요 구조 부분을 변경하는 경우 안전인증을 받아야 하는 기계
　가. 프레스　　　　　　　　　　　나. 전단기 및 절곡기(折曲機)
　다. 크레인　　　　　　　　　　　라. 리프트
　마. 압력용기　　　　　　　　　　바. 롤러기
　사. 사출성형기(射出成形機)　　　아. 고소(高所)작업대
　자. 곤돌라

13 산업안전보건법상 고용노동부장관이 산업재해예방을 위하여 종합적인 개선조치를 할 필요가 있다고 인정할 때에 안전보건개선계획의 수립·시행을 명할 수 있는 대상 사업장이 아닌 것은?

① 산업재해율이 같은 업종의 규모별 평균 산업재해율보다 높은 사업장
② 사업주가 필요한 안전조치 또는 보건조치를 이행하지 아니하여 중대재해가 발생한 사업장
③ 고용노동부장관이 관보 등에 고시한 유해인자의 노출기준을 초과한 사업장
④ 경미한 재해가 다발로 발생한 사업장

산업안전보건법 제49조(안전보건개선계획의 수립·시행 명령) ① 고용노동부장관은 다음 각 호의 어느 하나에 해당하는 사업장으로서 산업재해 예방을 위하여 종합적인 개선조치를 할 필요가 있다고 인정되는 사업장의 사업주에게 고용노동부령으로 정하는 바에 따라 그 사업장, 시설, 그 밖의 사항에 관한 안전 및 보건에 관한 개선계획(이하 "안전보건개선계획"이라 한다)을 수립하여 시행할 것을 명할 수 있다. 이 경우 대통령령으로 정하는 사업장의 사업주에게는 제47조에 따라 안전보건진단을 받아 안전보건개선계획을 수립하여 시행할 것을 명할 수 있다.
1. 산업재해율이 같은 업종의 규모별 평균 산업재해율보다 높은 사업장
2. 사업주가 필요한 안전조치 또는 보건조치를 이행하지 아니하여 중대재해가 발생한 사업장
3. 대통령령으로 정하는 수 이상의 직업성 질병자가 발생한 사업장
4. 제106조에 따른 유해인자의 노출기준을 초과한 사업장

14 조직이 리더에게 부여하는 권한으로 볼 수 없는 것은?

① 보상적 권한　　　　　　　② 강압적 권한
③ 합법적 권한　　　　　　　④ 위임된 권한

지도자(리더십)의 권한
• 조직이 지도자에게 부여하는 권한
　– 보상적 권한 : 지도자가 부하들에게 보상할 수 있는 능력으로 인해 부하직원들을 통제할 수 있으며 부하들의 행동에 대해 영향을 끼칠 수 있는 권한
　– 강압적 권한 : 부하직원들을 처벌할 수 있는 권한
　– 합법적 권한 : 조직의 규정에 의해 지도자의 권한이 공식화된 것
• 지도자 자신에 의해 생성되는 권한
　– 위임된 권한 : 집단의 목표를 성취하기 위해 부하직원들이 지도자가 정한 목표를 자진해서 자신의 것으로 받아들여 지도자와 함께 일하는 것

– 전문성의 권한 : 지도자가 목표수행에 필요한 전문적인 지식을 갖고 업무수행을 하므로 부하직원들이 자발적으로 지도자를 따름

15 재해의 기본원인 4M에 해당하지 않은 것은?

① Man
② Machine
③ Media
④ Measurement

인간 과오의 배후요인 4요소(4M)

• 맨(Man) : 본인 이외의 사람
• 머신(Machine) : 장치나 기기 등의 물적 요인
• 미디어(Media) : 인간과 기계를 잇는 매체란 뜻으로 작업의 방법이나 순서, 작업정보의 실태나 환경과의 관계, 정리정돈
• 매니지먼트(Management) : 안전법규의 준수방법, 단속, 점검 관리 외에 지휘감독, 교육훈련

16 억측판단의 배경이 아닌 것은?

① 생략 행위
② 초조한 심정
③ 희망적 관측
④ 과거의 성공한 경험

억측 판단의 발생 배경

• 정보가 불확실할 때
• 희망적인 관측이 있을 때
• 과거에 경험한 선입견이 있을 때

17 재해의 원인과 결과를 연계하여 상호 관계를 파악하기 위해 도표화하는 분석방법은?

① 특성요인도
② 파레토도
③ 크로스분류도
④ 관리도

통계원인 분석방법 4가지

• 파레토도 : 사고의 유형, 기인물 등의 분류항목을 순서대로 도표화하여 문제나 목표의 이해에 편리
• 특성요인도 : 특성과 요인과의 관계를 도표로 하여 어골상으로 세분화
• 클로즈분석(크로스도) : 2개 이상의 문제 관계를 분석하는데 사용하는 것으로 데이터를 집계하고, 표로 표시하여 요인별 결과 내역을 교차한 그림을 작성, 분석하는 방법
• 관리도 : 재해 발생 건수 등의 추이를 파악하여 목표관리를 행하는데 필요한 월별 재해발생건수를 그래프화하여 관리선을 설정 관리

18 개인 카운슬링(Counseling) 방법으로 가장 거리가 먼 것은?

① 직접적 충고
② 설득적 방법
③ 설명적 방법
④ 반복적 충고

개인적인 카운슬링 방법 : 직접적 충고(안전수칙 불이행시 적합), 설득적 방법, 설명적 방법

19 보호구 안전인증 고시에 따른 안전모의 일반구조 중 턱끈의 최소 폭 기준은?

① 5mm 이상
② 7mm 이상
③ 10mm 이상
④ 12mm 이상

안전모의 일반구조(보호구 안전인증 고시 별표 1)
- 안전모는 모체, 착장체 및 턱끈을 가질 것
- 착장체의 머리고정대는 착용자의 머리부위에 적합하도록 조절할 수 있을 것
- 착장체의 구조는 착용자의 머리에 균등한 힘이 분배되도록 할 것
- 모체, 착장체 등 안전모의 부품은 착용자에게 상해를 줄 수 있는 날카로운 모서리 등이 없을 것
- 턱끈은 사용 중 탈락되지 않도록 확실히 고정되는 구조일 것
- 안전모의 착용높이는 85mm 이상이고 외부수직거리는 80mm 미만일 것
- 안전모의 내부수직거리는 25mm 이상 50mm 미만일 것
- 안전모의 수평간격은 5mm 이상일 것
- 머리받침끈이 섬유인 경우에는 각각의 폭은 15mm 이상이어야 하며, 교차되는 끈의 폭의 합은 72mm 이상일 것
- 턱끈의 폭은 10mm 이상일 것

20 산업안전보건법령상 사업주가 근로자에 대하여 실시하여야 하는 교육 중 특별교육의 대상이 되는 작업이 아닌 것은?

① 화학설비의 탱크 내 작업
② 전압이 30V인 정전 및 활선작업
③ 건설용 리프트 곤돌라를 이용한 작업
④ 동력에 의하여 작동되는 프레스기계 5대 이상 보유한 사업장에서 해당 기계로 하는 작업

전압이 75V 이상인 정전 및 활선작업이 특별교육의 대상이다.(산업안전보건법 시행규칙 [별표 5] 교육대상별 교육내용)

제 **02** 과목 **인간공학 및 시스템안전공학**

21 작업장 내의 색채조절이 적합하지 못한 경우에 나타나는 상황이 아닌 것은?

① 안전표지가 너무 많아 눈에 거슬린다.
② 현란한 색배합으로 물체 식별이 어렵다.
③ 무채색으로만 구성되어 중압감을 느낀다.
④ 다양한 색채를 사용하면 작업의 집중도가 높아진다.

너무 다양한 색채를 사용하면 시각을 혼란시켜 집중도가 떨어진다.

22 청각적 표시장치에서 300m 이상의 장거리용 경보기에 사용하는 진동수로 가장 적절한 것은?

① 800 Hz 전후   ② 2200 Hz 전후

③ 3500 Hz 전후   ④ 4000 Hz 전후

경계 및 경보신호의 설계

- 귀는 중(中)음역에 가장 민감하므로 500~3,000Hz의 진동수를 사용한다.
- 고음은 멀리가지 못하므로 300m 이상의 장거리용은 1,000Hz 이하의 진동수를 사용한다.
- 신호가 장애물이나 칸막이를 통과해야 할 경우에는 500Hz 이하의 진동수를 사용한다.

23 지게차 인장벨트의 수명은 평균이 100000시간, 표준편차가 500시간인 정규분포를 따른다. 이 인장벨트의 수명이 101000시간 이상일 확률은 약 얼마인가?(단 P(Z≤1)= 0.8413, P(Z≤2) = 0.9772, P(Z≤3) = 0.9987이다.)

① 1.60%   ② 2.28%

③ 3.28%   ④ 4.28%

$$P(\overline{X} \geq 101000) = P(Z \geq \frac{101000 - 100000}{500}) = P(Z \geq 2)$$

$$\therefore 1 - 0.9772 = 0.0228 = 2.28[\%]$$

24 반복되는 사건이 많이 있는 경우에 FTA의 최소 컷셋을 구하는 알고리즘이 아닌 것은?

① Fussel Algorithm

② Boolean Algorithm

③ Monte Carlo Algorithm

④ Limnios & Ziani Algorithm

몬테카를로 알고리즘(Monte Carlo Algorithm)은 확률적 알고리즘으로서 단 한 번의 과정으로 정확한 해를 구하기 어려운 경우 무작위로 난수를 반복적으로 발생하여 해를 구하는 절차를 말하며, 어떤 분석 대상에 대한 완전한 확률 분포가 주어지지 않을 때 유용하다.

25 인체계측 자료에서 주로 사용하는 변수가 아닌 것은?

① 평균   ② 5 백분위수

③ 최빈값   ④ 95 백분위수

인체계측자료의 응용원칙

- 최대치수와 최소치수 : 최대치수 또는 최소치수를 기준으로 하여 설계
- 조절범위(조절식) : 체격이 다른 여러 사람에 맞도록 만드는 것(5~95%tile)
- 평균치를 기준으로 한 설계 : 최대치수나 최소치수, 조절식으로 적용이 곤란할 때 평균치를 기준으로 하여 설계

26 산업안전보건법에서 규정하는 근골격계부담작업의 범위에 해당하지 않는 것은?

① 단기간 작업 또는 간헐적인 작업
② 하루에 10회 이상 25kg 이상의 물체를 드는 작업
③ 하루에 총 2시간 이상 쪼그리고 낮거나 무릎을 굽힌 자세에서 이루어지는 작업
④ 하루에 4시간 이상 집중적으로 자료 입력 등을 위해 키보드 또는 마우스 조작하는 작업

 해설

근골격계부담작업이란 다음의 어느 하나에 해당하는 작업을 말한다. 다만, 단기간 작업 또는 간헐적인 작업은 제외한다.
(고용노동부 고시, 근골격계부담작업의 범위)
- 하루에 4시간 이상 집중적으로 자료입력 등을 위해 키보드 또는 마우스를 조작하는 작업
- 하루에 총 2시간 이상 목, 어깨, 팔꿈치, 손목 또는 손을 사용하여 같은 동작을 반복하는 작업
- 하루에 총 2시간 이상 머리 위에 손이 있거나, 팔꿈치가 어깨위에 있거나, 팔꿈치를 몸통으로부터 들거나, 팔꿈치를 몸통 뒤쪽에 위치하도록 하는 상태에서 이루어지는 작업
- 지지되지 않은 상태이거나 임의로 자세를 바꿀 수 없는 조건에서, 하루에 총 2시간 이상 목이나 허리를 구부리거나 트는 상태에서 이루어지는 작업
- 하루에 총 2시간 이상 쪼그리고 앉거나 무릎을 굽힌 자세에서 이루어지는 작업
- 하루에 총 2시간 이상 지지되지 않은 상태에서 1kg 이상의 물건을 한손의 손가락으로 집어 옮기거나, 2kg 이상에 상응하는 힘을 가하여 한손의 손가락으로 물건을 쥐는 작업
- 하루에 총 2시간 이상 지지되지 않은 상태에서 4.5kg 이상의 물건을 한 손으로 들거나 동일한 힘으로 쥐는 작업
- 하루에 10회 이상 25kg 이상의 물체를 드는 작업
- 하루에 25회 이상 10kg 이상의 물체를 무릎 아래에서 들거나, 어깨 위에서 들거나, 팔을 뻗은 상태에서 드는 작업
- 하루에 총 2시간 이상, 분당 2회 이상 4.5kg 이상의 물체를 드는 작업
- 하루에 총 2시간 이상 시간당 10회 이상 손 또는 무릎을 사용하여 반복적으로 충격을 가하는 작업

27 FT도 사용되는 다음 기호의 명칭으로 맞는 것은?

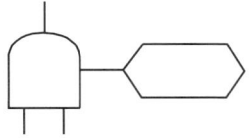

① 억제 게이트
② 부정 게이트
③ 배타적 OR 게이트
④ 우선적 AND 게이트

 해설

수정기호

명칭	설명	기호
우선적 AND게이트 (priority AND gate, sequential AND gate)	입력사상 중 어떤 사상이 다른 사상보다 앞에 일어났을 때 출력사상이 생긴다.	a_i는 a_k보다 우선 a_i a_j a_k

조합 AND 게이트 (combination AND gate)	3개 이상의 입력사상 중 어느 것이나 2개가 일어나면 출력이 생긴다.	어느 것이나 2개
위험지속기호 (hazard duration modifier)	입력사상이 생겨 어떤 일정한 시간 동안 지속하였을 때 출력이 생긴다. 만약 지속되지 않으면 출력은 생기지 않는다.	위험지속 시간
배타적 OR게이트 (exclusive OR gate)	2개 또는 그 이상의 입력이 존재하는 경우에는 출력이 생기지 않는다.	동시발생 이 없음

28 어떤 작업자의 배기량을 측정하였더니, 10분간 200L이었고, 배기량을 분석한 결과 O_2 : 16%, CO_2 : 4%였다. 분당 산소 소비량은 약 얼마인가?

① 1.05L/분　　　　　　　　　② 2.05L/분
③ 3.05L/분　　　　　　　　　④ 4.05L/분

- 분당 배기량(V_2) = $\dfrac{200}{10}$ = 20L/분

- 분당 흡기량(V_1) = $\dfrac{100 - O_2 - CO_2}{79}$ × V_2 = $\dfrac{100 - 16 - 4}{79}$ × 20 ≒ 20.25

- 분당 산소 소비량 = (V_1 × 0.21) − (V_2 × 0.16) = 1.05L/min
∵대기의 조성은 질소 78%, 산소 21%, 기타 1%로 구성되어 있다.

29 인간공학에 관련된 설명으로 틀린 것은?

① 편리성 쾌적성 효율성을 높일 수 있다
② 사고를 방지하고 안전성과 능률성을 높일 수 있다
③ 인간의 특성과 한계점을 고려하여 제품을 설계 한다
④ 생산성을 높이기 위해 인간을 작업 특성에 맞추는 것이다

인간공학의 연구 목적은 안전성의 향상, 기계조작의 능률성과 생산성 향상, 쾌적성 향상에 있으며, 이러한 점에서 생산성을 높이기 위해서는 인간을 작업 특성에 맞출 수는 없다.

30 인간의 가청주파수 범위는?

① 2~10000 Hz　　　　　　　② 20~20000 Hz
③ 200~30000 Hz　　　　　　④ 200~40000 Hz

해설

인간의 가청주파수 범위는 20~20000Hz이며, 이에 따라 초음파의 기준은 20000Hz 이상이 된다.

31 산업안전보건법령에서 정한 물리적 인자의 분류 기준에 있어서 소음은 소음성난청을 유발할 수 있는 몇 dB(A) 이상의 시끄러운 소리로 규정하고 있는가?

① 70
② 85
③ 100
④ 115

 해설

소음작업(산업안전보건기준에 관한 규칙 제512조)

• 소음작업 : 1일 8시간 작업을 기준으로 85dB 이상의 소음이 발생하는 작업
• 강렬한 소음작업
  – 90dB 이상의 소음이 1일 8시간 이상 발생하는 작업
  – 95dB 이상의 소음이 1일 4시간 이상 발생하는 작업
  – 100dB 이상의 소음이 1일 2시간 이상 발생하는 작업
  – 105dB 이상의 소음이 1일 1시간 이상 발생하는 작업
  – 110dB 이상의 소음이 1일 30분 이상 발생하는 작업
  – 115dB 이상의 소음이 1일 15분 이상 발생하는 작업
• 충격소음작업 : 소음이 1초 이상의 간격으로 발생하는 작업으로서 다음의 어느 하나에 해당하는 작업
  – 120dB을 초과하는 소음이 1일 1만회 이상 발생하는 작업
  – 130dB을 초과하는 소음이 1일 1천회 이상 발생하는 작업
  – 140dB을 초과하는 소음이 1일 1백회 이상 발생하는 작업

32 1cd의 점광원에서 1m 떨어진 곳에서의 조도가 3lux이었다. 동일한 조건에서 5m 떨어진 곳에서의 조도는 몇 lux인가?

① 0.12
② 0.22
③ 0.36
④ 0.56

 해설

5m 거리 조도 = 1m 거리 조도 $\times (\frac{1m}{5m})^2 = 3 \times (\frac{1}{5})^2 = 0.12$

33 위험처리 방법에 관한 설명으로 틀린 것은?

① 위험처리 대책 수립 시 비용문제는 제외된다.
② 재정적으로 처리하는 방법에는 보류와 전가 방법이 있다.
③ 위험의 제어 방법에는 회피, 손실제어, 위험분리, 책임 전가 등이 있다
④ 위험처리 방법에는 위험을 제어하는 방법과 재정적으로 처리하는 방법이 있다

 해설

위험(Risk) 처리(조정)기술 : 회피(Avoidance), 경감ㆍ감축(Reduction), 보류(Retention), 전가(Transfer)

34 다음 그림은 C/R 비와 시간과의 관계를 나타낸 그림이다. ㉠ ~ ㉣에 들어갈 내용이 맞는 것은?

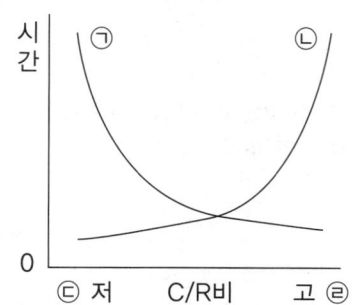

① ㉠ 이동시간 ㉡ 조정시간 ㉢ 민감 ㉣ 둔감
② ㉠ 이동시간 ㉡ 조정시간 ㉢ 둔감 ㉣ 민감
③ ㉠ 조정시간 ㉡ 이동시간 ㉢ 민감 ㉣ 둔감
④ ㉠ 조정시간 ㉡ 이동시간 ㉢ 둔감 ㉣ 민감

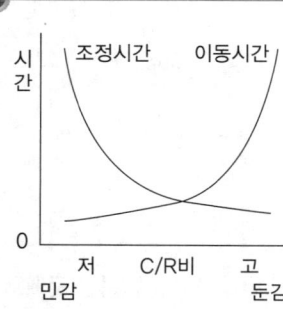

35 인터페이스 설계 시 고려해야 하는 인간과 기계와의 조화성에 해당되지 않는 것은?

① 지적 조화성
② 신체적 조화성
③ 감성적 조화성
④ 심미적 조화성

인간-기계의 조화성 : 신체적 조화성, 지적 조화성, 감성적 조화성

36 FTA에 의한 재해사례 연구의 순서를 올바르게 나열한 것은?

A. 목표사상 선정	B. FT도 작성
C. 사상마다 재해원인 규명	D. 개선계획 작성

① A → B → C → D
② A → C → B → D
③ B → C → A → D
④ B → A → C → D

D.R. Cheriton의 FTA에 의한 재해사례 연구순서

· 1단계 : 톱(Top) 사상의 선정 　　　　· 2단계 : 사상마다 재해원인 규명
· 3단계 : FT도의 작성 　　　　　　　　· 4단계 : 개선계획의 작성

37 기능식 생산에서 유연생산 시스템 설비의 가장 적합한 배치는?

① 합류(Y)형 배치 　　　　　　　　② 유자(U)형 배치
③ 일자(−)형 배치 　　　　　　　　④ 복수라인(=)형 배치

유연생산시스템(Flexible Manufacturing System)

· 생산성을 감소시키지 않으면서 여러 종류의 제품을 가공 처리할 수 있는 유연성이 큰 자동화 생산라인이다.
· 특히, U자형 생산라인은 작업장이 밀집되어 있어 공간이 적게 소요되며 작업자의 이동이나 운반거리가 짧아 운반이 최소
　화되며 작업자들의 의사소통을 증가시키는 효과가 있다.

38 설비나 공법 등에서 나타날 위험에 대하여 정성적 또는 정량적인 평가를 행하고 그 평가에 따른 대책을
　　강구하는 것은?

① 설비보전 　　　　　　　　　　② 동작분석
③ 안전계획 　　　　　　　　　　④ 안전성 평가

안전성 평가의 6단계

· 제1단계 : 관계자료의 작성준비 　　　· 제2단계 : 정성적 평가
· 제3단계 : 정량적 평가 　　　　　　　· 제4단계 : 안전대책
· 제5단계 : 재해정보에 의한 재평가 　　· 제6단계 : FTA에 의한 재평가

39 모든 시스템 안전 프로그램 중 최초 단계의 분석으로 시스템 내의 위험요소가 어떤 상태에 있는지를 정성
　　적으로 평가하는 방법은?

① CA 　　　　　　　　　　　　② FHA
③ PHA 　　　　　　　　　　　　④ FMEA

예비위험분석(PHA, Preliminary Hazards Analysis)

· 대부분의 시스템안전 프로그램에 있어서 최초단계의 분석
· 시스템 내의 위험한 요소가 얼마나 위험한 상태에 있는가를 정성적으로 평가
· PHA의 4가지 주요목표
　－ 시스템에 대한 모든 주요한 사고를 식별하고 대충의 말로 표시할 것(사고 발생 확률은 식별 초기에는 고려되지 않음)
　－ 사고를 유발하는 요인을 식별할 것
　－ 사고가 발생한다고 가정하고 시스템에 생기는 결과를 식별하고 평가할 것
　－ 식별된 사고를 범주(Category)로 분류할 것

40 인간-기계 체계에서 인간의 과오에 기인된 원인 확률을 분석하여 위험성의 예측과 개선을 위한 평가 기법은?

① PHA   ② FMEA

③ THERP   ④ MORT

- PHA : 대부분의 시스템안전 프로그램에 있어서 최초단계의 분석으로 시스템 내의 위험한 요소가 얼마나 위험한 상태에 있는가를 정성적으로 평가
- FMEA : 시스템 안전분석에 이용되는 전형적인 정성적, 귀납적 분석방법으로 시스템에 영향을 미치는 전체 요소의 고장을 형별로 분석하여 그 영향을 검토하는 것
- THERP(Technique of Human Error Rate Prediction) : 인간의 과오를 정량적으로 평가하기 위하여 개발된 기법
- MORT(Management Oversight and Risk Tree) : 트리(Tree)를 중심으로 FTA와 같은 논리기법을 이용하여 관리, 설계, 생산, 보존 등 고도의 안전을 달성하는 것을 목적으로 사용(원자력산업에 이용)

제 **03** 과목   건설시공학

41 토질시험 중 흙 속에 수분이 거의 없고 바삭바삭한 상태의 정도를 알아보기 위한 것은?

① 함수비시험   ② 소성한계시험

③ 액성한계시험   ④ 압밀시험

액성한계 및 소성한계시험
- 액성한계시험 : 흙속에 수분이 있어 끈기가 있는 상태의 정도를 알아내기 위해 실시하는 시험
- 소성한계시험 : 속에 수분이 거의 없고 바삭바삭한 상태의 정도를 알아내기 위해 실시하는 시험

42 $450m^3$의 콘크리트를 타설할 경우 강도시험용 1회의 공시체는 몇 m^3마다 제작하는가?(단, KS 기준)

① $30m^3$ ② $50m^3$

③ $100m^3$ ④ $150m^3$

압축강도에 의한 콘크리트 품질검사
- 지름 15cm, 높이 30cm의 공시체로 1회 시험값은 동일 위치에서 채취한 공시체 3개의 평균값으로 한다.
- 시험시료 채취 시기는 1일 1회, 또는 $150m^3$마다 1회, 배합이 변경될 때마다 한다.

43 철골조 용접 공작에서 용접봉의 피복재 역할로 옳지 않은 것은?

① 함유 원소를 이온화하여 아크를 안정시킨다.

② 용착 금속에 합금 원소를 가한다.

③ 용착 금속의 산화를 촉진하여 고열을 발생시킨다.

④ 용융 금속의 탈산, 정련을 한다.

용접봉의 피복재(플럭스, Flux) 역할

- 공기를 차단시켜 산화 또는 질화를 방지한다.
- 함유 원소를 이온화하여 아크(Arc)를 안정시킨다.
- 용융금속의 탈산, 정련에 기여한다.
- 중성 또는 환원성의 분위기를 만들어 대기 중의 산소나 질소의 침입을 방지하고 용융금속을 보호한다.
- 표면의 냉각, 응고속도를 낮춘다.
- 용착금속에 합금원소를 가한다.

44 공사계획에 있어서 공법 선택 시 고려할 사항과 가장 거리가 먼 것은?

① 공구 분할의 결정
② 품질 확보
③ 공기 준수
④ 작업의 안전성 확보와 제3자 재해의 방지

공법 선택 시 우선 고려사항

- 품질 확보
- 공기 준수
- 작업의 안전성 확보와 제3자 재해의 방지

45 설계 · 시공 일괄계약제도에 관한 설명으로 옳지 않은 것은?

① 단계별 시공의 적용으로 전체 공사기간의 단축이 가능하다.
② 설계와 시공의 책임 소재가 일원화된다.
③ 발주자의 의도가 충분히 반영될 수 있다.
④ 계약 체결 시 총 비용이 결정되지 않으므로 공사비용이 상승할 우려가 있다.

46 콘크리트 타설시 다짐에 대한 설명으로 옳지 않은 것은?

① 내부진동기는 슬럼프가 15cm 이하일 때 사용하는 것이 좋다.
② 슬럼프가 클수록 오래 다지도록 한다.
③ 진동기를 인발할 때에는 진동을 주면서 천천히 뽑아 콘크리트에 구멍을 남기지 않도록 한다.
④ 콘크리트 다짐시 철근에 진동을 주지 않는다.

진동기의 사용

- 진동기는 수직방향(연직방향)으로 사용한다.
- 진동기를 뺄 때는 천천히 빼내 자국이 남지 않도록 한다.
- 진동기는 하층 콘크리트에 10cm 정도 삽입하여 상 · 하층 콘크리트를 일체화시킨다.
- 진동기를 철근에 접촉시키지 않는다.
- 진동의 효과는 봉의 직경, 진동수, 진폭 등에 따라 다르며, 진동수가 큰 것일수록 다짐효과가 크다.
- 내부진동기는 슬럼프가 15cm 이하일 때 사용하는 것이 좋다.
- 슬럼프가 큰 묽은 반죽에서 진동다짐은 별 효과가 없다.

47 한 구획 전체의 벽판과 바닥판을 ㄱ자형 또는 ㄷ자형으로 짜서 이동시키는 형태의 기성재 거푸집은?

① 슬라이딩 폼(Sliding Form)
② 터널 폼(Tunnel Form)
③ 유로 폼(Euro Form)
④ 워플 폼(Waffle Form)

 해설

터널 폼(Tunnel Form)
- 한 구획 전체의 벽과 바닥판을 ㄱ자, ㄷ자 형으로 짜서 이동식 거푸집으로 이용
- 벽식 철근 콘크리트 구조를 시공할 때 벽과 바닥 콘크리트를 한 번에 타설하기 위해 벽체용 거푸집과 슬래브 거푸집을 일체로 제작하여 한 번에 설치하고 해체할 수 있도록 한 대형거푸집으로 트윈 쉘과 모노 쉘로 구분

48 수직굴착, 수중굴착 등 일반적으로 협소한 장소의 깊은 굴착에 적합한 것으로 자갈 등의 적재에도 사용하는 토공장비는?

① 클램쉘
② 불도저
③ 캐리올 스크레이퍼
④ 로더

 해설

굴착용 기계의 종류 및 특징

구분	굴착기계	특징	토질
셔블계	파워셔블	지반면보다 높은 곳의 굴착, 쇄석 옮겨쌓기, 토사의 처리 등에 널리 쓰인다.	굳은 점토, 암석, 토사
	드래그셔블 (백호우)	지반면보다 낮은 곳의 굴착, 지하층 및 기초 굴삭, 토목공사나 수중굴착 등에 쓰인다(지하 6m 정도의 깊이).	자갈, 암석이 섞인 토사, 굳은 지반
	드래그라인	지반면보다 낮은 곳의 굴착, 토사를 긁어 모음, 연약한 지반의 깊은 곳 굴착 등에 쓰인다(지하 8m 정도의 깊이).	암석, 암석이 섞인 토사, 연약한 지반
	클램쉘	좁은 곳의 수직굴착, 자갈 등의 적재, 연약한 지반이나 수중굴착 등에 쓰인다.	자갈, 암석, 연약한 지반
트랙터계	불도저	직선송토작업, 단단한 지반과 암석작업 등에 널리 쓰인다.	암석, 굳은 지반

49 프리스트레스하지 않는 부재의 현장치기 콘크리트에서 다음과 같은 조건을 가진 부재의 최소 피복두께로서 옳은 것은?

> • 옥외의 공기나 흙에 직접 접하지 않는 콘크리트 – 보, 기둥

① 30mm
② 40mm
③ 50mm
④ 60mm

콘크리트 구조설계기준의 최소피복두께

표면 조건		부재	철근 종류	최소피복두께
수중에서 치는 콘크리트		모든 부재	–	100mm
흙에 접한 부위	흙에 접하여 콘크리트를 친 후 영구히 흙에 묻혀 있는 콘크리트	모든 부재	–	80mm
	흙에 접하거나 옥외의 공기에 직접 노출되는 콘크리트	모든 부재	D29 이상	60mm
			D25 이하	50mm
			D16 이하	40mm
흙에 접하지 않는 부위	옥외의 공기나 흙에 직접 접하지 않는 콘크리트	슬래브, 벽체, 장선	D35 초과	40mm
			D35	20mm
		보, 기둥	–	40mm
		쉘, 절판부재		20mm

50 철골부재의 내화피복에 관한 설명으로 옳지 않은 것은?

① 뿜칠공법은 큰 면적의 내화피복을 단시간에 시공할 수 있다.
② 성형판 붙임공법은 주로 기둥과 보의 내화피복에 사용된다.
③ 타설공법은 임의의 치수와 형상의 내화피복이 가능하다.
④ 미장공법은 바탕작업이 단순하고 양생에 소요되는 시간이 짧다.

미장공법의 특징

• 철골의 부착력 증대를 위해 메탈라스(metal lath) 및 용접철망을 부착하고 단열모르타르로 미장하는 공법
• 내화피복과 표면마무리가 동시에 완료된다.
• 작업소요시간이 길며 기계화 시공이 곤란하다.
• 부착성, 균열, 방청에 대한 검토가 필요하다.

51 철근콘크리트구조 시공 시 콘크리트 이어붓기 위치에 관한 설명으로 옳지 않은 것은?

① 기둥이음은 기둥의 중간에서 수평으로 한다.
② 아치의 이음은 아치축에 직각으로 설치한다.
③ 보, 바닥판이음은 그 스팬의 중앙 부근에서 수직으로 한다.
④ 벽은 개구부 등 끊기 좋은 위치에서 수직 또는 수평으로 한다.

콘크리트의 이음 위치

• 보, 슬래브 : 스팬의 1/2 되는 곳에 수직으로 이음(단, 작은 보가 있을 때 작은 보 너비의 2배이며, 캔틸레버로 내민 보나 바닥판은 일체로 한다.)
• 기둥 : 기초 위, 바닥판 위, 연결보 위에 수평으로 이음

- 벽 : 개구부 주위
- 아치 : 축의 직각

52 굳지 않은 콘크리트에 실시하는 시험이 아닌 것은?

① 슬럼프시험 ② 플로우시험
③ 슈미트해머시험 ④ 리몰딩시험

 슈미트해머시험은 콘크리트의 압축강도를 측정하기 위해 가장 일반적으로 사용된다.

53 공동도급(Joint Venture Contract)의 이점이 아닌 것은?

① 융자력의 증대 ② 위험부담의 분산
③ 기술의 확충, 강화 및 경험의 증대 ④ 이윤의 증대

 공동도급(Joint Venture Contract)
- 복수 참가자가 독립된 공동체를 작성하고 공동출자하며 공동관리권을 가지며, 특정한 공사를 목적으로 하는 것으로 공동의 영리를 목적으로 한다.
- 이윤의 증대는 없지만 상호보증으로 인해 융자력이 증대되며 위험부담이 분산된다.
- 단일회사의 경우보다 간접비가 많이 발생하여 공사비가 증대되고, 구성원 상호간의 불일치로 혼란이 초래될 수 있다.

54 탑다운(top-down) 공법에 관한 설명으로 옳지 않은 것은?

① 1층 바닥을 조기에 완성하여 작업장 등으로 사용할 수 있다.
② 지하·지상을 동시에 시공하여 공기단축이 가능하다.
③ 소음·진동이 심하고 주변구조물의 침하우려가 크다.
④ 기둥·벽 등 수직부재의 구조이음에 기술적 어려움이 있다.

 탑다운(top-down) 공법의 특징
- 1층 바닥을 조기에 완성하여 작업장 등으로 사용할 수 있다.
- 지하·지상을 동시에 시공하여 공기단축이 가능하다.
- 소음과 진동이 적고, 주변 구조물의 침하방지 억제에 효과적이다.
- 지하공사 중 소음발생우려가 적다.
- 가설자재를 절약할 수 있다.

55 공공 혹은 공익 프로젝트에 있어서 자금을 조달하고, 설계, 엔지니어링 및 시공 전부를 도급 받아 시설물을 완성하고 그 시설을 일정 기간 운영하여 투자금을 회수한 수 발주자에게 시설을 인도하는 공사계약방식은?

① CM계약 방식 ② 공동도급 방식
③ 파트너링 방식 ④ BOT 방식

사회간접자본시설의 시공방식

- BTO(Build−Transfer−Operate) 방식 : 사회간접자본시설의 준공과 동시에 당해 시설의 소유권이 정부 또는 지방자치단체에 귀속되며, 사업 시행자에게 일정기간의 시설 관리운영권을 부여하는 방식이다.
- BOT(Build−Operate−Transfer) 방식 : 사회간접자본시설의 준공 후 일정기간 동안 사업 시행자에게 당해 시설의 소유권(운영권)이 인정되며, 그 기간의 만료 시 시설의 소유권(운영권)이 정부 또는 지방자치단체에 귀속되는 방식이다.
- BOO(Build−Own−Operate) 방식 : 사회간접자본시설의 준공과 동시에 사업 시행자에게 당해 시설의 소유권 및 운영권을 인정하는 방식이다.
- BLT(Build−Lease−Transfer) 방식 : 사업 시행자가 사회간접자본시설을 준공한 후 일정 기간 동안 운영권을 정부에 임대하여 투자비를 회수하며, 약정 임대기간 종료 후 시설물을 정부 또는 지방자치단체에 이전하는 방식이다.

56 기성콘크리트말뚝을 타설할 때 그 중심간격의 기준으로 옳은 것은?

① 말뚝머리지름의 2.5배 이상 또한 600mm 이상
② 말뚝머리지름의 2.5배 이상 또한 750mm 이상
③ 말뚝머리지름의 3.0배 이상 또한 600mm 이상
④ 말뚝머리지름의 3.0배 이상 또한 750mm 이상

기초 말뚝의 특성

특성 및 구분	나무말뚝	기성콘크리트말뚝	제자리콘크리트말뚝	강재말뚝
지름	15~20cm	20~60cm	40~60cm	임의
말뚝간격(2.5d 이상)	60cm 이상	75cm 이상	90cm 이상	90cm 이상
길이	6~10m	10~12m	임의	30~80cm
지지력	5~10t	30~50t	50~100t	50~100t
말뚝의 위치	상수면 이하	임의	임의	임의
용도	상수면이 얕고 경량건물	중량건물	중량건물 지중에 구근 형성	중량건물

57 표준관입시험에 관한 설명으로 옳은 것은?

① 해머의 무게는 73.5kg이다.
② 해머의 낙하 높이는 100cm이다.
③ 점토지반에서 실시하여도 높은 신뢰성을 얻을 수 있다.
④ N값이 클수록 밀실한 토질이다.

표준관입시험

- 사질지반의 상대밀도 등 토질조사 시 신뢰성이 높다.
- 63.5kg의 추를 76cm 높이에서 떨어뜨려 30cm 관입시킬 때의 타격회수(N)를 측정하여 흙의 경·연 정도를 판정한다.
- 표준관입시험에서 30cm의 관입에 필요한 타격 횟수(N값이 클수록 밀실한 상태)

N값	지반 상태	N값	지반 상태
0~5	몹시 느슨	10~30	보통
5~10	느슨	50 이상	다진 상태

58 Under Pinning 공법을 적용하기에 부적합한 경우는?

① 인접 지상구조물의 철거 시
② 지하구조물 밑에 지중구조물을 설치할 때
③ 기존구조물에 근접한 굴착 시 구조물의 침하나 경사를 미연에 방지할 경우
④ 기존구조물의 지지력 부족으로 건물에 침하나 경사가 생겼을 때 이것을 복원하는 경우

 해설

언더피닝(Under pinning) 공법은 기존건물에 근접하여 구조물을 구축할 때 기존건물의 균열 및 파괴를 방지할 목적으로 지하에 실시하는 보강공법이다.

59 흙막이벽 설계 시 고려하지 않아도 되는 것은?

① 히빙(heaving)
② 보일링(boiling)
③ 파이핑(piping)
④ 사운딩(sounding)

 해설

사운딩(sounding)은 저항 날개 등을 부착한 환봉을 인력 또는 기계 조작에 의해 지하에 타입하거나 압입, 회전 또는 인발하여 지하층의 저항을 탐사하는 시험을 말하는 것으로 흙막이벽 설계 시 고려 사항과는 관계가 없다.

60 철근공사의 철근트러스 입체화 공법의 특징이 아닌 것은?

① 현장조립의 거푸집공사를 공장제 기성품으로 대체
② 구조적 안전성 확보
③ 가설작업장의 면적 증가
④ Support 감소, 지보공수량 감소로 작업의 안전성 확보

 해설

철근트러스 입체화 공법은 가설작업장의 면적이 감소한다.

제 **04** 과목　건설재료학

61 콘크리트의 블리딩 현상에 대한 설명 중 옳지 않은 것은?

① 콘크리트의 컨시스턴시가 클수록 블리딩은 증대한다.
② AE콘크리트는 보통콘크리트에 비하여 블리딩 현상이 적다.

③ 블리딩 현상에 의해 떠오른 미립물은 상호 간 접착력을 증대시킨다.

④ 콘크리트 면이 침하되어 콘크리트 균열의 원인이 된다.

 해설

블리딩(Bleeding) 현상

- 콘크리트 타설시 물과 다른 재료와의 비중 차이로 콘크리트 표면에 물과 함께 유리석회, 유기불순물 등이 떠오르는 현상을 말하며, 부착이 저해됨에 따라 수밀성 및 내구성이 저하된다.
- 블리딩 현상의 방지책
  - 단위 수량을 가능한 적게 하고, 된비빔 콘크리트를 타설
  - 작은 입자를 적당하게 포함하고 있는 잔골재를 사용
  - AE제, AE감수제, 고성능 감수제(포졸란 등)을 사용
  - 분말도가 높은 시멘트 사용

62 건축재료 중 압축강도가 일반적으로 가장 큰 것부터 작은 순서대로 나열된 것은?

① 화강암 - 보통콘크리트 - 시멘트벽돌 - 참나무

② 보통콘크리트 - 화강암 - 참나무 - 시멘트벽돌

③ 화강암 - 참나무 - 보통콘크리트 - 시멘트벽돌

④ 보통콘크리트 - 참나무 - 화강암 - 시멘트벽돌

 해설

건축재료의 일반적인 압축강도

- 화강암 : 1,300~2,000kgf/cm²
- 보통콘크리트 : 400kgf/cm²
- 참나무 : 560kgf/cm²
- 시멘트벽돌 : 80kgf/cm²

63 목재의 특징으로 옳지 않은 것은?

① 가연성이다.

② 진동 감속성이 작다.

③ 섬유포화점 이하에서 함수율 변동에 따라 변형이 크다.

④ 콘크리트 등 다른 건축재료에 비해 내구성이 약하다.

 해설

목재의 장점과 단점

구분	내용
장점	• 가볍기 때문에 운반과 취급이 편리하고 가공이 용이하다. • 무게에 비해 강도와 탄성이 크다. • 충격, 진동, 소음을 잘 흡수한다.
단점	• 재질, 강도에 균일성이 없고 비틀림이 생기기 쉽다. • 큰 치수의 구입이 곤란하다. • 방부 처리가 필요하다. • 온도에 대한 신축이 크다.

64 콘크리트의 성질에 관한 설명으로 옳지 않은 것은?

① 화재 시 결합수를 방출하므로 강도가 저하된다.
② 수밀 콘크리트를 만들려면 된비빔 콘크리트를 사용한다.
③ 수밀성이 큰 콘크리트는 중성화작용이 적어진다.
④ 콘크리트의 열팽창계수는 철에 비해서 매우 작다.

 해설

콘크리트의 열팽창계수는 철과 큰 차이가 나지 않는다.

65 비철금속에 관한 설명으로 옳지 않은 것은?

① 비철금속은 철 이외의 금속을 말한다.
② 철금속에 비하여 내식성이 우수하고 경량이다.
③ 가공이 용이하여 건축용 장식에도 사용된다.
④ 비철금속의 종류는 철강과 탄소강이 있다.

 해설

비철금속은 철(순철, 주철, 강) 이외의 금속을 말하는 것으로 알루미늄, 구리, 마그네슘, 니켈 및 그 합금 등이 대표적이다.

66 목재 기건상태의 함수율은 약 얼마인가?

① 15%   ② 30%
③ 45%   ④ 60%

 해설

목재의 함수율

• 기건재의 함수율 : 12~18%(평균 15%)
• 섬유포화점 : 섬유 자신의 함수율이 25~30%(보통 30%)인 경우
• 함수율에 의한 목재 재질의 변화
  – 목재의 재질 변동(수축, 팽창 등)은 섬유포화점 이하의 함수 상태에서만 발생한다.
  – 섬유포화점 이하에서 함수율이 감소함에 따라 강도는 증가하고 탄성은 감소한다.

67 점토소성제품의 흡수성이 큰 것부터 순서대로 올바르게 나열된 것은?

① 토기 > 도기 > 석기 > 자기   ② 토기 > 도기 > 자기 > 석기
③ 도기 > 토기 > 석기 > 자기   ④ 도기 > 토기 > 자기 > 석기

 해설

점토소성제품의 분류

구분	토기	도기	석기	자기
소성온도	790~1000℃	1100~1230℃	1160~1350℃	1230~1460℃
흡수율	20% 이상	10% 내외	3~10%	1% 이하

색상	유색, 백색	유색, 백색	유색	백색
특성	저급원료, 취약함	다공질, 탁음, 유약사용	유약을 사용하지 않으며 식염수 사용	금속성 청음
용도	기와, 적벽돌, 토관	내장타일, 테라코타	외장·바닥타일, 클링커 타일	고급타일, 모자이크 타일, 위생도기

68 흙바름재의 외바탕에 바름하는 재래식 재료가 아닌 것은?

① 진흙
② 새벽흙
③ 짚여물
④ 고무 라텍스

흙바름재
- 진흙, 새벽흙, 모래, 짚여물 등을 물로 반죽한 것으로 주로 외바탕에 바름하는 재료식 재료이다.
- 일반적으로 초벌 및 재벌바름에 사용하며 정벌은 회반죽 등으로 마무리하지만, 최근에는 재래식 분위기를 내기 위해 정벌용으로 사용하는 경우도 있다.

69 각종 미장재료에 대한 설명으로 옳지 않은 것은?

① 석고플라스터는 가열하면 결정수를 방출하여 온도상승을 억제하기 때문에 내화성이 있다.
② 바라이트 모르타르는 방사선 방호용으로 사용된다.
③ 돌로마이트플라스터는 수축률이 크고 균열이 쉽게 발생한다.
④ 혼합석고플라스터는 약산성이며 석고라스보드에 적합하다.

혼합석고플라스터는 석고플라스터의 한 종류로 약알칼리성이며 경화속도는 보통, 부착강도는 약한 편인 수경성 미장재료이다.

70 아스팔트 방수공사 시 바탕처리에 관한 설명으로 옳지 않은 것은?

① 바탕면을 충분히 건조시킬 것
② 바탕면에 물흘림 경사를 충분히 둘 것
③ 바탕면을 거칠게 마무리할 것
④ 구석, 모서리 등을 둥글게 처리할 것

아스팔트 방수공사 시 바탕처리
- 바탕면은 충분히 건조되어 있어야 한다.
- 바탕면은 평평하고, 들뜸, 레이턴스, 취약부 및 돌기부 등의 결함이 없는 양호한 상태여야 한다.
- 드레인, 관통 파이프 등은 방수시공에 지장이 없는 위치에 있어야 한다.
- 바탕면이 드레인을 향하여 1/100~1/50의 구배를 이루어 물고임 현상이 생기지 않도록 한다.
- 구석, 모서리 등을 둥글에 처리하여 아스탈트 루핑, 펠트의 부착이 잘 되도록 하여야 한다.
- 치켜올림부는 요철 등이 적은 양호한 면으로 하여 방수층의 끝부분 처리가 충분하게 되는 형상, 높이로 하여야 한다.
- 접착력을 떨어뜨리는 먼지, 유지류, 오염, 녹 또는 거푸집 박리재 등이 없도록 바탕 청소를 세심하게 하여야 한다.

71 콘크리트용 시멘트에 관한 설명으로 옳지 않은 것은?

① 콘크리트강도는 물시멘트비에 영향을 받지 않는다.
② 고로시멘트와 실리카시멘트는 보통포틀랜드시멘트보다 수화작용이 느려서 초기 강도가 작다.
③ 시멘트의 분말도가 클수록 초기 콘크리트강도 발현이 빠르다.
④ 알루미나시멘트, 고로시멘트, 실리카시멘트는 내해수성이 크다.

 해설

콘크리트 강도에 영향을 주는 요인

• 사용재료(시멘트, 골재, 혼합수, 혼화재료 등)의 품질 : 시멘트 · 물비가 동일하면 콘크리트의 강도는 시멘트 강도(사용 시멘트의 품질)에 비례하여 증감한다.
• 물 · 시멘트비 : 콘크리트 강도에 영향을 미치는 가장 중요한 요인이다.
• 공기량 : 공기량이 1% 증가함에 따라 콘크리트의 강도는 4~6% 감소한다.
• 시공방법 : 손비빔보다 기계비빔이 강도면에서 10~20% 정도 증대되며, 진동기는 묽은 반죽에는 효과가 적다.
• 양생방법 : 습윤 양생 후 공기 중에서 건조시키면 강도가 20~40% 증가되며 일반적으로 4~40℃의 범위에서는 온도가 높을수록 재령 28일까지의 강도는 증가한다.

72 중용열 포틀랜드시멘트에 관한 설명으로 옳지 않은 것은?

① 수축이 작고 화학저항성이 일반적으로 크다.
② 매스콘크리트 등에 사용된다.
③ 단기강도는 보통포틀랜드시멘트보다 낮다.
④ 긴급 공사, 동절기 공사에 주로 사용된다.

 해설

중용열 포틀랜드 시멘트의 특징

• C_3A와 C_3S 양을 적게 하고 C_2S 양을 많게 하여 방사능 차례용이나 댐 등과 같이 단면이 큰 매스콘크리트에 사용한다.
• 조기강도는 작지만 장기강도가 크다.
• 내산성 및 내구성이 크다.
• 화학적응성이 크다.
• 시멘트 중에서 건조수축이 가장 적다.

73 콘크리트 면에 주로 사용하는 도장재료는?

① 오일페인트
② 합성수지 에멀션페인트
③ 래커에나멜
④ 에나멜페인트

 해설

합성수지 에멀션페인트

• 수용성으로 수성페인트에 합성수지와 유화제를 섞은 것이다.
• 건조된 도막은 물에 녹지 않아 내수성 및 내구성이 뛰어나다.
• 내부용과 외부용으로 모두 사용 가능하며 외부용 도막이 더 튼튼하다.
• 광택이 없으며 콘크리트면, 모르타르면에 사용된다.

74 시멘트 종류에 따른 사용용도를 나타낸 것으로 옳지 않은 것은?

① 조강 포틀랜드시멘트 – 한중공사
② 중용열 포틀랜드시멘트 – 매스콘크리트 및 댐공사
③ 고로시멘트 – 타일 줄눈공사
④ 내황산염 포틀랜드시멘트 – 온천지대나 하수도공사

고로시멘트의 특징

- 수화열이 적고 수축이 적어 댐공사에 적합하다.
- 비중이 적고(2.85 이상) 바닷물의 화학작용에 대한 저항성이 크다.
- 단기강도(초기강도)가 작고 장기강도는 양호하다.
- 수밀성이 우수하고 풍화가 용이하다.
- 응결시간이 약간 느리다.
- 콘크리트의 블리딩이 적어진다.

75 강에 함유된 탄소량의 증감과 관련이 없는 것은?

① 경도의 증감
② 내산, 내알칼리성의 증감
③ 인장강도의 증감
④ 연성(신장률)의 증감

탄소함유량에 따른 철강의 분류 및 특징

명칭	탄소함유량	성질
연철	0.04% 이하	연질, 가단성이 크다.
강	0.04~1.7%	가단성, 주조성, 담금질 효과가 있다.
주철	1.7% 이상	경질, 주조성이 좋고, 취성이 크다.

76 목재의 건조속도에 관한 설명으로 옳지 않은 것은?

① 습도가 높을수록 건조속도는 늦어진다.
② 온도가 높을수록 건조속도가 빠르다.
③ 목재의 비중이 클수록 건조속도는 빠르다.
④ 목재의 두께가 두꺼울수록 건조시간이 길어진다.

목재의 비중이 작을수록, 침엽수가 활엽수보다 건조속도가 빠르고, 도관세포가 큰 활엽수는 건조속도가 더욱 빠르다. 또한, 함수량이 적은 심재가 변재보다 건조가 빠르다.

77 석재 백화현상의 원인이 아닌 것은?

① 빗물처리가 불충분한 경우
② 줄눈시공이 불충분한 경우
③ 줄눈폭이 큰 경우
④ 석재 배면으로부터의 누수에 의한 경우

 해설

석재의 백화현상 원인
• 빗물처리가 불충분한 경우
• 줄눈시공이 불충분한 경우
• 줄눈폭이 작은 경우
• 석재 배면으로부터의 누수에 의한 경우

78 다음 목재 중 실내 치장용으로 사용하기에 적합하지 않은 것은?

① 느티나무   ② 단풍나무
③ 오동나무   ④ 소나무

 해설

소나무, 전나무, 낙엽송 등과 같은 침엽수는 질기고 탄력성이 있으며, 나뭇결이 곧고 내구성이 있기 때문에 주로 기둥, 서까래, 대들보 등의 구조재로 많이 사용된다.

79 점토광물 중 적갈색으로 내화성이 부족하고 보통벽돌, 기와, 토관의 원료로 사용되는 것은?

① 석기점토   ② 사질점토
③ 내화점토   ④ 자토

 해설

사질점토는 점토성분이 30~45% 정도로 모래가 많이 섞인 점토를 말하며, 적갈색으로 내화성으로 부족하기 때문에 보통벽돌, 기와, 토관의 원료 등으로 사용된다.

80 발포제로서 보드상으로 성형하여 단열재로 널리 사용되며 천장재, 전기용품 등에도 쓰이는 열가소성 수지는?

① 폴리스티렌수지   ② 실리콘수지
③ 폴리에스테르수지   ④ 요소수지

 해설

폴리스티렌(Polystyrene) 수지
• 무색투명하고 착색하기 쉽다.
• 전기적 특성, 내화학성, 가공성이 우수하다.
• 단열재로 널리 사용되며 건축물 천장재, 블라인드 등에 쓰인다.

81 건설업 산업안전보건관리비의 안전시설비로 사용가능하지 않은 항목은?

① 비계 · 통로 · 계단에 추가 설치하는 추락방지용 안전난간
② 공사수행에 필요한 안전통로
③ 틀비계에 별도로 설치하는 안전난간 · 사다리
④ 통로의 낙하물 방호선반

안전발판, 안전통로, 안전계단 등과 같이 명칭에 관계없이 공사 수행에 필요한 가시설들은 안전시설비로 사용이 불가하다.

82 고소작업대가 갖추어야 할 설치조건으로 옳지 않은 것은?

① 작업대를 와이어로프 또는 체인으로 올리거나 내릴 경우에는 와이어로프 또는 체인이 끊어져 작업대가 떨어지지 아니하는 구조여야 하며, 와이어로프 또는 체인의 안전율은 3 이상일 것
② 작업대를 유압에 의해 올리거나 내릴 경우에는 작업대를 일정한 위치에 유지할 수 있는 장치를 갖추고 압력의 이상 저하를 방지할 수 있는 구조일 것
③ 작업대에 정격하중(안전율 5 이상)을 표시할 것
④ 작업대에 끼임 · 충돌 등 재해를 예방하기 위한 가드 또는 과상승방지장치를 설치할 것

산업안전보건기준에 관한 규칙 제186조(고소작업대 설치 등의 조치) ① 사업주는 고소작업대를 설치하는 경우에는 다음 각 호에 해당하는 것을 설치하여야 한다.
1. 작업대를 와이어로프 또는 체인으로 올리거나 내릴 경우에는 와이어로프 또는 체인이 끊어져 작업대가 떨어지지 아니하는 구조여야 하며, 와이어로프 또는 체인의 안전율은 5 이상일 것
2. 작업대를 유압에 의해 올리거나 내릴 경우에는 작업대를 일정한 위치에 유지할 수 있는 장치를 갖추고 압력의 이상저하를 방지할 수 있는 구조일 것
3. 권과방지장치를 갖추거나 압력의 이상상승을 방지할 수 있는 구조일 것
4. 붐의 최대 지면경사각을 초과 운전하여 전도되지 않도록 할 것
5. 작업대에 정격하중(안전율 5 이상)을 표시할 것
6. 작업대에 끼임 · 충돌 등 재해를 예방하기 위한 가드 또는 과상승방지장치를 설치할 것
7. 조작반의 스위치는 눈으로 확인할 수 있도록 명칭 및 방향표시를 유지할 것

83 콘크리트 타설작업을 하는 경우에 준수해야 할 사항으로 옳지 않은 것은?

① 당일의 작업을 시작하기 전에 해당 작업에 관한 거푸집 동바리 등의 변형 변위 및 지반의 침하 유무 등을 점검하고 이상이 있으면 보수할 것
② 작업 중에는 거푸집 동바리 등의 변형 · 변위 및 침하 유무 등을 감시할 수 있는 감시자를 배치 하여 이상이 있으면 작업을 중지하고 근로자를 대피시킬 것
③ 설계도서상의 콘크리트 양생기간을 준수하여 거푸집 동바리 등을 해체할 것
④ 콘크리트를 타설하는 경우에는 편심을 유발하여 한쪽 부분부터 밀실하게 타설 되도록 유도 할 것

산업안전보건기준에 관한 규칙 제334조(콘크리트의 타설작업) 사업주는 콘크리트 타설작업을 하는 경우에는 다음 각 호의 사항을 준수해야 한다.
1. 당일의 작업을 시작하기 전에 해당 작업에 관한 거푸집 및 동바리의 변형·변위 및 지반의 침하 유무 등을 점검하고 이상이 있으면 보수할 것
2. 작업 중에는 감시자를 배치하는 등의 방법으로 거푸집 및 동바리의 변형·변위 및 침하 유무 등을 확인해야 하며, 이상이 있으면 작업을 중지하고 근로자를 대피시킬 것
3. 콘크리트 타설작업 시 거푸집 붕괴의 위험이 발생할 우려가 있으면 충분한 보강조치를 할 것
4. 설계도서상의 콘크리트 양생기간을 준수하여 거푸집동바리등을 해체할 것
5. 콘크리트를 타설하는 경우에는 편심이 발생하지 않도록 골고루 분산하여 타설할 것

84 건설업에서 사업주의 유해위험방지계획서 제출 대상 공사가 아닌 것은?

① 지상 높이가 31m 이상인 건축물의 건설 개조 또는 해체공사
② 연면적 5000m² 이상 관광숙박시설의 해체공사
③ 저수용량 5000톤 이하의 지방상수도 전용댐 건설 등의 공사
④ 깊이 10m 이상인 굴착공사

유해위험방지계획서 제출 대상 공사(산업안전보건법 시행령 제42조 ③항)
1. 다음 각 목의 어느 하나에 해당하는 건축물 또는 시설 등의 건설·개조 또는 해체 공사
   가. 지상높이가 31미터 이상인 건축물 또는 인공구조물
   나. 연면적 3만제곱미터 이상인 건축물
   다. 연면적 5천제곱미터 이상인 시설로서 다음의 어느 하나에 해당하는 시설
      1) 문화 및 집회시설(전시장 및 동물원·식물원은 제외한다)
      2) 판매시설, 운수시설(고속철도의 역사 및 집배송시설은 제외한다)
      3) 종교시설
      4) 의료시설 중 종합병원
      5) 숙박시설 중 관광숙박시설
      6) 지하도상가
      7) 냉동·냉장 창고시설
2. 연면적 5천제곱미터 이상인 냉동·냉장 창고시설의 설비공사 및 단열공사
3. 최대 지간(支間)길이(다리의 기둥과 기둥의 중심사이의 거리)가 50미터 이상인 다리의 건설등 공사
4. 터널의 건설등 공사
5. 다목적댐, 발전용댐, 저수용량 2천만톤 이상의 용수 전용 댐 및 지방상수도 전용 댐의 건설등 공사
6. 깊이 10미터 이상인 굴착공사

85 이동식비계를 조립하여 작업을 하는 경우의 준수사항으로 옳지 않은 것은?

① 이동식비계의 바퀴에는 뜻밖의 갑작스러운 이동 또는 전도를 방지하기 위하여 브레이크·쐐기 등으로 바퀴를 고정시킨 다음 비계의 일부를 견고한 시설물에 고정하거나 아웃트리거(outrigger)를 설치하는 등 필요한 조치를 할 것
② 작업발판은 항상 수평을 유지하고 작업발판 위에서 안전난간을 딛고 작업을 하지 않도록 하며, 대신 받침대 또는 사다리를 사용하여 작업할 것
③ 비계의 최상부에서 작업을 하는 경우에는 안전난간을 설치할 것
④ 작업발판의 최대적재하중은 250kg을 초과하지 않도록 할 것

해설

산업안전보건기준에 관한 규칙 제68조(이동식비계) 사업주는 이동식비계를 조립하여 작업을 하는 경우에는 다음 각 호의 사항을 준수하여야 한다.
1. 이동식비계의 바퀴에는 뜻밖의 갑작스러운 이동 또는 전도를 방지하기 위하여 브레이크·쐐기 등으로 바퀴를 고정시킨 다음 비계의 일부를 견고한 시설물에 고정하거나 아웃트리거를 설치하는 등 필요한 조치를 할 것
2. 승강용사다리는 견고하게 설치할 것
3. 비계의 최상부에서 작업을 하는 경우에는 안전난간을 설치할 것
4. 작업발판은 항상 수평을 유지하고 작업발판 위에서 안전난간을 딛고 작업을 하거나 받침대 또는 사다리를 사용하여 작업하지 않도록 할 것
5. 작업발판의 최대적재하중은 250킬로그램을 초과하지 않도록 할 것

86 추락방지망의 방망 지지점은 최소 얼마 이상의 외력에 견딜 수 있는 강도를 보유하여야 하는가?

① 500Kg
② 600Kg
③ 700Kg
④ 800Kg

해설

추락재해방지 표준안전 작업지침 제8조(지지점의 강도) 지지점의 강도는 다음 각호에 의한 계산값 이상이어야 한다.
1. 방망 지지점은 600킬로그램의 외력에 견딜 수 있는 강도를 보유하여야 한다.(다만, 연속적인 구조물이 방망 지지점인 경우의 외력이 다음식에 계산한 값에 견딜 수 있는 것은 제외한다)

$F = 200B$

여기에서 F는 외력(단위 : 킬로그램), B는 지지점 간격(단위 : 미터)이다.

87 거푸집동바리등을 조립하거나 해체하는 작업을 하는 경우 준수사항으로 옳지 않은 것은?

① 해당 작업을 하는 구역에는 관계 근로자 가 아닌 사람의 출입을 금지할 것

② 비, 눈, 그 밖의 기상상태의 불안정으로 날씨가 몹시 나쁜 경우에는 그 작업을 중지할 것

③ 낙하·충격에 의한 돌발적 재해를 방지하기 위하여 버팀목을 설치하고 거푸집동바리등을 인양장비에 매단 후에 작업을 하도록 하는 등 필요한 조치를 할 것

④ 재료, 기구 또는 공구 등을 올리거나 내리는 경우에는 근로자로 하여금 달줄·달포대 등의 사용을 금지하도록 할 것

해설

산업안전보건기준에 관한 규칙 제333조(조립·해체 등 작업 시의 준수사항) ① 사업주는 기둥·보·벽체·슬래브 등의 거푸집 및 동바리를 조립하거나 해체하는 작업을 하는 경우에는 다음 각 호의 사항을 준수해야 한다.
1. 해당 작업을 하는 구역에는 관계 근로자가 아닌 사람의 출입을 금지할 것
2. 비, 눈, 그 밖의 기상상태의 불안정으로 날씨가 몹시 나쁜 경우에는 그 작업을 중지할 것
3. 재료, 기구 또는 공구 등을 올리거나 내리는 경우에는 근로자로 하여금 달줄·달포대 등을 사용하도록 할 것
4. 낙하·충격에 의한 돌발적 재해를 방지하기 위하여 버팀목을 설치하고 거푸집 및 동바리를 인양장비에 매단 후에 작업을 하도록 하는 등 필요한 조치를 할 것
② 사업주는 철근조립 등의 작업을 하는 경우에는 다음 각 호의 사항을 준수하여야 한다.
1. 양중기로 철근을 운반할 경우에는 두 군데 이상 묶어서 수평으로 운반할 것
2. 작업위치의 높이가 2미터 이상일 경우에는 작업발판을 설치하거나 안전대를 착용하게 하는 등 위험 방지를 위하여 필요한 조치를 할 것

88 아스팔트 포장도로의 노반의 파쇄 또는 토사 중에 있는 암석제거에 가장 적당한 장비는?

① 스크레이퍼(Scraper)　　　　　② 롤러(Roller)
③ 리퍼(Ripper)　　　　　　　　④ 드래그라인(Dragline)

- 스크레이퍼(Scraper) : 날을 사용하여 땅이나 노반을 긁고, 그 파편을 통에 담아 처리하는 건설기계
- 롤러(Roller) : 자체의 중량 또는 진동으로 토사 및 아스팔트 등을 다져주는 포장용 건설기계
- 리퍼(Ripper) : 아스팔트 포장도로의 노반의 파쇄 또는 토사 중에 있는 암석제거에 사용되는 건설기계
- 드래그라인(Dragline) : 주로 기체보다 낮은 장소 또는 수중굴착에 적합한 굴착용 건설기계

89 추락방호망을 건축물의 바깥쪽으로 설치하는 경우 벽면으로부터 망의 내면 길이 최소 얼마 이상이어야 하는가?

① 2m　　　　　　　　　　　② 3m
③ 5m　　　　　　　　　　　④ 10m

산업안전보건기준에 관한 규칙 제42조(추락의 방지) ① 사업주는 근로자가 추락하거나 넘어질 위험이 있는 장소[작업발판의 끝·개구부(開口部) 등을 제외한다]또는 기계·설비·선박블록 등에서 작업을 할 때에 근로자가 위험해질 우려가 있는 경우 비계(飛階)를 조립하는 등의 방법으로 작업발판을 설치하여야 한다.
② 사업주는 제1항에 따른 작업발판을 설치하기 곤란한 경우 다음 각 호의 기준에 맞는 추락방호망을 설치해야 한다. 다만, 추락방호망을 설치하기 곤란한 경우에는 근로자에게 안전대를 착용하도록 하는 등 추락위험을 방지하기 위해 필요한 조치를 해야 한다.
1. 추락방호망의 설치위치는 가능하면 작업면으로부터 가까운 지점에 설치하여야 하며, 작업면으로부터 망의 설치지점까지의 수직거리는 10미터를 초과하지 아니할 것
2. 추락방호망은 수평으로 설치하고, 망의 처짐은 짧은 변 길이의 12퍼센트 이상이 되도록 할 것
3. 건축물 등의 바깥쪽으로 설치하는 경우 추락방호망의 내민 길이는 벽면으로부터 3미터 이상 되도록 할 것. 다만, 그물코가 20밀리미터 이하인 추락방호망을 사용한 경우에는 제14조제3항에 따른 낙하물방지망을 설치한 것으로 본다.
③ 사업주는 추락방호망을 설치하는 경우에는 한국산업표준에서 정하는 성능기준에 적합한 추락방호망을 사용하여야 한다.

90 다음은 산업안전보건법령에 따른 지붕 위에서의 위험 방지에 관한 사항이다. ( ) 안에 알맞은 것은?

> 슬레이트, 선라이트 등 강도가 약한 재료로 덮은 지붕 위에서 작업을 할 때에 발이 빠지는 등근로자가 위험해질 우려가 있는 경우 폭 (　　) cm 이상의 발판을 설치하거나 추락방호망을 치는 등 근로자의 위험을 방지하기 위하여 필요한 조치를 하여야 한다.

① 20　　　　　　　　　　　② 25
③ 30　　　　　　　　　　　④ 40

산업안전보건기준에 관한 규칙 제45조(지붕 위에서의 위험 방지) ① 사업주는 근로자가 지붕 위에서 작업을 할 때에 추락하거나 넘어질 위험이 있는 경우에는 다음 각 호의 조치를 해야 한다.
1. 지붕의 가장자리에 제13조에 따른 안전난간을 설치할 것
2. 채광창(skylight)에는 견고한 구조의 덮개를 설치할 것
3. 슬레이트 등 강도가 약한 재료로 덮은 지붕에는 폭 30센티미터 이상의 발판을 설치할 것

91 근로자가 상시 작업하는 장소의 작업면 조도 기준으로 틀린 것은?(단, 갱내 작업장과 감광재료를 취급하는 작업장이 아닌 경우이다.)

① 초정밀작업 : 750럭스 이상
② 정밀작업 : 300럭스 이상
③ 보통작업 : 120럭스 이상
④ 그 밖의 작업 : 75럭스 이상

산업안전기준에 관한 규칙 제8조(조도) 사업주는 근로자가 상시 작업하는 장소의 작업면 조도(照度)를 다음 각 호의 기준에 맞도록 하여야 한다. 다만, 갱내(坑內) 작업장과 감광재료(感光材料)를 취급하는 작업장은 그러하지 아니하다.
1. 초정밀작업 : 750럭스(lux) 이상
2. 정밀작업 : 300럭스 이상
3. 보통작업 : 150럭스 이상
4. 그 밖의 작업 : 75럭스 이상

92 터널 지보공을 설치한 경우에 수시로 점검하여야 할 사항에 해당하지 않는 것은?

① 기둥침하의 유무 및 상태
② 부재의 긴압 정도
③ 매설물 등의 유무 또는 상태
④ 부재의 접속부 및 교차부의 상태

산업안전보건기준에 관한 규칙 제366조(붕괴 등의 방지) 사업주는 터널 지보공을 설치한 경우에 다음 각 호의 사항을 수시로 점검하여야 하며, 이상을 발견한 경우에는 즉시 보강하거나 보수하여야 한다.
1. 부재의 손상 · 변형 · 부식 · 변위 탈락의 유무 및 상태
2. 부재의 긴압 정도
3. 부재의 접속부 및 교차부의 상태
4. 기둥침하의 유무 및 상태

93 다음에서 설명하고 있는 건설장비의 종류는?

앞뒤 두 개의 차륜이 있으며(2축 2륜), 각각의 차축이 평행으로 배치된 것으로 찰흙, 점성토 등의 두꺼운 흙을 다짐하는데 적당하나 단단한 각재를 다지는 데는 부적당하며 마캐덤 롤러 다짐 후의 아스팔트 포장에 사용된다.

① 클램쉘
② 탠덤 롤러
③ 트렉터 셔블
④ 드래인 라인

탠덤 롤러(Tandem Roller)
• 앞바퀴와 뒷바퀴가 일렬로 배치된 롤러로 바퀴 2개가 일렬로 배치된 2축 탠덤 롤러와 3개가 일렬로 배치된 3축 탠덤 롤러가 있다.
• 머캐덤 롤러에 비해 선압이 작기 때문에 노반의 쇄석을 다짐할 때는 적합하지 않고 머캐덤 롤러 사용 후 끝내기 작업이나 아스콘 포장면의 다짐에 효과적으로 사용된다.

94 다음은 산업안전보건법령에 따른 말비계를 조립하여 사용하는 경우에 관한 준수사항이다. ( ) 안에 알맞은 숫자는?

> 말비계의 높이가 2m 초과할 경우에는 작업발판의 폭을 ( ) cm 이상으로 할 것

① 10   ② 20

③ 30   ④ 40

산업안전보건기준에 관한 규칙 제67조(말비계) 사업주는 말비계를 조립하여 사용하는 경우에 다음 각 호의 사항을 준수하여야 한다.
1. 지주부재(支柱部材)의 하단에는 미끄럼 방지장치를 하고, 근로자가 양측 끝부분에 올라서서 작업하지 않도록 할 것
2. 지주부재와 수평면의 기울기를 75도 이하로 하고, 지주부재와 지주부재 사이를 고정시키는 보조부재를 설치할 것
3. 말비계의 높이가 2미터를 초과하는 경우에는 작업발판의 폭을 40센티미터 이상으로 할 것

95 크레인을 사용하여 작업을 하는 경우 준수해야 할 사항으로 옳지 않은 것은?

① 인양할 하물(荷物)을 바닥에서 끌어당기거나 밀어 정위치 작업을 할 것
② 유류드럼이나 가스통 등 운반 도중에 떨어져 폭발하거나 누출될 가능성이 있는 위험물 용기는 보관함(또는 보관고)에 담아 안전하게 매달아 운반할 것
③ 미리 근로자의 출입을 통제하여 인양 중인 하물이 작업자의 머리 위로 통과하지 않도록 할 것
④ 인양할 하물이 보이지 아니하는 경우에는 어떠한 동작도 하지 아니할 것(신호하는 사람에 의하여 작업을 하는 경우는 제외)

산업안전보건기준에 관한 규칙 제146조(크레인 작업 시의 조치) ① 사업주는 크레인을 사용하여 작업을 하는 경우 다음 각 호의 조치를 준수하고, 그 작업에 종사하는 관계 근로자가 그 조치를 준수하도록 하여야 한다.
1. 인양할 하물(荷物)을 바닥에서 끌어당기거나 밀어내는 작업을 하지 아니할 것
2. 유류드럼이나 가스통 등 운반 도중에 떨어져 폭발하거나 누출될 가능성이 있는 위험물 용기는 보관함(또는 보관고)에 담아 안전하게 매달아 운반할 것
3. 고정된 물체를 직접 분리·제거하는 작업을 하지 아니할 것
4. 미리 근로자의 출입을 통제하여 인양 중인 하물이 작업자의 머리 위로 통과하지 않도록 할 것
5. 인양할 하물이 보이지 아니하는 경우에는 어떠한 동작도 하지 아니할 것(신호하는 사람에 의하여 작업을 하는 경우는 제외한다)

96 작업으로 인하여 물체가 떨어지거나 날아올 위험이 있는 경우 설치하는 낙하물 방지망의 수평면과의 각도 기준으로 옳은 것은?

① 10° 이상 20° 이하를 유지
② 20° 이상 30° 이하를 유지
③ 30° 이상 40° 이하를 유지
④ 40° 이상 45° 이하를 유지

산업안전보건기준에 관한 규칙 제14조(낙하물에 의한 위험의 방지) ① 사업주는 작업장의 바닥, 도로 및 통로 등에서 낙하물이 근로자에게 위험을 미칠 우려가 있는 경우 보호망을 설치하는 등 필요한 조치를 하여야 한다.

② 사업주는 작업으로 인하여 물체가 떨어지거나 날아올 위험이 있는 경우 낙하물 방지망, 수직보호망 또는 방호선반의 설치, 출입금지구역의 설정, 보호구의 착용 등 위험을 방지하기 위하여 필요한 조치를 하여야 한다. 이 경우 낙하물 방지망 및 수직보호망은 「산업표준화법」 제12조에 따른 한국산업표준(이하 "한국산업표준"이라 한다)에서 정하는 성능기준에 적합한 것을 사용하여야 한다.

③ 제2항에 따라 낙하물 방지망 또는 방호선반을 설치하는 경우에는 다음 각 호의 사항을 준수하여야 한다.
1. 높이 10미터 이내마다 설치하고, 내민 길이는 벽면으로부터 2미터 이상으로 할 것
2. 수평면과의 각도는 20도 이상 30도 이하를 유지할 것

97 굴착작업을 하는 경우 지반의 붕괴 또는 토석의 낙하에 의한 근로자의 위험을 방지하기 위하여 관리감독자로 하여금 작업시작 전에 점검하도록 해야 하는 사항과 가장 거리가 먼 것은?

① 부석 · 균열의 유무   ② 함수 · 용수
③ 동결상태의 변화   ④ 시계의 상태

산업안전보건기준에 관한 규칙 제338조(굴착작업 사전조사 등) 사업주는 굴착작업을 할 때에 토사등의 붕괴 또는 낙하에 의한 위험을 미리 방지하기 위하여 다음 각 호의 사항을 점검해야 한다.
1. 작업장소 및 그 주변의 부석 · 균열의 유무
2. 함수(含水) · 용수(湧水) 및 동결의 유무 또는 상태의 변화

98 굴착공사 중 암질변화구간 및 이상암질 출현 시에는 암질판별시험을 수행하는데 이 시험의 기준과 거리가 먼 것은?

① 함수비   ② R.Q.D
③ 탄성파속도   ④ 일축압축강도

발파 시 암질판별기준
- R.Q.D(%)
- R.M.R
- 탄성파속도(m/sec)
- 진동치속도(cm/sec)
- 일축압축강도(kgf/cm²)

99 버팀대(Strut)의 축하중 변화상태를 측정하는 계측기는?

① 경사계(Inclino meter)   ② 수위계(Water level meter)
③ 침하계(Extension)   ④ 하중계(Load cell)

- 경사계(Inclino meter) : 흙막이 벽의 수평변위 측정
- 수위계(Water level meter) : 지하수위의 변화를 측정
- 침하계(Extension) : 지반의 침하정도 측정

100 철골공사에서 나타나는 용접결함의 종류에 해당하지 않는 것은?

① 가우징(gouging)　　　　　　② 오버랩(overlap)
③ 언더 컷(under cut)　　　　　 ④ 블로우 홀 (blow hole)

 해설

용접상 결함의 종류

종류	설명
균열, 터짐(Crack)	가장 중대한 결함
오버랩(Over-Lap)	용접 금속과 모재가 융합되지 않고 겹쳐지는 것
블로우 홀(Blow Hole)	용접 내부에 공기(가스)구멍을 형성한 결함
슬래그(Slag) 감싸돌기	용접 찌꺼기가 용착금속 내에 혼입되는 것
언더 컷(Under cut)	모재가 녹아 용착금속이 채워지지 않고 홈으로 남게 된 부분
피트(Pit)	용접 표면에 흠집이 생긴 것
슬래그(Slag) 섞임	용착금속 내에 슬래그가 혼입되는 것
용입부족	모재가 녹지 않고 용착금속이 채워지지 않고 홈으로 남는 것
크레이터(Crater)	용접 시 끝부분에 우묵하게 파진 부분
피시아이(Fish eye)	용접부에 생기는 은색 반점

정답　**2017년 03월 05일 최근 기출문제**

01 ②	02 ②	03 ③	04 ②	05 ①	06 ④	07 ①	08 ④	09 ④	10 ④
11 ②	12 ④	13 ④	14 ④	15 ④	16 ①	17 ①	18 ④	19 ③	20 ②
21 ④	22 ①	23 ②	24 ③	25 ③	26 ①	27 ④	28 ①	29 ④	30 ②
31 ②	32 ①	33 ①	34 ③	35 ④	36 ②	37 ②	38 ④	39 ③	40 ③
41 ②	42 ④	43 ③	44 ①	45 ③	46 ②	47 ②	48 ①	49 ②	50 ④
51 ①	52 ③	53 ④	54 ③	55 ④	56 ②	57 ④	58 ①	59 ④	60 ④
61 ③	62 ③	63 ②	64 ④	65 ④	66 ①	67 ①	68 ④	69 ④	70 ③
71 ①	72 ④	73 ②	74 ③	75 ②	76 ③	77 ③	78 ④	79 ②	80 ①
81 ②	82 ①	83 ④	84 ③	85 ②	86 ②	87 ④	88 ①	89 ②	90 ③
91 ③	92 ③	93 ②	94 ④	95 ①	96 ②	97 ④	98 ①	99 ④	100 ①

최근 기출문제

제 **01** 과목 **산업안전관리론**

01 인간의 착각현상 중 버스나 전동차의 움직임으로 인하여 자신이 승차하고 있는 정지된 차량이 움직이는 것 같은 느낌을 받는 현상은?

① 자동운동   ② 유도운동
③ 가현운동   ④ 플리커현상

 해설

착각현상(운동의 시지각)

• 자동운동 : 암실 내에서 정지된 소광점을 응시하고 있으며 그 광점이 움직이는 것을 볼 수 있는데 이것을 자동운동이라 함
• 유도운동 : 실제로는 움직이지 않는 것이 어느 기준의 이동에 유도되어 움직이는 것처럼 느껴지는 현상
• 가현운동 : 객관적으로 정지하고 있는 대상물이 급속히 나타나든가 소멸하는 것으로 인하여 일어나는 운동으로 마치 대상물이 운동하는 것처럼 인식되는 현상(β−운동 : 영화 영상의 방법)

02 재해발생의 주요원인 중 불안전한 상태에 해당하지 않는 것은?

① 기계설비 및 장비의 결함   ② 부적절한 조명 및 환기
③ 작업장소의 정리 · 정돈 불량   ④ 보호구 미착용

 해설

직접 원인

• 불안전한 행동 : 위험장소 접근, 안전장치의 기능 제거, 복장 보호구의 잘못 사용, 기계 · 기구 잘못 사용, 운전 중인 기계 장치의 손질, 불안전한 속도 조작, 위험물 취급 부주의, 불안전한 상태 방치, 불안전한 자세 동작, 감독 및 연락 불충분
• 불안전한 상태 : 물 자체 결함, 안전 방호장치 결함, 복장 · 보호구의 결함, 물의 배치 및 작업장소 결함, 작업환경의 결함, 생산 공정의 결함, 경계표시 · 설비의 결함

03 강의계획에 있어 학습목적의 3요소가 아닌 것은?

① 목표   ② 주제
③ 학습 내용   ④ 학습 정도

 해설

학습목적의 3요소

• 목표(Goal)   • 주제(Subject)   • 학습정도(인지, 지각, 이해, 적용)

04 맥그리거(McGregor)의 X이론에 따른 관리처방이 아닌 것은?

① 목표에 의한 관리　　　　　　　　　② 권위주의적 리더십 확립
③ 경제적 보상체제의 강화　　　　　　④ 면밀한 감독과 엄격한 통제

 해설

맥그리거의 X, Y 이론 관리처방

구분	관리처방
X이론	• 권위주의적 리더십 확립　　　　　　• 경제적 보상체제의 강화 • 면밀한 감독과 엄격한 통제　　　　　• 상부책임제도의 강화
Y이론	• 민주적 리더십 확립　　　　　　　　• 분권화와 권한의 위임 • 목표에 의한 관리 및 목표달성을 위한 자율적 통제 • 직무의 확장, 책임과 창조력

05 무재해운동 추진기법 중 지적확인에 대한 설명으로 옳은 것은?

① 비평을 금지하고, 자유로운 토론을 통하여 독창적인 아이디어를 끌어낼 수 있다.
② 참여자 전원의 스킨십을 통하여 연대감, 일체감을 조성할 수 있고 느낌을 교류한다.
③ 작업 전 5분간의 미팅을 통하여 시나리오상의 역할을 연기하여 체험하는 것을 목적으로 한다.
④ 오관의 감각기관을 총동원하여 작업의 정확성과 안전을 확인한다.

 해설

지적 확인 : 작업자가 위험작업에 임하여 무재해를 지향하겠다는 뜻을 큰소리로 호칭하면서 안전의식 수준을 제고하는 기법으로 인간의 실수를 없애기 위해 눈, 손, 입 그리고 귀를 이용하여 작업 시작전 뇌를 자극시켜 안전을 확보할 수 있다.

06 산업안전보건법령상 안전검사 대상 기계등이 아닌 것은?

① 곤돌라　　　　　　　　　　　　　　② 이동식 국소 배기장치
③ 산업용 원심기　　　　　　　　　　④ 건조설비 및 그 부속설비

 해설

산업안전보건법 시행령 제78조(안전검사대상기계등) ① 법 제93조제1항 전단에서 "대통령령으로 정하는 것"이란 다음 각호의 어느 하나에 해당하는 것을 말한다.
1. 프레스　　　　2. 전단기
3. 크레인(정격 하중이 2톤 미만인 것은 제외한다)
4. 리프트　　　　5. 압력용기　　　　6. 곤돌라
7. 국소 배기장치(이동식은 제외한다)
8. 원심기(산업용만 해당한다)
9. 롤러기(밀폐형 구조는 제외한다)
10. 사출성형기[형 체결력(型 締結力) 294킬로뉴턴(KN) 미만은 제외한다]
11. 고소작업대(「자동차관리법」 제3조제3호 또는 제4호에 따른 화물자동차 또는 특수자동차에 탑재한 고소작업대로 한정한다)
12. 컨베이어
13. 산업용 로봇
14. 혼합기(※2026년 6월 26일부터 적용)
15. 파쇄기 또는 분쇄기(※2026년 6월 26일부터 적용)

07 산업안전보건법령상 근로자 안전보건교육의 기준으로 틀린 것은?

① 사무직 종사 근로자의 정기교육 : 매반기 6시간 이상
② 일용근로자의 작업내용 변경시의 교육 : 1시간 이상
③ 일용근로자의 채용 시 교육 : 1시간 이상
④ 건설 일용근로자의 건설업 기초안전·보건교육 : 2시간 이상

근로자 안전보건교육(산업안전보건법 시행규칙 별표 4)

교육과정	교육대상		교육시간
정기교육	사무직 종사 근로자		매반기 6시간 이상
	그 밖의 근로자	판매업무에 직접 종사하는 근로자	매반기 6시간 이상
		판매업무에 직접 종사하는 근로자 외의 근로자	매반기 12시간 이상
채용 시 교육	일용근로자 및 근로계약기간이 1주일 이하인 기간제근로자		1시간 이상
	근로계약기간이 1주일 초과 1개월 이하인 기간제근로자		4시간 이상
	그 밖의 근로자		8시간 이상
작업내용 변경 시 교육	일용근로자 및 근로계약기간이 1주일 이하인 기간제근로자		1시간 이상
	그 밖의 근로자		2시간 이상
특별교육	특별교육 대상 작업(단, 타워크레인을 사용하는 작업시 신호업무를 하는 작업은 제외)에 종사하는 일용근로자 및 근로계약기간이 1주일 이하인 기간제근로자		2시간 이상
	타워크레인을 사용하는 작업시 신호업무를 하는 일용근로자 및 근로계약기간이 1주일 이하인 기간제근로자		8시간 이상
	특별교육 대상 작업에 종사하는 근로자 중 일용근로자 및 근로계약기간이 1주일 이하인 기간제근로자를 제외한 근로자		−16시간 이상(최초 작업에 종사하기 전 4시간 이상 실시하고 12시간은 3개월 이내에서 분할하여 실시 가능) −단기간 작업 또는 간헐적 작업인 경우에는 2시간 이상
건설업 기초 안전·보건교육	건설 일용근로자		4시간 이상

08 재해예방의 4원칙에 해당하지 않는 것은?

① 예방가능의 원칙
② 대책선정의 원칙
③ 손실우연의 원칙
④ 원인추정의 원칙

재해방지의 기본원칙
- 손실우연의 원칙 : 사고에 의해서 생기는 손실(상해)의 종류와 정도는 우연적이다.
- 원인계기의 원칙 : 모든 재해는 필연적인 원인에 의해서 발생한다.
- 예방가능의 원칙 : 재해는 원칙적으로 모두 방지가 가능하다.
- 대책선정의 원칙 : 재해방지 대책은 신속하고 확실하게 실시되어야 한다.

09 보호구 자율안전확인 고시상 사용구분에 따른 보안경의 종류가 아닌 것은?

① 차광보안경
② 유리보안경
③ 프라스틱보안경
④ 도수렌즈보안경

사용구분에 따른 보안경의 종류
- 안전인증(차광보안경) : 자외선용, 적외선용, 복합용, 용접용
- 자율안전확인 : 유리보안경, 프라스틱보안경, 도수렌즈보안경

10 부주의의 발생원인과 그 대책이 옳게 연결된 것은?

① 의식의 우회 – 상담
② 소질적 조건 – 교육
③ 작업환경 조건 불량 – 작업순서 정비
④ 작업순서의 부적당 – 작업자 재배치

내적 조건 및 대책
- 소질적 조건 : 적정 배치
- 경험의 부족 : 교육
- 의식의 우회 : 상담(Counseling)

11 지도자가 추구하는 계획과 목표를 부하직원이 자신의 것으로 받아들여 자발적으로 참여하게 하는 리더십의 권한은?

① 보상적 권한
② 강압적 권한
③ 위임된 권한
④ 합법적 권한

지도자(리더십)의 권한
- 조직이 지도자에게 부여하는 권한
  - 보상적 권한 : 지도자가 부하들에게 보상할 수 있는 능력으로 인해 부하직원들을 통제할 수 있으며 부하들의 행동에 대해 영향을 끼칠 수 있는 권한
  - 강압적 권한 : 부하직원들을 처벌할 수 있는 권한
  - 합법적 권한 : 조직의 규정에 의해 지도자의 권한이 공식화된 것
- 지도자 자신에 의해 생성되는 권한
  - 위임된 권한 : 집단의 목표를 성취하기 위해 부하직원들이 지도자가 정한 목표를 자진해서 자신의 것으로 받아들여 지도자와 함께 일하는 것

– 전문성의 권한 : 지도자가 목표수행에 필요한 전문적인 지식을 갖고 업무수행을 하므로 부하직원들이 자발적으로 지도자를 따름

12 기업 내 정형교육 중 TWI의 훈련내용이 아닌 것은?

① 작업방법훈련   ② 작업지도훈련
③ 사례연구훈련   ④ 인간관계훈련

TWI(Training Within Industry)
• 교육대상 : 감독자
• 교육방법 : 한 클래스(Class)는 10명 정도, 교육 방법은 토의법, 1일 2시간씩 5일에 걸쳐 10시간 정도
• 교육내용 : 작업지도 기법(JI), 작업개선 기법(JM), 인간관계 관리기법(JR), 작업안전 기법(JS)

13 토의법의 유형 중 다음에서 설명하는 것은?

> 교육과제에 정통한 전문가 4~5명이 피교육자 앞에서 자유로이 토의를 실시한 다음에 피교육자 전원이 참가하여 사회자의 사회에 따라 토의하는 방법

① 포럼(forum)   ② 패널 디스커션(panel discussion)
③ 심포지엄(symposium)   ④ 버즈 세션(buzz session)

토의(회의)방식
• 포럼(Forum, 공개토론회) : 새로운 자료나 교재를 제시하고 거기서의 문제점을 피교육자로 하여금 제기하도록 하거나 의견을 여러 가지 방법으로 발표하게 하고 다시 깊이 파고들어 토의를 행하는 방법
• 심포지엄(Symposium) : 몇 사람의 전문가에 의하여 과제에 관한 견해를 발표한 뒤 참가자로 하여금 의견이나 질문을 하게 하여 토의하는 방법
• 패널 디스커션(Panel Discussion) : 패널 멤버(교육과제에 정통한 전문가 4~5명)가 피교육자 앞에서 자유로이 토의를 하고 뒤에 피교육자 전원이 참가하여 사회자의 사회에 따라 토의하는 방법
• 대화(Colloquy) : 패널 디스커션(Panel Discussion)의 변형으로 패널 멤버 외에 참석자의 대표를 선출하여 질의응답의 형태로 실시되는 것
• 버즈 세션(Buzz Session) : 6-6 회의라고도 하며, 먼저 사회자와 기록계를 선출한 후 나머지 사람은 6명씩의 소집단으로 구분하고, 소집단별로 각각 사회자를 선발하여 6분간씩 자유토의를 행하여 의견을 종합하는 방법

14 하인리히의 사고방지 5단계 중 제1단계 안전조직의 내용이 아닌 것은?

① 경영자의 안전목표 설정   ② 안전관리자의 선임
③ 안전활동의 방침 및 계획수립   ④ 안전회의 및 토의

1단계 – 조직
• 경영자의 안전목표 안전관리자의 임명   • 안전의 라인 및 참모 조직 구성
• 안전활동 방침 및 계획 수정   • 조직을 통한 안전 활동

15 비통제의 집단행동 중 폭동과 같은 것을 말하며, 군중보다 합의성이 없고, 감정에 의해서만 행동하는 특성은?

① 패닉(Panic)
② 모브(Mob)
③ 모방(Imitation)
④ 심리적 전염(Mental Epidemic)

비통제의 집단행동
- 군중(Crowd) : 공통된 규범이나 조직성 없이 우연히 조직된 인간의 일시적 집합
- 모브(Mob) : 비통제의 집단행동 중 폭동과 같은 것을 말하며, 군중보다 합의성이 없고, 감정에 의해서만 행동하는 특성
- 패닉(Panic) : 이상적인 상황 하에서 방어적인 행동 특징을 보이는 집단행동
- 심리적 전염(Mental epidemic) : 어떤 사상이 상당기간에 걸쳐 비판없이 광범위하게 받아들여지는 현상

16 재해손실비의 평가방식 중 시몬즈(R.H. Simonds) 방식에 의한 계산방법으로 옳은 것은?

① 직접비 + 간접비
② 공동비용 + 개별비용
③ 보험 코스트 + 비보험 코스트
④ (휴업상해건수 × 관련비용 평균치) + (통원상해건수 × 관련비용 평균치)

시몬즈(R. H. Simonds) 방식
- 총재해손실비(Cost) = 산재보험 코스트 + 비보험 코스트
- 산재보험 코스트 : 산업재해보상보험법에 의해 보상된 금액과 보험회사의 보상에 관련된 제경비 및 이익금을 합친 금액
- 비보험 코스트 = (휴업상해건수×A) + (통원상해건수×B) + (응급조치건수×C) + (무상해 사고 건수×D)
  ※여기서 A, B, C, D는 장해 정도별에 의한 비보험 코스트의 평균치

17 학습정도(level of learning)의 4단계 요소가 아닌 것은?

① 지각
② 적용
③ 인지
④ 정리

학습목적의 3요소
- 목표(Goal)
- 주제(Subject)
- 학습정도(인지, 지각, 이해, 적용)

18 어느 공장의 재해율을 조사한 결과 도수율이 20이고, 강도율이 1.2로 나타났다. 이 공장에서 근무하는 근로자가 입사부터 정년퇴직할 때까지 예상되는 재해건수(a)와 이로 인한 근로손실 일수(b)는?(단, 이 공장의 1인당 입사부터 정년퇴직 할 때까지 평균 근로시간은 100000시간으로 한다.)

① a = 20, b = 1.2
② a = 2, b = 120
③ a = 20, b = 0.12
④ a = 120, b = 2

• 환산도수율 = 도수율 × 0.1 = 20 × 0.1 = 2

• 근로손실일수(환산강도율) = 강도율 × $\dfrac{\text{평생근로시간}}{1000}$ = 1.2 × $\dfrac{100000}{1000}$ = 1.2 × 100 = 120

19 안전보건표지의 기본모형 중 다음 그림의 기본모형의 표시사항으로 옳은 것은?

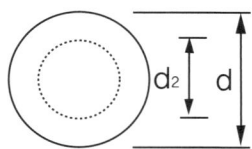

① 지시
② 안내
③ 경고
④ 금지

안전보건표지의 기본모형(산업안전보건법 시행규칙 별표 9)

번호	기본모형	표시사항
1		금지
2		경고
3		지시
4		안내

20 안전관리조직의 형태 중 라인 · 스탭형에 대한 설명으로 틀린 것은?

① 안전스탭은 안전에 관한 기획 · 입안 · 조사 · 검토 및 연구를 행한다.
② 안전업무를 전문적으로 담당하는 스탭 및 생산라인의 각 계층에도 겸임 또는 전임의 안전담당
자를 둔다.
③ 모든 안전관리업무를 생산라인을 통하여 직선적으로 이루어지도록 편성된 조직이다.
④ 대규모 사업장(1000명 이상)에 효율적이다.

안전관리조직의 형태

- 라인(Line)형(직계식 조직)
  - 안전관리에 관한 계획에서 실시에 이르기까지 모든 권한이 포괄적이고 직선적으로 행사되며, 안전을 전문으로 분담하는 부분이 없다.
  - 생산조직 전체에 안전관리 기능을 부여한다.
  - 소규모 사업장(100명 이하)에 적합하다.
- 스태프(Staff)형(참모식 조직)
  - 안전관리를 담당하는 스태프(참모진)를 두고 안전관리에 관한 계획, 조사, 검토, 권고, 보고 등을 행하는 관리 방식이다.
  - 중규모 사업장(100명 이상 ~ 500명 미만)에 적합하다.
- 라인(Line) 스태프(Staff)의 복잡형(직계 참모조직)
  - 라인형과 스태프형의 장점을 취한 절충식 조직 형태로 안전업무를 전문으로 담당하는 스태프 부분을 두고 생산라인의 각층에도 겸임 또는 전임의 안전 담당자를 두어서 안전대책은 스태프 부분에서 기획하고, 이것을 라인을 통하여 실시하도록 한 조직 방식이다.
  - 대규모의 사업장(1000명 이상)에 효율적이다.

제 02 과목　인간공학 및 시스템안전공학

21 어떤 전자기기의 수명은 지수분포를 따르며, 그 평균수명이 1000시간 이라고 할 때, 500시간 동안 고장 없이 작동할 확률은 약 얼마인가?

① 0.1353　　　　　　　　　　② 0.3935

③ 0.6065　　　　　　　　　　④ 0.8647

$R_t = e^{-(\frac{t}{t_0})} = e^{-(\frac{500}{1000})} = 0.6065$

22 보전효과 측정을 위해 사용하는 설비고장 강도율의 식으로 맞는 것은?

① 부하시간 ÷ 설비가동시간　　　　② 총 수리시간 ÷ 설비가동시간

③ 설비고장건수 ÷ 설비가동시간　　④ 설비고장 정지시간 ÷ 설비가동시간

- 설비고장 강도율 = $\dfrac{\text{설비고장 정지시간}}{\text{설비가동시간}}$ 　　 · 설비고장 도수율 = $\dfrac{\text{설비고장건수}}{\text{설비가동시간}}$

23 작업기억과 관련된 설명으로 틀린 것은?

① 단기기억이라고도 한다.

② 오랜 기간 정보를 기억하는 것이다.

③ 작업기억 내의 정보는 시간이 흐름에 따라 쇠퇴할 수 있다.

④ 리허설(rehearsal)은 정보를 작업기억 내에 유지하는 유일한 방법이다.

작업기억(working memory)이란 정보들을 일시적으로 보유하고, 각종 인지적 과정을 계획하고 순서지으며 실제로 수행하는 작업장으로서의 기능을 수행하는 단기적 기억을 말한다.

24 휘도(luminance)가 10cd/m2이고, 조도(illuminance)가 100lx일 때 반사율(reflectance)(%)은?

① 0.1π ② 10π

③ 100π ④ 1000π

$$반사율(\%) = \frac{광속발산도(f_L)}{조도(f_c)} \times 100 = \frac{10cd/m^2 \times \pi}{100} = 0.1\pi$$

25 FTA의 용도와 거리가 먼 것은?

① 고장의 원인을 연역적으로 찾을 수 있다.

② 시스템의 전체적인 구조를 그림으로 나타낼 수 있다.

③ 시스템에서 고장이 발생할 수 있는 부분을 쉽게 찾을 수 있다.

④ 구체적인 초기사건에 대하여 상향식(bottom-up) 접근방식으로 재해경로를 분석하는 정량적 기법이다.

FTA의 특징

- 연역적, 정량적 해석이 가능한 기법
- 톱다운(top-down) 해석
- 특정사상에 대한 해석
- 논리기호를 사용한 해석
- 컴퓨터로 처리가능

26 FT 작성 시 논리게이트에 속하지 않는 것은 무엇인가?

① OR 게이트   ② 억제 게이트

③ AND 게이트   ④ 동등 게이트

FTA 도표에 사용하는 논리기호

명칭	기호	명칭	기호
결함사상	▭	전이 기호 (이행 기호)	△ (in) △ (out)
기본사상	○	AND gate	출력 ⌂ 입력

명칭	기호	명칭	기호
생략사상 (추적 불가능한 최후사상)	◇	OR gate	출력 ⌂ 입력
통상사상(家刑事像)	⌂	수정기호 조건	출력 ⬡─[조건] 입력

27 안전가치분석의 특징으로 틀린 것은?

① 기능위주로 분석한다.
② 왜 비용이 드는가를 분석한다.
③ 특정 위험의 분석을 위주로 한다.
④ 그룹 활동은 전원의 중지를 모은다.

 해설

안전가치분석의 특징

• 기능위주로 분석한다.
• 왜 비용이 드는가를 분석한다.
• 그룹 활동은 전원의 중지를 모은다.

28 FT도에 의한 컷셋(cut set)이 다음과 같이 구해졌을 때 최소 컷셋(minimal cut set)으로 맞는 것은?

> – (X_1, X_3)
> – (X_1, X_2, X_3)
> – (X_1, X_3, X_4)

① (X_1, X_3) ② (X_1, X_2, X_3)
③ (X_1, X_3, X_4) ④ (X_1, X_2, X_3, X_4)

해설

최소 컷셋(minimal cut sets)이란 컷 중 그 부분집합만으로는 정상사상을 일으키는 일이 없는 것, 즉 정상사상을 일으키기 위한 필요 최소한의 컷을 의미한다. 따라서, 주어진 3개의 컷셋 중 공통된 (X_1, X_3)가 최소 컷셋이다.

29 의자의 등받이 설계에 관한 설명으로 가장 적절하지 않은 것은?

① 등받이 폭은 최소 30.5cm가 되게 한다.
② 등받이 높이는 최소 50cm가 되게 한다.
③ 의자의 좌판과 등받이 각도는 90 ~ 105°를 유지한다.
④ 요부받침의 높이는 25 ~ 35cm로 하고 폭은 30.5cm로 한다.

의자 설계원칙

- 체중분포 : 체중이 좌골 결절에 실려야 편안함
- 의자 좌판의 높이 : 좌판 앞부분이 오금 높이 보다 높지 않아야 함
- 의자 좌판의 깊이와 폭 : 폭은 큰 사람에게, 깊이는 작은 사람에게 맞도록 해야 함
- 몸통의 안정 : 의자의 좌판 각도는 3°, 좌판 등판간의 등판 각도는100°가 몸통 안정에 효과적
- 등받이 폭은 최소 30.5cm 이상
- 등받이 높이는 최소 50cm 이상
- 의자의 좌판과 등받이 각도는 90~105°로 유지(최대 120°)
- 요부받침의 높이는 15.2~22.9cm, 폭은 30.5cm, 두께는 등받이로부터 5cm 정도로 함

30 체계분석 및 설계에 있어서 인간공학의 가치와 가장 거리가 먼 것은?

① 성능의 향상
② 훈련비용의 증가
③ 사용자의 수용도 향상
④ 생산 및 보전의 경제성 증대

인간공학의 효과

- 인력 이용률의 향상
- 훈련비용의 절감
- 사고 및 오용으로부터의 손실감소
- 성능의 향상
- 생산 및 유지정비의 경제성 증대
- 사용자의 수용도 향상

31 정보 전달용 표시장치에서 청각적 표현이 좋은 경우가 아닌 것은?

① 메시지가 복잡하다.
② 시각장치가 지나치게 많다.
③ 즉각적인 행동이 요구된다.
④ 메시지가 그 때의 사건을 다룬다.

청각적 표시장치가 시각적인 것보다 효과가 있는 경우

- 신호원 자체가 음일 때
- 무선기의 신호, 항로 정보 등과 같이 연속적으로 변하는 정보를 제시할 때
- 음성 통신 경로가 전부 사용되고 있을 때(청각적 신호는 음성과는 확실히 구별되어야 함)

32 다음 중 눈금이 고정되어 있고 지침이 움직이는 형태의 정량적 표시장치는?

① 정목동침형 표시장치
② 정침동목형 표시장치
③ 계수형 표시장치
④ 정렬형 표시장치

정량적 동적 표시장치의 기본형

- 정목동침(Moving Pointer)형 : 눈금이 고정되고 지침이 움직이는 형
- 정침동목(Moving Scale)형 : 지침이 고정되고 눈금이 움직이는 형
- 계수(Digital)형 : 전력계나 택시요금 계기와 같이 기계적 또는 전자적으로 숫자가 표시되는 형

33 시스템 안전 분석기법 중 인적오류와 그로 인한 위험성의 예측과 개선을 위한 기법은 무엇인가?

① FTA ② ETBA
③ THERP ④ MORT

> **해설**
>
> THERP(Technique of Human Error Rate Prediction)는 인간의 과오(Human Error)를 정량적으로 평가하기 위하여 개발된 기법이다.

34 사람의 감각기관 중 반응속도가 가장 느린 것은?

① 청각 ② 시각
③ 미각 ④ 촉각

> **해설**
>
> 반응시간 빠른 순서 : 청각 > 촉각 > 시각 > 미각 > 통각

35 인체 측정치 중 기능적 인체치수에 해당되는 것은?

① 표준자세
② 특정작업에 국한
③ 움직이지 않는 피측정자
④ 각 지체는 독립적으로 움직임

> **해설**
>
> 기능적 인체치수(동적 측정)
> - 일반적으로 상지나 하지의 운동, 체위의 움직임과 같은 특정작업에 국한되는 상태에서 계측
> - 실제의 작업 혹은 실제 조건에 밀접한 관계를 갖는 현실성 있는 인체치수를 계측
> - 마틴식 계측기로는 측정이 불가능하며 사진 및 시네마 필름을 사용한 공간 해석 장치나 새로운 계측 시스템이 요구됨

36 산업안전보건법에 따라 상시 작업에 종사하는 장소에서 보통작업을 하고자 할 때 작업면의 최소 조도(lux)로 맞는 것은?(단, 작업장은 일반적인 작업장소이며, 감광재료를 취급하지 않는 장소이다.)

① 75 ② 150
③ 300 ④ 750

> **해설**
>
> 산업안전보건기준에 관한 규칙 제8조(조도) 사업주는 근로자가 상시 작업하는 장소의 작업면 조도(照度)를 다음 각 호의 기준에 맞도록 하여야 한다. 다만, 갱내(坑內) 작업장과 감광재료(感光材料)를 취급하는 작업장은 그러하지 아니하다.
> 1. 초정밀작업 : 750럭스(lux) 이상
> 2. 정밀작업 : 300럭스(lux) 이상
> 3. 보통작업 : 150럭스(lux) 이상
> 4. 그 밖의 작업 : 75럭스(lux) 이상

37 1에서 15까지 수의 집합에서 무작위로 선택할 때, 어떤 숫자가 나올지 알려주는 경우의 정보량은 몇 bit인가?

① 2.91 bit
② 3.91 bit
③ 4.51 bit
④ 4.91bit

 해설

$$정보량 = \log_2 n = \frac{\log 15}{\log 2} ≒ 3.91$$

38 한 사무실에서 타자기의 소리 때문에 말소리가 묻히는 현상을 무엇이라 하는가?

① dBA
② CAS
③ phone
④ masking

 해설

은폐(Masking)란 dB이 높은 음과 낮은 음이 공존할 때 낮은 음이 강한 음에 가로막혀 숨겨져 들리지 않게 되는 현상을 말한다.

39 일반적인 인간-기계 시스템의 형태 중 인간이 사용자나 동력원으로 기능하는 것은?

① 수동체계
② 기계화체계
③ 자동체계
④ 반자동체계

 해설

인간-기계 통합체계의 유형
• 수동체계 : 사용자의 조작, 융통성(예 : 장인과 공구)
• 기계화체계(반자동체계) : 운전자의 조작, 융통성 없음(예 : 엔진, 자동차, 공작기계)
• 자동체계(인간의 역할 : 감시, 프로그램, 정비유지) : 자동화된 공장, 컴퓨터

40 단일 차원의 시각적 암호 중 구성암호, 영문자암호, 숫자암호에 대하여 암호로서의 성능이 가장 좋은 것부터 배열한 것은?

① 숫자암호 - 영문자암호 - 구성암호
② 구성암호 - 숫자암호 - 영문자암호
③ 영문자암호 - 숫자암호 - 구성암호
④ 영문자암호 - 구성암호 - 숫자암호

 해설

시각적 암호의 효능 : 숫자 · 색암호 > 영문자 · 형상암호 > 구성암호

41 민간자본 유치방식 중 사회간접시설을 설계, 시공한 후 소유권을 발주자에게 이양하고, 투자자는 일정기간 동안 시설물의 운영권을 행사하는 계약방식은?

① BOT(Build Operate Transfer)　　　　② BTO(Build Transfer Operate)

③ BOO(Build Operate Own)　　　　　　④ BTL(Build Transfer Lease)

 해설

사회간접자본시설의 시공방식
- BTO(Build−Transfer−Operate) 방식 : 사회간접자본시설의 준공과 동시에 당해 시설의 소유권이 정부 또는 지방자치단체에 귀속되며, 사업 시행자에게 일정기간의 시설 관리운영권을 부여하는 방식이다.
- BOT(Build−Operate−Transfer) 방식 : 사회간접자본시설의 준공 후 일정기간 동안 사업 시행자에게 당해 시설의 소유권(운영권)이 인정되며, 그 기간의 만료 시 시설의 소유권(운영권)이 정부 또는 지방자치단체에 귀속되는 방식이다.
- BOO(Build−Own−Operate) 방식 : 사회간접자본시설의 준공과 동시에 사업 시행자에게 당해 시설의 소유권 및 운영권을 인정하는 방식이다.
- BLT(Build−Lease−Transfer) 방식 : 사업 시행자가 사회간접자본시설을 준공한 후 일정 기간 동안 운영권을 정부에 임대하여 투자비를 회수하며, 약정 임대기간 종료 후 시설물을 정부 또는 지방자치단체에 이전하는 방식이다.

42 흙을 이김에 따라 약해지는 정도를 표시한 것은?

① 간극비　　　　　　　　　　　　　② 함수비

③ 포화도　　　　　　　　　　　　　④ 예민비

 해설

예민비
- 흙을 이김에 따라 약해지는 정도를 표시한 것임
- 예민비 $= \dfrac{\text{자연시료의 강도}}{\text{이긴시료의 강도}}$

43 용접작업에서 용접봉을 용접방향에 대하여 서로 엇갈리게 움직여서 용가금속을 용착시키는 운봉방법은?

① 단속용접　　　　　　　　　　　　② 개선

③ 레그　　　　　　　　　　　　　　④ 위빙

해설

용접의 용어설명

종류	설명
스패터(Spatter)	철골용접 중 튀어나오는 슬래그 및 금속입자
비드(Bead)	용착금속이 열상을 이루어 용접된 용접층
밀 스케일(Mill scale)	쇠비늘, 강재가 냉각될 때 표면에 생기는 산화철의 표피(녹)
슬래그(Slag)	용접할 때 용착금속 위에 떠 있는 찌꺼기

그루브(Groove)	앞벌림, 접합 부재간의 사이를 트이게 한 것
플럭스(Flux)	자동용접의 경우 용접봉의 피복제 역할로 쓰이는 분말상의 재료
엔드 탭(End tab)	용접의 시작과 끝 부분에 임시로 붙이는 보조판
아크 스트라이크(Arc strike)	용접을 시작할 때 용접봉을 순간적으로 모재에 접촉시켜 아크를 발생시키는 것
가스 가우징(Gas gousing)	홈을 파기 위한 목적으로 한 화구로서 산소아세틸렌불꽃을 이용하여 녹여 깎은 재의 뒷부분을 깨끗이 깎는 것
루트(Root)	용접 이음부의 홈 아래 부분
위빙(Weaving)	용접봉을 용접방향에 대하여 가로로 왔다갔다 움직여 용착 금속을 녹여붙이는 것, 위빙 폭은 용접봉 지름의 3배 이하

44 철근단면을 맞대고 산소-아세틸렌염으로 가열하여 접합단면을 녹이지 않고 적열상태에서 부풀려 가압, 접합하는 철근이음방식은?

① 나사방식이음 ② 겹침이음
③ 가스압접이음 ④ 충전식이음

압접이란 접합부를 냉간 상태 또는 적당한 온도로 가열한 후 기계적 압력을 가하여 접합하는 방법으로 압접의 한 종류인 가스압접은 열원으로 주로 산소-아세틸렌 불꽃이 사용되며 접합부를 그 재료의 재결정 온도 이상으로 가열하여 축 방향으로 압축력을 가하여 접합하는 방법이다.

45 보통의 철근콘크리트 구조에서 콘크리트 $1m^3$당 필요한 거푸집의 개략 면적으로서 가장 적당한 것은?

① $1\sim2m^2$ ② $3\sim4m^2$
③ $6\sim8m^2$ ④ $15\sim16m^2$

보통의 철근콘크리트 구조에서 콘크리트 $1m^3$당 필요한 거푸집의 개략 면적은 $6\sim8m^2$이 적당하며, 철근은 120kg 정도가 적정하다.

46 V.E(Value Engineering)에서 원가절감을 실현할 수 있는 대상 선정이 잘못된 것은?

① 수량이 많은 것
② 반복효과가 큰 것
③ 장시간 사용으로 숙달되어 개선효과가 큰 것
④ 내용이 간단한 것

가치공학(Value Engineering)에서 원가절감을 실현할 수 있는 대상은 수량이 많은 것, 반복효과가 큰 것, 장시간 사용으로 숙달된 것, 내용이 복잡한 것 등이다.

47 콘크리트의 경화 후 거푸집 제거 작업 시 주의사항 중 옳지 않은 것은?

① 진동, 충격 등을 주지 않고 콘크리트가 손상되지 않도록 순서대로 제거한다.
② 지주를 바꾸어 세울 동안에는 상부의 작업을 제한하여 적재하중을 적게 하고, 집중하중을 받는 부분의 지주는 그대로 둔다.
③ 제거한 거푸집은 재사용할 수 있도록 적당한 장소에 정리하여 둔다.
④ 구조물의 손상을 고려하여 남은 거푸집 쪽널은 그대로 두고 미장공사를 한다.

 미장공사 전 바탕면에 이물질 등을 제거하고 모르타르의 부착력을 높이기 위해, 바탕 처리(물 축이기, 브러시 작업+그라인딩)를 완벽하게 한 후 시공하여야 한다.

48 다음 중 언더피닝 공법이 아닌 것은?

① 2중널말뚝 공법　　　　　　　② 강재말뚝 공법
③ 웰 포인트 공법　　　　　　　④ 모르타르 및 약액 주입법

 언더피닝(Under pinning) 공법의 종류
· 2중널말뚝 공법
· 강재말뚝 공법
· 모르타르 및 약액 주입법
· 현장 콘크리트말뚝 공법
· 차단벽 공법

49 철근가공에 관한 설명으로 옳지 않은 것은?

① D35 이상의 철근은 산소절단기를 사용하여 절단한다.
② 한번 구부린 철근은 다시 펴서 사용해서는 안 된다.
③ 공장가공은 현장가공에 비해 절단손실을 줄일 수 있다.
④ 표준갈고리를 가공할 때에는 정해진 크기 이상의 곡률 반지름을 가져야 한다.

 철근은 시어커터(shear cutter)나 전동톱에 의해 절단하여야 하며 산소절단기의 사용을 금한다.

50 무게 63.5kg의 추를 76cm 높이에서 낙하시켜 샘플러가 30cm 관입하는데 필요한 타격횟수(N)를 측정하는 토질시험의 종류는?

① 전단시험　　　　　　　　　② 지내력시험
③ 표준관입시험　　　　　　　④ 베인시험

 표준관입시험
· 사질지반의 상대밀도 등 토질조사 시 신뢰성이 높다.

- 63.5kg의 추를 76cm 높이에서 떨어뜨려 30cm 관입시킬 때의 타격회수(N)를 측정하여 흙의 경·연 정도를 판정한다.
- 표준관입시험에서 30cm의 관입에 필요한 타격 횟수(N값이 클수록 밀실한 상태)

N값	지반 상태	N값	지반 상태
0~5	몹시 느슨	10~30	보통
5~10	느슨	50 이상	다진 상태

51 입찰방식에 관한 설명으로 옳지 않은 것은?

① 공개경쟁입찰은 관보, 신문, 게시판 등에 입찰공고를 하여야 한다.
② 지명경쟁입찰은 경쟁입찰에 의하지 않고 그 공사에 특히 적당하다고 판단되는 1개의 회사를 선정하여 발주하는 방식이다.
③ 제한경쟁입찰은 양질의 공사를 위하여 업체자격에 대한 조건을 만족하는 업체라면 입찰에 참가하는 방식이다.
④ 부대입찰은 발주자가 입찰참가자에게 하도급할 공종, 하도급 금액 등에 대한 사항을 미리 기재하게 하여 입찰시 입찰서류에 첨부하여 입찰하는 제도이다.

지명경쟁입찰은 적당하다고 인정되는 3~7개의 회사를 선정하여 입찰시키는 방법으로 시공상 신뢰성이 있으며, 부적격한 업자를 사전에 차단하는 효과가 있지만, 입찰회사들 간의 담합 우려도 있다.

52 건축 공사관리에 관한 설명으로 옳지 않은 것은?

① 공사현장의 관리에는 산업안전보건법령의 적용을 받지 않는다.
② 지급재료는 검수 후 도급자가 보관하되 다른 자재와 구분하여 보관한다.
③ 정기안전점검은 정해진 시기에 반드시 실시한다.
④ 현장에 반입한 재료는 모두 검사를 받아야 하나, KS표준에 의하여 제작된 합격품은 검사를 생략할 수 있다.

공사현장의 관리에는 산업안전보건법령의 적용을 받는다.

53 공정계획에 관한 설명으로 옳지 않은 것은?

① 지정된 공사기간 안에 완성시키기 위한 통제수단이다.
② 사업성과 원가관리와는 관계가 없다.
③ 공정표의 종류는 횡선식공정표, 네트워크공정표 등이 있다.
④ 우기와 혹한기, 명절 등은 공정계획 시 반영한다.

공정계획은 사업성과 함께 원가관리를 고려하여 수립되어야 한다.

54 거푸집 측압에 영향을 주는 요인과 거리가 먼 것은?

① 기온
② 콘크리트의 강도
③ 콘크리트의 슬럼프
④ 콘크리트 타설 높이

콘크리트의 측압이 커지는 조건
- 기온이 낮을수록(대기 중의 습도가 낮을수록)
- 치어붓기 속도가 클수록
- 묽은 콘크리트일수록(물-시멘트비가 클수록, 슬럼프 값이 클수록, 시멘트-물비가 적을수록)
- 콘크리트의 비중이 클수록
- 콘크리트의 다지기가 강할수록
- 철근의 양이 적을수록
- 거푸집의 수밀성이 높을수록
- 거푸집의 수평단면이 클수록(벽 두께가 클수록)
- 거푸집의 강성이 클수록
- 거푸집의 표면이 매끄러울수록
- 생콘크리트의 높이가 높을수록(단, 일정한 높이에 이르면 측압의 증가는 없음)

55 철골공사에서 철골세우기 계획을 수립할 때 철골제작공장과 협의해야 할 사항이 아닌 것은?

① 철골 세우기 검사 일정 확인
② 반입 시간의 확인
③ 반입 부재수의 확인
④ 부재 반입의 순서

56 경량콘크리트(Lightweight Concrete)에 관한 설명으로 옳지 않은 것은?

① 기건비중은 2.0 이하, 단위중량은 1400~2000kg/m³ 정도이다.
② 열전도율이 보통 콘크리트와 유사하여 동일한 단열성능을 갖는다.
③ 물과 접하는 지하실 등의 공사에는 부적합하다.
④ 경량이어서 인력에 의한 취급이 용이하고, 가공도 쉽다.

경량 콘크리트
- 단위 용적중량의 1.7t/m³ 이하, 기건 비중이 2.0 이하이다.
- 자중이 작고 열전도성이 낮으며 방음효과가 있다.
- 건조수축이 크다.

57 콘크리트에 관한 설명으로 옳지 않은 것은?

① 진동다짐한 콘크리트의 경우가 그렇지 않은 경우의 콘크리트보다 강도가 커진다.
② 공기연행제는 콘크리트의 시공연도를 좋게 한다.
③ 물시멘트비가 커지면 콘크리트의 강도가 커진다.
④ 양생온도가 높을수록 콘크리트의 강도발현이 촉진되고 초기강도는 커진다.

콘크리트 강도에 영향을 주는 요인

- 사용재료(시멘트, 골재, 혼합수, 혼화재료 등)의 품질 : 시멘트 · 물비가 동일하면 콘크리트의 강도는 시멘트 강도(사용 시멘트의 품질)에 비례하여 증감한다.
- 물 · 시멘트비 : 콘크리트 강도에 영향을 미치는 가장 중요한 요인이다.
- 공기량 : 공기량이 1% 증가함에 따라 콘크리트의 강도는 4~6% 감소한다.
- 시공방법 : 손비빔보다 기계비빔이 강도면에서 10~20% 정도 증대되며, 진동기는 묽은 반죽에는 효과가 적다.
- 양생방법 : 습윤 양생 후 공기 중에서 건조시키면 강도가 20~40% 증가되며 일반적으로 4~40℃의 범위에서는 온도가 높을수록 재령 28일까지의 강도는 증가한다.

58 연약한 점토질 지반에서 진흙의 점착력을 판별하는 토질시험은?

① 표준관입시험   ② 지내력시험
③ 슈미트해머시험   ④ 베인테스트

베인(Vane)시험

- 연한 점토질 시험에 주로 쓰이는 방법이다.
- 4개의 날개가 달린 베인 테스터를 지반에 때려 박고 회전시켜 저항 모멘트를 측정, 전단강도를 산출한다.

59 콘크리트를 양생하는데 있어서 양생분(養生粉)을 뿌리는 목적으로 옳은 것은?

① 빗물의 침입을 막기 위해서
② 표면의 양생분을 경화시키기 위해서
③ 표면에 떠 있는 물을 양생분으로 제거하기 위해서
④ 혼합수(混合水)의 증발을 막기 위해서

콘크리트 양생 시 양생분을 사용하면 혼합수의 증발을 방지하여 수화작용에 필요한 수분을 충분히 공급하고 콘크리트의 손상이나 오염 등을 방지하는 효과를 얻을 수 있다.

60 파헤쳐진 흙을 담아 올리거나 이동하는데 사용하는 기계로 쇼벨, 버킷을 장착한 트랙터 또는 크롤러 형태 의 기계는?

① 불도저   ② 앵글도저
③ 로더   ④ 파워쇼벨

로더(Loader)

- 트랙터 본체 전면에 적재장치인 쇼벨(shovel)용 버킷을 부착한 장비로 프런트 로더가 대표적이며 건설공사에서 자갈, 모래, 흙을 퍼서 덤프(dump)차에 적재하는 일이 주된 용도이다.
- 휠 로더 작업을 할 때는 지표면에서 약 40~50cm 들고 이동하며 버킷의 평적용량(m^3)으로 규격을 표시한다.

61 콘크리트의 건조수축 시 발생하는 균열을 보완, 개선하기 위하여 콘크리트 속에 다량의 거품을 넣거나 기포를 발생시키기 위해 첨가하는 혼화재는?

① 고로슬래그　　　　　　　　② 플라이애시
③ 실라카 흄　　　　　　　　　④ 팽창재

팽창재(Expansive producing admixtures)는 콘크리트의 건조수축, 구조물의 균열 및 변형을 방지할 목적으로 사용되는 혼화재료이다.

62 돌로마이트 플라스터(dolomite plaster)에 관한 설명으로 옳지 않은 것은?

① 점성이 커서 풀이 필요 없다.
② 수경성 미장재료에 해당된다.
③ 회반죽에 비해 조기강도가 크다.
④ 냄새, 곰팡이가 없어 변색될 염려가 없다.

돌로마이트 플라스터는 점성이 커서 풀을 사용하지 않고 물로 연화하여 사용하는 것으로 대기 중의 이산화탄소(CO_2)와 결합하여 경화하는 기경성 미장재료이다.

63 콘크리트의 배합설계 시 표준이 되는 골재의 상태는?

① 절대건조상태　　　　　　　② 기건상태
③ 표면건조 내부포화상태　　　④ 습윤상태

골재의 표면건조 내부포화상태(표건상태)는 골재 입자의 표면은 건조하고, 내부는 물로 가득 차 있는 골재의 상태로 콘크리트 배합비 또는 물시멘트비 등을 결정할 때 사용되는 상태이다.

64 시멘트를 저장할 때의 주의사항 중 옳지 않은 것은?

① 쌓을 때 너무 압축력을 받지 않게 13포대 이내로 한다.
② 통풍을 좋게 한다.
③ 3개월 이상된 것은 재시험하여 사용한다.
④ 저장소는 방습구조로 한다.

시멘트의 저장 방법
• 시멘트는 방습적인 구조로 된 사일(silo) 또는 창고에 저장한다.
• 포대 시멘트는 지상 30cm 이상 되는 마루 위에(통풍이 잘되지 않는 곳)에 보관한다.

- 포대의 올려 쌓기는 13포대 이하로 하고 장시일 저장할 때는 7포대 이상 올려 쌓지 말아야 한다.
- 조금이라도 굳은 시멘트는 사용하지 않는 것을 원칙으로 하고 검사나 반출이 편리하도록 배치하여 저장한다.

65 점토제품으로 소성온도가 가장 높은 것은?

① 도기   ② 토기
③ 자기   ④ 석기

 해설

점토소성제품의 분류

구분	토기	도기	석기	자기
소성온도	790~1000℃	1100~1230℃	1160~1350℃	1230~1460℃
흡수율	20% 이상	10% 내외	3~10%	1% 이하
색상	유색, 백색	유색, 백색	유색	백색
특성	저급원료, 취약함	다공질, 탁음, 유약사용	유약을 사용하지 않으며 식염수 사용	금속성 청음
용도	기와, 적벽돌, 토관	내장타일, 테라코타	외장·바닥타일, 클링커 타일	고급타일, 모자이크 타일, 위생도기

66 방사선 차단성이 가장 큰 금속은?

① 납   ② 알루미늄
③ 동   ④ 주철

 해설

납(Lead)
- 인장강도가 작고 융점은 327℃이며 금속 중 비중이 가장 크다.
- 연성, 전성이 가장 크며 열전도율이 작고 온도에 따른 신축성이 크다.
- 방사선 투과도가 낮아서 병원의 방사선실 차폐용 벽체 등 방사능 방호용으로 이용된다.

67 다음 중 목재의 건조법이 아닌 것은?

① 주입건조법
② 공기건조법
③ 증기건조법
④ 송풍건조법

 해설

목재의 건조법
- 자연건조법 : 목재를 대기 중에 서로 엇갈리게 수직으로 쌓거나 일광이나 비에 직접 닿지 않도록 건조(공기건조법)
- 인공건조법 : 증기건조법, 송풍건조법, 고주파건조법

68 화재 시 유리가 파손되는 원인과 관계가 적은 것은?

① 열팽창 계수가 크기 때문이다.
② 급가열 시 부분적 면내(面內)온도차가 커지기 때문이다.
③ 용융온도가 낮아 녹기 때문이다.
④ 열전도율이 작기 때문이다.

유리는 용융온도가 높아 녹는다.

69 철근콘크리트 1m³ 무게는 대략 얼마 정도인가?

① 1t
② 2t
③ 2.4t
④ 3t

철근콘크리트의 단위 중량은 2,400kg/m³이다.

70 목재에 관한 설명으로 옳지 않은 것은?

① 석재나 금속에 비하여 손쉽게 가공할 수 있다.
② 다른 재료에 비하여 열전도율이 매우 크다.
③ 건조한 것은 타기 쉬우며 건조가 불충분한 것은 썩기 쉽다.
④ 건조재는 전기의 불량 도체이지만 함수율이 커질수록 전기전도율도 증가한다.

목재의 열에 의한 성질
• 목재는 열전도율 및 열팽창률이 극히 낮다.
• 내화성이 낮다.
• 목재의 연소성
  −100℃ : 수분증발
  −180℃ 전후 : 열분해에 의해 가연성 가스를 발생하여 인화(인화점)
  −260〜270℃ : 목재에 불이 붙음(착화점 또는 화재위험 온도)
  −400〜450℃ : 화기 없이 자연 발화(발화점)

71 최근 에너지저감 및 자연친화적인 건축물의 확대정책에 따라 에너지저감, 유해물질저감, 자원의 재활용, 온실가스 감축 등을 유도하기 위한 건설자재 인증제도와 거리가 먼 것은?

① 환경표지 인증제도
② GR(Good Recycle)
③ 탄소성적표지 인증제도
④ GD(Good Design)마크 인증제도

GD(Good Design)마크 인증제도는 산업디자인진흥법에 따라 상품의 외관, 기능, 재료, 경제성 등을 종합적으로 심사하여 디자인의 우수성이 인정된 상품에 부여하는 제도이다.

72 다음은 특정 콘크리트의 절대용적배합을 나타낸 것이다. 이 콘크리트의 물시멘트비는?(단, 시멘트의 밀도는 3.15g/cm³이다.)

> 단위수량(kg/m³) : 180
> 절대용적(l/m³) : 시멘트 95, 모래 305, 자갈 380

① 50%   ② 55%

③ 60%   ④ 65%

 해설

$$물시멘트비 = \frac{물의\ 중량}{시멘트의\ 중량} \times 100 = \frac{180}{95 \times 3.15} \times 100 = 60.15\%$$

73 다음 중 마루판으로 사용되지 않는 것은?

① 플로링 보드   ② 파키트리 패널

③ 파키트리 블록   ④ 코펜하겐 리브

 해설

코펜하겐 리브판
- 두께 50mm, 너비 100mm 정도의 긴 판에다 표면을 리브(Rib)로 가공한 것으로 천장 또는 내벽에 붙여 음향 조절 효과를 내기도 하고 또한 장식효과도 있게 한다.
- 바닥재로는 적합하지 않다.

74 화재 시 개구부에서의 연소(延燒)를 방지하는 효과가 있는 유리는?

① 망입유리   ② 접합유리

③ 열선흡수유리   ④ 열선반사유리

 해설

망입유리는 그물유리라고도 하며 주로 방화 및 방재용으로 사용된다.

75 알루미늄창호의 특징에 관한 설명으로 옳지 않은 것은?

① 알칼리성에 강하다.   ② 비중이 철의 1/3 정도이다.

③ 이종 금속과 접촉하면 부식된다.   ④ 강성이 적고 열에 의한 팽창·수축이 크다.

 해설

알루미늄(Aluminum)
- 경량질에 비해 강도가 크다.
- 광선 및 열에 대한 반사율이 커서 열차단재로도 사용된다.
- 내화성이 적고 열팽창이 철의 2배 정도로 크다.
- 공기 중에서 Al_2O_3의 피막을 만들어 내부를 보호한다.
- 산성 및 알칼리성에 약하다.

76 유리 섬유를 불규칙하게 혼입하고 상온 가압하여 성형한 판으로 설비재 · 내외수장재로 쓰이는 것은?

① 멜라민 치장판   ② 폴리에스테르 강화판

③ 아크릴 평판   ④ 염화비닐판

폴리에스테르(Polyester) 강화판
- 가는 유리 섬유에 폴리에스테르 수지를 넣어 상온 가압하여 성형한 제품이다.
- 가성소다 등 알칼리에는 약하나 그 외의 화학약품에는 저항성이 있고 내구성도 뛰어나다.

77 점토 제품 중 흡수성이 가장 작은 것은?

① 도기류   ② 토기류

③ 자기류   ④ 석기류

65번 문제 해설 참조

78 인조석 및 석재가공제품에 관한 설명으로 옳지 않은 것은?

① 테라죠는 대리석, 사문암 등의 종석을 백색시멘트나 수지로 결합시키고 가공하여 생산한다.
② 에보나이트는 주로 가구용 테이블 상판, 실내벽면 등에 사용된다.
③ 초경량 스톤패널은 로비(lobby) 및 엘리베이터의 내장재 등으로 사용된다.
④ 패블스톤은 조약돌의 질감을 내지만 백화현상의 우려가 있다.

패블스톤은 백화현상이 발생하지 않는다.

79 미장재료인 회반죽을 혼합할 때 소석회와 함께 사용되는 것은?

① 카세인   ② 아교

③ 목섬유   ④ 해초풀

회반죽은 소석회, 해초풀, 여물, 모래 등을 혼합한 것으로 기경성 미장재료이다.

80 석고보드공사에 관한 설명으로 옳지 않은 것은?

① 석고보드는 두께 9.5mm 이상의 것을 사용한다.
② 목조 바탕의 띠장 간격은 200mm 내외로 한다.
③ 경량철골 바탕의 칸막이벽 등에서는 기둥, 샛기둥의 간격을 450mm 내외로 한다.
④ 석고보드용 평머리못 및 기타 설치용 철물은 용융아연 도금 또는 유니크롬 도금이 된 것으로 한다.

목조 바탕의 띠장 간격은 시방서의 조건에 따라 300mm~450mm 내외로 한다.

81　건설공사현장에 가설통로를 설치하는 경우 경사는 몇 도 이내를 원칙으로 하는가?

① 15°

② 20°

③ 25°

④ 30°

 해설

산업안전보건기준에 관한 규칙 제23조(가설통로의 구조) 사업주는 가설통로를 설치하는 경우 다음 각 호의 사항을 준수하여야 한다.
1. 견고한 구조로 할 것
2. 경사는 30도 이하로 할 것. 다만, 계단을 설치하거나 높이 2미터 미만의 가설통로로서 튼튼한 손잡이를 설치한 경우에는 그러하지 아니하다.
3. 경사가 15도를 초과하는 경우에는 미끄러지지 아니하는 구조로 할 것
4. 추락할 위험이 있는 장소에는 안전난간을 설치할 것. 다만, 작업상 부득이한 경우에는 필요한 부분만 임시로 해체할 수 있다.
5. 수직갱에 가설된 통로의 길이가 15미터 이상인 경우에는 10미터 이내마다 계단참을 설치할 것
6. 건설공사에 사용하는 높이 8미터 이상인 비계다리에는 7미터 이내마다 계단참을 설치할 것

82　차량계 건설기계의 작업계획서 작성 시 그 내용에 포함되어야 할 사항이 아닌 것은?

① 사용하는 차량계 건설기계의 종류 및 성능

② 차량계 건설기계의 운행 경로

③ 차량계 건설기계에 의한 작업방법

④ 브레이크 및 클러치 등의 기능 점검

 해설

차량계 건설기계 작업 시 사전조사 및 작업계획서 내용(산업안전보건기준에 관한 규칙 별표 4)
• 사전조사 내용 : 해당 기계의 전락(轉落), 지반의 붕괴 등으로 인한 근로자의 위험을 방지하기 위한 해당 작업장소의 지형 및 지반상태
• 작업계획서 내용
　– 사용하는 차량계 건설기계의 종류 및 성능
　– 차량계 건설기계의 운행경로
　– 차량계 건설기계에 의한 작업방법

83　건설업 산업안전보건관리비 계상 및 사용기준을 적용하는 공사금액 기준을 적용하는 공사금액 기준으로 옳은 것은?

① 총공사금액 2천만원 이상인 공사

② 총공사금액 4천만원 이상인 공사

③ 총공사금액 6천만원 이상인 공사

④ 총공사금액 1억원 이상인 공사

 해설

건설업 산업안전보건관리비 계상 및 사용기준 제3조(적용범위) 이 고시는 법 제2조제11호의 건설공사 중 총공사금액 2천만 원 이상인 공사에 적용한다. 다만, 단가계약에 의하여 행하는 공사에 대하여는 총계약금액을 기준으로 적용한다.

84 달비계에 사용하는 와이어로프는 지름의 감소가 공칭지름의 몇 %를 초과하는 경우에 사용할 수 없도록 규정되어 있는가?

① 5%
② 7%
③ 9%
④ 10%

산업안전보건기준에 관한 규칙 제63조(달비계의 구조) ① 사업주는 곤돌라형 달비계를 설치하는 경우에는 다음 각 호의 사항을 준수해야 한다.
1. 다음 각 목의 어느 하나에 해당하는 와이어로프를 달비계에 사용해서는 아니 된다.
   가. 이음매가 있는 것
   나. 와이어로프의 한 꼬임[(스트랜드(strand)를 말한다. 이하 같다)]에서 끊어진 소선(素線)[필러(pillar)선은 제외한다)]의 수가 10퍼센트 이상(비자전로프의 경우에는 끊어진 소선의 수가 와이어로프 호칭지름의 6배 길이 이내에서 4개 이상이거나 호칭지름 30배 길이 이내에서 8개 이상)인 것
   다. 지름의 감소가 공칭지름의 7퍼센트를 초과하는 것
   라. 꼬인 것
   마. 심하게 변형되거나 부식된 것
   바. 열과 전기충격에 의해 손상된 것
2. 다음 각 목의 어느 하나에 해당하는 달기 체인을 달비계에 사용해서는 아니 된다.
   가. 달기 체인의 길이가 달기 체인이 제조된 때의 길이의 5퍼센트를 초과한 것
   나. 링의 단면지름이 달기 체인이 제조된 때의 해당 링의 지름의 10퍼센트를 초과하여 감소한 것
   다. 균열이 있거나 심하게 변형된 것

85 사다리식 통로를 설치할 때 사다리의 상단은 걸쳐 놓은 지점으로부터 최소 얼마 이상 올라가도록 하여야 하는가?

① 45cm 이상
② 60cm 이상
③ 75cm 이상
④ 90cm 이상

산업안전보건기준에 관한 규칙 제24조(사다리식 통로 등의 구조) ① 사업주는 사다리식 통로 등을 설치하는 경우 다음 각 호의 사항을 준수하여야 한다.
1. 견고한 구조로 할 것
2. 심한 손상·부식 등이 없는 재료를 사용할 것
3. 발판의 간격은 일정하게 할 것
4. 발판과 벽과의 사이는 15센티미터 이상의 간격을 유지할 것
5. 폭은 30센티미터 이상으로 할 것
6. 사다리가 넘어지거나 미끄러지는 것을 방지하기 위한 조치를 할 것
7. 사다리의 상단은 걸쳐놓은 지점으로부터 60센티미터 이상 올라가도록 할 것
8. 사다리식 통로의 길이가 10미터 이상인 경우에는 5미터 이내마다 계단참을 설치할 것
9. 사다리식 통로의 기울기는 75도 이하로 할 것. 다만, 고정식 사다리식 통로의 기울기는 90도 이하로 하고, 그 높이가 7미터 이상인 경우에는 다음 각 목의 구분에 따른 조치를 할 것
   가. 등받이울이 있어도 근로자 이동에 지장이 없는 경우 : 바닥으로부터 높이가 2.5미터 되는 지점부터 등받이울을 설치할 것
   나. 등받이울이 있으면 근로자가 이동이 곤란한 경우 : 한국산업표준에서 정하는 기준에 적합한 개인용 추락 방지 시스템을 설치하고 근로자로 하여금 한국산업표준에서 정하는 기준에 적합한 전신안전대를 사용하도록 할 것
10. 접이식 사다리 기둥은 사용 시 접혀지거나 펼쳐지지 않도록 철물 등을 사용하여 견고하게 조치할 것

86 추락에 의한 위험방지와 관련된 승강설비의 설치에 관한 사항이다. (   )에 들어갈 내용으로 옳은 것은?

> 사업주는 높이 또는 깊이가 (   )를 초과하는 장소에서 작업하는 경우 해당 작업에 종사하는 근로자가 안전하게 승강하기 위한 건설작업용 리프트 등의 설비를 설치하여야 한다.

① 1.0m
② 1.5m
③ 2.0m
④ 2.5m

산업안전보건기준에 관한 규칙 제46조(승강설비의 설치) 사업주는 높이 또는 깊이가 2미터를 초과하는 장소에서 작업하는 경우 해당 작업에 종사하는 근로자가 안전하게 승강하기 위한 건설작업용 리프트 등의 설비를 설치하여야 한다. 다만, 승강설비를 설치하는 것이 작업의 성질상 곤란한 경우에는 그러하지 아니하다.

87 추락방지망의 달기로프를 지지점에 부착할 때 지지점의 간격이 1.5m인 경우 지지점의 강도는 최소 얼마 이상이어야 하는가?(단, 연속적인 구조물이 방망 지지점인 경우)

① 200 kg
② 300 kg
③ 400 kg
④ 500 kg

$F = 200B$ [F : 외력(단위 : kg), B : 지지점 간격(단위 : m)]
$\therefore F = 200 \times 1.5 = 300$[kg]

88 토류벽에 거치된 어스 앵커의 인장력을 측정하기 위한 계측기는?

① 하중계(Load cell)
② 변형계(Strain gauge)
③ 지하수위계(Piezometer)
④ 지중경사계(Inclinometer)

하중계(Load cell)는 락 볼트(Rock bolt) 또는 어스 앵커(Earth anchor)에 하중계를 설치하여 토류벽의 하중을 계측하여 시공설계조사와 함께 부재의 안정성 여부를 판단하는데 사용된다.

89 차량계 하역운반기계 등을 이송하기 위하여 자주(自走) 또는 견인에 의하여 화물자동차에 싣거나 내리는 작업을 할 때 발판·성토 등을 사용하는 경우 기계의 전도 또는 전락에 의한 위험을 방지하기 위하여 준수하여야 할 사항으로 옳지 않은 것은?

① 싣거나 내리는 작업은 견고한 경사지에서 실시할 것
② 가설대 등을 사용하는 경우에는 충분한 폭 및 강도와 적당한 경사를 확보할 것
③ 발판을 사용하는 경우에는 충분한 길이·폭 및 강도를 가진 것을 사용할 것
④ 지정운전자의 성명·연락처 등을 보기 쉬운 곳에 표시하고 지정운전자 외에는 운전하지 않도록 할 것

산업안전보건기준에 관한 규칙 제174조(차량계 하역운반기계등의 이송) 사업주는 차량계 하역운반기계등을 이송하기 위하여 자주(自走) 또는 견인에 의하여 화물자동차에 싣거나 내리는 작업을 할 때에 발판·성토 등을 사용하는 경우에는 해당 차량계 하역운반기계등의 전도 또는 굴러 떨어짐에 의한 위험을 방지하기 위하여 다음 각 호의 사항을 준수하여야 한다.
1. 싣거나 내리는 작업은 평탄하고 견고한 장소에서 할 것
2. 발판을 사용하는 경우에는 충분한 길이·폭 및 강도를 가진 것을 사용하고 적당한 경사를 유지하기 위하여 견고하게 설치할 것
3. 가설대 등을 사용하는 경우에는 충분한 폭 및 강도와 적당한 경사를 확보할 것
4. 지정운전자의 성명·연락처 등을 보기 쉬운 곳에 표시하고 지정운전자 외에는 운전하지 않도록 할 것

90 거푸집 해체 시 작업자가 이행해야 할 안전수칙으로 옳지 않은 것은?

① 거푸집 해체는 순서에 입각하여 실시한다.
② 상하에서 동시작업을 할 때는 상하의 작업자가 긴밀하게 연락을 취해야 한다.
③ 거푸집 해체가 용이하지 않을 때에는 큰 힘을 줄 수 있는 지렛대를 사용해야 한다.
④ 해체된 거푸집, 각목 등을 올리거나 내릴 때는 달줄, 달포대 등을 사용한다.

거푸집 해체 시 작업자 유의사항
• 해체작업을 할 때에는 안전모등 안전 보호장구를 착용토록 하여야 한다.
• 거푸집 해체작업장 주위에는 관계자를 제외하고는 출입을 금지시켜야 한다.
• 상하 동시 작업은 원칙적으로 금지하여 부득이한 경우에는 긴밀히 연락을 위하며 작업을 하여야 한다.
• 거푸집 해체 때 구조체에 무리한 충격이나 큰 힘에 의한 지렛대 사용은 금지하여야 한다.
• 보 또는 슬라브 거푸집을 제거할 때에는 거푸집의 낙하 충격으로 인한 작업원의 돌발적 재해를 방지하여야 한다.
• 해체된 거푸집이나 각목 등에 박혀있는 못 또는 날카로운 돌출물은 즉시 제거하여야 한다.
• 해체된 거푸집이나 각 목은 재사용 가능한 것과 보수하여야 할 것을 선별, 분리하여 적치하고 정리정돈을 하여야 한다.

91 콘크리트 측압에 관한 설명으로 옳지 않은 것은?

① 대기의 온도가 높을수록 크다.
② 콘크리트의 타설속도가 빠를수록 크다.
③ 콘크리트의 타설높이가 높을수록 크다.
④ 배근된 철근량이 적을수록 크다.

콘크리트의 측압이 커지는 조건
• 기온이 낮을수록(대기 중의 습도가 낮을수록)
• 치어붓기 속도가 클수록
• 굵은 콘크리트일수록(물-시멘트비가 클수록, 슬럼프 값이 클수록, 시멘트-물비가 적을수록)
• 콘크리트의 비중이 클수록
• 콘크리트의 다지기가 강할수록
• 철근의 양이 적을수록
• 거푸집의 수밀성이 높을수록
• 거푸집의 수평단면이 클수록(벽 두께가 클수록)
• 거푸집의 강성이 클수록
• 거푸집의 표면이 매끄러울수록
• 생콘크리트의 높이가 높을수록(단, 일정한 높이에 이르면 측압의 증가는 없음)

92 작업에서의 위험요인과 재해형태가 가장 관련이 적은 것은?

① 무리한 자재적재 및 통로 미확보 → 전도
② 개구부 안전난간 미설치 → 추락
③ 벽돌 등 중량물 취급 작업 → 협착
④ 항만 하역 작업 → 질식

 해설

항만하역작업의 경우 추락, 낙하 등에 의한 재해형태가 일반적이다.

93 강관비계의 구조에서 비계기둥 간의 최대 허용 적재 하중으로 옳은 것은?

① 500 kg   ② 400 kg
③ 300 kg   ④ 200 kg

 해설

산업안전보건기준에 관한 규칙 제60조(강관비계의 구조) 사업주는 강관을 사용하여 비계를 구성하는 경우 다음 각 호의 사항을 준수해야 한다.
1. 비계기둥의 간격은 띠장 방향에서는 1.85미터 이하, 장선(長線) 방향에서는 1.5미터 이하로 할 것. 다만, 다음 각 목의 어느 하나에 해당하는 작업의 경우에는 안전성에 대한 구조검토를 실시하고 조립도를 작성하면 띠장 방향 및 장선 방향으로 각각 2.7미터 이하로 할 수 있다.
   가. 선박 및 보트 건조작업
   나. 그 밖에 장비 반입·반출을 위하여 공간 등을 확보할 필요가 있는 등 작업의 성질상 비계기둥 간격에 관한 기준을 준수하기 곤란한 작업
2. 띠장 간격은 2.0미터 이하로 할 것. 다만, 작업의 성질상 이를 준수하기가 곤란하여 쌍기둥틀 등에 의하여 해당 부분을 보강한 경우에는 그러하지 아니하다.
3. 비계기둥의 제일 윗부분으로부터 31미터되는 지점 밑부분의 비계기둥은 2개의 강관으로 묶어 세울 것. 다만, 브라켓(bracket, 까치발) 등으로 보강하여 2개의 강관으로 묶을 경우 이상의 강도가 유지되는 경우에는 그러하지 아니하다.
4. 비계기둥 간의 적재하중은 400킬로그램을 초과하지 않도록 할 것

94 개착식 굴착공사(Open cut)에서 설치하는 계측기기와 거리가 먼 것은?

① 수위계   ② 경사계
③ 응력계   ④ 내공변위계

 해설

내공변위계는 일반적으로 터널 벽면 사이 거리의 상대적 변화량을 계측하는 장치이다.

95 건설용 리프트에 대하여 바람에 의한 붕괴를 방지하는 조치를 한다고 할 때 그 기준이 되는 풍석은?

① 순간풍속 3m/sec 초과
② 순간풍속 35m/sec 초과
③ 순간풍속 40m/sec 초과
④ 순간풍속 45m/sec 초과

산업안전보건기준에 관한 규칙 제154조(붕괴 등의 방지) ① 사업주는 지반침하, 불량한 자재사용 또는 헐거운 결선(結線) 등으로 리프트가 붕괴되거나 넘어지지 않도록 필요한 조치를 하여야 한다.
② 사업주는 순간풍속이 초당 35미터를 초과하는 바람이 불어올 우려가 있는 경우 건설용 리프트(지하에 설치되어 있는 것은 제외한다)에 대하여 받침의 수를 증가시키는 등 그 붕괴 등을 방지하기 위한 조치를 하여야 한다.

96 철근의 인력 운반 방법에 관한 설명으로 옳지 않은 것은?

① 긴 철근은 두 사람이 1조가 되어 같은 쪽의 어깨에 메고 운반한다.
② 양끝은 묶어서 운반한다.
③ 1회 운반 시 1인당 무게는 50kg 정도로 한다.
④ 공동작업 시 신호에 따라 작업한다.

철근의 인력운반

· 긴 철근은 2인이 1조가 되어 어깨메기로 하여 운반하는 등 안전성을 도모한다.
· 긴 철근을 부득이 한 사람이 운반할 때는 한 곳을 드는 것보다 한쪽을 어깨에 메고 한쪽 끝을 땅에 끌면서 운반한다.
· 운반 시에는 항상 양끝을 묶어 운반한다.
· 1회 운반시 1인당 무게는 25kg 정도가 적절하며, 무리한 운반은 삼간다.
· 공동작업 시는 신호에 따라 작업한다.

97 다음 중 차량계 건설기계에 속하지 않는 것은?

① 배쳐플랜트
② 모터그레이더
③ 크롤러드릴
④ 탠덤롤러

차량계 건설기계(산업안전보건기준에 관한 규칙 별표 6)

· 도저형 건설기계(불도저, 스트레이트도저, 틸트도저, 앵글도저, 버킷도저 등)
· 모터그레이더(motor grader, 땅 고르는 기계)
· 로더(포크 등 부착물 종류에 따른 용도 변경 형식을 포함한다)
· 스크레이퍼(scraper, 흙을 절삭·운반하거나 펴 고르는 등의 작업을 하는 토공기계)
· 크레인형 굴착기계(크램쉘, 드래그라인 등)
· 굴삭기(브레이커, 크러셔, 드릴 등 부착물 종류에 따른 용도 변경 형식을 포함한다)
· 항타기 및 항발기
· 천공용 건설기계(어스드릴, 어스오거, 크롤러드릴, 점보드릴 등)
· 지반 압밀침하용 건설기계(샌드드레인머신, 페이퍼드레인머신, 팩드레인머신 등)
· 지반 다짐용 건설기계(타이어롤러, 매커덤롤러, 탠덤롤러 등)
· 준설용 건설기계(버킷준설선, 그래브준설선, 펌프준설선 등)
· 콘크리트 펌프카
· 덤프트럭
· 콘크리트 믹서 트럭
· 도로포장용 건설기계(아스팔트 살포기, 콘크리트 살포기, 아스팔트 피니셔, 콘크리트 피니셔 등)
· 위에 열거된 항목과 유사한 구조 또는 기능을 갖는 건설기계로서 건설작업에 사용하는 것

98 지반의 조사방법 중 지질의 상태를 가장 정확히 파악할 수 있는 보링방법은?

① 충격식 보링(percussion boring) ② 수세식 보링(wash boring)
③ 회전식 보링(rotary boring) ④ 오거 보링(auger boring)

 해설

보링(boring)

- 기계식 보링 : 충격식 보링, 수세식 보링, 회전식 보링(가장 정확한 방법)
- 오거 보링 : 작업현장에서 인력으로 간단하게 실시할 수 있는 방법으로 사질토의 경우에는 3~4m, 보통 지층에서는 10m 정도의 깊이로 토사를 채취

99 산업안전보건관리비 중 안전시설비의 항목에서 사용할 수 있는 항목에 해당하는 것은?

① 외부인 출입금지, 공사장 경계표시를 위한 가설울타리
② 작업발판
③ 절토부 및 성토부 등의 토사유실 방지를 위한 설비
④ 사다리 전도방지장치

 해설

산업안전보건관리비 중 안전시설비 사용 불가내역

- 원활한 공사수행을 위한 가설시설, 장치, 도구, 자재 등
  - 외부인 출입금지, 공사장 경계표시를 위한 가설울타리
  - 각종 비계, 작업발판, 가설계단·통로, 사다리 등
    ※ 안전발판, 안전통로, 안전계단 등과 같이 명칭에 관계없이 공사 수행에 필요한 가시설들은 사용불가(다만, 비계·통로·계단에 추가 설치하는 추락방지용 안전난간, 사다리 전도방지장치, 틀비계에 별도로 설치하는 안전난간·사다리, 통로의 낙하물방호선반 등은 사용 가능함)
  - 절토부 및 성토부 등의 토사유실 방지를 위한 설비
  - 작업장 간 상호 연락, 작업 상황 파악 등 통신수단으로 활용되는 통신시설·설비
  - 공사 목적물의 품질 확보 또는 건설장비 자체의 운행 감시, 공사 진척상황 확인, 방법 등의 목적을 가진 CCTV 등 감시용 장비
- 소음·환경관련 민원예방, 교통통제 등을 위한 각종 시설물, 표지
  - 건설현장 소음방지를 위한 방음시설, 분진망 등 먼지·분진 비산 방지시설 등
  - 도로 확·포장공사, 관로공사, 도심지 공사 등에서 공사차량 외의 차량유도, 안내·주의·경고 등을 목적으로 하는 교통안전시설물(※공사안내·경고 표지판, 차량유도등·점멸등, 라바콘, 현장경계휀스, PE드럼 등)
- 기계·기구 등과 일체형 안전장치의 구입비용(※기성제품에 부착된 안전장치 고장 시 수리 및 교체비용은 사용 가능)
  - 기성제품에 부착된 안전장치(※톱날과 일체식으로 제작된 목재가공용 둥근톱의 톱날접촉예방장치,플러그와 접지 시설이 일체식으로 제작된 접지형플러그 등)
  - 공사수행용 시설과 일체형인 안전시설
- 동일 시공업체 소속의 타 현장에서 사용한 안전시설물을 전용하여 사용할 때의 자재비(운반비는 안전관리비로 사용할 수 있다)

100 다음 셔블계 굴착장비 중 좁고 깊은 굴착에 가장 적합한 장비는?

① 드래그라인(dragline) ② 파워셔블(power shovel)
③ 백호(back hoe) ④ 클램쉘(clam shell)

굴착용 기계의 종류 및 특징

구분	굴착기계	특징	토질
셔블계	파워셔블	지반면보다 높은 곳의 굴착, 쇄석 옮겨쌓기, 토사의 처리 등에 널리 쓰인다.	굳은 점토, 암석, 토사
	드래그셔블 (백호우)	지반면보다 낮은 곳의 굴착, 지하층 및 기초 굴삭, 토목공사나 수중굴착 등에 쓰인다(지하 6m 정도의 깊이).	자갈, 암석이 섞인 토사, 굳은 지반
	드래그라인	지반면보다 낮은 곳의 굴착, 토사를 긁어 모음, 연약한 지반의 깊은 곳 굴착 등에 쓰인다(지하 8m 정도의 깊이).	암석, 암석이 섞인 토사, 연약한 지반
	클램셀	좁은 곳의 수직굴착, 자갈 등의 적재, 연약한 지반이나 수중굴착 등에 쓰인다.	자갈, 암석, 연약한 지반
트랙터계	불도저	직선송토작업, 단단한 지반과 암석작업 등에 널리 쓰인다.	암석, 굳은 지반

정답   2017년 05월 07일 최근 기출문제

01 ②	02 ④	03 ③	04 ①	05 ④	06 ②	07 ④	08 ④	09 ①	10 ①
11 ③	12 ③	13 ②	14 ④	15 ②	16 ③	17 ④	18 ②	19 ①	20 ③
21 ③	22 ④	23 ②	24 ①	25 ④	26 ④	27 ③	28 ①	29 ④	30 ②
31 ①	32 ①	33 ③	34 ③	35 ④	36 ②	37 ②	38 ④	39 ①	40 ①
41 ②	42 ④	43 ④	44 ③	45 ③	46 ④	47 ④	48 ③	49 ①	50 ③
51 ②	52 ①	53 ②	54 ②	55 ①	56 ②	57 ③	58 ④	59 ④	60 ③
61 ④	62 ②	63 ④	64 ①	65 ③	66 ①	67 ①	68 ③	69 ③	70 ②
71 ④	72 ③	73 ④	74 ①	75 ①	76 ②	77 ③	78 ④	79 ④	80 ②
81 ④	82 ④	83 ①	84 ②	85 ②	86 ③	87 ②	88 ①	89 ①	90 ③
91 ①	92 ④	93 ②	94 ④	95 ②	96 ③	97 ①	98 ③	99 ④	100 ④

최근 기출문제

제 **01** 과목   산업안전관리론

01 안전모에 있어 착장체의 구성요소가 아닌 것은?

① 턱끈
② 머리고정대
③ 머리받침고리
④ 머리받침끈

안전모의 일반구조

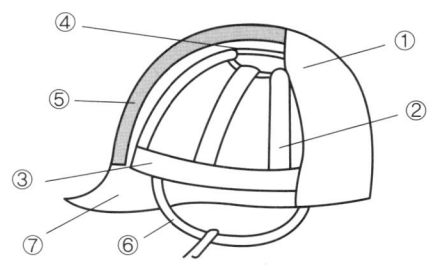

번호	명칭	
①	모체	
②	착장체	머리받침끈
③		머리고정대
④		머리받침고리
⑤	충격흡수재	
⑥	턱끝	
⑦	챙(차양)	

02 리더십에 대한 설명 중 틀린 것은?

① 조직원에 의하여 선출된다.
② 지휘의 형태는 민주주의적이다.
③ 조직원과의 사회적 간격이 넓다.
④ 권한의 근거는 개인의 능력에 의한다.

리더십(Leadership)이란 집단구성원에 의해 내부적으로 선출된 지도자로 사실상의 리더십을 의미하며, 조직원과의 사회적 간격은 헤드십과 달리 좁다.

03 산업안전보건법령상 자율안전확인대상에 해당하는 방호장치는?

① 압력용기 압력방출용 파열판
② 가스집합 용접장치용 안전기
③ 양중기용 과부하방지장치
④ 방폭구조 전기기계 · 기구 및 부품

자율안전확인대상 방호장치(산업안전보건법 시행령 제77조)
- 아세틸렌 용접장치용 또는 가스집합 용접장치용 안전기
- 교류 아크용접기용 자동전격방지기
- 롤러기 급정지장치
- 연삭기 덮개
- 목재 가공용 둥근톱 반발 예방장치와 날 접촉 예방장치
- 동력식 수동대패용 칼날 접촉 방지장치
- 추락 · 낙하 및 붕괴 등의 위험 방지 및 보호에 필요한 가설기자재로서 고용노동부장관이 정하여 고시하는 것

04 사업장에서 발생한 990회의 사고 중 사망재해가 3건이었다면 하인리히의 재해구성비율에 따를 경우 경상이 예상되는 발생 건수는?

① 60
② 87
③ 120
④ 330

하인리히의 재해구성비율에 따르면 1 : 29 : 300의 법칙으로 중상 또는 사망 1회, 경상 29회, 무상해사고 300회의 비율로 발생한다.

05 산업안전보건위원회의 근로자위원 구성 기준 중 틀린 것은?

① 근로자대표
② 해당 사업의 대표자가 지명하는 9명 이내의 해당 사업장 부서의 장
③ 명예산업안전감독관이 위촉되어 있는 사업장의 경우 근로자대표가 지명하는 1명 이상의 명예산업안전감독관
④ 근로자대표가 지명하는 9명 이내의 해당 사업장의 근로자

산업안전보건위원회의 구성(산업안전보건법 시행령 제35조)
- 근로자위원
  - 근로자대표
  - 명예산업안전감독관이 위촉되어 있는 사업장의 경우 근로자대표가 지명하는 1명 이상의 명예산업안전감독관
  - 근로자대표가 지명하는 9명 이내의 해당 사업장의 근로자
- 사용자위원
  - 해당 사업의 대표자
  - 안전관리자 1명
  - 보건관리자 1명
  - 산업보건의(해당 사업장에 선임되어 있는 경우로 한정한다)
  - 해당 사업의 대표자가 지명하는 9명 이내의 해당 사업장 부서의 장

06 적응기제(Adjustment Mechanism) 중 방어적 기제에 해당하는 것은?

① 고립
② 퇴행
③ 억압
④ 보상

해설

적응기제(適應機制)

• 방어적 기제 : 보상, 합리화, 동일시, 승화
• 도피적 기제 : 고립, 퇴행, 억압, 백일몽
• 공격적 기제 : 직접적 공격형, 간접적 공격형

07 레윈(Lewin. K)의 B= f(P · E)이론에 대한 설명으로 옳은 것은?

① B : 인간의 행동
② f : 인간관계, 작업환경
③ P : 적성
④ E : 심신상태, 성격, 지능, 연령

해설

Lewin K의 법칙

레빈(Lewin)은 인간의 행동(B)은 그 사람이 가진 자질 즉, 개체(P)와 심리학적 환경(E)과의 상호 함수 관계에 있다고 규정함.
$B = f(P \cdot E)$
• B : Behavior(인간의 행동)
• f : Function(함수관계 : 적성 및 기타 P와 E에 영향을 미칠 수 있는 조건)
• P : Person(개체 : 연령, 경험, 심신상태, 성격, 지능 등)
• E : Environment(심리적 환경 : 인간관계, 작업환경 등)

08 경보기가 울려도 전철이 오기까지 아직 시간이 있다고 스스로 판단하여 건널목을 건너다가 사고를 당한 것은 무엇에 의한 것인가?

① 생략행위
② 근도반응
③ 억측판단
④ 초조반응

해설

억측판단의 발생 배경

• 정보가 불확실할 때
• 희망적인 관측이 있을 때
• 과거에 경험한 선입관이 있을 때

09 산업안전보건법령상 사업주가 근로자에 대하여 실시하여야 하는 교육 중 특별교육 대상 작업별 교육의 작업 기준으로 틀린 것은?

① 동력에 의하여 작동되는 프레스기계를 3대 이상 보유한 사업장에서 해당 기계로 하는 작업
② 1톤 미만의 크레인 또는 호이스트를 5대 이상 보유한 사업장에서 해당 기계로 하는 작업
③ 굴착면의 높이가 2m 이상이 되는 암석의 굴착작업
④ 전압이 75V인 정전 및 활선작업

특별교육 대상 작업별 교육(산업안전보건법 시행규칙 별표 5)

- 고압실 내 작업(잠함공법이나 그 밖의 압기공법으로 대기압을 넘는 기압인 작업실 또는 수갱 내부에서 하는 작업만 해당)
- 아세틸렌 용접장치 또는 가스집합 용접장치를 사용하는 금속의 용접·용단 또는 가열작업(발생기·도관 등에 의하여 구성되는 용접장치만 해당)
- 밀폐된 장소(탱크 내 또는 환기가 극히 불량한 좁은 장소)에서 하는 용접작업 또는 습한 장소에서 하는 전기용접 작업
- 폭발성·물반응성·자기반응성·자기발열성 물질, 자연발화성 액체·고체 및 인화성 액체의 제조 또는 취급작업(시험연구를 위한 취급작업은 제외)
- 액화석유가스·수소가스 등 인화성 가스 또는 폭발성 물질 중 가스의 발생장치 취급 작업
- 화학설비 중 반응기, 교반기·추출기의 사용 및 세척작업
- 화학설비의 탱크 내 작업
- 분말·원재료 등을 담은 호퍼·저장창고 등 저장탱크의 내부작업
- 다음에 정하는 설비에 의한 물건의 가열·건조작업
  - 건조설비 중 위험물 등에 관계되는 설비로 속부피가 1m³ 이상인 것
  - 건조설비 중 가목의 위험물 등 외의 물질에 관계되는 설비로서, 연료를 열원으로 사용하는 것(그 최대연소소비량이 매 시간당 10kg 이상인 것만 해당) 또는 전력을 열원으로 사용하는 것(정격소비전력이 10kW 이상인 경우만 해당)
- 다음에 해당하는 집재장치의 조립, 해체, 변경 또는 수리작업 및 이들 설비에 의한 집재 또는 운반 작업
  - 원동기의 정격출력이 7.5kW를 넘는 것
  - 지간의 경사거리 합계가 350m 이상인 것
  - 최대사용하중이 200kg 이상인 것
- 동력에 의하여 작동되는 프레스기계를 5대 이상 보유한 사업장에서 해당 기계로 하는 작업
- 목재가공용 기계(둥근톱기계, 띠톱기계, 대패기계, 모떼기기계 및 라우터만 해당하며, 휴대용은 제외)를 5대 이상 보유한 사업장에서 해당 기계로 하는 작업
- 운반용 등 하역기계를 5대 이상 보유한 사업장에서의 해당 기계로 하는 작업
- 1톤 이상의 크레인을 사용하는 작업 또는 1톤 미만의 크레인 또는 호이스트를 5대 이상 보유한 사업장에서 해당 기계로 하는 작업
- 건설용 리프트·곤돌라를 이용한 작업
- 주물 및 단조작업
- 전압이 75V 이상인 정전 및 활선작업
- 콘크리트 파쇄기를 사용하여 하는 파쇄작업(2m 이상인 구축물의 파쇄작업만 해당)
- 굴착면의 높이가 2m 이상이 되는 지반 굴착(터널 및 수직갱 외의 갱 굴착은 제외)작업
- 흙막이 지보공의 보강 또는 동바리를 설치하거나 해체하는 작업
- 터널 안에서의 굴착작업(굴착용 기계를 사용하여 하는 굴착작업 중 근로자가 칼날 밑에 접근하지 않고 하는 작업은 제외) 또는 같은 작업에서의 터널 거푸집 지보공의 조립 또는 콘크리트 작업
- 굴착면의 높이가 2m 이상이 되는 암석의 굴착작업
- 높이가 2m 이상인 물건을 쌓거나 무너뜨리는 작업(하역기계로만 하는 작업은 제외)
- 선박에 짐을 쌓거나 부리거나 이동시키는 작업
- 거푸집 동바리의 조립 또는 해체작업
- 비계의 조립·해체 또는 변경작업
- 건축물의 골조, 다리의 상부구조 또는 탑의 금속제의 부재로 구성되는 것(5m 이상인 것만 해당)의 조립·해체 또는 변경 작업
- 처마 높이가 5m 이상인 목조건축물의 구조 부재의 조립이나 건축물의 지붕 또는 외벽 밑에서의 설치작업
- 콘크리트 인공구조물(그 높이가 2m 이상인 것만 해당)의 해체 또는 파괴작업
- 타워크레인을 설치(상승작업을 포함)·해체하는 작업
- 보일러(소형 보일러 및 다음 각에서 정하는 보일러는 제외)의 설치 및 취급 작업
  - 몸통 반지름이 750mm 이하이고 그 길이가 1,300mm 이하인 증기보일러
  - 전열면적이 3m² 이하인 증기보일러
  - 전열면적이 14m² 이하인 온수보일러
  - 전열면적이 30m² 이하인 관류보일러
- 게이지 압력을 cm²당 1kg 이상으로 사용하는 압력용기의 설치 및 취급작업

- 방사선 업무에 관계되는 작업(의료 및 실험용은 제외)
- 맨홀작업
- 밀폐공간에서의 작업
- 허가 및 관리 대상 유해물질의 제조 또는 취급작업
- 로봇작업
- 석면해체 · 제거작업
- 가연물이 있는 장소에서 하는 화재위험작업

10 브레인 스토밍(Brain Storming)의 4원칙에 해당하는 것은?

① 점검정비　　　　　　　　　② 본질추구
③ 목표달성　　　　　　　　　④ 자유분방

 해설

브레인 스토밍(Brain Storming)의 4원칙 : 비평금지, 자유분방, 대량발언, 수정발언

11 맥그리거(McGregor)의 Y이론의 관리처방에 해당하는 것은?

① 목표에 의한 관리
② 권위주의적 리더십 확립
③ 경제적 보상체제의 강화
④ 면밀한 감독과 엄격한 통제

 해설

맥그리거의 X, Y 이론 관리처방

구분	관리처방
X이론	• 권위주의적 리더십 확립 • 경제적 보상체제의 강화 • 면밀한 감독과 엄격한 통제 • 상부책임제도의 강화
Y이론	• 민주적 리더십 확립 • 분권화와 권한의 위임 • 목표에 의한 관리 및 목표달성을 위한 자율적 통제 • 직무의 확장, 책임과 창조력

12 학습의 전이에 영향을 주는 조건이 아닌 것은?

① 학습자의 지능 원인
② 학습자의 태도 요인
③ 학습장소의 요인
④ 선행학습과 후행학습간 시간적 간격의 원인

학습전이의 조건

- 학습정도의 요인 : 선행학습의 정도에 따라 전이의 가능정도가 다르다.
- 유사성의 요인 : 선행학습과 후행학습에 유사성이 있어야 한다는 것으로 자극의 유사성, 반응의 유사성, 원리의 유사성이 있다.
- 시간적 간격의 요인 : 선행학습과 후행학습의 시간간격에 따라 전이의 효과가 다르다.
- 학습자의 지능요인 : 학습자의 지능정도에 따라 전이효과가 달라진다.
- 학습자의 태도요인 : 학습자의 주의력 및 능력, 특히 태도에 따라 전이의 정도가 다르다.

13 눈으로는 작업 내용을 보고 손과 발로는 습관적으로 작업을 하고 있지만 머릿속에는 고민이나 공상으로 가득 차 있어서 작업에 필요한 주의력이 점차 약화되고 작업자가 눈으로 보고 있는 작업 상황이 의식에 전달되지 않는 상태를 의미하는 것은?

① 의식의 과잉
② 의식의 단절
③ 의식의 우회
④ 의식수준의 저하

부주의 현상

- 의식의 단절 : 지속적인 의식의 흐름에 단절이 생기고 공백의 상태가 나타나는 것으로서 특수한 질병이 있는 경우에 나타난다.(의식수준 : Phase 0 상태)
- 의식의 우회 : 의식의 흐름이 옆으로 빗나가 발생하는 경우로서 작업도중의 걱정, 고뇌, 욕구 불만 등에 의해 다른 것이 주의하는 것이 이에 속한다.(의식수준 : Phase 0 상태)
- 의식수준의 저하 : 혼미한 정신 상태에서 심신이 피로할 경우나 단조로운 작업 등의 경우에 일어나기 쉽다.(의식수준 : Phase Ⅰ이하 상태)
- 의식의 과잉 : 지나친 의욕에 의해서 생기는 부주의 현상으로서 돌발사태 및 긴급이상 사태 시 순간적으로 긴장되고 의식이 한 방향으로만 쏠리게 되는 경우가 이에 해당된다.(의식수준 : Phase Ⅳ 상태)

14 O.J.T(On the Job Training)의 특징 중 틀린 것은?

① 직장의 실정에 맞게 실제적 훈련이 가능하다.
② 훈련과 업무의 계속성이 끊어지지 않는다.
③ 훈련의 효과가 곧 업무에 나타나며, 훈련의 개선이 용이하다.
④ 다수의 근로자들에게 조직적 훈련이 가능하다.

OJT와 off JT의 특징

OJT	off JT
• 개개인에게 적합한 지도훈련이 가능 • 직장의 실정에 맞는 실체적 훈련 • 훈련에 필요한 업무의 계속성 • 즉시 업무에 연결되는 관계로 신체와 관련 • 효과가 곧 업무에 나타나며 훈련의 좋고 나쁨에 따라 개선 용이 • 교육을 통한 훈련 효과에 의해 상호 신뢰이해도가 높아짐	• 다수의 근로자에게 조직적 훈련이 가능 • 훈련에만 전념 • 특별 설비 기구를 이용 • 전문가를 강사로 초청 • 각 직장의 근로자가 많은 지식이나 경험을 교류 • 교육 훈련 목표에 대해서 집단적 노력이 흐트러질 수도 있음

15 산업안전보건법령상 다음 안전보건표지의 종류로 옳은 것은?

① 산화성물질 경고
② 폭발성물질 경고
③ 부식성물질 경고
④ 인화성물질 경고

경고표지의 종류(산업안전보건법 시행규칙 별표 6)

201 인화성 물질 경고	202 산화성 물질 경고	203 폭발성 물질 경고	204 급성독성 물질 경고	205 부식성 물질 경고	206 방사성 물질 경고	207 고압전기 경고	208 매달린 물체 경고	

209 낙하물 경고	210 고온경고	211 저온경고	212 몸균형 상실 경고	213 레이저 광선 경고	214 발암성 · 변이원성 · 생식독성 · 전신 독성 · 호흡기 과민성 물질 경고			215 위험장소 경고

16 무재해운동을 추진하기 위한 세 기둥이 아닌 것은?

① 관리감독자의 적극적 주진
② 소집단 자주활동의 활성화
③ 전 종업원의 안전요원화
④ 최고경영자의 경영자세

무재해운동 추진의 3기둥(무재해운동의 3요소)

• 최고 경영자의 경영자세
• 라인화의 철저(관리감독자에 의한 안전보건의 추진)
• 직장(소집단) 자주활동의 활발화

17 학습지도 중 구안법(Project Method)의 4단계 순서로 옳은 것은?

① 계획 → 목적 → 수행 → 평가
② 계획 → 수행 → 목적 → 평가
③ 목적 → 수행 → 계획 → 평가
④ 목적 → 계획 → 수행 → 평가

구안법(Project Method)

• 학생이 마음속에 생각하고 있는 것을 외부에 구체적으로 실현하고 형상화하기 위해서 자기 스스로가 계획을 세워 수행하는 학습 활동으로 이루어지는 형태를 말한다.

- 콜링스(Collings)는 구안법을 탐험(Exploration), 구성(Construction), 의사소통(Communication), 유희(Play), 기술(Skill)의 5가지로 지적하고 산업시찰, 견학, 현장실습 등도 이에 해당된다고 하였다.
- 구안법은 목적, 계획, 수행, 평가의 4단계를 거친다.

18 재해발생의 주요원인 중 불안전한 행동이 아닌 것은?

① 불안전한 적재   ② 불안전한 설계
③ 권한 없이 행한 조작   ④ 보호구 미착용

재해의 직접 원인

- 불안전한 행동 : 위험장소 접근, 안전장치의 기능 제거, 복장 보호구의 잘못 사용, 기계·기구 잘못 사용, 운전 중인 기계 장치의 손질, 불안전한 속도 조작, 위험물 취급 부주의, 불안전한 상태 방치, 불안전한 자세 동작, 감독 및 연락 불충분
- 불안전한 상태 : 물 자체 결함, 안전 방호장치 결함, 복장·보호구의 결함, 물의 배치 및 작업 장소 결함, 작업환경의 결함, 생산 공정의 결함, 경계표시·설비의 결함

19 강도율이 5.5이라 함은 연 근로시간 몇 시간 중 재해로 인한 근로손실이 110일 발생하였음을 의미하는가?

① 10000   ② 20000
③ 50000   ④ 100000

$$연근로시간 = \frac{근로손실일수}{강도율} \times 1000 = \frac{110}{5.5} \times 1000 = 20000$$

20 기업의 산업재해에 대한 과거와 현재의 안전성적을 비교, 평가한 점수로 안전관리의 수행도를 평가하는데 유용한 것은?

① Safe-T-Score   ② 평균강도율
③ 종합재해지수   ④ 안전활동률

세이프 티 스코어

- 과거와 현재의 안전 성적을 비교 평가하는 방법으로 단위가 없으며 계산결과가 (+)이면 나쁜 기록, (−)이면 과거에 비해 좋은 기록
- 세이프티 스코어 = $\dfrac{빈도율(현재) - 빈도율(과거)}{\sqrt{\dfrac{빈도율(과거)}{총근로시간수(현재)}}} \times 10^6$

제 **02** 과목 **인간공학 및 시스템안전공학**

21 fail-safe의 종류가 아닌 것은?

① 중복구조   ② 상하경감구조
③ 교대구조   ④ 다경로 하중 구조

Fail-Safety

- Fail Safety : 인간 또는 기계에 과오나 동작상의 실수가 있어도 안전사고를 발생시키지 않도록 2중 또는 3중으로 통제를 가하도록 한 체제
- Fail Safe 종류 : 다경로 하중 구조, 하중 경감 구조, 교대 구조, 중복 구조

22 결함수 분석법에 관한 설명으로 틀린 것은?

① 잠재위험을 효율적으로 분석한다.
② 연역적 방법으로 원인을 규명한다.
③ 정성적 평가보다 정량적 평가를 먼저 실시한다.
④ 복잡하고 대형화된 시스템의 분석에 사용한다.

FTA의 특징

- 연역적, 정량적 해석이 가능한 기법
- 특정사상에 대한 해석
- 컴퓨터로 처리 가능
- 톱다운(Top-Down) 해석
- 논리기호를 사용한 해석

23 일반적으로 사람의 청력으로 감지할 수 있는 주파수 영역은?

① 0 ~ 20Hz
② 20 ~ 20000Hz
③ 20000 ~ 50000Hz
④ 50000 ~ 100000Hz

인간의 가청주파수 범위는 20~20000Hz 이며, 이에 따라 초음파의 기준은 20000Hz 이상이 된다.

24 감지되는 모든 우발상항에 대하여 적절한 행동을 취하게 완전히 프로그램화되어 있으며, 인간은 주로 감시, 프로그램, 정비유지 등의 기능을 수행하는 인간-기계 체계는?

① 수동 체계
② 자동화 체계
③ 반자동화 체계
④ 기계화 체계

인간-기계 통합체계의 유형

- 수동체계 : 사용자의 조작, 융통성(예 : 장인과 공구)
- 기계화체계(반자동체계) : 운전자의 조작, 융통성 없음(예 : 엔진, 자동차, 공작기계)
- 자동체계(인간의 역할 : 감시, 프로그램, 정비유지) : 자동화된 공장, 컴퓨터

25 부품검사 작업자가 한 로트 당 5000개를 검사하여 400개의 부적합품을 검출하였다. 실제 로트 당 1000개의 부적합품이 있었다고 가정할 때, 휴먼에러 확률(HEP)은?

① 0.12
② 0.22
③ 0.32
④ 0.42

$$HEP = \frac{1000 - 400}{5000} = 0.12$$

26 광원으로부터의 직사 휘광을 줄이기 위한 처리방법으로 틀린 것은?

① 가리개 및 차양을 사용한다.
② 광원을 시선에서 멀리 위치시킨다.
③ 광원의 휘도를 줄이고 수를 늘린다.
④ 휘광원의 주위를 밝게 하여 광도비를 높인다.

광원으로부터의 직사 휘광 처리

• 광원의 휘도를 줄이고 수를 높인다.
• 광원을 시선에서 멀리 위치시킨다.
• 가리개(Shield), 갓(Hood), 혹은 차양(Visor)을 사용한다.
• 휘광원 주위를 밝게 하여 광속발산비(휘도)를 줄인다.

27 가청 주파수내에서 사람의 귀가 가장 민감하게 반응하는 주파수 대역은?

① 20Hz ~ 20000Hz
② 50Hz ~ 15000Hz
③ 100Hz ~ 10000Hz
④ 500Hz ~ 3000Hz

사람의 귀는 중음역에 가장 민감하며, 그 범위는 500~3,000Hz의 진동수이다.

28 인간-기계 체계에서 시스템 활동의 흐름과정을 탐지 분석하는 방법이 아닌 것은?

① 가동분석
② 운반공정분석
③ 신뢰도분석
④ 사무공정분석

인간-기계 체계에서 시스템 활동의 흐름과정을 탐지 분석하는 방법은 가동분석, 운반공정분석, 사무공정분석 등이 있다.

29 반사율이 80%인 종이에 인쇄된 글자의 반사율이 20%라 하면, 대비는 몇 %인가?

① −75%
② −33%
③ 25%
④ 75%

$$대비 = \frac{배경의\ 반사율 - 표적의\ 반사율}{배경의\ 반사율} \times 100 = \frac{80 - 20}{80} \times 100 = 75[\%]$$

30 실내면의 추천반사율이 낮은 것에서부터 높은 순으로 올바르게 배열된 것은?

① 바닥 < 가구 < 벽 < 천장 ② 바닥 < 벽 < 가구 < 천장
③ 천장 < 가구 < 벽 < 바닥 ④ 천장 < 벽 < 가구 < 바닥

해설

옥내 최적 반사율

- 천장 : 80~90% · 벽, 창문 발(Blind) : 40~60%
- 가구, 사무용기기, 책상 : 25~45% · 바닥 : 20~40%

31 물품을 일정시간 가동시켜 결함을 찾아내고 제거하여 고장율을 안정시키는 기간은?

① 우발고장 기간 ② 말기고장 기간
③ 초기고장 기간 ④ 마모고장 기간

해설

고장의 유형

- 초기고장 : 감소형(Debugging 기간, Burning 기간)
- 우발고장 : 일정형
- 마모고장 : 증가형(Burn In 기간)

32 시스템을 성공적으로 작동시키는 경로의 집합을 시스템 신뢰도 측면에서는 무엇이라 하는가?

① cut set ② true set
③ path set ④ module set

해설

컷셋과 패스셋

- 컷셋(cut sets) : 그 속에 포함되어 있는 모든 기본사상(통상, 생략, 결함사상을 포함) 이 일어났을 때 정상사상(top event)을 일으키는 기본사상의 집합
- 최소 컷셋(minimal cut sets) : 컷셋 중 그 부분집합만으로는 정상사상을 일으키는 일이 없는 것, 즉 정상사상(top event)을 일으키기 위한 최소한의 컷셋으로 어떤 고장이나 에러를 일으키면 재해가 일어나는가 하는 것 즉, 시스템의 위험성(역으로는 안전성)를 나타내는 것
- 패스셋(path sets) : 시스템이 고장 나지 않도록 하는 사상의 조합
- 최소 패스셋(minimal path sets) : 시스템이 고장 나지 않도록 하는 최소한의 패스셋으로 어떤 고장이나 패스를 일으키지 않으면 재해는 일어나지 않는다는 것 즉, 시스템의 신뢰성을 나타내는 것

33 원자력 산업과 같이 이미 상당한 안전이 확보되어 있는 장소에서 관리, 설계, 생산, 보전 등 광범위하고 고도의 안전달성을 목적으로 하는 시스템 해석법은?

① ETA ② MORT
③ FHA ④ FMECA

해설

MORT(Management Oversight and Risk Tree)는 트리(Tree)를 중심으로 FTA와 같은 논리기법을 이용하여 관리, 설계,

생산, 보존 등 고도의 안전을 달성하는 것을 목적으로 사용되는 시스템 해석방법으로 원자력 산업과 같이 이미 상당한 안전이 확보되어 있는 장소에서 적용된다.

34 복권추첨을 할 때 복권에 당첨되지 않을 확률과 당첨될 확률이 각각 0.9, 0.1이라면 정보량은 약 몇 bit인가?

① 0.47

② 0.50

③ 3.32

④ 3.47

$$\cdot A = \frac{\log(\frac{1}{0.9})}{\log 2} = 0.15 \qquad \cdot B = \frac{\log(\frac{1}{0.1})}{\log 2} = 3.32$$

∴정보량 = (0.9 × A) + (0.1 × B) = (0.9 × 0.15) + (0.1 × 3.32) = 0.467 ≒ 0.47[bit]

35 위험조정을 위해 필요한 방법으로 틀린 것은?

① 위험보류(retention)

② 위험감축(reduction)

③ 위험회피(avoidance)

④ 위험확인(confirmation)

위험(Risk) 처리(조정)기술 : 회피(Avoidance), 경감·감축(Reduction), 보류(Retention), 전가(Transfer)

36 부품을 작동하는 성능이 체계의 목표달성에 긴요한 정도를 고려하여 우선순위를 설정하는 원칙은?

① 중요도의 원칙

② 사용빈도의 원칙

③ 기능성의 원칙

④ 사용순서의 원칙

부품배치의 원칙

- 중요도의 원칙 : 부품을 작동하는 성능이 체계의 목표 달성에 긴요한 정도에 따라 우선순위를 결정
- 사용빈도의 원칙 : 부품을 사용하는 빈도에 따라 우선순위를 결정
- 기능성 원칙 : 기능적으로 관련된 부품들(표시장치, 조정장치 등)을 모아서 배치
- 사용순서의 원칙 : 사용순서에 따라 장치들을 가까이에 배치

37 조종 장치의 촉각적 암호화를 위하여 고려하는 특성이 아닌 것은?

① 형상

② 무게

③ 크기

④ 표면 촉감

촉각적 암호화를 사용하는 경우

- 형상을 구별하여 사용하는 경우
- 표면 촉감을 이용하는 경우
- 크기를 구별하여 사용하는 경우

38 인체계측자료를 응용하여 제품을 설계하고자할 때, 제품과 적용기준으로 틀린 것은?

① 공구 – 평균치 설계기준
② 출입문 – 최대 집단치 설계기준
③ 안내 데스크 – 평균치 설계기준
④ 선반 높이 – 최대 집단치 설계기준

선반 높이, 조종장치까지의 거리 등은 최소 집단치를 설계기준으로 적용한다.

39 FTA에서 사용하는 논리기호 중 3개 이상의 현상 중 2개가 발생할 경우 출력이 되는 것은?

① 조합 AND 게이트
② 배타적 OR 게이트
③ 우선적 AND 게이트
④ 위험지속 AND 게이트

수정기호

명칭	설명	기호
우선적 AND게이트 (priority AND gate, sequential AND gate)	입력사상 중 어떤 사상이 다른 사상보다 앞에 일어났을 때 출력사상이 생긴다.	a_i는 a_k보다 우선 a_i a_j a_k
조합 AND 게이트 (combination AND gate)	3개 이상의 입력사상 중 어느 것이나 2개가 일어나면 출력이 생긴다.	어느 것이나 2개 a_i a_j a_k
위험지속기호 (hazard duration modifier)	입력사상이 생겨 어떤 일정한 시간 동안 지속하였을 때 출력이 생긴다. 만약 지속되지 않으면 출력은 생기지 않는다.	위험지속 시간
배타적 OR게이트 (exclusive OR gate)	2개 또는 그 이상의 입력이 존재하는 경우에는 출력이 생기지 않는다.	동시발생이 없음

40 심장의 박동주기 동안 심근의 전기적 신호를 피부에 부착한 전극들로부터 측정하는 것으로 심장이 수축과 확장을 할 때, 일어나는 전기적 변동을 기록한 것은?

① 뇌전도계
② 근전도계
③ 심전도계
④ 안전도계

피로의 측정의 생리학적 방법

• 근전도(EMG, Electromyogram) : 근육활동 전위차의 기록
• 뇌전도(EEG, Electroneurogram) : 신경활동 전위차의 기록

- 심전도(ECG, Electrocardiogram) : 심장근 활동 전위차의 기록
- 안전도(EOG, Electrooculogram) : 안구(眼球)운동 전위차의 기록
- 산소 소비량 및 에너지 대사율(RMR, Relative Metabolic Rate)

$$RMR = \frac{작업대사량}{기초대사량} = \frac{작업시\ 소비에너지 - 안정시\ 소비에너지}{기초대사량}$$

- 피부전기반사(GSR, Galvanic Skin Reflex) : 작업부하의 정신적 부담이 피로와 함께 증대하는 양상을 손바닥 안쪽의 전기저항의 변화를 이용해 측정하는 것으로 피부전기저항 또는 정신 전류현상
- 프릿가값(융합점멸주파수) : 정신적 부담이 대뇌피질의 피로수준에 미치고 있는 영향을 측정하는 방법

제 03 과목 건설시공학

41 건설공사 완료 후 보수 및 재시공을 보증하기 위하여 공사발주처 등에 예치하는 공사금액의 명칭은?

① 입찰보증금
② 계약보증금
③ 지체보증금
④ 하자보증금

공사 완료 후 보수 및 재시공을 보증하기 위해 예치하는 공사금액을 하자보증금이라 하며, 금액은 총공사비의 3% 정도이다.

42 L.W(Labiles Wasserglass)공법에 관한 설명으로 옳지 않은 것은?

① 물유리용액과 시멘트 현탁액을 혼합하면 규산수화물을 생성하여 겔(gel)화하는 특성을 이용한 공법이다.
② 지반강화와 차수목적을 얻기 위한 약액주입공법의 일종이다.
③ 미세공극의 지반에서도 그 효과가 확실하여 널리 쓰인다.
④ 배합비를 조절로 겔타임 조절이 가능하다.

L.W(Labiles Wasserglass) 공법
- 물유리용액과 시멘트 현탁액(cement milk)을 혼합하면 규산수화물을 생성하여 겔(gel)화하는 특성을 이용한 공법이다.
- 지반강화와 차수목적을 얻기 위한 약액주입공법의 일종이다.
- 사질토지반 대상 약액주입공법 중 침투성이 양호하며, 차수효과가 크다.
- 배합비를 조절하여 겔타임(gel time) 조절이 가능하다.
- 주입장비 및 주입재료가 타 공법에 비해 저렴하고, 취급이 용이하다.
- 주입 후 주입효과가 불량한 위치에 쉽게 재주입할 수 있다.

43 혼화재(混和材)에 관한 설명으로 옳지 않은 것은?

① 시멘트량의 1% 정도 이하로 배합설계에서 그 자체의 용적을 무시한다.
② 종류로는 플라이애시, 고로슬래그, 실리카퓸 등이 있다.
③ 포졸란 반응이 있는 것은 플라이애시, 고로슬래그, 규산백토 등이 있다.
④ 인공산으로는 플라이애시, 고로슬래그, 소성점토 등이 있다.

혼화제와 혼화재

- 혼화제(混和劑) : 물리, 화학적 작용에 의해 경화 전후의 콘크리트 성질을 개선할 목적으로 사용하는 혼화재료로 시멘트량의 1% 정도 이하로 배합설계에서 그 자체의 용적을 무시한다.
- 혼화재(混和材) : 콘크리트의 워커빌리티 향상, 수화열 감소, 수축저감, 알칼리성의 감소 등을 목적으로 혼합사용하는 재료이며, 혼합량이 시멘트량의 5% 정도 이상으로 많아 그 자체의 용적을 배합설계에 계산하여야 한다.

44 철근콘크리트공사에서의 철근이음에 관한 설명으로 옳지 않은 것은?

① 철근의 이음위치는 되도록 응력이 큰 곳을 피한다.
② 일반적으로 이음을 할 때는 한 곳에서 철근수의 반 이상을 이어야 한다.
③ 철근이음에는 겹침이음, 용접이음, 기계적이음 등이 있다
④ 철근이음은 힘의 전달이 연속적이고, 응력집중 등 부작용이 생기지 않아야 한다.

철근이음 위치 선정 시 주의사항

- 철근의 이음부는 구조내력상 취약점이 되는 곳이므로 큰 응력을 받는 곳을 피하도록 한다.
- 이음의 1/2 이상을 한 곳에 집중시키지 말고 엇갈리게 교대로 분산시켜야 한다.
- 기둥, 벽 철근이음은 층 높이의 2/3 하부에서 엇갈리게 한다.
- 보에서는 중앙에서 하부근을, 단부에서 상부근을 이음하지 않는다.

45 토공사의 굴착기계 용도에 관한 설명으로 옳지 않은 것은?

① 백호는 기계보다 낮은 곳을 굴착하는데 사용한다.
② 파워쇼벨은 기계보다 높은 곳을 굴착하는데 사용한다.
③ 드래그라인은 기계보다 낮은 곳의 흙을 긁어모으는 데 사용한다.
④ 클램셸은 기계보다 높은 곳의 흙과 자갈을 긁어내리는데 사용한다.

굴착용 기계의 종류 및 특징

구분	굴착기계	특징	토질
셔블계	파워셔블	지반면보다 높은 곳의 굴착, 쇄석 옮겨쌓기, 토사의 처리 등에 널리 쓰인다.	굳은 점토, 암석, 토사
셔블계	드래그셔블 (백호우)	지반면보다 낮은 곳의 굴착, 지하층 및 기초 굴삭, 토목공사나 수중굴착 등에 쓰인다(지하 6m 정도의 깊이).	자갈, 암석이 섞인 토사, 굳은 지반
셔블계	드래그라인	지반면보다 낮은 곳의 굴착, 토사를 긁어 모음, 연약한 지반의 깊은 곳 굴착 등에 쓰인다(지하 8m 정도의 깊이).	암석, 암석이 섞인 토사, 연약한 지반
셔블계	클램셸	좁은 곳의 수직굴착, 자갈 등의 적재, 연약한 지반이나 수중굴착 등에 쓰인다.	자갈, 암석, 연약한 지반
트랙터계	불도저	직선송토작업, 단단한 지반과 암석작업 등에 널리 쓰인다.	암석, 굳은 지반

46 거푸집 공사에서 거푸집 검사 시 받침기둥(지주의 안전하중)검사와 가장 거리가 먼 것은?

① 서포트의 수직 여부 및 간격
② 폼타이 등 조임철물의 재질
③ 서포트의 편심, 처짐 및 나사의 느슨함 정도
④ 수평 연결대 설치 여부

해설

거푸집 공사에서 사용되는 받침기둥은 강관 받침기둥, 강관 비계, 강관 틀비계, 원형 파이프 등의 재료를 사용하며, 콘크리트 시공시 수평하중에 의해 무너지거나 떠오르고 뒤틀리지 않도록 장선, 멍에, 연결대, 가새, 당김줄 등으로 보강한다. 따라서, 폼타이 등 조임철물의 재질은 받침기둥의 검사와 거리가 멀다.

47 강재면에 강필로 볼트구멍 위치와 절단 개소 등을 그리는 일은?

① 원척도   ② 본뜨기
③ 금매김   ④ 변형바로잡기

해설

철골의 가공 순서

원척도 → 본뜨기 → 변형 바로잡기 → 금매김 → 절단 및 가공 → 구멍 뚫기 → 가(假)조립 → 리벳치기 → 검사 → 녹막이 칠 → 운반

48 공사계약서 내용에 포함되어야 할 내용과 가장 거리가 먼 것은?

① 공사내용(공사명, 공사장소)
② 재해방지대책
③ 도급금액 및 지불방법
④ 천재지변 및 그 외의 불가항력에 의한 손해부담

해설

재해방지대책은 시공사의 시공계획서에 포함되어야 하는 사항이다.

49 철근가공에 관한 설명으로 옳지 않은 것은?

① 대지의 여유가 없어도 정밀도 확보를 위해 현장가공을 우선적으로 고려한다.
② 철근가공은 현장가공과 공장가공으로 나눌 수 있다.
③ 공장가공은 현장가공에 비해 절단손실을 줄일 수 있다.
④ 공장가공은 현장가공보다 운반비가 높은 경우가 많다.

해설

대지의 여유가 없더라도 정밀도 확보를 위해 공장가공을 우선적으로 고려하여야 한다.

50 콘크리트에 사용하는 AE제의 특징이 아닌 것은?

① 내구성, 수밀성 증대 ② 블리딩 현상증가
③ 단위수량 감소 ④ 건조수축 감소

AE제를 사용하면 콘크리트의 응집력이 커지고 유동성이 좋아져 부어넣기 작업이 수월하며 콘크리트의 블리딩 현상을 감소시킬 수 있다.

51 기성콘크리트 말뚝시공에 관한 설명으로 옳지 않은 것은?

① 말뚝중심간격은 2.5D이상 또는 750mm이상으로 한다.
② 적재 장소는 시공장소와 가깝고 배수가 양호하고 지반이 견고한 곳이어야 한다.
③ 2단 이하로 저장하고 말뚝받침대는 동일선상에 위치하여야 파손이 적다.
④ 시공순서는 주변 다짐효과를 높이기 위하여 주변부에서 중앙부로 박는다.

시공순서는 주변 다짐효과를 높이기 위하여 중앙부에서 주변부로 박는다.

52 공사에 필요한 표준시방서의 내용에 포함되지 않는 사항은?

① 재료에 관한 사항
② 공법에 관한 사항
③ 공사비에 관한 사항
④ 검사 및 시험에 관한 사항

시방서

• 건축설계도에 포함되는 것으로 설계자가 설계도에 표현할 수 없는 사용재료의 품질, 종류, 수량, 공사방법 및 순서, 필요한 시험, 저장방법 등을 공사 전반에 걸쳐 상세히 기재하여 설계자 및 건축주의 의도하는 바를 시공자에게 전달하여 공사수행에 차질이 없게 한다.
• 시방서는 설계자가 작성하는 설계도의 일부이다.
• 시방서의 종류
  – 표준시방서 : 건축공사의 재료, 시공방법 등 표준적이고 공통공사 부분에 대한 내용을 기재
  – 특기시방서 : 표준시방서에 기재되지 않은 특별한 사항의 공법 및 재료명 등을 설계자가 상세히 기록

53 거푸집 공사 중 콘크리트의 측압에 관한 설명으로 옳지 않은 것은?

① 치어붓기 속도가 빠를수록 측압이 크다.
② 묽은 콘크리트일수록 측압이 작다.
③ 거푸집의 수평단면이 작을수록 측압이 작다.
④ 철골 또는 철근량이 많을수록 측압은 작아진다.

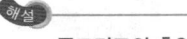

콘크리트의 측압이 커지는 조건

- 기온이 낮을수록(대기 중의 습도가 낮을수록)
- 치어붓기 속도가 클수록
- 묽은 콘크리트일수록(물-시멘트비가 클수록, 슬럼프 값이 클수록, 시멘트-물비가 적을수록)
- 콘크리트의 비중이 클수록
- 콘크리트의 다지기가 강할수록
- 철근의 양이 적을수록
- 거푸집의 수밀성이 높을수록
- 거푸집의 수평단면이 클수록(벽 두께가 클수록)
- 거푸집의 강성이 클수록
- 거푸집의 표면이 매끄러울수록
- 생콘크리트의 높이가 높을수록(단, 일정한 높이에 이르면 측압의 증가는 없음)

54 연약한 점성토 지반을 굴착할 때 주로 발생하며 흙막이 바깥에 있는 흙이 안으로 밀려들어와 흙막이가 파괴되는 현상은?

① 파이핑(Piping)　　　　　　　② 보일링(Boiling)
③ 히빙(Heaving)　　　　　　　④ 캠버(Camber)

히빙과 보일링

- 히빙(heaving) : 굴착이 진행됨에 따라 흙막이 벽 뒤쪽 흙의 중량이 굴착부 바닥의 지지력 이상이 되면 흙막이벽 근입 (根入) 부분의 지반 이동이 발생하여 굴착부 저면이 솟아오르는 현상을 말하는 것으로 연약한 점토 지반에서 쉽게 발생한다.
- 보일링(Boiling) : 사질토 지반 굴착시 굴착부와 지하 수위차가 있을 경우, 수두차에 의하여 침투압이 생겨 흙막이벽 근입부분을 침식하는 동시에 모래가 액상화(液相化)되어 솟아오르며 흙막이벽의 근입부가 지지력을 상실하여 흙막이공의 붕괴를 초래하는 현상을 말한다.

55 모래의 부피증가계수(L)가 15%이고, 굴토량이 261m³라면 잔토처리량은?

① 300m³　　　　　　　　② 250m³
③ 231m³　　　　　　　　④ 200m³

잔토처리량 = (261 × 0.15) + 261 = 300.15

56 무량판구조에 사용되는 특수상자모양의 기성재 거푸집은?

① 터널폼　　　　　　　　② 유로폼
③ 슬라이딩폼　　　　　　④ 워플폼

와플 거푸집(Waffle form) : 무량판, 평판구조의 장스팬 구조물에 유리하며 층 높이를 낮게 하는 방법의 특수상자 모양의 기성재 거푸집

57 네트워크 공정표의 구성요소 중 부주공정(Semi-Critical Path)에 관한 설명으로 옳지 않은 것은?

① 여유시간이 상대적으로 적은 공정을 의미한다.
② 공정이 부분적 또는 불연속적으로 발생한다.
③ 공기단축 시 관리대상에서는 제외된다.
④ 주공정화 할 가능성이 많은 공정이다.

부주공정(Semi-Critical Path)은 공기단축 시 유의하여야 할 공정으로 여유기간이 상대적으로 적은 공정으로 주공정(Critical Path)으로 대체될 수 있는 가능성이 높은 공정이다.

58 건축생산 조직에 관한 설명으로 옳은 것은?

① CM은 시공자가 집접 공사의 타당성조사, 설계, 시공, 사용 등을 포함하는 건설공사 전과정을 조정하는 것이다.
② EC화는 종래의 단순한 시공업과 비교하여 건설사업 전반에 걸쳐 종합, 기획, 관리하는 업무 영역의 확대를 말한다.
③ 발주자와 직접 공사계약을 하는 업자를 하도급자라고 한다.
④ 감리자란 시공자의 위탁을 받아 공사의 시공과정을 검사·승인하는 자를 말한다.

• CM(Construction Management)은 건설사업을 잘 이해하지 못하는 발주자가 자신의 이익을 보호하기 위해 CM회사를 대리인으로 고용해 설계자와 시공자를 리드하며, 프로젝트 기획부터 유지관리 단계에 이르는 건설사업의 전 과정을 체계적으로 관리하도록 하는 제도이다.
• 발주자와 직접 공사계약을 하는 업자를 도급자라고 한다.
• 감리자란 발주자의 위탁을 받아 공사의 시공과정을 검사·승인하는 자를 말한다.

59 철공공사에 관한 설명으로 옳지 않은 것은?

① 현장용접 시 기온과 관계없이 부재를 예열하지 않는다.
② 세우기 장비는 철골구조의 형태 및 총중량을 고려한다.
③ 철골세우기는 가조립 후 변형 바로잡기를 한다.
④ 가조립 시 최초 2개 이상 가볼트 조임한다.

현장용접 시 재질, 재료, 두께, 기온 등을 고려하여 필요하면 공장용접과 동일한 조건의 예열을 하여야 한다.

60 한중 콘크리트 공사에서 콘크리트의 물-결합재비는 원칙적으로 얼마 이하이어야 하는가?

① 50%   ② 55%
③ 60%   ④ 65%

한중 콘크리트(Cold Weather Concrete)는 평균기온이 4℃ 이하에서는 콘크리트 응결경화반응이 지연되어 콘크리트가 어는 경우가 있는데, 이러한 동결현상을 막기 위해 시공하는 것이 한중 콘크리트이다. 특징 및 타설시 주의 사항은 다음과 같다.
- 거푸집이나 지반이 얼었을 때는 먼저 녹인 후 콘크리트를 타설한다.
- 거푸집은 보온성이 좋은 것을 사용한다.
- 비비기나 운반 과정에서 열량 손실을 최소화한다.
- AE 콘크리트를 사용하면 콘크리트의 내동결성이 증가한다.
- 물과 골재를 가열해 사용하며, 골재는 직접 가열해서는 는 안 된다.
- 양생 과정에서 지속적으로 열을 공급하여 타설 콘크리트를 15℃ 정도로 유지한다.
- 물의 사용량을 적게 하고, 물과 시멘트 비율은 60% 이하로 한다.

제 04 과목 건설재료학

61 다음 중 골재로 사용할 수 없는 것은?

① 락크 울(rock wool) ② 질석(vermiculite)
③ 펄라이트(perlite) ④ 화산자갈(volcanic gravel)

락크 울(rock wool)은 공장 제작된 암면으로 주로 단열재, 보온재 또는 흡음재 등으로 사용된다.

62 풍화된 시멘트를 사용했을 경우에 관한 설명으로 옳지 않은 것은?

① 응결이 늦어진다. ② 수화열이 증가한다.
③ 비중이 작아진다. ④ 강도가 감소된다.

풍화된 시멘트
- 강열감량이 많아져서 조기강도가 저하된다.
- 수화열이 감소된다.
- 비중이 작아진다.
- 응결이 늦어진다.

63 고온소성의 무수석고를 특별히 화학처리한 것으로 킨스시멘트라고도 하는 것은?

① 혼합석고 플라스터 ② 보드용석고 플라스터
③ 경석고 플라스터 ④ 돌로마이트 플라스터

경석고 플라스터(킨즈시멘트)는 무수석고(경석고)를 주성분으로 하는 시멘트로 점도가 커서 바르기 쉽고, 매끈하게 마무리가 되며, 광택이 있어서 벽이나 마루에 바르는 재료로 쓰이며 경질(硬質) 플라스터판(板)에도 사용된다.

64 굳지 않은 콘크리트의 성질을 나타낸 용어에 관한 설명으로 옳지 않은 것은?

① 컨시스턴시(Consistency) - 콘크리트에 사용되는 물의 양에 의한 콘크리트 반죽의 질기
② 워커빌리티(Workability) - 콘크리트의 부어넣기 작업 시의 작업 난이도 및 재료분리에 대한 저항성
③ 피니셔빌리티(Finishability) - 굵은 골재의 최대치수, 잔골재율, 잔골재의 입도 등에따른 마무리 작업의 난이도
④ 플라스티시티 (Plasticity) - 콘크리트를 펌핑하여 부어넣는 위치까지 이동시킬 때의 펌핑성

- 플라스티시티(Plasticity, 성형성) : 거푸집의 형상에 순응하여 채우기 쉽고 분리가 일어나지 않는 성질
- 펌퍼빌리티(Pumpability, 압송성) : 콘크리트 타설시 펌프공법을 채용할 경우에 컨시스턴시가 불량하면 콘크리트의 펌프가 막혀 압송이 불가능하게 되어 현장의 작업이 정지되거나, 압송 중에 슬럼프 저하가 발생하면 부어넣기, 다짐 등이 곤란하게 된다. 이와 같이 펌프용 콘크리트의 워커빌리티를 판단하는 하나의 척도로 펌퍼빌리티라는 용어를 사용

65 보통벽돌에 관한 설명으로 옳지 않은 것은?

① 일반적으로 잘 구워진 것일수록 치수가 작아지고 색이 옅어지며, 두드리면 탁음이 난다.
② 건축용 점토소성벽돌의 적색은 원료의 산화철 성분에서 기인한다.
③ 보통벽돌의 기본치수는 190×90×57mm이다.
④ 진흙을 빚어 소성하여 만든 벽돌로서 점토벽돌이라고도 한다.

보통벽돌의 품질

등급	압축강도(kg/cm²)	흡수율(%)	구워진 정도	두드렸을 때	형상(외관)
1등급	150 이상	20 이하	양호	금속성 청음	형상 양호, 균열 및 흠이 극히 적음
2등급	100 이상	28 이하	보통	탁음	보통 형태

66 플라스틱의 특성에 관한 설명으로 옳지 않은 것은?

① 전기절연성이 양호하다.
② 내열성 및 내후성이 강하다.
③ 착색이 자유롭고 높은 투명성을 가질 수 있다.
④ 내약품성이 있고 접착성이 우수하다.

플라스틱 재료의 일반적 성질
- 플라스틱은 일반적으로 투명 또는 백색의 물질이므로 적합한 안료나 염료를 첨가함에 따라 상당히 광범위하게 채색이 가능하다.
- 내수성 및 내투습성은 폴리초산비닐 등 일부를 제외하고는 극히 양호하다.
- 플라스틱은 상호간 계면접착이 잘 되며, 금속, 콘크리트, 목재, 유리 등 다른 재료에도 잘 부착된다.
- 플라스틱은 일반적으로 전기절연성이 상당히 양호하다.

• 흡수성이 적고 투수성이 거의 없다.
• 형상이 자유롭고 대량생산이 가능하다.
• 내열성, 내화성, 내후성이 적다.
• 비중이 철이나 콘크리트보다 적다.

67 시멘트의 안정성 시험에 해당하는 것은?

① 슬럼프시험
② 브레인법
③ 길모아 시험
④ 오토클레이브 팽창도 시험

시멘트의 시험
• 응결 시험 : 길모아(Gillmore) 시험, 비카트(Vicat) 시험
• 안정성 시험 : 오토클레이브 팽창도 시험(밀폐공간 속에서 발생시킨 10atm, 180℃ 정도의 포화증기를 이용한 실험으로 시멘트의 안정성이나 애자의 열화를 살피는 시험)

68 합판에 관한 설명으로 옳은 것은?

① 곡면가공 시 균열이 발생하기 때문에 곡면가공이 불가능하다.
② 함수율 변화에 따른 팽창 · 수축의 방향성이 크다.
③ 표면가공법으로 흡음효과를 낼 수 있다.
④ 내수성이 매우 작기 때문에 내장용으로만 사용된다.

합판의 특성
• 잘 갈라지지 않고 방향에 따른 강도의 차가 적다.
• 판재에 비해 균질하다.
• 큰판 및 곡면판을 만들 수 있다.(곡면가공 시에도 균열이 적다.)
• 무늬가 좋은 판을 얻을 수 있다.
• 함수율에 따른 변화가 없다.
• 표면가공법으로 흡음효과를 낼 수 있다.
• 신축변형이 적다.

69 콘크리트의 인장강도는 압축강도의 대략 얼마 정도인가?

① 2배
② 1배
③ 1/10
④ 1/30

콘크리트의 강도
• 압축강도 : 콘크리트의 강도는 재령 28일의 압축강도를 기준
• 인장강도 : 압축강도의 1/10~1/13
• 휨강도 : 압축강도의 1/5~1/18(인장 강도의 1.6~2배)
• 전단강도 : 압축강도의 1/4~1/6
• 부착강도 : 압축강도가 증가함에 따라 증가(압축강도 350kg/cm² 이상에서는 증가하지 않음)

70 다음 중 천연석에 해당되지 않는 것은?

① 트래버틴
② 대리석
③ 화강석
④ 테라죠

> **해설**
> 테라죠(Terrazzo)는 바닥 마감재의 일종으로 종석(대리석) + 백색 시멘트 + 강모래 + 안료 + 물을 혼합한 뒤 바탕면을 숫돌로 갈아서 만든다.

71 다음 단열재료 중 가장 높은 온도에서 사용할 수 있는 것은?

① 세라믹 파이버
② 암면
③ 석면
④ 글래스울

> **해설**
> 세라믹 파이버의 원료는 실리카와 알루미나로 알루미나의 함유량을 늘리면 내열성이 상승하는 단열재료이다.

72 알루미늄의 용도로 가장 적합하지 않은 것은?

① 창호철물
② 콘크리트에 면하는 마감재
③ 새시
④ 라디에이터

> **해설**
> 알루미늄(Aluminum)은 산이나 알칼리, 해수 등에 쉽게 침식되기 때문에 습기가 있는 콘크리트나 모르타르에 직접 닿지 않도록 해야 한다.

73 수분 상승으로 인하여 콘크리트의 표면에 떠올라 얇은 피막으로 되어 침적한 물질은?

① 레이턴스
② 폴리머
③ 마그네시아
④ 포졸란

> **해설**
> 레이턴스(Laitance)는 블리딩에 의해 떠오른 미립물이 그 후 콘크리트 표면에 엷은 막으로 침적되는 것을 말한다.

74 마루판으로 사용할 때 적합하지 않은 것은?

① 코펜하겐 리브
② 플로어링 보드
③ 파키트 블록
④ 파키트 패널

> **해설**
> **코펜하겐 리브판**
> • 두께 50mm, 너비 100mm 정도의 긴 판에다 표면을 리브(Rib)로 가공한 것으로 천장 또는 내벽에 붙여 음향 조절 효과를 내기도 하고 또한 장식효과도 있게 한다.
> • 바닥재로는 적합하지 않다.

75 어떤 목재의 건조 전 질량이 200g, 건조 후 전건질량이 150g일 때, 이 목재의 함수율은?

① 10%   ② 25%

③ 33.3%   ④ 66.7%

$$함수율 = \frac{W_1 - W_2}{W_2} \times 100 = \frac{200 - 150}{150} \times 100 ≒ 33.3[\%]$$

76 에폭시 도장에 관한 설명으로 옳지 않은 것은?

① 내마모성이 우수하고 수축, 팽창이 거의 없다.
② 내약품성, 내수성, 접착력이 우수하다.
③ 자외선에 특히 강하여 외부에 주로 사용한다.
④ Non-Slip 효과가 있다.

에폭시는 특히 자외선에 취약하여 주로 주차장 바닥, 건물 기계실 바닥 등의 실내 도장에 사용된다.

77 다음 중 20℃ 기건상태에서 단열성이 가장 우수한 것은?

① 화강암   ② 판유리
③ 알루미늄   ④ ALC

ALC(Autoclaved Lightweight Concrete) 제품
• 규사, 생석회, 시멘트 등에 발포제인 알루미늄 분말과 기포 안정제를 넣어 고온, 고압증기양생을 거쳐 제조하는 기포 콘크리트의 일종이다.
• 경량이며, 단열성능이 우수하다.
• 내화성능, 흡음성능, 방음성능이 우수하며, 열전도율이 적다.
• 제품의 변형, 균열이 없으며 가공성이 우수하다.

78 대리석의 성질과 용도에 관한 설명으로 옳은 것은?

① 석질이 치밀하고, 판석으로서 지붕 외벽 등에 사용되며 비석, 숫돌로도 이용된다.
② 조적재, 기초석재 등으로 주로 쓰인다.
③ 내화도는 높으나 조잡하여 경량골재, 내화재 등에 사용한다.
④ 열, 산에는 약하지만 외관이 미려하므로 장식용으로 사용된다.

대리석(大理石, Marble)은 변성암의 대표적인 석재로 연마하면 아름다운 광택을 발하며, 내산성 및 내화성이 낮고 풍화되기 쉬워 장식재로 사용된다.

79 공기 중의 탄산가스와 화학반응을 일으켜 경화하는 미장재료는?

① 경석고 플러스터
② 시멘트 모르타르
③ 돌로마이트 플러스터
④ 혼합석고 플러스터

돌로마이트 플라스터는 점성이 커서 풀을 사용하지 않고 물로 연화하여 사용하는 것으로 대기 중의 이산화탄소(CO_2)와 결합하여 경화하는 기경성 미장재료이다.

80 금속성형 가공제품 중 천장, 벽 등의 모르타르바름 바탕용으로 사용되는 것은?

① 인서트
② 메탈라스
③ 와이어클리퍼
④ 와이어로프

메탈라스(Metal lath)는 두께 0.4~0.8mm의 연강판에 마름모꼴의 구멍을 연속적으로 뚫어 그물처럼 만든 것으로 천장, 벽 등의 모르타르 바름 바탕보강용(이질바탕재)으로 사용된다.

제 05 과목 건설안전기술

81 철골 작업 시 강우량에 대해 작업을 중단하는 기준으로 옳은 것은?

① 시간당 1mm 이상인 경우
② 시간당 5mm 이상인 경우
③ 시간당 10mm 이상인 경우
④ 시간당 15mm 이상인 경우

산업안전보건기준에 관한 규칙 제383조(작업의 제한) 사업주는 다음 각 호의 어느 하나에 해당하는 경우에 철골작업을 중지하여야 한다.
1. 풍속이 초당 10미터 이상인 경우
2. 강우량이 시간당 1밀리미터 이상인 경우
3. 강설량이 시간당 1센티미터 이상인 경우

82 안전난간은 구조적으로 가장 취약한 지점에서 가장 취약한 방향으로 작용하는 최소 얼마 이상의 하중에 견딜 수 있는 구조이어야 하는가?

① 100kg
② 150kg
③ 200kg
④ 250kg

산업안전보건기준에 관한 규칙 제13조(안전난간의 구조 및 설치요건) 사업주는 근로자의 추락 등의 위험을 방지하기 위하여 안전난간을 설치하는 경우 다음 각 호의 기준에 맞는 구조로 설치해야 한다.
1. 상부 난간대, 중간 난간대, 발끝막이판 및 난간기둥으로 구성할 것. 다만, 중간 난간대, 발끝막이판 및 난간기둥은 이와 비슷한 구조와 성능을 가진 것으로 대체할 수 있다.
2. 상부 난간대는 바닥면·발판 또는 경사로의 표면(이하 "바닥면등"이라 한다)으로부터 90센티미터 이상 지점에 설치하고, 상부 난간대를 120센티미터 이하에 설치하는 경우에는 중간 난간대는 상부 난간대와 바닥면등의 중간에 설치해야

하며, 120센티미터 이상 지점에 설치하는 경우에는 중간난간대를 2단 이상으로 균등하게 설치하고 난간의 상하 간격은 60센티미터 이하가 되도록 할 것. 다만, 계단의 개방된 측면에 설치된 난간기둥 간의 간격이 25센티미터 이하인 경우에는 중간 난간대를 설치하지 않을 수 있다.

3. 발끝막이판은 바닥면등으로부터 10센티미터 이상의 높이를 유지할 것. 다만, 물체가 떨어지거나 날아올 위험이 없거나 그 위험을 방지할 수 있는 망을 설치하는 등 필요한 예방 조치를 한 장소는 제외한다.
4. 난간기둥은 상부 난간대와 중간 난간대를 견고하게 떠받칠 수 있도록 적정한 간격을 유지할 것
5. 상부 난간대와 중간 난간대는 난간 길이 전체에 걸쳐 바닥면등과 평행을 유지할 것
6. 난간대는 지름 2.7센티미터 이상의 금속제 파이프나 그 이상의 강도가 있는 재료일 것
7. 안전난간은 구조적으로 가장 취약한 지점에서 가장 취약한 방향으로 작용하는 100킬로그램 이상의 하중에 견딜 수 있는 튼튼한 구조일 것

83 건설산업기본법 시행령에 따른 토목공사업에 해당되는 토목 건설공사현장에서 전담 안전관리자 최소 1인을 두어야 하는 공사금액의 기준으로 옳은 것은?

① 150억원 이상
② 180억원 이상
③ 210억원 이상
④ 250억원 이상

해설

산업안전보건법 시행령 제16조(안전관리자의 선임 등) ① 법 제17조제1항에 따라 안전관리자를 두어야 하는 사업의 종류와 사업장의 상시근로자 수, 안전관리자의 수 및 선임방법은 별표 3과 같다.
② 법 제17조제3항에서 "대통령령으로 정하는 사업의 종류 및 사업장의 상시근로자 수에 해당하는 사업장"이란 제1항에 따른 사업 중 상시근로자 300명 이상을 사용하는 사업장[건설업의 경우에는 공사금액이 120억원(「건설산업기본법 시행령」 별표 1의 종합공사를 시공하는 업종의 건설업종란 제1호에 따른 토목공사업의 경우에는 150억원) 이상인 사업장]을 말한다.

84 양끝이 한지(Hinge)인 기둥에 수직하중을 가하면 기둥이 수평방향으로 휘게 되는 현상은?

① 피로파괴
② 폭열현상
③ 좌굴
④ 전단파괴

해설

좌굴이란 기둥의 길이가 그 횡단면의 치수에 비해 클 때 기둥의 양 끝에 압축하중이 가해졌을 때 하중이 일정 크기에 이르면 수평방향으로 휘게 되는 현상을 말한다.

85 고소작업대를 설치 및 이동하는 경우의 준수사항으로 옳지 않은 것은?

① 바닥과 고소작업대는 가능하면 수평을 유지하도록 할 것
② 이동하는 경우에는 작업대를 가장 높게 올릴 것
③ 이동통로의 요철상태 또는 장애물의 유무 등을 확인할 것
④ 갑작스러운 이동을 방지하기 위하여 아웃트리거 또는 브레이크 등을 확실히 사용할 것

해설

산업안전보건기준에 관한 규칙 제186조(고소작업대 설치 등의 조치) ③ 사업주는 고소작업대를 이동하는 경우에는 다음 각 호의 사항을 준수해야 한다.
1. 작업대를 가장 낮게 내릴 것
2. 작업자를 태우고 이동하지 말 것. 다만, 이동 중 전도 등의 위험예방을 위하여 유도하는 사람을 배치하고 짧은 구간을 이동하는 경우에는 제1호에 따라 작업대를 가장 낮게 내린 상태에서 작업자를 태우고 이동할 수 있다.
3. 이동통로의 요철상태 또는 장애물의 유무 등을 확인할 것

86 발파작업에 종사하는 근로자가 발파 시 준수하여야 할 기준으로 옳지 않은 것은?

① 벼락이 떨어질 우려가 있는 경우에는 화약 또는 폭약의 장전 작업을 중지하고 근로자들을 안전한 장소로 대피시켜야 한다.

② 근로자가 안전한 거리에 피난할 수 없는 경우에는 전면과 상부를 견고하게 방호한 피난장소를 설치하여야 한다.

③ 전기뇌관 외의 것에 의하여 점화 후 장전된 화약류의 폭발여부를 확인하기 곤란한 경우에는 점화한 때부터 15분 이내에 신속히 확인하여 처리하여야 한다.

④ 얼어붙은 다이나마이트는 화기에 접근시키거나 그 밖의 고열물에 직접 접촉시키는 등 위험한 방법으로 융해되지 않도록 한다.

산업안전보건기준에 관한 규칙 제348조(발파의 작업기준) 사업주는 발파작업에 종사하는 근로자에게 다음 각 호의 사항을 준수하도록 하여야 한다.
1. 얼어붙은 다이나마이트는 화기에 접근시키거나 그 밖의 고열물에 직접 접촉시키는 등 위험한 방법으로 융해되지 않도록 할 것
2. 화약이나 폭약을 장전하는 경우에는 그 부근에서 화기를 사용하거나 흡연을 하지 않도록 할 것
3. 장전구(裝填具)는 마찰·충격·정전기 등에 의한 폭발의 위험이 없는 안전한 것을 사용할 것
4. 발파공의 충진재료는 점토·모래 등 발화성 또는 인화성의 위험이 없는 재료를 사용할 것
5. 점화 후 장전된 화약류가 폭발하지 아니한 경우 또는 장전된 화약류의 폭발 여부를 확인하기 곤란한 경우에는 다음 각 목의 사항을 따를 것
   가. 전기뇌관에 의한 경우에는 발파모선을 점화기에서 떼어 그 끝을 단락시켜 놓는 등 재점화되지 않도록 조치하고 그 때부터 5분 이상 경과한 후가 아니면 화약류의 장전장소에 접근시키지 않도록 할 것
   나. 전기뇌관 외의 것에 의한 경우에는 점화한 때부터 15분 이상 경과한 후가 아니면 화약류의 장전 장소에 접근시키지 않도록 할 것
6. 전기뇌관에 의한 발파의 경우 점화하기 전에 화약류를 장전한 장소로부터 30미터 이상 떨어진 안전한 장소에서 전선에 대하여 저항측정 및 도통(導通)시험을 할 것

87 낙하물에 의한 위험의 방지를 위하여 낙하물 방지망을 설치하는 경우 수평면과의 유지 각도로 옳은 것은?

① 20도 이상 30도 이하
② 30도 이상 40도 이하
③ 40도 이상 45도 이하
④ 45도 초과

산업안전보건기준에 관한 규칙 제14조(낙하물에 의한 위험의 방지) ① 사업주는 작업장의 바닥, 도로 및 통로 등에서 낙하물이 근로자에게 위험을 미칠 우려가 있는 경우 보호망을 설치하는 등 필요한 조치를 하여야 한다.
② 사업주는 작업으로 인하여 물체가 떨어지거나 날아올 위험이 있는 경우 낙하물 방지망, 수직보호망 또는 방호선반의 설치, 출입금지구역의 설정, 보호구의 착용 등 위험을 방지하기 위하여 필요한 조치를 하여야 한다. 이 경우 낙하물 방지망 및 수직보호망은 「산업표준화법」 제12조에 따른 한국산업표준(이하 "한국산업표준"이라 한다)에서 정하는 성능기준에 적합한 것을 사용하여야 한다.
③ 제2항에 따라 낙하물 방지망 또는 방호선반을 설치하는 경우에는 다음 각 호의 사항을 준수하여야 한다.
1. 높이 10미터 이내마다 설치하고, 내민 길이는 벽면으로부터 2미터 이상으로 할 것
2. 수평면과의 각도는 20도 이상 30도 이하를 유지할 것

88 강관을 사용하여 비계를 구성하는 경우의 준수사항으로 옳지 않은 것은?

① 비계기둥의 간격은 띠장 방향에서는 1.85m 이하, 장선방향에서는 1.5m 이하로 할 것
② 비계기둥 간의 적재하중은 300kg을 초과하지 않도록 할 것
③ 띠장의 간격은 2.0m 이하로 할 것
④ 비계기둥의 제일 윗부분으로부터 31미터되는 지점 밑부분의 비계기둥은 2개의 강관으로 묶어 세울 것

산업안전보건기준에 관한 규칙 제60조(강관비계의 구조) 사업주는 강관을 사용하여 비계를 구성하는 경우 다음 각 호의 사항을 준수해야 한다.
1. 비계기둥의 간격은 띠장 방향에서는 1.85미터 이하, 장선(長線) 방향에서는 1.5미터 이하로 할 것. 다만, 다음 각 목의 어느 하나에 해당하는 작업의 경우에는 안전성에 대한 구조검토를 실시하고 조립도를 작성하면 띠장 방향 및 장선 방향으로 각각 2.7미터 이하로 할 수 있다.
   가. 선박 및 보트 건조작업
   나. 그 밖에 장비 반입·반출을 위하여 공간 등을 확보할 필요가 있는 등 작업의 성질상 비계기둥 간격에 관한 기준을 준수하기 곤란한 작업
2. 띠장 간격은 2.0미터 이하로 할 것. 다만, 작업의 성질상 이를 준수하기가 곤란하여 쌍기둥틀 등에 의하여 해당 부분을 보강한 경우에는 그러하지 아니하다.
3. 비계기둥의 제일 윗부분으로부터 31미터되는 지점 밑부분의 비계기둥은 2개의 강관으로 묶어 세울 것. 다만, 브라켓(bracket, 까치발) 등으로 보강하여 2개의 강관으로 묶을 경우 이상의 강도가 유지되는 경우에는 그러하지 아니하다.
4. 비계기둥 간의 적재하중은 400킬로그램을 초과하지 않도록 할 것

89 공사용 가설도로에서 일반적으로 허용되는 최고 경사도는 얼마인가?

① 5%
② 10%
③ 20%
④ 30%

공사용 가설도로의 설치
• 도로의 표면은 장비 및 차량이 안전 운행할 수 있도록 유지, 보수하여야 한다.
• 장비사용을 목적으로 하는 진입로, 경사로 등은 주행하는 차량통행에 지장을 주지 않도록 조성되어야 한다.
• 도로와 작업장 사이에 높은 차가 있을 경우에는 바리케이트 또는 연석등을 설치하여 차량의 위험 및 사고를 방지하도록 하여야 한다.
• 도로는 배수를 위해 도로중앙부를 약간 높게 하거나 배수시설을 하여야 한다.
• 운반로는 장비의 안전운행에 적합한 도로의 폭을 유지하여야 하며 또한 모든 곡선부는 통상적인 도로 폭보다 좀 더 넓게 하여 시계에 장애가 없도록 가설하여야 한다.
• 곡선구간에서는 차량이 가시거리의 절반 이내에서 정지할 수 있도록 차량의 속도를 제한하여야 한다.
• 최고 허용경사도는 부득이한 경우를 제외하고는 10%를 넘어서는 안 된다.
• 필요한 전기시설(교통신호등 포함), 신호수, 표지판, 바리케이트, 노면표시 등을 교통안전운행을 위해 제공하여야 한다.
• 안전운행을 위하여 먼지가 일어나지 않도록 물을 뿌려주고 겨울철에는 눈이 쌓이지 않도록 조치하여야 한다.

90 산업안전보건법령에 따른 크레인을 사용하여 작업시작 전 점검사항에 해당하지 않는 것은?

① 권과방지장치·브레이크·클러치 및 운전장치의 기능
② 주행로의 상측 및 트롤리(trolley)가 횡행하는 레일의 상태

③ 원동기 및 풀리(pulley)기능의 이상 유무

④ 와이어로프가 통하고 있는 곳의 상태

작업시작 전 점검사항(산업안전보건기준에 관한 규칙 별표 3)

작업의 종류	점검내용
프레스 등을 사용하여 작업을 할 때	• 클러치 및 브레이크의 기능 • 크랭크축 · 플라이휠 · 슬라이드 · 연결봉 및 연결 나사의 풀림여부 • 1행정 1정지기구 · 급정지장치 및 비상정지장치의 기능 • 슬라이드 또는 칼날에 의한 위험방지 기구의 기능 • 프레스의 금형 및 고정볼트 상태 • 방호장치의 기능 • 전단기(剪斷機)의 칼날 및 테이블의 상태
로봇의 작동 범위에서 그 로봇에 관하여 교시 등(로봇의 동력원을 차단하고하는 것은 제외)의 작업을 할 때	• 외부 전선의 피복 또는 외장의 손상 유무 • 매니퓰레이터(manipulator) 작동의 이상 유무 • 제동장치 및 비상정지장치의 기능
공기압축기를 가동할 때	• 공기저장 압력용기의 외관 상태 • 드레인밸브(drain valve)의 조작 및 배수 • 압력방출장치의 기능 • 언로드밸브(unloading valve)의 기능 • 윤활유의 상태 • 회전부의 덮개 또는 울 • 그 밖의 연결 부위의 이상 유무
크레인을 사용하여 작업을 하는 때	• 권과방지장치 · 브레이크 · 클러치 및 운전장치의 기능 • 주행로의 상측 및 트롤리(trolley)가 횡행하는 레일의 상태 • 와이어로프가 통하고 있는 곳의 상태

91 차량계 건설기계 중 도로포장용 건설기계에 해당되지 않는 것은?

① 아스팔트 살포기   ② 아스팔트 피니셔

③ 콘크리트 피니셔   ④ 어스오거

어스오거(earth auger)는 오거 헤드를 붙인 스크루를 회전시키면서 지면에 구멍을 뚫는 천공용 건설기계에 속하는 것으로 현장치기 콘크리트 말뚝의 제작에 사용된다.

92 다음은 산업안전보건법령 중 동바리 조립 시의 안전조치에 관한 사항이다. ( ) 안에 들어갈 내용으로 알맞은 것은?

동바리로 사용하는 파이프 서포트를 ( ) 이상 이어서 사용하지 않도록 할 것

① 2개   ② 3개

③ 4개   ④ 5개

산업안전보건기준에 관한 규칙 제332조의2(동바리 유형에 따른 동바리 조립 시의 안전조치) 사업주는 동바리를 조립할 때 동바리의 유형별로 다음 각 호의 구분에 따른 각 목의 사항을 준수해야 한다.

1. 동바리로 사용하는 파이프 서포트의 경우
   가. 파이프 서포트를 3개 이상 이어서 사용하지 않도록 할 것
   나. 파이프 서포트를 이어서 사용하는 경우에는 4개 이상의 볼트 또는 전용철물을 사용하여 이을 것
   다. 높이가 3.5미터를 초과하는 경우에는 높이 2미터 이내마다 수평연결재를 2개 방향으로 만들고 수평연결재의 변위를 방지할 것

93 다음 (   )안에 들어갈 내용으로 옳은 것은?

> 콘크리트 측압은 콘크리트 타설속도, (   ), 단위용적질량, 온도, 철근배근상태 등에 따라 달라진다.

① 골재의 형상
② 콘크리트 강도
③ 박리제
④ 타설높이

콘크리트의 측압이 커지는 조건
- 기온이 낮을수록(대기 중의 습도가 낮을수록)
- 치어붓기 속도가 클수록
- 묽은 콘크리트일수록(물-시멘트비가 클수록, 슬럼프 값이 클수록, 시멘트-물비가 적을수록)
- 콘크리트의 비중이 클수록
- 콘크리트의 다지기가 강할수록
- 철근의 양이 적을수록
- 거푸집의 수밀성이 높을수록
- 거푸집의 수평단면이 클수록(벽 두께가 클수록)
- 거푸집의 강성이 클수록
- 거푸집의 표면이 매끄러울수록
- 생콘크리트의 높이가 높을수록(단, 일정한 높이에 이르면 측압의 증가는 없음)

94 인력에 의한 굴착작업 시 준수하여야 할 사항으로 옳지 않은 것은?

① 지반의 종류에 따라서 정해진 굴착면의 높이와 기울기로 진행시켜야 한다.
② 굴착면 및 굴착심도 기준을 준수하여 작업 중 붕괴를 예방하여야 한다.
③ 굴착토사나 자재 등을 경사면 및 토류벽 천단부 주변에 쌓아두어 하중을 보강한다.
④ 용수 등의 유입수가 있는 경우 배수시설을 한 뒤에 작업을 하여야 한다.

굴착작업 시 준수해야 할 사항(굴착공사 표준안전 작업지침 제6조)
- 안전담당자의 지휘 하에 작업하여야 한다.
- 지반의 종류에 따라서 정해진 굴착면의 높이와 기울기로 진행시켜야 한다.
- 굴착면 및 흙막이지보공의 상태를 주의하여 작업을 진행시켜야 한다.
- 굴착면 및 굴착심도 기준을 준수하여 작업 중 붕괴를 예방하여야 한다.
- 굴착토사나 자재 등을 경사면 및 토류벽 천단부 주변에 쌓아두어서는 안 된다.
- 매설물, 장애물 등에 항상 주의하고 대책을 강구한 후에 작업을 하여야 한다.
- 용수 등의 유입수가 있는 경우 반드시 배수시설을 한 뒤에 작업을 하여야 한다.

• 수중펌프나 벨트콘베이어 등 전동기기를 사용할 경우는 누전차단기를 설치하고 작동여부를 확인하여야 한다.
• 산소 결핍의 우려가 있는 작업장은 이와 관련한 안전 규정을 준수하여야 한다.
• 도시가스 누출, 메탄가스 등의 발생이 우려되는 경우에는 화기를 사용하여서는 안 된다.

95 파이핑(piping) 현상에 의한 흙 댐(earth dam)의 파괴를 방지하기 위한 안전대책 중 옳지 않은 것은?

① 흙 댐의 하류측에 필터를 설치한다.
② 흙 댐의 상류측에 차수판을 설치한다.
③ 흙 댐 내부에 점토코아(core)를 넣는다.
④ 흙 댐에서 물의 침투유도 길이를 짧게 한다.

파이핑(piping)은 보일링 현상으로 인하여 지반 내에서 물의 통로가 생기면서 흙이 세굴되는 현상으로 흙 댐에서 물의 침투 유도 길이를 길게 하여야 한다.

96 굴착공사에서 굴착 깊이가 5m, 굴착 저면의 폭이 5m인 경우, 양단면 굴착을 할 때 굴착부 상단면의 폭은? (단, 굴착면의 기울기는 1:1로 한다.)

① 10m
② 15m
③ 20m
④ 25m

구배가 1:1, 폭이 5m, 높이가 5m의 양단면이므로 양쪽으로 5m씩 더 굴착해야 한다.

97 토석의 붕괴 원인 중 외적 요인이 아닌 것은?

① 법면의 경사 증가
② 절토 및 성토 높이 증가
③ 진동 및 각종 하중 작용
④ 토석의 강도 저하

토사붕괴의 원인
• 외적 원인 : 사면의 경사 및 기울기의 증가, 절토 및 성토의 증가, 공사에 의한 진동 및 반복하중의 증가, 지표수 또는 지하수의 침투로 인한 토사중량의 증가, 지진 및 작업차량 등의 하중
• 내적 원인 : 절토사면의 토질, 암질의 종류, 성토 사면의 토질구성 및 분포, 토석의 강도 저하

98 철골보 인양작업 시 준수사항으로 옳지 않은 것은?

① 선회와 인양작업은 가능한 동시에 이루어지도록 한다.
② 인양용 와이어로프의 매달기 각도는 양변 60° 정도가 되도록 한다.
③ 유도 로프로 방향을 잡으며 이동시킨다.
④ 철골보의 와이어로프 체결지점은 부재의 1/3 지점을 기준으로 한다.

선회와 인양작업은 가능한 동시에 진행하지 않도록 한다.

99 크레인의 와이어가 일정 한계 이상 감기지 않도록 작동을 자동으로 정지시키는 장치는?

① 훅해지장치　　　　　　　　② 권과방지장치
③ 비상정지장치　　　　　　　④ 과부하방지장치

 해설

크레인의 방호장치

• 훅해지장치 : 와이어로프 등이 이탈되는 것을 방지하는 장치
• 권과방지장치 : 와이어가 일정 한계 이상 감기지 않도록 작동을 자동으로 정치시키는 장치
• 비상정지장치 및 브레이크장치 : 비상 시에 조종사가 크레인에 공급되는 동력을 차단하여 작동을 멈추게 하는 장치

100 강관비계 중 단관비계의 벽이음 및 버팀 설치 시 수직 및 수평 방향 조립간격으로 옳은 것은?

① 수직방향 : 3m, 수평방향 : 3m　　② 수직방향 : 5m, 수평방향 : 5m
③ 수직방향 : 6m, 수평방향 : 8m　　④ 수직방향 : 8m, 수평방향 : 6m

 해설

강관비계의 조립 간격

강관비계의 종류	조립간격(단위 : m)	
	수직방향	수평방향
단관비계	5	5
틀비계(높이가 5m 미만의 것은 제외한다)	6	8

최근 기출문제

제 01 과목 **산업안전관리론**

01 산업안전보건법령상 근로자 안전보건교육 기준 중 다음 (   ) 안에 알맞은 것은?(단, 기간제근로자는 제외)

교육과정	교육대상	교육시간
채용 시의 교육	일용근로자	(㉠)시간 이상
	일용근로자를 제외한 근로자	(㉡)시간 이상

① ㉠ 1, ㉡ 8
② ㉠ 2, ㉡ 8
③ ㉠ 1, ㉡ 2
④ ㉠ 3, ㉡ 6

 해설

근로자 안전보건교육(산업안전보건법 시행규칙 별표 4)

교육과정	교육대상		교육시간
정기교육	사무직 종사 근로자		매반기 6시간 이상
	그 밖의 근로자	판매업무에 직접 종사하는 근로자	매반기 6시간 이상
		판매업무에 직접 종사하는 근로자 외의 근로자	매반기 12시간 이상
채용 시 교육	일용근로자 및 근로계약기간이 1주일 이하인 기간제근로자		1시간 이상
	근로계약기간이 1주일 초과 1개월 이하인 기간제근로자		4시간 이상
	그 밖의 근로자		8시간 이상
작업내용 변경 시 교육	일용근로자 및 근로계약기간이 1주일 이하인 기간제근로자		1시간 이상
	그 밖의 근로자		2시간 이상
특별교육	특별교육 대상 작업(단, 타워크레인을 사용하는 작업시 신호 업무를 하는 작업은 제외)에 종사하는 일용근로자 및 근로계약기간이 1주일 이하인 기간제근로자		2시간 이상
	타워크레인을 사용하는 작업시 신호업무를 하는 일용근로자 및 근로계약기간이 1주일 이하인 기간제근로자		8시간 이상

		−16시간 이상(최초 작업에 종사하기 전 4시간 이상 실시하고 12시간은 3개월 이내에서 분할하여 실시 가능) −단기간 작업 또는 간헐적 작업인 경우에는 2시간 이상
특별교육	특별교육 대상 작업에 종사하는 근로자 중 일용근로자 및 근로계약기간이 1주일 이하인 기간제근로자를 제외한 근로자	
건설업 기초 안전 · 보건교육	건설 일용근로자	4시간 이상

02 안전심리의 5대 요소에 해당하는 것은?

① 기질(temper) ② 지능(intelligence)
③ 감각(sense) ④ 환경(environment)

안전심리의 5요소와 습관의 4요소

- 안전심리의 5요소 : 습관, 동기, 기질, 감정, 습성
- 습관의 4요소 : 동기, 기질, 감정, 습성

03 학습을 자극에 의한 반응으로 보는 이론에 해당하는 것은?

① 손다이크(Thorndike)의 시행착오설 ② 쾰러(Kohler)의 통찰설
③ 톨만(Tolman)의 기호형태설 ④ 레빈(Lewin)의 장이론

S-R이론(학습을 자극에 의한 반응으로 보는 이론)

- 손다이크(Thorndike)의 시행착오설
- 파브로프(Pavlov)의 조건반사설
- 스키너(Skinner)의 작동적(도구적) 조건화설
- 구드리(Guthrie)의 접근적 조건화설

04 학생이 마음속에 생각하고 있는 것을 외부에 구체적으로 실현하고 형상화하기 위하여 자기 스스로가 계획을 세워 수행하는 학습활동으로 이루어지는 학습지도의 형태는?

① 케이스 메소드(Case method) ② 패널 디스커션(Panel discussion)
③ 구안법(Project method) ④ 문제법(Problem method)

구안법(Project Method)

- 학생이 마음속에 생각하고 있는 것을 외부에 구체적으로 실현하고 형상화하기 위해서 자기 스스로가 계획을 세워 수행하는 학습 활동으로 이루어지는 형태이다.
- 콜링스(Collings)는 구안법을 탐험(Exploration), 구성(Construction), 의사소통(Communication), 유희(Play), 기술(Skill)의 5가지로 지적하고 산업시찰, 견학, 현장실습 등도 이에 해당된다고 하였다.
- 구안법은 목적, 계획, 수행, 평가의 4단계를 거친다.

05 헤드십(Headship)에 관한 설명으로 틀린 것은?

① 구성원과 사회적 간격이 좁다.
② 지휘의 형태는 권위주의적이다.
③ 권한의 부여는 조직으로부터 위임받는다.
④ 권한귀속은 공식화된 규정에 의한다.

 해설

헤드십(headship)의 특성

• 지휘형태는 권위주의적이다.　　　　　　　• 권한행사는 임명된 헤드이다.
• 부하와의 사회적 간격이 넓다.

06 추락 및 감전 위험방지용 안전모의 일반구조가 아닌 것은?

① 착장체　　　　　　　　　　　　② 충격흡수재
③ 선심　　　　　　　　　　　　　　④ 모체

 해설

안전모의 일반구조

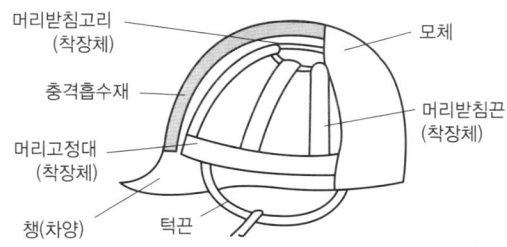

07 Safe-T-Score에 대한 설명으로 틀린 것은?

① 안전관리의 수행도를 평가하는데 유용하다.
② 기업의 산업재해에 대한 과거와 현재의 안전성적을 비교 평가한 점수로 단위가 없다.
③ Safe-T-Score가 +2.0 이상인 경우는 안전관리가 과거보다 좋아졌음을 나타낸다.
④ Safe-T-Score가 +2.0~-2.0 사이인 경우는 안전관리가 과거에 비해 심각한 차이가 없음을 나타낸다.

 해설

세이프 티 스코어 : 과거와 현재의 안전 성적을 비교 평가하는 방법으로 단위가 없으며 계산결과가 (+)이면 나쁜 기록, (-)이면 과거에 비해 좋은 기록으로 평가한다.

08 매슬로우(Maslow)의 욕구단계 이론의 요소가 아닌 것은?

① 생리적 욕구　　　　　　　　　② 안전에 대한 욕구
③ 사회적 욕구　　　　　　　　　④ 심리적 욕구

매슬로우(Abraham H. Maslow)의 욕구 5단계

- 1단계 : 생리적 욕구(기아, 갈증, 호흡, 배설, 성욕 등)
- 2단계 : 안전의 욕구(안전을 구하고자 하는 욕구)
- 3단계 : 사회적 욕구(애정, 소속에 대한 욕구)
- 4단계 : 인정받으려는 욕구(자존심, 명예, 성취, 지위에 대한 욕구)
- 5단계 : 자아실현의 욕구(잠재적인 능력을 실현하고자 하는 욕구)

09 산업안전보건법령상 안전보건표지 중 지시 표지사항의 기본모형은?

① 사각형   ② 원형

③ 삼각형   ④ 마름모형

안전보건표지의 종류

- 금지표지(8종) : 적색원형으로 특정의 행동은 금지시키는 표지(바탕은 흰색, 기본모형은 빨간색, 관련 부호 및 그림은 검은색)
- 경고표지(15종) : 흑색 삼각형의 황색표지로 유해 또는 위험물에 대한 주의를 환기시키는 표지(바탕은 노란색, 관련 부호 및 그림은 검은색). 다만, 인화성물질 경고, 산화성물질 경고, 폭발성물질 경고, 급성독성물질 경고, 부식성물질 경고 및 발암성 · 변이원성 · 생식독성 · 전신독성 · 호흡기과민성 물질 경고의 경우 바탕은 무색, 기본모형은 빨간색(검은색도 가능)
- 지시표지(9종) : 청색원형으로 보호구 착용을 지시하는 표지(바탕은 파란색, 관련 그림은 흰색)
- 안내표지(8종) : 위치(비상구, 의무실, 구급용구)를 알리는 표지(바탕은 흰색, 기본모형 및 관련 부호는 녹색, 바탕은 녹색, 관련 부호 및 그림은 흰색)

10 재해 발생시 조치사항 중 대책수립의 목적은?

① 재해발생 관련자 문책 및 처벌

② 재해 손실비 산정

③ 재해발생 원인 분석

④ 동종 및 유사재해 방지

재해 발생시 조치사항 중 대책수립 단계는 해결책 구상과 구체적 대책 수립을 수행하는 단계로 이는 동종의 재해, 유사한 재해를 방지하기 위한 것이다.

11 기업 내 정형교육 중 대상으로 하는 계층이 한정되어 있지 않고, 한번 훈련을 받은 관리자는 그 부하인 감독자에 대해 지도원이 될 수 있는 교육방법은?

① TWI(Training Within Industry)

② MTP(Management Training Program)

③ CCS(Civil Communication Section)

④ ATT(American Telephone &Telegram Co)

ATT(American Telephone & Telegram Co)

- 교육대상 : 대상 계층이 한정되어 있지 않고, 한번 훈련을 받은 관리자는 그 부하인 감독자에 대해 지도원이 될 수 있다.
- 교육내용 : 계획적 감독, 작업의 계획 및 인원배치, 작업의 감독, 공구 및 자료보고 및 기록, 개인작업의 개선, 종업원의 향상, 인사관계, 훈련, 고객관계, 안전부대군인의 복무조정 등 12가지
- 코스는 1차 훈련(1일 8시간씩 2주간) 2차 과정에서는 문제가 발생할 때마다 하도록 되어있으며, 진행방법은 통상 토의식에 의하여 지도자의 유도로 과제에 대한 의견을 제시하게 하여 결론을 내려가는 방식

12 부하의 행동에 영향을 주는 리더십 중 조언, 설명, 보상조건 등의 제시를 통한 적극적인 방법은?

① 강요
② 모범
③ 제언
④ 설득

설득적 리더 : 결정사항을 부하에게 설명하고 부하가 의견을 제시할 기회를 제공하는 등 쌍방적 의사소통과 집단적 의사결정을 지향하는 유형, 과업수준과 관계성 수준이 모두 높게 요구되는 경우

13 사고예방대책의 기본원리 5단계 중 제4단계의 내용으로 틀린 것은?

① 인사조정
② 작업분석
③ 기술의 개선
④ 교육 및 훈련의 개선

4단계 – 시정방법의 선정

- 기술적 개선 · 인사조정(배치조정)
- 교육 훈련의 개선 · 안전행정의 개선
- 규정 및 수칙 작업표준 제도의 개선
- 확인 및 통제체제 개선

14 주의(attention)의 특성 중 여러 종류의 자극을 받을 때 소수의 특정한 것에만 반응하는 것은?

① 선택성
② 방향성
③ 단속성
④ 변동성

주의의 특징

- 선택성 : 여러 종류의 자극을 자각할 때 소수의 특정한 것에 한하여 선택하는 기능
- 방향성 : 주시점만 인지하는 기능
- 변동성 : 주의에는 주기적으로 부주의의 리듬이 존재

15 재해예방의 4원칙이 아닌 것은?

① 원인계기의 원칙
② 예방가능의 원칙
③ 사실보존의 원칙
④ 손실우연의 원칙

재해방지의 기본원칙

- 손실우연의 원칙 : 사고에 의해서 생기는 손실(상해)의 종류와 정도는 우연적이다.(1 : 29 : 300의 법칙)
- 원인계기의 원칙 : 모든 재해는 필연적인 원인에 의해서 발생한다.
- 예방가능의 원칙 : 재해는 원칙적으로 모두 방지가 가능하다.
- 대책선정의 원칙 : 재해방지 대책은 신속하고 확실하게 실시되어야 한다.

16 산업안전보건법령상 관리감독자의 업무의 내용이 아닌 것은?

① 해당 작업에 관련되는 기계 · 기구 또는 설비의 안전 · 보건점검 및 이상유무의 확인

② 해당 사업장 산업보건의 지도 · 조언에 대한 협조

③ 위험성평가를 위한 업무에 기인하는 유해 · 위험요인의 파악 및 그 결과에 따라 개선조치의 시행

④ 작성된 물질안전보건자료의 게시 또는 비치에 관한 보좌 및 조언 · 지도

관리감독자의 업무 등(산업안전보건법 시행령 제15조)

- 사업장 내 관리감독자가 지휘 · 감독하는 작업과 관련된 기계 · 기구 또는 설비의 안전 · 보건 점검 및 이상 유무의 확인
- 관리감독자에게 소속된 근로자의 작업복 · 보호구 및 방호장치의 점검과 그 착용 · 사용에 관한 교육 · 지도
- 해당작업에서 발생한 산업재해에 관한 보고 및 이에 대한 응급조치
- 해당작업의 작업장 정리 · 정돈 및 통로 확보에 대한 확인 · 감독
- 사업장의 안전관리자, 보건관리자, 안전보건관리담당자, 산업보건의의 지도 · 조언에 대한 협조
- 위험성평가와 관련한 유해 · 위험요인의 파악에 대한 참여 및 개선조치의 시행에 대한 참여

17 400명의 근로자가 종사하는 공장에서 휴업일수 127일, 중대 재해 1건이 발생한 경우 강도율은?(단, 1일 8시간으로 연 300일 근무조건으로 한다.)

① 10

② 0.1

③ 1.0

④ 0.01

$$강도율 = \frac{근로손실일수}{연간\ 총\ 근로시간} \times 1000 = \frac{127 \times \frac{300}{365}}{400 \times 8 \times 300} \times 1000 = 0.1087$$

18 시행착오설에 의한 학습법칙이 아닌 것은?

① 효과의 법칙

② 준비성의 법칙

③ 연습의 법칙

④ 일관성의 법칙

시행착오에 있어서의 학습법칙

- 연습의 법칙(Law of Exercise) : 모든 학습과정은 많은 연습과 반복을 통해서 바람직한 행동의 변화를 가져오게 된다는 법칙으로 빈도의 법칙(Law of Frequency)이라고도 한다.
- 효과의 법칙(Law of Frequency) : 학습의 결과가 학습자에게 쾌감을 주면 줄수록 반응은 강화되고 반대로 고통이나 불쾌감을 주면 약화된다는 법칙으로 결과의 법칙이라고도 한다.
- 준비성의 법칙(Law of Readiness) : 특정한 학습을 행하는데 필요한 기초적인 능력을 충분히 갖춘 뒤에 학습을 행함으로서 효과적인 학습을 이룩할 수 있다는 법칙이다.

19 산업안전보건법령상 건설현장에서 사용하는 크레인, 리프트 및 곤돌라의 안전검사의 주기로 옳은 것은? (단, 이동식 크레인, 이삿짐운반용 리프트는 제외한다.)

① 최초로 설치한 날부터 6개월마다

② 최초로 설치한 날부터 1년마다

③ 최초로 설치한 날부터 2년마다

④ 최초로 설치한 날부터 3년마다

산업안전보건법 시행규칙 제126조(안전검사의 주기와 합격표시 및 표시방법) ① 법 제93조제3항에 따른 안전검사대상기계등의 안전검사 주기는 다음 각 호와 같다.

1. 크레인(이동식 크레인은 제외한다), 리프트(이삿짐운반용 리프트는 제외한다) 및 곤돌라: 사업장에 설치가 끝난 날부터 3년 이내에 최초 안전검사를 실시하되, 그 이후부터 2년마다(건설현장에서 사용하는 것은 최초로 설치한 날부터 6개월마다)

2. 이동식 크레인, 이삿짐운반용 리프트 및 고소작업대:「자동차관리법」제8조에 따른 신규등록 이후 3년 이내에 최초 안전검사를 실시하되, 그 이후부터 2년마다

3. 프레스, 전단기, 압력용기, 국소 배기장치, 원심기, 롤러기, 사출성형기, 컨베이어, 산업용 로봇, 혼합기, 파쇄기 또는 분쇄기 : 사업장에 설치가 끝난 날부터 3년 이내에 최초 안전검사를 실시하되, 그 이후부터 2년마다(공정안전보고서를 제출하여 확인을 받은 압력용기는 4년마다)

※ 혼합기, 파쇄기 또는 분쇄기는 2026년 6월 26일부터 적용

20 위험예지훈련 4R방식 중 각 라운드(Round)별 내용 연결이 옳은 것은?

① 1R – 목표설정　　　　　　　② 2R – 본질추구

③ 3R – 현상파악　　　　　　　④ 4R – 대책수립

위험예지훈련의 4라운드 진행방법

• 1R(현상파악) : 어떤 위험이 잠재하고 있는지 사실을 파악하는 라운드(BS적용)

• 2R(본질추구) : 가장 위험한 요인(위험 포인트)을 합의로 결정하는 라운드(요약)

• 3R(대책수립) : 구체적인 대책을 수립하는 라운드(BS적용)

• 4R(목표달성–설정) : 수립한 대책 가운데 질이 높은 항목에 합의하는 라운드(요약)

제 **02** 과목　　**인간공학 및 시스템안전공학**

21 시각적 표시장치를 사용하는 것이 청각적 표시장치를 사용하는 것보다 좋은 경우는?

① 메시지가 후에 참고 되지 않을 때

② 메시지가 공간적인 위치를 다룰 때

③ 메시지가 시간적인 사건을 다룰 때

④ 사람의 일이 연속적인 움직임을 요구할 때

청각장치와 시각장치의 선택(특정 감각의 선택)

구분	청각장치 사용	시각장치 사용
전언	• 전언이 간단하고 짧다.	• 전언이 복잡하고 길다.
재참조	• 전언이 후에 재참조 되지 않는다.	• 전언이 후에 재참조 된다.
사상(Eevent)	• 전언이 즉각적인 사상을 이룬다.	• 전언이 공간적인 위치를 다룬다.
행동 요구	• 전언이 즉각적인 행동을 요구한다.	• 전언이 즉각적인 행동을 요구하지 않는다.
사용시기	• 수신자의 시각계통이 과부하 상태일 때 • 수신 장소가 너무 밝거나 암조응 유지가 필요할 때 • 직무상 수신자가 자주 움직이는 경우	• 수신자가 청각계통이 과부하 상태일 때 • 수신 장소가 너무 시끄러울 때 • 직무상 수신자가 한곳에 머무르는 경우

22 체계분석 및 설계에 있어서 인간공학의 가치와 가장 거리가 먼 것은?

① 성능의 향상
② 인력 이용율의 감소
③ 사용자의 수용도 향상
④ 사고 및 오용으로부터의 손실 감소

인간공학의 효과

• 인력 이용율의 향상
• 사고 및 오용으로부터의 손실 감소
• 생산 및 유지 · 정비의 경제성 증대
• 훈련비용의 절감
• 성능의 향상
• 사용자의 수용도 향상

23 휘도(luminance)의 척도 단위(unit)가 아닌 것은?

① fc
② fL
③ mL
④ cd/m²

조명(조도)의 단위

• fc(foot–candle) : 1촉광의 점광원으로부터 1foot 떨어진 곡면에 비추는 광의 밀도(1 lumen/ft²)
• lux(meter–candle) : 1촉광의 점광원으로부터 1m 떨어진 곡면에 비추는 광의 밀도(1 lumen/m²)
• fc, lux의 관계 : 1 fc = 1 lumen/ft² ≒ 10 lumen/m² = 10 lux

24 신체 반응의 척도 중 생리적 스트레인의 척도로 신체적 변화의 측정 대상에 해당하지 않는 것은?

① 혈압
② 부정맥
③ 혈액성분
④ 심박수

스트레인(압박의 결과로 신체에 나타나는 고통이나 반응)의 주요 척도

구분	요소	측정 대상
생리적	화학적 변화	혈액성분, 요성분, 산소소비량, 산소결손, 산소회복곡선, 열량
	전기적 변화	뇌전도, 심전도, 근전도, 안전도, 전기피부반응
	신체적 변화	혈압, 심박수, 부정맥, 박동량, 박동결손, 신체온도, 호흡수
심리적	활동 변화	작업속도, 실수, 눈 깜빡임수
	태도 변화	권태, 기타 태도요소

25 안전성의 관점에서 시스템을 분석 평가하는 접근방법과 거리가 먼 것은?

① "이런 일은 금지한다."의 개인판단에 따른 주관적인 방법
② "어떻게 하면 무슨 일이 발생할 것인가?"의 연역적인 방법
③ "어떤 일은 하면 안 된다."라는 점검표를 사용하는 직관적인 방법
④ "어떤 일이 발생하였을 때 어떻게 처리하여야 안전한가?"의 귀납적인 방법

시스템을 분석 평가하는 접근방법은 객관적이어야 한다.

26 다음의 연산표에 해당하는 논리연산은?

입력		출력
X_1	X_2	
0	0	0
0	1	1
1	0	1
1	1	0

① XOR
② AND
③ NOT
④ OR

XOR은 배타적 논리합(exclusive or)을 구현한 것이며, 두 개의 입력값을 받아 입력값이 같으면 0을 출력하고, 입력 값이 다르면 1을 출력한다.

27 항공기 위치 표시장치의 설계원칙에 있어, 다음 보기의 설명에 해당하는 것은?

> 항공기의 경우 일반적으로 이동부분의 영상은 고정된 눈금이나 좌표계에 나타내는 것이 바람직하다.

① 통합
② 양립적 이동
③ 추종표시
④ 표시의 현실성

양립성(Compatibility)

• 개념적 정의 : 정보입력 및 처리와 관련한 양립성은 인간의 기대와 모순되지 않는 자극들간, 반응들 간의 또는 자극반응 조합의 관계를 말하는 것
• 양립성의 구분
 – 공간적 양립성 : 표시장치가 조종장치에서 물리적 형태나 공간적인 배치의 양립성
 – 운동 양립성 : 표시 및 조종장치, 체계반응의 운동 방향의 양립성
 – 개념적 양립성 : 사람들이 가지고 있는 개념적 연상(어떤 암호체계에서 청색이 정상을 나타내듯이)의 양립성
 – 양식 양립성 : 기계가 특정 음성에 대해 정해진 반응을 하는 것과 같이 직무에 알맞은 자극과 응답 양식의 존재에 대한 양립성

28 근골격계 질환의 인간공학적 주요 위험요인과 가장 거리가 먼 것은?

① 과도한 힘
② 부적절한 자세
③ 고온의 환경
④ 단순 반복 작업

근골격계질환의 작업인자

• 과도함 힘 ·부적절한 자세
• 단순 반복 작업 및 작업빈도 ·부적절한 휴식
• 기타 원인으로 진동, 저온 등

29 산업현장에서 사용하는 생산설비의 경우 안전장치가 부착되어 있으나 생산성을 위해 제거하고 사용하는 경우가 있다. 이러한 경우를 대비하여 설계시 안전장치를 제거하면 작동이 안되는 구조를 채택하고 있다. 이러한 구조는 무엇인가?

① Fail Safe
② Fool Proof
③ Lock Out
④ Tamper Proof

• Fail Safe : 기계나 그 부품에 고장이나 기능 불량이 생겨도 항상 안전하게 작동되도록 설계한 구조
• Fool Proof : 인간의 착오, 미스 등 이른바 휴먼에러가 발생하더라도 기계설비나 그 부품은 안전 쪽으로 작동하게 설계된 구조
• Lock Out : 위험한 상태로 들어가거나 사건이 일어나는 것을 방지하는 기능으로 강제적 기능장치의 유형 중 하나
• Tamper Proof : 안전장치를 제거하면 작동하지 않도록 설계된 구조

30 FTA의 활용 및 기대효과가 아닌 것은?

① 시스템의 결함 진단
② 사고원인 규명의 간편화
③ 사고원인 분석의 정량화
④ 시스템의 결함 비용 분석

 FTA의 활용 및 기대효과

- 시스템의 결함 진단
- 사고원인 규명의 간편화
- 사고원인 분석의 정량화
- 사고원인 분석의 일반화
- 노력 시간의 절감
- 안전점검 체크리스트 작성

31 인간공학적 부품배치의 원칙에 해당하지 않는 것은?

① 신뢰성의 원칙
② 사용 순서의 원칙
③ 중요성의 원칙
④ 사용 빈도의 원칙

 부품 배치의 원칙 : 중요성의 원칙, 사용 빈도의 원칙, 기능별 배치의 원칙, 사용 순서의 원칙

32 시스템안전프로그램계획(SSPP)에서 "완성해야 할 시스템안전업무"에 속하지 않는 것은?

① 정성 해석
② 운용 해석
③ 경제성 분석
④ 프로그램 심사의 참가

 완성해야 할 시스템안전업무

- 정성적 분석
- 정량적 분석
- 운용 위험요인 분석(OHA)
- 프로그램 심사의 참가
- 설계 심사의 참가

33 선형 조정장치를 16cm 옮겼을 때, 선형 표시장치가 4cm 움직였다면, C/R비는 얼마인가?

① 0.2
② 2.5
③ 4.0
④ 5.3

$$C/D비 = \frac{통제기기의\ 변위량}{표시기기의\ 변위량} = \frac{16}{4} = 4.0$$

34 자연습구온도가 20℃이고, 흑구온도가 30℃일 때, 실내의 습구흑구온도지수(WBGT : wet-bulb globe temperature)는 얼마인가?

① 20℃
② 23℃
③ 25℃
④ 30℃

습구흑구온도지수(WBGT)

- 옥외(직사광선이 내리쬐는 곳) WBGT = (0.7 × 습구온도) + (0.2 × 흑구온도) + (0.1 × 건구온도)
- 옥내(직사광선이 내리쬐지 않는 곳) WBGT = (0.7 × 습구온도) + (0.3 × 흑구온도)
∴ 옥내 WBGT = (0.7 × 20) + (0.3 × 30) = 23℃

---

35 소음을 방지하기 위한 대책으로 틀린 것은?

① 소음원 통제   ② 차폐장치 사용
③ 소음원 격리   ④ 연속 소음 노출

소음대책

- 소음원의 통제 : 기계의 적절한 설계, 적절한 정비 및 주유, 기계에 고무 받침대 부착. 차량에는 소음기 사용
- 소음의 격리 : 씌우개 방, 장벽을 사용(집의 창문을 닫으면 약 10dB 감음됨)
- 차폐장치 및 흡음재료 사용
- 음향처리제 사용
- 적절한 배치(Layout)
- 방음보호구 사용 : 귀마개(2000Hz에서 20dB, 4000Hz에서 25dB 차음효과)
- BGM(Back Ground Music) : 배경음악(60±3dB)

---

36 산업안전 분야에서의 인간공학을 위한 제반 언급사항으로 관계가 먼 것은?

① 안전관리자와의 의사소통 원활화
② 인간과오 방지를 위한 구체적 대책
③ 인간행동 특성자료의 정량화 및 축적
④ 인간-기계체계의 설계 개선을 위한 기금의 축적

---

37 시스템 안전을 위한 업무 수행 요건이 아닌 것은?

① 안전활동의 계획 및 관리
② 다른 시스템 프로그램과 분리 및 배제
③ 시스템 안전에 필요한 사항의 동일성 식별
④ 시스템 안전에 대한 프로그램 해석 및 평가

시스템 안전관리

- 시스템 안전에 필요한 사항의 동일성의 식별(Identification)
- 안전활동의 계획, 조직과 관리
- 다른 시스템 프로그램 영역과 조정
- 시스템 안전에 대한 목표를 유효하게 적시에 실현시키기 위한 프로그램의 해석, 검토 및 평가 등의 시스템 안전업무

38 컷셋과 최소 패스셋을 정의한 것으로 맞는 것은?

① 컷셋은 시스템 고장을 유발시키는 필요 최소한의 고장들의 집합이며, 최소 패스셋은 시스템의 신뢰성을 표시한다.

② 컷셋은 시스템 고장을 유발시키는 필요 최소한의 고장들의 집합이며, 최소 패스셋은 시스템의 불신뢰도를 표시한다.

③ 컷셋은 그 속에 포함되어 있는 모든 기본사상이 일어났을 때 톱 사상을 일으키는 기본사상의 집합이며, 최소 패스셋은 시스템의 신뢰성을 표시한다.

④ 컷셋은 그 속에 포함되어 있는 모든 기본사상이 일어났을 때 톱 사상을 일으키는 기본 사상의 집합이며, 최소 패스셋은 시스템의 성공을 유발하는 기본사상의 집합이다.

 컷과 패스

- 컷셋(cut sets) : 그 속에 포함되어 있는 모든 기본사상(통상, 생략, 결함사상을 포함)이 일어났을 때 정상사상(top event)을 일으키는 기본사상의 집합
- 최소 컷셋(minimal cut sets) : 컷셋 중 그 부분집합만으로는 정상사상을 일으키는 일이 없는 것, 즉 정상사상(top event)을 일으키기 위한 최소한의 컷셋으로 어떤 고장이나 에러를 일으키면 재해가 일어나는가 하는 것 즉, 시스템의 위험성(역으로는 안전성)를 나타내는 것
- 패스셋(path sets) : 시스템이 고장 나지 않도록 하는 사상의 조합
- 최소 패스셋(minimal path sets) : 시스템이 고장 나지 않도록 하는 최소한의 패스셋으로 어떤 고장이나 패스를 일으키지 않으면 재해는 일어나지 않는다는 것 즉, 시스템의 신뢰성을 나타내는 것

39 인체 측정치의 응용 원칙과 거리가 먼 것은?

① 극단치를 고려한 설계
② 조절 범위를 고려한 설계
③ 평균치를 기준으로 한 설계
④ 기능적 치수를 이용한 설계

 인체계측자료의 응용원칙

- 최대치수와 최소치수 : 최대치수 또는 최소치수를 기준으로 하여 설계
- 조절범위(조절식) : 체격이 다른 여러 사람에 맞도록 만드는 것(5~95%tile)
- 평균치를 기준으로 한 설계 : 최대치수나 최소치수, 조절식으로 하기가 곤란할 때 평균치를 기준으로 하여 설계

40 10시간 설비 가동 시 설비고장으로 1시간 정지하였다면 설비고장 강도율은 얼마인가?

① 0.1%   ② 9%
③ 10%   ④ 11%

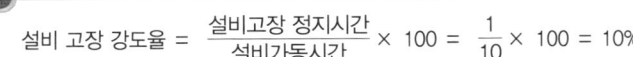

설비 고장 강도율 = $\dfrac{\text{설비고장 정지시간}}{\text{설비가동시간}} \times 100 = \dfrac{1}{10} \times 100 = 10\%$

41 다음 중 건설공사용 공정표의 종류에 해당되지 않는 것은?

① 횡선식 공정표 　　　　　　② 네트워크공정표
③ POM기법 　　　　　　　　④ WBS

WBS(work breakdown structure) : 작업 명세 구조

42 표준관입시험은 63.5kg의 추를 76cm 높이에서 자유낙하시켜 샘플러가 일정 깊이까지 관입하는데 소요되는 타격 회수(N)로 시험하는데 그 깊이로 옳은 것은?

① 15cm 　　　　　　　　　② 30cm
③ 45cm 　　　　　　　　　④ 60cm

표준관입시험
• 사질지반의 상대밀도 등 토질조사시 신뢰성이 높다.
• 63.5kg의 추를 76cm 높이에서 떨어뜨려 30cm 관입시킬 때의 타격회수(N)를 측정하여 흙의 경 · 연정도를 판정한다

43 평판재하시험용 시험기구와 거리가 먼 것은?

① 잭(Jack)
② 틸트미터(Tilt meter)
③ 로드셀(Load cell)
④ 다이얼 게이지(Dial gauge)

틸트미터(Tilt meter)는 토공사 시 사용하는 현장 계측장비로서 주변 건물이나 옹벽, 철탑 등 터파기 주위의 주요 구조물에 설치하여 구조물의 경사, 변형상태를 측정하는 장비를 말한다.

44 정액도급 계약제도에 관한 설명으로 옳지 않은 것은?

① 경쟁입찰 시 공사비가 저렴하다.
② 건축주와의 의견조정이 용이하다.
③ 공사설계변경에 따른 도급액 증감이 곤란하다.
④ 이윤관계로 공사가 조악해질 우려가 있다.

정액도급은 공사비 총액을 확정하여 계약하는 것으로 공사관리가 간편하며, 자금 · 공사계획 등의 수립이 명확하다는 장점이 있는 반면에 공사가 조악해질 우려가 있으며, 장기공사나 전례 없는 공사에는 부적당하다.

45 철근이음공법 중 지름이 큰 철근을 이음할 경우 철근의 재료를 절감하기 위하여 활용하는 공법이 아닌 것은?

① 가스압접이음 　　　　　　② 맞댄용접이음
③ 나사식커플링이음 　　　　　④ 겹친이음

겹친이음은 재료의 소모가 많으며 할증이 필요한 재래식 공법이다.

46 철골부재의 절단 및 가공조립에 사용되는 기계의 선택이 잘못된 것은?

① 메탈터치부위 가공 – 페이싱머신(facing machine)
② 형강류 절단 – 해크소(hack saw)
③ 판재류 절단 – 플레이트 쉐어링기(plate shearing)
④ 볼트접합부 구멍 가공 – 로터리 플레이너(rotary planer)

로터리 플레이너(rotary planer)는 로터리 베니어용의 폭이 넓은 대패를 갖는 평삭반으로 목공작업에 사용된다.

47 건축물의 철근 조립 순서로서 옳은 것은?

① 기초–기둥–보–slab–벽–계단
② 기초–기둥–벽–slab–보–계단
③ 기초–기둥–벽–보–slab–계단
④ 기초–기둥–slab–보–벽–계단

철근 조립 순서
• 철근 콘크리드(RC)조 : 기초–기둥–벽–보–슬래브(slab)–계단
• 철골철근 콘크리트(SRC)조 : 기초–기둥–보–벽–슬래브(slab)–계단
　※일반적인 건축물의 철근 조립 순서는 철근 콘크리드(RC)조에 따른다.

48 콘크리트 타설 후 콘크리트의 소요강도를 단기간에 확보하기 위하여 고온 · 고압에서 양생하는 방법은?

① 봉함양생
② 습윤양생
③ 전기양생
④ 오토클레이브양생

오토클레이브 양생 : 증기양생이 끝난 콘크리트를 오토클레이브라고 하는 특수한 양생가마에 넣고 180℃, 10기압 정도의 고온 · 고압의 증기로 행하는 방법으로 이에 의해 800~1,800kgf/cm² 정도의 압축강도를 갖는 콘크리트를 얻을 수 있는데 통상의 콘크리트 재료 외에 규석 등의 실리카질 분말을 혼합한다

49 토공사와 관련된 용어에 관한 설명으로 옳지 않은 것은?

① 간극비 : 흙의 간극 부분 중량과 흙입자 중량의 비
② 겔타임(gel-time) : 약액을 혼합한 후 시간이 경과하여 유동성을 상실하게 되기까지의 시간
③ 동결심도 : 지표면에서 지하 동결선까지의 길이
④ 수동활동면 : 수동토압에 의한 파괴 시 토체의 활동면

흙은 토립자 간극으로 구성되고 간극은 물과 공기로 구성되어 있다. 여기서 흙의 간극비란 흙 입자의 용적(부피)에 대한 간극 용적(공기+물 부피)의 비를 말한다.

50 중용열포틀랜드시멘트의 특성이 아닌 것은?

① 블리딩 현상이 크게 나타난다.
② 장기강도 및 내화학성의 확보에 유리하다.
③ 모르타르의 공극 충전효과가 크다.
④ 내침식성 및 내구성이 크다.

중용열 포틀랜드 시멘트의 특징

• C_3A와 C_3S 양을 적게 하고 C_2S 양을 많게 하여 방사능 차례용이나 댐 등과 같이 단면이 큰 매스콘크리트에 사용한다.
• 조기강도는 작지만 장기강도가 크다.
• 내산성 및 내구성이 크다.
• 화학적응성이 크다.
• 시멘트 중에서 건조수축이 가장 적다.

51 철골공사의 녹막이칠에 관한 설명으로 옳지 않은 것은?

① 초음파탐상검사에 지장을 미치는 범위는 녹막이칠을 하지 않는다.
② 바탕만들기를 한 강재표면은 녹이 생기기 쉽기 때문에 즉시 녹막이칠을 하여야 한다.
③ 콘크리트에 묻히는 부분에는 녹막이칠을 하여야 한다.
④ 현장 용접 예정부분은 용접부에서 100mm 이내에 녹막이칠을 하지 않는다.

강재에 녹막이 칠을 하지 않는 부분

• 콘크리트에 묻히는 부분
• 현장 용접부분은 용접부에서 100mm 이내
• 고장력 볼트마찰 접합부의 마찰면
• 기계 깎기 마무리면
• 폐쇄형 단면을 한 부재의 밀폐되는 면
• 공장조립에 있어서 맞댄면 또는 조립 후 칠할 수 없는 부분은 조립 전에 1~2회 칠해 둠

52 토공사 시 발생하는 히빙파괴(heaving failure)의 방지대책으로 가장 거리가 먼 것은?

① 흙막이벽의 근입깊이를 늘린다.
② 터파기 밑면 아래의 지반을 개량한다.

③ 지하수위를 저하시킨다.
④ 아일랜드컷 공법을 적용하여 중량을 부여한다.

히빙(Heaving)방지대책
- 굴착 주변의 상재하중을 제거한다.
- 시트 파일(Sheet Pile) 등의 근입심도를 검토한다.
- 1.3m 이하 굴착시에는 버팀대(Strut)를 설치한다.
- 버팀대, 브라켓, 흙막이를 점검한다.
- 굴착주변을 탈수공법과 병행한다.
- 굴착방식을 개선(Island Cut 공법 등)한다.

53 단가 도급계약 제도에 관한 설명으로 옳지 않은 것은?

① 시급한 공사인 경우 계약을 간단히 할 수 있다.
② 설계변경으로 인한 수량증감의 계산이 어렵고 일식도급보다 복잡하다.
③ 공사비가 높아질 염려가 있다.
④ 총공사비를 예측하기 힘들다.

단가도급은 단가만을 확정하고 공사가 완료되면 실시수량의 확정에 따라 정산하는 방식으로 공사의 신속한 착공 및 설계변경에 의한 수량증감의 계산이 용이하다는 장점이 있지만, 자재 및 노무비를 절감하려는 의욕의 저하되어 공사비가 높아질 염려가 있다.

54 슬럼프 저하 등 워커빌리티의 변화가 생기기 쉬우며 동일슬럼프를 얻기 위한 단위수량이 많아 콜드조인트가 생기는 문제점을 갖고 있는 콘크리트는?

① 한중콘크리트   ② 매스콘크리트
③ 서중콘크리트   ④ 팽창콘크리트

서중 콘크리트(Hot Weather Concrete)
- 평균기온이 25℃ 또는 최고온도가 30℃를 넘는 상황에서의 콘크리트 타설로 기온이 높아서 슬럼프의 저하와 수분의 급격한 증발 등의 위험성이 있는 시기에 시공되는 콘크리트이다.
- 특징 및 타설 시 주의 사항
  - 물과 시멘트는 되도록 저온의 것을 사용한다.
  - 거푸집이 건조하면 콘크리트의 유동성을 떨어뜨릴 우려가 있으므로 습윤상태를 유지해야 한다.
  - 표면활성제, AE제, 분산제 등을 사용하여 시멘트 입자를 분산시키거나 기포를 발생시켜 시공연도를 증진시키고, 재료분리를 방지하여야 한다.

55 철근 콘크리트 공사에서 콘크리트 타설 후 거푸집 존치기간을 가장 길게 해야 할 부재는?

① 슬래브 밑   ② 기둥
③ 기초   ④ 벽

거푸집의 존치기간

부위	바닥슬래브, 지붕슬래브 및 보밑		기초, 기둥 및 벽, 보옆	
시멘트의 종류	포틀랜드시멘트	조강포틀랜드 시멘트	포틀랜드시멘트	조강포틀랜드 시멘트
압축강도	설계기준강도의 50%		50kg/cm²(5MPa)	
재령 (일) 평균기온 10℃ 이상 ~ 20℃ 미만	8	5	6	3
평균기온 20℃ 이상	7	4	4	2

56 **거푸집 박리제 시공 시 유의사항으로 옳지 않은 것은?**

① 박리제가 철근에 묻어도 부착강도에는 영향이 없으므로 충분히 도포하도록 한다.
② 박리제의 도포 전에 거푸집면의 청소를 철저히 한다.
③ 콘크리트 색조에는 영향이 없는지 확인 후 사용한다.
④ 콘크리트 타설 시 거푸집의 온도 및 탈형시간을 준수한다.

거푸집 박리제 시공 시 유의사항
• 거푸집 종류에 상응한 박리제를 선택하여 사용한다.
• 박리제 도포 전에 거푸집면의 청소를 철저히 한다.
• 균일하며 적정량을 도포하여야 한다.
• 금속제 거푸집의 방청제가 굳어지면서 건조피막이 형성되지 않도록 유의한다.
• 박리제가 철근에 묻으면 부착강도가 저하되므로 묻지 않도록 유의한다.
• 콘크리트 색조에 영향이 없는지를 확인 후 사용한다.

57 **공사현장의 소음 · 진동 관리를 위한 내용 중 옳지 않은 것은?**

① 일정면적 이상의 건축공사장은 특정공사 사전신고를 한다.
② 방음벽 등 차음 · 방진 시설을 설치한다.
③ 파일공사는 가능한 타격공법을 시행한다.
④ 해체공사 시 압쇄공법을 채택한다

파일공사 시 소음 · 진동을 방지하기 위해서는 압입공법을 채택하는 것이 바람직하다.

58 **말뚝의 이음 공법 중 강성이 가장 우수한 방식은?**

① 장부식 이음   ② 충전식 이음
③ 리벳식 이음   ④ 용접식 이음

용접이음은 일체성이 확보되어 강성이 가장 우수하다.

59 주문받은 건설업자가 대상계획의 금융, 토자조달, 설계, 시공 등 기타 모든 요소를 포괄한 도급계약 방식은?

① 실비정산 보수가산도급
② 턴키도급(turn-key)
③ 정액도급
④ 공동도급(joint venture)

 해설

턴키(Turn-Key)도급

• 건설업자가 대상계획의 기업, 금융, 토지조달, 설계, 시공, 기계·기구 설치 시 운전까지 주문자가 필요로 하는 모든 것을 인도하는 도급계약방식이다.
• 시공능력이 중요시되며 공사시공의 확실성이 크다.

60 거푸집공사에서 거푸집 상호간의 간격을 유지하는 것으로서 보통 철근제, 파이프제를 사용하는 것은?

① 데크 플레이트(Deck plate)
② 격리재(Separator)
③ 박리제(Form oil)
④ 캠버(Camber)

 해설

거푸집의 부속재

• 긴장재(Form tie) : 거푸집의 형상 유지, 저항, 벌어지는 것 방지
• 격리재(Separator) : 거푸집의 간격 유지, 오그라드는 것 방지
• 간격재(Spacer) : 철근과 거푸집의 간격 유지

제 **04** 과목 　 건설재료학

61 돌로마이트 플라스터에 관한 설명으로 옳은 것은?

① 소석회에 비해 점성이 낮고, 작업성이 좋지 않다.
② 여물을 혼합하여도 건조수축이 크기 때문에 수축 균열이 발생되는 결점이 있다.
③ 회반죽에 비해 조기강도 및 최종강도가 작다.
④ 물과 반응하여 경화하는 수경성 재료이다.

 해설

돌로마이트 플라스터

• 점성이 커서 풀을 사용하지 않고 물로 연화하여 사용하는 것으로 대기 중의 이산화탄소(CO_2)와 결합하여 경화하는 기경성 미장재료이다.
• 점도가 크고 응결시간이 길다.
• 회반죽보다 강도가 크다.
• 수축률이 크며, 건조경화시에 균열이 생기기 쉽고 물에 약하다.

62 목재의 재료적 특징으로 옳지 않은 것은?

① 온도에 대한 신축이 적다.

② 열전도율이 작아 보온성이 뛰어나다.

③ 강재에 비하여 비강도가 작다.

④ 음의 흡수 및 차단성이 크다.

 해설

비강도(比強度)란 재료의 강도를 비중으로 나눈값으로 목재가 가장 크고, 콘크리트가 가장 적다.

63 프리플레이스트 콘크리트에서 주입용 모르타르에 쓰이는 모래의 조립률(FM값) 범위로 가장 알맞은 것은?

① 0.7 ~ 1.2

② 1.4 ~ 2.2

③ 2.3 ~ 3.7

④ 3.8 ~ 4.0

 해설

조립률(Fineness Modulus)

- 골재의 입도를 표시하는 계수로서 10개의 표준체(No.100, No.50, No.30, No.16, No.8, No.4 10mm, 19mm, 40mm, 80mm)를 이용하여 체가름 시험을 실시때 각 체에 남는 량의 누가중량백분율의 합을 100으로 나눈 값이며, 경제적인 콘크리트의 배합과 입도의 균등성을 판단하기 위하여 사용한다.
- 일반 콘크리트 골재의 조립률은 잔골재(모래)에서 2.3~3.1, 굵은골재(자갈)에서 6~8 정도가 적당하다.
- 프리플레이스트(프리팩트) 콘크리트 잔골재(모래)의 조립률은 1.4~2.2가 적당하다.

64 보통 콘크리트에서 인장강도/압축강도의 비로 가장 알맞은 것은?

① 1/2 ~ 1/5

② 1/5 ~ 1/7

③ 1/9 ~ 1/13

④ 1/17 ~ 1/20

해설

압축강도와 기타 강도비

콘크리트 \ 강도비	인장강도 / 압축강도	휨 인장강도 / 압축강도	직접 전단강도 / 압축강도
보통 콘크리트	1/9 ~ 1/13	1/5 ~ 1/7	1/4 ~ 1/7
경량 골재 콘크리트	1/9 ~ 1/15	1/6 ~ 1/10	1/6 ~ 1/10

65 석유 아스팔트에 속하지 않는 것은?

① 블로운 아스팔트

② 스트레이트 아스팔트

③ 아스팔타이트

④ 컷백 아스팔트

아스팔트의 구분

구분	종류		
천연 아스팔트	레이크(Lake) 아스팔트		
	록크(Rock) 아스팔트		
	샌드(Sand) 아스팔트		
	아스팔타이트(Aspaltite)	길소나이트(Gilsonite)	
		글랜스 피치(Glance Pitch)	
		그라하마이트(Grahamite)	
석유 아스팔트	스트레이트(Straight) 아스팔트		
	컷백(Cutback) 아스팔트	급속경화형(Rapid Curing)	
		중속경화형(Medium Curing)	
		완속경화형(Slow Curing)	
	유화(Emulsified) 아스팔트	양이온계(RSC, MSC)	
		음이온계(RSA, MSA)	
	블로운(Blown) 아스팔트		
	개질(Modified) 아스팔트		

66 플라스틱 제품에 관한 설명으로 옳지 않은 것은?

① 내수성 및 내투습성이 양호하다.
② 전기절연성이 양호하다.
③ 내열성 및 내후성이 약하다.
④ 내마모성 및 표면강도가 우수하다.

 해설

플라스틱의 일반적 성질

• 플라스틱은 일반적으로 투명 또는 백색의 물질이므로 적합한 안료나 염료를 첨가함에 따라 상당히 광범위하게 채색이 가능하다.
• 내수성 및 내투습성은 폴리초산비닐 등 일부를 제외하고는 극히 양호하다.
• 플라스틱은 상호간 계면접착이 잘되며, 금속, 콘크리트, 목재, 유리 등 다른 재료에도 잘 부착된다.
• 플라스틱은 일반적으로 전기절연성이 상당히 양호하다.
• 흡수성이 적고 투수성이 거의 없다.
• 형상이 자유롭고 대량생산이 가능하다.
• 내열성, 내화성이 적다.
• 비중이 철이나 콘크리트보다 적다.

67 2장 이상의 판유리 사이에 강하고 투명하면서 접착성이 강한 플라스틱 필름을 삽입하여 제작한 안전유리를 무엇이라 하는가?

① 접합유리   ② 복층유리
③ 강화유리   ④ 프리즘유리

- 접합유리 : 2장 이상의 판유리 사이에 탄성률이 높은 유기접착 필름인 PVB film(polyvinyl butyral film) 또는 UV접합 수지를 끼워 넣고 열과 압력으로 접착시켜서 제조한 것으로 파손하는 경우 파편이 비산하지 않도록 만들어진 안전유리이다.
- 복층유리 : 판유리 2장을 일정한 간격으로 맞붙여 공기층이 중간에 있도록 하고 그 주변을 유기질계 재료로 밀봉하여 접착한 유리이다.
- 강화유리 : 판유리를 강화로에서 열처리하여 표면에 압축 응력층을 형성하여 실용 강도를 증대시킴과 파손시 작은 조각으로 깨어져 부상을 최소화 하도록 제조된 안전유리이다.
- 프리즘유리 : 프리즘의 원리를 응용하여 만든 유리로 눈부심을 줄여주고 광원의 효과를 최대한 활용할 수 있는 특징이 있어 일반적인 채광용 또는 가로등으로 사용되는 유리이다.

68 도막의 일부가 하지로부터 부풀어 지름이 10mm되는 것부터 좁쌀 크기 또는 미세한 수포가 발생하는 도막 결함은?

① 백화   ② 변색
③ 부풀음   ④ 번짐

- 백화(blishing) : 도막면이 하얗게 되면서 희망하는 색, 광택이 나지 않는 것
- 변색 : 도막이 주로 외계의 영향에 의하여 다른 색으로 변하거나 유채색 안료의 색이 감퇴하여 본래의 색을 잃는 것
- 부풀음(blister) : 도막의 일부가 하지로부터 부풀어 지름이 10mm되는 것부터 좁쌀 크기 또는 분산 불량과 같은 미세한 수포가 발생하는 것
- 번짐(bleeding) : 하도의 착색안료가 상도 도료의 유기 용제에 의하여 용해되어 상도 도막 위로 용출함으로써 상도의 색이 다른 색으로 보이는 것

69 극장 및 영화관 등의 실내천장 또는 내벽에 붙여 음향조절 및 장식효과를 경하는 재료는?

① 플로링 보드   ② 프린트 합판
③ 집성 목재   ④ 코펜하겐 리브

코펜하겐 리브판
- 두께 50mm, 너비 100mm 정도의 긴 판에다 표면을 리브(Rib)로 가공한 것으로 천장 또는 내벽에 붙여 음향조절 효과를 내기도 하고 또한 장식효과도 있게 한다.
- 바닥재로는 적합하지 않다.

70 벽, 기둥 등의 모서리 부분에 미장바름을 보호하기 위한 철물은?

① 줄눈대   ② 조이너
③ 인서트   ④ 코너비드

- 줄눈대 : 균열확산 방지와 인테리어 효과를 보이기 위해 사용되는 금속재료
- 조이너(joiner) : 이음새를 누르고 감추는데 쓰이는 금속 제품
- 인서트(insert) : 천정 설치를 위한 달대볼트 긴결철물
- 코너비드(corner bead) : 모서리 부분의 미장 바름을 보호하기 위하여 사용하는 모서리쇠

71 시멘트의 분말도에 관한 설명으로 옳지 않은 것은?

① 시멘트의 분말도는 단위중량에 대한 표면적이다.
② 분말도가 큰 시멘트일수록 물과 접촉하는 표면적이 증대되어 수화반응이 촉진된다.
③ 분말도 측정은 슬럼프 시험으로 한다.
④ 분말도가 지나치게 클 경우에는 풍화되기가 쉽다.

분말도 시험법
- 비표면적 시험(블레인법) : 비표면적(cm^2/g) 또는 표준체 45㎛의 잔사(%)
- 체가름 시험(KS L 5117) : 시멘트 50g을 금속망 표준체 90㎛에 넣고 1분간 150회의 속도로 체를 회전시키면서 미분말을 통과시켜, 1분 동안의 체 통과량이 0.1g 이하가 될 때까지 친다(25회 두드릴 때까지 약 1/6 회전).

72 단열재료 중 무기질 재료가 아닌 것은?

① 유리면
② 경질우레탄 폼
③ 세라믹 섬유
④ 암면

경질우레탄 폼은 유기질 재료로 방수성, 내투습성이 뛰어나기 때문에 방습층을 겸한 단열재로 사용된다.

73 목재의 함수율에 관한 설명으로 옳지 않은 것은?

① 약 30%의 함수상태를 섬유포화점이라 한다.
② 목재는 비중과 함수율에 따라 강도와 수축에 영향을 받는다.
③ 기건상태는 목재의 수분이 전혀 없는 상태를 달한다.
④ 함수율이란 절건상태인 목재중량에 대한 함수량의 백분율이다.

목재의 함수율
- 기건재의 함수율 : 12~18%(평균 15%)
- 섬유 포화점 : 섬유 자신의 함수율이 25~30%(보통 30%)인 경우
- 함수율에 의한 목재 재질의 변화
  - 목재의 재질 변동(수축, 팽창 등)은 섬유포화점 이하의 함수상태에서만 발생한다.
  - 섬유포화점 이하에서 함수율이 감소함에 따라 강도는 증가하고 탄성은 감소한다.

74 구조용 강재에 관한 설명으로 옳지 않은 것은?

① 탄소의 함유량을 1%까지 증가시키면 강도와 경도는 일반적으로 감소한다.
② 구조용 탄소강은 보통 저탄소강이다.
③ 구조용강 중 연강은 철근 또는 철골재로 사용된다.
④ 구조용 강재의 대부분은 압연강재이다.

탄소(C)에 의한 특성

• 탄소의 함유량이 많을수록 경도와 강도가 증대되나 신도는 감소한다.
• 탄소 함유량이 0.8~1.0%일 때 인장강도가 최대이며, 이를 넘으면 감소한다.
• 경도는 탄소 함유량이 0.9%일 때 최대가 되며, 그 이상 함유 시에는 일정하다.

75 도막방수에 관한 설명으로 옳지 않은 것은?

① 복잡한 형상에도 시공이 용이하다.
② 시트간의 접착이 불완전 할 수 있다.
③ 내약품성이 우수하다.
④ 균일한 두께의 시공이 곤란하다.

도막방수는 도료상태의 방수재를 바탕면에 여러 번 칠하여 상당한 살두께의 방수막을 만드는 방수법으로 시트를 이용한 방수공법과는 다른 공법이다.

76 석재를 다듬을 때 쓰는 방법으로 양날 망치로 정다듬한 면을 일정방향으로 찍어 다듬는 석재 표면 마무리 방법은?

① 잔다듬　　　　　　　　　　② 도드락다듬
③ 혹두기　　　　　　　　　　④ 거친갈기

석재의 표면가공순서

• 메다듬 : 마름돌의 거친 면의 돌출부를 쇠메 등으로 쳐서 면을 보기 좋게 다듬는 것
• 혹두기 : 거친 돌면의 튀어나온 부분을 쇠메로 대강 다듬은 작업
• 정다듬 : 정으로 쪼아 편평하게 다듬는 것
• 도드락다듬 : 정다듬 위에 도드락 망치로 더욱 평탄하게 다듬는 작업
• 잔다듬 : 도드락 다듬면을 양날망치로 평활하게 다듬는 것
• 물갈기 : 잔다듬한 면을 물을 뿌려 갈아 광택이 나게 하는 작업

77 점토 재료에서 번호는 무엇을 의미하는가?

① 소성하는 가마의 종류를 표시　　② 소성온도를 표시
③ 제품의 종류를 표시　　　　　　④ 점토의 성분을 표시

점토 제품에서 사용되는 SK번호는 소성온도를 표시하는 것으로, 제게르 콘의 59종의 각 추를 이용한다.

78 알루미늄의 성질에 관한 설명으로 옳지 않은 것은?

① 반사율이 작으므로 열차단재로 쓰인다.
② 독성이 없으며 무취이고 위생적이다.
③ 산과 알칼리에 약하여 콘크리트에 접하는 면에는 방식처리를 요한다.
④ 융점이 낮기 때문에 용해주조도는 좋으나 내화성이 부족하다.

 해설

알루미늄(Aluminum)

• 경량질에 비해 강도가 크다.
• 광선 및 열에 대한 반사율이 커서 열차단재로도 사용된다.
• 내화성이 적고 열팽창이 철의 2배 정도로 크다.
• 공기 중에서 Al_2O_3의 피막을 만들어 내부를 보호한다.
• 산과 알칼리에 약하여 콘크리트에 접하는 면에는 방식처리를 요한다.

79 점토 재료 중 자기에 관한 설명으로 옳은 것은?

① 소지는 적색이며, 다공질로써 두드리면 탁음이 난다.
② 흡수율이 5% 이상이다.
③ 1000℃ 이하에서 소성된다.
④ 위생도기 및 타일 등으로 사용된다.

 해설

점토소성제품의 분류

구분	토기	도기	석기	자기
소성온도	790~1000℃	1100~1230℃	1160~1350℃	1230~1460℃
흡수율	20% 이상	10% 내외	3~10%	1% 이하
색상	유색, 백색	유색, 백색	유색	백색
특성	저급원료, 취약함	다공질, 탁음, 유약사용	유약을 사용하지 않으며 식염수 사용	금속성 청음
용도	기와, 적벽돌, 토관	내장타일, 테라코타	외장·바닥타일, 클링커 타일	고급타일, 모자이크 타일, 위생도기

80 보통 벽돌이 적색 또는 적갈색을 띠고 있는 것은 원료점토 중에 무엇을 포함하고 있기 때문인가?

① 산화철
② 산화규소
③ 산화칼륨
④ 산화나트륨

해설

건축용 점토소성벽돌의 적색은 원료의 산화철(Fe_2O_3) 성분에서 기인한다.

81   잠함 또는 우물통의 내부에서 근로자가 굴착작업을 하는 경우의 준수사항으로 옳지 않은 것은?

① 산소결핍 우려가 있는 경우에는 산소의 농도를 측정하는 사람을 지명하여 측정하도록 할 것

② 근로자가 안전하게 오르내리기 위한 설비를 설치할 것

③ 굴착깊이가 20m를 초과하는 경우에는 해당 작업장소와 외부와의 연락을 위한 통신설비 등을 설치할 것

④ 잠함 또는 우물통의 급격한 침하에 의한 위험을 방지하기 위하여 바닥으로부터 천장 또는 보까지의 높이는 2m 이내로 할 것

산업안전보건기준에 관한 규칙 제376조(급격한 침하로 인한 위험 방지) 사업주는 잠함 또는 우물통의 내부에서 근로자가 굴착작업을 하는 경우에 잠함 또는 우물통의 급격한 침하에 의한 위험을 방지하기 위하여 다음 각 호의 사항을 준수하여야 한다.
1. 침하관계도에 따라 굴착방법 및 재하량(載荷量) 등을 정할 것
2. 바닥으로부터 천장 또는 보까지의 높이는 1.8미터 이상으로 할 것

82   굴착작업 시 근로자의 위험을 방지하기 위하여 해당 작업, 작업장에 대한 사전조사를 실시하여야 하는데 이 사전조사 항목에 포함되지 않는 것은?

① 지반의 지하수위 상태

② 형상 · 지질 및 지층의 상태

③ 굴착기의 이상 유무

④ 매설물 등의 유무 또는 상태

굴착작업 시 사전조사 항목(산업안전보건기준에 관한 규칙 별표 4)
• 형상, 지질 및 지층의 상태
• 균열 · 함수 · 용수 및 동결의 유무 또는 상태
• 매설물 등의 유무 또는 상태
• 지반의 지하수위 상태

83   흙의 연경도(Consistency)에서 반고체 상태와 소성상태의 한계를 무엇이라 하는가?

① 액성한계   ② 소성한계
③ 수축한계   ④ 반수축한계

액체 상태의 흙이 건조되어 가면서 액성, 소성, 반고체, 고체 상태의 경계선과 관련된 시험을 아터버그 한계시험(Atterberg limits test)이라 하며 이는 세립토의 연경도(consistency)를 표시하는 방법으로 세립토의 성질을 나타내는 지수로 활용된다. 아터버그 한계에 의하면 액성한계는 액체상태와 소성상태의 경계가 되는 함수비, 소성한계는 소성상태와 반고체상태의 경계가 되는 함수비, 수축한계는 반고체 상태와 고체상태의 경계가 되는 함수비를 의미한다.

84 화물을 적재하는 경우 준수하여야 할 사항으로 옳지 않은 것은?

① 침하 우려가 없는 튼튼한 기반 위에 적재할 것
② 화물의 압력정도와 관계없이 건물의 벽이나 칸막이 등을 이용하여 화물을 기대에 적재할 것
③ 하중이 한쪽으로 치우치지 않도록 쌓을 것
④ 불안정할 정도로 높이 쌓아 올리지 말 것

산업안전보건기준에 관한 규칙 제393조(화물의 적재) 사업주는 화물을 적재하는 경우에 다음 각 호의 사항을 준수하여야한다.
1. 침하 우려가 없는 튼튼한 기반 위에 적재할 것
2. 건물의 칸막이나 벽 등이 화물의 압력에 견딜 만큼의 강도를 지니지 아니한 경우에는 칸막이나 벽에 기대어 적재하지 않도록 할 것
3. 불안정할 정도로 높이 쌓아 올리지 말 것
4. 하중이 한쪽으로 치우치지 않도록 쌓을 것

85 발파공사 암질 변화구간 및 이상 암질 출현시 적용하는 암질 판별방법과 거리가 먼 것은?

① R.Q.D
② RMR 분류
③ 탄성파 속도
④ 하중계(Load Cell)

발파시 암질 판별 기준
• R.Q.D(%)
• R.M.R
• 탄성파속도(m/sec)
• 진동치속도(cm/sec)
• 일축압축강도(kgf/cm²)

86 철골작업을 중지하여야 하는 풍속과 강우량 기준으로 옳은 것은?

① 풍속 : 10m/sec 이상, 강우량 : 1mm/h 이상
② 풍속 : 5m/sec 이상, 강우량 : 1mm/h 이상
③ 풍속 : 10m/sec 이상, 강우량 : 2mm/h 이상
④ 풍속 : 5m/sec 이상, 강우량 : 2mm/h 이상

산업안전보건기준에 관한 규칙 제383조(작업의 제한) 사업주는 다음 각 호의 어느 하나에 해당하는 경우에 철골작업을 중지하여야 한다.
1. 풍속이 초당 10미터 이상인 경우
2. 강우량이 시간당 1밀리미터 이상인 경우
3. 강설량이 시간당 1센티미터 이상인 경우

87 근로자의 추락 등의 위험을 방지하기 위하여 안전난간을 설치하는 경우 안전난간은 구조적으로 가장 취약한 지점에서 가장 취약한 방향으로 작용하는 얼마 이상의 하중에 견딜 수 있는 튼튼한 구조이어야 하는가?

① 50kg

② 100kg

③ 150kg

④ 200kg

 해설

산업안전보건기준에 관한 규칙 제13조(안전난간의 구조 및 설치요건) 사업주는 근로자의 추락 등의 위험을 방지하기 위하여 안전난간을 설치하는 경우 다음 각 호의 기준에 맞는 구조로 설치해야 한다.

1. 상부 난간대, 중간 난간대, 발끝막이판 및 난간기둥으로 구성할 것. 다만, 중간 난간대, 발끝막이판 및 난간기둥은 이와 비슷한 구조와 성능을 가진 것으로 대체할 수 있다.
2. 상부 난간대는 바닥면·발판 또는 경사로의 표면(이하 "바닥면등"이라 한다)으로부터 90센티미터 이상 지점에 설치하고, 상부 난간대를 120센티미터 이하에 설치하는 경우에는 중간 난간대는 상부 난간대와 바닥면등의 중간에 설치해야 하며, 120센티미터 이상 지점에 설치하는 경우에는 중간 난간대를 2단 이상으로 균등하게 설치하고 난간의 상하 간격은 60센티미터 이하가 되도록 할 것. 다만, 계단의 개방된 측면에 설치된 난간기둥 간의 간격이 25센티미터 이하인 경우에는 중간 난간대를 설치하지 않을 수 있다.
3. 발끝막이판은 바닥면등으로부터 10센티미터 이상의 높이를 유지할 것. 다만, 물체가 떨어지거나 날아올 위험이 없거나 그 위험을 방지할 수 있는 망을 설치하는 등 필요한 예방 조치를 한 장소는 제외한다.
4. 난간기둥은 상부 난간대와 중간 난간대를 견고하게 떠받칠 수 있도록 적정한 간격을 유지할 것
5. 상부 난간대와 중간 난간대는 난간 길이 전체에 걸쳐 바닥면등과 평행을 유지할 것
6. 난간대는 지름 2.7센티미터 이상의 금속제 파이프나 그 이상의 강도가 있는 재료일 것
7. 안전난간은 구조적으로 가장 취약한 지점에서 가장 취약한 방향으로 작용하는 100킬로그램 이상의 하중에 견딜 수 있는 튼튼한 구조일 것

88 크레인을 사용하여 작업을 하는 때 작업시작 전 점검사항이 아닌 것은?

① 권과방지장치·브레이크·클러치 및 운전장치의 기능

② 주행로의 상측 및 트롤리가 횡행하는 레일의 상태

③ 와이어로프가 통하고 있는 곳의 상태

④ 방호장치의 이상 유무

 해설

크레인을 사용하여 작업을 하는 때의 작업시작 전 점검사항

• 권과방지장치·브레이크·클러치 및 운전장치의 기능
• 주행로의 상측 및 트롤리(trolley)가 횡행하는 레일의 상태
• 와이어로프가 통하고 있는 곳의 상태

89 연암 및 풍화암의 지반을 흙막이지보공 없이 굴착하려 할 때 굴착면의 기울기 기준으로 옳은 것은?

① 1 : 1.8

② 1 : 1.0

③ 1 : 0.5

④ 1 : 1.2

굴착면의 기울기 기준(산업안전보건기준에 관한 규칙 별표 11)

지반의 종류	굴착면의 기울기	지반의 종류	굴착면의 기울기
모래	1 : 1.8	경암	1 : 0.5
연암 및 풍화암	1 : 1.0	그 밖의 흙	1 : 1.2

비고
1. 굴착면의 기울기는 굴착면의 높이에 대한 수평거리의 비율을 말한다.
2. 굴착면의 경사가 달라서 기울기를 계산하기가 곤란한 경우에는 해당 굴착면에 대하여 지반의 종류별 굴착면의 기울기에 따라 붕괴의 위험이 증가하지 않도록 위 표의 지반의 종류별 굴착면의 기울기에 맞게 해당 각 부분의 경사를 유지해야 한다.

90 재료비가 30억원, 직접노무비가 50억원인 건설공사의 예정가격상 산업안전보건관리비로 옳은 것은?(단, 건축공사에 해당되며 계상기준은 2.37%임)

① 94,000,000원
② 150,400,000원
③ 157,600,000원
④ 189,600,000원

공사종류 및 규모별 산업안전보건관리비 계상기준표

구분 공사종류	대상액 5억원 미만인 경우 적용비율	대상액 5억원 이상 50억원 미만인 경우		50억원 이상인 경우 적용비율	보건관리자 선임대상 건설공사의 적용비율
		적용비율	기초액		
건축공사	3.11%	2.28%	4,325,000원	2.37%	2.64%
토목공사	3.15%	2.53%	3,300,000원	2.60%	2.73%
중건설공사	3.64%	3.05%	2,975,000원	3.11%	3.39%
특수건설공사	2.07%	1.59%	2,450,000원	1.64%	1.78%

∴ 안전관리비 = (재료비+직접노무비) × 2.37% = 8,000,000,000 × 0.0237 = 189,600,000원

91 사질토지반에서 보일링(boiling)현상에 의한 위험성이 예상될 경우의 대책으로 옳지 않은 것은?

① 흙막이 말뚝의 밑둥넣기를 깊게 한다.
② 굴착 저면보다 깊은 지반을 불투수로 개량한다.
③ 굴착 밑 투수층에 만든 피트(pit)를 제거한다.
④ 흙막이벽 주위에서 배수시설을 통해 수두차를 적게 한다.

대책
• 주변수위를 저하
• 흙막이벽 근입도를 증가하여 동수구배를 저하
• 굴착도를 즉시 원상 매립
• 작업을 중지

92 유해위험방지계획서 제출시 첨부 서류의 항목이 아닌 것은?

① 보호장비 폐기계획
② 공사개요서
③ 산업안전보건관리비 사용계획
④ 전체공정표

산업안전보건법 시행규칙 42조(제출서류 등) ① 법 제42조제1항제1호에 해당하는 사업주가 유해위험방지계획서를 제출할 때에는 사업장별로 별지 제16호서식의 제조업 등 유해위험방지계획서에 다음 각 호의 서류를 첨부하여 해당 작업 시작 15일 전까지 공단에 2부를 제출해야 한다. 이 경우 유해위험방지계획서의 작성기준, 작성자, 심사기준, 그 밖에 심사에 필요한 사항은 고용노동부장관이 정하여 고시한다.
1. 건축물 각 층의 평면도
2. 기계 · 설비의 개요를 나타내는 서류
3. 기계 · 설비의 배치도면
4. 원재료 및 제품의 취급, 제조 등의 작업방법의 개요
5. 그 밖에 고용노동부장관이 정하는 도면 및 서류

93 다음 ( ) 안에 알맞은 수치는?

> 근로자가 지붕 위에서 작업할 때 슬레이트 등 강도가 약한 재료로 덮은 지붕에는 폭 ( ) 이상의 발판을 설치할 것

① 30cm
② 40cm
③ 50cm
④ 60cm

산업안전보건기준에 관한 규칙 제45조(지붕 위에서의 위험 방지) ① 사업주는 근로자가 지붕 위에서 작업을 할 때에 추락하거나 넘어질 위험이 있는 경우에는 다음 각 호의 조치를 해야 한다.
1. 지붕의 가장자리에 제13조에 따른 안전난간을 설치할 것
2. 채광창(skylight)에는 견고한 구조의 덮개를 설치할 것
3. 슬레이트 등 강도가 약한 재료로 덮은 지붕에는 폭 30센티미터 이상의 발판을 설치할 것
② 사업주는 작업 환경 등을 고려할 때 제1항제1호에 따른 조치를 하기 곤란한 경우에는 제42조제2항 각 호의 기준을 갖춘 추락방호망을 설치해야 한다. 다만, 사업주는 작업 환경 등을 고려할 때 추락방호망을 설치하기 곤란한 경우에는 근로자에게 안전대를 착용하도록 하는 등 추락 위험을 방지하기 위하여 필요한 조치를 해야 한다.

94 다음 중 쇼벨계 굴착기계에 속하지 않는 것은?

① 파워쇼벨(power shovel)
② 크램쉘(clamshell)
③ 스크레이퍼(scraper)
④ 드래그라인(dragline)

셔블계(쇼벨계) 굴착기계의 종류

- 파워셔블 : 지반면보다 높은 곳의 굴착, 쇄석 옮겨쌓기, 토사의 처리 등에 널리 쓰인다.
- 백호우 : 지반면보다 낮은 곳의 굴착, 지하층 및 기초 굴삭, 토목공사나 수중굴착 등에 쓰인다.(지하 6m 정도의 깊이)
- 드래그라인 : 지반면보다 낮은 곳의 굴착, 토사를 긁어모음, 연약한 지반의 깊은 곳 굴착 등에 쓰인다.(지하 8m 정도의 깊이)
- 클램쉘 : 좁은 곳의 수직굴착, 자갈 등의 적재, 연약한 지반이나 수중굴착 등에 쓰인다.

95 토사 붕괴의 내적 요인이 아닌 것은?

① 사면, 법면의 경사 증가
② 절토 사면의 토질구성 이상
③ 성토 사면의 토질구성 이상
④ 토석의 강도 저하

토사붕괴의 원인

- 외적원인 : 사면의 경사 및 기울기의 증가, 절토 및 성토의 증가, 공사에 의한 진동 및 반복하중의 증가, 지표수 또는 지하수의 침투로 인한 토사중량의 증가, 지진 및 작업차량 등의 하중
- 내적원인 : 절토사면의 토질, 암질의 종류, 성토 사면의 토질구성 및 분포, 토석의 강도 저하

96 다음은 비계발판용 목재재료의 강도상의 결점에 대한 조사기준이다. (   ) 안에 들어갈 내용으로 옳은 것은?

발판의 폭과 동일한 길이 내에 있는 결점지수의 총합이 발판폭의 (   )을 초과 하지 않을 것

① 1/2
② 1/3
③ 1/4
④ 1/6

작업발판으로 사용하는 목재의 허용한도 (작업발판 설치 및 사용안전 지침)

- 옹이, 갈라짐, 부식 및 변형 등이 없는 것으로 강도상의 결점이 적어야 한다.
- 결점이 판면의 중앙에 있을 경우에는 개개의 크기가 발판 폭의 1/5을 초과 하지 않아야 한다.
- 결점이 발판의 갓면에 있을 경우에는 발판 두께의 1/2을 초과하지 않아야 한다.
- 결점이 발판이 폭과 동일한 길이 내에 있는 결점지수의 총합이 발판 폭의 1/4을 초과하지 않아야 한다.
- 발판단부의 갈라진 길이는 발판 폭의 1/2을 초과하여서는 아니 되며 갈라진 부분이 1/2 이하인 경우에는 철선 또는 띠철로 감아 사용해야 한다.

97 다음은 산업안전보건법령에 따른 작업장에서의 투하설비 등에 관한 사항이다. 빈칸에 들어갈 내용으로 옳은 것은?

> 사업주는 높이가 (   )미터 이상인 장소로부터 물체를 투하하는 경우 적당한 투하설비를 설치하거나 감시인을 배치하는 등 위험을 방지하기 위하여 필요한 조치를 하여야 한다.

① 2　　　　　　　　　　　　　　② 3
③ 5　　　　　　　　　　　　　　④ 10

 해설

산업안전보건기준에 관한 규칙 제15조(투하설비 등) 사업주는 높이가 3미터 이상인 장소로부터 물체를 투하하는 경우 적당한 투하설비를 설치하거나 감시인을 배치하는 등 위험을 방지하기 위하여 필요한 조치를 하여야 한다.

98 철골용접 작업자의 전격 방지를 위한 주의사항으로 옳지 않은 것은?

① 보호구와 복장을 구비하고, 기름기가 묻었거나 젖은 것은 착용하지 않을 것
② 작업중지의 경우에는 스위피를 떼어 놓을 것
③ 개로전압이 높은 교류 용접기를 사용할 것
④ 좁은 장소에서의 작업에서는 신체를 노출시키지 않을 것

 해설

개로전압은 아크용접 시 아크를 발생시키기 전의 2차회로에 걸린 단자 사이의 전압을 말하며 무부하전압과 같다. 참고로 교류아크 용접기의 자동전격방지기는 2차 무부하전압을 자동적으로 안전전압인 25V 이하로 저하시킴으로써 전격재해를 방지한다.

99 층고가 높은 슬래브 거푸집 하부에 적용하는 무지주 공법이 아닌 것은?

① 보우빔(bow beam)
② 철근일체형 데크플레이트(deck plate)
③ 페코빔(pecco beam)
④ 솔져시스템(soldier system)

 해설

솔져시스템(soldier system)은 건문 지하 터파기 공사 후 벽면에 콘트리트 타설 시 유로폼을 설치 후 지지해주는 지지공법으로 합벽지지대라 한다. 이러한 솔져시스템은 안전성이 우수하고, 거푸집 자재의 손실이 없으며, 해체 후 마감 공정이 필요 없고, 공기가 단축되는 등의 장점이 있다.

100 도심지에서 주변에 주요시설물이 있을 때 침하와 변위를 적게 할 수 있는 가장 적당한 흙막이 공법은?

① 동결공법　　　　　　　　　　② 샌드드레인공법
③ 지하연속벽공법　　　　　　　④ 뉴매틱케이슨공법

해설

지하연속벽식(Slurry wall)

- 안정액을 사용하여 지반붕괴를 방지하면서 굴착하여 그 속에 철근망과 콘크리트를 넣어 연속으로 콘크리트 흙막이벽을 설치하는 공법이다.
- 차수성이 높으며, 인접 건물에 근접 시공이 가능하다.
- 벽체의 강성이 높아 본 구조체로 사용 가능하다.

정답 **2018년 03월 04일 최근 기출문제**

01 ①	02 ①	03 ①	04 ③	05 ①	06 ③	07 ③	08 ④	09 ②	10 ④
11 ④	12 ④	13 ②	14 ①	15 ③	16 ④	17 ②	18 ④	19 ①	20 ②
21 ②	22 ②	23 ①	24 ③	25 ①	26 ①	27 ②	28 ③	29 ④	30 ④
31 ①	32 ③	33 ③	34 ②	35 ④	36 ④	37 ②	38 ③	39 ④	40 ③
41 ④	42 ②	43 ④	44 ②	45 ④	46 ④	47 ③	48 ④	49 ①	50 ①
51 ③	52 ③	53 ②	54 ③	55 ①	56 ①	57 ③	58 ④	59 ②	60 ②
61 ②	62 ③	63 ②	64 ③	65 ③	66 ④	67 ①	68 ③	69 ④	70 ④
71 ③	72 ②	73 ③	74 ①	75 ②	76 ①	77 ②	78 ①	79 ④	80 ①
81 ④	82 ③	83 ②	84 ②	85 ④	86 ①	87 ②	88 ④	89 ②	90 ④
91 ③	92 ①	93 ①	94 ③	95 ①	96 ③	97 ②	98 ③	99 ④	100 ③

01 안전모의 시험성능기준 항목이 아닌 것은?

① 내관통성
② 충격흡수성
③ 내구성
④ 난연성

안전모의 시험성능기준 (보호구 안전인증 고시 별표 1)

항목	시험성능기준
내관통성	AE, ABE종 안전모는 관통거리가 9.5mm 이하이고, AB종 안전모는 관통거리가 11.1mm 이하이어야 한다.
충격흡수성	최고전달충격력이 4,450N을 초과해서는 안되며, 모체와 착장체의 기능이 상실되지 않아야 한다.
내전압성	AE, ABE종 안전모는 교류 20kV 에서 1분간 절연파괴 없이 견뎌야 하고, 이때 누설되는 충전전류는 10mA 이하이어야 한다.
내수성	AE, ABE종 안전모는 질량증가율이 1% 미만이어야 한다. ※ 질량증가율(%) = $\dfrac{\text{담근 후의 질량} - \text{담그기 전의 질량}}{\text{담그기 전의 질량} \times 100}$
난연성	모체가 불꽃을 내며 5초 이상 연소되지 않아야 한다.
턱끈풀림	150N 이상 250N 이하에서 턱끈이 풀려야 한다.

02 산업안전보건법령상 안전보건표지의 색채, 색도기준 및 용도 중 다음 (   ) 안에 알맞은 것은?

색채	색도기준	용도	사용례
( )	5Y 8.5/12	경고	화학물질 취급 장소에서의 유해 · 위험경고 이외의 위험경고, 주의표지 또는 기계방호물

① 파란색 ② 노란색
③ 빨간색 ④ 검은색

안전보건표지의 색도기준 및 용도(산업안전보건법 시행규칙 별표 8)

색채	색도기준	용도	사용례
빨간색	7.5R 4/14	금지	정지신호, 소화설비 및 그 장소, 유해행위의 금지
		경고	화학물질 취급장소에서의 유해 · 위험 경고
노란색	5Y 8.5/12	경고	화학물질 취급장소에서의 유해 · 위험 경고 이외의 위험 경고, 주의표지 또는 기계방호물
파란색	2.5PB 4/10	지시	특정 행위의 지시 및 사실의 고지
녹색	2.5G 4/10	안내	비상구 및 피난소 사람 또는 차량의 통행 표시
흰색	N9.5	–	파란색 또는 녹색에 대한 보조색
검은색	N0.5	–	문자 및 빨간색 또는 노란색에 대한 보조색

03 모랄 서베이(Morale Survey)의 효용이 아닌 것은?

① 조직 또는 구성원의 성과를 비교 · 분석한다.
② 종업원의 정화(Catharsis)작용을 촉진시킨다.
③ 경영관리를 개선하는 자료를 얻는다.
④ 근로자의 심리 또는 욕구를 파악하여 불만을 해소하고, 노동의욕을 높인다.

모랄 서베이(Morale Survey)

• 모랄 서베이의 개요
 – 종업원의 근로 의욕 · 태도 등에 대한 측정을 하는 것으로 사기조사(士氣調査) 또는 태도조사라고도 한다.
 – 일반적인 사기조사의 방법은 주로 질문지나 면접에 의한 태도(또는 의견)조사가 중심을 이룬다.
• 모랄 서베이의 주요방법
 – 통계에 의한 방법 : 사고 상해율, 생산고, 결근, 지각, 조퇴, 이직 등을 분석하여 파악하는 방법
 – 사례연구법 : 경영 관리상의 여러 가지 제도에 나타나는 사례에 대해 케이스 스터디(Case Study)로서 현상을 파악하는 방법
 – 관찰법 : 종업원의 근무 실태를 계속 관찰함으로서 문제점을 찾아내는 방법
 – 실험연구법 : 실험그룹(Test group)과 통제그룹(Control Group)으로 나누고 정황, 자극을 주어 태도 변화 여부를 조사하는 방법
 – 태도조사법(의견조사) : 질문지법, 면접법, 집단토의법, 투사법(Projective Technique)등에 의해 의견을 조사하는 방법

04 내전압용절연장갑의 성능기준상 최대사용 전압에 따른 절연장갑의 구분 중 00등급의 색상으로 옳은 것은?

① 노란색
② 흰색
③ 녹색
④ 갈색

절연장갑의 등급 및 표시

등급	최대사용전압		등급별색상
	교류(V, 실효값)	직류(V)	
00	500	750	갈색
0	1,000	1,500	빨간색
1	7,500	11,250	흰색
2	17,000	25,500	노란색
3	26,500	39,750	녹색
4	36,000	54,000	등색

05 재해율 중 재직 근로자 1,000명 당 1년간 발생하는 재해자 수를 나타내는 것은?

① 연천인율
② 도수율
③ 강도율
④ 종합재해지수

- 연천인율(年千人率) : 근로자 1000인당 1년간 발생하는 사상자수

$$연천인율 = \frac{사상자수}{연평균 \ 근로자수} \times 1000 \times 1000$$

- 도수율(Fregueency Rate of Injury, FR) : 산업재해의 발생빈도를 나타내는 것으로, 연 근로시간 합계 100만 시간당의 재해 발생건수

$$도수율 = \frac{재해건수}{연간 \ 총근로시간} \times 10^6$$

- 강도율(Severity Rate of Iniury, SR) : 재해의 경중, 강도를 나타내는 척도로 연 근로시간 1000시간당 재해에 의해서 잃어버린 일수

$$강도율 = \frac{근로손실일수}{연간 \ 총근로시간} \times 1000$$

- 종합재해지수(도수강도치 : F. S. I)

06 산업재해에 있어 인명이나 물적 등 일체의 피해가 없는 사고를 무엇이라고 하는가?

① Near Accident
② Good Accident
③ True Accident
④ Original Accident

용어의 정의

- 안전사고 : 고의성이 없는 어떤 불안전한 행동이나 조건이 선행되어 발생하는 사고
- 재해(Loss, Calamity) : 안전사고의 결과로 일어난 인명피해 및 재산의 손실
- 무재해 사고(Near Accident, 아차사고) : 인명이나 물적 등 일체의 피해가 없는 사고

07 보호구 안전인증 고시에 따른 안전화의 정의 중 다음 ( ) 안에 알맞은 것은?

> 경작업용 안전화란 (㉠) mm의 낙하높이에서 시험했을 때 충격과 (㉡ ±0.1) kN의 압축하중에서 시험했을 때 압박에 대하여 보호해 줄 수 있는 선심을 부착하여, 착용자를 보호하기 위한 안전화를 말한다.

① ㉠ 500, ㉡ 10.0
② ㉠ 250, ㉡ 10.0
③ ㉠ 500, ㉡ 4.4
④ ㉠ 250, ㉡ 4.4

안전화의 종류 및 정의(보호구 안전인증 고시 제5조)
• 중작업용 안전화 : 1,000mm의 낙하높이에서 시험했을 때 충격과 (15.0 ±0.1)킬로뉴턴(KN)의 압축하중에서 시험했을 때 압박에 대하여 보호해 줄 수 있는 선심을 부착하여, 착용자를 보호하기 위한 안전화를 말한다.
• 보통작업용 안전화 : 500mm의 낙하높이에서 시험했을 때 충격과 (10.0 ±0.1)킬로뉴턴(KN)의 압축하중에서 시험했을 때 압박에 대하여 보호해 줄 수 있는 선심을 부착하여, 착용자를 보호하기 위한 안전화를 말한다.
• 경작업용 안전화 : 250mm의 낙하높이에서 시험했을 때 충격과 (4.4 ±0.1)킬로뉴턴(KN)의 압축하중에서 시험했을 때 압박에 대하여 보호해 줄 수 있는 선심을 부착하여, 착용자를 보호하기 위한 안전화를 말한다.

08 안전교육 방법 중 TWI의 교육과정이 아닌 것은?

① 작업지도 훈련
② 인간관계 훈련
③ 정책수립훈련
④ 작업방법훈련

TWI(Training Within Industry)
• 교육대상 : 감독자
• 교육방법 : 한 클래스(Class)는 10명 정도, 교육 방법은 토의법, 1일 2시간씩 5일에 걸쳐 10시간 정도
• 교육내용
 – JI(Job Instruction) : 작업지도 기법
 – JM(Job Method) : 작업개선 기법
 – JR(Job Relation) : 인간관계 관리기법
 – JS(Job Safety) : 작업안전 기법

09 안전교육 훈련의기법 중 하버드 학파의 5단계교수법을 순서대로 나열한 것으로 옳은 것은?

① 총괄 → 연합 → 준비 → 교시 → 응용
② 준비 → 교시 → 연합 → 총괄 → 응용
③ 교시 → 준비 → 연합 → 응용 → 총괄
④ 응용 → 연합 → 교시 → 준비 → 총괄

하버드 학파의 5단계 교수법 : 준비(Preparation) → 교시(Presentation) → 연합(Association) → 총괄(Generalization) → 응용(Application)

10 점검시기에 의한 안전점검의 분류에 해당하지 않는 것은?

① 성능점검   ② 정기점검
③ 임시점검   ④ 특별점검

안전점검의 종류

- 수시점검 : 작업전 · 중 · 후에 실시하는 점검
- 정기점검 : 일정기간마다 정기적으로 실시하는 점검
- 특별점검
    - 기계 · 기구 · 설비의 신설시 · 변경 내지 고장수리시 실시하는 점검
    - 천재지변 발생 후 실시하는 점검
    - 안전강조 기간내에 실시하는 점검
- 임시점검 : 이상 발견시 임시로 실시하는 점검, 정기점검과 정기점검 사이에 실시하는 점검

11 착오의 요인 중 인지과정의 착오에 해당하지 않는 것은?

① 정서불안정   ② 감각차단현상
③ 정보부족   ④ 생리 · 심리적 능력의 한계

착오요인 (대뇌의 Human Error)

- 인지과정 착오 : 생리 · 심리적 능력의 한계, 정보량 저장능력의 한계, 감각차단 현상(단조로운 업무, 반복작업), 정서 불안정(공포, 불안, 불만)
- 판단과정 착오 : 능력 부족, 정보 부족, 자기 합리화, 자기기술 과신, 환경조건의 불비(不備)
- 조치과정 착오 : 작업자 기능 미숙, 작업경험 부족, 피로

12 산업안전보건법령상 안전관리자가 수행하여야 할 업무가 아닌 것은?(단, 그 밖에 안전에 관한 사항으로서 고용노동부장관이 정하는 사항은 제외한다.)

① 위험성평가에 관한 보좌 및 조언 · 지도
② 물질안전보건자료의 게시 또는 비치에 관한 보좌 및 조언 · 지도
③ 사업장 순회점검 · 지도 및 조치의 건의
④ 산업계해에 관한 통계의 유지 · 관리 · 분석을 위한 보좌 및 조언 · 지도

안전관리자의 업무(산업안전보건법 시행령 제18조)

- 산업안전보건위원회 또는 안전 및 보건에 관한 노사협의체에서 심의 · 의결한 업무와 해당 사업장의 안전보건관리규정 및 취업규칙에서 정한 업무
- 위험성평가에 관한 보좌 및 지도 · 조언
- 안전인증대상기계등과 자율안전확인대상기계등 구입 시 적격품의 선정에 관한 보좌 및 지도 · 조언
- 해당 사업장 안전교육계획의 수립 및 안전교육 실시에 관한 보좌 및 조언 · 지도
- 사업장 순회점검 · 지도 및 조치의 건의
- 산업재해 발생의 원인 조사 · 분석 및 재발 방지를 위한 기술적 보좌 및 조언 · 지도
- 산업재해에 관한 통계의 유지 · 관리 · 분석을 위한 보좌 및 조언 · 지도
- 법 또는 법에 따른 명령으로 정한 안전에 관한 사항의 이행에 관한 보좌 및 조언 · 지도

- 업무수행 내용의 기록·유지
- 그 밖에 안전에 관한 사항으로서 고용노동부장관이 정하는 사항

13 지난 한 해 동안 산업재해로 인하여 직접손실비용이 3조 1600억원이 발생한 경우의 총재해코스트는?(단, 하인리히의 재해 손실비 평가방식을 적용한다.)

① 6조 3200억원   ② 9조 4800억원

③ 12조 6400억원   ④ 15조 8000억원

하인리히(H.W. Heinrich) 방식

총재해손실비(Cost) = 직접비 + 간접비(직접비 : 간접비 = 1 : 4)

∴ 총재해손실비(Cost) = 3조 1600억원 + (3조 1600억원 × 4) = 15조 8000억원

14 근로자가 작업대 위에서 전기공사 작업 중 감전에 의하여 지면으로 떨어져 다리에 골절상해를 입은 경우의 기인물과 가해물로 옳은 것은?

① 기인물—작업대, 가해물—지면   ② 기인물—전기, 가해물—지면

③ 기인물—지면, 가해물—전기   ④ 기인물—작업대, 가해물—전기

기인물과 가해물

- 기인물 : 불안전한 상태에 있는 물체(환경 포함)
- 가해물 : 직접 사람에게 접촉되어 위해를 가한 물체

15 산업안전보건법령상 근로자 안전보건교육 중 채용시의 교육 및 작업내용 변경시의 교육 사항으로 옳은 것은?

① 물질안전보건자료에 관한 사항

② 건강증진 및 질병 예방에 관한 사항

③ 유해·위험 작업환경 관리에 관한 사항

④ 표준안전작업방법 및 지도 요령에 관한 사항

근로자 채용 시 교육 및 작업내용 변경 시 교육(산업안전보건법 시행규칙 별표 5)

- 산업안전 및 산업재해 예방에 관한 사항(화재·폭발 사고 발생 시 대피에 관한 사항 포함)
- 산업보건 및 건강장해 예방에 관한 사항
- 위험성 평가에 관한 사항
- 산업안전보건법령 및 산업재해보상보험 제도에 관한 사항
- 직무스트레스 예방 및 관리에 관한 사항
- 직장 내 괴롭힘, 고객의 폭언 등으로 인한 건강장해 예방 및 관리에 관한 사항
- 기계·기구의 위험성과 작업의 순서 및 동선에 관한 사항
- 작업 개시 전 점검에 관한 사항
- 정리정돈 및 청소에 관한 사항
- 사고 발생 시 긴급조치에 관한 사항
- 물질안전보건자료에 관한 사항

16 파블로프(Pavlov)의 조건반사설에 의한 학습이론의 원리에 해당되지 않는 것은?

① 일관성의 원리　　　　　　　　② 시간의 원리
③ 강도의 원리　　　　　　　　　④ 준비성의 원리

조건반사설에 의한 학습이론의 원리
- 시간의 원리 : 조건자극(종소리)이 무조건자극(음식물)보다 시간적으로 동시 또는 조금 앞서서 주어야만 조건화 즉 강화가 잘 된다.
- 강도의 원리 : 조건반사적인 행동이 이루어지려면 먼저 준 자극의 정도에 비해 적어도 같거나 보다 강한 자극을 주어야 바람직한 결과를 얻을 수 있다.
- 일관성의 원리 : 조건자극은 일관된 자극물을 사용하여야 한다.
- 계속성의 원리 : 자극과 반응과의 관계를 반복하여 회수를 거듭할수록 조건화가 잘 형성된다.

17 부주의 현상 중 의식의 우회에 대한 예방대책으로 옳은 것은?

① 안전교육　　　　　　　　　　② 표준작업제도 도입
③ 상담　　　　　　　　　　　　④ 적성배치

부주의 발생원인 및 대책
- 외적 원인 및 대책
  - 작업, 환경조건 불량 : 환경정비
  - 작업순서의 부적당 : 작업순서정비
- 내적 조건 및 대책
  - 소질적 조건 : 적정 배치
  - 의식의 우회 : 상담(Counseling)
  - 경험, 미경험 : 교육

18 인간관계의 메커니즘 중 다른 사람으로부터의 판단이나 행동을 무비판적으로 논리적, 사실적 근거 없이 받아들이는 것은?

① 모방(imitation)　　　　　　　② 투사(projection)
③ 동일화(identification)　　　　　④ 암시(suggestion)

인간관계의 메커니즘(Mechanism)
- 동일화(Identification) : 다른 사람의 행동 양식이나 태도를 투입시키거나, 다른 사람 가운데서 자기와 비슷한 것을 발견하는 것
- 투사(投射, Projection) : 자기 속의 억압된 것을 다른 사람의 것으로 생각하는 것을 투사(또는 투출)라고 함
- 커뮤니케이션(Communication) : 갖가지 행동 양식이나 기호를 매개로 하여 어떤 사람으로부터 다른 사람에게 전달되는 과정
- 모방(Imitation) : 남의 행동이나 판단을 표본으로 하여 그것과 같거나 또는 그것에 가까운 행동 또는 판단을 취하려는 것
- 암시(Suggestion) : 다른 사람으로부터의 판단이나 행동을 무비판적으로 논리적, 사실적 근거 없이 받아들이는 것

19 산업안전보건법령상 특별교육 대상 작업별 교육내용 중 밀폐공간에서의 작업별 교육내용이 아닌 것은?(단, 그 밖에 안전·보건관리에 필요한 사항은 제외한다.)

① 산소농도 측정 및 작업환경에 관한 사항
② 유해물질의 인체에 미치는 영향
③ 보호구 착용 및 사용방법에 관한 사항
④ 사고 시의 응급처치 및 비상시 구출에 관한 사항

 해설

밀폐공간에서의 작업 시 교육내용(산업안전보건법 시행규칙 별표 5)
• 산소농도 측정 및 작업환경에 관한 사항
• 사고 시의 응급처치 및 비상시 구출에 관한 사항
• 보호구 착용 및 사용방법에 관한 사항
• 밀폐공간작업의 안전작업방법에 관한 사항
• 그 밖에 안전·보건관리에 필요한 사항

20 매슬로우(Maslow)의 욕구단계 이론 중 제5단계 욕구로 옳은 것은?

① 안전에 대한 욕구
② 자아실현의 욕구
③ 사회적(애정적) 욕구
④ 존경과 긍지에 대한 욕구

 해설

매슬로우(Abraham H. Maslow)의 욕구 5단계
• 1단계 : 생리적 욕구(기아, 갈증, 호흡, 배설, 성욕 등)
• 2단계 : 안전의 욕구(안전을 구하고자 하는 욕구)
• 3단계 : 사회적 욕구(애정, 소속에 대한 욕구)
• 4단계 : 인정받으려는 욕구(자존심, 명예, 성취, 지위에 대한 욕구)
• 5단계 : 자아실현의 욕구(잠재적인 능력을 실현하고자 하는 욕구)

제 **02** 과목 · · · **인간공학 및 시스템안전공학**

---

21 건습지수로서 습구온도와 건구온도의 가중평균치를 나타내는 Oxford지수의 공식으로 맞는 것은?

① WD=0.65WB+0.35DB
② WD=0.75WB+0.25DB
③ WD=0.85WB+0.15DB
④ WD=0.95WB+0.05DB

 해설

옥스포드(Oxford) 지수
• WD(습건) 지수라고도 하며, 습구, 건구 온도의 가중(加重)평균치
• WD = 0.85W(습구 온도) + 0.15D(건구 온도)

22 체계분석 및 설계에 있어서 인간공학적 노력의 효능을 산정하는 척도의 기준에 포함되지 않는 것은?

① 성능의 향상   ② 훈련비용의 절감
③ 인력 이용률의 저하   ④ 생산 및 보전의 경제성 향상

인간공학의 효과
- 인력 이용율의 향상
- 사고 및 오용으로부터의 손실감소
- 생산 및 유지정비의 경제성 증대
- 훈련비용의 절감
- 성능의 향상
- 사용자의 수용도 향상

23 시스템의 정의에 포함되는 조건 중 틀린 것은?

① 제약된 조건 없이 수행
② 요소의 집합에 의해 구성
③ 시스템 상호간에 관계를 유지
④ 어떤 목적을 위하여 작용하는 집합체

시스템이란 요소의 집합에 의해 구성되고, 시스템 상호간에 관계를 유지하면서, 정해진 조건 아래에서 어떤 목적을 위하여 작용하는 집합체를 의미한다.

24 인간의 눈에서 빛이 가장 먼저 접촉하는 부분은?

① 각막   ② 망막
③ 초자체   ④ 수정체

각막(cornea)은 안구 앞쪽 표면에 있는 투명하고 혈관이 없는 조직으로 흔히 검은자위라고 하는 부분이다. 각막은 눈을 외부로부터 보호할 뿐만 아니라 빛을 통과, 굴절시켜 볼 수 있게 해 준다.

25 그림과 같은 시스템에서 전체 시스템의 신뢰도는 얼마인가?(단, 네모 안의 숫자는 각 부품의 신뢰도이다.)

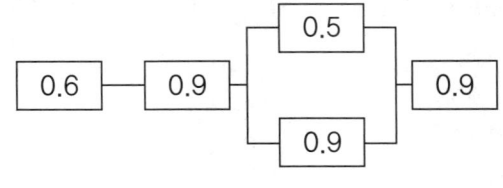

① 0.4104   ② 0.4617
③ 0.6314   ④ 0.6804

$R = 0.6 \times 0.9 \times [1 - (1 - 0.5)(1 - 0.9)] \times 0.9 = 0.461$

26 반경 10cm의 조종구(ball control)를 30° 움직였을 때, 표시장치가 2cm 이동하였다면 통제표시비(C/R 비)는 약 얼마인가?

① 1.3　　　　　　　　　　　　　　② 2.6
③ 5.2　　　　　　　　　　　　　　④ 7.8

$$C/R비 = \frac{\frac{\alpha}{360} \times 2\pi L}{\text{표시계기의 이동거리}} = \frac{\frac{30}{360} \times 2 \times 3.14 \times 20}{2} = 2.617$$

27 결함수분석법에서 일정 조합 안에 포함되어 있는 기본사상들이 모두 발생하지 않으면 틀림없이 정상사상(top event)이 발생되지 않는 조합을 무엇이라고 하는가?

① 컷셋(cut set)
② 패스셋(path set)
③ 결함수셋(fault tree set)
④ 부울대수(boolean algebra)

• 패스셋(path sets) : 시스템이 고장 나지 않도록 하는 사상의 조합(정상사상이 발생하지 않게 하는 기본사상들의 집합)
• 최소 패스셋(minimal path sets) : 시스템이 고장 나지 않도록 하는 최소한의 패스셋으로 어떤 고장이나 패스를 일으키지 않으면 재해는 일어나지 않는다는 것 즉, 시스템의 신뢰성을 나타내는 것

28 인간이 기대하는 바와 자극 또는 반응들이 일치하는 관계를 무엇이라 하는가?

① 관련성　　　　　　　　　　　② 반응성
③ 양립성　　　　　　　　　　　④ 자극성

양립성(Compatibility)

• 개념적 정의 : 정보입력 및 처리와 관련한 양립성은 인간의 기대와 모순되지 않는 자극들간, 반응들 간의 또는 자극반응 조합의 관계를 말하는 것
• 양립성의 구분
　－ 공간적 양립성 : 표시장치가 조종장치에서 물리적 형태나 공간적인 배치의 양립성
　－ 운동 양립성 : 표시 및 조종장치, 체계반응의 운동 방향의 양립성
　－ 개념적 양립성 : 사람들이 가지고 있는 개념적 연상(어떤 암호체계에서 청색이 정상을 나타내듯이)의 양립성
　－ 양식 양립성 : 기계가 특정 음성에 대해 정해진 반응을 하는 것과 같이 직무에 알맞은 자극과 응답 양식의 존재에 대한 양립성

29 휴먼 에러의 배후 요소 중 작업방법, 작업순서, 작업정보, 작업환경과 가장 관련이 깊은 것은?

① man　　　　　　　　　　　② machine
③ media　　　　　　　　　　④ management

인간 과오의 배후요인 4요소(4M)

- 맨(Man) : 본인 이외의 사람
- 머신(Machine) : 장치나 기기 등의 물적 요인
- 미디어(Media) : 인간과 기계를 잇는 매체란 뜻으로 작업의 방법이나 순서, 작업정보의 실태나 환경과의 관계, 정리정돈
- 매너지먼트(Management) : 안전법규의 준수방법, 단속, 점검 관리 외에 지휘감독, 교육훈련

30 FTA에서 어떤 고장이나 실수를 일으키지 않으면 정상사상(top event)은 일어나지 않는다고 하는 것으로 시스템의 신뢰성을 표시하는 것은?

① cut set
② minimal cut set
③ free event
④ minimal path set

컷과 패스

- 컷셋(cut sets) : 그 속에 포함되어 있는 모든 기본사상(통상, 생략, 결함사상을 포함)이 일어났을 때 정상사상(top event)을 일으키는 기본사상의 집합
- 최소 컷셋(minimal cut sets) : 컷셋 중 그 부분집합만으로는 정상사상을 일으키는 일이 없는 것, 즉 정상사상(top event)을 일으키기 위한 최소한의 컷셋으로 어떤 고장이나 에러를 일으키면 재해가 일어나는가 하는 것 즉, 시스템의 위험성(역으로는 안전성)를 나타내는 것
- 패스셋(path sets) : 시스템이 고장 나지 않도록 하는 사상의 조합
- 최소 패스셋(minimal path sets) : 시스템이 고장 나지 않도록 하는 최소한의 패스셋으로 어떤 고장이나 패스를 일으키지 않으면 재해는 일어나지 않는다는 것 즉, 시스템의 신뢰성을 나타내는 것

31 FT도에 사용되는 기호 중 "전이기호"를 나타내는 기호는?

①
②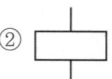
③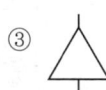
④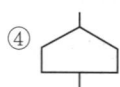

FTA 도표에 사용하는 논리기호

명칭	기호	명칭	기호
결함사상	▭	전이 기호 (이행 기호)	△(in)　△(out)
기본사상	○	AND gate	출력／입력

| 생략사상
(추적 불가능한 최후사상) | ◇ | OR gate | 출력
⌢
입력 |
| 통상사상
(家刑事像) | ⌂ | 수정기호 조건 | 출력
⬡─(조건)
입력 |

32 소음성 난청 유소견자로 판정하는 구분을 나타내는 것은?

① A
② C
③ D₁
④ D₂

소음성 난청
- 소음성 난청 유발작업 : 1일 8시간 작업을 기준으로 85dB 이상의 소음이 발생하는 작업
- 소음성 난청 판정기준
  - C₁(요관찰자) : 직업력상 소음노출에 의한 것으로 추정되며 D₁에 해당되지 않고 1,000과 4,000Hz에서 각각 30, 40dB 이상의 청력손실을 보일 때
  - D₁(유소견자) : 직업력상 소음노출에 의한 것으로 추정되며 4,000Hz에서 50dB 이상의 청력손실이 인정되고 삼분법 (500, 1000, 2000Hz)에 대한 청력손실이 평균 30dB 이상일 경우

33 작업기억(working memory)에서 일어나는 정보코드화에 속하지 않는 것은?

① 의미 코드화
② 음성 코드화
③ 시각 코드화
④ 다차원 코드화

작업기억(working memory)이란 정보들을 일시적으로 보유하고, 각종 인지적 과정을 계획하고 순서지으며 실제로 수행하는 작업장으로서의 기능을 수행하는 단기적 기억을 말한다. 이러한 작업기억에 들어가는 정보는 시각적, 청각적으로 부호화(코드화)되가가 나중에는 언어 의미적 부호로 변화된다.

34 Chapanis의 위험수준에 의한 위험발생률 분석에 대한 설명으로 맞는 것은?

① 자주 발생하는(frequent) $> 10^{-3}$/day
② 가끔 발생하는(occasional) $> 10^{-5}$/day
③ 거의 발생하지 않는(remote) $> 10^{-6}$/day
④ 극히 발생하지 않는(impossible) $> 10^{-8}$/day

Chapanis의 위험발생률 분석

확률 수준	발생 빈도(frequency of occurrence)
극히 발생하지 않는(impossible)	$> 10^{-8}/day$
매우 가능성이 없는(extremely unlikely)	$> 10^{-6}/day$
거의 발생하지 않는(remote)	$> 10^{-5}/day$
가끔 발생하는(occasional)	$> 10^{-4}/day$
가능성이 있는(reasonably probable)	$> 10^{-3}/day$
자주 발생하는(frequent)	$> 10^{-2}/day$

35 인체에서 뼈의 주요 기능으로 볼 수 없는 것은?

① 대사작용
② 신체의 지지
③ 조혈작용
④ 장기의 보호

뼈의 역할 및 기능
- 역할 : 신체 중요부분(장기 등) 보호, 신체의 지지 및 형상유지, 신체활동수행
- 기능 : 혈구세포를 만드는 조혈기능, 칼슘·인 등의 무기질 저장 및 공급기능

36 설비의 위험을 예방하기 위한 안전성 평가 단계 중 가장 마지막에 해당하는 것은?

① 재평가
③ 안전대책
② 정성적 평가
④ 정량적 평가

안전성 평가의 5단계
- 제1단계 : 관계자료의 작성준비
- 제3단계 : 정량적 평가
- 제5단계 : 재평가
- 제2단계 : 정성적 평가
- 제4단계 : 안전대책

37 윤활관리시스템에서 준수해야하는 4가지 원칙이 아닌 것은?

① 적정량 준수
② 다양한 윤활제의 혼합
③ 올바른 윤활법의 선택
④ 윤활기간의 올바른 준수

윤활유의 성질이 다르므로 적합한 윤활유를 사용하여야 한다.

38 인간공학적인 의자설계를 위한 일반적 원칙으로 적절하지 않은 것은?

① 척추의 허리부분은 요부 전만을 유지한다.
② 허리 강화를 위하여 쿠션은 설치하지 않는다.
③ 좌판의 앞모서리 부분은 5cm 정도 낮아야 한다.
④ 좌판과 등받이 사이의 각도는 90~105°를 유지하도록 한다.

의자 설계원칙

• 체중분포 : 체중이 좌골 결절에 실려야 편안함
• 의자 좌판의 높이 : 좌판 앞부분이 오금 높이 보다 높지 않아야 함
• 의자 좌판의 깊이와 폭 : 폭은 큰 사람에게, 깊이는 작은 사람에게 맞도록 해야 함
• 몸통의 안정 : 의자의 좌판 각도는 3°, 좌판 등판간의 등판각도는 100°가 몸통 안정에 효과적
• 등받이 폭은 최소 30.5cm 이상
• 등받이 높이는 최소 50cm 이상
• 의자의 좌판과 등받이 각도는 90~105°로 유지(최대 120°)
• 요부받침의 높이는 15.2~22.9cm, 폭은 30.5cm, 두께는 등받이로부터 5cm 정도로 함.
• 요부전만을 유지하고, 좌판의 앞모서리는 부분은 5cm 정도 낮게 설계

39 정보를 전송하기 위해 청각적 표시장치를 사용해야 효과적인 경우는?

① 전언이 복잡할 경우
② 전언이 후에 재참조될 경우
③ 전언이 공간적인 위치를 다룰 경우
④ 전언이 즉각적인 행동을 요구할 경우

청각장치와 시각장치의 선택 (특정 감각의 선택)

구분	청각장치 사용	시각장치 사용
전언	• 전언이 간단하고 짧다.	• 전언이 복잡하고 길다.
재참조	• 전언이 후에 재참조 되지 않는다.	• 전언이 후에 재참조 된다.
사상(Eevent)	• 전언이 즉각적인 사상을 이룬다.	• 전언이 공간적인 위치를 다룬다.
행동 요구	• 전언이 즉각적인 행동을 요구한다.	• 전언이 즉각적인 행동을 요구하지 않는다.
사용시기	• 수신자의 시각계통이 과부하 상태일 때 • 수신 장소가 너무 밝거나 암조응 유지가 필요할 때 • 직무상 수신자가 자주 움직이는 경우	• 수신자가 청각계통이 과부하 상태일 때 • 수신 장소가 너무 시끄러울 때 • 직무상 수신자가 한곳에 머무르는 경우

40 단위 면적당 표면을 떠나는 빛의 양을 설명한 것으로 맞는 것은?

① 휘도
② 조도
③ 광도
④ 반사율

단위 면적당 표면에서 반사 또는 방출되는 빛의 양을 광속발산도라 하며, 이 척도를 때로는 휘도(Brightness)라고도 한다.

41 다음 중 콘크리트 타설 공사와 관련된 장비가 아닌 것은?

① 피니셔(Finisher)
② 진동기(Vibrator)
③ 콘크리트 분배기(concrete distributor)
④ 항타기(Air hammer)

에어해머(Air hammer)

- 증기해머와 같은 원리를 이용하는 기동해머로 압축공기를 작동유체로 사용한다.
- 뉴매틱해머(pneumatic hammer)라고도 부르며, 주로 대규모 공사에 사용하는 항타 및 항발기이다.

42 대상지역의 지반특성을 규명하기 위하여 실시하는 사운딩시험에 해당되는 것은?

① 함수비시험
② 액성한계시험
③ 표준관입시험
④ 1축 압축시험

표준관입시험

- 사질지반의 상대밀도 등 토질조사 시 신뢰성이 높다.
- 63.5kg의 추를 76cm 높이에서 떨어뜨려 30cm 관입시킬 때의 타격회수(N)를 측정하여 흙의 경·연 정도를 판정한다.
- 표준관입시험에서 30cm의 관입에 필요한 타격 횟수(N값이 클수록 밀실한 상태)

N값	지반 상태	N값	지반 상태
0~5	몹시 느슨	10~30	보통
5~10	느슨	50 이상	다진 상태

43 흙막이 공사 후 지표면의 재하 하중에 못 견디어 흙막이 벽의 바깥에 있는 흙이 안으로 밀려 흙파기 저면이 불룩하게 솟아오르는 현상은?

① 히빙 현상
② 보일링 현상
③ 수동토압 파괴 현상
④ 전단 파괴 현상

히빙(Heaving)

- 굴착이 진행됨에 따라 흙막이 벽 뒤쪽 흙의 중량이 굴착부 바닥의 지지력 이상이 되면 흙막이벽 근입(根入) 부분의 지반 이동이 발생하여 굴착부 저면이 솟아오르는 현상을 히빙이라 한다.
- 히빙현상은 주로 연약성 점토 지반인 경우에 발생한다.

44 철골공사에서 쓰이는 내화피복 공법의 종류가 아닌 것은?

① 성형판 붙임공법　　　　　② 뿜칠공법
③ 미장공법　　　　　　　　　④ 나중매입공법

 해설

철골공사 내화피복 공법의 종류

- 습식공법 : 타설공법, 뿜칠공법, 미장공법, 조적공법
- 건식공법(성형판 붙임공법)
- 합성공법 : 이종재료 적층공법, 이질재료 적층공법
- 복합공법

45 VE적용시 일반적으로 원가절감의 가능성이 가장 큰 단계는?

① 기획 설계　　　　　　　　② 공사 착수
③ 공사 중　　　　　　　　　④ 유지관리

 해설

프로젝트의 원가는 기획설계 단계에서 거의 결정되므로 VE는 설계 단계에서 실시하는 것이 효과적이다.

46 독립 기초판(3.0m×3.0m) 하부에 말뚝머리지름이 40cm인 기성콘크리트 말뚝을 9개 시공하려고 할 때 말뚝의 중심간격으로 가장 적당한 것은?

① 110cm　　　　　　　　　② 100cm
③ 90cm　　　　　　　　　　④ 80cm

 해설

말뚝 최소 중심간격

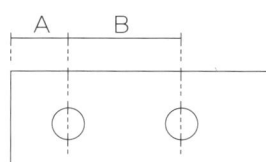

- A : 타입말뚝 1.25D, 현장타설말뚝 1.0D (D는 말뚝 직경)
- B : 2.5D 이상
∴말뚝의 중심간격(B) = 2.5 × 40 = 100cm

47 건설공사 입찰방식 중 공개경쟁입찰의 장점에 속하지 않는 것은?

① 유자격자는 모두 참가할 수 있는 기회를 준다.
② 제한경쟁입찰에 비해 등록사무가 간단하다.
③ 담합의 가능성을 줄인다.
④ 공사비가 절감된다.

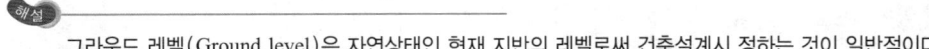

해설

공개경쟁입찰 : 유자격자는 모두 참가할 수 있도록 기회를 주는 입찰방식
- 장점 : 담합의 우려가 적음, 공사비의 절감, 균등한 기회부여
- 단점 : 과대경쟁, 입찰자의 질 저하로 공사 조잡, 입찰사무 복잡

48 건축공사의 착수 시 대지에 설정하는 기준점에 관한 설명으로 옳지 않은 것은?

① 공사 중 건축물 각 부위의 높이에 대한 기준을 삼고자 설정하는 것을 말한다.
② 건축물의 그라운드 레벨(Ground level)은 현장에서 공사 착수 시 설정한다.
③ 기준점은 바라보기 좋고, 공사에 지장이 없는 곳에 설정한다.
④ 기준점은 대개 지정 지반면에서 0.5~1m의 위치에 두고 그 높이를 적어둔다.

해설

그라운드 레벨(Ground level)은 자연상태인 현재 지반의 레벨로써 건축설계시 정하는 것이 일반적이다.

49 프리스트레스트 콘크리트를 프리텐션방식으로 프리스트레싱할 때 콘크리트의 압축강도는 최소 얼마 이상 이어야 하는가?

① 15 MPa
② 20 MPa
③ 30 MPa
④ 50 MPa

해설

프리스트레싱을 할 때의 콘크리트의 압축강도는 프리스트레스를 준 직후에 콘크리트에 일어나는 최대압축응력의 1.7배 이상이어야 한다. 또한 프리텐션 방식에 있어서는 300kg/cm²(30 MPa) 이상이어야 한다.

50 기초파기 저면보다 지하수위가 높을 때의 배수공법으로 가장 적합한 것은?

① 웰포인트 공법
② 샌드드레인 공법
③ 언더피닝 공법
④ 페이퍼드레인 공법

해설

웰포인트 공법(well point method)은 1~3m의 간격으로 파이프를 지중에 박아 지하수를 펌프를 통해 배출하는 탈수공법의 한 종류로 사질지반에서 유효하나 인접지반의 침하에 유의하여야 한다.

51 공사계약제도에 관한 설명으로 옳지 않은 것은?

① 일식도급계약제도는 전체 건축공사를 한 도급자에게 도급을 주는 제도이다.
② 분할도급계약제도는 보통 부대설비공사와 일반공사로 나누어 도급을 준다.
③ 공사진행 중 설계변경이 빈번한 경우에는 직영공사제도를 채택한다.
④ 직영공사제도는 근로자의 능률이 상승된다.

직영공사제도의 장·단점

구분	내용
장점	• 도급 공사에 비해 영리를 도외시한 확실한 공사를 할 수 있다. • 계약에 구속되지 않고, 임기응변의 처리가 가능하다. • 발주, 계약 등의 수속이 필요 없다.
단점	• 공사비가 증대될 우려가 있다. • 시공관리 능력이 부족하고, 공사기일도 연장될 우려가 크다. • 재료의 낭비 또는 잉여가 되기 쉽고, 가설재 시공기계의 경제적 효율성이 떨어진다.

52 철근이음의 종류 중 기계적 이음과 가장 거리가 먼 것은?

① 나사식 이음
② 가스압접 이음
③ 충전식 이음
④ 압착식 이음

철근이음의 종류
• 용접 이음 : 가스압점 이음, 아크용접 이음 등
• 겹침 이음
• 기계적 이음 : 나사식 이음, 충전식 이음, 압착식 이음

53 콘크리트 타설 및 다짐에 관한 설명으로 옳은 것은?

① 타설한 콘크리트는 거푸집 안에서 횡방향으로 이동시켜도 좋다.
② 콘크리트 타설은 타설기계로부터 가까운 곳부터 타설한다.
③ 이어치기 기준시간이 경과되면 콜드조인트의 발생 가능성이 높다.
④ 노출콘크리트에는 다짐봉으로 다지는 것이 두드림으로 다지는 것보다 품질관리상 유리하다.

콜드 조인트(Cold Joint)는 시공 과정 중 휴식시간 등으로 응결하기 시작한 콘크리트에 새로운 콘크리트를 이어칠 때 생기는 줄눈이다.

54 기성 콘크리트 말뚝설치 공법 중 진동공법에 관한 설명으로 옳지 않은 것은?

① 정확한 위치에 타입이 가능하다.
② 타입은 물론 인발도 가능하다.
③ 경질지반에서는 충분한 관입깊이를 확보하기 어렵다.
④ 사질지반에서는 진동에 따른 마찰저항의 감소로 인해 관입이 쉽다.

진동에 따른 마찰저항의 감소로 인해 관입이 쉬운 지질은 점토층이다

55 콘크리트의 압축강도를 시험하지 않을 경우 거푸집널의 해체 시기로 옳은 것은?(단, 조강포틀랜드시멘트를 사용한 기둥으로서 평균기온이 20℃ 이상일 경우)

① 2일　　　　　　　　　　　② 3일
③ 4일　　　　　　　　　　　④ 6일

거푸집의 존치기간은 기초, 보옆, 기둥 및 벽의 거푸집널 존치기간은 콘크리트의 압축강도 5N/mm² 이상에 도달한 것이 확인될 때까지로 한다. 다만, 거푸집널 존치기간 중의 평균기온 10℃ 이상인 경우는 콘크리트의 재령이 다음의 표에 나타난 일수 이상 경과하면 압축강도 시험을 하지 않고도 떼어낼 수 있다.

〈기초, 보옆, 기둥 및 벽의 거푸집널 존치기간을 정하기 위한 콘크리트의 재령(일)〉

시멘트의 종류 평균기온	조강포틀랜드 시멘트	보통포틀랜드시멘트 고로슬래그시멘트 특급 포틀랜드포졸란시멘트 A종 플라이애시시멘트 A종	고로슬래그시멘트 1급 포틀랜드포졸란시멘트 B종 플라이애시시멘트 B종
20℃ 이상	2	4	5
20℃ 미만 10℃ 이상	3	6	8

56 공사계획을 수립할 때의 유의사항으로 옳지 않은 것은?

① 마감공사는 구체공사가 끝나는 부분부터 순차적으로 착공하는 것이 좋다.
② 재료입수의 난이, 부품제작 일수, 운반조건 등을 고려하여 발주시기를 조절한다.
③ 방수공사, 도장공사, 미장공사 등과 같은 공정에는 일기를 고려하여 충분한 공기를 확보한다.
④ 공사 전반에 쓰이는 모든 시공장비는 착공 개시 전에 현장에 반입되도록 조치해야 한다.

공사 전반에 쓰이는 시공장비는 해당 공사의 개시 전에 현장에 반입되도록 조치해야 한다.

57 철골공사에서 용접을 할 때 발생되는 용접결함과 직접 관계가 없는 것은?

① 크랙　　　　　　　　　　　② 언더컷
③ 크레이터　　　　　　　　　④ 위핑

용접상 결함의 종류

종류	설명
균열, 터짐(Crack)	가장 중대한 결함
오버랩(Over-Lap)	용접 금속과 모재가 융합되지 않고 겹쳐지는 것
블로우 홀(Blow Hole)	용접 내부에 공기(가스)구멍을 형성한 결함
슬래그(Slag) 감싸돌기	용접 찌꺼기가 용착금속 내에 혼입되는 것
언더 컷(Under cut)	모재가 녹아 용착금속이 채워지지 않고 홈으로 남게 된 부분

피트(Pit)	용접 표면에 흠집이 생긴 것
슬래그(Slag) 섞임	용착금속 내에 슬래그가 혼입되는 것
용입부족	모재가 녹지 않고 용착금속이 채워지지 않고 홈으로 남는 것
크레이터(Crater)	용접 시 끝부분에 우묵하게 파진 부분
피시아이(Fish eye)	용접부에 생기는 은색 반점

58 벽체와 기둥의 거푸집이 굳지 않은 콘크리트 측압에 저항할 수 있도록 최종적으로 잡아주는 부재는?

① 스페이서
② 폼타이
③ 턴버클
④ 듀벨

거푸집의 부속재

• 스페이서(spacer) : 슬래브와 벽체 등에 배근되는 철근이 거푸집에 밀착되는 것을 방지
• 폼타이(form tie) : 거푸집의 간격을 유지하고 측압에 의해 벌어지는 것을 방지
• 세퍼레이터(separator) : 거푸집이 오그라드는 것을 방지하고 상호간의 간격을 유지

59 흙막이 벽체 공법 중 주열식 흙막이 공법에 해당하는 것은?

① 슬러리 월 공법
② 엄지말뚝+토류판공법
③ C.I.P 공법
④ 시트파일 공법

주열식 흙막이 공법은 어스 오거(earth auger)를 사용하여 지반을 굴착하고 그 속에 시멘트-모르타르를 타설한 후 철근망 또는 H-형강 등을 삽입한 말뚝이나 소일-시멘트 말뚝을 연속적으로 축조하여 흙막이 벽을 조성하는 공법으로 다음과 같은 공법이 해당된다.

• SCW(soil cement wall) 공법
• MIP(mixed in place pile) 공법
• CIP(cast in place pile) 공법
• PIP(packed in place pile) 공법

60 콘크리트 이어붓기 위치에 관한 설명으로 옳지 않은 것은?

① 보 및 슬래브는 전단력이 작은 스팬의 중앙부에 수직으로 이어 붓는다.
② 기둥 및 벽에서는 바닥 및 기초의 상단 또는 보의 하단에 수평으로 이어 붓는다.
③ 캔틸레버로 내민보나 바닥판은 간사이의 중앙부에 수직으로 이어 붓는다.
④ 아치는 아치축에 직각으로 이어 붓는다.

콘크리트의 이음 위치

• 보, 슬래브 : 스팬의 1/2 되는 곳에 수직으로 이음(단, 작은보가 있을 때 작은보 나비의 2배이며, 캔틸레바로 내민 보와 바닥판은 일체로)
• 기둥 : 기초위, 바닥판위, 연결보위에 수평으로 이음
• 벽 : 개구부 주위
• 아치 : 축의 직각

61 체가름 시험을 하였을 때 각 체에 남는 누계량의 전체 시료에 대한 질량백분율의 합을 100으로 나눈 값은?

① 실적률　　　　　　　　　　② 유효흡수율
③ 조립율　　　　　　　　　　④ 함수율

조립률(Fineness modulus, F.M.) : 골재의 입도를 수치적으로 나타내는 방법
- 80mm, 40mm, 20mm, 10mm, 5mm, 2.5mm, 1.2mm, 0.6mm, 0.3mm, 0.15mm, 등 10개의 체를 1조로 하여 체가름 시험을 하였을 때, 각 체에 남는 누계량의 전시료(全試料)에 대한 중량백분율의 합을 100으로 나눈 값
- 일반적으로 잔골재 2.3~3.1, 굵은 골재 6~8이 좋다.

62 목재의 무늬를 가장 잘 나타내는 투명 도료는?

① 유성페인트　　　　　　　　② 클리어래커
③ 수성페인트　　　　　　　　④ 에나멜페인트

클리어래커(Clear lacquer)는 안료가 들어가지 않은 래커로 목재면의 투명 도장, 우아한 광택을 나타내는 데 도료로 건조가 매우 빨라서 뿜칠로 한다.

63 구리(Cu)와 주석(Sn)을 주체로 한 합금으로 주조성이 우수하고 내식성이 크며 건축장식철물 또는 미술 공예 재료에 사용되는 것은?

① 청동　　　　　　　　　　　② 황동
③ 양백　　　　　　　　　　　④ 두랄루민

청동(青銅, Bronze)
- 동+주석(Sn)의 합금이다.
- 황동보다 내식성이 크고 주조하기 쉽다.
- 포금(砲金, Gun metal)은 주석을 10% 정도 함유한 청동으로 강도와 경도가 크다.

64 금속제 용수철과 완충유와의 조합작용으로 열린 문이 자동으로 닫히게 하는 것으로 바닥에 설치되며, 일반 적으로 무게가 큰 중량창호에 사용되는 것은?

① 레버터리 힌지　　　　　　　② 플로어 힌지
③ 피벗 힌지　　　　　　　　　④ 도어 클로저

- 레버터리 힌지(Lavatory hinge) : 공중전화 출입문, 공중 화장실 등에 사용하며, 15cm 정도 열려진 것을 말한다.
- 피벗 힌지(Pivot hinge) : 용수철을 쓰지 않고 문장부식으로 된 정첩으로 중량문에 사용한다.
- 도어 클로저(door closer) : 금속 스프링과 오일 댐퍼의 조합으로 구성되며 열린 문을 자동적으로 닫는 장치를 말한다.

65 각종 시멘트의 특성에 관한 설명으로 옳지 않은 것은?

① 중용열포틀랜드시멘트는 수화 시 발열량이 비교적 크다.
② 고로시멘트를 사용한 콘크리트는 보통 콘크리트보다 초기강도가 작은 편이다.
③ 알루미나시멘트는 내화성이 좋은 편이다.
④ 실리카시멘트로 만든 콘크리트는 수밀성과 화학저항성이 크다.

 해설

중용열 포틀랜드 시멘트의 특징

• 조기강도가 작고 장기강도가 크다.
• 내산성 및 내구성이 크다.
• 화학적응성이 크다.
• 시멘트 중에서 건조수축이 가장 적다.

66 절대건조비중이 0.69인 목재의 공극률은?

① 31.0% ② 44.8%
③ 55.2% ④ 69.0%

 해설

$$공극률 = \left(1 - \frac{W}{1.54}\right) \times 100 = \left(1 - \frac{0.69}{1.54}\right) \times 100 = 55.195$$

67 실링재와 같은 뜻의 용어로 부재의 접합부에 충전하여 접합부를 기밀·수밀하게 하는 재료는?

① 백업재 ② 코킹재
③ 가스켓 ④ AE감수제

 해설

실(seal)재는 퍼티, 코킹재, 실런트, 실링재 등의 총칭이며, 일반적으로 코킹재는 실링재와 같은 뜻의 용어로 사용된다.

68 콘크리트의 배합을 정할 때 목표로 하는 압축강도로 품질의 편차 및 양생온도 등을 고려하여 설계기준강도에 할증한 것을 무엇이라 하는가?

① 배합강도
② 설계강도
③ 호칭강도
④ 소요강도

 해설

설계기준강도와 배합강도

• 설계기준강도 : 콘크리트 부재의 설계시 계산의 기준이 되는 콘크리트 강도로써 일반적으로 재령 28일의 압축강도를 기준으로 한다.
• 배합강도 : 목표로 하는 압축강도로 품질의 편차 및 양생온도 등을 고려하여 설계기준강도에 할증한 강도를 말한다.

69 석재를 대상으로 실시하는 시험의 종류와 거리가 먼 것은?

① 비중 시험 ② 흡수율 시험
③ 압축강도 시험 ④ 인장강도 시험

석재를 대상으로 실시하는 시험
• 석재의 흡수율 및 비중시험 방법(KS F 2518)
• 석재의 압축강도 시험 방법(KS F 2519)

70 미리 거푸집 속에 특정한 입도를 가지는 굵은골재를 채워놓고 그 간극에 모르타르를 주입하여 제조한 콘크리트는?

① 폴리머 시멘트 콘크리트 ② 프리플레이스트 콘크리트
③ 수밀 콘크리트 ④ 서중 콘크리트

프리플레이스트 콘크리트(Preplaced Concrete)
• 특정 입도의 굵은 골재를 거푸집 속에 넣고, 그 공극에 특수 모르타르를 적당한 압력으로 주입하여 만든 콘크리트이다.
• 수중구조물, 방사선차폐용, 고밀도콘크리트, 보수, 보강 및 매스 콘크리트 등에 적용된다.

71 철근콘크리트구조의 부착강도에 관한 설명으로 옳지 않은 것은?

① 최초 시멘트페이스트의 점착력에 따라 발생한다.
② 콘크리트 압축강도가 증가함에 따라 일반적으로 증가한다.
③ 거푸집강성이 클수록 부착강도의 증가율은 높아진다.
④ 이형철근의 부착강도가 원형철근보다 크다.

72 단백질계 접착제 중 동물성 단백질이 아닌 것은?

① 카세인 ② 아교
③ 알부민 ④ 아마인유

아마인유는 아마의 씨에 함유된 건성 지방유이다.

73 점토벽돌 1종의 흡수율과 압축강도 기준으로 옳은 것은?

① 흡수율 10% 이하 – 압축강도 24.50MPa 이상
② 흡수율 10% 이하 – 압축강도 20.59MPa 이상
③ 흡수율 15% 이하 – 압축강도 24.50MPa 이상
④ 흡수율 15% 이하 – 압축강도 20.59MPa 이상

점토벽돌의 품질(KS L 4201)

품질	종류		비고
	1종	2종	
흡수율(%)	10.0 이하	15.0 이하	1종은 내장재 및 외장재로, 2종은 내장재로만 하여야 한다.
압축강도(MPa)	24.50 이상	14.70 이상	

74 미장재료 중 돌로마이트 플라스터에 관한 설명으로 옳지 않은 것은?

① 돌로마이트에 모래, 여물을 섞어 반죽한 것이다.
② 소석회보다 점성이 크다.
③ 회반죽에 비하여 최종강도는 작고 착색이 어렵다.
④ 건조수축이 커서 균열이 생기기 쉽다.

돌로마이트 플라스터

• 돌로마이트 석회(마그네시아 석회)에 모래, 여물 등을 혼합한 것으로 기경성재료에 해당되며, 대기 중의 이산화탄소(CO_2)와 화합하여 경화된다.
• 점도가 크고 응결시간이 길다.
• 회반죽보다 강도가 크다.
• 건조경화시에 균열이 생기기 쉽고 물에 약하다.

75 멤브레인 방수공사와 관련된 용어에 관한 설명으로 옳지 않은 것은?

① 멤브레인 방수층 - 불투수성 피막을 형성하는 방수층
② 절연용 테이프 - 바탕과 방수층 사이의 국부적인 응력집중을 막기 위한 바탕면 부착 테이프
③ 프라이머 - 방수층과 바탕을 견고하게 밀착시킬 목적으로 바탕면에 최초로 도포하는 액상 재료
④ 개량 아스팔트 - 아스팔트 방수층을 형성하기 위해 사용하는 시트 형상의 재료

개량 아스팔트는 아스팔트 방수층을 형성하기 위해 사용하는 점성이 있는 액체상태의 재료이다

76 합성수지 중 열경화성 수지가 아닌 것은?

① 페놀 수지
② 요소 수지
③ 에폭시 수지
④ 아크릴 수지

분류	소분류	수지(약호)	용도
열가소성	범용수지	폴리에틸렌(PE)	필름, 시트, 성형품, 섬유
		폴리프로필렌(PP)	성형품, 필름, 파이프, 섬유
		폴리스틸렌(PS)	성형품, 발포재료, ABS수지
		염화비닐(PVC)	파이프, 호스, 시트, 판
		염화비닐리덴(PVDC)	필름, 섬유
		플로오르수지	내약품 기계부품
		아크릴수지	판, 성형품(건축재, 디스플레이)
		폴리아세트산 비닐수지	도료, 접착제, 츄잉검
	엔지니어링 플라스틱	폴리아미드수지	기계부품
		아세탈수지	기계부품
		폴리카보네이트(PC)	기계부품, 디스플레이
		폴리페닐렌옥사이드	전기 · 전자부품
		폴리에스테르	성형품, 판, 화장판, 필름
		폴리술폰	내열성형품, 전지 · 전자부품, 식품
		폴리이미드	내열성 필름, 접착제
열경화성		페놀수지	적층품(판), 성형품
		요소수지	접착제, 섬유, 종이 가공품
		멜라민수지	화장판, 도료
		알키드수지	도료
		불포화 폴리에스테르수지	FRP(성형품, 판)
		에폭시수지	도료, 접착제, 절연재
		규소수지	성형품(내열, 절연), 오일, 고무
		폴리우레탄수지	발포제, 합성피혁, 접착제

77 미장바름의 종류 중 돌로마이트에 화강석 부스러기, 색모래, 안료 등을 섞어 정벌바름하고 충분히 굳지 않은 때에 거친 솔 등으로 긁어 거친면으로 마무리한 것은?

① 모조석
② 라프코트
③ 리신바름
④ 흙바름

해설

- 모조석(imitation stone) : 백색시멘트와 종석, 안료를 혼합하여 천연석과 유사한 외관을 가진 인조석으로 만든 것으로서 의석 또는 캐스트 스톤(cast stone)이라고도 한다.
- 리신바름(lithin coat) : 돌로마이트에 화강석 부스러기, 색모래, 안료 등을 섞어 6mm 정도 정벌바름하고 충분히 굳지 않은 때에 거친 솔 등으로 긁어 거친면으로 마무리한 미장바름이다.
- 라프코트(rough coat) : 시멘트와 모래, 자갈, 안료등을 섞어서 뿌려 붙이거나 바르는 것으로 표면을 거칠게 마감한 것이다.

78 시멘트의 수화열에 의한 온도의 상승 및 하강에 따라 작용된 구속응력에 의해 균열이 발생할 위험이 있어, 이에 대한 특수한 고려를 요하는 콘크리트는?

① 매스 콘크리트
② 유동화 콘크리트
③ 한중 콘크리트
④ 수밀 콘크리트

매스 콘크리트(Mass Concrete)
• 구조물 또는 부재의 치수가 커서 시멘트에 의한 온도의 상승을 고려하여 시공하는 콘크리트이다.
• 수화열이 적은 시멘트를 사용하고 혼합재로써 플라이애시 등의 포졸라나(Pozzolana)를 사용한다.

79 목재의 조직에 관한 설명으로 옳지 않은 것은?

① 수선은 침엽수와 활엽수가 다르게 나타난다.
② 심재는 색이 진하고 수분이 적고 강도가 크다.
③ 봄에 이루어진 목질부를 춘재라 한다.
④ 수간의 횡단면을 기준으로 제일 바깥쪽의 껍질을 형성층이라 한다.

형성층은 물관부와 체관부 사이에 있는 층으로 식물의 부피생장이 일어나는 곳이며, 나무껍질 바로 아래에 존재한다.

80 모래의 함수율과 용적변화에서 이넌데이트(inundate)현상이란 어떤 상태를 말하는가?

① 함수율 0 ~ 8%에서 모래의 용적이 증가하는 현상
② 함수율 8%의 습윤상태에서 모래의 용적이 감소하는 현상
③ 함수율 8%에서 모래의 용적이 최고가 되는 현상
④ 절건상태와 습윤상태에서 모래의 용적이 동일한 현상

세골재에 있어서 이넌데이트(inundate)현상이란 서로 다른 함수상태에서 용적이 거의 같아지는 현상을 말한다.

제 **05** 과목 **건설안전기술**

81 산업안전보건법령에 따른 중량물을 취급하는 작업을 하는 경우의 작업계획서 내용에 포함되지 않는 사항은?

① 추락위험을 예방할 수 있는 안전대책
② 낙하위험을 예방할 수 있는 안전대책
③ 전도위험을 예방할 수 있는 안전대책
④ 위험물 누출위험을 예방할 수 있는 안전대책

중량물을 취급작업시 작업계획서에 포함할 내용(산업안전보건기준에 관한 규칙 별표 4)

- 추락위험을 예방할 수 있는 안전대책
- 전도위험을 예방할 수 있는 안전대책
- 낙하위험을 예방할 수 있는 안전대책
- 협착위험을 예방할 수 있는 안전대책

82 근로자의 추락 위험이 있는 장소에서 발생하는 추락 재해의 원인으로 볼 수 없는 것은?

① 안전대를 부착하지 않았다.
② 덮개를 설치하지 않았다.
③ 투하설비를 설치하지 않았다.
④ 안전난간을 설치하지 않았다.

투하설비는 높이가 3m 이상인 장소로부터 물체를 투하하는 경우에 설치해야 하는 설비로 근로자의 추락 재해와는 관계가 없다.

83 기상상태의 악화로 비계에서의 작업을 중지시킨 후 그 비계에서 작업을 다시 시작하기 전에 점검해야 할 사항에 해당하지 않는 것은?

① 기둥의 침하 · 변형 · 변위 또는 흔들림 상태
② 손잡이의 탈락 여부
③ 격벽의 설치 여부
④ 발판재료의 손상 여부 및 부착 또는 걸림 상태

산업안전보건기준에 관한 규칙 제58조(비계의 점검 및 보수) 사업주는 비, 눈, 그 밖의 기상상태의 악화로 작업을 중지시킨 후 또는 비계를 조립 · 해체하거나 변경한 후에 그 비계에서 작업을 하는 경우에는 해당 작업을 시작하기 전에 다음 각 호의 사항을 점검하고, 이상을 발견하면 즉시 보수하여야 한다.
1. 발판 재료의 손상 여부 및 부착 또는 걸림 상태
2. 해당 비계의 연결부 또는 접속부의 풀림 상태
3. 연결 재료 및 연결 철물의 손상 또는 부식 상태
4. 손잡이의 탈락 여부
5. 기둥의 침하, 변형, 변위(變位) 또는 흔들림 상태
6. 로프의 부착 상태 및 매단 장치의 흔들림 상태

84 달비계에 사용이 불가한 와이어로프의 기준으로 옳지 않은 것은?

① 이음매가 없는 것
② 지름의 감소가 공칭지름의 7%를 초과하는 것
③ 심하게 변형되거나 부식된 것
④ 와이어로프의 한 꼬임에서 끊어진 소선(素線)의 수가 10% 이상인 것

산업안전보건기준에 관한 규칙 제63조(달비계의 구조) ① 사업주는 곤돌라형 달비계를 설치하는 경우에는 다음 각 호의 사항을 준수해야 한다.
1. 다음 각 목의 어느 하나에 해당하는 와이어로프를 달비계에 사용해서는 아니 된다.
   가. 이음매가 있는 것
   나. 와이어로프의 한 꼬임[[스트랜드(strand)를 말한다. 이하 같다)]에서 끊어진 소선(素線)[필러(pillar)선은 제외한

다)]의 수가 10퍼센트 이상(비자전로프의 경우에는 끊어진 소선의 수가 와이어로프 호칭지름의 6배 길이 이내에서 4개 이상이거나 호칭지름 30배 길이 이내에서 8개 이상)인 것

다. 지름의 감소가 공칭지름의 7퍼센트를 초과하는 것

라. 꼬인 것

마. 심하게 변형되거나 부식된 것

바. 열과 전기충격에 의해 손상된 것

85 드럼에 다수의 돌기를 붙여 놓은 기계로 점토층의 내부를 다지는 데 적합한 것은?

① 탠덤 롤러 ② 타이어 롤러
③ 진동 롤러 ④ 탬핑 롤러

롤러의 종류

- 머캐덤 롤러(Macadam Roller) : 3륜 형식으로 된 롤러로 일반적으로 1개의 조향륜 롤러와 2개의 구동륜 롤러(2축 3륜)가 배치되어 있으며 자중 6~10톤 급이 가장 많이 사용된다. 주로 자갈, 모래, 흙 등을 다지는 데 효과적이며, 가열 포장 아스팔트 재료의 초기 다짐에 사용된다.
- 탠덤 롤러(Tandem Roller) : 앞바퀴와 뒷바퀴가 일렬로 배치된 롤러로 바퀴 2개가 일렬로 배치된 2축 탠덤 롤러와 3개가 일렬로 배치된 3축 탠덤 롤러가 있으며, 선압이 적기 때문에 머캐덤 롤러 사용 후의 끝내기 작업이나 아스콘 포장면의 다짐에 효과적이다.
- 진동 롤러(Vibratory Roller) : 장비의 자중 외에 기진기로부터 자중의 1~2배 정도 되는 기진력을 바퀴에 부가함으로써 자중과 진동력을 이용하여 다짐 효과를 증가시키도록 한 것으로 전압 장치를 가진 자주식과 피견인 진동 롤러 등이 있다.
- 타이어 롤러(Tire Roller) : 타이어의 공기압과 부가 하중(밸러스트)을 조정하여 다짐 작업을 조절할 수 있는 롤러로 접지압이 크면 깊은 다짐을 하고 접지압이 작으면 표면 다짐을 한다.
- 탬핑 롤러(Tamping Roller) : 강관제의 드럼 표면에 다수의 돌기(탬퍼 풋, tamper foot)를 붙여 접지압을 증가시킨 것으로 깊은 다짐이나 함수비가 높은 점토 지반, 점성토 지반, 건조된 점토나 실트(silt)가 섞인 흙다짐에 적당하다.
- 콤비 롤러(Combination Roller) : 콤비 롤러는 진동 드럼과 타이어(휠, Wheel)이 조합된 형식으로 경사진 보도, 자전거 도로, 주차장 등의 부분적인 보수에 적합한 장비이다.

86 다음은 산업안전보건기준에 관한 규칙 중 가설통로의 구조에 관한 사항이다. ( ) 안에 들어갈 내용으로 옳은 것은?

> 수직갱에 가설된 통로의 길이가 15m 이상인 경우에는 10m 이내마다 ( )을/를 설치할 것

① 손잡이 ② 계단참
③ 클램프 ④ 버팀대

산업안전보건기준에 관한 규칙 제23조(가설통로의 구조) 사업주는 가설통로를 설치하는 경우 다음 각호의 사항을 준수하여야 한다.

1. 견고한 구조로 할 것
2. 경사는 30도 이하로 할 것. 다만, 계단을 설치하거나 높이 2미터 미만의 가설통로로서 튼튼한 손잡이를 설치한 경우에는 그러하지 아니하다.
3. 경사가 15도를 초과하는 경우에는 미끄러지지 아니하는 구조로 할 것
4. 추락할 위험이 있는 장소에는 안전난간을 설치할 것. 다만, 작업상 부득이한 경우에는 필요한 부분만 임시로 해체할 수 있다.
5. 수직갱에 가설된 통로의 길이가 15미터 이상인 경우에는 10미터 이내마다 계단참을 설치할 것
6. 건설공사에 사용하는 높이 8미터 이상인 비계다리에는 7미터 이내마다 계단참을 설치할 것

87 다음 중 구조물의 해체작업을 위한 기계·기구가 아닌 것은?

① 쇄석기   ② 데릭

③ 압쇄기   ④ 철제 해머

해설

데릭(Derrick)은 동력을 이용해서 짐을 달아 올리는 것을 목적으로 하는 기계장치로 가이 데릭, 삼각데릭, 진폴 데릭 등이 있다.

88 사다리식 통로 등을 설치하는 경우 발판과 벽과의 사이는 최소 얼마 이상의 간격을 유지하여야 하는가?

① 5cm   ② 10cm

③ 15cm   ④ 20cm

해설

산업안전보건기준에 관한 규칙 제24조(사다리식 통로 등의 구조) ① 사업주는 사다리식 통로 등을 설치하는 경우 다음 각 호의 사항을 준수하여야 한다.
1. 견고한 구조로 할 것
2. 심한 손상·부식 등이 없는 재료를 사용할 것
3. 발판의 간격은 일정하게 할 것
4. 발판과 벽과의 사이는 15센티미터 이상의 간격을 유지할 것
5. 폭은 30센티미터 이상으로 할 것
6. 사다리가 넘어지거나 미끄러지는 것을 방지하기 위한 조치를 할 것
7. 사다리의 상단은 걸쳐놓은 지점으로부터 60센티미터 이상 올라가도록 할 것
8. 사다리식 통로의 길이가 10미터 이상인 경우에는 5미터 이내마다 계단참을 설치할 것
9. 사다리식 통로의 기울기는 75도 이하로 할 것. 다만, 고정식 사다리식 통로의 기울기는 90도 이하로 하고, 그 높이가 7미터 이상인 경우에는 다음 각 목의 구분에 따른 조치를 할 것
    가. 등받이울이 있어도 근로자 이동에 지장이 없는 경우 : 바닥으로부터 높이가 2.5미터 되는 지점부터 등받이울을 설치할 것
    나. 등받이울이 있으면 근로자가 이동이 곤란한 경우 : 한국산업표준에서 정하는 기준에 적합한 개인용 추락 방지 시스템을 설치하고 근로자로 하여금 한국산업표준에서 정하는 기준에 적합한 전신안전대를 사용하도록 할 것
10. 접이식 사다리 기둥은 사용 시 접혀지거나 펼쳐지지 않도록 철물 등을 사용하여 견고하게 조치할 것

89 콘크리트 구조물에 적용하는 해체작업 공법의 종류가 아닌 것은?

① 연삭 공법   ② 발파 공법

③ 오픈컷 공법   ④ 유압 공법

해설

오픈컷 공법(개착공법)은 지표면에서 아래쪽을 향해 비교적 넓은 면적을 굴착하는 통상의 굴착법을 말한다.

90 산업안전보건관리비 계상을 위한 대상액이 56억원인 교량공사의 산업안전보건관리비는 얼마인가?(단, 건축공사에 해당)

① 174,160천원   ② 132,720천원

③ 157,600천원   ④ 189,600천원

공사종류 및 규모별 산업안전보건관리비 계상기준표

공사종류 \ 구분	대상액 5억원 미만인 경우 적용비율	대상액 5억원 이상 50억원 미만인 경우		50억원 이상인 경우 적용비율	보건관리자 선임대상 건설공사의 적용비율
		적용비율	기초액		
건축공사	3.11%	2.28%	4,325,000원	2.37%	2.64%
토목공사	3.15%	2.53%	3,300,000원	2.60%	2.73%
중건설공사	3.64%	3.05%	2,975,000원	3.11%	3.39%
특수건설공사	2.07%	1.59%	2,450,000원	1.64%	1.78%

∴산업안전보건관리비 = 5,600,000,000 × 0.0237 = 132,720,000원

91 다음 중 유해위험방지계획서 제출 대상 공사에 해당하는 것은?

① 지상높이가 25m인 건축물 건설공사
② 최대 지간길이가 45m인 교량건설공사
③ 깊이가 8m인 굴착공사
④ 제방 높이가 50m인 다목적댐 건설공사

유해위험방지계획서 제출 대상 공사(산업안전보건법 시행령 제42조 ③항)

1. 다음 각 목의 어느 하나에 해당하는 건축물 또는 시설 등의 건설·개조 또는 해체 공사
   가. 지상높이가 31미터 이상인 건축물 또는 인공구조물
   나. 연면적 3만제곱미터 이상인 건축물
   다. 연면적 5천제곱미터 이상인 시설로서 다음의 어느 하나에 해당하는 시설
      1) 문화 및 집회시설(전시장 및 동물원·식물원은 제외한다)
      2) 판매시설, 운수시설(고속철도의 역사 및 집배송시설은 제외한다)
      3) 종교시설
      4) 의료시설 중 종합병원
      5) 숙박시설 중 관광숙박시설
      6) 지하도상가
      7) 냉동·냉장 창고시설
2. 연면적 5천제곱미터 이상인 냉동·냉장 창고시설의 설비공사 및 단열공사
3. 최대 지간(支間)길이(다리의 기둥과 기둥의 중심사이의 거리)가 50미터 이상인 다리의 건설등 공사
4. 터널의 건설등 공사
5. 다목적댐, 발전용댐, 저수용량 2천만톤 이상의 용수 전용 댐 및 지방상수도 전용 댐의 건설등 공사
6. 깊이 10미터 이상인 굴착공사

92 강풍시 타워크레인의 설치·수리·점검 또는 해체 작업을 중지하여야 하는 순간풍속 기준으로 옳은 것은?

① 순간풍속이 초당 10m를 초과하는 경우
② 순간풍속이 초당 15m를 초과하는 경우
③ 순간풍속이 초당 20m를 초과하는 경우
④ 순간풍속이 초당 30m를 초과하는 경우

산업안전보건기준에 관한 규칙 제37조(악천후 및 강풍 시 작업 중지) ① 사업주는 비·눈·바람 또는 그밖의 기상상태의 불안정으로 인하여 근로자가 위험해질 우려가 있는 경우 작업을 중지하여야 한다. 다만, 태풍 등으로 위험이 예상되거나 발생되어 긴급 복구작업을 필요로 하는 경우에는 그러하지 아니하다.
② 사업주는 순간풍속이 초당 10미터를 초과하는 경우 타워크레인의 설치·수리·점검 또는 해체 작업을 중지하여야 하며, 순간풍속이 초당 15미터를 초과하는 경우에는 타워크레인의 운전작업을 중지하여야 한다.

93 추락재해 방호용 방망의 신품에 대한 인장강도는 얼마인가?(단, 그물코의 크기가 10cm이며, 매듭 없는 방망)

① 220kg
② 240kg
③ 260kg
④ 280kg

방망사의 신품에 대한 인장 강도

그물코의 종류	방망의 종류(단위 : kg)	
	매듭이 없는 방망	매듭 방망
10cm	240(150)	200(135)
5cm	–	110(60)

※괄호 안은 폐기기준 인장강도임.

94 다음은 산업안전보건법령에 따른 근로자의 추락위험 방지를 위한 추락방호망의 설치기준이다. (　)안에 들어갈 내용으로 옳은 것은?

추락방호망은 수평으로 설치하고, 망의 처짐은 짧은 변 길이의 (　　) 이상이 되도록 할 것

① 10%
② 12%
③ 15%
④ 18%

산업안전보건기준에 관한 규칙 제42조(추락의 방지) ① 사업주는 근로자가 추락하거나 넘어질 위험이 있는 장소[작업발판의 끝·개구부(開口部) 등을 제외한다]또는 기계·설비·선박블록 등에서 작업을 할 때에 근로자가 위험해질 우려가 있는 경우 비계(飛階)를 조립하는 등의 방법으로 작업발판을 설치하여야 한다.
② 사업주는 제1항에 따른 작업발판을 설치하기 곤란한 경우 다음 각 호의 기준에 맞는 추락방호망을 설치해야 한다. 다만, 추락방호망을 설치하기 곤란한 경우에는 근로자에게 안전대를 착용하도록 하는 등 추락위험을 방지하기 위해 필요한 조치를 해야 한다.
1. 추락방호망의 설치위치는 가능하면 작업면으로부터 가까운 지점에 설치하여야 하며, 작업면으로부터 망의 설치지점까지의 수직거리는 10미터를 초과하지 아니할 것
2. 추락방호망은 수평으로 설치하고, 망의 처짐은 짧은 변 길이의 12퍼센트 이상이 되도록 할 것
3. 건축물 등의 바깥쪽으로 설치하는 경우 추락방호망의 내민 길이는 벽면으로부터 3미터 이상 되도록 할 것. 다만, 그물코가 20밀리미터 이하인 추락방호망을 사용한 경우에는 제14조제3항에 따른 낙하물방지망을 설치한 것으로 본다.

95 차량계 하역운반기계 등을 사용하는 작업을 할 때, 그 기계가 넘어지거나 굴러떨어짐으로써 근로자에게 위험 미칠 우려가 있는 경우에 이를 방지하기 위한 조치사항과 거리가 먼 것은?

① 유도자 배치
② 지반의 부동침하방지
③ 상단부분의 안정을 위하여 버팀줄 설치
④ 갓길 붕괴방지

산업안전보건기준에 관한 규칙 제171조(전도 등의 방지) 사업주는 차량계 하역운반기계등을 사용하는 작업을 할 때에 그 기계가 넘어지거나 굴러떨어짐으로써 근로자에게 위험을 미칠 우려가 있는 경우에는 그 기계를 유도하는 사람(이하 "유도자"라 한다)을 배치하고 지반의 부동침하 및 갓길 붕괴를 방지하기 위한 조치를 해야 한다.

96 콘크리트 타설작업 시 거푸집에 작용하는 연직하중이 아닌 것은?

① 콘크리트의 측압 ② 거푸집의 중량
③ 굳지 않은콘크리트의 중량 ④ 작업원의 작업하중

거푸집 설계시 고려하여야 하는 하중
• 수직(연직) 방향 : 고정하중, 충격하중, 작업하중, 적설하중, 콘크리트의 자중
• 수평방향 : 풍압, 콘크리트 측압, 콘크리트 타설 방향에 따른 편심하중

97 발파작업에 종사하는 근로자가 준수하여야 할 사항으로 옳지 않은 것은?

① 장전구는 마찰·충격·정전기 등에 의한 폭발의 위험이 없는 안전한 것을 사용할 것
② 발파공의 충진재료는 점토·모래 등 발화성 또는 인화성의 위험이 없는 재료를 사용할 것
③ 얼어붙은 다이나마이트는 화기에 접근시키거나 그 밖의 고열물에 직접 접촉시켜 단시간 안에 융해시킬 수 있도록 할 것
④ 전기뇌관에 의한 발파의 경우 점화하기 전에 화약류를 장전한 장소로부터 30[m] 이상 떨어진 안전한 장소에서 전선에 대하여 저항측정 및 도통시험을 할것

산업안전보건기준에 관한 규칙 제348조(발파의 작업기준) 사업주는 발파작업에 종사하는 근로자에게 다음 각 호의 사항을 준수하도록 하여야 한다.
1. 얼어붙은 다이나마이트는 화기에 접근시키거나 그 밖의 고열물에 직접 접촉시키는 등 위험한 방법으로 융해되지 않도록 할 것
2. 화약이나 폭약을 장전하는 경우에는 그 부근에서 화기를 사용하거나 흡연을 하지 않도록 할 것
3. 장전구(裝塡具)는 마찰·충격·정전기 등에 의한 폭발의 위험이 없는 안전한 것을 사용할 것
4. 발파공의 충진재료는 점토·모래 등 발화성 또는 인화성의 위험이 없는 재료를 사용할 것
5. 점화 후 장전된 화약류가 폭발하지 아니한 경우 또는 장전된 화약류의 폭발 여부를 확인하기 곤란한 경우에는 다음 각 목의 사항을 따를 것
　　가. 전기뇌관에 의한 경우에는 발파모선을 점화기에서 떼어 그 끝을 단락시켜 놓는 등 재점화되지 않도록 조치하고 그 때부터 5분 이상 경과한 후가 아니면 화약류의 장전장소에 접근시키지 않도록 할 것

나. 전기뇌관 외의 것에 의한 경우에는 점화한 때부터 15분 이상 경과한 후가 아니면 화약류의 장전장소에 접근시키지 않도록 할 것

6. 전기뇌관에 의한 발파의 경우 점화하기 전에 화약류를 장전한 장소로부터 30미터 이상 떨어진 안전한 장소에서 전선에 대하여 저항측정 및 도통(導通)시험을 할 것

98 개착식 굴착공사에서 버팀보공법을 적용하여 굴착할 때 지반붕괴를 방지하기 위하여 사용하는 계측장치로 거리가 먼 것은?

① 지하수위계　　　　　　　　　　② 경사계
③ 변형률계　　　　　　　　　　　④ 록볼트응력계

록볼트 : 터널의 천장에서 낙반(落盤)을 방지하기 위해 사용되는 것으로 암반층 속에 깊이 1m 내외의 구멍을 파고 여기에 볼트를 끼워 넣고, 와셔를 끼우고 너트로 체결해서 박리(剝離)되는 성질이 있는 천장 암반을 억제시키는 것이다. 볼트의 선단은 빠지지 않는 구조로 되어 있다.

99 거푸집 공사에 관한 설명으로 옳지 않은 것은?

① 거푸집 조립 시 거푸집이 이동하지 않도록 비계 또는 기타 공작물과 직접 연결한다.
② 거푸집 치수를 정확하게 하여 시멘트 모르타르가 새지 않도록 한다.
③ 거푸집 해체가 쉽게 가능하도록 박리제 사용 등의 조치를 한다.
④ 측압에 대한 안전성을 고려한다.

거푸집 조립 시 거푸집이 이동하지 않도록 콘크리트 구조물에 단단히 고정하여야 하며 비계 또는 기타 공작물과 직접 연결하여서는 아니된다.

100 거푸집동바리 등을 조립하는 경우의 준수사항으로 옳지 않은 것은?

① 동바리로 사용하는 파이프 서포트는 최소 3개 이상 이어서 사용하도록 할 것
② 동바리로 사용하는 파이프 서포트를 이어서 사용하는 경우에는 4개 이상의 볼트 또는 전용철물을 사용하여 이을 것
③ 동바리로 사용하는 강관틀의 경우 강관틀과 강관틀 사이에 교차가새를 설치할 것
④ 동바리로 사용하는 조립강주의 높이가 4m를 초과하는 경우에는 높이 4m 이내마다 수평연결재를 2개 방향으로 설치하고 수평연결재의 변위를 방지할 것

산업안전보건기준에 관한 규칙 제332조의2(동바리 유형에 따른 동바리 조립 시의 안전조치) 사업주는 동바리를 조립할 때 동바리의 유형별로 다음 각 호의 구분에 따른 각 목의 사항을 준수해야 한다.
1. 동바리로 사용하는 파이프 서포트의 경우
　가. 파이프 서포트를 3개 이상 이어서 사용하지 않도록 할 것
　나. 파이프 서포트를 이어서 사용하는 경우에는 4개 이상의 볼트 또는 전용철물을 사용하여 이을 것
　다. 높이가 3.5미터를 초과하는 경우에는 높이 2미터 이내마다 수평연결재를 2개 방향으로 만들고 수평연결재의 변위를 방지할 것

2. 동바리로 사용하는 강관틀의 경우

　가. 강관틀과 강관틀 사이에 교차가새를 설치할 것

　나. 최상단 및 5단 이내마다 동바리의 측면과 틀면의 방향 및 교차가새의 방향에서 5개 이내마다 수평연결재를 설치하고 수평연결재의 변위를 방지할 것

　다. 최상단 및 5단 이내마다 동바리의 틀면의 방향에서 양단 및 5개틀 이내마다 교차가새의 방향으로 띠장틀을 설치할 것

3. 동바리로 사용하는 조립강주의 경우 : 조립강주의 높이가 4미터를 초과하는 경우에는 높이 4미터 이내마다 수평연결재를 2개 방향으로 설치하고 수평연결재의 변위를 방지할 것

4. 시스템 동바리(규격화·부품화된 수직재, 수평재 및 가새재 등의 부재를 현장에서 조립하여 거푸집을 지지하는 지주 형식의 동바리를 말한다)의 경우

　가. 수평재는 수직재와 직각으로 설치해야 하며, 흔들리지 않도록 견고하게 설치할 것

　나. 연결철물을 사용하여 수직재를 견고하게 연결하고, 연결부위가 탈락 또는 꺾어지지 않도록 할 것

　다. 수직 및 수평하중에 대해 동바리의 구조적 안정성이 확보되도록 조립도에 따라 수직재 및 수평재에는 가새재를 견고하게 설치할 것

　라. 동바리 최상단과 최하단의 수직재와 받침철물은 서로 밀착되도록 설치하고 수직재와 받침철물의 연결부의 겹침길이는 받침철물 전체길이의 3분의 1 이상 되도록 할 것

5. 보 형식의 동바리[강제 갑판(steel deck), 철재트러스 조립 보 등 수평으로 설치하여 거푸집을 지지하는 동바리를 말한다]의 경우

　가. 접합부는 충분한 걸침 길이를 확보하고 못, 용접 등으로 양끝을 지지물에 고정시켜 미끄러짐 및 탈락을 방지할 것

　나. 양끝에 설치된 보 거푸집을 지지하는 동바리 사이에는 수평연결재를 설치하거나 동바리를 추가로 설치하는 등 보 거푸집이 옆으로 넘어지지 않도록 견고하게 할 것

　다. 설계도면, 시방서 등 설계도서를 준수하여 설치할 것

정답	2018년 04월 28일 최근 기출문제								
01 ③	02 ②	03 ①	04 ④	05 ①	06 ①	07 ④	08 ③	09 ②	10 ①
11 ③	12 ②	13 ④	14 ②	15 ①	16 ④	17 ③	18 ④	19 ②	20 ②
21 ③	22 ③	23 ①	24 ①	25 ②	26 ②	27 ②	28 ③	29 ③	30 ④
31 ④	32 ③	33 ④	34 ④	35 ①	36 ①	37 ②	38 ②	39 ④	40 ①
41 ④	42 ③	43 ①	44 ④	45 ①	46 ②	47 ②	48 ②	49 ③	50 ①
51 ④	52 ②	53 ③	54 ④	55 ①	56 ④	57 ④	58 ②	59 ③	60 ③
61 ③	62 ②	63 ④	64 ②	65 ①	66 ③	67 ②	68 ①	69 ④	70 ②
71 ③	72 ④	73 ①	74 ③	75 ④	76 ④	77 ③	78 ①	79 ④	80 ④
81 ④	82 ③	83 ③	84 ①	85 ④	86 ②	87 ②	88 ③	89 ③	90 ②
91 ④	92 ①	93 ②	94 ②	95 ①	96 ①	97 ③	98 ④	99 ①	100 ①

제 **01** 과목 　　**산업안전관리론**

01 산업재해의 발생형태 종류 중 상호자극에 의하여 순간적으로 재해가 발생하는 유형으로 재해가 일어난 장소나 그 시점에 일시적으로 요인이 집중하는 것은?

① 단순 자극형
② 단순 연쇄형
③ 복합 연쇄형
④ 복합형

재해발생의 매커니즘(3가지의 구조적 요소)

• 단순 자극형(집중형) : 일어난 장소나 그 시점에 일시적으로 요인이 집중하여 재해가 발생하는 경우이다.
• 연쇄형 : 어느 하나의 요소가 원인이 되어 다른 요인을 발생시키고 이것이 또다른 요소를 연쇄적으로 발생시키는 형태, 즉 연쇄적인 작용으로 재해를 일으키는 형태이다.
• 복합형 : 집중형과 연쇄형의 복합적인 형태로 대부분의 경우 재해발생은 복합형으로 일어난다고 볼수 있다.

단순 자극형	연쇄형		복합형
	단순연쇄형	복합연쇄형	
⊗	○→○→○→○→⊗	○→○→○→○→⊗	⊗

02 평균 근로자수가 1000명인 사업장의 도수율이 10.25이고 강도율이 7.25이었을 때 이 사업장의 종합재해지수는?

① 7.62　　　　　　　　　　② 8.62
③ 9.62　　　　　　　　　　④ 10.62

종합재해지수 $= \sqrt{도수율 \times 강도율} = \sqrt{10.25 \times 7.25} = 8.62$

03 자신의 결함과 무능에 의하여 생긴 열등감이나 긴장을 해소시키기 위하여 장점 같은 것으로 그 결함을 보충하려는 행동의 방어기제는?

① 보상   ② 승화

③ 투사   ④ 합리화

해설

방어기제
- 보상 : 자신의 부족한 점을 감추기 위해 다른 장점을 강조하거나 발전시키는 반응
- 승화 : 억압당한 욕구가 사회·문화적으로 가치있는 목적을 향하여 변형함으로써 욕구를 충족하는 행위
- 투사 : 자신에게서 나타나는 원초아의 위협적인 충동을 마치 타인의 내부에 존재한다고 가정하는 것
- 합리화 : 위협적인 충동이 발현되었을 때 초자아가 반발하지 않도록 그럴싸하게 무마하려는 것

04 재해원인의 분석방법 중 사고의 유형, 기인물 등 분류항목을 큰 순서대로 도표화하는 통계적 원인분석 방법은?

① 특성 요인도   ② 관리도

③ 크로스도   ④ 파레토도

해설

통계원인 분석방법 4가지
- 파레토도 : 사고의 유형, 기인물 등의 분류항목을 순서대로 도표화하여 문제나 목표의 이해에 편리
- 특성요인도 : 특성과 요인과의 관계를 도표로 하여 어골(魚骨)상으로 세분화
- 클로즈분석(크로스도) : 2개 이상의 문제 관계를 분석하는데 사용하는 것으로 데이터를 집계하고, 표로 표시하여 요인별 결과 내역을 교차한 그림을 작성, 분석하는 방법
- 관리도 : 재해 발생 건수 등의 추이를 파악하여 목표관리를 행하는데 필요한 월별 재해발생건수를 그래프화하여 관리선을 설정 관리

05 앞에 실시한 학습의 효과는 뒤에 실시하는 새로운 학습에 직접 또는 간접으로 영향을 주는 현상을 의미하는 것은?

① 통찰(Insight)   ② 전이(Transference)

③ 반사(Reflex)   ④ 반응(Reaction)

해설

전이(Transference) : 어떤 내용을 학습한 결과가 다른 학습이나 반응에 영향을 주는 현상

06 공정안전보고서의 안전운전계획에 포함하여야 할 세부 내용이 아닌 것은?

① 설비배치도

② 안전작업허가

③ 도급업체 안전관리계획

④ 설비점검·검사 및 보수계획, 유지계획 및 지침서

산업안전보건법 시행규칙 제50조(공정안전보고서의 세부 내용 등) ① 영 제44조에 따라 공정안전보고서에 포함해야 할 세부내용은 다음 각 호와 같다.

1. 공정안전자료
   가. 취급·저장하고 있거나 취급·저장하려는 유해·위험물질의 종류 및 수량
   나. 유해·위험물질에 대한 물질안전보건자료
   다. 유해·위험설비의 목록 및 사양
   라. 유해·위험설비의 운전방법을 알 수 있는 공정도면
   마. 각종 건물·설비의 배치도
   바. 폭발위험장소 구분도 및 전기단선도
   사. 위험설비의 안전설계·제작 및 설치 관련 지침서
2. 공정위험성 평가서 및 잠재위험에 대한 사고예방·피해 최소화 대책
   공정위험성 평가서는 공정의 특성 등을 고려하여 다음 각 목의 위험성평가 기법 중 한 가지 이상을 선정하여 위험성평가를 한 후 그 결과에 따라 작성하여야 하며, 사고예방·피해최소화 대책의 작성은 위험성평가 결과 잠재위험이 있다고 인정되는 경우만 해당한다.
   가. 체크리스트(Check List)
   나. 상대위험순위 결정(Dow and Mond Indices)
   다. 작업자 실수 분석(HEA)
   라. 사고 예상 질문 분석(What-if)
   마. 위험과 운전 분석(HAZOP)
   바. 이상위험도 분석(FMECA)
   사. 결함 수 분석(FTA)
   아. 사건 수 분석(ETA)
   자. 원인결과 분석(CCA)
   차. 가목부터 자목까지의 규정과 같은 수준 이상의 기술적 평가기법
3. 안전운전계획
   가. 안전운전지침서
   나. 설비점검·검사 및 보수계획, 유지계획 및 지침서
   다. 안전작업허가
   라. 도급업체 안전관리계획
   마. 근로자 등 교육계획
   바. 가동 전 점검지침
   사. 변경요소 관리계획
   아. 자체감사 및 사고조사계획
   자. 그 밖에 안전운전에 필요한 사항
4. 비상조치계획
   가. 비상조치를 위한 장비·인력보유현황
   나. 사고발생 시 각 부서·관련 기관과의 비상연락체계
   다. 사고발생 시 비상조치를 위한 조직의 임무 및 수행 절차
   라. 비상조치계획에 따른 교육계획
   마. 주민홍보계획
   바. 그 밖에 비상조치 관련 사항

07 인간의 의식수준 5단계 중 의식수준의 저하로 인한 피로와 단조로움의 생리적 상태가 일어나는 단계는?

① Phase Ⅰ   ② Phase Ⅱ
③ Phase Ⅲ   ④ Phase Ⅳ

의식수준의 단계

단계	의식의 상태	주의작용	생리적 상태	신뢰성	뇌파형태
0	무의식, 실신	없음(Zero)	수면, 뇌발작	0	δ파
I	정상 이하(Subnormal), 의식 몽롱함	부주의(Inactive)	피로, 단조, 졸음, 술취함	0.9 이하	θ파
II	정상, 이완상태 (normal, relaxed)	수동적(Passive), 마음이 안쪽으로 향함	안정기거, 휴식 시, 정례작업시	0.99 ~0.99999	α파
III	정상, 상쾌한 상태 (Normal, Clear)	능동적(Active), 앞으로 향하는 주의 시야 넓음	적극 활동시	0.999999 이상	β파
IV	초정상, 과긴장상태 (Hypernormal, Excited)	일점으로 응집, 판단 정지	긴급 방위반응, 당황해서 Panic	0.9 이하	β파, 전간파

08 상해의 종류 중 타박, 충돌, 추락 등으로 피부표면보다는 피하조직 등 근육부를 다친 상해를 무엇이라 하는가?

① 골절
② 자상
③ 부종
④ 좌상

상해종류에 의한 분류

분류	세부항목
골절	뼈가 부러진 상해
동상	저온물 접촉으로 생긴 동상 상해
부종	국부의 혈액순환에 이상으로 몸이 부어 오르는 상해
찔림(자상)	칼날 등 날카로운 물건에 찔린 상태
타박상(좌상)	타박, 충돌, 추락 등으로 피부표면보다는 피하조직, 근육부를 다친 상해(삔 것 포함)
절단	신체부위가 절단된 상해
중독, 질식	음식, 약물, 가스 등에 의한 중독이나 질식된 상해
찰과상	스치거나 문질러서 벗겨진 상해
베임(창상)	창, 칼 등에 베인 상해
화상	화재 또는 고온물 접촉으로 인한 상해
뇌진탕	머리를 세게 맞았을 때 장해로 일어난 상해
익사	물 속에 추락해서 익사한 상해
피부염	작업과 연관되어 발생 또는 악화되는 모든 질환
청력장해	청력이 감퇴 또는 난청이 된 상해
시력장해	시력이 감퇴 또는 실명된 상해
기타	앞의 15가지 항목으로 구분 불능 시 상해 명칭을 기재할 것

09 산업안전보건법령에 따른 근로자 안전보건교육 중 건설업 기초안전 · 보건교육 과정의 건설 일용근로자의 교육시간으로 옳은 것은?

① 1시간
② 2시간
③ 4시간
④ 6시간

 해설

근로자 안전보건교육 (산업안전보건법 시행규칙 별표 4)

교육과정	교육대상		교육시간
정기교육	사무직 종사 근로자		매반기 6시간 이상
	그 밖의 근로자	판매업무에 직접 종사하는 근로자	매반기 6시간 이상
		판매업무에 직접 종사하는 근로자 외의 근로자	매반기 12시간 이상
채용 시 교육	일용근로자 및 근로계약기간이 1주일 이하인 기간제근로자		1시간 이상
	근로계약기간이 1주일 초과 1개월 이하인 기간제근로자		4시간 이상
	그 밖의 근로자		8시간 이상
작업내용 변경 시 교육	일용근로자 및 근로계약기간이 1주일 이하인 기간제근로자		1시간 이상
	그 밖의 근로자		2시간 이상
특별교육	특별교육 대상 작업(단, 타워크레인을 사용하는 작업시 신호업무를 하는 작업은 제외)에 종사하는 일용근로자 및 근로계약기간이 1주일 이하인 기간제근로자		2시간 이상
	타워크레인을 사용하는 작업시 신호업무를 하는 일용근로자 및 근로계약기간이 1주일 이하인 기간제근로자		8시간 이상
	특별교육 대상 작업에 종사하는 근로자 중 일용근로자 및 근로계약기간이 1주일 이하인 기간제근로자를 제외한 근로자		－16시간 이상(최초 작업에 종사하기 전 4시간 이상 실시하고 12시간은 3개월 이내에서 분할하여 실시 가능) －단기간 작업 또는 간헐적 작업인 경우에는 2시간 이상
건설업 기초 안전 · 보건교육	건설 일용근로자		4시간 이상

10 매슬로우(Maslow)의 욕구단계 이론 중 제3단계로 옳은 것은?

① 생리적 욕구
② 안전에 대한 욕구
③ 존경과 긍지에 대한 욕구
④ 사회적(애정적) 욕구

 해설

매슬로우(Abraham H. Maslow)의 욕구 5단계
- 1단계 : 생리적 욕구(기아, 갈증, 호흡, 배설, 성욕 등)
- 2단계 : 안전의 욕구(안전을 구하고자 하는 욕구)
- 3단계 : 사회적 욕구(애정, 소속에 대한 욕구)
- 4단계 : 인정받으려는 욕구(자존심, 명예, 성취, 지위에 대한 욕구)
- 5단계 : 자아실현의 욕구(잠재적인 능력을 실현하고자 하는 욕구)

11 산업안전보건법령에 따른 안전검사 대상 기계등에 해당하지 않는 것은?

① 산업용 원심기
② 이동식 국소 배기장치
③ 롤러기(밀폐형 구조는 제외)
④ 크레인(정격 하중이 2톤 미만인 것은 제외)

 해설

산업안전보건법 시행령 제78조(안전검사대상기계등) ① 법 제93조제1항 전단에서 "대통령령으로 정하는 것"이란 다음 각 호의 어느 하나에 해당하는 것을 말한다.
1. 프레스
2. 전단기
3. 크레인(정격 하중이 2톤 미만인 것은 제외한다)
4. 리프트
5. 압력용기
6. 곤돌라
7. 국소 배기장치(이동식은 제외한다)
8. 원심기(산업용만 해당한다)
9. 롤러기(밀폐형 구조는 제외한다)
10. 사출성형기[형 체결력(型 締結力) 294킬로뉴턴(KN) 미만은 제외한다]
11. 고소작업대(「자동차관리법」 제3조제3호 또는 제4호에 따른 화물자동차 또는 특수자동차에 탑재한 고소작업대로 한정한다)
12. 컨베이어
13. 산업용 로봇
14. 혼합기(※2026년 6월 26일부터 적용)
15. 파쇄기 또는 분쇄기(※2026년 6월 26일부터 적용)

12 작업을 하고 있을 때 걱정거리, 고민거리, 욕구불만 등에 의해 다른데 정신을 빼앗기는 부주의 현상은?

① 의식의 중단   ② 의식의 우회
③ 의식의 과잉   ④ 의식수준의 저하

 해설

부주의 현상
• 의식의 단절 : 지속적인 의식의 흐름에 단절이 생기고 공백의 상태가 나타나는 것으로서 특수한 질병이 있는 경우에 나타난다.(의식수준 : Phase 0 상태)
• 의식의 우회 : 의식의 흐름이 옆으로 빗나가 발생하는 경우로서 작업도중의 걱정, 고뇌, 욕구 불만 등에 의해 다른 것이 주의하는 것이 이에 속한다.(의식수준 : Phase 0 상태)
• 의식수준의 저하 : 혼미한 정신상태에서 심신이 피로할 경우나 단조로운 작업 등의 경우에 일어나기 쉽다.(의식수준 : Phase Ⅰ이하 상태)
• 의식의 과잉 : 지나친 의욕에 의해서 생기는 부주의 현상으로서 돌발사태 및 긴급이상 사태시 순간적으로 긴장되고 의식이 한 방향으로만 쏠리게 되는 경우가 이에 해당된다.(의식수준 : Phase Ⅳ상태)

13 모랄 서베이(Morale Survey)의 주요방법 중 태도조사법에 해당하는 것은?

① 사례연구법   ② 관찰법
③ 실험연구법   ④ 면접법

- 태도조사법(의견조사) : 질문지법, 면접법, 집단토의법, 투사법(Projective Technique)등에 의해 의견을 조사하는 방법
- 모랄 서베이의 주요방법
  - 통계에 의한 방법: 사고 상해율, 생산고, 결근, 지각, 조퇴, 이직 등을 분석하여 파악하는 방법
  - 사례연구법: 경영 관리상의 여러 가지 제도에 나타나는 사례에 대해 케이스 스터디(case study)로써 현상을 파악하는 방법
  - 관찰법: 종업원의 근무 실태를 계속 관찰함으로서 문제점을 찾아내는 방법
  - 실험연구법: 실험그룹(test group)과 통제그룹(control group)으로 나누고 정황, 자극을 주어 태도 변화 여부를 조사하는 방법
  - 태도조사법(의견조사) : 질문지법, 면접법, 집단토의법, 투사법(Projective Technique) 등에 의해 의견을 조사하는 방법

14 보호구 안전인증 고시에 따른 안전화 정의 중 다음 ( ) 안에 알맞은 것은?

> 중작업용 안전화란 (㉠) mm의 낙하높이에서 시험했을 때 충격과 (㉡ ±0.1) KN의 압축하중에서 시험했을 때 압박에 대하여 보호해 줄 수 있는 선심을 부착하여, 착용자를 보호하기 위한 안전화를 말한다.

① ㉠ 250, ㉡ 4.4
② ㉠ 500, ㉡ 10
③ ㉠ 750, ㉡ 7.5
④ ㉠ 1000, ㉡ 15

안전화의 종류

- 중작업용 안전화 : 1,000mm의 낙하높이에서 시험했을 때 충격과 (15.0 ±0.1)킬로뉴턴(KN)의 압축하중에서 시험했을 때 압박에 대하여 보호해 줄 수 있는 선심을 부착하여, 착용자를 보호하기 위한 안전화를 말한다.
- 보통작업용 안전화 : 500mm의 낙하높이에서 시험했을 때 충격과 (10.0 ±0.1)킬로뉴턴(KN)의 압축하중에서 시험했을 때 압박에 대하여 보호해 줄 수 있는 선심을 부착하여, 착용자를 보호하기 위한 안전화를 말한다.
- 경작업용 안전화 : 250mm의 낙하높이에서 시험했을 때 충격과 (4.4 ±0.1)킬로뉴턴(KN)의 압축하중에서 시험했을 때 압박에 대하여 보호해 줄 수 있는 선심을 부착하여, 착용자를 보호하기 위한 안전화를 말한다.

15 보호구 안전인증 고시에 따른 다음 방진 마스크의 형태로 옳은 것은?

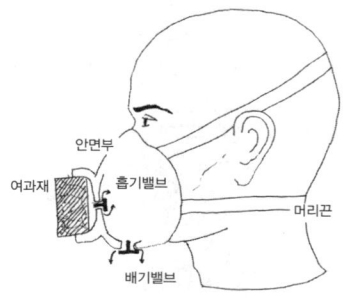

① 격리식 반면형
② 직결식 반면형
③ 격리식 전면형
④ 직결식 전면형

방진마스크의 형태

격리식 전면형	직결식 전면형	격리식 반면형	직결식 반면형	안면부 여과식

16 산업안전보건법령에 따른 교육대상별 교육내용 중 근로자 정기교육 내용이 아닌 것은?(단, 산업안전보건법 및 일반관리에 관한 사항은 제외한다.)

① 산업재해보상보험 제도에 관한 사항

② 산업보건 및 건강장해 예방에 관한 사항

③ 유해 · 위험 작업환경 관리에 관한 사항

④ 작업공정의 유해 · 위험과 재해 예방대책에 관한 사항

근로자 정기교육(산업안전보건법 시행규칙 별표 5)

• 산업안전 및 산업재해 예방에 관한 사항(화재·폭발 사고 발생 시 대피에 관한 사항 포함)

• 산업보건 및 건강장해 예방에 관한 사항(폭염·한파작업으로 인한 건강장해 발생 시 응급조치에 관한 사항 포함)

• 위험성 평가에 관한 사항

• 건강증진 및 질병 예방에 관한 사항

• 유해 · 위험 작업환경 관리에 관한 사항

• 산업안전보건법령 및 산업재해보상보험 제도에 관한 사항

• 직무스트레스 예방 및 관리에 관한 사항

• 직장 내 괴롭힘, 고객의 폭언 등으로 인한 건강장해 예방 및 관리에 관한 사항

17 산업안전보건법령에 따른 안전보건표지 중 금지표지의 종류가 아닌 것은?

① 금연

② 물체이동금지

③ 접근금지

④ 차량통행금지

금지표지의 종류(산업안전보건법 시행규칙 별표 6)

101 출입금지	102 보행금지	103 차량통행금지	104 사용금지	105 탑승금지	106 금연	107 화기금지	108 물체이동금지

18 다음에서 설명하는 착시 현상과 관계가 깊은 것은?

> 그림에서 선 ab 와 선 cd 는 그 길이가 동일한 것이지만, 시각적으로는 선 ab 가 선 cd 보다 길어 보인다.

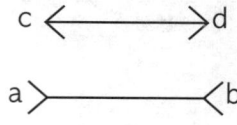

① 헬몰쯔의 착시
② 쾰러의 착시
③ 뮐러-라이어의 착시
④ 포겐 도르프의 착시

자주 거론되는 착시현상
- 뮐러-라이어(Müller–Lyer)의 착시 : 두 선분의 양끝에 방향이 반대인 화살표로 만들면, 두 선분의 길이가 달라 보인다.
- 헤링(Hering)의 착시 : 평행한 두 수직선이 사선의 영향으로 가운데 부분이 바깥쪽으로 휘어 보이는 현상을 말한다.
- 분트(Wundt) 착시 : 길이가 같은 두 개의 직선이 수직을 이루고 있을 때, 수직선이 수평선이 더 길게 느껴진다.
- 포겐도르프(Poggendorf)의 착시 : 평행하는 두 선분에 다른 선분(사선)을 엇갈리게 교차시킨 다음 평행선 안쪽의 사선 부분을 제거하면 평행선 바깥의 두 사선 부분이 어긋난(동일선 상에 있지 않은) 것처럼 보이는 현상이다.

19 OJT(On the Job Training) 교육방법에 대한 설명으로 옳은 것은?

① 교육훈련 목표에 대한 집단적 노력이 흐트러질 수 있다.
② 다수의 근로자에게 조직적 훈련이 가능하다.
③ 직장의 실정에 맞게 실제적 훈련이 가능하다.
④ 전문가를 강사로 초빙 가능하다.

OJT와 off JT의 특징

OJT	off JT
• 개개인에게 적합한 지도훈련이 가능 • 직장의 실정에 맞는 실체적 훈련 • 훈련에 필요한 업무의 계속성 • 즉시 업무에 연결되는 관계로 신체와 관련 • 효과가 곧 업무에 나타나며 훈련의 좋고 나쁨에 따라 개선이 용이 • 교육을 통한 훈련 효과에 의해 상호 신뢰이해도가 높아짐	• 다수의 근로자에게 조직적 훈련이 가능 • 훈련에만 전념 • 특별 설비 기구를 이용 • 전문가를 강사로 초청 • 각 직장의 근로자가 많은 지식이나 경험을 교류 • 교육 훈련 목표에 대해서 집단적 노력이 흐트러 질 수 도 있음

20 학습지도의 형태 중 몇 사람의 전문가에 의하여 과제에 관한 견해가 발표된 뒤 참가자로 하여금 의견이나 질문을 하게 하여 토의하는 방법은?

① 패널 디스커션(panel discussion)
② 심포지엄(symposium)
③ 포럼(forum)
④ 버즈 세션(buzz session)

토의(회의)방식
- 포럼(Forum, 공개토론회) : 새로운 자료나 교재를 제시하고 거기서의 문제점을 피교육자로 하여금 제기하도록 하거나 의견을 여러 가지 방법으로 발표하게 하고 다시 깊이 파고들어 토의를 행하는 방법
- 심포지엄(Symposium) : 몇 사람의 전문가에 의하여 과제에 관한 견해를 발표한 뒤 참가자로 하여금 의견이나 질문을 하게 하여 토의하는 방법
- 패널 디스커션(Panel Discussion) : 패널 멤버(교육과제에 정통한 전문가 4~5명)가 피교육자 앞에서 자유로이 토의를 하고 뒤에 피교육자 전원이 참가하여 사회자의 사회에 따라 토의하는 방법
- 대화(Colloquy) : 패널 디스커션(Panel Discussion)의 변형으로 패널 멤버 외에 참석자의 대표를 선출하여 질의응답의 형태로 실시되는 것
- 버즈 세션(Buzz Session) : 6-6 회의라고도 하며, 먼저 사회자와 기록계를 선출한 후 나머지 사람은 6명씩의 소집단으로 구분하고, 소집단별로 각각 사회자를 선발하여 6분간씩 자유토의를 행하여 의견을 종합하는 방법

제 02 과목   인간공학 및 시스템안전공학

21 설계 강도 이상의 급격한 스트레스에 의해 발생하는 고장에 해당하는 것은?

① 초기고장   ② 우발고장
③ 마모고장   ④ 열화고장

고장의 유형
- 초기고장 : 감소형(Debugging 기간, Burning 기간)
- 우발고장 : 일정형
  - 사용자 과오
  - 안전계수가 낮음
  - 강도가 예상치보다 낮음
  - 디버깅 중 발견되지 않는 고장
  - 가혹한 사용
  - 스트레스가 예상치보다 큼
  - 최선의 검사방법으로 탐지되지 않는 고장
  - PM에 의해서도 예방될 수 없는 고장
- 마모고장 : 증가형(Burn In 기간)

22 다음 FT에서 G_1의 발생확률은?

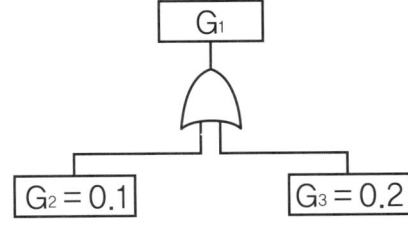

① 0.02
② 0.28
③ 0.98
④ 0.72

$G_1 = 1 - (1 - 0.1)(1 - 0.2) = 0.28$

23 어떤 상황에서 정보 전송에 따른 표시장치를 선택하거나 설계할 때, 청각장치를 주로 사용하는 사례로 맞는 것은?

① 메시지가 길고 복잡한 경우
② 메시지를 나중에 재참조하여야 할 경우
③ 메시지가 즉각적인 행동을 요구하는 경우
④ 신호의 수용자가 한 곳에 머무르고 있는 경우

 해설

청각장치와 시각장치의 선택(특정 감각의 선택)

구분	청각장치 사용	시각장치 사용
전언	• 전언이 간단하고 짧다.	• 전언이 복잡하고 길다.
재참조	• 전언이 후에 재참조 되지 않는다.	• 전언이 후에 재참조 된다.
사상(Eevent)	• 전언이 즉각적인 사상을 이룬다.	• 전언이 공간적인 위치를 다룬다.
행동 요구	• 전언이 즉각적인 행동을 요구한다.	• 전언이 즉각적인 행동을 요구하지 않는다.
사용시기	• 수신자의 시각계통이 과부하 상태일 때 • 수신 장소가 너무 밝거나 암조응 유지가 필요할 때 • 직무상 수신자가 자주 움직이는 경우	• 수신자가 청각계통이 과부하 상태일 때 • 수신 장소가 너무 시끄러울 때 • 직무상 수신자가 한곳에 머무르는 경우

24 FT도 작성에 사용되는 기호에서 그 성격이 다른 하나는?

① ▭

② ◯

③ ⌂

④ ⌓

 해설

FTA 도표에 사용하는 논리기호

명칭	기호	명칭	기호
결함사상	▭	전이 기호 (이행 기호)	△ (in)　△ (out)
기본사상	◯	AND gate	출력 ⌓ 입력

				출력
생략사상 (추적 불가능한 최후사상)	◇	OR gate		입력
통상사상 (家刑事像)	⌂	수정기호 조건	출력 ─ 조건	입력

25 중추신경계의 피로 즉, 정신피로의 척도로 사용되는 것으로서 점멸률을 점차 증가(감소)시키면서 피실험자가 불빛이 계속 켜져 있는 것으로 느끼는 주파수를 측정하는 방법은?

① VFF
② EMG
③ EEG
④ MTM

 해설

VFF(시각적 점멸 융합 주파수)에 영향을 주는 변수

- VFF는 조명강도의 대수치에 선형적으로 비례한다.
- 시표(視標)와 주변의 휘도가 같을 때에 VFF는 최대가 된다.
- 휘도만 같으면 색은 VFF에 영향을 주지 않는다.
- 암조응시는 VFF가 감소한다.
- VFF는 사람들 간에는 큰 차이가 있으나. 개인의 경우 일관성이 있다.
- 연습의 효과는 아주 적다.

26 거리가 있는 한 물체에 대한 약간 다른 상이 두 눈의 망막에 맺힐 때, 이것을 구별할 수 있는 능력은?

① vernier acuity
② stereoscopic acuity
③ dynamic visual acuity
④ minimum perceptible acuity

 해설

- 배열시력(vernier acuity) : 둘 혹은 그 이상의 물체들을 평면에 배열하여 놓고 그것이 일렬로 서 있는지의 여부를 판별하는 능력
- 입체시력(stereoscopic acuity) : 거리가 있는 한 물체에 대한 약간 다른 상이 두 눈의 망막에 맺힐 때 이것을 구별하는 능력
- 동체시력(dynamic visual acuity) : 움직이는 물체를 정확하고 빠르게 인지하는 능력
- 최소지각시력(minimum perceptible acuity) : 배경으로부터 한 점(가령 둥근 점)을 분간하는 능력

27 조작자와 제어버튼 사이의 거리, 조작에 필요한 힘 등을 정할 때, 가장 일반적으로 적용되는 인체측정자료 응용원칙은?

① 조절식 설계원칙
② 평균치 설계원칙
③ 최대치 설계원칙
④ 최소치 설계원칙

조작자와 제어버튼 사이의 거리, 조작에 필요한 힘 등을 정할 때는 가장 작고 적절한 크키의 거리와 힘을 기초로 설계하도록 한다.

28 인간이 느끼는 소리의 높고 낮은 정도를 나타내는 물리량은?

① 음압   ② 주파수
③ 지속시간   ④ 명료도

주파수가 높으면 소리는 높아지고, 주파수가 낮으면 소리 또한 낮아진다. 참고로 인간의 가청주파수 범위는 20~20000Hz 이며, 이에 따라 초음파의 기준은 20000Hz 이상을 의미한다.

29 인간-기계시스템에서 기본적인 기능에 해당하지 않는 것은?

① 감각 기능   ② 정보 저장 기능
③ 작업환경 측정 기능   ④ 정보처리 및 결정 기능

인간-기계 체계와 기능(임무 및 기본기능)
- 감지(Sensing)
- 정보보관(저장, Information Storage)
- 정보처리 및 의사결정(Information Processing and Decision)
- 행동기능(Acting Function)
- 입력 및 출력

30 기능적으로 분류한 전형적인 안전성 설계기준과 거리가 먼 것은?

① 수송설비   ② 기계시스템
③ 유연생산시스템   ④ 화기 또는 폭약시스템

유연생산시스템(Flexible Manufacturing System)은 생산성을 감소시키지 않으면서 여러 종류의 제품을 가공 처리할 수 있는 유연성이 큰 자동화 생산라인을 말한다. 특히, U자형 생산라인은 작업장이 밀집되어 있어 공간이 적게 소요되며 작업자의 이동이나 운반거리가 짧아 운반이 최소화되며 작업자들의 의사소통을 증가시키는 효과가 있다.

31 시스템 수명주기(Life Cycle) 단계에서 운용단계와 가장 거리가 먼 것은?

① 설계변경 검토
② 교육 훈련의 진행
③ 안전담당자의 사고조사 참여
④ 최종 생산물의 수용여부 결정

운전(운용, 배치) 단계
- 리스크 평가는 사고, 사건, 고장 등 사용중 발생하는 모든 문제들에 대한 추적 처리의 실시와 안전교육을 목적으로 한다.
- 이미 달성된 시스템 안전수준이 훼손되지 않는가를 확인하기 위하여, 기계·절차 등의 변경사항들을 대상으로 평가를 실시한다.
- 이 단계 동안 수행되는 유지보수절차 자체가 위험을 초래하지 않으며, 동시에 시스템의 안전수준을 훼손하지 않는다는 것을 보증하기 위하여 사용상황을 평가한다.
- 긴급조치와 훈련 프로그램들이 적절히 수행되었는가 보증하기 위하여, 프로그램의 절차들을 평가한다.
- 사용단계 중에 발생할 수 있는 사건 및 사고에 대하여 조사한다.
- 일반적인 평가기법으로는 운용 위험요인 분석(Operating hazard analysis, OHA) 기법이 적절하다.

32 동전던지기에서 앞면이 나올 확률이 0.2이고, 뒷면이 나올 확률이 0.8일때, 앞면이 나올 확률의 정보량과 뒷면이 나올 확률의 정보량이 맞게 연결된 것은?

① 앞면 : 약 2.32bit, 뒷면 : 약 0.32bit   ② 앞면 : 약 2.32bit, 뒷면 : 약 1.32bit
③ 앞면 : 약 3.32bit, 뒷면 : 약 0.32bit   ④ 앞면 : 약 3.32bit, 뒷면 : 약 1.52bit

- 앞면 $= \dfrac{\log\left(\dfrac{1}{0.2}\right)}{\log 2} = 2.32$ - 뒷면 $= \dfrac{\log\left(\dfrac{1}{0.8}\right)}{\log 2} = 0.32$

33 체계 설계 과정의 주요 단계가 다음과 같을 때, 가장 먼저 시행되는 단계는?

– 기본 설계	– 계면 설계
– 체계의 정의	– 촉진물 설계
– 시험 및 평가	– 목표 및 성능 명세 결정

① 기본 설계   ② 계면 설계
③ 체계의 정의   ④ 목표 및 성능 명세 결정

체계설계의 과정은 "목표 및 성능 명세 결정 → 체계의 정의 → 기본 설계 → 계면 설계 → 촉진물 설계 → 시험 및 평가"의 순서로 진행된다.

34 상황해석을 잘못하거나 목표를 착각하여 행하는 인간의 실수는?

① 착오(Mistake)   ② 실수(Slip)
③ 건망증(Lapse)   ④ 위반(Violation)

- 착오(Mistake) : 상황해석을 잘못하거나 목표를 잘못 이해하고 착각하여 행하는 경우
- 실수(Slip) : 상황이나 목표의 해석은 제대로 했으나 의도와는 다른 행동을 하는 경우
- 건망증(Lapse) : 여러 과정이 연계적으로 일어나는 행동 중에서 일부를 잊어버리고 수행하지 않거나 또는 기억의 실패에 의해 발생하는 경우
- 위반(Violation) : 정해진 규칙을 알고 있음에도 고의로 따르지 않거나 무시하는 행위

35 사고 시나리오에서 연속된 사건들의 발생경로를 파악하고 평가하기 위한 귀납적이고 정량적인 시스템안전 분석기법은?

① ETA ② FMEA
③ PHA ④ THERP

- ETA(Event Tree Analysis) : 사상(事象)의 안전도를 사용한 시스템의 안전도를 나타내는 시스템 모델의 하나로써 귀납 적이고 정량적인 분석방법으로 재해의 확대요인을 분석하는데 적합한 방법
- FMEA(고장형태와 영향분석, Failure Modes and Effects Analysis) : 시스템 안전분석에 이용되는 전형적인 정성적, 귀납적 분석방법으로 시스템에 영향을 미치는 전체 요소의 고장을 형별로 분석하여 그 영향을 검토하는 것
- PHA(예비위험분석, Preliminary Hazards Analysis) : 대부분 시스템안전 프로그램에 있어서 최초 단계의 분석으로 시스템 내의 위험한 요소가 얼마나 위험한 상태에 있는가를 정성적으로 평가
- THERP(Technique of Human Error Rate Prediction) : 인간의 과오(Human Error)를 정량적으로 평가하기 위하여 개발된 기법

36 신체와 환경 간의 열교환 과정을 바르게 나타낸 식은?(단, W는 수행한 일, M은 대사열발생량, S는 열함량 변화, R은 복사 열교환량, C는 대류 열교환량, E는 증발 열발산량, Clo는 의복의 단열률이다.)

① $W = (M + S) \pm R \pm C - E$
② $S = (M - W) \pm R \pm C - E$
③ $W = Clo \times (M - S) \pm R \pm C - E$
④ $S = Clo \times (M - W) \pm R \pm C - E$

S(열축적) = M(대사열) − E(증발) − W(한 일) ± R(복사 ± C(대류)

37 조정장치를 15mm 움직였을 때 표시계기의 지침이 25mm 움직였다면 이 기기의 C/R비는?

① 0.4 ② 0.5
③ 0.6 ④ 0.7

$$C/D비 = \frac{통제기기의\ 변위량}{표시기기의\ 변위량} = \frac{15}{25} = 0.6$$

38 결함수 분석을 적용할 필요가 없는 경우는?

① 여러 가지 지원 시스템이 관련된 경우
② 시스템의 강력한 상호작용이 있는 경우
③ 설계특성상 바람직하지 않은 사상이 시스템에 영향을 주지 않는 경우
④ 바람직하지 않은 사상 때문에 하나 이상의 시스템이나 기능이 정지될 수 있는 경우

결함수 분석법은 잠재위험을 효율적으로 분석하기 위한 방법으로 연역적, 정량적 평가를 이용하며, 복잡하고 대형화된 시스템 의 분석에 사용한다.

39 반사 눈부심을 최소화하기 위한 옥내 추천반사율이 높은 순서대로 나열한 것은?

① 천정 〉 벽 〉 가구 〉 바닥
② 천정 〉 가구 〉 벽 〉 바닥
③ 벽 〉 천정 〉 가구 〉 바닥
④ 가구 〉 천정 〉 벽 〉 바닥

 해설

옥내 최적 반사율

• 천정 : 80~90%
• 벽, 창문 발(Blind) : 40~60%
• 가구, 사무용기기, 책상 : 25~45%
• 바닥 : 20~40%

40 수평 작업대에서 윗팔과 아래팔을 곧게 뻗어서 파악할 수 있는 작업 영역은?

① 작업 공간 포락면
② 정상 작업 영역
③ 편안한 작업 영역
④ 최대 작업 영역

 해설

수평 작업대의 작업영역

• 정상 작업 영역 : 전완(아래팔, 팔꿈치부터 손목)을 자연스럽게 늘어뜨린 채 편하게 뻗어 파악할 수 있는 구역, 약 34 ~ 45cm
• 최대 작업 영역 : 전완과 상완(위팔, 어깨에서 팔꿈치)을 곧게 펴서 파악할 수 있는 구역, 약 55~65cm

---

제 **03** 과목　　건설시공학

41 건설시공분야의 향후 발전방향으로 옳지 않은 것은?

① 친환경 시공화
② 시공의 기계화
③ 공법의 습식화
④ 재료의 프리패브(pre-fab)화

 해설

습식공법은 기후, 작업환경 등의 제약에 따라 점점 줄어들고있는 추세이다.

42 건축공사의 일반적인 시공순서로 가장 알맞은 것은?

① 토공사 → 방수공사 → 철근콘크리트공사 → 창호공사 → 마무리 공사
② 토공사 → 철근콘크리트공사 → 창호공사 → 마무리 공사 → 방수공사
③ 토공사 → 철근콘크리트공사 → 방수공사 → 창호공사 → 마무리 공사
④ 토공사 → 방수공사 → 창호공사 → 철근콘크리트공사 → 마무리 공사

43 철골공사의 용접결함에 해당되지 않는 것은?

① 언더컷
② 오버랩
③ 가우징
④ 블로우홀

 해설

용접상 결함의 종류

종류	설명
균열, 터짐(Crack)	가장 중대한 결함
오버랩(Over-Lap)	용접 금속과 모재가 융합되지 않고 겹쳐지는 것
블로우 홀(Blow Hole)	용접 내부에 공기(가스)구멍을 형성한 결함
슬래그(Slag) 감싸돌기	용접 찌꺼기가 용착금속 내에 혼입되는 것
언더 컷(Under cut)	모재가 녹아 용착금속이 채워지지 않고 홈으로 남게 된 부분
피트(Pit)	용접 표면에 흠집이 생긴 것
슬래그(Slag) 섞임	용착금속 내에 슬래그가 혼입되는 것
용입부족	모재가 녹지 않고 용착금속이 채워지지 않고 홈으로 남는 것
크레이터(Crater)	용접 시 끝부분에 우묵하게 파진 부분
피시아이(Fish eye)	용접부에 생기는 은색 반점

44 토질시험을 흙의 물리적 성질시험과 역학적 성질시험으로 구분할 때 물리적 성질시험에 해당되지 않는 것은?

① 직접전단시험
② 비중시험
③ 액성한계시험
④ 함수량시험

 해설

• 물리적 성질시험 : 흙의 판별분류, 흙입자 비중, 함수비, 입도, 컨시스턴스, 습윤단위중량, 상대밀도 등
• 역학적 성질시험 : 일축압축, 삼축압축, 직접전단, 압밀단위중량, 투수, 다짐, 지지력비
• 화학적 성질시험 : pH, 감열감량
• 현장 시험 : 현장단위중량, CBR, 재하, 사운딩

45 기존 건물의 파일 머리보다 깊은 건물을 건설할 때, 지하수면의 이동이 일어나거나 기존 건물 기초의 침하나 이동이 예상될 때 지하에 실시하는 보강공법은?

① 리버스 서큘레이션 공법
② 프리보링 공법
③ 베노토 공법
④ 언더피닝 공법

 해설

언더피닝(Under pinning) 공법 : 기존 건물 또는 공작물의 기초나 지정을 보강하거나 또는 거기에 새로운 기초를 삽입하거나 지지면을 더 깊은 지반에 옮겨 안전하게 하기 위한 지반 개량 공법중 하나이다.

46 거푸집 내에 자갈을 먼저 채우고, 공극부에 유동성이 좋은 모르타르를 주입해서 일체의 콘크리트가 되도록 한 공법은?

① 수밀 콘크리트

② 진공 콘크리트

③ 숏크리트

④ 프리팩트 콘크리트

해설

프리팩트 콘크리트(Prepacked Concrete)
- 짜놓은 거푸집 내에 굵은 골재를 채워 넣고 미리 설치해 놓은 파이프를 통해 특수 모르타르를 주입하여 만드는 콘크리트이다.
- 주입 콘크리트라고도 하며, 구조체의 보수공사나 프리패브공사 및 수중 콘크리트공사 등에 사용된다.

47 굳지 않은 콘크리트의 품질측정에 관한 시험이 아닌 것은?

① 슬럼프 시험

② 블리딩 시험

③ 공기량 시험

④ 블레인 공기투과 시험

해설

블레인 공기투과 시험은 시멘트의 분말도를 측정하는 시험방법이다.

48 기초지반의 성질을 적극적으로 개량하기 위한 지반개량 공법에 해당하지 않는 것은?

① 다짐공법

② SPS공법

③ 탈수공법

④ 고결안정공법

해설

SPS공법(Strut as Permanent System)은 지지공법 중 버팀대방식인 가설 스트러스트(버팀대) 공법의 성능을 개선한 터파기 공법 중의 하나이다.

49 건설공사 원가 구성체계 중 직접공사비에 포함되지 않는 것은?

① 자재비

② 일반관리비

③ 경비

④ 노무비

해설

직접 공사비는 건물을 건축하는데 드는 순수 건축 공사비로 자재비, 노무비, 경비, 외주비 등으로 구성된다.

50 보통 콘크리트 공사에서 굳지 않은 콘크리트에 포함된 염화물량은 염소이온량으로서 얼마 이하를 원칙으로 하는가?

① 0.2kg/m³

② 0.3kg/m³

③ 0.4kg/m³

④ 0.7kg/m³

해설

콘크리트의 염해는 염소이온의 침입으로 철근이 부식되어 콘크리트 구조체에 손상을 주는 현상으로 내구성이 저하되기 때문에 콘크리트에 포함된 염화물량은 염소이온량으로서 0.3kg/m³ 이하로 정하고 있다.

51 철근가공에 관한 설명으로 옳지 않은 것은?

① D35 이상의 철근은 산소절단기를 사용하여 절단한다.
② 유해한 휨이나 단면결손, 균열 등의 손상이 있는 철근은 사용하면 안된다.
③ 한번 구부린 철근은 다시 펴서 사용해서는 안된다.
④ 표준갈고리를 가공할 때에는 정해진 크기 이상의 곡률 반지름을 가져야 한다.

철근에 열처리를 가하면 강재의 성능이 변화하기 때문에 철근의 절단은 절단기를 사용하여야 하며, 산소(GAS)절단기로 절단해서는 안된다.

52 철근콘크리트 슬래브의 배근 기준에 관한 설명으로 옳지 않은 것은?

① 1방향 슬래브는 장변의 길이가 단변길이의 1.5배 이상되는 슬래브이다.
② 건조수축 또는 온도변화에 의하여 콘크리트 균열이 발생하는 것을 방지하기 위해 수축·온도 철근을 배근한다.
③ 2방향 슬래브는 단변방향의 철근을 주근으로 본다.
④ 2방향 슬래브는 주열대와 중간대의 배근방식이 다르다.

1방향 슬래브는 장변의 길이가 단변길이의 2배 이상되는 슬래브이다.

53 기계가 서있는 위치보다 낮은 곳, 넓은 범위의 굴착에 주로 사용되며 주로 수로, 골재 채취에 많이 이용되는 기계는?

① 드래그 셔블
② 드래그 라인
③ 로더
④ 케리올 스크레이퍼

굴착용 기계의 종류 및 특징

구분	굴착기계	특징	토질
셔블계	파워셔블	지반면보다 높은 곳의 굴착, 쇄석 옮겨쌓기, 토사의 처리 등에 널리 쓰인다.	굳은 점토, 암석, 토사
	드래그셔블 (백호우)	지반면보다 낮은 곳의 굴착, 지하층 및 기초 굴삭, 토목공사나 수중굴착 등에 쓰인다(지하 6m 정도의 깊이).	자갈, 암석이 섞인 토사, 굳은 지반
	드래그라인	지반면보다 낮은 곳의 굴착, 토사를 긁어 모음, 연약한 지반의 깊은 곳 굴착 등에 쓰인다(지하 8m 정도의 깊이).	암석, 암석이 섞인 토사, 연약한 지반
	클램셀	좁은 곳의 수직굴착, 자갈 등의 적재, 연약한 지반이나 수중굴착 등에 쓰인다.	자갈, 암석, 연약한 지반
트랙터계	불도저	직선송토작업, 단단한 지반과 암석작업 등에 널리 쓰인다.	암석, 굳은 지반

54 콘크리트 타설작업시 진동기를 사용하는 가장 큰 목적은?

① 재료분리 방지
② 작업능률 증진
③ 경화작용 촉진
④ 콘크리트 밀실화 유지

콘크리트 타설작업시 진동기를 사용하는 가장 큰 목적은 콘크리트의 밀실화를 유지하킹 위한 것이다. 다만, 지나친 진동기 사용은 재료분리를 일으킬 수 있으므로 적절히 사용하여야 한다.

55 시트 파일(sheet pile)이 쓰이는 공사로 옳은 것은?

① 마감공사   ② 구조체공사
③ 기초공사   ④ 토공사

시트 파일은 토목ㆍ건축공사에서 물막이, 흙막이 등을 위해 사용된다.

56 바닥판, 보 밑 거푸집 설계에서 고려하는 하중에 속하지 않는 것은?

① 굳지 않은 콘크리트 중량   ② 작업하중
③ 충격하중   ④ 측압

거푸집 설계시의 수직하중

콘크리트의 종류	콘크리트의 중량	
	무근 콘크리트	철근 콘크리트
보통콘크리트	2.3t/m³	2.4t/m³
경량콘크리트	1.7~2.0t/m³ (보통 1.9)	
중량콘크리트	3.2~4.0t/m³ (보통 3.5)	

※ 거푸집의 수직방향으로 작용하는 적재하중, 충격하중, 고정하중 및 작업하중의 합으로 한다.

57 철골공사에서 현장 용접부 검사 중 용접 전 검사가 아닌 것은?

① 비파괴 검사   ② 개선 정도 검사
③ 개선면의 오염 검사   ④ 가부착 상태 검사

비파괴 검사는 용접을 완료한 후 용접의 상태를 검사하기 위해 실시하는 검사이다.

58 콘크리트의 공기량에 관한 설명으로 옳은 것은?

① 공기량은 잔골재의 입도에 영향을 받는다.
② AE제의 양이 증가할수록 공기량은 감소하나 콘크리트의 강도는 증대한다.
③ 공기량은 비빔 초기에는 기계비빔이 손비빔의 경우보다 적다.
④ 공기량은 비빔시간이 길수록 증가한다.

AE 공기량이 감소하는 경우

- 온도가 높을수록
- 비벼놓은 시간이 길수록
- 진동을 주었을 경우
- 잔골재의 미립분이 적을수록(AE 공기량은 자갈입도보다 모래입도에 영향을 많이 받는다.)
- 기계비빔보다 손비빔 일수록

59 콘크리트 타설 시 거푸집에 작용하는 측압에 관한 설명으로 옳은 것은?

① 타설속도가 빠를수록 측압이 작아진다.
② 철골 또는 철근량이 많을수록 측압이 커진다.
③ 온도가 높을수록 측압이 작아진다.
④ 슬럼프가 작을수록 측압이 커진다.

콘크리트의 측압이 커지는 조건

- 기온이 낮을수록(대기 중의 습도가 낮을수록)
- 치어붓기 속도가 클수록
- 굵은 콘크리트 일수록(물·시멘트비가 클수록 슬럼프값이 클수록 시멘트·물비가 적을수록
- 콘크리트의 비중이 클수록
- 콘크리트의 다지기가 강할수록
- 철근의 양이 적을수록
- 거푸집의 수밀성이 높을수록
- 거푸집의 수평단면이 클수록(벽 두께가 클수록)
- 거푸집의 강성이 클수록
- 거푸집의 표면이 매끄러울수록
- 측압은 생콘크리트의 높이가 높을수록 커지나 일정한 높이에 이르면 측압의 증가는 없음

60 공동도급의 장점 중 옳지 않은 것은?

① 공사이행의 확실성을 기대할 수 있다.
② 공사수급의 경쟁완화를 기대할 수 있다.
③ 일식도급보다 경비 절감을 기대할 수 있다.
④ 기술, 자본 및 위험 등의 부담을 분산시킬 수 있다.

공동도급(Joint Venture Contract)

• 복수 참가자가 독립된 공동체를 작성하고 공동출자하며 공동관리권을 가지며, 특정한 공사를 목적으로 하는 것으로 공동의 영리를 목적으로 한다.
• 이윤의 증대는 없지만 상호보증으로 인해 융자력이 증대되며 위험부담이 분산된다.
• 단일회사의 경우보다 간접비가 많이 발생하여 공사비가 증대되고, 구성원 상호간의 불일치로 혼란이 초래될 수 있다.

제 **04** 과목 건설재료학

61 돌로마이트 플라스터에 관한 설명으로 옳지 않은 것은?

① 소석회에 비해 점성이 높다.
② 풀이 필요하지 않아 변색, 냄새, 곰팡이가 없다.
③ 회반죽에 비하여 조기강도 및 최종강도가 작다.
④ 건조수축이 크기 때문에 수축균열이 발생한다.

돌로마이트 플라스터

• 돌로마이트 석회(라그네시아 석회)에 모래, 여물 등을 혼합한 것으로 기경성재료에 해당되며, 대기중의 이산화탄소(CO_2)와 화합하여 경화된다.
• 점도가 크고 응결시간이 길다.
• 회반죽보다 강도가 크다.
• 건조경화시에 균열이 생기기 쉽고 물에 약하다.

62 강의 물리적 성질 중 탄소함유량이 증가함에 따라 나타나는 현상으로 옳지 않은 것은?

① 비중이 낮아진다.
② 열전도율이 커진다.
③ 팽창계수가 낮아진다.
④ 비열과 전기저항이 커진다.

탄소함유량이 증가함에 따라 비중과 선팽창계수는 감소하며, 비열, 전기저항, 보자력 등은 증가한다.
반면 내식성은 저하된다.

63 벽돌면 내벽의 시멘트 모르타르 바름두께 표준으로 옳은 것은?

① 24 mm
② 18 mm
③ 15 mm
④ 12 mm

모르타르의 배합 및 바름두께

바탕	바름부분	바름회수	초벌(mm)	재벌(mm)	정벌(mm)	계(mm)
콘크리트 블럭 및 벽돌면	바닥	1	–	–	24 ~ 60	24 ~ 60
	내벽	3	7	7	4	18
	외벽	3	7 ~ 9	7 ~ 9	4 ~ 6	18 ~ 24
	천정	3	6	6	3	15
보호 모르타르		1	–	–	12 ~ 24	12 ~ 24

64 목면 · 마사 · 양모 · 폐지 등을 원료로 하여 만든 원지에 스트레이트 아스팔트를 가열 · 용융하여 충분히 흡수시켜 만든 방수지로 주로 아스팔트 방수 중간층재로 이용되는 것은?

① 콜타르
② 아스팔트 프라이머
③ 아스팔트 펠트
④ 합성 고분자 루핑

아스팔트 펠트(Asphalt felt)
- 펠트(Felt)상으로 만든 원지에 연질의 스트레이트 아스팔트를 침투시켜 로울러로 압착하여 제조
- 아스팔트 방수 중간층 재료, 내 · 외벽 라스, 모르타르 바탕의 방수에 사용

65 초속경시멘트의 특징에 관한 설명으로 옳지 않은 것은?

① 주수 후 2~3시간 내에 100kgf/cm² 이상의 압축강도를 얻을 수 있다.
② 응결시간이 짧으나 건조수축이 매우 큰 편이다.
③ 긴급공사 및 동절기 공사에 주로 사용된다.
④ 장기간에 걸친 강도증진 및 안정성이 높다.

초속경 시멘트
- 물과 반죽하면 에트린자이트라는 수화광물을 형성하여 급속한 강도 발현 및 수화열을 발생시킬 뿐 아니라 클링커 속의 알리아트(Allite) 조성을 증대시켜 분말도를 높이고 석고성분을 많이 첨가한 시멘트를 말한다.
- 재령 1일로 조강시멘트의 3일 강도를 나타낸다(one day 시멘트).
- 단시간에 강도를 나타내는 시멘트이다(one hour 시멘트).

66 석고플라스터의 일반적인 특성에 관한 설명으로 옳지 않은 것은?

① 해초풀을 섞어 사용한다.
② 경화시간이 짧다.
③ 신축이 적다.
④ 내화성이 크다.

석고플라스터
- 석고에 풀 등의 접착제, 응결시간조절제, 혼화제 등을 혼합한 것으로 벽, 천정 등에 사용하는 수경성 미장재료이다.

• 경화시간이 짧고 신축이 적으며 내화성이 크다.

67 ALC 제품의 특성에 관한 설명으로 옳지 않은 것은?

① 흡수성이 크다. ② 단열성이 크다.
③ 경량으로서 시공이 용이하다. ④ 강알칼리성이며 변형과 균열의 위험이 크다.

ALC(Autoclaved Lightweight Concrete) 제품

• 규사, 생석회, 시멘트 등에 발포제인 알루미늄 분말과 기포 안정제를 넣어 고온, 고압증기양생을 거쳐 제조하는 기포 콘크리트의 일종이다.
• 경량이며, 단열성능이 우수하다.
• 내화성능, 흡음성능, 방음성능이 우수하며, 열전도율이 적다.
• 제품의 변형, 균열이 없으며 가공성이 우수하다.

68 어떤 목재의 전건비중을 측정해 보았더니 0.77이었다. 이 목재의 공극율은?

① 25% ② 37.5%
③ 50% ④ 75%

$$공극율 = 1 - \frac{전건비중}{1.50} \times 100 = 1 - \frac{0.77}{1.50} \times 100 = 48.667 ≒ 50\%$$

69 골재의 입도분포가 적정하지 않을 때 콘크리트에 나타날 수 있는 현상으로 옳지 않은 것은?

① 유동성, 충전성이 불충분해서 재료분리가 발생할 수 있다.
② 경화콘크리트의 강도가 저하될 수 있다.
③ 콘크리트의 곰보 발생의 원인이 될 수 있다.
④ 콘크리트의 응결과 경화에 크게 영향을 줄 수 있다.

입도분포가 양호한 골재는 실적률이 높고 시멘트 페이스트량이 적게드나 콘크리트의 응결과 경화에는 큰 영향을 미치지 않는다.

70 목재에 관한 설명으로 옳지 않은 것은?

① 활엽수는 침엽수에 비해 경도가 크다.
② 제재 시 취재율은 침엽수가 높다.
③ 생재를 건조하면 수축하기 시작하고 함수율이 섬유포화점 이하로 되면 수축이 멈춘다.
④ 활엽수는 침엽수에 비해 건조시간이 많이 소요되는 편이다.

섬유포화점 이하에서 함수율이 감소하면 목재의 치수가 감소하는데 목재의 방향에 따라서 수축율이 서로 다르기 때문에 치수의 감소 정도가 방향에 따라서 차이를 나타낸다.

71 다음 합성수지 중 열가소성수지가 아닌 것은?

① 염화비닐수지　　　　　　　　② 페놀수지
③ 아크릴수지　　　　　　　　　　④ 폴리에틸렌수지

 해설

합성수지의 분류 및 주요 용도

분류	소분류	수지(약호)	용도
열가소성	범용수지	폴리에틸렌(PE)	필름, 시트, 성형품, 섬유
		폴리프로필렌(PP)	성형품, 필름, 파이프, 섬유
		폴리스틸렌(PS)	성형품, 발포재료, ABS수지
		염화비닐(PVC)	파이프, 호스, 시트, 판
		염화비닐리덴(PVDC)	필름, 섬유
		플로오르수지	내약품 기계부품
		아크릴수지	판, 성형품(건축재, 디스플레이)
		폴리아세트산 비닐수지	도료, 접착제, 츄잉검
열가소성	엔지니어링 플라스틱	폴리아미드수지	기계부품
		아세탈수지	기계부품
		폴리카보네이트(PC)	기계부품, 디스플레이
		폴리페닐렌옥사이드	전기 · 전자부품
		폴리에스테르	성형품, 판, 화장판, 필름
		폴리술폰	내열성형품, 전지 · 전자부품, 식품
		폴리이미드	내열성 필름, 접착제
열경화성		페놀수지	적층품(판), 성형품
		요소수지	접착제, 섬유, 종이 가공품
		멜라민수지	화장판, 도료
		알키드수지	도료
		불포화 폴리에스테르수지	FRP(성형품, 판)
		에폭시수지	도료, 접착제, 절연재
		규소수지	성형품(내열, 절연), 오일, 고무
		폴리우레탄수지	발포제, 합성피혁, 접착제

72 콘크리트 배합설계에 있어서 기준이 되는 골재의 함수상태는?

① 절건상태　　　　　　　　　　② 기건상태
③ 표건상태　　　　　　　　　　④ 습윤상태

표건상태는 골재입자의 표면에 물은 없으나 내부의 공극에는 물이 꽉 차있는 상태로 배합설계시 물의 배합량에 변화를 주지 않는 상태로 배합설계의 기준이 된다.

73 건설 구조용으로 사용하고 있는 각 재료에 관한 설명으로 옳지 않은 것은?

① 레진 콘크리트는 결합재로 시멘트, 폴리머와 경화제를 혼합한 액상 수지를 골재와 배합하여 제조 한다.
② 섬유보강콘크리트는 콘크리트의 인장강도와 균열에 대한 저항성을 높이고 인성을 대폭 개선시킬 목적으로 만든 복합재료이다.
③ 폴리머 함침 콘크리트는 미리 성형한 콘크리트에 액상의 폴리머원료를 침투시켜 그 상태에서 고결시킨 콘크리트이다.
④ 폴리머시멘트 콘크리트는 시멘트와 폴리머를 혼합하여 결합재로 사용한 콘크리트이다.

해설

레진 콘크리트는 수지를 결합제로 사용하고 골재와 충진제 그리고 철근을 원심력을 이용하여 성형한 것으로 시멘트콘크리트와 비교하여 압축 및 휨, 인장강도가 월등하여 두께가 얇아져 보다 경량화되고 평활한 제품을 만들 수 있다.

74 도료의 사용부위별 페인트를 연결한 것으로 옳지 않은 것은?

① 목재면 – 목재용 래커 페인트
② 모르타르면 – 실리콘 페인트
③ 외부 철재구조물 – 조합페인트
④ 내부 철재구조물 – 수성페인트

해설

일반 철재류의 상도용 도료로는 내부에는 에나멜 등의 조합 페인트가 가장 많이 사용된다.

75 판유리를 특수 열처리하여 내부 인장응력에 견디는 압축응력층을 유리 표면에 만들어 파괴강도를 증가시킨 유리는?

① 자외선투과유리
② 스테인드글라스
③ 열선흡수유리
④ 강화유리

해설

- 자외선투과유리 : 자외선의 투과도를 향상시킨 유리로 온실, 병원의 창 등에 사용되는 유리
- 스테인드글라스 : 각종 색유리의 작은 조각을 도안에 맞추어 절단하여 조합해서 만든 것으로 성당의 창 등에 사용되는 유리
- 열선흡수유리 : 보통 판유리에 미량의 금속산화물을 첨가하여 내부로 들어오는 태양열과 빛을 알맞게 차단시켜 주는 유리
- 강화유리 : 판유리를 특수 열처리하여 내부 인장응력에 견디는 압축응력층을 유리 표면에 만들어 파괴강도를 증가시킨 유리

76 콘크리트의 건조수축, 구조물의 균열방지를 주목적으로 사용되는 혼화재료는?

① 팽창재　　　　　　　　　② 지연제
③ 플라이애시　　　　　　　　④ 유동화제

 해설

팽창재(Expansive producing admixtures)는 콘크리트의 건조수축, 구조물의 균열 및 변형을 방지할 목적으로 사용되는 혼화 재료이다.

77 미장재료의 균열방지를 위해 사용되는 보강재료가 아닌 것은?

① 여물　　　　　　　　　　② 수염
③ 종려잎　　　　　　　　　　④ 강섬유

 해설

미장재료의 분류
- 고결재 : 미장 바름의 주체가 되는 재료(소석회, 점토, 돌로마이트 석회, 석고, 마그네시아 시멘트 등)
- 결합재 : 고결재의 결점 보완, 응결경화시간을 조절(여물, 풀, 수염 등)
- 골재 : 중량 또는 치장을 목적으로 사용(모래)

78 금속의 부식을 최소화하기 위한 방법으로 옳지 않은 것은?

① 표면을 평활하게 하고 가능한 한 습한상태를 유지할 것
② 가능한 한 이종금속을 인접 또는 접촉시켜 사용하지 말 것
③ 큰 변형을 준 것은 가능한 한 풀림하여 사용할 것
④ 부분적으로 녹이 나면 즉시 제거할 것

 해설

금속의 표면은 습기가 없는 건조한 상태를 유지하여야 부식을 방지할 수 있다

79 집성목재의 특징에 관한 설명으로 옳지 않은 것은?

① 응력에 따라 필요로 하는 단면의 목재를 만들 수 있다.
② 목재의 강도를 인공적으로 자유롭게 조절할 수 있다.
③ 3장 이상의 단판인 박판을 홀수로 섬유방향에 직교하도록 접착제로 붙여 만든 것이다.
④ 외관이 미려한 박판 또는 치장합판, 프린트합판을 붙여서 구조재, 마감재, 화장재를 겸용한 인공 목재의 제조가 가능하다.

 해설

집성목재가 합판과 다른 점
- 판의 섬유 방향을 평형으로 붙인 것으로 판이 홀수가 아니어도 된다.
- 보나 기둥에 사용할 수 있는 단면을 가진다.

80 시멘트에 관한 설명으로 옳지 않은 것은?

① 시멘트의 강도는 시멘트의 조성, 물시멘트비, 재령 및 양생조건 등에 따라 다르다.

② 응결시간은 분말도가 미세한 것일수록, 또한 수량이 작을수록 짧아진다.

③ 시멘트의 풍화란 시멘트가 습기를 흡수하여 생성된 수산화칼슘과 공기 중의 탄산가스가 작용하여 탄산칼슘을 생성하는 작용을 말한다.

④ 시멘트의 안정성은 단위중량에 대한 표면적에 의하여 표시되며, 브레인법에 의해 측정된다.

 해설

시멘트의 시험

- 응결 시험 : 길모아(Gillmore) 시험, 비카트(Vicat) 시험
- 안정성 시험 : 오토클레이브 팽창도 시험(밀폐공간 속에서 발생시킨 10atm, 180℃ 정도의 포화증기를 이용한 실험으로 시멘트의 안정성이나 애자의 열화를 살피는 시험)

제 **05** 과목 　건설안전기술

81 동력을 사용하는 항타기 또는 항발기의 무너짐을 방지하기 위하여 준수하여야 할 기준으로 옳지 않은 것은?

① 연약한 지반에 설치하는 경우에는 아웃트리거·받침 등 지지구조물의 침하를 방지하기 위하여 깔판·받침목 등을 사용할 것

② 아웃트리거·받침 등 지지구조물이 미끄러질 우려가 있는 경우에는 말뚝 또는 쐐기 등을 사용하여 해당 지지구조물을 고정시킬 것

③ 궤도 또는 차로 이동하는 항타기 또는 항발기에 대해서는 불시에 이동하는 것을 방지하기 위하여 레일 클램프(rail clamp) 및 쐐기 등으로 고정시킬 것

④ 하단 부분은 버팀대·버팀줄로 고정하여 안정시키고, 그 상단 부분은 견고한 버팀·말뚝 또는 철골 등으로 고정시킬 것

 해설

한국산업안전보건기준에 관한 규칙 제209조(무너짐의 방지) 사업주는 동력을 사용하는 항타기 또는 항발기에 대하여 무너짐을 방지하기 위하여 다음 각 호의 사항을 준수해야 한다.

1. 연약한 지반에 설치하는 경우에는 아웃트리거·받침 등 지지구조물의 침하를 방지하기 위하여 깔판·받침목 등을 사용할 것

2. 시설 또는 가설물 등에 설치하는 경우에는 그 내력을 확인하고 내력이 부족하면 그 내력을 보강할 것

3. 아웃트리거·받침 등 지지구조물이 미끄러질 우려가 있는 경우에는 말뚝 또는 쐐기 등을 사용하여 해당 지지구조물을 고정시킬 것

4. 궤도 또는 차로 이동하는 항타기 또는 항발기에 대해서는 불시에 이동하는 것을 방지하기 위하여 레일 클램프(rail clamp) 및 쐐기 등으로 고정시킬 것

5. 상단 부분은 버팀대·버팀줄로 고정하여 안정시키고, 그 하단 부분은 견고한 버팀·말뚝 또는 철골 등으로 고정시킬 것

82 건설공사 현장에서 사다리식 통로 등을 설치하는 경우 준수해야할 기준으로 옳지 않은 것은?

① 사다리의 상단은 걸쳐놓은 지점으로부터 40cm 이상 올라가도록 할 것

② 폭은 30cm 이상으로 할 것

③ 사다리식 통로의 기울기는 75° 이하로 할 것

④ 발판의 간격은 일정하게 할 것

산업안전보건기준에 관한 규칙 제24조(사다리식 통로 등의 구조) ① 사업주는 사다리식 통로 등을 설치하는 경우 다음 각호의 사항을 준수하여야 한다.

1. 견고한 구조로 할 것
2. 심한 손상·부식 등이 없는 재료를 사용할 것
3. 발판의 간격은 일정하게 할 것
4. 발판과 벽과의 사이는 15센티미터 이상의 간격을 유지할 것
5. 폭은 30센티미터 이상으로 할 것
6. 사다리가 넘어지거나 미끄러지는 것을 방지하기 위한 조치를 할 것
7. 사다리의 상단은 걸쳐놓은 지점으로부터 60센티미터 이상 올라가도록 할 것
8. 사다리식 통로의 길이가 10미터 이상인 경우에는 5미터 이내마다 계단참을 설치할 것
9. 사다리식 통로의 기울기는 75도 이하로 할 것. 다만, 고정식 사다리식 통로의 기울기는 90도 이하로 하고, 그 높이가 7미터 이상인 경우에는 다음 각 목의 구분에 따른 조치를 할 것
   가. 등받이울이 있어도 근로자 이동에 지장이 없는 경우 : 바닥으로부터 높이가 2.5미터 되는 지점부터 등받이울을 설치할 것
   나. 등받이울이 있으면 근로자가 이동이 곤란한 경우 : 한국산업표준에서 정하는 기준에 적합한 개인용 추락 방지 시스템을 설치하고 근로자로 하여금 한국산업표준에서 정하는 기준에 적합한 전신안전대를 사용하도록 할 것
10. 접이식 사다리 기둥은 사용 시 접혀지거나 펼쳐지지 않도록 철물 등을 사용하여 견고하게 조치할 것

83 철골기둥 건립 작업시 붕괴·도괴 방지를 위하여 베이스 플레이트의 하단은 기준 높이 및 인접기둥의 높이에서 얼마 이상 벗어나지 않아야 하는가?

① 2mm   ② 3mm

③ 4mm   ④ 5mm

앵커 볼트 매립 시 준수 사항(철골공사 표준안전 작업지침 제5조)

• 앵커 볼트는 매립 후에 수정하지 않도록 설치하여야 한다.
• 앵커 볼트를 매립하는 정밀도는 다음의 범위 내이어야 한다.
  – 기둥중심은 기준선 및 인접기둥의 중심에서 5mm 이상 벗어나지 않을 것
  – 인접기둥간 중심거리의 오차는 3mm 이하일 것
  – 앵커 볼트는 기둥중심에서 2mm 이상 벗어나지 않을 것
  – 베이스 플레이트의 하단은 기준 높이 및 인접기둥의 높이에서 3미리미터 이상 벗어나지 않을 것
• 앵커 볼트는 견고하게 고정시키고 이동, 변형이 발생하지 않도록 주의하면서 콘크리트를 타설해야 한다.

84 토중수(soil water)에 관한 설명으로 옳은 것은?

① 화학수는 원칙적으로 이동과 변화가 없고 공학적으로 토립자와 일체로 보며 100℃ 이상 가열하여 제거할 수 있다.

② 자유수는 지하의 물이 지표에 고인 물이다.

③ 모관수는 모관작용에 의해 지하수면 위쪽으로 솟아 올라온 물이다.

④ 흡착수는 이동과 변화가 없고 110±5℃ 이상으로 가열해도 제거되지 않는다.

 해설

토중수(soil water)의 종류

• 화학수 : 100℃ 이상 가열해도 분리가 되지 않는 물이다.

• 자유수(중력수) : 빗물이나 지표의 물이 지하에 투수하는 물이다.

• 모관수 : 모관작용을 받아 지하수면 윗쪽으로 올라오는 물이다.

• 흡착수 : 토립자의 표면에 생기는 물리, 화학적작용으로 굳게 흡착되어 있는 물로 110±5℃ 이상 가열해야 분리된다.(비등점이 높고, 빙점이 낮으며, 표면장력이 크다.)

85 철도(鐵道)의 위를 가로질러 횡단하는 콘크리트 고가교가 노후화되어 이를 해체하려고 한다. 철도의 통행을 최대한 방해하지 않고 해체하는데 가장 적당한 해체용 기계 · 기구는?

① 철제해머 ② 압쇄기

③ 핸드브레이커 ④ 절단기

 해설

해체 후 크레인 등을 이용하여 해체된 구조물을 이동할수 있도록 구조물을 절단할 수 있는 작업도구를 이용하여야 한다.

86 연약점토 굴착 시 발생하는 히빙현상의 효과적인 방지대책으로 옳은 것은?

① 언더피닝공법 적용 ② 샌드드레인공법 적용

③ 아일랜드공법 적용 ④ 버팀대공법 적용

 해설

아일랜드공법은 가운데 부분을 먼저 파내어 기초콘크리트를 쳐서 굳힌 다음 이것에 의지하여 둘레를 파고, 나머지 부분을 시공해 나가는 방식이다. 먼저 흙막이벽에 접해 비탈면을 남기고 굴착하는데, 이때 가운데 부분을 먼저 파 들어가 구조물을 만든다. 이 구조물에 버팀대를 대고 주변 부분을 굴착한 다음 구조물을 완성하는 방식으로 히빙현상에 대해 효과적으로 대처할 수 있다.

87 비탈면 붕괴 재해의 발생 원인으로 보기 어려운 것은?

① 부석의 점검을 소홀히 하였다. ② 지질조사를 충분히 하지 않았다.

③ 굴착면 상하에서 동시작업을 하였다. ④ 안식각으로 굴착하였다.

 해설

안식각(휴식각)은 흙의 입자각의 응집력, 부착력을 무시할 때, 즉 마찰력만으로서 중력에 의하여 정지되는 흙의 사면각도를 말한다.

88 다음 중 양중기에 해당하지 않는 것은?

① 크레인 ② 곤돌라

③ 항타기 ④ 리프트

산업안전보건기준에 관한 규칙 제132조(양중기) ① 양중기란 다음 각 호의 기계를 말한다.
1. 크레인[호이스트(hoist)를 포함한다]
2. 이동식 크레인
3. 리프트(이삿짐운반용 리프트의 경우에는 적재하중이 0.1톤 이상인 것으로 한정한다)
4. 곤돌라
5. 승강기

89 달비계에 설치되는 작업발판의 폭에 대한 기준으로 옳은 것은?

① 20cm 이상   ② 40cm 이상
③ 60cm 이상   ④ 80cm 이상

산업안전보건기준에 관한 규칙 제63조(달비계의 구조) ① 사업주는 곤돌라형 달비계를 설치하는 경우에는 다음 각 호의 사항을 준수해야 한다.
1. 다음 각 목의 어느 하나에 해당하는 와이어로프를 달비계에 사용해서는 아니 된다.
    가. 이음매가 있는 것
    나. 와이어로프의 한 꼬임[(스트랜드(strand)를 말한다. 이하 같다)]에서 끊어진 소선(素線)[필러(pillar)선은 제외한다)]의 수가 10퍼센트 이상(비자전로프의 경우에는 끊어진 소선의 수가 와이어로프 호칭지름의 6배 길이 이내에서 4개 이상이거나 호칭지름 30배 길이 이내에서 8개 이상)인 것
    다. 지름의 감소가 공칭지름의 7퍼센트를 초과하는 것
    라. 꼬인 것
    마. 심하게 변형되거나 부식된 것
    바. 열과 전기충격에 의해 손상된 것
2. 다음 각 목의 어느 하나에 해당하는 달기 체인을 달비계에 사용해서는 아니 된다.
    가. 달기 체인의 길이가 달기 체인이 제조된 때의 길이의 5퍼센트를 초과한 것
    나. 링의 단면지름이 달기 체인이 제조된 때의 해당 링의 지름의 10퍼센트를 초과하여 감소한 것
    다. 균열이 있거나 심하게 변형된 것
3. 달기 강선 및 달기 강대는 심하게 손상 · 변형 또는 부식된 것을 사용하지 않도록 할 것
4. 달기 와이어로프, 달기 체인, 달기 강선, 달기 강대 또는 달기 섬유로프는 한쪽 끝을 비계의 보 등에, 다른 쪽 끝을 내민 보, 앵커볼트 또는 건축물의 보 등에 각각 풀리지 않도록 설치할 것
5. 작업발판은 폭을 40센티미터 이상으로 하고 틈새가 없도록 할 것
6. 작업발판의 재료는 뒤집히거나 떨어지지 않도록 비계의 보 등에 연결하거나 고정시킬 것
7. 비계가 흔들리거나 뒤집히는 것을 방지하기 위하여 비계의 보 · 작업발판 등에 버팀을 설치하는 등 필요한 조치를 할 것
8. 선반 비계에서는 보의 접속부 및 교차부를 철선 · 이음철물 등을 사용하여 확실하게 접속시키거나 단단하게 연결시킬 것
9. 근로자의 추락 위험을 방지하기 위하여 다음 각 목의 조치를 할 것
    가. 달비계에 구명줄을 설치할 것
    나. 근로자에게 안전대를 착용하도록 하고 근로자가 착용한 안전줄을 달비계의 구명줄에 체결(締結)하도록 할 것
    다. 달비계에 안전난간을 설치할 수 있는 구조인 경우에는 달비계에 안전난간을 설치할 것

90 유해위험방지계획서 제출대상 공사의 규모 기준으로 옳지 않은 것은?

① 최대 지간길이가 50m 이상인 교량 건설등 공사
② 다목적댐, 발전용댐 및 저수용량 2천만톤 이상의 용수 전용 댐, 지방상수도 전용 댐 건설 등의 공사
③ 깊이 12m 이상인 굴착공사
④ 터널 건설등의 공사

유해위험방지계획서 제출 대상 공사 (산업안전보건법 시행령 제42조 ③항)

1. 다음 각 목의 어느 하나에 해당하는 건축물 또는 시설 등의 건설 · 개조 또는 해체 공사
   가. 지상높이가 31미터 이상인 건축물 또는 인공구조물
   나. 연면적 3만제곱미터 이상인 건축물
   다. 연면적 5천제곱미터 이상인 시설로서 다음의 어느 하나에 해당하는 시설
      1) 문화 및 집회시설(전시장 및 동물원 · 식물원은 제외한다)
      2) 판매시설, 운수시설(고속철도의 역사 및 집배송시설은 제외한다)
      3) 종교시설
      4) 의료시설 중 종합병원
      5) 숙박시설 중 관광숙박시설
      6) 지하도상가
      7) 냉동 · 냉장 창고시설
2. 연면적 5천제곱미터 이상인 냉동 · 냉장 창고시설의 설비공사 및 단열공사
3. 최대 지간(支間)길이(다리의 기둥과 기둥의 중심사이의 거리)가 50미터 이상인 다리의 건설등 공사
4. 터널의 건설등 공사
5. 다목적댐, 발전용댐, 저수용량 2천만톤 이상의 용수 전용 댐 및 지방상수도 전용 댐의 건설등 공사
6. 깊이 10미터 이상인 굴착공사

91 **굴착공사를 위한 기본적인 토질조사 시 조사내용에 해당되지 않는 것은?**

① 주변에 기 절토된 경사면의 실태조사   ② 사운딩
③ 물리탐사(탄성파조사)   ④ 반발경도시험

반발경도시험은 경화된 콘크리트면에 슈미트 해머(Schmidt Hammer)로 타격 에너지를 가하여 콘크리트면의 경도에 따라 반발경도를 측정하고, 이 반발경도와 콘크리트 압축강도와의 상관관계를 도출함으로써 콘크리트의 압축강도를 추정하는 시험법이다.

92 **동바리로 사용하는 파이프 서포트의 높이가 3.5m를 초과하는 경우 수평연결재의 설치 높이 기준은?**

① 1.5m 이내 마다   ② 2.0m 이내 마다
③ 2.5m 이내 마다   ④ 3.0m 이내 마다

산업안전보건기준에 관한 규칙 제332조의2(동바리 유형에 따른 동바리 조립 시의 안전조치) 사업주는 동바리를 조립할 때 동바리의 유형별로 다음 각 호의 구분에 따른 각 목의 사항을 준수해야 한다.
1. 동바리로 사용하는 파이프 서포트의 경우
   가. 파이프 서포트를 3개 이상 이어서 사용하지 않도록 할 것
   나. 파이프 서포트를 이어서 사용하는 경우에는 4개 이상의 볼트 또는 전용철물을 사용하여 이을 것
   다. 높이가 3.5미터를 초과하는 경우에는 높이 2미터 이내마다 수평연결재를 2개 방향으로 만들고 수평연결재의 변위를 방지할 것
2. 동바리로 사용하는 강관틀의 경우
   가. 강관틀과 강관틀 사이에 교차가새를 설치할 것
   나. 최상단 및 5단 이내마다 동바리의 측면과 틀면의 방향 및 교차가새의 방향에서 5개 이내마다 수평연결재를 설치하고 수평연결재의 변위를 방지할 것
   다. 최상단 및 5단 이내마다 동바리의 틀면의 방향에서 양단 및 5개틀 이내마다 교차가새의 방향으로 띠장틀을 설치할 것

93 낮은 지면에서 높은 곳을 굴착하는데 가장 적합한 굴착기는?

① 백호우
② 파워셔블
③ 드래그라인
④ 클램쉘

굴착용 기계의 종류 및 특징

구분	굴착기계	특징	토질
셔블계	파워셔블	지반면보다 높은 곳의 굴착, 쇄석 옮겨쌓기, 토사의 처리 등에 널리 쓰인다.	굳은 점토, 암석, 토사
	드래그셔블 (백호우)	지반면보다 낮은 곳의 굴착, 지하층 및 기초 굴삭, 토목공사나 수중굴착 등에 쓰인다(지하 6m 정도의 깊이).	자갈, 암석이 섞인 토사, 굳은 지반
	드래그라인	지반면보다 낮은 곳의 굴착, 토사를 긁어 모음, 연약한 지반의 깊은 곳 굴착 등에 쓰인다(지하 8m 정도의 깊이).	암석, 암석이 섞인 토사, 연약한 지반
	클램쉘	좁은 곳의 수직굴착, 자갈 등의 적재, 연약한 지반이나 수중굴착 등에 쓰인다.	자갈, 암석, 연약한 지반
트랙터계	불도저	직선송토작업, 단단한 지반과 암석작업 등에 널리 쓰인다.	암석, 굳은 지반

94 지반을 구성하는 흙의 지내력시험을 한 결과 총 침하량이 2cm가 될 때까지의 하중(P)이 32tf이다. 이 지반의 허용지내력을 구하면?(단, 이때 사용된 재하판은 40cm×40cm임)

① 50tf/m²
② 100tf/m²
③ 150tf/m²
④ 200tf/m²

재하판 크기가 0.16cm²이므로, 허용지내력 $= 32 \times \dfrac{1}{0.16} = 200\text{ft/m}^2$이다.

95 다음 중 작업부위별 위험요인과 주요사고형태와의 연관관계로 옳지 않은 것은?

① 암반의 절취법면 – 낙하
② 흙막이 지보공 설치 작업 – 붕괴
③ 암석의 발파 – 비산
④ 흙막이 지보공 토류판 설치 – 접촉

흙막이 지보공 토류판 설치 – 붕괴

96 화물용 승강기를 설계하면서 와이어로프의 안전하중이 10ton 이라면 로프의 가닥수를 얼마로 하여야 하는가?(단, 와이어로프 한 가닥의 파단강도는 4ton이며, 화물용 승강기 와이어로프의 안전율은 6으로 한다.)

① 10 가닥
② 15 가닥
③ 20 가닥
④ 30 가닥

$S = \dfrac{NP}{Q}$ (S : 안전율, Q : 달기하중, N : 로프의 가닥수, P : 로프의 파단력)

$\therefore N = \dfrac{SQ}{P} = \dfrac{6 \times 10}{4} = 15$

97 산업안전보건관리비 중 안전관리자 등의 인건비 및 각종 업무수당 등의 항목에서 사용할 수 없는 내역은?

① 교통 통제를 위한 교통정리 신호수의 인건비
② 공사장 내에서 양중기ㆍ건설기계 등의 움직임으로 인한 위험으로부터 주변작업자를 보호하기 위한 유도자 또는 신호자의 인건비
③ 전담 안전ㆍ보건관리자의 인건비
④ 고소작업 대 작업 시 낙하물 위험예방을 위한 하부통제, 화기작업 시 화재감시 등 공사 현장의 특성에 따라 근로자 보호만을 목적으로 배치된 유도자 및 신호자 또는 감시자의 인건비

인건비 및 각종 업무수당 중 사용할 수 없는 항목
• 차량등 원활한 흐름 및 교통통제를 위한 교통정리 및 신호수 인건비
• 도로확장, 포장 공사현장의 우회도로 교통통제 신호수 인건비
• 안전담당자의 업무수당외 인건비
• 경비원, 청소원, 폐자재 처리원의 인건비

98 일반적으로 사면이 가장 위험한 경우에 해당하는 것은?

① 사면이 완전 건조 상태일 때
② 사면의 수위가 서서히 상승할 때
③ 사면이 완전 포화 상태일 때
④ 사면의 수위가 급격히 하강할 때

토석 붕괴의 원인
• 외적 요인 : 사면수위의 급격한 하강이 위험도가 가장 높음
 − 사면, 법면의 경사 및 구배의 증가
 − 절토 및 성토 높이의 증가
 − 공사에 의한 진동 및 반복하중의 증가
 − 지표수 및 지하수의 침투에 의한 토사중량의 증가
 − 지진, 차량, 구조물의 하중
• 내적 요인 : 절토사면의 토질, 암석 성토사면의 토질 및 토석의 강도 저하

99 산업안전보건법령에서 정의하는 산소결핍증의 정의로 옳은 것은?

① 산소가 결핍된 공기를 들여 마심으로써 생기는 증상
② 유해가스로 인한 화재 · 폭발 등의 위험이 있는 장소에서 생기는 증상
③ 밀폐공간에서 탄산가스 · 황화수소 등의 유해물질을 흡입하여 생기는 증상
④ 공기 중의 산소농도가 18% 이상 23.5% 미만의 환경에 노출될 때 생기는 증상

용어의 정의(산업안전보건기준에 관한 규칙 제618조)
- 밀폐공간 : 산소결핍, 유해가스로 인한 질식 · 화재 · 폭발 등의 위험이 있는 장소
- 유해가스 : 탄산가스 · 일산화탄소 · 황화수소 등의 기체로서 인체에 유해한 영향을 미치는 물질
- 적정공기 : 산소농도의 범위가 18% 이상 23.5%, 탄산가스의 농도가 1.5% 미만, 일산화탄소의 농도가 30ppm 미만, 황화수소의 농도가 10ppm 미만인 수준의 공기
- 산소결핍 : 공기 중의 산소농도가 18% 미만인 상태
- 산소결핍증 : 산소가 결핍된 공기를 들이마심으로써 생기는 증상

100 철골구조에서 강풍에 대한 내력이 설계에 고려되었는지 검토를 실시하지 않아도 되는 건물은?

① 높이 30m인 구조물
② 연면적당 철골량이 45kg인 구조물
③ 단면구조가 일정한 구조물
④ 이음부가 현장용접인 구조물

자립도 검토가 필요한 철골구조(철골공사 표준안전 작업지침 제3조)
- 높이 20m 이상의 구조물
- 구조물의 폭과 높이의 비가 1:4 이상인 구조물
- 단면구조에 현저한 차이가 있는 구조물
- 연면적당 철골량이 50kg/m² 이하인 구조물
- 기둥이 타이플레이트(Tie plate) 형인 구조물
- 이음부가 현장용접인 구조물

정답 2018년 09월 15일 최근 기출문제

01 ①	02 ②	03 ①	04 ④	05 ②	06 ①	07 ①	08 ④	09 ③	10 ④
11 ②	12 ②	13 ④	14 ④	15 ②	16 ④	17 ③	18 ③	19 ③	20 ②
21 ②	22 ②	23 ③	24 ④	25 ①	26 ②	27 ④	28 ②	29 ③	30 ③
31 ④	32 ①	33 ④	34 ①	35 ①	36 ②	37 ③	38 ③	39 ①	40 ④
41 ③	42 ①	43 ③	44 ④	45 ④	46 ④	47 ④	48 ②	49 ④	50 ②
51 ①	52 ①	53 ②	54 ④	55 ④	56 ④	57 ①	58 ④	59 ③	60 ③
61 ③	62 ②	63 ②	64 ③	65 ②	66 ①	67 ④	68 ③	69 ④	70 ③
71 ①	72 ②	73 ①	74 ④	75 ②	76 ①	77 ④	78 ①	79 ③	80 ④
81 ④	82 ①	83 ②	84 ①	85 ④	86 ③	87 ④	88 ③	89 ②	90 ④
91 ④	92 ②	93 ②	94 ④	95 ④	96 ②	97 ①	98 ④	99 ①	100 ③

최근 기출문제

제 01 과목 **산업안전관리론**

01 하인리히의 재해구성비율에 따라 경상사고가 87건 발생하였다면 무상해사고는 몇 건이 발생하였겠는가?

① 300건
② 600건
③ 900건
④ 1200건

하인리히의 재해구성 비율

1 : 29 : 300의 법칙으로 중상 또는 사망1회, 경상 29회, 무상해사고 300회의 비율로 발생, 경상해가 87이라면 3배수이므로
3 : 87 : 900 비율이다.

02 OJT(On the Job Training)의 특징이 아닌 것은?

① 훈련에 필요한 업무의 계속성이 끊어지지 않는다.
② 교육효과가 업무에 신속히 반영된다.
③ 다수의 근로자들을 대상으로 동시에 조직적 훈련이 가능하다.
④ 개개인에게 적절한 지도훈련이 가능하다.

OJT와 off JT의 특징

OJT	off JT
• 개개인에게 적합한 지도훈련이 가능 • 직장의 실정에 맞는 실체적 훈련 • 훈련에 필요한 업무의 계속성 • 즉시 업무에 연결되는 관계로 신체와 관련 • 효과가 곧 업무에 나타나며 훈련의 좋고 나쁨에 따라 개선이 용이 • 교육을 통한 훈련 효과에 의해 상호 신뢰이해도가 높아짐	• 다수의 근로자에게 조직적 훈련이 가능 • 훈련에만 전념 • 특별 설비 기구를 이용 • 전문가를 강사로 초청 • 각 직장의 근로자가 많은 지식이나 경험을 교류 • 교육 훈련 목표에 대해서 집단적 노력이 흐트러 질 수도 있음

03 재해사례연구에 관한 설명으로 틀린 것은?

① 재해사례연구는 주관적이며 정확성이 있어야 한다.
② 문제점과 재해요인의 분석은 과학적이고, 신뢰성이 있어야 한다.
③ 재해사례를 과제로 하여 그 사고와 배경을 체계적으로 파악한다.
④ 재해요인을 규명하여 분석하고 그에 대한 대책을 세운다.

04 산업안전보건법상 안전보건표지에서 기본모형의 색상이 빨강이 아닌 것은?

① 산화성물질 경고   ② 화기금지
③ 탑승금지   ④ 고온 경고

안전보건표지의 종류별 색채 (산업안전보건법 시행규칙 별표 7)
- 금지표지 : 바탕은 흰색, 기본모형은 빨간색, 관련 부호 및 그림은 검은색
- 경고표지 : 바탕은 노란색, 기본모형, 관련 부호 및 그림은 검은색. 다만, 인화성물질 경고, 산화성물질 경고, 폭발성물질 경고, 급성독성물질 경고, 부식성물질 경고 및 발암성·변이원성·생식독성·전신독성·호흡기과민성물질 경고의 경우 바탕은 무색, 기본모형은 빨간색(검은색도 가능)
- 지시표지 : 바탕은 파란색, 관련 그림은 흰색
- 안내표지 : 바탕은 흰색, 기본모형 및 관련 부호는 녹색, 바탕은 녹색, 관련 부호 및 그림은 흰색
- 출입금지표지 : 글자는 흰색 바탕에 흑색. 다음 글자는 적색
  - ○○○제조/사용/보관 중
  - 석면취급/해체 중
  - 발암물질 취급 중

05 모랄 서베이(Morale Survey)의 효용이 아닌 것은?

① 조직 또는 구성원의 성과를 비교·분석한다.
② 종업원의 정화(Catharsis)작용을 촉진시킨다.
③ 경영관리를 개선하는 데에 대한 자료를 얻는다.
④ 근로자의 심리 또는 욕구를 파악하여 불만을 해소하고, 노동의욕을 높인다.

모랄 서베이
- 종업원의 근로 의욕·태도 등에 대한 측정을 하는 것으로 사기조사(士氣調査) 또는 태도조사라고도 한다.
- 일반적인 사기조사의 방법은 주로 질문지나 면접에 의한 태도(또는 의견)조사가 중심을 이룬다.

06 주의(Attention)의 특징 중 여러 종류의 자극을 자각할 때, 소수의 특정한 것에 한하여 주의가 집중되는 것은?

① 선택성   ② 방향성
③ 변동성   ④ 검출성

주의의 특징

- 선택성 : 여러 종류의 자극을 자각할 때 소수의 특정한 것에 한하여 선택하는 기능
- 방향성 : 주시점만 인지하는 기능
- 변동성 : 주의에는 주기적으로 부주의의 리듬이 존재

07 인간의 적응기제(適機應制)에 포함되지 않는 것은?

① 갈등(conflict) ② 억압(repression)
③ 공격(aggression) ④ 합리화(rationalization)

적응기제(適應機制)

- 방어적 기제 : 보상, 합리화, 동일시, 승화
- 도피적 기제 : 고립, 퇴행, 억압, 백일몽
- 공격적 기제 : 직접적 공격형, 간접적 공격형

08 산업안전보건법상 직업병 유소견자가 발생하거나 다수 발생할 우려가 있는 경우에 실시하는 건강진단은?

① 특별 건강진단 ② 일반 건강진단
③ 임시 건강진단 ④ 채용시 건강진단

근로자 건강진단

- 일반건강진단 : 상시 사용하는 근로자의 건강관리를 위하여 사업주가 주기적으로 실시하는 건강진단
- 특수건강진단 : 다음의 어느 하나에 해당하는 근로자의 건강관리를 위하여 사업주가 실시하는 건강진단
    - 특수건강진단대상업무에 종사하는 근로자
    - 근로자건강진단 실시 결과 직업병 유소견자로 판정받은 후 작업 전환을 하거나 작업장소를 변경하고, 직업병 유소견 판정의 원인이 된 유해인자에 대한 건강진단이 필요하다는 의사의 소견이 있는 근로자
- 배치전건강진단 : 특수건강진단대상업무에 종사할 근로자에 대하여 배치 예정업무에 대한 적합성 평가를 위하여 사업주가 실시하는 건강진단
- 수시건강진단 : 특수건강진단대상업무로 인하여 해당 유해인자에 의한 직업성 천식, 직업성 피부염, 그 밖에 건강장해를 의심하게 하는 증상을 보이거나 의학적 소견이 있는 근로자에 대하여 사업주가 실시하는 건강진단
- 임시건강진단 : 다음의 어느 하나에 해당하는 경우에 특수건강진단 대상 유해인자 또는 그 밖의 유해인자에 의한 중독 여부, 질병에 걸렸는지 여부 또는 질병의 발생 원인 등을 확인하기 위하여 지방고용노동관서의 장의 명령에 따라 사업주가 실시하는 건강진단
    - 같은 부서에 근무하는 근로자 또는 같은 유해인자에 노출되는 근로자에게 유사한 질병의 자각·타각증상이 발생한 경우
    - 직업병 유소견자가 발생하거나 여러 명이 발생할 우려가 있는 경우
    - 그 밖에 지방고용노동관서의 장이 필요하다고 판단하는 경우

09 위험예지훈련 중 TBM(Tool Box Meeting)에 관한 설명으로 틀린 것은?

① 작업 장소에서 원형의 형태를 만들어 실시한다.
② 통상 작업시작 전·후 10분 정도 시간으로 미팅한다.
③ 토의는 다수인(30인)이 함께 수행한다.
④ 근로자 모두가 말하고 스스로 생각하고 "이렇게 하자"라고 합의한 내용이 되어야 한다.

TBM(Tool Box Meeting)
- 현장에서 그 때 그 장소의 상황에 즉응하여 실시한다.
- 10명 이하의 소수가 적합하며, 시간은 10분 정도가 바람직하다.
- 사전에 주제를 정하고 자료 등을 준비한다.
- 결론은 가급적 서두르지 않는다.

10 제조업자는 제조물의 결함으로 인하여 생명·신체 또는 재산에 손해를 입은 자에게 그 손해를 배상하여야 하는데 이를 무엇이라 하는가?(단, 당해 제조물에 대해서만 발생한 손해는 제외한다.)

① 입증 책임
② 담보 책임
③ 연대 책임
④ 제조물 책임

제조물 책임(제조물 책임범 제3조)
- 제조업자는 제조물의 결함으로 생명·신체 또는 재산에 손해(그 제조물에 대하여만 발생한 손해는 제외)를 입은 자에게 그 손해를 배상하여야 한다.
- 제조업자가 제조물의 결함을 알면서도 그 결함에 대하여 필요한 조치를 취하지 아니한 결과로 생명 또는 신체에 중대한 손해를 입은 자가 있는 경우에는 그 자에게 발생한 손해의 3배를 넘지 아니하는 범위에서 배상책임을 진다.

11 하버드 학파의 5단계 교수법에 해당되지 않는 것은?

① 교시(Presentation)
② 연합(Association)
③ 추론(Reasoning)
④ 총괄(Generalization)

하버드 학파의 5단계 교수법 : 준비시킨다(Preparation) → 교시한다(Presentation) → 연합한다(Association) → 총괄시킨다(Generalization) → 응용시킨다(Application)

12 객관적인 위험을 자기 나름대로 판정해서 의지결정을 하고 행동에 옳기는 인간의 심리특성은?

① 세이프 테이킹(safe taking)
② 액션 테이킹(action taking)
③ 리스크 테이킹(risk taking)
④ 휴먼 테이킹(human taking)

리스크 테이킹(Risk Taking) : 객관적인 위험을 주관적으로 판단하여 의지를 결정하고 행동으로 옮기는 행위로 안전태도가 양호한 자는 리스크 테이킹의 정도가 낮다.

13 재해예방의 4원칙에 해당하지 않는 것은?

① 예방 가능의 원칙
② 손실 우연의 원칙
③ 원인 계기의 원칙
④ 선취 해결의 원칙

재해예방의 4원칙 : 손실 우연의 원칙, 원인 계기의 원칙, 예방 가능의 원칙, 대책 선정의 원칙

14 방독마스크의 정화통 색상으로 틀린 것은?

① 유기화합물용 – 갈색
② 할로겐용 – 회색
③ 황화수소용 – 회색
④ 암모니아용 – 노란색

방독마스크의 종류 (보호구 안전인증 고시 별표 5)

종류	시험가스	정화통 외부측면 표시색
유기화합물용	시클로헥산(C_6H_{12}), 디메틸에테르(CH_3OCH_3), 이소부탄(C_4H_{10})	갈색
할로겐용	염소가스 또는 증기(Cl_2)	회색
황화수소용	황화수소가스(H_2S)	
시안화수소용	시안화수소가스(HCN)	
아황산용	아황산가스(SO_2)	노란색
암모니아용	암모니아가스(NH_3)	녹색

15 다음 중 스트레스(Stress)에 관한 설명으로 가장 적절한 것은?

① 스트레스는 나쁜 일에서만 발생한다.
② 스트레스는 부정적인 측면만 가지고 있다.
③ 스트레스는 직무몰입과 생산성 감소의 직접적인 원인이 된다.
④ 스트레스 상황에 직면하는 기회가 많을수록 스트레스 발생 가능성은 낮아진다.

스트레스

- 스트레스의 직무요인 : 역할갈등, 역할과중, 역할모호성
- 직무스트레스와 작업 효율성간의 역U자형 가설 : 작업환경 복잡성이 증가함에 따라서 직무 스트레스가 커지며, 적정 수준까지는 작업 효율성도 함께 증가하다가 그 이후부터는 작업 효율성이 감소

16 누전차단장치 등과 같은 안전장치를 정해진 순서에 따라 작동시키고 동작상황의 양부를 확인하는 점검은?

① 외관점검
② 작동점검
③ 기술점검
④ 종합점검

17 재해발생 형태별 분류 중 물건이 주체가 되어 사람이 상해를 입는 경우에 해당되는 것은?

① 추락
② 전도
③ 충돌
④ 낙하 · 비래

재해 형태별 분류

분류	세부항목
추락(떨어짐)	사람이 건축물, 비계, 기계, 사다리, 계단, 경사면, 나무 등에서 떨어지는 것
전도(넘어짐)	사람이 평면상으로 넘어졌을 때를 말함(과속, 미끄러짐 포함)
충돌(부딪힘)	사람이 정지물에 부딪힌 경우
낙하·비래(맞음)	물건이 주체가 되어 사람이 맞은 경우
협착(끼임)	물건에 끼워진 상태, 말려든 상태
감전	전기 접촉이나 방전에 의해 사람이 충격을 받은 경우
폭발	압력의 급격한 발생 또는 개방으로 폭음을 수반한 팽창이 일어난 경우
부괴·도괴(무너짐)	적재물, 비계, 건축물이 무너진 경우
파열	용기 또는 장치가 물리적인 압력에 의해 파열한 경우
화재	화재로 인한 경우를 말하며 관련물체는 발화물을 기재
무리한 동작	무거운 물건을 들다 허리를 삐거나 부자연스러운 자세 또는 반동으로 상해를 입는 경우
이상온도 접촉	고온이나 저온에 접촉한 경우
유해물 접촉	유해물 접촉으로 중독이나 질식된 경우
기타	앞의 13가지 항목으로 구분 불능 시 발생 형태를 기재할 것

18 산업안전보건법령상 안전보건교육 중 특별교육 대상 작업에 해당하지 않는 것은?

① 석면해체·제거작업
② 밀폐된 장소에서 하는 용접작업
③ 화학설비 취급품의 검수·확인 작업
④ 2m 이상의 콘크리트 인공구조물의 해체 작업

특별교육 대상 작업별 교육(산업안전보건법 시행규칙 별표 5)

• 고압실 내 작업(잠함공법이나 그 밖의 압기공법으로 대기압을 넘는 기압인 작업실 또는 수갱 내부에서 하는 작업만 해당)
• 아세틸렌 용접장치 또는 가스집합 용접장치를 사용하는 금속의 용접·용단 또는 가열작업(발생기·도관 등에 의하여 구성되는 용접장치만 해당)
• 밀폐된 장소(탱크 내 또는 환기가 극히 불량한 좁은 장소)에서 하는 용접작업 또는 습한 장소에서 하는 전기용접 작업
• 폭발성·물반응성·자기반응성·자기발열성 물질, 자연발화성 액체·고체 및 인화성 액체의 제조 또는 취급작업(시험연구를 위한 취급작업은 제외)
• 액화석유가스·수소가스 등 인화성 가스 또는 폭발성 물질 중 가스의 발생장치 취급 작업
• 화학설비 중 반응기, 교반기·추출기의 사용 및 세척작업
• 화학설비의 탱크 내 작업

- 분말·원재료 등을 담은 호퍼·저장창고 등 저장탱크의 내부작업
- 다음에 정하는 설비에 의한 물건의 가열·건조작업
  - 건조설비 중 위험물 등에 관계되는 설비로 속부피가 1세제곱미터 이상인 것
  - 건조설비 중 가목의 위험물 등 외의 물질에 관계되는 설비로서, 연료를 열원으로 사용하는 것(그 최대연소소비량이 매 시간당 10킬로그램 이상인 것만 해당) 또는 전력을 열원으로 사용하는 것(정격소비전력이 10킬로와트 이상인 경우만 해당)
- 다음에 해당하는 집재장치(집재기·가선·운반기구·지주 및 이들에 부속하는 물건으로 구성되고, 동력을 사용하여 원목 또는 장작과 숯을 담아 올리거나 공중에서 운반하는 설비)의 조립, 해체, 변경 또는 수리작업 및 이들 설비에 의한 집재 또는 운반 작업
  - 원동기의 정격출력이 7.5킬로와트를 넘는 것
  - 지간의 경사거리 합계가 350미터 이상인 것
  - 최대사용하중이 200킬로그램 이상인 것
- 동력에 의하여 작동되는 프레스기계를 5대 이상 보유한 사업장에서 해당 기계로 하는 작업
- 목재가공용 기계(둥근톱기계, 띠톱기계, 대패기계, 모떼기기계 및 라우터만 해당하며, 휴대용은 제외)를 5대 이상 보유한 사업장에서 해당 기계로 하는 작업
- 운반용 등 하역기계를 5대 이상 보유한 사업장에서의 해당 기계로 하는 작업
- 1톤 이상의 크레인을 사용하는 작업 또는 1톤 미만의 크레인 또는 호이스트를 5대 이상 보유한 사업장에서 해당 기계로 하는 작업(제40호의 작업은 제외한다)
- 건설용 리프트·곤돌라를 이용한 작업
- 주물 및 단조작업
- 전압이 75볼트 이상인 정전 및 활선작업
- 콘크리트 파쇄기를 사용하여 하는 파쇄작업(2미터 이상인 구축물의 파쇄작업만 해당한다)
- 굴착면의 높이가 2미터 이상이 되는 지반 굴착(터널 및 수직갱 외의 갱 굴착은 제외한다)작업
- 흙막이 지보공의 보강 또는 동바리를 설치하거나 해체하는 작업
- 터널 안에서의 굴착작업(굴착용 기계를 사용하여 하는 굴착작업 중 근로자가 칼날 밑에 접근하지 않고 하는 작업은 제외한다) 또는 같은 작업에서의 터널 거푸집 지보공의 조립 또는 콘크리트 작업
- 굴착면의 높이가 2미터 이상이 되는 암석의 굴착작업
- 높이가 2미터 이상인 물건을 쌓거나 무너뜨리는 작업(하역기계로만 하는 작업은 제외한다)
- 선박에 짐을 쌓거나 부리거나 이동시키는 작업
- 거푸집 동바리의 조립 또는 해체작업
- 비계의 조립·해체 또는 변경작업
- 건축물의 골조, 다리의 상부구조 또는 탑의 금속제의 부재로 구성되는 것(5미터 이상인 것만 해당한다)의 조립·해체 또는 변경작업
- 처마 높이가 5미터 이상인 목조건축물의 구조 부재의 조립이나 건축물의 지붕 또는 외벽 밑에서의 설치작업
- 콘크리트 인공구조물(그 높이가 2미터 이상인 것만 해당)의 해체 또는 파괴작업
- 타워크레인을 설치(상승작업을 포함한다)·해체하는 작업
- 보일러(소형 보일러 및 다음에서 정하는 보일러는 제외)의 설치 및 취급 작업
  - 몸통 반지름이 750밀리미터 이하이고 그 길이가 1,300밀리미터 이하인 증기보일러
  - 전열면적이 3제곱미터 이하인 증기보일러
  - 전열면적이 14제곱미터 이하인 온수보일러
  - 전열면적이 30제곱미터 이하인 관류보일러
- 게이지 압력을 제곱센티미터당 1킬로그램 이상으로 사용하는 압력용기의 설치 및 취급작업
- 방사선 업무에 관계되는 작업(의료 및 실험용은 제외)
- 맨홀작업
- 밀폐공간에서의 작업
- 허가 및 관리 대상 유해물질의 제조 또는 취급작업
- 로봇작업
- 석면해체·제거작업
- 가연물이 있는 장소에서 하는 화재위험작업
- 타워크레인을 사용하는 작업시 신호업무를 하는 작업

19 안전을 위한 동기부여로 틀린 것은?

① 기능을 숙달시킨다.
② 경쟁과 협동을 유도한다.
③ 상벌제도를 합리적으로 시행한다.
④ 안전목표를 명확히 설정하여 주지시킨다.

안전동기의 유발방법

• 안전의 근본이념을 인식시킨다.
• 경쟁과 협동을 유도한다.
• 동기유발의 최적수준을 유지한다.

• 안전목표를 명확히 설정하여 주지시킨다.
• 상벌제도를 합리적으로 시행한다.

20 안전교육의 3단계에서 생활지도, 작업동작지도 등을 통한 안전의 습관화를 위한 교육은?

① 지식교육
② 기능교육
③ 태도교육
④ 인성교육

안전교육의 3단계

• 제1단계 지식교육 : 강의, 시청각교육을 통한 지식의 전달과 이해
• 제2단계 기능교육 : 시범, 견학, 실습, 현장실습교육을 통한 경험 체득과 이해
• 제3단계 태도교육 : 작업동작지도, 생활지도 등을 통한 안전의 습관화

제 **02** 과목 **인간공학 및 시스템안전공학**

21 인간-기계시스템에 대한 평가에서 평가척도나 기준(criteria)으로서 관심의 대상이 되는 변수는?

① 독립변수
② 종속변수
③ 확률변수
④ 통제변수

• 독립변수 : 조작 및 통제
• 종속변수 : 평가척도나 기준

22 화학설비의 안전성 평가 과정에서 제 3단계인 정량적 평가 항목에 해당되는 것은?

① 목록
② 공정계통도
③ 화학설비용량
④ 건조물의 도면

3단계 : 정량적 평가
당해 화학설비의 취급물질, 용량, 온도, 압력 및 조작의 5항목에 대해 A, B, C, D급으로 분류하고 A급은 10점, B급은 5점, C급은 2점, D급은 0점으로 점수를 부여한 후 5항목에 관한 점수들의 합을 구한다.

23 다음 FTA 그림에서 a, b, c의 부품고장률이 각각 0.01일 때, 최소 컷셋(minimal cut sets)과 신뢰도로 옳은 것은?

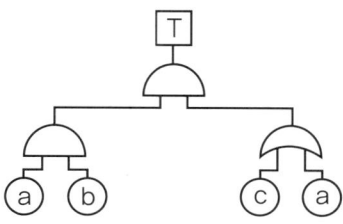

① {a, b}, R(t) = 99.99% ② {a, b, c}, R(t) = 98.99%
③ {a, c}, R(t) = 96.99% ④ {a, c}, R(t) = 97.99%
  {a, b}   {a, b, c}

• 최소 컷셋
  - 컷셋 : (a, b, c)(a, b, a)
  - 최소 컷셋 : (a, b)
• 신뢰도
  - (T) = A × B = 0.0001 × 0.019 = 0.0000019
  - A = 0.01 × 0.01 = 0.0001
  - B = 1 − (1 − 0.01)(1 − 0.01) = 0.019
  - 신뢰도 = 1 − 0.0000019 = 0.9999 × 100 = 99.99[%]

24 FT도에 사용되는 기호 중 입력신호가 생긴 후, 일정시간이 지속된 후에 출력이 생기는 것을 나타내는 것은?

① OR 게이트 ② 위험 지속 기호
③ 억제 게이트 ④ 배타적 OR 게이트

수정기호

• 우선적 AND Gate : 입력사상 가운데 어느 사상이 다른 사상보다 먼저 일어났을 때에 출력사상이 생긴다.
• 조합 AND Gate : 3개 이상의 입력사상 가운데 어느 것이던 2개가 일어나면 출력 사상이 발생한다.
• 위험지속기호 : 입력사상이 생기어 어느 일정시간 지속하였을 때에 출력사상이 생긴다.
• 배타적 OR Gate : OR Gate로 2개 이상의 입력이 동시에 존재한 때에는 출력사상이 생기지 않는다.

25 자동차나 항공기의 앞유리 혹은 차양판 등에 정보를 중첩 투사하는 표시장치는?

① CRT ② LCD
③ HUD ④ LED

HUD(Head−UP−Display)는 운전자 또는 조종사의 가시영역 내에 운전 또는 조종에 필요한 정보를 제공하는 디스플레이 장치를 말한다.

26 암호체계 사용상의 일반적인 지침에 해당하지 않는 것은?

① 암호의 검출성
② 부호의 양립성
③ 암호의 표준화
④ 암호의 단일 차원화

암호체계 사용상의 일반적인 지침
- 암호의 검출성 : 검출이 가능해야 한다.
- 암호의 변별성 : 다른 암호표시와 구별되어야 한다.
- 부호의 양립성 : 양립성이란 자극들 간의, 반응들 간의, 자극-반응 조합의 관계가 인간의 기대와 모순되지 않는 것이다.
- 부호의 의미 : 사용자가 그 뜻을 분명히 알아야 한다.
- 암호의 표준화 : 암호를 표준화하여야 한다.
- 다차원 암호의 사용 : 2가지 이상의 암호차원을 조합해서 사용하면 정보전달이 촉진된다.

27 일반적인 수공구의 설계원칙으로 볼 수 없는 것은?

① 손목을 곧게 유지한다.
② 반복적인 손가락 동작을 피한다.
③ 사용이 용이한 검지만 주로 사용한다.
④ 손잡이는 접촉면적을 가능하면 크게 한다.

수공구의 설계원칙
- 손목을 곧게 유지하도록
- 반복적인 손가락 동작을 피하도록
- 손잡이의 접촉면적을 크게
- 조직에 가해지는 압력을 피하도록
- 공구의 무게를 줄이고 사용시 균형이 유지되도록

28 광원으로부터의 직사 휘광을 줄이기 위한 방법으로 적절하지 않은 것은?

① 휘광원, 주위를 어둡게 한다.
② 가래, 갓, 차양 등을 사용한다.
③ 광원을 시선에서 멀리 위치시킨다.
④ 광원의 수는 늘리고 휘도는 줄인다.

광원으로부터의 직사 휘광 처리
- 광원의 휘도를 줄이고 수를 높인다.
- 광원을 시선에서 멀리 위치시킨다.
- 휘광원 주위를 밝게 하여 광속발산비(휘도)를 줄인다.
- 가리개(Shield), 갓(Hood), 혹은 차양(Visor)을 사용한다.

29 신뢰성과 보전성을 효과적으로 개선하기 위해 작성하는 보전기록 자료로서 가장 거리가 먼 것은?

① 자재관리표
② MTBF 분석표
③ 설비이력카드
④ 고장원인대책표

설비이력카드, MTBF 분석표, 고장원인대책표 등은 기계의 고장에 대한 분석 및 관리에 대한 대책으로 효과적인 관리 수단이다.

30 통제표시비(control/display ratio)를 설계할 때 고려하는 요소에 관한 설명으로 틀린 것은?

① 통제표시비가 낮다는 것은 민감한 장치하는 것을 의미한다.
② 목시거리(目示距離)가 길면 길수록 조절의 정확도는 떨어진다.
③ 짧은 주행 시간 내에 공차의 인정범위를 초과하지 않는 계기를 마련한다.
④ 계기의 조절시간이 짧게 소요되도록 계기의 크기(size)는 항상 작게 설계한다.

해설

통제표시비 설계 시 고려할 사항

• 통제표시비(C/D비)가 작다(낮다)는 것은 민감한 장치이다.(조종장치를 조금만 움직여도 반등거리는 커지므로 이동시간이 짧다)
• 계기의 크기는 조절시간이 짧게 소요되는 크기가 권장되지만, 너무 작으면 오차가 커지므로 적정치를 고려한다.
• 목시거리가 길면 길수록 조절의 정확도가 떨어지고 시간이 걸린다.
• 조작시간이 지연되면 통제비가 커진다.
• 계기의 방향성은 안전과 능률에 영향을 준다.
• 공차의 인정범위를 초과하지 않도록 설계한다.

31 다음 중 연마작업장의 가장 소극적인 소음대책은?

① 음향 처리제를 사용할 것
② 방음 보호 용구를 착용할 것
③ 덮개를 씌우거나 창문을 닫을 것
④ 소음원으로부터 적절하게 배치할 것

해설

소음에 대한 적극적인 대책은 소음원을 제거·통제하거나 저감시키는 것이며, 소극적인 대책은 작업자에게 방음보호 용구를 착용시키는 것이다.

32 다음의 설명에서 ( ) 안의 내용을 맞게 나열한 것은?

> 40 phon은 (㉠) sone을 나타내며, 이는 (㉡) dB의 (㉢) Hz 순음의 크기를 나타낸다.

① ㉠ 1, ㉡ 40, ㉢ 1000   ② ㉠ 1, ㉡ 32, ㉢ 1000
③ ㉠ 2, ㉡ 40, ㉢ 2000   ④ ㉠ 2, ㉡ 32, ㉢ 2000

해설

음의 크기 수준

• Phon : 1000Hz 순음의 음압 수준(dB)을 나타낸다.
• sone : 1000Hz, 40dB의 음압 수준을 가진 순음의 크기(= 40Phon)를 1sone이라 한다.

33 위험조정을 위해 필요한 기술은 조직형태에 따라 다양하며, 4가지로 분류하였을 때 이에 속하지 않는 것은?

① 전가(transfer)
② 보류(retention)
③ 계속(continuation)
④ 감축(reduction)

위험(Risk) 처리(조정)기술

회피(Avoidance), 경감·감축(Reduction), 보류(Retention), 전가(Transfer)

34 체내에서 유기물을 합성하거나 분해하는 데는 반드시 에너지의 전환이 뒤따른다. 이것을 무엇이라 하는가?

① 에너지 변환
② 에너지 합성
③ 에너지 대사
④ 에너지 소비

생체에서의 물질대사는 반드시 에너지의 변환을 수반하며 대사의 과정을 에너지 면에서 관찰할 때 이것을 에너지 대사라고 한다.

35 전통적인 인간-기계(Man-Machine) 체계의 대표적 유형과 거리가 먼 것은?

① 수동체계
② 기계화체계
③ 자동체계
④ 인공지능체계

인간 기계 통합체계의 유형

• 수동 체계 : 사용자의 조작, 융통성(예 : 장인과 공구)
• 기계화 체계(반자동 체계) : 운전자의 조작, 융통성 없음(예 : 엔진, 자동차, 공작기계)
• 자동 체계(인간의 역할 : 감시, 프로그램, 정비유지) : 자동화된 공장, 컴퓨터

36 다음 그림 중 형상 암호화된 조종 장치에서 단회전용 조종 장치로 가장 적절한 것은?

①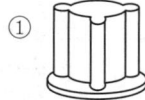

②

③

④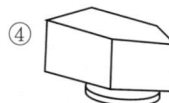

① 단회전용, ②와 ③ 다회전용, ④ 이산 멈춤 위치용

37 작업장에서 구성요소를 배치하는 인간공학적 원칙과 가장 거리가 먼 것은?

① 중요도의 원칙
② 선입선출의 원칙
③ 기능성의 원칙
④ 사용빈도의 원칙

배치의 원칙

• 중요성의 원칙
• 사용빈도의 원칙
• 기능별 배치의 원칙
• 사용순서의 원칙

38 동전던지기에서 앞면이 나올 확률 P(앞) = 0.6이고, 뒷면이 나올 확률 P(뒤) = 0.4일 때, 앞면과 뒷면이 나올 사건의 정보량을 각각 맞게 나타낸 것은?

① 앞면:0.10bit, 뒷면:1.00bit
② 앞면:0.74bit, 뒷면:1.32bit
③ 앞면:1.32bit, 뒷면:0.74bit
④ 앞면:2.00bit, 뒷면:1.00bit

• 앞면 $= \dfrac{\log\left(\dfrac{1}{0.6}\right)}{\log 2} = 0.737$

• 뒷면 $= \dfrac{\log\left(\dfrac{1}{0.4}\right)}{\log 2} = 1.322$

39 어떤 결함수의 쌍대결함수를 구하고, 컷셋을 찾아내어 결함(사고)을 예방할 수 있는 최소의 조합을 의미하는 것은?

① 최대 컷셋
② 최소 컷셋
③ 최대 패스셋
④ 최소 패스셋

최소 패스셋(minimal path sets)은 시스템이 고장 나지 않도록 하는 최소한의 패스셋으로 어떤 고장이나 패스를 일으키지 않으면 재해는 일어나지 않는다는 것 즉, 시스템의 신뢰성을 나타내는 것으로 쌍대결함수를 작성 후 MOCUS 알고리즘을 적용하여 구한다.

40 인간-기계 시스템에서의 신뢰도 유지 방안으로 가장 거리가 먼 것은?

① lock system
② fail-safe system
③ fool-proof system
④ risk assessment system

• Fail-Safety
 – Fail Safety : 인간 또는 기계에 과오나 동작상의 실수가 있어도 안전사고를 발생시키지 않도록 2중 또는 3중으로 통제를 가하도록 한 체제
 – Fail Safe 종류 : 다경로 하중 구조, 하중 경감 구조, 교대구조, 중복 구조
• Lock System
 – Interlock System : 인간과 기계 사이
 – Intralock System : 인간 사이
 – Translock System : Interlock System과 Intralock System 사이

- 풀 프루프(Fool Proof)
  - 풀 프루프(Fool Proof) : 인간의 착오, 미스 등 이른바 휴먼에러가 발생하더라도 기계설비나 그 부품은 안전 쪽으로 작동하게 설계하는 안전설계의 기법 중 하나
  - 풀 프루프(Fool Proof)의 기구 : 가드, 로크(Lock) 기구, 밀어내기 기구, 트립 기구, 오버런(Over-run) 기구, 기동방지 기구

제 **03** 과목 　건설시공학

41 다음과 같은 조건에서 콘크리트의 압축강도를 시험하지 않을 경우 거푸집널의 해체시기로 옳은 것은?(단, 기초, 보, 기둥 및 벽의 측면)

• 조강포틀랜드시멘트 사용	• 평균기온 20℃ 이상

① 2일　　　　　　　　　　　　　② 3일

③ 4일　　　　　　　　　　　　　④ 6일

 해설

거푸집의 존치기간

부위	바닥슬래브, 지붕슬래브 및 보밑		기초, 기둥 및 벽, 보옆	
시멘트의 종류	포틀랜드시멘트	조강포틀랜드시멘트	포틀랜드시멘트	조강포틀랜드시멘트
압축강도	설계기준강도의 50%		50kg/cm²(5MPa)	
재령(일) 평균기온 10℃ 이상 ~ 20℃ 미만	8	5	6	3
재령(일) 평균기온 20℃ 이상	7	4	4	2

42 콘크리트 타설 작업에 있어 진동 다짐을 하는 목적으로 옳은 것은?

① 콘크리트 점도를 증진시켜 준다

② 시멘트를 절약시킨다.

③ 콘크리트의 동결을 방지하고 경화를 촉진시킨다.

④ 콘크리트의 거푸집 구석구석까지 충전시킨다.

 해설

콘크리트의 진동 다짐은 거푸집 구석구석까지 충전시키기 위한 목적으로 진동기는 다음에 유의하여 사용하여야 한다.
- 진동기는 철근 또는 철골에 직접 접촉되지 않도록 하고 뽑을 때는 천천히 뽑아내어 콘크리트에 구멍이 남지 않도록 한다.
- 막대형 진동기(Rod Type Vibrator)는 수직방향으로 넣고, 넣은 간격은 약 50cm 이하로 한다.
- 거푸집 진동기는 막대형 진동기를 사용할 수 없는 기둥 및 벽체 부분에 사용하고, 표면 진동기는 슬래브와 같이 두께가 얇은 부분의 콘크리트 표면에 직접 사용한다.

43 전체공사의 진척이 원활하며 공사의 시공 및 책임한계가 명확하여 공사관리가 쉽고 하도급의 선택이 용이한 도급제도는?

① 공정별분할도급
② 일식도급
③ 단가도급
④ 공구별분할도급

일식도급의 특징

- 공사에 관한 모든 것을 도급자에게 맡겨 노무, 재료, 기계, 현장에 관한 시공 여부 등을 일괄하게 하여 시행하는 방식으로 공사관리가 용이하고, 가설재 등의 중복 사용이 없어진다.
- 건축주의 의도나 설계도의 취지가 충분히 반영되지 못한다.
- 말단 노무자의 임금 지불에 따른 문제점으로 공사가 거칠고, 불량해지기 쉽다.

44 경량골재콘크리트 공사에 관한 사항으로 옳지 않은 것은?

① 슬럼프 값은 180mm 이하로 한다.
② 경량골재는 배합 전 완전히 건조시켜야 한다.
③ 경량골재 콘크리트는 공기연행 콘크리트로 하는 것을 원칙으로 한다.
④ 물-결합재비의 최대값은 60%로 한다.

경량골재콘크리트

- 경량골재의 성질 및 경량골재콘크리트의 성질을 고려하여 시공한다.
- 슬럼프 값은 18cm 이하로 하고 단위시멘트량의 초소값은 300kg/m³, 물시멘트비의 최대값은 60%로 한다.
- 경량골재는 때때로 물을 뿌리고 표면에 포장 등을 항상 같은 습윤상태를 유지하도록 한다.
- 굵은골재가 떠오르는 경우가 많으므로 굵은 골재를 눌러 표면을 마무리한다.
- 표면을 마무리하고 1시간 정도 경과 후에 다지기 등으로 재마무리하여 균열을 없앤다.

45 지반조사 방법 중 보링에 관한 설명으로 옳지 않은 것은?

① 보링은 지질이나 지층의 상태를 깊은 곳까지도 정확하게 확인할 수 있다.
② 회전식보링은 불교란시료 채취, 암석 채취 등에 많이 쓰인다.
③ 충격식 보링은 토사를 분쇄하지 않고 연속적으로 채취할 수 있으므로 가장 정확한 방법이다.
④ 수세식 보링은 30m까지의 연질층에 주로 쓰인다.

충격식 보링

- 지반에 지름 10cm, 두께 6mm, 길이 1.5m의 케이싱 철관을 박고 관 속에 굴착용 비트를 단 보링로드를 회전시키면서 상하로 충격을 주어 지반을 뚫어 시료를 채취하는 방법이다.
- 공정이 간편하고 저렴하여 가장 널리 사용되지만 토사가 분쇄되는 단점이 있다.

46 기존건물에 근접하여 구조물을 구축할 때 기존건물의 균열 및 파괴를 방지할 목적으로 지하에 실시하는 보강공법은?

① BH(Boring Hole)
② 베노토(Benoto) 공법
③ 언더피닝(Under Pinning) 공법
④ 심초공법

언더피닝(Under pinning) 공법은 기존 건물 가까이에 건축공사를 할 때 기존(인접)건물의 지반과 기초를 보강하는 방법으로 2중 널말뚝 공법, 웰 포인트 공법, 약액주입 공법, 차단벽 공법, 현장타설 말뚝 공법, 강재 말뚝 공법 등이 있다.

47 다음 용어에 대한 정의로 옳지 않은 것은?

① 함수비 $= \dfrac{\text{물의 무게}}{\text{토립자의 무게(건조중량)}} \times 100\%$

② 간극비 $= \dfrac{\text{간극의 부피}}{\text{토립자의 부피}}$

③ 포화도 $= \dfrac{\text{물의 부피}}{\text{간극의 부피}} \times 100\%$

④ 간극률 $= \dfrac{\text{물의 부피}}{\text{전체의 부피}} \times 100\%$

간극률 $= \dfrac{\text{간극의 부피}}{\text{전체의 부피}} \times 100\%$

48 공사에 필요한 특기 시방서에 기재하지 않아도 되는 사항은?

① 인도시 검사 및 인도시기 ② 각 부위별 시공방법
③ 각 부위별 사용재료 ④ 사용재료의 품질

시방서의 종류

• 표준시방서 : 건축공사의 재료, 시공방법 등 표준적이고 공통공사 부분에 대한 내용을 기재
• 특기시방서 : 표준시방서에 기재되지 않은 특별한 사항의 공법 및 재료명 등을 설계자가 상세히 기록

49 토공사용 기계에 관한 설명으로 옳지 않은 것은?

① 파워쇼벨(power shovel)은 위치한 지면보다 높은 곳의 굴착에 유리하다.
② 드래그쇼벨(drag shovel)은 대형기초굴착에서 협소한 장소의 줄기초파기, 배수관 매설공사 등에 다양하게 사용된다.
③ 클램쉘(clam shell)으 연한 지반에는 사용이 가능하나 경질층에는 부적당하다.
④ 드래그라인(drag line)은 배토판을 부착시켜 정지작업에 사용된다.

굴착용 기계의 종류 및 특징

구분	굴착기계	특징	토질
셔블계	파워셔블	지반면보다 높은 곳의 굴착, 쇄석 옮겨쌓기, 토사의 처리 등에 널리 쓰인다.	굳은 점토, 암석, 토사
	드래그셔블 (백호우)	지반면보다 낮은 곳의 굴착, 지하층 및 기초 굴삭, 토목공사나 수중굴착 등에 쓰인다(지하 6m 정도의 깊이).	자갈, 암석이 섞인 토사, 굳은 지반
	드래그라인	지반면보다 낮은 곳의 굴착, 토사를 긁어 모음, 연약한 지반의 깊은 곳 굴착 등에 쓰인다(지하 8m 정도의 깊이).	암석, 암석이 섞인 토사, 연약한 지반
	클램셀	좁은 곳의 수직굴착, 자갈 등의 적재, 연약한 지반이나 수중굴착 등에 쓰인다.	자갈, 암석, 연약한 지반
트랙터계	불도저	직선송토작업, 단단한 지반과 암석작업 등에 널리 쓰인다.	암석, 굳은 지반

50 벽과 바닥의 콘크리트 타설을 한 번에 가능하도록 벽체용 거푸집과 슬래브 거푸집을 일체로 제작하여 한 번에 설치하고 해체할 수 있도록 한 시스템거푸집은?

① 갱폼
② 클라이밍폼
③ 슬립폼
④ 터널폼

- 갱폼(Gang form) : 표면 피복 강화합판이나 각재, 철골을 이용하여 특수 제작한 것으로 옹벽, 기둥을 일체식으로 제작
- 클라이밍폼(Climbing form) : 벽체용 거푸집으로 거푸집과 벽체마감공사를 위한 비계틀을 일체로 조립하여 한꺼번에 인양시켜 거푸집을 설치하는 공법
- 슬립폼(Slip form) : 거푸집에 테이퍼를 붙이거나 거푸집 주장의 변화가 가능한 장치를 쓰고 단면 형상 변화가 있는 구조물에 사용하며, 초고연통, 무선탑, 전망탑, 클린타워, 급수탑 등의 시공에 이용
- 터널폼(Tunnel form) : 한 구획 전체의 벽과 바닥판을 ㄱ자, ㄷ자 형으로 짜서 이동식 거푸집으로 이용

51 시공과정상 불가피하게 콘크리트를 이어치기할 때 서로 일체화되지 않아 발생하는 시공불량 이음부를 무엇이라고 하는가?

① 컨스트럭션 조인트(construction joint)
② 콜드 조인트(cold joint)
③ 컨트롤 조인트(control joint)
④ 익스팬션 조인트(expansion joint)

콘크리트 줄눈(Joint)의 종류

- 콜드 조인트(Cold Joint) : 시공 과정 중 휴식시간 등으로 응결하기 시작한 콘크리트에 새로운 콘크리트를 이어칠 때 생기는 줄눈이다.
- 시공 줄눈(Construction Joint) : 시공의 편의상 콘크리트를 한 번에 타설하지 못할 때 이어치기할 부분을 선정하여 이어치기 할 수 있도록 고려하는 것이다.

- 신축 줄눈(Expansion Joint) : 온도변화에 따른 팽창수축 혹은 부동침하, 진동, 등에 의해 균열이 예상되는 위치에 설치하는 줄눈이다.
- 조절 줄눈(Control Joint) : 지반 등 안정된 위치에 있는 바닥판 또는 벽면이 수축에 의하여 표면에 균열이 생길 수 있는데 일정한 곳에만 일어나도록 유도하는 줄눈이다.

52 철골공사와 직접적으로 관련된 용어가 아닌 것은?

① 토크렌치
② 너트 회전법
③ 적산온도
④ 스터드 볼트

적산온도(성숙도)란 양생시간과 양생온도의 곱으로 표시되며 수화반응률과 초기강도의 추정에 사용된다.

53 철근의 이음을 검사할 때 가스압접이음의 검사항목이 아닌 것은?

① 이음위치
② 이음길이
③ 외관검사
④ 인장시험

가스압접이음의 검사항목 : 외관검사, 초음파탐상검사, 인장시험에 의한 검사, 철근의 이음위치

54 철골작업에서 사용되는 철골세우기용 기계로 옳은 것은?

① 진폴(gin pole)
② 앵글 도저(angle dozer)
③ 모터 그레이더(motor grader)
④ 캐리올 스크레이퍼(carryall scraper)

건립용(철골세우기용) 기계의 분류
- 크레인 : 타워크레인, 기타 소형 지브크레인
- 이동식 크레인 : 트럭크레인, 크롤러크레인, 휠크레인
- 데릭 : 가이데릭, 삼각데릭, 진폴데릭

55 다음 중 가장 깊은 기초지정은?

① 우물통식 지정
② 긴 주춧돌 지정
③ 잡석 지정
④ 자갈 지정

지정의 종류
- 보통지정 : 잡석지정, 모래지정, 자갈지정, 밑창 콘크리트
- 말뚝지정 : 나무말뚝, 기성콘크리트말뚝, 제자리콘크리트말뚝
- 깊은기초지정 : 우물통식지정, 잠함기초지정

56 다음 철근 배근의 오류 중에서 구조적으로 가장 위험한 것은?

① 보늑근의 겹침
② 기둥주근의 겹침
③ 보하부 주근의 처짐
④ 기둥대근의 겹침

 철근의 겹침은 철근이음방법 중 하나로 정상적인 시공방법이다.

57 굳지 않은 콘크리트가 거푸집에 미치는 측압에 관한 설명으로 옳지 않은 것은?

① 묽은비빔 콘크리트가 측압은 크다.
② 온도가 높을수록 측압은 크다.
③ 콘크리트의 타설 속도가 빠를수록 측압은 크다.
④ 측압은 굳지 않은 콘크리트의 높이가 높을수록 커지는 것이나 어느 일정한 높이에 이르면 측압
의 증대는 없다.

 콘크리트의 측압 커지는 조건
- 기온이 낮을수록(대기 중의 습도가 낮을수록)
- 치어붓기 속도가 클수록
- 묽은 콘크리트 일수록(물 · 시멘트비가 클수록 슬럼프값이 클수록 시멘트 · 물비가 적을수록)
- 콘크리트의 비중이 클수록
- 콘크리트의 다지기가 강할수록
- 철근의 양이 적을수록
- 거푸집의 수밀성이 높을수록
- 거푸집의 수평단면이 클수록(벽 두께가 클수록)
- 거푸집의 강성이 클수록
- 거푸집의 표면이 매끄러울수록
- 측압은 생콘크리트의 높이가 높을수록 커지나 일정한 높이에 이르면 측압의 증가는 없음

58 시공계획 시 우선 고려하지 않아도 되는 것은?

① 상세 공정표의 작성
② 노무, 기계, 재료 등의 조달, 사용 계획에 따는 수송계획 수립
③ 현장관리 조직과 인사계획 수립
④ 시공도의 작성

 시공계획의 수립내용
- 연장인원 편성 및 가설계획 작성
- 실행예산편성
- 자재반입계획 시공기계 및 장비설치계획
- 품질관리 대책
- 공정표작성(주요공정의 시공 절차 및 방법)
- 하도급자 선정
- 노무계획
- 안전 및 환경대책

59 고력볼트 접합에서 축부가 굵게 되어 있어 볼트 구멍에 빈틈이 남지 않도록 고안된 볼트는?

① TC볼트
② PI볼트
③ 그립볼트
④ 지압형 고장력볼트

해설

지압접합은 볼트 축부의 전단강도와 접합되어지는 부재의 구멍의 측압에 의해 힘이 전달되는 방식으로 시공상의 난점이 있지만 볼트 구멍의 이격이 거의 없어져 볼트의 전단내력에 접합재 간의 잔류마찰력과 지압내력이 부가되어 외력에 저항 하므로 마찰접합보다 고력볼트의 고강도를 효과적으로 이용할 수 있는 방식이다.

60 철골조에서 판보(plate girder)의 보강재에 해당되지 않는 것은?

① 커버 플레이트
② 윙 플레이트
③ 필러 플레이트
④ 스티프너

해설

윙 플레이트(Wing Plate)는 주각부를 보강해주는 플레이트로 H-Beam과 베이스 플레이트의 연결을 보강해주는 역할을 한다.

제 **04** 과목   **건설재료학**

61 목재와 철강재 양쪽 모두에 사용할 수 있는 도료가 아닌 것은?

① 래커에나멜
② 유성페인트
③ 에나멜페인트
④ 광명단

해설

광명단 도료는 사산화삼납(Pb_3O_4)을 보일드유에 녹인 유성페인트의 일종으로 철재의 방청도료로 사용된다.

62 단열재의 특성과 관련된 전열의 3요소와 거리가 먼 것은?

① 전도
② 대류
③ 복사
④ 결로

해설

결로(condensation)는 천장, 벽, 바닥 등의 표면 또는 실내의 온도가 그 위치의 습공기의 노점 이하로 되었을 때 공기 중의 수증기는 액체로 변하는 현상으로 표면 결로와 내부 결로가 있다.

63 다음 시멘트 조성화합물 중 수화속도가 느리고 수화열도 작게 해주는 성분은?

① 규산 3칼슘
② 규산 2칼슘
③ 알루민산 3칼슘
④ 알루민산 4칼슘

시멘트의 주요 구성 화합물 및 특성

명칭	화학식	약호	특성
규산삼석회	$3CaOSiO_2$	C_3S	시멘트의 초기강도를 좌우하며 시멘트 중 함유율이 5% 이하이다.
규산이석회	$2CaOSiO_2$	C_2S	시멘트의 후기강도에 영향을 주고 수화속도가 느리고 수화열이 낮다.
알루민산삼석회	$3CaOAl_2O_3$	C_3A	수화작용이 빠르고 발열량이 많다.
알루민산철사석회	$4CaOAl_2O_3Fe_2O_3$	C_4AF	수화작용, 수화열, 조기강도가 가장 낮으며 시멘트 중 함유율은 35~37% 정도이다.

64 비철금속 중 동(銅)에 관한 설명으로 옳지 않은 것은?

① 맑은 물에는 침식되나 해수에는 침식되지 않는다.
② 전·연성이 좋아 가공하기 쉬운 편이다.
③ 철강보다 내식성이 우수하다.
④ 건축재료로는 아연 또는 주석 등을 활용한 합금을 주로 사용한다.

동은 해수에는 침식되나 맑은 물에는 침식되지 않는다.

65 목재 가공품 중 판재와 각재를 접착하여 만든 것으로 보, 기둥, 아치, 트러스 등의 구조부재로 사용되는 것은?

① 파키트 패널
② 집성목재
③ 파티클 보드
④ 석고 보드

집성목재가 합판과 다른 점

• 판의 섬유 방향을 평형으로 붙인 것으로 판이 홀수가 아니어도 된다.
• 보나 기둥에 사용할 수 있는 단면을 갖는다.

66 목재의 역학적 성질에 관한 설명으로 옳지 않은 것은?

① 섬유 평행방향의 휨 강도와 전단강도는 거의 같다.
② 강도와 탄성은 가력방향과 섬유방향과의 관계에 따라 현저한 차이가 있다.
③ 섬유에 평행방향의 인장강도는 압축강도보다 크다.
④ 목재의 강도는 일반적으로 비중에 비례한다.

목재의 강도
- 목재의 강도 크기 : 인장강도 > 휨강도 > 압축강도 > 전단강도
- 섬유 방향 압축강도는 섬유 방향 인장강도의 90% 정도이다.
- 휨강도는 압축강도의 약 1.75배이다.
- 섬유 방향의 인장 및 압축강도는 크지만 직각방향은 작다.

67 화성암의 일종으로 내구성 및 강도가 크고 외관이 수려하며, 절리의 거리가 비교적 커서 대재를 얻을 수 있으나, 함유광물의 열팽창계수가 달라 내화성이 약한 석재는?

① 안산암
② 사암
③ 화강암
④ 응회암

화강암(花崗巖, Granite)
- 땅 속 깊은 곳에서 마그마가 서서히 식어서 굳어진 암석으로 강도가 가장 크다.
- 석영, 장석, 운모로 이루어져 있다.
- 석질이 견고하고 풍화나 마멸에 강하다.
- 대재를 얻기 쉽고 외관이 아름다워 장식재로 쓸 수 있다.
- 내화도가 낮아서 고열을 받는 곳에는 부적당하다.

68 콘크리트의 워커빌리티에 영향을 주는 인자에 관한 설명으로 옳지 않은 것은?

① 단위수량이 많을수록 콘크리트의 컨시스턴시는 커진다.
② 일반적으로 부배합의 경우는 빈배합의 경우보다 콘크리트의 플라스티서티가 증가하므로 워커빌리티가 좋다고 할 수 있다.
③ AE제나 감수제에 의해 콘크리트 중에 연행된 미세한 공기는 볼베어링 작용을 통해 콘크리트의 워커빌리티를 개선한다.
④ 둥근형상의 강자갈의 경우보다 편평하고 세장한 입형의 골재를 사용할 경우 워커빌리티가 개선된다.

골재의 입도와 입형에 따른 워커빌리티
- 자연모래가 모나거나 편평한 것이 많은 부순모래에 비해 워커블한 콘크리트를 얻을 수 있다.
- 둥근형상의 강자갈의 경우가 워커빌리티가 가장 좋고 편평하고 세장한 입형의 골재를 사용할 경우 유동성이 나빠져서 워커빌리티가 불량해진다.
- 부순자갈이나 부순모래를 사용할 경우 워커빌리티가 나빠지므로 잔골재율과 단위수량을 크게 하여 워커빌리티를 개량할 필요가 있다.

69 다음 중 천연 접착제로 볼 수 없는 것은?

① 전분
② 아교
③ 멜라민수지
④ 카세인

멜라민 수지

- 멜라민과 포름알데히드로 제조하며, 성질은 요소수지보다 우수하다.
- 무색, 투명하기 때문에 착색이 자유롭다.
- 내수성, 내약품성, 내용제성이 크고 내후성, 내노화성, 내열성이 우수하다.
- 기계적 강도와 전기적 성질이 우수하다.
- 금속, 고무, 유리 등의 접착에는 사용하지 않는다.

70 유리를 600℃ 이상의 연화점까지 가열하여 특수한 장치로 균등히 공기를 내뿜어 급랭시킨 것으로 강하고 또한 파괴되어도 세립상으로 되는 유리는?

① 에칭유리   ② 망입유리
③ 강화유리   ④ 복층유리

강화유리 : 표면부를 압축하고 내부를 인장하여 강화한 안전유리로 연화온도(軟化溫度)에 가까운 500 ~ 600℃로 가열하고, 압축한 냉각공기에 의해 급랭시켜 만든다. 충격, 휨, 압축에 강하고, 깨질 때 파편이 알갱이 모양으로 된다.

71 표면에 여러 가지 직물무늬 모양이 나타나게 만든 타일로서 무늬, 형상 또는 색상이 다양하여 주로 내장 타일로 쓰이는 것은?

① 폴리싱타일   ② 태피스트리타일
③ 논슬립타일   ④ 모자이크타일

태피스트리타일(tapestry tile)은 표면에 여러 가지 직물무늬 모양을 넣어 입체화시킨 타일로 디자인이나 장식적인 효과가 요구되는 곳에 내장타일로 사용된다.

72 알루미늄과 그 합금 재료의 일반적인 성질에 관한 설명으로 옳지 않은 것은?

① 산, 알칼리에 강하다.   ② 내화성이 작다.
③ 열·전기 전도성이 크다.   ④ 비중이 철의 약 1/3이다.

알루미늄(Aluminum)

- 경량질에 비해 강도가 크다.
- 광선 및 열에 대한 반사율이 커서 열차단재로도 사용된다.
- 내화성이 적고 열팽창이 철의 2배 정도로 크다.
- 공기 중에서 Al_2O_3의 피막을 만들어 내부를 보호한다.
- 산, 알칼리에 약하다.

73 건축재료의 화학적 조성에 의한 분류에서 유기재료에 속하지 않는 것은?

① 목재   ② 아스팔트
③ 플라스틱   ④ 시멘트

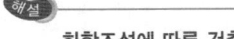

화학조성에 따른 건축재료 분류

- 무기재료 : 금속재(철강, 알루미늄, 구리, 합금류), 비금속재(석재, 시멘트, 콘크리트, 도자기류)
- 유기재료 : 천연재료(목재, 대나무, 아스팔트, 섬유판 등), 합성수지(플라스틱재, 도료, 실링재, 접착재 등)

74 잔골재를 각 상태에서 계량한 결과 그 무게가 다음과 같을 때 이 골재의 유효 흡수율은?

• 절건상태 : 2000g	• 기건상태 : 2066g
• 표면건조 내부 포화상태 : 2124g	• 습윤상태 : 2152g

① 1.32%
② 2.81%
③ 6.20%
④ 7.60%

유효 흡수율 $= \dfrac{표건중량 - 기건중량}{기건중량} \times 100 = \dfrac{2124 - 2066}{2066} \times 100 = 2.807$

75 물-시멘트 비 65%로 콘크리트 1m³를 만드는데 필요한 물의 양으로 적당한 것은?(단, 콘크리트 1m³당 시멘트 8포대이며, 1포대는 40kg임)

① 0.1m³
② 0.2m³
③ 0.3m³
④ 0.4m³

$65\% = \dfrac{W}{C} = \dfrac{W}{8 \times 40}$　　$\therefore W = 0.65 \times 8 \times 40 = 208kg ≒ 0.2m^3$

76 유기천연섬유 또는 석면섬유를 결합한 원지에 연질의 스트레이트 아스팔트를 침투시킨 것으로 아스팔트 방수 중간층재로 사용되는 것은?

① 아스팔트 펠트
② 아스팔트 컴파운드
③ 아스팔트 프라이머
④ 아스팔트 루핑

아스팔트의 제품

- 아스팔트 프라이머 : 아스팔트와 휘발성이 높은 용제를 혼합하여 제조하며, 방수층을 만들 때 콘크리트 바탕에 제일 먼저 사용되는 재료
- 아스팔트 유제 : 유화제를 사용하여 아스팔트 미립자를 수중에 분산시킨 다갈색의 액체로 도로포장용, 특수시멘트 혼합 용, 방수도료 등으로 사용
- 아스팔트 펠트 : 펠트(Felt) 상으로 만든 원지에 연질의 스트레이트 아스팔트를 침투시켜 로울러로 압착하여 제조하며, 아스팔트방수 중간층 재료, 내·외벽라스, 모르타르 바탕의 방수에 사용
- 아스팔트 루핑 : 아스팔트의 펠트 양면에 블로운 아스팔트를 가열·용융시켜 피복한 다음 그 위에 활석 또는 운석의 미분 말을 부착하여 제조. 건물 평지붕의 방수층, 슬레이트 평판, 금속판 등의 지붕 깔기 바탕 등에 이용
- 블로운 아스팔트 : 석유 아스팔트에 공기를 불어넣어 탄성력을 크게 제조한 것으로 점성과 침투성은 작으나 온도에 의한 변화가 적고 열에 대한 안정성이 뛰어나며 내후성도 큼

77 미장재료의 분류에서 물과 화학반응 하여 경화하는 수경성 재료가 아닌 것은?

① 순석고플라스터   ② 경석고플라스터

③ 혼합석고플라스터   ④ 돌로마이트플라스터

 해설

돌로마이트 플라스터는 점성이 커서 풀을 사용하지 않고 물로 연화하여 사용하는 것으로 대기 중의 이산화탄소(CO_2)와 결합하여 경화하는 기경성 미장재료이다.

78 접착제를 사용할 때의 주의사항으로 옳지 않은 것은?

① 피착제의 표면은 가능한 한 습기가 없는 건조상태로 한다.

② 용제, 희석제를 사용할 경우 과도하게 희석시키지 않도록 한다.

③ 용제성의 접착제는 도포 후 용제가 휘발한 적당한 시간에 접착시킨다.

④ 접착처리 후 일정한 시간 내에는 가능한 한 압축을 피해야 한다.

 해설

접착처리 후 일정한 시간 내에는 압축을 유지하여야 하며 비틀기, 당기기 등의 외력은 피해야 한다.

79 미장공사에서 코너비드가 사용되는 곳은?

① 계단 손잡이   ② 기둥의 모서리

③ 거푸집 가장자리   ④ 화장실 칸막이

 해설

코너비드(Corner bead)는 모서리 부분의 미장 바름을 보호하기 위하여 사용하는 모서리쇠이다.

80 점토 제품에 관한 설명으로 옳지 않은 것은?

① 점토의 주요 구성 성분은 알루미나, 규산이다.

② 점토입자가 미세할수록 가소성이 좋으며 가소성이 너무 크면 샤모트 등을 혼합 사용한다.

③ 점토제품의 소성온도는 도기질의 경우 1230~1460℃ 정도이며, 자기질은 이보다 현저히 낮다.

④ 소성온도는 점토의 성분이나 제품에 따라 다르며, 온도측정은 제게르 콘(Seger cone)으로 한다.

 해설

점토소성제품의 분류

구분	토기	도기	석기	자기
소성온도	790~1000℃	1100~1230℃	1160~1350℃	1230~1460℃
흡수율	20% 이상	10% 내외	3~10%	1% 이하
색상	유색, 백색	유색, 백색	유색	백색

2 0 1 9

구분	토기	도기	석기	자기
특성	저급원료, 취약함	다공질, 탁음, 유약사용	유약을 사용하지 않으며 식염수 사용	금속성 청음
용도	기와, 적벽돌, 토관	내장타일, 테라코타	외장·바닥타일, 클링커 타일	고급타일, 모자이크 타일, 위생도기

제 05 과목 　건설안전기술

81 흙막이 가시설의 버팀대(Strut)의 변형을 측정하는 계측기에 해당하는 것은?

① Water level meter
② Strain gauge
③ Piezometer
④ Load cell

- 변형률계(strain gauge) : 흙막이 버팀대의 변형 정도(응력변화측정) 파악
- 간극수압계(piezo meter) : 굴착으로 인한 지하의 간극수압 측정
- 하중계(load cell) : 버팀대 또는 어스앵커에 설치하여 축하중 변화상태를 측정하여 부재의 안정상태 파악 및 원인규명에 이용
- 수위계(Water level meter) : 지반 내 지하수위의 변화 측정

82 사다리식 통로 등을 설치하는 경우 준수해야 할 기준으로 옳지 않은 것은?

① 접이식 사다리 기둥은 사용 시 접혀지거나 펼쳐지지 않도록 철물 등을 사용하여 견고하게 조치할 것
② 발판과 벽과의 사이는 25cm 이상의 간격을 유지할 것
③ 폭은 30cm 이상으로 할 것
④ 사다리식 통로의 길이가 10m 이상인 경우에는 5m 이내마다 계단참을 설치할 것

산업안전보건기준에 관한 규칙 제24조(사다리식 통로 등의 구조) ① 사업주는 사다리식 통로 등을 설치하는 경우 다음 각 호의 사항을 준수하여야 한다.
1. 견고한 구조로 할 것
2. 심한 손상·부식 등이 없는 재료를 사용할 것
3. 발판의 간격은 일정하게 할 것
4. 발판과 벽과의 사이는 15센티미터 이상의 간격을 유지할 것
5. 폭은 30센티미터 이상으로 할 것
6. 사다리가 넘어지거나 미끄러지는 것을 방지하기 위한 조치를 할 것
7. 사다리의 상단은 걸쳐놓은 지점으로부터 60센티미터 이상 올라가도록 할 것
8. 사다리식 통로의 길이가 10미터 이상인 경우에는 5미터 이내마다 계단참을 설치할 것
9. 사다리식 통로의 기울기는 75도 이하로 할 것. 다만, 고정식 사다리식 통로의 기울기는 90도 이하로 하고, 그 높이가 7미터 이상인 경우에는 다음 각 목의 구분에 따른 조치를 할 것
　가. 등받이울이 있어도 근로자 이동에 지장이 없는 경우 : 바닥으로부터 높이가 2.5미터 되는 지점부터 등받이울을 설치할 것
　나. 등받이울이 있으면 근로자가 이동이 곤란한 경우 : 한국산업표준에서 정하는 기준에 적합한 개인용 추락 방지 시스템을 설치하고 근로자로 하여금 한국산업표준에서 정하는 기준에 적합한 전신안전대를 사용하도록 할 것
10. 접이식 사다리 기둥은 사용 시 접혀지거나 펼쳐지지 않도록 철물 등을 사용하여 견고하게 조치할 것

83 추락방지망의 달기로프를 지지점에 부착할 때 지지점의 간격이 1.5m인 경우 지지점의 강도는 최소 얼마 이상이어야 하는가?

① 200kg

② 300kg

③ 400kg

④ 500kg

F = 200B = 200 × 1.5 = 300

84 가설통로를 설치하는 경우 준수해야 할 기준으로 옳지 않은 것은?

① 경사는 45° 이하로 할 것

② 경사가 15°를 초과하는 경우에는 미끄러지지 아니하는 구조로 할 것

③ 추락할 위험이 있는 장소에는 안전난간을 설치할 것

④ 수직갱에 가설된 통로의 길이가 15m 이상인 경우에는 10m 이내마다 계단참을 설치할 것

산업안전보건기준에 관한 규칙 제23조(가설통로의 구조) 사업주는 가설통로를 설치하는 경우 다음 각 호의 사항을 준수하여야 한다.

1. 견고한 구조로 할 것
2. 경사는 30도 이하로 할 것. 다만, 계단을 설치하거나 높이 2미터 미만의 가설통로로서 튼튼한 손잡이를 설치한 경우에는 그러하지 아니하다.
3. 경사가 15도를 초과하는 경우에는 미끄러지지 아니하는 구조로 할 것
4. 추락할 위험이 있는 장소에는 안전난간을 설치할 것. 다만, 작업상 부득이한 경우에는 필요한 부분만 임시로 해체할 수 있다.
5. 수직갱에 가설된 통로의 길이가 15미터 이상인 경우에는 10미터 이내마다 계단참을 설치할 것
6. 건설공사에 사용하는 높이 8미터 이상인 비계다리에는 7미터 이내마다 계단참을 설치할 것

85 유해위험방지계획서를 제출해야 하는 공사의 기준으로 옳지 않은 것은?

① 최대 지간길이 30m 이상인 교량 건설등 공사

② 깊이 10m 이상인 굴착공사

③ 터널 건설등의 공사

④ 다목적댐, 발전용댐 및 저수용량 2천만톤 이상의 용수 전용 댐, 지방상수도 전용 댐 건설 등의 공사

유해위험방지계획서 제출 대상 공사(산업안전보건법 시행령 제42조 ③항)

1. 다음 각 목의 어느 하나에 해당하는 건축물 또는 시설 등의 건설·개조 또는 해체 공사
   가. 지상높이가 31미터 이상인 건축물 또는 인공구조물
   나. 연면적 3만제곱미터 이상인 건축물
   다. 연면적 5천제곱미터 이상인 시설로서 다음의 어느 하나에 해당하는 시설
   1) 문화 및 집회시설(전시장 및 동물원·식물원은 제외한다)
   2) 판매시설, 운수시설(고속철도의 역사 및 집배송시설은 제외한다)
   3) 종교시설
   4) 의료시설 중 종합병원
   5) 숙박시설 중 관광숙박시설

6) 지하도상가
　　　7) 냉동·냉장 창고시설
2. 연면적 5천제곱미터 이상인 냉동·냉장 창고시설의 설비공사 및 단열공사
3. 최대 지간(支間)길이(다리의 기둥과 기둥의 중심사이의 거리)가 50미터 이상인 다리의 건설등 공사
4. 터널의 건설등 공사
5. 다목적댐, 발전용댐, 저수용량 2천만톤 이상의 용수 전용 댐 및 지방상수도 전용 댐의 건설등 공사
6. 깊이 10미터 이상인 굴착공사

86 굴착이 곤란한 경우 발파가 어려운 암석의 파쇄굴착 또는 암석제거에 적합한 장비는?

① 리퍼　　　　　　　　　　　② 스크레이퍼
③ 롤러　　　　　　　　　　　④ 드래그라인

 해설

리퍼(ripper)는 굴착기의 작업장치 중 하나로 단단한 지반의 굴착 및 암석제거 등에 사용된다.

87 중량물의 취급작업 시 근로자의 위험을 방지하기 위하여 사전에 작성하여야 하는 작업계획서 내용에 해당되지 않는 것은?

① 추락위험을 예방할 수 있는 안전대책
② 낙하위험을 예방할 수 있는 안전대책
③ 전도위험을 예방할 수 있는 안전대책
④ 침수위험을 예방할 수 있는 안전대책

 해설

중량물의 취급작업 시 작업계획서 내용(산업안전보건기준에 관한 규칙 별표 4)
• 추락위험을 예방할 수 있는 안전대책　　　• 낙하위험을 예방할 수 있는 안전대책
• 전도위험을 예방할 수 있는 안전대책　　　• 협착위험을 예방할 수 있는 안전대책

88 콘크리트 타설용 거푸집에 작용하는 외력 중 연직방향 하중이 아닌 것은?

① 고정하중　　　　　　　　　② 충격하중
③ 작업하중　　　　　　　　　④ 풍하중

 해설

거푸집 설계시 고려하여야 하는 하중
• 수직(연직) 방향 : 고정하중, 충격하중, 작업하중, 적설하중, 콘크리트의 자중
• 수평방향 : 풍압, 콘크리트 측압, 콘크리트 타설 방향에 따른 편심하중

89 화물을 적재하는 경우에 준수하여야 하는 사항으로 옳지 않은 것은?

① 침하 우려가 없는 튼튼한 기반 위에 적재할 것
② 건물의 칸막이나 벽 등이 화물의 압력에 견딜 만큼의 강도를 지나지 아니한 경우에는 칸막이나 벽에 기대어 적재하지 않도록 할 것

③ 불안정할 정도로 높이 쌓아 올리지 말 것

④ 편하중이 발생하도록 쌓아 적재효율을 높일 것

산업안전보건기준에 관한 규칙 제393조(화물의 적재) 사업주는 화물을 적재하는 경우에 다음 각 호의 사항을 준수하여야 한다.

1. 침하 우려가 없는 튼튼한 기반 위에 적재할 것
2. 건물의 칸막이나 벽 등이 화물의 압력에 견딜 만큼의 강도를 지니지 아니한 경우에는 칸막이나 벽에 기대어 적재하지 않도록 할 것
3. 불안정할 정도로 높이 쌓아 올리지 말 것
4. 하중이 한쪽으로 치우치지 않도록 쌓을 것

90 핸드 브레이커 취급 시 안전에 관한 유의사항으로 옳지 않은 것은?

① 기본적으로 현장 정리가 잘되어 있어야 한다.

② 작업 자세는 항상 하향 45° 방향으로 유지하여야 한다.

③ 작업 전 기계에 대한 점검을 철저히 한다.

④ 호스의 교차 및 꼬임여부를 점검하여야 한다.

핸드 브레이커 사용 시 끝의 부러짐을 방지하기 위하여 작업자세는 하향 수직방향으로 유지하도록 하여야 한다.

91 유한사면에서 사면기울기가 비교적 완만한 점성토에서 주로 발생되는 사면파괴의 형태는?

① 저부파괴   ② 사면선단파괴

③ 사면내파괴   ④ 국부전단파괴

사면의 파괴형태

- 저부파괴(base failure) : 사면이 급하지 않고 점착력이 크고 기초지반이 깊은 경우 발생
- 사면선단파괴(toe failure) : 사면이 급하고 점착력이 작은 경우 발생(사면경사각이 53°보다 클 때)
- 사면내 파괴(slope failure) : 기초지반의 두께가 작고 성토층이 여러 층인 경우 발생

92 산업안전보건관리비 중 안전시설비 등의 항목에서 사용가능한 내역은?

① 외부인 출입금지, 공사장 경계표시를 위한 가설울타리

② 비계·통로·계단에 추가 설치하는 추락방지용 안전난간

③ 절토부 및 성토부 등의 토사유실 방지를 위한 살비

④ 공사 목적물의 품질 확보 또는 건설장비 자체의 운행 감시, 공사 진척상황 확인, 방범 등의 목적을 가진 CCTV 등 감시용 장비

안전시설비 중 사용불가 내역(건설업 산업안전보건관리비 계상 및 사용기준 별표2)

가. 원활한 공사수행을 위한 가설시설, 장치, 도구, 자재 등
  1) 외부인 출입금지, 공사장 경계표시를 위한 가설울타리
  2) 각종 비계, 작업발판, 가설계단·통로, 사다리 등

※ 안전발판, 안전통로, 안전계단 등과 같이 명칭에 관계없이 공사 수행에 필요한 가시설들은 사용 불가(다만, 비계·통로·계단에 추가 설치하는 추락방지용 안전난간, 사다리 전도방지장치, 틀비계에별도로 설치하는 안전난간·사다리, 통로의 낙하물방호선반 등은 사용 가능함)

  3) 절토부 및 성토부 등의 토사유실 방지를 위한 설비
  4) 작업장 간 상호 연락, 작업 상황 파악 등 통신수단으로 활용되는 통신시설·설비
  5) 공사 목적물의 품질 확보 또는 건설장비 자체의 운행 감시, 공사 진척상황 확인, 방법 등의 목적을 가진 CCTV 등 감시용 장비(다만 근로자의 재해예방을 위한 목적으로만 사용하는 CCTV에 소요되는 비용은 사용 가능함)
 나. 소음·환경관련 민원예방, 교통통제 등을 위한 각종 시설물, 표지
  1) 건설현장 소음방지를 위한 방음시설, 분진망 등 먼지·분진 비산 방지시설 등
  2) 도로 확·포장공사, 관로공사, 도심지 공사 등에서 공사차량 외의 차량유도, 안내·주의·경고 등을 목적으로 하는 교통 안전시설물(※공사안내·경고 표지판, 차량유도등·점멸등, 라바콘, 현장경계휀스, PE드럼 등)
 다. 기계·기구 등과 일체형 안전장치의 구입비용(※기성제품에 부착된 안전장치 고장 시 수리 및 교체비용은 사용 가능)
  1) 기성제품에 부착된 안전장치(※톱날과 일체식으로 제작된 목재가공용 둥근톱의 톱날접촉예방장치, 플러그와 접지시설이 일체식으로 제작된 접지형플러그 등)
  2) 공사수행용 시설과 일체형인 안전시설
 라. 동일 시공업체 소속의 타 현장에서 사용한 안전시설물을 전용하여 사용할 때의 자재비(운반비는 안전 관리비로 사용할 수 있다.)

93 **추락방지용 방망을 구성하는 그물코의 모양과 크기로 옳은 것은?**

① 원형 또는 사각으로서 그 크기는 10cm 이하이어야 한다.
② 원형 또는 사각으로서 그 크기는 20cm 이하이어야 한다.
③ 사각 또는 마름모로서 그 크기는 10cm 이하이어야 한다.
④ 사각 또는 마름모로서 그 크기는 20cm 이하이어야 한다.

추락방지용 방망의 그물코는 사각 또는 마름모 등의 형상으로서 한 변의 길이(매듭의 중심간 거리)는 10cm 이하이어야 한다.

94 **지반조사의 방법 중 지반을 강관으로 천공하고 토사를 채취 후 여러 가지 시험을 시행하여 지반의 토질 분포, 흙의 층상과 구성 등을 알 수 있는 것은?**

① 보링
② 표준관입시험
③ 베인테스트
④ 평판재하시험

로터리 보링(rotary drilling) : 로드를 회전시키면서 그 선단에 부착시킨 비트로 암석을 분쇄하고 뽑아내면서 천공하는 보링의 총칭으로 암석 코어의 채취가 용이하다.

95 **말비계를 조립하여 사용하는 경우의 준수사항으로 옳지 않은 것은?**

① 지주부재의 하단에는 미끄럼 방지장치를 할 것
② 지주부재와 수평면과의 기울기는 85°이하로 할 것
③ 말비계의 높이가 2m를 초과할 경우에는 작업발판의 폭을 40cm 이상으로 할 것
④ 지주부재와 지주부재 사이를 고정시키는 보조부재를 설치할 것

산업안전보건기준에 관한 규칙 제67조(말비계) 사업주는 말비계를 조립하여 사용하는 경우에 다음 각 호의 사항을 준수하여야 한다.
1. 지주부재(支柱部材)의 하단에는 미끄럼 방지장치를 하고, 근로자가 양측 끝부분에 올라서서 작업하지 않도록 할 것
2. 지주부재와 수평면의 기울기를 75도 이하로 하고, 지주부재와 지주부재 사이를 고정시키는 보조부재를 설치할 것
3. 말비계의 높이가 2미터를 초과하는 경우에는 작업발판의 폭을 40센티미터 이상으로 할 것

96 철골작업을 중지하여야 하는 제한 기준에 해당되지 않는 것은?

① 풍속이 초당 10m 이상인 경우 ② 강우량이 시간당 1mm 이상인 경우
③ 강설량이 시간당 1cm 이상인 경우 ④ 소음이 65dB 이상인 경우

산업안전보건기준에 관한 규칙 제383조(작업의 제한) 사업주는 다음 각 호의 어느 하나에 해당하는 경우에 철골작업을 중지하여야 한다.
1. 풍속이 초당 10미터 이상인 경우
2. 강우량이 시간당 1밀리미터 이상인 경우
3. 강설량이 시간당 1센티미터 이상인 경우

97 강관틀비계의 높이가 20m를 초과하는 경우 주틀간의 간격을 최대 얼마 이하로 사용해야 하는가?

① 1.0m ② 1.5m
③ 1.8m ④ 2.0m

산업안전보건기준에 관한 규칙 제62조(강관틀비계) 사업주는 강관틀 비계를 조립하여 사용하는 경우 다음 각 호의 사항을 준수하여야 한다.
1. 비계기둥의 밑둥에는 밑받침 철물을 사용하여야 하며 밑받침에 고저차(高低差)가 있는 경우에는 조절형 밑받침철물을 사용하여 각각의 강관틀비계가 항상 수평 및 수직을 유지하도록 할 것
2. 높이가 20미터를 초과하거나 중량물의 적재를 수반하는 작업을 할 경우에는 주틀 간의 간격을 1.8미터 이하로 할 것
3. 주틀 간에 교차 가새를 설치하고 최상층 및 5층 이내마다 수평재를 설치할 것
4. 수직방향으로 6미터, 수평방향으로 8미터 이내마다 벽이음을 할 것
5. 길이가 띠장 방향으로 4미터 이하이고 높이가 10미터를 초과하는 경우에는 10미터 이내마다 띠장 방향으로 버팀기둥을 설치할 것

98 철골공사에서 용접작업을 실시함에 있어 전격예방을 위한 안전조치 중 옳지 않은 것은?

① 전격방지를 위해 자동전격방지기를 설치한다.
② 우천, 강설시에는 야외작업을 중단한다.
③ 개로 전압이 낮은 교류 용접기는 사용하지 않는다.
④ 절연 홀더(Holder)를 사용한다.

전격예방을 위해 개로 전압이 높은 교류 용접기를 사용하지 않아야 한다.

99 타워크레인의 운전작업을 중지하여야 하는 순간풍속기준으로 옳은 것은?

① 초당 10m 초과
② 초당 12m 초과
③ 초당 15m 초과
④ 초당 20m 초과

 해설

산업안전보건기준에 관한 규칙 제37조(악천후 및 강풍 시 작업 중지) ① 사업주는 비·눈·바람 또는 그 밖의 기상상태의 불안정으로 인하여 근로자가 위험해질 우려가 있는 경우 작업을 중지하여야 한다. 다만, 태풍 등으로 위험이 예상되거나 발생되어 긴급 복구작업을 필요로 하는 경우에는 그러하지 아니하다.
② 사업주는 순간풍속이 초당 10미터를 초과하는 경우 타워크레인의 설치·수리·점검 또는 해체 작업을 중지하여야 하며, 순간풍속이 초당 15미터를 초과하는 경우에는 타워크레인의 운전작업을 중지하여야 한다.

100 흙막이지보공을 설치하였을 때 정기적으로 점검하고 이상을 발견하면 즉시 보수하여야 하는 사항으로 거리가 먼 것은?

① 부재의 손상, 변형, 부식, 변위 및 탈락의 유무와 상태
② 부재의 접속부, 부착부 및 교차부의 상태
③ 침하의 정도
④ 발판의 지지 상태

 해설

산업안전보건기준에 관한 규칙 제347조(붕괴 등의 위험 방지) ① 사업주는 흙막이 지보공을 설치하였을 때에는 정기적으로 다음 각 호의 사항을 점검하고 이상을 발견하면 즉시 보수하여야 한다.
1. 부재의 손상·변형·부식·변위 및 탈락의 유무와 상태
2. 버팀대의 긴압(緊壓)의 정도
3. 부재의 접속부·부착부 및 교차부의 상태
4. 침하의 정도

정답	2019년 03월 03일 최근 기출문제								
01 ③	02 ③	03 ①	04 ④	05 ①	06 ①	07 ①	08 ③	09 ③	10 ④
11 ③	12 ③	13 ④	14 ④	15 ③	16 ②	17 ④	18 ③	19 ①	20 ③
21 ②	22 ④	23 ①	24 ②	25 ③	26 ④	27 ③	28 ①	29 ①	30 ④
31 ②	32 ①	33 ③	34 ③	35 ④	36 ①	37 ②	38 ②	39 ④	40 ④
41 ①	42 ④	43 ②	44 ②	45 ③	46 ③	47 ④	48 ①	49 ④	50 ④
51 ②	52 ③	53 ④	54 ①	55 ①	56 ①	57 ②	58 ④	59 ④	60 ②
61 ④	62 ④	63 ④	64 ①	65 ③	66 ①	67 ④	68 ④	69 ③	70 ③
71 ②	72 ④	73 ④	74 ②	75 ④	76 ①	77 ④	78 ④	79 ②	80 ②
81 ②	82 ②	83 ②	84 ①	85 ①	86 ①	87 ④	88 ④	89 ④	90 ②
91 ①	92 ②	93 ③	94 ①	95 ②	96 ④	97 ③	98 ③	99 ③	100 ④

최근 기출문제

01 다음 중 무재해운동의 기본이념 3원칙에 포함되지 않는 것은?

① 무의 원칙

② 선취의 원칙

③ 참가의 원칙

④ 라인화의 원칙

무재해운동의 3원칙

• 무(Zero)의 원칙 : 산재 위험의 잠재요인을 근원적으로 해결하기 위한 원칙

• 선취의 원칙 : 위험요인 행동 전에 예지, 발견

• 참가의 원칙 : 전원(근로자, 회사내 전종업원, 근로자 가족) 참가

02 산업안전보건법령상 상시 근로자수의 산출내역에 따라, 연간 국내공사 실적액이 50억원이고 건설업평균임금이 250만원이며, 노무비율은 0.06인 사업장의 상시 근로자수는?

① 10인

② 30인

③ 33인

④ 75인

$$상시 \ 근로자 \ 수 = \frac{연간 \ 국내공사 \ 실적 \ 액 \times 노무비율}{건설업 \ 월평균임금 \times 12} = \frac{50억 \times 0.06}{250만원 \times 12} = 10$$

03 산업안전보건법령상 산업재해 조사표에 기록되어야 할 내용으로 옳지 않은 것은?

① 사업장 정보

② 재해정보

③ 재해발생개요 및 원인

④ 안전교육 계획

산업재해 조사표의 항목(산업안전보건법 시행규칙 별지 제30호서식)

• 사업장 정보

• 재해 정보

• 재해발생 개요 및 원인

• 재발방지 계획

04 하인리히의 재해발생 원인 도미노이론에서 사고의 직접원인으로 옳은 것은?

① 통제의 부족
② 관리 구조의 부적절
③ 불안전한 행동과 상태
④ 유전과 환경적 영향

직접원인(1차 원인) : 시간적으로 사고 발생에 가까운 원인

• 물적원인 : 불안전한 상태(설비 및 환경 등의 불량)
• 인적원인 : 불안전한 행동

05 매슬로우(Maslow)의 욕구단계 이론 중 제2단계의 욕구에 해당하는 것은?

① 사회적 욕구
② 안전에 대한 욕구
③ 자아실현의 욕구
④ 존경과 긍지에 대한 욕구

매슬로우(Abraham H. Maslow)의 욕구 5단계

• 1단계 : 생리적 욕구(기아, 갈증, 호흡, 배설, 성욕 등)
• 2단계 : 안전의 욕구(안전을 구하고자 하는 욕구)
• 3단계 : 사회적 욕구(애정, 소속에 대한 욕구)
• 4단계 : 인정받으려는 욕구(자존심, 명예, 성취, 지위에 대한 욕구)
• 5단계 : 자아실현의 욕구(잠재적인 능력을 실현하고자 하는 욕구)

06 산업안전보건법령상 안전모의 종류(기호) 중 사용 구분에서 "물체의 낙하 또는 비래 및 추락에 의한 위험을 방지 또는 경감하고, 머리부위 감전에 의한 위험을 방지하기 위한 것"으로 옳은 것은?

① A
② AB
③ AE
④ ABE

안전모의 종류(보호구 안전인증 고시 별표 1)

종류(기호)	사용구분	비고
AB	물체의 낙하 또는 비래(날아옴) 및 추락에 의한 위험을 방지 또는 경감 시키기 위한 것	–
AE	물체의 낙하 또는 비래(날아옴)에 의한 위험을 방지 또는 경감하고, 머리 부위 감전에 의한 위험을 방지하기 위한 것	내전압성
ABE	물체의 낙하 또는 비래(날아옴) 및 추락에 의한 위험을 방지 또는 경감하고, 머리 부위 감전에 의한 위험을 방지하기 위한 것	내전압성

※ 내전압성이란 7,000V 이하의 전압에 견디는 것을 말하며, 특고압은 7,000V 이상의 전압을 말한다.

07 다음 중 산업심리의 5대 요소에 해당하지 않는 것은?

① 적성　　　　　　　　　② 감정
③ 기질　　　　　　　　　④ 동기

 해설

안전(산업)심리의 5요소와 습관의 4요소

• 안전(산업)심리의 5요소 : 습관, 동기, 기질, 감정, 습성
• 습관의 4요소 : 동기, 기질, 감정, 습성

08 주의의 수준에서 중간 수준에 포함되지 않는 것은?

① 다른 곳에 주의를 기울이고 있을 때
② 가시시야 내 부분
③ 수면 중
④ 일상과 같은 조건일 경우

 해설

의식수준의 단계

단계	의식의 상태	주의작용	생리적 상태	신뢰성	뇌파형태
0	무의식, 실신	없음(Zero)	수면, 뇌발작	0	δ파
I	정상 이하(Subnormal), 의식 몽롱함	부주의(Inactive)	피로, 단조, 졸음, 술취함	0.9 이하	θ파
II	정상, 이완상태 (normal, relaxed)	수동적(Passive), 마음이 안쪽으로 향함	안정기거, 휴식 시, 정례작업시	0.99 ~0.99999	α파
III	정상, 상쾌한 상태 (Normal, Clear)	능동적(Active), 앞으로 향 하는 주의 시야 넓음	적극 활동시	0.999999 이상	β파
IV	초정상, 과긴장상태 (Hypernormal, Excited)	일점으로 응집, 판단 정지	긴급 방위반응, 당황해서 Panic	0.9 이하	β파, 전간파

09 다음 중 안전 태도 교육의 원칙으로 적절하지 않은 것은?

① 청취위주의 대화를 한다.
② 이해하고 납득한다.
③ 항상 모범을 보인다.
④ 지적과 처벌 위주로 한다.

 해설

태도교육의 기본과정

• 청취한다.
• 항상 모범을 보여준다.
• 평가한다.
• 적정 배치한다.
• 이해하고 납득한다.
• 권장한다.
• 좋은 지도자를 얻도록 힘쓴다.

10 레빈(Lewin)은 인간행동과 인간의 조건 및 환경조건의 관계를 다음과 같이 표시하였다. 이 때 'f'의 의미는?

$$B = f(P \cdot E)$$

① 행동 ② 조명
③ 지능 ④ 함수

 해설

$B = f(P \cdot E)$
- B : Behavior(인간의 행동)
- f : Function(함수관계 : 적성 기타 P와 E에 영향을 미칠 수 있는 조건)
- P : Person(개체 : 연령, 경험, 심신상태, 성격, 지능 등)
- E : Environment(심리적 환경 : 인간관계, 작업환경 등)

11 적응기제(Adjustment Mechanism)의 유형에서 "동일화(identification)"의 사례에 해당하는 것은?

① 운동시합에 진 선수가 컨디션이 좋지 않았다고 한다.
② 결혼에 실패한 사람이 고아들에게 정열을 쏟고 있다.
③ 아버지의 성공을 자신의 성공인 것처럼 자랑하며 거만한 태도를 보인다.
④ 동생이 태어난 후 초등학교에 입학한 큰 아이가 손가락을 빨기 시작했다.

 해설

동일화(Identification) : 다른 사람의 행동 양식이나 태도를 투입시키거나, 다른 사람 가운데서 자기와 비슷한 것을 발견하는 것

12 특성에 따른 안전교육의 3단계에 포함되지 않는 것은?

① 태도교육 ② 지식교육
③ 직무교육 ④ 기능교육

 해설

안전교육의 3단계
- 제1단계 지식교육 : 강의, 시청각교육을 통한 지식의 전달과 이해
- 제2단계 기능교육 : 시범, 견학, 실습, 현장실습교육을 통한 경험 체득과 이해
- 제3단계 태도교육 : 작업동작지도, 생활지도 등을 통한 안전의 습관화

13 산업안전보건법령상 다음 그림에 해당하는 안전보건표지의 종류로 옳은 것은?

① 부식성물질경고   ② 산화성물질경고

③ 인화성물질경고   ④ 폭발성물질경고

 해설

경고표지(산업안전보건법 시행규칙 별표 6)

201 인화성 물질 경고	202 산화성 물질 경고	203 폭발성 물질 경고	204 급성독성 물질 경고	205 부식성 물질 경고	206 방사성 물질 경고	207 고압전기 경고	208 매달린 물체 경고	
209 낙하물 경고	210 고온경고	211 저온경고	212 몸균형 상실 경고	213 레이저 광선 경고	214 발암성 · 변이원성 · 생식독성 · 전신독 성 · 호흡기 과민성 물질 경고			215 위험장소 경고

14 다음 중 작업표준의 구비조건으로 옳지 않은 것은?

① 작업의 실정에 적합할 것   ② 생산성과 품질의 특성에 적합할 것

③ 표현은 추상적으로 나타낼 것   ④ 다른 규정 등에 위배되지 않을 것

 해설

작업표준의 구비조건

- 작업의 실정에 적합할 것
- 이상시의 조치기준에 대해 정해 둘 것
- 좋은 작업의 표준일 것
- 표현은 구체적으로 나타낼 것
- 생산성과 품질의 특성에 적합할 것
- 다른 규정 등에 위배되지 않을 것

15 다음 중 위험예지훈련 4라운드의 순서가 올바르게 나열된 것은?

① 현상파악 → 본질추구 → 대책수립 → 목표설정

② 현상파악 → 대책수립 → 본질추구 → 목표설정

③ 현상파악 → 본질추구 → 목표설정 → 대책수립

④ 현상파악 → 목표설정 → 본질추구 → 대책수립

 해설

위험예지 훈련의 기존 4라운드 진행방법

- 1R(현상파악) : 어떤 위험이 잠재하고 있는지 사실을 파악하는 라운드(BS적용)
- 2R(본질추구) : 가장 위험한 요인(위험 포인트)을 합의로 결정하는 라운드(요약)
- 3R(대책수립) : 구체적인 대책을 수립하는 라운드(BS적용)
- 4R(목표달성-설정) : 수립한 대책 가운데 질이 높은 항목에 합의하는 라운드(요약)

16 산업안전보건법령상 특별교육 대상 작업별 교육내용 중 밀폐공간에서의 작업 시 교육내용에 포함되지 않는 것은?(단, 그 밖에 안전 · 보건관리에 필요한 사항은 제외한다.)

① 산소농도측정 및 작업환경에 관한 사항
② 유해물질이 인체에 미치는 영향
③ 보호구 착용 및 사용방법에 관한 사항
④ 사고 시의 응급 처치 및 비상시 구출에 관한 사항

밀폐공간에서의 작업에 대한 교육내용(산업안전보건법 시행규칙 별표 5)
• 산소농도 측정 및 작업환경에 관한 사항
• 사고 시의 응급처치 및 비상 시 구출에 관한 사항
• 보호구 착용 및 사용방법에 관한 사항
• 밀폐공간작업의 안전작업방법에 관한 사항
• 그 밖에 안전 · 보건관리에 필요한 사항

17 안전지식교육 실시 4단계에서 지식을 실제의 상황에 맞추어 문제를 해결해 보고 그 수법을 이해시키는 단계로 옳은 것은?

① 도입　　　　　　　　　　　② 제시
③ 적용　　　　　　　　　　　④ 확인

교육법의 4단계
• 제1단계 – 도입(준비) : 배우고자 하는 마음가짐을 일으키도록 도입
• 제2단계 – 제시(설명) : 상대의 능력에 따라 교육하고 내용을 확실하게 이해시키고 납득시켜 다시 기능으로서 습득시킴
• 제3단계 – 적용(응용) : 이해시킨 내용을 구체적인 문제 또는 실제문제로 활용시키거나 응용시킴
• 제4단계 – 확인(총괄) : 교육내용을 정확하게 이해하고 습득하였는지의 여부를 확인

18 다음 중 산업재해 통계에 관한 설명으로 적절하지 않은 것은?

① 산업재해 통계는 구체적으로 표시되어야 한다.
② 산업재해 통계는 안전 활동을 추진하기 위한 기초자료이다.
③ 산업재해 통계만을 기반으로 해당 사업장의 안전수준을 추측한다.
④ 산업재해 통계의 목적은 기업에서 발생한 산업재해에 대하여 효과적인 대책을 강구하기 위함이다.

산업재해 통계는 이미 발생한 재해를 기반으로 만들어지는 자료로 안전 조건이나 상태를 추측하는 것과는 거리가 멀다.

19 French와 Raven이 제시한, 리더가 가지고 있는 세력의 유형이 아닌 것은?

① 전문세력(expert power)　　　　② 보상세력(reward power)
③ 위임세력(entrust power)　　　　④ 합법세력(legitimate power)

French와 Raven의 세력 유형
- 보상세력(reward power) : 바람직한 행동에 대해 정적인 인센티브를 제공해줄 수 있는 조직 또는 특정 역할을 맡고있는 구성원의 역량
- 강압세력(coercive power) : 부하들의 바람직하지 않은 행동들에 대해 처벌할 수 있는 역량
- 합법세력(legitimate power) : 권한이라고도 부르기도 하며 조직이 종업원에게 영향력을 미치는 행위가 합법적임을 의미
- 전문세력(expert power) : 어떤 개인이 가지고 있는 경험, 지식 또는 능력으로부터 나오는 세력
- 준거(참조, reference power)세력 : 조직 내 조직원들이 다른 조직원들을 존경하고 따르려는 경향에서 발생하는 세력

20 산업안전보건법령상 안전검사 대상 기계등의 종류에 포함되지 않는 것은?

① 전단기
② 리프트
③ 곤돌라
④ 교류아크용접기

산업안전보건법 시행령 제78조(안전검사대상기계등) ① 법 제93조제1항 전단에서 "대통령령으로 정하는 것"이란 다음 각 호의 어느 하나에 해당하는 것을 말한다.
1. 프레스
2. 전단기
3. 크레인(정격 하중이 2톤 미만인 것은 제외한다)
4. 리프트
5. 압력용기
6. 곤돌라
7. 국소 배기장치(이동식은 제외한다)
8. 원심기(산업용만 해당한다)
9. 롤러기(밀폐형 구조는 제외한다)
10. 사출성형기[형 체결력(型 締結力) 294킬로뉴턴(KN) 미만은 제외한다]
11. 고소작업대(「자동차관리법」 제3조제3호 또는 제4호에 따른 화물자동차 또는 특수자동차에 탑재한 고소작업대로 한정한다)
12. 컨베이어
13. 산업용 로봇
14. 컨베이어
13. 산업용 로봇
14. 혼합기(※2026년 6월 26일부터 적용)
15. 파쇄기 또는 분쇄기(※2026년 6월 26일부터 적용)

제 **02** 과목 인간공학 및 시스템안전공학

21 체계 설계 과정의 주요 단계 중 가장 먼저 실시되어야 하는 것은?

① 기본설계
② 계면설계
③ 체계의 정의
④ 목표 및 성능 명세 결정

체계 설계의 과정의 주요 단계 : 목표 및 성능 명세 결정 → 체계의 정의 → 기본설계 → 계면설계 → 촉진물 설계 → 시험 및 평가

22 고장형태 및 영향분석(FMEA : Failure Mode and Effect Analyis)에서 치명도 해석을 포함시킨 분석 방법으로 옳은 것은?

① CA
② ETA
③ FMETA
④ FMECA

FMECA는 고장 유형 영향 및 치명도 분석(Failure Mode Effects & Criticality Analysis)으로 치명적인 고장을 찾아내는 분석이다.

23 그림과 같은 시스템의 신뢰도로 옳은 것은?(단, 그림의 숫자는 각 부품의 신뢰도이다.)

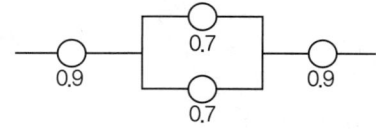

① 0.6261
② 0.7371
③ 0.8481
④ 0.9591

$0.9 \times \{1-(1-0.7)(1-0.7)\} \times 0.9 = 0.7371$

24 인간의 시각특성을 설명한 것으로 옳은 것은?

① 적응은 수정체의 두께가 얇아져 근거리의 물체를 볼 수 있게 되는 것이다.
② 시야는 수정체의 두께 조절로 이루어진다.
③ 망막은 카메라의 렌즈에 해당된다.
④ 암조응에 걸리는 시간은 명조응보다 길다.

상황에 따라 다르지만 명순응(명조응)에 걸리는 시간은 수초~1분, 완전한 암순응(암조응)에 걸리는 시간은 30분 혹은 그 이상 걸리며 이는 빛의 강도에 좌우된다.

25 다음 중 생리적 스트레스를 전기적으로 측정하는 방법으로 옳지 않은 것은?

① 뇌전도(EEG)
② 근전도(EMG)
③ 전기 피부 반응(GSR)
④ 안구 반응(EOG)

생리학적 방법
• 근전도(EMG, Electromyogram) : 근육활동 전위차의 기록
• 뇌전도(EEG, Electroneurogram) : 신경활동 전위차의 기록
• 심전도(ECG, Electrocardiogram) : 심장근 활동 전위차의 기록
• 전기피부반응(GSR) : 피부의 전도성을 파악하여 스트레스를 측정
• 안전도(EOG, Electrooculogram) : 안구(眼球)운동 전위차의 기록

- 산소 소비량 및 에너지 대사율(RMR, Relative Metabolic Rate)

$$R = \frac{작업대사량}{기초대사량} = \frac{작업시 \ 소비에너지 - 안정시 \ 소비에너지}{기초대사량}$$

- 피부전기반사(GSR, Galvanic Skin Reflex) : 작업부하의 정신적 부담이 피로와 함께 증대하는 양상을 손바닥 안쪽의 전기저항의 변화를 이용해 측정하는 것으로 피부전기저항 또는 정신 전류현상
- 프릿가값(융합점멸주파수) : 정신적 부담이 대뇌피질의 피로수준에 미치고 있는 영향을 측정하는 방법

26 레버를 10° 움직이면 표시장치는 1cm 이동하는 조종 장치가 있다. 레버의 길이가 20cm 라고 하면 이 조종 장치의 통제표시비(C/D 비)는 약 얼마인가?

① 1.27 ② 2.38
③ 3.49 ④ 4.51

 해설

$$C/R비 = \frac{\frac{\alpha}{360} \times 2\pi L}{표시계기의 \ 이동거리} = \frac{\frac{10}{360} \times 2 \times 3.14 \times 20}{1} = 3.489$$

27 서서 하는 작업의 작업대 높이에 대한 설명으로 옳지 않은 것은?

① 정밀작업의 경우 팔꿈치 높이보다 약간 높게 한다.
② 경작업의 경우 팔꿈치 높이보다 약간 낮게 한다.
③ 중작업의 경우 경작업의 작업대 높이보다 약간 낮게 한다.
④ 작업대의 높이는 기준을 지켜야 하므로 높낮이가 조절되어서는 안 된다.

 해설

작업의 정도 따른 적업대의 높이

- 경(經)작업 : 팔꿈치 높이보다 5~10cm 정도 낮게
- 중(重)작업 : 팔꿈치 높이보다 10~20cm 정도 낮게
- 정밀작업 : 팔꿈치 높이보다 5~10cm 정도 높게

28 작업장 내부의 추천반사율이 가장 낮아야 하는 곳은?

① 벽 ② 천장
③ 바닥 ④ 가구

 해설

옥내 최적 반사율

- 천정 : 80~90%
- 가구, 사무용기기, 책상 : 25~45%
- 벽, 창문 발(Blind) : 40~60%
- 바닥 : 20~40%

29 인간의 정보처리 기능 중 그 용량이 7개 내외로 작아, 순간적 망각 등 인적 오류의 원인이 되는 것은?

① 지각 ② 작업기억
③ 주의력 ④ 감각보관

작업기억(working memory)

- 최근 며칠 사이에 있었던 것을 기억하는 단기기억, 집 주소 등을 기억하는 장기기억과 달리 작업기억은 순간적으로 정보를 의식적으로 처리하는 능력으로 단기기억, 장기기억에 저장된 정보들을 꺼내서 잘 조합하고, 처리해서 원하는 것을 판단하고 행동하게 하는 능력이다.
- 작업기억은 오래 지속되기보다 잠깐 동안 존재하다 사라지는 능력으로 조지 밀러에 따르면 통상적인 작업기억의 평균 용량이 7개 정도라고 한다.

30 인간오류의 분류 중 원인에 의한 분류의 하나로, 작업자 자신으로부터 발생하는 에러로 옳은 것은?

① Command error
② Secondary error
③ Primary error
④ Third error

원인의 Level적 분류

- 1차에러(Primary Error) : 작업자 자신으로부터의 Error
- 2차에러(Secondary Error) : 작업형태나 작업조건 중에서 다른 문제가 생겨 그 때문에 필요한 사항을 실행할 수 없는 Error. 어떤 결함으로부터 파생하여 발생하는 Error
- 지시에러(Command Error) : 요구된 것을 실행하고자 하여도 필요한 물건, 정보, 에너지 등의 공급이 없는 것처럼 작업자가 움직이려 해도 움직일 수 없으므로 발생하는 Error

31 일반적으로 인체에 가해지는 온·습도 및 기류 등의 외적변수를 종합적으로 평가하는 데에는 "불쾌지수"라는 지표가 이용된다. 불쾌지수의 계산식이 다음과 같은 경우, 건구온도와 습구온도의 단위로 옳은 것은?

불쾌지수 = 0.72 × (건구온도 + 습구온도) + 40.6

① 실효온도
② 화씨온도
③ 절대온도
④ 섭씨온도

32 FT도에 사용되는 논리기호 중 AND 게이트에 해당하는 것은?

① 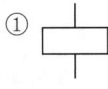   ②

③   ④

FTA 도표에 사용하는 논리기호

명칭	기호	명칭	기호
결함사상		전이 기호 (이행 기호)	(in) (out)
기본사상		AND gate	출력 / 입력
생략사상 (추적 불가능한 최후사상)		OR gate	출력 / 입력
통상사상(家刑事像)		수정기호 조건	출력 / 조건 / 입력

33 위팔은 자연스럽게 수직으로 늘어뜨린 채, 아래팔만을 편하게 뻗어 작업할 수 있는 범위는?

① 정상작업역   ② 최대작업역
③ 최소작업역   ④ 작업포락면

• 정상작업역 : 위팔을 자연스럽게 수직으로 늘어뜨리고, 아래팔만으로 편하게 뻗어 작업할 수 있는 범위
• 최대작업역 : 아래팔과 위팔을 모두 곧게 펴서 작업할 수 있는 영역

34 음의 강약을 나타내는 기본 단위는?

① dB   ② pont
③ hertz   ④ diopter

dB 수준과 음의 강도와의 관계식

※ dB수준 = $10\log\left(\dfrac{I_1}{I_0}\right)$ (I_1 : 측정음의 강도, I_0 : 기준음의 강도($10\sim12watt/m^2$, 최소가청치))

35 신뢰성과 보전성 개선을 목적으로 하는 효과적인 보전기록 자료에 해당하지 않는 것은?

① 설비이력카드   ② 자재관리표
③ MTBF 분석표   ④ 고장원인대책표

설비이력카드, MTBF 분석표, 고장원인대책표 등은 기계의 고장에 대한 분석 및 관리에 대한 대책으로 효과적인 관리 수단이다.

36 예비위험분석(PHA)에 대한 설명으로 옳은 것은?

① 관련된 과거 안전점검결과의 조사에 적절하다.
② 안전관련 법규 조항의 준수를 위한 조사방법이다.
③ 시스템 고유의 위험성을 파악하고 예상되는 재해의 위험 수준을 결정한다.
④ 초기 단계에서 시스템 내의 위험요소가 어떠한 위험상태에 있는가를 정성적으로 평가하는 것이다.

 해설

예비위험분석(PHA, Preliminary Hazards Analysis)
- PHA : 대부분 시스템안전 프로그램에 있어서 최초단계의 분석으로 시스템 내의 위험한 요소가 얼마나 위험한 상태에 있는가를 정성적으로 평가
- PHA의 4가지 주요목표
  - 시스템에 대한 모든 주요한 사고를 식별하고 대충의 말로 표시할 것(사고 발생 확률은 식별 초기에는 고려되지 않음)
  - 사고를 유발하는 요인을 식별할 것
  - 사고가 발생한다고 가정하고 시스템에 생기는 결과를 식별하고 평가할 것
  - 식별된 사고를 범주(Category)로 분류할 것

37 다음의 FT도에서 몇 개의 미니멀패스셋(minimal path sets)이 존재하는가?

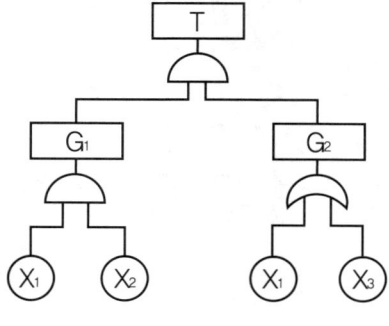

① 1개   ② 2개
③ 3개   ④ 4개

 해설

최소 패스셋(minimal path sets)은 시스템이 고장나지 않도록 하는 최소한의 패스셋이므로 T를 발생시키지 않는 셋을 모두 구하면 된다.

38 정보를 전송하기 위해 청각적 표시장치를 이용하는 것이 바람직한 경우로 적합한 것은?

① 전언이 복잡한 경우
② 전언이 이후에 재참조되는 경우
③ 전언이 공간적인 사건을 다루는 경우
④ 전언이 즉각적인 행동을 요구하는 경우

청각장치와 시각장치의 선택(특정 감각의 선택)

구분	청각장치 사용	시각장치 사용
전언	• 전언이 간단하고 짧다.	• 전언이 복잡하고 길다.
재참조	• 전언이 후에 재참조 되지 않는다.	• 전언이 후에 재참조 된다.
사상(Eevent)	• 전언이 즉각적인 사상을 이룬다.	• 전언이 공간적인 위치를 다룬다.
행동 요구	• 전언이 즉각적인 행동을 요구한다.	• 전언이 즉각적인 행동을 요구하지 않는다.
사용시기	• 수신자의 시각계통이 과부하 상태일 때 • 수신 장소가 너무 밝거나 암조응 유지가 필요할 때 • 직무상 수신자가 자주 움직이는 경우	• 수신자가 청각계통이 과부하 상태일 때 • 수신 장소가 너무 시끄러울 때 • 직무상 수신자가 한곳에 머무르는 경우

39 FTA에서 모든 기본사상이 일어났을 때 톱(top)사상을 일으키는 기본사상의 집합을 무엇이라 하는가?

① 컷셋(Cut set)

② 최소 컷셋(Minimal Cut set)

③ 패스셋(Path set)

④ 최소 패스셋(Minamal Path set)

컷과 패스

• 컷셋(cut sets) : 그 속에 포함되어 있는 모든 기본사상(통상, 생략, 결함사상을 포함)이 일어났을 때 정상사상(top event)을 일으키는 기본사상의 집합

• 최소 컷셋(minimal cut sets) : 컷셋 중 그 부분집합만으로는 정상사상을 일으키는 일이 없는 것, 즉 정상사상(top event)을 일으키기 위한 최소한의 컷셋으로 어떤 고장이나 에러를 일으키면 재해가 일어나는가 하는 것 즉, 시스템의 위험성(역으로는 안전성)를 나타내는 것

• 패스셋(path sets) : 시스템이 고장 나지 않도록 하는 사상의 조합

• 최소 패스셋(minimal path sets) : 시스템이 고장 나지 않도록 하는 최소한의 패스셋으로 어떤 고장이나 패스를 일으키지 않으면 재해는 일어나지 않는다는 것 즉, 시스템의 신뢰성을 나타내는 것

40 조종장치를 통한 인간의 통제 아래 기계가 동력원을 제공하는 시스템의 형태로 옳은 것은?

① 기계화 시스템

② 수동 시스템

③ 자동화 시스템

④ 컴퓨터 시스템

인간 기계 통합체계의 유형

• 수동 체계 : 사용자의 조작, 융통성(예 : 장인과 공구)

• 기계화 체계(반자동 체계) : 운전자의 조작, 융통성 없음(예 : 엔진, 자동차, 공작기계)

• 자동 체계(인간의 역할 : 감시, 프로그램, 정비유지) : 자동화된 공장, 컴퓨터

41 강구조물 제작 시 마킹(금긋기)에 관한 설명으로 옳지 않은 것은?

① 강판 절단이나 형강 절단 등, 외형 절단을 선행하는 부재는 미리 부재 모양별로 마킹 기준을 정해야 한다.
② 마킹검사는 띠철이나 형판 또는 자동가공기(CNC)를 사용하여 정확히 마킹되었는가를 확인한다.
③ 주요 부재의 강판에 마킹할 때에는 펀치(punch) 등을 사용한다.
④ 마킹 시 용접열에 의한 수축 여유를 고려하여 최종 교정, 다듬질 후 정확한 치수를 확보할 수 있도록 조치해야 한다.

마킹(금긋기)
- 강판 위에 주요 부재를 마킹할 때는 주된 응력의 방향과 압연 방향을 일치시켜야 한다.
- 마킹을 할 때는 구조물이 완성된 후에 구조물의 부재로서 남을 곳에는 원칙적으로 강판에 상처를 내어서는 안 된다. 특히, 고강도강 및 휨 가공하는 연강의 표면에는 펀치, 정 등에 의한 흔적을 남겨서는 안 된다. 다만 절단, 구멍뚫기, 용접 등으로 제거되는 경우에는 무방하다.
- 주요 부재의 강판에 마킹할 때에는 펀치(punch) 등을 사용하지 않아야 한다.
- 마킹 시 용접열에 의한 수축 여유를 고려하여 최종 교정, 다듬질 후 정확한 치수를 확보할 수 있도록 조치해야 한다.

42 철근콘크리트공사에서 거푸집의 상호 간 간격을 유지하는데 사용하는 것은?

① 폼 데코(form deck)
② 세퍼레이터(separator)
③ 스페이서(spacer)
④ 파이프 서포트(pipe support)

거푸집의 부속재
- 긴장재(Form tie) : 거푸집의 형상 유지, 저항, 벌어지는 것 방지
- 격리재(Seperator) : 거푸집의 간격 유지, 오그라드는 것 방지
- 간격재(Spacer) : 철근과 거푸집의 간격 유지

43 굴착, 상차, 운반, 정지 작업 등을 할 수 있는 기계로, 대량의 토사를 고속으로 운반하는데 적당한 기계는?

① 불도저
② 앵글도저
③ 로더
④ 캐리올 스크레이퍼

스크레이퍼(Scraper)
- 굴착기와 운반기를 조합한 토공용 만능기계로 굴착, 싣기, 운반, 하역 등의 일관된 작업을 수행할 수 있으며, 특히 비행장이나 도로의 신설 등과 같은 대규모 정지작업에 적합하다.
- 피견인식 스크레이퍼와 자주식인 모터 스크레이퍼가 있으며, 피견인식은 속도보다 힘을 필요로 하는 작업, 자주식은 평탄지나 대토공 작업에 주로 사용된다.

44 사질지반에서 지하수를 강제로 뽑아내어 지하수위를 낮추어서 기초공사를 하는 공법은?

① 케이슨 공법
② 웰포인트 공법
③ 샌드드레인 공법
④ 레어먼드파일 공법

사질지반용 탈수(배수) 공법

• 집수정 공법 : 깊은 집수통을 설치한 후 지하수가 고이면 원심펌프, 수중펌프 등으로 배수하는 방법으로 간단하고 경제적이다.
• 깊은우물 공법 : 투수계수가 큰 사질지반에 사용하며, 터파기 내부에 7m 이상의 샌드 필터가 있는 우물을 파고 스트레이너를 부착한 파이프를 삽입하여 수중 펌프로 양수하는 공법이다.
• 웰포인트 공법 : 지름 50~70mm의 관을 1~2m 간격으로 박고 수평 집수관에 연결하여 배수하는 방법으로 1단 설치시 5~7m 정도를 낮출 수 있다.
• 진공 공법 : 웰포인트 공법과 시멘스 웰을 병용하여 진공 펌프로 강제 배수하는 공법이다.

45 굴착토사와 안정액 및 공수내의 혼합물을 드릴 파이프 내부를 통해 강제로 역순환시켜 지상으로 배출하는 공법으로 다음과 같은 특징이 있는 현장타설 콘크리트 말뚝공법은?

> • 점토, 실트층 등에 적용한다.
> • 시공심도는 통상 30~70m까지로 한다.
> • 시공직경은 0.9~3m 정도까지로 한다.

① 어스드릴공법
② 리버스서큘레이션공법
③ 뉴메틱케이슨공법
④ 심초공법

리버스서큘레이션공법은 독일에서 개발된 현장 타설 말뚝공법으로 굴착토사와 안정액 및 물의 혼합물을 파이프 내부를 통해 역순환시켜 밖으로 배출하는 역순환 굴착공법으로 RCD공법이라고도 한다.

46 철근콘크리트구조에서 철근이음 시 유의사항으로 옳지 않은 것은?

① 동일한 곳에 철근 수의 반 이상을 이어야 한다.
② 이음의 위치는 응력이 큰 곳을 피하고 엇갈리게 잇는다.
③ 주근의 이음은 인장력이 가장 작은 곳에 두어야 한다.
④ 큰 보의 경우 하부주근의 이음 위치는 보 경간의 양단부이다.

철근이음 위치 선정 시 주의사항

• 철근의 이음부는 구조내력상 취약점이 되는 곳이므로 큰 응력을 받는 곳을 피하도록 한다.
• 이음의 1/2 이상을 한 곳에 집중시키지 말고 엇갈리게 교대로 분산시켜야 한다.
• 기둥, 벽 철근이음은 층 높이의 2/3 하부에서 엇갈리게 한다.
• 보에서는 중앙에서 하부근을, 단부에서 상부근을 이음하지 않는다.

47 KCS에 따른 철근 가공 및 이음 기준에 관한 내용으로 옳지 않은 것은?

① 철근은 상온에서 가공하는 것을 원칙으로 한다.
② 철근상세도에 철근의 구부리는 내면 반지름이 표시되어 있지 않은 때에는 콘크리트 구조설계기준에 규정된 구부림의 최소 내면 반지름 이상으로 철근을 구부려야 한다.
③ D32 이하의 철근은 겹침이음을 할 수 없다.
④ 장래의 이음에 대비하여 구조물로부터 노출시켜 놓은 철근은 손상이나 부식이 생기지 않도록 보호하여야 한다.

철근이음 일반(KCS 14 20 11, 철근공사)

- 철근상세도에 표시되어 있지 않은 곳에 철근의 이음을 둘 경우에는, 그 이음의 위치와 방법은 KDS 규정 상의 각 하위 코드에 따라 정하여야 한다.
- D35를 초과하는 철근은 겹침이음을 할 수 없다. 다만, 서로 다른 크기의 철근을 압축부에서 겹침이음하는 경우 D35 이하의 철근과 D35를 초과하는 철근은 겹침이음을 할 수 있다.
- 철근이음에 가스압접이음, 기계적이음, 용접이음, 슬리브이음 등을 적용할 경우에는 각각 사전에 준비된 이음지침에 따라야 한다.
- 장래의 이음에 대비하여 구조물로부터 노출시켜 놓은 철근은 손상이나 부식을 받지 않도록 보호하여야 한다.

48 토공사에서 사면의 안정성 검토에 직접적으로 관계가 없는 것은?

① 흙의 입도   ② 사면의 경사
③ 흙의 단위체적 중량   ④ 흙의 내부마찰각

경사면의 안전성 확인사항 : 지질조사, 토질시험, 풍화의 정도

49 철골공사의 철골부재 용접에서 용접 결함이 아닌 것은?

① 언더컷(under cut)   ② 오버랩(overlap)
③ 블로우홀(blow hole)   ④ 루트(root)

용접상 결함의 종류

종류	설명
균열, 터짐(Crack)	가장 중대한 결함
오버랩(Over-Lap)	용접 금속과 모재가 융합되지 않고 겹쳐지는 것
블로우 홀(Blow Hole)	용접 내부에 공기(가스)구멍을 형성한 결함
슬래그(Slag) 감싸돌기	용접 찌꺼기가 용착금속 내에 혼입되는 것
언더 컷(Under cut)	모재가 녹아 용착금속이 채워지지 않고 홈으로 남게 된 부분
피트(Pit)	용접 표면에 흠집이 생긴 것
슬래그(Slag) 섞임	용착금속 내에 슬래그가 혼입되는 것

용입부족	모재가 녹지 않고 용착금속이 채워지지 않고 홈으로 남는 것
크레이터(Crater)	용접 시 끝부분에 우묵하게 파진 부분
피시아이(Fish eye)	용접부에 생기는 은색 반점

50 지상에서 일정 두께의 폭과 길이로 대지를 굴착하고 지반 안정액으로 공벽의 붕괴를 방지하면서 철근콘크리트벽을 만들어 이를 가설 흙막이벽 또는 본 구조물의 옹벽으로 사용하는 공법은?

① 슬러리월공법   ② 어스앵커공법
③ 엄지말뚝공법   ④ 시트파일공법

지하연속벽식(Slurry wall)
• 안정액을 사용하여 지반붕괴를 방지하면서 굴착하여 그 속에 철근망과 콘크리트를 넣어 연속으로 콘크리트 흙막이벽을 설치하는 공법이다.
• 차수성이 높으며, 인접 건물에 근접 시공이 가능하다.
• 벽체의 강성이 높아 본 구조체로 사용 가능하다.

51 당해 공사의 특수한 조건에 따라 표준시방서에 대하여 추가, 변경, 삭제를 규정하는 시방서는?

① 특기시방서   ② 안내시방서
③ 자료시방서   ④ 성능시방서

시방서의 종류
• 표준시방서 : 건축공사의 재료, 시공방법 등 표준적이고 공통공사 부분에 대한 내용을 기재
• 특기시방서 : 표준시방서에 기재되지 않은 특별한 사항의 공법 및 재료명 등을 설계자가 상세히 기록

52 독립기초에서 지중보의 역할에 관한 설명으로 옳은 것은?

① 흙의 허용 지내력도를 크게 한다.
② 주각을 서로 연결시켜 고정상태로 하여 부동침하를 방지한다.
③ 지반을 압밀하여 지반강도를 증가시킨다.
④ 콘크리트의 압축강도를 크게 한다.

지중보는 땅 속에 설치되어 기둥과 기둥을 잡아주는 구조부재로 주각을 서로 연결시켜 고정상태로 하여 부동침하를 방지하는 역할을 한다.

53 계획과 실제의 작업상황을 지속적으로 측정하여 최종 사업비용과 공정을 예측하는 기법은?

① CAD   ② EVMS
③ PMIS   ④ WBS

EVMS(Earned Value Management System) : 프로젝트의 비용, 일정, 그리고 기술측면 등의 목표와 기준을 설정하고 이에 대비한 실제 성과를 측정·분석하는 관리체계로 비용과 일정을 통합하여 관리함으로써, 현재의 문제점 분석, 만회 대책의 수립, 그리고 향후 예측도 가능하게 하는 관리기법이기도 하다.

54 슬라이딩 폼에 관한 설명으로 옳지 않은 것은?

① 내·외부 비계발판을 따로 준비해야 하므로 공기가 지연될 수 있다.
② 활동(滑動) 거푸집이라고도 하며 사일로 설치에 사용할 수 있다.
③ 요오크로 서서히 끌어 올리며 콘크리트를 부어 넣는다.
④ 구조물의 일체성확보에 유효하다.

슬라이딩 폼(Sliding form)
• 활동 거푸집이라고 하며, 굴뚝이나 사일로(silo) 등 평면 형상이 일정하고 돌출부가 없는 구조물에 사용된다.
• 공기를 1/3 정도로 단축할 수 있다.
• 1일 3~5m 정도 연속 타설하므로 일체성을 확보할 수 있다.
• 내·외부에 비계가 필요없다.
• 악천후 시에 작업이 곤란하다.
• 제작비가 과다하게 소요된다.

55 데크플레이트에 관한 설명으로 옳지 않은 것은?

① 합판거푸집에 비해 중량이 큰 편이다.
② 별도의 동바리가 필요하지 않다.
③ 철근트러스형은 내화피복이 불필요하다.
④ 시공환경이 깨끗하고 안전사고 위험이 적다.

데크플레이트
• 합판거푸집에 비해 중량이 적은 편이다.
• 지보공이 필요없고 공기가 단축되며, 노무비가 절감된다.
• 연속적인 콘크리트 타설이 가능하고 철근배근이 간단하다.

56 주문받은 건설업자가 대상계획의 기업·금융, 토지조달, 설계, 사공, 기계기구 설치 등 주문자가 필요로 하는 모든 것을 조달하여 주문자에게 인도하는 도급계약 방식은?

① 공동도급
② 실비정산 보수가산도급
③ 턴키(turn-key)도급
④ 일식도급

턴키(turn-key)도급
• 건설업자가 대상계획의 기업, 금융, 토지조달, 설계, 시공, 기계·기구 설치 시 운전까지 주문자가 필요로 하는 모든 것을 인도하는 도급계약방식이다.
• 시공능력이 중요시되며 공사시공의 확실성이 크다.

57 자연시료의 압축강도가 6MPa이고, 이긴시료의 압축강도가 4MPa이라면 예민비는 얼마인가?

① −2

② 0.67

③ 1.5

④ 2

$$\text{예민비} = \frac{\text{자연시료의 강도}}{\text{이긴시료의 강도}} = \frac{6}{4} = 1.5$$

58 콘크리트 보양방법 중 초기강도가 크게 발휘되어 거푸집을 가장 빨리 제거할 수 있는 방법은?

① 살수보양

② 수중보양

③ 피막보양

④ 증기보양

증기보양은 고온·고압증기로 보양하여 한중콘크리트에 유리하며, 초기강도가 크게 발휘되어 거푸집을 가장 빨리 제거할 수 있다.

59 콘크리트 배합설계 시 강도에 가장 큰 영향을 미치는 요소는?

① 모래와 자갈의 비율

② 물과 시멘트의 비율

③ 시멘트와 모래의 비율

④ 시멘트와 자갈의 비율

물·시멘트비의 결정

• 물·시멘트비가 너무 크면 시공연도가 증가되나 내구성이 감소한다.
• 물·시멘트비가 작으면 시공연도가 낮아지고 균열이 발생한다.
• 물·시멘트의 범위는 40~70% 정도가 적당하다.

60 철골 용접 관련 용어 중 스패터(spatter)에 관한 설명으로 옳은 것은?

① 전단절단에서 생기는 뒤꺾임 현상
② 수동 가스절단에서 절단선이 곧지 못하여 생기는 잘록한 자국의 흔적
③ 철골용접에서 용접부의 상부를 덮는 불순물
④ 철골용접 중 튀어나오는 슬래그 및 금속입자

용접의 용어설명

종류	설명
스패터(Spatter)	철골용접 중 튀어나오는 슬래그 및 금속입자
비드(Bead)	용착금속이 열상을 이루어 용접된 용접층
밀 스케일(Mill scale)	쇠비늘, 강재가 냉각될 때 표면에 생기는 산화철의 표피(녹)
슬래그(Slag)	용접할 때 용착금속 위에 떠 있는 찌꺼기

종류	설명
그루브(Groove)	앞벌림, 접합 부재간의 사이를 트이게 한 것
플럭스(Fiux)	자동용접의 경우 용접봉의 피복제 역할로 쓰이는 분말상의 재료
엔드 탭(End tab)	용접의 시작과 끝 부분에 임시로 붙이는 보조판
아크 스트라이크(Arc strike)	용접을 시작할 때 용접봉을 순간적으로 모재에 접촉시켜 아크를 발생시키는 것
가스 가우징(Gas gousing)	홈을 파기 위한 목적으로 한 화구로서 산소아세틸렌불꽃을 이용하여 녹여 깎은 재의 뒷부분을 깨끗이 깎는 것
루트(Root)	용접 이음부의 홈 아래 부분
위빙(Weaving)	용접봉을 용접방향에 대하여 가로로 왔다갔다 움직여 용착금속을 녹여 붙이는 것, 위빙 폭은 용접봉 지름의 3배 이하

---

61 진주석 또는 흑요석 등을 900~1200℃로 소성한 후에 분쇄하여 소성팽창하면 만들어지는 작은 입자에 접착제 및 무기질 섬유를 균등하게 혼합하여 성형한 제품은?

① 규조토 보온재   ② 규산칼슘 보온재

③ 질석 보온재   ④ 펄라이트 보온재

 해설

펄라이트(Perlite, 진주암)

• 마그마가 지표의 호수나 바다로 흘러들어 급속히 냉각되면서 내부에 휘발성분이 농집되어 생성된 비정질의 광물을 적절한 입도로 분쇄하여 1,100℃ 이상의 고온에서 급속 가열·팽창시킨 초경량 순수 무기소재이다.

• 탁월한 경량, 내화, 단열, 흡음 및 결로 방지 효과와 무독, 무균, 무취 특성까지 겸비하여 보온·단열자재로 사용된다.

62 중용열포틀랜드시멘트에 관한 설명으로 옳지 않은 것은?

① 수화열이 작고 수화속도가 비교적 느리다.

② C_3A가 많으므로 내황산염성이 작다.

③ 건조수축이 작다.

④ 건축용 매스콘크리트에 사용된다.

 해설

중용열 포틀랜드 시멘트는 C_3A와 C_3S 양을 줄이고, C_2S 양을 많게 한 시멘트로 댐 및 방사능 차폐용 등의 구조물에 사용한다.

63 골재의 함수상태 사이의 관계를 옳게 나타낸 것은?

① 유효흡수량 = 표건상태 - 기건상태   ② 흡수량 = 습윤상태 - 표건상태

③ 전함수량 = 습윤상태 - 기건상태   ④ 표면수량 = 기건상태 - 절건상태

• 흡수량 = 표건상태의 중량 − 절건상태의 중량
• 전함수량 = 습윤상태의 중량 − 절건상태의 중량
• 표면수량 = 습윤상태의 중량 − 표건상태의 중량

64 바닥 바름재로 백시멘트와 안료를 사용하며 종석으로 화강암, 대리석 등을 사용하고 갈기로 마감을 하는 것은?

① 리신 바름   ② 인조석 바름
③ 라프코트   ④ 테라조 바름

테라조 현장 바름은 백색 시멘트와 안료 및 종석(대리석, 화강암 등)을 섞어서 정벌바름을 하고 연마, 광내기 등에 의해 광택이 있는 표면을 만드는 것이다.

65 다음 중 흡음재료로 보기 어려운 것은?

① 연질우레아폼   ② 석고보드
③ 테라조   ④ 연질섬유판

테라조(Terrazzo)는 바닥 마감재의 일종이다.

66 콘크리트용 골재의 입도에 관한 설명으로 옳지 않은 것은?

① 입도란 골재의 작고 큰 입자의 혼합된 정도를 말한다.
② 입도가 적당하지 않은 골재를 사용할 경우에는 콘크리트의 재료분리가 발생하기 쉽다.
③ 골재의 입도를 표시하는 방법으로 조립률이 있다.
④ 골재의 입도는 불레인 시험으로 구한다.

골재의 입도는 체가름 시험이나 비중법에 의하여 구한다. 참고로 블레인 시험은 시멘트의 비표면적을 구하기 위하여 분말도를 측정하는 시험이다.

67 블론 아스팔트를 용제에 녹인 것으로 액상이며, 아스팔트 방수의 바탕 처리재로 이용되는 것은?

① 아스팔트 펠트   ② 콜타르
③ 아스파트 프라이머   ④ 피치

아스팔트 프라이머(Asphalt primer)
• 아스팔트와 휘발성이 높은 용제를 혼합하여 제조
• 방수층을 만들 때 콘크리트 바탕에 제일 먼저 사용되는 재료

68 단열재에 관한 설명으로 옳지 않은 것은?

① 열전도율이 낮은 것일수록 단열효과가 좋다.
② 열관류율이 높은 재료는 단열성이 낮다.
③ 같은 두께인 경우 경량재료인 편이 단열효과가 나쁘다.
④ 단열재는 보통 다공질의 재료가 많다.

 해설

단열재료의 성질

- 열전도율이 낮은 것일수록 단열효과가 좋다.
- 열관류율이 높은 재료는 단열성이 낮다.
- 같은 두께인 경우 경량재료가 단열에 더 효과적이다.
- 단열재는 밀도에 따라 단열성능의 차이가 있고, 보통 다공질의 재료가 많다.
- 단열재의 대부분은 흡음성이 우수하여 흡음재료로도 이용된다.

69 점토소성제품의 흡수성이 큰 것부터 순서대로 옳게 나열한 것은?

① 토기 > 도기 > 석기 > 자기
② 토기 > 도기 > 자기 > 석기
③ 도기 > 토기 > 석기 > 자기
④ 도기 > 토기 > 자기 > 석기

 해설

점토소성제품의 분류

구분	토기	도기	석기	자기
소성온도	790~1000℃	1100~1230℃	1160~1350℃	1230~1460℃
흡수율	20% 이상	10% 내외	3~10%	1% 이하
색상	유색, 백색	유색, 백색	유색	백색
특성	저급원료, 취약함	다공질, 탁음, 유약사용	유약을 사용하지 않으며 식염수 사용	금속성 청음
용도	기와, 적벽돌, 토관	내장타일, 테라코타	외장·바닥타일, 클링커 타일	고급타일, 모자이크 타일, 위생도기

70 화강암이 열을 받았을 때 파괴되는 가장 주된 원인은?

① 화학성분의 열분해
② 조직의 용융
③ 조암광물의 종류에 따른 열팽창계수의 차이
④ 온도상승에 따른 압축강도 저하

 해설

화강암은 마그마가 지표 또는 지표 근처에서 냉각하여 굳은 것으로 주로 건축 외장재로 사용된다. 단단하고 내구성 및 강도는 크지만 내화성은 부족하며, 열을 받았을 때 조암광물 중 열에 약한 부분이 먼저 녹아 전체가 붕괴된다. 즉, 조암광물의 종류에 따른 열팽창계수의 차이가 파괴의 주된 원인이다.

71 목재의 함수율에 관한 설명으로 옳지 않은 것은?

① 함수율이 30% 이상에서는 함수율의 증감에 따라 강도의 변화가 심하다.
② 기건재의 함수율은 15% 정도이다.
③ 목재의 진비중은 일반적으로 1.54 정도이다.
④ 목재의 함수율 30% 정도를 섬유포화점이라 한다.

 해설

목재의 함수율
- 기건재의 함수율 : 12~18%(평균 15%)
- 섬유 포화점 : 섬유 자신의 함수율이 25~30%(보통 30%)인 경우
- 함수율에 의한 목재 재질의 변화
  - 목재의 재질 변동(수축, 팽창 등)은 섬유포화점 이하의 함수상태에서만 발생한다.
  - 섬유포화점 이하에서 함수율이 감소함에 따라 강도는 증가하고 탄성은 감소한다.

72 콘크리트에 사용하는 혼화제 중 AE제의 특징으로 옳지 않은 것은?

① 워커빌리티를 개선시킨다.　　　② 블리딩을 감소시킨다.
③ 마모에 대한 저항성을 증대시킨다.　　④ 압축강도를 증가시킨다.

 해설

AE 콘크리트(Air Entrained Concrete)
- AE제를 사용한 콘크리트로 미세한 공기를 섞어 성질을 개선한 콘크리트로 응집력이 커지고 유동성이 좋아져 부어넣기 작업이 쉽다.
- 방수성이 뛰어나고 화학작용에 대한 저항성이 커지므로 재치장 콘크리트 시공에 알맞다.
- 공기량이 1% 늘어나면 압축강도가 4~5% 떨어지고, 철근과의 부착강도와 마감 모르타르의 부착력이 떨어진다.

73 불림하거나 담금질한 강을 다시 200~600℃로 가열한 후에 공기 중에서 냉각하는 처리를 말하며, 내부 응력을 제거하며 연성과 인성을 크게 하기 위해 실시하는 것은?

① 뜨임질　　　　　　② 압출
③ 중합　　　　　　　④ 단조

 해설

뜨임질(Tempering)은 담금질한 당을 200~600℃ 정도로 다시 가열한 후에 공기 중에서 서서히 냉각시키는 열처리 방법으로 담금질한 강에 인성을 주고 내부의 잔류응력을 제거하기 위해서 실시한다.

74 탄소함유량이 많은 것부터 순서대로 옳게 나열한 것은?

① 연철 > 탄소강 > 주철　　② 연철 > 주철 > 탄소강
③ 탄소강 > 주철 > 연철　　④ 주철 > 탄소강 > 연철

 해설

탄소함유량
- 주철 : 1.7% 이상
- 연철 : 0.04% 이하
- 탄소강 : 0.04~1.7%

75 그물유리라고도 하며 주로 방화 및 방재용으로 사용하는 유리는?

① 강화유리 ② 망입유리
③ 복층유리 ④ 열선반사유리

망입유리는 유리 내부에 금속망을 삽입하고 압착 성형한 판유리로 깨어지는 경우도에 파편이 튀지 않고 연소도 방지할 수 있어 주로 방화 및 방재용으로 사용된다.

76 금속면의 보호와 부식방지를 목적으로 사용하는 방청도료와 가장 거리가 먼 것은?

① 광명단조합페인트 ② 알루미늄 도료
③ 에칭프라이머 ④ 캐슈수지 도료

방청 도료의 종류
- 광명단 도료 : 사산화삼납(Pb_3O_4)을 보일드유에 녹인 유성 페인트의 일종으로 철재의 방청도료로 사용된다.
- 산화철 도료 : 산화철에 아연화, 아연분말, 연단 등을 혼합한 안료를 스테인오일 또는 합성수지에 녹인 것으로 도막의 내구성이 좋다.
- 알루미늄 도료 : 알루미늄 분말을 안료로 하는 도료로 방청효과와 함께 열반사 효과가 있으며, 전색제에 따라 방청효과도 정해진다.
- 징크로메이트 도료(크롬산아연 도료) : 전색제로 알키드 수지, 안료로 크롬산아연을 사용한 도료로 방청효과가 좋고 알루미늄판이나 아연철판의 초벌용으로 적합하다.
- 워시 프라이머(엣칭 프라이머) : 합성수지의 전색제로 하여 소량의 안료와 인산을 첨가한 도료로 주로 뿜칠로 도장하여 방청도료의 부착성과 방청효과를 증진시킬 목적으로 사용한다.
- 역청질 도료 : 아스팔트, 타르핏치 등을 역청질의 주원료로 하여 건성유, 수지류를 첨가한 도료로 일시적인 방청용으로 적합하다.

77 기본 점성이 크며 내수성, 내약품성, 전기 절연성이 우수하고 금속, 플라스틱, 도자기, 유리, 콘크리트 등의 접합에 사용되는 만능형 접착제는?

① 아크릴수지 접착제 ② 페놀수지 접착제
③ 에폭시수지 접착제 ④ 멜라미수지 접착제

에폭시수지
- 경화제와 반응하여 3차원적 가교구조를 이루는 고분자 물질로 전환되는 열경화성수지이다.
- 접착성이 아주 우수하며 특히 금속, 유리, 플라스틱, 도자기, 목재, 고무 등에 탁월한 접착성이 있다.
- 내약품성, 내용제성이 뛰어나다.
- 농질산을 제거하고 산·알칼리에 강하다.

78 열선흡수유리의 특징에 관한 설명으로 옳지 않은 것은?

① 여름철 냉방부하를 감소시킨다.
② 자외선에 의한 상품 등의 변색을 방지한다.
③ 유리의 온도 상승이 매우 적어 실내의 기온에 별로 영향을 받지 않는다.

④ 채광을 요구하는 진열장에 이용된다.

열선 흡수유리의 특징
- 열선흡수가 일반 판유리보다 높아 냉방부하를 경감시킨다.
- 가시광선 투과율이 낮아 눈부심 현상이 없다.
- 자외선에 의한 가구나 상품의 변색·퇴색을 방지한다.

79 내화벽돌은 최소 얼마 이상의 내화도를 가진 것을 의미하는가?

① SK 26   ② SK 28
③ SK 30   ④ SK 32

내화벽돌의 내화도
- 저급품 SK−NO. 26~29 : 1580~1650℃
- 중급품 SK−NO. 30~33 : 1670~1730℃
- 고급품 SK−NO. 34~42 : 1750~2000℃

80 합판에 관한 설명으로 옳은 것은?

① 곡면 가공이 어렵다.
② 함수율의 변화에 따른 신축변형이 적다.
③ 2매 이상의 박판을 짝수배로 겹쳐 만든 것이다.
④ 합판 제조 시 목재의 손실이 많다.

합판의 특징
- 잘 갈라지지 않고 방향에 따른 강도의 차가 적다.
- 큰판 및 곡면판을 만들 수 있다.
- 함수율의 변화에 따른 신축변형이 적다.
- 판재에 비해 균질하다.
- 무늬가 좋은 판을 얻을 수 있다.

제 **05** 과목   **건설안전기술**

81 근로자가 추락하거나 넘어질 위험이 있는 장소에서 추락방호망의 설치 기준으로 옳지 않은 것은?

① 망의 처짐은 짧은 변 길이의 10% 이상이 되도록 할 것
② 추락방호망은 수평으로 설치할 것
③ 건축물 등의 바깥쪽으로 설치하는 경우 추락방호망의 내민 길이는 벽면으로부터 3m 이상 되도록 할 것
④ 추락방호망의 설치위치는 가능하면 작업면으로부터 가까운 지점에 설치하여야 하며, 작업면으로부터 망의 설치지점까지의 수직거리는 10m를 초과하지 아니할 것

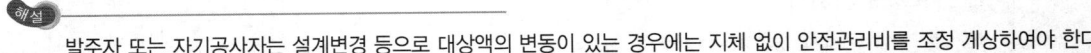

산업안전보건기준에 관한 규칙 제42조(추락의 방지) ① 사업주는 근로자가 추락하거나 넘어질 위험이 있는 장소[작업발판의 끝·개구부(開口部) 등을 제외한다] 또는 기계·설비·선박블록 등에서 작업을 할 때에 근로자가 위험해질 우려가 있는 경우 비계(飛階)를 조립하는 등의 방법으로 작업발판을 설치하여야 한다.
② 사업주는 제1항에 따른 작업발판을 설치하기 곤란한 경우 다음 각 호의 기준에 맞는 추락방호망을 설치해야 한다. 다만, 추락방호망을 설치하기 곤란한 경우에는 근로자에게 안전대를 착용하도록 하는 등 추락위험을 방지하기 위해 필요한 조치를 해야 한다.
1. 추락방호망의 설치위치는 가능하면 작업면으로부터 가까운 지점에 설치하여야 하며, 작업면으로부터 망의 설치지점까지의 수직거리는 10미터를 초과하지 아니할 것
2. 추락방호망은 수평으로 설치하고, 망의 처짐은 짧은 변 길이의 12퍼센트 이상이 되도록 할 것
3. 건축물 등의 바깥쪽으로 설치하는 경우 추락방호망의 내민 길이는 벽면으로부터 3미터 이상 되도록 할 것. 다만, 그물코가 20밀리미터 이하인 추락방호망을 사용한 경우에는 제14조제3항에 따른 낙하물방지망을 설치한 것으로 본다.

82 산업안전보건관리비에 관한 설명으로 옳지 않은 것은?

① 발주자는 수급인이 안전관리비를 다른 목적으로 사용한 금액에 대해서는 계약금액에서 감액 조정할 수 있다.
② 발주자는 수급인이 안전관리비를 사용하지 아니한 금액에 대하여는 반환을 요구할 수 있다.
③ 자기공사자는 원가계산에 의한 예정가격 작성 시 안전관리비를 계상한다.
④ 발주자는 설계변경 등으로 대상액의 변동이 있는 경우 공사 완료 후 정산하여야 한다.

발주자 또는 자기공사자는 설계변경 등으로 대상액의 변동이 있는 경우에는 지체 없이 안전관리비를 조정 계상하여야 한다.

83 굴착면 붕괴의 원인과 가장 거리가 먼 것은?

① 사면경사의 증가
② 성토 높이의 감소
③ 공사에 의한 진동하중의 증가
④ 굴착높이의 증가

토사붕괴의 원인
• 외적원인 : 사면의 경사 및 기울기의 증가, 절토 및 성토의 증가, 공사에 의한 진동 및 반복하중의 증가, 지표수 또는 지하수의 침투로 인한 토사중량의 증가, 지진 및 작업차량등의 하중
• 내적원인 : 절토사면의 토질, 암질의 종류, 성토 사면의 토질구성 및 분포, 토석의 강도 저하

84 다음 중 유해위험방지계획서 작성 및 제출대상에 해당되는 공사는?

① 지상높이가 20m 인 건축물의 해체공사
② 깊이 9.5m인 굴착공사
③ 최대 지간거리가 50m인 교량건설공사
④ 저수용량 1천만톤인 용수전용 댐

유해위험방지계획서 제출 대상 공사(산업안전보건법 시행령 제42조 ③항)

1. 다음 각 목의 어느 하나에 해당하는 건축물 또는 시설 등의 건설·개조 또는 해체 공사
   가. 지상높이가 31미터 이상인 건축물 또는 인공구조물
   나. 연면적 3만제곱미터 이상인 건축물
   다. 연면적 5천제곱미터 이상인 시설로서 다음의 어느 하나에 해당하는 시설
      1) 문화 및 집회시설(전시장 및 동물원·식물원은 제외한다)
      2) 판매시설, 운수시설(고속철도의 역사 및 집배송시설은 제외한다)
      3) 종교시설
      4) 의료시설 중 종합병원
      5) 숙박시설 중 관광숙박시설
      6) 지하도상가
      7) 냉동·냉장 창고시설
2. 연면적 5천제곱미터 이상인 냉동·냉장 창고시설의 설비공사 및 단열공사
3. 최대 지간(支間)길이(다리의 기둥과 기둥의 중심사이의 거리)가 50미터 이상인 다리의 건설등 공사
4. 터널의 건설등 공사
5. 다목적댐, 발전용댐, 저수용량 2천만톤 이상의 용수 전용 댐 및 지방상수도 전용 댐의 건설등 공사
6. 깊이 10미터 이상인 굴착공사

85 철근콘크리트 슬래브에 발생하는 응력에 대한 설명으로 옳지 않은 것은?

① 전단력은 일반적으로 단부보다 중앙부에서 크게 작용한다.
② 중앙부 하부에는 인장응력이 발생한다.
③ 단부 하부에는 압축응력이 발생한다.
④ 휨응력은 일반적으로 슬래브의 중앙부에서 크게 작용한다.

전단력은 일반적으로 중앙부보다 단부에서 크게 작용한다.

86 연약지반을 굴착할 때, 흙막이벽 뒷쪽 흙의 중량이 바닥의 지지력보다 커지면, 굴착저면에서 흙이 부풀어 오르는 현상은?

① 슬라이딩(Sliding) ② 보일링(Boiling)
③ 파이핑(Piping) ④ 히빙(Heaving)

히빙(Heaving) : 히빙이란 굴착이 진행됨에 따라 흙막이 벽 뒤쪽 흙의 중량이 굴착부 바닥의 지지력 이상이 되면 흙막이 벽 근입(根入) 부분의 지반 이동이 발생하여 굴착부 저면이 솟아오르는 현상
• 지반조건 : 연약성 점토 지반인 경우
• 현상 : 지보공 파괴 토사붕괴 저면의 솟아오름
• 대책
   – 굴착주변의 상재하중을 제거   – 시트 파일(Sheet Pile) 등의 근입심도를 검토
   – 1.3m 이하 굴착시에는 버팀대(Strut)를 설치   – 버팀대, 브라켓, 흙막이를 점검
   – 굴착주변을 탈수공법과 병행   – 굴착방식을 개선(Island Cut공법 등)
※ 연약지반개량공법의 종류 : 다짐말뚝공법, 비이브로 플로테이션공법, 다짐모래말뚝공법, 약액주입공법, 전기충격공법, 폭파치환공법

87 철근콘크리트 공사 시 활용되는 거푸집의 필요조건이 아닌 것은?

① 콘크리트의 하중에 대해 뒤틀림이 없는 강도를 갖출 것
② 콘크리트 내 수분 등에 대한 물빠짐이 원활한 구조를 갖출 것
③ 최소한의 재료로 여러 번 사용할 수 있는 전용성을 가질 것
④ 거푸집은 조립 · 해체 · 운반이 용이하도록 할 것

 거푸집은 수밀성이 요구되며 해체가 용이하여야 한다.

88 말비계를 조립하여 사용하는 경우에 준수해야 하는 사항으로 옳지 않은 것은?

① 지주부재의 하단에는 미끄럼 방지장치를 한다.
② 근로자는 양측 끝부분에 올라서서 작업하도록 한다.
③ 지주부재와 수평면의 기울기를 75° 이하로 한다.
④ 말비계의 높이가 2m를 초과하는 경우에는 작업발판의 폭을 40cm 이상으로 한다.

 산업안전보건기준에 관한 규칙 제67조(말비계) 사업주는 말비계를 조립하여 사용하는 경우에 다음 각 호의 사항을 준수하여야 한다.
1. 지주부재(支柱部材)의 하단에는 미끄럼 방지장치를 하고, 근로자가 양측 끝부분에 올라서서 작업하지 않도록 할 것
2. 지주부재와 수평면의 기울기를 75도 이하로 하고, 지주부재와 지주부재 사이를 고정시키는 보조부재를 설치할 것
3. 말비계의 높이가 2미터를 초과하는 경우에는 작업발판의 폭을 40센티미터 이상으로 할 것

89 슬레이트, 선라이트 등 강도가 약한 재료로 덮은 지붕 위에서 작업을 할 때 발이 빠지는 등 근로자의 위험을 방지하기 위하여 필요한 발판의 폭 기준은?

① 10cm 이상
② 20cm 이상
③ 25cm 이상
④ 30cm 이상

 산업안전보건기준에 관한 규칙 제45조(지붕 위에서의 위험 방지) ① 사업주는 근로자가 지붕 위에서 작업을 할 때에 추락하거나 넘어질 위험이 있는 경우에는 다음 각 호의 조치를 해야 한다.
1. 지붕의 가장자리에 제13조에 따른 안전난간을 설치할 것
2. 채광창(skylight)에는 견고한 구조의 덮개를 설치할 것
3. 슬레이트 등 강도가 약한 재료로 덮은 지붕에는 폭 30센티미터 이상의 발판을 설치할 것

90 추락방지용 방망 그물코의 모양 및 크기의 기준으로 옳은 것은?

① 원형 또는 사각으로서 그 크기는 5cm 이하이어야 한다.
② 원형 또는 사각으로서 그 크기는 10cm 이하이어야 한다.
③ 사각 또는 마름모로서 그 크기는 5cm 이하이어야 한다.
④ 사각 또는 마름모로서 그 크기는 10cm 이하이어야 한다.

 추락방지용 방망의 그물코는 사각 또는 마름모 등의 형상으로서 한 변의 길이(매듭의 중심간 거리)는 10cm 이하이어야 한다.

91 콘크리트를 타설할 때 안전상 유의하여야 할 사항으로 옳지 않은 것은?

① 콘크리트를 치는 도중에는 거푸집, 지보공 등의 이상유무를 확인한다.
② 진동기 사용 시 지나친 진동은 거푸집 도괴의 원인이 될 수 있으므로 적절히 사용해야 한다.
③ 최상부의 슬래브는 되도록 이어붓기를 하고 여러 번에 나누어 콘크리트를 타설한다.
④ 타워에 연결되어 있는 슈트의 접속이 확실한지 확인한다.

 해설

최상부의 슬래브는 이음매 없이 일체식으로 타설해야 방수 등 여러 가지 효과를 얻을 수 있다.

92 무한궤도식 장비와 타이어식(차륜식) 장비의 차이점에 관한 설명으로 옳은 것은?

① 무한궤도식은 기동성이 좋다.
② 타이어식은 승차감과 주행성이 좋다.
③ 무한궤도식은 경사지반에서의 작업에 부적당하다.
④ 타이어식은 땅을 다지는 데 효과적이다.

 해설

• 무한궤도식

장점	단점
– 땅을 다지는데 효과적이다. – 암석지에서 작업이 가능하다. – 견인력이 크다.	– 기동성이 나쁘다. – 주행 저항이 크고 승차감이 나쁘다. – 이동성이 나쁘다.

• 휠식(차륜식, 타이어식, Wheel type)

장점	단점
– 승차감과 주행성이 좋다. – 이동시 자주(自走)에 의해 이동한다. – 기동성이 좋다.	– 견인력이 약하다. – 평탄하지 않은 작업장소나 진흙에서 작업하는데 부적합하다. – 암석 · 암반지역 작업시 타이어가 손상될 수 있다.

93 사다리식 통로 등을 설치하는 경우 발판과 벽과의 사이는 최소 얼마 이상의 간격을 유지하여야 하는가?

① 10 cm 이상   ② 15 cm 이상
③ 20 cm 이상   ④ 25 cm 이상

 해설

산업안전보건기준에 관한 규칙 제24조(사다리식 통로 등의 구조) ① 사업주는 사다리식 통로 등을 설치하는 경우 다음 각 호의 사항을 준수하여야 한다.
1. 견고한 구조로 할 것
2. 심한 손상 · 부식 등이 없는 재료를 사용할 것
3. 발판의 간격은 일정하게 할 것
4. 발판과 벽과의 사이는 15센티미터 이상의 간격을 유지할 것
5. 폭은 30센티미터 이상으로 할 것
6. 사다리가 넘어지거나 미끄러지는 것을 방지하기 위한 조치를 할 것

7. 사다리의 상단은 걸쳐놓은 지점으로부터 60센티미터 이상 올라가도록 할 것
8. 사다리식 통로의 길이가 10미터 이상인 경우에는 5미터 이내마다 계단참을 설치할 것
9. 사다리식 통로의 기울기는 75도 이하로 할 것. 다만, 고정식 사다리식 통로의 기울기는 90도 이하로 하고, 그 높이가 7미터 이상인 경우에는 다음 각 목의 구분에 따른 조치를 할 것
　가. 등받이울이 있어도 근로자 이동에 지장이 없는 경우 : 바닥으로부터 높이가 2.5미터 되는 지점부터 등받이울을 설치할 것
　나. 등받이울이 있으면 근로자가 이동이 곤란한 경우 : 한국산업표준에서 정하는 기준에 적합한 개인용 추락 방지 시스템을 설치하고 근로자로 하여금 한국산업표준에서 정하는 기준에 적합한 전신안전대를 사용하도록 할 것
10. 접이식 사다리 기둥은 사용 시 접혀지거나 펼쳐지지 않도록 철물 등을 사용하여 견고하게 조치할 것

94 정기안전점검 결과 건설공사의 물리적 · 기능적 결함 등이 발견되어 보수 · 보강 등의 조치를 하기 위하여 필요한 경우에 실시하는 것은?

① 자체안전점검　　　　　　　　② 정밀안전점검
③ 상시안전점검　　　　　　　　④ 품질관리점검

안전검검의 구분(건설공사 안전관리 지침)
- 자체안전점검 : 시공자가 건설공사 기간 동안 건설공사의 안전을 위하여 매일 실시하는 안전점검
- 정기안전점검 : 건설공사별 정기안전점검 실시시기에 발주자의 승인을 얻어 건설안전점검기관에 의뢰하여 실시하는 안전점검
- 정밀안전점검 : 정기안전점검 결과 시설공사 및 가설공사에 물리적 · 기능적 결함 등이 있을 경우 보수 · 보강 등의 필요한 조치를 취하기 위하여 건설안전점검기관에 의뢰하여 실시하는 안전점검

95 차량계 하역운반기계에 화물을 적재할 때의 준수사항과 거리가 먼 것은?

① 하중이 한쪽으로 치우지지 않도록 적재할 것
② 구내운반차 또는 화물자동차의 경우 화물의 붕괴 또는 낙하에 의한 위험을 방지하기 위하여 화물에 로프를 거는 등 필요한 조치를 할 것
③ 운전자의 시야를 가리지 않도록 화물을 적재할 것
④ 제동장치 및 조정장치 기능의 이상 유무를 점검할 것

산업안전보건기준에 관한 규칙 제173조(화물적재 시의 조치) ① 사업주는 차량계 하역운반기계등에 화물을 적재하는 경우에 다음 각 호의 사항을 준수하여야 한다.
1. 하중이 한쪽으로 치우치지 않도록 적재할 것
2. 구내운반차 또는 화물자동차의 경우 화물의 붕괴 또는 낙하에 의한 위험을 방지하기 위하여 화물에 로프를 거는 등 필요한 조치를 할 것
3. 운전자의 시야를 가리지 않도록 화물을 적재할 것

96 시스템 비계를 사용하여 비계를 구성하는 경우에 준수하여야 할 사항으로 옳지 않은 것은?

① 수직재와 수직재의 연결철물은 이탈되지 않도록 견고한 구조로 할 것
② 수직재 · 수평재 · 가새재를 견고하게 연결하는 구조가 되도록 할 것
③ 수직재와 받침철물의 연결부 겹침길이는 받침철물 전체길이의 4분의 1 이상이 되도록 할 것
④ 수평재는 수직재와 직각으로 설치하여야 하며, 체결 후 흔들림이 없도록 견고하게 설치할 것

산업안전보건기준에 관한 규칙 제69조(시스템 비계의 구조) 사업주는 시스템 비계를 사용하여 비계를 구성하는 경우에 다음 각 호의 사항을 준수하여야 한다.

1. 수직재·수평재·가새재를 견고하게 연결하는 구조가 되도록 할 것
2. 비계 밑단의 수직재와 받침철물은 밀착되도록 설치하고, 수직재와 받침철물의 연결부의 겹침길이는 받침철물 전체길이의 3분의 1 이상이 되도록 할 것
3. 수평재는 수직재와 직각으로 설치하여야 하며, 체결 후 흔들림이 없도록 견고하게 설치할 것
4. 수직재와 수직재의 연결철물은 이탈되지 않도록 견고한 구조로 할 것
5. 벽 연결재의 설치간격은 제조사가 정한 기준에 따라 설치할 것

97 공사현장에서 낙하물방지망 또는 방호선반을 설치할 때 설치높이 및 벽면으로부터 내민길이 기준으로 옳은 것은?

① 설치높이 : 10m 이내마다, 내민길이 2m 이상
② 설치높이 : 15m 이내마다, 내민길이 2m 이상
③ 설치높이 : 10m 이내마다, 내민길이 3m 이상
④ 설치높이 : 15m 이내마다, 내민길이 3m 이상

낙하물 방지망 또는 방호선반을 설치기준(산업안전보건기준에 관한 규칙 제14조 ③항)

- 높이 10m 이내마다 설치하고, 내민 길이는 벽면으로부터 2m 이상으로 할 것
- 수평면과의 각도는 20도 이상 30도 이하를 유지할 것

98 가설구조물이 갖추어야 할 구비요건과 가장 거리가 먼 것은?

① 영구성   ② 경제성
③ 작업성   ④ 안전성

가설구조물의 구비요건(3요소)

- 안전성 : 파괴, 도괴, 동요, 추락, 낙하물에 대한 안전성
- 작업성 : 넓은 작업발판, 넓은 작업공간, 적정한 작업자세로 적정 작업 가능
- 경제성 : 가설 및 철거가 신속·용이하고 다양한 현장에 대한 적응성

99 가설통로를 설치하는 경우 준수하여야 할 기준으로 옳지 않은 것은?

① 견고한 구조로 할 것
② 경사는 30° 이하로 할 것
③ 경사가 30°를 초과하는 경우에는 미끄러지지 아니하는 구조로 할 것
④ 수직갱에 가설된 통로의 길이가 15m 이상인 경우에는 10m 이내마다 계단참을 설치할 것

산업안전보건기준에 관한 규칙 제23조(가설통로의 구조) 사업주는 가설통로를 설치하는 경우 다음 각 호의 사항을 준수하여야 한다.

1. 견고한 구조로 할 것

2. 경사는 30도 이하로 할 것. 다만, 계단을 설치하거나 높이 2미터 미만의 가설통로로서 튼튼한 손잡이를 설치한 경우에는 그러하지 아니하다.
3. 경사가 15도를 초과하는 경우에는 미끄러지지 아니하는 구조로 할 것
4. 추락할 위험이 있는 장소에는 안전난간을 설치할 것. 다만, 작업상 부득이한 경우에는 필요한 부분만 임시로 해체할 수 있다.
5. 수직갱에 가설된 통로의 길이가 15미터 이상인 경우에는 10미터 이내마다 계단참을 설치할 것
6. 건설공사에 사용하는 높이 8미터 이상인 비계다리에는 7미터 이내마다 계단참을 설치할 것

100 산업안전보건법령에 따른 지반의 종류별 굴착면의 기울기 기준으로 옳지 않은 것은?

① 모래 − 1 : 1.8
② 연암 − 1 : 1.0
③ 풍화암 − 1 : 1.0
④ 경암 − 1 : 1.2

 해설

굴착면의 기울기 기준(산업안전보건기준에 관한 규칙 별표 11)

지반의 종류	굴착면의 기울기	지반의 종류	굴착면의 기울기
모래	1 : 1.8	경암	1 : 0.5
연암 및 풍화암	1 : 1.0	그 밖의 흙	1 : 1.2

비고
1. 굴착면의 기울기는 굴착면의 높이에 대한 수평거리의 비율을 말한다.
2. 굴착면의 경사가 달라서 기울기를 계산하기가 곤란한 경우에는 해당 굴착면에 대하여 지반의 종류별 굴착면의 기울기에 따라 붕괴의 위험이 증가하지 않도록 위 표의 지반의 종류별 굴착면의 기울기에 맞게 해당 각 부분의 경사를 유지해야 한다.

정답 2019년 04월 27일 최근 기출문제

01 ④	02 ①	03 ④	04 ③	05 ②	06 ④	07 ①	08 ③	09 ④	10 ④
11 ③	12 ③	13 ③	14 ③	15 ①	16 ②	17 ③	18 ③	19 ③	20 ④
21 ④	22 ④	23 ②	24 ④	25 ④	26 ③	27 ④	28 ③	29 ②	30 ③
31 ④	32 ③	33 ①	34 ①	35 ②	36 ④	37 ③	38 ④	39 ①	40 ①
41 ③	42 ②	43 ④	44 ②	45 ②	46 ①	47 ③	48 ①	49 ④	50 ①
51 ①	52 ②	53 ②	54 ①	55 ①	56 ③	57 ③	58 ④	59 ②	60 ④
61 ④	62 ②	63 ①	64 ④	65 ③	66 ④	67 ③	68 ③	69 ①	70 ③
71 ①	72 ④	73 ③	74 ③	75 ②	76 ③	77 ③	78 ③	79 ①	80 ②
81 ①	82 ④	83 ②	84 ③	85 ③	86 ④	87 ③	88 ②	89 ④	90 ④
91 ③	92 ②	93 ②	94 ②	95 ④	96 ③	97 ①	98 ①	99 ③	100 ④

최근 기출문제

제 01 과목 산업안전관리론

---

01 팀워크에 기초하여 위험요인을 작업 시작 전에 발견·파악하고 그에 따른 대책을 강구하는 위험예지훈련에 해당하지 않는 것은?

① 감수성 훈련　　　　　　　② 집중력 훈련
③ 즉흥적 훈련　　　　　　　④ 문제해결 훈련

위험예지훈련의 안전 선취를 위한 방법 : 감수성 훈련, 단시간 미팅(집중력) 훈련, 문제해결 훈련

---

02 산업재해의 분류방법에 해당하지 않는 것은?

① 통계적 분류　　　　　　　② 상해 종류에 의한 분류
③ 관리적 분류　　　　　　　④ 재해 형태별 분류

산업재해의 통상적인 분류

- 통계적 분류
- 상해 정도별 분류(ILO에 의한 구분)
- 상해 종류에 의한 분류
- 재해 형태별 분류

---

03 안전교육의 순서가 옳게 나열된 것은?

① 준비 – 제시 – 적용 – 확인　　② 준비 – 확인 – 제시 – 적용
③ 제시 – 준비 – 확인 – 적용　　④ 제시 – 준비 – 적용 – 확인

교육법의 4단계

- 제1단계–도입(준비) : 배우고자 하는 마음가짐을 일으키도록 도입
- 제2단계–제시(설명) : 상대의 능력에 따라 교육하고 내용을 확실하게 이해시키고 납득시켜 다시 기능으로서 습득시킴
- 제3단계–적용(응용) : 이해시킨 내용을 구체적인 문제 또는 실제 문제로 활용시키거나 응용시킴
- 제4단계–확인(총괄) : 교육내용을 정확하게 이해하고 습득했는지 여부를 확인

04 무재해운동의 근본이념으로 가장 적절한 것은?

① 인간존중의 이념
② 이윤추구의 이념
③ 고용증진의 이념
④ 복리증진의 이념

무재해운동의 정의 및 이념

- 사업주와 근로자가 참여하여 재해예방을 위한 자율적인 운동으로 사업장 내의 잠재적인 재해요인을 사전에 발견하여 근원적으로 이를 제거하기 위한 운동을 의미한다.
- 무재해운동의 근본이념은 인간존중의 이념이며, 안전과 건강을 다 함께 선취하는 운동이다.

05 산업안전보건법령상 산업재해의 정의로 옳은 것은?

① 고의성 없는 행동이나 조건이 선행되어 인명의 손실을 가져올 수 있는 사건
② 안전사고의 결과로 일어난 인명피해 및 재산손실
③ 근로자가 업무에 관계되는 설비 등에 의하여 사망 또는 부상하거나 질병에 걸리는 것
④ 통제를 벗어난 에너지의 광란으로 인하여 입은 인명과 재산의 피해 현상

용어의 정의(산업안전보건법 제2조)

- 산업재해 : 노무를 제공하는 자가 업무에 관계되는 건설물·설비·원재료·가스·증기·분진 등에 의하거나 작업 또는 그 밖의 업무로 인하여 사망 또는 부상하거나 질병에 걸리는 것을 말한다.
- 중대재해 : 산업재해 중 사망 등 재해 정도가 심하거나 다수의 재해자가 발생한 경우로서 고용노동부령으로 정하는 재해를 말한다.
- 근로자대표 : 근로자의 과반수로 조직된 노동조합이 있는 경우에는 그 노동조합을, 근로자의 과반수로 조직된 노동조합이 없는 경우에는 근로자의 과반수를 대표하는 자를 말한다.
- 도급 : 명칭에 관계없이 물건의 제조·건설·수리 또는 서비스의 제공, 그 밖의 업무를 타인에게 맡기는 계약을 말한다.
- 도급인 : 물건의 제조·건설·수리 또는 서비스의 제공, 그 밖의 업무를 도급하는 사업주를 말한다. 다만, 건설공사발주자는 제외한다.
- 수급인 : 도급인으로부터 물건의 제조·건설·수리 또는 서비스의 제공, 그 밖의 업무를 도급받은 사업주를 말한다.
- 관계수급인 : 도급이 여러 단계에 걸쳐 체결된 경우에 각 단계별로 도급받은 사업주 전부를 말한다.
- 건설공사발주자 : 건설공사를 도급하는 자로서 건설공사의 시공을 주도하여 총괄·관리하지 아니하는 자를 말한다. 다만, 도급받은 건설공사를 다시 도급하는 자는 제외한다.
- 안전보건진단 : 산업재해를 예방하기 위하여 잠재적 위험성을 발견하고 그 개선대책을 수립할 목적으로 조사·평가하는 것을 말한다.
- 작업환경측정 : 작업환경 실태를 파악하기 위하여 해당 근로자 또는 작업장에 대하여 사업주가 유해인자에 대한 측정계획을 수립한 후 시료(試料)를 채취하고 분석·평가하는 것을 말한다.

06 다음 중 적성배치 시 작업자의 특성과 가장 관계가 적은 것은?

① 연령
② 작업조건
③ 태도
④ 업무경력

적성배치

- 작업의 특성 : 환경조건, 작업조건, 작업의 종류·형태·기간 등
- 작업자의 특성 : 성별, 연령, 업무경력, 자격, 노동능력, 심신상태, 희망 등

07 파블로프(Pavlov)의 조건반사설에 의한 학습이론의 원리에 해당되지 않는 것은?

① 일관성의 원리
② 시간의 원리
③ 강도의 원리
④ 준비성의 원리

조건반사설에 의한 학습이론의 원리

- 시간의 원리 : 조건자극(총소리)이 무조건자극(음식물)보다 시간적으로 동시 또는 조금 앞서서 주어야만 조건화 즉 강화가 잘된다.
- 강도의 원리 : 조건반사적인 행동이 이루어지려면 먼저 준 자극의 정도에 비해 적어도 같거나 보다 강한 자극을 주어야 바람직한 결과를 얻을 수 있다.
- 일관성의 원리 : 조건자극은 일관된 자극물을 사용하여야 한다.
- 계속성의 원리 : 자극과 반응과의 관계를 반복하여 회수를 거듭할수록 조건화가 잘 형성된다.

08 교육훈련의 평가방법에 해당하지 않는 것은?

① 관찰법
② 모의법
③ 면접법
④ 테스트법

모의법은 실제의 장면이나 상태와 극히 유사한 사태를 인위적으로 만들어 그 속에서 학습하도록 하는 교육방법에 해당된다.

09 산업안전보건법령상 안전모의 성능시험 항목 6가지 중 내관통성시험, 충격흡수성시험, 내전압성시험, 내수성시험 외의 나머지 2가지 성능시험 항목으로 옳은 것은?

① 난연성시험, 턱끈풀림시험
② 내한성시험, 내압박성시험
③ 내답발성시험, 내식성시험
④ 내산성시험, 난연성시험

안전모의 시험성능기준(보호구 안전인증 고시 별표 1)

항목	시험성능기준
내관통성	AE, ABE종 안전모는 관통거리가 9.5mm 이하이고, AB종 안전모는 관통거리가 11.1mm 이하이어야 한다.
충격흡수성	최고전달충격력이 4,450N을 초과해서는 안되며, 모체와 착장체의 기능이 상실되지 않아야 한다.
내전압성	AE, ABE종 안전모는 교류 20kV에서 1분간 절연파괴 없이 견뎌야 하고, 이때 누설되는 충전전류는 10mA 이하이어야 한다.
내수성	AE, ABE종 안전모는 질량증가율이 1% 미만이어야 한다.
난연성	모체가 불꽃을 내며 5초 이상 연소되지 않아야 한다.
턱끈풀림	150N 이상 250N 이하에서 턱끈이 풀려야 한다.

※ 보호구 자율안전확인 고시에 따른 안전모의 시험성능기준 항목 : 내관통성, 충격흡수성, 난연성, 턱끈풀림
※ 보호구 자율안전확인 고시에 따른 안전모의 시험방법 : 전처리, 착용높이측정, 내관통성시험, 충격흡수성시험, 난연성시험, 턱끈풀림시험, 측면변형시험

10 직장에서의 부적응 유형 중, 자기 주장이 강하고 대인관계가 빈약하며, 사소한 일에 있어서도 타인이 자신을 제외했다고 여겨 악의를 나타내는 특징을 가진 유형은?

① 망상인격
② 분열인격
③ 무력인격
④ 강박인격

부적응의 유형 설명

• 망상인격(편집성 인격) : 자기 주장이 강하고 빈약한 대인관계를 가지고 있는 성격의 소유자(냉혹성, 과민성, 완고함, 질투, 시기심이 강함)
• 분열인격 : 극단적으로 수줍어하고, 말이 없고, 자폐적이고, 사교를 싫어하고, 친밀한 인간관계를 피하려고 하는 특징을 나타냄
• 무력인격 : 활력이 결여되고, 감정이 둔하고, 만성적 비관론자임
• 강박인격 : 엄격하고 지나치게 양심적이고, 우유부단, 욕망을 제지하고 기준에 적합하도록 지나치게 신경을 쓰는 특징을 나타냄

11 개인과 상황변수에 대한 리더쉽의 특징으로 틀린 것은?(단, 비교대상은 헤드쉽(Headship)으로 한다.)

① 권한행사 : 선출된 리더
② 권한근거 : 개인능력
③ 지휘형태 : 권위주의적
④ 권한귀속 : 집단목표에 기여한 공로 인정

리더쉽의 지휘형태는 민주적이며, 헤드쉽의 지휘형태는 권위주의적인 특징을 갖는다.

12 상해의 종류별 분류에 해당하지 않는 것은?

① 골절
② 중독
③ 동상
④ 감전

상해 종류에 의한 분류

분류	세부항목
골절	뼈가 부러진 상해
동상	저온물 접촉으로 생긴 동상 상해
부종	국부의 혈액순환에 이상으로 몸이 부어 오르는 상해
찔림(자상)	칼날 등 날카로운 물건에 찔린 상태
타박상(좌상)	타박, 충돌, 추락 등으로 피부표면보다는 피하조직, 근육부를 다친 상해(삔 것 포함)
절단	신체부위가 절단된 상해
중독, 질식	음식, 약물, 가스 등에 의한 중독이나 질식된 상해
찰과상	스치거나 문질러서 벗겨진 상해
베임(창상)	창, 칼 등에 베인 상해

화상	화재 또는 고온물 접촉으로 인한 상해
뇌진탕	머리를 세게 맞았을 때 장해로 일어난 상해
익사	물 속에 추락해서 사망한 상해
피부염	작업과 연관되어 발생 또는 악화되는 모든 질환
청력장해	청력이 감퇴 또는 난청이 된 상해
시력장해	시력이 감퇴 또는 실명된 상해
기타	앞의 15가지 항목으로 구분 불능 시 상해 명칭을 기재할 것

13 기억과정 중 다음의 내용이 설명하는 것은?

> 과거에 경험하였던 것과 비슷한 상태에 부딪쳤을 때 과거의 경험이 떠오르는 것

① 재생   ② 기명
③ 파지   ④ 재인

기억의 과정
- 기억 : 과거의 경험이 어떠한 형태로 미래의 행동에 영향을 주는 작용
- 기명 : 사물의 인상을 마음속에 간직하는 것
- 파지 : 과거의 학습경험을 통해서 학습된 행동이 현재와 미래에 지속되는 것
- 재생 : 보존된 인상을 다시 의식으로 떠오르는 것
- 재인 : 과거에 경험했던 것과 같은 비슷한 상태에 부딪쳤을 때 떠오르는 것

14 알더퍼(Alderfer)의 ERG이론에 해당하지 않는 것은?

① 생존 욕구   ② 관계 욕구
③ 안전 욕구   ④ 성장 욕구

알더퍼(Alderfer)의 ERG 이론
- 생존(Existence) 욕구 : 신체적인 차원에서 유기체의 생존과 유지에 관련된 욕구
- 관계(Relatedness) 욕구 : 타인과의 상호작용을 통해 만족되는 대인 욕구
- 성장(Growth) 욕구 : 개인적인 발전과 증진에 관한 욕구

15 자체검사의 종류 중 검사대상에 의한 분류에 포함되지 않는 것은?

① 형식검사   ② 규격검사
③ 기능검사   ④ 육안검사

육안검사는 검사방법에 의한 분류에 포함된다.

16 1000명 이상의 대규모 기업의 효율적이며 안전스탭이 안전에 관한 업무를 수행하고, 라인의 관리감독자에게도 안전에 관한 책임과 권한이 부여되는 조직의 형태는?

① 라인 방식   ② 스탭 방식
③ 라인–스탭방식   ④ 인간–기계방식

라인(Line) 스태프(Staff)의 복잡형(직계 참모조직)
• 라인형과 스태프형의 장점을 취한 절충식 조직형태로 안전업무를 전문으로 담당하는 스탭 부분을 두고 생산라인의 각층에도 겸임 또는 전임의 안전 담당자를 두어서 안전대책은 스탭 부분에서 기획하고, 이것을 라인을 통하여 실시하도록 한 조직 방식이다.
• 대규모의 사업장(1000명 이상)에 효율적이다.

17 안전보건교육 계획수립에 반드시 포함하여야 할 사항이 아닌 것은?

① 교육 지도안
② 교육의 목표 및 목적
③ 교육장소 및 방법
④ 교육의 종류 및 대상

안전교육 계획에 포함할 사항 : 교육목표(첫째 과제), 교육 및 훈련의 범위, 교육 보조자료의 준비 및 사용 지침, 교육 훈련의 의무와 책임관계 명시, 교육의 종류 및 교육대상, 교육의 과목 및 교육내용, 교육기간 및 시간, 교육장소, 교육방법, 교육담당자 및 강사

18 근로자가 360명인 사업장에서 1년 동안 사고로 인한 근로손실일수가 210일이었다. 강도율은 약 얼마인가? (단, 근로자 1일 8시간씩 연간 300일을 근무하였다.)

① 0.20   ② 0.22
③ 0.24   ④ 0.26

$$강도율 = \frac{근로손실일수}{연평균근로총시간수} \times 1000 = \frac{210}{360 \times 8 \times 300} \times 1000 = 0.243$$

19 산업안전보건법령상 일용근로자의 안전보건교육 과정별 교육시간 기준으로 틀린 것은?(단, 도매업과 숙박 및 음식점업 사업장의 경우는 제외한다.)

① 채용 시의 교육 : 1시간 이상
② 작업내용 변경 시의 교육 : 2시간 이상
③ 건설업 기초 안전·보건교육(건설일용근로자) : 4시간
④ 특별교육 : 2시간 이상(흙막이 지보공의 보강 또는 동바리를 설치하거나 해체하는 작업에 종사하는 일용 근로자)

근로자 안전보건교육(산업안전보건법 시행규칙 별표 4)

교육과정	교육대상		교육시간
정기교육	사무직 종사 근로자		매반기 6시간 이상
	그 밖의 근로자	판매업무에 직접 종사하는 근로자	매반기 6시간 이상
		판매업무에 직접 종사하는 근로자 외의 근로자	매반기 12시간 이상
채용 시 교육	일용근로자 및 근로계약기간이 1주일 이하인 기간제근로자		1시간 이상
	근로계약기간이 1주일 초과 1개월 이하인 기간제근로자		4시간 이상
	그 밖의 근로자		8시간 이상
작업내용 변경 시 교육	일용근로자 및 근로계약기간이 1주일 이하인 기간제근로자		1시간 이상
	그 밖의 근로자		2시간 이상
특별교육	특별교육 대상 작업(단, 타워크레인을 사용하는 작업시 신호업무를 하는 작업은 제외)에 종사하는 일용근로자 및 근로계약기간이 1주일 이하인 기간제근로자		2시간 이상
	타워크레인을 사용하는 작업시 신호업무를 하는 일용근로자 및 근로계약기간이 1주일 이하인 기간제근로자		8시간 이상
	특별교육 대상 작업에 종사하는 근로자 중 일용근로자 및 근로계약기간이 1주일 이하인 기간제근로자를 제외한 근로자		-16시간 이상(최초 작업에 종사하기 전 4시간 이상 실시하고 12시간은 3개월 이내에서 분할하여 실시 가능) -단기간 작업 또는 간헐적 작업인 경우에는 2시간 이상
건설업 기초 안전 · 보건교육	건설 일용근로자		4시간 이상

20 산업안전보건법령상 안전보건표지의 종류에 관한 설명으로 옳은 것은?

① '위험장소'는 경고표지로서 바탕은 노란색, 기본모형은 검은색, 그림은 흰색으로 한다.

② '출입금지'는 금지표지로서 바탕은 흰색, 기본모형은 빨간색, 그림은 검은색으로 한다.

③ '녹십자표지'는 안내표지로서 바탕은 흰색, 기본모형과 관련 부호는 녹색, 그림은 검은색으로 한다.

④ '안전모착용'은 경고표지로서 바탕은 파란색, 관련 그림은 검은 색으로 한다.

안전보건표지의 종류별 색채(산업안전보건법 시행규칙 별표 7)
- 금지표지 : 바탕은 흰색, 기본모형은 빨간색, 관련 부호 및 그림은 검은색
- 경고표지 : 바탕은 노란색, 기본모형, 관련 부호 및 그림은 검은색. 다만, 인화성물질 경고, 산화성물질 경고, 폭발성물질 경고, 급성독성물질 경고, 부식성물질 경고 및 발암성 · 변이원성 · 생식독성 · 전신독성 · 호흡기과민성물질 경고의 경우 바탕은 무색, 기본모형은 빨간색(검은색도 가능)
- 지시표지 : 바탕은 파란색, 관련 그림은 흰색

- 안내표지 : 바탕은 흰색, 기본모형 및 관련 부호는 녹색, 바탕은 녹색, 관련 부호 및 그림은 흰색
- 출입금지표지 : 글자는 흰색 바탕에 흑색. 다음 글자는 적색
  - ○○○제조/사용/보관 중
  - 석면취급/해체 중
  - 발암물질 취급 중

제 02 과목　　인간공학 및 시스템안전공학

21　다음의 데이터를 이용하여 MTBF(Mean Time Between Failure)를 구하면 약 얼마인가?

가동시간	정지시간
t_1 = 2.7시간	t_a = 0.1시간
t_2 = 1.8시간	t_b = 0.2시간
t_3 = 1.5시간	t_c = 0.3시간
t_4 = 2.3시간	t_e = 0.3시간
부하시간 = 8시간	

① 1.8시간/회　　　　　② 2.1시간/회
③ 2.8시간/회　　　　　④ 3.1시간/회

해설

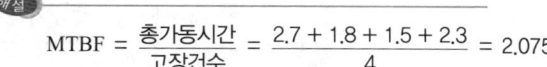

$$MTBF = \frac{\text{총가동시간}}{\text{고장건수}} = \frac{2.7 + 1.8 + 1.5 + 2.3}{4} = 2.075$$

22　입식작업을 위한 작업대의 높이를 결정하는데 있어 고려하여야 할 사항과 가장 관계가 적은 것은?

① 작업의 빈도　　　　　② 작업자의 신장
③ 작업물의 크기　　　　④ 작업물의 무게

해설

입식작업대의 높이 결정 시 고려사항
- 작업자의 신장
- 작업물의 크기
- 작업물의 무게

23　FTA(Fault Tree Analysis)에 의한 재해 사례연구 순서 중 3단계에 해당하는 것은?

① FT 도의 작성　　　　　② 개선계획의 작성
③ 톱 사상의 선정　　　　④ 사상의 재해 원인의 규명

D.R. Cheriton의 FTA에 의한 재해사례 연구순서

- 1단계 : 톱(Top) 사상의 선정
- 2단계 : 사상마다 재해원인 규명
- 3단계 : FT 도의 작성
- 4단계 : 개선계획의 작성

24 실내의 빛을 효과적으로 배분하고 이용하기 위하여 실내면의 반사율을 결정해야 한다. 다음 중 반사율이 가장 높아야 하는 곳은?

① 벽　　　　　　　　　　　　　　② 바닥
③ 가구 및 책상　　　　　　　　　④ 천장

옥내 최적 반사율

- 천장 : 80~90%
- 벽, 창문 발(Blind) : 40~60%
- 가구, 사무용기기, 책상 : 25~45%
- 바닥 : 20~40%

25 급작스러운 큰 소음으로 인하여 생기는 생리적 변화가 아닌 것은?

① 혈압상승　　　　　　　　　　　② 근육이완
③ 동공팽창　　　　　　　　　　　④ 심장박동수 증가

급작스런 큰 소음으로 인하여 생기는 생리적 변화로는 근육수축, 혈압상승, 동공팽창, 심박수 증가, 혈당상승, 말초혈관의 축소 등이 있다.

26 인간-기계시스템 설계의 주요 단계를 6단계로 구분하였을 때 3단계인 기본설계(Basic Design)에 해당 하지 않는 것은?

① 직무분석　　　　　　　　　　　② 기능의 할당
③ 보조물의 설계 결정　　　　　　④ 인간 성능 요건 명세 결정

인간-기계시스템 설계 6단계

- 제1단계 시스템의 목표와 성능 명세 결정 : 시스템 설계 전 그 목적이나 존재이유의 결정
- 제2단계 시스템의 정의 : 목적을 달성하기 위한 특정한 기본기능들의 수행
- 제3단계 기본설계 : 직무분석, 작업설계, 기능할당, 인간성능 요건 명세 결정
- 제4단계 인터페이스 설계 : 작업공간, 표시장치, 조종장치, 제어 등
- 제5단계 보조물 설계 : 인간의 성능을 증진시킬 보조물 설계
- 제6단계 시험 및 평가 : 시스템개발과 관련된 평가와 인간적인 요소 평가 실시

27 산업안전을 목적을 ERDA(미국 에너지연구개발청)에서 개발된 시스템안전 프로그램으로 관리, 설계, 생산, 보전 등의 넓은 범위의 안전성을 검토하기 위한 기법은?

① FTA ② MORT
③ FHA ④ FMEA

MORT(Management Oversight and Risk Tree)는 FTA와 동일의 논리적 방법을 사용하여 관리, 설계, 생산, 보전 등에 대한 넓은 범위에 걸쳐 안전성을 확보하려는 시스템안전 프로그램이다.

28 인간과 기계의 능력에 대한 실용성 한계에 관한 설명으로 틀린 것은?

① 기능의 수행이 유일한 기준은 아니다.
② 상대적인 비교는 항상 변하기 마련이다.
③ 일반적인 인간과 기계의 비교가 항상 적용된다
④ 최선의 성능을 마련하는 것이 항상 중요한 것은 아니다.

인간–기계 통합체계는 인간과 기계의 상호작용으로 인간의 역할에 중점을 두고 시스템을 설계하는 것이 바람직하며, 이러한 의미에서 일반적인 인간과 기계의 비교가 항상 적용되는 것은 아니다.

29 다음의 위험관리 단계를 순서대로 나열한 것으로 맞는 것은?

㉠ 위험의 분석	㉡ 위험의 파악
㉢ 위험의 처리	㉣ 위험의 평가

① ㉠ → ㉡ → ㉣ → ㉢
② ㉡ → ㉠ → ㉣ → ㉢
③ ㉠ → ㉢ → ㉡ → ㉣
④ ㉡ → ㉢ → ㉠ → ㉣

위험관리 단계
• 제1단계 : 위험의 파악   • 제2단계 : 위험의 분석
• 제3단계 : 위험의 평가   • 제4단계 : 위험의 처리

30 작업자가 평균 1000시간 작업을 수행하면서 4회의 실수를 한다면, 이 사람이 10시간 근무했을 경우의 신뢰도는 약 얼마인가?

① 0.018 ② 0.04
③ 0.67 ④ 0.96

$R_{(t = 10)} = e^{-\lambda t} = e^{-0.004 \times 10} = 0.961$

31 이동전화의 설계에서 사용선 개선을 위해 사용자의 인지적 특성이 가장 많이 고려되어야 하는 사용자 인터페이스 요소는?

① 버튼의 크기 　　　　　　　 ② 전화기의 색깔

③ 버튼의 간격 　　　　　　　 ④ 한글 입력 방식

인지적 특성 고려 요소

• 사용자 인터페이스 : 한글 입력 방식
• 제품 인터페이스 : 버튼의 크기, 버튼의 간격, 전화기의 색깔

33 FTA에서32 　　　　 시스템 안전(System safety)에 관한 설명으로 맞는 것은?

① 과학적, 공학적 원리를 적용하여 시스템의 생산성 극대화

② 사고나 질병으로부터 자기 자신 또는 타인을 안전하게 호신하는 것

③ 시스템 구성 요인의 효율적 활용으로 시스템 전체의 효율성 증가

④ 정해진 제약 조건하에서 시스템이 받는 상해나 손상을 최소화하는 것

어떤 시스템에서 기능, 시간, 비용 등의 제약조건 하에서 인원, 설비가 받는 상해나 손상을 최소화하는 것을 시스템 안전이라 하며, 시스템 안전을 달성하기 위해서는 시스템의 계획, 설계, 제조, 운용 등의 모든 단계에 걸쳐 시스템 안전관리 · 안전공학을 적용시켜야 할 필요가 있다.

33 FTA에서 사용되는 논리기호 중 기본사상은?

① 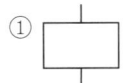　　　　　　②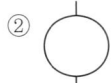

③ 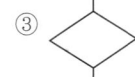　　　　　　④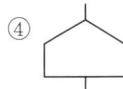

FTA 도표에 사용하는 논리기호

명칭	기호	명칭	기호
결함사상	▭	전이 기호 (이행 기호)	△ (in)　△ (out)
기본사상	○	AND gate	출력 ⌂ 입력

2 0 1 9

명칭	기호	명칭	기호
생략사상 (추적 불가능한 최후사상)	◇	OR gate	출력 ⌒ 입력
통상사상(家刑事像)	⌂	수정기호 조건	출력 조건 입력

34 시각적 표시장치와 비교하여 청각적표시장치를 사용하기 적당한 경우는?

① 메시지가 짧다.
② 메시지가 복잡하다.
③ 한 자리에서 일을 한다.
④ 메시지가 공간적 위치를 다룬다.

 해설

청각장치와 시각장치의 선택(특정 감각의 선택)

구분	청각장치 사용	시각장치 사용
전언	• 전언이 간단하고 짧다.	• 전언이 복잡하고 길다.
재참조	• 전언이 후에 재참조 되지 않는다.	• 전언이 후에 재참조 된다.
사상(Eevent)	• 전언이 즉각적인 사상을 이룬다.	• 전언이 공간적인 위치를 다룬다.
행동 요구	• 전언이 즉각적인 행동을 요구한다.	• 전언이 즉각적인 행동을 요구하지 않는다.
사용시기	• 수신자의 시각계통이 과부하 상태일 때 • 수신 장소가 너무 밝거나 암조응 유지가 필요할 때 • 직무상 수신자가 자주 움직이는 경우	• 수신자가 청각계통이 과부하 상태일 때 • 수신 장소가 너무 시끄러울 때 • 직무상 수신자가 한곳에 머무르는 경우

35 안전색채와 표시사항이 맞게 연결된 것은?

① 녹색-안내표시
② 황색-금지표시
③ 적색-경고표시
④ 회색-지시표시

 해설

안전보건표지의 종류별 색채(산업안전보건법 시행규칙 별표 7)

- 금지표지 : 바탕은 흰색, 기본모형은 빨간색, 관련 부호 및 그림은 검은색
- 경고표지 : 바탕은 노란색, 기본모형, 관련 부호 및 그림은 검은색. 다만, 인화성물질 경고, 산화성물질 경고, 폭발성물질 경고, 급성독성물질 경고, 부식성물질 경고 및 발암성 · 변이원성 · 생식독성 · 전신독성 · 호흡기과민성물질 경고의 경우 바탕은 무색, 기본모형은 빨간색(검은색도 가능)
- 지시표지 : 바탕은 파란색, 관련 그림은 흰색
- 안내표지 : 바탕은 흰색, 기본모형 및 관련 부호는 녹색, 바탕은 녹색, 관련 부호 및 그림은 흰색
- 출입금지표지 : 글자는 흰색 바탕에 흑색. 다음 글자는 적색
  - ○○○제조/사용/보관 중
  - 석면취급/해체 중
  - 발암물질 취급 중

36 근골격계 질환을 예방하기 위한 관리적 대책으로 맞는 것은?

① 작업공간 배치　　　　　　　② 작업재료 변경
③ 작업순환 배치　　　　　　　④ 작업공구 설계

 해설

근골격계질환(CTDs)
- 유해요인 조사방법은 OWAS(평가항목 : 허리, 팔, 다리, 하중), NLE, RULA
- 발생원인은 반복적 동작, 부적절한 자세, 진동, 온도 등
- 예방 대책 : 적절한 운동, 직무전환, 작업순환

37 다음과 같은 시험 결과는 어느 실험에 의한 것인가?

> 조명강도를 높인 결과 작업자들의 생산성이 향상되었고, 그 후 다시 조명강도를 낮추어도 생산성의 변화는 거의 없었다. 이는 작업자들이 받게 된 주의 및 관심에 대한 반응에 기인한 것으로, 이것은 인간관계가 작업 및 작업 공간 설계에 큰 영향을 미친다는 것을 암시한다.

① Birds 실험　　　　　　　② Compes 실험
③ Hawthorne 실험　　　　　④ Heinrich 실험

 해설

호손(Hawthorne)실험
- 실험 연구자 : 메이요(Mayo)와 레슬리스버거(Roethlisberger)
- 실험 결론 : 작업자의 작업능률(생산성 향상)은 물리적인 작업조건보다는 인간관계의 요인에 의해서 좌우된다.

38 작업종료 후에도 체내에 쌓인 젖산을 제거하기 위하여 추가로 요구되는 산소량을 무엇이라고 하는가?

① ATP　　　　　　　　　　② 에너지대사율
③ 산소부채　　　　　　　　　④ 산소최대섭취능

 해설

산소부채란 작업이나 운동이 격렬해져 근육에 생성되는 젖산의 제거속도가 생성속도에 미치지 못하면, 활동이 끝난 후에도 남아있는 젖산을 제거하기 위하여 산소가 필요하게 되는 것을 말한다.

39 다음의 FT도에서 최소 컷셋으로 맞는 것은?

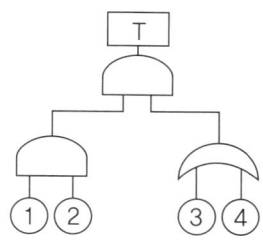

① {1,2,3,4}
② {1,2,3}, {1,2,4}
③ {1,3,4}, {2,3,4}
④ {1,3}, {1,4}, {2,3}, {2,4}

최소 컷셋(minimal cut sets)이란 컷 중 그 부분집합만으로는 정상사상을 일으키는 일이 없는 것, 즉 정상사상을 일으키기 위한 필요 최소한의 컷을 의미한다.

40 조종장치의 저항 중 갑작스러운 속도의 변화를 막고 부드러운 제어 동작을 유지하게 해주는 저항은?

① 점성저항　　　　　　　　　　② 관성저항
③ 마찰저항　　　　　　　　　　④ 탄성저항

점성저항은 출력과 반대방향으로 그 속도에 비례해서 작용하는 힘 때문에 생기는 항력으로, 조종장치의 저항 중 갑작스러운 속도의 변화를 막고 부드러운 제어 동작을 유지하게 한다.

제 **03** 과목　　건설시공학

41 대형봉상진동기를 진동과 워터젯에 의해 소정의 깊이까지 삽입하고 모래를 진동시켜 지반을 다지는 연약 지반 개량공법은?

① 고결안정공법　　　　　　　　② 인공동결공법
③ 전기화학공법　　　　　　　　④ Vibro Flotation공법

바이브로 플로테이션(Vibroflotation) 공법은 사질토의 다짐공법으로 약 2m 정도의 진동봉을 지중에 관입하여 횡방향 진동을 일으켜 주변 지반을 다져 올라가면 그 빈 구멍에 모래, 자갈로 채워서 지반을 개량하는 공법이다.

42 철골세우기용 기계가 아닌 것은?

① 드래그 라인(Drag line)　　　　② 가이 데릭(Guy derrick)
③ 타워 크레인(Tower crane)　　　④ 트럭 크레인(Truck crane)

건립용(철골세우기용) 기계의 분류
• 크레인 : 타워크레인, 기타 소형 지브크레인
• 이동식 크레인 : 트럭크레인, 크롤러크레인, 휠크레인
• 데릭 : 가이데릭, 삼각데릭, 진폴데릭

43 타워크레인 등의 시공장비에 의해 한 번에 설치하고 탈형만 하므로 사용할 때마다 부재의 조립 및 분해를 반복하지 않아 평면상 상하부 동일단면의 벽식 구조인 아파트 건축물에 적용효과가 큰 대형 벽체거푸집 은?

① 갱폼(Gang form)　　　　　　② 유로폼(Euro form)
③ 트래블링 폼(Traveling form)　　④ 슬라이딩 폼(Sliding form)

- 갱폼(Gang form) : 타워크레인 등의 시공장비에 의해 한 번에 설치하고 탈형만 하므로 사용할 때마다 부재의 조립 및 분해를 반복하지 않아 평면상 상하부 동일단면의 벽식 구조인 아파트 건축물에 적용효과가 큰 대형 벽체거푸집
- 유로 폼(Euro form) : 합판이나 특수경량 강으로 만들며 하나의 판넬로 기둥, 벽, 바닥의 조립이 가능한 거푸집
- 트래블링 폼(Traveling form) : 터널에서 수평으로 이동가능하도록 시스템화된 대형 거푸집
- 슬라이딩 폼(Sliding form) : 활동 거푸집이라고 하며, 내·외부에 비계가 불필요한 방식으로 굴뚝이나 사일로(silo) 등 평면 형상이 일정하고 돌출부가 없는 구조물에 사용

44 강말뚝(H형강, 강관말뚝)에 관한 설명으로 옳지 않은 것은?

① 깊은 지지층까지 도달시킬 수 있다.
② 휨강성이 크고 수평하중과 충격력에 대한 저항이 크다.
③ 부식에 대한 내구성이 뛰어나다.
④ 재질이 균일하고 절단과 이음이 쉽다.

강말뚝의 특징

- 경량이다.
- 휨 저항이 크고 타입이 용이하다.
- 지지력이 크다.
- 현장접합이 가능하다.
- 부식에 의해 내구성이 저하될 수 있다.(열화현상)

45 구조물의 시공과정에서 발생하는 구조물의 팽창 또는 수축과 관련된 하중으로, 신축량이 큰 장경간, 연도, 원자력발전소 등을 설계할 때나 또는 일교차가 큰 지역의 구조물에 고려해야 하는 하중은?

① 시공 하중
② 충격 및 진동하중
③ 온도 하중
④ 이동 하중

- 시공하중 : 레미콘 차량, 지게차, 펌프카, 크레인, 되메우기 차량 등에 의해 최초의 설계하중보다 큰 하중이 시공 중에 구조물에 가해지는 하중
- 충격 및 진동하중 : 콘크리트 타설 등의 과정에서 발생하는 하중
- 온도하중 : 구조물의 팽창 또는 수축, 일교차에 의해서 발생하는 하중
- 이동하중 : 이동하면서 구조물에 응력을 미치는 연직하중

46 강구조공사 시 볼트의 현장시공에 관한 설명으로 옳지 않은 것은?

① 볼트 조임 작업 전에 마찰접합면의 녹, 밀스케일 등은 마찰력 확보를 위하여 제거하지 않는다.
② 마찰내력을 저감시킬수 있는 틈이 있는 경우에는 끼움판을 삽입해야 한다
③ 현장조임은 1차 조임, 마킹, 2차 조임(본조임), 육안검사의 순으로 한다.
④ 1군의 볼트조임은 중앙부에서 가장자리의 순으로 한다.

볼트 조임 작업 전에 마찰접합면의 녹, 밀스케일 등은 마찰력 확보를 위하여 깨끗하게 제거하여야 한다.

47 턴키도급(Turn-Key Base Contract)의 특징이 아닌 것은?

① 공기, 품질 등의 결함이 생길 때 발주자는 계약자에게 쉽게 책임을 추궁할 수 있다.
② 설계와 시공이 일괄로 진행된다.
③ 공사비의 절감과 공기단축이 가능하다
④ 공사기간 중 신공법, 신기술의 적용이 불가하다.

턴키도급의 장점

• 공사비의 절감과 그 연구를 유도할 수 있고, 공기단축이 가능하다.
• 공사법의 연구 및 개발을 할 수 있다.
• 설계, 시공인이 동일인이므로 애로가 적다.
• 많은 설계, 시안 중에서 선택하므로 선호도의 재고가 가능하다.
• 창의성 있는 설계유도 및 책임시공에 의해 기술개발을 할 수 있다.

48 콘크리트 공사 시 거푸집 측압의 증가 요인에 관한 설명으로 옳지 않은 것은?

① 콘크리트의 타설 속도가 빠를수록 증가한다.
② 콘크리트의 슬럼프가 클수록 증가한다.
③ 콘크리트에 대한 다짐이 적을수록 증가한다.
④ 콘크리트의 경화속도가 늦을수록 증가한다.

콘크리트의 측압 커지는 조건

• 기온이 낮을수록(대기 중의 습도가 낮을수록)
• 치어붓기 속도가 클수록
• 굵은 콘크리트 일수록(물·시멘트비가 클수록 슬럼프값이 클수록 시멘트·물비가 적을수록)
• 콘크리트의 비중이 클수록
• 콘크리트의 다지기가 강할수록
• 철근의 양이 적을수록
• 거푸집의 수밀성이 높을수록
• 거푸집의 수평단면이 클수록(벽 두께가 클수록)
• 거푸집의 강성이 클수록
• 거푸집의 표면이 매끄러울수록
• 측압은 생콘크리트의 높이가 높을수록 커지나 일정한 높이에 이르면 측압의 증가는 없음

49 건설공사에서 래머(Rammer)의 용도는?

① 철근절단
② 철근절곡
③ 잡석다짐
④ 토사적재

래머(Rammer)는 지반을 다지는 다짐용 장비이다.

50 콘크리트의 탄산화에 관한 설명으로 옳지 않은 것은?

① 일반적으로 경량콘크리트는 탄산화의 속도가 매우 느리다

② 경화한 콘크리트의 수산화석회가 공기 중의 탄산가스의 영향을 받아 탄산석회로 변화하는 현상을 말한다.

③ 콘크리트의 탄산화에 의해 강재표면의 보호피막이 파괴되어 철근의 녹이 발생하고, 궁극적으로 피복 콘크리트를 파괴한다.

④ 조강 포틀랜드시멘트를 사용하면 탄산화를 늦출 수 있다.

중성화(탄산화)의 원인 및 방지대책

중성화의 원인	중성화의 방지책
• 탄산가스의 농도가 클 경우	• 혼화제(AE제, AE감수제) 사용
• 시멘트의 분말도가 클 때	• 타일, 돌 붙임 등의 마감
• 물–시멘트비가 클 경우	• 피복두께는 두껍게, 부재단면은 크게
• 습도가 높을 경우	• 장기재령을 유지하고, 기공률을 적게
• 경량골재를 사용한 경우	• 습도는 높고 온도는 낮게
• 온도가 높을 때	• 탄산가스의 영향을 적게
• 혼합 시멘트를 사용한 경우	• 다짐 및 양생을 충분히 할 것
• 산성비의 영향 또는 단기 재령일 때	• 재료분리 방지

51 경쟁입찰에서 예정가격 이하의 최저가격으로 입찰한 자 순으로 당해계약 이행능력을 심사하여 낙찰자를 선정하는 방식은?

① 제한적 평균가 낙찰제

② 적격심사제

③ 특명입찰제

④ 부찰제

적격심사 낙찰제도는 입찰자의 계약이행능력을 심사하여 입찰가격이 적정하고 일정 수준 이상의 평점을 받은 우량업체를 낙찰자로 결정함으로써 계약이행능력이 없거나 계약이행능력이 없거나 부족한 업체가 덤핑 입찰에 의하여 낙찰되는 것을 예방하고 계약이행의 신뢰성을 확보함은 물론 업체의 경영합리화 및 품질 향상을 유도하는 방식이다.

52 공사 또는 제품의 품질상태가 만족한 상태에 있는가의 여부를 판단하는데 가장 적합한 품질관리 기법은?

① 특성요인도   ② 히스토그램

③ 파레토그램   ④ 체크시트

히스토그램(histogram)은 표로 되어 있는 도수 분포를 정보 그림으로 나타낸 것으로 중심의 위치(히스토그램이라는 지렛대의 균형을 이루는 점이 평균값임), 산포 정도, 분포 형태, 집중 경향, 크게 차이가 나는 값의 유무 등을 시각적으로 쉽게 파악할 수 있어 품질의 만족 상태를 판단하는데 가장 적합하다.

53 H-Pile+토류판 공법이라고도 하며 비교적 시공이 용이하나, 지하수위가 높고 투수성이 큰 지반에서는 차수공법을 병행해야 하고, 연약한 지층에서는 히빙현상이 생길 우려가 있는 것은?

① 지하연속벽공법
② 시트파일공법
③ 엄지말뚝공법
④ 주열벽공법

엄지말뚝공법

- 엄지말뚝(H-Pile)을 1~2m 간격으로 근입한 후 굴착하면서 엄지말뚝 사이에 토류판을 끼워넣어 굴착면을 지지하는 공법
- 엄지말뚝공법의 장점
  - 흙막이벽 공법 중 가장 경제적이다.
  - 엄지말뚝을 천공한 후에 설치하면 소음, 진동이 적다.
  - 공기가 비교적 짧다.
  - 자재(엄지말뚝)의 재사용이 가능하다.
  - 비차수성 이므로(굴착에 따라 지하수 낮아짐) 수압이 작용하지 않는다.
- 엄지말뚝공법의 단점
  - 지하수 저하 또는 토사유출에 따른 주변 지반 침하의 우려가 있다.
  - 투수성이 큰 지반에서 수위조절이 불가능하다.
  - 파이핑(Piping), 히빙(Heaving), 보일링(Boiling)에 취약하다.
  - 지층이 연약하여 일시적으로도 자립할 수 없는 경우 시공이 불가능하다.
  - 벽체 강성이 작고 변형이 커 인접 구조물, 도로 등에 피해 발생 가능성이 있다.

54 용접 시 나타나는 결함에 관한 설명으로 옳지 않은 것은?

① 위핑홀(weeping hole) : 용접 후 냉각 시 용접부위에 공기가 포함되어 공극이 발생되는 것
② 오버랩(overlap) : 용접금속과 모재가 융합되지 않고 겹쳐지는 것
③ 언더컷(undercut) : 모재가 녹아 용착금속이 채워지지 않고 홈으로 남게 된 부분
④ 슬래그(Slag) 감싸기 : 용접봉의 피복재 심선과 모재가 변하여 생긴 회분이 용착금속 내에 혼입된 것

용접 후 냉각 시 용접부위에 공기가 포함되어 공극이 발생되는 현상을 블로우 홀(blow hole)이라 한다.

55 강구조물에 실시하는 녹막이 도장에서 도장하는 작업 중이거나 도료의 건조기간 중 도장하는 장소의 환경 및 기상조건이 좋지 않아 공사감독자가 승인할 때까지 도장이 금지되는 상황이 아닌 것은?

① 주위의 기온이 5℃ 미만일 때
② 상대습도가 85% 이하일 때
③ 안개가 끼었을 때
④ 눈 또는 비가 올 때

도장하는 작업 중이거나 도료의 건조기간 중, 도장하는 장소의 환경 및 기상조건이 아래와 같아서 좋은 도장 결과를 기대할 수 없을 때에는 공사감독자가 승인할 때까지 도장해서는 안 된다.

- 도장하는 장소의 기온이 낮거나, 습도가 높고, 환기가 충분하지 못하여 도장건조가 부적당할 때, 주위의 기온이 5℃ 미만, 43℃ 이상이거나 상대습도가 85%(무기질 아연말 도료는 상대습도 90%)를 초과할 때, 눈 또는 비가 올 때 및 안개가 끼었을 때(다만 별도로 재료, 제조업자의 시방서에 별도로 표시한 경우에는 예외)

- 강설우, 강풍, 지나친 통풍, 도장할 장소의 더러움 등으로 인하여 물방울, 들뜨기, 흙먼지 등이 도막에 부착되기 쉬울 때
- 주위의 다른 작업으로 인해 도장작업에 지장이 있거나 도막이 손상될 우려가 있을 때

56 콘크리트를 타설하는 펌프차에서 사용하는 압송장치의 구조방식과 가장 거리가 먼 것은?

① 압축공기의 압력에 의한 방식
② 피스톤으로 압송하는 방식
③ 튜브 속의 콘크리트를 짜내는 방식
④ 물의 압력으로 압송하는 방식

57 철근콘크리트 공사 시 철근의 정착위치로 옳지 않은 것은?

① 벽철근은 기둥 보 또는 바닥판에 정착한다.
② 바닥철근은 기둥에 정착한다.
③ 큰보의 주근은 기둥에, 작은보의 주근은 큰보에 정착한다.
④ 기둥의 주근은 기초에 정착한다.

 철근의 정착 위치

- 기둥의 주근은 기초에 정착한다.
- 지중보의 주근은 기초 또는 기둥에 정착한다.
- 보의 주근은 기둥에 정착한다.
- 벽철근은 기둥, 보 및 바닥판에 정착한다.
- 작은보의 주근은 큰보에 정착한다.
- 직교하는 단부보밑에 기둥이 없을 때는 보 상호간에 정착한다.
- 바닥 철근은 보 및 벽체에 정착한다.

58 고장력볼트접합에 관한 설명으로 옳지 않은 것은?

① 현장에서의 시공설비가 간편하다.
② 접합부재 상호간의 마찰력에 의하여 응력이 전달된다.
③ 불량개소의 수정이 용이하지 않다.
④ 작업 시 화재의 위험이 적다.

 고장력 볼트 접합의 장점

- 화재의 위험이 없다.
- 불량개소의 수정이 용이하다.
- 노동력이 절감되고 공기가 단축된다.
- 소음이 적다.
- 현장시공설비가 간단하다.
- 응력집중이 적고 반복응력에 강하다.

59 철근공사 작업시 유의사항으로 옳지 않은 것은?

① 철근공사 착공 전 구조도면과 구조계산서를 대조하는 확인작업 수행
② 도면오류를 파악한 후 정정을 요구하거나 철근상세도를 구조평면도에 표시하여 승인 후 시공
③ 품질이 규격값 이하인 철근의 사용배제
④ 구부러진 철근은 다시 펴는 가공작업을 거친 후 재사용

철근은 재가공 작업을 하여서는 안 된다.

60 도급제도 중 긴급 공사일 경우에 가장 적합한 것은?

① 단가 도급 계약 제도 ② 분할 도급 계약 제도
③ 일식 도급 계약 제도 ④ 정액 도급 계약 제도

단가도급은 단가만을 확정하고 공사가 완료되면 실시수량의 확정에 따라 정산하는 방식으로 공사의 신속한 착공이 가능하고 설계변경에 의한 수량증감의 계산이 용이하다는 장점이 있다.

제 **04** 과목 건설재료학

61 미장재료인 회반죽을 혼합할 때 소석회와 함께 사용되는 것은?

① 카세인 ② 아교
③ 목섬유 ④ 해초풀

회반죽은 소석회, 해초풀, 여물, 모래 등을 혼합한 것으로 기경성이며, 소량의 석고를 혼입하면 수축균열을 예방할 수 있다.

62 내화벽돌에 관한 설명으로 옳은 것은?

① 내화점토를 원료로 하여 소성한 벽돌로서, 내화도는 600~800℃의 범위이다.
② 표준형(보통형)벽돌의 크기는 250×120×60mm이다.
③ 내화벽돌의 종류에 따라 내화 모르타르도 반드시 그와 동질의 것을 사용하여야 한다.
④ 내화도는 일반벽돌과 동등하며 고온에서보다 저온에서 경화가 잘 이루어진다.

내화벽돌의 내화도는 일반벽돌보다 우수하며, 내화도 표시는 SK 29, 33, 42 등의 번호로 표시한다.

63 골재의 수량과 관련된 설명으로 옳지 않은 것은?

① 흡수량 : 습윤상태의 골재 내외에 함유하는 전수량
② 표면수량 : 습윤상태의 골재표면의 수량
③ 유효흡수량 : 흡수량과 기건상태의 골재 내에 함유된 수량의 차
④ 절건상태 : 일정 질량이 될 때까지 110℃ 이하의 온도로 가열 건조한 상태

흡수량은 표면건조 내부 포수상태의 골재 중의 포함되는 물의 양을 말하는 것으로 표면건조상태의 중량에서 절대건조상태의 중량을 뺀 값이다.

64 중용열 포틀랜드시멘트의 일반적인 특징 중 옳지 않은 것은?

① 수화발열량이 적다.　　　　② 초기강도가 크다
③ 건조수축이 적다.　　　　④ 내구성이 우수하다.

중용열 포틀랜드 시멘트의 특징
• 조기강도가 작고 장기강도가 크다.
• 내산성 및 내구성이 크다.
• 화학적응성이 크다.
• 시멘트 중에서 건조수축이 가장 적다.

65 다음 시멘트 중 조기강도가 가장 큰 시멘트는?

① 보통포틀랜드 시멘트　　　　② 고로 시멘트
③ 알루미나 시멘트　　　　④ 실리카 시멘트

알루미나 시멘트
• 조기강도가 매우 크다(재령 1일로 보통 시멘트의 28일 강도).
• 발열량이 대단히 커서 −10℃의 한중 공사에 이용된다.
• 산에는 약하나 알칼리에는 강하다.
• 내화성이 우수하여 내화로용 시멘트로 사용된다.

66 목재 건조방법 중 인공건조법이 아닌 것은?

① 증기건조법　　　　② 수침법
③ 훈연건조법　　　　④ 진공건조법

수침법은 2주 이상 흐르는 물에 담그는 방법으로 자연건조법에 속한다.

67 비철금속에 관한 설명으로 옳은 것은?

① 알루미늄은 융점이 높기 때문에 용해주조도는 좋지 않으나 내화성이 우수하다.
② 황동은 동과 주석 또는 기타의 원소를 가하여 합금한 것으로, 청동과 비교하여 주조성이 우수하다.
③ 니켈은 아황산가스가 있는 공기에서는 부식되지 않지만 수중에서는 색이 변한다.
④ 납은 내식성이 우수하고 방사선의 투과도가 낮아 건축에서 방사선 차폐용 벽체에 이용된다.

• 알루미늄은 열 · 전기전도성이 우수하지만 내화성이 약하다.
• 구리와 주석의 합금으로 내식성 · 내모마성이 크며 주조하기 쉬운 것은 청동이다. 황동은 구리와 아연의 합금이다.
• 니켈은 아황산가스가 있는 공기에는 심하게 부식된다.

68 다음 유리 중 현장에서 절단 가공할 수 없는 것은?

① 망입 유리
② 강화 유리
③ 소다석회 유리
④ 무늬 유리

 강화 유리는 표면부를 압축하고 내부를 인장하여 강화한 안전유리로 연화온도(軟化溫度)에 가까운 500~600℃로 가열하고, 압축한 냉각공기에 의해 급랭시켜 만든다. 충격, 휨, 압축에 강하고, 깨질 때 파편이 알갱이 모양으로 된다.

69 시멘트가 시간의 경과에 따라 조직이 굳어져 최종강도에 이르기까지 강도가 서서히 커지는 상태를 무엇이라고 하는가?

① 중성화
② 풍화
③ 응결
④ 경화

 응결과 경화
- 응결(setting) : 시멘트에 적당량의 물을 가하여 반죽했을 때 약간의 발열과 함께 유동성을 상실하면서 굳게 되는 과정
- 경화(hardening) : 응결에 연이어 나타나는 현상으로 시멘트와 물의 반죽으로 응결이 이루어진 후 계속적인 반응을 진행하면서 강도를 나타내는 현상

70 다음 미장재료 중 균열 발생이 가장 적은 것은?

① 회반죽
② 시멘트 모르타르
③ 경석고 플라스터
④ 돌로마이트 플라스터

 경석고 플라스터 무수석고 (경석고)를 주성분으로 점도가 커서 바르기 쉽고, 매끈하게 마무리가 되며, 광택이 있다. 강도가 크고, 응결시간이 길며 부착은 양호하나 강재를 녹슬게 하는 성분도 포함되어 있다.

71 내열성 · 내한성이 우수한 열경화성 수지로 −60~260℃의 범위에서는 안정하고 탄성이 있으며 내후성 및 내화학성이 우수한 것은?

① 폴리에틸렌 수지
② 염화비닐 수지
③ 아크릴 수지
④ 실리콘 수지

 실리콘 수지는 내열성 · 내한성이 우수하고 전기절연성 및 내수성, 내화학성이 있어 가스킷, 패킹 등에 사용된다.

72 열적외선을 반사하는 은소재 도막으로 코팅하여 방사율과 열관류율을 낮추고 가시광선 투과율을 높인 유리는?

① 스팬드럴 유리   ② 배강도유리
③ 로이유리   ④ 에칭유리

로이유리는 유리 표면에 금속 또는 금속산화물을 얇게 코팅한 것으로 열의 이동을 최소화시켜 주는 에너지 절약형 유리이며 저방사유리라고도 한다.

73 방사선 차폐용 콘크리트 제작에 사용되는 골재로서 적합하지 않은 것은?

① 흑요석   ② 적철광
③ 중정석   ④ 자철광

흑요석(obsidian)은 규산이 풍부한 유리질 화산암으로 가열하면 팽창하는 성질이 있어 내화연료 등 공업용 원료로 이용된다.

74 경화제를 필요로 하는 접착제로서 그 양의 다소에 따라 접착력이 좌우되며 내산, 내알칼리, 내수성이 뛰어나고 금속 접착에 특히 좋은 것은?

① 멜라민수지 접착제   ② 페놀수지 접착제
③ 에폭시수지 접착제   ④ 푸란수지 접착제

에폭시수지
• 경화제와 반응하여 3차원적 가교구조를 이루는 고분자 물질로 전환되는 열경화성수지이다.
• 접착성이 아주 우수하며 특히 금속, 유리, 플라스틱, 도자기, 목재, 고무 등에 탁월한 접착성이 있다.
• 내약품성, 내용제성이 뛰어나다.
• 농질산을 제거하고 산·알칼리에 강하다

75 한중콘크리트의 계획배합 시 물결합재비는 원칙적으로 얼마 이하로 하여야 하는가?

① 50%   ② 55%
③ 60%   ④ 65%

한중 콘크리트(Cold Weather Concrete)
• 거푸집이나 지반이 얼었을 때는 먼저 녹인 후 콘크리트를 타설한다.
• 거푸집은 보온성이 좋은 것을 사용한다.
• 비비기나 운반 과정에서 열량 손실을 최소화한다.
• AE 콘크리트를 사용하면 콘크리트의 내동결성이 증가한다.
• 물과 골재를 가열해 사용한다.(골재는 직접 가열해서는 안 됨)
• 양생 과정에서 지속적으로 열을 공급하여 타설 콘크리트를 15℃ 정도로 유지한다.
• 물의 사용량을 적게 하고, 물과 시멘트 비율은 60% 이하로 한다.

2 0 1 9

76 목재의 가공제품인 MDF에 관한 설명으로 옳지 않은 것은?

① 샌드위치 판넬이나 파티클 보드 등 다른 보드류 제품에 비해 매우 경량이다.
② 습기에 약한 결점이 있다.
③ 다른 보드류에 비하여 곡면가공이 용이한 편이다.
④ 가공성 및 접착성이 우수하다.

MDF(Medium Density Fiberboard)는 톱밥과 접착제를 섞어 열과 압력으로 가공한 목재로 밀도가 치밀하여 파티클 보드에 비해 강도가 높고 무겁다.

77 금속의 부식 방지대책으로 옳지 않은 것은?

① 가능한 한 두 종의 서로 다른 금속은 틈이 생기지 않도록 밀착시켜서 사용한다.
② 균질한 것을 선택하고 사용할 때 큰 변형을 주지 않도록 주의한다.
③ 표면을 평활, 청결하게 하고 가능한 한 건조상태를 유지하며 부분적인 녹은 빨리 제거한다.
④ 큰 변형을 준 것은 가능한 한 풀림하여 사용한다.

가능한 다른 종류의 금속을 인접 또는 접촉시켜 사용하지 않아야 한다.

78 두꺼운 아스팔트 루핑을 4각형 또는 6각형 등으로 절단하여 경사지붕재로 사용되는 것은?

① 아스팔트 싱글　　　　　　　　② 망상 루핑
③ 아스팔트 시트　　　　　　　　④ 석면 아스팔트 펠트

아스팔트 싱글은 아스팔트를 함침, 도포하여 표면에 착색 모래층을 둔 유연 경량의 지붕 잇기 재료로 4각형 또는 6각형 등으로 절단하여 경사지붕재로 사용된다.

79 집성목재에 관한 설명으로 옳지 않은 것은?

① 옹이, 균열 등의 각종 결점을 제거하거나 이를 적당히 분산시켜 만든 균질한 조직의 인공목재이다.
② 보, 기둥, 아치, 트러스 등의 구조재료로 사용할 수 있다.
③ 직경이 작은 목재들을 접착하여 장대재(長大材)로 활용할 수 있다.
④ 소재를 약제처리 후 집성 접착하므로 양산이 어려우며, 건조균열 및 변형 등을 피할 수 없다.

집성목의 장 · 단점

• 장점
　－ 원목의 판재에 비해 가격이 저렴하다.
　－ 원목 판재보다는 수축 · 팽창이 적고, 곡면 가공이 용이하다.
　－ 큰 크기로 원하는 사이즈로 만들 수 있다.

· 단점
  – 원목보다는 강도와 내구성이 떨어진다는 점과 작업 도중 나무가 이음새 부분대로 갈라질 수 있다.
  – 작은 나무들을 이어 붙여 일정한 무늬결을 얻기 힘들다.

80 퍼티, 코킹, 실런트 등의 총칭으로서 건축물의 프리패브 공법, 커튼월 공법 등의 공장 생산화가 추진되면서 주목받기 시작한 재료는?

① 아스팔트 ② 실링재
③ 셀프 레벨링재 ④ FRP 보강재

실(seal)재는 퍼티, 코킹재, 실런트, 실링재 등의 총칭이며, 일반적으로 코킹재는 실링재와 같은 뜻의 용어로 사용된다.

제 **05** 과목 **건설안전기술**

81 철골작업을 중지하여야 하는 강우량 기준으로 옳은 것은?

① 시간당 1mm 이상인 경우
② 시간당 3mm 이상인 경우
③ 시간당 5mm 이상인 경우
④ 시간당 1cm 이상인 경우

산업안전보건기준에 관한 규칙 제383조(작업의 제한) 사업주는 다음 각 호의 어느 하나에 해당하는 경우에 철골작업을 중지하여야 한다.
1. 풍속이 초당 10미터 이상인 경우
2. 강우량이 시간당 1밀리미터 이상인 경우
3. 강설량이 시간당 1센티미터 이상인 경우

82 건설공사현장에서 재해방지를 위한 주의사항으로 옳지 않은 것은?

① 야간작업을 할 때나 어두운 곳에서 작업할 때 채광 및 조명설비는 작업에 지장이 있더라도 물건을 식별할 수 있을 정도의 조도만을 확보·유지하면 된다.
② 불안전한 가설물이 있나 확인하고 특히 작업발판, 안전난간 등의 안전을 점검한다.
③ 과격한 노동으로 심히 피로한 노무자는 휴식을 취하게 하여 피로회복 후 작업을 시킨다.
④ 작업장을 잘 정돈하여 안전사고 요인을 최소화한다.

야간이나 어두운 장소에서 작업이 이루어지는 경우에는 안전하게 통행할 수 있도록 통로에 75lux 이상의 조명을 설치하여야 한다.

83 이동식비계를 조립하여 작업을 하는 경우에 준수해야 할 사항과 거리가 먼 것은?

① 비계의 최상부에서 작업을 하는 경우에는 안전난간을 설치할 것

② 작업발판의 최대적재하중은 250kg을 초과하지 않도록 할 것

③ 승강용사다리는 견고하게 설치할 것

④ 지주부재와 수평면과의 기울기를 75° 이하로 하고, 지주부재와 지주부재 사이를 고정시키는 보조부재를 설치할 것

산업안전보건기준에 관한 규칙 제68조(이동식비계) 사업주는 이동식비계를 조립하여 작업을 하는 경우에는 다음 각 호의 사항을 준수하여야 한다.
1. 이동식비계의 바퀴에는 뜻밖의 갑작스러운 이동 또는 전도를 방지하기 위하여 브레이크·쐐기 등으로 바퀴를 고정시킨 다음 비계의 일부를 견고한 시설물에 고정하거나 아웃트리거를 설치하는 등 필요한 조치를 할 것
2. 승강용사다리는 견고하게 설치할 것
3. 비계의 최상부에서 작업을 하는 경우에는 안전난간을 설치할 것
4. 작업발판은 항상 수평을 유지하고 작업발판 위에서 안전난간을 딛고 작업을 하거나 받침대 또는 사다리를 사용하여 작업 하지 않도록 할 것
5. 작업발판의 최대적재하중은 250킬로그램을 초과하지 않도록 할 것

84 부두·안벽 등 하역작업을 하는 장소에 대하여 부두 또는 안벽의 선을 따라 통로를 설치할 때 통로의 최소 폭 기준은?

① 70cm 이상　　　　　　　② 80cm 이상
③ 90cm 이상　　　　　　　④ 100cm 이상

산업안전보건기준에 관한 규칙 제390조(하역작업장의 조치기준) 사업주는 부두·안벽 등 하역작업을 하는 장소에 다음 각 호의 조치를 하여야 한다.
1. 작업장 및 통로의 위험한 부분에는 안전하게 작업할 수 있는 조명을 유지할 것
2. 부두 또는 안벽의 선을 따라 통로를 설치하는 경우에는 폭을 90센티미터 이상으로 할 것
3. 육상에서의 통로 및 작업장소로서 다리 또는 선거(船渠) 갑문(閘門)을 넘는 보도(步道) 등의 위험한 부분에는 안전 난간 또는 울타리 등을 설치할 것

85 비계의 수평재의 최대 휨모멘트가 $50000 \times 10^2\, N \cdot mm$, 수평재의 단면 계수가 $5 \times 10^6 mm^3$일 때 휨응력(σ)은 얼마인가?

① 0.5MPa

② 1MPa

③ 2MPa

④ 2.5MPa

$$휨응력 = \frac{모멘트}{단면계수} = \frac{50000 \times 10^2}{5 \times 10^6} = 1MPa$$

86 추락재해방지를 위한 방망의 그물코의 크기는 최대 얼마 이하이어야 하는가?

① 5cm
② 7cm
③ 10cm
④ 15cm

추락 방지용 방망의 구조 등 안전기준
- 그물코 : 사각 또는 마름모 등의 형상으로서 한 변의 길이(매듭의 중심간 거리)는 10cm 이하
- 테두리망 및 매다는 망의 강도 : 인장강도 1,500kg/cm² 이상
- 방망사의 신품에 대한 인장 강도

그물코의 종류	방망의 종류(단위 : kg)	
	매듭이 없는 방망	매듭 방망
10cm	240(150)	200(135)
5cm	–	110(60)

※괄호 안은 폐기기준 인장강도

87 다음 중 유해위험방지계획서 제출 시 첨부해야하는 서류와 가장 거리가 먼 것은?

① 건축물 각 층의 평면도
② 기계·설비의 배치도면
③ 원재료 및 제품의 취급, 제조 등의 작업방법의 개요
④ 비상조치계획서

유해위험방지계획서 첨부서류(산업안전보건법시행규칙 제42조)
- 건축물 각 층의 평면도
- 기계·설비의 배치도면
- 그 밖에 고용노동부장간이 정하는 도면 및 서류
- 기계·설비의 개요를 나타내는 서류
- 원재료 및 제품의 취급, 제조 등의 작업방법의 개요

88 토석붕괴의 요인 중 외적 요인이 아닌 것은?

① 토석의 강도저하
② 사면, 법면의 경사 및 기울기의 증가
③ 절토 및 성토 높이의 증가
④ 공사에 의한 진동 및 반복하중의 증가

토석 붕괴의 외적 요인
- 사면, 법면의 경사 및 구배의 증가
- 공사에 의한 진동 및 반복하중의 증가
- 지진, 차량, 구조물의 하중
- 절토 및 성토 높이의 증가
- 지표수 및 지하수의 침투에 의한 토사중량의 증가

89 철근가공작업에서 가스절단을 할 때의 유의사항으로 옳지 않은 것은?

① 가스절단 작업 시 호스는 겹치거나 구부러지거나 밟히지 않도록 한다.
② 호스, 전선 등은 작업효율을 위하여 다른 작업장을 거치는 곡선상의 배선이어야 한다.
③ 작업장에서 가연성 물질에 인접하여 용접 작업할 때에는 소화기를 비치하여야 한다.
④ 가스절단 작업 중에는 보호구를 착용하여야 한다.

 해설

가스절단 시 유의사항

• 가스 절단 및 용접작업을 하는 작업자는 해당 자격 소지자여야 하며, 작업 중에는 보호구를 착용한다.
• 가스 절단작업 시 호스는 겹치거나 구부러지거나 또는 밟히지 않도록 하고, 전선의 경우에는 피복이 손상되어 있는지를 확인한다.
• 호스, 전선 등은 다른 작업장을 거치지 않도록 길이가 짧게 직선으로 배선한다.
• 작업장에서 가연성 물질에 인접하여 용접 작업할 때에는 소화기를 비치한다.

90 인력에 의한 하물 운반 시 준수사항으로 옳지 않은 것은?

① 수평거리 운반을 원칙으로 한다.
② 운반시의 시선은 진행방향을 향하고 뒷걸음 운반을 하여서는 아니 된다.
③ 쌓여있는 하물을 운반할 때에는 중간 또는 하부에서 뽑아내어서는 아니 된다.
④ 어깨 높이보다 낮은 위치에서 하물을 들고 운반하여서는 아니 된다.

해설

어깨 높이보다 높은 위치에서 하물을 들고 운반하여서는 아니된다. 또한, 사업주는 근로자가 중량물을 들어올리는 작업을 하는 경우에 무게중심을 낮추거나 대상물에 몸을 밀착하도록 하는 등 신체의 부담을 줄일 수 있는 자세에 대하여 알려야 한다.

91 사다리식 통로의 설치기준으로 옳지 않은 것은?

① 발판과 벽과의 사이는 15cm 이상의 간격을 유지할 것
② 사다리의 상단은 걸쳐놓은 지점으로부터 40cm 이상 올라가도록 할 것
③ 폭은 30cm 이상으로 할 것
④ 사다리식 통로의 기울기는 75° 이하로 할 것

해설

산업안전보건기준에 관한 규칙 제24조(사다리식 통로 등의 구조) ① 사업주는 사다리식 통로 등을 설치하는 경우 다음 각 호의 사항을 준수하여야 한다.
1. 견고한 구조로 할 것
2. 심한 손상·부식 등이 없는 재료를 사용할 것
3. 발판의 간격은 일정하게 할 것
4. 발판과 벽과의 사이는 15센티미터 이상의 간격을 유지할 것
5. 폭은 30센티미터 이상으로 할 것
6. 사다리가 넘어지거나 미끄러지는 것을 방지하기 위한 조치를 할 것
7. 사다리의 상단은 걸쳐놓은 지점으로부터 60센티미터 이상 올라가도록 할 것
8. 사다리식 통로의 길이가 10미터 이상인 경우에는 5미터 이내마다 계단참을 설치할 것

9. 사다리식 통로의 기울기는 75도 이하로 할 것. 다만, 고정식 사다리식 통로의 기울기는 90도 이하로 하고, 그 높이가 7미터 이상인 경우에는 다음 각 목의 구분에 따른 조치를 할 것
　가. 등받이울이 있어도 근로자 이동에 지장이 없는 경우 : 바닥으로부터 높이가 2.5미터 되는 지점부터 등받이울을 설치할 것
　나. 등받이울이 있으면 근로자가 이동이 곤란한 경우 : 한국산업표준에서 정하는 기준에 적합한 개인용 추락 방지 시스템을 설치하고 근로자로 하여금 한국산업표준에서 정하는 기준에 적합한 전신안전대를 사용하도록 할 것
10. 접이식 사다리 기둥은 사용 시 접혀지거나 펼쳐지지 않도록 철물 등을 사용하여 견고하게 조치할 것

92　거푸집 공사 관련 재료의 선정 시 고려사항으로 옳지 않은 것은?

① 목재거푸집 : 흠집 및 옹이가 많은 거푸집과 합판은 사용을 금지한다.
② 강재거푸집 : 형상이 찌그러진 것은 교정한 후에 사용한다.
③ 지보공재 : 변형, 부식이 없는 것을 사용한다.
④ 연결재 : 연결부위의 다양한 형상에 적응 가능한 소철선을 사용한다.

 철선의 사용은 가급적 사용을 피하고 전용 연결철물을 사용하여야 한다

93　흙의 휴식각에 관한 설명으로 옳지 않은 것은?

① 흙의 마찰력으로 사면과 수평면이 이루는 각도를 말한다.
② 흙의 종류 및 함수량 등에 따라 다르다.
③ 흙파기의 경사각은 휴식각의 1/2로 한다.
④ 안식각이라고도 한다.

 휴식각(안식각)은 흙의 입자각의 응집력, 부착력을 무시할 때, 즉 마찰력만으로서 중력에 의하여 정지되는 흙의 사면각도를 말하는 것으로 흙파기의 경사각은 휴식각의 2배로 한다.

94　가열에 사용되는 가스 등의 용기를 취급하는 경우에 준수하여야 할 사항으로 옳지 않은 것은?

① 밸브의 개폐는 최대한 빨리 할 것
② 전도의 위험이 없도록 할 것
③ 용기의 온도를 섭씨 40도 이하로 유지할것
④ 운반하는 경우에는 캡을 씌울 것

 산업안전보건기준에 관한 규칙 제234조(가스등의 용기) 사업주는 금속의 용접·용단 또는 가열에 사용되는 가스등의 용기를 취급하는 경우에 다음 각 호의 사항을 준수하여야 한다.
1. 다음 각 목의 어느 하나에 해당하는 장소에서 사용하거나 해당 장소에 설치·저장 또는 방치하지 않도록 할 것
　가. 통풍이나 환기가 불충분한 장소
　나. 화기를 사용하는 장소 및 그 부근
　다. 위험물 또는 제236조에 따른 인화성 액체를 취급하는 장소 및 그 부근
2. 용기의 온도를 섭씨 40도 이하로 유지할 것
3. 전도의 위험이 없도록 할 것

4. 충격을 가하지 않도록 할 것
5. 운반하는 경우에는 캡을 씌울 것
6. 사용하는 경우에는 용기의 마개에 부착되어 있는 유류 및 먼지를 제거할 것
7. 밸브의 개폐는 서서히 할 것
8. 사용 전 또는 사용 중인 용기와 그 밖의 용기를 명확히 구별하여 보관할 것
9. 용해아세틸렌의 용기는 세워 둘 것
10. 용기의 부식·마모 또는 변형상태를 점검한 후 사용할 것

95 동바리 조립 시의 안전조치 사항으로 옳지 않은 것은?

① 받침목이나 깔판의 사용, 콘크리트 타설, 말뚝박기 등 동바리의 침하를 방지하기 위한 조치를 할 것
② 개구부 상부에 동바리를 설치하는 경우에는 상부하중을 견딜 수 있는 견고한 받침대를 설치할 것
③ 거푸집의 형상에 따른 부득이한 경우를 제외하고는 깔판이나 받침목은 2단 이상 끼우지 않도록 할 것
④ 동바리의 이음은 다른 품질의 재료를 사용할 것

산업안전보건기준에 관한 규칙 제332조(동바리 조립 시의 안전조치) 사업주는 동바리를 조립하는 경우에는 하중의 지지상태를 유지할 수 있도록 다음 각 호의 사항을 준수해야 한다.
1. 받침목이나 깔판의 사용, 콘크리트 타설, 말뚝박기 등 동바리의 침하를 방지하기 위한 조치를 할 것
2. 동바리의 상하 고정 및 미끄러짐 방지 조치를 할 것
3. 상부·하부의 동바리가 동일 수직선상에 위치하도록 하여 깔판·받침목에 고정시킬 것
4. 개구부 상부에 동바리를 설치하는 경우에는 상부하중을 견딜 수 있는 견고한 받침대를 설치할 것
5. U헤드 등의 단판이 없는 동바리의 상단에 멍에 등을 올릴 경우에는 해당 상단에 U헤드 등의 단판을 설치하고, 멍에 등이 전도되거나 이탈되지 않도록 고정시킬 것
6. 동바리의 이음은 같은 품질의 재료를 사용할 것
7. 강재의 접속부 및 교차부는 볼트·클램프 등 전용철물을 사용하여 단단히 연결할 것
8. 거푸집의 형상에 따른 부득이한 경우를 제외하고는 깔판이나 받침목은 2단 이상 끼우지 않도록 할 것
9. 깔판이나 받침목을 이어서 사용하는 경우에는 그 깔판·받침목을 단단히 연결할 것

96 다음은 가설통로를 설치하는 경우 준수하여야 할 사항이다. ( ) 안에 들어갈 내용으로 옳은 것은?

수직갱에 가설된 통로의 길이가 (A) 이상인 경우에는 (B) 이내마다 계단참을 설치할 것

① A : 8m, B : 10m   ② A : 8m, B : 7m
③ A : 15m, B : 10m   ④ A : 15m, B : 7m

산업안전보건기준에 관한 규칙 제23조(가설통로의 구조) 사업주는 가설통로를 설치하는 경우 다음 각 호의 사항을 준수하여야 한다.
1. 견고한 구조로 할 것
2. 경사는 30도 이하로 할 것. 다만, 계단을 설치하거나 높이 2미터 미만의 가설통로로서 튼튼한 손잡이를 설치한 경우에는

그러하지 아니하다.
3. 경사가 15도를 초과하는 경우에는 미끄러지지 아니하는 구조로 할 것
4. 추락할 위험이 있는 장소에는 안전난간을 설치할 것. 다만, 작업상 부득이한 경우에는 필요한 부분만 임시로 해체할 수 있다.
5. 수직갱에 가설된 통로의 길이가 15미터 이상인 경우에는 10미터 이내마다 계단참을 설치할 것
6. 건설공사에 사용하는 높이 8미터 이상인 비계다리에는 7미터 이내마다 계단참을 설치할 것

97 건설업 산업안전보건관리비의 사용항목으로 가장 거리가 먼 것은?

① 안전시설비
② 사업장의 안전진단비
③ 근로자의 건강관리비
④ 본사 일반관리비

안전관리와 무관한 일반관리비는 산업안전보건관리비의 사용항목에 해당되지 않는다.

98 다음 중 거푸집동바리 설계 시 고려하여야 할 연직방향 하중에 해당하지 않는 것은?

① 직설하중   ② 풍하중
③ 충격하중   ④ 작업하중

거푸집 설계시 고려하여야 하는 하중

• 수직(연직) 방향 : 고정하중, 충격하중, 작업하중, 적설하중, 콘크리트의 자중
• 수평방향 : 풍압, 콘크리트 측압, 콘크리트 타설 방향에 따른 편심하중

99 다음 그림의 형태 중 클램쉘(Clam shell)장비에 해당하는 것은?

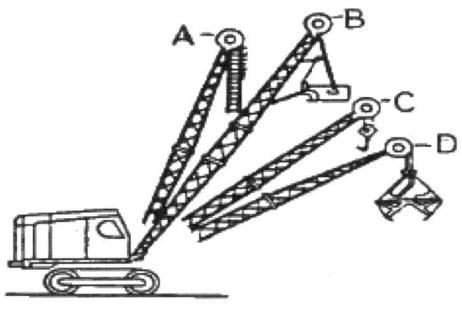

① A   ② B
③ C   ④ D

클램쉘(Clamshell)

- 연약지반이나 수중굴착 및 자갈 등을 싣는데 적합하다.
- 수중굴착 및 수조물의 기초바닥 등과 같이 협소한 범위의 깊은 굴착 및 호퍼작업에 사용된다.

100 건설현장에서 가설 계단 및 계단참을 설치하는 경우 안전율은 최소 얼마 이상으로 하여야 하는가?

① 3 　　　　　　　　　　　　　② 4
③ 5 　　　　　　　　　　　　　④ 6

산업안전보건기준에 관한 규칙 제26조(계단의 강도) ① 사업주는 계단 및 계단참을 설치하는 경우 매제곱미터당 500킬로그램 이상의 하중에 견딜 수 있는 강도를 가진 구조로 설치하여야 하며, 안전율[안전의 정도를 표시하는 것으로서 재료의 파괴응력도(破壞應力度)와 허용응력도(許容應力度)의 비율을 말한다)]은 4 이상으로 하여야 한다.

정답 **2019년 09월 21일 최근 기출문제**

01 ③	02 ③	03 ①	04 ①	05 ③	06 ②	07 ④	08 ②	09 ①	10 ①
11 ③	12 ④	13 ④	14 ③	15 ④	16 ③	17 ①	18 ③	19 ②	20 ②
21 ②	22 ①	23 ①	24 ④	25 ②	26 ③	27 ②	28 ③	29 ②	30 ④
31 ④	32 ④	33 ②	34 ①	35 ①	36 ③	37 ③	38 ③	39 ②	40 ①
41 ④	42 ①	43 ①	44 ②	45 ③	46 ①	47 ④	48 ③	49 ③	50 ①
51 ②	52 ②	53 ③	54 ①	55 ②	56 ④	57 ②	58 ③	59 ④	60 ①
61 ④	62 ①	63 ①	64 ②	65 ③	66 ②	67 ④	68 ②	69 ④	70 ③
71 ④	72 ③	73 ①	74 ②	75 ③	76 ①	77 ①	78 ①	79 ④	80 ②
81 ①	82 ①	83 ④	84 ①	85 ②	86 ③	87 ④	88 ①	89 ②	90 ④
91 ②	92 ④	93 ③	94 ①	95 ④	96 ③	97 ④	98 ②	99 ④	100 ②

제 **01** 과목 　산업안전관리론

01 산업안전보건법령상 안전보건표지의 종류와 형태 중 그림과 같은 경고 표지는?(단, 바탕은 무색, 기본모형은 빨간색, 그림은 검은색이다.)

① 부식성물질 경고 　　　　　② 폭발성물질 경고

③ 산화성물질 경고 　　　　　④ 인화성물질 경고

경고표지(산업안전보건법 시행규칙 별표 6)

201 인화성 물질 경고	202 산화성 물질 경고	203 폭발성 물질 경고	204 급성독성 물질 경고	205 부식성 물질 경고	206 방사성 물질 경고	207 고압전기 경고	208 매달린 물체 경고	
209 낙하물 경고	210 고온경고	211 저온경고	212 몸균형 상실 경고	213 레이저 광선 경고	214 발암성 · 변이원성 · 생식독성 · 전신 독성 · 호흡기 과민성 물질 경고			215 위험장소 경고

02 산업재해 예방의 4원칙 중 "재해발생에는 반드시 원인이 있다."라는 원칙은?

① 대책 선정의 원칙 　　　　　② 원인 계기의 원칙

③ 손실 우연의 원칙 　　　　　④ 예방 가능의 원칙

재해방지의 기본원칙

- 손실우연의 원칙 : 사고에 의해서 생기는 손실(상해)의 종류와 정도는 우연적이다.(1 : 29 : 300의 법칙)
- 원인계기의 원칙 : 모든 재해는 필연적인 원인에 의해서 발생한다.
- 예방가능의 원칙 : 재해는 원칙적으로 모두 방지가 가능하다.
- 대책선정의 원칙 : 재해방지 대책은 신속하고 확실하게 실시되어야 한다.

03 **테크니컬 스킬즈(technical skills)에 관한 설명으로 옳은 것은?**

① 모럴(morale)을 앙양시키는 능력
② 인간을 사물에게 적응시키는 능력
③ 사물을 인간에게 유리하게 처리하는 능력
④ 인간과 인간의 의사소통을 원활히 처리하는 능력

테크니컬 스킬즈와 소시얼 스킬즈

- 테크니컬 스킬즈(technical skills) : 사물을 인간의 목적에 유익하도록 처리하는 능력
- 소시얼 스킬즈(social skills) : 사람과 사람 사이의 커뮤니케이션을 양호하게 하고 사람들의 요구를 충족시키고 모럴을 앙양시키는 능력

04 **보호구 안전인증 고시에 따른 안전화의 정의 중 (   )안에 알맞은 것은?**

> 경작업용 안전화란 (㉠) mm의 낙하높이에서 시험했을 때 충격과 (㉡ ±0.1) kN의 압축하중에서 시험했을 때 압박에 대하여 보호해 줄 수 있는 선심을 부착하여, 착용자를 보호하기 위한 안전화를 말한다.

① ㉠ 500, ㉡ 10.0   ② ㉠ 250, ㉡ 10.0
③ ㉠ 500, ㉡ 4.4   ④ ㉠ 250, ㉡ 4.4

경작업용 안전화

- 250mm의 낙하높이에서 시험했을 때 충격과 (4.4±0.1)kN의 압축 하중에서 시험했을 때 압박에 대하여 보호해 줄 수 있는 선심을 부착하여, 착용자를 보호하기 위한 안전화를 말한다.
- 금속 선별, 전기제품 조립, 화학제품 선별, 반응장치 운전, 식품 가공업 등 비교적 경량의 물체를 취급하는 작업장으로서 날카로운 물체에 의해 찔릴 우려가 있는 장소에서 사용된다.

05 **조직이 리더에게 부여하는 권한으로 볼 수 없는 것은?**

① 보상적 권한   ② 강압적 권한
③ 합법적 권한   ④ 위임된 권한

지도자(리더십)의 권한

- 조직이 지도자에게 부여하는 권한

    – 보상적 권한 : 지도자가 부하들에게 보상할 수 있는 능력으로 인해 부하직원들을 통제할 수 있으며 부하들의 행동에 대해 영향을 끼칠 수 있는 권한

    – 강압적 권한 : 부하직원들을 처벌할 수 있는 권한

    – 합법적 권한 : 조직의 규정에 의해 지도자의 권한이 공식화된 것

• 지도자 자신에 의해 생성되는 권한

    – 위임된 권한 : 집단의 목표를 성취하기 위해 부하직원들이 지도자가 정한 목표를 자진해서 자신의 것으로 받아들여 지도자와 함께 일하는 것

    – 전문성의 권한 : 지도자가 목표수행에 필요한 전문적인 지식을 갖고 업무수행를 하므로 부하직원들이 자발적으로 지도자를 따름

06 산업안전보건법령상 근로자 안전보건교육 중 채용 시의 교육 및 작업내용 변경 시의 교육 사항으로 옳은 것은?

① 물질안전보건자료에 관한 사항

② 건강증진 및 질병 예방에 관한 사항

③ 유해·위험 작업환경 관리에 관한 사항

④ 표준안전작업방법 및 지도 요령에 관한 사항

근로자 채용 시 교육 및 작업내용 변경 시 교육(산업안전보건법 시행규칙 별표 5)

• 산업안전 및 산업재해 예방에 관한 사항(화재·폭발 사고 발생 시 대피에 관한 사항 포함)

• 산업보건 및 건강장해 예방에 관한 사항

• 위험성 평가에 관한 사항

• 산업안전보건법령 및 산업재해보상보험 제도에 관한 사항

• 직무스트레스 예방 및 관리에 관한 사항

• 직장 내 괴롭힘, 고객의 폭언 등으로 인한 건강장해 예방 및 관리에 관한 사항

• 기계·기구의 위험성과 작업의 순서 및 동선에 관한 사항

• 작업 개시 전 점검에 관한 사항

• 정리정돈 및 청소에 관한 사항

• 사고 발생 시 긴급조치에 관한 사항

• 물질안전보건자료에 관한 사항

07 상시 근로자수가 75명인 사업장에서 1일 8시간씩 연간 320일을 작업하는 동안에 4건의 재해가 발생하였다면 이 사업장의 도수율은 약 얼마인가?

① 17.68

② 19.67

③ 20.83

④ 22.83

$$도수율 = \frac{재해발생건수}{연근로시간수} \times 10^6 = \frac{4}{75 \times 8 \times 320} \times 10^6 = 20.833$$

08 다음 중 매슬로우(Maslow)가 제창한 인간의 욕구 5단계 이론을 단계별로 옳게 나열한 것은?

① 생리적 욕구 → 안전 욕구 → 사회적 욕구 → 존경의 욕구 → 자아실현의 욕구

② 안전 욕구 → 생리적 욕구 → 사회직 욕구 → 존경의 욕구 → 자아실현의 욕구

③ 사회적 욕구 → 생리적 욕구 → 안전 욕구 → 존경의 욕구 → 자아실현의 욕구

④ 사회적 욕구 → 안전 욕구 → 생리적 욕구 → 존경의 욕구 → 자아실현의 욕구

매슬로우(Abraham H. Maslow)의 욕구 5단계

- 1단계 : 생리적 욕구(기아, 갈증, 호흡, 배설, 성욕 등)
- 2단계 : 안전의 욕구(안전을 구하고자 하는 욕구)
- 3단계 : 사회적 욕구(애정, 소속에 대한 욕구)
- 4단계 : 인정받으려는 욕구(자존심, 명예, 성취, 지위에 대한 욕구)
- 5단계 : 자아실현의 욕구(잠재적인 능력을 실현하고자 하는 욕구)

09 하인리히 재해 발생 5단계 중 3단계에 해당하는 것은?

① 불안전한 행동 또는 불안전한 상태
② 사회적 환경 및 유전적 요소
③ 관리의 부재
④ 사고

하인리히(Heinrich)의 사고연쇄성 이론[도미노(Domino) 현상]

- 1단계 : 사회적 환경 및 유전적 요소
- 2단계 : 개인적 결함
- 3단계 : 불안전한 행동 및 불안전한 상태(물리적, 기계적 위험)
- 4단계 : 사고
- 5단계 : 재해

10 산업안전보건법령상 특별교육 대상 작업별 교육 작업 기준으로 틀린 것은?

① 전압이 75V 이상인 정전 및 활선작업
② 굴착면의 높이가 2m 이상이 되는 암석의 굴착작업
③ 동력에 의하여 작동되는 프레스 기계를 3대 이상 보유한 사업장에서 해당 기계로 하는 작업
④ 1톤 미만의 크레인 또는 호이스트를 5대 이상 보유한 사업장에서 해당 기계로 하는 작업

특별교육 대상 작업(산업안전보건법 시행규칙 별표 5)

- 고압실 내 작업(잠함공법이나 그 밖의 압기공법으로 대기압을 넘는 기압인 작업실 또는 수갱 내부에서 하는 작업만 해당)
- 아세틸렌 용접장치 또는 가스집합 용접장치를 사용하는 금속의 용접·용단 또는 가열작업(발생기·도관 등에 의하여 구성되는 용접장치만 해당)
- 밀폐된 장소(탱크 내 또는 환기가 극히 불량한 좁은 장소를 말한다)에서 하는 용접작업 또는 습한 장소에서 하는 전기 용접작업
- 폭발성·물반응성·자기반응성·자기발열성 물질, 자연발화성 액체·고체 및 인화성 액체의 제조 또는 취급작업(시험 연구를 위한 취급작업은 제외)
- 액화석유가스·수소가스 등 인화성 가스 또는 폭발성 물질 중 가스의 발생장치 취급작업
- 화학설비 중 반응기, 교반기·추출기의 사용 및 세척작업
- 화학설비의 탱크 내 작업
- 분말·원재료 등을 담은 호퍼·저장창고 등 저장탱크의 내부작업
- 다음 각 목에 정하는 설비에 의한 물건의 가열·건조작업

- 건조설비 중 위험물 등에 관계되는 설비로 속부피가 1m³ 이상인 것
- 건조설비 중 가목의 위험물 등 외의 물질에 관계되는 설비로서, 연료를 열원으로 사용하는 것(그 최대연소소비량이 매 시간당 10kg 이상인 것만 해당) 또는 전력을 열원으로 사용하는 것(정격소비전력이 10kW 이상인 경우만 해당)
- 다음 각 목에 해당하는 집재장치(집재기 · 가선 · 운반기구 · 지주 및 이들에 부속하는 물건으로 구성되고, 동력을 사용하여 원목 또는 장작과 숯을 담아 올리거나 공중에서 운반하는 설비를 말한다)의 조립, 해체, 변경 또는 수리작업 및 이들 설비에 의한 집재 또는 운반 작업
  - 원동기의 정격출력이 7.5kW를 넘는 것
  - 지간의 경사거리 합계가 350m 이상인 것
  - 최대사용하중이 200kg 이상인 것
- 동력에 의하여 작동되는 프레스 기계를 5대 이상 보유한 사업장에서 해당 기계로 하는 작업
- 목재가공용 기계(둥근톱기계, 띠톱기계, 대패기계, 모떼기기계 및 라우터만 해당하며, 휴대용은 제외)를 5대 이상 보유한 사업장에서 해당 기계로 하는 작업
- 운반용 등 하역기계를 5대 이상 보유한 사업장에서의 해당 기계로 하는 작업
- 1톤 이상의 크레인을 사용하는 작업 또는 1톤 미만의 크레인 또는 호이스트를 5대 이상 보유한 사업장에서 해당 기계로 하는 작업
- 건설용 리프트 · 곤돌라를 이용한 작업
- 주물 및 단조작업
- 전압이 75V 이상인 정전 및 활선작업
- 콘크리트 파쇄기를 사용하여 하는 파쇄작업(2m 이상인 구축물의 파쇄작업만 해당)
- 굴착면의 높이가 2m 이상이 되는 지반 굴착(터널 및 수직갱 외의 갱 굴착은 제외) 작업
- 흙막이 지보공의 보강 또는 동바리를 설치하거나 해체하는 작업
- 터널 안에서의 굴착작업(굴착용 기계를 사용하여 하는 굴착작업 중 근로자가 칼날 밑에 접근하지 않고 하는 작업은 제외) 또는 같은 작업에서의 터널 거푸집 지보공의 조립 또는 콘크리트 작업
- 굴착면의 높이가 2m 이상이 되는 암석의 굴착작업
- 높이가 2m 이상인 물건을 쌓거나 무너뜨리는 작업(하역기계로만 하는 작업은 제외)
- 선박에 짐을 쌓거나 부리거나 이동시키는 작업
- 거푸집 동바리의 조립 또는 해체작업
- 비계의 조립 · 해체 또는 변경작업
- 건축물의 골조, 다리의 상부구조 또는 탑의 금속제의 부재로 구성되는 것(5m 이상인 것만 해당)의 조립 · 해체 또는 변경작업
- 처마 높이가 5m 이상인 목조건축물의 구조 부재의 조립이나 건축물의 지붕 또는 외벽 밑에서의 설치작업
- 콘크리트 인공구조물(그 높이가 2m 이상인 것만 해당)의 해체 또는 파괴작업
- 타워크레인을 설치(상승작업을 포함) · 해체하는 작업
- 보일러(소형 보일러 및 다음 각 목에서 정하는 보일러는 제외)의 설치 및 취급작업
  - 몸통 반지름이 750mm 이하이고 그 길이가 1,300mm 이하인 증기보일러
  - 전열면적이 3m² 이하인 증기보일러
  - 전열면적이 14m² 이하인 온수보일러
  - 전열면적이 30m² 이하인 관류보일러
- 게이지 압력을 제곱센티미터당 1kg 이상으로 사용하는 압력용기의 설치 및 취급작업
- 방사선 업무에 관계되는 작업(의료 및 실험용은 제외)
- 맨홀작업
- 밀폐공간에서의 작업
- 허가 및 관리 대상 유해물질의 제조 또는 취급작업
- 로봇작업
- 석면해체 · 제거작업

11 산업 재해의 발생 유형으로 볼 수 없는 것은?

① 지그재그형   ② 집중형
③ 연쇄성   ④ 복합형

재해발생의 메커니즘(3가지의 구조적 요소)

- 단순 자극형(집중형) : 일어난 장소나 그 시점에 일시적으로 요인이 집중하여 재해가 발생하는 경우이다.
- 연쇄형 : 어느 하나의 요소가 원인이 되어 다른 요인을 발생시키고 이것이 또 다른 요소를 연쇄적으로 발생시키는 형태, 즉 연쇄적인 작용으로 재해를 일으키는 형태이다.
- 복합형 : 집중형과 연쇄형의 복합적인 형태로 대부분의 경우 재해발생은 복합형으로 일어난다고 볼 수 있다.

12 일반적으로 사업장에서 안전관리조직을 구성할 때 고려할 사항과 가장 거리가 먼 것은?

① 조직 구성원의 책임과 권한을 명확하게 한다.
② 회사의 특성과 규모에 부합되게 조직되어야 한다.
③ 생산조직과는 동떨어진 독특한 조직이 되도록 하여 효율성을 높인다.
④ 조직의 기능이 충분히 발휘될 수 있는 제도적 체계가 갖추어져야 한다.

안전관리조직은 생산라인과 밀착된 조직이어야 한다.

13 재해의 원인 분석법 중 사고의 유형, 기인물 등 분류 항목을 큰 순서대로 도표화하여 문제나 목표의 이해가 편리한 것은?

① 관리도(control chart)
② 파렛토도(pareto diagram)
③ 클로즈분석(close analysis)
④ 특성요인도(cause−reason diagram)

통계원인 분석방법 4가지

- 파레토도 : 사고의 유형, 기인물 등의 분류 항목을 순서대로 도표화하여 문제나 목표의 이해에 편리
- 특성요인도 : 특성과 요인과의 관계를 도표로 하여 어골(魚骨)상으로 세분화
- 클로즈분석(크로스도) : 2개 이상의 문제 관계를 분석하는데 사용하는 것으로 데이터를 집계하고, 표로 표시하여 요인별 결과 내역을 교차한 그림을 작성, 분석하는 방법
- 관리도 : 재해 발생 건수 등의 추이를 파악하여 목표관리를 행하는데 필요한 월별 재해발생건수를 그래프화하여 관리선을 설정 관리

14 기억의 과정 중 과거의 학습경험을 통해서 학습된 행동이 현재와 미래에 지속되는 것을 무엇이라 하는가?

① 기명(memorizing)
② 파지(retention)
③ 재생(recall)
④ 재인(recognition)

기억의 과정

- 기억 : 과거의 경험이 어떠한 형태로 미래의 행동에 영향을 주는 작용
- 기명 : 사물의 인상이 마음속에 간직하는 것
- 파지 : 과거의 학습경험을 통해서 학습된 행동이 현재와 미래에 지속되는 것
- 재생 : 보존된 인상이 다시 의식으로 떠오르는 것
- 재인 : 과거에 경험했던 것과 같은 비슷한 상태에 부딪쳤을 때 떠오르는 것

15 심리검사의 특징 중 "검사의 관리를 위한 조건과 절차의 일관성과 통일성"을 의미하는 것은?

① 규준   ② 표준화

③ 객관성   ④ 신뢰성

심리검사의 구비조건
- 표준화 : 검사관리를 위한 조건과 검사절차의 일관성과 통일성
- 객관성 : 검사결과의 채점에 관한 것으로 채점하는 과정에서 채점자의 편견이나 주관성이 배제되어야 하며 어떤 사람이 채점하여도 동일한 결과를 얻어야 함
- 규준(Norms) : 검사의 결과를 해석하기 위해서는 비교할 수 있는 참조 또는 비교의 어떤 틀이 있어야 하는데, 이 틀은 검사규준이 제공
- 신뢰성 : 검사응답의 일관성, 즉 반복성을 말하는 것
- 타당성 : 측정하고자 하는 것을 실제로 잘 측정하는지의 여부를 판별하는 것

16 주의의 특성으로 볼 수 없는 것은?

① 변동성   ② 선택성

③ 방향성   ④ 통합성

주의의 특징
- 선택성 : 여러 종류의 자극을 자각할 때 소수의 특정한 것에 한하여 선택하는 기능
- 방향성 : 주시점만 인지하는 기능
- 변동성 : 주의에는 주기적으로 부주의의 리듬이 존재

17 위험예지훈련 기초 4라운드(4R)에서 라운드별 내용이 바르게 연결된 것은?

① 1라운드 : 현상파악   ② 2라운드 : 대책수립

③ 3라운드 : 목표설정   ④ 4라운드 : 본질추구

위험예지 훈련의 기초 4라운드 진행방법
- 1R(현상파악) : 어떤 위험이 잠재하고 있는지 사실을 파악하는 라운드(BS적용)
- 2R(본질추구) : 가장 위험한 요인(위험 포인트)을 합의로 결정하는 라운드(요약)
- 3R(대책수립) : 구체적인 대책을 수립하는 라운드(BS적용)
- 4R(목표달성-설정) : 수립한 대책 가운데 질이 높은 항목에 합의하는 라운드(요약)

18 O.J.T(On the job Training) 교육의 장점과 가장 거리가 것은?

① 훈련에만 전념할 수 있다.

② 직장의 실정에 맞게 실제적 훈련이 가능하다.

③ 개개인의 업무능력에 적합하고 자세한 교육이 가능하다.

④ 교육을 통하여 상사와 부하간의 의사소통과 신뢰감이 깊게 된다.

OJT와 off JT의 특징

OJT	off JT
• 개개인에게 적합한 지도훈련이 가능 • 직장의 실정에 맞는 실체적 훈련 • 훈련에 필요한 업무의 계속성 • 즉시 업무에 연결되는 관계로 신체와 관련 • 효과가 곧 업무에 나타나며 훈련의 좋고 나쁨에 따라 개선이 용이 • 교육을 통한 훈련 효과에 의해 상호 신뢰이해도가 높아짐	• 다수의 근로자에게 조직적 훈련이 가능 • 훈련에만 전념 • 특별 설비 기구를 이용 • 전문가를 강사로 초청 • 각 직장의 근로자가 많은 지식이나 경험을 교류 • 교육 훈련 목표에 대해서 집단적 노력이 흐트러 질 수도 있음

19 기계 · 기구 또는 설비의 신설, 변경 또는 고장 수리 등 부정기적인 점검을 말하며, 기술적 책임자가 시행하는 점검은?

① 정기 점검
② 수시 점검
③ 특별 점검
④ 임시 점검

안전점검의 종류

• 수시점검 : 작업전 · 중 · 후에 실시하는 점검
• 정기점검 : 일정기간마다 정기적으로 실시하는 점검
• 특별점검
 − 기계 · 기구 · 설비의 신설시 · 변경 내지 고장 수리시 실시하는 점검
 − 천재지변 발생 후 실시하는 점검
 − 안전강조 기간내에 실시하는 점검
• 임시점검 : 이상 발견시 임시로 실시, 정기점검과 정기점검 사이에 실시하는 점검

20 교육의 3요소 중 교육의 주체에 해당하는 것은?

① 강사
② 교재
③ 수강자
④ 교육방법

교육의 3요소

• 교육의 주체 : 교도자, 강사
• 교육의 객체 : 학생, 수강자
• 교육의 매개체 : 교재

21 FTA에 사용되는 기호 중 다음 기호에 해당하는 것은?

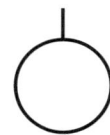

① 생략사상   ② 부정사상
③ 결함사상   ④ 기본사상

FTA 도표에 사용하는 논리기호

명칭	기호	명칭	기호
결함사상	▭	전이 기호 (이행 기호)	△ (in) △ (out)
기본사상	◯	AND gate	출력 / 입력
생략사상 (추적 불가능한 최후사상)	◇	OR gate	출력 / 입력
통상사상 (家刑事像)	⬠	수정기호 조건	출력 / 조건 / 입력

22 공간 배치의 원칙에 해당되지 않는 것은?

① 중요성의 원칙   ② 다양성의 원칙
③ 사용빈도의 원칙   ④ 기능별 배치의 원칙

공간(부품) 배치의 원칙
• 중요성의 원칙   • 사용 빈도의 원칙
• 기능별 배치의 원칙   • 사용순서의 원칙

23 가청 주파수 내에서 사람의 귀가 가장 민감하게 반응하는 주파수 대역은?

① 20 ~ 20000Hz ② 50 ~ 15000Hz
③ 100 ~ 10000Hz ④ 500 ~ 3000Hz

해설

가청 주파수는 20~20000Hz이며, 그 중 사람의 귀가 가장 민감하게 반응하는 주파수 대역은 500~3000Hz이다.

24 반복되는 사건이 많이 있는 경우, FTA의 최소 컷셋과 관련이 없는 것은?

① Fussel Algorithm
② Boolean Algorithm
③ Monte Carlo Algorithm
④ Limnios & Ziani Algorithm

해설

몬테카를로 알고리즘(Monte Carlo Algorithm)은 확률적 알고리즘으로서 단 한 번의 과정으로 정확한 해를 구하기 어려운 경우 무작위로 난수를 반복적으로 발생하여 해를 구하는 절차를 말하며, 어떤 분석 대상에 대한 완전한 확률 분포가 주어지지 않을 때 유용하다.

25 글자의 설계 요소 중 검은 바탕에 쓰여진 흰 글자가 번져 보이는 허상과 가장 관련 있는 것은?

① 획폭비 ② 글자체
③ 종이 크기 ④ 글자 두께

해설

문자-숫자 및 관련 표시장치

• 획폭비 : 문자나 숫자의 높이에 대한 획 굵기의 비율로써 나타내며, 최적 독해성(최대 명시거리)을 주는 획폭비는 흰 숫자(검은바탕)의 경우에 1 : 13.3 이고 검은 숫자(흰 바탕)의 경우는 1 : 8 정도
• 광삼(Irradiation) 현상 : 흰 모양이 주위의 검은 배경으로 번져 보이는 현상
• 종횡비(문자 숫자의 폭 : 높이) : 일반적으로 1 : 1의 비가 적당하며 3 : 5까지는 독해성에 영향이 없고, 숫자의 경우는 3 : 5를 표준으로 함

26 화학공장(석유화학사업장 등)에서 가동문제를 파악하는 데 널리 사용되며, 위험요소를 예측하고, 새로운 공정에 대한 가동문제를 예측하는 데 사용되는 위험성평가방법은?

① SHA ② EVP
③ CCFA ④ HAZOP

해설

위험 및 운전성 검토(Hazard and Operability Study) : 공정 관련 자료를 토대로 Study 방법에 의해서 설계된 운전 목적으로부터 이탈(Deviation)하는 원인과 그 결과를 찾아 그로 인한 위험(HAZard)과 조업도(OPerability)에 야기되는 문제에 대한 가능성을 검토하는 방법

27 인터페이스 설계시 고려해야 하는 인간과 기계와의 조화성에 해당되지 않는 것은?

① 지적 조화성   ② 신체적 조화성

③ 감성적 조화성   ④ 심미적 조화성

인간-기계의 조화성 : 신체적 조화성, 지적 조화성, 감성적 조화성

28 건강한 남성이 8시간 동안 특정 작업을 실시하고, 분당 산소 소비량이 1.1L/분으로 나타났다면 8시간 총 작업시간에 포함될 휴식시간은 약 몇 분인가?(단, Murrell의 방법을 적용하며, 휴식 중 에너지소비율은 1.5kcal/min 이다.)

① 30분   ② 54분

③ 60분   ④ 75분

$$휴식시간 = \frac{(8 \times 60) \times (E - 5)}{E - 1.5} = \frac{480 \times (5 \times 1.1 - 5)}{5 \times 1.1 - 1.5} = 60$$

29 시스템의 성능 저하가 인원의 부상이나 시스템 전체에 중대한 손해를 입히지 않고 제어가 가능한 상태의 위험강도는?

① 범주 Ⅰ : 파국적   ② 범주 Ⅱ : 위기적

③ 범주 Ⅲ : 한계적   ④ 범주 Ⅳ : 무시

PHA의 카테고리 분류

- Class 1 : 파국적(Catastrophic)- 사망, 시스템 손상
- Class 2 : 중대(Critical)- 심각한 상해, 시스템 중대 손상
- Class 3 : 한계적(Marginal)- 경미한 상해, 시스템 성능 저하
- Class 4 : 무시가능(Negligible)- 상해 및 시스템 저하 없음

30 통제표시비(C/D비)를 설계할 때의 고려할 사항으로 가장 거리가 먼 것은?

① 공차   ② 운동성

③ 조작시간   ④ 계기의 크기

통제비 설계 시 고려해야 할 요소

- 계기의 크기 : 조종시간이 짧게 소요되는 크기를 선택하되 너무 작으면 오차가 커질 수 있다.
- 공차 : 짧은 주행시간 내에 공차의 인정 범위를 초과하지 않는 계기여야 한다.
- 목측거리 : 목측거리가 길어질수록 조절의 정확도는 낮아지고 시간이 소요된다.
- 조작시간 : 조작시간이 지연되면 통제비가 크게 작용한다.
- 방향성 : 계기의 방향성은 안전과 능률에 영향을 주는 요소이다.

31 휴먼 에러(human error)의 분류 중 필요한 임무나 절차의 순서 착오로 인하여 발생하는 오류는?

① ommission error   ② sequential error

③ commission error   ④ extraneous error

Swain의 휴먼 에러(Human Error)

- 생략적 과오(omission error) : 필요한 작업 또는 절차를 수행하지 않는데 기인한 과오
- 시간적 과오(time error) : 필요한 작업 또는 절차의 수행지연으로 인한 과오
- 수행적 과오(commission error) : 필요한 작업 또는 절차의 잘못된 수행으로 인한 과오
- 순서적 과오(sequential error) : 필요한 작업 또는 절차의 순서 착오로 인한 과오
- 불필요한 과오(extraneous error) : 불필요한 작업 또는 절차를 수행함으로써 기인한 과오

32 인간-기계 시스템에서 기계와 비교한 인간의 장점으로 볼 수 없는 것은?(단, 인공지능과 관련된 사항은 제외한다.)

① 완전히 새로운 해결책을 찾아낸다.

② 여러 개의 프로그램된 활동을 동시에 수행한다.

③ 다양한 경험을 토대로 하여 의사결정을 한다.

④ 상황에 따라 변화하는 복잡한 자극 형태를 식별한다.

인간과 기계의 상대적 재능

인간이 우수한 기능	기계가 우수한 기능
• 저에너지 자극(시각, 청각, 후각 등) 감지 • 복잡 다양한 자극 형태 식별 • 예기치 못한 사건 감지 • 다량 정보를 오래 보관 • 귀납적 추리 • 과부하 상황에서는 중요한 일에만 전념 • 임기응변, 융통성, 원칙 적용, 주관적 추산, 독창력 발휘 등의 기능	• 인간 감지 범위 밖의 자극(X선, 초음파 등)도 감지 • 인간 및 기계에 대한 모니터 기능 • 드물게 발생하는 사상 감지 • 암호화된 정보를 신속하게 대량보관 • 연역적 추리 • 과부하시에도 효율적으로 작동 • 정량적 정보처리, 장시간 중량작업, 반복작업, 동시에 여러 가지 작업수행 등의 기능

33 결함수 분석법에서 일정 조합 안에 포함되는 기본사상들이 동시에 발생할 때 반드시 목표사상을 발생시키는 조합을 무엇이라는 하는가?

① Cut set   ② Decision tree

③ Path set   ④ 불대수

컷과 패스

- 컷셋(cut sets) : 그 속에 포함되어 있는 모든 기본사상(통상, 생략, 결함사상을 포함)이 일어났을 때 정상사상(top event)을 일으키는 기본사상의 집합
- 최소 컷셋(minimal cut sets) : 컷셋 중 그 부분집합만으로는 정상사상을 일으키는 일이 없는 것, 즉 정상사상(top event)을 일으키기 위한 최소한의 컷셋으로 어떤 고장이나 에러를 일으키면 재해가 일어나는가 하는 것. 결과적으로 시스템

의 위험성(역으로는 안전성)를 나타내는 것
- 패스셋(path sets) : 시스템이 고장나지 않도록 하는 사상의 조합
- 최소 패스셋(minimal path sets) : 시스템이 고장나지 않도록 하는 최소한의 패스셋으로 어떤 고장이나 패스를 일으키지 않으면 재해는 일어나지 않는다는 것 즉, 시스템의 신뢰성을 나타내는 것

34 다음은 1/100초 동안 발생한 3개의 음파를 나타낸 것이다. 음의 세기가 가장 큰 것과 가장 높은 음은 무엇인가?

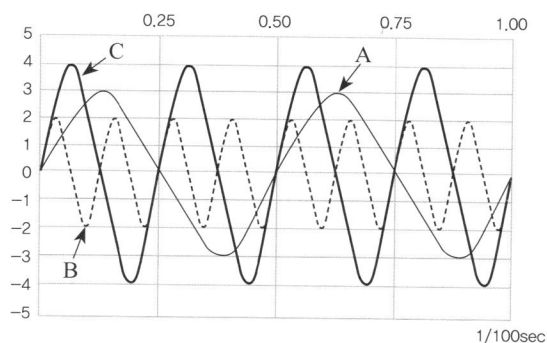

① 가장 큰 음의 세기 : A, 가장 높은 음 : B
② 가장 큰 음의 세기 : C, 가장 높은 음 : B
③ 가장 큰 음의 세기 : C, 가장 높은 음 : A
④ 가장 큰 음의 세기 : B, 가장 높은 음 : C

음의 세기(강약)는 진폭에 따라 결정되는 것으로 진폭의 제곱에 비례한다. 따라서, 음의 세기가 가장 큰 것은 C이다. 또한 음의 높이(고저)는 진동수에 따라 결정되며 진동수가 많을수록 고음이다. 따라서, 진동수가 가장 많은 B가 가장 높은 음에 해당된다.

35 건구온도 38℃, 습구온도 32℃ 일 때의 Oxford 지수는 몇 ℃ 인가?

① 30.2 ② 32.9
③ 35.3 ④ 37.1

옥스포드(Oxford) 지수

- WD(습건) 지수라고도 하며, 습구·건구 온도의 가중(加重) 평균치
- WD = 0.85W(습구 온도) + 0.15d(건구 온도)
- ∴ WD = (0.85 × 32) + (0.15 × 38) = 32.9℃

36 모든 시스템 안전 프로그램 중 최초 단계의 분석으로 시스템 내의 위험요소가 어떤 상태에 있는지를 정성적으로 평가하는 방법은?

① CA ② FHA
③ PHA ④ FMEA

예비위험분석(PHA, Preliminary Hazards Analysis)

- PHA : 대부분의 시스템안전 프로그램에 있어서 최초 단계의 분석으로 시스템 내의 위험한 요소가 얼마나 위험한 상태에 있는가를 정성적으로 평가하는 방법
- PHA의 4가지 주요 목표
  - 시스템에 대한 모든 주요한 사고를 식별하고 대충의 말로 표시할 것(사고 발생 확률은 식별 초기에는 고려되지 않음)
  - 사고를 유발하는 요인을 식별할 것
  - 사고가 발생한다고 가정하고 시스템에 생기는 결과를 식별하고 평가할 것
  - 식별된 사고를 범주(Category)로 분류할 것

37 다음 중 설비보전관리에서 설비이력카드, MTBF분석표, 고장원인 대책표와 관련이 깊은 관리는?

① 보전기록관리　　　　　　　　　　② 보전자재관리
③ 보전작업관리　　　　　　　　　　④ 예방보전관리

보전기록관리는 신뢰성과 보전성 개선을 목적으로 하며, 이에 효과적인 보전기록자료에는 설비이력카드, MTBF분석표, 고장원인 대책표가 있다.

38 인간공학적 수공구의 설계에 관한 설명으로 옳은 것은?

① 수공구 사용 시 무게 균형이 유지되도록 설계한다.
② 손잡이 크기를 수공구 크기에 맞추어 설계한다.
③ 힘을 요하는 수공구의 손잡이는 직경을 60mm 이상으로 한다.
④ 정밀 작업용 수공구의 손잡이는 직경을 5mm 이하로 한다.

- 손잡이는 손바닥과 닿는 면적이 넓게, 길이는 최소 100mm(115~120mm가 이상적)로 설계한다.
- 수공구 설계시 최대한 공구의 무게를 줄이고 사용시 무게의 균형이 유지되도록 설계한다.
- 수공구의 손잡이는 단면이 반드시 원형 또는 타원형의 형태를 가진 지름 30~45mm의 크기가 적당하다.
- 정밀작업을 위한 수공구의 손잡이는 대체로 5~12mm 사이의 지름이 적정하며, 회전력들이 필요한 대형의 스크루드라이버 같은 공구는 50~60mm 크기의 지름이 적합하다.

39 점광원(point source)에서 표면에 비추는 조도(lux)의 크기를 나타내는 식으로 옳은 것은?(단, D는 광원으로부터의 거리를 말한다.)

① $\dfrac{광도[fc]}{D^2[m^2]}$　　　　　　② $\dfrac{광도[lm]}{D[m]}$

③ $\dfrac{광도[cd]}{D^2[m^2]}$　　　　　　④ $\dfrac{광도[fL]}{D[m]}$

점광원에 의한 광속에 대해 수직인 면의 조도는 광원에서의 거리의 제곱에 반비례한다.

40 작업자가 100개의 부품을 육안 검사하여 20개의 불량품을 발견하였다. 실제 불량품이 40개라면 인간에러 (human error) 확률은 약 얼마인가?

① 0.2　　　　　　　　　　　　　　② 0.3
③ 0.4　　　　　　　　　　　　　　④ 0.5

 해설

• $HEP = \dfrac{40-20}{100} = 0.2$

제 **03** 과목 　**건설시공학**

41 한중콘크리트에 관한 설명으로 옳지 않은 것은?

① 골재가 동결되어 있거나 골재에 빙설이 혼입되어 있는 골재는 그대로 사용할 수 없다.
② 재료를 가열할 경우, 시멘트를 직접 가열하는 것으로 하며, 물 또는 골재는 어떠한 경우라도 직접 가열할 수 없다.
③ 한중 콘크리트에는 공기연행콘크리트를 사용하는 것을 원칙으로 한다.
④ 단위수량은 초기동해를 적게 하기 위하여 소요의 워커빌리티를 유지할 수 있는 범위 내에서 되도록 적게 정하여야 한다.

해설

한중 콘크리트(Cold Weather Concrete)
• 평균기온이 4℃ 이하에서는 콘크리트 응결 · 경화반응이 지연되어 콘크리트가 어는 경우가 있는데, 이러한 동결현상을 막기 위해 시공하는 것이 한중 콘크리트이다.
• 한중 콘크리트 특징 및 타설 시 주의사항
　– 거푸집이나 지반이 얼었을 때는 먼저 녹인 후 콘크리트를 타설한다.
　– 거푸집은 보온성이 좋은 것을 사용한다.
　– 비비기나 운반 과정에서 열량 손실을 최소화하여야 한다.
　– AE 콘크리트를 사용하면 콘크리트의 내동결성이 증가한다.
　– 물과 골재를 가열해 사용하며, 골재는 직접 가열하여서는 안 된다.
　– 양생 과정에서 지속적으로 열을 공급하여 타설 콘크리트를 15℃ 정도로 유지하도록 한다.
　– 물의 사용량을 적게 하고, 물과 시멘트 비율은 60% 이하로 한다.

42 그림과 같은 독립기초의 흙파기량을 옳게 산출한 것은?

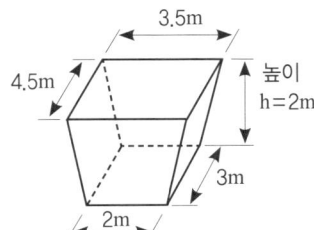

① 19.5m³
② 21.0m³
③ 23.7m³
④ 25.4m³

$$흙파기량 = \frac{h}{6}(2a + a')b + (2a' + a)b'$$

$$= \frac{2}{6}(2 \times 2 + 3.5) \times 3 + (2 \times 3.5 + 2) \times 4.5$$

$$= \frac{126}{6} = 21m^3$$

43 도급계약서에 첨부하지 않아도 되는 서류는?

① 설계도면   ② 공사시방서
③ 시공계획서   ④ 현장설명서

시공계획서는 도급계약 체결 시 반드시 첨부해야 하는 서류는 아니며 계약 시 별도의 요구가 있을 경우 첨부할 수 있다

44 철근의 이음방식이 아닌 것은?

① 용접이음   ② 겹침이음
③ 갈고리이음   ④ 기계적이음

철근의 이음법

- 겹침이음 : 철근의 단부를 겹치는 방법으로 응력은 주변 콘크리트와의 마찰력에 의해 발생하며 D25 이하의 철근에 사용한다.
- 용접이음 : 용접을 통한 이음으로 일체성이 확보되어 충분한 강도가 보장된다.
- 기계이음 : 연결재를 이용하는 이음으로 나사이음이 대표적이다.

45 벽체로 둘러싸인 구조물에 적합하고 일정한 속도로 거푸집을 상승시키면서 연속하여 콘크리트를 타설하며 마감작업이 동시에 진행되는 거푸집공법은?

① 플라잉 폼   ② 터널 폼
③ 슬라이딩 폼   ④ 유로 폼

슬라이딩 폼(Sliding form) : 활동거푸집이라고도 하며, 로드(rod) · 유압잭(jack) 등을 이용하여 거푸집을 연속적으로 이동시키면서 콘크리트를 타설할 때 사용되는 것으로 굴뚝이나 사일로(silo) 등 평면 형상이 일정하고 돌출부가 없는 구조물에 많이 사용된다.

46 철골공사에서 철골세우기 계획을 수립할 때 철골제작공장과 협의해야 할 사항이 아닌 것은?

① 철골 세우기 검사 일정 확인   ② 반입 시간의 확인
③ 반입 부재수의 확인   ④ 부재 반입의 순서

철골제작 공장가공에서 현장반입 시 반입시간 및 부재 반입순서, 반입량 등의 확인이 필수적이다.

47 기성콘크리트 말뚝에 관한 설명으로 옳지 않은 것은?

① 공장에서 미리 만들어진 말뚝을 구입하여 사용하는 방식이다.
② 말뚝간격은 2.5d 이상 또는 750mm 중 큰 값을 택한다.
③ 말뚝이음 부위에 대한 신뢰성이 매우 우수하다.
④ 시공과정상의 항타로 인하여 자재균열의 우려가 높다.

 해설

기성콘크리트 말뚝의 특징

• 공장에서 미리 만들어진 말뚝을 구입하여 사용하는 방식이다.
• 말뚝간격은 2.5d 이상 또는 750mm 중 큰 값을 택한다.
• 시공과정상의 항타로 인하여 자재균열의 우려가 높다.
• 말뚝이음 부위에 대한 신뢰성이 떨어진다.
• 자재하중이 크므로 운반과 시공에 각별한 주의가 필요하다.
• 재료의 균질성을 확보할 수 있다.

48 건설공사의 공사비 절감요소 중에서 집중 분석하여야 할 부분과 거리가 먼 것은?

① 단가가 높은 공종
② 지하공사 등의 어려움이 많은 공종
③ 공사비 금액이 큰 공종
④ 공사실적이 많은 공종

 해설

공사비 절감을 위해 집중분석해야 할 공종

• 공사비 금액이 큰 공종
• 지하공사 등의 어려움이 많은 공종
• 금액과 시간 및 노력이 큰 공종 등
• 단가가 높은 공종
• 하자가 많이 발생하는 공종

49 기초공사의 지정공사 중 얕은 지정공법이 아닌 것은?

① 모래지정
② 잡석지정
③ 나무말뚝지정
④ 밑창콘크리트 지정

 해설

지정의 분류

구분		지정의 종류
보통지정(얕은지정)		잡석지정, 자갈지정, 모래지정, 밑창콘크리트 지정, 긴 주춧돌 지정
깊은지정	말뚝지정	나무말뚝, 강재말뚝, 제자리 콘크리트말뚝, 기성 콘크리트말뚝
	특수공법지정	오픈케이스 공법, 뉴메틱 케이슨 공법, 심초기초말뚝, 진관식 기초말뚝
지반개량공법		웰 포인트 공법, 샌드드레인 공법, 그라우딩 공법, 바이브로 콤포우저 공법, 바이브로 플로테이션 공법, 폭파치환공법, 모래다짐말뚝공법

50 Earth Anchor 시공에서 앵커의 스트랜드는 어디에 정착되는가?

① Angle Bracket ② Packer
③ Sheath ④ Anchor Head

어스앵커(Earth Anchor) 공법에서 3가지 구성요소

- 앵커두부(Anchor Head) : 구조물에서의 힘은 단순한 인장력으로서 무리없이 인장부에 전달시키기 위한 부분이며, 인장재의 고정(정착)철물, 지압판 및 태좌로 구성되며 앵커의 집중적인 힘을 분산하고 또 방향을 조정하여 고정하는 역할을 한다.
- 인장부(PC Strand) : 앵커 두부에서의 인장력을 지중에 마련한 앵커체에 전달시키기 위한 부분이며 보통 PC 강재를 주재료로 하고 자유장부에 있어서는 시즈와 케이슨에 의해 지반이나 구조물과 절연시켜 자유로 신축되는 구조로 되어 있다.
- 앵커체(Anchor body) : 인장재에서 인장력을 지반과의 마찰저항에 따라 지반에 전달하기 위해서 마련하는 부분이며 대개의 경우 시멘트계의 화합물에 의해 조성된다.

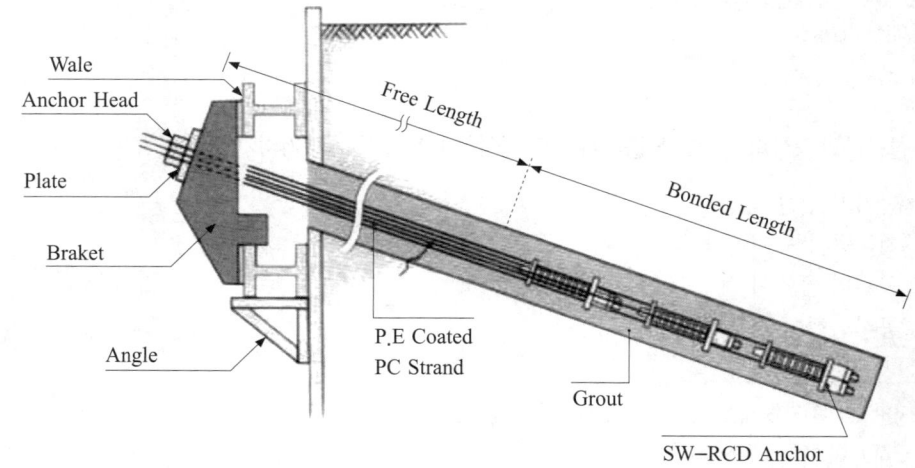

51 토공사용 기계장비 중 기계가 서 있는 위치보다 높은 곳의 굴착에 적합한 기계장비는?

① 백호우 ② 드래그 라인
③ 크램쉘 ④ 파워셔블

굴착용 기계의 종류 및 특징

구분	굴착기계	특징	토질
셔블계	파워셔블	지반면보다 높은 곳의 굴착, 쇄석 옮겨쌓기, 토사의 처리 등에 널리 쓰인다.	굳은 점토, 암석, 토사
	드래그셔블 (백호우)	지반면보다 낮은 곳의 굴착, 지하층 및 기초 굴삭, 토목공사나 수중굴착 등에 쓰인다(지하 6m 정도의 깊이).	자갈, 암석이 섞인 토사, 굳은 지반
	드래그라인	지반면보다 낮은 곳의 굴착, 토사를 긁어 모음, 연약한 지반의 깊은 곳 굴착 등에 쓰인다(지하 8m 정도의 깊이).	암석, 암석이 섞인 토사, 연약한 지반

	클램셀	좁은 곳의 수직굴착, 자갈 등의 적재, 연약한 지반이나 수중굴착 등에 쓰인다.	자갈, 암석, 연약한 지반
트랙터계	불도저	직선송토작업, 단단한 지반과 암석작업 등에 널리 쓰인다.	암석, 굳은 지반

52 거푸집 제거작업 시 주의사항 중 옳지 않은 것은?

① 진동, 충격을 주지 않고 콘크리트가 손상되지 않도록 순서에 맞게 제거한다.
② 지주를 바꾸어 세울 동안에는 상부의 작업을 제한하여 집중하중을 받는 부분의 지주는 그대로 둔다.
③ 제거한 거푸집은 재사용할 수 있도록 적당한 장소에 정리하여 둔다.
④ 구조물의 손상을 고려하여 제거시 찢어져 남은 거푸집 쪽널은 그대로 두고 미장공사를 한다.

 해설

찢어져 남은 거푸집 쪽널은 완전히 제거하고 미장공사를 하여야 미장면의 탈락을 방지할 수 있다.

53 철근보관 및 취급에 관한 설명으로 옳지 않은 것은?

① 철근고임대 및 간격재는 습기방지를 위하여 직사일광을 받는 곳에 저장한다.
② 철근저장은 물이 고이지 않고 배수가 잘되는 곳에 이루어져야 한다.
③ 철근저장 시 철근의 종별, 규격별, 길이별로 적재한다.
④ 저장장소가 바닷가 해안 근처일 경우에는 창고 속에 보관하도록 한다.

 해설

철근보관 및 취급

• 보관 장소의 지면을 평탄하게 정지하고 주위에 배수로를 두어야 하며, 비닐 등을 깔고 충분한 수량의 받침을 사용하여 지면에서 20cm 이상 이격시킨 후, 눈이나 비에 노출되지 않도록 해야 한다.
• 철근 가공장 바닥은 흙이나 이물질이 직접 철근에 오염되지 않도록 콘크리트 타설 등 적당한 방법으로 조치하여야 한다.
• 각종 철근은 반드시 규격별로 분류하여 표지판을 설치하여 식별사용과 관리가 용이하도록 하고 우천 시를 대비하여 천막지 등으로 덮는다.
• 철근고임대 및 간격재는 온도변화에 따른 변형이나 파손방지를 위하여 겨울에 동결되거나 여름에 직사일광을 받지 않도록 저장하며, 필요 시 박스 단위로 포장하여 보관하도록 한다.

54 콘크리트용 혼화재 중 포졸란을 사용한 콘크리트의 효과로 옳지 않은 것은?

① 워커빌리티가 좋아지고 블리딩 및 재료 분리가 감소된다.
② 수밀성이 크다.
③ 조기강도는 매우 크나 장기강도의 증진은 낮다.
④ 해수 등에 화학적 저항이 크다.

 해설

포졸란 시멘트의 특징

• 불용성의 염을 생성해서 경화와 수밀성이 향상된다.

- 장기강도가 크며 해수 등에 대한 화학저항성이 크다.
- 워커빌리티를 증가시키고 블리딩현상을 감소시킨킨다.
- 경화건조로 수축이 크게 되며 균열이 생기기 쉽다.
- 비중이 작고 장기양생이 필요하다.

55 철골공사에서 산소아세틸렌 불꽃을 이용하여 강재의 표면에 홈을 따내는 방법은?

① Gas gouging
② Blow hole
③ Flux
④ Weaving

 해설

용접의 용어설명

종류	설명
스패터(Spatter)	철골용접 중 튀어나오는 슬래그 및 금속입자
비드(Bead)	용착금속이 열상을 이루어 용접된 용접층
밀 스케일(Mill scale)	쇠비늘, 강재가 냉각될 때 표면에 생기는 산화철의 표피(녹)
슬래그(Slag)	용접할 때 용착금속 위에 떠 있는 찌꺼기
그루브(Groove)	앞벌림, 접합 부재간의 사이를 트이게 한 것
플럭스(Flux)	자동용접의 경우 용접봉의 피복제 역할로 쓰이는 분말상의 재료
엔드 탭(End tab)	용접의 시작과 끝 부분에 임시로 붙이는 보조판
아크 스트라이크(Arc strike)	용접을 시작할 때 용접봉을 순간적으로 모재에 접촉시켜 아크를 발생시키는 것
가스 가우징(Gas gousing)	홈을 파기 위한 목적으로 한 화구로서 산소아세틸렌불꽃을 이용하여 녹여 깎은 재의 뒷부분을 깨끗이 깎는 것
루트(Root)	용접 이음부의 홈 아래 부분
위빙(Weaving)	용접봉을 용접방향에 대하여 가로로 왔다갔다 움직여 용착 금속을 녹여붙이는 것, 위빙 폭은 용접봉 지름의 3배 이하

56 공정별 검사항목 중 용접 전 검사에 해당되지 않는 것은?

① 트임새모양
② 비파괴검사
③ 모아대기법
④ 용접자세의 적부

 해설

비파괴검사는 용접작업 종료 후 용접부의 안전성을 확인하기 위해 실시하는 검사이다.

57 수밀 콘크리트 공사에 관한 설명으로 옳지 않은 것은?

① 배합은 콘크리트의 소요의 품질이 얻어지는 범위 내에서 단위수량 및 물−결합재비는 되도록 작게 하고, 단위 굵은 골재량은 되도록 크게 한다.
② 소요 슬럼프는 되도록 크게 하되, 210mm를 넘지 않도록 한다.

③ 연속 타설 시간간격은 외기 온도가 25℃ 이하일 경우에는 2시간을 넘어서는 안 된다.

④ 타설과 관련하여 연직 시공 이음에는 지수판 등 물의 통과 흐름을 차단할 수 있는 방수처리재 등의 재료 및 도구를 사용하는 것을 원칙으로 한다.

수밀 콘크리트(Watertight Concrete) 배합

• 배합은 콘크리트의 소요의 품질이 얻어지는 범위 내에서 단위수량 및 물-결합재비는 되도록 작게 하고, 단위 굵은 골재량은 되도록 크게 한다.

• 콘크리트의 소요 슬럼프는 되도록 작게 하여 180mm를 넘지 않도록 하며, 콘크리트 타설이 용이할 때에는 120mm 이하로 한다.

• 콘크리트의 워커빌리티를 개선시키기 위해 공기연행제, 공기연행감수제 또는 고성능 공기연행감수제를 사용하는 경우라도 공기량은 4% 이하가 되게 한다.

• 물-결합재비는 50% 이하를 표준으로 한다.

58 시방서에 관한 설명으로 옳지 않은 것은?

① 설계도면과 공사시방서에 상이점이 있을 때는 주로 설계도면이 우선한다.

② 시방서 작성 시에는 공사 전반에 걸쳐 시공순서에 맞게 빠짐없이 기재한다.

③ 성능시방서란 목적하는 결과, 성능의 판정기준, 이를 판별할 수 있는 방법을 규정한 시방서이다.

④ 시방서에는 사용재료의 시험검사방법, 시공의 일반사항 및 주의사항, 시공정밀도, 성능의 규정 및 지시 등을 기술한다.

설계도면과 공사시방서, 특기시방서 상에 상이점이 있을 때는 특기시방서 → 시방서 → 도면의 순으로 우선한다.

59 콘크리트의 측압에 관한 설명으로 옳지 않은 것은?

① 콘크리트 타설 속도가 빠를수록 측압이 크다.

② 콘크리트의 비중이 클수록 측압이 크다.

③ 콘크리트의 온도가 높을수록 측압이 작다.

④ 진동기를 사용하여 다질수록 측압이 작다.

콘크리트의 측압이 커지는 조건

• 기온이 낮을수록(대기 중의 습도가 낮을수록)

• 치어붓기 속도가 클수록

• 굵은 콘크리트일수록(물-시멘트비가 클수록, 슬럼프 값이 클수록, 시멘트-물비가 적을수록)

• 콘크리트의 비중이 클수록

• 콘크리트의 다지기가 강할수록

• 철근의 양이 적을수록

• 거푸집의 수밀성이 높을수록

• 거푸집의 수평단면이 클수록(벽 두께가 클수록)

• 거푸집의 강성이 클수록

• 거푸집의 표면이 매끄러울수록

• 생콘크리트의 높이가 높을수록(단, 일정한 높이에 이르면 측압의 증가는 없음)

60 철골 내화피복공사 중 멤브레인 공법에 사용되는 재료는?

① 경량 콘크리트　　　　　　② 철망 모르타르
③ 뿜칠 플라스터　　　　　　④ 암면 흡음판

철골 내화피복공사 중 복합공법 : 하나의 제품으로 2개의 기능을 충족시키는 공법으로 외부 커튼 월과 내화피복, 천장공사의 천장마감과 내화피복기능을 충족하는 공법으로 외벽 A.L.C 패널 붙이기(외벽마감과 내화피복 성능)와 멤브레인 공법(흡음성과 내화피복 성능)이 있으며, 그 중 멤브레인 공법에 사용되는 재료는 암면 흡음판 등이다.

제 **04** 과목　건설재료학

61 다음 중 점토 제품이 아닌 것은?

① 테라죠　　　　　　　　② 테라코타
③ 타일　　　　　　　　　④ 내화벽돌

테라조(terrazzo)는 대리석을 종석으로 한 인조석의 한 종류이다.

62 금속재료의 부식을 방지하는 방법이 아닌 것은?

① 이종 금속을 인접 또는 접촉시켜 사용하지 말 것
② 균질한 것을 선택하고 사용 시 큰 변형을 주지 말 것
③ 큰 변형을 준 것은 풀림(annealing)하지 않고 사용할 것
④ 표면을 평활하고 깨끗이 하며, 가능한 건조 상태로 유지할 것

금속재료의 부식방지법
• 표면을 평활, 청결하게 하고 건조상태를 유지한다.
• 철의 표면에 피막을 만든다.
• 표면을 아연, 주석 등 내식성이 있는 금속으로 도금한다.
• 표면을 방청도료, 아스팔트, 콜타르로 칠한다.
• 표면에 유성 페인트, 광명단을 도포한다.
• 균질한 것을 선택하고 사용할 때 큰 변형을 주지 않도록 주의한다.
• 서로 다른 금속은 인접 또는 접촉시키지 않는다.
• 부분적인 녹은 빨리 제거한다.
• 큰 변형을 받은 것은 풀림(annealing)하여 사용한다.

63 다음 중 플라스틱(plastic)의 장점으로 옳지 않은 것은:?

① 전기절연성이 양호하다.　　② 가공성이 우수하다.
③ 비강도가 콘크리트에 비해 크다.　④ 경도 및 내마모성이 강하다.

플라스틱의 장점

• 경량이며 착색이 용이하다.
• 투광성이 양호하다.
• 내수성, 내산 및 내알칼리성 등이 크고 전기절연성도 우수하다.
• 가공성이 우수하다.

64 다음 재료 중 건물 외벽에 사용하기에 적합하지 않은 것은?

① 유성페인트
② 바니쉬
③ 에나멜페인트
④ 합성수지 에멀션페인트

바니쉬(Varnish)

• 유성 바니쉬 : 수지를 건성유(중합유, 보일유 등)에 가열 용해시킨 후 휘발성 용제에 희석시킨 도료로 내부용으로 사용된다.
• 휘발성 바니쉬 : 수지류를 휘발성 용제에 녹인 바니쉬
  – 클리어 락카(Clear lacquer) : 안료가 들어가지 않은 락카로 목재면의 투명 도장, 우아한 광택, 내후성이 작아서 보통내부에 사용하며 건조가 매우 빨라서 뿜칠로 한다.
  – 에나멜 락카(Enamel lacquer) : 클리어 락카에 안료를 첨가한 락카로 연마성이 특히 좋아 외부용은 자동차 외장용으로 사용한다(내후성 보강).

65 콘크리트 혼화제 중 AE제를 사용하는 목적과 가장 거리가 먼 것은?

① 동결 융해에 대한 저항성 개선
② 단위수량 감소
③ 워커빌리티 향상
④ 철근과의 부착강도 증대

AE제(공기연행제)의 사용 목적

• 워커빌리티(Workability) 개선으로 시공이 용이
• 동결융해에 대한 저항성 개선(증대)
• 재료분리 및 블리딩(Bleeding) 감소
• 단위수량 감소(경제성 향상)
• 내구성 및 수밀성 향상

66 콘크리트 타설 중 발생되는 재료분리에 대한 대책으로 가장 알맞은 것은?

① 굵은골재의 최대치수를 크게 한다.
② 바이브레이터로 최대한 진동을 가한다.
③ 단위수량을 크게 한다.
④ AE제나 플라이애시 등을 사용한다.

표면활성제, AE제, 분산제 등을 사용하여 시멘트 입자를 분산시키거나 기포를 발생시켜 시공연도를 증진시키는 등의 방법으로 재료분리를 방지하여야 한다.

67 콘크리트 바닥강화재의 사용목적과 가장 거리가 먼 것은?

① 내마모성 증진
② 내화학성 증진
③ 분진방지성 증진
④ 내화성 증진

콘크리트 바닥강화재
- 사용목적 : 시멘트계 바탕의 내마모성, 내화학성 및 분진방지성 증진
- 주재료 : 금강사, 규사, 철분, 광물성골재, 규불화마그네슘 등

68 유리면에 부식액의 방호막을 붙이고 이 막을 모양에 맞게 오려낸 후 그 부분에 유리부식액을 발라 소요 모양으로 만들어 장식용으로 사용하는 유리는?

① 샌드 블라스트 유리
② 에칭 유리
③ 매직 유리
④ 스팬드럴 유리

에칭 유리[etching glass] : 유리가 플루오린화수소(hydrogen fluoride)에 부식되는 성질을 이용하여 유리 표면에 그림이나 문양, 문자 등을 새겨 넣은 유리로 에칭 과정 중 유리의 강도가 낮아지게 되므로 에칭 유리의 두께는 최소 5mm 이상으로 보통 8~10mm로 실내 장식용으로 사용된다

69 용이하게 거푸집에 충전시킬 수 있으며 거푸집을 제거하면 서서히 형태가 변화하나, 재료가 분리되지 않아 굳지 않는 콘크리트의 성질은 무엇인가?

① 워커빌리티　　　　　　　　　② 컨시스턴시
③ 플라스티서티　　　　　　　　④ 피니셔빌리티

용어의 정의
- 워커빌리티(Workability, 시공성) : 컨시스턴시(Consistency)에 의한 작업의 난이도 및 재료 분리에 저항하는 정도를 나타내는 콘크리트 성질
- 컨시스턴시(Consistency, 반죽질기) : 주로 수량의 다소에 의해서 변화하는 콘크리트 유동성의 정도
- 플라스티시티(Plasticity, 성형성) : 거푸집의 형상에 순응하여 채우기 쉽고 분리가 일어나지 않는 성질
- 피니셔빌리티(Finishability, 마무리성) : 굵은 골재의 최대치수, 잔골재율, 잔골재의 입도, 반죽질기 등에 의한 콘크리트 표면의 마무리 정도를 나타내는 성질
- 블리딩(Bleeding) : 콘크리트 타설 후 시멘트, 골재입자 등이 침하에 따라 물이 분리·상승되어 콘크리트 표면에 떠오르는 현상
- 레이턴스(Laitance) : 블리딩에 의해 떠오른 미립물이 그 후 콘크리트 표면에 엷은 막으로 침적되는 현상
- 펌퍼빌리티(Pumpability, 압송성) : 콘크리트 타설시 펌프공법을 채용할 경우에 컨시스턴시가 불량하면 콘크리트의 펌프가 막혀 압송이 불가능하게 되어 현장의 작업이 정지되거나, 압송 중에 슬럼프 저하가 발생하면 부어넣기, 다짐 등이 곤란하게 된다. 이와 같이 펌프용 콘크리트의 워커빌리티를 판단하는 하나의 척도로 펌퍼빌리티라는 용어를 사용

70 투사광선의 방향을 변화시키거나 집중 또는 확산시킬 목적으로 만든 이형 유리제품으로 주로 지하실 또는 지붕 등의 채광용으로 사용되는 것은?

① 프리즘 유리
② 복층 유리
③ 망입 유리
④ 강화 유리

프리즘(prism) 유리는 눈부심을 줄여주고 광원의 효과를 최대한 활용할 수 있다는 장점이 있으며, 지하실이나 옥상 또는 지붕 등의 채광용뿐 아니라 가로등으로도 많이 사용된다.

71 KS F 2527에 규정된 콘크리트용 부순 굵은 골재의 물리적 성질을 알기 위한 시험항목 중 흡수율의 기준으로 옳은 것은?

① 1% 이하
② 3% 이하
③ 5% 이하
④ 10% 이하

천연골재 및 부순골재의 주요 골재의 물리적 성질(KS F 2527)

구분		기호	절대건조밀도 (g/m³)	흡수율 (%)	안정성 (%)	마모율 (%)	입형판정 실적률(%)
천연골재	굵은 골재	NG	2.5 이상	3.0 이하	12 이하	40 이하	
	잔골재	NS	2.5 이상	3.0 이하	10 이하		
부순골재	굵은 골재	CG	2.5 이상	3.0 이하	12 이하	40 이하	55 이상
	잔골재	CS	2.5 이상	3.0 이하	10 이하		53 이상

72 고온소성의 무수석고를 특별한 화학처리를 한 것으로 경화 후 아주 단단해지며 킨스시멘트라고도 하는 것은?

① 돌로마이터 플라스터
② 스탁코
③ 순석고 플라스터
④ 경석고 플라스터

경석고 플라스터(킨즈시멘트)는 무수석고(경석고)를 주성분으로 하는 시멘트로 점도가 커서 바르기 쉽고, 매끈하게 마무리가 되며, 광택이 있어서 벽이나 마루에 바르는 재료로 쓰이며 경질(硬質) 플라스터판(板)에도 사용된다.

73 다음 중 화성암에 속하는 석재는?

① 부석
② 사암
③ 석회석
④ 사문암

석재의 성인에 따른 분류
• 화성암 : 화강암, 안산암, 현무암, 감람석, 부석 등

- 수성암 : 사암, 이판암, 점판암, 응회암, 석회암 등
- 변성암 : 대리석, 사문석, 석면 등

74 목재의 수용성 방부제 중 방부효과는 좋으나 목질부를 약화시켜 전기전도율이 증가되고 비내구성인 것은?

① 황산동 1% 용액   ② 염화아연 4% 용액
③ 크레오소트 오일   ④ 염화 제2수은 1% 용액

수용성 방부제의 특징
- 황산동 1% 용액 : 방부성은 좋으나 철부식성이 있으며, 인체에 유해하고 효과가 길지 못하다.
- 염화아연 4% 용액 : 방부효과는 좋으나 목질부를 약화시켜 전기전도율이 증가되고 비내구성이다.
- 염화 제2수은 1% 용액 : 방부효과는 좋으나 철부식성이 있으며 인체에 유해하다.
- 불화소다 2% 용액 : 방부효과는 물론 철부식성이 없고 인체에 무해하며, 페인트 도장이 가능하나 내구성이 부족하고 상대적으로 값이 비싸다.

75 내열성이 매우 우수하며 물을 튀기는 발수성을 가지고 있어서 방수재료는 물론 개스킷, 패킹, 전기절연재, 기타 성형품의 원료로 이용되는 합성수지는?

① 멜라민 수지   ② 페놀 수지
③ 실리콘 수지   ④ 폴리에틸렌 수지

실리콘 수지는 내열성, 내한성이 우수한 수지로 콘크리트의 발수성 방수도료에 적당하며, 저온에서도 탄성이 있어 개스킷(gasket), 패킹(packing)의 원료로 사용된다.

76 건축물에 통상 사용되는 도료 중 내후성, 내알칼리성, 내산성 및 내수성이 가장 좋은 것은?

① 에나멜 페인트   ② 페놀수지 바니시
③ 알루미늄 페인트   ④ 에폭시수지 도료

에폭시 수지
- 접착성이 아주 우수하며 금속, 유리, 플라스틱, 도자기, 목재, 고무 등에 탁월한 접착성을 갖는다.
- 내약품성, 내용제성이 뛰어나다.
- 농질산을 제거하고 산 · 알칼리에 강하다.

77 지하실 방수공사에 사용되며, 아스팔트 펠트, 아스팔트 루핑 방수재료의 원료로 사용되는 것은?

① 스트레이트 아스팔트   ② 블로운 아스팔트
③ 아스팔트 컴파운드   ④ 아스팔트 프라이머

- 스트레이트 아스팔트 : 원유를 상압증류탑에서 증류시킨 후 상압잔사유를 다시 감압증류하여 얻은 최종 잔류분으로 분해되지 않는 역청질이 많이 함유되어 있어 다양한 석유계 아스탈트의 원료로 사용된다.

- 아스팔트 펠트 : 목면, 마사, 양모, 폐지 등을 원료로 하여 만든 원지에 스트레이트 아스팔트를 먹인 방수지로 주로 아스팔트 방수 중간층재로 이용된다.
- 아스팔트 루핑 : 스트레이트 아스팔트를 동식물 섬유를 원료로 한 펠트에 침투시켜 양면을 블로운 아스팔트로 덮고, 표면에 점착 방지재를 살포한 것으로 방수성이 커서 방수 공사나 지붕 바탕에 주로 사용된다.
- 블로운 아스팔트 : 아스팔트 프라이머, 아스팔트 컴파운드, 아스팔트 루핑 등의 생산에 사용된다.
- 아스팔트 컴파운드 : 블로운 아스팔트의 성능을 개량하기 위해 동식물성 유지와 광물질 분말을 혼입하여 제작한 아스팔트로 내열성, 내한성, 내후성이 개선된다.
- 아스팔트 프라이머 : 블로운 아스팔트를 용제에 녹인 것으로 아스팔트 방수, 아스팔트 타일의 바탕처리재로 사용된다.

78 점토제품 제조에 관한 설명으로 옳지 않은 것은?

① 원료조합에는 필요한 경우 제점제를 첨가한다.
② 반죽과정에서는 수분이나 경도를 균질하게 한다.
③ 숙성과정에서는 반죽덩어리를 되도록 크게 뭉쳐 둔다.
④ 성형은 건식, 반건식, 습식 등으로 구분한다.

 해설

점토제품 제조에 있어 반죽은 소성 시 가장 해로운 점토 속의 공기를 빼내는 과정으로 반죽덩어리는 제조할 제품에 적당한 크기로 뭉쳐 둔다.

79 목재 및 기타 식물의 섬유질소편에 합성수지접착제를 도포하여 가열압착성형한 판상제품은?

① 파티클 보드   ② 시멘트목질판
③ 집성목재   ④ 합판

 해설

- 파티클 보드 : 목재 및 기타 식물의 섬유질소편에 합성수지접착제를 도포하여 가열·압착·성형한 판상제품을 말한다.
- 시멘트목질판 : 목편, 목모, 목질 섬유 등과 시멘트를 혼합하여 성형한 보드로 가공재인 목질재료의 가공성과 시멘트의 불연성을 갖는다.
- 집성목재 : 목재 가공품 중 판재와 각재를 접착하여 만든 것으로 보, 기둥, 아치, 트러스 등의 구조부재로 사용된다.
- 합판 : 목재가 지닌 휨과 쪼개짐, 수축 등과 같은 결점을 보완한 가공재를 말한다.

80 구리(銅)에 관한 설명으로 옳지 않은 것은?

① 상온에서 연성, 전성이 풍부하다.
② 열 및 전기전도율이 크다.
③ 암모니아와 같은 약알칼리에 강하다.
④ 황동은 구리와 아연을 주체로 한 합금이다.

 해설

동(銅)의 합금

- 황동(黃銅, 놋쇠, Brass)
  - 동+아연(10~45% 정도 함유)의 합금이다.
  - 동보다 단단하고 주조가 잘되며 압연, 인발(引拔) 등의 가공이 용이하다.
  - 내식성이 크나 산과 알칼리에는 침식된다.

- 청동(靑銅, Bronze)
  - 동+주석(Sn)의 합금이다.
  - 황동보다 내식성이 크고 주조하기 쉽다.
  - 포금(砲金, Gun metal)은 주석을 10% 정도 함유한 청동으로 강도와 경도가 크다.

제 **05** 과목   건설안전기술

81   크레인의 운전실을 통하는 통로의 끝과 건설물 등의 벽체와의 간격은 얼마 이하로 하여야 하는가?

① 0.3m

② 0.4m

③ 0.5m

④ 0.6m

 해설

산업안전보건기준에 관한 규칙 제145조(건설물 등의 벽체와 통로의 간격 등) 사업주는 다음 각 호의 간격을 0.3미터 이하
로 하여야 한다. 다만, 근로자가 추락할 위험이 없는 경우에는 그 간격을 0.3미터 이하로 유지하지 아니할 수 있다.
1. 크레인의 운전실 또는 운전대를 통하는 통로의 끝과 건설물 등의 벽체의 간격
2. 크레인 거더(girder)의 통로 끝과 크레인 거더의 간격
3. 크레인 거더의 통로로 통하는 통로의 끝과 건설물 등의 벽체의 간격

82   산업안전보건관리비 중 안전시설비의 항목에서 사용할 수 있는 항목에 해당하는 것은?

① 외부인 출입금지, 공사장 경계표시를 위한 가설울타리

② 작업발판

③ 절토부 및 성토부 등의 토사유실 방지를 위한 설비

④ 사다리 전도방지장치

 해설

안전관리비 사용 불가 항목– 안전시설비 관련

- 외부인 출입금지, 공사장 경계표시를 위한 가설울타리
- 각종 비계, 작업발판, 가설계단·통로 사다리등
  ※ 안전발판, 안전통로, 안전계단 등과 같이 명칭에 관계없이 공사수행에 필요한 가시설들은 사용불가
  ※ 다만 비계·통로·계단에 추가 설치하는 추락방지용 안전난간, 사다리 전도방지장치, 틀비계에 별도로 설치하는 안전
   난간·사다리 통로의 낙하물 방호선반 등은 사용가능함
- 절토부 및 성토부 등의 토사유실 방지를 위한 설비
- 작업장 간 상호 연락, 작업 상황 파악 등 통신수단으로 활용되는 통신시설·설비
- 공사 목적물의 품질 확보 또는 건설장비 자체의 운행 감시, 공사 진척상황 확인, 방법 등의 목적을 가진 CCTV 등 감시용
  장비

83   포화도 80%, 함수비 28%, 흙 입자의 비중 2.7일 때 공극비를 구하면?

① 0.940

② 0.945

③ 0.950

④ 0.955

$$공극비 = \frac{함수비 \times 비중}{포화도} = \frac{28 \times 2.7}{80} = 0.945$$

84 다음 터널 공법 중 전단면 기계 굴착에 의한 공법에 속하는 것은?

① ASSM(American Steel Supported Method)
② NATM(New Austrian Tunneling Method)
③ TBM(Tunnel Boring Machine)
④ 개착식 공법

터널굴착기(tunnel boring machine, TBM) : 수평으로 터널을 굴착하는 전단면 굴착기로 앞에 달린 원판 모양의 톱니로 토양과 암반을 깎으면서 터널 구간을 만들기 때문에 발파 공법보다 진동 및 소음이 적은 장점이 있으나 장비 및 유지보수비용이 고가이고, 지층 변화 대비에 곤란하며, 굴착 노선이 제한적인 단점이 있다.

85 이동식 비계 작업시 주의사항으로 옳지 않은 것은?

① 비계의 최상부에서 작업을 하는 경우에는 안전난간을 설치한다.
② 이동 시 작업지휘자가 이동식 비계에 탑승하여 이동하며 안전여부를 확인하여야 한다.
③ 비계를 이동시키고자 할 때는 바닥의 구멍이나 머리 위의 장애물을 사전에 점검한다.
④ 작업발판은 항상 수평을 유지하고 작업발판 위에서 안전난간을 딛고 작업을 하거나 받침대 또는 사다리를 사용하여 작업하지 않도록 한다.

산업안전보건기준에 관한 규칙 제68조(이동식비계) 사업주는 이동식비계를 조립하여 작업을 하는 경우에는 다음 각 호의 사항을 준수하여야 한다.

1. 이동식비계의 바퀴에는 뜻밖의 갑작스러운 이동 또는 전도를 방지하기 위하여 브레이크 · 쐐기 등으로 바퀴를 고정시킨 다음 비계의 일부를 견고한 시설물에 고정하거나 아웃트리거를 설치하는 등 필요한 조치를 할 것
2. 승강용사다리는 견고하게 설치할 것
3. 비계의 최상부에서 작업을 하는 경우에는 안전난간을 설치할 것
4. 작업발판은 항상 수평을 유지하고 작업발판 위에서 안전난간을 딛고 작업을 하거나 받침대 또는 사다리를 사용하여 작업하지 않도록 할 것
5. 작업발판의 최대적재하중은 250킬로그램을 초과하지 않도록 할 것

86 공사종류 및 규모별 안전관리비 계상 기준표에서 공사종류의 명칭에 해당되지 않는 것은?

① 건축공사
② 일반건설공사
③ 토목공사
④ 특수건설공사

공사종류 및 규모별 산업안전보건관리비 계상기준표

공사종류 \ 구분	대상액 5억원 미만인 경우 적용비율	대상액 5억원 이상 50억원 미만인 경우		50억원 이상인 경우 적용비율	보건관리자 선임대상 건설공사의 적용비율
		적용비율	기초액		
건축공사	3.11%	2.28%	4,325,000원	2.37%	2.64%
토목공사	3.15%	2.53%	3,300,000원	2.60%	2.73%
중건설공사	3.64%	3.05%	2,975,000원	3.11%	3.39%
특수건설공사	2.07%	1.59%	2,450,000원	1.64%	1.78%

---

87 콘크리트용 거푸집의 재료에 해당되지 않는 것은?

① 철재   ② 목재
③ 석면   ④ 경금속

거푸집의 재료에 따른 종류 : 목재 거푸집, 강재 거푸집, 플라스틱 거푸집, 특수 거푸집(슬립폼)

---

88 가설통로 설치시 경사가 몇도를 초과하면 미끄러지지 않는 구조로 설치하여야 하는가?

① 15°   ② 20°
③ 25°   ④ 30°

해설

산업안전보건기준에 관한 규칙 제23조(가설통로의 구조) 사업주는 가설통로를 설치하는 경우 다음 각 호의 사항을 준수하여야 한다.
1. 견고한 구조로 할 것
2. 경사는 30도 이하로 할 것. 다만, 계단을 설치하거나 높이 2미터 미만의 가설통로로서 튼튼한 손잡이를 설치한 경우에는 그러하지 아니하다.
3. 경사가 15도를 초과하는 경우에는 미끄러지지 아니하는 구조로 할 것
4. 추락할 위험이 있는 장소에는 안전난간을 설치할 것. 다만, 작업상 부득이한 경우에는 필요한 부분만 임시로 해체할 수 있다.
5. 수직갱에 가설된 통로의 길이가 15미터 이상인 경우에는 10미터 이내마다 계단참을 설치할 것
6. 건설공사에 사용하는 높이 8미터 이상인 비계다리에는 7미터 이내마다 계단참을 설치할 것

---

89 철근 콘크리트 공사에서 거푸집동바리의 해체 시기를 결정하는 요인으로 가장 거리가 먼 것은?

① 시방서 상의 거푸집 존치기간의 경과
② 콘크리트 강도시험 결과
③ 동절기일 경우 적산온도
④ 후속공정의 착수시기

거푸집동바리의 해체

- 거푸집 및 동바리의 해체는 예상되는 하중에 충분히 견딜만한 강도를 발휘하기 전에 해서는 안 되며, 그 시기 및 순서는 공사시방으로 정하거나, 공사감독자의 지시에 따른다.
- 거푸집 및 동바리의 해체 시기 및 순서는 시멘트의 성질, 콘크리트의 배합, 구조물의 종류와 중요도, 부재의 종류 및 크기, 부재가 받는 하중, 콘크리트 내부의 온도와 표면온도의 차이 등을 고려하여 결정하고 책임기술자의 검토 및 확인 후 공사 감독자의 승인을 받는다.

90 물체가 떨어지거나 날아올 위험 또는 근로자가 추락할 위험이 있는 작업 시 착용하여야 할 보호구는?

① 보안경   ② 안전모
③ 방열복   ④ 방한복

산업안전보건기준에 관한 규칙 제32조(보호구의 지급 등) ① 사업주는 다음 각 호의 어느 하나에 해당하는 작업을 하는 근로자에 대해서는 다음 각 호의 구분에 따라 그 작업조건에 맞는 보호구를 작업하는 근로자 수 이상으로 지급하고 착용 하도록 하여야 한다.
1. 물체가 떨어지거나 날아올 위험 또는 근로자가 추락할 위험이 있는 작업 : 안전모
2. 높이 또는 깊이 2미터 이상의 추락할 위험이 있는 장소에서 하는 작업 : 안전대(安全帶)
3. 물체의 낙하·충격, 물체에의 끼임, 감전 또는 정전기의 대전(帶電)에 의한 위험이 있는 작업 : 안전화
4. 물체가 흩날릴 위험이 있는 작업 : 보안경
5. 용접 시 불꽃이나 물체가 흩날릴 위험이 있는 작업 : 보안면
6. 감전의 위험이 있는 작업 : 절연용 보호구
7. 고열에 의한 화상 등의 위험이 있는 작업 : 방열복
8. 선창 등에서 분진(粉塵)이 심하게 발생하는 하역작업 : 방진마스크
9. 섭씨 영하 18도 이하인 급냉동어창에서 하는 하역작업 : 방한모·방한복·방한화·방한장갑
10. 물건을 운반하거나 수거·배달하기 위하여 「도로교통법」 제2조제18호가목5)에 따른 이륜자동차 또는 같은 법 제2조제 19호에 따른 원동기장치자전거를 운행하는 작업 : 「도로교통법 시행규칙」 제32조제1항 각 호의 기준에 적합한 승차용 안전모
11. 물건을 운반하거나 수거·배달하기 위해 「도로교통법」 제2조제21호의2에 따른 자전거등을 운행하는 작업 : 「도로교통 법 시행규칙」 제32조제2항의 기준에 적합한 안전모
② 사업주로부터 제1항에 따른 보호구를 받거나 착용지시를 받은 근로자는 그 보호구를 착용하여야 한다.

91 지반의 사면파괴 유형 중 유한사면의 종류가 아닌 것은?

① 사면내파괴
② 사면선단파괴
③ 사면저부파괴
④ 직립사면파괴

사면의 종류

- 무한사면 : 활동하는 흙의 깊이에 비해 사면의 길이가 긴 사면
- 유한사면 : 활동하는 흙의 깊이가 사면의 높이보다 긴 사면
- 직립사면 : 단단한 지반을 연직으로 깎은 사면
※ 유한사면의 파괴유형 3가지 : 사면내파괴, 사면선단파괴, 사면저부파괴

92 옹벽 축조를 위한 굴착작업에 관한 설명으로 옳지 않는 것은?

① 수평 방향으로 연속적으로 시공한다.
② 하나의 구간을 굴착하면 방치하지 말고 기초 및 본체구조물 축조를 마무리 한다.
③ 절취경사면에 전석, 낙석의 우려가 있고 혹은 장기간 방치할 경우에는 숏크리트, 록볼트, 캔버스 및 모르타르 등으로 방호한다.
④ 작업위치의 좌우에 만일의 경우에 대비한 대피통로를 확보하여 둔다.

 해설

굴착공사 표준안전 작업지침 제14조(옹벽축조) 옹벽을 축조시에는 불안전한 급경사가 되게 하거나 좁은 장소에서 작업을 할 때에는 위험을 수반하게 되므로 다음 각 호의 사항을 준수하여야 한다.
1. 수평방향의 연속시공을 금하며, 브럭으로 나누어 단위시공 단면적을 최소화 하여 분단시공을 한다.
2. 하나의 구간을 굴착하면 방치하지 말고 즉시 버팀 콘크리트를 타설하고 기초 및 본체구조물 축조를 마무리 한다.
3. 절취경사면에 전석, 낙석의 우려가 있고 혹은 장기간 방치할 경우에는 숏크리트, 록볼트, 넷트, 캔버스 및 모르터 등으로 방호한다.
4. 작업위치의 좌우에 만일의 경우에 대비한 대피통로를 확보하여 둔다.

93 건설현장에서 사용하는 공구 중 토공용이 아닌 것은?

① 착암기
② 포장 파괴기
③ 연마기
④ 점토 굴착기

94 부두 등의 하역작업장에서 부두 또는 안벽의 선을 따라 설치하는 통로의 최소폭 기준은?

① 30cm 이상
② 50cm 이상
③ 70cm 이상
④ 90cm 이상

 해설

산업안전보건기준에 관한 규칙 제390조(하역작업장의 조치기준) 사업주는 부두·안벽 등 하역작업을 하는 장소에 다음 각 호의 조치를 하여야 한다.
1. 작업장 및 통로의 위험한 부분에는 안전하게 작업할 수 있는 조명을 유지할 것
2. 부두 또는 안벽의 선을 따라 통로를 설치하는 경우에는 폭을 90센티미터 이상으로 할 것
3. 육상에서의 통로 및 작업장소로서 다리 또는 선거(船渠) 갑문(閘門)을 넘는 보도(步道) 등의 위험한 부분에는 안전난간 또는 울타리 등을 설치할 것

95 다음 그림은 풍화암에서 토사붕괴를 예방하기 위한 기울기를 나타낸 것이다. x의 값은?

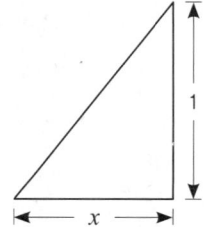

① 1.0
② 0.8
③ 0.5
④ 0.3

굴착면의 기울기 기준 (산업안전보건기준에 관한 규칙 별표 11)

지반의 종류	굴착면의 기울기	지반의 종류	굴착면의 기울기
모래	1 : 1.8	경암	1 : 0.5
연암 및 풍화암	1 : 1.0	그 밖의 흙	1 : 1.2

비고
1. 굴착면의 기울기는 굴착면의 높이에 대한 수평거리의 비율을 말한다.
2. 굴착면의 경사가 달라서 기울기를 계산하기가 곤란한 경우에는 해당 굴착면에 대하여 지반의 종류별 굴착면의 기울기에 따라 붕괴의 위험이 증가하지 않도록 위 표의 지반의 종류별 굴착면의 기울기에 맞게 해당 각 부분의 경사를 유지해야 한다.

96 건설현장에서 PC(Precast Concrete) 조립 시 안전대책으로 옳지 않은 것은?

① 달아 올린 부재의 아래에서 정확한 상황을 파악하고 전달하여 작업한다.
② 운전자는 부재를 달아 올린 채 운전대를 이탈해서는 안된다.
③ 신호는 사전 정해진 방법에 의해서만 실시한다.
④ 크레인 사용 시 PC판의 중량을 고려하여 아우트리거를 사용한다.

PC(Precast Concrete) 조립작업 시의 안전
• 작업에 참여하는 작업자는 작업시작 전에 특별안전교육을 실시한다.
• 신호는 사전 정해진 방법에 의해서만 실시한다.
• 신호는 정해진 신호수가 하도록 하며 복장, 안전모 등을 다르게 하여 쉽게 인식할 수 있도록 한다.
• 작업자는 반드시 안전모를 착용하고 고소에서 작업할 때는 안전대를 착용한다.
• 작업개시 전에 크레인을 비롯한 기계 및 공구의 안전점검을 실시한다.
• 달아 올린 부재의 아래에 작업자가 들어가지 않도록 한다.
• 들어 올린 판에 타서는 안 되며, 사람이 올라탄 판을 들어 올려서도 안 된다.
• 부재를 달아 올린 채로 크레인을 이동시키지 않는다.
• 운전자는 부재를 달아 올린 채 운전대를 이탈해서는 안 된다.
• 안전원이 직접 작업에 참여해서는 안 된다.
• 안전원은 크레인의 경사각도, 이동경로의 상태 등에 유의하여 전도사고가 발생하지 않도록 유의한다.
• 크레인 사용 시 PC판의 중량을 고려하여 아우트리거를 사용한다.
• 아우트리거는 조립시작 전에 지지력 부족으로 인한 침하여부를 확인하도록 한다.
• 샤클, 후크, 와이어 등은 규격품만을 사용하도록 한다.
• 고리와이어의 사용각도는 60° 이내로 한다.
• 순간풍속이 초당 10m를 초과하는 경우 타워크레인의 설치·수리·점검 또는 해체 작업을 중지하여야 하며, 순간풍속이 초당 15m를 초과하는 경우에는 타워크레인의 운전작업을 중지하여야 한다.

97 가설구조물의 특징이 아닌 것은?

① 연결재가 적은 구조로 되기 쉽다.
② 부재결합이 불완전 할 수 있다.
③ 영구적인 구조설계의 개념이 확실하게 적용된다.
④ 단면에 결함이 있기 쉽다.

가설구조물은 영구적인 구조물에 비해 불안전한 구조를 가지고 있어 재해발생이 높으며 제작, 설치 시 특별한 관리가 요구된다.

98 운반작업 중 요통을 일으키는 인자와 가장 거리가 먼 것은?

① 물건의 중량
② 작업 자세
③ 작업 시간
④ 물건의 표면마감 종류

요통방지 대책강구 사항

• 단위시간당 작업량을 적절히 할 것
• 작업전 체조 및 휴식을 부여할 것
• 적정배치 및 교육훈련을 실시할 것
• 운반작업을 기계화할 것
• 취급중량을 적절히 할 것
• 작업자세의 안전화를 도모할 것

99 건설현장에서 계단을 설치하는 경우 계단의 높이가 최소 몇 미터 이상일 때 계단의 개방된 측면에 안전난간을 설치하여야 하는가?

① 0.8m
② 1.0m
③ 1.2m
④ 1.5m

산업안전보건기준에 관한 규칙 제30조(계단의 난간) 사업주는 높이 1미터 이상인 계단의 개방된 측면에 안전난간을 설치하여야 한다.

100 콘크리트 타설작업을 하는 경우에 준수해야 할 사항으로 옳지 않은 것은?

① 콘크리트를 타설하는 경우에는 편심을 유발하여 한쪽 부분부터 밀실하게 타설되도록 유도할 것
② 당일의 작업을 시작하기 전에 해당 작업에 관한 거푸집동바리등의 변형·변위 및 지반의 침하 유무 등을 점검하고 이상이 있으면 보수할 것
③ 작업 중에는 거푸집동바리등의 변형·변위 및 침하 유무 등을 감시할 수 있는 감시자를 배치하여 이상이 있으면 작업을 중지하고 근로자를 대피시킬 것
④ 설계도서상의 콘크리트 양생기간을 준수하여 거푸집동바리등을 해체할 것

산업안전보건기준에 관한 규칙 제334조(콘크리트의 타설작업) 사업주는 콘크리트 타설작업을 하는 경우에는 다음 각 호의 사항을 준수해야 한다.
1. 당일의 작업을 시작하기 전에 해당 작업에 관한 거푸집 및 동바리의 변형·변위 및 지반의 침하 유무 등을 점검하고 이상이 있으면 보수할 것

2. 작업 중에는 감시자를 배치하는 등의 방법으로 거푸집 및 동바리의 변형·변위 및 침하 유무 등을 확인해야 하며, 이상이 있으면 작업을 중지하고 근로자를 대피시킬 것
3. 콘크리트 타설작업 시 거푸집 붕괴의 위험이 발생할 우려가 있으면 충분한 보강조치를 할 것
4. 설계도서상의 콘크리트 양생기간을 준수하여 거푸집 및 동바리를 해체할 것
5. 콘크리트를 타설하는 경우에는 편심이 발생하지 않도록 골고루 분산하여 타설할 것

| 정답 | 2020년 06월 14일 최근 기출문제 |

01 ④	02 ②	03 ③	04 ④	05 ④	06 ①	07 ③	08 ①	09 ①	10 ③
11 ①	12 ③	13 ②	14 ②	15 ②	16 ④	17 ①	18 ①	19 ③	20 ①
21 ④	22 ②	23 ④	24 ③	25 ①	26 ④	27 ④	28 ③	29 ③	30 ②
31 ②	32 ②	33 ①	34 ②	35 ②	36 ③	37 ①	38 ①	39 ③	40 ①
41 ②	42 ②	43 ③	44 ③	45 ③	46 ①	47 ③	48 ④	49 ③	50 ④
51 ④	52 ④	53 ①	54 ③	55 ①	56 ②	57 ②	58 ①	59 ④	60 ④
61 ①	62 ③	63 ④	64 ②	65 ④	66 ④	67 ④	68 ②	69 ③	70 ①
71 ②	72 ④	73 ①	74 ②	75 ③	76 ④	77 ①	78 ③	79 ①	80 ③
81 ①	82 ④	83 ②	84 ③	85 ②	86 ②	87 ③	88 ①	89 ④	90 ②
91 ④	92 ①	93 ③	94 ④	95 ①	96 ①	97 ③	98 ④	99 ②	100 ①

2020

최근 기출문제

01 무재해 운동의 이념 가운데 직장의 위험 요인을 행동하기 전에 예지하여 발견, 파악, 해결하는 것을 의미하는 것은?

① 무의 원칙
② 선취의 원칙
③ 참가의 원칙
④ 인간 존중의 원칙

무재해운동의 3원칙

- 무(Zero)의 원칙 : 산재 위험의 잠재요인을 근원적으로 해결하기 위한 원칙
- 선취의 원칙 : 위험요인 행동 전에 예지, 발견
- 참가의 원칙 : 전원(근로자, 회사 내 전종업원, 근로자 가족) 참가

02 산업안전보건법령상 안전보건표지의 종류 중 인화성물질에 관한 표지에 해당하는 것은?

① 금지표시
② 경고표시
③ 지시표시
④ 안내표시

경고표지(산업안전보건법 시행규칙 별표 6)

201 인화성 물질 경고	202 산화성 물질 경고	203 폭발성 물질 경고	204 급성독성 물질 경고	205 부식성 물질 경고	206 방사성 물질 경고	207 고압전기 경고	208 매달린 물체 경고
209 낙하물 경고	210 고온경고	211 저온경고	212 몸균형 상실 경고	213 레이저 광선 경고	214 발암성 · 변이원성 · 생식독성 · 전신 독성 · 호흡기 과민성 물질 경고		215 위험장소 경고

03 인간관계의 메커니즘 중 다른 사람의 행동 양식이나 태도를 투입시키거나, 다른 사람 가운데서 자기와 비슷한 것을 발견하는 것을 무엇이라고 하는가?

① 투사(Projection) ② 모방(Imitation)
③ 암시(Suggestion) ④ 동일화(Identification)

 해설

인간관계의 메커니즘(Mechanism)

- 동일화(Identification) : 다른 사람의 행동 양식이나 태도를 투입시키거나, 다른 사람 가운데서 자기와 비슷한 것을 발견하는 것
- 투사(投射, Projection) : 자기 속의 억압된 것을 다른 사람의 것으로 생각하는 것을 투사(또는 투출)라고 함
- 커뮤니케이션(Communication) : 갖가지 행동 양식이나 기호를 매개로 하여 어떤 사람으로부터 다른 사람에게 전달되는 과정
- 모방(Imitation) : 남의 행동이나 판단을 표본으로 하여 그것과 같거나 또는 그것에 가까운 행동 또는 판단을 취하려는 것
- 암시(Suggestion) : 다른 사람으로부터의 판단이나 행동을 무비판적으로 논리적, 사실적 근거 없이 받아들이는 것

04 산업안전보건법령상 근로자 안전보건교육 대상과 교육시간으로 옳은 것은?

① 정기교육인 경우 : 사무직 종사근로자 – 매반기 6시간 이상
② 건설업 기초안전 · 보건교육인 경우 : 건설 일용근로자 – 2시간 이상
③ 채용 시 교육인 경우 : 일용근로자 – 4시간 이상
④ 작업내용 변경 시 교육인 경우 : 일용 근로자를 제외한 근로자 – 1 시간 이상

 해설

근로자 안전보건교육(산업안전보건법 시행규칙 별표 4)

교육과정	교육대상		교육시간
정기교육	사무직 종사 근로자		매반기 6시간 이상
	그 밖의 근로자	판매업무에 직접 종사하는 근로자	매반기 6시간 이상
		판매업무에 직접 종사하는 근로자 외의 근로자	매반기 12시간 이상
채용 시 교육	일용근로자 및 근로계약기간이 1주일 이하인 기간제근로자		1시간 이상
	근로계약기간이 1주일 초과 1개월 이하인 기간제근로자		4시간 이상
	그 밖의 근로자		8시간 이상
작업내용 변경 시 교육	일용근로자 및 근로계약기간이 1주일 이하인 기간제근로자		1시간 이상
	그 밖의 근로자		2시간 이상
특별교육	특별교육 대상 작업(단, 타워크레인을 사용하는 작업시 신호업무를 하는 작업은 제외)에 종사하는 일용근로자 및 근로계약기간이 1주일 이하인 기간제근로자		2시간 이상
	타워크레인을 사용하는 작업시 신호업무를 하는 일용근로자 및 근로계약기간이 1주일 이하인 기간제근로자		8시간 이상

특별교육	특별교육 대상 작업에 종사하는 근로자 중 일용근로자 및 근로계약기간이 1주일 이하인 기간제근로자를 제외한 근로자	−16시간 이상(최초 작업에 종사하기 전 4시간 이상 실시하고 12시간은 3개월 이내에서 분할하여 실시 가능) −단기간 작업 또는 간헐적 작업인 경우에는 2시간 이상
건설업 기초 안전 · 보건교육	건설 일용근로자	4시간 이상

05 위험예지훈련 4라운드 기법의 진행방법에 있어 문제점 발견 및 중요 문제를 결정하는 단계는?

① 대책수립 단계
② 현상파악 단계
③ 본질추구 단계
④ 행동목표설정 단계

위험예지 훈련의 기초 4라운드 진행방법
• 1R(현상파악) : 어떤 위험이 잠재하고 있는지 사실을 파악하는 라운드(BS적용)
• 2R(본질추구) : 가장 위험한 요인(위험 포인트)을 합의로 결정하는 라운드(요약)
• 3R(대책수립) : 구체적인 대책을 수립하는 라운드(BS적용)
• 4R(목표달성−설정) : 수립한 대책 가운데 질이 높은 항목에 합의하는 라운드(요약)

06 산업안전보건법령상 안전모의 시험 성능기준 항목이 아닌 것은?

① 난연성
② 인장성
③ 내관통성
④ 충격흡수성

안전인증대상 안전모의 시험성능기준(보호구 안전인증 고시 별표 1)

항목	시험성능기준
내관통성	AE, ABE종 안전모는 관통거리가 9.5mm 이하이고, AB종 안전모는 관통거리가 11.1mm 이하이어야 한다.
충격흡수성	최고전달충격력이 4,450N을 초과해서는 안되며, 모체와 착장체의 기능이 상실되지 않아야 한다.
내전압성	AE, ABE종 안전모는 교류 20kV 에서 1분간 절연파괴 없이 견뎌야 하고, 이때 누설되는 충전전류는 10mA 이하이어야 한다.
내수성	AE, ABE종 안전모는 질량증가율이 1% 미만이어야 한다. ※ 질량증가율(%) = $\dfrac{\text{담근 후의 질량} - \text{담그기 전의 질량}}{\text{담그기 전의 질량}} \times 100$
난연성	모체가 불꽃을 내며 5초 이상 연소되지 않아야 한다.
턱끈풀림	150N 이상 250N 이하에서 턱끈이 풀려야 한다.

※자율안전확인대상 안전모의 시험성능기준은 내관통성, 충격흡수성, 난연성, 턱끈풀림 항목만 적용

07 O.J.T(On the Job Training)의 특징 중 틀린 것은?

① 훈련과 업무의 계속성이 끊어지지 않는다.
② 직장의 실정에 맞게 실제적 훈련이 가능하다.
③ 훈련의 효과가 곧 업무에 나타나며, 훈련의 개선이 용이하다.
④ 다수의 근로자들에게 조직적 훈련이 가능하다

 해설

OJT와 off JT의 특징

OJT	off JT
• 개개인에게 적합한 지도훈련이 가능 • 직장의 실정에 맞는 실체적 훈련 • 훈련에 필요한 업무의 계속성 • 즉시 업무에 연결되는 관계로 신체와 관련 • 효과가 곧 업무에 나타나며 훈련의 좋고 나쁨에 따라 개선이 용이 • 교육을 통한 훈련 효과에 의해 상호 신뢰이해도가 높아짐	• 다수의 근로자에게 조직적 훈련이 가능 • 훈련에만 전념 • 특별 설비 기구를 이용 • 전문가를 강사로 초청 • 각 직장의 근로자가 많은 지식이나 경험을 교류 • 교육 훈련 목표에 대해서 집단적 노력이 흐트러 질 수도 있음

08 인지과정 착오의 요인이 아닌 것은?

① 정서 불안정
② 감각차단 현상
③ 작업자의 기능미숙
④ 생리 · 심리적 능력의 한계

 해설

착오요인(대뇌의 Human Error)

• 인지과정 착오 : 생리 · 심리적 능력의 한계, 정보량 저장능력의 한계, 감각차단 현상(단조로운 업무, 반복작업), 정서 불안정(공포, 불안, 불만)
• 판단과정 착오 : 능력 부족, 정보 부족, 자기 합리화, 자기기술 과신, 환경조건의 불비(不備)
• 조치과정 착오 : 작업자 기능 미숙, 작업경험 부족, 피로

09 학습 성취에 직접적인 영향을 미치는 요인과 가장 거리가 먼 것은?

① 적성
② 준비도
③ 개인차
④ 동기유발

10 태풍, 지진 등의 천재지변이 발생한 경우나 이상상태 발생 시 기능상 이상 유 · 무에 대한 안전점검의 종류는?

① 일상점검
② 정기점검
③ 수시 점검
④ 특별점검

안전점검의 종류

- 수시점검 : 작업전 · 중 · 후에 실시하는 점검
- 정기점검 : 일정기간마다 정기적으로 실시하는 점검
- 특별점검
  - 기계 · 기구 · 설비의 신설시 · 변경 내지 고장 수리시 실시하는 점검
  - 천재지변 발생 후 실시하는 점검
  - 안전강조 기간내에 실시하는 점검
- 임시점검 : 이상 발견시 임시로 실시하는 점검, 정기점검과 정기점검 사이에 실시하는 점검

11 연간 근로자수가 300명인 A 공장에서 지난 1년간 1명의 재해자(신체장해등급 1급)가 발생하였다면 이 공장의 강도율은?(단, 근로자 1인당 1일 8시간씩 연간 300일을 근무하였다.)

① 4.27
② 6.42
③ 10.05
④ 10.42

근로손실일수의 산정기준(국제기준)

- 사망 및 영구전노동불능(신체장해등급 1~3급) : 7500일
- 영구 일부 노동불능(신체장해등급 4~14급)

신체장해등급	4	5	6	7	8	9	10	11	12	13	14
근로손실일수	5500	4000	3000	2200	1500	1000	600	400	200	100	50

- 일시전노동불능 = 휴업일수 × (300/365)

$$\therefore 강도율 = \frac{총근로손실일수}{연근로시간수} \times 1000 = \frac{7500}{300 \times 8 \times 300} \times 1000 = 10.416$$

12 재해예방 4원칙에 해당하는 내용이 아닌 것은?

① 예방가능의 원칙
② 원인계기의 원칙
③ 손실우연의 원칙
④ 사고조사의 원칙

재해방지의 기본원칙

- 손실우연의 원칙 : 사고에 의해서 생기는 손실(상해)의 종류와 정도는 우연적이다.(1 : 29 : 300의 법칙)
- 원인계기의 원칙 : 모든 재해는 필연적인 원인에 의해서 발생한다.
- 예방가능의 원칙 : 재해는 원칙적으로 모두 방지가 가능하다.
- 대책선정의 원칙 : 재해방지 대책은 신속하고 확실하게 실시되어야 한다.

13 알더퍼의 ERG(Existence Relation Growth) 이론에서 생리적 욕구, 물리적 측면의 안전욕구 등 저차원적 욕구에 해당하는 것은?

① 관계욕구
② 성장욕구
③ 존재욕구
④ 사회적 욕구

알더퍼(Alderfer)의 ERG 이론

- 생존(Existence) 욕구 : 신체적인 차원에서 유기체의 생존과 유지에 관련된 욕구
- 관계(Relation) 욕구 : 타인과의 상호작용을 통해 만족되는 대인 욕구
- 성장(Growth) 욕구 : 개인적인 발전과 증진에 관한 욕구

14 상황성 누발자의 재해유발원인과 거리가 먼 것은?

① 작업의 어려움
② 기계설비의 결함
③ 심신의 근심
④ 주의력의 산만

사고경향성자(재해 누발자, 재해 다발자)의 유형

- 상황성 누발자 : 작업의 어려움, 기계설비의 결함, 환경상 주의력의 집중 혼란, 심신의 근심 등 때문에 재해를 누발
- 습관성 누발자 : 재해의 경험으로 겁쟁이가 되거나 신경과민이 되어 재해를 누발하거나 일종의 슬럼프(Slump) 상태에 빠져서 재해를 누발
- 소질성 누발자 : 재해의 소질적 요인(주의력의 산만, 주의력 지속 불능, 도덕성 결여, 소심한 성격, 침착성 및 도덕성 결여 등)을 가지고 있기 때문에 재해를 누발
- 미숙성 누발자 : 기능 미숙이나 환경에 익숙하지 못하기 때문에 재해를 누발

15 리더십(leadership)의 특성에 대한 설명으로 옳은 것은?

① 지휘형태는 민주적이다.
② 권한부여는 위에서 위임된다.
③ 구성원과의 관계는 지배적 구조이다.
④ 권한 근거는 법적 또는 공식적으로 부여된다.

리더십과 헤드십

구분	리더십	헤드십
지위부여 형태	구성원에 의한 선출	상부에서 임명
권한의 부여	구성원의 동의	상부로부터의 위임
권한의 근거	개인의 능력	법과 규정
권한의 귀속	집단에 기여한 공로로 인정	공식화 규정에 의거
구성원과의 관계	개인적 영향	지배적 구조
책임귀속	상사와 부하	상사
구성원과의 사회적 간격	좁음	넓음
지휘형태	민주적	권위적

2020

16 재해 원인을 통상적으로 직접원인과 간접원인으로 나눌 때 직접원인에 해당되는 것은?

① 기술적 원인
② 물적 원인
③ 교육적 원인
④ 관리적 원인

재해의 원인

- 간접원인
  - 기술적 원인 : 건물 · 기계장치 설계 불량, 구조 · 재료의 부적합, 생산 공정의 부적당, 점검 · 정비 · 보존 불량
  - 교육적 원인 : 안전의식의 부족, 안전수칙의 오해, 경험훈련의 미숙, 작업방법의 교육 불충분, 유해위험작업의 교육 불충분
  - 작업관리상 원인 : 안전관리 조직 결함, 안전수칙 미제정, 작업준비 불충분, 인원배치 부적당, 작업지시 부적당
- 직접원인
  - 불안전한 행동 : 위험장소 접근, 안전장치의 기능 제거, 복장 · 보호구의 잘못 사용, 기계 · 기구 잘못 사용, 운전중인 기계장치의 손질, 불안전한 속도 조작, 위험물 취급 부주의, 불안전한 상태 방치, 불안전한 자세 동작, 감독 및 연락 불충분
  - 불안전한 상태 : 물 자체 결함, 안전 방호장치 결함, 복장 · 보호구의 결함, 물의 배치 및 작업장소 결함, 작업환경의 결함, 생산 공정의 결함, 경계표시 · 설비의 결함

17 안전교육 계획 수립 시 고려하여야 할 사항과 관계가 가장 먼 것은?

① 필요한 정보를 수집한다.
② 현장의 의견을 충분히 반영한다.
③ 법 규정에 의한 교육에 한정한다.
④ 안전교육 시행 체계와의 관련을 고려한다.

안전교육 계획을 수립하기 위해서는 법적 기준을 상회하는 적극적인 고려가 필요하며, 이를 위해서는 사업과 관련된 법규, 규제 및 기타 이해관계자들의 요구사항 등을 파악해야 한다.

18 안전관리조직의 형태 중 라인스탭형에 대한 설명으로 틀린 것은?

① 대규모 사업장(1000명 이상)에 효율적이다.
② 안전과 생산업무가 분리될 우려가 없기 때문에 균형을 유지할 수 있다.
③ 모든 안전관리 업무를 생산라인을 통하여 직선적으로 이루어지도록 편성된 조직이다.
④ 안전업무를 전문적으로 담당하는 스탭 및 생산라인의 각 계층에도 겸임 또는 전임의 안전담당자를 둔다.

라인(Line) 스태프(Staff)의 복잡형(직계 참모조직)

- 라인형과 스태프형의 장점을 취한 절충식 조직 형태로 안전업무를 전문으로 담당하는 스태프 부분을 두고 생산라인의 각 층에도 겸임 또는 전임의 안전담당자를 두어서 안전대책은 스태프 부분에서 기획하고, 이것을 라인을 통하여 실시하도록 한 조직 방식이다.
- 대규모의 사업장(1000명 이상)에 효율적이다.
- 스태프에 의해 입안된 것을 경영자의 지침으로 명령 · 실시하도록 하므로 정확 신속하게 실시된다.
- 안전입안 계획 · 평가 · 조사는 스태프에서, 생산기술의 안전대책은 라인에서 실시하므로 안전활동과 생산업무가 균형을

유지할 수 있다.
- 명령계통과 조언 권고적 참여가 혼동되기 쉽다.
- 라인이 스태프에만 의존하거나 또는 활용치 않는 경우가 있다.
- 스태프의 월권행위 우려가 있다.

19 기능(기술)교육의 진행방법 중 하버드 학파의 5단계 교수법의 순서로 옳은 것은?

① 준비 → 연합 → 교시 → 응용 → 총괄
② 준비 → 교시 → 연합 → 총괄 → 응용
③ 준비 → 총괄 → 연합 → 응용 → 교시
④ 준비 → 응용 → 총괄 → 교시 → 연합

기능(기술)교육의 진행방법

- 하버드 학파의 5단계 교수법 : 준비(Preparation) → 교시(Presentation) → 연합(Association) → 총괄(Generalization) → 응용(Application)
- 듀이의 사고과정의 5단계 : 시사를 받는다(Suggestion) → 머리로 생각한다(Intellectualization) → 가설을 설정한다(Hypothesis) → 추론한다(Reasoning) → 행동에 의하여 가설을 검토한다(Testing of the hypothesis by action)
- 교시법의 4단계 : 준비단계(Preparation) → 일을 하여 보이는 단계(Presentation) → 일을 시켜 보이는 단계(Performance) → 보습지도의 단계(Follow-up)

20 재해의 원인과 결과를 연계하여 상호 관계를 파악하기 위해 도표화하는 분석 방법은?

① 관리도
② 파레토도
③ 특성요인도
④ 크로스분류도

통계원인 분석방법

구분	내용
파레토도 (pareto diagram)	• 사고의 유형, 기인물 등의 분류항목을 순서대로 도표화한 분석법이다. • 문제의 진원지, 즉 불량이나 결점의 원인을 찾아낼 수 있다.
특성요인도	• 특성과 요인과의 관계를 도표로 하여 어골(魚骨)상으로 세분화한 분석법이다. • 원인결과도(cause and effect diagram)라고도 하며 원인과 결과를 연계하여 상호관계를 파악하는 데 효과적이다.
크로스도 (cross diagram)	• 2개 이상의 문제 관계를 분석하는 데 사용하는 것으로 데이터(data)를 집계하고, 표로 표시하여 요인별 결과 내역을 교차한 그림을 작성하여 분석하는 방법이다. • 공단 자격시험에서는 클로즈(close) 분석과 혼용되어 출제되기도 한다.
관리도 (control diagram)	• 재해 발생 건수 등의 추이를 파악하여 목표 관리를 실시하는 데 효과적이다. • 필요한 월별 재해 발생 수를 그래프화하여 관리선을 설정하고 관리한다.

2 0 2 0

21   산업안전보건법령상 정밀작업 시 갖추어져야할 작업면의 조도 기준은?(단, 갱내 작업장과 감광재료를 취급하는 작업장은 제외한다.)

① 75럭스 이상   ② 150럭스 이상

③ 300럭스 이상   ④ 750럭스 이상

산업안전보건기준에 관한 규칙 제8조(조도) 사업주는 근로자가 상시 작업하는 장소의 작업면 조도(照度)를 다음 각 호의 기준에 맞도록 하여야 한다. 다만, 갱내(坑內) 작업장과 감광재료(感光材料)를 취급하는 작업장은 그러하지 아니하다.
1. 초정밀작업: 750럭스(lux) 이상
2. 정밀작업: 300럭스 이상
3. 보통작업: 150럭스 이상
4. 그 밖의 작업: 75럭스 이상

22   시스템 수명주기 단계 중 이전 단계들에서 발생되었던 사고 또는 사건으로부터 축적된 자료에 대해 실증을 통한 문제를 규명하고 이를 최소화하기 위한 조치를 마련하는 단계는?

① 구상단계   ② 생산단계

③ 정의단계   ④ 운전단계

시스템의 수명주기 : 구상단계 → 정의단계 → 계발단계 → 생산단계 → 운전단계(평가)

23   FTA에 의한 재해사례 연구의 순서를 올바르게 나열한 것은?

A. 목표사상 선정	B. FT도 작성
C. 사상마다 재해원인 규명	D. 개선계획 작성

① A → B → C → D   ② A → C → B → D

③ B → C → A → D   ④ B → A → C → D

D.R. Cheriton의 FTA에 의한 재해사례 연구순서
- 1단계 : 톱(Top) 사상의 선정   • 2단계 : 사상마다 재해원인 규명
- 3단계 : FT도의 작성   • 4단계 : 개선계획의 작성

24   반복되는 사건이 많이 있는 경우에 FTA 의 최소 컷셋을 구하는 알고리즘이 아닌 것은?

① Fussel Algorithm   ② Boolean Algorithm

③ Monte Carlo Algorithm   ④ Limnios & Ziani Algorithm

몬테카를로 알고리즘(Monte Carlo Algorithm)은 확률적 알고리즘으로서 단 한 번의 과정으로 정확한 해를 구하기 어려운 경우 무작위로 난수를 반복적으로 발생하여 해를 구하는 절차를 말하며, 어떤 분석 대상에 대한 완전 확률 분포가 주어지지 않을 때 유용하다.

25 신뢰도가 0.4인 부품 5개가 병렬결합 모델로 구성된 제품이 있을 때 이 제품의 신뢰도는?

① 0.90

② 0.91

③ 0.92

④ 0.93

신뢰도 $R = 1 - (1 - 0.4)^5 = 0.922$

26 조작자 한 사람의 신뢰도가 0.9일 때 요원을 중복하여 2인 1조가 되어 작업을 진행하는 공정이 있다. 작업기간 중 항상 요원 지원을 한다면 이 조의 인간 신뢰도는?

① 0.93

② 0.94

③ 0.96

④ 0.99

신뢰도 $R = 1 - (1 - 0.9)^2 = 0.99$

27 주물공장 A작업자의 작업지속시간과 휴식시간을 열압박지수(HSI)를 활용하여 계산하니 각각 45분, 15분이었다. A작업자의 1일 작업량(TW)은 얼마인가?(단, 휴식시간은 포함하지 않으며, 1일 근무시간은 8시간이다.)

① 4.5시간

② 5시간

③ 5.5시간

④ 6시간

$$작업량 = \frac{작업지속시간}{작업지속시간 + 휴식시간} \times 근무시간 = \frac{45}{45 + 15} \times 8 = 6시간$$

28 다수의 표시장치(디스플레이)를 수평으로 배열할 경우 해당 제어장치를 각각의 표시장치 아래에 배치하면 좋아지는 양립성의 종류는?

① 공간 양립성

② 개념 양립성

③ 운동 양립성

④ 양식 양립성

양립성(Compatibility)

• 개념적 정의 : 정보입력 및 처리와 관련한 양립성은 인간의 기대와 모순되지 않는 자극들간, 반응들간의 또는 자극반응 조합의 관계를 말하는 것

• 양립성의 구분

- 공간 양립성 : 표시장치가 조종장치에서 물리적 형태나 공간적인 배치의 양립성
- 운동 양립성 : 표시 및 조종장치의 운동 방향의 양립성
- 개념 양립성 : 사람들이 가지고 있는 개념적 연상(어떤 암호체계에서 청색이 정상을 나타내듯이)의 양립성
- 양식 양립성 : 기계가 특정 음성에 대해 정해진 반응을 하는 것과 같이 직무에 알맞은 자극과 응답양식의 존재에 대한 양립성

29 환경 요소의 조합에 의해서 부과되는 스트레스나 노출로 인해서 개인에 유발되는 긴장(strain)을 나타내는 환경요소 복합지수가 아닌 것은?

① 카타온도(kata temperature)
② Oxford 지수(wet-dry index)
③ 실효온도(effective temperature)
④ 열 스트레스 지수(heat stress index)

 해설

카타온도(kata temperature) : 보통 카타 온도계와 고온 카타 온도계로 알코올의 강하시간을 측정하여 실내 기류를 파악하고 온열환경영향을 평가하는 지표 중 하나이다.

30 활동의 내용마다 "우·양·가·불가"로 평가하고 이 평가내용을 합하여 다시 종합적으로 정규화하여 평가하는 안전성 평가기법은?

① 평점척도법   ② 쌍대비교법
③ 계층적 기법   ④ 일관성 검정법

 해설

- 평점척도법 : 활동의 내용마다 "우·양·가·불가"로 평가하고 이 평가내용을 합하여 다시 종합적으로 정규화하여 평가 방법
- 쌍대비교법 : 두 개의 자극을 한 쌍으로 만들어 그 두 개를 비교하는 방법

31 MIL-STD-882E에서 분류한 심각도(severity) 카테고리 범주에 해당하지 않는 것은?

① 재앙수준(catastrophic)   ② 임계수준(critical)
③ 경계수준(precautionary)   ④ 무시가능수준(negligible)

 해설

MIL-STD-882E의 심각성 범주(Severity categories)

- Severity categories 1 : 재앙수준(Catastrophic)
- Severity categories 2 : 임계수준(Critical)
- Severity categories 3 : 미미한수준(Marginal)
- Severity categories 4 : 무시가능수준(Negligible)

32 다음 중 육체적 활동에 대한 생리학적 측정방법과 가장 거리가 먼 것은?

① EMG   ② EEG
③ 심박수   ④ 에너지소비량

EEG(electroencephalogram)는 신경활동의 전위차를 나타낸다.

33 작업기억(working memory)과 관련된 설명으로 옳지 않은 것은?

① 오랜 기간 정보를 기억하는 것이다.
② 작업기억 내의 정보는 시간이 흐름에 따라 쇠퇴할 수 있다.
③ 작업기억의 정보는 일반적으로 시각, 음성, 의미 코드의 3가지로 코드화된다.
④ 리허설(rehearsal)은 정보를 작업기억 내에 유지하는 유일한 방법이다.

작업기억(working memory)이란 정보들을 일시적으로 보유하고, 각종 인지적 과정을 계획하고 순서지으며 실제로 수행하는 작업장으로서의 기능을 수행하는 단기적 기억을 말한다.

34 다음 형상 암호화 조종장치 중 이산 멈춤 위치용 조종장치는?

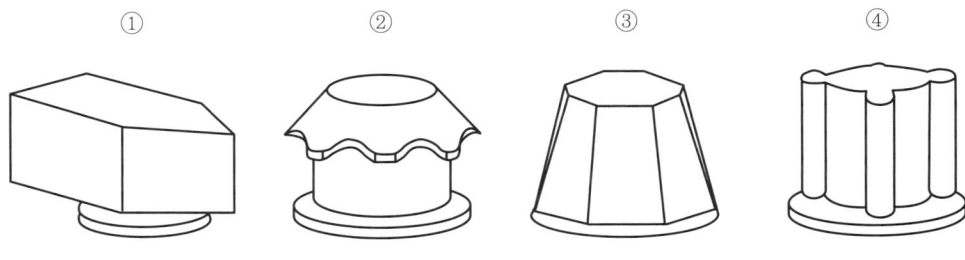

① 이산 멈춤 위치용. ②와 ③ 다회전용, ④ 단회전용

35 표시 값의 변화 방향이나 변화 속도를 나타내어 전반적인 추이의 변화를 관측할 필요가 있는 경우에 가장 적합한 표시장치 유형은?

① 계수형(digital)
② 묘사형(descriptive)
③ 동목형(moving scale)
④ 동침형(moving pointer)

정량적 동적 표시장치의 기본형

- 정목동침(Moving Pointer)형 : 눈금이 고정되고 지침이 움직이는 형으로 표시 값의 변화 방향이나 변화 속도를 나타내어 전반적인 추이의 변화를 관측할 필요가 있는 경우에 가장 적합하다.
- 정침동목(Moving Scale)형 : 지침이 고정되고 눈금이 움직이는 형으로 표시장치의 공간을 적게 차지하는 장점이 있으나 빠른 인식을 요구하는 경우에는 사용을 피하여야 한다.
- 계수(Digital)형 : 전력계나 택시요금 계기와 같이 기계, 전자적으로 숫자가 표시되는 형으로 수치를 정확히 읽어야 하는 경우 사용한다.

36 사용자의 잘못된 조작 또는 실수로 인해 기계의 고장이 발생하지 않도록 설계하는 방법은?

① FMEA   ② HAZOP
③ fail safe   ④ fool proof

풀 프루프(Fool Proof)

- 풀 프루프(Fool Proof) : 인간의 착오, 미스 등 이른바 휴먼 에러가 발생하더라도 기계설비나 그 부품은 안전 쪽으로 작동하게 설계하는 안전설계기법 중 하나
- 풀 프루프(Fool Proof)의 기구 : 가드, 로크(Lock) 기구, 밀어내기 기구, 트립 기구, 오버런(Overrun) 기구, 기동방지 기구

37 인간–기계 시스템을 설계하기 위해 고려해야 할 사항과 거리가 먼 것은?

① 시스템 설계 시 동작경제의 원칙이 만족되도록 고려한다.
② 인간과 기계가 모두 복수인 경우, 종합적인 효과보다 기계를 우선적으로 고려한다.
③ 대상이 되는 시스템이 위치할 환경 조건이 인간에 대한 한계치를 만족하는가의 여부를 조사한다.
④ 인간이 수행해야 할 조작이 연속적인가 불연속적 인가를 알아보기 위해 특성조사를 실시한다.

인간과 기계가 모두 복수인 경우, 종합적인 효과보다 인간을 우선적으로 고려하여야 한다

38 한국산업표준상 결함 나무 분석(FTA) 시 다음과 같이 사용되는 사상기호가 나타내는 사상은?

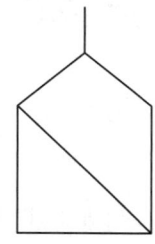

① 공사상   ② 기본사상
③ 통상사상   ④ 심층분석사상

사상기호(결함 나무 분석, KS A IEC 61025)

기호	기능	설명
⟨·⟩	AND 게이트	모든 입력 사항이 동시에 발생할 때에만 출력 사상이 발생한다.
⟨+⟩	OR 게이트	하나이든 여럿이든 어떤 입력 사상이라도 발생하면 출력 사상이 발생한다.

기호	기능	설명
	배타적 OR 게이드 (XOR)	입력 사항 중 오직 하나가 홀로 발생할 때에만 출력 사상이 발생한다(전형적으로는 두 입력 사상과 함께 사용된다).
	NOT 게이트	입력 사상에 의해 정의된 조건의 반대 조건을 표현한다.
조건문	금지 게이트	오른쪽 조건이 유효한 동안 아래쪽에 연결된 입력 사상이 발생할 때에만 사상이 발생한다. 그 조건이 다른 사상의 발생에 의해 일어나는 것이라면 금지 게이트는 사상의 발생 시기(timing)를 의미한다.
m/n	중복 구조	입력 사상 n개 중 적어도 m개 이상이 발생할 때 사상이 발생한다.
	게이트 (일반)	게이트의 일반적인 기호. 게이트의 기능이 기호 안에 정의되어야 한다.
	사상 설명 블록	사상 명칭이나 설명, 사상 코드, 발생 확률(필요시)이 기호 한에 포함되어야 한다.
	기본 사상	세분될 수 없는 사항
	미개발 사상	추가로 세분되지 않는 사상(보통 불필요하기 때문에)
	심층 분석 사상	추후 다른 결함 나무에서 심층 분석되는 사상
	통상 사상	확실히 발생하였거나, 발생할 사상
	공사상 (zero event)	발생할 수 없는 사상
	전입	결함 나무 내의 다른 곳에서 정의되는 사상

기호	기능	설명
↑	전출	다른 곳에서도 사용되는 중복 사상

39 작업자의 작업공간과 관련된 내용으로 옳지않은 것은?

① 서서 작업하는 작업공간에서 발바닥을 높이면 뻗침길이가 늘어난다.

② 서서 작업하는 작업공간에서 신체의 균형에 제한을 받으면 뻗침길이가 늘어난다.

③ 앉아서 작업하는 작업공간은 동적 팔뻗침에 의해 포락면(reach envelope)의 한계가 결정된다.

④ 앉아서 작업하는 작업공간에서 기능적 팔뻗침에 영향을 주는 제약이 적을수록 뻗침길이가 늘어난다.

서서 작업하는 작업공간에서 신체의 균형에 제한을 받으면 뻗침길이가 줄어든다

40 조종장치의 촉각적 암호화를 위하여 고려하는 특성으로 볼 수 없는 것은?

① 형상 ② 무게
③ 크기 ④ 표면 촉감

촉각적 암호화를 사용하는 경우
• 형상을 구별하여 사용하는 경우
• 표면 촉감을 이용하는 경우
• 크기를 구별하여 사용하는 경우

제 **03** 과목   건설시공학

41 공종별 시공계획서에 기재되어야 할 사항으로 거리가 먼 것은?

① 작업일정 ② 투입인원수
③ 품질관리기준 ④ 하자보수계획서

시공계획서 포함 사항

• 현장조직표	• 공사 세부공정표
• 주요공정의 시공절차 및 방법	• 시공일정
• 주요장비 동원계획	• 주요자재 및 인력투입계획
• 주요 설비사양 및 반입계획	• 품질관리대책
• 안전대책 및 환경대책 등	• 지장물 처리계획과 교통처리 대책

42 모래 채취나 수중의 흙을 퍼 올리는 데 가장 적합한 기계장비는?

① 불도저
② 드래그 라인
③ 롤러
④ 스크레이퍼

 해설

굴착용 기계의 종류 및 특징

구분	굴착기계	특징	토질
셔블계	파워셔블	지반면보다 높은 곳의 굴착, 쇄석 옮겨쌓기, 토사의 처리 등에 널리 쓰인다.	굳은 점토, 암석, 토사
	드래그셔블 (백호우)	지반면보다 낮은 곳의 굴착, 지하층 및 기초 굴삭, 토목공사나 수중굴착 등에 쓰인다(지하 6m 정도의 깊이).	자갈, 암석이 섞인 토사, 굳은 지반
	드래그라인	지반면보다 낮은 곳의 굴착, 토사를 긁어 모음, 연약한 지반의 깊은 곳 굴착 등에 쓰인다(지하 8m 정도의 깊이).	암석, 암석이 섞인 토사, 연약한 지반
	클램셀	좁은 곳의 수직굴착, 자갈 등의 적재, 연약한 지반이나 수중굴착 등에 쓰인다.	자갈, 암석, 연약한 지반
트랙터계	불도저	직선송토작업, 단단한 지반과 암석작업 등에 널리 쓰인다.	암석, 굳은 지반

43 용접작업에서 용접봉을 용접방향에 대하여 서로 엇갈리게 움직여서 용가금속을 용착시키는 운봉방법은?

① 단속용접
② 개선
③ 위빙
④ 레그

 해설

용접의 용어설명

종류	설명
스패터(Spatter)	철골용접 중 튀어나오는 슬래그 및 금속입자
비드(Bead)	용착금속이 열상을 이루어 용접된 용접층
밀 스케일(Mill scale)	쇠비늘, 강재가 냉각될 때 표면에 생기는 산화철의 표피(녹)
슬래그(Slag)	용접할 때 용착금속 위에 떠 있는 찌꺼기
그루브(Groove)	앞벌림, 접합 부재간의 사이를 트이게 한 것
플럭스(Flux)	자동용접의 경우 용접봉의 피복제 역할로 쓰이는 분말상의 재료
엔드 탭(End tab)	용접의 시작과 끝 부분에 임시로 붙이는 보조판
아크 스트라이크(Arc strike)	용접을 시작할 때 용접봉을 순간적으로 모재에 접촉시켜 아크를 발생시키는 것
가스 가우징(Gas gousing)	홈을 파기 위한 목적으로 한 화구로서 산소아세틸렌불꽃을 이용하여 녹여 깎은 재의 뒷부분을 깨끗이 깎는 것

루트(Root)	용접 이음부의 홈 아래 부분
위빙(Weaving)	용접봉을 용접방향에 대하여 가로로 왔다갔다 움직여 용착 금속을 녹여붙이는 것, 위빙 폭은 용접봉 지름의 3배 이하

44 기성콘크리트 말뚝을 타설할 때 그 중심 간격의 기준으로 옳은 것은?

① 말뚝머리지름의 1.5배 이상 또한 750mm 이상
② 말뚝머리지름의 1.5배 이상 또한 1000mm 이상
③ 말뚝머리지름의 2.5배 이상 또한 750mm 이상
④ 말뚝머리지름의 2.5배 이상 또한 1000mm 이상

 해설

기초 말뚝의 특성

특성 및 구분	나무말뚝	기성콘크리트말뚝	제자리콘크리트말뚝	강재말뚝
지름	15~20cm	20~60cm	40~60cm	임의
말뚝간격(2.5d 이상)	60cm 이상	75cm 이상	90cm 이상	90cm 이상
길이	6~10m	10~12m	임의	30~80cm
지지력	5~10t	30~50t	50~100t	50~100t
말뚝의 위치	상수면 이하	임의	임의	임의
용도	상수면이 얕고 경량 건물	중량건물	중량건물 지중에 구근 형성	중량건물

45 철근단면을 맞대고 산소-아세틸렌염으로 가열하여 적열상태에서 부풀려 가압, 접합하는 철근이음방식은?

① 나사방식 이음
② 겹침이음
③ 가스압접이음
④ 충전식 이음

 해설

가스압접

- 이음공법 중 접합강도가 아주 큰 편이며 성분원소의 조직변화가 적다.
- 접합온도는 대략 1200~1300℃ 이다.
- 철근의 지름이나 종류가 다른 경우에는 압접하지 않는다.
- 접합 전에 압접면을 그라인더로 평탄하게 가공하여야 한다.
- 이음위치는 인장력이 가장 적은 곳에서 하고 한 곳에 집중해서는 안 된다.

46 콘크리트의 건조수축을 크게 하는 요인에 해당되지 않는 것은?

① 분말도가 큰 시멘트 사용
② 흡수량이 많은 골재를 사용할 때
③ 부재의 단면치수가 클 때
④ 온도가 높을 경우, 습도가 낮을 경우

건조수축이 커지는 경우

- 분말도가 큰 시멘트를 사용할 때
- 불량한 입도의 골재, 흡수량이 큰 골재를 사용할 때
- 단위 수량이 클 때
- 온도가 높을수록, 습도가 낮을수록
- 부재의 단면치수가 작을수록
- 경화촉진제, 염화칼슘제 등의 사용
- 포졸란계 혼화재 사용(건조수축 및 단위 수량이 증가함)

47 지하수가 많은 지반을 탈수하여 건조한 지반으로 개량하기 위한 공법에 해당하지 않는 것은?

① 생석회말뚝(Chemico pile) 공법
② 페이퍼드레인(Paper drain) 공법
③ 잭파일(Jacked pile) 공법
④ 샌드드레인(Sand drain) 공법

탈수공법의 종류

- 웰포인트(Wall point) 공법(사질토)
- 샌드드레인(Sand drain) 공법(점성토)
- 페이퍼드레인(Paper drain) 공법
- 깊은우물(Deep well) 공법
- 생석회(Chemico pile) 공법
- 프리로딩(Pre-loading) 공법
- 전기침투 공법
- 진공 공법

48 건설현장에 설치되는 자동식 세륜시설 중 측면 살수시설에 관한 설명으로 옳지 않은 것은?

① 측면 살수시설의 슬러지는 컨베이어에 의한 자동배출이 가능한 시설을 설치하여야 한다.
② 측면 살수시설의 살수길이는 수송차량 전장의 1.5배 이상이어야 한다.
③ 측면 살수시설은 수송차량의 바퀴부터 적재함 하단부 높이까지 살수할 수 있어야 한다.
④ 용수공급은 기 개발된 지하수를 이용하고, 우수 또는 공사용수의 활용을 금한다.

자동식 세륜시설 중 측면살수시설 규격(KCS 21 20 15)

- 측면살수시설은 수송차량의 바퀴부터 적재함 하단부 높이까지 살수할 수 있어야 한다.
- 측면살수시설의 살수길이는 수송차량 전장의 1.5배 이상이어야 한다.
- 살수압 3.0kg/cm² 이상의 측면살수시설을 설치하여야 한다.
- 측면살수시설의 전원은 220V 혹은 380V를 사용하여야 한다.
- 측면살수시설의 슬러지는 컨베이어에 의한 자동배출이 가능한 시설을 설치하여야 한다.
- 세륜시간은 25~45sec/대를 만족하여야 한다.
- 용수공급은 우수를 모아서 사용함과 공사용수를 활용함을 원칙으로 하되, 단지내 지하수로 전환이 가능한 지구는 기 개발된 지하수를 이용하고, 부존 지하수량이 부족한 지구는 상수도를 이용하며 용수는 자체순환식으로 이용하여야 한다.

49 보기는 지하연속벽(slurry wall)공법의 시공내용이다. 그 순서를 옳게 나열한 것은?

> A : 트레미관을 통한 콘크리트 타설   B : 굴착
> C : 철근망의 조립 및 삽입   D : guide wall 설치
> E : end pipe 설치

① A → B → C → E → D
② D → B → E → C → A
③ B → D → E → C → A
④ B → D → C → E → A

지하연속벽(slurry wall)공법 : 시공방법은 설계된 벽의 두께와 위치를 따라 안내벽(Guide wall)을 설치한 후 소정의 설계 깊이까지 굴착하고 굴착이 완료되면 슬라임을 처리(Desanding)한다. 다음으로 벽과 벽 사이의 시공 조인트를 형성하기 위해 엔드 파이프(End pipe)를 설치하고 조립된 철근망을 근입한 후 트레미관을(Tremie pipe)을 통해 굴착된 하단부터 콘크리트를 타설하면서 안정액을 회수한다. 콘크리트 타설이 완료되면 경화정도에 맞추어 삽입된 엔드 파이프(End pipe)를 유압 잭(Jack)으로 인발하여 완료한다.

50 알루미늄거푸집에 관한 설명으로 옳지 않은 것은?

① 거푸집해체 시 소음이 매우 적다.
② 패널과 패널간 연결부위의 품질이 우수하다.
③ 기존 재래식 공법과 비교하여 건축폐기물을 억제하는 효과가 있다.
④ 패널의 무게를 경량화하여 안전하게 작업이 가능하다.

거푸집해체 시 소음의 저감효과는 관련이 없다.

51 철골 세우기 장비의 종류 중 이동식 세우기 장비에 해당하는 것은?

① 크롤러 크레인
② 가이 데릭
③ 스티프 레그 데릭
④ 타워크레인

건립용(철골세우기용) 기계의 분류

대분류	소분류
크레인	타워 크레인(기복형, 수평형)
	기타 소형 지브 크레인
이동식 크레인	트럭 크레인(유압식, 기계식)
	크롤러 크레인(크롤러 크레인, 크롤러식 타워크레인)
	휠 크레인(유압식, 기계식)
데릭	가이 데릭, 삼각 데릭(스티프레그데릭), 진폴 데릭

52 철골부재의 용접 접합 시 발생되는 용접결함의 종류가 아닌 것은?

① 엔드탭   ② 언더컷
③ 블로우홀   ④ 오버랩

용접상 결함의 종류

종류	설명
균열, 터짐(Crack)	가장 중대한 결함
오버랩(Over-Lap)	용접 금속과 모재가 융합되지 않고 겹쳐지는 것
블로우 홀(Blow Hole)	용접 내부에 공기(가스)구멍을 형성한 결함
슬래그(Slag) 감싸돌기	용접 찌꺼기가 용착금속 내에 혼입되는 것
언더 컷(Under cut)	모재가 녹아 용착금속이 채워지지 않고 홈으로 남게 된 부분
피트(Pit)	용접 표면에 흠집이 생긴 것
슬래그(Slag) 섞임	용착금속 내에 슬래그가 혼입되는 것
용입부족	모재가 녹지 않고 용착금속이 채워지지 않고 홈으로 남는 것
크레이터(Crater)	용접시 끝 부분에 우묵하게 파진 부분
피시아이(Fish eye)	용접부에 생기는 은색 반점

53 철골조 건물의 연면적이 5000m²일 때 이 건물 철골재의 무게 산출량은?(단, 단위면적당 강재사용량은 10.1~0.15ton/m²이다.)

① 30~40 ton
② 100~250 ton
③ 300~400 ton
④ 500~750 ton

철골재의 무게산출 표준

건물종별		철골무게(ton)
종별	구조별	
철골조 건물	연면적에 대하여	0.10 ~ 0.15
철골조 지붕틀	목재 중도리	0.04 ~ 0.06
	철골 중도리	0.06 ~ 0.08
철골 철근콘크리트조	철근을 구조계산에 가산할 경우	0.08 ~ 0.10
	철근을 구조계산에 가산하지 않을 경우	0.10 ~ 0.15

∴ (5000×0.10) ~ (5000×0.15) = 500~750 ton

54 수밀콘크리트의 배합에 관한 설명으로 옳지 않은 것은?

① 배합은 콘크리트의 소요의 품질이 얻어지는 범위 내에서 단위수량 및 물-결합재비는 되도록 크게 하고, 단위 굵은 골재량은 되도록 작게 한다

② 콘크리트의 소요 슬럼프는 되도록 작게 하여 180mm를 넘지 않도록 하며, 콘크리트 타설이 용이 할 때에는 120mm 이하로 한다.

③ 콘크리트의 워커빌리티를 개선시키기 위해 공기연행제, 공기연행감수제 또는 고성능공기연행 감수제를 사용하는 경우라도 공기량은 4% 이하가 되게 한다.

④ 물-결합재비는 50% 이하를 표준으로 한다.

 해설

수밀콘크리트

- 수밀콘크리트 구조물의 시공은 설계 내용을 충분히 검토하여 균열, 콜드조인트, 이어치기부, 신축이음, 허니컴, 재료 분리 등 외부로부터 물의 침입이나, 내부로부터 유출의 원인이 되는 결함이 생기지 않도록 하여야 한다.
- 수밀콘크리트를 시공할 때는 균일하고 치밀한 조직을 갖는 콘크리트가 만들어질 수 있도록 재료, 배합, 비빔, 타설, 다지기 및 양생 등 적절한 조치를 취하여야 한다.
- 수밀을 요하는 콘크리트 구조물은 이음부 및 거푸집 긴결재 설치 위치에서의 수밀성이 확보되도록 필요에 따라 방수를 하여야 한다.
- 수밀콘크리트 구조물을 설계할 때 반드시 시공이음, 신축이음 등을 두어야 할 경우에는, 이음부를 대상으로 별도의 방수공 또는 충진재를 계획하여 책임기술자의 승인을 얻어 시공 후 누수문제가 발생하지 않도록 관리하여야 한다.
- 수밀콘크리트 배합은 콘크리트의 소요의 품질이 얻어지는 범위 내에서 단위수량 및 물-결합재비는 되도록 작게 하고, 단위 굵은 골재량은 되도록 크게 한다.

55 철근이음의 종류에 따른 검사시기와 횟수의 기준으로 옳지 않은 것은?

① 가스압접 이음 시 외관검사는 전체개소에 대해 시행한다.

② 가스압접 이음 시 초음파탐사 검사는 1검사 로트마다 30개소 발취한다.

③ 기계적 이음의 외관검사는 전체개소에 대해 시행한다.

④ 용접이음의 인장시험은 700개소마다 시행한다.

 해설

철근이음의 검사

종류	항목	시험 · 검사 방법	시기 · 횟수	판정기준
겹침 이음	위치	육안 관찰 및 스케일에 의한 측정	가공 및 조립 때	철근상세도와 일치할 것
	이음길이			
가스압접 이음	위치	외관 관찰, 필요에 따라 스케일, 버니 어켈리퍼스 등에 의한 측정	전체 개소	철근상세도와 일치할 것
	외관 검사			
	초음파탐사 검사	KS B 0839	1검사 로트마다 30개소 발취	사용목적을 달성하기 위해 정한 별도의 것
	인장시험	KS B 0554	1검사 로트마다 3개 발취	설계기준 항복강도의 125%

기계적 이음	위치	육안 관찰, 필요에 따라 스케일, 버니어켈리퍼스 등에 의한 측정(커플러 이음의 헐거움 여부를 중심으로 커플러 내·외경 및 길이, 철근 가공 치수 등이 이상 없을 것)	전체 개소	철근상세도와 일치할 것
	외관 검사			제조회사의 시험 성적서에 사용된 시편과 일치할 것
	인장시험	제조회사의 시험 성적서에 의한 확인 또는 별도 인장시험	설계도서에 의함	설계기준 항복강도의 125%
용접 이음	외관 검사	육안 관찰 및 스케일에 의한 측정	모든 이음부위마다	철근상세도와 일치할 것
	용접부의 내부 결함	KS B 0845 또는 KS B 0896	500개소마다	
용접 이음	인장시험	KS B 0802 KS B ISO 17660−1	500개소마다	설계기준 항복강도의 125%

주) 1검사 로트는 원칙적으로 동일 작업반이 동일한 날에 시공 압접개소로서 그 크기는 200개소 정도를 표준으로 함.

---

56 다음 중 벽체전용 시스템 거푸집에 해당되지 않는 것은?

① 갱 폼 ② 클라이밍 폼
③ 슬립 폼 ④ 테이블 폼

테이블 폼 거푸집 : 바닥판에 장선과 멍에를 일체화해 수평, 수직으로 이동해 조립하도록 고안한 대형 시스템방식의 거푸집으로 바닥 거푸집의 설치, 해체, 인양 및 재설치 과정을 기계를 이용해 시공하기 때문에 인건비를 절감할 수 있으며 고층 건축공사에서 주로 적용해 사용한다.

---

57 건축주가 시공회사의 신용, 자산, 공사경력, 보유기술 등을 고려하여 그 공사에 가장 적격한 단일 업체에게 입찰시키는 방법은?

① 공개경쟁입찰 ② 특명입찰
③ 사전자격심사 ④ 대안입찰

입찰방식의 분류

- 공개경쟁입찰 : 유자격자는 모두 참가할 수 있도록 기회를 주는 입찰방식
  - 장점 : 담합의 우려가 적음, 공사비의 절감, 균등한 기회부여
  - 단점 : 과대경쟁, 입찰자의 질 저하로 공사 조잡, 입찰사무 복잡
- 특명입찰 : 가장 적격한 1명을 지명하여 입찰시키는 것(일종의 수의계약)
  - 장점 : 입찰 수속이 가장 간단하며, 공사의 기밀 유지 가능
  - 단점 : 공사비 증대의 우려가 있으며, 불공평할 수가 있음
- 지명경쟁입찰 : 적당하다고 인정되는 3~7개의 회사를 선정하여 입찰시키는 방법
  - 장점 : 시공상 신뢰성이 있으며, 부적격한 업자의 제거 가능
  - 단점 : 담합의 우려
- 대안입찰 : 원안입찰과 함께 따로 입찰자의 의사에 따라 대안이 허용된 공사의 입찰

2 0 2 0

58 공동도급에 관한 설명으로 옳지 않은 것은?

① 각 회사의 소요자금이 경감되므로 소자본으로 대규모 공사를 수급할 수 있다.
② 각 회사가 위험을 분산하여 부담하게 된다.
③ 상호기술의 확충을 통해 기술축적의 기회를 얻을 수 있다.
④ 신기술, 신공법의 적용이 불리하다.

공동도급(Joint Venture Contract)

• 복수 참가자가 독립된 공동체를 작성하고 공동출자하며 공동관리권을 가지며, 특정한 공사를 목적으로 하는 것으로 공동의 영리를 목적으로 한다.
• 이윤의 증대는 없지만 상호보증으로 인해 융자력이 증대되며 위험부담이 분산된다.
• 단일회사의 경우보다 간접비가 많이 발생하여 공사비가 증대되고, 구성원 상호간의 불일치로 혼란이 초래될 수 있다.

59 한중 콘크리트의 시공에 관한 설명으로 옳지 않은 것은?

① 하루의 평균기온이 4℃ 이하가 예상되는 조건일 때는 콘크리트가 동결할 염려가 있으므로 한중 콘크리트로 시공하여야 한다.
② 기상조건이 가혹한 경우나 부재 두께가 얇을 경우에는 타설할 때의 콘크리트의 최저온도는 10℃ 정도를 확보하여야 한다.
③ 콘크리트를 타설할 마무리된 지반이 이미 동결되어 있는 경우에는 녹이지 않고 즉시 콘크리트를 타설하여야 한다.
④ 타설이 끝난 콘크리트는 양생을 시작할 때까지 콘크리트 표면의 온도가 급랭할 수 가능성이 있으므로, 콘크리트를 타설한 후 즉시 시트나 적당한 재료로 표면을 덮는다.

한중콘크리트의 타설

• 타설할 때의 콘크리트 온도는 구조물의 단면 치수, 기상 조건 등을 고려하여 5~20℃의 범위에서 정하여야 한다. 기상 조건이 가혹한 경우나 부재 두께가 얇을 경우에는 칠 때의 콘크리트의 최저온도는 10℃ 정도를 확보하여야 한다.
• 콘크리트를 타설할 때에는 철근이나, 거푸집 등에 빙설이 부착되어 있지 않아야 한다.
• 콘크리트를 타설할 마무리된 지반은 콘크리트 타설까지의 사이에 동결하지 않도록 시트 등으로 덮어놓아야 한다. 이미 지반이 동결되어 있는 경우에는 적당한 방법으로 이것을 녹인 후 콘크리트를 타설하여야 한다.
• 시공이음부의 콘크리트가 동결되어 있는 경우는 적당한 방법으로 이것을 녹여 콘크리트를 이어 타설하여야 한다.
• 타설이 끝난 콘크리트는 양생을 시작할 때까지 콘크리트 표면의 온도가 급랭할 가능성이 있으므로, 콘크리트를 타설한 후 즉시 시트나 기타 적당한 재료로 표면을 덮고 특히, 바람을 막아야 한다.

60 기초하부의 먹매김을 용이하게 하기 위하여 60mm 정도의 두께로 강도가 낮은 콘크리트를 타설하여 만든 것은?

① 밑창콘크리트   ② 매스콘크리트
③ 제자리콘크리트   ④ 잡석지정

지정 및 기초공사

• 긴 주춧돌 지정 : 지름 30cm 정도의 토관을 기초저면에 설치하고, 한옥건축에서는 주춧돌로 화강석을 사용한다.

- 밑창콘크리트 지정 : 기초하부의 먹매김을 위해 잡석, 자갈지정 위에 설계기준강도 15MPa 이상의 콘크리트를 두께 5~6cm 정도로 설계한다.
- 잡석지정 : 지름 10~25cm 정도의 호박돌을 전단력에 유리하도록 옆 세워 깔고 사이사이에 사춤 자갈을 넣어 다지는 지정으로 수직지지력에는 효과가 크지만, 수평지지력에는 효과가 적다.
- 모래지정 : 지반이 연약하고 2m 이내에 굳은 층이 있을 때 연약층을 파내고 모래를 넣어 물다짐하는 지정으로 모래는 장기 허용압축강도가 20~40t/m² 정도로 큰 편이어서 잘다져 지정으로 쓸 경우 효과적이다.
- 자갈지정 : 굳은 지반에 잡석 대신 지름 5cm 정도의 자갈을 두께 5~10cm 정도 깔고 잔자갈을 채워 다지는 지정이다.

제 04 과목 　건설재료학

61 건축공사의 일반창유리로 사용되는 것은?

① 석영유리　　　　　　　　　　② 붕규산유리
③ 칼라석회유리　　　　　　　　④ 소다석회유리

- 소다석회유리 : 용용하기 쉽고. 산에는 강하나 알칼리에 약한 특성이 있으며 건축 일반용 창호유리. 병유리에 자주 사용된다
- 붕규산유리 : 규산 대신에 붕산을 주체로 하는 유리로 붕산을 5% 이상 함유한 것으로 내열성이 좋아서 내열식기에 사용된다

62 목재의 함수율에 관한 설명으로 옳지 않은 것은?

① 목재의 함유수분 중 자유수는 목재의 중량에는 영향을 끼치지만 목재의 물리적 성질과는 관계가 없다.
② 침엽수의 경우 심재의 함수율은 항상 변재의 함수율보다 크다.
③ 섬유포화상태의 함수율은 30% 정도이다.
④ 기건상태란 목재가 통상 대기의 온도, 습도와 평형된 수분을 함유한 상태를 말하며, 이때의 함수율은 15% 정도이다.

침엽수와 활엽수는 부후 정도가 다르기 때문에 함수율에서 차이가 나며, 침엽수의 부후 정도가 적어 활엽수보다 함수율이 적게 나타난다.

63 건물의 바닥 충격음을 저감시키는 방법에 관한 설명으로 옳지 않은 것은?

① 완충재를 바닥 공간 사이에 넣는다.
② 부드러운 표면마감재를 사용하여 충격력을 작게 한다.
③ 바닥을 띄우는 이중바닥으로 한다.
④ 바닥슬래브의 중량을 작게 한다.

건물의 바닥 충격음을 저감시키기 위한 중량·고강성바닥공법은 바닥슬래브의 중량을 증가시키면 발생된 충격에 대해 바닥이 진동하기 어렵게 되어 바닥충격음도 낮아지도록 하는 공법이다. 슬래브의 강성을 증가시키는 방법 또한 충격점의 유효질량을 높이는 것이 되어 중량증가와 유사한 효과를 기대할 수 있다.

64 KS F 2503(굵은 골재의 밀도 및 흡수율 시험방법)에 따른 흡수율 산정식은 다음과 같다. 여기에서 A가 의미하는 것은?

$$Q = \frac{B - A}{A} \times 100\%$$

① 절대건조상태 시료의 질량(g) ② 표면건조포화상태 시료의 질량(g)
③ 시료의 수중질량(g) ④ 기건상태시료의 질량(g)

$$흡수율(Q) = \frac{표면건조포화상태의\ 시료질량(B) - 절대건조상태의\ 시료질량(A)}{절대건조상태의\ 시료질량(A)} \times 100$$

65 KS F 4052에 따라 방수공사용 아스팔트는 사용용도에 따라 4종류로 분류된다. 이 중, 감온성이 낮은 것으로서 주로 일반지역의 노출지붕 또는 기온이 비교적 높은 지역의 지붕에 사용하는 것은?

① 1종(침입도 지수 3 이상) ② 2종(침입도 지수 4 이상)
③ 3종(침입도 지수 5 이상) ④ 4종(침입도 지수 6 이상)

방수공사용 아스팔트 구분 및 품질
• 방수공사용 아스팔트의 구분

종류	용도
1종	보통의 감온성을 갖고 있으며, 비교적 연질로서 공사 기간 중이나 그 후에도 알맞은 온도 조건에서 실내 및 지하 구조 부분에 사용한다.
2종	비교적 낮은 감온성을 갖고 있으며, 일반 지역의 경사가 느린 보행용 지붕에 사용한다.
3종	감온성이 낮은 것으로 일반 지역의 노출 지붕 또는 기온이 비교적 높은 지역의 지붕에 사용한다.
4종	감온성이 아주 낮으며 비교적 연질의 것으로, 일반 지역 외에 주로 한랭 지역의 지붕, 그 밖의 부분에 사용한다.

※ 감온성(感溫性) : 아스팔트의 경도 또는 점도 등이 온도의 변화에 따라 변화하는 성질을 말한다. 감온성을 정확히 나타내는 수치로는 침입도 지수가 있다.
• 방수공사용 아스팔트의 품질

종류	1종	2종	3종	4종
연화점(℃)	85 이상	90 이상	100 이상	95 이상
침입도 25℃, 100g, 5sec	25~45	20~40	20~40	30~50

침입도 지수	3.0 이상	4.0 이상	5.0 이상	6.0 이상
증발 질량 변화율, 질량(%)	1 이하	1 이하	1 이하	1 이하
인화점(℃)	250 이상	270 이상	280 이상	280 이상
톨루엔 가용분(%)	98 이상	98 이상	95 이상	92 이상
취화점(℃)	− 5 이하	− 10 이하	− 15 이하	− 20 이하
흘러내린 길이(mm)	−	−	8 이하	8 이하
가열안정성(℃)	5 이하			

66 콘크리트의 건조수축 현상에 관한 설명으로 옳지 않은 것은?

① 단위 시멘트량이 작을수록 커진다.
② 단위 수량이 클수록 커진다.
③ 골재가 경질이면 작아진다.
④ 부재치수가 크면 작아진다.

 해설

콘크리트의 건조수축

• 건조수축이란 습윤상태에 있는 콘크리트가 수분의 건조에 따라 수축하는 현상을 말한다.
• 건조수축에 가장 큰 영향을 미치는 것은 단위 수량이며 단위 수량을 적게 해야 건조수축이 적어진다.
• 단위 수량이 작은 된비빔은 건조수축이 적고, 단위 수량이 많은 묽은비빔일수록 수축량이 많다.

67 용제 또는 유제상태의 방수제를 바탕면에 여러번 칠하여 방수막을 형성하는 방수법은?

① 아스팔트 루핑 방수
② 도막 방수
③ 시멘트 방수
④ 시트 방수

 해설

도막 방수란 도료상태의 방수제를 바탕면에 여러번 칠하여 상당한 살두께의 방수막을 만드는 방수법으로 시트를 이용한 방수공법과는 달리 결함 발견이 용이하고, 국부적 보수가 쉽다.

68 콘크리트의 워커빌리티 측정법에 해당되지 않는 것은?

① 슬럼프시험
② 다짐계수시험
③ 비비시험
④ 오토클레이브 팽창도시험

 해설

워커빌리티(Workability)

• 워커빌리티에 영향을 주는 요인 : 시멘트의 품질 및 양, 골재의 입도와 형상, 단위 수량, 배합 및 비빔, 혼화재료, 온도 및 혼합시간
• 워커빌리티의 측정법 : 슬럼프시험, 다짐계수시험, 비비시험, 흐름시험(Flow test), 리몰딩시험, 구관입시험

2 0 2 0

69 단열재의 선정 조건으로 옳지 않은 것은?

① 흡수율이 낮을 것　　　　　　② 비중이 클 것
③ 열전도율이 낮을 것　　　　　　④ 내화성이 좋을 것

단열재의 선정기준

• 열전도율이 낮은 것
• 흡수성, 투습성이 적은 것
• 기계적 강도와 탄력성이 있는 것
• 비중이 낮고 가공, 접착 등 시공성이 좋은 것
• 내화성 및 난연성, 내약품성이 좋은 것

70 비철금속에 관한 설명으로 옳지 않은 것은?

① 청동은 동과 주석의 합금으로 건축장식철물 또는 미술공예재료에 사용된다.
② 황동은 동과 아연의 합금으로 산에는 침식되기 쉬우나 알칼리나 암모니아에는 침식되지 않는다.
③ 알루미늄은 광선 및 열의 반사율이 높지만 연질이기 때문에 손상되기 쉽다.
④ 납은 비중이 크고 전성, 연성이 풍부하다.

황동(黃銅, 놋쇠, Brass)

• 동+아연(10~45% 정도 함유)의 합금이다.
• 동보다 단단하고 주조가 잘되며 압연, 인발(引拔) 등의 가공이 용이하다.
• 내식성이 크나 산과 알칼리에는 침식된다.

71 돌붙임공법 중에서 석재를 미리 붙여놓고 콘크리트를 타설하여 일체화시키는 방법은?

① 조적공법　　　　　　　　　② 앵커긴결공법
③ GPC공법　　　　　　　　　④ 강재트러스 지지공법

G.P.C(granite veneer precast concrete) 공법 : 화강석을 외장재로 사용하는 방법으로 거푸집에 화강석 판재를 배열한 후 석재 뒷면에 철근조립 후 콘크리트를 타설하여 제작되며 구조체의 변형 및 균열의 영향을 받지 않고, 공장제작이 가능하며, 설치공법의 기계화로 시공의 효율성을 높일 수 있다.

72 건축용 소성 점토벽돌의 색채에 영향을 주는 주요한 요인이 아닌 것은?

① 철화합물　　　　　　　　　② 망간화합물
③ 소성온도　　　　　　　　　④ 산화나트륨

건축용 벽돌의 색은 디자인에 있어 중요한 요소로서, 소성색은 철화합물, 망간화합물, 소성온도 등에 따라 달라진다. 적벽돌의 색은 점토가 함유하는 산화철이 큰 영향을 주면 지나치게 소성하면 은회색이 되기도 한다.

73 다음 중 실(seal)재가 아닌 것은?

① 코킹재　　　　　　　　　　　② 퍼티
③ 트래버틴　　　　　　　　　　　④ 개스킷

 해설

트래버틴(Travertine) : 탄산석회($CaCO_3$)를 포함만 대리석의 한 종류로 물에 침전되어 생성된 것이다. 다공질이며, 황갈색의 반문이 있고 광택이 우수하여 실내 장식용으로 사용된다.

74 콘크리트의 배합 설계 시 굵은골재의 절대용적이 500cm, 잔골재의 절대용적이 300cm라 할 때 잔골재율(%)은?

① 37.5%　　　　　　　　　　　② 40.0%
③ 52.5%　　　　　　　　　　　④ 60.0%

 해설

$$잔골재율 = \frac{잔골재의\ 절대용적}{전체\ 골재의\ 절대용적} = \frac{300}{500 + 300} \times 100 = 37.5\%$$

75 열가소성 수지가 아닌 것은?

① 염화비닐수지　　　　　　　　　② 초산비닐수지
③ 요소수지　　　　　　　　　　　④ 폴리스티렌수지

 해설

합성수지의 분류 및 주요 용도

분류	소분류	수지(약호)	용도
열가소성	범용수지	폴리에틸렌(PE)	필름, 시트, 성형품, 섬유
		폴리프로필렌(PP)	성형품, 필름, 파이프, 섬유
		폴리스틸렌(PS)	성형품, 발포재료, ABS수지
		염화비닐(PVC)	파이프, 호스, 시트, 판
		염화비닐리덴(PVDC)	필름, 섬유
		플루오르(플루오린)수지	내약품성 기계부품
	범용수지	아크릴수지	판, 성형품(건축재, 디스플레이)
		폴리아세트산 비닐수지	도료, 접착제, 츄잉검
열가소성	엔지니어링 플라스틱	폴리아미드수지	기계부품
		아세탈수지	기계부품
		폴리카보네이트(PC)	기계부품, 디스플레이
		폴리페닐렌옥사이드	전기·전자부품
		폴리에스테르	성형품, 판, 화장판, 필름

분류	소분류	수지(약호)	용도
열가소성	엔지니어링 플라스틱	폴리술폰	내열성형품, 전지·전자부품, 식품
		폴리이미드	내열성 필름, 접착제
열경화성		페놀수지	적층품(판), 성형품
		우레아수지	접착제, 섬유, 종이 가공품
		멜라민수지	화장판, 도료
		알키드수지	도료
		불포화 폴리에스테르수지	FRP(성형품, 판)
		에폭시수지	도료, 접착제, 절연재
		규소수지	성형품(내열, 절연), 오일, 고무
		폴리우레탄수지	발포제, 합성피혁, 접착제

76 **미장재료에 관한 설명으로 옳지 않은 것은?**

① 회반죽벽은 습기가 많은 장소에서 시공이 곤란하다.
② 시멘트 모르타르는 물과 화학반응하여 경화되는 수경성 재료이다.
③ 돌로마이트 플라스터는 마그네시아 석회에 모래, 여물을 섞어 반죽한 바름벽 재료를 말한다.
④ 석고 플라스터는 공기 중의 탄산가스를 흡수하여 경화한다.

- 돌로마이트 플라스터 : 점성이 커서 풀을 사용하지 않고 물로 연화하여 사용하는 것으로 대기 중의 이산화탄소(CO_2)와 결합하여 경화하는 기경성 미장재료이다.
- 석고 플라스터 : 석고에 풀 등의 접착제, 응결시간조절제, 혼화재 등을 혼합한 것으로 벽, 천정 등에 사용하는 수경성 미장 재료이며, 건조 시 무수축성의 성질을 갖는다.

77 **내약품성, 내마모성이 우수하여 화학공장의 방수층을 겸한 바닥 마무리재로 가장 적합한 것은?**

① 합성고분자 방수 ② 무기질 침투방수
③ 아스팔트 방수 ④ 에폭시 도막방수

에폭시 도막방수 : 내약품성·내마모성·내화학성·내후성이 우수하며, 접착력이 뛰어나 화학공장의 방수층을 겸한 바닥재 공사에 사용된다

78 **일반적으로 철, 크롬, 망간 등의 산화물을 혼합하여 제조한 것으로 염색품의 색이 바래는 것을 방지하고 채광을 요구하는 진열장 등에 이용되는 유리는?**

① 자외선흡수유리 ② 망입유리
③ 복층유리 ④ 유리블록

- 자외선흡수유리 : 자외선을 흡수하는 금속 산화물을 혼합하여 제조한 것으로 백화점의 쇼윈도 등과 같이 염색품의 색이 바래는 것을 방지하고 채광을 요구하는 진열장 등에 이용된다.
- 망입유리 : 유리 내부에 금속망을 삽입하고 압착 성형한 판유리로 깨지는 경우에도 파편이 튀지 않고 연소도 방지할 수 있다.
- 복층유리 : 일반적으로 두 장의 판유리 사이에 공기층을 두어 단열, 차음, 결로 방지 등의 효과를 둔 유리이다.

79 회반죽 바름의 주원료가 아닌 것은?

① 소석회
② 점토
③ 모래
④ 해초풀

회반죽 : 소석회에 모래, 해초풀, 여물 등을 혼합하여 바르는 미장재료로 목조바탕, 콘크리트 블록 및 벽돌바탕 등에 사용된다.

80 목재의 건조에 관한 설명으로 옳지 않은 것은?

① 대기건조 시 통풍이 잘되게 세워 놓거나, 일정 간격으로 쌓아올려 건조시킨다.
② 마구리부분은 급격히 건조되면 갈라지기 쉬우므로 페인트 등으로 도장한다.
③ 인공건조법으로 건조 시 기간은 통상 약 5~6주 정도이다.
④ 고주파건조법은 고주파 에너지를 열에너지로 변화시켜 발열 현상을 이용하여 건조한다.

인공건조의 장점으로는 자연건조와 같은 낮은 수준으로 건조하는 데에도 불과 며칠 내지 몇 주 정도만 소요될 정도로 건조시간이 짧다는 것이다

제 05 과목   건설안전기술

81 항타기 및 항발기를 조립하는 경우 점검하여야 할 사항이 아닌 것은?

① 과부하장치 및 제동장치의 이상 유무
② 권상장치의 브레이크 및 쐐기장치 기능의 이상 유무
③ 본체 연결부의 풀림 또는 손상의 유무
④ 권상기의 설치상태의 이상 유무

항타기 또는 항발기 조립·해체 시 점검사항(산업안전보건기준에 관한 규칙 제207조 ②항)

- 본체 연결부의 풀림 또는 손상의 유무
- 권상용 와이어로프·드럼 및 도르래의 부착상태의 이상 유무
- 권상장치의 브레이크 및 쐐기장치 기능의 이상 유무
- 권상기의 설치상태의 이상 유무
- 리더(leader)의 버팀 방법 및 고정상태의 이상 유무
- 본체·부속장치 및 부속품의 강도가 적합한지 여부
- 본체·부속장치 및 부속품에 심한 손상·마모·변형 또는 부식이 있는지 여부

2 0 2 0

82 건설공사 유해위험방지계획서 제출 시 공통적으로 제출하여야 할 첨부서류가 아닌 것은?

① 공사개요서
② 전체 공정표
③ 산업안전보건관리비 사용계획서
④ 가설도로계획서

유해위험방지계획서 첨부서류

- 공사 개요 및 안전보건관리계획
  - 공사 개요서
  - 공사현장의 주변 현황 및 주변과의 관계를 나타내는 도면(매설물 현황을 포함한다)
  - 건설물, 사용 기계설비 등의 배치를 나타내는 도면
  - 전체 공정표
  - 산업안전보건관리비 사용계획서
  - 안전관리 조직표
  - 재해 발생 위험 시 연락 및 대피방법
- 작업 공사 종류별 유해위험방지계획

83 신축공사 현장에서 강관으로 외부비계를 설치할 때 비계기둥의 최고 높이가 45m라면 관련 법령에 따라 비계기둥을 2개의 강관으로 보강하여야 하는 높이는 지상으로부터 얼마까지인가?

① 14m
② 20m
③ 25m
④ 31m

산업안전보건기준에 관한 규칙 제60조(강관비계의 구조) 사업주는 강관을 사용하여 비계를 구성하는 경우 다음 각 호의 사항을 준수해야 한다.

1. 비계기둥의 간격은 띠장 방향에서는 1.85미터 이하, 장선(長線) 방향에서는 1.5미터 이하로 할 것. 다만, 다음 각 목의 어느 하나에 해당하는 작업의 경우에는 안전성에 대한 구조검토를 실시하고 조립도를 작성하면 띠장 방향 및 장선 방향으로 각각 2.7미터 이하로 할 수 있다.
   가. 선박 및 보트 건조작업
   나. 그 밖에 장비 반입·반출을 위하여 공간 등을 확보할 필요가 있는 등 작업의 성질상 비계기둥 간격에 관한 기준을 준수하기 곤란한 작업
2. 띠장 간격은 2.0미터 이하로 할 것. 다만, 작업의 성질상 이를 준수하기가 곤란하여 쌍기둥틀 등에 의하여 해당 부분을 보강한 경우에는 그러하지 아니하다.
3. 비계기둥의 제일 윗부분으로부터 31미터되는 지점 밑부분의 비계기둥은 2개의 강관으로 묶어 세울 것. 다만, 브라켓(bracket, 까치발) 등으로 보강하여 2개의 강관으로 묶을 경우 이상의 강도가 유지되는 경우에는 그러하지 아니하다.
4. 비계기둥 간의 적재하중은 400킬로그램을 초과하지 않도록 할 것
∴ 45m − 31m = 14m

84 철근콘크리트 현장타설공법과 비교한 PC(precast concrete) 공법의 장점으로 볼 수 없는 것은?

① 기후의 영향을 받지 않아 동절기 시공이 가능하고, 공기를 단축할 수 있다.
② 현장작업이 감소되고, 생산성이 향상되어 인력 절감이 가능하다.
③ 공사비가 매우 저렴하다.
④ 공장 제작이므로 콘크리트 양생 시 최적 조건에 의한 양질의 제품생산이 가능하다.

프리캐스트 콘크리트(precast concrete)는 벽, 바닥 등을 구성하는 콘크리트 부재를 미리 운반 가능한 모양과 크기로 공장에서 만드는 것으로 대량생산을 통해 비용을 저렴하게 낮출 수 있지만, 철근콘크리트 현장타설공법과 비교할 때 공사비가 저렴한 편은 아니다.

85 흙막이 지보공을 설치하였을 때 붕괴 등의 위험방지를 위하여 정기적으로 점검하고, 이상 발견 시 즉시 보수하여야 하는 사항이 아닌 것은?

① 침하의 정도
② 버팀대의 긴압의 정도
③ 지형 · 지질 및 지층상태
④ 부재의 손상 · 변형 변위 및 탈락의 유무와 상태

산업안전보건기준에 관한 규칙 제347조(붕괴 등의 위험 방지) ① 사업주는 흙막이 지보공을 설치하였을 때에는 정기적으로 다음 각 호의 사항을 점검하고 이상을 발견하면 즉시 보수하여야 한다.
1. 부재의 손상 · 변형 · 부식 · 변위 및 탈락의 유무와 상태
2. 버팀대의 긴압(緊壓)의 정도
3. 부재의 접속부 · 부착부 및 교차부의 상태
4. 침하의 정도
② 사업주는 제1항의 점검 외에 설계도서에 따른 계측을 하고 계측 분석 결과 토압의 증가 등 이상한 점을 발견한 경우에는 즉시 보강조치를 하여야 한다.

86 작업발판 및 통로의 끝이나 개구부로서 근로자가 추락할 위험이 있는 장소에서의 방호조치로 옳지 않은 것은?

① 안전난간 설치   ② 와이어로프 설치
③ 울타리 설치   ④ 수직형 추락방망 설치

산업안전보건기준에 관한 규칙 제43조(개구부 등의 방호 조치) ① 사업주는 작업발판 및 통로의 끝이나 개구부로서 근로자가 추락할 위험이 있는 장소에는 안전난간, 울타리, 수직형 추락방망 또는 덮개 등(이하 이 조에서 "난간등"이라 한다)의 방호 조치를 충분한 강도를 가진 구조로 튼튼하게 설치하여야 하며, 덮개를 설치하는 경우에는 뒤집히거나 떨어지지 않도록 설치하여야 한다. 이 경우 어두운 장소에서도 알아볼 수 있도록 개구부임을 표시해야 하며, 수직형 추락방망은 한국산업표준에서 정하는 성능기준에 적합한 것을 사용해야 한다.
② 사업주는 난간등을 설치하는 것이 매우 곤란하거나 작업의 필요상 임시로 난간등을 해체하여야 하는 경우 제42조제2항 각 호의 기준에 맞는 추락방호망을 설치하여야 한다. 다만, 추락방호망을 설치하기 곤란한 경우에는 근로자에게 안전대를 착용하도록 하는 등 추락할 위험을 방지하기 위하여 필요한 조치를 하여야 한다.

87 히빙(heaving) 현상이 가장 쉽게 발생하는 토질지반은?

① 연약한 점토 지반   ② 연약한 사질토 지반
③ 견고한 점토 지반   ④ 견고한 사질토 지반

히빙(Heaving)이란 굴착이 진행됨에 따라 흙막이 벽 뒤쪽 흙의 중량이 굴착부 바닥의 지지력 이상이 되면 흙막이벽 근입(根入) 부분의 지반 이동이 발생하여 굴착부 저면이 솟아오르는 현상으로 연약성 점토 지반인 경우에 쉽게 발생한다.

88 암질 변화구간 및 이상 암질 출현 시 판별 방법과 가장 거리가 먼 것은?

① R.Q.D   ② R.M.R
③ 지표침하량   ④ 탄성파 속도

발파시 암질 판별 기준

- R.Q.D(%)   - R.M.R
- 탄성파속도(m/sec)   - 진동치속도(cm/sec)
- 일축압축강도(kgf/cm²)

89 블레이드의 길이가 길고 낮으며 블레이드의 좌우를 전후 25~30° 각도로 회전시킬 수 있어 흙을 측면으로 보낼 수 있는 도저는?

① 레이크 도저   ② 스트레이트 도저
③ 앵글도저   ④ 틸트도저

도저의 종류

- 불도저 : 블레이드의 측판은 많은 양의 흙을 밀 수 있게 되어 있으며, 블레이드의 용량이 크고 직선송토작업, 거친 배수로 매몰작업 등에 적합하다.
- 앵글도저 : 블레이드의 길이가 길고 높이를 30°의 각도로 회전시킬 수 있어 흙을 측면으로 보낼 수 있다.
- 틸트도저 : 틸트도저는 V형 배수로 작업, 동결된 땅, 굳은 땅 파헤치기, 나무뿌리 파내기, 바윗돌 굴리기 등에 효과적이다.

90 동바리로 사용하는 파이프 서포트에 관한 설치 기준으로 옳지 않은 것은?

① 파이프 서포트를 3개 이상 이어서 사용하지 않도록 할 것
② 파이프 서포트를 이어서 사용하는 경우에는 4개 이상의 볼트 또는 전용철물을 사용하여 이을 것
③ 높이가 3.5m를 초과하는 경우에는 높이 2m 이내마다 수평연결재를 2개 방향으로 만들고 수평연결재의 변위를 방지할 것
④ 파이프 서포트 사이에 교차가새를 설치하여 수평력에 대하여 보강 조치할 것

교차가새는 동바리로 사용하는 강관틀에서 강관틀과 강관틀 사이에 설치한다.

91 건물 외부에 낙하물 방지망을 설치할 경우 벽면으로부터 돌출되는 거리의 기준은?

① 1m 이상   ② 1.5m 이상
③ 1.8m 이상   ④ 2m 이상

산업안전보건기준에 관한 규칙 제14조(낙하물에 의한 위험의 방지) ① 사업주는 작업장의 바닥, 도로 및 통로 등에서 낙하물이 근로자에게 위험을 미칠 우려가 있는 경우 보호망을 설치하는 등 필요한 조치를 하여야 한다.

② 사업주는 작업으로 인하여 물체가 떨어지거나 날아올 위험이 있는 경우 낙하물 방지망, 수직보호망 또는 방호선반의 설치, 출입금지구역의 설정, 보호구의 착용 등 위험을 방지하기 위하여 필요한 조치를 하여야 한다. 이 경우 낙하물 방지망 및 수직보호망은 「산업표준화법」 제12조에 따른 한국산업표준(이하 "한국산업표준"이라 한다)에서 정하는 성능기준에 적합한 것을 사용하여야 한다.

③ 제2항에 따라 낙하물 방지망 또는 방호선반을 설치하는 경우에는 다음 각 호의 사항을 준수하여야 한다.

1. 높이 10미터 이내마다 설치하고, 내민 길이는 벽면으로부터 2미터 이상으로 할 것
2. 수평면과의 각도는 20도 이상 30도 이하를 유지할 것

92 콘크리트를 타설할 때 거푸집에 작용하는 콘크리트 측압에 영향을 미치는 요인과 가장 거리가 먼 것은?

① 콘크리트 타설 속도
② 콘크리트 타설 높이
③ 콘크리트의 강도
④ 기온

콘크리트의 측압이 커지는 조건

- 기온이 낮을수록(대기 중의 습도가 낮을수록)
- 치어붓기 속도가 클수록
- 굵은 콘크리트일수록(물·시멘트비가 클수록, 슬럼프 값이 클수록, 시멘트·물비가 적을수록)
- 콘크리트의 비중이 클수록
- 콘크리트의 다지기가 강할수록
- 철근의 양이 적을수록
- 거푸집의 수밀성이 높을수록
- 거푸집의 수평단면이 클수록(벽 두께가 클수록)
- 거푸집의 강성이 클수록
- 거푸집의 표면이 매끄러울수록
- 생콘크리트의 높이가 높을수록(단, 일정한 높이에 이르면 측압의 증가는 없음)

93 다음과 같은 조건에서 추락 시 로프의 지지점에서 최하단까지의 거리 h를 구하면 얼마인가?

• 로프 길이 150cm	• 로프 신율 30%	• 근로자 신장 170cm

① 2.8m
② 3.0m
③ 3.2m
④ 3.4m

$$h = \text{로프의 길이} + \text{로프의 늘어난 길이} + \frac{\text{신장}}{2}$$

$$= 1.5 + (1.5 \times 0.3) + \frac{1.7}{2} = 2.8m$$

94 산업안전보건법령에 따른 크레인을 사용하여 작업을 하는 때 작업시작 전 점검사항에 해당되지 않는 것은?

① 권과방지장치 · 브레이크 · 클러치 및 운전장치의 기능
② 주행로의 상측 및 트롤리(trolley)가 횡행하는 레일의 상태
③ 원동기 및 풀리 (pulley)기능의 이상 유무
④ 와이어로프가 통하고 있는 곳의 상태

작업시작 전 점검사항(산업안전보건기준에 관한 규칙 별표 3)

작업의 종류	점검내용
프레스 등을 사용하여 작업을 할 때	• 클러치 및 브레이크의 기능 • 크랭크축 · 플라이휠 · 슬라이드 · 연결봉 및 연결 나사의 풀림여부 • 1행정 1정지기구 · 급정지장치 및 비상정지장치의 기능 • 슬라이드 또는 칼날에 의한 위험방지 기구의 기능 • 프레스의 금형 및 고정볼트 상태 • 방호장치의 기능 • 전단기(剪斷機)의 칼날 및 테이블의 상태
로봇의 작동 범위에서 그 로봇에 관하여 교시 등(로봇의 동력원을 차단하고 하는 것은 제외)의 작업을 할 때	• 외부 전선의 피복 또는 외장의 손상 유무 • 매니퓰레이터(manipulator) 작동의 이상 유무 • 제동장치 및 비상정지장치의 기능
공기압축기를 가동할 때	• 공기저장 압력용기의 외관 상태 • 드레인밸브(drain valve)의 조작 및 배수 • 압력방출장치의 기능 • 언로드밸브(unloading valve)의 기능 • 윤활유의 상태 • 회전부의 덮개 또는 울 • 그 밖의 연결 부위의 이상 유무
크레인을 사용하여 작업을 하는 때	• 권과방지장치 · 브레이크 · 클러치 및 운전장치의 기능 • 주행로의 상측 및 트롤리(trolley)가 횡행하는 레일의 상태 • 와이어로프가 통하고 있는 곳의 상태

95 다음은 비계를 조립하여 사용하는 경우 작업발판 설치에 관한 기준이다. (　　)에 들어갈 내용으로 옳은 것은?

> 사업주는 비계(달비계, 달대비계 및 말비계는 제외한다)의 높이가 (　　) 이상인 작업장소에 다음 각 호의 기준에 맞는 작업발판을 설치하여야 한다.
> 1. 발판재료는 작업할 때의 하중을 견딜 수 있도록 견고한 것으로 할 것
> 2. 작업발판의 폭은 40센티미터 이상으로 하고, 발판재료 간의 틈은 3센티미터 이하로 할 것

① 1m　　　　　　　　　　② 2m
③ 3m　　　　　　　　　　④ 4m

산업안전보건기준에 관한 규칙 제56조(작업발판의 구조) 사업주는 비계(달비계, 달대비계 및 말비계는 제외한다)의 높이가 2미터 이상인 작업장소에 다음 각 호의 기준에 맞는 작업발판을 설치하여야 한다.

1. 발판재료는 작업할 때의 하중을 견딜 수 있도록 견고한 것으로 할 것
2. 작업발판의 폭은 40센티미터 이상으로 하고, 발판재료 간의 틈은 3센티미터 이하로 할 것. 다만, 외줄비계의 경우에는 고용노동부장관이 별도로 정하는 기준에 따른다.

96 다음은 산업안전보건법령에 따른 승강설비의 설치에 관한 내용이다. (　　)에 들어갈 내용으로 옳은 것은?

> 사업주는 높이 또는 깊이가 (　　)를 초과하는 장소에서 작업하는 경우 해당 작업에 종사하는 근로자가 안전하게 승강하기 위한 건설작업용 리프트 등의 설비를 설치하여야 한다. 다만, 승강설비를 설치하는 것이 작업의 성질상 곤란한 경우에는 그러하지 아니하다.

① 2m
② 3m
③ 4m
④ 5m

 산업안전보건기준에 관한 규칙 제46조(승강설비의 설치) 사업주는 높이 또는 깊이가 2미터를 초과하는 장소에서 작업하는 경우 해당 작업에 종사하는 근로자가 안전하게 승강하기 위한 건설작업용 리프트 등의 설비를 설치하여야 한다. 다만, 승강설비를 설치하는 것이 작업의 성질상 곤란한 경우에는 그러하지 아니하다.

97 리프트(Lift)의 방호장치에 해당하지 않는 것은?

① 권과방지장치
② 비상정지장치
③ 과부하방지장치
④ 자동경보장치

 리프트의 방호장치 : 권과방지장치, 비상정지장치, 과부하방지장치(전자식, 기계식)

98 부두·안벽 등 하역작업을 하는 장소에서 부두 또는 안벽의 선을 따라 통로를 설치하는 경우 그 폭을 최소 얼마 이상으로 하여야 하는가?

① 60cm
② 90cm
③ 120cm
④ 150cm

 산업안전보건기준에 관한 규칙 제390조(하역작업장의 조치기준) 사업주는 부두·안벽 등 하역작업을 하는 장소에 다음 각 호의 조치를 하여야 한다.
1. 작업장 및 통로의 위험한 부분에는 안전하게 작업할 수 있는 조명을 유지할 것
2. 부두 또는 안벽의 선을 따라 통로를 설치하는 경우에는 폭을 90센티미터 이상으로 할 것
3. 육상에서의 통로 및 작업장소로서 다리 또는 선거(船渠) 갑문(閘門)을 넘는 보도(步道) 등의 위험한 부분에는 안전난간 또는 울타리 등을 설치할 것

99 안전관리비의 사용 항목에 해당하지 않는 것은?

① 안전시설비
② 개인보호구 구입비
③ 접대비
④ 사업장의 안전·보건진단비

2 0 2 0

안전보건관리비는 항목별 사용기준에 따라 건설사업장에서 근무하는 근로자의 산업재해 및 건강장해 예방을 위한 목적으로만 사용하여야 한다. 따라서, 접대비는 사용 항목에 해당하지 않는다.

100 강관을 사용하여 비계를 구성하는 경우의 준수사항으로 옳지 않은 것은?

① 비계기둥의 간격은 띠장 방향에서는 1.85m 이하로 할 것
② 비계기둥의 간격은 장선(長線) 방향에서는 1.0m 이하로 할 것
③ 띠장 간격은 2.0m 이하로 할 것
④ 비계기둥 간의 적재하중은 400kg을 초과하지 않도록 할 것

산업안전보건기준에 관한 규칙 제60조(강관비계의 구조) 사업주는 강관을 사용하여 비계를 구성하는 경우 다음 각 호의 사항을 준수해야 한다.
1. 비계기둥의 간격은 띠장 방향에서는 1.85미터 이하, 장선(長線) 방향에서는 1.5미터 이하로 할 것. 다만, 다음 각 목의 어느 하나에 해당하는 작업의 경우에는 안전성에 대한 구조검토를 실시하고 조립도를 작성하면 띠장 방향 및 장선 방향으로 각각 2.7미터 이하로 할 수 있다.
   가. 선박 및 보트 건조작업
   나. 그 밖에 장비 반입·반출을 위하여 공간 등을 확보할 필요가 있는 등 작업의 성질상 비계기둥 간격에 관한 기준을 준수하기 곤란한 작업
2. 띠장 간격은 2.0미터 이하로 할 것. 다만, 작업의 성질상 이를 준수하기가 곤란하여 쌍기둥틀 등에 의하여 해당 부분을 보강한 경우에는 그러하지 아니하다.
3. 비계기둥의 제일 윗부분으로부터 31미터되는 지점 밑부분의 비계기둥은 2개의 강관으로 묶어 세울 것. 다만, 브라켓(bracket, 까치발) 등으로 보강하여 2개의 강관으로 묶을 경우 이상의 강도가 유지되는 경우에는 그러하지 아니하다.
4. 비계기둥 간의 적재하중은 400킬로그램을 초과하지 않도록 할 것

정답 2020년 08월 22일 최근 기출문제

01 ②	02 ②	03 ④	04 ①	05 ③	06 ②	07 ④	08 ③	09 ①	10 ④
11 ④	12 ④	13 ③	14 ④	15 ①	16 ②	17 ③	18 ③	19 ②	20 ③
21 ③	22 ④	23 ②	24 ③	25 ①	26 ④	27 ④	28 ①	29 ①	30 ①
31 ③	32 ②	33 ①	34 ①	35 ④	36 ④	37 ②	38 ①	39 ②	40 ②
41 ④	42 ②	43 ③	44 ③	45 ①	46 ③	47 ③	48 ④	49 ②	50 ①
51 ①	52 ①	53 ④	54 ①	55 ④	56 ④	57 ②	58 ④	59 ③	60 ①
61 ④	62 ②	63 ④	64 ①	65 ③	66 ②	67 ②	68 ④	69 ②	70 ②
71 ③	72 ②	73 ③	74 ①	75 ④	76 ④	77 ④	78 ①	79 ②	80 ③
81 ①	82 ④	83 ④	84 ③	85 ④	86 ②	87 ①	88 ③	89 ④	90 ④
91 ④	92 ③	93 ①	94 ③	95 ②	96 ①	97 ④	98 ②	99 ③	100 ②

건설안전산업기사
필기 기출문제

2026년 01월 05일 인쇄
2026년 01월 20일 발행

저자	김응주
발행처	(주)도서출판 책과상상
등록번호	제2020-000205호
발행인	이강복
주소	경기도 고양시 일산동구 장항로 203-191
대표전화	(02)3272-1703~4
팩스	(02)3272-1705
홈페이지	www.sangsangbooks.co.kr
ISBN	979-11-6967-323-5

값 25,000원
Copyright© 2026
Book & SangSang Publishing Co.